微积分
学习指导

Calculus

邱曙熙　周苹濒　编著

厦门大学出版社
XIAMEN UNIVERSITY PRESS
国家一级出版社
全国百佳图书出版单位

图书在版编目(CIP)数据

微积分学习指导/邱曙熙,周苹濒编著. —厦门:厦门大学出版社,2012.12
ISBN 978-7-5615-4254-5

Ⅰ.①微… Ⅱ.①邱…②周… Ⅲ.①微积分-高等学校-教学参考资料 Ⅳ.①O172

中国版本图书馆 CIP 数据核字(2012)第 066236 号

厦门大学出版社出版发行

(地址:厦门市软件园二期望海路 39 号 邮编:361008)

http://www.xmupress.com

xmup @ xmupress.com

厦门集大印刷厂印刷

2012 年 12 月第 1 版 2012 年 12 月第 1 次印刷

开本:787×1092 1/16 印张:28 插页:2

字数:716 千字 印数:1~3 000 册

定价:49.00 元

本书如有印装质量问题请直接寄承印厂调换

参加"第二十一届世界数学家大会"（1990年，日本京都）

················· **主要作者简介** ·················

邱曙熙 教授，男，1945 年出生于厦门市，中共党员。1963 年 9 月至 1970 年 2 月就读于北京大学数学力学系。毕业初期从事教师工作。后为研究生就读于厦门大学数学系，师从张鸣镛教授。1981 年 12 月后为厦门大学数学系教师。至今从教 40 年。

长期从事数学教学与科研工作，专业方向为函数论、位势论。发表《非紧极大 Riemann 上之半纯函数的渐近点（英文）》等 20 多篇专业论文。出版专著《Riemann 曲面及其上的位势理论》和《现代分析引论》；与他人合编出版《实变与泛函学习指导》、《高等数学》等；任《数学辞海》总编委；参加《中国大百科全书·数学卷》位势论条目编写。

积极参加社会活动，现任北京大学校友会理事，北京大学厦门校友会常务副会长兼秘书长。曾任福建省《七·五》、《八·五》科技发展计划和十年规划设想数学组秘书及厦门运筹学会副理事长。退休后曾任厦门华天涉外职业技术学院副院长和厦门软件职业技术学院副院长。

数学泰斗苏步青（中）、著名数学家张鸣镛（右）、邱曙熙
合影于复旦大学(1985年秋)

作者伉俪留影于颐和园昆明湖畔 (2008 年)

前 言

　　高等数学是本科生必修的重要基础课之一。在高等教育大众化、教学改革不断深入的形势下,不仅经济管理类专业,而且文科专业教学也设置高等数学课程。为适应因材施教、培养优秀人才,社会需要多层次的相关教材,本书应运而生。

　　笔者从教四十年,以教授数学专业基础课程和科研为主,也参与社会力量办学。在我国改革开放高速发展阶段,教育形式多样化使得笔者有机会参与从业余大学、夜大学、函授大学、电视大学到专业证书班、自学考试(含学历文凭)辅导班、职业技术院校等各类大专性质的教学,当然教授最多的是微积分课程。笔者虽然十多年前已承担过本科经济管理类的高等数学教学,但是对其教材和教学方法没有进行深入思考。近三年来,笔者专门从事本科经济管理类微积分教学,再次直接感受到它与专业和工科数学教学存在许多不同之处。

　　就教学对象而言,文科、经管类学生许多来自高考的"文科生",他们普遍存在着的困惑是认为学习数学用处不大,甚至没有用。应该说,在文科、经管类教学中设置高等数学课程有一重要的作用是素质教育,这不仅对于理工科教学是必要的,而且对其他高等文化水准的人也是非常重要的。学习的目的固然要掌握学科的知识,但不能以成绩论"成败",所以我经常对学生说,你们哪怕是考了五十分,也有五十分的收获!不过,有一值得深思的现象,在高考文理兼收的经管类学生中获得微积分高成绩者不乏上述所谓的"文科生"。

　　高考"文科生"普遍对学习数学积极性不高,现行微积分教科书中缺乏针对他们的练习题。特别是如果过多考虑考研需求,那么学习微积分对这类学生而言无疑是难以接受的!作为数学教师,笔者认为应注意在练习题中多设置填空题,它相对于选择(填空)题有着更好的效果,因为不论填对还是填错,前者可让学生发挥自主性,后者只能是让学生被动地在设置好的答案中寻找认同点。笔者更希望多设置一些基础练习题,一方面避免难题怪题掩盖数学的教学本质,另一方面可让学生尽快适应高等数学教学,同时感受到学习数学的成就感,激发他们学习数学的积极性。鉴于此,笔者编写本书时注意到教学对象和教学方法问题。总体而言,本书注意在知识难度上由浅入深,在表达方式上由细到简。

　　本人一贯认为,教学不宜过细,要给学生留下思考的空间,否则不是个好教师。但是,考虑到目前我国的大专院校学生长期以来接受应试教育过多,同时考虑到面对"文科生"的自学需要,本书的论证过程注意尽可能详尽,有时遇到一些必须严谨的细节还给予较多的理论分析。而且,为阅读方便本书还出现较多局部重复的现象,例如第二篇各章节习题解答出现部分题目再现。这些讨论过细的知识点一是本人近几年教授文科、经管类微积分时所思考的一些问题,二是在教学中学生提出的一些问题。如此一来,数学专业人员甚至理工科学员难免会觉得本书的表述不够简练,过分繁琐。然而,笔者的本意是希望这些过细的陈述可让文科、经管学生能从中得到启示,对数学基础相对薄弱的学生有所帮助。另一方面,笔者对应试教育一贯持反对态度,所以有些内容不为考试仅为介绍知识而引入。当然,笔者也适当关注应试方法,所以各章都编有"解题方法与典型、综合例题",希望能对读者解题思路的提高有所帮助。

　　回忆四十九年前刚进大学时聆听恩师们的教诲:读书必须经历一个"把书读厚"到"把书读

薄"的过程！开始读书，为理解概念、熟悉定理、定律，必须翻阅参考书，大量做笔记、练习，甚至在书上进行注解、演算——把书读厚；等到理解掌握书上的知识后，进行归纳总结，将整章或某一知识系统用简单的语句公式记录、列表以便复习、记忆（例如第九章最后的附录）——把书读薄！希望读者能从本书中读出这一理念。这是一个从量变到质变的过程，当我们做到"把书读薄"时正是掌握知识过程中的一个阶段性的跨越！

　　数学知识传授的过程严格遵循下列步骤：(1)概念的引入，给出严格的定义；(2)讨论所述概念的性质、定理；(3)根据定义、性质、定理进行演算和论证。这些特点使得数学教学在养成学生规范办事、决策有根有据的良好习惯和培养学生客观、公正、实事求是之优良品格上起着其他学科难于替代的作用。数学给人予严谨的印象，这也是在任何一册数学书籍应当保持的特色。所以笔者认为不论何种数学书籍，都应注意逻辑的严密性。我们可以不加证明引入命题，但一定要让读者体会到任何结论都是有根有据的。比如，外尔斯特拉斯定理"单调有界列必有极限"一般是以公理的形式作为微积分理论出发点写入教科书的，应当在书中指明。又如，另一理论问题是在定积分的性质中引入"积分的绝对连续性"，即"变限积分当区间长度趋于 0 时积分随之趋于 0"，它为含变限积分的极限式应用洛必达法的合理性提供理论依据。

　　一些同行好友曾希望本人撰写数学分析的专业教学辅导书，但自认精力有限，一直提不起勇气编写。在同为数学教师之内人的鼓励支持下，我们共同编撰了此书，它的出版也算是本人对同行好友的一种回应。

　　本书是教学辅导材料，提笔之初原认为编写初等的微积分书籍应不需花费太大气力，没想到笔者历时三年的编撰才得以完成。从某种意义来讲，编写本书花费的精力不亚于本人十五年前撰写的第一本专著。编著者遵循有话则长无话短的原则，所以不同章节结构和篇幅不尽相同。为了便于阅读，本书分为两篇。第一篇是内容概述、归纳与解题方法综述，其中内容概述、归纳部分一般按常规教科书的章节形式和逻辑次序叙述教学内容，以知识点和例题为主，并编排对应的练习题；解题方法综述部分给出解题方法和典型、综合例题，有时按知识点陈述解题思路与方法，有时按习题类型归纳解题方法。第二篇为各章节练习题解答、阶段自测题及其解答和两份知识竞赛试卷及其解答，最后是教学研讨。当然，习题解答主要是为学生编写的，而教学研讨编写目的是与同行进行深入的交流。

　　本书中有部分例题和图片来自互联网，在此向例题和图片的作者表示谢意！

　　鉴于编者的水平有限，习题篇幅较大，错误在所难免，敬请赐教。

邱曙熙

2012 年 9 月

目　录

第一篇　内容概述、归纳与解题方法综述

第二篇　练习题及其解答和教学研讨

第一篇 内容概述、归纳与解题方法综述

第一章 函数与极限

O、预备知识

（一）集合

1. 集合的概念及运算

（1）集合的定义

【定义 1】 具有某种特定性质的事物的总体称为集合.

组成集合的事物称为元素,通常用小写字母 $x,y,z,a,b,c,\cdots$ 等表示,而集合则通常用大写字母 $A,B,C,\cdots$ 表示.

不含任何元素的集合称为空集,记作 $\varnothing$.

元素 a 属于集合 M,记作 $a \in M$,也称 M 含有 a.

元素 a 不属于集合 M,记作 $a \overline{\in} M$ 或 $a \notin M$.

集合的经典表示法属于康托尔,习惯将集合写成 $\{x \mid P(x)\}$,其中 $P(x)$ 为逻辑公式,意为 x 满足 P 所述条件.

（2）自然数的定义 —— 集合为数学之基础作用的一个体现：

$0 = \varnothing$,

$1 = \{0\} = \{\varnothing\}$,

$2 = \{0,1\} = \{\varnothing,\{\varnothing\}\}$,

$3 = \{0,1,2\} = \{\varnothing,\{\varnothing\},\{\varnothing,\{\varnothing\}\}\}$,

……

（3）集合具体表示法

① 列举法：按某种方式列出集合中的全体元素. 例如

有限集合 $A = \{a_1,a_2,\cdots,a_n\}$；

自然数集 $\mathbf{N} = \{0,1,2,\cdots,n,\cdots\}$；

正整数集合 $\mathbf{N}^+ = \{1,2,3,\cdots,n,\cdots\}$.

② 描述法（即康托尔的方法）：$M = \{x \mid x \text{ 所具有的特征}\}$,例如

整数集合 $\mathbf{Z} = \{x \mid x \in \mathbf{N} \text{ 或} -x \in \mathbf{N}\}$；

有理数集 $\mathbf{Q} = \left\{ \dfrac{p}{q} \,\middle|\, p \in \mathbf{Z}, q \in \mathbf{N}^+, p \text{ 与 } q \text{ 互质} \right\}$.

1

实数集合 $\mathbf{R}=\{x\mid x\ 为有理数或无理数\}$,也可表示为 $(-\infty,+\infty)=\{x\mid-\infty<x<+\infty\}$. 其中,$\infty$、$+\infty$、$-\infty$ 分别读作"无穷大"、"正无穷大"、"负无穷大".

(4) 集合之间的关系及运算

【定义 2】 设有集合 A、B,若 $x\in A$ 必致 $x\in B$,则称 A 是 B 的子集,或称 B 包含 A,记作 $A\subset B$. 若 $A\subset B$ 且 $B\subset A$,则称 A 与 B 相等,记作 $A=B$.

【例 1】 $\mathbf{N}\subset\mathbf{Z},\mathbf{Z}\subset\mathbf{Q},\mathbf{Q}\subset\mathbf{R}$. 显然,对任意集合 A、B、C,成立着

(1) $A\subset A$;　$A=A$;　$\varnothing\subset A$.

(2) $A\subset B$ 且 $B\subset C\ \Longrightarrow\ A\subset C$.

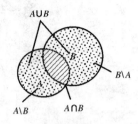

图 1-0-1

【注】 在研究集合运算时,通常认定一个集 X,假定所涉及的集都是 X 的子集. X 称为全集.

【定义 3】 给定两个集合 A、B,定义下列运算:

(i) 并集　　　　$A\bigcup B=\{x\in A\ 或\ x\in B\}$;

(ii) 交集　　　　$A\bigcap B=\{x\in A\ 且\ x\in B\}$;

(iii) 差集　　　　$A\backslash B=\{x\in A\ 且\ x\notin B\}$;

(iv) 余集　　　　$A^{c}=X\backslash A$;

(v) 直(接)积　　$A\times B=\{(x,y)\mid x\in A,y\in B\}$.

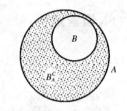

图 1-0-2

【注】 显然余集是差集的特殊情形.(v) 中元素 (x,y) 是一整体符号,是一有序组,其中 x,y 分别称为它的第一、第二分量.

【例 B】 $\mathbf{R}\times\mathbf{R}\xLeftarrow{\ 记\ }\mathbf{R}^{2}$ 为平面上的全体点集.

(5) 集合运算定律

设 A、B、C、D 是集合,$\{A_{\lambda}\mid\lambda\in\Lambda\}$ 是集族(Λ 称为指标集),而 X 是全集,即上述所有的集合都是 X 的子集.

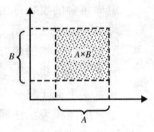

图 1-0-3

$1°$(吸收律)　若 $A\subset B$,则 $A\bigcap B=A$,$A\bigcup B=B$;

$2°$(单调律)　若 $A\subset B$,则 $A\bigcap C\subset B\bigcap C$,$A\bigcup C\subset B\bigcup C$;

$3°$(交换律)　$B\bigcup C=C\bigcup B$,$B\bigcap C=C\bigcap B$;

$4°$(结合律)　$(B\bigcup C)\bigcup D=B\bigcup(C\bigcup D)$,

　　　　　　　$(B\bigcap C)\bigcap D=B\bigcap(C\bigcap D)$;

$5°$(分配律)　$B\bigcup(C\bigcap D)=(B\bigcup C)\bigcap(B\bigcup D)$,

　　　　　　　$B\bigcap(C\bigcup D)=(B\bigcap C)\bigcup(B\bigcap D)$;

$6°$(德—摩根律·对偶律)　$(A\bigcup B)^{c}=A^{c}\bigcap B^{c}$,$(A\bigcap B)^{c}=A^{c}\bigcup B^{c}$.

2. 数轴·区间·邻域

(1) 实数轴:一条赋予原点 O、单位长度 1 以及正方向的直线.

实数与数轴上的点是一一对应的,所以可将数与点混为一谈.

(2) 区间:实数轴上连通的子集.

① 有限区间:介于某两个实数(端点)之间的全体实数.

开区间:　$(a,b)=\{x\in\mathbf{R}\mid a<x<b\}$;

闭区间:　$[a,b]=\{x\in\mathbf{R}\mid a\leqslant x\leqslant b\}$;

左闭右开区间:　$[a,b)=\{x\in\mathbf{R}\mid a\leqslant x<b\}$;

左开右闭区间：$(a,b] = \{x \in \mathbf{R} \mid a < x \leqslant b\}.$

② 半无限的半开半闭区间

左闭右开无限区间：$[a, +\infty) = \{x \in \mathbf{R} \mid x \geqslant a, a \text{ 为实数}\};$

左开右闭无限区间：$(-\infty, b] = \{x \in \mathbf{R} \mid x \leqslant b, b \text{ 为实数}\}.$

③ 半无限的开区间

右无限开区间：$(a, +\infty) = \{x \in \mathbf{R} \mid x > a, a \text{ 为实数}\};$

左无限开区间：$(-\infty, b) = \{x \in \mathbf{R} \mid x < b, b \text{ 为实数}\}.$

(3) 邻域(点 a 为中心，$\delta > 0$ 为半径的邻域)

① 点 a 的 δ 邻域：$U_\delta(a) = \{x \in \mathbf{R} \mid |x - a| < \delta\} = (a - \delta, a + \delta)$

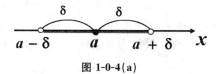

图 1-0-4(a)

② 点 a 的 δ 空心邻域：$U_\delta^{\circ}(a) = \{x \in \mathbf{R} \mid 0 < |x - a| < \delta\}$
$= (a - \delta, a) \bigcup (a, a + \delta)$

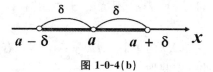

图 1-0-4(b)

③ 点 a 的左 δ 邻域：$U_\delta^{-}(a) = \{x \in \mathbf{R} \mid a - \delta < x \leqslant a\} = (a - \delta, a]$

图 1-0-4(c)

④ 点 a 的空心左 δ 邻域：$U_\delta^{\circ}(a^-) = \{x \in \mathbf{R} \mid a - \delta < x < a\} = (a - \delta, a)$

图 1-0-4(d)

⑤ 点 a 的右 δ 邻域：$U_\delta^{+}(a) = \{x \in \mathbf{R} \mid a \leqslant x < a + \delta\} = [a, a + \delta)$

图 1-0-4(e)

⑥ 点 a 的空心右 δ 邻域：$U_\delta^{\circ}(a^+) = \{x \in \mathbf{R} \mid a < x < a + \delta\} = (a, a + \delta)$

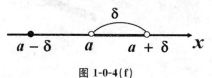

图 1-0-4(f)

（二）映射

1. 映射的概念

【定义 4】 设 X,Y 是两个非空集合，如果 $\forall x \in X$，有唯一确定的 $y \in Y$ 与之对应，那么称该对应关系为从 X 到 Y 的一个映射，记作

$$f:\ X \to Y,\quad x \mid\to y;\quad 或\quad y = f(x).$$

图 1-0-5

其中元素 y 称为元素 x 在映射 f 下的像，而 x 称为 y 在映射 f 下的原像；集合 X 称为映射 f 的定义域，记为 D_f；Y 的子集

$$f(X) = \{f(x) \in Y \mid x \in X\}$$

称为 f 的值域，记为 Z_f.

若映射 f 使得 $f(X) = Y$，则称 f 为满射；若 $\forall x_1、x_2 \in X, x_1 \neq x_2$ 必致 $f(x_1) \neq f(x_2)$，则称 f 为单射；既是满射又是单射的映射称为双射或一一映射，也称集合 X 与 Y 是一一对应或一对一的.

【定义 5】 若映射 f 的值域 $f(X)$ 为实数（或复数），则称 f 为定义在集 X 上的函数.

【注】 (i) 元素 x 的像 y 是唯一的（单值性），但 y 的原像不一定唯一.

(ii) 本书采用通行的逻辑符号：$\forall$ 表示"任意"，$\exists$ 表示"存在"，$\exists!$ 表示"存在唯一".

2. 逆映射

【定义 6】 若映射 $f:X \to f(X)$ 为单射，则 $\forall y \in f(X)$，有唯一 $x \in X$ 使得 $y = f(x)$，由此确定映射

$$f(X) \to X,\quad y \mid\to x,$$

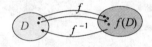

图 1-0-6

称为 f 的逆映射，记为 f^{-1}，即 $x = f^{-1}(y)$. 习惯上，逆映射记为

$$y = f^{-1}(x),\quad x \in f(X).$$

【例 C】 映射 $y = x^2$ $(x \in (-\infty, 0])$ 的逆映射为 $y = -\sqrt{x}$ $(x \in [0, +\infty))$.

3. 复合映射

设有映射链（$D = D_g$ 是映射 g 的定义域）

$$g: D \to g(D_g),\quad x \mid\to u = g(x),$$
$$f: D_f \to Y = f(D_f),\quad u \mid\to y = f(u).$$

若 $g(D) \subset D_f$，则映射链定义了一个映射

$$D \to Y = f(D_f),\quad x \mid\to y,$$

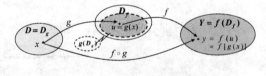

图 1-0-7

称为由 D 到 Y 的复合映射，记作 $y = f[g(x)]$ 或 $y = f \circ g(x), x \in D$.

【注】 (i) 构成复合映射的条件 $g(D_g) \subset D_f$ 必不可少. 事实上，只要 $g(D_g) \bigcap D_f \neq \varnothing$，就可在它关于 g 的原像 $g^{-1}[g(D_g) \bigcap D_f]$ 上定义复合映射.

(ii) 复合映射可推广到多个映射情形.

(iii) 形象图例 $D \xrightarrow[D_1 = D_g]{\text{复合映射 } f \circ g} D_2$.

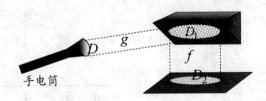

手电筒

图 1-0-8

（三）几个常用的代数公式

1. 实数 x 的绝对值

$$|x| = \begin{cases} x, & x \geqslant 0; \\ -x, & x < 0. \end{cases}$$

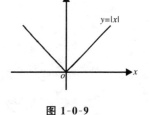

图 1-0-9

实数的绝对值满足下列不等式：

$$|x| \geqslant 0; \qquad -|x| \leqslant x \leqslant |x|;$$

$$|x| - |y| \leqslant ||x| - |y|| \leqslant |x \pm y| \leqslant |x| + |y|.$$

又，下面是与绝对值相关的等价不等式（$a > 0$）：

$$|x| \leqslant a \Longleftrightarrow -a \leqslant x \leqslant a; \qquad\qquad |x| < a \Longleftrightarrow -a < x < a;$$

$$|x| \geqslant a \Longleftrightarrow x \geqslant a \text{ 或 } x \leqslant -a; \qquad |x| > a \Longleftrightarrow x > a \text{ 或 } x < -a;$$

$$|x - \alpha| \leqslant \delta \Longleftrightarrow \alpha - \delta \leqslant x \leqslant \alpha + \delta \quad (\alpha \text{ 为实数}, \delta > 0);$$

$$|x - \alpha| < \delta \Longleftrightarrow \alpha - \delta < x < \alpha + \delta \quad (\alpha \text{ 为实数}, \delta > 0).$$

【注】　最后的不等式参看点 α 的 δ 邻域的概念.

2. 平均值不等式

n 个正数 $x_1, x_2, \cdots, x_n$ 的算术平均值不小于其几何平均值，即：

$$\frac{x_1 + x_2 + \cdots + x_n}{n} \geqslant \sqrt[n]{x_1 \cdot x_2 \cdot \cdots \cdot x_n}$$

3. 几个常用等式（公式）

(1) $a^n - b^n = (a - b)(a^{n-1} + a^{n-2}b + \cdots + a \cdot b^{n-2} + b^{n-1});$

　　$a^n + b^n = (a + b)[a^{n-1} - a^{n-2}b + a^{n-3}b^2 - \cdots + (-1)^{n-1}b^{n-1}].$

(2) 二项式公式

$$(a + b)^n = a^n + C_n^1 a^{n-1} \cdot b + \cdots + C_n^k a^{n-k} \cdot b^k + \cdots + C_n^{n-1}a \cdot b^{n-1} + b^n$$

其中组合数（见下面第 4 节排列组合知识）　$C_n^k = \dfrac{n(n-1)\cdots(n-k+1)}{k!}$　$(k = 0, 1, \cdots, n).$

(3) 由二项式公式立得伯努利不等式　$(1 + \alpha)^n > 1 + n\alpha$，其中　$\alpha > 0, n > 1.$

4. 排列组合知识

(1) 排列是指从 n 个不同元素中，任取 $k(k \leqslant n)$ 个元素排成一有序列，其所有可能排列的个数，叫做从 n 个不同元素中取出 k 个元素的排列数，记为

$$A_n^k = n(n-1)(n-2)\cdots(n-k+1) \quad (k = 1, 2, \cdots, n).$$

特别，将 n 个不同元素全体进行排列称为全排列，其所有排列的个数为

$$A_n^n = n! \triangleq n(n-1)(n-2)\cdots 2 \cdot 1.$$

$n!$ 称为 n 的阶乘. 注意，特别定义 $0! = 1$.

(2) 组合是指从 n 个不同元素中，任取 $k(k \leqslant n)$ 个元素组成一个无序组，其所有组合的个数，叫做从 n 个不同元素中取出 k 个元素的组合数，记为：

$$C_n^k = \frac{n(n-1)\cdots(n-k+1)}{k!}.$$

又，成立着 $C_n^k = C_n^{n-k}$，$k = 1, \cdots, n$. 特别定义 $C_n^0 = 1.$

(3) 二项式公式展开式系数的数字三角形 —— 杨辉三角形：

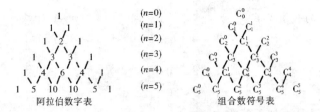

阿拉伯数字表　　　　　　　　组合数符号表

（四）三角函数公式与反三角函数

1. 常用的三角公式（正弦、余弦和正切等函数简称时常省略"函数"二字）

（1）同角三角函数的基本关系式

倒数关系：　$\sin\alpha \cdot \csc\alpha = 1$，　$\cos\alpha \cdot \sec\alpha = 1$，　$\text{tg}\alpha \cdot \text{ctg}\alpha = 1$.

商数关系：　$\tan\alpha = \dfrac{\sin\alpha}{\cos\alpha}$，　$\cot\alpha = \dfrac{\cos\alpha}{\sin\alpha}$.

平方关系：　$\sin^2\alpha + \cos^2\alpha = 1$，　$1 + \tan^2\alpha = \sec^2\alpha$，　$1 + \cot^2\alpha = \csc^2\alpha$.

（2）诱导公式

α	$2k\pi + \alpha$	$-\alpha$	$\pi - \alpha$	$\pi + \alpha$	$2\pi - \alpha$	$\dfrac{\pi}{2} - \alpha$	$\dfrac{\pi}{2} + \alpha$
正弦	$\sin\alpha$	$-\sin\alpha$	$\sin\alpha$	$-\sin\alpha$	$-\sin\alpha$	$\cos\alpha$	$\cos\alpha$
余弦	$\cos\alpha$	$\cos\alpha$	$-\cos\alpha$	$-\cos\alpha$	$\cos\alpha$	$\sin\alpha$	$-\sin\alpha$
正切	$\tan\alpha$	$-\tan\alpha$	$-\tan\alpha$	$\tan\alpha$	$-\tan\alpha$	$\cot\alpha$	$-\cot\alpha$
余切	$\cot\alpha$	$-\cot\alpha$	$-\cot\alpha$	$\cot\alpha$	$-\cot\alpha$	$\tan\alpha$	$-\tan\alpha$

【注】　表中公式可用口诀"奇变偶不变，符号看象限"帮助记忆.

（3）两角和与差的三角函数公式

$\sin(\alpha + \beta) = \sin\alpha\cos\beta + \cos\alpha\sin\beta$;　　　　$\sin(\alpha - \beta) = \sin\alpha\cos\beta - \cos\alpha\sin\beta$;

$\cos(\alpha + \beta) = \cos\alpha\cos\beta - \sin\alpha\sin\beta$;　　　　$\cos(\alpha - \beta) = \cos\alpha\cos\beta + \sin\alpha\sin\beta$;

$\tan(\alpha + \beta) = \dfrac{\tan\alpha + \tan\beta}{1 - \tan\alpha\tan\beta}$;　　　　$\tan(\alpha - \beta) = \dfrac{\tan\alpha - \tan\beta}{1 + \tan\alpha\tan\beta}$.

（4）二倍角的正弦、余弦和正切公式

$\sin 2\alpha = 2\sin\alpha\cos\alpha$;

$\cos 2\alpha = \cos^2\alpha - \sin^2\alpha = 2\cos^2\alpha - 1 = 1 - 2\sin^2\alpha$;

$\tan 2\alpha = \dfrac{2\tan\alpha}{1 - \tan^2\alpha}$.

（5）正弦、余弦和正切的半角公式

$\sin\dfrac{\alpha}{2} = \pm\sqrt{\dfrac{1 - \cos\alpha}{2}}$　$\Leftrightarrow$　$\sin^2\dfrac{\alpha}{2} = \dfrac{1 - \cos\alpha}{2}$;

$\cos\dfrac{\alpha}{2} = \pm\sqrt{\dfrac{1 + \cos\alpha}{2}}$　$\Leftrightarrow$　$\cos^2\dfrac{\alpha}{2} = \dfrac{1 + \cos\alpha}{2}$;

$\tan\dfrac{\alpha}{2} = \pm\sqrt{\dfrac{1 - \cos\alpha}{1 + \cos\alpha}} = \dfrac{\sin\alpha}{1 + \cos\alpha} = \dfrac{1 - \cos\alpha}{\sin\alpha}$.

（6）正弦、余弦的和差化积公式

$\sin\alpha + \sin\beta = 2\sin\dfrac{\alpha + \beta}{2} \cdot \cos\dfrac{\alpha - \beta}{2}$;　　　$\sin\alpha - \sin\beta = 2\cos\dfrac{\alpha + \beta}{2} \cdot \sin\dfrac{\alpha - \beta}{2}$;

$$\cos\alpha + \cos\beta = 2\cos\frac{\alpha+\beta}{2}\cdot\cos\frac{\alpha-\beta}{2}; \qquad \cos\alpha - \cos\beta = -2\sin\frac{\alpha+\beta}{2}\cdot\sin\frac{\alpha-\beta}{2}.$$

（7）正弦、余弦积化和差公式

$$\sin\alpha\cos\beta = \frac{1}{2}\big[\sin(\alpha+\beta)+\sin(\alpha-\beta)\big]; \qquad \sin\alpha\sin\beta = -\frac{1}{2}\big[\cos(\alpha+\beta)-\cos(\alpha-\beta)\big];$$

$$\cos\alpha\cos\beta = \frac{1}{2}\big[\cos(\alpha+\beta)+\cos(\alpha-\beta)\big].$$

（8）三角函数的万能公式

$$\sin\alpha = \frac{2\tan\frac{\alpha}{2}}{1+\tan^2\frac{\alpha}{2}}; \qquad \cos\alpha = \frac{1-\tan^2\frac{\alpha}{2}}{1+\tan^2\frac{\alpha}{2}}; \qquad \tan\alpha = \frac{2\tan\frac{\alpha}{2}}{1-\tan^2\frac{\alpha}{2}}.$$

【注】　所谓"万能"是指所有的三角函数都可化为具有同角之正切函数的有理式.

2. 反三角函数

（1）反正弦函数 $y = \arcsin x$

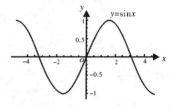

观察正弦函数 $y = \sin x$. 对任意 $y\in[-1.1]$，如果实数 x_0 使得 $\sin x_0 = y$，那么对任意整数 k，必有 $\sin(2k\pi+x_0)=y$，即有无限多个实数 $x_k = 2k\pi+x_0$ 与 y 对应. 但是，如果限制 x 取值于 $\left[-\frac{\pi}{2},\frac{\pi}{2}\right]$，那么只有唯一的 x 使得 $\sin x = y$.

图 1-0-10

例如对应于 y 的取值 0、$\frac{1}{2}$、1，变量 x 分别各有无限点 $x_k{}^{(1)}=2k\pi$、$x_k{}^{(2)}=2k\pi+\frac{\pi}{6}$、$x_k{}^{(3)}=2k\pi+\frac{\pi}{2}$ $(k\in\mathbf{Z})$ 的正弦分别取 0、$\frac{1}{2}$、1：

$$\sin 2k\pi = 0,\quad \sin\left(2k\pi+\frac{\pi}{6}\right)=\frac{1}{2},\quad \sin\left(2k\pi+\frac{\pi}{2}\right)=1,\quad k\in\mathbf{Z}.$$

若限制 $x\in\left[-\frac{\pi}{2},\frac{\pi}{2}\right]$，则仅有 $x_1=0$、$x_2=\frac{\pi}{6}$、$x_3=\frac{\pi}{2}$ 使得其正弦分别取 0、$\frac{1}{2}$、1：

$$\sin x_1 = \sin 0 = 0,\quad \sin x_2 = \sin\frac{\pi}{6}=\frac{1}{2},\quad \sin x_3 = \sin\frac{\pi}{2}=1.$$

上面论述意味着，对任意 $y\in[-1.1]$，存在唯一的 $x\in\left[-\frac{\pi}{2},\frac{\pi}{2}\right]$，使得 $\sin x = y$，此对应关系

$$Y=[-1.1]\to X=\left[-\frac{\pi}{2},\frac{\pi}{2}\right],\quad y\mapsto x$$

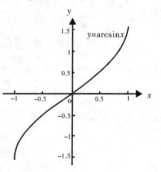

定义了正弦函数的逆函数，称为反正弦函数，记为 $x = \arcsin y$，习惯上记为

$$y = \arcsin x.$$

综上所述，反正弦函数的定义域为 $[-1,1]$，值域为 $\left[-\frac{\pi}{2},\frac{\pi}{2}\right]$. 容易验证：

图 1-0-11

$$\sin(\arcsin x) = x,\quad \forall x\in[-1,1];$$
$$\arcsin(-x) = -\arcsin x,\quad \forall x\in[-1,1];$$
$$\arcsin(\sin x) = x \Longleftrightarrow x\in[-\pi/2,\pi/2].$$

（2）反余弦函数 $y = \arccos x$

与正弦函数类似，经分析余弦函数的对应关系可知对任意 $y \in [-1.1]$，存在唯一 $x \in [0, \pi]$，使得 $\cos x = y$，此对应关系

$$Y = [-1.1] \to X = [0, \pi], \quad y \mapsto x$$

定义了余弦函数的逆函数，称为反正弦函数，记为 $x = \arccos y$，习惯上，记为

$$y = \arccos x.$$

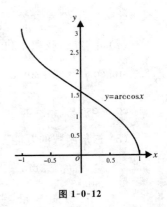

图 1-0-12

反余弦函数的定义域为 $[-1,1]$，值域为 $[0, \pi]$. 容易验证：

$$\cos(\arccos x) = x, \quad \forall x \in [-1, 1];$$
$$\arccos(-x) = \pi - \arccos x, \quad \forall x \in [-1, 1];$$
$$\arccos(\cos x) = x \Longleftrightarrow x \in [0, \pi].$$

（3）反正切函数

与正弦函数分析过程相类似，同样有对任意 $y \in (-\infty, \infty)$，存在唯一 $x \in \left(-\dfrac{\pi}{2}, \dfrac{\pi}{2}\right)$，使得 $\tan x = y$，此对应关系

$$Y = (-\infty, \infty) \to X = \left(-\frac{\pi}{2}, \frac{\pi}{2}\right), y \mapsto x$$

定义了正切函数的逆函数，称为反正切函数，记为 $x = \arctan y$，习惯上，记为

$$y = \arctan x.$$

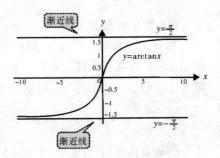

图 1-0-13

反正切函数的定义域为 $(-\infty, \infty)$，值域为 $\left(-\dfrac{\pi}{2}, \dfrac{\pi}{2}\right)$. 容易验证：

$$\tan(\arctan x) = x, \quad \forall x \in (-\infty, \infty);$$
$$\arctan(-x) = -\arctan x, \quad \forall x \in (-\infty, \infty);$$
$$\arctan(\tan x) = x \Longleftrightarrow x \in (-\pi/2, \pi/2).$$

【注】　图中使用"渐近线"的注释理解为常识，它在第三章才给出定义.

（4）反余切函数

与正切函数类似，对任意 $y \in (-\infty, \infty)$，存在唯一 $x \in (0, \pi)$，使得 $\cot x = y$，此对应关系

$$Y = (-\infty, \infty) \to X = (0, \pi), \quad y \mapsto x$$

定义了余切函数的逆函数，称为反余切函数，记为 $x = \mathrm{arccot}\, y$，习惯上，记为

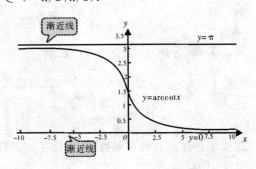

图 1-0-14

$$y = \mathrm{arccot}\, x.$$

反余切函数的定义域为 $(-\infty, \infty)$，值域为 $(0, \pi)$. 容易验证：

$$\cot(\mathrm{arccot}\, x) = x, \quad \forall x \in (-\infty, \infty);$$
$$\mathrm{arccot}(-x) = \pi - \mathrm{arccot}\, x, \quad \forall x \in (-\infty, \infty);$$
$$\mathrm{arccot}(\cot x) = x \Longleftrightarrow x \in (0, \pi).$$

(5) 反三角函数的例题

【例 D】　求函数 $f(x) = \arcsin\dfrac{x+1}{3}$ 的定义域：

解： 由函数表达式令 $-1 \leqslant \dfrac{x+1}{3} \leqslant 1$，得 $-3 \leqslant x+1 \leqslant 3$，所以得此函数定义域为

$$\{x \mid -4 \leqslant x \leqslant 2\} = [-4,2].$$

【例 E】　求函数 $y = \arcsin\dfrac{x-1}{5} + \dfrac{1}{\sqrt{25-x^2}}$ 的定义域.

解： 因 $\left|\dfrac{x-1}{5}\right| \leqslant 1, x^2 < 25$，

$\Leftrightarrow |x-1| \leqslant 5$ 且 $|x| < 5$

$\Leftrightarrow -4 \leqslant x \leqslant 6$ 且 $-5 < x < 5$，

故所求函数之定义域是 $[-4,5)$.

【例 F】　观察分析下列各式,加深理解反三角函数：

(1) $\cot(\operatorname{arccot}3) = 3$；

(2) $\tan\left(-\arctan\dfrac{1}{2}\right) = -\tan\left(\arctan\dfrac{1}{2}\right) = -\dfrac{1}{2}$；

(3) $\cos\left[\arctan\left(-\dfrac{\sqrt{3}}{3}\right)\right] = \cos\left(-\dfrac{\pi}{6}\right) = \cos\dfrac{\pi}{6} = \dfrac{\sqrt{3}}{2}$；

(4) $\arccos\left[\cos\left(-\dfrac{3\pi}{5}\right)\right] = \arccos\left(\cos\dfrac{3\pi}{5}\right) = \dfrac{3\pi}{5} \quad \left(\because \dfrac{3\pi}{5} \in [0,\pi]\right)$；

(5) $\arcsin\left[\sin\left(\dfrac{4\pi}{7}\right)\right] = \arcsin\left[\sin\left(\pi - \dfrac{4\pi}{7}\right)\right] = \dfrac{3\pi}{7} \quad \left(\because \dfrac{3\pi}{7} \in \left[-\dfrac{\pi}{2}, \dfrac{\pi}{2}\right]\right)$；

(6) $\operatorname{arccot}\left(\cot\dfrac{6\pi}{5}\right) = \operatorname{arccot}\left(\cot\left(\pi + \dfrac{\pi}{5}\right)\right) = \operatorname{arccot}\left(\cot\dfrac{\pi}{5}\right) = \dfrac{\pi}{5}$.

【例 G】　求函数 $y = \arccos x \quad \left(-1 < x < \dfrac{1}{2}\right)$ 的反函数.

解： 因为所给函数的定义域 $\left(-1, \dfrac{1}{2}\right) \subset [-1,1]$，又 $\arccos(-1) = \pi$，$\arccos\dfrac{1}{2} = \dfrac{\pi}{3}$，所以所求反函数为 $y = \cos x, \quad x \in \left(\dfrac{\pi}{3}, \pi\right)$.

【例 H】　用反三角函数值的形式表示下列式中的 x：

(1) $\cos x = \dfrac{1}{3}, \quad x \in (-\pi, 0)$；　　(2) $\tan x = -\dfrac{1}{4}, \quad x \in (0, \pi)$.

解： (1) 根据定义,有 $0 < \arccos\dfrac{1}{3} < \pi$，则 $0 > -\arccos\dfrac{1}{3} > -\pi$，故 $x = -\arccos\dfrac{1}{3}$.

验证如下： $\cos\left(-\arccos\dfrac{1}{3}\right) = \cos\left(\arccos\dfrac{1}{3}\right) = \dfrac{1}{3}$.

(2) 令 $x = k\pi + \arctan\left(-\dfrac{1}{4}\right) (k \in \mathbf{Z})$，则 $\tan x = \tan\left[\arctan\left(-\dfrac{1}{4}\right)\right] = -\dfrac{1}{4}$. 又根据条件 $x \in (0, \pi)$ 得 $\arctan\dfrac{1}{4} < k\pi < \pi + \arctan\dfrac{1}{4}$，于是得 $k = 1$，故得

$$x = \pi + \arctan\left(-\dfrac{1}{4}\right) = \pi - \arctan\dfrac{1}{4}.$$

【注】　错解：因 $\dfrac{\pi}{2}+\arctan\left(-\dfrac{1}{4}\right)\in\left(0,\dfrac{\pi}{2}\right)\subset(0,\pi)$，由此得 $x=\dfrac{\pi}{2}+\arctan\left(-\dfrac{1}{4}\right)$.

事实上：　$\tan x=\tan\left(\dfrac{\pi}{2}-\arctan\dfrac{1}{4}\right)=\cot\left(\arctan\dfrac{1}{4}\right)=\dfrac{1}{\tan\left(\arctan\dfrac{1}{4}\right)}=4.$

【习题 1.0】（预备知识）

1. 把下列集合用区间表示出来：

$\{x\mid 2<x<4\}=$ ＿＿＿＿＿＿＿；　　$\{x\mid x\leqslant 7\}=$ ＿＿＿＿＿＿＿；

$\{x\mid x\neq-1\}=$ ＿＿＿＿＿＿＿；　　$\{x\mid 1\leqslant x<3\}=$ ＿＿＿＿＿＿；

$\{x\mid-2<x<3\}\bigcap\{x\mid x\geqslant 1\}=$ ＿＿＿＿＿＿＿＿＿＿；

$\{x\mid-1.5<x<10\}\bigcup\{x\mid x\geqslant 5\}=$ ＿＿＿＿＿＿＿＿＿＿.

2. 把下列区间用集合表示出来：

$(-1,2)=$ ＿＿＿＿＿＿＿；　　$[2,4.4)=$ ＿＿＿＿＿＿＿；

$(-\infty,0)=$ ＿＿＿＿＿＿；　　$[-1.2,+\infty)=$ ＿＿＿＿＿＿＿；

$[-2,3]\bigcap(-6,3)=$ ＿＿＿＿＿＿＿＿＿＿；

$(-\infty,-3]\bigcup(1,7)=$ ＿＿＿＿＿＿＿＿＿＿.

3. 利用已知三角公式从左至右推导下面等式：

(1) $\dfrac{1}{\sin^4 x}=(1+\cot^2 x)\csc^2 x$；

(2) $\dfrac{1}{\cos^4 x}=(1+\tan^2 x)\sec^2 x$；

(3) $\dfrac{\cos 2x}{\cos^2 x\cdot\sin^2 x}=\dfrac{1}{\sin^2 x}-\dfrac{1}{\cos^2 x}$；

(4) $\dfrac{1}{\cos^2 x\cdot\sin^2 x}=\dfrac{1}{\sin^2 x}+\dfrac{1}{\cos^2 x}$；

(5) $\dfrac{2}{\cos x}=\dfrac{\cos x}{1-\sin x}+\dfrac{\cos x}{1+\sin x}$；

(6) $\dfrac{2}{\sin x}=\dfrac{\sin x}{1-\cos x}+\dfrac{\sin x}{1+\cos x}$；

(7) $\dfrac{2}{\sin x}=\dfrac{1}{\tan\dfrac{x}{2}}\cdot\sec^2\dfrac{x}{2}$；

(8) $\dfrac{1}{2+\cos x}=\dfrac{\sec^2\dfrac{x}{2}}{\tan^2\dfrac{x}{2}+3}$；

(9) $\dfrac{1}{2+\sin x}=\dfrac{\sec^2\left(\dfrac{\pi}{4}-\dfrac{x}{2}\right)}{\tan^2\left(\dfrac{\pi}{4}-\dfrac{x}{2}\right)+3}$；

(10) $\dfrac{\sin x}{\sin x+\cos x}=\dfrac{1}{2}\left(1-\dfrac{\cos x-\sin x}{\sin x+\cos x}\right)$；

(11) $\dfrac{1}{\sin 2x+2\sin x}=\dfrac{\sin x}{2(1-\cos^2 x)(1+\cos x)}$；

(12) $\left(\sin\dfrac{x}{2}\pm\cos\dfrac{x}{2}\right)^2=1\pm\sin x$；

(13) $\dfrac{1+\sin x}{\sin 3x+\sin x}=\dfrac{1}{4}\left(\dfrac{\sin x}{1-\cos^2 x}+\dfrac{\sin x}{\cos^2 x}+\dfrac{1}{\cos^2 x}\right)$；

(14)* $\dfrac{1}{\sin(x+a)\cdot\sin(x+b)}=\dfrac{1}{\sin(a-b)}\left[\dfrac{\cos(x+b)}{\sin(x+b)}-\dfrac{\cos(x+a)}{\sin(x+a)}\right].\ (a-b\neq k\pi)$

4. 填空：

(1) $\arctan 1=$ ＿＿＿＿＿；　　(2) $\operatorname{arccot}(-1)=$ ＿＿＿＿＿；

(3) $\arcsin\left(-\dfrac{1}{2}\right)=$ ＿＿＿＿＿；　　(4) $\arccos\left(-\dfrac{\sqrt{2}}{2}\right)=$ ＿＿＿＿＿；

(5) $\sin\left(-\arcsin\dfrac{\sqrt{2}}{3}\right)=$ ＿＿＿＿＿；　　(6) $\cos\left(-\arccos\dfrac{\sqrt{5}}{3}\right)=$ ＿＿＿＿＿；

(7)$\cot(\text{arccot}(-3.1)) = $ _____ ;　　　　(8)$\sin(-\arctan\sqrt{3}) = $ _____ ;

(9)$\tan\left(\arcsin\dfrac{\sqrt{2}}{2}\right) = $ _____ ;　　　　(10)$\cot(\text{arccos}1) = $ _____ .

5.填空：

(1) 等式 $\arccos(\cos x) = x$ 成立当且仅当 $x \in$ _____ ;

(2) 函数 $y = \arccos(\sin x)\left(-\dfrac{\pi}{3} < x < \dfrac{2\pi}{3}\right)$ 的值域是 _____ ;

(3)$y = \arccos\dfrac{1}{\sqrt{x}}$ 的定义域是 _____ ;的值域是 _____ ;

(4)$y = \text{arccot}(2x-1)$ 的定义域是 _____ ;值域是 _____ .

6*. 求函数 $y = \tan x, x \in \left(\dfrac{\pi}{2}, \dfrac{3\pi}{2}\right)$ 的反函数.

7*. 用反三角函数值的形式表示下列式中的 x:

(1)$\cos x = \dfrac{3}{5}, x \in (0, \pi)$;　　　　(2)$\tan x = -\dfrac{1}{4}, x \in \left(-\dfrac{\pi}{2}, \dfrac{\pi}{2}\right)$;

(3)$\sin x = -\dfrac{\sqrt{2}}{3}, x \in \left[\dfrac{\pi}{2}, \dfrac{3\pi}{2}\right]$;　　　　(4)$\cot x = 3, x \in (0, \pi)$;

(5)$\cot x = 3, x \in (0, \pi)$.

一、函数

（一）内容概述与归纳

1.函数的概念

（1）变量

在讨论某问题过程中始终保持一个数值的量称为常量,而产生数值改变的量称为变量.常量与变量是相对"过程"而言的.通常用字母 a, b, c 等表示常量,而用字母 x, y, t 等表示变量.

（2）函数的定义

有关函数的概念可由映射的概念得之,不过本节重新直接给出函数相关概念和定义.

【定义 1】　设 $X \neq \varnothing$ 是实数集,若 $\forall x \in X, \exists!$ 实数 y 与之对应,则称此对应关系为 X 上的一个函数,记为

$$x \longmapsto y = f(x),$$

其中 x 为自变量,$D_f = X$ 为定义域,y 为因变量或函数,函数的值域为

$$Z_y = \{y \mid y = f(x), x \in X\}.$$

【注】　(i) 函数的本质是对应关系,定义域和值域是函数的两个重要因素.

(ii) 定义蕴含着"单值性",即每个自变量有且只有一个因变量与之对应,称为是单值函数.否则就称这个对应法则为多值的.以后凡是没有做特别说明的,函数都指单值函数.

（3）函数的表示

函数的表示旨在反映出函数的对应关系.常用函数的表示法有图像法、列表法和公式法.

有些函数因不能用一个数学式子表示,必须用不同的数学式子表示,称之为分段函数.

【例 A】 显然 $\forall x \in \mathbf{R}, \exists n \in \mathbf{Z}$,使得 $n \leqslant x < n+1$,那么定义"取整"函数如下:

$$y = [x] = n.$$

例如 $[2.7] = 2$,$[-2.7] = -3$. 一般地有 $[x] \leqslant x < [x]+1$.

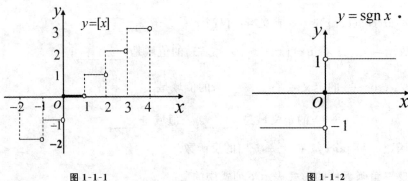

图 1-1-1　　　　　　　　　　　　　图 1-1-2

【例 B】 函数 $f(x) = \operatorname{sgn} x = \begin{cases} -1 & x < 0; \\ 0 & x = 0; \\ 1 & x > 0 \end{cases}$ 称为符号函数,其定义域:$D_f = \mathbf{R}$,值域为

$Z_f = \{-1, 0, 1\}$. 因 $x = \operatorname{sgn} x \cdot |x|$ ($\forall$实数 x),故此函数得其称谓.

【例 C】 实数的绝对值 $|x| = \sqrt{x^2} = \begin{cases} x, & x \geqslant 0; \\ -x, & x < 0 \end{cases}$ 可不用分段函数表示.

2. 函数的常见几何特性

(1) 单调性

【定义 2】 设函数 $y = f(x)$,若 $\forall x_1, x_2 \in D \subset D_f$,且 $x_1 < x_2$ 恒有 $f(x_1) < f(x_2)$(对应地, $f(x_1) > f(x_2)$),则称 $f(x)$ 为 D 上严格单调增加(对应地,单调减少) 函数;若 $\forall x_1, x_2 \in D \subset D_f$, 且 $x_1 < x_2$,恒有 $f(x_1) \leqslant f(x_2)$(对应地, $f(x_1) \geqslant f(x_2)$),则称 $f(x)$ 为 D 上单调增加(对应地,减少) 函数.上述各类函数统称为单调函数. 又,"单调增加" 和"单调减少" 分别简称为"递增" 和"递减".

【例 D】 函数 $y = \cos x$ 在区间 $[-\pi, 0]$ 为严格单调增加;在区间 $[0, \pi]$ 为严格单调减少.

(2) 有界性

【定义 3】 设有函数 $y = f(x)$,若存在正数 $M > 0$,使得 $\forall x \in D \subset D_f$,恒有 $|f(x)| \leqslant M$,则说 $f(x)$ 在 D 是有界的.否则称 $f(x)$ 是 D 上的无界函数;若 $\exists G \in \mathbf{R}$,使得 $\forall x \in D \subset D_f$,恒有 $f(x) \leqslant G$(对应地, $f(x) \geqslant G$),则称 $f(x)$ 在 D 为上有界的(对应地,下有界的).

显然,$f(x)$ 在 D 为有界的当且仅当在 D 为上、下都有界的.

【例 E】 设 $g(x) = \arctan x$. 由于 $|\arctan x| < \dfrac{\pi}{2}$ ($\forall x \in R$),所以 $g(x)$ 在 R 上是有界的.

对函数 $h(x) = \dfrac{1}{x}$,由于 $\forall M > 0$,取 $x_M = \dfrac{1}{M+1}$,则 $x_M \in (0,1)$ 且 $h(x_M) = \dfrac{1}{x_M} = M+1 > M$,

这说明函数 $h(x) = \dfrac{1}{x}$ 在 $(0,1)$ 上无界的.

(3) 奇偶性

【定义 4】 设函数 $f(x)$ 的定义域 D_f 是关于原点为对称的区间,若 $\forall x \in D_f$,都有 $f(-x) = f(x)$(对应地, $f(-x) = -f(x)$),则称 $f(x)$ 为偶函数(对应地,奇函数).

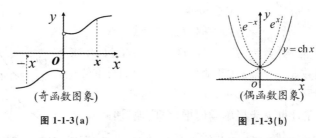

(奇函数图象)   (偶函数图象)

图 1-1-3(a)   图 1-1-3(b)

【注】 偶函数的图形是关于 y 轴为轴对称的;而奇函数的图形是关于原点 O 为心对称的.

【例 F】 (1) 双曲余弦 $y = \mathrm{ch}x = \dfrac{\mathrm{e}^x + \mathrm{e}^{-x}}{2}$ 是偶函数,因为 $\mathrm{ch}(-x) = \dfrac{\mathrm{e}^{-x} + \mathrm{e}^x}{2} = \mathrm{ch}x$.

(2) 双曲正弦 $\mathrm{sh}x = \dfrac{\mathrm{e}^x - \mathrm{e}^{-x}}{2}$ 是奇函数,因为 $\mathrm{sh}(-x) = \dfrac{\mathrm{e}^{-x} - \mathrm{e}^x}{2} = -\mathrm{sh}x$.

(3) 双曲正切 $\mathrm{th}x = \dfrac{\mathrm{sh}x}{\mathrm{ch}x} = \dfrac{\mathrm{e}^x - \mathrm{e}^{-x}}{\mathrm{e}^x + \mathrm{e}^{-x}}$ 是奇函数,因为 $\mathrm{th}(-x) = \dfrac{\mathrm{e}^{-x} - \mathrm{e}^x}{\mathrm{e}^{-x} + \mathrm{e}^x} = -\mathrm{th}x$.

(4) 函数 $f(x) = \begin{cases} 1-x, & x \leqslant 0 \\ 1+x, & x > 0 \end{cases}$ 是偶函数,因为对任意实数 x,成立着

$$f(-x) = \begin{cases} 1-(-x), & -x \leqslant 0 \\ 1+(-x), & -x > 0 \end{cases} = \begin{cases} 1+x, & x \geqslant 0 \\ 1-x, & x < 0 \end{cases} = f(x).$$

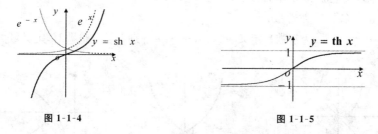

图 1-1-4   图 1-1-5

(4) 周期性

【定义 5】 设函数 $f(x)$ 的定义域为 D_f.若存在一个正数 l,使得 $\forall x \in D_f$ 恒有 $x+l \in D_f$ 且 $f(x+l) = f(x)$ 则称 $f(x)$ 为 D_f 上的周期函数,称 l 为周期.

通常我们说周期函数的周期是指最小正周期,习惯上记为 T.并非所有周期函数都有最小正周期(参看下面【例 H】).

【例 G】 观察函数 $f(x) = |\sin x|$,因 $\forall$ 实数 x, $f(x+\pi) = |\sin(x+\pi)| = |\sin x| = f(x)$,故 $y = |\sin x|$ 以 π 为周期.

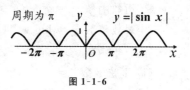

图 1-1-6

【例 H】 狄里克雷函数 $D(x) = \begin{cases} 1, & x \text{ 为有理数} \\ 0, & x \text{ 为无理数} \end{cases}$ 以任一有理数 q 为周期,从而没有最小正周期.其周期性验证如下:

$$D(x+q) = 1 = D(x), \forall \text{有理数} x; \qquad D(x+q) = 0 = D(x), \forall \text{无理数} x.$$

3.反函数和复合函数

(1) 反函数的定义

【定义 6】 设函数 $y = f(x)$ 的定义域为 D_f,而值域为 Z_f.如果 $\forall y \in Z_f$,$\exists ! x \in D_f$ 满足关系 $y = f(x)$,则该对应关系定义一个函数,记为

$$x = f^{-1}(y), \quad y \in Z_f,$$

称为 $f(x)$ 的反函数,而函数 $y = f(x)$ 称为直接函数.

按习惯,反函数记为 $y = f^{-1}(x)$.这样一来,反函数 $y = f^{-1}(x)$ 与直接函数 $y = f(x)$ 关于直线 $y = x$ 为轴对称的.

【命题】　若直接函数 $y = f(x)$ 为严格单调递增(对应地,递减),则其反函数存在且也为严格单调递增(对应地,递减).

例如,大家熟悉的幂函数 $y = x^3$ 与它的反函数 $y = \sqrt[3]{x}$ 关于直线 $y = x$ 为轴对称的,且都为严格单调递增函数.

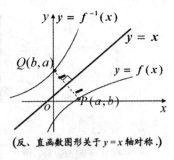

(反、直函数图形关于 $y = x$ 轴对称.)

图 1-1-7

(2) 复合函数的定义

【定义 7】　设有函数链 $y = f(u), u \in D_f; u = g(x), x \in D = D_g$,如果 $g(D_g) \subset D_f$,那么对应关系 $x \longmapsto y$ 定义一个函数,称为 f 与 g 的复合函数,记为 $f \circ g$,故有

$$y = f \circ g(x) = f(u) \xlongequal{u = g(x)} f[g(x)], x \in D,$$

其中 u 称为中间变量.　(参看本章 O.预备知识之复合映射的定义.)

4.初等函数

(1)基本初等函数

幂函数、指数函数、对数函数、三角函数、反三角函数连同常数全体统称为基本初等函数.下面分别作图并列出它们的基本性质:

常值函数 $y = C$(C 为常数).

① 幂函数 $y = x^\mu$　(μ 为常数),定义域为 $(0, +\infty)$,特别 μ 是正整数时,定义域为 $(-\infty, +\infty)$.

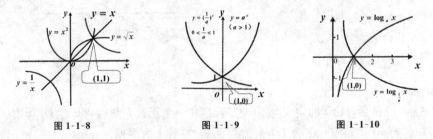

图 1-1-8　　　　　图 1-1-9　　　　　图 1-1-10

② 指数函数 $y = a^x$　($a > 0, a \neq 1$),特别有 $y = e^x$.

③ 对数函数 $y = \log_a x$　($a > 0, a \neq 1$).常用 $a = e$ 时的对数函数 $y = \ln x$.

④ 三角函数(参看本章一、预备知识第(四)1 节).

(i) 正弦函数 $y = \sin x$,定义域是 $(-\infty, +\infty)$,值域 $[-1, 1]$,最小周期 2π,有界函数.

图 1-1-11(a)　　　　　　　　图 1-1-11(b)

(ii) 余弦函数 $y = \cos x$,定义域是 $(-\infty, +\infty)$,值域 $[-1, 1]$,最小周期 2π,有界函数.

(iii) 正切函数 $y = \tan x$,定义域:$(k\pi - \dfrac{\pi}{2}, k\pi + \dfrac{\pi}{2})$,$k \in \mathbf{Z}$;值域 $(-\infty, +\infty)$,周期 π,单调递增.

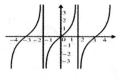 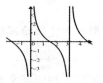

图 1-1-11(c)　　　　　　　　　　　　　图 1-1-11(d)

(iv) 余切函数 $y = \cot x$,定义域:$(k\pi,(k+1)\pi)$,$k \in \mathbf{Z}$;值域$(-\infty,+\infty)$,周期 π,单调递减.

(v) 正割函数 $\sec x = \dfrac{1}{\cos x}$.

(vi) 余割函数 $\csc x = \dfrac{1}{\sin x}$.

⑤ 反三角函数（详细概念见本章 O.预备知识第（四）2 节）

反三角函数表

名称与函数式	定义域	值域（主值）	主要性质
反正弦函数 $y = \arcsin x$	$[-1,1]$	$\left[-\dfrac{\pi}{2},\dfrac{\pi}{2}\right]$	奇函数、增函数 $\arcsin(-x) = -\arcsin x$
反余弦函数 $y = \arccos x$	$[-1,1]$	$[0,\pi]$	减函数 $\arccos(-x) = \pi - \arccos x$
反正切函数 $y = \arctan x$	$\mathbf{R}$	$\left(-\dfrac{\pi}{2},\dfrac{\pi}{2}\right)$	奇函数、增函数 $\arctan(-x) = -\arctan x$
反余切函数 $y = \operatorname{arccot} x$	$\mathbf{R}$	$(0,\pi)$	减函数 $\operatorname{arccot}(-x) = \pi - \operatorname{arccot} x$

（2）初等函数的定义

基本初等函数（含常数）经过有限次四则运算和复合步骤所构成,并可用一个此类式子表示的函数,称为初等函数. 否则称为非初等函数.

如前面提到的取整函数、符号函数和狄里克雷函数等分段函数都不是初等函数.

（二）解题方法与典型、综合例题

1.函数的定义域求解的常用依据和注意事项

（1）偶次根式 $\sqrt[2n]{f(x)}$ 要求被开方数 $f(x) \geqslant 0$;

（2）分式 $\dfrac{g(x)}{f(x)}$ 要求分母 $f(x) \neq 0$;

（3）对数 $\log_a f(x)$ 要求真数 $f(x) > 0$;

（4）反正、余弦函数 $\arcsin f(x)$、$\arccos f(x)$ 要求 $|f(x)| \leqslant 1$.

（5）两个函数四则运算后所得新函数的定义域是该两个函数定义域的共同部分（即交集）. 如果两个函数相除,作为分母的函数其值取 0 的原像要从它们定义域的共同部分中扣除.

2.典型例题

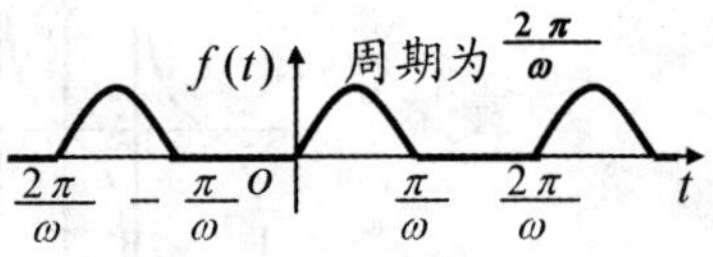

【例1】　根据右图凭经验写出函数表达式.

图 1-1-12

解：　$y = \max\{\sin\omega x, 0\}$.

【例2】　求下列函数的定义域：

(1) $f(x) = \sqrt{x^2 - 9}$；

(2) $f(x) = \dfrac{1}{4 - x^2} + \lg(x - 1)$；

(3) $f(x) = \arccos \dfrac{x}{[x]}$.

解：　(1) 根据函数式令 $x^2 - 9 \geqslant 0$，$\Leftrightarrow x \leqslant -3$ 或 $x \geqslant 3$，所以函数定义域为

$$\{x \mid x \leqslant -3 \text{ 或 } x \geqslant 3\}, \text{即} (-\infty, -3] \bigcup [3, +\infty).$$

(2) 由函数式得 $\begin{cases} 4 - x^2 \neq 0 \\ x - 1 > 0 \end{cases}$ 即 $\begin{cases} x \neq \pm 2 \\ x > 1 \end{cases}$，所以得此函数定义域为

$$\{x \mid x > 1, x \neq 2\}, \quad \text{即} \quad (1,2) \bigcup (2, +\infty).$$

(3) 欲使 $f(x) = \arccos \dfrac{x}{[x]}$ 有意义，必须满足条件 $-1 \leqslant \dfrac{x}{[x]} \leqslant 1$，且 $[x] \neq 0$. 注意取整

函数 $[x]$ 使得 $x - 1 < [x] \leqslant x, \forall x \in \mathbf{R}$. 故当 $x < 0$ 时，$0 < \dfrac{x}{[x]} \leqslant 1$；当 $0 \leqslant x < 1$ 时，$\dfrac{x}{[x]}$

无意义；当 $x \geqslant 1$ 时，$\dfrac{x}{[x]} \geqslant 1$(等号仅当 $x \in \mathbf{N}^+$ 时成立). 从而所求定义域为

$$D = \{x \mid x < 0 \text{ 或 } x = 1, 2, 3, \cdots\}.$$

【例3】　(1) 求 $f(x)$，设 $f\left(\dfrac{1}{x} - 1\right) = \dfrac{1}{2x - 1}$.

(2) 已知 $f(x) = \mathrm{e}^{\sin x}$，$f[g(x)] = 1 - 2x$，且 $g(x) \geqslant 0$，求 $g(x)$ 并写出其定义域.

解：　(1) 令 $t = \dfrac{1}{x} - 1$，$x = \dfrac{1}{t+1}$，则 $t \neq -1$. 又由 $2x - 1 \neq 0$ 得 $x \neq 1/2$，即 $t \neq 1$. 代入

原式得

$$f(t) = \dfrac{1+t}{1-t}, \quad t \neq \pm 1, \qquad \text{即} \qquad f(x) = \dfrac{1+x}{1-x}, \quad x \neq \pm 1.$$

(2) 由 $f[g(x)] = \mathrm{e}^{\sin g(x)} = 1 - 2x$，可得 $g(x) = \arcsin[\ln(1 - 2x)]$. 又 $g(x) \geqslant 0$，所以

有 $0 \leqslant \ln(1 - 2x) \leqslant 1$，即 $1 \leqslant 1 - 2x \leqslant \mathrm{e}$. 从而 $g(x)$ 的定义域为

$$\dfrac{1 - \mathrm{e}}{2} \leqslant x \leqslant 0.$$

【注】　由 $f(t) = \dfrac{1}{\dfrac{2}{1+t} - 1} = \dfrac{1}{\dfrac{1-t}{1+t}}$，立即看出 $t \neq \pm 1$.

【例4】　设 $f(x)$ 是以正数 a 为周期的周期函数，且已知当 $0 < x \leqslant a$ 时，$f(x) = x^3$，试

求周期函数 $f(x)$.

解：　令 $x = t + na$，这里 $t \in (0, a]$，$x \in (na, (n+1)a]$，$n = 0, \pm 1, \pm 2, \cdots$ 利用周期函

数的性质 $f(x) = f(t + na) = f(t)$ 及 $0 < t \leqslant a$ 时，$f(t) = t^3$，即得

$$f(x) = f(t) = t^3 = (x - na)^3, \quad x \in (na, (n+1)a], \quad n = 0, \pm 1, \pm 2, \cdots$$

【例 5】 已知函数 $f(x) = \begin{cases} 1, & |x| < 1 \\ 0, & |x| = 1, \quad g(x) = \mathrm{e}^x, \text{计算} f(g(x)) \text{ 和} g(f(x)). \\ -1, & |x| > 1 \end{cases}$

解： (1) 首先解 $|g| < 1$，即 $\mathrm{e}^x < 1$，立得 $x < 0$；解 $|g| = 1$，即 $\mathrm{e}^x = 1$，立得 $x = 0$；解 $|g| > 1$，即 $\mathrm{e}^x > 1$，立得 $x > 0$. 然后把 $f(x)$ 的表达式及其定义域中的 x 用 $g(x)$ 代入得

$$f(g(x)) = \begin{cases} 1, & |g(x)| < 1, \\ 0, & |g(x)| = 1, \quad \Rightarrow \quad f(g(x)) = \begin{cases} 1, & x < 0 \\ 0, & x = 0. \\ -1, & x > 0 \end{cases} \\ -1, & |g(x)| > 1, \end{cases}$$

(2) 把 $g(x)$ 的 x 用 $f(x)$ 代入得 $g(f(x)) = \mathrm{e}^{f(x)}$，于是 $g(f(x)) = \begin{cases} \mathrm{e}, & |x| < 1 \\ 1, & |x| = 1 \\ \mathrm{e}^{-1}, & |x| > 1 \end{cases}$.

【例 6】 判定函数 $f(x) = \mathrm{e}^{-x^2}(2 - \cos x)$ 在 $(-\infty, +\infty)$ 上是否是有界的奇或偶函数？

解： 因为 $f(-x) = \mathrm{e}^{-(-x)^2}[2 - \cos(-x)] = \mathrm{e}^{-x^2}(2 - \cos x) = f(x)$，所以 $f(x)$ 是偶函数. 显然 $\mathrm{e}^{-1} < 1$，根据指数函数的单调性，$\forall x \in (-\infty, +\infty)$，由 $x^2 \geqslant 0$ 即得 $\mathrm{e}^{-x^2} \leqslant 1$. 又 $\forall x, |2 - \cos x| \leqslant 2 + |\cos x| \leqslant 3$，所以，$|f(x)| \leqslant 3$，从而在 $(-\infty, +\infty)$ 上有界.

【例 7】 讨论函数 $y = \dfrac{1 - \sqrt{1 - 4x^2}}{1 + \sqrt{1 - 4x^2}}$ 的基本性质.

解： 令 $1 - 4x^2 \geqslant 0$ 得函数定义域为 $\left[-\dfrac{1}{2}, \dfrac{1}{2}\right]$. 又函数显然是偶函数，且可改写为

$$y = \frac{2}{1 + \sqrt{1 - 4x^2}} - 1.$$

显然 $\forall x_1 \text{、} x_2 \in \left[0, \dfrac{1}{2}\right], x_1 < x_2 \quad \Leftrightarrow \quad 1 + \sqrt{1 - 4x_1^2} > 1 + \sqrt{1 - 4x_2^2} \quad \Leftrightarrow \quad y(x_1) < y(x_2)$，故函数 $f(x)$ 在 $\left[0, \dfrac{1}{2}\right]$ 是单调增加的. 从函数改写的表达式可知，$y|_{x=0} = 0$；$y|_{x=\frac{1}{2}} = 1$，再由函数为偶函数得 $y = \dfrac{1 - \sqrt{1 - 4x^2}}{1 + \sqrt{1 - 4x^2}}$ 的值域为 $[0, 1]$，函数有界.

【例 8】 已知函数 $f(x) = \begin{cases} x^2, & -1 \leqslant x < 0 \\ \ln x, & 0 < x \leqslant 1, \text{ 求反函数} f^{-1}(x). \\ 2\mathrm{e}^{x-1}, & 1 < x \leqslant 2 \end{cases}$

解： 当 $-1 \leqslant x < 0$ 时，$0 < y \leqslant 1$，由 $y = x^2$ 解出 $x = -\sqrt{y}$，交换 x 与 y，得反函数

$$y = -\sqrt{x} \quad (0 < x \leqslant 1);$$

当 $0 < x \leqslant 1$ 时，$-\infty < y = \ln x \leqslant 0$，由 $y = \ln x$ 解得 $x = \mathrm{e}^y$，交换 x 与 y，得反函数

$$y = \mathrm{e}^x \quad (-\infty < x \leqslant 0);$$

当 $1 < x \leqslant 2$ 时，$2 < y = 2\mathrm{e}^{x-1} \leqslant 2\mathrm{e}$，由 $y = 2\mathrm{e}^{x-1}$ 解得 $x = 1 + \ln \dfrac{y}{2}$，交换 x 与 y，得反函数

$$y = 1 + \ln \frac{x}{2} \quad (2 < x \leqslant 2\mathrm{e}).$$

故得 $f(x)$ 的反函数为 $\quad f^{-1}(x) = \begin{cases} \mathrm{e}^x, & -\infty < x \leqslant 0 \\ -\sqrt{x}, & 0 < x \leqslant 1. \\ 1 + \ln \dfrac{x}{2}, & 2 < x \leqslant 2\mathrm{e} \end{cases}$

【习题 1.1】(函　数)

1.填空题

(1) 设函数 $f(x) = x^2 + 4x - 7$,则 $f(3) =$ _____ ;

(2) 函数 $f(x) = \dfrac{1}{\ln(x+2)} + \sqrt{4 - x^2}$ 的定义域是 _____ ;

(3) 函数 $y = \operatorname{arccot}(1 + x^2)$ 的值域是 _____ ;

(4) 函数 $f(x) = x^2 - 2x$,则 $f(x-1) =$ _____ .

2.设 $f(x)$ 的定义域是 $[0,1]$,求下列函数的定义域　($a > 0$):

(1) $f(x^2)$;　　　　　(2) $f(x+a)$;　　　　　(3)* $f(x+a) + f(x-a)$.

3.求 $y = \cot \pi x + \arccos 2^x$ 的定义域.

4.求 $y = \arcsin \sqrt{2 - x}$ 的定义域和值域.

5.设 $f\left(\dfrac{1}{x}\right) = x + \sqrt{1 + x^2}$,求函数 $y = f(x)(x > 0)$ 的表达式.

6.指出下列函数中哪些是奇函数、偶函数或非奇非偶函数?

(1) $f(x) = x \cos x$;　　　(2) $f(x) = \ln(x + \sqrt{1 + x^2})$;　　(3) $f(x) = x - x^3$;

(4) $f(x) = \dfrac{e^{-x} + e^x}{\ln(2 + x^2)}$;　　(5) $f(x) = x e^{3x}$;　　　(6) $f(x) = \dfrac{1 + x^2}{1 - x^2}$.

7.下列函数中哪些是周期函数,对于周期函数指出其周期.

(1) $f(x) = \sin^2 x$;　　　(2) $f(x) = \sin(x - 2)$;　　(3) $f(x) = \cos x - 2$;

(4) $f(x) = 2^{\cos 2x}$;　　　(5) $f(x) = x \sin x$.

8.下列函数中哪些是有界函数,哪些是无界函数?

(1) $f(x) = \operatorname{arccot} x$;　　　　　(2) $f(x) = \sin 3x$;

(3) $f(x) = \ln(x^2 + 1)$;　　　　(4) $f(x) = 2^{-|x|}$.

9.将下列各复合函数的复合过程填入空格:

(1) $y = \sqrt{x^4 + 1}$:_____ ;

(2) $y = \arcsin(1 - x^2)$:_____ ;

(3) $y = \cos \ln \dfrac{3x}{2}$:_____ ;

(4) $y = \tan^3 e^x$:_____ ;

(5) $y = e^{\sin^2 \sqrt{x}}$:_____ ;

(6) $y = \arcsin(1 - x^2)$:_____ .

10.设 $f(x) = x^2, g(x) = 2^x$,求 $f[g(x)], g[f(x)]$.

11.设函数 $f(\sqrt{x} + 2) = 2x$,求 $f(x)$ 的函数式.

12.求函数 $y = \arccos x \ \left(-1 < x < \dfrac{1}{2}\right)$ 的反函数.

13*.求函数 $y = \begin{cases} x^2, & -1 \leqslant x < 0 \\ \ln x, & 0 < x \leqslant 1 \\ 2e^{x-1}, & 1 < x \leqslant 2 \end{cases}$ 的反函数及其定义域.

14*.设 $f(0) = 0$ 且 $x \neq 0$ 时 $af(x) + bf\left(\dfrac{1}{x}\right) = \dfrac{c}{x}$,其中 a, b, c 为常数,且 $|a| \neq |b|$,证明 $f(x)$ 为奇函数.

二、数列的极限

（一）内容概述与归纳

1. 数列极限的概念与性质

（1）数列极限的概念

【定义1】　可列无穷多个数

$$x_1,x_2,x_3,\cdots,x_n,\cdots$$

依次从左至右排成一列就称为数列，记为 $\{x_n\}_{n=1}^{\infty}$，简记为 $\{x_n\}$，其中 x_n 称为通项．

【定义2】　（极限的 ε-N 定义）设有数列 $\{x_n\}$，常数 A．如果对任意给定的正数 ε，总存在正数 $N=N_\varepsilon$，使得当 $n>N_\varepsilon$ 时，下面不等式恒成立：

$$|x_n-A|<\varepsilon,$$

那么称常数 A 是数列 $\{x_n\}$ 的极限，记为

$$\lim_{n\to\infty}x_n=A,\text{或}\ x_n\to A\ (n\to\infty)\text{或}\ x_n\longrightarrow A.$$

此时也说数列 $\{x_n\}$ 是收敛的，收敛于极限 A．不收敛的数列称为是发散的．

【注】　(i) 定义2简述为：$\lim_{n\to\infty}x_n=A\iff\forall\varepsilon>0,\exists N\in\mathbf{N}^+,\forall n>N,|x_n-A|<\varepsilon$.

定义2的否命题为：$x_n\nrightarrow A\ (n\to\infty)\iff\exists\varepsilon>0,\forall N\in\mathbf{N}^+,\exists n_N>N,|x_{n_N}-A|\geqslant\varepsilon$；

即"x_n 不以 A 为极限"$\iff$简述中符号"$\forall$"与"$\exists$"互换；最后符号"$<\varepsilon$"换成"$\geqslant\varepsilon$"．

(ii)　数列极限的 ε-N 定义的几何解释：

当 $n>N$ 时，所有的点 x_n 都落在 $(a-\varepsilon,a+\varepsilon)$ 内，只有有限个（至多只有 N 个）落在其外．

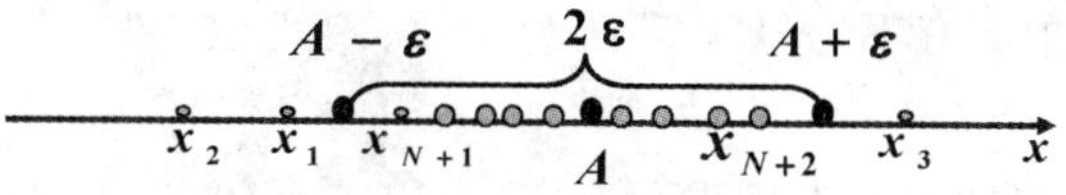

图 1-2-1

由定义立得常数列收敛于自身常数．下面的命题既简单又有用：

【引理1】　设有数列 $\{x_n\}$，常数 A．那么 $\lim_{n\to\infty}x_n=0\iff\lim_{n\to\infty}|x_n|=0$．一般有

$$\lim_{n\to\infty}x_n=A\iff\lim_{n\to\infty}|x_n-A|=0\iff\lim_{n\to\infty}(x_n-A)=0.$$

（2）数列极限的主要性质

【性质1°】　（极限唯一性）若数列有极限，则极限必唯一，即

$$\lim_{n\to\infty}x_n=A\ \text{且}\ \lim_{n\to\infty}x_n=B\implies A=B.$$

【定义3】　设有数列 $\{x_n\}$，若存在常数 $M>0$，使得对任意 n 都有 $|x_n|<M$，则称该数列是有界的．

【性质2°】　（有界性）收敛数列必有界，即

$$\lim_{n\to\infty}x_n=A\implies\exists M>0,\text{使得}\ \forall n,|x_n|<M.$$

【性质3°】　（保号性）若 $\lim_{n\to\infty}x_n=a$，且 $a>0$（或 <0），则 $\exists N\in\mathbf{N}^+$，当 $n>N$ 时，有 $x_n>0$（或 <0）．

【性质4°】　（性质 3° 的逆命题）设数列 $\{x_n\}$ 从某项起 $x_n\geqslant0$（或 $\leqslant0$），若 $\{x_n\}$ 收敛于数 a，则

$$\lim_{n\to\infty}x_n=a\geqslant0\ \ (\text{或}\ a\leqslant0).$$

【注】　注意,条件 $x_n > 0$(或 < 0)并未必能推出 $\lim\limits_{n \to \infty} x_n > 0$(或 < 0).

【反例】　虽有 $\forall n$, $x_n = \dfrac{1}{n} > 0 > y_n = -\dfrac{1}{n}$,但却是 $\lim\limits_{x \to \infty} x_n = 0 = \lim\limits_{x \to \infty} y_n$.

(3) 数列极限的四则运算法则

【定理1】　设有两个收敛数列,那么

(i) 数乘收敛数列所得新数列仍收敛,其极限为该数和已知极限的乘积;

(ii) 两收敛数列的和、差、积、商所得新数列仍收敛,且其极限等于两已知收敛数列的极限之和、差、积、商(此时分母不为0).

定理可简单归纳如下：　$\lim\limits_{n \to \infty} x_n = A$,　$\lim\limits_{n \to \infty} y_n = B$,　A、B、a、b 均为常数

$$\Longrightarrow \begin{cases} (1)\ \lim\limits_{n \to \infty}(ax_n \pm by_n) = a\lim\limits_{n \to \infty} x_n \pm b\lim\limits_{n \to \infty} y_n = aA \pm bB; \\[2mm] (2)\ \lim\limits_{n \to \infty}(x_n y_n) = \lim\limits_{n \to \infty} x_n \cdot \lim\limits_{n \to \infty} y_n = AB; \\[2mm] (3)\ \lim\limits_{n \to \infty} \dfrac{x_n}{y_n} = \dfrac{\lim\limits_{n \to \infty} x_n}{\lim\limits_{n \to \infty} y_n} = \dfrac{A}{B} \quad (B \neq 0\ \text{时}). \end{cases}$$

【推论1】　若 $\lim\limits_{n \to \infty} x_n = A$,则 $\lim\limits_{n \to \infty} x_n^k = A_n^k$,　$\forall k \in \mathbf{N}^+$.

【推论2】　若 $\lim\limits_{n \to \infty} x_n = A > 0$,则 $\lim \sqrt[k]{x_n} = \sqrt[k]{A}$,　$\forall k \in \mathbf{N}^+$.

【注】　推论2的证明参看第二篇第一章杂难题与综合例题的[特例1].

2. 数列极限存在的两个判定准则和柯西收敛原理

(1) 单调有界准则

【定义4】　如果数列 $\{x_n\}$ 使得 $\forall n \in \mathbf{N}^+$, $x_n \leqslant x_{n+1}$(或, $x_n \geqslant x_{n+1}$),那么称 $\{x_n\}$ 为单调递增(或,递减)的.若将式中所有不等号"$\leqslant$"改为"$<$"、"$\geqslant$"改为"$>$",则对应地将"单调"改为"严格单调".

【准则Ⅰ】　单调有界数列必有极限.

【注】　(i) 这是多数微积分教科书的理论出发点!

(ii) 准则Ⅰ可表示为下面两种情形:

$$\forall n \in \mathbf{N}, \quad x_n \geqslant x_{n+1} \geqslant G \implies \exists A \in \mathbf{R}, \lim\limits_{n \to \infty} x_n = A.$$

$$\forall n \in \mathbf{N}, \quad x_n \leqslant x_{n+1} \leqslant M \implies \exists A \in \mathbf{R}, \lim\limits_{n \to \infty} x_n = A.$$

(2) 夹逼准则:

【准则Ⅱ】　设 y_n、z_n 是极限同为 A 的两个数列,那么满足条件 $y_n \leqslant x_n \leqslant z_n$　($\forall n \in \mathbf{N}^+$)的数列 x_n 也有极限 A.

【注】　可用定义直接证明准则Ⅱ. 又,准则Ⅱ可表示为:

$$\left. \begin{array}{l} \forall n \in \mathbf{N},\ y_n \leqslant x_n \leqslant z_n, \\ \text{且}\ \ \lim\limits_{n \to \infty} y_n = A = \lim\limits_{n \to \infty} z_n \end{array} \right\} \implies \lim\limits_{n \to \infty} x_n = A.$$

(3)* 数列极限的柯西收敛原理

【定理2】　数列 $\{x_n\}_{n=1}^{\infty}$ 为一收敛数列(即 $\exists$ 常数 a,使得 $\lim\limits_{n \to \infty} x_n = a$)的充分必要条件是 $\forall \varepsilon > 0$, $\exists N \in \mathbf{N}^+$,使 $\forall n > N$, $\forall p \in \mathbf{N}^+$,恒有

$$|x_n - x_{n+p}| < \varepsilon.$$

【注】　证明参看第二篇第一章杂难题与综合例题的[特例2].

3. 数列的子列

【定义 5】 已知数列 $\{x_n\}_{n=1}^{\infty}$ 的无穷多个元素按原次序排列

$$x_{n_1}, x_{n_2}, \cdots, x_{n_k}, \cdots$$

组成一个新的数列,记为 $\{x_{n_k}\}_{k=1}^{\infty}$,称为原数列 $\{x_n\}_{n=1}^{\infty}$ 的一个子列.

【定理 3】 $\lim\limits_{n\to\infty}x_n = A \iff \forall$ 子列 $\{x_{n_k}\}_{k=1}^{\infty} \subset \{x_n\}_{n=1}^{\infty}$, $\lim\limits_{k\to\infty}x_{n_k} = A$.

证*: 必要性. 由 $\lim\limits_{n\to\infty}x_n = A$ 得 $\forall\varepsilon>0, \exists N\in \mathbf{N}^+$,使当 $n>N$ 时 $|x_n-A|<\varepsilon$. 显然当 $k>N$ 时 $n_k\geqslant k>N$,于是

$$|x_{n_k}-A|<\varepsilon.$$

从而 $\lim\limits_{k\to\infty}x_{n_k} = A$.

充分性*. 假设 $\forall$ 子列 $\{x_{n_k}\}_{k=1}^{\infty} \subset \{x_n\}_{n=1}^{\infty}$, $\lim\limits_{k\to\infty}x_{n_k} = A$,但 x_n 不收敛于 A. 于是 $\exists\varepsilon_0>0, \forall N\in\mathbf{N}^+, \exists$ 自然数 $m_N>N$,

$$|x_{m_N}-A|\geqslant\varepsilon_0.$$

依次取 $N=1,2,3,\cdots$ 得子列 $\{x_{m_N}\}_{N=1}^{\infty} \subset \{x_n\}_{n=1}^{\infty}$,则由条件得 $\lim\limits_{N\to\infty}x_{m_N} = A$. 根据引理 1 和命题 2(保号性的逆),$0=\lim\limits_{N\to\infty}|x_{m_N}-A|\geqslant\varepsilon_0$,与 $\varepsilon_0>0$ 矛盾,假设错误,故 x_n 收敛于 A.

【注】 命题"x_n 不收敛于 A"的逻辑陈述见定义 2 的附注(ii).

4. 几个重要的和常用的已知极限

(1) $\lim\limits_{n\to\infty}q^n = 0$ $(|q|<1)$;　　(2) $\lim\limits_{n\to\infty}\dfrac{1}{n^\alpha} = 0$ $(\alpha>0)$;

(3) $\lim\limits_{n\to\infty}\sqrt[n]{a} = 1$ $(a>0)$;　　(4) $\lim\limits_{n\to\infty}\sqrt[n]{n} = 1$;

(5) **重要极限 I**: $\lim\limits_{n\to\infty}\left(1+\dfrac{1}{n}\right)^n = e \approx 2.718281828459045.$

证:(1) 显然 $q=0$ 时命题成立.

当 $0<|q|<1$ 时,$\forall$ 自然数 n, $|q^n|=|q|^n\geqslant|q|^{n+1}=|q^{n+1}|\geqslant0$,根据准则 I,数列 $\{|q^n|\}$ 有极限,记为 $\lim\limits_{n\to\infty}|q^n| = A$. 根据定理 3,$A=\lim\limits_{n\to\infty}|q^{n+1}|=\lim\limits_{n\to\infty}(|q|\cdot|q^n|)=|q|A$. 由此得 $A=0$. 所以 $\lim\limits_{n\to\infty}|q^n| = 0$, 即 $\lim\limits_{n\to\infty}q^n = 0$.

(2) $\forall\varepsilon>0$,不妨设 $\varepsilon<1$. 要使 $\left|\dfrac{1}{n^\alpha}-0\right|=\dfrac{1}{n^\alpha}<\varepsilon$,只要 $n>\varepsilon^{-\frac{1}{\alpha}}$. 于是取 $N=[\varepsilon^{-1/\alpha}]$,则当 $n>N$ 时,恒有 $\left|\dfrac{1}{n^\alpha}\right|<\varepsilon$. 所以 $\lim\limits_{n\to\infty}\dfrac{1}{n^\alpha} = 0$.

(3) 当 $a=1$ 时结论显然成立.

设 $a>1$,令 $\sqrt[n]{a} = 1+\beta_n$ $(\beta_n>0)$,则 $a=(1+\beta_n)^n>1+n\beta_n$,从而 $0<\beta_n<\dfrac{a-1}{n}$. 根据

(2) 有 $\lim\limits_{n\to\infty}\dfrac{a-1}{n} = 0$. 根据逼准即得 $\lim\limits_{n\to\infty}\beta_n = 0$. 于是根据引理 1 得

$$\lim\limits_{n\to+\infty}\sqrt[n]{a} = 1 \quad (a>1).$$

最后设 $0<a<1$,令 $b=1/a$,则 $b>1$, 故 $\lim\limits_{n\to+\infty}\sqrt[n]{a} = \lim\limits_{n\to+\infty}\dfrac{1}{\sqrt[n]{b}} = \dfrac{1}{\lim\limits_{n\to+\infty}\sqrt[n]{b}} = 1.$

(4) 显然 $\sqrt[n]{n} = n^{\frac{1}{n}}>1$,令 $n^{\frac{1}{n}} = 1+a_n (a_n>0)$. 当 $n>3$ 时,由二项式公式得

21

$$n = (1 + a_n)^n = 1 + na_n + \frac{n(n-1)}{2}a_n^2 + \cdots + a_n^n > \frac{n(n-1)}{2}a_n^2.$$

可见 $0 \leqslant |a_n| \leqslant \sqrt{\frac{2}{n-1}} \leqslant \frac{2}{n^{1/2}}$，根据（2）和定理 1 有 $\lim\limits_{n\to\infty}\frac{2}{n^{1/2}} = 0$. 根据逼准即得 $\lim\limits_{n\to\infty}|a_n| = 0$，即 $\lim a_n = 0$. 最后根据引理 1 得 $\lim\limits_{n\to\infty}\sqrt[n]{n} = 1$.

（5）（重要极限 I 的证明）　设 $E_n = \left(1 + \frac{1}{n}\right)^{n+1}$ $(n=1,2,\cdots)$，那么当 $n > 1$ 时，根据第一、（三）3 节附注中的伯努利不等式有

$$\frac{E_n}{E_{n+1}} = \left(1 + \frac{1}{n}\right)^{n+1} \cdot \left(1 + \frac{1}{n+1}\right)^{-(n+2)} = \left[\frac{(n+1)^2}{n^2 + 2n}\right]^{n+1} \cdot \left(\frac{n+1}{n+2}\right)$$

$$= \left(1 + \frac{1}{n^2+2n}\right)^{n+1} \cdot \left(\frac{n+1}{n+2}\right) > \left(1 + \frac{n+1}{n^2+2n}\right) \cdot \left(\frac{n+1}{n+2}\right) = \frac{n^3 + 4n^2 + 4n + 1}{n^3 + 4n^2 + 4n} > 1.$$

故得 $0 < E_{n+1} < E_n < E_1 = 4$. 即得 $\{E_n\}$ 为严格单调下降有界列，从而极限存在，记为 e，所以

$$\lim_{n\to\infty}\left(1 + \frac{1}{n}\right)^n = \lim_{n\to\infty}\left[E_n \cdot \left(1 + \frac{1}{n}\right)^{-1}\right] = \lim_{n\to\infty} E_n = \mathrm{e}.$$

【注】　(i) 本例（5）是单调有界收敛原理的一个典型的应用.

(ii) e 称为纳皮尔常数，是自然对数的底数.

5. 无穷大的概念

【定义 6】　设有数列 $\{x_n\}$. 若 $\forall G > 0, \exists N \in \mathbf{N}^+$，使得当 $n > N$ 时，下面不等式恒成立：

$$|x_n| > G \quad (\text{对应地，} x_n > G \text{ 或 } x_n < -G),$$

那么称数列 $\{x_n\}$ 发散于无穷（对应地，正无穷 或 负无穷），记为

$$\lim_{n\to\infty} x_n = \infty \quad (\text{对应地，} +\infty \text{ 或 } -\infty) \text{ 或者}$$

$$x_n \to \infty \quad (\text{对应地，} +\infty \text{ 或 } -\infty) \ (n \to \infty).$$

此时也说 x_n 是无穷大量（对应地，正无穷大量 或 负无穷大量）.

【注】　(i) 显然，由定义立得：$\lim x_n = \pm\infty$ 蕴涵 $\lim x_n = \infty$.

(ii) 无穷大量事实上是极限不存在的数列，其记号是借用收敛极限的记法. 而且，为方便，我们还经常将无穷大量说成"趋于无穷"、"极限为无穷"等.

【例 A】　试证明 (1) $\lim\limits_{n\to\infty} 2^n = +\infty$；　　　　(2) $\lim\limits_{n\to\infty}(2 - \sqrt{n}) = -\infty$.

证：(1) 设 $x_n = 2^n$，则 $\forall G > 0$，不妨设 $G > 2$，要使 $x_n = 2^n > G$，只要 $n > \log_2 G$. 于是若取 $N = [\log_2 G]$，则当 $n > N$ 时，有 $n > \log_2 G$，故得 $x_n = 2^n > M$，所以

$$\lim_{n\to\infty} 2^n = +\infty.$$

(2) 设 $y_n = 2 - \sqrt{n}$，则 $\forall M > 0$，不妨设 $M > 2$，要使 $y_n = 2 - \sqrt{n} < -M$，只要 $n > (2 + M)^2$. 于是若取 $N = [(2+M)^2]$，则当 $n > N$ 时，有 $n > (2+M)^2$，故得 $y_n = 2 - \sqrt{n} < -M$，所以

$$\lim_{n\to\infty}(2 - \sqrt{n}) = -\infty.$$

【例 B】　设 $a_0 \neq 0, b_0 \neq 0, k, m \in \mathbf{N}^+$，求 $\lim\limits_{n\to\infty}\dfrac{a_0 n^k + a_1 n^{k-1} + \cdots + a_k}{b_0 n^m + b_1 n^{m-1} + \cdots + b_m}$.

解：原式 $= \lim\limits_{n\to\infty}\dfrac{n^k}{n^m} \cdot \dfrac{a_0 + a_1 \cdot \frac{1}{n} \cdots\cdots + a_k \cdot \frac{1}{n^k}}{b_0 + b_1\frac{1}{n} + \cdots\cdots + b_m \cdot \frac{1}{n^m}} = \begin{cases} 0, & k < m; \\ \dfrac{a_0}{b_0}, & k = m; \\ \infty, & k > m. \end{cases}$

【小结】　有理分式求极限(分子分母都是 n 的多项式)，$n \to \infty$：

(i) 若分子分母的次数相同，分式的极限存在，其值是分子与分母中最高次项的系数之比；

(ii) 若分母的次数高于分子的次数，分式的极限是 0；

(iii) 若分子的次数高于分母的次数，分式发散于 ∞.

(二)解题方法与典型、综合例题

1. 先恒等变换再求极限

求极限题少有可直接代用公式者. 不少情况下应对求极限式先进行恒等变换，再求极限.

【例 1】　求 $\lim\limits_{n \to \infty}(n - \sqrt[3]{n^3 - n^2})$

解：因 $n - \sqrt[3]{n^3 - n^2} = \dfrac{\left[n - (n^3 - n^2)^{1/3} \right]\left[n^2 + n \cdot (n^3 - n^2)^{1/3} + (n^3 - n^2)^{2/3} \right]}{n^2 + n \cdot (n^3 - n^2)^{1/3} + (n^3 - n^2)^{2/3}}$

$$= \frac{n^2}{n^2 + n^2 \cdot (1 - n^{-1})^{1/3} + n^2 (1 - n^{-1})^{2/3}}$$

$$= \frac{1}{1 + (1 - n^{-1})^{1/3} + (1 - n^{-1})^{2/3}},$$

故　　　　原式 $= \lim\limits_{n \to \infty} \dfrac{1}{1 + (1 - n^{-1})^{1/3} + (1 - n^{-1})^{2/3}} = \dfrac{1}{3}$.

【注】　(i) 本题恒等变换为有理化分子，用公式

$$a^n - b^n = (a - b)(a^{n-1} + a^{n-2}b + \cdots + a \cdot b^{n-2} + b^{n-1}).$$

(ii) 错解：原式 $= \lim\limits_{n \to \infty} n \cdot (1 - \sqrt[3]{1 - n^{-1}}) \not= (\lim\limits_{n \to \infty} n) \cdot 0(无意义) \not= \infty \cdot 0(无意义) \not= 0$.

2. 先证明极限存在，后求极限或论证 —— 单调有界列必收敛原理的应用

遇到较明显为单调有界列者，可考虑先证明极限存在，设为未知数 A，然后应用极限性质、计算法则，计算极限得出一个关于 A 的方程，解得的 A 就是所求极限.

【例 2】　求 $\lim x_n$，其中 $x_n = \dfrac{a^n}{n!}$　$(a > 1)$.

解：　因当 $n > a > 1$ 时，由下式得 x_n 单调递减：

$$\frac{x_{n+1}}{x_n} = \frac{a^{n+1}}{(n+1)!} \cdot \frac{n!}{a^n} = \frac{a}{n+1} < 1, \qquad\qquad (*)$$

得 $x_n > x_{n+1}$. 又显然 $x_n \geqslant 0$，下有界，故所给数列必收敛. 设 $\lim x_n = A$，则由式 $(*)$ 得

$$\lim x_n = A = \lim x_{n+1} \overset{(*)}{=\!=\!=} \lim x_n \cdot \frac{a}{n+1} = \lim x_n \cdot \lim \frac{a}{n+1} = A \cdot 0 = 0.$$

【注】　可用反证法证明 $\lim x_n = 0$. 事实上，若假设数列收敛 $\lim x_n = A \neq 0$，则由 $(*)$ 中等式部分两边取极限即得矛盾：

$$(左边) \lim_{n \to \infty} \frac{x_{n+1}}{x_n} = \frac{\lim\limits_{n \to \infty} x_{n+1}}{\lim\limits_{n \to \infty} x_n} = 1 \neq 0 = \lim_{n \to \infty} \frac{a}{n+1}(右边).$$

3. 缩放技巧在夹逼准则和用 ε-N 等定义论证极限中的应用

要证 $\lim x_n = A$，如果 x_n 为含 n 的分式，那么可通过改变 n 对其进行缩放，目的是：

(1) 利用 ε-N 等定义论证时，将 $|x_n - A|$ 进行放大成 p_n 后仍要保持可任意小，才能使得从 $p_n < \varepsilon$ 找出所需的 N；

(2) 利用夹逼准则时，关键是建立不等式 $y_n \leqslant x_n \leqslant z_n$，为此常将变量 x_n 缩小成 y_n，将 x_n 放大成 z_n，此时必须注意保持两个变量 y_n, z_n 的极限存在且相等.

其中在对 x_n 进行缩放时,应保持 x_n 的"主要部分"不变而改变"非主要部分". 比如在多项式中,当 $n \to \infty$ 时,n 的最高次项是"主要部分";而当 $n \to 0$ 时,n 的最低次项是"主要部分".

【例 3】　试证明 $\lim\limits_{n \to \infty} \dfrac{\sqrt{n^2+n}}{n} = 1$.

证:　$\forall \varepsilon > 0$,令

$$\left| \frac{\sqrt{n^2+n}}{n} - 1 \right| = \frac{\sqrt{n^2+n}-n}{n} = \frac{n^2+n-n^2}{n(\sqrt{n^2+n}+n)} = \frac{1}{\sqrt{n^2+n}+n} < \frac{1}{n} < \varepsilon,$$

得 $n > \dfrac{1}{\varepsilon}$. 于是若取 $N = \left[\dfrac{1}{\varepsilon} \right]$,则 $\forall n > N$,有 $\left| \dfrac{\sqrt{n^2+n}}{n} - 1 \right| < \dfrac{1}{n} < \varepsilon$. 故命题成立.

【例 4】　用定义求证 $\lim\limits_{n \to \infty} x_n = \dfrac{1}{2}$,其中 $x_n = \dfrac{n^2+1}{2n^2-7n}$.

证:　(将 $|x_n - 1/2|$ 放大,使分子不含 n 而分母保留含 n.)显然

$$\left| \frac{n^2+1}{2n^2-7n} - \frac{1}{2} \right| = \left| \frac{7n+2}{2n(2n-7)} \right| < \frac{8n}{2n^2} = \frac{4}{n} \quad (当 n > 7 时). \qquad (*)$$

于是,$\forall \varepsilon > 0$,若取 $N = \left[\dfrac{4}{\varepsilon} \right] + 7$,则当 $n > N$ 时,成立着

$$\left| \frac{n^2+1}{2n^2-7n} - \frac{1}{2} \right| < \frac{4}{n} < \varepsilon.$$

命题得证.

【注】　$n > 7$ 确保不等式 $(*)$ 成立;$n > \left[\dfrac{4}{\varepsilon} \right]$ 确保 $|x_n - 1/2| < \varepsilon$.

【例 5】　证明 $\lim\limits_{n \to +\infty} \dfrac{n}{a^n} = 0$ $(a > 1)$,特别有 $\lim\limits_{n \to +\infty} \dfrac{n!}{a^{n!}} = 0$.

证:　因 $a > 1$,故可设 $a = 1 + \beta$ $(\beta > 0)$.由二项式$(n > 2)$公式即得:

$$0 \leqslant \frac{n}{a^n} = \frac{n}{(1+\beta)^n} \leqslant \frac{n}{1 + n\beta + n(n-1)\beta^2/2} \leqslant \frac{2}{(n-1)\beta^2} \xrightarrow[n \to +\infty]{} 0.$$

由夹逼准则得

$$\lim\limits_{n \to +\infty} \frac{n}{a^n} = 0.$$

【例 6】　求 $\lim x_n$,其中 $x_n = \dfrac{\sin nx}{n}$,x 为任意实数.

解:　因 $-\dfrac{1}{n} \leqslant x_n = \dfrac{\sin nx}{n} \leqslant \dfrac{1}{n}$, 又 $\lim\limits_{n \to \infty}\left(-\dfrac{1}{n}\right) = 0$,且 $\lim\limits_{n \to \infty} \dfrac{1}{n} = 0$,由夹逼准则得

$$\lim\limits_{n \to \infty} \frac{\sin nx}{n} = 0.$$

【注】　(i) 由 $0 \leqslant |x_n| = \dfrac{|\sin nx|}{n} \leqslant \dfrac{1}{n} \xrightarrow[n \to \infty]{} 0$ 也立得 $\lim\limits_{n \to \infty} \dfrac{\sin nx}{n} = 0$.

(ii) 如果令 $|x_n - 0| = |x_n|$ 的放大式小于任意正数 ε:$|x_n| = \dfrac{|\sin nx|}{n} \leqslant \dfrac{1}{n} < \varepsilon$,由此找出极限 $\varepsilon - N$ 定义中的 N 即可解得同样结果. 为此,可以将夹逼定理理解为极限 $\varepsilon - N$ 定义应用的等效方法,其优点是比 $\varepsilon - N$ 定义容易理解、掌握.

　　4. 两类和式极限的运算

　　(1) 先将和式 x_n 的每项的分母分别缩小、放大使它们各项的分母分别都相同. 假设分别

将 x_n 缩小、放大成 p_n、q_n，而它们的分子可利用等差或等比数列的前 n 项和公式进行计算，并且使得 p_n 和 q_n 分别可求极限，如果极限相同，最后就可用夹逼定理解出极限.

【例 7】　计算 $\lim\limits_{n\to\infty} x_n$，　其中　$x_n = \dfrac{1}{n^2+n+1} + \dfrac{3}{n^2+n+2} + \cdots + \dfrac{2n-1}{n^2+n+n}$.

解：　因 $\dfrac{n^2}{n^2+2n} = \dfrac{1+3+\cdots+(2n-1)}{n^2+n+n} \leqslant x_n \leqslant \dfrac{1+3+\cdots+(2n-1)}{n^2} = \dfrac{n^2}{n^2} = 1$，而且

$\lim\limits_{n\to\infty} \dfrac{n^2}{n^2+2n} = 1$，则由夹逼准则得 $\lim\limits_{n\to\infty} x_n = 1$.

【例 8】　求 $\lim\limits_{n\to\infty} x_n$，其中 $x_n = \dfrac{2}{\sqrt{4^n+3}} + \dfrac{2^2}{\sqrt{4^n+3^2}} + \cdots + \dfrac{2^n}{\sqrt{4^n+3^n}}$.

解：　因 $\dfrac{2-\dfrac{1}{2^n}}{\sqrt{1+\left(\dfrac{3}{4}\right)^n}} = \dfrac{2^{n+1}-1}{\sqrt{4^n+3^n}} = \dfrac{2+\cdots+2^n}{\sqrt{4^n+3^n}} \leqslant x_n \leqslant \dfrac{2+\cdots+2^n}{\sqrt{4^n}} = \dfrac{2^{n+1}-1}{2^n} = 2-\dfrac{1}{2^n}$，

而 $\lim\limits_{n\to\infty} \dfrac{2-\dfrac{1}{2^n}}{\sqrt{1+\left(\dfrac{3}{4}\right)^n}} = 2$ 且 $\lim\limits_{n\to\infty}\left(2-\dfrac{1}{2^n}\right) = 2$，由夹逼准则得

$$\lim\limits_{n\to\infty}\left(\dfrac{2}{\sqrt{4^n+3}} + \dfrac{2^2}{\sqrt{4^n+3^2}} + \cdots + \dfrac{2^n}{\sqrt{4^n+3^n}}\right) = 2.$$

（2）将和式 x_n 的每一项展开成部分分式，然后进行计算、估计.

【例 9】　求 $\lim\limits_{n\to\infty} x_n$，其中　（1）$x_n = \dfrac{1}{1\cdot 3} + \dfrac{1}{3\cdot 5} + \cdots + \dfrac{1}{(2n-1)(2n+1)}$.

（2）$x_n = \dfrac{1}{1\cdot 4} + \dfrac{1}{4\cdot 7} + \dfrac{1}{10\cdot 13} + \cdots + \dfrac{1}{(3n-2)(3n+1)}$.

解：　（1）$x_n = \dfrac{1}{2}\left[\left(\dfrac{1}{1}-\dfrac{1}{3}\right) + \left(\dfrac{1}{3}-\dfrac{1}{5}\right) + \cdots + \left(\dfrac{1}{2n-3}-\dfrac{1}{2n-1}\right) + \left(\dfrac{1}{2n-1}-\dfrac{1}{2n+1}\right)\right]$

$= \dfrac{1}{2}\left(1-\dfrac{1}{2n+1}\right) \xrightarrow[n\to\infty]{} \dfrac{1}{2}$.

（2）$x_n = \dfrac{1}{3}\left[\left(1-\dfrac{1}{4}\right) + \left(\dfrac{1}{4}-\dfrac{1}{7}\right) + \cdots + \left(\dfrac{1}{(3n-2)}-\dfrac{1}{(3n+1)}\right)\right]$

$= \dfrac{1}{3}\left(1-\dfrac{1}{3n+1}\right) \to \dfrac{1}{3}\ (n\to\infty)$.

【例 10】　证明 x_n 收敛，其中

（1）$x_n = \dfrac{1}{1^2} + \dfrac{1}{2^2} + \dfrac{1}{3^2} + \cdots + \dfrac{1}{n^2}$;　　　　（2）$x_n = \dfrac{1}{1!} + \dfrac{1}{2!} + \dfrac{1}{3!} + \cdots + \dfrac{1}{n!}$.

解：　（1）因 $x_{n+1} = x_n + \dfrac{1}{(n+1)^2} > x_n$，　故 x_n 是单调增加列. 又

$0 \leqslant x_n = \dfrac{1}{1^2} + \dfrac{1}{2^2} + \dfrac{1}{3^2} + \cdots + \dfrac{1}{n^2} \leqslant 1 + \dfrac{1}{1\cdot 2} + \dfrac{1}{2\cdot 3} + \cdots + \dfrac{1}{(n-1)n}$

$= 1 + \left(1-\dfrac{1}{2}\right) + \left(\dfrac{1}{2}-\dfrac{1}{3}\right) + \cdots + \left(\dfrac{1}{n-1}-\dfrac{1}{n}\right) = 2 - \dfrac{1}{n} \leqslant 2$，

所以 x_n 是有界列，从而 x_n 是收敛列.

（2）因 $x_{n+1} = x_n + \dfrac{1}{(n+1)!} > x_n$，　故 x_n 是单调增加列. 又

$$0 \leqslant x_n = \frac{1}{1!} + \frac{1}{2!} + \frac{1}{3!} + \cdots + \frac{1}{n!} \leqslant 1 + \frac{1}{1 \cdot 2} + \frac{1}{2 \cdot 3} + \cdots + \frac{1}{(n-1)n}$$

$$= 1 + \left(1 - \frac{1}{2}\right) + \left(\frac{1}{2} - \frac{1}{3}\right) + \cdots + \left(\frac{1}{n-1} - \frac{1}{n}\right) = 2 - \frac{1}{n} \leqslant 2,$$

所以 x_n 是有界列，从而 x_n 是收敛列.

【习题 1.2】(数列的极限)

1. 计算

(1) $\lim\limits_{n \to \infty} \dfrac{2n^2 + n}{3n^2 + 2}$;

(2) $\lim\limits_{n \to \infty} \dfrac{5n^3 + 2n^2 + 3}{2n^3 + 1}$;

(3) $\lim\limits_{n \to \infty} \dfrac{3n^3 + n}{2n^4 - n^2}$;

(4) $\lim\limits_{n \to \infty} \dfrac{2n^2 + 6n + 3}{\sqrt{2n^4 + 1}}$.

2. 求 $\lim\limits_{n \to \infty} x_n$，其中 $x_n = n \cdot \left(\dfrac{1}{2\sqrt{n^2 + 1}} + \dfrac{1}{2^2\sqrt{n^2 + 2}} + \dfrac{1}{2^3\sqrt{n^2 + 3}} + \cdots + \dfrac{1}{2^n\sqrt{n^2 + n}} \right)$.

3. 计算 $\lim\limits_{n \to \infty} \left(\dfrac{1 + 2 + \cdots + n}{2 + n} - \dfrac{n}{2} \right)$.

4. 求 $\lim\limits_{n \to \infty} 0.\underbrace{33\cdots3}_{n \uparrow 3}$. （提示：通项为 $a_1 = \dfrac{3}{10}$，$q = \dfrac{1}{10}$ 的等比数列的前 n 项和.）

5^*. 试证明 $\lim\limits_{n \to \infty} \left[(n+1)^\alpha - n^\alpha \right] = 0$ $(0 < \alpha < 1)$.

6^*. 求 $\lim\limits_{n \to +\infty} \dfrac{\sqrt{n^2 + a^2}}{n}$，其中 a 为常数.

7^*. 设 $x_n = \sqrt{1 + \sqrt{1 + \sqrt{\cdots + \sqrt{1}}}}$，求 $\lim\limits_{n \to \infty} x_n$. (提示：先证极限存在，再用 $x_{n+1} = \sqrt{1 + x_n}$ 求解.)

三、函数的极限

(一) 内容概述与归纳

1. 自变量的六种变化趋势

本节将讨论当自变量 x 在定义域内按下列趋势变化时，函数 $y = f(x)$ 的变化趋势.

(i) x 沿着数轴正方向趋于无穷大，记为 $x \to +\infty$;

(ii) x 沿着数轴负方向趋于无穷大，记为 $x \to -\infty$;

(iii) $|x|$ 沿着数轴正向趋于无穷大 $\Leftrightarrow x$ 沿着数轴远离原点趋于无穷大，记为 $x \to \infty$;

(iv) x 趋于点 x_0，但 $x \neq x_0$，记为 $x \to x_0$;

(v) x 从右边$(x > x_0)$ 趋于 x_0，记为 $x \to x_0^+$;

(vi) x 从左边$(x < x_0)$ 趋于 x_0，记为 $x \to x_0^-$.

下面主要给出自变量变化情形(i)、(iv) 和(v) 的函数极限的定义，其余极限读者可自行陈述. 本节也将对所有情形进行归纳.

【注】 显然，对常数 a，$t \to a$ 当且仅当 $|t - a| \to 0$，其几何意义是两个量 t、a "无限接近"，今后我们常应用此术语. 例如将 "$f(x) \to A$" 陈述为 "函数 $f(x)$ 无限地接近 A".

2. 函数极限的概念

(1) x 趋于 $+\infty$ 时的函数极限

【定义 1】　设 $f(x)$ 是定义在某区间 $[a,+\infty)$ 上的一个函数，A 为一常数. 如果 $\forall\varepsilon>0$，$\exists X>0$，$\forall x>X$（即：当 $x>X$ 时），恒有

$$|f(x)-A|<\varepsilon,$$

那么称 $f(x)$ 当 x 趋于 $+\infty$ 时以 A 为极限，记为

$$\lim_{x\to+\infty}f(x)=A\quad\text{或者}\quad f(x)\to A\ (x\to+\infty).$$

$f(x)$ 当 x 趋于 $+\infty$ 时不收敛时称为是发散的. 下同，不再赘述！

【注】（i）与数列类似，定义 1 可陈述为"$f(x)$ 当 x 趋于 $+\infty$ 时是收敛的，收敛于数 A".

（ii）显然，$x\to+\infty$ 表示"（正）变量 x 无限变大"或"沿着 x 轴的正向无限远离原点"，这体现在定义中的语句"$\exists X>0$"和"$x>X$"中；定义 1 可直观陈述为：如果当 x 沿着 x 轴的正向无限远离原点时，函数 $f(x)$ 随着无限地接近 A，那么称 $f(x)$ 当 x 趋于 $+\infty$ 时以 A 为极限.

（iii）因为数列 $\{x_n\}_{n=1}^{\infty}$ 可视为函数 $f:\mathbf{N}^+\to\mathbf{R},n\mapsto x_n=f(n)$，所以凡是关于 x 趋于 $+\infty$ 时函数的极限论述对数列都适用.

【例 A】　用 $\varepsilon\text{-}X$ 定义证明 $\lim\limits_{x\to+\infty}\dfrac{1}{x^\alpha}=0\quad(\alpha>0)$.

证：　要使 $\left|\dfrac{1}{x^\alpha}-0\right|=\dfrac{1}{x^\alpha}<\varepsilon$，只要 $x>\dfrac{1}{\varepsilon^{1/\alpha}}$. 若取 $M=\dfrac{1}{\varepsilon^{1/\alpha}}$，则当 $x>M$ 时，有 $\left|\dfrac{1}{x^\alpha}-0\right|<\varepsilon$，

所以（由定义 1）$\lim\limits_{x\to+\infty}\dfrac{1}{x^\alpha}=0$.

（2）x 趋于 x_0 时的函数极限

【定义 2】　设 A 是常数，函数 $f(x)$ 在点 x_0 的某空心邻域 $U^\circ(x_0)$ 内有定义. 如果 $\forall\varepsilon>0$，$\exists\delta>0$，使得当 $0<|x-x_0|<\delta$ 时，恒成立着

$$|f(x)-A|<\varepsilon,$$

那么 A 就称为函数 $f(x)$ 当 x 趋于 x_0 时的极限，记为

$$\lim_{x\to x_0}f(x)=A\quad\text{或}\quad f(x)\xrightarrow[x\to x_0]{}A.$$

【注】（i）本定义与 $f(x)$ 在点 x_0 是否有定义无关；

（ii）δ 与任意给定的正数 ε 有关，当然 $U_\delta^\circ(x_0)\subset U^\circ(x_0)$；

（iii）$0<|x-x_0|<\delta\iff x\in(x_0-\delta,x_0)\bigcup(x_0,x_0+\delta)=U_\delta^\circ(x_0)$.

（iv）定义 2 的直观陈述为：如果当 x 无限接近点 x_0 时，函数 $f(x)$ 随着无限地接近 A，那么称 $f(x)$ 当 $x\to x_0$ 时以 A 为极限.

【例 B】　证明 $\lim\limits_{x\to1}\dfrac{x^2-1}{2(x-1)}=1$.

证：　注意当 $x\neq1$ 时，$|f(x)-1|=\left|\dfrac{x^2-1}{2(x-1)}-1\right|=\dfrac{1}{2}|x-1|$. 于是 $\forall\varepsilon>0$，要使 $|f(x)-1|=\dfrac{1}{2}|x-1|<\varepsilon$，只要 $|x-1|<2\varepsilon$. 故若取 $\delta=2\varepsilon$，则当 $0<|x-1|<\delta$ 时，有 $|f(x)-1|<\varepsilon$，所以 $\lim\limits_{x\to1}\dfrac{x^2-1}{2(x-1)}=1$.

（3）x 从左、右边趋于 x_0 时的函数（的单侧）极限

【定义 3】　设函数 $f(x)$ 在点 x_0 的某空心左邻域 $U^{\circ}(x_0^-)$（对应地，右邻域 $U^{\circ}(x_0^+)$）内有定义．对于常数 A，如果 $\forall \varepsilon > 0, \exists \delta > 0$，使得当 $-\delta < x - x_0 < 0$（对应地，$0 < x - x_0 < \delta$）时，恒有

$$|f(x) - A| < \varepsilon,$$

那么 A 就称为函数 $f(x)$ 当 x 趋于 x_0 时的左（对应地，右）极限，记为 $f(x_0 - 0)$（对应地，$f(x_0 + 0)$），即

$$f(x_0 - 0) = \lim_{x \to x_0^-} f(x) = A \quad \text{或} \quad f(x) \xrightarrow[x \to x_0^-]{} A$$

$$\left(\text{对应地}, f(x_0 + 0) = \lim_{x \to x_0^+} f(x) = A \quad \text{或} \quad f(x) \xrightarrow[x \to x_0^+]{} A\right).$$

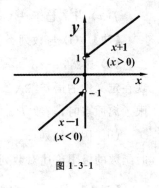

图 1-3-1

【例 C】　求函数 $f(x) = x + \text{sgn}(x) = \begin{cases} x - 1, & \text{若 } x < 0; \\ 0, & \text{若 } x = 0; \\ x + 1, & \text{若 } x > 0 \end{cases}$

在 $x = 0$ 处的左、右极限．

解：　$\forall \varepsilon > 0$，取 $\delta = \varepsilon$，则当 $0 > x > -\delta$ 时，$|f(x) + 1| = |x| < \delta = \varepsilon$，故

$$\lim_{x \to 1^-} f(x) = -1;$$

又 $\forall \varepsilon > 0$，取 $\delta = \varepsilon$，则当 $0 < x < \delta$ 时，$|f(x) - 1| = |x| < \delta = \varepsilon$，故

$$\lim_{x \to 1^+} f(x) = 1.$$

（4）函数发散于无穷的定义

【定义 4】　如果 $\forall G > 0, \exists \delta > 0$，使当 $0 < |x - x_0| < \delta$ 时，恒有

$$|f(x)| > G \quad (\text{或} \pm f(x) > G),$$

那么称当 x 趋于 x_0 时 $f(x)$ 发散于 ∞（或，发散于 $\pm \infty$），记为

$$\lim_{x \to x_0} f(x) = \infty, \quad f(x) \xrightarrow[x \to x_0]{} \infty \quad (\text{或} \lim_{x \to x_0} f(x) = \pm \infty, \quad f(x) \xrightarrow[x \to x_0]{} \pm \infty).$$

【例 D】　试证明：（1）$\lim\limits_{x \to 1} \dfrac{1}{x-1} = \infty$；　（2）$\lim\limits_{x \to 1} \dfrac{\pm 1}{(x-1)^2} = \pm \infty$.

证：　根据定义 4 进行论证．

（1）$\forall G > 0$，取 $\delta = 1/G$，则当 $0 < |x - 1| < \delta = 1/G$ 时，恒有 $\left|\dfrac{1}{x-1}\right| > G$. 故

$$\lim_{x \to 1} \frac{1}{x-1} = \infty.$$

（2）$\forall G > 0$，取 $\delta = 1/\sqrt{G}$，则当 $0 < |x - 1| < \delta$ 时，恒有 $\pm \left[\dfrac{\pm 1}{(x-1)^2}\right] > \dfrac{1}{\delta^2} = G$. 故

$$\lim_{x \to 1} \frac{\pm 1}{(x-1)^2} = \pm \infty.$$

【注】　与数列相同，发散于无穷的函数 $f(x)$ 之极限是不存在的，但通常借用收敛极限的记法，还将它们说成"趋于无穷"，"极限为无穷"等．

（5）对应本节开始罗列的自变量各状态，我们可以模仿定义 1～4 给出函数极限为有限和无穷的各种严格（$\varepsilon - \delta$、$\varepsilon - N$、$\varepsilon - X$；$G - \delta$、$G - N$、$G - X$）定义．

下文中,若命题里极限涉及多种自变量变化状态,则极限号将简化为"lim".

下面将各种极限统一为一个表达式,并列表进行对照,供读者参考.

对应自变量各状态之各类极限定义的统一对照表

表达式	$\lim f(x) = A$(或 ∞、$\pm\infty$) $\Longleftrightarrow$ $\begin{cases} \forall \varepsilon\ (\text{或}\ G) > 0, & \exists\ \text{某时刻,从此时刻起,有} \\ \mid f(x) - A \mid < \varepsilon\ (\text{或}\ \mid f(x) \mid > G、\pm f(x) > G). \end{cases}$				
自变量过程	极限定义(语句)				
	对任意正数	存在某时刻	此时刻起	$f(x)$ 满足条件	极限(结论)
$n \to \infty$		$\exists N \in \mathbf{N}^+$	$\forall n > N$	(x_n 代替下面 $f(x)$)	(x_n 代替下面 $f(x)$)
$x \to +\infty$			$\forall x > X$		
$x \to -\infty$	$\forall \varepsilon > 0$	$\exists X > 0$	$\forall x < -X$	$\mid f(x) - A \mid < \varepsilon$	$\lim f(x) = A$
$x \to \infty$			$\forall \mid x \mid > X$		
$x \to x_0$			$\forall x \in \mathring{U}^\delta_0(x_0)$ $(0 < \mid x - x_0 \mid < \delta)$	(或 $\mid f(x) \mid > G$,	(或 $\lim f(x) = \infty$,
$x \to x_0^+$	(或 $\forall G > 0$)	$\exists \delta > 0$	$\forall x \in \mathring{U}^\delta_0(x_0^+)$ $(0 < x - x_0 < \delta)$	$f(x) > G$, $-f(x) > G$)	$\lim f(x) = +\infty$, $\lim f(x) = -\infty$)
$x \to x_0^-$			$\forall x \in \mathring{U}^\delta_0(x_0^-)$ $(0 < x_0 - x < \delta)$		

【注】　(i) 若自变量 x 趋于数 a,则读者应默认函数在 a 的某空心邻域有定义;

(ii) 若自变量 x 趋于 ∞,则读者应默认函数在某无限区域($\mid x \mid > G > 0$)有定义.同时为方便,本文将上述约定之极限的对应区域称为"极限邻域".

(6)* 为理解(函数极限存在和发散于无穷的)定义中之"$\forall \varepsilon > 0$"和"$\forall G > 0$"的实际意义,可观察对比下面两个定义.如果将其中的字母 ε 和 G 进行对换,其实际内涵仍会是不变.

[定义 2]　$\lim f(x) = A \Longleftrightarrow \forall \varepsilon > 0$,从某时刻起恒有 $\mid f(x) - A \mid < \varepsilon$;

[定义 4]　$\lim f(x) = \infty \Longleftrightarrow \forall G > 0$,从某时刻起恒有 $\mid f(x) \mid > G$.

当然,本质不在于使用什么字母,而是在于结论语句中的不等式:

(i) 定义 2 中的不等式 $\mid f(x) - A \mid < \varepsilon$ 决定了 ε 的意义在于可以任意小!

(ii) 定义 4 中的不等式 $\mid f(x) \mid > G$ 决定了 G 的意义在于可以任意大!

下面两个命题说明此含义.

【命题 1】　$\lim f(x) = A \Longleftrightarrow \forall$ 正整数 n,从某时刻起恒有 $\mid f(x) - A \mid < 1/n$.

证:　"$\Longrightarrow$"显然成立."$\Longleftarrow$":$\forall \varepsilon > 0$,$\exists$ 正整数 n 使得 $1/n < \varepsilon$.由条件得从某时刻起恒有 $\mid f(x) - A \mid < 1/n < \varepsilon$,故定义 2 条件成立,从而 $\lim f(x) = A$.

【命题 2】　$\lim f(x) = \infty \Longleftrightarrow \forall$ 正整数 n,从某时刻起恒有 $\mid f(x) - A \mid > n$.

证:　"$\Longrightarrow$"显然成立."$\Longleftarrow$":$\forall G > 0$,$\exists$ 正整数 n 使得 $n > G$.根据命题条件,从某时刻起恒有 $\mid f(x) \mid > n > G$,故定义 4 条件成立,从而 $\lim f(x) = \infty$.

3. 函数极限的存在条件、性质和运算

(1) 函数极限存在的充要条件

与数列极限类似,由函数极限定义立得常值函数在任何一点处的极限即为自身常数.并有

【引理 1】　$\lim f(x) = 0 \Longleftrightarrow \lim \mid f(x) \mid = 0$.若设 A 为常数,则一般有

$$\lim f(x) = A \Longleftrightarrow \lim \mid f(x) - A \mid = 0 \Longleftrightarrow \lim [f(x) - A] = 0.$$

与数列极限情形类似,函数极限存在性也与其相关子列有关:

【定理 1】　函数极限存在:$\lim f(x) = A \Leftrightarrow \forall$ 与自变量变化趋势相同的数列 $\{x_n\}_{n=1}^{\infty}$,

29

$$\lim_{n\to\infty} f(x_n) = A.$$

【定理 2】 当 $x \to x_0$ 或 $x \to \infty$ 时,函数极限存在当且仅当其左、右极限存在且相等.即

(i) $\lim\limits_{x\to x_0} f(x) = A \Longleftrightarrow \lim\limits_{x\to x_0^-} f(x) = \lim\limits_{x\to x_0^+} f(x) = A$;

(ii) $\lim\limits_{x\to\infty} f(x) = A \Longleftrightarrow \lim\limits_{x\to-\infty} f(x) = \lim\limits_{x\to+\infty} f(x) = A$,若 x 既无上界也无下界.

【注】 此时 $x \to \infty$ 时的左、右状态分别理解为 $x \to -\infty$、$x \to +\infty$.

【例 E】 设 $f(x) = \begin{cases} x+1, x<0 \\ x^2, \quad x \geqslant 0 \end{cases}$,求其在 $x=0$ 的左、右极限,并判断极限存在否?

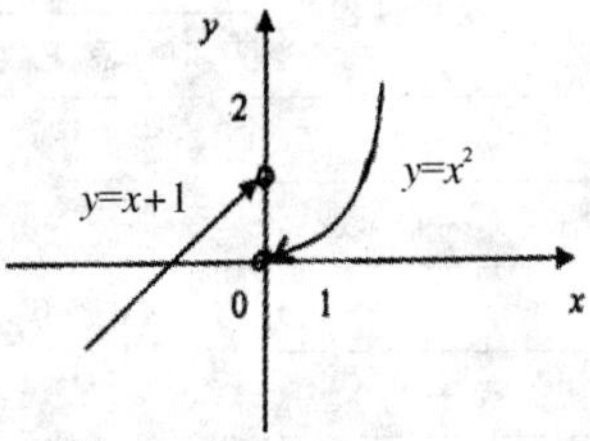

图 1-3-2

解: $\forall \varepsilon > 0$,要使 $|f(x) - 0| = x^2 < \varepsilon \quad (x \geqslant 0)$,只要 $x < \sqrt{\varepsilon}$.故若取 $\delta = \sqrt{\varepsilon}$,则当 $0<x<\delta$ 时,$|f(x)-0| = x^2 < \varepsilon$,于是 $f(x)$ 在 $x=0$ 处右极限为

$$\lim_{x\to0^+} f(x) = \lim_{x\to0^+} x^2 = 0.$$

又 $\forall \varepsilon > 0$,要使 $|f(x) - 1| = |x| < \varepsilon \quad (x < 0)$,只要 $-x < \varepsilon$.故若取 $\delta = \varepsilon$,则当 $0 < -x < \delta$ 时,有 $|f(x)-1| = |x| < \varepsilon$,于是 $f(x)$ 在 $x=0$ 处左极限为

$$\lim_{x\to0^-} f(x) = \lim_{x\to0^-} (x+1) = 1.$$

由于此时函数左、右极限不相等,所以函数 $f(x)$ 在 $x=0$ 处极限不存在.

(2) 函数极限的主要性质(没做特别说明时默认相关极限式自变量变化趋势相同)

【性质 1°】 (唯一性)函数有极限则必唯一,即

$$\lim f(x) = A \text{ 且 } \lim f(x) = B \quad \Longrightarrow \quad A = B;$$

【性质 2°】 (局部有界性)有极限的函数必在某极限邻域内有界,即

$$\lim_{\substack{x\to x_0 \\ (\text{或}x\to\infty)}} f(x) = A \quad \Longrightarrow \quad \begin{cases} \exists M > 0, \text{使} |f(x)| \leqslant M, \\ \forall x \in \mathring{U}_\delta(x_0) \quad (\text{或} |x| > G). \end{cases}$$

【性质 3°】 (局部保号性)设在自变量同一变化状态下两函数有极限:

$$\lim f(x) = A \quad \text{且} \quad \lim f(x) = B,$$

若 $A < B$,则在某一共同的极限邻域内 $f(x) < g(x)$.此命题可表为:

$$\left.\begin{array}{l} A > B \ (\text{对应地}, A < B), \\ \text{当 } x \to x_0 \ (\text{或 } x \to \infty) \end{array}\right\} \Longrightarrow \begin{cases} f(x) > g(x) \ (\text{对应地}, f(x) < g(x)), \\ \forall x \in \mathring{U}_\delta(x_0) \ (\text{或} |x| > G). \end{cases}$$

【性质 4°】 (性质 3° 局部保号性的逆命题)设 $\lim f(x) = A$ 且 $\lim g(x) = B$,那么

$$\left.\begin{array}{l} f(x) \geqslant g(x) \ (\text{对应地}, f(x) \leqslant g(x)), \\ \forall x \in \mathring{U}_\delta(x_0) \ (\text{或} |x| > G). \end{array}\right\} \Longrightarrow \begin{cases} A \geqslant B \ (\text{对应地}, A \leqslant B), \\ \text{当 } x \to x_0 \ (\text{或 } x \to \infty) \end{cases}$$

【注】 (i) 数列极限性质 3°、4° 对应着此处性质 3°、4° 取 $g(x) \equiv 0 = B$ 的特殊情形.

(ii) 注意,如果将此逆命题的条件改为"$f(x) > g(x)$(对应地 $f(x) < g(x)$)",那么结论仍为"$A \geqslant B$(对应地,$A \leqslant B$)".

【反例】 虽然 $\forall x \in (0,1)$,$x > 0$,但却是 $\lim\limits_{x\to0^+} x = 0$,而非 $\lim\limits_{x\to0^+} x > 0$.

(3) 函数极限的四则运算法则

【定理 3】 对自变量的任一变化情形,两个自变量变化趋势相同时都有极限的函数之四则运算后所得函数的极限,等于两函数极限对应的四则运算结果(分母不为 0).

【注】 (i) 此命题可推广到任意有限个有极限的函数之四则运算的情形(分母不为 0).

(ii) 定理 3 可示意为:

$$\lim f(x) = A \quad 且 \quad \lim g(x) = B \quad (a、b \text{ 为常数})$$

$\Longrightarrow$
$$\begin{cases} (1)\ \lim[af(x) \pm bg(x)] = a\lim f(x) \pm b\lim g(x) = aA \pm bB; \\ (2)\ \lim[f(x) \cdot g(x)] = \lim f(x) \cdot \lim g(x) = A \cdot B; \\ (3)\ \lim \dfrac{f(x)}{g(x)} = \dfrac{\lim f(x)}{\lim g(x)} = \dfrac{A}{B} \quad (B \neq 0 \text{ 时}). \end{cases}$$

【推论】　若 $\lim f(x) = A$(常数),则 $\lim [f(x)]^n = A^n$,$\forall n \in \mathbf{N}^+$.

【例 F】　求 (1) $\displaystyle\lim_{x \to \infty} \dfrac{x^2 - 1}{x^3 + x + 2}$. 　　　(2) $\displaystyle\lim_{x \to \infty} \dfrac{x^3 + x + 2}{x^2 - 1}$.

解： (1) 分子、分母同时除以 x^3,然后再求极限,根据例 A 得

$$\lim_{x \to \infty} \frac{x^2 - 1}{x^3 + x + 2} = \lim_{x \to \infty} \frac{\dfrac{1}{x} - \dfrac{1}{x^3}}{1 + \dfrac{1}{x^2} + \dfrac{2}{x^3}} = \frac{\displaystyle\lim_{x \to \infty} \frac{1}{x} - \lim_{x \to \infty} \frac{1}{x^3}}{1 + \displaystyle\lim_{x \to \infty} \frac{1}{x^2} + \lim_{x \to \infty} \frac{2}{x^3}} = 0.$$

(2) 因 $|x| > 2$ 时, $\left| \dfrac{x^3 + x + 2}{x^2 - 1} \right| \geqslant \left| x + \dfrac{1}{x} + \dfrac{2}{x^2} \right| \geqslant |x| - \dfrac{1}{|x|} - \dfrac{2}{x^2} \geqslant |x| - 1$,故

$\forall G > 0$,取 $X = \max\{G + 1, 2\}$,则当 $|x| > G$ 时, $\left| \dfrac{x^3 + x + 2}{x^2 - 1} \right| \geqslant |x| - 1 > G$. 于是

$$\lim_{x \to \infty} \frac{x^3 + x + 2}{x^2 - 1} = \infty.$$

【注】　设有理式 $R(x) = \dfrac{P_n(x)}{Q_m(x)}$ 之分母多项式 $Q_m(x)$ 最高次数为 m,将 $R(x)$ 的分子、分母同时除以 x^m 后即可求出其 $x \to \infty$ 时的极限: $\displaystyle\lim_{x \to \infty} R(x) = \lim_{x \to \infty} \frac{P_n(x)/x^m}{Q_m(x)/x^m}$. 此方法具有普遍性,应用此法立得下面例 G 的结论.

【例 G】　一般地,设 n, m 为正整数,则对有理分式有:

$$\lim_{x \to \infty} \frac{a_0 x^n + a_1 x^{n-1} + \cdots + a_k}{b_0 x^m + b_1 x^{m-1} + \cdots + b_m} = \begin{cases} 0 & \text{当 } n < m; \\ \dfrac{a_0}{b_0} & \text{当 } n = m; \\ \infty & \text{当 } n > m. \end{cases}$$

(4) 复合函数极限存在的一个充分条件

【定理 4】　设有函数链 $y = f(u)$,$u = g(x)$ 使得复合函数 $y = f[g(x)]$ 在点 x_0 的某空心邻域 $U_\delta^o(x_0)$ 里有定义,且 $\displaystyle\lim_{u \to u_0} f(u) = A$, $\displaystyle\lim_{x \to x_0} g(x) = u_0$,且当 $x \in U_\delta^o(x_0)$ 时 $g(x) \neq u_0$,那么

$$\lim_{x \in U_\delta^o(x_0), x \to x_0} f[g(x)] = \lim_{u \to u_0} f(u) = A.$$

【注】　(i) 自变量任一变化状态下也有相应的结论,它提供求函数极限的变量代换法.

(ii) 定理 4 可示意为:

$$\left. \begin{array}{l} u = g(x) \to u_0 (x \to x_0) \\ f(u) \to A (u \to u_0) \\ g(x) \neq u_0 (x \in U_\delta^o(x_0)) \end{array} \right\} \Longrightarrow \lim_{x \to x_0} f[g(x)] \xrightarrow{\text{令 } u = g(x)} \lim_{u \to u_0} f(u) = A.$$

【推论】　设 $\lim f(x) = A$(常数),若 $A > 0$,则 $\lim \sqrt[k]{f(x)} = \sqrt[k]{A}$,$\forall k \in \mathrm{N}^+$;若 $A < 0$,则

$$\lim \sqrt[2k-1]{f(x)} = \sqrt[2k-1]{A}, \quad \forall k \in \mathrm{N}^+.$$

4. 夹逼准则和两个重要极限

(1)【**定理5**】（夹逼准则）设 A 是常数,函数 $f(x)$、$g(x)$ 和 $h(x)$ 在 x_0 的某空心邻域 $U_\delta^\circ(x_0)$（或 $|x|>G>0$）有定义. 如果

(i) $g(x) \leqslant f(x) \leqslant h(x), \forall x \in U_\delta^\circ(x_0)$（或 $\forall |x|>G>0$）;

(ii) $\lim g(x) = A$,且 $\lim h(x) = A$;

那么 $\lim f(x) = A$.

【**注**】　如果令 $|f(x)-A|$ 的放大式 $F(x)$ 小于任意正数 ε: $|f(x)-A| \leqslant F(x) < \varepsilon$, 那么由此找出极限 $\varepsilon\delta$ 定义中的 δ 即可解得同样结果. 因此,与数列极限相同,可以将夹逼定理理解为极限 $\varepsilon\delta$ 定义应用的等效方法,其优点是比 $\varepsilon\delta$ 定义容易理解、掌握.

(2) 两个重要极限

(i) 重要极限 I：$\lim\limits_{x \to \infty}\left(1+\dfrac{1}{x}\right)^x = e$,　其推广形式有：

$$\lim_{a(x) \to \infty}\left[1+\frac{1}{a(x)}\right]^{a(x)} = e \quad 和 \quad \lim_{a(x) \to 0}[1+\alpha(x)]^{\frac{1}{a(x)}} = e$$

(ii) 重要极限 II：$\lim\limits_{x \to 0}\dfrac{\sin x}{x} = 1$,　其推广形式有：

$$\lim_{a(x) \to 0}\frac{\sin\alpha(x)}{\alpha(x)} = 1 \quad 和 \quad \lim_{a(x) \to 0}\frac{\alpha(x)}{\sin\alpha(x)} = 1$$

【**例H**】　证明:若 $\lim f(x) = A$,则 $\lim |f(x)| = |A|$.

证1：　由定理4立得 $\lim |f(x)| \xlongequal[|u|=\sqrt{u^2},u=f(x)]{默认复合} \sqrt{[\lim f(x)]^2} = \sqrt{A^2} = |A|$.

证2：　因 $0 \leqslant ||f(x)|-|A|| \leqslant |f(x)-A| \xrightarrow{引理1} 0$,故根据夹逼准则,$\lim |f(x)| = |A|$.

(二) 解题方法与典型、综合例题

1. 函数极限未定型引入和求函数极限的两个注意事项

(1) 求函数 $f(x)$ 极限时经常遇到被称之为"未定型"的下面几种情形：

(i) $f(x)$ 是两个极限同时为 0（或 ∞）的商式,称为 0/0 型（或 ∞/∞ 型）;

(ii) $f(x)$ 是两个极限同时为 $+\infty$ 或同时为 $-\infty$ 的差,称为 $\infty-\infty$ 型;

(iii) $f(x)$ 是两个函数式的乘积,其极限分别为 0 和 ∞,称为 $0 \cdot \infty$ 型.

(iv) 求幂指函数 $H(x) = f(x)^{g(x)}$ 极限时,若 $f(x) \to 1, g(x) \to \infty$,则 $H(x)$ 称为 1^∞ 型; 若 $f(x) \to 0, g(x) \to 0$,则 $H(x)$ 称为 0^0 型,等等.

通过恒等变换可实现不同未定型的转换.

未定型极限求解、含有三角函数的式子之极限的求解常要先进行恒等变换.

(2) 求函数极限的注意事项

(i) 根据定理3(2)、(3),在计算中凡能算出极限值（$\neq 0$）的因子可立刻写出该值,以简化算式（参见【例2】带 * 号的等式）.

(ii) 在计算过程中,凡极限式还含有变量时 lim 号不要去掉,要保留到最后.

2. 极限计算的几种技巧

(1) 恒等变换的解题应用

(i) 求极限之有理式常要先恒等变换、约去分子分母致零因子再求极限.

【例 1】　求 $\lim\limits_{x\to 2}\left(\dfrac{x}{x-2}-\dfrac{x+6}{x^2-4}\right)$. （$\infty-\infty$ 型）

解：　原式 $=\lim\limits_{x\to 2}\dfrac{x^2+x-6}{x^2-4}=\lim\limits_{x\to 2}\dfrac{(x-2)(x+3)}{(x-2)(x+2)}=\lim\limits_{x\to 2}\dfrac{x+3}{x+2}=\dfrac{5}{4}$.

(ii) 求极限之三角函数式子应用恒等变换后解题有时考虑应用重要极限 Ⅱ

【例 2】　计算 $\lim\limits_{x\to a}\dfrac{\tan x-\tan a}{x-a}$ （$\cos a\neq 0$）.（$\dfrac{0}{0}$ 型）

解：　令 $x-a=t$，由 $x\to a$ 得 $t\to 0$，所以

$$原式=\lim\limits_{x\to a}\dfrac{\dfrac{\sin x}{\cos x}-\dfrac{\sin a}{\cos a}}{x-a}=\lim\limits_{x\to a}\dfrac{\sin x\cos a-\cos x\sin a}{(x-a)\cos a\cos x}=\lim\limits_{x\to a}\dfrac{\sin(x-a)}{(x-a)\cos a\cos x}$$

$$\overset{(*)}{=\!=\!=}\lim\limits_{x\to a}\dfrac{\sin(x-a)}{(x-a)\cos^2 a}=\lim\limits_{t\to 0}\dfrac{\sin t}{t}\cdot\dfrac{1}{\cos^2 a}=\dfrac{1}{\cos^2 a}.$$

（2）变量替换法：理论依据为定理 4. 此法是把求极限式中有极限的部分子式（例如趋于 a 的式子）令为新变量 t、u 等，把问题转换为对 t、$u\to a$ 求极限. 当然，在综合解题时，变量替换后常会遇到两个重要极限的应用.

【例 3】　求 $\lim\limits_{x\to 0}\dfrac{\mathrm{e}^x-1}{x}$.（$\dfrac{0}{0}$ 型）

解：　令 $t=\mathrm{e}^x-1$，则 $t\to 0$（$x\to 0$），$x=\ln(1+t)$. 由此得

$$原式=\lim\limits_{t\to 0}\dfrac{t}{\ln(1+t)}=\lim\limits_{t\to 0}\dfrac{1}{\dfrac{1}{t}\ln(1+t)}=\dfrac{1}{\lim\limits_{t\to 0}\ln(1+t)^{\frac{1}{t}}}=\dfrac{1}{\ln\lim\limits_{t\to 0}(1+t)^{\frac{1}{t}}}=\dfrac{1}{\ln\mathrm{e}}=1.$$

【例 4】*　计算 $\lim\limits_{x\to\infty}\left(\dfrac{2x+3}{2x+1}\right)^{x+1}$.（$1^\infty$ 型）

解：　因原式可化为 $\lim\limits_{x\to\infty}\left(1+\dfrac{2}{2x+1}\right)^{x+1}$，故令 $u=\dfrac{2}{2x+1}$，则 $u\to 0$（$x\to\infty$），于是

$$原式=\lim\limits_{x\to\infty}\left[(1+u)^{\frac{1}{u}}\right]^{\frac{2}{2x+1}(x+1)}=\left[\lim\limits_{u\to 0}(1+u)^{\frac{1}{u}}\right]^{\lim\limits_{x\to\infty}\frac{2x+2}{2x+1}}=\mathrm{e}^1=\mathrm{e}.$$

【注】　若底数形如 $f(x)=1+\alpha(x)$ （$\alpha\to 0$）时，则令 $\alpha(x)=u$；或（不明示用变量替换法）直接拼凑成重要极限 Ⅰ 的形式而解之（参见【例 8】）.

（3）函数的缩放技巧在利用夹逼准则时和 ε-δ、ε-N 等定义证明中的应用

与数列情形类似，在解题过程中可能对求极限式 $f(x)$ 或对 $|f(x)-A|$ 进行缩放，此时应保持"主要部分"不变而改变非"主要部分". 这样既能达到缩放目的，又能在应用极限定义论证中保持 $|f(x)-A|$ 放大后仍为无穷小；而在应用夹逼定理时确保 $f(x)$ 缩放后的两个极限存在且相等.

【例 5】　计算 $\lim\limits_{x\to\infty}\dfrac{1}{x}\arctan(1+x^3)$.

解：　因为 $0\leqslant\left|\dfrac{1}{x}\arctan(1+x^3)\right|\leqslant\dfrac{\pi}{2}\left|\dfrac{1}{x}\right|$，又 $\dfrac{\pi}{2}\left|\dfrac{1}{x}\right|\to 0$（$x\to\infty$），根据夹逼准则得

$$\lim\limits_{x\to\infty}\dfrac{1}{x}\arctan(1+x^3)=0.$$

【例 6】*　用 ε-δ 定义证明：当 $x_0>0$ 时，$\lim\limits_{x\to x_0}\sqrt{x}=\sqrt{x_0}$.

证：　显然 $|\sqrt{x}-\sqrt{x_0}|=\left|\dfrac{x-x_0}{\sqrt{x}+\sqrt{x_0}}\right|\leqslant\dfrac{|x-x_0|}{\sqrt{x_0}}$，于是 $\forall\varepsilon>0$，要使 $|\sqrt{x}-\sqrt{x_0}|<\varepsilon$，只

要 $|x-x_0|<\sqrt{x_0}\,\varepsilon$. 取 $\delta=\min\{x_0,\sqrt{x_0}\,\varepsilon\}$. 则当 $0<|x-x_0|<\delta$ 时，$|\sqrt{x}-\sqrt{x_0}|<\varepsilon$，所以

$$\lim_{x\to x_0}\sqrt{x}=\sqrt{x_0}.$$

【注】 (i) $0<|x-x_0|<\delta\leqslant x_0$ 是为了保证 $x>0$.

(ii) 根据估计式 $|\sqrt{x}-\sqrt{x_0}|\leqslant\dfrac{|x-x_0|}{\sqrt{x_0}}$，可用夹逼准则证明本命题. 这是因为由命题 4

即得极限 $\lim\dfrac{|x-x_0|}{\sqrt{x_0}}=0$，从而命题得证.

3. 两类函数的极限计算

(1) 有理函数 $R(u)$ 的复合 $R(a^x)$ 当 $x\to 0$(或 $x\to\infty$) 时常用的左、右极限之讨论

【例7】*　讨论 $x\to 0$ 时 $f(x)=\dfrac{2+\mathrm{e}^{\frac{1}{x}}}{1+\mathrm{e}^{\frac{2}{x}}}$ 的极限.

解： 因 $\forall a>0$，$\lim\limits_{x\to 0^-}\mathrm{e}^{\frac{a}{x}}\xlongequal{\text{令}y=-x}\lim\limits_{y\to 0^+}\left(\dfrac{1}{\mathrm{e}}\right)^{\frac{a}{y}}=0$，故

$$\lim_{x\to 0^-}\frac{2+\mathrm{e}^{\frac{1}{x}}}{1+\mathrm{e}^{\frac{2}{x}}}=\frac{2+\lim\limits_{x\to 0^-}\mathrm{e}^{\frac{1}{x}}}{1+\lim\limits_{x\to 0^-}\mathrm{e}^{\frac{2}{x}}}=\frac{2+0}{1+0}=2,$$

又因 $\forall a>0$，$\lim\limits_{x\to 0^+}\mathrm{e}^{-\frac{a}{x}}=\lim\limits_{x\to 0^+}\left(\dfrac{1}{\mathrm{e}}\right)^{\frac{a}{x}}=0$，故

$$\lim_{x\to 0^+}\frac{2+\mathrm{e}^{\frac{1}{x}}}{1+\mathrm{e}^{\frac{2}{x}}}=\lim_{x\to 0^+}\frac{\mathrm{e}^{\frac{1}{x}}}{\mathrm{e}^{\frac{2}{x}}}\cdot\frac{2\mathrm{e}^{-\frac{1}{x}}+1}{\mathrm{e}^{-\frac{2}{x}}+1}=\lim_{x\to 0^+}\mathrm{e}^{-\frac{1}{x}}\cdot\frac{2\lim\limits_{x\to 0^+}\mathrm{e}^{-\frac{1}{x}}+1}{\lim\limits_{x\to 0^+}\mathrm{e}^{-\frac{2}{x}}+1}=0,$$

左右极限存在但不相等，从而所求极限不存在.

【注】 本题之所以采用左右极限求解是因为 $\mathrm{e}^{\frac{a}{x}}\begin{cases}\to+\infty\,(x\to 0^+)\\ \to 0\,(x\to 0^-)\end{cases}$ $(a>0)$.

(2)* 幂指函数 $f(x)^{g(x)}$ 极限的求解时有时要用到重要极限 I

若 $\lim f(x)=A>0$(且 $A\neq 1$)，$\lim g(x)=B$，则用复合函数求极限方法解之：

$$\lim f(x)^{g(x)}=\lim \mathrm{e}^{g(x)\ln f(x)}=\mathrm{e}^{\lim[g(x)\ln f(x)]}=\mathrm{e}^{\lim g(x)\cdot\ln[\lim f(x)]}=\left[\lim f(x)\right]^{\lim g(x)};$$

或用"对数解法"，也就是将函数 $H(x)=f(x)^{g(x)}$ 两边取对数：

$$\ln H(x)=g(x)\cdot\ln f(x),$$

然后通过求解极限 $\lim\ln H(x)$ 而解出 $\lim H(x)=\mathrm{e}^{\lim\ln H(x)}$，达到解题目的.

上述两种解法本质一样，即将 $f(x)^{g(x)}$ 的极限计算归结为 $g(x)\ln f(x)$ 的极限计算.

【例8】*　求 $\lim\limits_{x\to 0}(x+\mathrm{e}^x)^{\frac{1}{\sin x}}$　（1^∞ 型）

解： 因 $\lim\limits_{x\to 0}x\mathrm{e}^{-x}=0$，故根据复合函数求极限法得

$$\text{原式}=\lim_{x\to 0}\mathrm{e}^{\frac{x}{\sin x}}\left(\frac{x}{\mathrm{e}^x}+1\right)^{\frac{1}{\sin x}}=\lim_{x\to 0}\mathrm{e}^{\frac{x}{\sin x}}\cdot\lim_{x\to 0}\left(\frac{x}{\mathrm{e}^x}+1\right)^{\frac{1}{\sin x}}=\mathrm{e}\cdot\lim_{x\to 0}\left[\left(1+\frac{x}{\mathrm{e}^x}\right)^{\frac{\mathrm{e}^x}{x}}\right]^{\frac{x}{\mathrm{e}^x\sin x}}$$

$$\xlongequal[u\to 0(x\to 0)]{(\text{默认}\,u=x\mathrm{e}^{-x},}\mathrm{e}\cdot\left[\lim_{x\to 0}\left(1+\frac{x}{\mathrm{e}^x}\right)^{\frac{\mathrm{e}^x}{x}}\right]^{\lim\limits_{x\to 0}\frac{x}{\mathrm{e}^x\sin x}}=\mathrm{e}^2.$$

【例 9】* 计算 $\lim\limits_{x\to\infty}\left(\dfrac{x+3}{3x+1}\right)^{\frac{x-2}{2x+1}}$.

解： 令 $H(x)=\left(\dfrac{x+3}{3x+1}\right)^{\frac{x-2}{2x+1}}$，则 $\ln H(x)=\dfrac{x-2}{2x+1}\ln\left(\dfrac{x+3}{3x+1}\right)$，因

$$\lim\limits_{x\to\infty}\ln H(x)=\lim\limits_{x\to\infty}\dfrac{x-2}{2x+1}\cdot\ln\lim\limits_{x\to\infty}\left(\dfrac{x+3}{3x+1}\right)=\dfrac{1}{2}\ln\dfrac{1}{3}=\ln\dfrac{1}{\sqrt{3}},$$

故

$$\lim\limits_{x\to\infty}\left(\dfrac{x+3}{3x+1}\right)^{\frac{x-2}{2x+1}}=e^{\lim_{x\to\infty}\ln H(x)}=\dfrac{1}{\sqrt{3}}.$$

【注】 本题可简化为：原式 $=\left(\lim\limits_{x\to\infty}\dfrac{x+3}{3x+1}\right)^{\lim\limits_{x\to\infty}\frac{x-2}{2x+1}}=\dfrac{1}{\sqrt{3}}$. 但例 $8(1^{\infty}$ 型$)$ 不允许如此简化.

【习题 1.3】（函数的极限）

1. 求下列各极限：

(1) $\lim\limits_{x\to\infty}\dfrac{2x^2+x-1}{x^2-2}$;

(2) $\lim\limits_{x\to-2}\dfrac{x^3+3x^2+2x}{x^2-x-6}$;

(3) $\lim\limits_{x\to\pi}\dfrac{\tan x}{x-\pi}$;

(4) $\lim\limits_{x\to+\infty}x(\sqrt{x^2+1}-x)$.

2. 设 $f(x)=\begin{cases}1-x, & x<0\\ x^2+1, & x\geqslant 0\end{cases}$，试问 $\lim\limits_{x\to 0}f(x)$ 存在否.

3. 试求 $\lim\limits_{x\to+\infty}(3^x+9^x)^{\frac{1}{x}}$.

4. 试求 $\lim\limits_{x\to\infty}\left(\sin\dfrac{1}{x}+\cos\dfrac{1}{x}\right)^x$.

5. 求证 $\lim\limits_{x\to 1}\dfrac{\sqrt{x+1}-\sqrt{2}}{x-1}=\dfrac{1}{2\sqrt{2}}$.

6. * 写出本章第三(一)O节罗列的自变量各状态下的函数极限为有限和无穷的各种严格定义($\varepsilon-\delta$、$\varepsilon-N$、$\varepsilon-X$；$G-\delta$、$G-N$、$G-X$ 定义).

四、无穷小量阶的比较

（一）内容概述与归纳

1. 无穷小与无穷大的基本概念及其关系

(1)【定义 1】 极限为零的变量称为无穷小量,简称无穷小.

(2)【定义 2】 发散于 ∞(对应地,$+\infty$、$-\infty$)的变量称为无穷大量(对应地,正无穷大量、负无穷大量),简称无穷大.

(3) 无穷小与无穷大的关系：

【定理 1】 在相同自变量的同一变化过程中,(i)不取0值的无穷小量的倒数是无穷大量；反之,(ii)无穷大量的倒数是无穷小量. 即

(i) $\lim\alpha(x)=0$ 且 $\alpha(x)\neq 0$ $\Rightarrow$ $\lim\dfrac{1}{\alpha(x)}=\infty$;

(ii) $\lim\delta(x)=\infty$ $\Rightarrow$ $\lim\dfrac{1}{\delta(x)}=0$.

证： (i) 由条件有 $\forall G>0$,从某时刻起,$|\alpha(x)|<\dfrac{1}{G}$,即 $\left|\dfrac{1}{\alpha(x)}\right|>G$,故 $\lim\dfrac{1}{\alpha(x)}=\infty$.

(ii) 由条件有 $\forall\varepsilon>0$,从某时刻起,$|\delta(x)|>\dfrac{1}{\varepsilon}$,即 $\left|\dfrac{1}{\delta(x)}\right|<\varepsilon$,故 $\lim\dfrac{1}{\delta(x)}=0$.

【注】 注意到(ii)中条件没有 $\delta(x)\neq0$,这是因为无穷大量是可任意大,特别从某一时刻起必有 $|\delta(x)|>1$,所以不会取值 0.

【例 A】 (1) 因 $\lim\limits_{x\to0}x^3=0$,故 x^3 是 $x\to0$ 时的无穷小量.

(2) 当 $x\to\dfrac{\pi}{2}$ 时,$\sin x\to1$,极限不为零,所以当 $x\to\dfrac{\pi}{2}$ 时,函数 $\sin x$ 不是无穷小量;

而当 $x\to0$ 时 $\sin x\to0$,故此时 $\sin x$ 是无穷小量.

(3) 函数 $f(x)=\dfrac{1}{x}$ 是 $x\to\infty$ 时的无穷小量,但当 $x\to0$ 时 $f(x)$ 是无穷大量.

(4) 当 $x\to\infty$ 时,因 $\lim\limits_{x\to\infty}\dfrac{x^3}{x+1}=\infty$,故 $\dfrac{x^3}{x+1}$ 是无穷大量;

而当 $x\to\infty$ 时,因 $\lim\limits_{x\to\infty}\dfrac{x+1}{x^3}=0$,故 $\dfrac{x+1}{x^3}$ 是无穷小量.

【注】 无穷小量是以 0 为极限的变量,而不是绝对值很小的常数.因此应明确指出其自变量的变化过程.

2. 无穷小的比较·等价无穷小量

(1) 无穷小量的比较

【定义 3】 设 $\alpha=\alpha(x)\neq0$、$\beta=\beta(x)$ 在同一极限过程中同为无穷小量,则

(i) 若 $\lim\dfrac{\beta(x)}{\alpha(x)}=c$ （常数 $c\neq0$）,则称 β 与 α 是同阶无穷小量,记为 $\beta=O(\alpha)$.

(ii) 若 $\lim\dfrac{\beta(x)}{\alpha(x)}=1$,则称 β 与 α 是等价无穷小量,记作 $\beta\sim\alpha$.

(iii) 若 $\lim\dfrac{\beta(x)}{\alpha(x)}=0$,则称 β 是比 α 高阶的无穷小量,记作 $\beta=o(\alpha)$.

(iv) 若 $\lim\dfrac{\beta(x)}{\alpha(x)}=\infty$,则称 β 是比 α 低阶的无穷小量.

【注】 (i) 无穷小量阶的比较可用图 1-3-3 表示:

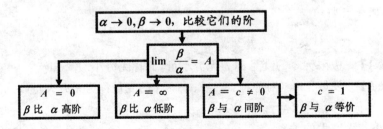

1-4-1

(ii) 若 β 是比 α 高阶的无穷小量,则也称 $1/\beta$ 是比 $1/\alpha$ 高阶的无穷大量,因为此时

$$\lim\dfrac{1/\beta(x)}{1/\alpha(x)}=\lim\dfrac{\alpha(x)}{\beta(x)}=\infty.$$

【例 B】 (1) 已知 $\lim\limits_{x\to 0}\dfrac{\sin x}{x}=1$，所以当 $x\to 0$ 时，$\sin x$ 与 x 是等价无穷小量，即 $\sin x\sim x(x\to 0)$.

(2) 因为 $\lim\limits_{x\to 0}\dfrac{x^2}{\sin x}=\lim\limits_{x\to 0}\left(\dfrac{\sin x}{x}\right)^{-1}\cdot x=0$，所以当 $x\to 0$ 时，x^2 是比 $\sin x$ 高阶的无穷小，即 $x^2=o(\sin x)$.

(3) 因为 $\lim\limits_{x\to 0}\dfrac{\sin 2x}{x}=2$，所以当 $x\to 0$ 时，$\sin 2x$ 与 x 是同阶的无穷小，即 $\sin 2x=O(x)$.

3. 常用等价无穷小量（$x\to 0$，且 $\alpha(x)$ 表示无穷小量）：

(1) $\sin x\sim x$，$\tan x\sim x$，$\arcsin x\sim x$，$\arctan x\sim x$；

(2) $1-\cos x\sim\dfrac{1}{2}x^2$；

(3) $\ln(1+x)\sim x$ （标准形式：$\ln(1+\alpha(x))\sim\alpha(x)$）；

(4) $e^x-1\sim x$ （标准形式：$e^{\alpha(x)}-1\sim\alpha(x)$）；

　　$a^x-1\sim x\ln a$ （$a>0$，且 $a\neq 1$）；

(5) $\sqrt[n]{1+x}-1\sim\dfrac{1}{n}x$ （标准形式：$\sqrt[n]{1+\alpha(x)}-1\sim\dfrac{1}{n}\alpha(x)$）；

　　一般形式：$\{[1+\alpha(x)]^{\eta}-1\}\sim\eta\alpha(x)$，$\eta>0$.

【注】 用等价无穷小可给出函数的近似表达式：$\beta\sim\alpha\Rightarrow\beta=\alpha+o(\alpha)$.

4. 无穷小量的性质

(1) 无穷小量的运算性质

(i) 有限个无穷小量的和、积仍为无穷小量. 即

$$\lim\alpha_j(x)=0\ (j=1,\cdots,n)\implies\begin{cases}\lim[\alpha_1(x)+\alpha_2(x)+\cdots+\alpha_n(x)]=0,\\\lim\alpha_1(x)\alpha_2(x)\cdots\alpha_n(x)=0.\end{cases}$$

(ii)**【定理 2】** 有界量与无穷小量的乘积仍为无穷小量. 即

$$\left.\begin{array}{l}|f(x)|<M,\\g(x)\to 0\end{array}\right\}\implies f(x)g(x)\to 0;$$

(iii)**【定理 3】** （等价无穷小量替换）设 α、α'、β、$\beta'\to 0$ 是同一过程的无穷小量，那么：

$$\left.\begin{array}{l}\alpha\sim\alpha',\\\beta\sim\beta'\end{array}\right\}\implies\lim\dfrac{\beta}{\alpha}=\lim\dfrac{\beta'}{\alpha'}\quad（若存在）.$$

(2) 无穷小量的两个实用性质

(iv) 函数若收敛则可表示为其极限与无穷小量的和：

$$f(x)\to A\implies f(x)=A+\alpha,\quad\alpha\to 0;$$

(v) 分式函数若收敛则当分母为无穷小量时，分子也必为无穷小量：

$$\left.\begin{array}{l}\lim\dfrac{\beta(x)}{\alpha(x)}=A,\\\lim\alpha(x)=0\end{array}\right\}\implies\lim\beta(x)\left(=\lim\dfrac{\beta(x)}{\alpha(x)}\cdot\lim\alpha(x)\right)=0.$$

（二）解题方法与典型、综合例题

1. 解题方法综述

(1) 极限运算中等价无穷小量的直接替换

应用无穷小代换解题时，除非可直接代公式，一般要先对求极限式进行恒等变换，其次找

出因式中的无穷小表达式,进行对应的变量替换,最后再确定要应用的相关公式.

(i) 注意只可对极限号下的因子(式)作等价无穷小代换,对于代数和中各无穷小项不能随意作等价无穷小量代换.

【例1】　求 $\lim\limits_{x\to 0}\dfrac{\tan x-\sin x}{x^3}$.

解：　因 $\tan x\sim x$,　$(1-\cos x)\sim\dfrac{1}{2}x^2$,　故

$$\lim_{x\to 0}\frac{\tan x-\sin x}{x^3}=\lim_{x\to 0}\frac{\tan x(1-\cos x)}{x^3}=\lim_{x\to 0}\frac{x^3}{2x^3}=\frac{1}{2}.$$

【注】　错解：因 $\sin x\sim x\sim\tan x$,故 $\lim\limits_{x\to 0}\dfrac{\tan x-\sin x}{x^3}\not\Rightarrow\lim\limits_{x\to 0}\dfrac{x-x}{x^3}=0.$

(ii) 复杂的幂指函数 $f(x)^{g(x)}$ 求极限时若可化为形如 $[1\pm\alpha(x)]^{g(x)}$,且 $\lim\alpha(x)=0$, $\lim g(x)=\infty$,则可考虑应用无穷小代换,按下述步骤解题：

$$\lim[1\pm\alpha(x)]^{g(x)}=\mathrm{e}^{\lim g(x)\ln[1\pm\alpha(x)]}\xrightarrow{\ln[1\pm\alpha(x)]\sim\pm\alpha(x)}\mathrm{e}^{\lim g(x)[\pm\alpha(x)]}=\mathrm{e}^{\pm\lim g(x)\alpha(x)}.\quad(*)$$

这里与前面讨论了幂指函数求极限法本质是一样的.下面例1用两种方法解题,解2用的是直接拼凑的解法.解1应用式(*)解法,这一运算方法归结为求极限 $\lim g(x)\alpha(x)$,其优点是往下的步骤可以应用后面将引进的求极限之洛必达法.

【例2】　求 $\lim\limits_{n\to\infty}\left(\dfrac{n^2-2n}{n^2+1}\right)^n$.

解1：　先将底式化为 $1-\dfrac{2n+1}{n^2+1}$. 显然 $u=-\dfrac{2n+1}{n^2+1}\to 0(n\to\infty)$(默认其变量替换).

因为 $\ln\left(1-\dfrac{2n+1}{n^2+1}\right)\sim\left(-\dfrac{2n+1}{n^2+1}\right)(n\to\infty)$,所以根据复合函数求极限法得

$$原式=\lim_{n\to\infty}\left(1-\frac{2n+1}{n^2+1}\right)^n=\lim\mathrm{e}^{n\ln\left(1-\frac{2n+1}{n^2+1}\right)}=\mathrm{e}^{\lim_{n\to\infty}n\ln\left(1-\frac{2n+1}{n^2+1}\right)}=\mathrm{e}^{\lim_{n\to\infty}\frac{-n(2n+1)}{n^2+1}}=\mathrm{e}^{-2}.$$

解2：　$原式=\lim\limits_{n\to\infty}\left(1-\dfrac{2n+1}{n^2+1}\right)^n=\lim\limits_{n\to\infty}\left[\left(1-\dfrac{2n+1}{n^2+1}\right)^{-\frac{n^2+1}{2n+1}}\right]^{-\frac{2n^2+n}{n^2+1}}$

$$\xrightarrow[u\to 0(n\to\infty)]{默认变量替换\ u=-\frac{n^2+1}{2n+1}}\left[\lim_{n\to\infty}\left(1-\frac{2n+1}{n^2+1}\right)^{-\frac{n^2+1}{2n+1}}\right]^{\lim\limits_{n\to\infty}\left(-\frac{2n^2+n}{n^2+1}\right)}=\mathrm{e}^{-2}.$$

【例3】　求极限 $\lim\limits_{x\to\infty}\left(\dfrac{x-1}{x+1}\right)^x$.

解1：　用等价无穷小替换,则有
$$\lim_{x\to\infty}\left(\frac{x-1}{x+1}\right)^x=\lim\mathrm{e}^{x\ln\frac{x-1}{x+1}}=\mathrm{e}^{\lim_{x\to\infty}x\ln\left(1-\frac{2}{x+1}\right)}=\mathrm{e}^{\lim_{x\to\infty}x\left(-\frac{2}{x+1}\right)}=\mathrm{e}^{-2}.$$

解2：　$\lim\limits_{x\to\infty}\left(\dfrac{x-1}{x+1}\right)^x=\lim\limits_{x\to\infty}\dfrac{\left(1-\frac{1}{x}\right)^x}{\left(1+\frac{1}{x}\right)^x}=\dfrac{\lim\limits_{x\to\infty}\left[\left(1-\frac{1}{x}\right)^{-x}\right]^{-1}}{\lim\limits_{x\to\infty}\left(1+\frac{1}{x}\right)^x}=\dfrac{\mathrm{e}^{-1}}{\mathrm{e}}=\mathrm{e}^{-2}.$

解3：　$\lim\limits_{x\to\infty}\left(\dfrac{x-1}{x+1}\right)^x=\lim\limits_{x\to\infty}\left(1-\dfrac{2}{x+1}\right)^x=\lim\limits_{x\to\infty}\left(1+\dfrac{-2}{x+1}\right)^{\frac{x+1}{-2}\cdot(-2)}=\mathrm{e}^{-2}.$

【注】　虽有等价无穷小 $1/(x+1)\sim 1/x$,但若替换不在因子中进行,易出错解：
$$\lim_{x\to\infty}\left(\frac{x-1}{x+1}\right)^x\not\Rightarrow\lim_{x\to\infty}\left(\frac{x-1}{x}\right)^x=\lim_{x\to\infty}\left(1+\frac{-1}{x}\right)^{-x\cdot(-1)}=\mathrm{e}^{-1}.$$

（2）* 极限运算中等价无穷小量的复合代换

对多重复合函数使用等价无穷小关系时，理论上应从里往外依次证明对应的变量 $\to 0$，然后由外往里依次应用等价公式代入计算而最终解题（见例 4）. 但是在实际解题时，可以"由外往里"依次应用无穷小等价公式代入计算，只要计算过程符合上述理论依据且最终极限存在，即可追溯此前的每一步骤皆合法、成立.

【例4】　求 $\lim\limits_{x\to 0}(e^{\sqrt[3]{1+\arctan^2 x}-1}-1)$

分析：　因为 $\lim\limits_{x\to 0}\arctan^2 x \xrightarrow{\arctan x \sim x} \lim\limits_{x\to 0}x^2=0$，所以

$$\lim_{x\to 0}(\sqrt[3]{1+\arctan^2 x}-1)\xrightarrow{\sqrt[n]{1+\alpha(x)}-1 \sim \frac{1}{n}\alpha(x)}\lim_{x\to 0}\frac{1}{3}\arctan^2 x=0.$$

解：　$\lim\limits_{x\to 0}(e^{\sqrt[3]{1+\arctan^2 x}-1}-1)\xrightarrow{(e^{\alpha(x)}-1)\sim\alpha(x)}\lim\limits_{x\to 0}(\sqrt[3]{1+\arctan^2 x}-1)$

$$=\lim_{x\to 0}\frac{1}{3}\arctan^2 x=\lim_{x\to 0}\frac{1}{3}x^2=0.$$

【例5】　$\lim\limits_{x\to 0}\dfrac{1-\cos(\sqrt[3]{1+x}-1)}{\tan x^2}=\lim\limits_{x\to 0}\dfrac{(\sqrt[3]{1+x}-1)^2}{2x^2}=\lim\limits_{x\to 0}\dfrac{x^2}{18x^2}=\dfrac{1}{18}.$

【例6】　$\lim\limits_{x\to 0}\dfrac{\sqrt[3]{\cos x}-1}{x^2}=\lim\limits_{x\to 0}\dfrac{\sqrt[3]{\cos x-1+1}-1}{x^2}=\lim\limits_{x\to 0}\dfrac{\cos x-1}{3x^2}=\lim\limits_{x\to 0}\dfrac{-x^2}{6x^2}=-\dfrac{1}{6}.$

【例7】　$\lim\limits_{x\to 0}\dfrac{\ln\cos(\sqrt{1+x}-1)}{(e^x-1)^2}=\lim\limits_{x\to 0}\dfrac{\ln[\cos(\sqrt{1+x}-1)-1+1]}{x^2}$

$$=\lim_{x\to 0}\frac{\cos(\sqrt{1+x}-1)-1}{x^2}=\lim_{x\to 0}\frac{-(\sqrt{1+x}-1)^2}{2x^2}=\lim_{x\to 0}\frac{-x^2}{8x^2}=-\frac{1}{8}.$$

2. 典型、综合例题

【例8】　已知当 $n\to\infty$ 时，$\sin\dfrac{1}{n^k}\sim\ln\left(1+\dfrac{1}{n^2}\right)$，求 k 的值.

解：　由已知有 $1=\lim\limits_{n\to\infty}\dfrac{\sin(1/n^k)}{\ln(1+(1/n^2))}=\lim\limits_{n\to\infty}\dfrac{(1/n^k)}{(1/n^2)}=\lim\limits_{n\to\infty}\dfrac{n^2}{n^k}$，由此得 $k=2$.

【例9】　已知当 $x\to 0$ 时，$(1-ax^2)^{\frac{1}{4}}-1\sim\sin x^2$，求 a 的值.

解：　由已知有 $1=\lim\limits_{x\to 0}\dfrac{(1-ax^2)^{\frac{1}{4}}-1}{\sin x^2}=\lim\limits_{x\to 0}\dfrac{-\frac{1}{4}ax^2}{x^2}=-\dfrac{1}{4}a$，由此得 $a=-4$.

【例10】　求 $\lim\limits_{n\to\infty}(n-\sqrt[k]{n^k-n^{k-1}})\quad(k>3)$.

解：　$\lim\limits_{n\to\infty}(n-\sqrt[k]{n^k-n^{k-1}})=\lim\limits_{n\to\infty}n\cdot\left(1-\sqrt[k]{1-\dfrac{1}{n}}\right)=\lim\limits_{n\to\infty}\left[-n\cdot\dfrac{1}{k}\cdot\left(-\dfrac{1}{n}\right)\right]=\dfrac{1}{k}.$

【例11】　求 $\lim\limits_{x\to\infty}\left(\dfrac{3x-2}{3x+2}\right)^{\frac{3x}{2}}$.　（$1^\infty$ 型）

解1：　因 $\lim\limits_{x\to\infty}\dfrac{3x-2}{3x+2}=1$，故令 $\dfrac{3x-2}{3x+2}=1+t$，则 $t\to 0(x\to\infty)$，$x=-\dfrac{4+2t}{3t}$，于是

$$原式=\lim_{t\to 0}(1+t)^{-\frac{2+t}{t}}=\lim_{t\to 0}[(1+t)^{\frac{1}{t}}]^{-2}\cdot\lim_{t\to 0}(1+t)^{-1}=e^{-2}.$$

解2：　$\lim\limits_{x\to\infty}\left(\dfrac{3x-2}{3x+2}\right)^{\frac{3x}{2}}=\dfrac{\lim\limits_{x\to\infty}\left(1-\dfrac{2}{3x}\right)^{\frac{3x}{2}}}{\lim\limits_{x\to\infty}\left(1+\dfrac{2}{3x}\right)^{\frac{3x}{2}}}=\dfrac{e^{-1}}{e}=e^{-2}.$

【例 12】* 　求 $\lim\limits_{x\to\infty}(a^{\frac{1}{x}}-b^{\frac{1}{x}})$ 　（a,b 为不等于 1 的正数）.

解：当 $a\neq b$ 时，$\lim\limits_{x\to\infty}x(a^{\frac{1}{x}}-b^{\frac{1}{x}})=\lim\limits_{x\to\infty}xb^{\frac{1}{x}}\left[\left(\dfrac{a}{b}\right)^{\frac{1}{x}}-1\right]\xlongequal[\text{等价代换}]{\text{无穷小}}\lim\limits_{x\to\infty}\left(b^{\frac{1}{x}}\ln\dfrac{a}{b}\right)=\ln\dfrac{a}{b}.$

当 $a=b$ 时，原式 $=0$，注意上式结果也与此一致.

【注】 （i）本题应用公式 $(a^{\beta(x)}-1)\sim\beta(x)\ln a$ 　（$\beta\to0$；正数 $a\neq1$）.

（ii）本题恒等变换后的底数为 a/b，对观察使用无穷小代换公式不甚明显.

【例 13】 求 $\lim\limits_{x\to0}\dfrac{\ln(1+xe^x)}{\ln(x+e^x)}.$

解 1：$\lim\limits_{x\to0}\dfrac{\ln(1+xe^x)}{\ln(x+e^x)}=\lim\limits_{x\to0}\dfrac{\ln(1+xe^x)}{\ln(1+x+e^x-1)}=\lim\limits_{x\to0}\dfrac{xe^x}{x+e^x-1}$

$$=\lim\limits_{x\to0}\dfrac{e^x}{1+\dfrac{e^x-1}{x}}=\dfrac{\lim\limits_{x\to0}e^x}{1+\lim\limits_{x\to0}\dfrac{e^x-1}{x}}=\dfrac{1}{1+\lim\limits_{x\to0}\dfrac{x}{x}}=\dfrac{1}{2}.$$

解 2：$\lim\limits_{x\to0}\dfrac{\ln(1+xe^x)}{\ln(x+e^x)}=\lim\limits_{x\to0}\dfrac{xe^x}{\ln e^x+\ln(1+xe^{-x})}=\lim\limits_{x\to0}\dfrac{e^x}{1+\dfrac{\ln(1+xe^{-x})}{x}}$

$$=\dfrac{\lim\limits_{x\to0}e^x}{1+\lim\limits_{x\to0}\dfrac{\ln(1+xe^{-x})}{x}}=\dfrac{1}{1+\lim\limits_{x\to0}e^{-x}}=\dfrac{1}{2}.$$

【注】 本题先用无穷小代换，接着恒等变换后再使用无穷小代换.

【例 14】* 　求 $\lim\limits_{x\to0}\left(\dfrac{1+x\cdot2^x}{1+x\cdot3^x}\right)^{\frac{1}{x^2}}.$

解：令 $H(x)=\left(\dfrac{1+x\cdot2^x}{1+x\cdot3^x}\right)^{\frac{1}{x^2}}$，则 $\ln H(x)=\dfrac{1}{x^2}\ln\dfrac{1+x\cdot2^x}{1+x\cdot3^x}.$ 因为

$\lim\limits_{x\to0}\ln H(x)=\lim\limits_{x\to0}\dfrac{1}{x^2}\ln\left[1+\dfrac{x(2^x-3^x)}{1+x\cdot3^x}\right]=\lim\limits_{x\to0}\dfrac{1}{x^2}\dfrac{x(2^x-3^x)}{1+x\cdot3^x}$

$$=\lim\limits_{x\to0}\dfrac{1}{x}\cdot\dfrac{3^x\left[(2/3)^x-1\right]}{1+x\cdot3^x}\xlongequal{a^x-1\sim x\ln a}\lim\limits_{x\to0}\dfrac{1}{x}\cdot\dfrac{x\cdot\ln(2/3)}{3^{-x}+x}=\ln\dfrac{2}{3},$$

所以原式 $=\lim\limits_{x\to0}H(x)=e^{\lim\limits_{x\to0}\ln H(x)}=e^{\ln\frac{2}{3}}=\dfrac{2}{3}.$

【注】 本题恒等变换过程虽繁琐，但无法避免，其原因是它不能分母、分子分开求极限：

$$\lim\limits_{x\to0}(1+x\cdot a^x)^{\frac{1}{x^2}}=e^{\lim\limits_{x\to0}\frac{\ln(1+x\cdot a^x)}{x^2}}=e^{\lim\limits_{x\to0}\frac{a^x}{x}}=\infty\quad(a>1).$$

【例 15】* 　设 $f(x)$ 连续，且 $\lim\limits_{x\to0}\left[\dfrac{f(x)}{x}-\dfrac{1}{x}-\dfrac{\sin x}{x^2}\right]$ 存在，求 $f(0)$.

解：因为 $\lim\limits_{x\to0}\left[\dfrac{f(x)}{x}-\dfrac{1}{x}-\dfrac{\sin x}{x^2}\right]=\lim\limits_{x\to0}\dfrac{f(x)-1-\dfrac{\sin x}{x}}{x}$ 存在，所以

$$\lim\limits_{x\to0}\left(f(x)-1-\dfrac{\sin x}{x}\right)=0.$$

又 $\lim\limits_{x\to0}\dfrac{\sin x}{x}=1$，根据 $f(x)$ 的连续性，$f(0)=\lim\limits_{x\to0}f(x)=2.$

【注】 这里用到无穷小量的运算性质（v）.此性质看似简单，对解题却有效.

【例 16】* 　计算 $\lim\limits_{x\to+\infty}(\sqrt{x^2+x}-2x)$.　　　（$\infty-\infty$ 型）

解：因 $x\geqslant 1$ 时，有 $0>\dfrac{1}{\sqrt{x^2+x}-2x}=\dfrac{\sqrt{x^2+x}+2x}{x-3x^2}=\dfrac{\sqrt{1+\dfrac{1}{x}}+2}{-3x+1}\xrightarrow{x\to+\infty}0$,

由此得 $\lim\limits_{x\to+\infty}\dfrac{1}{\sqrt{x^2+x}-2x}=0$，从而 $\lim\limits_{x\to+\infty}(\sqrt{x^2+x}-2x)=-\infty$.

【习题 1.4】（无穷小量阶的比较）

1. 下列变量中是无穷大或无穷小？

(1) $\dfrac{\tan x}{1+\cos x}$　$(x\to 0)$;　　　(2) $2^{1/x}$　$(x\to 0)$;　　　(3) $\ln x$　$(x\to 0^+)$.

2. 求下列极限：

(1) $\lim\limits_{x\to\infty}\dfrac{\arctan x}{x+1}$;　　　(2) $\lim\limits_{x\to 1}\dfrac{x^2+1}{x^2-1}$;　　　(3) $\lim\limits_{x\to 0}\dfrac{\tan^2 2x}{1-\cos x}$.

3*. 设 $\lim\limits_{x\to-1}\dfrac{x^2+ax+1}{x+1}$ 具有极限 l，试求 a 和 l 的值.

4*. 求 $\lim\limits_{x\to 0}\dfrac{e^{\sqrt{1+\sin^3 x}-1}-1}{x^3}$.

五、函数的连续性

（一）内容概述与归纳

1. 函数连续的基本概念

(1) 函数连续的定义

【定义 1】　设函数 $f(x)$ 在 x_0 的某邻域 $U_\delta(x_0)=(x_0-\delta,x_0+\delta)(\delta>0)$ 内有定义，且
$$\lim_{x\to x_0}f(x)=f(x_0)$$
那么称函数 $f(x)$ 在点 x_0 处是连续的. 如果函数 $f(x)$ 在 x_0 的某一个左（或，右）半闭邻域 $(x_0-\delta,x_0]$（或，$[x_0,x_0+\delta)$）$(\delta>0)$ 内有定义，且
$$\lim_{x\to x_0^-}f(x)=f(x_0)\quad(\text{或},\lim_{x\to x_0^+}f(x)=f(x_0)),$$
那么称函数 $f(x)$ 在点 x_0 处是左（或，右）连续的.

【定义 2】　如果 $f(x)$ 在区间 (a,b) 每一点都连续，那么称作 $f(x)$ 在 (a,b) 连续.

(i) 若同时还在点 a 右连续（或，点 b 左连续），则称作 f 在 $[a,b)$ 连续（或，在 $(a,b]$ 连续）；

(ii) 若 f 同时还在点 a 右连续，且在 b 左连续，则 f 称作在 $[a,b]$ 连续.

(2) 函数的连续性与极限的关系

【定理 1】　函数 $f(x)$ 在点 x_0 连续当且仅当在点 x_0 处既左连续又右连续.

【注】　$f(x)$ 在 x_0 连续 $\Longleftrightarrow \lim\limits_{x\to x_0}f(x)=f(x_0)\Longleftrightarrow \lim\limits_{x\to x_0^-}f(x)=\lim\limits_{x\to x_0^+}f(x)=f(x_0)$.

2. 连续函数的运算法则

(1) 四则运算性质：由函数连续的定义和极限的四则运算法则立得

【定理2】　设函数 $f(x)$ 与 $g(x)$ 在点 x_0（对应地，区间 I）处连续，则

(i) $f(x) \pm g(x)$ 在点 x_0（对应地，区间 I）处连续；

(ii) $f(x) \cdot g(x)$ 在点 x_0（对应地，区间 I）处连续；

(iii) 在点 x_0（或区间 $I_0 \subset I$ 处）$g(x) \neq 0$，则 $\dfrac{f(x)}{g(x)}$ 在点 x_0（对应地，区间 I_0）处连续.

【注】　由(i)、(ii)得连续函数的线性组合仍连续. 定理2可简单归纳为：

$$f(x),g(x) \text{ 都连续} \Longrightarrow \begin{cases} \text{(i) } af(x) \pm bg(x) \text{ 连续}(\forall \text{常数 } a \text{、} b); \\ \text{(ii) } f(x) \cdot g(x) \text{ 连续}; \\ \text{(iii) } \dfrac{f(x)}{g(x)} \text{ 连续}(g(x) \neq 0). \end{cases}$$

(2) 复合函数与反函数的连续性

【定理3】　（复合函数的连续性）设函数 $y = f(u)$ 在点 $u = u_0$ 处连续，函数 $u = g(x)$ 在点 $x = x_0$ 处连续，且 $g(x_0) = u_0$，则复合函数 $y = f[g(x)]$ 在 $x = x_0$ 处连续. 此关系可表示为：

$$\lim_{x \to x_0} f[g(x)] = f[\lim_{x \to x_0} g(x)] = f[g(\lim_{x \to x_0} x)] = f[g(x_0)].$$

【定理4】　（反函数的连续性）如果函数 $y = f(x)$ 在区间 I_x 上严格单调增加（对应地，严格单调减少）且连续，则其反函数 $x = \varphi(y)$ 也在对应的区间

$$I_y = \{y \mid y = f(x), x \in I_x\}$$

上严格单调增加（对应地，严格单调减少）且连续.

【定理5】　五类基本初等函数是连续的，从而初等函数在其定义域内都连续.

3. 间断点的概念和分类

先回忆函数在点 x_0 的连续性，可简单分析归纳为：

$$\begin{matrix} f(x) \text{ 在 } x_0 \text{ 连续} \\ (\Leftrightarrow \lim_{x \to x_0} f(x) = f(x_0)) \end{matrix} \Longleftrightarrow \begin{cases} \text{(i) 函数 } f \text{ 在 } x = x_0 \text{ 处有定义}; \\ \text{(ii) 极限 } \lim_{x \to x_0} f(x) = A \text{ 存在}; \\ \text{(iii) } f(x_0) = A(= \lim_{x \to x_0} f(x)). \end{cases}$$

【定义3】　如果函数在点 x_0 处不连续，则称点 x_0 为该函数的间断点.

函数 f 在点 x_0 处不连续必为(i) f 在点 x_0 无定义；或(ii) f 在点 x_0 无极限. 可归纳如下：

间断点 $\begin{cases} \text{第一类间断点} \\ \text{(在该点左右极限都存在)} \\ \text{第二类间断点} \\ \text{(左右极限至少有一个不存在)} \end{cases}$ $\begin{cases} \text{可去间断点}: \lim_{x \to x_0^-} f(x) = \lim_{x \to x_0^+} f(x)，\text{且 } f(x) \text{ 在 } x_0 \text{ 无定义}. \\ \text{跳跃间断点}: \lim_{x \to x_0^-} f(x) \neq \lim_{x \to x_0^+} f(x) \\ \text{无穷间断点}: \text{在该点左、右极限至少有一个是 } \infty; \\ \text{振荡间断点}: \text{在该点极限不存在，且非无穷间断点}. \end{cases}$

4. 闭区间上连续函数的性质

【定理6】　闭区间 $[a,b]$ 上的连续函数必有界.

【定理7】　闭区间 $[a,b]$ 上连续函数 $y = f(x)$ 取到其最大、最小值，即

(i) 在 $[a,b]$ 上至少存在一点 x_1，使得对于任何 $x \in [a,b]$，恒有 $f(x_1) \geqslant f(x)$.

(ii) 在$[a,b]$上至少存在一点 x_2，使得对于任何 $x \in [a,b]$，恒有 $f(x_2) \leqslant f(x)$.

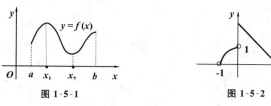

图 1-5-1　　　　　　　　　图 1-5-2

【反例】　定理条件充分而非必要. 请看下面例子：

函数 $f(x) = \begin{cases} \sqrt{1-x^2}, & -1 < x < 0 \\ 2-x, & 0 \leqslant x \leqslant 2 \end{cases}$　在区间 $(-1,2]$ 内不连续，其最大值 $f(0) = 2$，最小值 $f(2) = 0$. （参看图 1-5-2.）

【定理8】　若 $f(x)$ 在 $[a,b]$ 上连续，且 $f(a) \cdot f(b) < 0$，则至少存在一个 $x_0 \in (a,b)$，使得 $f(x_0) = 0$（参看图 1-5-3）. 使 $f(x_0) = 0$ 的点 x_0 称为 f 的零点.

图 1-5-3　　　　　　　　　图 1-5-4

【定理9】　设 $f(x)$ 在 $[a,b]$ 上连续，那么它在 $[a,b]$ 内取得介于其最小值和最大值之间的任何数. 即若分别记最小值、最大值为 m、M，则 $\forall c \in [m,M]$，$\exists \xi \in [a,b]$ 使得 $f(\xi) = c$（参看图 1-5-4）.

【注】　闭区间上连续函数的性质可归纳为下面方框图：

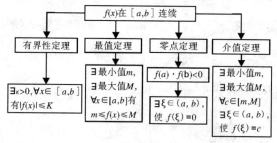

图 1-5-5

【例 A】　证明：五次代数方程 $x^5 - 5x - 1 = 0$ 在 $(1,2)$ 内至少有一个根.

证：　初等函数 $f(x) = x^5 - 5x - 1$ 在闭区间 $[1,2]$ 上连续，又

$$f(1) = 1^5 - 5 \times 1 - 1 = -5 < 0, \quad f(2) = 2^5 - 5 \times 2 - 1 = 21 > 0,$$

则由零点定理知，至少存在一点 $\xi \in (1,2)$ 使 $f(\xi) = 0$，即原方程在 $(1,2)$ 内至少有一个根.

（二）解题方法与典型、综合例题

1. 求函数 $f(x)$ 连续点 $x = x_0$ 处的极限只需直接计算函数值 $f(x_0)$

$$\lim_{x \to x_0} f(x) = f(x_0).$$

为此，特别注意初等函数在其定义域连续.

【例1】　求:(1) $\lim\limits_{x\to 0}\dfrac{\sqrt{x+1}-1}{x}$;　　　(2) $\lim\limits_{x\to -1}\left(\ln\dfrac{x^2-2x-3}{x^2+x}+\dfrac{\arctan x}{\cos\pi x+2}\right).$

解:　(1) 原式 $=\lim\limits_{x\to 0}\dfrac{x}{x(\sqrt{x+1}+1)}=\lim\limits_{x\to 0}\dfrac{1}{\sqrt{x+1}+1}=\dfrac{1}{\sqrt{0+1}+1}=\dfrac{1}{2}.$

(2) 原式 $=\lim\limits_{x\to -1}\ln\dfrac{(x-3)(x+1)}{x(x+1)}+\lim\limits_{x\to -1}\dfrac{\arctan x}{\cos\pi x+2}=\lim\limits_{x\to -1}\ln\dfrac{x-3}{x}+\lim\limits_{x\to -1}\dfrac{\arctan x}{\cos\pi x+2}$

$=\ln\dfrac{-1-3}{-1}+\dfrac{\arctan(-1)}{\cos(-\pi)+2}=\ln 4+\dfrac{-\frac{\pi}{4}}{-1+2}=2\ln 2-\dfrac{\pi}{4}.$

2. 讨论分段函数 $f(x)$ 在分段点 $x=x_0$ 处的连续性只能验证在该点的左、右极限是否相等:

$f(x)$ 在 x_0 点连续 $\iff$ 左连续且右连续 $\iff$ $\lim\limits_{x\to x_0^-}f(x)=f(x_0)=\lim\limits_{x\to x_0^+}f(x).$

【例2】　确定常数 a 的值使得函数 $f(x)=\begin{cases}x\sin\dfrac{1}{x},& x>0\\ a+x^2,& x\leqslant 0\end{cases}$ 在 $(-\infty,+\infty)$ 内连续.

解:　首先函数 $f(x)$ 当 $x\neq 0$ 时为初等,故连续.因

$$\lim\limits_{x\to 0^+}f(x)=\lim\limits_{x\to 0^+}x\sin\dfrac{1}{x}=0,\quad \lim\limits_{x\to 0^-}f(x)=\lim\limits_{x\to 0^-}(a+x^2)=a,$$

故要使 $f(x)$ 在 $(-\infty,+\infty)$ 内连续,必须在 $x=0$ 处连续,则有

$$a=f(0)=\lim\limits_{x\to 0^+}f(x)=0.$$

3. 讨论有理函数的间断点一般可分析分母的致 0 因子对应的点

【例3】　讨论下面函数的间断点: $f(x)=\dfrac{x^2-x}{|x|(x^2-1)}$

解:　函数为初等的,而在 $x=-1,x=0,x=1$ 处没有定义,所以是函数的间断点.

(i) 因当 $x<0$ 时,$\lim\limits_{x\to -1}\dfrac{x^2-x}{|x|(x^2-1)}=\lim\limits_{x\to -1}\dfrac{-1}{x+1}=\infty$,故 $x=-1$ 是无穷间断点.

(ii) 因 $\lim\limits_{x\to 0^-}f(x)=\lim\limits_{x\to 0^-}\dfrac{x^2-x}{-x(x^2-1)}=\lim\limits_{x\to 0^-}\dfrac{1}{-(x+1)}=-1,$

$\lim\limits_{x\to 0^+}f(x)=\lim\limits_{x\to 0^+}\dfrac{x^2-x}{x(x^2-1)}=\lim\limits_{x\to 0^+}\dfrac{1}{x+1}=1,$

左、右极限存在但不相等,故 $x=0$ 是函数的跳跃间断点.

(iii) 因当 $x>0$ 时,$\lim\limits_{x\to 1}\dfrac{x^2-x}{|x|(x^2-1)}=\lim\limits_{x\to 1}\dfrac{x(x-1)}{x(x+1)(x-1)}=\lim\limits_{x\to 1}\dfrac{1}{x+1}=\dfrac{1}{2}$,故 $x=1$ 是函数的可去间断点.

4. 利用闭区间连续函数的性质证明方程、代数式之根的存在性

当我们希望在某一区间论证有某一方程 $F(x)=0$ 的根,通常可实施下列三个步骤:

(i) 设函数 $y=F(x)$;

(ii) 根据题意,确定与 I 相关的闭区间 $[a,b]$,必须使 $y=F(x)$ 是 $[a,b]$ 上的连续函数,而且边界点的值符合将要应用的定理要求,比如 $F(a)F(b)<0$ 等;

(iii) 利用介质定理(含零点存在定理) 进行论证.

【例4】*　证明方程 $x^7+4x^4-x=3$ 在区间 $(0,1)$ 内至少有一个根.

证: 令 $f(x)=x^7+4x^4-x-3$,则 $f(x)$ 在 $[0,1]$ 上连续,$f(0)=-3<0,f(1)=1>0,$

由零点定理,至少 $\exists \xi \in (0,1)$,使得 $f(\xi) = 0$,即
$$\xi^7 + 4\xi^4 - \xi - 3 = 0.$$
所以方程 $x^7 + 4x^4 - x = 3$ 在区间$(0,1)$ 内至少有一个根.

【注】　如果讨论一个函数 $f(x)$ 必取值 A 的问题,可设 $F(x) = f(x) - A$,等等.

【例 5】　设 $f(x) = \dfrac{e^x - b}{(x-a)(x-1)}$,且 $x = 0$ 是 $f(x)$ 的无穷间断点;$x = 1$ 是 $f(x)$ 的可去间断点,求常数 a 和 b 的值.

解:　由题意,$\lim\limits_{x \to 0} \dfrac{e^x - b}{(x-a)(x-1)} = \infty$,而极限 $\lim\limits_{x \to 0}(e^x - b) = 1 - b$ 存在,故有 $\lim\limits_{x \to 0}(x-a)(x-1) = 0$,由此得 $a = 0$.

又 $x = 1$ 是 $f(x)$ 的可去间断点,故 $\lim\limits_{x \to 1} f(x) = \lim\limits_{x \to 1} \dfrac{e^x - b}{x(x-1)}$ 存在,而 $\lim\limits_{x \to 1} x(x-1) = 0$,故有 $\lim\limits_{x \to 1}(e^x - b) = 0$,由此得 $b = e$.

【习题 1.5】(函数的连续性)

1. 讨论函数 $f(x) = \begin{cases} 2x+1, x \leqslant 0, \\ \cos x, \quad x > 0, \end{cases}$ 的连续性.

2. 讨论函数的间断点: $f(x) = \dfrac{x^2 - 4}{x^2 + 2x}$.

3. 设 $f(x) = \begin{cases} \dfrac{\ln(1+2x)}{x}, x \neq 0 \\ a, \qquad x = 0 \end{cases}$, 试确定常数 a,使得 $f(x)$ 在 $x = 0$ 连续.

4. 试证明:方程 $4x = 2^x$ 有一个小于 $\dfrac{1}{2}$ 的正根.

第二章　导数与微分

一、导数的概念

（一）内容概述与归纳

1. 导数的定义及其几何意义

（1）【定义 1】　设函数 $y = f(x)$ 在点 x_0 的某个邻域内有定义. 用 $\Delta x = x - x_0$ 表示自变量在 x_0 的改变量, 而 $\Delta y = y - y_0 = f(x) - f(x_0)$ 则表示函数对应的改变量. 如果极限

$$\lim_{\Delta x \to 0} \frac{\Delta y}{\Delta x} = \lim_{\Delta x \to 0} \frac{f(x_0 + \Delta x) - f(x_0)}{\Delta x}$$

存在, 那么说函数 $f(x)$ 在点 x_0 处可导, 且称此极限值为函数 $f(x)$ 在点 x_0 处的导数, 记为

$$f'(x_0), \quad y' \mid_{x=x_0}, \quad \frac{\mathrm{d}y}{\mathrm{d}x}\bigg|_{x=x_0} \quad \text{或} \quad \frac{\mathrm{d}f}{\mathrm{d}x}\bigg|_{x=x_0},$$

如果上述极限不存在, 那么称 $f(x)$ 在点 x_0 处不可导.

又, 如果下面的左极限、右极限存在, 那么对应地分别称之为函数 $f(x)$ 在点 x_0 的左导数、右导数, 对应地记为 $f'_-(x_0)$、$f'_+(x_0)$, 即

$$f'_-(x_0) = \lim_{\Delta x \to 0^-} \frac{\Delta y}{\Delta x} = \lim_{\Delta x \to 0^-} \frac{f(x_0 + \Delta x) - f(x_0)}{\Delta x}, \quad （左导数）$$

$$f'_+(x_0) = \lim_{\Delta x \to 0^+} \frac{\Delta y}{\Delta x} = \lim_{\Delta x \to 0^+} \frac{f(x_0 + \Delta x) - f(x_0)}{\Delta x}. \quad （右导数）$$

左、右导数统称为单侧导数.

【注】　(i) 函数 $f(x)$ 在点 x_0 处导数即为在点 x_0 处的变化率;

(ii) 与极限情形相同, 当上述极限为无穷大（或, 正、负无穷大）时, 我们说函数在该点的导数为无穷大（或, 正、负无穷大）.

(iii) 记号 Δx 是一个整体, 表示一个独立于 x 的变量.

(vi) 因 $x = x_0 + \Delta x$, 故 $\Delta x \to 0 \Longleftrightarrow x \to x_0$. 注意到有着下面常更替使用的两个极限式:

$$\lim_{\Delta x \to 0^{(\pm)}} \frac{f(x_0 + \Delta x) - f(x_0)}{\Delta x} = \lim_{x \to x_0^{(\pm)}} \frac{f(x) - f(x_0)}{x - x_0}.$$

【命题】　函数 $f(x)$ 在点 x_0 处可导当且仅当 $f(x)$ 在点 x_0 处左、右导数存在且相等, 即

$$f'(x_0) \text{ 存在} \quad \Longleftrightarrow \quad f'_-(x_0) = f'_+(x_0)(= f'(x_0)).$$

（2）导数的几何意义

函数 $y = f(x)$ 在点 x_0 处的导数 $f'(x_0)$ 在几何上表示曲线 $y = f(x)$ 在点 $M(x_0, f(x_0))$ 处的切线的斜率, 即

$$f'(x_0) = \tan a,$$

其中 $a \neq \pi/2$ 是切线的倾角.

① 当 $f'(x_0) \neq 0$ 时, $y = f(x)$ 在点 M 处的切线方程为:

$$y - y_0 = f'(x_0)(x - x_0);$$

法线方程为:

$$y - y_0 = -\frac{1}{f'(x_0)}(x - x_0).$$

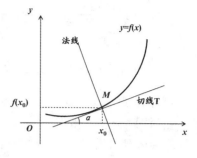

② 当 $f'(x_0) = 0$ 时,曲线 $y = f(x)$ 在点 M 处的切线平行于 x 轴,方程为

$$y = f(x_0),$$

而法线方程必为

$$x = x_0.$$

【例 A】 求函数 $y = x^2$ 在点 $x = 2$ 处的导数,并写出对应于 $x = 2$ 之点处曲线的切线方程和法线方程.

图 2-1-1

解：$f'(2) = \lim\limits_{\Delta x \to 0} \dfrac{f(2 + \Delta x) - f(2)}{\Delta x} = \lim\limits_{\Delta x \to 0} \dfrac{(2 + \Delta x)^2 - 2^2}{\Delta x} = \lim\limits_{\Delta x \to 0}(4 + \Delta x) = 4.$

显然 $x = 2$ 时 $y = 4$,故曲线在点 $(2, 4)$ 处的切线斜率和法线斜率分别为：

$$k_1 = f'(2) = 4, \quad k_2 = -\frac{1}{k_1} = -\frac{1}{4}.$$

于是所求切线的方程为 $y - 4 = 4(x - 2)$,即 $4x - y - 4 = 0$.

所求法线的方程为 $y - 4 = -\dfrac{1}{4}(x - 2)$,即 $x + 4y - 18 = 0$.

2. 函数的可导性与连续性的关系

(1)**【定理】**　如果函数 $y = f(x)$ 在点 x_0 处可导,则它在点 x_0 处一定连续.

证：　这是因为 $\lim\limits_{\Delta x \to 0} \Delta y = \lim\limits_{\Delta x \to 0} \dfrac{\Delta y}{\Delta x} \cdot \Delta x = \lim\limits_{\Delta x \to 0} \dfrac{\Delta y}{\Delta x} \cdot \lim\limits_{\Delta x \to 0} \Delta x = f'(x_0) \cdot 0 = 0.$

【注】　定理的逆不成立,即函数 $y = f(x)$ 在点 x_0 处连续,但在 x_0 处不一定可导.

【例 B】　函数 $y = |x|$ 在区间 $(-\infty, +\infty)$ 内连续,但在点 $x = 0$ 处不可导. 这是因为在点 $x = 0$ 左、右导数不相等：

$$f'_-(0) = \lim\limits_{\Delta x \to 0^-} \frac{\Delta y}{\Delta x} = \lim\limits_{\Delta x \to 0^-} \frac{-\Delta x}{\Delta x} = -1 \neq 1 = \lim\limits_{\Delta x \to 0^+} \frac{\Delta x}{\Delta x} = \lim\limits_{\Delta x \to 0^+} \frac{\Delta y}{\Delta x} = f'_+(0).$$

【例 C】　函数 $y = f(x) = \sqrt[3]{x}$ 在区间 $(-\infty, +\infty)$ 内连续,但在点 $x = 0$ 处不可导. 这是因为函数在点 $x = 0$ 处导数为无穷大：

$$\lim\limits_{h \to 0} \frac{f(0 + h) - f(0)}{h} = \lim\limits_{h \to 0} \frac{\sqrt[3]{h} - 0}{h} = \lim\limits_{h \to 0} \frac{1}{\sqrt[3]{h^2}} = +\infty.$$

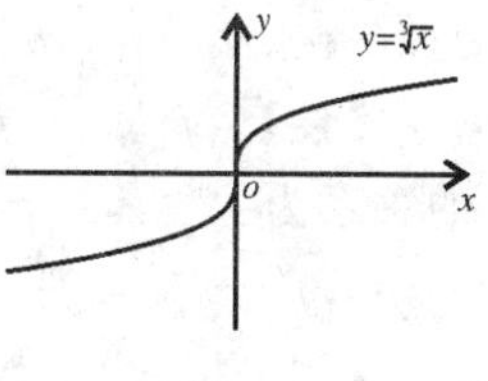

【注】　这里用 h 表示自变量的改变量 Δx. 当然可以采用其他字母,其本质是一样的.

图 2-1-2

(2) 极限、连续、与可导的关系：

(i) 如果函数 $f(x)$ 在 x_0 处可导,那么 $f(x)$ 在 x_0 处必连续. 反之不然；

(ii) 如果函数 $f(x)$ 在 x_0 处连续,那么 $f(x)$ 在 x_0 处的极限 $\lim\limits_{x \to x_0} f(x)$ 必存在. 反之不然.

【例 D】　设 a 是一实数. 讨论下面函数在点 a 处的连续性和可导性：

(1) $f_1(x) = (x - a)D(x)$;　　　　　(2) $f_2(x) = (x - a)^2 D(x)$,

其中 $D(x) = \begin{cases} 1, & x \text{ 为有理数} \\ 0, & x \text{ 为无理数} \end{cases}$ 是狄里克雷函数(参见第一章第二(一)2(4)节例 H).

解：　(1) 令 $k = 1$、2. 因 $\lim\limits_{x \to a} f_k(x) = \lim\limits_{x \to a}(x - a)^k D(x) = 0 = f_k(a)$,故 $f_k(x)$ 在点 a 处连续；

(2) 因 $\dfrac{f_1(x)-f_1(a)}{x-a}=\dfrac{(x-a)D(x)}{x-a}=D(x)$，而 $x\to a$ 时 $D(x)$ 无极限；故 $f_1(x)$ 点 $x=a$ 处不可导；

(3) 因 $\lim\limits_{x\to a}\dfrac{f_2(x)-f_2(a)}{x-a}=\lim\limits_{x\to a}\dfrac{(x-a)^2D(x)}{x-a}=\lim\limits_{x\to a}(x-a)D(x)=0$，故 $f_2(x)$ 点 $x=a$ 处可导且 $f_2{}'(a)=0$.

【注】* 更一般有 $f_j(x)=(x-a)^jD(x)$ 当 $j=1$ 时在点 a 处连续但不可导；而当 $j>1$ 时在点 a 处可导. 注意到狄里克雷函数 $D(x)$ 处处不存在极限，故处处都不连续.

事实上，对任意有理数 x_0，若分别取数列 $x_n^{(1)}=x_0-\dfrac{1}{2^n},x_n^{(2)}=x_0+\dfrac{\sqrt{2}}{2^n}$，则 $x_n^{(1)}\to x$ 且 $x_n^{(2)}\to x(n\to\infty)$. 但

$$\lim_{n\to\infty}D(x_n^{(1)})=1,\qquad \lim_{n\to\infty}D(x_n^{(2)})=0,$$

故根据第一章第三(一)2(1)节定理 1，当 $x\to x_0$ 时狄里克雷函数 $D(x)$ 极限不存在，故在 $x=x_0$（有理数）处不连续.

同理，对任意无理数 x_0，取数列 $x_n^{(1)}=x_0-\dfrac{1}{2^n}$，而取一有理数列 $x_n^{(2)}\to x_0(n\to\infty)$ 即可类似证得 $D(x)$ 在点 x_0 处极限不存在，从而在点 $x=x_0$（无理数）处不连续.

3. 导函数

【定义 2】 如果函数 $f(x)$ 在区间 (a,b) 内每一点都可导，则称 $f(x)$ 在区间 (a,b) 内可导. 这时，对于区间 (a,b) 内每一点 x，都有一个确定的导数值与它对应，这就定义了一个新的函数，这个函数称为函数 $y=f(x)$ 的导函数，简称为导数，记作

$$y',\quad f'(x),\quad \dfrac{\mathrm{d}y}{\mathrm{d}x},\quad \text{或}\quad \dfrac{\mathrm{d}f(x)}{\mathrm{d}x}.$$

设函数 $f(x)$ 在区间 (a,b) 内可导，若 $f(x)$ 点 a 处的右导数 $f'_+(a)$ 存在，则称函数 $f(x)$ 在半开闭区间 $[a,b)$ 上可导；若 $f(x)$ 点 b 处的左导数 $f'_-(b)$ 存在，则称函数 $f(x)$ 在半开闭区间 $(a,b]$ 上可导；若 $f(x)$ 分别在点 a、b 处的右、左导数 $f'_+(a)$、$f'_-(b)$ 都存在，则称函数 $f(x)$ 在闭区间 $[a,b]$ 上可导.

【注】 $f'(x_0)$、$f'_+(x_0)$、$f'_-(x_0)$ 所表示之函数 $f(x)$ 在点 x_0 的三类导数值与对应导函数的关系为：

$$f'(x_0)=f'(x)\big|_{x=x_0},\quad f'_+(x_0)=f'_+(x)\big|_{x=x_0},\quad f'_-(x_0)=f'_-(x)\big|_{x=x_0}.$$

【例 E】 求函数 $f(x)=C$（C 为常数）的导数.

解： 设 $y=f(x)=C$，那么 $\forall x\in(-\infty,+\infty)$，成立着

$$\lim_{\Delta x\to 0}\frac{\Delta y}{\Delta x}=\lim_{\Delta x\to 0}\frac{f(x+\Delta x)-f(x)}{\Delta x}=\lim_{\Delta x\to 0}\frac{C-C}{\Delta x}=0.$$

即得 $(C)'=0$.

【例 F】 求幂函数 $f(x)=x^a$（$x\in(0,+\infty)$；a 为实数）的导数.

解： 设 $a\neq 0$. 记 $y=f(x)=x^a$. $\forall x\in(0,+\infty)$，因为 $\Delta y=(x+\Delta x)^a-x^a$，所以

$$\lim_{\Delta x\to 0}\frac{\Delta y}{\Delta x}=\lim_{\Delta x\to 0}\frac{f(x+\Delta x)-f(x)}{\Delta x}=\lim_{\Delta x\to 0}\frac{(x+\Delta x)^a-x^a}{\Delta x}=x^a\cdot\lim_{\Delta x\to 0}\frac{(1+\Delta x/x)^a-1}{\Delta x}$$

$$\xrightarrow[\Delta x\to 0\ \Leftrightarrow\ t\to 0]{\text{默认令}\ t=\Delta x/x}x^a\cdot\lim_{t\to 0}\frac{a(\Delta x/x)}{\Delta x}=a\cdot x^{a-1}.$$

显然上式结论对 $a=0$ 亦成立. 故得

$$(x^a)' = \alpha \cdot x^{a-1}, \quad x \in (0, +\infty).$$

【注】　用到等价无穷小代换：当 $a \neq 0, \beta(x) \to 0$ 时，成立着

$$[1 + \beta(x)]^a - 1 (= e^{a\ln[1+\beta(x)]} - 1 \sim a\ln[1+\beta(x)]) \sim a\beta(x).$$

【例 G】　求正弦函数 $y = \sin x$ 的导数.

解：　$\forall x \in \mathbf{R}$，赋予改变量 Δx，则 $\Delta y = \sin(x + \Delta x) - \sin x = 2\cos\left(x + \dfrac{\Delta x}{2}\right)\sin\dfrac{\Delta x}{2}$，

那么　$\lim\limits_{\Delta x \to 0}\dfrac{\Delta y}{\Delta x} = \lim\limits_{\Delta x \to 0}\cos\left(x + \dfrac{\Delta x}{2}\right)\dfrac{\sin\dfrac{\Delta x}{2}}{\dfrac{\Delta x}{2}} = \lim\limits_{\Delta x \to 0}\cos\left(x + \dfrac{\Delta x}{2}\right) \cdot \lim\limits_{\Delta x \to 0}\dfrac{\sin\dfrac{\Delta x}{2}}{\dfrac{\Delta x}{2}} = \cos x.$

由 x 的任意性即得 $(\sin x)' = \cos x, \quad x \in R.$

【注】　类似地可求得 $(\cos x)' = -\sin x, \quad x \in R.$

【例 H】　求指数函数 $f(x) = a^x$（$a > 0, a \neq 1$）的导数.

解：　记 $y = f(x) = a^x$，则 $\forall x \in (-\infty, +\infty)$，赋予改变量 Δx，则

$$\lim_{\Delta x \to 0}\frac{\Delta y}{\Delta x} = \lim_{\Delta x \to 0}\frac{f(x + \Delta x) - f(x)}{\Delta x} = \lim_{\Delta x \to 0}\frac{a^{x+\Delta x} - a^x}{\Delta x}$$

$$= a^x \cdot \lim_{\Delta x \to 0}\frac{a^{\Delta x} - 1}{\Delta x} \xrightarrow[\text{替换}]{\text{无穷小}} a^x \cdot \lim_{\Delta x \to 0}\frac{\Delta x \cdot \ln a}{\Delta x} = a^x \ln a.$$

得 $(a^x)' = a^x \ln a$（$a > 0, a \neq 1$），$x \in R.$ 特别 $(e^x)' = e^x, \quad x \in R.$

4. 导数为 ∞ 的特别注解

当我们说函数在某点的导数为无穷大时，指的是极限 $\lim\limits_{\Delta x \to 0}\dfrac{\Delta y}{\Delta x}$ 为无穷大. 前面已指出，这仅仅是借用极限概念的方便说法而已，而事实是此极限是发散、不存在的，从而应理解为该点导数是不存在的. 至于函数在该点邻域之导函数的情形则比较复杂，遇到时要具体问题具体分析讨论.

例如分段函数 $y = f(x) = \begin{cases} 0, x \neq 0; \\ 1, x = 0 \end{cases}$ 在 $x = 0$ 处有对应的极限式：

$$\lim_{\Delta x \to 0}\frac{\Delta y}{\Delta x}\bigg|_{x=0} = \lim_{\Delta x \to 0}\frac{f(0 + \Delta x) - f(0)}{\Delta x} = \lim_{\Delta x \to 0}\frac{-1}{\Delta x} = \infty,$$

但这不是真正意义上的导数. 我们不仅不能在 $x = 0$ 处谈对应曲线的"光滑、切线、法线"等几何意义，而且函数在 $x = 0$ 是不连续的. 然而，上面已证明：对于真正意义上的导数，如果函数在某一点处可导，则它在该点处一定连续.

另，回忆例 C，其函数 $y = f(x) = \sqrt[3]{x}$ 在点 $x = 0$ 处不可导，但 $x \neq 0$ 时可导，且

$$\lim_{x \to 0}f'(x) = \lim_{x \to 0}\frac{1}{3\sqrt[3]{x^2}} = +\infty, \quad \text{并} \quad \lim_{x \to 0}\frac{f(x) - f(0)}{x} = \lim_{x \to 0}\frac{1}{\sqrt[3]{x^2}} = +\infty.$$

注意，该函数图形在点 $x = 0$ 处有切线 $x = 0$，是点 $x = 0$ 邻域图形之切线的极限位置.

（二）解题方法与典型、综合例题

1. 用导数的定义求导数

【例 1】　用导数的定义（不用已有求导公式）求下列函数在指定点的导数.

(1) 函数 $f(x) = \ln(x + 1)$，点 $x = 1$；　　　　(2) 函数 $f(x) = e^{x+1}$，点 $x = 1$；

(3) 函数 $f(x) = \dfrac{1}{x+1}$, 点 $x = 2$.

解： （1）$f'(1) = \lim\limits_{\Delta x \to 0} \dfrac{f(1+\Delta x) - f(1)}{\Delta x} = \lim\limits_{\Delta x \to 0} \dfrac{\ln(2+\Delta x) - \ln 2}{\Delta x}$

$$= \lim\limits_{\Delta x \to 0} \dfrac{\ln\left(1 + \dfrac{\Delta x}{2}\right)}{\Delta x} = \lim\limits_{\Delta x \to 0} \dfrac{\dfrac{\Delta x}{2}}{\Delta x} = \dfrac{1}{2}.$$

（2）$f'(1) = \lim\limits_{\Delta x \to 0} \dfrac{f(1+\Delta x) - f(1)}{\Delta x} = \lim\limits_{\Delta x \to 0} \dfrac{e^{2+\Delta x} - e^2}{\Delta x} = e^2 \cdot \lim\limits_{\Delta x \to 0} \dfrac{e^{\Delta x} - 1}{\Delta x} = e^2 \cdot \lim\limits_{\Delta x \to 0} \dfrac{\Delta x}{\Delta x} = e^2.$

（3）$f'(2) = \lim\limits_{\Delta x \to 0} \dfrac{f(2+\Delta x) - f(2)}{\Delta x} = \lim\limits_{\Delta x \to 0} \dfrac{1}{\Delta x}\left(\dfrac{1}{3+\Delta x} - \dfrac{1}{3}\right) = \lim\limits_{\Delta x \to 0} \dfrac{-\Delta x}{3\Delta x(3+\Delta x)} = -\dfrac{1}{9}.$

等价表达式：

$$f'(2) = \lim\limits_{x \to 2} \dfrac{f(x) - f(2)}{x-2} = \lim\limits_{x \to 2} \dfrac{1}{x-2}\left(\dfrac{1}{x+1} - \dfrac{1}{3}\right)$$

$$= \lim\limits_{x \to 2} \dfrac{2-x}{3(x-2)(x+1)} = \lim\limits_{x \to 2} \dfrac{-1}{3(x+1)} = -\dfrac{1}{9}.$$

2. 导数存在性的证明及应用

(1) 分段函数分段点可导性的证明常采用的方法是论证左、右导数是否相等

【例2】 设 $f(x) = \begin{cases} \sin x, & x < 0 \\ \ln(1+x), & x \geqslant 0 \end{cases}$, 问 $f'_+(0), f'_-(0), f'(0)$ 是否存在？

解： $f'_-(0) = \lim\limits_{x \to 0^-} \dfrac{f(0+x) - f(0)}{x} = \lim\limits_{x \to 0^-} \dfrac{\sin x}{x} = 1;$

$f'_+(0) = \lim\limits_{x \to 0^+} \dfrac{f(0+x) - f(0)}{x} = \lim\limits_{x \to 0^+} \dfrac{\ln(1+x)}{x} = 1;$

由此得 $f'_+(0) = f'_-(0) = 1$, 所以 $f'(0) = 1$.

【例3】 讨论 $f(x) = \begin{cases} x\sin\dfrac{1}{x}, & x \neq 0 \\ 0, & x = 0 \end{cases}$ 在 $x = 0$ 处的连续性和可导性.

解： 因 $\left|\sin\dfrac{1}{x}\right| \leqslant 1$（有界）, 又 $\lim\limits_{x \to 0} x = 0$, 故

$$\lim\limits_{x \to 0} f(x) = \lim\limits_{x \to 0} x\sin\dfrac{1}{x} = 0 = f(0),$$

所以函数 $f(x)$ 在 $x = 0$ 处连续. 又有下式

$$\dfrac{f(0+\Delta x) - f(0)}{\Delta x} = \dfrac{\Delta x \sin\dfrac{1}{\Delta x} - f(0)}{\Delta x} = \sin\dfrac{1}{\Delta x},$$

此式当 $\Delta x \to 0$ 时不收敛, 所以函数 $f(x)$ 在 $x = 0$ 处不可导.

【例4】 讨论函数 $f(x) = \begin{cases} x^2\sin\dfrac{1}{x}, & x \neq 0 \\ 0, & x = 0 \end{cases}$ 在 $x = 0$ 的连续性和可导性.

解： 因 $\lim\limits_{x \to 0} f(x) = \lim\limits_{x \to 0} x^2\sin\dfrac{1}{x} = 0 = f(0)$, 故 $f(x)$ 在 $x = 0$ 连续. 又

$$f'(0) = \lim\limits_{x \to 0} \dfrac{f(x) - f(0)}{x-0} = \lim\limits_{x \to 0} \dfrac{x^2\sin\dfrac{1}{x} - 0}{x} = \lim\limits_{x \to 0} x\sin\dfrac{1}{x} = 0,$$

所以 $f(x)$ 在 $x=0$ 可导,且 $f'(0)=0$.

(2) 含 $e^{1/x}$ 的函数在点 $x=0$ 的可导性的证明常采用的方法也是论证左、右导数是否相等,但要注意的是它们直接取决于 $e^{1/x}$ 的左、右极限:

$$\lim_{x\to 0^+}e^{1/x}=+\infty、\quad \lim_{x\to 0^-}e^{1/x}=0.$$

【例5】 讨论函数 $f(x)=\begin{cases}\dfrac{x}{1+e^{1/x}}, & x\neq 0\\ 0, & x=0\end{cases}$ 在 $x=0$ 处的可导性.

解: $f'_+(0)=\lim_{x\to 0^+}\dfrac{f(x)}{x}=\lim_{x\to 0^+}\dfrac{1}{1+e^{1/x}}=0,\quad f'_-(0)=\lim_{x\to 0^-}\dfrac{f(x)}{x}=\lim_{x\to 0^-}\dfrac{1}{1+e^{1/x}}=1,$

因为 $f'_+(0)\neq f'_-(0)$,所以函数 $f(x)$ 在 $x=0$ 处不可导.

3. 与抽象函数可导性相关的极限

【例6】 (1) 设 $f(x)$ 为可导函数,求 $\lim_{x\to 2}\dfrac{f(4-x)-f(2)}{x-2}$.

(2) 已知 $f'(2)=2$,求 $\lim_{\Delta x\to 0}\dfrac{f(2-\Delta x)-f(2)}{2\Delta x}$.

(3) 设 $f(x)$ 为可导函数,而极限 $\lim_{h\to\infty}h\left[f\left(a-\dfrac{1}{h}\right)-f(a)\right]=A$ 存在,试求常数 A.

解: (1) $\lim_{x\to 2}\dfrac{f(4-x)-f(2)}{x-2}=-\lim_{x\to 2}\dfrac{f[2+(2-x)]-f(2)}{2-x}\xlongequal[x\to 2\Leftrightarrow h\to 0]{\text{默认}h=2-x}-f'(2).$

(2) $\lim_{\Delta x\to 0}\dfrac{f(2-\Delta x)-f(2)}{2\Delta x}=-\dfrac{1}{2}\lim_{\Delta x\to 0}\dfrac{f(2-\Delta x)-f(2)}{-\Delta x}\xlongequal[\Delta x\to 0\Leftrightarrow h\to 0]{\text{默认}h=-\Delta x}-\dfrac{1}{2}f'(2)=-1.$

(3) 令 $\Delta x=-1/h$,则 $h\to\infty$ 时 $\Delta x\to 0$,那么由

$$f'(a)=\lim_{\Delta x\to 0}\dfrac{f(a+\Delta x)-f(a)}{\Delta x}=-\lim_{h\to\infty}\dfrac{f[a-(1/h)]-f(a)}{1/h}=-A$$

从而 $A=-f'(a)$.

【例7】 设函数 $f(x)$ 在 $x=0$ 处连续.已知 $\lim_{x\to 0}\dfrac{f(x)}{x}=a(a\neq 0)$,求 $f(0)$ 和 $f'(0)$.

解: 因 $\lim_{x\to 0}f(x)=\lim_{x\to 0}\dfrac{f(x)}{x}\cdot x=a\cdot 0=0$.故由函数在 $x=0$ 处连续得 $f(0)=0$.又

$$f'(0)=\lim_{x\to 0}\dfrac{f(x)-f(0)}{x}=\lim_{x\to 0}\dfrac{f(x)}{x}=a.$$

综上所述,$f(0)=0,f'(0)=a$.

4. 利用可导性求解分段函数之未知数的方法

设已知分段函数 $f(x)$ 含两个未知数.如果 $f(x)$ 在分界点 $x=d$ 处可导,那么求未知数的解题思路就非常明确.因为根据可导必连续的性质即可得下面两个方程:

$$\begin{cases}f(d+0)=f(d-0);\\ f'_+(d)=f'_-(d),\end{cases}$$

解此联立方程组即可求出两个未知数.此方法在函数含有抽象表达式时富有意义.

【例8】 设函数 $f(x)=\begin{cases}a\ln x+b, & x\geqslant 1;\\ e^x, & x<1\end{cases}$ 在 $x=1$ 处可导,求常数 a、b 的值.

解1: 因 $f(x)$ 在 $x=1$ 处可导,故必连续,从而

$$\lim_{x\to 1^-}f(x)=\lim_{x\to 1^+}f(x)=f(1),$$

又　$f(1) = \lim\limits_{x \to 1^+} f(x) = \lim\limits_{x \to 1^+} (a\ln x + b) = b$, $\lim\limits_{x \to 1^-} f(x) = \lim\limits_{x \to 1^-} \mathrm{e}^x = \mathrm{e}$, 所以 $b = f(1) = \mathrm{e}$.

下面求 $f(x)$ 在 $x = 1$ 处左、右导,有

$$f'_-(1) = \lim_{x \to 1^-} \frac{f(x) - f(1)}{x - 1} = \lim_{x \to 1^-} \frac{\mathrm{e}^x - \mathrm{e}}{x - 1} = \lim_{x \to 1^-} \frac{\mathrm{e}(\mathrm{e}^{x-1} - 1)}{x - 1} = \lim_{x \to 1^-} \frac{\mathrm{e}(x - 1)}{x - 1} = \mathrm{e};$$

$$f'_+(1) = \lim_{x \to 1^+} \frac{f(x) - f(1)}{x - 1} = \lim_{x \to 1^+} \frac{a\ln x}{x - 1} = \lim_{x \to 1^-} \frac{a\ln(1 + x - 1)}{x - 1} = \lim_{x \to 1^-} \frac{a(x - 1)}{x - 1} = a,$$

因为 $f(x)$ 在 $x = 1$ 处可导,所以 $f'_-(1) = f'_+(1)$,由此得 $a = b = \mathrm{e}$.

解 2:　与解 1 相同求得 $b = \mathrm{e}$.

现在当 $x \leqslant 1$ 时 $f(x) = \mathrm{e}^x$,且 $f'(x) = \mathrm{e}^x$;而当 $x \geqslant 1$ 时 $f'(x) = a/x$. 注意到两个导函数都是初等函数,故在指定区域连续. 于是由可导性和求得的导函数式立得

$$a = (a/x)\big|_{x=1} = f'_+(1) = f'_-(x) = \mathrm{e}^x\big|_{x=1} = \mathrm{e}.$$

【注】　如果函数都含显式初等函数式,它们各段函数的导函数也是初等的,必连续. 于是根据分界点的可导性,通过直接求导函数后即可判断未知数的值. 可以不必像解 1 那样通过左、右导数的定义进行计算、比较.

【例 9】　若 $f(x) = \begin{cases} x^2, & x \leqslant 1 \\ ax + b, & x > 1 \end{cases}$ 处处可导,求常数 a、b 的值.

解 1:　$f(x)$ 在 $x = 1$ 处可导,必连续. 于是由右连续性有

$$1 = f(1) = f(1^+) = \lim_{x \to 1^+} f(x) = \lim_{x \to 1^+} (ax + b) = a + b, \tag{1}$$

解得 $b = 1 - a$. 而由导数存在性得

$$f'_+(1) = \lim_{x \to 1^+} \frac{f(x) - f(1)}{x - 1} = \lim_{x \to 1^+} \frac{(ax + b) - 1}{x - 1} = \lim_{x \to 1^+} \frac{ax - a}{x - 1} = a, \tag{2}$$

且　$f'_-(1) = \lim_{x \to 1^-} \frac{f(x) - f(1)}{x - 1} = \lim_{x \to 1^+} \frac{x^2 - 1}{x - 1} = \lim_{x \to 1^+} (x + 1) = 2.$

由 (1)、(2) 解得

$$a = 2, \quad b = -1.$$

解 2:　与解 1 相同求得 $a + b = 1$.

又因当 $x > 1$ 时 $f(x) = ax + b$,且 $f'(x) = a$;而当 $x \leqslant 1$ 时 $f(x) = x^2$,且 $f'(x) = 2x$. 注意到两个导函数都是初等函数,故导函数在指定区域连续,特别是左(或,右)端点连续. 于是由可导性和求得的导函数式立得

$$a = f'_+(1) = f'_-(1) = (2x)\big|_{x=1} = 2,$$

由此得

$$b = -1.$$

【习题 2.1】(导数的概念)

1. 用导数定义证明:

(1) $(x^3)' = 3x^2$;　　　　　　　　　　(2) $(\cos x)' = -\sin x$.

2. 设函数 $y = f(x)$ 在 $x = x_0$ 可导,求:

(1) $\lim\limits_{x \to x_0} \dfrac{f(2x) - f(2x_0)}{x - x_0}$;　　　　　　(2) $\lim\limits_{\Delta x \to 0} \dfrac{f(x_0) - f(x_0 - \Delta x)}{\Delta x}$;

(3) $\lim\limits_{h \to 0} \dfrac{f(x_0 + 5h) - f(x_0 - 3h)}{5h}$.

3. 求下列函数导数：

(1) $(x^{11})' = $ _____ ;　　　　　(2) $(\sqrt[3]{x^2})' = $ _____ ;

(3) $(\log_{0.5} x)' = $ _____ ;　　　　(4) $(\log_{0.5} 6)' = $ _____ ;

(5) $(3^x)' = $ _____ ;　　　　　　(6) $(e^3)' = $ _____

4. 设 $f(x) = \dfrac{(x-1)(x-2)\cdots(x-n)}{(x+1)(x+2)\cdots(x+n)}$，求 $f'(1)$.

5. 判断分段函数 $f(x) = \begin{cases} x^2, & x \geqslant 0 \\ -x, & x < 0 \end{cases}$ 在 $x = 0$ 处的连续性和可导性.

6. 设函数 $f(x)$ 在 $x = 2$ 处连续. 已知 $\lim\limits_{x \to 1} \dfrac{f(x) - 1}{x - 2} = 3$，求 $f(2)$ 和 $f'(2)$.

7. 设函数 $f(x) = \begin{cases} 1 + \sin x, & x \leqslant 0; \\ ax + be^{2x}, & x > 0 \end{cases}$ 在 $x = 0$ 处可导，试用左、右导数的定义确定 a、b 的值，并求 $f(x)$ 的导函数.

8. 已知一作直线运动的物体的运动方程为 $S(t) = t^3(m)$，求物体在 $t = 2(s)$ 时的瞬时速度（即为函数 $S(t) = t^3$ 在 $t = 2$ 的导数）.

9. 求立方抛物线 $y = x^3$ 在点 $(2,8)$ 处的切线和法线方程.

10. 求曲线 $y = \ln x$ 在点 $(e,1)$ 处的切线和法线方程.

二、函数的求导法则

（一）内容概述与归纳

1. 函数的和、差、积、商的求导法则

【定理 1】　若函数 $u(x)$、$v(x)$ 都在点 x 处可导，则它们的和、差、积、商（分母为零的点除外）也都在点 x 处可导，且：

(i) $[u(x) \pm v(x)]' = u'(x) \pm v'(x)$；

(ii) $[u(x) \cdot v(x)]' = u'(x) \cdot v(x) + u(x) \cdot v'(x)$，　特别 $(Cu)' = Cu'$　　（C 为常数）；

(iii) $\left[\dfrac{u(x)}{v(x)}\right]' = \dfrac{u'(x)v(x) - u(x)v'(x)}{v^2(x)}$.　特别 $\left[\dfrac{1}{v(x)}\right]' = -\dfrac{v'(x)}{v^2(x)}$.

求导法则的推广：

(i') $(u \pm v \pm w)' = u' \pm v' \pm w'$；　$(u_1 \pm u_2 \pm \cdots \pm u_n)' = u_1' \pm u_2' \pm \cdots \pm u_n'$.

(ii') $(uvw)' = u'vw + uv'w + uvw'$；

　　　$(u_1 u_2 \cdots u_n)' = u_1' u_2 \cdots u_n + u_1 u_2' \cdots u_n + \cdots\cdots + u_1 u_2 \cdots u_n'$.

【例 A】　$y = 2x^3 - 5a^x + 3\sin x - 7, a > 0$，求 y'.

解：$y' = (2x^3 - 5a^x + 3\sin x - 7)' = (2x^3)' - (5a^x)' + (3\sin x)' - (7)'$

　　　　$= 2(x^3)' - 5(a^x)' + 3(\sin x)' = 6x^2 - 5a^x \ln a + 3\cos x$.

【例 B】　$f(x) = x^3 + e^x + 4\cos x - \sin \dfrac{\pi}{7}$，求 $f'(x), f'\left(\dfrac{\pi}{2}\right)$.

解： $f'(x) = (x^3)' + (e^x)' + (4\cos x)' - \left(\sin\dfrac{\pi}{7}\right)' = 3x^2 + e^x - 4\sin x,$

$$f'\left(\dfrac{\pi}{2}\right) = 3\left(\dfrac{\pi}{2}\right)^2 + e^{\frac{\pi}{2}} - 4\sin\dfrac{\pi}{2} = \dfrac{3}{4}\pi^2 + e^{\frac{\pi}{2}} - 4.$$

【例 C】 求下列函数的导数：(1) $y = \tan x$；(2) $y = \sec x$.

解： (1) $y' = (\tan x)' = \left(\dfrac{\sin x}{\cos x}\right)' = \dfrac{(\sin x)'\cos x - \sin x(\cos x)'}{\cos^2 x} = \dfrac{\cos^2 x + \sin^2 x}{\cos^2 x} = \sec^2 x.$

(2) $y' = (\sec x)' = \left(\dfrac{1}{\cos x}\right)' = \dfrac{-(\cos x)'}{\cos^2 x} = \dfrac{\sin x}{\cos^2 x} = \sec x \cdot \tan x.$

即 $(\tan x)' = \sec^2 x,$ $(\sec x)' = \sec x \cdot \tan x.$

【注】 用类似方法，还可求得：

$$(\cot x)' = -\csc^2 x,   (\csc x)' = -\csc x \cdot \cot x.$$

2. 反函数的求导法则

【定理 2】 如果函数 $x = \varphi(y)$ 在某点 y_0 的某邻域内连续严格单调、可导且 $\varphi'(y_0) \neq 0$，那么它的反函数 $y = f(x)$ 在对应点 $x_0 = \varphi(y_0)$ 也可导，并且

$$f'(x_0) = \dfrac{1}{\varphi'(y_0)}.$$

【例 D】 求 $(\arcsin x)'$ 及 $(\arccos x)'$.

解： 因为 $y = \arcsin x$ 是 $x = \sin y$ 的反函数，所以

$$(\arcsin x)' = \dfrac{1}{(\sin y)'} = \dfrac{1}{\cos y} = \dfrac{1}{\sqrt{1-\sin^2 y}} = \dfrac{1}{\sqrt{1-x^2}}.$$

类似地有：$(\arccos x)' = -\dfrac{1}{\sqrt{1-x^2}}.$

【例 E】 求 $(\arctan x)'$ 及 $(\operatorname{arccot} x)'$.

解： 因为 $y = \arctan x$ 是 $x = \tan y$ 的反函数，所以

$$(\arctan x)' = \dfrac{1}{(\tan y)'} = \dfrac{1}{\sec^2 y} = \dfrac{1}{1+\tan^2 y} = \dfrac{1}{1+x^2}.$$

类似地有： $(\operatorname{arccot} x)' = -\dfrac{1}{1+x^2}.$

3. 基本导数公式(其中 C、μ、a 为常数，且 a $>$ 0、a $\neq$ 1)

$(C)' = 0$ $(x^\mu)' = \mu x^{\mu-1}$

$(a^x)' = a^x \ln a,$ $(e^x)' = e^x$ $(\log_a x)' = \dfrac{1}{x\ln a},$ $(\ln x)' = \dfrac{1}{x}$

$(\sin x)' = \cos x$ $(\cos x)' = -\sin x$

$(\tan x)' = \dfrac{1}{\cos^2 x} = \sec^2 x$ $(\cot x)' = -\dfrac{1}{\sin^2 x} = -\csc^2 x$

$(\sec x)' = \sec x \cdot \tan x$ $(\csc x)' = -\csc x \cdot \cot x$

$(\arcsin x)' = \dfrac{1}{\sqrt{1-x^2}}$ $(\arccos x)' = -\dfrac{1}{\sqrt{1-x^2}}$

$(\arctan x)' = \dfrac{1}{1+x^2}$ $(\operatorname{arccot} x)' = -\dfrac{1}{1+x^2}$

4. 复合函数的求导法则

【定理 3】 设函数 $u = \varphi(x)$ 在点 x_0 可导，$y = f(u)$ 在点 $u_0 = \varphi(x_0)$ 可导，若它们可复

合,则复合函数 $y = f[\varphi(x)]$ 在点 x_0 可导,且其导数为

$$\frac{\mathrm{d}y}{\mathrm{d}x}\bigg|_{x=x_0} = \frac{\mathrm{d}y}{\mathrm{d}u}\bigg|_{u=u_0} \cdot \frac{\mathrm{d}u}{\mathrm{d}x}\bigg|_{x=x_0} = f'(u_0)\varphi'(x_0).$$

【注】 (i) 对 $y = f(u)$、$u = g(v)$、$v = h(x)$ 多重复合,若满足相应可导条件,类似地有

$$\frac{\mathrm{d}y}{\mathrm{d}x} = \frac{\mathrm{d}y}{\mathrm{d}u} \cdot \frac{\mathrm{d}u}{\mathrm{d}v} \cdot \frac{\mathrm{d}v}{\mathrm{d}x} = f'(u)g'(v)h'(x).$$

(ii) 求复合函数的导数要从最外至里的函数关系层层求导.

【例 F】 $y = \sin\dfrac{2x}{1+x^2}$,求$\dfrac{\mathrm{d}y}{\mathrm{d}x}$.

解: 因函数 $y = \sin\dfrac{2x}{1+x^2}$ 是由 $y = \sin u$, $u = \dfrac{2x}{1+x^2}$ 复合而成,故

$$\frac{\mathrm{d}y}{\mathrm{d}x} = \frac{\mathrm{d}y}{\mathrm{d}u} \cdot \frac{\mathrm{d}u}{\mathrm{d}x} = \cos u \cdot \frac{2(1+x^2)-(2x)^2}{(1+x^2)^2} = \frac{2(1-x^2)}{(1+x^2)^2}\cos\frac{2x}{1+x^2}.$$

【例 G】 求函数 $y = \operatorname{arccot}\dfrac{1}{x}$ 的导数.

解: 因函数的复合关系为 $y = \operatorname{arccot} u$, $u = \dfrac{1}{x}$,故

$$y' = \left(\operatorname{arccot}\frac{1}{x}\right)' = -\frac{1}{1+(1/x)^2} \cdot \left(\frac{1}{x}\right)' = -\frac{1}{1+(1/x)^2} \cdot \left(-\frac{1}{x^2}\right) = \frac{1}{1+x^2}.$$

【例 H】 求函数 $y = \ln(x+\sqrt{1+x^2})$ 的导数.

解: 因函数的复合关系为 $y = \ln u$, $u = x+\sqrt{v}$, $v = 1+x^2$,故

$$y' = \left[\ln(x+\sqrt{1+x^2})\right]' = \frac{(x+\sqrt{1+x^2})'}{x+\sqrt{1+x^2}} = \frac{1}{x+\sqrt{1+x^2}} \cdot \left(1+\frac{2x}{2\sqrt{1+x^2}}\right) = \frac{1}{\sqrt{1+x^2}}.$$

(二)典型、综合例题

第(一)节的内容概述与归纳本身叙述的就是求导方法. 此处我们侧重求导的基本功,即要熟记基本的求导公式;分辨复合函数的复合过程,找准(默认)中间变量,熟练应用链式结构求出复合函数的导数.

【例 1】 求下列函数的导(函)数:

(1) $y = \ln\tan x$;   (2) $y = \mathrm{e}^{x^3}$;   (3) $y = \sqrt[3]{1-2x^2}$.

解: (1) 函数 $y = \ln\tan x$ 是由 $y = \ln u$, $u = \tan x$ 复合而成,故

$$\frac{\mathrm{d}y}{\mathrm{d}x} = \frac{\mathrm{d}y}{\mathrm{d}u} \cdot \frac{\mathrm{d}u}{\mathrm{d}x} = \frac{1}{u} \cdot \sec^2 x = \cot x \cdot \sec^2 x = \frac{1}{\sin x\cos x}.$$

(2) 函数 $y = \mathrm{e}^{x^3}$ 是由 $y = \mathrm{e}^u$, $u = x^3$ 复合而成,故

$$\frac{\mathrm{d}y}{\mathrm{d}x} = \frac{\mathrm{d}y}{\mathrm{d}u} \cdot \frac{\mathrm{d}u}{\mathrm{d}x} = \mathrm{e}^u \cdot 3x^2 = 3x^2\mathrm{e}^{x^3}.$$

(3) 函数 $y = \sqrt[3]{1-2x^2}$ 是由 $y = \sqrt[3]{u}$, $u = 1-2x^2$ 复合而成,故

$$\frac{\mathrm{d}y}{\mathrm{d}x} = \left[(1-2x^2)^{\frac{1}{3}}\right]' = \frac{1}{3}(1-2x^2)^{-\frac{2}{3}}(1-2x^2)' = \frac{-4x}{3\sqrt[3]{(1-2x^2)^2}}.$$

【例 2】 求下列函数的导(函)数:

(1) $y = \mathrm{e}^{\arcsin\sqrt{x}}$;   (2) $y = \arccos\dfrac{1}{x}$;   (3) $y = \ln(\sec x + \tan x)$;

(4)　$y = 5^{x^2+2x}$;　　　　　　　(5)　$y = x\sqrt{a^2-x^2} + a^2 \arcsin \dfrac{x}{a}$　$(a>0)$.

解：　(1)　$y' = (\mathrm{e}^{\arcsin\sqrt{x}})' = \mathrm{e}^{\arcsin\sqrt{x}} \cdot (\arcsin\sqrt{x})'$

$$= \mathrm{e}^{\arcsin\sqrt{x}} \cdot \frac{(\sqrt{x})'}{\sqrt{1-(\sqrt{x})^2}} = \frac{\mathrm{e}^{\arcsin\sqrt{x}}}{\sqrt{1-x}} \cdot \frac{1}{2\sqrt{x}} = \frac{\mathrm{e}^{\arcsin\sqrt{x}}}{2\sqrt{x-x^2}} \;.$$

(2)　$y' = \left(\arccos \dfrac{1}{x}\right)' = -\dfrac{\left(\dfrac{1}{x}\right)'}{\sqrt{1-\left(\dfrac{1}{x}\right)^2}} = -\dfrac{-\dfrac{1}{x^2}}{\sqrt{1-\dfrac{1}{x^2}}} = \dfrac{1}{|x|\sqrt{x^2-1}} \;.$

(3)　$y' = [\ln(\sec x + \tan x)]' = \dfrac{(\sec x + \tan x)'}{\sec x + \tan x} = \dfrac{(\sec x)' + (\tan x)'}{\sec x + \tan x}$

$$= \frac{\sec x \tan x + \sec^2 x}{\sec x + \tan x} = \sec x.$$

(4)　$y' = (5^{x^2+2x})' = 5^{x^2+2x} \cdot \ln 5 \cdot (x^2+2x)' = 2(x+1)5^{x^2+2x}\ln 5.$

(5)　$y' = \left(x\sqrt{a^2-x^2} + a^2 \arcsin \dfrac{x}{a}\right)' = (x\sqrt{a^2-x^2})' + a^2\left(\arcsin \dfrac{x}{a}\right)'$

$$= \sqrt{a^2-x^2} + x \cdot \frac{(a^2-x^2)'}{2\sqrt{a^2-x^2}} + a^2 \cdot \frac{\dfrac{1}{a}}{\sqrt{1-\left(\dfrac{x}{a}\right)^2}}$$

$$= \sqrt{a^2-x^2} - \frac{x^2}{\sqrt{a^2-x^2}} + \frac{a^2}{\sqrt{a^2-x^2}} = 2\sqrt{a^2-x^2} \;.$$

【例3】　求下列函数的导（函）数：

(1)　$y = \ln \dfrac{\mathrm{e}^x}{1+\mathrm{e}^x}$;　　　(2)　$y = \sqrt{x+\sqrt{x}}$;　　　(3)　$y = x^{\frac{1}{x}}$;

(4)　$y = x^{\ln x}$;　　　　　(5)　$y = \mathrm{e}^{\sin\frac{1}{x}}$;　　　　(6) $y = \arctan \dfrac{a}{x} + \ln \sqrt{\dfrac{x-a}{x+a}}$　.

解：　(1)　$y' = \left(\ln \dfrac{\mathrm{e}^x}{1+\mathrm{e}^x}\right)' = \dfrac{1}{\dfrac{\mathrm{e}^x}{1+\mathrm{e}^x}}\left(\dfrac{\mathrm{e}^x}{1+\mathrm{e}^x}\right)' = \dfrac{1+\mathrm{e}^x}{\mathrm{e}^x} \cdot \dfrac{\mathrm{e}^x(1+\mathrm{e}^x) - \mathrm{e}^x \cdot \mathrm{e}^x}{(1+\mathrm{e}^x)^2} = \dfrac{1}{1+\mathrm{e}^x}$　.

或　$y' = \left(\ln \dfrac{\mathrm{e}^x}{1+\mathrm{e}^x}\right)' = [x - \ln(1+\mathrm{e}^x)]' = 1 - \dfrac{\mathrm{e}^x}{1+\mathrm{e}^x} = \dfrac{1}{1+\mathrm{e}^x}$　.

(2)　$y' = (\sqrt{x+\sqrt{x}})' = \dfrac{(x+\sqrt{x})'}{2\sqrt{x+\sqrt{x}}} = \dfrac{1}{2\sqrt{x+\sqrt{x}}} \cdot \left(1 + \dfrac{1}{2\sqrt{x}}\right) = \dfrac{2\sqrt{x}+1}{4\sqrt{x}\sqrt{x+\sqrt{x}}}$　.

(3)　$y' = (x^{\frac{1}{x}})' = (\mathrm{e}^{\frac{1}{x}\ln x})' = \mathrm{e}^{\frac{1}{x}\ln x}\left(\dfrac{1}{x}\ln x\right)' = x^{\frac{1}{x}} \cdot \left(-\dfrac{\ln x}{x^2} + \dfrac{1}{x^2}\right) = x^{\frac{1}{x}} \cdot \dfrac{1-\ln x}{x^2}$　.

(4)　$y' = (x^{\ln x})' = (\mathrm{e}^{\ln^2 x})' = \mathrm{e}^{\ln^2 x}(\ln^2 x)' = x^{\ln x} \cdot 2\ln x \cdot (\ln x)' = 2x^{\ln x - 1} \cdot \ln x.$

(5)　$y' = (\mathrm{e}^{\sin\frac{1}{x}})' = \mathrm{e}^{\sin\frac{1}{x}} \cdot \left(\sin \dfrac{1}{x}\right)' = \mathrm{e}^{\sin\frac{1}{x}} \cdot \cos \dfrac{1}{x} \cdot \left(\dfrac{1}{x}\right)' = -\dfrac{1}{x^2} \cdot \mathrm{e}^{\sin\frac{1}{x}} \cdot \cos \dfrac{1}{x}$　.

(6)　$y' = \left(\arctan \dfrac{a}{x} + \ln \sqrt{\dfrac{x-a}{x+a}}\right)' = \left(\arctan \dfrac{a}{x}\right)' + \left\{\dfrac{1}{2}[\ln(x-a) - \ln(x+a)]\right\}'$

$$= \frac{\left(\dfrac{a}{x}\right)'}{1+\left(\dfrac{a}{x}\right)^2} + \frac{1}{2}\left(\frac{1}{x-a} - \frac{1}{x+a}\right) = \frac{-\dfrac{a}{x^2}}{1+\left(\dfrac{a}{x}\right)^2} + \frac{a}{x^2-a^2} = \frac{2a^3}{x^4-a^4} \;.$$

【例4】 设 $f(x)$ 可导,求下列函数的导(函)数:

(1) $y = f(1 + \sqrt{x})$;　　　　　　　　(2) $y = f(e^x)e^{f(x)}$;

(3) $y = \arctan f(3x)$;　　　　　　　　(4) $y = \ln[1 + f^2(x)]$.

解: (1) $y' = [f(1 + \sqrt{x})]' = f'(1 + \sqrt{x})(1 + \sqrt{x})' = \dfrac{1}{2\sqrt{x}} f'(1 + \sqrt{x})$.

(2) $y' = [f(e^x)e^{f(x)}]' = [f(e^x)]'e^{f(x)} + f(e^x)[e^{f(x)}]'$

$\quad = f'(e^x)(e^x)'e^{f(x)} + f(e^x)e^{f(x)}f'(x) = e^{f(x)}[f'(e^x)e^x + f(e^x)f'(x)]$.

(3) $y' = [\arctan f(3x)]' = \dfrac{[f(3x)]'}{1 + [f(3x)]^2} = \dfrac{f'(3x) \cdot (3x)'}{1 + [f(3x)]^2} = \dfrac{3f'(3x)}{1 + [f(3x)]^2}$.

(4) $y' = [\ln(1 + f^2(x))]' = \dfrac{[1 + f^2(x)]'}{1 + f^2(x)} = \dfrac{2f(x)f'(x)}{1 + f^2(x)}$.

【注】 $f'(1 + \sqrt{x}) = f'(u)\mid_{u = 1 + \sqrt{x}}$;　　　$f'(e^x) = f'(u)\mid_{u = e^x}$.

【习题 2.2】(函数的求导法则)

1. 求下列函数的导数:

(1) $y = 3x^2 - x + 5$;　　　　　　　　(2) $y = x^3 + 2^x + 2^2$;

(3) $y = 3e^x$;　　　　　　　　　　　(4) $y = \arcsin x + \log_2 3$;

(5) $y = (x - a)(x - b)$;　　　　　　　(6) $y = e^x \sin x$;

(7) $y = x\tan x - \cot x$;　　　　　　　(8) $y = x^2 \cdot \ln x$;

(9) $y = \dfrac{\sin x}{x}$;　　　　　　　　　(10) $y = \dfrac{\ln x}{x}$.

2. 求下列函数的导数:

(1) $y = (2x^3 + 1)^2$;　　　　　　　　(2) $y = \ln(1 + \sin x^2)$;

(3) $y = e^{\sin x}$;　　　　　　　　　　(4) $y = \tan^4 x$.

3. 求下列函数的导数:

(1) $y = \dfrac{e^x - 1}{e^x + 1}$;　　　　　　　(2) $y = \dfrac{\sin x + \cos x}{x}$;

(3) $y = \log_2(x^2 + x + 1)$;　　　　　(4) $y = (\arctan x)^2$;

(5) $y = e^{-\frac{x}{2}} \cdot \cos 3x$;　　　　　(6) $y = \sqrt{\tan \dfrac{x}{2}}$;

(7) $y = \sqrt{1 + \ln^2 x}$.

4. 求下列函数在指定点的导数.

(1) $y = \arcsin \sqrt{x}$,求 $y'\mid_{x = \frac{1}{2}}$;　　(2) $y = \sin 2x \cdot \ln x$,求 $y'\mid_{\frac{\pi}{6}}$;

(3) $y = \dfrac{e^{2x}}{1 + \sqrt{x}}$,求 $y'\mid_{x = 1}$.

5. 把一物体向上抛,经过 t 秒后,上升距离为 $S(t) = 12t - \dfrac{1}{2}gt^2$,求

(1) 速度 $V(t)$;　　　　　　　　　　(2) 物体何时到达最高点.

6. 求曲线 $y = \sqrt{1 - x^2}$ 在 $x = \dfrac{1}{2}$ 处的切线和法线方程.

7. 已知曲线 $y = ax^3$ 和直线 $y = x + b$, 在 $x = 1$ 处相切, 问常数 a 和 b 应取何值?

三、高阶导数

(一) 内容概述与归纳

1. 高阶导数基本概念

【定义 1】　如果函数 $y = f(x)$ 的导函数 $f'(x)$ 在点 x 处可导, 则称 $f'(x)$ 在点 x 处的导数 $\lim\limits_{\Delta x \to 0} \dfrac{f'(x + \Delta x) - f'(x)}{\Delta x}$ 为函数 $f(x)$ 在点 x 处的二阶导数. 记作:

$$f''(x), \quad y'' \quad \text{或} \quad \frac{\mathrm{d}^2 y}{\mathrm{d} x^2}.$$

如果函数 $y = f(x)$ 的二阶导函数 $f''(x)$ 在点 x 处可导, 则称 $f''(x)$ 在点 x 处的导数 $\lim\limits_{\Delta x \to 0} \dfrac{f''(x + \Delta x) - f''(x)}{\Delta x}$ 为函数 $f(x)$ 在点 x 处的三阶导数. 记作:

$$f^{(3)}(x), \quad y^{(3)} \quad \text{或} \quad \frac{\mathrm{d}^3 y}{\mathrm{d} x^3}.$$

一般地, 如果函数 $y = f(x)$ 在点 x 处的 $n-1$ 阶导函数 (设记为) $f^{(n-1)}(x)$ 可导, 则称 $f^{(n-1)}(x)$ 在点 x 处的导数 $\lim\limits_{\Delta x \to 0} \dfrac{f^{(n-1)}(x + \Delta x) - f^{(n-1)}(x)}{\Delta x}$ 为函数 $f(x)$ 在点 x 处的 n 阶导数. 记作:

$$f^{(n)}(x), \quad y^{(n)} \quad \text{或} \quad \frac{\mathrm{d}^n y}{\mathrm{d} x^n}.$$

函数 $f(x)$ 本身也称为它自己的零阶导数, 记为 $f^{(0)}(x)$. $f(x)$ 的导数 $f'(x)$ 称为它的一阶导数, 二阶及其以上的导数统称为它的高阶导数.

【例 A】　求 y'': (1) $y = ax + b$; (2) $y = \cos wt$.

解: (1) $y' = a$, $y'' = 0$.

(2) $y' = -w \sin wt$, $y'' = -w^2 \cos wt$.

【例 B】　求函数 $y = \mathrm{e}^{ax}$ 的 n 阶导数.

解: $y' = a\mathrm{e}^{ax}$, $y'' = a^2 \mathrm{e}^{ax}$, $y''' = a^3 \mathrm{e}^{ax}$, $y^{(4)} = a^4 \mathrm{e}^{ax}$, $\cdots$ 一般地, 可得

$$y^{(n)} = a^n \mathrm{e}^{ax}, \text{即} (\mathrm{e}^{ax})^{(n)} = a^n \mathrm{e}^{ax}.$$

2. 函数和差、积的 n 阶导数

(1) 函数和差的 n 阶导数: $(u \pm v)^{(n)} = u^{(n)} + v^{(n)}$.

(2) 函数积的 n 阶导数:

$(uv)' = u'v + uv'$, $\quad (uv)'' = u''v + 2u'v' + uv''$, $\quad (uv)''' = u'''v + 3u''v' + 3u'v'' + uv'''$,

用数学归纳法可以证明

$$(uv)^{(n)} = \sum_{k=0}^{n} C_n^k u^{(n-k)} v^{(k)},$$

这一公式称为莱布尼茨公式.

【例 C】　求幂函数 $y = x^m$ (m 是任意常数) 的 n 阶导数公式.

解: $y' = mx^{m-1}$, $y'' = m(m-1)x^{m-2}$, $y''' = m(m-1)(m-2)x^{m-3}$, 当 $n \leqslant m$ 时一般有

$$y^{(n)} = m(m-1)(m-2)\cdots(m-n+1)x^{m-n},$$

即
$$(x^m)^{(n)} = m(m-1)(m-2)\cdots(m-n+1)x^{m-n}.$$

当 $n > m$ 时,得到
$$(x^m)^{(n)} = 0. \quad 特别 (x^n)^{(n+1)} = 0.$$

当 $m = n$ 时,得到
$$(x^m)^{(n)} = m(m-1)(m-2)\cdots3\cdot2\cdot1 = n!.$$

【例 D】 求正弦函数 $y = \sin x$ 的 n 阶导数.

解: $y = \sin x$, $y' = \cos x = \sin\left(x+\dfrac{\pi}{2}\right)$; $y'' = -\sin x = \sin\left(x+2\cdot\dfrac{\pi}{2}\right)$;
$$y''' = -\cos x = \sin\left(x+3\cdot\dfrac{\pi}{2}\right);$$

一般地,可得
$$y^{(n)} = (\sin x)^{(n)} = \sin\left(x+n\cdot\dfrac{\pi}{2}\right).$$

【注】 同理可得 $(\cos x)^{(n)} = \cos\left(x+n\cdot\dfrac{\pi}{2}\right)$.

【例 E】 求函数 $\ln(1+x)$ 的 n 阶导数.

解: 设 $y = \ln(1+x)$,则 $y' = \dfrac{1}{1+x} = (1+x)^{-1}$, $y'' = -(1+x)^{-2}$,
$$y''' = (-1)(-2)(1+x)^{-3}, \quad y^{(4)} = (-1)(-2)(-3)(1+x)^{-4},$$

一般地,可得
$$y^{(n)} = [\ln(1+x)]^{(n)} = (-1)^{n-1}\dfrac{(n-1)!}{(1+x)^n}.$$

【注】 按约定 $0! = 1$,所以上式对 $n = 1$ 也成立.

(二) 典型、综合例题

【例 1】 求下列函数的二阶导函数:

(1) $y = \ln(1-x^2)$; (2) $y = e^{-x}\cos 2x$.

解: (1) $y' = [\ln(1-x^2)]' = \dfrac{(1-x^2)'}{1-x^2} = \dfrac{-2x}{1-x^2}$,
$$y'' = \left(\dfrac{-2x}{1-x^2}\right)' = -2\cdot\dfrac{(1-x^2)-x(1-x^2)'}{(1-x^2)^2} = -2\cdot\dfrac{(1-x^2)+2x^2}{(1-x^2)^2} = -\dfrac{2(1+x^2)}{(1-x^2)^2}.$$

(2) $y' = (e^{-x}\cos 2x)' = (e^{-x})'\cos 2x + e^{-x}(\cos 2x)'$
$$= e^{-x}(-x)'\cos 2x + e^{-x}(-\sin 2x)(2x)'$$
$$= -e^{-x}\cos 2x + e^{-x}(-2\sin 2x) = -e^{-x}(\cos 2x + 2\sin 2x),$$
$$y'' = -[e^{-x}(\cos 2x+2\sin 2x)]' = -[(e^{-x})'(\cos 2x+2\sin 2x)+e^{-x}(\cos 2x+2\sin 2x)']$$
$$= -[-e^{-x}(\cos 2x+2\sin 2x)+e^{-x}(-2\sin 2x+4\cos 2x)] = e^{-x}(4\sin 2x-3\cos 2x).$$

【例 2】 求下列函数的二阶导函数:

(1) $y = \dfrac{1-x}{1+x}$; (2) $y = \ln(\sqrt{1+x^2}-x)$.

解: (1) $y' = \left(\dfrac{1-x}{1+x}\right)' = \left(\dfrac{2}{1+x}-1\right)' = -\dfrac{2}{(1+x)^2}$,

$$y'' = \left[-\frac{2}{(1+x)^2}\right]' = \frac{2[(1+x)^2]'}{(1+x)^4} = \frac{4(1+x)}{(1+x)^4} = \frac{4}{(1+x)^3}.$$

(2) $y' = \left[\ln(\sqrt[6]{1+x^2}-x)\right]' = \frac{(\sqrt{1+x^2}-x)'}{\sqrt{1+x^2}-x} = \frac{\dfrac{(1+x^2)'}{2\sqrt{1+x^2}}-1}{\sqrt{1+x^2}-x}$

$$= \frac{\dfrac{2x}{2\sqrt{1+x^2}}-1}{\sqrt{1+x^2}-x} = \frac{\dfrac{x-\sqrt{1+x^2}}{\sqrt{1+x^2}}}{\sqrt{1+x^2}-x} = -\frac{1}{\sqrt{1+x^2}},$$

$$y'' = \left(-\frac{1}{\sqrt{1+x^2}}\right)' = \left[-(1+x^2)^{-\frac12}\right]' = \frac12(1+x^2)^{-\frac32}(1+x^2)' = \frac{x}{\sqrt{(1+x^2)^3}}.$$

【注】　因 $y = \ln\left[\sqrt{1+x^2}-x\right] = -\ln\left[\sqrt{1+x^2}+x\right]$，故根据上节【例 H】有

$$y' = -\frac{1}{\sqrt{1+x^2}}.$$

【例 3】　设 $f(x)$ 二阶可导，求下列函数的一、二阶导函数：

(1) $y = f(x^2)$；　　　　(2) $y = \ln[f(x)]$；　　　　(3) $y = f\left(\frac1x\right)$.

解：(1) $y' = [f(x^2)]' = f'(x^2)(x^2)' = 2xf'(x^2)$.

$y'' = [2xf'(x^2)]' = 2[f'(x^2)+xf''(x^2)(x^2)'] = 2[f'(x^2)+2x^2f''(x^2)]$.

(2) $y' = \{\ln[f(x)]\}' = \dfrac{f'(x)}{f(x)}$.

$y'' = \left[\dfrac{f'(x)}{f(x)}\right]' = \dfrac{[f'(x)]'f(x)-f'(x)[f(x)]'}{[f(x)]^2} = \dfrac{f''(x)f(x)-[f'(x)]^2}{[f(x)]^2}$.

(3) $y' = \left[f\left(\frac1x\right)\right]' = f'\left(\frac1x\right)\cdot\left(\frac1x\right)' = -\frac{1}{x^2}f'\left(\frac1x\right)$.

$y'' = -\left[\frac{1}{x^2}f'\left(\frac1x\right)\right]' = -\left\{\left(\frac{1}{x^2}\right)'f'\left(\frac1x\right)+\frac{1}{x^2}\left[f'\left(\frac1x\right)\right]'\right\}$

$= -\left[-\frac{2}{x^3}f'\left(\frac1x\right)+\frac{1}{x^2}f''\left(\frac1x\right)\cdot\left(\frac1x\right)'\right] = \frac{2}{x^3}f'\left(\frac1x\right)+\frac{1}{x^4}f''\left(\frac1x\right)$.

【例 4】　求函数 $y = xe^{x^2}$ 在 $x=2$ 的二阶导数.

解：$y' = (xe^{x^2})' = e^{x^2}+x(e^{x^2})' = e^{x^2}+xe^{x^2}(x^2)' = e^{x^2}+2x^2e^{x^2} = e^{x^2}(1+2x^2)$,

$y'' = [e^{x^2}(1+2x^2)]' = (e^{x^2})'(1+2x^2)+e^{x^2}(1+2x^2)' = e^{x^2}(x^2)'(1+2x^2)+e^{x^2}\cdot4x$

$= e^{x^2}\cdot2x(1+2x^2)+e^{x^2}\cdot4x = e^{x^2}(6x+4x^3)$.

$y''|_{x=2} = e^{2^2}(6\cdot2+4\cdot2^3) = 44e^4$.

【例 5】　求函数 $y = xe^x$ 的 n 阶导数.

解：$y' = (xe^x)' = e^x+xe^x = (1+x)e^x$,

$y'' = [(1+x)e^x]' = e^x+(1+x)e^x = (2+x)e^x$,

$y''' = [(2+x)e^x]' = e^x+(2+x)e^x = (3+x)e^x$,

…

$y^{(n)} = (n+x)e^x$.

【例 6】　求函数 $y = \sin^2 x$ 的 n 阶导函数：

解：$y' = (\sin^2 x)' = 2\sin x(\sin x)' = 2\sin x\cos x = \sin 2x$,

$$y'' = (\sin 2x)' = 2\cos 2x = 2\sin\left(2x + \frac{\pi}{2}\right),$$

$$y''' = (2\cos 2x)' = -2^2\sin 2x = 2^2\sin\left(2x + 2 \cdot \frac{\pi}{2}\right),$$

$$y^{(4)} = -(2^2\sin 2x)' = -2^3\cos 2x = 2^3\sin\left(2x + 3 \cdot \frac{\pi}{2}\right),$$

$$\cdots$$

$$y^{(n)} = 2^{n-1}\sin\left[2x + \frac{\pi}{2}(n-1)\right].$$

【注】 参看例 D.

【例 7】 求函数 $y = a^x$ 的 n 阶导函数$(a > 0)$：

解： $y' = (a^x)' = a^x\ln a,$ \qquad\qquad $y'' = (a^x\ln a)' = a^x\ln^2 a,$

$y''' = (a^x\ln^2 a)' = a^x\ln^3 a,$ \qquad\qquad $\cdots$

$y^{(n)} = a^x\ln^n a.$

【例 8】 求函数 $y = x\ln x$ 的 n 阶导函数：

解： $y' = (x\ln x)' = \ln x + x \cdot \dfrac{1}{x} = \ln x + 1,$ \qquad $y'' = (\ln x + 1)' = \dfrac{1}{x} = x^{-1},$

$y''' = (x^{-1})' = -x^{-2},$ \qquad $y^{(4)} = (-x^{-2})' = (-1)^2 2 \cdot 1 \cdot x^{-3},$ \qquad $\cdots$

$y^{(n)} = [-x^{-(n-2)}]' = (-1)^n(n-2)! \cdot x^{-(n-1)} \quad (n \geqslant 2).$

【例 9】 设 $y = x^2 e^{2x}$，求 $y^{(20)}$.

解： 设 $u = e^{2x}, v = x^2$，则

(i) $u' = 2e^{2x}, u'' = 2^2 e^{2x}, u^{(k)} = 2^k e^{2x} \quad (k = 1, 2, \cdots, 20),$

(ii) $v' = 2x, v'' = 2, (v)^{(k)} = 0 \quad (k = 3, 4, \cdots, 20),$

代入莱布尼茨公式,得

$$y^{(20)} = (x^2 e^{2x})^{(20)} = \sum_{k=0}^{20} C_{20}^k (e^{2x})^{(20-k)} (x^2)^{(k)}$$

$$= 2^{20} e^{2x} \cdot x^2 + 20 \cdot 2^{19} e^{2x} \cdot 2x + \frac{20 \cdot 19}{2!} 2^{18} e^{2x} \cdot 2 = 2^{20} e^{2x}(x^2 + 20x + 95).$$

【习题 2.3】（高阶导数）

1. 求下列函数的二阶导数：

(1) $y = x^2\ln x$；\qquad (2) $y = xe^{2x}$；\qquad (3) $y = \sqrt{1+x}$；

(4) $y = x\cos x$；\qquad (5) $y = \tan^2 x$；\qquad (6) $y = e^{-x}\cos x.$

2. 已知 $y = 2x^3 + x^2 + x + 1$，求 y', y'', y''' 和 $y^{(4)}$.

3. 求下列函数的 n 阶导数：

(1) $y = e^{at}$；\qquad (2) $y = xe^x$；\qquad (3) $y = x\ln x.$

四、隐函数及由参数方程所确定的函数的导数

（一）内容概述与归纳

1. 隐函数的导数

（1）显函数与隐函数的概念

用数学式直接表达的函数是显函数，如 $y = \sin x, y = \ln x + \mathrm{e}^x$. 由方程确定的函数称为隐函数，例如方程 $x + y^3 - 1 = 0$ 确定了函数 $y = \sqrt[3]{1-x}$.

（2）隐函数的求导数方法

设隐函数以 x 为自变量、以 y 为因变量. 首先方程两边分别对 x 求导数，然后从所得的新的方程中把隐函数的导数 y' 解出. 求导时要注意 y 是 x 的函数，所以遇到以变量 y 的函数式，其导数要采用复合函数求导法，此时 y 视为中间变量.

【例 A】　求由方程 $\mathrm{e}^y + xy - \mathrm{e} = 0$ 所确定的隐函数 $y = f(x)$ 的导数.

解：　方程中每一项对 x 求导得 $(\mathrm{e}^y)' + (xy)' - (\mathrm{e})' = (0)'$，即得

$$\mathrm{e}^y \cdot y' + y + xy' = 0,$$

从而　　　$y' = -\dfrac{y}{x + \mathrm{e}^y} \quad (x + \mathrm{e}^y \neq 0).$

【例 B】　求由方程 $y^5 + 2y - x - 3x^7 = 0$ 确定的隐函数 $y = f(x)$ 在 $x = 0$ 处的导数 $\dfrac{\mathrm{d}y}{\mathrm{d}x}\Big|_{x=0}$.

解：　把方程两边分别对 x 求导数得

$$5y^4 \frac{\mathrm{d}y}{\mathrm{d}x} + 2\frac{\mathrm{d}y}{\mathrm{d}x} - 1 - 21x^6 = 0,$$

由此得 $\dfrac{\mathrm{d}y}{\mathrm{d}x} = \dfrac{1 + 21x^6}{5y^4 + 2}$. 因为当 $x = 0$ 时，从原方程得 $y = 0$，所以

$$\frac{\mathrm{d}y}{\mathrm{d}x}\Big|_{x=0} = \frac{1 + 21x^6}{5y^4 + 2}\Big|_{x=0} = \frac{1}{2}.$$

2. 由参数方程所确定的函数的导数

设参数方程 $\begin{cases} x = \varphi(t) \\ y = \psi(t) \end{cases}$ 确定了变量 y 是 x 的函数.

（1）设 $x = \varphi(t)$、$y = \psi(t)$ 皆为可导函数，又 $x = \varphi(t)$ 为严格单调且 $\varphi'(t) \neq 0$. 如果 $y = \psi(t)$ 与 $t = \varphi^{-1}(x)$ 可构成复合函数

$$y = \psi[\varphi^{-1}(x)],$$

那么根据反函数和复合函数求导法，上述复合函数可导，且

$$\frac{\mathrm{d}y}{\mathrm{d}x} = \frac{\psi'(t)}{\varphi'(t)} \quad \text{或} \quad \frac{\mathrm{d}y}{\mathrm{d}x} = \frac{\mathrm{d}y}{\mathrm{d}t} \Big/ \frac{\mathrm{d}x}{\mathrm{d}t}.$$

（2）为求二阶导数 $\dfrac{\mathrm{d}^2 y}{\mathrm{d}x^2}$，记 $\eta(t) = \dfrac{\mathrm{d}y}{\mathrm{d}x} = \dfrac{\psi'(t)}{\varphi'(t)}$，则参数方程 $\begin{cases} x = \varphi(t) \\ y'_x = \eta(t) \end{cases}$ 所确定函数 y'_x 的一阶导数 $\dfrac{\mathrm{d}(y'_x)}{\mathrm{d}x}$ 即为所求二阶导数：

$$\frac{\mathrm{d}^2 y}{\mathrm{d}x^2} = \frac{\mathrm{d}}{\mathrm{d}x}\left(\frac{\mathrm{d}y}{\mathrm{d}x}\right) = \frac{\mathrm{d}(y'_x)}{\mathrm{d}x} = \frac{\eta'(t)}{\varphi'(t)} = \left(\frac{\psi'(t)}{\varphi'(t)}\right)' \cdot \frac{1}{\varphi'(t)}.$$

因 $\left(\dfrac{\psi'(t)}{\varphi'(t)}\right)' = \dfrac{\psi''(t)\varphi'(t) - \psi'(t)\varphi''(t)}{\varphi'^2(t)}$，故导出下面公式：

$$\frac{d^2 y}{dx^2} = \frac{\psi''(t)\varphi'(t) - \psi'(t)\varphi''(t)}{\varphi'^3(t)}.$$

（3）参数方程所确定函数三阶以上导数的解法可依次类推.

为求 n 阶导数 $\dfrac{d^n y}{dx^n}$，记 $\omega(t) = \dfrac{d^{n-1}y}{dx^{n-1}}$（自变量为 t），则参数方程 $\begin{cases} x = \varphi(t) \\ y_{x\cdots x}^{(n-1)} = \omega(t) \end{cases}$ 所确定的

一阶导数 $\dfrac{d(y_{x\cdots x}^{(n-1)})}{dx} = \dfrac{\omega'(t)}{\varphi'(t)}$ 即为所求 n 阶导数 $\dfrac{d^n y}{dx^n}$.

【例 C】 设有摆线的参数方程 $\begin{cases} x = a(t - \sin t) \\ y = a(1 - \cos t) \end{cases}$，其中 $a > 0$ 为常数.

（1）求曲线在 $t = \dfrac{\pi}{2}$ 的切线方程；

（2）求 $y = f(x)$ 的二阶导数 $\dfrac{d^2 y}{dx^2}$.

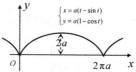

图 2-4-1

解： $\dfrac{dy}{dx} = \dfrac{y'(t)}{x'(t)} = \dfrac{[a(1 - \cos t)]'}{[a(t - \sin t)]'} = \dfrac{a\sin t}{a(1 - \cos t)}$

$\qquad = \dfrac{\sin t}{1 - \cos t} = \cot \dfrac{t}{2}$ （$t \neq 2n\pi$，n 为整数）.

（1）显然 $t = \dfrac{\pi}{2}$ 时 $y = a$、$x = a\left(\dfrac{\pi}{2} - 1\right)$；而切线斜率为 $k = \dfrac{dy}{dx}\bigg|_{t = \frac{\pi}{2}} = \cot \dfrac{\pi}{4} = 1$，故所

求的切线方程为 $y - a = x - a\left(\dfrac{\pi}{2} - 1\right)$，即 $y = x + a\left(2 - \dfrac{\pi}{2}\right)$.

（2）$\dfrac{d^2 y}{dx^2} = \dfrac{d}{dx}\left(\dfrac{dy}{dx}\right) = \dfrac{d}{dt}\left(\cot \dfrac{t}{2}\right)\bigg/ \dfrac{dx}{dt}$

$\qquad = -\dfrac{1}{2\sin^2 \frac{t}{2}} \cdot \dfrac{1}{a(1 - \cos t)} = -\dfrac{1}{a(1 - \cos t)^2}$ （$t \neq 2n\pi$，n 为整数）.

（二）解题方法与典型、综合例题

1. 隐函数求导例题

【例 1】 求由方程 $e^y + x\sin y - \arctan e = 0$ 所确定的隐函数 $y = f(x)$ 的导数.

解： 方程中每一项对 x 求导得 $(e^y)' + (x\sin y)' - (\arctan e)' = (0)'$，即

$$e^y \cdot y' + \sin y + xy'\cos y = 0,$$

从而 $\quad y' = -\dfrac{\sin y}{e^y + x\cos y}$ （$e^y + x\cos y \neq 0$）.

【例 2】 求由方程 $x - y + \dfrac{1}{2}\sin y = 0$ 所确定的隐函数 $y = f(x)$ 的二阶导数.

解： 方程两边对 x 求导，得 $1 - \dfrac{dy}{dx} + \dfrac{1}{2}\cos y \cdot \dfrac{dy}{dx} = 0$，解得一阶导数，再求导得二阶导数：

$$\frac{dy}{dx} = \frac{2}{2 - \cos y}. \qquad \frac{d^2 y}{dx^2} = \frac{-2\sin y \cdot \dfrac{dy}{dx}}{(2 - \cos y)^2} = \frac{-4\sin y}{(2 - \cos y)^3}.$$

【例3】　设 $y = y(x)$ 是由方程 $x^3 + y^3 - \sin 3x + 6y = 0$ 所确定,求 $y'(x), y'(0)$.

解：　方程两边对 x 求导得 $3x^2 + 3y^2 y' - 3\cos 3x + 6y' = 0$,解得

$$y'(x) = y' = \frac{\cos 3x - x^2}{y^2 + 2}.$$

现将 $x = 0$ 代入原方程得 $y(0) = 0$,再将它们代入上式得 $y'(0) = \frac{1}{2}$.

2. 对数求导法

对数求导法在理论上是将显函数化为隐函数再求导.

如果 $f(x)$ 导数难求解,而 $\ln f(x)$ 是易于求导的函数,那么可用对数求导法,即先对函数 $y = f(x)$ 取对数 $\ln y = \ln f(x)$,两边再取导数最后得：

$$y' = f(x) \cdot [\ln f(x)]'.$$

【注】　一般情形,函数 $g(x)$ 的对数应取为 $\ln|g(x)|$. 但经求导 $[\ln|g(x)|]' = \dfrac{g'(x)}{g(x)}$ 后,不见绝对值号. 因而,为方便,采用对数求导法时我们有时省略对数号后的绝对值号.

(1) 多因子、含根式的函数采用对数求导法可简化计算

【例4】　求函数 $y = \sqrt{\dfrac{(x-1)(x-2)}{(x-3)(x-4)}}$ 的导数.

解：　两边取对数,有 $\ln y = \dfrac{1}{2}[\ln(x-1) + \ln(x-2) - \ln(x-3) - \ln(x-4)]$,再对此

上式左、右边对 x 求导,得 $\dfrac{1}{y}y' = \dfrac{1}{2}\left(\dfrac{1}{x-1} + \dfrac{1}{x-2} - \dfrac{1}{x-3} - \dfrac{1}{x-4}\right)$,最终解得

$$y' = \frac{1}{2}\sqrt{\frac{(x-1)(x-2)}{(x-3)(x-4)}} \cdot \left(\frac{1}{x-1} + \frac{1}{x-2} - \frac{1}{x-3} - \frac{1}{x-4}\right).$$

【例5】　求函数 $y = \sqrt{\dfrac{\sin^2 x(1 + \cos x)}{(x+1)(x^2+2)(x^3+3)}}$ 的导数.

解：　先取对数得 $\ln y = \dfrac{1}{2}[2\ln\sin x + \ln(1+\cos x) - \ln(x+1) - \ln(x^2+2) - \ln(x^3+3)]$,

两边再取导数：$\dfrac{y'}{y} = \dfrac{1}{2}\left(2\cot x - \dfrac{\sin x}{1+\cos x} - \dfrac{1}{x+1} - \dfrac{2x}{x^2+2} - \dfrac{3x^2}{x^3+3}\right)$,得

$$y' = \frac{1}{2}\sqrt{\frac{\sin^2 x(1+\cos x)}{(x+1)(x^2+2)(x^3+3)}} \cdot \left(2\cot x - \tan\frac{x}{2} - \frac{1}{x+1} - \frac{2x}{x^2+2} - \frac{3x^2}{x^3+3}\right).$$

(2) 幂指函数的求导可用对数求导法

【例6】　求 $y = x^{\sin x}$ $(x > 0)$ 的导数.

解1：　先对函数两边取对数得 $\ln y = \sin x \cdot \ln x$,再两边取导得

$$\frac{1}{y}y' = \cos x \cdot \ln x + \frac{\sin x}{x},$$

所以

$$y' = x^{\sin x}\left(\cos x \cdot \ln x + \frac{\sin x}{x}\right).$$

解2：　可用复合函数的求导法. 由原式得 $y = x^{\sin x} = e^{\sin x \cdot \ln x}$,于是

$$y' = e^{\sin x \cdot \ln x}(\sin x \cdot \ln x)' = x^{\sin x}\left(\cos x \cdot \ln x + \frac{\sin x}{x}\right).$$

【例7】　设 $y = x(\sin x)^{\cos x}$,求 y'.

解：　应用对数求导法. 函数两边取对数得 $\ln y = \ln x + \cos x \cdot \ln\sin x$,方程两边对 x 求导

得$\dfrac{y'}{y} = \dfrac{1}{x} - \sin x \cdot \ln\sin x + \cos x \dfrac{\cos x}{\sin x}$,所以

$$y' = x \, (\sin x)^{\cos x} \left(\dfrac{1}{x} - \sin x \cdot \ln\sin x + \cos x \cdot \cot x \right).$$

3. 求解导数的综合例题

(1) 应用例题

【例 8】 求椭圆$\dfrac{x^2}{16} + \dfrac{y^2}{9} = 1$ 在$\left(2, \dfrac{3}{2}\sqrt{3} \right)$处的切线方程.

解： 把椭圆方程的两边分别对 x 求导,得$\dfrac{x}{8} + \dfrac{2}{9}y \cdot y' = 0$. 从而

$$y' = -\dfrac{9x}{16y} \ .$$

将 $x = 2$, $y = \dfrac{3}{2}\sqrt{3}$ 代入上式得切线斜率 $k = y' \big|_{(2, \frac{3}{2}\sqrt{3})} = -\dfrac{\sqrt{3}}{4}$. 故所求切线方程为

$$y - \dfrac{3}{2}\sqrt{3} = -\dfrac{\sqrt{3}}{4}(x - 2), \text{即 } y = -\dfrac{\sqrt{3}}{4}x + 2\sqrt{3} \ .$$

【例 9】 设曲线方程 $\mathrm{e}^{xy} - 2x - y = 3$,求此曲线在坐标 $y = 0$ 处的切线方程.

解： 先求切点坐标. 将 $y = 0$ 代入曲线方程得 $x = -1$,所以切点坐标为$(-1, 0)$.

再求曲线在切点处的切线斜率. 为此方程两端对 x 求导,得

$$\mathrm{e}^{xy}(y + xy') - 2 - y' = 0.$$

将 $x = -1, y = 0$ 代入上式,得切线斜率 $k = y'\big|_{(-1, 0)} = -1$,故所求切线方程为

$$y = -(x + 1).$$

【例 10】 求曲线$\begin{cases} x = \mathrm{e}^t \sin 2t, \\ y = \mathrm{e}^t \cos t \end{cases}$在对应 $t = 0$ 之点处的切线和法线方程.

解： $\dfrac{\mathrm{d}y}{\mathrm{d}x} = \dfrac{(\mathrm{e}^t \cos t)'}{(\mathrm{e}^t \sin 2t)'} = \dfrac{\mathrm{e}^t \cos t - \mathrm{e}^t \sin t}{\mathrm{e}^t \sin 2t + 2\mathrm{e}^t \cos 2t} = \dfrac{\cos t - \sin t}{\sin 2t + 2\cos 2t}$. 得切线和法线斜率分别为

$$k \big|_{t=0} = \dfrac{\mathrm{d}y}{\mathrm{d}x} \bigg|_{t=0} = \dfrac{1}{2}, \qquad k' = -2.$$

又 $t = 0$ 对应的点为$(0, 1)$,所以切线和法线方程分别为

$$\text{切线：} \ 2y - x - 2 = 0 \qquad \text{和} \qquad \text{法线：} \ y + 2x - 1 = 0..$$

【例 11】 求星形线$\begin{cases} x = \cos^3 t, \\ y = \sin^3 t \end{cases}$在$\left(-\dfrac{\sqrt{2}}{4}, \dfrac{\sqrt{2}}{4} \right)$处的切线和法线方程.

解： $\dfrac{\mathrm{d}y}{\mathrm{d}x} = \dfrac{(\sin^3 t)'}{(\cos^3 t)'} = \dfrac{3 \sin^2 t \cos t}{-3 \cos^2 t \sin t} = -\tan t = -\dfrac{\sqrt[3]{y}}{\sqrt[3]{x}}$. 得切线和法线斜率分别为

$$k \big|_{(-\frac{\sqrt{2}}{4}, \frac{\sqrt{2}}{4})} = \dfrac{\mathrm{d}y}{\mathrm{d}x} \bigg|_{(-\frac{\sqrt{2}}{4}, \frac{\sqrt{2}}{4})} = 1, \qquad k' = -1.$$

所以切线方程为 $y - \dfrac{\sqrt{2}}{4} = x + \dfrac{\sqrt{2}}{4}$,即 $y - x - \dfrac{\sqrt{2}}{2} = 0$;

法线方程为 $y - \dfrac{\sqrt{2}}{4} = -\left(x + \dfrac{\sqrt{2}}{4}\right)$，即 $y + x = 0$.

【注】　(i) 由 $(x, y) = \left(-\dfrac{\sqrt{2}}{4}, \dfrac{\sqrt{2}}{4}\right)$ 解得 $t = \dfrac{3\pi}{4}$，同样有 $k \Big|_{t=\frac{3\pi}{4}} = -\tan\dfrac{3\pi}{4} = 1, k' = -1$.

(ii) 为求 $\begin{cases} x = \cos^3 t, \\ y = \sin^3 t. \end{cases}$ 的二阶导数 $\dfrac{d^2 y}{dx^2}$，可考虑 $\begin{cases} x = \cos^3 t, \\ \dfrac{dy}{dx} = -\tan t. \end{cases}$ 得：

$$\frac{d^2 y}{dx^2} = \frac{d(dy/dx)}{dx} = \frac{(-\tan t)'}{(\cos^3 t)'} = \frac{-\sec^2 t}{-3\cos^2 t \sin t} = \frac{1}{3\cos^4 t \sin t}.$$

另，直接使用本节(一)2.(2)中公式 $\dfrac{d^2 y}{dx^2} = \dfrac{\psi''(t)\varphi'(t) - \psi'(t)\varphi''(t)}{[\varphi'(t)]^3}$ 得二阶导数

$$\frac{d^2 y}{dx^2} = \frac{(\sin^3 t)''(\cos^3 t)' - (\sin^3 t)'(\cos^3 t)''}{[(\cos^3 t)']^3}$$

$$= \frac{(3\sin^2 t \cos t)'(-3\cos^2 t \sin t) - (3\sin^2 t \cos t)(-3\cos^2 t \sin t)'}{[-3\cos^2 t \sin t]^3}$$

$$= \frac{(2\cos^2 t - \sin^2 t) - (-2\sin^2 t + \cos^2 t)}{3\cos^4 t \sin t} = \frac{1}{3\cos^4 t \sin t}.$$

(2) 论证例题

【例12】　设 $f(x)$ 是可导的偶函数，证明 $f'(x)$ 为奇函数.

证：　$\forall x$，由 f 为偶函数得 $f(-x) = f(x)$，两边求导得 $(-x)' f'(-x) = f'(x)$，即

$$f'(-x) = -f'(x), \forall x,$$

所以 $f'(x)$ 是奇函数.

【例13】　设 $f(x)$ 是可导的奇函数，证明 $f'(x)$ 为偶函数.

证：　$\forall x$，由 f 为奇函数得 $f(-x) = -f(x)$，两边求导得 $(-x)' f'(-x) = -f'(x)$，即

$$f'(-x) = f'(x), \forall x,$$

所以 $f'(x)$ 是偶函数.

【例14】　设 $f(x)$ 是可导的偶函数，且 $f'(0)$ 存在，证明 $f'(0) = 0$.

证：　$\forall x$，由 f 为偶函数得 $f(-x) = f(x)$；因 $f'(0)$ 存在，故

$$f'(0) = f'_-(0) = \lim_{x \to 0^-} \frac{f(x) - f(0)}{x} \xlongequal[x \to 0^- \Leftrightarrow h \to 0^+]{\text{令} h = -x} \lim_{h \to 0^+} \frac{f(-h) - f(0)}{-h} = \lim_{h \to 0^+} \frac{f(h) - f(0)}{-h} = -f'(0),$$

所以　　$f'(0) = 0$.

【习题 2.4】（隐函数及由参数方程所确定的函数的导数）

1. 求下列隐函数的导数 $\dfrac{dy}{dx}$：

(1) $x^2 + y^2 = 1$;　　　　　　　　(2) $x^2 + xy + y^2 = 4$;

(3) $x^3 + y^3 - xy = 0$;　　　　　　(4) $\cos(xy) = x$;

(5) $y = 1 + x \cdot e^y$； (6) $y - \sin x - \cos(x - y) = 0$.

2. 用对数求导法，求下列函数导数

(1) $y = (\ln x)^x$； (2) $y = x^{\tan x}$；

(3) $y = \sqrt[3]{\dfrac{x(x-1)^2}{(x-2)(x-3)}}$； (4) $y = \dfrac{\sin x \cdot \sqrt{x+1}}{(x^3+1)(x+2)}$

五、微分

（一）内容概述与归纳

1. 微分的概念

（1）微分的概念与近似计算相关联. 在生产活动和科学实验中，人们总是期望测量所得的数据是精确的. 但是精确却是相对的，近似才是绝对的. 因此我们无法避免近似估计和误差计算.

【引例】 一块正方形金属薄片受温度变化的影响，其边长 x 由 x_0 变到 $x_0 + \Delta x$，问此薄片的面积 S 改变了多少？

解： 因为 $S = x^2$，所以金属薄片的面积改变量为

$$\Delta S = (x_0 + \Delta x)^2 - x_0^2 = 2x_0 \Delta x + (\Delta x)^2.$$

上式右边第一项 $2x_0 \Delta x$ 是 Δx 的线性函数，是 ΔS 的主要部分，称为 ΔS 的线性主部，它可以近似地代替 ΔS. 第二项面积（图中右上角的小方块）

$$(\Delta x)^2 = o(\Delta x) \quad (\Delta x \to 0)$$

是 Δx 的高阶无穷小，在近似计算中可忽略不计. 所以

$$\Delta S \approx 2x_0 \Delta x$$

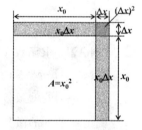

图 2-5-1

【注】 事实上，引例中自变量的改变量 Δx 的实际意义是在测量 x_0 的长度时所产生的误差. 不言而喻，人们总是力求测量尽可能地精确，也就是要让 Δx 尽量小，用数学式表达就是 $\Delta x \to 0$. 如果分析在此变化过程中 ΔS 的两项分别与 Δx 比值的变化状态：

$$\lim_{\Delta x \to 0} \frac{x_0 \Delta x}{\Delta x} = x_0, \qquad \lim_{\Delta x \to 0} \frac{\Delta x^2}{\Delta x} = \lim_{\Delta x \to 0} \Delta x = 0,$$

就不难理解在近似计算中可将第二项 Δx^2 忽略不计.

（2）【定义】 设函数 $y = f(x)$ 在某区间内有定义，赋自变量予改变量 Δx，并设点 x_0 及 $x_0 + \Delta x$ 在这区间内，如果因变量的改变量

$$\Delta y = f(x_0 + \Delta x) - f(x_0)$$

可表示为

$$\Delta y = A \Delta x + o(\Delta x),$$

其中 A 是不依赖于 Δx 的常数，而 $o(\Delta x)$ 是比 $\Delta x (\Delta x \to 0$ 时）高阶的无穷小，那么称函数 $y = f(x)$ 在点 x_0 是可微的，而 $A \Delta x$ 叫做此函数在点 x_0 关于改变量 Δx 的微分，记作 $\mathrm{d}y$，即

$$\mathrm{d}y\big|_{x=x_0} = A\Delta x.$$

这里 $A\Delta x$ 又称为量 Δy 的线性主部.

（3）微分的几何意义

当 Δy 是曲线 $y=f(x)$ 上的点 M 处纵坐标的改变量时，$\mathrm{d}y$ 就是曲线在 M 点的切线上之点 M 处纵坐标的相应改变量.

当 $|\Delta x|$ 很小时，$|\Delta y-\mathrm{d}y|$ 比 $|\Delta x|$ 小得多.因此在点 M 的邻近,我们可以用切线段来近似代替曲线段.

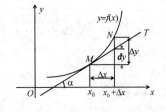

图 2-5-2

2. 可微与可导的关系

【定理】　函数 $f(x)$ 在点 x_0 可微的充分必要条件是函数 $f(x)$ 在点 x_0 可导,且当函数 $f(x)$ 在点 x_0 可微时,其微分一定是

$$\mathrm{d}y = f'(x_0)\Delta x.$$

对于函数 $y=x$,成立着 $\mathrm{d}x=\mathrm{d}y=(x)'\Delta x=\Delta x$.因此,函数 $y=f(x)$ 的微分又可记作

$$\mathrm{d}y = f'(x)\mathrm{d}x.$$

【注】　(i) $y=f(x)$ 的导数 $\dfrac{\mathrm{d}y}{\mathrm{d}x}=f'(x)$ 可看做微分 $\mathrm{d}y$ 与 $\mathrm{d}x$ 的商,所以导数又称做微商.

(ii) 极限、连续、可导与可微的关系可简单用方框图表示如下:

$$\left.\begin{array}{c} \boxed{f(x)\ 在\ x_0\ 处可导} \\ \downarrow\ \uparrow \\ \boxed{f(x)\ 在\ x_0\ 处可微} \end{array}\right\}\rightleftarrows \boxed{f(x)\ 在\ x_0\ 处连续} \leftarrow\!\!\rightarrow \boxed{\lim_{x\to x_0}f(x)\ 存在}$$

【例 A】　求函数 $y=x^2$ 在 $x=1$ 和 $x=3$ 处的微分;进一步再求 $\Delta x=0.01$ 时的微分.

解：　函数 $y=x^2$ 的微分为 $\mathrm{d}y=(x^2)'\Delta x=2x\Delta x$;

在 $x=1$ 处的微分为 $\mathrm{d}y\big|_{x=1}=(x^2)'\big|_{x=1}\Delta x=2\Delta x$;而 $\mathrm{d}y\big|_{\substack{x=1\\ \Delta x=0.01}}=2\times0.01=0.02$.

在 $x=3$ 处的微分为 $\mathrm{d}y\big|_{x=3}=(x^2)'\big|_{x=3}\Delta x=6\Delta x$;而 $\mathrm{d}y\big|_{\substack{x=3\\ \Delta x=0.01}}=6\times0.01=0.06$.

【例 B】　求函数 $y=\ln(1+x)$ 在 $x=1$ 处的微分 $\mathrm{d}y\big|_{x=1}$.

解：　函数的微分为 $\mathrm{d}y=\big[\ln(1+x)\big]'\mathrm{d}x=\dfrac{1}{1+x}\mathrm{d}x$;

函数在 $x=1$ 处的微分为 $\mathrm{d}y\big|_{x=1}=\dfrac{1}{1+x}\Big|_{x=1}\mathrm{d}x=\dfrac{1}{2}\mathrm{d}x$.

【例 C】　设函数 $y=f(x)$ 在点 $x=a$ 处可导,当 $\Delta x\to0$ 时,求证:

(1) $(\Delta y)^2=o(\Delta x)$;　　　　　　　　(2) $(\Delta y)^2-(\mathrm{d}y)^2=o(\Delta x^2)$.

证：　(1) 因为 $f(x)$ 在点 $x=a$ 处可微 $\Rightarrow f$ 在点 $x=a$ 连续 $\Rightarrow \Delta y\to0$,所以

$$\lim_{\Delta x\to0}\frac{(\Delta y)^2}{\Delta x}=\lim_{\Delta x\to0}\frac{\Delta y}{\Delta x}\cdot\Delta y=f'(a)\cdot0=0.$$

(2) $\displaystyle\lim_{\Delta x\to0}\frac{(\Delta y)^2-(\mathrm{d}y)^2}{\Delta x^2}=\lim_{\Delta x\to0}\frac{(\Delta y-\mathrm{d}y)(\Delta y+\mathrm{d}y)}{\Delta x^2}=\lim_{\Delta x\to0}\frac{o(\Delta x)\big[2f'(a)\Delta x+o(\Delta x)\big]}{\Delta x^2}$

$$=\lim_{\Delta x\to0}\frac{o(\Delta x)}{\Delta x}\Big[2f'(a)+\frac{o(\Delta x)}{\Delta x}\Big]=0. \qquad （证毕）$$

3. 微分公式与微分运算法则

（1）基本初等函数的微分公式　　$(a>0,a\neq1)$

$(x^m)'=mx^{m-1}$　　　　　　　　　　　　　$\mathrm{d}(x^m)=mx^{m-1}\mathrm{d}x$

$(a^x)'=a^x\ln a,\ (\mathrm{e}^x)'=\mathrm{e}^x$　　　　　　$\mathrm{d}(a^x)=a^x\ln a\mathrm{d}x,\ \mathrm{d}(\mathrm{e}^x)=\mathrm{e}^x\mathrm{d}x$

$$(\log_a x)' = \frac{1}{x \ln a} \qquad\qquad \mathrm{d}(\log_a x) = \frac{1}{x \ln a}\mathrm{d}x$$

$$(\ln x)' = \frac{1}{x} \qquad\qquad \mathrm{d}(\ln x) = \frac{1}{x}\mathrm{d}x$$

$$(\sin x)' = \cos x \qquad\qquad \mathrm{d}(\sin x) = \cos x\,\mathrm{d}x$$

$$(\cos x)' = -\sin x \qquad\qquad \mathrm{d}(\cos x) = -\sin x\,\mathrm{d}x$$

$$(\tan x)' = \sec^2 x \qquad\qquad \mathrm{d}(\tan x) = \sec^2 x\,\mathrm{d}x$$

$$(\cot x)' = -\csc^2 x \qquad\qquad \mathrm{d}(\cot x) = -\csc^2 x\,\mathrm{d}x$$

$$(\sec x)' = \sec x \tan x \qquad\qquad \mathrm{d}(\sec x) = \sec x \tan x\,\mathrm{d}x$$

$$(\csc x)' = -\csc x \cot x \qquad\qquad \mathrm{d}(\csc x) = -\csc x \cot x\,\mathrm{d}x$$

$$(\arcsin x)' = \frac{1}{\sqrt{1-x^2}} \qquad\qquad \mathrm{d}(\arcsin x) = \frac{1}{\sqrt{1-x^2}}\mathrm{d}x$$

$$(\arccos x)' = -\frac{1}{\sqrt{1-x^2}} \qquad\qquad \mathrm{d}(\arccos x) = -\frac{1}{\sqrt{1-x^2}}\mathrm{d}x$$

$$(\arctan x)' = \frac{1}{1+x^2} \qquad\qquad \mathrm{d}(\arctan x) = \frac{1}{1+x^2}\mathrm{d}x$$

$$(\mathrm{arccot}\,x)' = -\frac{1}{1+x^2} \qquad\qquad \mathrm{d}(\mathrm{arccot}\,x) = -\frac{1}{1+x^2}\mathrm{d}x$$

(2) 函数和、差、积、商的求导和微分法则　（C 为常数）

求导法则：

$$(u \pm v)' = u' \pm v' \qquad\qquad (Cu)' = Cu'$$

$$(u \cdot v)' = u'v + uv' \qquad\qquad \left(\frac{u}{v}\right)' = \frac{u'v - uv'}{v^2}(v \neq 0)$$

微分法则：

$$\mathrm{d}(u \pm v) = \mathrm{d}u \pm \mathrm{d}v; \qquad\qquad \mathrm{d}(Cu) = C\mathrm{d}u$$

$$d(u \cdot v) = v\mathrm{d}u + u\mathrm{d}v; \qquad\qquad \mathrm{d}\left(\frac{u}{v}\right) = \frac{v\mathrm{d}u - u\mathrm{d}v}{v^2}\mathrm{d}x(v \neq 0)$$

4. 一阶微分形式的不变性

关于可微复合函数链 $y = f(u)$、$u = \varphi(x)$ 的微分 $\mathrm{d}y$ 的形式有着一个问题：当 u 表示自变量或是中间变量时，微分形式 $f'(u)\mathrm{d}u$ 和 $f'(u)\varphi'(x)\mathrm{d}x$ 是否一样（相等）？形式是否保持不变？答案是肯定的. 这一性质称为一阶微分形式的不变性.

【命题】 设函数 $y = f(u)$ 及 $u = \varphi(x)$ 都可导，则复合函数 $y = f[\varphi(x)]$ 的微分为

$$\mathrm{d}y = f'(u)\varphi'(x)\mathrm{d}x = f'(u)\mathrm{d}u.$$

证： 对复合函数 $y = f[\varphi(x)]$，显然

$$\mathrm{d}y = y'_x\mathrm{d}x = f'(u)\varphi'(x)\mathrm{d}x.$$

同时，由于 $\mathrm{d}u = \varphi'(x)\mathrm{d}x$，故复合函数 $y = f[\varphi(x)]$ 的微分公式也可以写成（u 为中间变量）：

$$\mathrm{d}y = f'(u)\mathrm{d}u \quad 或 \quad \mathrm{d}y = y'_u\mathrm{d}u.$$

【注】 二阶及以上的微分形式不具有不变性.

【例 D】 $y = \sin(2x + 1)$，求 $\mathrm{d}y$.

解 1： 因为 $y'_x = \cos(2x+1) \cdot (2x+1)' = 2\cos(2x+1)$，所以

$$\mathrm{d}y = y'_x\mathrm{d}x = 2\cos(2x+1)\mathrm{d}x.$$

解 2：　把 $2x+1$ 看成中间变量 u，则

$$dy = d(\sin u) = \cos u\,du = \cos(2x+1)d(2x+1) = \cos(2x+1)\cdot 2dx = 2\cos(2x+1)dx.$$

【例 E】　求 dy：　(1) $y = e^x\cos x$；　　　(2) $y = \sin x\cdot\ln x$.

解：　(1) $dy = d(e^x\cos x) = \cos x\,d(e^x) + e^x d(\cos x)$

$$= \cos x\cdot e^x dx - e^x\sin x\,dx = e^x(\cos x - \sin x)dx$$

(2) $dy = d(\sin x\cdot\ln x) = \ln x\,d(\sin x) + \sin x\,d(\ln x)$

$$= \cos x\ln x\,dx + \frac{\sin x}{x}dx = \left(\cos x\ln x + \frac{\sin x}{x}\right)dx.$$

【例 F】　求由方程所确定的隐函数 $\ln\sqrt{x^2+y^2} = \arctan\dfrac{y}{x}$ 的微分 dy.

解 1：　由于 $\ln\sqrt{x^2+y^2} = \dfrac{1}{2}\ln(x^2+y^2)$，故方程改写为：

$$\frac{1}{2}\ln(x^2+y^2) = \arctan\frac{y}{x}. \tag{$*$}$$

两边求微分得：$\dfrac{2x\mathrm{d}x + 2y\mathrm{d}y}{2(x^2+y^2)} = \dfrac{1}{1+(y/x)^2}\cdot\dfrac{x\mathrm{d}y - y\mathrm{d}x}{x^2}$，化简得

$$dy = \frac{x+y}{x-y}dx.$$

解 2：　从（$*$）式出发两边边关于 x 求导得

$$\frac{2(x+yy')}{2(x^2+y^2)} = \frac{1}{1+(y/x)^2}\cdot\frac{xy'-y}{x^2} = \frac{xy'-y}{x^2+y^2},$$

化简得 $y' = \dfrac{x+y}{x-y}$，从而 $dy = y'dx = \dfrac{x+y}{x-y}dx.$

5. 微分在近似计算中的应用

回顾定理及其附注可得：当 $f'(x_0)\neq 0$ 时，有

$$\lim_{\Delta x\to 0}\frac{\Delta y}{dy} = \lim_{\Delta x\to 0}\frac{\Delta y}{f'(x_0)\Delta x} = \frac{1}{f'(x_0)}\lim_{\Delta x\to 0}\frac{\Delta y}{\Delta x} = 1.$$

根据等价无穷小的性质，$\Delta y = dy + o(dy)$，成立着

$$\lim_{\Delta x\to 0}\left|\frac{\Delta y - dy}{dy}\right| = 0.$$

结论：在 $f'(x_0)\neq 0$ 的条件下，以微分 $dy = f'(x_0)\Delta x$ 近似代替改变量

$$\Delta y = f(x_0+\Delta x) - f(x_0),$$

相对误差当 $\Delta x\to 0$ 时趋于零. 因此，在 $|\Delta x|$ 很小时，有精确度较好的近似式 $\Delta y\approx dy$.

(1) 如果函数 $y = f(x)$ 在点 x_0 处的导数 $f'(x_0)\neq 0$，且 $|\Delta x|$ 很小时，那么有

(i) $\Delta y = f(x_0+\Delta x) - f(x_0)\approx dy = f'(x_0)\Delta x$，

(ii) $f(x_0+\Delta x)\approx f(x_0) + f'(x_0)\Delta x$.

若令 $x = x_0+\Delta x$，即 $\Delta x = x - x_0$，那么又有

(ii$'$) $f(x)\approx f(x_0) + f'(x_0)(x-x_0)$.

特别当 $x_0 = 0$ 时 $\Delta x = x$，有　　　$f(x)\approx f(0) + f'(0)x$.

(2) 常用的近似公式

类似地，可以证明当 $|x|$ 很小时有下面近似公式（含上面公式）.

(i) $\sin x\approx x$（x 用弧度作单位来表达）；

(ii)　$\tan x \approx x$（x 用弧度作单位来表达）；

(iii)　$e^x \approx 1 + x$；

(iv)　$\ln(1 + x) \approx x$.

(v)　$\sqrt[n]{1 + x} \approx 1 + \dfrac{1}{n}x$；

(vi)　$(1 + x)^a \approx 1 + \alpha x$　$(\alpha \in R)$.　（取 $\alpha = \dfrac{1}{2}, \dfrac{1}{3}, \cdots, \dfrac{1}{n}, \cdots$ 即得公式(v)）.

【例 G】　当 $|x|$ 很小时，证明近似公式 $(1 + x)^a \approx 1 + \alpha x$　$(\alpha \in R)$.

证：　当 $x = 0$ 时命题显然成立.

当 $x \neq 0$ 时，令 $f(x) = (1 + x)^a$，则 $f'(x) = \alpha(1 + x)^{a-1}$. 根据公式(ii′) 有

$(1 + x)^a = f(x) \approx f(x_0) + f'(x_0)(x - x_0) = (1 + x_0)^a + \alpha(1 + x_0)^{a-1}(x - x_0)$.

取 $x_0 = 0$，得 $(1 + x)^a \approx 1 + \alpha x$.　　　　　　　　（证毕）

【例 H】　利用微分计算 $\sin 30°30'$ 的近似值.

解：　显然 $30°30' = \dfrac{\pi}{6} + \dfrac{\pi}{360}$，$x_0 = \dfrac{\pi}{6}$，$\Delta x = \dfrac{\pi}{360}$；又 $(\sin x)' = \cos x$，故

$$\sin 30°30' = \sin(x_0 + \Delta x) \approx \sin x_0 + (\sin x)'|_{x_0} \cdot \Delta x = \sin x_0 + \cos x_0 \cdot \Delta x$$

$$= \sin \frac{\pi}{6} + \cos \frac{\pi}{6} \cdot \frac{\pi}{360} = \frac{1}{2} + \frac{\sqrt{3}}{2} \cdot \frac{\pi}{360} \approx 0.5076.$$

(二) 典型、综合例题

1. 微分基本例题

【例 1】　求函数 $y = x^3$ 当 $x = 2$，$\Delta x = 0.02$ 时的微分.

解：　先求函数在任意点 x 的微分

$$dy = (x^3)' \Delta x = 3x^2 \Delta x.$$

再求函数当 $x = 2$，$\Delta x = 0.02$ 时的微分

$$dy|_{x=2, \Delta x=0.02} = 3x^2 \Delta x|_{x=2, \Delta x=0.02} = 3 \times 2^2 \times 0.02 = 0.24.$$

【例 2】　$y = e^{1-3x} \cos x$，求 dy.

解：　应用积的微分法则，得

$dy = d(e^{1-3x} \cos x) = \cos x \, d(e^{1-3x}) + e^{1-3x} d(\cos x) = (\cos x)e^{1-3x}(-3dx) + e^{1-3x}(-\sin x \, dx)$

$= -e^{1-3x}(3\cos x + \sin x)dx$.

【例 3】　求函数 $y = \arctan \dfrac{1+x}{1-x}$ 的微分.

解：　因 $y' = \dfrac{1}{1 + \left(\dfrac{1+x}{1-x}\right)^2} \cdot \left(\dfrac{1+x}{1-x}\right)' = \dfrac{(1-x)^2}{2(1+x^2)} \cdot \dfrac{(1-x)-(1+x)\cdot(-1)}{(1-x)^2} = \dfrac{1}{1+x^2}$

故

$$dy = y' dx = \frac{1}{1+x^2}dx.$$

【例 4】　求函数 $y = e^{\sqrt{\frac{1-x}{1+x}}}$ 的微分.

71

解： $\because \quad y' = e^{\sqrt{\frac{1-x}{1+x}}} \cdot \left(\sqrt{\frac{1-x}{1+x}}\right)' = e^{\sqrt{\frac{1-x}{1+x}}} \cdot \dfrac{1}{2\sqrt{\frac{1-x}{1+x}}} \cdot \left(\dfrac{1-x}{1+x}\right)'$

$$= e^{\sqrt{\frac{1-x}{1+x}}} \cdot \frac{1}{2}\sqrt{\frac{1+x}{1-x}} \cdot \frac{-(1+x)-(1-x)}{(1+x)^2} = -\frac{1}{\sqrt{(1-x)(1+x)^3}} e^{\sqrt{\frac{1-x}{1+x}}},$$

$\therefore \quad \mathrm{d}y = -\dfrac{1}{\sqrt{(1-x)(1+x)^3}} e^{\sqrt{\frac{1-x}{1+x}}}\,\mathrm{d}x.$

2. 近似计算例题

【例5】 求下列近似值：(1) $\sqrt{1.05}$ ；　　　　(2) $\ln 1.0031$.

解： (1) 已知 $\sqrt[n]{1+x} \approx 1 + \dfrac{1}{n}x$，故

$$\sqrt{1.05} = \sqrt{1+0.05} \approx 1 + \frac{1}{2} \times 0.05 = 1.025.$$

(2) 由公式 $\ln(1+x) \approx x$ 立得　$\ln 1.0031 \approx 0.0031$.

【例6】 计算 $1.02^{2.02}$ 的近似值.

解： 设 $f(x) = x^{x+1} = e^{(x+1)\ln x}$，则

$$f'(x) = (x^{x+1})' = [e^{(x+1)\ln x}]' = e^{(x+1)\ln x}(\ln x + 1 + \frac{1}{x}),$$

取 $x = x_0 + \Delta x$，其中 $x_0 = 1, \Delta x = 0.02$. 又 $f'(1) = 2$，则

$$1.02^{2.02} = f(1.02) \approx f(1) + f'(1)\Delta x = 1 + 2 \times 0.02 = 1.004.$$

【注】 绝对误为 $\delta = f'(1)\Delta x = 0.004$，相对误差为 $\dfrac{\delta}{|f(x_0)|} = \dfrac{f'(1)\Delta x}{|f(1)|} = 0.004$.

【例7】 有一批半径为 1 cm 的球，为了提高球面的光洁度，要镀上一层铜，厚度定为 0.01 cm. 估计一下每只球需用铜多少 g（铜的密度是 8.9 g/cm³）？

解： 设 $R_0 = 1$ cm，$\Delta R = 0.01$ cm. 球体体积为 $V = \dfrac{4}{3}\pi R^3$. 又 $V' = 4\pi R^2$，故镀层的体积为

$$\Delta V = V(R_0 + \Delta R) - V(R_0) \approx V'(R_0)\Delta R = 4\pi R_0^2 \Delta R$$
$$\approx 4 \times 3.14 \times 1^2 \times 0.01 \approx 0.13 (\text{cm}^3).$$

于是镀每只球需用的铜约为　$0.13 \times 8.9 = 1.16$ （g）.

【习题2.5】(微 分)

1. 填空题

(1) $\mathrm{d}(\qquad) = t\mathrm{d}t$；　　　　(2) $\mathrm{d}(\qquad) = \sec t \tan t \mathrm{d}t.$

(3) $\mathrm{d}\sin e^x = (\qquad)$；　　　　(4) $\mathrm{d}[\ln(x^2+1) + \arctan x] = (\qquad)$；

2. 设函数 $y = 2x^2 - x$，当 x 的值从 $x = 1$ 变到 $x = 1.01$ 时，求函数的改变量 Δy 与微分 $\mathrm{d}y$，并求两者的差.

3. 求下列函数的微分.

(1) $y = 3x^2$；　　　　(2) $y = \cos 2x$；

(3) $y = \dfrac{1}{x} + 2\sqrt{x}$；　　　　(4) $y = x\sin 2x$.

4. 求下列函数在指定点的微分.

(1) $y = \ln(1 + e^{x^2})$，$x = 1$；　　　　(2) $y = \dfrac{x}{\sqrt{x^2 + 1}}$，$x = \sqrt{3}$.

(3) 方程$(1 + x)y = 1 + x\sin y$ 确定 y 为 x 的函数，$x = 0$.

5. 用微分近似计算

(1) arctan1.02；　　　　(2) $\sin 29°$；

(3) ln1.05；　　　　(4) $\sqrt[5]{31}$.

六、函数导数理论在经济学中的应用 —— 边际·弹性

1. 经济学中的常用的几个函数

(1) 需求函数与供给函数及相关概念

① 需求：消费者在一定的（价格）条件下对某种商品（具有购买力）的需要，指消费者愿意购买并有支付能力.

② 需求价格：指消费者对所需要的一定量的商品所愿意支付的价格.

③ 需求函数 Q_d：如果价格 P 是决定需求量 Q 的最主要因素，可以认为 Q 是 P 的函数. 记做 $Q = Q(P)$　$(P \geqslant 0)$.

④ 价格函数（需求函数的反函数）：在假设需求函数是单调减少的条件下
$$P = Q^{-1}(Q)　(Q \geqslant 0).$$

⑤ 供给：在某一时期内，在一定的价格条件下，生产者愿意并且可能售出的商品.

⑥ 供给价格：生产者为提供一定量的商品愿意接受的价格.

⑦ 供给函数 Q_s：如果价格是决定供给量的最主要因素，可以认为 Q 是 P 的函数. 记作
$$Q = f(P)　(P \geqslant 0).$$

⑧ 均衡数量、均衡价格：当需求量 Q_d 与供给量 Q_s 一致时，即 $Q_d = Q_s$ 时，商品的数量称为均衡数量；商品的价格称为均衡价格.

⑨ 当需求量 Q_d 与供给量 Q_s 一致时，即 $Q_d = Q_s$ 时，商品的数量称为均衡数量；商品的价格称为均衡价格.

$$\text{市场均衡模型：}\begin{cases} Q_d = a - bP & （常数\ a, b > 0）；　（线性需求函数）\\ Q_s = -c + dP & （常数\ c, d > 0）；　（线性供给函数）\\ Q_d = Q_s. \end{cases}$$

解得均衡价格 P_e 和均衡数量 Q_e：
$$P_e = \frac{a + c}{b + d}, \qquad Q_e = \frac{ad - bc}{b + d}　(ad > bc).$$

【注】　需求和供给用同样变量 Q，区别在于：需求对应"消费者"；供给对应"生产者".

(2) 总收益函数

总收益是生产者出售一定数量产品（商品）所得到的全部收入. 用自变量 Q 表示出售的产品数量，R 表示总收益，则
$$R = R(Q)　(Q \geqslant 0).$$
显然 $R(0) = 0$，即未出售商品时总收益为 0. 若已知需求函数 $Q = Q(P)$，则总收益为
$$R = R(Q) = PQ = Q^{-1}(Q) \cdot Q.$$

（3）总成本函数

成本是指生产活动中一定数量产品所需要的各种生产要素投入的价格或费用总额，它包括两部分，由固定成本与可变成本两部分组成.

固定成本 C_0：在一定限度内不随产量变动而变动的费用；

变动成本 $V(Q)$：随着产量变动而变动的费用.

总成本函数：$C = C(Q) = C_0 + V(Q)$　　$(Q \geqslant 0)$.

一般情况下，总成本函数是单调增加的，且 $C_0 = C(0) \geqslant 0$.

2. 边际

边际概念是经济学中的一个重要概念，一般指经济函数的变化率.

设函数 $y = f(x)$ 是可导的，那么导函数 $y = f'(x)$ 在经济学中叫做边际函数. 在经济学中有边际需求、边际成本、边际收入、边际利润等. 例如：

（1）边际成本 MC：总成本函数 $C = C(Q)$ 关于产量 Q 的导数 $C'(Q)$：

$$MC = \frac{dC}{dQ} = \lim_{\Delta Q \to 0} \frac{C(Q_0 + \Delta Q) - C(Q_0)}{\Delta Q}.$$

由于 $\Delta C = C(Q_0 + \Delta Q) - C(Q_0) \approx C'(Q_0)\Delta Q$，当 $\Delta Q = 1$ 时，有

$$\Delta C = C(Q_0 + 1) - C(Q_0) \approx C'(Q_0) = MC,$$

其经济意义：当销售量为 Q_0 时，再销售一个单位产品所增加的成本为 $C'(Q_0)$.

（2）边际收益 MR：总收益函数 $R = R(Q)$ 对销售量 Q 的导数 $R'(Q)$，即

$$MR = \frac{dR}{dQ} = \lim_{\Delta Q \to 0} \frac{R(Q_0 + \Delta Q) - R(Q_0)}{\Delta Q},$$

其经济意义：当销售量为 Q_0 时，再销售一个单位产品所增加的收益为 $R'(Q_0)$.

（3）边际利润 ML：总利润函数 $L = L(Q)$ 对销售量 Q 的导数 $L'(Q)$，即

$$ML = \frac{dL}{dQ} = \lim_{\Delta Q \to 0} \frac{L(Q_0 + \Delta Q) - L(Q_0)}{\Delta Q},$$

其经济意义：当销售量为 Q_0 时，再销售一个单位产品所增加的利润为 $L'(Q_0)$.

（4）一般情况，总利润函数为

$$L = L(Q) = R(Q) - C(Q).$$

此时，边际利润对销售量 Q 的导数为 $L'(Q) = R'(Q) - C'(Q)$.

【例 A】　设某厂每月生产产品的固定成本为 $C_0 = 1000$ 元，生产 Q 个单位产品的变动成本为 $V(Q) = 0.01Q^2 + 10Q$ 元. 若每单位产品的售价为 40 元，求边际成本、边际收益、边际利润，并求边际利润为零时的产量.

解：　由题设，总成本函数、总收益函数、总利润函数分别为

$$C(Q) = V(Q) + C_0 = 0.01Q^2 + 10Q + 1000, \qquad R(Q) = P \cdot Q = 40Q,$$

$$L(Q) = R(Q) - C(Q) = -0.01Q^2 + 30Q - 1000,$$

于是边际成本、边际收益、边际利润分别为

$$MC = C'(Q) = 0.02Q + 10, \quad MR = R'(Q) = 40, \quad ML = L'(Q) = -0.02Q + 30.$$

令 $L'(Q) = 0$，得 $-0.02Q - 30 = 0$，即每月产量为 $Q = 1500$ 个单位时，边际利润为 0，再销售一个单位产品也不会增加利润.

3. 弹性

（1）弹性函数

【定义】　函数 $y = f(x)$ 在点 x （$x \neq 0$）处可导，且 $f(x) \neq 0$，则极限

$$\lim_{\Delta x \to 0} \frac{\Delta y / y}{\Delta x / x} = \frac{x}{y} \lim_{\Delta x \to 0} \frac{\Delta y}{\Delta x} = \frac{x}{f(x)} \cdot f'(x) \qquad （若存在）$$

称为函数 $y = f(x)$ 在点 x 处的弹性（即相对变化率），记为 $\dfrac{\mathrm{E}y}{\mathrm{E}x}$，$\dfrac{\mathrm{E}f(x)}{\mathrm{E}x}$ 或 ε_{yx}，即

$$\frac{\mathrm{E}y}{\mathrm{E}x} = x \cdot \frac{f'(x)}{f(x)} = \frac{x}{f(x)} \cdot \frac{\mathrm{d}f(x)}{\mathrm{d}x}.$$

由于 $\dfrac{\mathrm{d}[\ln f(x)]}{\mathrm{d}(\ln x)} = \dfrac{\dfrac{1}{f(x)} \cdot f'(x) \mathrm{d}x}{\dfrac{1}{x} \mathrm{d}x} = x \cdot \dfrac{f'(x)}{f(x)}$，因此 $\varepsilon_{yx} = \dfrac{\mathrm{E}[f(x)]}{\mathrm{E}x} = \dfrac{\mathrm{d}[\ln f(x)]}{\mathrm{d}(\ln x)}$.

【例 B】　求函数 $f(x) = Ax^a$ （A、a 为常数）的弹性.

解：　由于 $f'(x) = Aax^{a-1}$，所以 $\dfrac{\mathrm{E}(Ax^a)}{\mathrm{E}x} = \dfrac{x}{Ax^a}(Aax^{a-1}) = a$. 特别，函数 $f(x) = Ax$ 的弹性为 $\dfrac{\mathrm{E}(Ax)}{\mathrm{E}x} = 1$；函数 $f(x) = A/x$ 的弹性为 $\dfrac{\mathrm{E}(A/x)}{\mathrm{E}x} = -1$.

（2）需求价格弹性

① 需求价格弹性 ε_{QP}，η：需求量 $Q = Q(P)$ 对价格 P 的弹性

$$\varepsilon_{QP} = \lim_{\Delta P \to 0} \frac{\Delta Q / Q}{\Delta P / P} = \frac{P}{Q} \lim_{\Delta x \to 0} \frac{\Delta Q}{\Delta P} = \frac{P}{Q} \cdot Q'(P).$$

一般情况下，需求函数 $Q = Q(P)$ 为价格 P 的减函数，从而 $Q'(P) < 0$. 实际应用中常用 η 表示需求价格弹性，并取正值：

$$\eta = -\frac{P}{Q} Q'(P) > 0.$$

需求价格弹性的经济意义为：商品的价格为 P 时，价格上涨或下降 1% 时，需求量就减少或增加 $\eta\%$.

当 ΔP 足够小时，η 取值揭示需求量与价格改变幅度的关系：

$$\text{需求价格弹性 } \eta = -\frac{P}{Q} \cdot \frac{\mathrm{d}Q}{\mathrm{d}P} = -\frac{\dfrac{\mathrm{d}Q}{Q}}{\dfrac{\mathrm{d}P}{P}} \approx \frac{\left|\dfrac{\Delta Q}{Q}\right| \text{（需求量改变幅度）}}{\left|\dfrac{\Delta P}{P}\right| \text{（价格改变幅度）}}:$$

（a）$\eta < 1$ $\Leftrightarrow$ $\left|\dfrac{\Delta Q}{Q}\right|$（需求量改变幅度）$< \left|\dfrac{\Delta P}{P}\right|$（价格改变幅度）

（"需求量减少的幅度" $<$ "价格上涨的幅度"）；

（b）$\eta > 1$ $\Leftrightarrow$ $\left|\dfrac{\Delta Q}{Q}\right|$（需求量改变幅度）$> \left|\dfrac{\Delta P}{P}\right|$（价格改变幅度）

（"需求量减少的幅度" $>$ "价格上涨的幅度"）.

② 边际收益与需求价格弹性的关系

设需求函数 $Q = Q(P)$，则总收益为 $R = R(P) = PQ = PQ(P)$. 于是边际收益为

$$\frac{\mathrm{d}R}{\mathrm{d}P} = \frac{\mathrm{d}}{\mathrm{d}P}[P \cdot Q(P)] = Q(P) + PQ'(P) = Q(P) \cdot \left[1 + \frac{P}{Q(P)} \cdot Q'(P)\right]$$

$$\Leftrightarrow \quad \frac{\mathrm{d}R}{\mathrm{d}P} = Q(P)(1 - \eta).$$

上式给出了边际收益与需求价格弹性的关系：

(i) 当 $\eta < 1$,称该商品的需求为低弹性需求.

这时,"需求量减少的幅度" $<$ "价格上涨的幅度",因此边际收益 $R'(P) > 0$. 此时,提高价格使总收益增加,降低价格使总收益减少.

(ii) 当 $\eta > 1$,称该商品的需求为高弹性需求.

这时,"需求量减少的幅度" $>$ "价格上涨的幅度",因此边际收益 $R'(P) < 0$. 此时,提高价格使总收益减少,降低价格使总收益增加.

(iii) 当 $\eta = 1$,称该商品的需求为单位弹性需求.

这时,"需求量减少的幅度 = 价格上涨的幅度",因此边际收益 $R'(P) = 0$,总收益保持不变. 此时,总收益取得最大值(下一章验证)

【例 C】　设某商品的需求函数为 $Q = 100 - 5P$,求价格 $P = 5, 10, 15$ 时的需求价格弹性,解释经济意义,并说明这时提高价格对总收益的影响.

解：　需求价格弹性为

$$\eta = -\frac{P}{Q} \cdot Q'(P) = -P \cdot \frac{-5}{100 - 5P} = \frac{P}{20 - P}.$$

当 $P = 5$ 时,$\eta = 0.33 < 1$,该商品为低弹性商品;这时,$Q = 75$,这说明在价格 $P = 5$ 时,价格上涨(或下降)1%,需求量 Q 将由 75 个单位起减少(或增加)0.33%. 此时,提高价格会使总收益增加,降低格会使总收益减少.

当 $P = 10$ 时,$\eta = 1$,这说明在价格 $P = 10$ 时,需求量减少的幅度 = 价格上涨的幅度,总收益保持不变. 此时,总收益取得最大值.

当 $P = 15$ 时,$\eta = 3 > 1$,该商品为高弹性商品;这时,$Q = 25$,这说明在价格 $P = 15$ 时,价格上涨(或下降)1%,需求量 Q 将从 25 个单位起减少(或增加)3%. 此时,提高价格会使总收益减少,降低价格会使总收益增加.

(3) 收益销售弹性与收益价格弹性

收益函数：　　　　　$R = R(Q)(Q \geqslant 0)$.

收益销售弹性：　　　$\varepsilon_{RQ} = \dfrac{ER}{EQ} = \dfrac{Q}{R} \cdot \dfrac{dR}{dQ} = \dfrac{Q}{R} R'(Q)$.

收益价格弹性：　　　$\varepsilon_{RP} = \dfrac{ER}{EP} = \dfrac{P}{R} \cdot \dfrac{dR}{dP} = \dfrac{P}{R} R'(P)$.

收益销售弹性 ε_{RQ} 的经济意义：商品销售量为 Q 时,若销售量增加 1%,则当 $\varepsilon_{RQ} > 0$(或 $\varepsilon_{RQ} < 0$) 时,总收益将增加(或减少) $|\varepsilon_{RQ}|\%$.

收益价格弹性 ε_{RP} 的经济意义：商品销售量为 P 时,若销售价格上涨 1%,则当 $\varepsilon_{RP} > 0$(或 $\varepsilon_{RP} < 0$) 时,总收益将增加(或减少) $|\varepsilon_{RP}|\%$.

设某商品的总需求函数为 $Q = Q(P)$,总收益函数为 $R = PQ$,则

$$\varepsilon_{RQ} = \frac{ER}{EQ} = \frac{Q}{R} \cdot \frac{dR}{dQ} = \frac{1}{P} \cdot \frac{dR}{dQ} = \frac{1}{P}\left(P + Q\frac{dP}{dQ}\right) = 1 + \frac{1}{\dfrac{P}{Q} \cdot \dfrac{dQ}{dP}} = 1 - \frac{1}{\eta},$$

$$\varepsilon_{RP} = \frac{ER}{EP} = \frac{P}{R} \cdot \frac{dR}{dP} = \frac{1}{Q} \cdot \frac{dR}{dP} = \frac{P}{PQ} \cdot \frac{d(PQ)}{dP} = \frac{1}{Q}\left(Q + P\frac{dQ}{dP}\right) = 1 + \frac{P}{Q} \cdot \frac{dQ}{dP} = 1 - \eta,$$

从而有　　　　　$\dfrac{dR}{dQ} = P\left(1 - \dfrac{1}{\eta}\right),$ 　　　　$\dfrac{dR}{dP} = Q(1 - \eta).$

上面四式描述了收益的销售弹性 ε_{RQ}、价格弹性 ε_{RP} 关于价格 P 的边际收益,关于销售量 Q 的边际收益与需求价格弹性 η 之间的关系.

【**例 D**】 设某产品的需求函数为 $Q = 100 - 5P$，求价格 $P = 4$，和 $P = 12$ 时的收益价格弹性，并说明其经济意义.

解： 因为 $R = PQ = 100P - 5P^2$，所以 $\varepsilon_{RP} = \dfrac{P}{R}R'(P) = \dfrac{1}{100 - 5P}(100 - 10P)$. 从而

$$\varepsilon_{RP}\big|_{P=4} = \frac{100 - 40}{100 - 20} = \frac{60}{80} = 0.75, \qquad \varepsilon_{RP}\big|_{P=12} = \frac{100 - 120}{100 - 60} = -\frac{20}{40} = -0.5.$$

这说明商品价格为 $P = 4$ 时，若价格上涨 1%，总收益将增加 0.75%；而当 $P = 12$ 时，若价格上涨 1%，总收益将减少 0.5%.

【**习题 2.6**】（函数导数理论在经济学中的应用）

1. 某种商品的需求量 Q 与价格 p 的关系为 $Q = 1600\left(\dfrac{1}{4}\right)^p$，

(1) 求边际需求 MQ；

(2) 当商品的价格 $p = 10$ 元时，求该商品的边际需求量.

2. 某工厂总利润函数为 $L(Q) = 250Q - 5Q^2$，其中 Q 为产量. 求每月产量分别为 20 吨，25 吨，35 吨时的边际利润，并作经济解释.

3. 设巧克力糖每周的需求量 Q（公斤）是价格 P 的函数：$Q = f(P) = \dfrac{1000}{P+1}$，求 $P = 9$ 时，巧克力糖的边际需求量并说明其经济意义.

4. 设某产品生产 Q 单位的总成本为 $C(Q) = 1100 + \dfrac{Q^2}{1200}$，那么

(1) 求生产 900 个单位时总成本和平均成本；

(2) 求生产 900 个单位到 1000 个单位时总成本的平均变化率；

(3) 求生产 900 个单位的边际成本，并解释其经济意义；

5. 设某商品需求函数 $Q = f(P) = 12 - \dfrac{P}{2}$ 试求：

(1) $p = 6$ 时价格上涨 1%，总收益将变化百分之几？

(2) $p = 14$ 时价格上涨 1%，总收益将变化百分之几？

(3) p 为何值时总收益最大，最大收益为多少？

6. 设某商品的需求函数为 $Q = 150 - 2P^2$.

(1) 求当价格 $P = 6$ 时的边际需求，并解释其经济意义；

(2) 求当价格 $P = 6$ 时的需求价格弹性，解释经济意义；

(3) 当价格 $P = 6$ 时，若价格下降 2%，总收益将变化百分之几？是增还是减？

第三章　微分中值定理与导数的应用

一、微分中值定理

（一）内容概述与归纳

1. 函数极值及存在的必要条件

（1）【定义1】　设 $y = f(x)$ 的定义域为 D_f，如果在 x_0 的某空心邻域 $U_\delta^\circ(x_0) \subset D_f$ 内恒有 $f(x_0) > f(x)$　（对应地，恒有 $f(x_0) < f(x)$），$\forall x \in U_\delta^\circ(x_0)$，那么称 $f(x_0)$ 为极大值（对应地，极小值），称点 x_0 为极大（值）点（对应地，极小（值）点）. 极大值和极小值统称为极值.

【定义2】　若 $f(x)$ 在 x_0 可导且 $f'(x_0) = 0$，则 x_0 称为 $f(x)$ 的驻点.

（2）极值存在的必要条件

【定理1】　（费马）设 x_0 为函数 $y = f(x)$ 的极值点，如果函数 $y = f(x)$ 在点 x_0 处可导，那么 x_0 为驻点，即 $f'(x_0) = 0$.

【注】　函数的驻点未必是极值点. 例如函数 $f(x) = x^3$ 在点 $x = 0$ 处 $f'(0) = 0$，但 $x = 0$ 不是 $f(x)$ 的极值点.

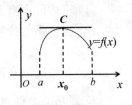

图 3-1-1(a)

2. 微分中值定理

（1）罗尔定理

【定理2】　如果函数 $y = f(x)$ 在闭区间 $[a, b]$ 上连续，在开区间 (a, b) 内可导，且有 $f(a) = f(b)$，那么在 (a, b) 内至少在一点 ξ，使得

$$f'(\xi) = 0.$$

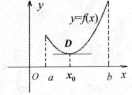

图 3-1-1(b)

【例A】　验证函数 $f(x) = \begin{cases} x^2 - 4x - 5, & x > -1; \\ \sin\pi x, & x \leqslant -1 \end{cases}$ 在 $[-1, 5]$ 上是否满足罗尔定理？若满足，找出中值点 ξ.

解：（1）因 $f(x)$ 在 $(-1, 5]$ 为初等，则连续可导，$f'(x) = 2x - 4$. 又

$$\lim_{x \to -1^+} f(x) = \lim_{x \to -1^+} (x^2 - 4x - 5) = 0 = \sin(-\pi) = f(-1),$$

故 $f(x)$ 在 $x = -1$ 右连续. 又 $f(5) = 0 = f(-1)$，则 $f(x)$ 在 $[-1, 5]$ 上满足罗尔定理.

（2）令 $f'(x) = 2x - 4 = 0$，得 $x = 2$，即 $\xi = 2$ 为所求，使 $f'(\xi) = f'(2) = 0$.

【例B】*　证明方程 $x^3 + 3x = 2$ 在 $(0, 1)$ 内只有一个实根.

解：设 $f(x) = x^3 + 3x - 2$，那么函数 $f(x)$ 为初等函数，在 $[0, 1]$ 连续、可导. 又显然 $f(0) = -2 < 0$，$f(1) = 2 > 0$，根据零点存在定理，存在 $\xi \in (0, 1)$ 使得 $f(\xi) = 0$.

为证唯一性，假设函数在 $(0, 1)$ 内有两个零点 $x_1 < x_2$，则 $f(x_1) = f(x_2) = 0$. 根据罗尔定理，存在 $c \in (x_1, x_2) \subset (0, 1)$ 使得 $f'(c) = 0$，这与 $f'(x) = 3x^2 + 3 > 0 (\forall x \in (0, 1))$ 矛盾，所以假设错误，从而最多一个零点.

（2）拉格朗日中值定理

【定理3】　如果函数 $y = f(x)$ 在闭区间 $[a, b]$ 上连续，在开区间 (a, b) 内可导，那么存在 $\xi \in (a, b)$ 使得

$$f(b) - f(a) = f'(\xi)(b-a) \qquad \text{或} \qquad \frac{f(b)-f(a)}{b-a} = f'(\xi).$$

【注】　除上面两公式外,拉格朗日中值公式还有下面形式:

(i)　$f(x+\triangle x) - f(x) = f'(x+\theta\triangle x)\triangle x \quad (0 < \theta < 1)$;

(ii)　$\triangle y = f'(x+\theta\triangle x)\triangle x \quad (0 < \theta < 1)$.

【推论1】　若函数 $f(x)$ 在区间 I 上的导数恒为零,则 $f(x)$ 在区间 I 上是一个常数.

【推论2】　如果函数 $f(x)$、$g(x)$ 的导数在区间 I 上恒相等:$f'(x) = g'(x)$,那么存在常数 C 使得

$$f(x) - g(x) \equiv C.$$

【推论3】*　设函数 $f(x)$ 在区间 $[a, a+\delta)$(对应地,$(b-\delta, b]$)($\delta > 0$)上连续,在开区间 $(a, a+\delta)$(对应地,$(b-\delta, b)$)内可导,如果

$$\lim_{x \to a^+} f'(x) = A \quad (\text{对应地}, \lim_{x \to b^-} f'(x) = A) \quad (A \text{ 为实数或} \infty),$$

那么 $f(x)$ 在 $x = a$(对应地,$x = b$)处的右导数(对应地,左导数)存在,且

$$f'_+(a) = \lim_{x \to a^+} f'(x) = A \quad (\text{对应地}, f'_-(b) = \lim_{x \to b^-} f'(x) = A) \quad (A \text{ 为实数或} \infty).$$

【注】　A 为 ∞ 的情形包括 A 分别为 $\pm\infty$ 的情形.

证:　显然 $\forall x \in (a, a+\delta)$,函数 $f(t)$ 在区间 $[x, a+\delta]$ 满足拉格朗日定理条件,那么存在 $\xi_x \in (x, a+\delta)$,使得 $\dfrac{f(x)-f(a)}{x-a} = f'(\xi_x)$,令 $x \to a^+$,有 $\xi_x \to a^+$,则得

$$f'_+(a) = \lim_{x \to a^+} \frac{f(x)-f(a)}{x-a} = \lim_{\xi_x \to a^+} f'(\xi_x) = A \quad (A \text{ 为实数或} \infty).$$

类似可证得关于区间为 $(b-\delta, b]$ 的情形.

【例C】*　设函数 $g(x) > 0$ 在 $[0, +\infty)$ 上定义且连续,并在 $(0, +\infty)$ 可导.又分段函数

$$f(x) = \begin{cases} \ln g(x), & x > 0; \\ 1 + x - x^3, & x \leqslant 0 \end{cases}$$

在 $x = 0$ 点处连续、可导.证明 $g(x)$ 在 $x = 0$ 点处的右导数 $g'_+(0)$ 存在,并求其值.

证:　由 $f(x)$ 在 $x = 0$ 的连续性得 $1 = f(0) = \lim\limits_{x \to 0^+} f(x) = \lim\limits_{x \to 0^+} \ln g(x)$,则

$$g(0) = \lim_{x \to 0^+} g(x) = \lim_{x \to 0^+} e^{\ln g(x)} = e^{\lim_{x \to 0^+} \ln g(x)} = e.$$

又显然在 $(-\infty, 0]$ 上 $f'(x) = 1 - 3x^2$;而在 $(0, +\infty)$ 上

$$f'(x) = [\ln g(x)]' = \frac{g'(x)}{g(x)}.$$

由此得 $g'(x) = g(x) \cdot f'(x)$.于是由 $f(x)$ 在 $x = 0$ 的可导性得

$$\lim_{x \to 0^+} g'(x) = \lim_{x \to 0^+} [g(x) \cdot f'(x)] = g(0) \cdot f'_+(0) = e \cdot f'_-(0) = e.$$

根据推论3,$g'_+(0)$ 存在且 $g'_+(0) = \lim\limits_{x \to 0^+} g'(x) = e$.

【例D】　试证明 $\arctan x + \text{arccot} x = \dfrac{\pi}{2}, \ \forall x \in (-\infty, +\infty)$.

证:　设 $f(x) = \arctan x + \text{arccot} x$,则 $\forall x \in (-\infty, +\infty)$,有 $f'(x) = \dfrac{1}{1+x^2} - \dfrac{1}{1+x^2} = 0$.

由推理2立得 $f(x)$ 取常值,即存在常数 C 使得

$$f(x) = \arctan x + \text{arccot} x = C.$$

令 $x = 1$，得 $C = \arctan 1 + \operatorname{arccot} 1 = \dfrac{\pi}{4} + \dfrac{\pi}{4} = \dfrac{\pi}{2}$，所以

$$\arctan x + \operatorname{arccot} x = \frac{\pi}{2}, \quad \forall\, x \in (-\infty, +\infty).$$

【例 E】　求证：$\forall\, x \text{、} y \in \mathbf{R}$，$|\sin x - \sin y| \leqslant |x - y|$.

证：　当 $x = y$ 时，不等式显然成立．

当 $x \neq y$ 时，不妨设 $x < y$. 显然函数 $f(t) = \sin t$ 在 $[x, y]$ 连续、可导，且
$$f'(t) = (\sin t)' = \cos t.$$

根据拉格朗日定理，$\exists\, \xi \in (x, y)$ 使得
$$\sin y - \sin x = f(y) - f(x) = f'(\xi)(y - x) = \cos \xi \cdot (y - x),$$
即得
$$|\sin x - \sin y| = |\cos \xi| \cdot |y - x| \leqslant |x - y|.$$

（3）柯西中值定理

【定理 4】　设函数 $f(x)$ 及 $g(x)$ 在闭区间 $[a, b]$ 上连续，在开区间 (a, b) 内可导，且 $g'(x)$ 在 (a, b) 内恒不为零，那么在 (a, b) 内至少有一点 $\xi \in (a, b)$，使得
$$\frac{f(b) - f(a)}{g(b) - g(a)} = \frac{f'(\xi)}{g'(\xi)}.$$

（4）三个微分中值定理之间的内在联系（主要条件：函数 $f(x)$、$F(x)$ 在闭区间 $[a, b]$ 上连续，在开区间 (a, b) 可导．）

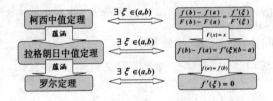

图 3-1-2

（二）解题方法与典型、综合例题

1. 概念、定理验证

【例 1】　验证下面函数在区间 $[-1, 1]$ 上是否满足罗尔定理：
$$f(x) = \begin{cases} x^2, & x > -1; \\ \mathrm{e}^{x+1}, & x \leqslant -1. \end{cases}$$

证：　因为 $\lim\limits_{x \to -1^+} f(x) = \lim\limits_{x \to -1^+} x^2 = 1 = \mathrm{e}^0 = f(-1)$，所以 $f(x)$ 在 $x = -1$ 右连续，连同 $f(x) = x^2$ 在 $(-1, 1]$ 连续，得知 $f(x)$ 在 $[-1, 1]$ 连续；而在 $(-1, 1)$，$f(x) = x^2$ 显然可导；又 $f(-1) = 1 = f(1)$，从而 $f(x)$ 在 $[-1, 1]$ 满足罗尔定理的条件．

下面验证中值点的存在，为此在 $(-1, 1)$ 内令 $f'(x) = 2x = 0$，得 $x = 0$，即有
$$f'(0) = 0 \quad (\xi = 0 \in (-1, 1)). \tag{验证毕}$$

【例 2】　设函数 $f(x) = x^2 + px + q$ 在 $[a, b]$ 上满足拉格朗日中值定理条件，其中 p、q 为实数，求中值点 ξ.

解：　显然 $f'(x) = 2x + p$. 而由条件得知存在 $\xi \in (a, b)$ 使得

$$f'(\xi) = \frac{f(b) - f(a)}{b - a} = \frac{b^2 - a^2 + p(b - a)}{b - a} = b + a + p,$$

从而 $2\xi + p = b + a + p$，即 $\xi = \dfrac{a + b}{2}$.

2. 判断方程根的存在

【例 3】　若方程 $a_1\cos x + a_2\cos 3x + \cdots + a_n\cos(2n-1)x = 0$ 的系数满足条件

$$a_1 - \frac{a_2}{3} + \cdots + (-1)^{n-1}\frac{a_n}{2n-1} = 0$$

证明方程必有小于 $\dfrac{\pi}{2}$ 的正根.

证：　令 $f(x) = a_1\sin x + \dfrac{a_2}{3}\sin 3x + \cdots + \dfrac{a_n}{2n-1}\sin(2n-1)x$，$x \in \left[0, \dfrac{\pi}{2}\right]$，则 $f(x)$ 在 $\left[0, \dfrac{\pi}{2}\right]$ 上连续，在 $\left(0, \dfrac{\pi}{2}\right)$ 内可导，且 $f(0) = 0$，又由已知条件得 $f\left(\dfrac{\pi}{2}\right) = 0$. 于是根据罗尔定理，在 $\left(0, \dfrac{\pi}{2}\right)$ 内有点 ξ 使得 $f'(\xi) = 0$. 注意到下式右边是原方程的左式：

$$f'(x) = a_1\cos x + a_2\cos 3x + \cdots + a_n\cos(2n-1)x,$$

则 $f'(\xi) = 0$ 即表示所以所给方程必有小于 $\dfrac{\pi}{2}$ 的正根.

【例 4】　不求导数，判断函数 $f(x) = (x-1)(x-2)(x-3)$ 的导数有几个实根，以及其所在范围.

解：　显然 $f(x)$ 为三次多项式，是初等函数，故在 $(-\infty, +\infty)$ 连续、可导. 又 $f(1) = f(2) = f(3) = 0$，故 $f(x)$ 在 $[1,2]$，$[2,3]$ 上满足罗尔定理的三个条件. 因此

(1) 在 $(1,2)$ 内至少存在一点 x_1，使 $f'(x_1) = 0$，即 x_1 是 $f'(x)$ 的一个实根；

(2) 在 $(2,3)$ 内至少存在一点 x_2，使 $f'(x_2) = 0$，即 x_2 也是 $f'(x)$ 的一个实根.

因 $f'(x)$ 是二次多项式，只能有、从而恰好有两个实根，分别在 $(1,2)$ 及 $(2,3)$ 内.

3. 应用中值定理证明等式与不等式

(1) 区间上导函数恒为 0 的函数式导出恒等式.

【例 5】　证明 $\arcsin x + \arccos x = \dfrac{\pi}{2}$　$(-1 \leqslant x \leqslant 1)$.

证：　设 $f(x) = \arcsin x + \arccos x$，则 $f(x)$ 在 $[-1,1]$ 连续，因

$$f'(x) = \frac{1}{\sqrt{1-x^2}} - \frac{1}{\sqrt{1-x^2}} = 0 \quad (-1 < x < 1),$$

故 $f(x) \equiv C$　$(-1 \leqslant x \leqslant 1)$，$C$ 为常数. 又因 $f(0) = \dfrac{\pi}{2}$，所以 $C = \dfrac{\pi}{2}$，从而有

$$\arcsin x + \arccos x = \frac{\pi}{2} \quad (-1 \leqslant x \leqslant 1).$$

(2) 为寻找满足特定的关系等式 $xf'(x) \pm nf(x) = 0$ 的微分中值点，只需分别设

$$F(x) = x^n f(x), \qquad G(x) = \frac{f(x)}{x^n},$$

那么分别令 $F'(x) = 0$，$G'(x) = 0$ 即得所需关系等式，其中

$$F'(x) = x^{n-1}[nf(x) + xf'(x)], \qquad G'(x) = \frac{xf'(x) - nf(x)}{x^{n+1}}.$$

【例 6】　设 $f(x)$ 在 $[0,1]$ 上连续,在 $(0,1)$ 内可导,且 $f(1)=0$,证明:在 $(0,1)$ 内必存在一点 ξ,使得 $f(\xi)+\xi f'(\xi)=0$;

证:　作辅助函数 $F(x)=xf(x)$,则 $F(x)$ 在 $[0,1]$ 上连续,在 $(0,1)$ 内可导. 又
$$F'(x)=f(x)+xf'(x),$$
且 $F(0)=F(1)=0$. 根据罗尔中值定理,$\exists \xi \in (0,1)$,使 $F'(\xi)=0$,即 $f(\xi)+\xi f'(\xi)=0$.

（3）利用中值定理证不等式(后面第三(一)3 节有"利用导数特性证明不等式之综述")

【例 7】　证明当 $x>1$ 时,成立着 $(x^2-1)\ln x>(x-1)^2$.

证:　设 $F(x)=\ln x-\dfrac{x-1}{x+1}$,则 $F(x)$ 在 $(0,+\infty)$ 上连续、可导. 且当 $x>1$ 时,
$$F'(x)=\frac{1}{x}-\frac{2}{(x+1)^2}=\frac{x^2+1}{x(x+1)^2}>0.$$

显然 $F(1)=0$. 在 $[0,x]$ 上应用拉格朗日定理,$\exists \xi \in (0,x)$ 使得
$$F(x)=F(x)-F(1)=(x-1)F'(\xi)>0,$$
由此得 $\ln x>\dfrac{x-1}{x+1}$ $\Rightarrow$ $(x+1)\ln x>(x-1)$ $\Rightarrow$ $(x^2-1)\ln x>(x-1)^2$. （证毕）

4.利用中值定理求极限

如果求极限式为改变量的形式或可化为改变量的形式 $f(x_2)-f(x_1)$,其中 $f(x)$ 可导,可考虑应用中值公式 $f(x_2)-f(x_1)=f'(\xi)(x_2-x_1)$,转化为含因子 x_2-x_1 的极限式进行求解

【例 8】　求极限 $\lim\limits_{n\to\infty}n^2(\arctan\dfrac{a}{n}-\arctan\dfrac{a}{n+1})$ $(a>0)$.

解:　对任意正整数 n,因为在区间 $\left[\dfrac{a}{n+1},\dfrac{a}{n}\right]$ 函数 $f(x)=\arctan x$ 连续、可导,且
$f'(x)=\dfrac{1}{1+x^2}$. 所以利用中值定理,存在 $\xi_n \in \left(\dfrac{a}{n+1},\dfrac{a}{n}\right)$,使得
$$f\left(\frac{a}{n}\right)-f\left(\frac{a}{n+1}\right)=f'(\xi_n)\left(\frac{a}{n}-\frac{a}{n+1}\right),$$
即得 $\arctan\dfrac{a}{n}-\arctan\dfrac{a}{n+1}=\dfrac{1}{1+\xi^2}\left(\dfrac{a}{n}-\dfrac{a}{n+1}\right)$. 显然 $n\to\infty$ 时 $\xi_n\to 0$,故得
$$原式=\lim_{n\to\infty}\frac{n^2}{1+\xi^2}(\frac{a}{n}-\frac{a}{n+1})=\lim_{n\to\infty}\frac{n^2}{n(n+1)}\frac{a}{1+\xi^2}=a.$$

【注】　类似地,对导函数在 $x=0$ 连续的函数和实数 $a\neq 0$,利用中值定理可求极限如下:
$$\lim_{n\to\infty}n^2\left[f\left(\frac{a}{n}\right)-f\left(\frac{a}{n+1}\right)\right]=\lim_{n\to\infty}f'(\xi_n)\cdot n^2\cdot\left(\frac{a}{n}-\frac{a}{n+1}\right)=af'(0)\quad\left(\xi_n\ 在\frac{a}{n}\ 与\frac{a}{n+1}\ 之间\right).$$

【习题 3.1】（微分中值定理与导数的应用）

1.求函数 $f(x)=x^4$ 在区间 $[1,2]$ 上满足拉格朗日定理条件的中值点 ξ.

2.验证 $f(x)=\begin{cases}x^2-4x+3,x>1\\\sin\pi x,x\leqslant 1\end{cases}$ 在 $[1,3]$ 上是否满足罗尔定理条件?若满足,找出中值点 ξ.

3.若方程 $a_0 x^n+a_1 x^{n-1}+\cdots+a_{n-1}x=0$ 有一个正根 $x=x_0$,证明方程
$$a_0 n x^{n-1}+a_1(n-1)x^{n-2}+\cdots+a_{n-1}=0$$

必有一个小于 x_0 的正根.

4.设 $f(x) = (x-a)(x-b)(x-c)(x-d), a < b < c < d$ 为实数.问 $f'(x)$、$f''(x)$ 有几个零点?

5.证明:$2\arctan x - \arcsin \dfrac{2x}{1+x^2} = 0 \quad (-1 < x < 1)$,

6.求证:当 $0 < a < b$ 时,$\dfrac{b-a}{b} < \ln\dfrac{b}{a} < \dfrac{b-a}{a}$.

二、求极限之洛必达法则

(一)内容概述与归纳

1.洛必达法则

(1) 第一章第三(二)1 节引入的 $\dfrac{0}{0}$ 型及 $\dfrac{\infty}{\infty}$ 型未定式之概念的回顾

如果当 $x \to a$(或 $x \to \infty$)时,同时有两个函数 $f(x)$、$g(x) \to 0$(或 ∞),那么极限

$$\lim_{\substack{x \to a \\ (\text{或} x \to \infty)}} \frac{f(x)}{g(x)}$$

可能存在、也可能不存在.不论存在与否,通常把这种极限式称为 $\dfrac{0}{0}\left(\text{或}\dfrac{\infty}{\infty}\right)$ 型未定式.

(2)【定理】 (洛必达法则)设(i) 当 $x \to a$(或 $x \to \infty$)时,函数极限满足条件:
$$f(x) \to 0 \text{ 且 } g(x) \to 0 \quad (\text{或 } f(x) \to \infty \text{ 且 } g(x) \to \infty);$$

(ii) 在点 a 的某去心邻域 $U_\delta^\circ(a)$ 内(或 $|x| > M$),其导函数 $f'(x)$ 及 $g'(x)$ 都存在,$g'(x) \neq 0$,且 $\lim\limits_{\substack{x \to a \\ (\text{或} x \to \infty)}} \dfrac{f'(x)}{g'(x)}$ 存在(或 ∞、或 $\pm\infty$),那么

$$\lim_{\substack{x \to a \\ (\text{或} x \to \infty)}} \frac{f(x)}{g(x)} = \lim_{\substack{x \to a \\ (\text{或} x \to \infty)}} \frac{f'(x)}{g'(x)}.$$

【注】 将上述自变量极限过程改为 $x \to a^{\pm}$ 或 $x \to \pm\infty$,结论(公式)仍成立.

2.应用洛必达法则时应注意事项

(i) 使用洛必达法则、特别是在连续使用时,每次都要观察被操作的表达式是否为 $\dfrac{0}{0}$ 或 $\dfrac{\infty}{\infty}$ 未定型,若是,才能使用洛必达法则,否则不能应用洛必达法则.

(ii) 应用洛必达法则,是通过分子与分母分别求导数来确定未定式的极限,而不是求商式的导数.注意到,极限号下的变量即为自变量.

(iii) 在实际解题时,可以遵照上述事项(i) 依次连续使用洛必达法则进行计算,只要最终极限存在或为无穷大,即可追溯此前的每一步骤皆合理、成立.但是,如果最终极限不存在且非无穷大,那么洛必达法则失效(因而其中至少有一步错误)!

(iv) 在连续使用洛必达法则时,凡可求出极限值的非 0 因式要及时求出,以简化计算.

(v) 可以将洛必达法则与其他求极限的方法(如等价无穷小代换、两个重要极限、变量替换等)综合使用,但是要注意对同一被操作式只能决定用或不用洛必达法则,不要对该式的分子、分母分别进行不同类型的运算(例如对分子求导数、而对分母却用等价无穷小代换),否则容易出错.

(vi) 在某些特定情况下,洛必达法则有时并不适用.

（二）解题方法与典型、综合例题

1. 应用洛必达法则求极限基本方法

（1）$\dfrac{0}{0}$ 型及 $\dfrac{\infty}{\infty}$ 型未定式的极限

在题目后或在解题过程中等号上方将用符号 $\left(\dfrac{0}{0}\right)$、$\left(\dfrac{\infty}{\infty}\right)$ 表示其左边的极限的类型. 类似地，下面出现形如 $(0 \cdot \infty),(\infty - \infty),(0^0),(1^\infty),(\infty^0)$ 等也有相同表示含意.

【例1】 求 $\displaystyle\lim_{x \to +\infty} \dfrac{\dfrac{\pi}{2} - \arctan x}{\dfrac{1}{x}}$. $\left(\dfrac{0}{0}\right)$

解： 用洛必达法则，原式 $= \displaystyle\lim_{x \to +\infty} \dfrac{\left(\dfrac{\pi}{2} - \arctan x\right)'}{\left(\dfrac{1}{x}\right)'} = \lim_{x \to +\infty} \dfrac{-\dfrac{1}{1+x^2}}{-\dfrac{1}{x^2}} = \lim_{x \to +\infty} \dfrac{x^2}{1+x^2} = 1.$

【例2】 求(i) $\displaystyle\lim_{x \to 0} \dfrac{\ln\sin 2x}{\ln\tan 3x}$ $\left(\dfrac{\infty}{\infty}\right)$;   (2) $\displaystyle\lim_{x \to 0} \dfrac{2\cos^3 x - 3\cos^2 x + 1}{\ln^2 \cos x}$ $\left(\dfrac{0}{0}\right)$.

解： (1) $\displaystyle\lim_{x \to 0^+} \dfrac{\ln\sin 2x}{\ln\tan 3x} \xlongequal{\left(\frac{\infty}{\infty}\right)} \lim_{x \to 0^+} \dfrac{(\ln\sin 2x)'}{(\ln\tan 3x)'} = \lim_{x \to 0^+} \dfrac{(\sin 2x)'}{\sin 2x} \cdot \left[\dfrac{(\tan 3x)'}{\tan 3x}\right]^{-1}$

$= \displaystyle\lim_{x \to 0^+} \dfrac{2\cos 2x \cdot \tan 3x}{\sin 2x \cdot 3\sec^2 3x} \xlongequal[\text{因子极限值}]{\text{算出非}0} \lim_{x \to 0^+} \dfrac{2\tan 3x}{3\sin 2x} \xlongequal[\text{替换}]{\text{无穷小}} \lim_{x \to 0^+} \dfrac{2 \cdot 3x}{3 \cdot 2x} = 1.$

(2) $\displaystyle\lim_{x \to 0} \dfrac{2\cos^3 x - 3\cos^2 x + 1}{\ln^2 \cos x} \xlongequal{\left(\frac{0}{0}\right)} \lim_{x \to 0} \dfrac{6(-\sin x)(\cos^2 x - \cos x)}{2\ln\cos x \cdot \dfrac{-\sin x}{\cos x}}$

$= \displaystyle\lim_{x \to 0} \dfrac{3\cos^2 x \cdot (\cos x - 1)}{\ln\cos x} \xlongequal[\text{因子极限值}]{\text{算出非}0} -3 \cdot \lim_{x \to 0} \dfrac{1 - \cos x}{\ln\cos x} \xlongequal{\left(\frac{0}{0}\right)} -3 \lim_{x \to 0} \dfrac{\sin x}{\dfrac{-\sin x}{\cos x}} = 3.$

（2）可化为 $\dfrac{0}{0}$ 型及 $\dfrac{\infty}{\infty}$ 型未定式的极限

(i) 形如 $0 \cdot \infty,\infty - \infty,0^0,1^\infty,\infty^0$ 型的未定式可化为 $\dfrac{0}{0}$ 或 $\dfrac{\infty}{\infty}$ 未定式，再求解.

【例3】 求 $\displaystyle\lim_{x \to \frac{\pi}{2}}(\sec x - \tan x)$. $(\infty - \infty)$

解： $\displaystyle\lim_{x \to \frac{\pi}{2}}(\sec x - \tan x) = \lim_{x \to \frac{\pi}{2}} \dfrac{1 - \sin x}{\cos x} \xlongequal{\left(\frac{0}{0}\right)} \lim_{x \to \frac{\pi}{2}} \dfrac{(1 - \sin x)'}{(\cos x)'} = \lim_{x \to \frac{\pi}{2}} \dfrac{-\cos x}{-\sin x} = 0.$

【例4】 $\displaystyle\lim_{x \to \pi}(1 + \cos 3x)\csc^2 7x$. $(0 \cdot \infty)$

解： $\displaystyle\lim_{x \to \pi}(1 + \cos 3x)\csc^2 7x = \lim_{x \to \pi} \dfrac{1 + \cos 3x}{\sin^2 7x} \xlongequal{\left(\frac{0}{0}\right)} \lim_{x \to \pi} \dfrac{(1 + \cos 3x)'}{(\sin^2 7x)'} = \lim_{x \to \pi} \dfrac{-3\sin 3x}{14\sin 7x\cos 7x}$

$\xlongequal[\text{因子极限值}]{\text{算出非}0} \displaystyle\lim_{x \to \pi} \dfrac{3\sin 3x}{14\sin 7x} \xlongequal{\left(\frac{0}{0}\right)} \lim_{x \to \pi} \dfrac{(3\sin 3x)'}{(14\sin 7x)'} = \lim_{x \to \pi} \dfrac{9\cos 3x}{98\cos 7x} = \dfrac{9}{98}.$

(ii) 形如 $0^0,1^\infty,\infty^0$ 型的未定式中常见的是所谓的幂指函数 $y = f(x)^{g(x)}$ $(f(x) > 0)$，此时求极限可用公式 $f(x)^{g(x)} = \mathrm{e}^{g(x)\ln f(x)}$，或等价地采用对数法，即先将函数取对数得 $\ln y = g(x)\ln f(x)$，后通过求极限 $\lim \ln y = A$ 而得解 $\lim f(x)^{g(x)} = \mathrm{e}^A.$

【例5】　求 $\lim\limits_{x\to 0^+} x^x$.　(0^0)

解：　由于 $x^x = \mathrm{e}^{x\ln x}$ ，故只要求出 $x\ln x$ 的极限即可. 因为

$$\lim_{x\to 0^+} x\ln x = \lim_{x\to 0^+} \frac{\ln x}{1/x} \xlongequal{(\frac{\infty}{\infty})} \lim_{x\to 0^+} \frac{1/x}{-1/x^2} = \lim_{x\to 0^+}(-x) = 0,$$

所以　　　　　　$\lim\limits_{x\to 0^+} x^x = \lim\limits_{x\to 0^+}\mathrm{e}^{x\ln x} = \mathrm{e}^{\lim_{x\to 0^+}(x\ln x)} = \mathrm{e}^0 = 1.$

【例6】　求 $\lim\limits_{x\to +\infty}(1+x)^{\frac{1}{x}}$.　(∞^0)

解：　令 $y = (1+x)^{\frac{1}{x}}$ ，得 $\ln y = \dfrac{1}{x}\ln(1+x)$. 求其极限

$$\lim_{x\to +\infty}\ln y = \lim_{x\to +\infty}\frac{\ln(1+x)}{x} \xlongequal{(\frac{\infty}{\infty})} \lim_{x\to +\infty}\frac{1}{1+x} = 0.$$

由此得　　　　　$\lim\limits_{x\to +\infty}(1+x)^{\frac{1}{x}}(= \mathrm{e}^{\lim_{x\to +\infty}\ln y}) = \mathrm{e}^0 = 1.$

【例7】　求 $\lim\limits_{x\to +\infty}\left(\cos\dfrac{1}{x}\right)^{x^2}$.　(1^∞)

解：　因为 $\lim\limits_{x\to +\infty}\left(\cos\dfrac{1}{x}\right)^{x^2} = \lim\limits_{x\to +\infty}\mathrm{e}^{x^2\ln\cos(1/x)}$ ，令 $t = \dfrac{1}{x}\xrightarrow{x\to +\infty}0$ ，则

$$\lim_{x\to +\infty}\left(x^2\ln\cos\frac{1}{x}\right) = \lim_{t\to 0}\frac{\ln\cos t}{t^2} \xlongequal{(\frac{0}{0})} \lim_{t\to 0}\frac{(\ln\cos t)'}{(t^2)'} = \lim_{t\to 0}\frac{-\sin t}{2t\cos t} = -\frac{1}{2}\lim_{t\to 0}\frac{\sin t}{t} = -\frac{1}{2},$$

所以　　　　　$\lim\limits_{x\to +\infty}\left(\cos\dfrac{1}{x}\right)^{x^2} = \mathrm{e}^{-\frac{1}{2}}.$　　　　　　　　　（例11为此例的另解）

2.洛必达法则与其他求极限的方法综合使用

【例8】　求：(1) $\lim\limits_{x\to 0}\dfrac{\mathrm{e}^x + \mathrm{e}^{-x} - 2}{\mathrm{e}^{x^2} - 1}$;　$\left(\dfrac{0}{0}\right)$　　　(2) $\lim\limits_{x\to 0}\dfrac{\mathrm{e}^x + \mathrm{e}^{-x} - 2}{\sqrt{1+x^2} - 1}$.　$\left(\dfrac{0}{0}\right)$

(1) $\lim\limits_{x\to 0}\dfrac{\mathrm{e}^x + \mathrm{e}^{-x} - 2}{\mathrm{e}^{x^2} - 1} \xlongequal[\text{替换}]{\text{无穷小}} \lim\limits_{x\to 0}\dfrac{\mathrm{e}^x + \mathrm{e}^{-x} - 2}{x^2} \xlongequal{(\frac{0}{0})} \lim\limits_{x\to 0}\dfrac{\mathrm{e}^x - \mathrm{e}^{-x}}{2x} \xlongequal{(\frac{0}{0})} \lim\limits_{x\to 0}\dfrac{\mathrm{e}^x + \mathrm{e}^{-x}}{2} = 1.$

(2) $\lim\limits_{x\to 0}\dfrac{\mathrm{e}^x + \mathrm{e}^{-x} - 2}{\sqrt{1+x^2} - 1} \xlongequal[\text{替换}]{\text{无穷小}} \lim\limits_{x\to 0}\dfrac{\mathrm{e}^x + \mathrm{e}^{-x} - 2}{\frac{1}{2}x^2} \xlongequal{(\frac{0}{0})} \lim\limits_{x\to 0}\dfrac{\mathrm{e}^x - \mathrm{e}^{-x}}{x} \xlongequal{(\frac{0}{0})} \lim\limits_{x\to 0}(\mathrm{e}^x + \mathrm{e}^{-x}) = 2.$

【例9】　求 $\lim\limits_{x\to 0}\left(\dfrac{1}{x^2} - \dfrac{1}{x\tan x}\right)$.　$(\infty - \infty)$

解：　$\lim\limits_{x\to 0}\left(\dfrac{1}{x^2} - \dfrac{1}{x\tan x}\right) = \lim\limits_{x\to 0}\dfrac{\tan x - x}{x^2\tan x} = \lim\limits_{x\to 0}\dfrac{\tan x - x}{x^3} \xlongequal{(\frac{0}{0})} \lim\limits_{x\to 0}\dfrac{\sec^2 x - 1}{3x^2}$

$$\xlongequal{(\frac{0}{0})} \lim_{x\to 0}\frac{2\sec^2 x\tan x}{6x} \xlongequal[\text{因子算出}]{\text{非零极限}} \frac{1}{3}\lim_{x\to 0}\frac{\tan x}{x} = \frac{1}{3}.$$

【例10】　求 $\lim\limits_{x\to 0}\dfrac{\sqrt{1+x} - \sqrt{1+\sin x}}{\sin^3 x}$.　$\left(\dfrac{0}{0}\right)$

解：　$\lim\limits_{x\to 0}\dfrac{\sqrt{1+x} - \sqrt{1+\sin x}}{\sin^3 x} \xlongequal[\text{分子}]{\text{有理化}} \lim\limits_{x\to 0}\dfrac{x - \sin x}{\sin^3 x\cdot(\sqrt{1+x} + \sqrt{1+\sin x})}$

$$\xlongequal[\text{因子算出}]{\text{非零极限}} \frac{1}{2}\lim_{x\to 0}\frac{x - \sin x}{\sin^3 x} \xlongequal{(\frac{0}{0})} \frac{1}{2}\lim_{x\to 0}\frac{1 - \cos x}{3\sin^2 x\cos x} \xlongequal[\text{替换}]{\text{无穷小}} \frac{1}{2}\lim_{x\to 0}\frac{x^2}{6x^2\cos x} = \frac{1}{12}.$$

【例 11】 （例 7 另解）求 $\lim\limits_{x\to+\infty}\left(\cos\dfrac{1}{x}\right)^{x^2}$.

解： 因为 $\lim\limits_{x\to+\infty}\left[-x^2\left(1-\cos\dfrac{1}{x}\right)\right]\xlongequal[\text{替换}]{\text{无穷小}}\lim\limits_{x\to+\infty}\left(-x^2\cdot\dfrac{1}{2x^2}\right)=-\dfrac{1}{2}$，所以

$$\lim_{x\to+\infty}\left(\cos\frac{1}{x}\right)^{x^2}=\left\{\lim_{x\to+\infty}\left[1-\left(1-\cos\frac{1}{x}\right)\right]^{-\frac{1}{1-\cos\frac{1}{x}}}\right\}^{\lim\limits_{x\to+\infty}\left[-x^2\left(1-\cos\frac{1}{x}\right)\right]}=\mathrm{e}^{-\frac{1}{2}}.$$

【注】 "1^∞ 型"，可变为 $[1+\alpha(x)]^{\frac{1}{\alpha(x)}}$，$\alpha(x)\to0$；考虑用极限 $\lim\limits_{\alpha\to\infty}[1+\alpha(x)]^{\frac{1}{\alpha(x)}}=1$.

3. 与洛必达法则注意事项相关的反例

【反例 1】 根据注意事项 (iii) $\lim\limits_{x\to+\infty}\dfrac{x+\sin x}{x}\neq\lim\limits_{x\to+\infty}\dfrac{1+\cos x}{1}$ （极限不存在），虽然等号左边是 $\dfrac{\infty}{\infty}$ 型未定极限式. 但有

$$\lim_{x\to+\infty}\frac{x+\sin x}{x}=\lim_{x\to+\infty}\left(1+\frac{\sin x}{x}\right)=1+\lim_{x\to+\infty}\frac{\sin x}{x}=1.$$

【反例 2】 因为分别对分母、分子求导而应用洛必达法则运算两次后得到原式：

$$\lim_{x\to+\infty}\frac{\sqrt{1+x^2}}{x}=\lim_{x\to+\infty}\frac{x}{\sqrt{1+x^2}}=\lim_{x\to+\infty}\frac{\sqrt{1+x^2}}{x},$$

所以无法求解，洛必达法则在此失效. 而直接计算却可解题：

$$\lim_{x\to+\infty}\frac{\sqrt{1+x^2}}{x}=\lim_{x\to+\infty}\sqrt{\frac{1}{x^2}+1}=1.$$

【注】 类似地还有（请读者验证）：$\lim\limits_{x\to+\infty}\dfrac{\mathrm{e}^x-\mathrm{e}^{-x}}{\mathrm{e}^x+\mathrm{e}^{-x}}$.

【反例 3】 求极限 $\lim\limits_{x\to0}\dfrac{\mathrm{e}^x-\sin x-1}{\ln(1+x^2)}$.

错解：（下面"错 1"参看注意事项 (v)；"错 2"参看注意事项 (i)）

$$\lim_{x\to0}\frac{\mathrm{e}^x-\sin x-1}{\ln(1+x^2)}(\text{错 1})\ast\!\!\ast\lim_{x\to0}\frac{\mathrm{e}^x-\cos x}{x^2}=\lim_{x\to0}\frac{\mathrm{e}^x+\sin x}{2x}(\text{错 2})\ast\!\!\ast\lim_{x\to0}\frac{\mathrm{e}^x+\cos x}{2}=1.$$

正解：（参看注意事项 (iv)）

$$\lim_{x\to0}\frac{\mathrm{e}^x-\sin x-1}{\ln(1+x^2)}=\lim_{x\to0}\frac{\mathrm{e}^x-\cos x}{\dfrac{2x}{1+x^2}}\xlongequal[\text{因子极限值}]{\text{算出非 0}}\lim_{x\to0}\frac{\mathrm{e}^x-\cos x}{2x}=\lim_{x\to0}\frac{\mathrm{e}^x+\sin x}{2}=\frac{1}{2}.$$

【反例 4】 再如求 $\lim\limits_{x\to+\infty}\dfrac{(x+1)^3(x+2)^4(x-3)^5}{(x^2-1)^5(x-2)^2}$，虽可用洛必达法则，但直接解题更简便：

$$\lim_{x\to+\infty}\frac{(x+1)^3(x+2)^4(x-3)^5}{(x^2-1)^5(x-2)^2}=\lim_{x\to+\infty}\frac{\left(1+\dfrac{1}{x}\right)^3\left(1+\dfrac{2}{x}\right)^4\left(1-\dfrac{3}{x}\right)^5}{\left(1-\dfrac{1}{x^2}\right)^5\left(1-\dfrac{2}{x}\right)^2}=1.$$

(三)* 几种常见无穷大量的比较

【命题】 下列无穷大量（当 $x\to+\infty$）从左至右按高阶至低阶递减：

$$x^x\triangleright a^x(a>1)\triangleright(x^n\text{ 或})x^\mu\triangleright\ln^q x \quad(n\text{ 为正整数},q、\mu>0),$$

其中（两无穷大）：$H(x)\triangleright G(x)\Leftrightarrow\lim\limits_{x\to+\infty}\dfrac{H(x)}{G(x)}=+\infty\Leftrightarrow\lim\limits_{x\to+\infty}\dfrac{G(x)}{H(x)}=0$.

解： （1）因 $\dfrac{a^x}{x^x} = e^{x(\ln a - \ln x)}$，而 $\lim\limits_{x \to +\infty} x(\ln a - \ln x) = -\infty$，故

$$\lim_{x \to +\infty} \frac{a^x}{x^x} = \lim_{x \to +\infty} e^{x(\ln a - \ln x)} = e^{\lim\limits_{x \to +\infty} x(\ln a - \ln x)} = 0.$$

（2）$\lim\limits_{x \to +\infty} \dfrac{x^n}{a^x} = \lim\limits_{x \to +\infty} \dfrac{(x^n)'}{(a^x)'} = \lim\limits_{x \to +\infty} \dfrac{nx^{n-1}}{a^x \ln a} = \cdots \xlongequal[\text{洛必达法}]{\text{第 } n \text{ 次用}} \lim\limits_{x \to +\infty} \dfrac{n!}{a^x \ln^n a} = 0;$

由此有（当 $x > 1$ 时）$\quad 0 \leqslant \dfrac{x^\mu}{a^x} \leqslant \dfrac{x^{[\mu]+1}}{a^x} \xrightarrow[x \to +\infty]{} 0 \quad \Rightarrow \quad \lim\limits_{x \to +\infty} \dfrac{x^\mu}{a^x} = 0.$

（3）$\lim\limits_{x \to +\infty} \dfrac{\ln^q x}{x^\mu} = \lim\limits_{x \to +\infty} \dfrac{q \ln^{q-1} x}{\mu x^\mu} = \cdots \xlongequal[\text{洛必达法}]{\text{第}[q] \text{ 次用}} \lim\limits_{x \to +\infty} \dfrac{q \cdots (q - [q] + 1) \ln^{q-[q]} x}{\mu^{[q]} x^\mu}$

$$\begin{cases} \xlongequal[\text{洛必达法}]{\text{第}[q]+1 \text{ 次用}} \lim\limits_{x \to +\infty} \dfrac{q(q-1) \cdots (q - [q])}{\mu^{[q]+1} x^\mu \ln^{1+[q]-q} x} = 0, & \text{若 } q > 0 \text{ 非整数;} \\[3mm] = 0, & \text{若 } q > 0 \text{ 为整数.} \end{cases}$$

【注】 其中 $[q]$ 是 q 的取整函数.

【特例】 观察下列典型极限：（以下 α、λ、$\mu > 0$；n 为正整数）

$L_1 = \lim\limits_{x \to 0^+} \dfrac{\ln x}{x^{-\mu}} \xlongequal{\left(\frac{\infty}{\infty}\right)} \lim\limits_{x \to 0^+} \dfrac{1/x}{-\mu x^{-\mu-1}} = \lim\limits_{x \to 0^+} \dfrac{x^\mu}{-\mu} = 0.$

$L_2 = \lim\limits_{x \to +\infty} \dfrac{\ln x}{x^\mu} = 0.$ （见【命题】的证明（iii））

$L_3 = \lim\limits_{x \to 0^+} \dfrac{x^{-n}}{e^{\lambda/x}} \xlongequal{\left(\frac{\infty}{\infty}\right)} \lim\limits_{x \to 0^+} \dfrac{-nx^{-n-1}}{-\lambda \cdot x^{-2} e^{\lambda/x}} = \lim\limits_{x \to 0^+} \dfrac{nx^{-n+1}}{\lambda \cdot e^{\lambda/x}}$

$\qquad = \lim\limits_{x \to 0^+} \dfrac{n(n-1)x^{-n+2}}{\lambda^2 \cdot e^{\lambda/x}} = \cdots \xlongequal[\text{洛必达法}]{\text{第 } n \text{ 次用}} \lim\limits_{x \to 0^+} \dfrac{n!}{\lambda^n \cdot e^{\lambda/x}} = 0.$

$L_4 = \lim\limits_{x \to +\infty} \dfrac{x^n}{e^{ax}} = 0.$ （因仍有 $e^a > 1$，故由【命题】(ii) 的证明即得结论.）

【注】 对于函数 a^x、x^μ、$\ln^q x$（$a > 1$，q、$\mu > 0$），取极限时不论变量 x 趋于 $0^{\pm}$ 或 $\pm\infty$，上述函数只要是无穷大量或是无穷小量，都以 a^x 的变化速度最快，x^μ 次之，$\ln^q x$ 的变化最慢. 例如（对比 L_3）：

$L_3^* = \lim\limits_{x \to 0^-} \dfrac{e^{\lambda/x}}{x^n} \xlongequal{\left(\frac{0}{0}\right)} \lim\limits_{x \to 0^-} \dfrac{x^{-n}}{e^{-\lambda/x}} \xlongequal{\left(\frac{\infty}{\infty}\right)} \lim\limits_{x \to 0^-} \dfrac{-nx^{-n-1}}{\lambda \cdot x^{-2} e^{-\lambda/x}} = \lim\limits_{x \to 0^-} \dfrac{-nx^{-n+1}}{\lambda \cdot e^{-\lambda/x}}$

$\qquad = \lim\limits_{x \to 0^-} \dfrac{(-1)^2 n(n-1)x^{-n+2}}{\lambda^2 \cdot e^{-\lambda/x}} = \cdots \xlongequal[\text{洛必达法}]{\text{第 } n \text{ 次用}} \lim\limits_{x \to 0^-} \dfrac{(-1)^n n!}{\lambda^n \cdot e^{-\lambda/x}} = 0.$

【习题 3.2】（求极限之洛必达法则）

1. 求 $\lim\limits_{x \to 0} \dfrac{\tan 3x}{2x}$.

2. 求 $\lim\limits_{x \to 1} \dfrac{x^3 - 3x + 2}{x^3 - x^2 - x + 1}$.

3. 求 $\lim\limits_{x \to +\infty} x^2 e^{-x}$.

4. 求 $\lim\limits_{x \to \frac{\pi}{2}} \csc x^{\tan^2 x}$.

5. 求 $\lim\limits_{x \to \infty} \dfrac{x + \cos x}{x}$.

6. 求 $\lim\limits_{x \to 0} \dfrac{x e^{2x} + x e^x - 2e^{2x} + 2e^x}{\ln^3(x+1)}$.

三、函数的单调性与极值

（一）内容概述与归纳

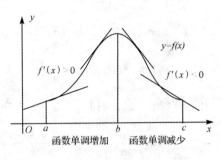

图 3-3-1

1. 函数的单调性

（1）函数单调性的判定法

回忆第一章第一（一）2 节函数单调性概念. 现有

【定理】 设函数 $f(x)$ 在区间 $I=[a,b]$（或 (a,b)，或 $[a,b)$，或 (a,b)）上连续，且在 (a,b) 内可导.

(i) 如果在 (a,b) 内 $f'(x)>0$，那么 $f(x)$ 在 I 上严格单调增加，即

$$\forall x_1 \text{、} x_2 \in I, x_1 < x_2,\ f(x_1) < f(x_2);$$

(ii) 如果在 (a,b) 内 $f'(x)<0$，那么 $f(x)$ 在 I 上严格单调减少，即

$$\forall x_1 \text{、} x_2 \in I, x_1 < x_2,\ f(x_1) > f(x_2).$$

【例 A】 因函数 $y = x - \sin x$ 在 $[0,2\pi]$ 连续，在 $(0,2\pi)$ 内可导，且 $y' = 1 - \cos x > 0$，故 $y = x - \sin x$ 在 $[0,2\pi]$ 上严格单调增加.

（2）确定函数单调区间的步骤：

(i) 确定函数的定义域；   (ii) 求出导数 $f'(x)$；

(iii) 求出 $f'(x)$ 全部零点和间断点；   (iv) 判断或列表判断；

(v) 最后陈述综合结论.

【例 B】 求函数 $f(x) = x + \ln|x|$ 的单调区间.

解： 函数的定义域为 $(-\infty,0) \bigcup (0,+\infty)$，连续、当 $x \neq 0$ 时可导且

$$f'(x) = 1 + \frac{1}{x} = \frac{x+1}{x},$$

令 $f'(x) = 0$ 得 $x = -1$，又 $x = 0$ 函数间断点，故分 $(-\infty,-1),(-1,0),(0,+\infty)$ 讨论之：

因 $\forall x \leqslant -1$ 时 $f(x)$ 连续且 $f'(x)>0(x<-1)$，故 $(-\infty,-1]$ 是 $f(x)$ 的单调增加区间；

因 $\forall x \in (-1,0)$，$f'(x)<0$，且 $f(x)$ 在 $[-1,0)$ 连续，故 $[-1,0)$ 是 $f(x)$ 的单调减少区间；

因 $\forall x \in (0,+\infty)$，$f'(x)>0$，故 $(0,+\infty)$ 是 $f(x)$ 的单调增加区间.

【例 C】 确定函数 $f(x) = 2x^3 - 9x^2 + 12x - 3$ 的单调区间.

解： 所给函数定义域为 $(-\infty,+\infty)$，是初等的，连续、可导，且

$$f'(x) = 6x^2 - 18x + 12 = 6(x-1)(x-2),$$

导数为零的点为 $x_1 = 1$、$x_2 = 2$. 列表分析：

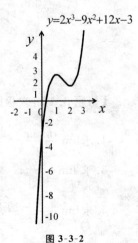

x	$(-\infty,1)$	1	$(1,2)$	2	$(2,+\infty)$
$f'(x)$	+	0	−	0	+
$f(x)$	↗	连续	↘	连续	↗

由此得函数 $f(x)$ 在区间 $(-\infty,1]$ 和 $[2,+\infty)$ 上单调增加，在区间 $[1,2]$ 上单调减少. （参看图 3-3-2.）

【注】 记号"↗"和"↘"分别表示单调增加和单调减少（下同）.

2.函数的极值与最值

(1) 函数的极值判别法 I(极值存在的第一充分条件):

【命题 1】　设函数 $y = f(x)$ 在 $U_\delta(x_0)$ 内连续,在 $U_\delta^\circ(x_0)$ 内可导,

(1) 若 $\forall x \in U_\delta^\circ(x_0^-)$,$f'(x) > 0$,且 $\forall x \in U_\delta^\circ(x_0^+)$,$f'(x) < 0$,则 x_0 为极大值点;

(2) 若 $\forall x \in U_\delta^\circ(x_0^-)$,$f'(x) < 0$,且 $\forall x \in U_\delta^\circ(x_0^+)$,$f'(x) > 0$,则 x_0 为极小值点;

(3) 若在 $U_\delta^\circ(x_0)$ 内,$f'(x)(\neq 0)$ 保号,则 x_0 不是极值点.

【例 D】　讨论点 $x = 0$ 是否为函数 $f_1(x) = x^4$,$f_2(x) = x^3$ 的极值点?

解: (1) 显然 $f_1(x)$ 为初等,故在 $(-\infty, +\infty)$ 连续、可导,且 $f_1'(x) = 4x^3$. 令 $f_1'(x) = 0$ 得驻点 $x = 0$.

因为当 $x < 0$ 时,$f_1'(x) < 0$;当 $x > 0$ 时,$f_1'(x) > 0$. 所以点 $x = 0$ 为极小点,$f_1(0) = 0$ 为极小值(图 3-3-3).

(2) 显然 $f_2(x)$ 为初等,故在 $(-\infty, +\infty)$ 连续、可导,且 $f_2'(x) = 3x^2 \geq 0$,根据命题 1,$x = 0$ 不是极值点(图 3-3-4).

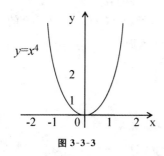

图 3-3-3

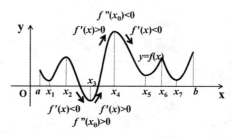

图 3-3-4

(2) 函数的极值判别法 2(第二充分条件)

【命题 2】　函数 $y = f(x)$ 在 $U_\delta(x_0)$ 内可导,在点 x_0 处具有二阶导数且 $f'(x_0) = 0$,$f''(x_0) \neq 0$,

(1) $f''(x_0) < 0 \Longrightarrow x_0$ 为极大值点;

(2) $f''(x_0) > 0 \Longrightarrow x_0$ 为极小值点.

【例 E】　讨论点 $x = 1$ 是否为下面函数的极值点:

$$f(x) = (x^2 - 1)\ln x - (x - 1)^2.$$

解:　$f(x)$ 为初等,当 $x > 0$ 连续、二阶可导:

$$f'(x) = 2x\ln x - \frac{1}{x} - x + 2, \quad f''(x) = 2\ln x + 1 + \frac{1}{x^2},$$

则得 $f'(1) = 0$,$f''(1) = 2 > 0$. 根据极值判别法 2,$x = 1$ 是极小点,极小值为 $f(1) = 0$.

【注】　参看本章第一节例 7,其结论和本例一致,然而这里的论证较简洁.

(3) 确定极值点和极值的步骤

(i) 求出导数 $f'(x)$,令 $f'(x) = 0$,求出 $f(x)$ 的全部驻点;

(ii) 将全部驻点和导函数间断点(与驻点一起统称为"可能极值点")作为端点,把定义区间分段,然后列表,其中要为每个"可能极值点"增设一列;

(iii) 讨论函数在每个分段区间的增减性,以此按判别法 1(或直接根据判别法 2)判断确定"可能极值点"是否为函数的极大(小)值点.

【例 F】　求函数 $f(x) = 3\sqrt[3]{x^2} + 2x$ 的极值.

解：　函数的定义域为$(-\infty,+\infty)$，连续、可导且 $f'(x)=\dfrac{2}{\sqrt[3]{x}}+2=\dfrac{2}{\sqrt[3]{x}}(1+\sqrt[3]{x})$，

令 $f'(x)=0$ 得 $x=-1$，又有 $x=0$ 是导函数的间断点. 列表判断如下：

	$(-\infty,-1)$	-1	$(-1,0)$	0	$(0,+\infty)$
$f'(x)$	x	0	$-$		$+$
$f(x)$	↗	极大值 1	↘	极小值 0	↗

所以 $x=-1$ 是 $f(x)$ 的极大值点，极大值为 $f(-1)=1$；$x=0$ 是极小值点，极小值为 $f(0)=0$.

(4) 最大值和最小值

设函数 $y=f(x)$ 在区间 I 上有定义，点 $x_0 \in I$，而 a、b 为区间 I（可能有）的端点，那么

(i)　$f(x_0)$ 为最大值，x_0 为最大（值）点　$\Longleftrightarrow$　$\forall x \in I, f(x_0) \geqslant f(x)$；

　　　$f(x_0)$ 为最小值，x_0 为最小（值）点　$\Longleftrightarrow$　$\forall x \in I, f(x_0) \leqslant f(x)$.

(ii)　若 $f(x)$ 在区间 I 内的可能极值点为 $x_1, x_2, \cdots, x_n$，则比较下列各数的大小：

$$f(a),\ f(x_1),\ f(x_2),\cdots,\ f(x_n),\ f(b),$$

其中最大者就是函数 $f(x)$ 在区间 I 上的最大值，最小者就是函数 $f(x)$ 在区间 I 上的最小值.

【例 G】　求函数 $f(x)=x^4-8x^2+1$ 在 $[-1,3]$ 上的最值.

解：　显然 $f(x)$ 为初等，故在 $(-\infty,+\infty)$ 连续、可导，且

$$f'(x)=4x^3-16x=4x(x+2)(x-2).$$

令 $f'(x)=0$ 解得 $x_1=0$、$x_2=2$、$x_3=-2$（舍弃）. 又

$$f(0)=1,\ f(2)=-15,\ f(-1)=-6,\ f(3)=10.$$

由此得函数在 $[-1,3]$ 上的最大值为 $f(3)=10$，最小值为 $f(2)=-15$.

3. 利用函数的导数特性证明不等式之综述

(1) 利用函数的单调性证明不等式

将欲证不等式 $f(x)>g(x)$ 化为 $f(x)-g(x)>0$，左端记为 $F(x)=f(x)-g(x)$. 利用函数 $F(x)$ 的连续、可导性，根据 $F'(x)$ 在区间 (a,b)（不变号）的符号判断它的增减性，再与 x 变化的端点值做比较，最终推出不等式：

(i)　$\forall x \in (a,b), F'(x)>0 \Rightarrow \begin{cases} F(x) \text{ 在} [a,b) \text{ 连续} \Rightarrow F(a)<F(x), \forall x \in (a,b)\text{；} \\ F(x) \text{ 在} (a,b] \text{ 连续} \Rightarrow F(x)<F(b), \forall x \in (a,b)\text{；} \end{cases}$

(ii)　$\forall x \in (a,b), F'(x)<0 \Rightarrow \begin{cases} F(x) \text{ 在} [a,b) \text{ 连续} \Rightarrow F(a)>F(x), \forall x \in (a,b)\text{；} \\ F(x) \text{ 在} (a,b] \text{ 连续} \Rightarrow F(x)>F(b), \forall x \in (a,b)\text{；} \end{cases}$

(2) 应用中值定理证明不等式.

如果待证明的不等式含有改变量的形式或可化为改变量的形式 $f(x_2)-f(x_1)$，其中 $f(x)$ 可导，可考虑应用中值公式 $f(x_2)-f(x_1)=f'(\xi)(x_2-x_1)$，然后通过对 $f'(\xi)$ 进行估值或利用 $f'(x)$ 的单调性推出关于 $f(x_2)-f(x_1)$ 的不等式. 例如本章第一节的例 F 和例 7.

(3) 当欲证的不等式不具有单调性，特别是证明含 $\leqslant$ 或 $\geqslant$ 号时，可构造辅助函数，利用函数的最大值或最小值的性质来证.

(4) 还可利用函数的凹凸性证明不等式（见本章第四(二)2 节）.

【例 H】　证明当 $x \neq 0$ 时，$e^x > 1+x$.

证 1：　令 $f(x)=e^x-1-x$，它在 $(-\infty,+\infty)$ 连续可导. 显然 $f'(x)=e^x-1$，于是

(1) 当 $x>0$ 时，$f'(x)=e^x-1>0$，则由连续性得 $f(x)$ 在 $[0,+\infty)$ 上严格单调增加，

那么 $f(x) > f(0) = 0$，即 $e^x > 1 + x$；

（2）当 $x < 0$ 时，$f'(x) = e^x - 1 < 0$，则由连续性得 $f(x)$ 在 $(-\infty, 0]$ 上严格单调减少，那么 $f(x) > f(0) = 0$，即 $e^x > 1 + x$.

证 2：　设函数 $f(t) = e^t$，它在 $(-\infty, +\infty)$ 连续可导，且 $f'(t) = e^t$.

$\forall x > 0, f(t)$ 在 $[0, x]$ 连续、可导. 根据拉格朗日定理，$\exists \xi \in (0, x)$ 使得

$$\frac{e^x - 1}{x} = \frac{f(x) - f(0)}{x - 0} = f'(\xi) = e^\xi > 1,$$

即得 $e^x > 1 + x \quad (x \neq 0)$.

同样，$\forall x < 0, f(t)$ 在 $[x, 0]$ 连续、可导. 根据拉格朗日定理，$\exists \xi \in (x, 0)$ 使得

$$\frac{e^x - 1}{x} = \frac{f(x) - f(0)}{x - 0} = f'(\xi) = e^\xi < 1,$$

即得　$e^x > 1 + x \quad (x \neq 0)$.

证 3：　令 $f(x) = e^x - 1 - x$，它在 $(-\infty, +\infty)$ 连续、可导.

显然 $f'(x) = e^x - 1$，从而有唯一驻点 $x = 0$. 又 $f''(0) = e^x \big|_{x=0} = 1 > 0$，所以 $x = 0$ 为极小点. 又因为驻点是唯一的，所以 $x = 0$ 为最小值点. 从而当 $x \neq 0$ 时

$$f(x) > f(0) = 0.$$

即当 $x \neq 0$ 时 $e^x > 1 + x$.

（二）典型、综合例题

【例 1】　确定函数 $f(x) = \arctan(2x^3 - 3x^2 - 12x + 1)$ 的单调区间.

解：　所给函数的定义域为 $(-\infty, +\infty)$，是初等函数，故连续，可导，且

$$f'(x) = \frac{6x^2 - 6x - 12}{1 + (2x^3 - 3x^2 - 12x + 1)^2} = \frac{6(x+1)(x-2)}{1 + (2x^3 - 3x^2 - 12x + 1)^2},$$

导数为零的点为 $x_1 = -1$、$x_2 = 2$. 将函数的单调性列表分析如下：

x	$(-\infty, -1)$	-1	$(-1, 2)$	2	$(2, +\infty)$
$f'(x)$	+	0	−	0	+
$f(x)$	↗	连续	↘	连续	↗

由此得函数 $f(x)$ 在区间 $(-\infty, -1]$ 和 $[2, +\infty)$ 内单调增加，在区间 $[-1, 2]$ 上单调减少.

【例 2】　求 $y = (2x - 5)\sqrt[3]{x^2}$ 的极值点和极值.

解：　已知函数为初等，在定义域 $(-\infty, +\infty)$ 连续、可导，且

$$y' = (2x^{\frac{5}{3}} - 5x^{\frac{2}{3}})' = \frac{10}{3}x^{\frac{2}{3}} - \frac{10}{3}x^{-\frac{1}{3}} = \frac{10(x-1)}{3\sqrt[3]{x}}$$

令 $y' = 0$ 得 $x = 1$，而 $x = 0$ 是 y' 的间断点. 列表分析如下：

x	$(-\infty, 0)$	0	$(0, 1)$	1	$(1, +\infty)$
y'	+	不存在	−	0	+
y	↗	极大值 0	↘	极小值 −3	↗

由此得函数有极大值 $f(0) = 0$，极小值 $f(1) = -3$.

【例 3】　求函数 $f(x) = (x^2 - 1)^3 + 1$ 的极值.

解1：　显然 $f(x)$ 为初等,故在 $(-\infty, +\infty)$ 连续、可导：

$$f'(x) = 6x(x^2-1)^2, \quad f''(x) = 6(x^2-1)(5x^2-1).$$

(1) 令 $f'(x) = 0$,得驻点 $x_1 = -1, x_2 = 0, x_3 = 1$.

(2) 因 $f''(0) = 6 > 0$,所以 $x = 0$ 为极小值点,极小值为

$$f(0) = 0.$$

因 $f''(-1) = f''(1) = 0$,用判别法 2 无法判别.

然而,因在 -1 的左、右邻域内皆有 $f'(x) < 0$,故 $f(x)$

在 $x = -1$ 处不取极值;同理,$f(x)$ 在 $x = 1$ 处也不取极值.

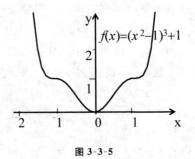

图 3-3-5

解2：　前期讨论与解 1 相同,求得驻点 $x_1 = -1$, $x_2 = 0$, $x_3 = 1$.列表分析如下：

	$(-\infty, -1)$	-1	$(-1, 0)$	0	$(0, 1)$	1	$(1, +\infty)$
$f'(x)$	$-$	0	$-$	0	$+$	0	$+$
$f(x)$	↘	无极值	↘	极小值0	↗	无极值	↗

由此得 $f(x)$ 在 $x = 0$ 处取得极小值,极小值为 $f(0) = 0$.　（参看图 3-3-5.）

【例4】　求函数 $f(x) = 2x^3 + 3x^2 - 12x + 14$ 在 $[-3, 4]$ 上的最大值与最小值.

解：　显然 $f(x)$ 为初等,故在 $(-\infty, +\infty)$ 连续、可导：

$$f'(x) = 6x^2 + 6x - 12 = 6(x+2)(x-1).$$

解方程 $f'(x) = 0$,得 $x_1 = -2, x_2 = 1$. 由于

$$f(-3) = 23; \quad f(-2) = 34; \quad f(1) = 7; \quad f(4) = 142,$$

比较可得 $f(x)$ 在 $x = 4$ 取得最大值 $f(4) = 142$;在 $x = 1$ 取得最小值 $f(1) = 7$.

【例5】　试证明　$\forall x > 0$, $\sin x > x - \dfrac{x^3}{6}$.

证：　令 $f(x) = \sin x - x + \dfrac{x^3}{6}$,则 $f(x)$ 在 $(-\infty, +\infty)$ 连续、可导,$f(0) = 0$,且

$$f'(x) = \cos x - 1 + \frac{x^2}{2}, \quad f'(0) = 0.$$

$$f''(x) = x - \sin x > 0, \quad \forall x \in (0, +\infty).$$

又因 $f'(x)$ 在 $[0, +\infty)$ 连续,故严格单增.于是 $f'(x) > f'(0) = 0$, $\forall x \in (0, +\infty)$.

又因 $f(x)$ 在 $[0, +\infty)$ 连续,故严格单增.于是 $f(x) > f(0) = 0$, $\forall x \in (0, +\infty)$.

这就证明了 $\sin x > x - \dfrac{x^3}{6}$, $\forall x > 0$.

【习题3.3】（函数的单调性与极值）

1.求证 $x > \ln(1+x), \forall x > 0$.

2.求函数单调区间：(1) $f(x) = x^3 - 3x + 1$; 　　　(2) $f(x) = \sqrt[3]{x^2}$.

3.求函数 $f(x) = x^3 - 6x^2 + 9x + 2$ 的单调区间和极值.

4.求函数的极值：　(1) $f(x) = -2x^3 + 6x^2 + 18x - 7$; 　　(2) $f(x) = x - \dfrac{3}{2}\sqrt[3]{x^2}$.

5.求函数 $f(x) = x^4 - 2x^2 + 5$ 在 $[-2, 2]$ 上的最大值与最小值.

6.求函数 $f(x) = \dfrac{1}{2}x^2 - \dfrac{27}{x}$ 在 $(-\infty, 0)$ 上的最大值与最小值.

7. 某车间靠墙盖一间长方形小屋,现存材料只够围成 20 米长的墙壁,问应围成怎样的长方形才能使小屋的面积最大?

8. 某厂生产某产品,固定成本为 2000 元,每生产一吨产品的成本为 60 元,该种产品的需求函数为 $Q = 1000 - 10p$(Q 为需求量或产量,p 为价格),试求:

(1) 总成本函数,总收益函数(Q 为自变量).　　(2) 产量为多少吨时利润最大?

(3) 获得最大利润时的价格.

四、曲线的凹凸性与拐点

(一) 内容概述与归纳

1. 曲线的凹凸性

(1) 曲线的凹凸性

【定义 1】　设 $f(x)$ 在区间 I 上连续,用 T 表示 $y = f(x)$ 在 I 上的图形,那么

(i) 图形 $T_{(a)}$ 是凹的(或凹弧)$\Leftrightarrow y = f(x)$ 是凹函数 $\Leftrightarrow \forall x_1, x_2 \in I$,

$$f\left(\frac{x_1 + x_2}{2}\right) < \frac{f(x_1) + f(x_2)}{2}.$$

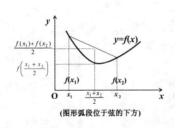

(图形弧段位于弦的下方)

图 3-4-1(a)

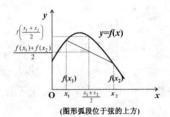

(图形弧段位于弦的上方)

图 3-4-1(b)

(ii) 图形 $T_{(b)}$ 是凸的(或凸弧)$\Leftrightarrow y = f(x)$ 是凸函数 $\Leftrightarrow \forall x_1, x_2 \in I$,

$$f\left(\frac{x_1 + x_2}{2}\right) > \frac{f(x_1) + f(x_2)}{2}.$$

(2) 函数 $y = f(x)$ 凹、凸性的几何意义

【命题】　设 $y = f(x)$ 是闭区间 $[a,b]$ 上连续凹(对应地,凸)函数,那么曲线 $y = f(x)$ 必位于其两端连线的下方(对应地,上方),即

$$f(x) < \frac{f(b) - f(a)}{b - a}(x - a) + f(a), \quad \forall x \in (a,b).$$

$$\left(对应地,f(x) > \frac{f(b) - f(a)}{b - a}(x - a) + f(a), \quad \forall x \in (a,b).\right)$$

特别,当 $f(b) = f(a) = 0$ 时,有 $f(x) < 0$　(对应地,$f(x) > 0$),　$\forall x \in (a,b)$.)

【注】　注意 $y = \frac{f(b) - f(a)}{b - a}(x - a) + f(a)$ 是两端连线的方程.

(3) 曲线凹凸性的判定:

【定理 1】　设 $f(x)$ 在 $I = [a,b]$ 上连续,在 (a,b) 内有二阶导数,

(i) 若在 (a,b) 内 $f''(x) > 0$,则 $f(x)$ 在 $[a,b]$ 上是凹的;

(ii) 若在 (a,b) 内 $f''(x) < 0$,则 $f(x)$ 在 $[a,b]$ 上是凸的.

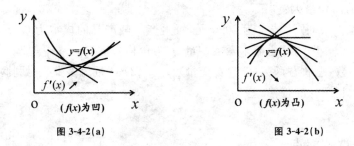

图 3-4-2(a)   图 3-4-2(b)

2. 曲线的拐点及其判别

【定义 2】 连续曲线 $y = f(x)$ 上凹弧与凸弧的分界点称为该曲线的拐点.

【定理 2】 (拐点存在的必要条件) 若函数 $f(x)$ 在点 x_0 二阶可导,且 $(x_0, f(x_0))$ 是曲线 $y = f(x)$ 的拐点,则 $f''(x_0) = 0$.

【定理 3】 (拐点存在的充分条件) 设函数 $f(x)$ 在点 x_0 的某开邻域内连续,且在其对应的空心邻域内二阶可导,若 $f''(x)$ 在点 x_0 的两侧(邻域)符号相反,则曲线上的点 $(x_0, f(x_0))$ 是曲线 $y = f(x)$ 的拐点.

【例 A】 例如第三(一)2 节例 D 讨论的函数 $y = f(x) = x^4$(参看图 3-3-3),有.
$$y' = 4x^3, \quad y'' = 12x^2.$$
故当 $x \neq 0$ 时,$y'' > 0$,且 $y = x^4$ 在 $(-\infty, +\infty)$ 上是连续的,所以在区间 $(-\infty, 0]$ 和 $[0, +\infty)$ 上曲线都是凹的,因此曲线无拐点.注意到当 $x = 0$ 时
$$y''|_{x=0} = 12x^2|_{x=0} = 0.$$
这说明二阶导数为 0 不是对应点为拐点的充分条件.

(二)解题方法与典型、综合例题

1. 确定曲线的凹凸性和拐点的步骤

(i) 确定函数 $y = f(x)$ 的定义域,求出在函数二阶导数 $f''(x)$;

(ii) 求使二阶导数为零的点和二阶导函数的间断点,记为 $x_k(k = 1, \cdots, m)$;

(iii) (列表)判断拐点:$\begin{cases} x_k \text{ 两侧邻域 } f''(x) \text{ 符号相反} \Longrightarrow (x_k, f(x_k)) \text{ 是拐点}; \\ x_k \text{ 两侧邻域 } f''(x) \text{ 符号相同} \Longrightarrow (x_k, f(x_k)) \text{ 不是拐点}. \end{cases}$

(x_k 是 f 的连续点)

【注】 图 3-4-3 说明:极值点与拐点没有必然的联系;拐点处函数的导数未必存在.

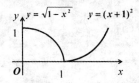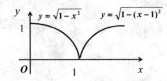

(1,0) 既是极小值点,又是拐点;   (1,0) 为极小值点,但不是拐点.

图 3-4-3(a)   图 3-4-3(b)

【例 1】　判断曲线 $y = x^3$ 的凹凸性.

解：　显然 $f(x)$ 为初等,故在 $(-\infty, +\infty)$ 连续、可导,且

$$y' = 3x^2, \quad y'' = 6x,$$

故当 $x < 0$ 时,$y'' < 0$,曲线在 $(-\infty, 0]$ 为凸的;

当 $x > 0$ 时,$y'' > 0$,曲线在 $[0, +\infty)$ 为凹的;

【注】　点 $(0,0)$ 是曲线由凸变凹的分界点,是 $y = x^3$ 的拐点,与第三节例 D 结果一致.注意到 $f''(0) = 6x \mid_{x=0} = 0$.

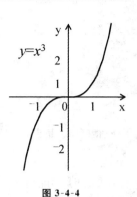

图 3-4-4

【例 2】　求曲线 $y = \sqrt[3]{x}$ 的拐点.

解：　显然 $f(x)$ 为初等,故在 $(-\infty, +\infty)$ 连续、可导,且当 $x \neq 0$ 时,

$$y' = \frac{1}{3} x^{-\frac{2}{3}}, \quad y'' = -\frac{2}{9} x^{-\frac{5}{3}},$$

显然 y',y'' 无零点,而 $x = 0$ 是 y',y'' 的间断点.

由于在 $(-\infty, 0)$ 上,$y'' > 0$,且函数在 $(-\infty, 0]$ 上连续,故曲线在 $(-\infty, 0]$ 上是凹的;

由于在 $(0, +\infty)$ 上,$y'' < 0$,且函数在 $[0, +\infty)$ 上连续,故曲线在 $[0, +\infty)$ 上是凸的.

综上所述,点 $(0,0)$ 是曲线 $y = \sqrt[3]{x}$ 的拐点.

【例 3】　求曲线 $y = 3x^4 - 4x^3 + 1$ 的凹、凸的区间及拐点.

解：　∵ $f(x)$ 为初等的,在定义域 $(-\infty, +\infty)$ 连续、可导,且

$$y' = 12x^3 - 12x^2, \quad y'' = 36x(x - 2/3).$$

令 $y'' = 0$,得 $x_1 = 0$,$x_2 = 2/3$.列表分析如下：

x	$(-\infty, 0)$	0	$(0, 2/3)$	$2/3$	$(2/3, +\infty)$
$f''(x)$	$+$	0	$-$	0	$+$
$f(x)$	凹的	拐点 $(0,1)$	凸的	拐点 $(2/3, 11/27)$	凹的

由此得凹区间为 $(-\infty, 0]$, $\left[\dfrac{2}{3}, +\infty\right)$,凸区间为 $\left[0, \dfrac{2}{3}\right]$.拐点为 $(0,1)$ 和 $\left(\dfrac{2}{3}, \dfrac{11}{27}\right)$.

【例 4】　问曲线 $y = (x-1)^2(x-3)^2$ 有几个拐点?

解：　函数求导得 $y' = 4(x-1)(x-2)(x-3)$.显然 $x = 1, 2, 3$ 是 $y' = 0$ 的所有根,且因 y' 是 3 次多项式,故在 $(-\infty, +\infty)$ 连续可导,于是 $f(x)$ 分别在区间 $[1,2]$,$[2,3]$ 满足罗尔定理,从而 y'' 分别在 $(1,2)$,$(2,3)$ 有零点.又 y'' 是 2 次多项式,故至多有 2 个零点,从而正好有 2 个零点,现记为 $x_1 < x_2$,则 $y'' = a(x-x_1)(x-x_2)$(a 为常数).于是 y'' 分别在这 2 点的足够小的左右邻域内符号相反,故它们都为拐点.

综上若所述,所给曲线有 2 个拐点.

$2^*.$ 凹凸性相关的不等式

根据第 1(1) 节函数的凹、凸性的定义,自然有着下面不等式：

函数 $y = f(x)$ 在区间 I 上是凹函数(或,凸函数)$\Leftrightarrow$

$$f\left(\frac{x_1 + x_2}{2}\right) < \frac{f(x_1) + f(x_2)}{2} \quad \left(\text{或 } f\left(\frac{x_1 + x_2}{2}\right) > \frac{f(x_1) + f(x_2)}{2}\right), \quad \forall x_1, x_2 \in I.$$

【例5】 证明：当 $0 < x < \dfrac{\pi}{2}$ 时,成立着不等式 $\sin x > \dfrac{2}{\pi}x$.

证： 令 $f(x) = \sin x - \dfrac{2}{\pi}x$,则 $f(x)$ 在 $\left[0, \dfrac{\pi}{2}\right]$ 连续、二阶可导,且

$$f'(x) = \cos x - \dfrac{2}{\pi}, f''(x) = -\sin x < 0, \qquad \forall x \in \left(0, \dfrac{\pi}{2}\right).$$

由此得 $f(x)$ 是凸的,且因 $f(0) = f(\pi/2) = 0$,根据前述第 1(2) 节的命题(几何意义),成立着 $f(x) > 0, \forall x \in [0, \pi/2]$,从而命题得证.

【例6】 证明：$\dfrac{x^n + y^n}{2} > \left(\dfrac{x+y}{2}\right)^n \quad (n > 1, x > 0, y > 0, x \neq y)$.

证： 设 $f(t) = t^n$,则 $n > 1, t > 0$ 时

$$f'(x) = nt^{n-1}, \qquad f''(x) = n(n-1)t^{n-2} > 0.$$

得 $f(x)$ 是凹函数,所以 $\forall x, y > 0, x \neq y$,成立着

$$\dfrac{x^n + y^n}{2} = \dfrac{f(x) + f(y)}{2} > f\left(\dfrac{x+y}{2}\right) > \left(\dfrac{x+y}{2}\right)^n.$$

【习题 3.4】(曲线的凹凸性与拐点)

1.求曲线 $f(x) = 3x^4 - 6x^3 + 2$ 的凹凸区间和拐点.

2.求曲线 $f(x) = 3x^{\frac{5}{3}} + \dfrac{5}{3}x^2$ 的凹凸区间和拐点.

3.讨论曲线 $y = (x-1)\sqrt[3]{x^2}$ 的凹凸性及拐点.

4.利用函数的凹凸性证明：$\dfrac{a+b}{2} \geqslant \sqrt{ab}, \quad \forall a, b > 0$.

五、函数图形的描绘

(一)内容概述与归纳

1.曲线的渐近线

(1)曲线的渐近线的定义

已知有直线 L.如果点 P 沿曲线 $C: y = f(x)$ 无限远离原点时,点 P 到直线 L 的距离趋向于零,那么称 L 为 C 的一条渐近线.

(2)垂直渐近线

如果 $\lim\limits_{x \to x_0} f(x) = \infty$ 或 $\lim\limits_{x \to x_0^+} f(x) = \infty$ 或 $\lim\limits_{x \to x_0^-} f(x) = \infty$,那么 $x = x_0$ 就是曲 $y = f(x)$ 的一条垂直渐近线.

【例A】 因函数 $y = \dfrac{1}{(x+2)(x-3)}$ 使得

$$\lim_{x \to -2} \dfrac{1}{(x+2)(x-3)} = \infty, \quad \lim_{x \to 3} \dfrac{1}{(x+2)(x-3)} = \infty,$$

故有垂直渐近线两条:$x = -2, \ x = 3$.

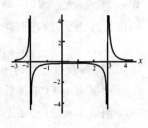
图 3-5-1

（3）水平渐近线

如果 $\lim\limits_{x\to+\infty}f(x)=b$ 或 $\lim\limits_{x\to-\infty}f(x)=b$ （b 为常数），那么 $y=b$ 就是 $y=f(x)$ 的一条水平渐近线.

【例 B】 因 $y=\arctan x$ 使得

$$\lim_{x\to+\infty}\arctan x=\frac{\pi}{2}, \qquad \lim_{x\to-\infty}\arctan x=-\frac{\pi}{2}.$$

故有水平渐近线两条：$y=\dfrac{\pi}{2}$，$y=-\dfrac{\pi}{2}$.

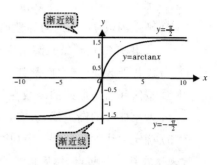

图 3-5-2

（4）斜渐近线

如果 $\lim\limits_{x\to\pm\infty}[f(x)-(kx+b)]=0$ （$k\neq0,b$ 为常数），那么 $y=kx+b$ 就是 $y=f(x)$ 的一条斜渐近线.

分析：直线 $y=kx+b$ 是 $y=f(x)$ 的一条斜渐近线 $\Leftrightarrow \lim\limits_{x\to\pm\infty}[f(x)-kx]=b$. 那么寻找斜渐近线方程的关键是求斜率 k，试考虑与斜渐近线平行并过原点的直线，即取 $b=0$ 进行推断：

$$b=0\Leftrightarrow\lim_{x\to\pm\infty}[f(x)-kx]=0\Leftrightarrow\lim_{x\to\pm\infty}\left[\frac{f(x)}{x}-k\right]=0\Leftrightarrow k=\lim_{x\to\pm\infty}\frac{f(x)}{x}.$$

【小结】 求曲线 $y=f(x)$ 的斜渐近线 $y=kx+b$ 步骤如下：

(i) 先求 $\lim\limits_{x\to\pm\infty}\dfrac{f(x)}{x}=k$；

(ii) 再求 $\lim\limits_{x\to\pm\infty}[f(x)-kx]=b$.

【注】 当上述两式(i)、(ii)都存在（有限）极限时，曲线 $y=f(x)$ 才有斜渐近线；否则只要两个极限之一发散，曲线就无斜渐近线（参看例 D）.

【例 C】 求（函数）曲线 $y=x-\sin\dfrac{1}{x}$ 的渐近线.

解： 显然函数定义域为 $(-\infty,0)\bigcup(0,+\infty)$.

首先 $k=\lim\limits_{x\to\pm\infty}\dfrac{y}{x}=\lim\limits_{x\to\pm\infty}\dfrac{1}{x}\left(x-\sin\dfrac{1}{x}\right)=1-\lim\limits_{x\to\pm\infty}\dfrac{\sin\dfrac{1}{x}}{x}=1$；又

$$b=\lim_{x\to\pm\infty}[y-kx]=\lim_{x\to\pm\infty}\sin\frac{1}{x}=0.$$

所以函数 $y=x-\sin\dfrac{1}{x}$ 有斜渐近线 $y=x$.

【例 D】 求（函数）曲线 $y=x\left(1+\dfrac{1}{\sqrt{x-1}}\right)$ 的渐近线.

解： 显然函数定义域为 $\{x\mid x>1\}$. 因

$$\lim_{x\to1^+}y=\lim_{x\to1^+}x\left(1+\frac{1}{\sqrt{x-1}}\right)=+\infty,$$

故曲线有垂直渐近线 $x=1$.

【注】 虽然 $k=\lim\limits_{x\to+\infty}\dfrac{y}{x}=\lim\limits_{x\to+\infty}\left(1+\dfrac{1}{\sqrt{x-1}}\right)=1$，但下式说明曲线无斜渐近线：

$$\lim_{x\to+\infty}(y-kx)=\lim_{x\to+\infty}\left(-\frac{x}{\sqrt{x-1}}\right)=-\infty.$$

2. 函数的综合作图 • 函数作图的一般步骤

(1) 确定函数 $f(x)$ 的初等性质:定义域 D_f、奇偶性、周期性等;

(2) 求出 $f'(x)$、$f''(x)$,解出它们的零点;确定 $f(x)$、$f'(x)$ 和 $f''(x)$ 的间断点.这两类点将 D_f 分成若干区间,将它们及其端点列为表头,依区间端点的大小次序绘制表格;

(3) 按区间讨论曲线的增减性与极值;讨论曲线的凹凸性与拐点;

(4) 考察曲线的渐近线,若有,写出渐近线方程;

(5) 确定曲线的某些特殊点(比如极值点、拐点、曲线与坐标轴的交点等). 必要时,可根据函数表达式补充一些点,然后再综合前四步讨论的结果绘出函数图形.

下面采用符号 ↘ 表示单减且凹; ↘ 单减且凸; ↗ 单增且凹; ↗ 单增且凸.

【例 E】　作出函数 $y = \mathrm{e}^{-x^2}$ 的图形.

解:　(1) 定义域为 $(-\infty, +\infty)$,偶函数,关于 y 轴对称.

(2) 连续、二阶可导且 $y' = -2x\mathrm{e}^{-x^2}$,$y'' = 2\mathrm{e}^{-x^2}(2x^2 - 1)$.

令 $y' = 0$,得 $x = 0$;令 $y'' = 0$,得 $x = \pm\dfrac{\sqrt{2}}{2}$.

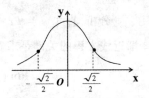

图 3-5-3

(3) 列表讨论(由对称性,仅讨论 $x \in [0, +\infty)$ 的情形):

x	0	$\left(0, \dfrac{\sqrt{2}}{2}\right)$	$\dfrac{\sqrt{2}}{2}$	$\left(\dfrac{\sqrt{2}}{2}, +\infty\right)$
y'	0	$-$	$-$	$-$
y''	$-$	$-$	0	$+$
y	极大值 1	↘	拐点 $\left(\dfrac{\sqrt{2}}{2}, e^{-\frac{1}{2}}\right)$	↘

(4) 因为 $\lim\limits_{x \to \infty} \mathrm{e}^{-x^2} = 0$,所以 $y = 0$ 是水平渐近线.

(5) 由以上讨论可作出曲线在 $[0, +\infty)$ 内的图形,再由对称性可得全图.

(二) 解题方法与典型、综合例题

1. 曲线的渐近线题解

【例 1】　因 $\lim\limits_{x \to -1} y(x) = \lim\limits_{x \to -1} \dfrac{\mathrm{e}^x}{x+1} = \infty$,故 $x = -1$ 是曲线 $y = \dfrac{\mathrm{e}^x}{x+1}$ 的垂直渐近线.

又因 $\lim\limits_{x \to -\infty} y(x) = \lim\limits_{x \to -\infty} \dfrac{\mathrm{e}^x}{x+1} = 0$,故 $y = 0$ 是曲线 $y = \dfrac{\mathrm{e}^x}{x+1}$ 的水平渐近线.

【例 2】　求 $f(x) = \dfrac{2(x-2)(x+3)}{x-1}$ 的渐近线.

解:　(1) ∵ $\lim\limits_{x \to 1^{\pm}} f(x) = \mp\infty$,∴ 曲线有垂直渐近线 $x = 1$.

(2) 因 $\lim\limits_{x \to \infty} f(x) = \infty$,故无水平渐近线.

(3) 因 $\lim\limits_{x \to \infty} \dfrac{f(x)}{x} = \lim\limits_{x \to \infty} \dfrac{2(x-2)(x+3)}{x(x-1)} = 2$,且

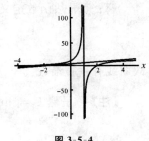

图 3-5-4

$$\lim_{x \to \infty}\left[\frac{2(x-2)(x+3)}{x-1}-2x\right]=\lim_{x \to \infty}\frac{2(x-2)(x+3)-2x(x-1)}{x-1}=4,$$

故曲线有一条斜渐近线 $y=2x+4$.（见图 3-5-4）

2.利用函数特性描绘函数图形

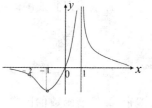

图 3-5-5

【例3】　绘 $y=f(x)=\dfrac{x}{(1-x)^2}$ 的图形.

解：　函数定义在 $(-\infty,1)\bigcup(1,+\infty)$，初等，连续、二阶可导：

$$y'=\frac{(1-x)^2+2x(1-x)}{(1-x)^4}=\frac{1-x+2x}{(1-x)^3}=\frac{1+x}{(1-x)^3}$$

$$y''=\frac{(1-x)^3+3(1+x)(1-x)^2}{(1-x)^6}=\frac{4+2x}{(1-x)^4}$$

令 $y'=0$，得 $x=-1$；令 $y''=0$，得 $x=-2$.列表分析如下：

	$(-\infty,-2)$	-2	$(-2,-1)$	-1	$(-1,1)$	1	$(1,+\infty)$
$f'(x)$	$-$	$-$	$-$	0	$+$		$-$
$f''(x)$	$-$	0	$+$	$+$	$+$		$+$
$f(x)$	↘	拐点 $(-2,-2/9)$	↘	极小值 $-1/4$	↗		↘

因 $\lim\limits_{x \to 1}f(x)=\lim\limits_{x \to 1}\dfrac{x}{(1-x)^2}=+\infty$，故 $x=1$ 为垂直渐近线.

因 $\lim\limits_{x \to \infty}f(x)=0$，故 $y=0$ 为水平渐近线.

【例4】　作函数 $y=f(x)=\dfrac{x^2}{x-1}$ 的图形.

解：　函数定义域为 $(-\infty,1)\bigcup(1,+\infty)$，初等连续、二阶可导且

$$y'=\frac{2x(x-1)-x^2}{(x-1)^2}=\frac{x^2-2x}{(x-1)^2},$$

$$y''=\frac{(2x-2)(x-1)^2-(x^2-2x)2(x-1)}{(x-1)^4}=\frac{2}{(x-1)^3}$$

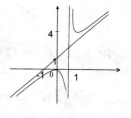

图 3-5-6

令 $y'=0$，得 $x=0,x=2$.而 $x=1$ 是 y' 和 y'' 的间断点.

列表分析如下

	$(-\infty,0)$	0	$(0,1)$	1	$(1,2)$	2	$(2,+\infty)$
$f'(x)$	$+$	0	$-$		$-$	0	$+$
$f''(x)$	$-$	$-$	$-$		$+$	$+$	$+$
$f(x)$	↗	极大 0	↘		↘	极小 4	↗

因 $\lim\limits_{x \to 1}\dfrac{x^2}{x-1}=\infty$，故 $x=1$ 是垂直渐近线；

因 $\lim\limits_{x \to \infty}\dfrac{x^2}{1+x}=\infty$，故无水平渐近线；

因 $k=\lim\limits_{x \to \infty}\dfrac{f(x)}{x}=\lim\limits_{x \to \infty}\dfrac{x}{x-1}=1,\quad b=\lim\limits_{x \to 1}[f(x)-kx]=\lim\limits_{x \to \infty}\left(\dfrac{x^2}{x-1}-x\right)=1,$

故得斜渐近线　$y=x+1$.

【习题 3.5】（函数图形的描绘）

1.求下列曲线的渐近线：

(1)　$y = e^{-x}$；

(2)　$y = \dfrac{(x-1)^3}{x(x-2)}$；

(3)　$y = \dfrac{e^x}{x+1}$；

(4)　$y = \sqrt{x^2 - x + 1}$.

2.描绘函数的图像.

(1)　$y = \sqrt[3]{x^2}$；

(2)　$y = \dfrac{\ln x}{\sqrt{x}}$；

(3)　$y = \dfrac{x^2}{1+x}$.

六、函数最值在经济中的应用

1.平均成本最低问题

设某产品产量为 Q，总成本函数 $C = C(Q)$，则平均成本为

$$\overline{C}(Q) = \frac{C(Q)}{Q}.$$

于是　　　　　　　$C(Q) = Q\overline{C}(Q), \qquad C'(Q) = \overline{C}(Q) + Q\overline{C}'(Q).$

假设使平均成本最低产量为 Q_0，那么根据极值的必要条件，有

$$\overline{C}'(Q_0) = \frac{QC'(Q) - C(Q)}{Q^2}\bigg|_{Q=Q_0} = \frac{1}{Q}\left[C'(Q) - \frac{C(Q)}{Q}\right]_{Q=Q_0} = \frac{1}{Q_0}\left[C'(Q_0) - \overline{C}(Q_0)\right] = 0.$$

由此得 $C'(Q_0) = \overline{C}(Q_0)$.其经济意义为："使平均成本最低时的产量就是使边际成本等于平均成本时的产量."

【例 E】　某工厂生产产量为 Q（件）时，生产成本函数 C（元）为

$$C(Q) = 4Q^2 + 10Q + 16.$$

求平均成本达到最低时的产量.

解：　平均成本函数及其边际是

$$\overline{C}(Q) = \frac{C(Q)}{Q} = 4Q + 10 + \frac{16}{Q}, \qquad \overline{C}'(Q) = 4 - \frac{16}{Q^2}.$$

令 $\overline{C}'(Q) = 0$，得 $Q = 2$.因为 $\overline{C}''(Q) = \dfrac{32}{Q^3}\bigg|_{Q=2} > 0$，所以 $Q_0 = 2$ 是极小点，即产量 $Q_0 = 2$ 时平均成本最低，此时

$$C'(2) = [8Q + 10]_{Q=2} = 26 = \overline{C}(2)$$

这就验证了最小平均成本等于其相应的边际成本.

2.最大利润（税前或免税情况）

设总成本函数为 $C(Q)$，总收益函数为 $R(Q)$，其中 Q 为产量，则在假设产量和销量一致的情况下，总利润函数为

$$L(Q) = R(Q) - C(Q)$$

假设产量为 Q_0 时,利润达到最大.则由极值的必要条件和极值的第二充分条件,有:

$$L'(Q)\big|_{Q=Q_0} = R'(Q_0) - C'(Q_0) = 0, \qquad L''(Q)\big|_{Q=Q_0} = R''(Q_0) - C''(Q_0) < 0,$$

【注】 上式经济意义(称为最大利润原则):"当产量水平 $Q = Q_0$ 使得边际收益等于边际成本时,可获得最大利润."

【例 F】 某种产品的需求(价格)满足关系 $P = 40 - 4Q$,其中 Q 为产量,产品的总成本函数为

$$C(Q) = 2Q^2 + 4Q + 10,$$

求该商家获最大利润时的产品产量和单价.

解: 商品销售总收益、总利润及其导数分别为:

$$R(Q) = P(Q) \cdot Q = Q(40 - 4Q) = 40Q - 4Q^2,$$
$$L(Q) = R(Q) - C(Q) = -6Q^2 + 36Q - 10.$$
$$L'(Q) = -12Q + 36, \qquad L''(Q) = -12.$$

令 $L'(Q) = 0$,得唯一驻点 $Q_0 = 3$.又 $L''(3) = -12 < 0$,所以 $Q_0 = 3$ 是最大值点.此时单价为 $P = 40 - 4Q_0 = 28$.因此当产品产量为 3,单价为 28 时,厂商取得最大利润.

3.最大利润(税后情况)和最大征税收益问题

设政府以税率 t(单位产品的征收税额)向厂商的产品征税.厂商仍以最大利润为目标,政府也要确定税率 t 以使征税收益最大.设 Q 为产量,$T = tQ$ 为税款,则总利润为

$$L(Q) = R(Q) - C(Q) - T = R(Q) - C(Q) - tQ.$$

下面记以税率 t 纳税厂商获得最大利润时产品产量为 Q_t,单价为 P_t.

【例 G】 某产品的需求函数和总成本函数分别为

$$P = 40 - 4Q, \qquad C(Q) = 2Q^2 + 4Q + 10,$$

其中 Q 为产量,政府对产品以税率 t 征税,求:

(1)厂商以税率 t 纳税后,获得最大利润时的产量 Q_t 和单价 P_t 以及征税收益;

(2)在 $t = 12$ 和 $t = 30$ 时,该厂商获最大利润时的产量和单价以及征税收益;

(3)t 为何值时,征税收益最大?此时产品产量和单价为多少?

解: (1)纳税后的总利润函数及其导数为

$$L_t(Q) = R(Q) - C(Q) - tQ = 36Q - 6Q^2 - 10 - tQ.$$
$$L'_t(Q) = 36 - 12Q - t, \qquad L''_t(Q) = -12.$$

令 $L'_t(Q) = 0$,得唯一驻点 $Q_0 = (36 - t)/12$.又 $L''(Q_t) < 0$,故 Q_0 为最大值点.此时 $P_t = 40 - 4Q_t = 28 + t/3$.因此.若以税率 t 纳税,当产量 $Q_t = (36 - t)/12$,单价 $P_t = 28 + t/3$ 时,厂商取得最大利润,此时征税收益

$$T = tQ_t = (36t - t^2)/12.$$

(2)把 $t = 12$ 和 $t = 30$ 分别代入上面各式,得

$$Q_{12} = \frac{36 - 12}{12} = 2, \quad P_{12} = 28 + \frac{12}{3} = 32, \quad T = tQ_{12} = 12 \times 2 = 24.$$

$$Q_{30} = \frac{36 - 30}{12} = \frac{1}{2}, \quad P_{30} = 28 + \frac{30}{3} = 38, \quad T = tQ_{30} = 30 \times \frac{1}{2} = 15.$$

(3)由(1)知,征税收益为

$$T = tQ_t = \frac{36t - t^2}{12}, \quad T' = \frac{36 - 2t}{12}, \quad T'' = -\frac{1}{6}.$$

令 $T' = 0$, 得唯一驻点 $t_0 = 18$, 又 $T''(18) < 0$, 所以 $t_0 = 18$ 是最大值点. 因此, 当税率 $t = t_0 = 18$ 时, 征税收益最大, 此时

$$Q_{t_0} = \frac{36 - 18}{12} = 1.5, \quad P_{t_0} = 40 - 4Q_{t_0} = 40 - 4 \times 1.5 = 34.$$

$$T = t_0 Q_{t_0} = 18 \times 1.5 = 27$$

所以, 当税率 $t = 18$ 时, 征税收益最大为 27, 此时产量为 1.5, 单价为 34.

【注】 (i) (2)中对应 $t = 0$ 即为免税的例 F 情形, 故结果是一样的;

(ii) 当免税时, 产品单价为 28; 当厂商以税率 18 纳税时, 产品单价为 34. 在税款 27 中, 顾客承担的部分为 $(34 - 28)Q_{t_0} = 6 \times 1.5 = 9$, 而厂商承担 $27 - 9 = 18$.

4. 最优批量问题

厂商或销售商在一个计划期(如一年, 一季度)内计划对需购的商品分批订购进货, 如果将每批的订购数量称为批量, 那么

订购批量多(或,少) $\Longrightarrow$ 批次就少(或,多) $\Longrightarrow$ $\left\{\begin{array}{l} \text{订购费用少(或,多);} \\ \text{库存保管费多(或,少).} \end{array}\right.$

"订购总费用" = "订购费用" + "库存保管费用".

显然, 订购"总费用"与"订购批量" x、"订购费用"和"库存保管费用"相关. 一般商品库存量是批量的一半. 现希望设计一个分批订购方案, 使得总费用最少. 下面给出相关的关系式:

$$\left.\begin{array}{l} \text{总商品量为 —— } a \\ \text{每次的批量 —— } x(\text{件}) \end{array}\right\} \Longrightarrow \text{订购批次为 } \frac{a}{x};$$

订购费用 = 每批订购费用 $\times \dfrac{a}{x}$; 库存费用 = 每件库存费用 $\times \dfrac{x}{2}$.

由此得出总费用的函数表达式, 然后解函数的最值求出使得总费用最小的最优批量.

【例 H】 某商场计划一年内销售某商品 10 万件, 若每次订购费用为 100 元, 每个零件库存费为 0.05 元. 试求最优批量, 使订购费用与库存保管费用之和最小.

解: 设批量为 x(件), 则分 $\dfrac{10^5}{x}$ 批订购, 得总费用及其求导分别为:

$$f(x) = \frac{10^5}{x} \cdot 10^2 + \frac{x}{2} \cdot 0.05 = \frac{10^7}{x} + 0.025x,$$

$$f'(x) = -\frac{10^7}{x^2} + 0.025, \quad f''(x) = \frac{2 \cdot 10^7}{x^3} > 0 \quad (x > 0).$$

令 $f'(x) = 0$ 解得唯一驻点 $x = 2 \times 10^4$. 因为 $f''(2 \times 10^4) > 0$, 所以 $x = 2 \times 10^4$ 为最小值点. 故最优批量为 2 万件(即在最优批次 $\dfrac{10^5}{2 \times 10^4} = 5$), 这时可使总费用最小.

【习题 3.6】(函数最值在经济中的应用)

1. 某工厂生产产量为 Q(件) 时, 生产成本函数 C(元) 为

$$C(Q) = 9000 + 40Q + 0.001Q^2.$$

求平均成本达到最低时的产量, 并求此时的平均成本和边际成本?

2. 某商家销售某种商品的价格满足关系 $P = 7 - 0.2Q$(万元 / 吨), 且 Q 为销售量(单位: 吨)、商品的成本函数为 $C(Q) = 3Q + 1$(万元), 问

(1) 若每销售一吨商品, 政府要征税 t(万元), 求该商家获最大利润时的销售量;

（2）t 为何值时, 政府税收总额最大.

3.某产品年产量为 120000 件,分批生产,已知每批的生产准备费为 250 元,每年每件产品的库存费为 0.6 元,产品均匀投放市场,求每批产量为何值时该产品一年的费用最小?并求最小费用.

4.某厂年需某种零件 8000 个,需分期分批外购,然后均匀投入使用(此时平均库存量为批量的一半).若每次订货的手续费为 40 元,每个零件的库存费为 4 元.试求最经济的订货批量和进货批数.

第四章　不定积分

一、内容概述、归纳与习题

（一）原函数与不定积分

1. 原函数与不定积分的概念

（1）【定义 1】　设 $f(x)$ 是定义在(有限或无限) 区间 I 上的一个函数. 若有函数 $F(x)$ 使得
$$F'(x) = f(x)$$
在区间 I 上恒成立, 那么称 $F(x)$ 为 $f(x)$ 在区间 I 上的一个原函数.

显然, 如果 $F(x)$ 是 $f(x)$ 在区间 I 上的一个原函数, 那么对任意常数 C, $F(x) + C$ 也是区间 I 上 $f(x)$ 的一个原函数.

【例 A】　(1) 因 $(-\cos x)' = \sin x$, 故 $-\cos x$ 是 $\sin x$ 在 $(-\infty, +\infty)$ 上的一个原函数.

(2) 因 $(3 + \ln x)' = \dfrac{1}{x}$ $(x > 0)$, 故 $3 + \ln x$ 是 $\dfrac{1}{x}$ 在区间 $(0, +\infty)$ 内的一个原函数.

【定理 1】　若 $F(x)$ 和 $G(x)$ 都是 $f(x)$ 在区间 I 上的原函数, 则二者仅相差一个常数, 即 $\exists C \in \mathbf{R}$, 使得 $\forall x \in I, F(x) = G(x) + C$.

（2）不定积分的概念

【定义 2】　函数 $f(x)$ 在区间 I 上的原函数全体称为 $f(x)$ 的不定积分, 记为
$$\int f(x)\mathrm{d}x,$$
同时该记号也表示 $f(x)$ 的原函数的一般表达式. 其中符号"$\int$" 称为积分号, x 称为积分变量, $f(x)$ 称为被积函数, 而 $f(x)\mathrm{d}x$ 称为被积表达式.

上述原函数、不定积分的定义及其关系可归纳如下(在区间 I 上):
$$F'(x) = f(x) \iff F(x) \text{ 是 } f(x) \text{ 在 } I \text{ 上的一个原函数.}$$
$$\iff \int f(x)\mathrm{d}x = F(x) + C \quad \text{(其中 } C \text{ 为任意常数).}$$

【特别注释】　验证不定积分的结果(原函数) $F(x)$ 正确与否的根本办法是计算其导函数 $F'(x)$, 看它是否等于被积函数. 若是, 解题正确!

【注】　(i) 第五章将证明: 某区间上的连续函数在该区间上必存在原函数.

(ii) 诸如"积分解不出"的字句理解为积分无法解出初等函数的原函数.

(iii) 这里约定本书不定积分表达式中的字母 C 及带下标的 C 皆表示任意常数.

【例 B】　(1) $\because \left(\dfrac{x^6}{6}\right)' = x^5$, $\quad \therefore \int x^5 \mathrm{d}x = \dfrac{x^6}{6} + C$.

(2) $\because (\arctan x)' = \dfrac{1}{1 + x^2}$, $\quad \therefore \int \dfrac{1}{1 + x^2} \mathrm{d}x = \arctan x + C$.

(3) 不定积分的几何意义:

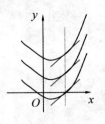

图 4-1-1

$f(x)$ 的原函数的图形称为它的积分曲线(族),即
$$\int f(x)\mathrm{d}x = F(x) + C$$
的图形. 这是一族"平行"曲线,它们由一条(积分)曲线上、下平移而成,在相同的横坐标点处所作切线彼此是平行的.

【例 C】求通过点$(2,3)$且其上任一点处的切线斜率等于这点横坐标的两倍的曲线方程.

解: 设曲线方程为 $y = f(x)$. 根据题意,$\dfrac{\mathrm{d}y}{\mathrm{d}x} = 2x$. 因 $\dfrac{\mathrm{d}(x^2)}{\mathrm{d}x} = 2x$,故
$$y = f(x) = \int 2x\mathrm{d}x = x^2 + C \quad (C \text{ 为待定常数}).$$
又曲线通过点$(2,3)$,故将 $x = 2$、$y = 3$ 代入上式解得 $C = -1$,于是得所求曲线方程为
$$y = x^2 - 1.$$

2. 不定积分的性质

(1) 线性性质(函数 g、f、f_1、$\cdots$、f_n 有原函数;k、k_1、$\cdots$、k_n 为常数,n 为正整数,下同):

(i) $\displaystyle\int kf(x)\mathrm{d}x = k\int f(x)\mathrm{d}x$;　　　(ii) $\displaystyle\int [f(x) + g(x)]\mathrm{d}x = \int f(x)\mathrm{d}x + \int g(x)\mathrm{d}x$.

【推论】$\displaystyle\int [k_1 f_1(x) + \cdots + k_n f_n(x)]\mathrm{d}x = k_1\int f(x)\mathrm{d}x + \cdots + k_n\int f_n(x)\mathrm{d}x$.

(2) 微分与积分为互逆运算:

(i) $\dfrac{\mathrm{d}}{\mathrm{d}x}\displaystyle\int f(x)\mathrm{d}x = f(x)$;　　　(ii) $\mathrm{d}\displaystyle\int f(x)\mathrm{d}x = f(x)\mathrm{d}x$;

(iii) $\displaystyle\int F'(x)\mathrm{d}x = F(x) + C$;　　　(iv) $\displaystyle\int \mathrm{d}F(x) = F(x) + C$.

3. 不定积分的基本公式

(1) $\displaystyle\int k\mathrm{d}x = kx + C$　　　(2) $\displaystyle\int x^\mu \mathrm{d}x = \dfrac{x^{\mu+1}}{\mu+1} + C \quad (\mu \neq -1)$

(3) $\displaystyle\int \dfrac{\mathrm{d}x}{x} = \ln |x| + C$　　　(4) $\displaystyle\int a^x \mathrm{d}x = \dfrac{a^x}{\ln a} + C \quad (a > 0, a \neq 1)$

(特别(4)中取 $a = \mathrm{e}$ 即得:)　　　$(4')$ $\displaystyle\int \mathrm{e}^x \mathrm{d}x = \mathrm{e}^x + C$

(5) $\displaystyle\int \sin x\mathrm{d}x = -\cos x + C$　　　(6) $\displaystyle\int \cos x\mathrm{d}x = \sin x + C$

(7) $\displaystyle\int \sec^2 x\mathrm{d}x = \tan x + C$　　　(8) $\displaystyle\int \csc^2 x\mathrm{d}x = -\cot x + C$

(9) $\displaystyle\int \sec x\tan x\mathrm{d}x = \sec x + C$　　　(10) $\displaystyle\int \csc x\cot x\mathrm{d}x = -\csc x + C$

(11) $\displaystyle\int \dfrac{1}{\sqrt{1-x^2}}\mathrm{d}x = \arcsin x + C$ 　或　 $\displaystyle\int \dfrac{1}{\sqrt{1-x^2}}\mathrm{d}x = -\arccos x + C$

(12) $\displaystyle\int \dfrac{1}{1+x^2}\mathrm{d}x = \arctan x + C$ 　或　 $\displaystyle\int \dfrac{1}{1+x^2}\mathrm{d}x = -\mathrm{arccot} x + C$

【例 D】$\displaystyle\int \dfrac{\sin^2 2x}{(1-\cos 2x)^2}\mathrm{d}x = \int \cot^2 x\mathrm{d}x = \int (\csc^2 x - 1)\mathrm{d}x = -\cot x - x + C$.

【例 E】求(1) $\displaystyle\int \dfrac{x + \sqrt{1-x^2}}{x\sqrt{1-x^2}}\mathrm{d}x$;　　　(2) $\displaystyle\int \dfrac{1-\sqrt{x}}{1+\sqrt[4]{x}}\mathrm{d}x$.

解： (1) $\int \dfrac{x-\sqrt{1-x^2}}{x\sqrt{1-x^2}}dx = \int\left(\dfrac{1}{\sqrt{1-x^2}}-\dfrac{1}{x}\right)dx = \int\dfrac{1}{\sqrt{1-x^2}}dx - \int\dfrac{1}{x}dx = \arcsin x - \ln|x| + C.$

(2) $\int \dfrac{1-\sqrt{x}}{1+\sqrt[4]{x}}dx = \int \dfrac{(1+\sqrt[4]{x})(1-\sqrt[4]{x})}{1+\sqrt[4]{x}}dx = \int(1-\sqrt[4]{x})dx = \int dx + \int x^{\frac{1}{4}}dx = x - \dfrac{4}{5}x^{\frac{5}{4}} + C.$

【注】 (i) 积分全求出后再加任意常数 C（式中有积分号就不必加任意常数 C）；

(ii) 根据特别注释，下面是对 (1) 结果进行验证，解题正确：

$(\arcsin x - \ln|x| + C)' = (\arcsin x)' - (\ln|x|)' + (C)' = \dfrac{1}{\sqrt{1-x^2}} - \dfrac{1}{x} = \dfrac{x-\sqrt{1-x^2}}{x\sqrt{1-x^2}}.$

【例 F】 验证 $\int \sqrt{x^2\pm a^2}\,dx = \dfrac{x}{2}\sqrt{x^2\pm a^2} \pm \dfrac{a^2}{2}\ln|x+\sqrt{x^2\pm a^2}| + C.$

证： 因 $\dfrac{d}{dx}\left(\dfrac{x}{2}\sqrt{x^2\pm a^2} \pm \dfrac{a^2}{2}\ln|x+\sqrt{x^2\pm a^2}| + C\right)$

$= \dfrac{1}{2}\sqrt{x^2\pm a^2} + \dfrac{x}{2}\left(\sqrt{x^2\pm a^2}\right)' \pm \dfrac{a^2}{2}\cdot\dfrac{1}{x+\sqrt{x^2\pm a^2}}\cdot\left[1+\left(\sqrt{x^2\pm a^2}\right)'\right]$

$= \dfrac{1}{2}\sqrt{x^2\pm a^2} + \dfrac{x}{2}\left(\dfrac{x}{\sqrt{x^2\pm a^2}}\right) \pm \dfrac{a^2}{2}\cdot\dfrac{1}{x+\sqrt{x^2\pm a^2}}\cdot\left(1+\dfrac{x}{\sqrt{x^2\pm a^2}}\right)$

$= \dfrac{1}{2}\sqrt{x^2\pm a^2} + \dfrac{x^2}{2\sqrt{x^2\pm a^2}} \pm \dfrac{a^2}{2\sqrt{x^2\pm a^2}} = \sqrt{x^2\pm a^2}.$

故根据原函数和不定积分的定义，原积分式成立.

【习题 4.1】（原函数与不定积分的概念）

1.填空题：

(1) 一个已知的函数若有原函数，则有 _____ 个原函数，其中任意两个的差是一个 _____；

(2) $f(x)$ 的 _____ 称为 $f(x)$ 的不定积分；

(3) 把 $f(x)$ 的一个原函数 $F(x)$ 的图形叫做函数 $f(x)$ 的 _____，它的方程是 $y=F(x)$；而不定积 $\int f(x)dx$ 在几何上就表示 _____，它由曲线 $y=F(x)$ _____ $|C|$ 而形成，其中 C 为任意常数；

(4) 由 $F'(x)=f(x)$ 可知，在积分曲线族 $y=F(x)+C$（C 是任意常数）上横坐标相同的点处作切线，这些切线彼此是 _____ 的；

(5) 若函数 $f(x)$ 在某区间上 _____，则在该区间上 $f(x)$ 的原函数一定存在；

(6) $\int \dfrac{dx}{x\sqrt[2]{x}} = $ _____；

(7) $\int(x^2-3x+2)dx = $ _____；

(8) $\int(\sqrt{x}+1)(\sqrt{x^3}-1)dx = $ _____.

2.求不定积分：

(1) $\int x^2\sqrt{x}\,dx$；　　　　(2) $\int \cos^2\dfrac{x}{2}dx$；

(3) $\int \tan^2 x\,dx$；　　　　(4) $\int \dfrac{e^{2x}-1}{e^x+1}dx$；

(5) $\int \sin \dfrac{x}{2} \cos \dfrac{x}{2} \mathrm{d}x$;　　　　(6) $\int \dfrac{1-\cos x}{1-\cos 2x} \mathrm{d}x$;

(7) $\int \dfrac{1+x+x^2}{x(1+x^2)} \mathrm{d}x$;　　　　(8) $\int \dfrac{1+2x^2}{x^2(1+x^2)} \mathrm{d}x$;

(9) $\int (2^x - 3^x)^2 \mathrm{d}x$;　　　　(10) $\int \left(\dfrac{2}{\sqrt{1-x^2}} + \dfrac{x^4}{1+x^2} \right) \mathrm{d}x$.

3. 在所给条件下求解不定积分.

(1) 若 e^{-x} 是 $f(x)$ 的原函数,求 $\int x^2 f(\ln x) \mathrm{d}x$.

(2)* 若 $f(x)$ 是 e^x 的原函数且 $f(0)=1$,求 $\int \dfrac{f[\ln(x+1)]}{x} \mathrm{d}x$.

4. 已知 $\int \dfrac{x^2}{\sqrt{1-x^2}} \mathrm{d}x = Ax\sqrt{1-x^2} + B\int \dfrac{\mathrm{d}x}{\sqrt{1-x^2}}$ 求 A,B.

5. 已知 $f'(\sin x) = 2\cos^2 x + 1$,求 $f(x)$.

6. 已知一曲线 $y=f(x)$ 在点 $(x,f(x))$ 处的切线斜率为 $\sec^2 x + \sin x$,且此曲线与 y 轴的交点为 $(0,5)$,求此曲线的方程.

7. 根据原函数定义,验证不定下列积分公式(其中为任意 C 常数):

$1°$ $\int \tan x \mathrm{d}x = -\ln|\cos x| + C = \ln|\sec x| + C$;

$\quad \int \cot x \mathrm{d}x = \ln|\sin x| + C = -\ln|\csc x| + C$;

$2°$ $\int \sec x \mathrm{d}x = \ln|\sec x + \tan x| + C$;

$\quad \int \csc x \mathrm{d}x = \ln|\csc x - \cot x| + C$;

$3°$ $\int \sec^3 x \mathrm{d}x = \dfrac{1}{2}\sec x \tan x + \dfrac{1}{2}\ln|\sec x + \tan x| + C$.

8. 根据原函数定义,验证不定下列积分公式(其中为任意 C 常数):

$1°$ $\int \dfrac{1}{\sqrt{x^2 \pm a^2}} \mathrm{d}x = \ln\left| x + \sqrt{x^2 \pm a^2} \right| + C \quad (a>0)$;

$2°$ $\int \sqrt{a^2 - x^2} \mathrm{d}x = \dfrac{1}{2}\left(x\sqrt{a^2-x^2} + a^2 \arcsin \dfrac{x}{a} \right) + C(a>0)$;

$3°$ $\int \sqrt{x^2 \pm a^2} \mathrm{d}x = \dfrac{x}{2}\sqrt{x^2 \pm a^2} \pm \dfrac{a^2}{2}\ln|x+\sqrt{x^2 \pm a^2}| + C$;

$4°$ $\int \dfrac{1}{x\sqrt{a^2 \pm x^2}} \mathrm{d}x = -\dfrac{1}{a}\ln\left| \dfrac{a+\sqrt{a^2 \pm x^2}}{x} \right| + C \quad (a>0)$;

$5°$ $\int \dfrac{1}{x\sqrt{x^2 - a^2}} \mathrm{d}x = -\dfrac{1}{a}\arccos \dfrac{a}{|x|} + C(a>0)$;

$6°$ $\int \dfrac{1}{\sqrt{2ax - x^2}} \mathrm{d}x = \arcsin(\dfrac{x}{a}-1) + C(a>0)$;

$7°$ $\int \sqrt{2ax - x^2} \mathrm{d}x = \dfrac{x-a}{2}\sqrt{2ax-x^2} + \dfrac{a^2}{2}\arcsin(\dfrac{x}{a}-1) + C \quad (a>0)$.

【注】 $3°$ 的解答见例 F.

（二）不定积分换元法

1. 第一换元积分法（"凑微分"法）

【定理 1】 设 $f(u)$ 在 $[\alpha,\beta]$ 上有定义，$u = \varphi(x)$ 在 $[a,b]$ 上可导，且 $\alpha \leqslant \varphi(x) \leqslant \beta$，$x \in [a,b]$. 如果 $f(u)$ 在 $[\alpha,\beta]$ 上存在原函数 $F(u)$：

$$F'(u) = f(u), \quad 即 \quad \int f(u)\mathrm{d}u = F(u) + C,$$

则　$\int f[\varphi(x)]\varphi'(x)\mathrm{d}x = F[\varphi(x)] + C$　（C 为任意常数）.

【注】　(i) 第一换元法简单表示为（F 是 f 的一个原函数）：

$$\int f[\varphi(x)]\varphi'(x)\mathrm{d}x = \int f[\varphi(x)]\mathrm{d}\varphi(x) \xrightarrow{令\, u = \varphi(x)} \int f(u)\mathrm{d}u = F(u) + C = F[\varphi(x)] + C.$$

其中最重要的过程是 $\varphi'(x)\mathrm{d}x = \mathrm{d}\varphi(x) = \mathrm{d}u$，它将变量 x 换为 u，达到简化被积函数的目的. 因为简化所采用的方法是拼凑出微分 $\mathrm{d}\varphi(x)$，所以常称第一换元积分法为"凑微分"法.

(ii) 用变量替换求出原函数后，注意将新变量还原为原来的变量（参看例 A—D）.

(iii) 变量替换可以用凑微分代替，不必明示该变量替换，从而可以省略将新变量还原为原变量的手续（参看例 E、F）.

"凑微分"的过程和求原函数的思路是一样的，所以只要将基本微分公式左右两边对换、修改、增减即可列出下面基本凑微分式.

记住下面基本凑微分式便于快速计算积分.

基本凑微分公式

(1)　$k\mathrm{d}x = \mathrm{d}(kx)$（$k$ 是常数）　　　(2)　$x^{\mu}\mathrm{d}x = \dfrac{\mathrm{d}x^{\mu+1}}{\mu+1}$　（$\mu \neq -1$）

(3)　$\dfrac{1}{x}\mathrm{d}x = \mathrm{d}\ln|x|$　　　(4)　$a^x\mathrm{d}x = \dfrac{1}{\ln a}\mathrm{d}a^x$　（$a > 0, a \neq 1$）

(5)　$\sin x\,\mathrm{d}x = -\mathrm{d}\cos x$　　　(6)　$\cos x\,\mathrm{d}x = \mathrm{d}\sin x$

(7)　$\sec^2 x\,\mathrm{d}x = \mathrm{d}\tan x$　　　(8)　$\csc^2 x\,\mathrm{d}x = -\mathrm{d}\cot x$

(9)　$\sec x\tan x\,\mathrm{d}x = \mathrm{d}\sec x$　　　(10)　$\csc x\cot x\,\mathrm{d}x = -\mathrm{d}\csc x$

(11)　$\dfrac{1}{\sqrt{1-x^2}}\mathrm{d}x = \mathrm{d}\arcsin x$　　　(12)　$\dfrac{1}{1+x^2}\mathrm{d}x = \mathrm{d}\arctan x$

【例 A】　试证明（$a > 0$）：

(1)　$\displaystyle\int \dfrac{1}{\sqrt{a^2-x^2}}\mathrm{d}x = \arcsin\dfrac{x}{a} + C$;　　　(2)　$\displaystyle\int \dfrac{1}{a^2+x^2}\mathrm{d}x = \dfrac{1}{a}\arctan\dfrac{x}{a} + C$.

解：　令 $u = \dfrac{x}{a}$，则 $x = au$，$\mathrm{d}x = a\mathrm{d}u$，于是

(1)　$\displaystyle\int \dfrac{1}{\sqrt{a^2-x^2}}\mathrm{d}x = \int \dfrac{1}{\sqrt{1-u^2}}\mathrm{d}u = \arcsin u + C = \arcsin\dfrac{x}{a} + C$.

(2)　$\displaystyle\int \dfrac{1}{a^2+x^2}\mathrm{d}x = \dfrac{1}{a}\int \dfrac{1}{1+u^2}\mathrm{d}u = \dfrac{1}{a}\arctan u + C = \dfrac{1}{a}\arctan\dfrac{x}{a} + C$.

【注】　这是积分公式 (11)、(12) 的一般形式，可作为公式.

【例 B】　求不定积分 $\displaystyle\int \dfrac{1}{1+\mathrm{e}^x}\mathrm{d}x$.

解 1： 令 $t = e^x$，$x = \ln t$，$dx = \dfrac{dt}{t}$，得

$$\int \frac{1}{1+e^x} dx = \int \frac{1}{t(1+t)} dt = \int \left(\frac{1}{t} - \frac{1}{1+t} \right) dt = \ln \left| \frac{t}{1+t} \right| + C = \ln \frac{e^x}{1+e^x} + C.$$

解 2： $\displaystyle \int \frac{1}{1+e^x} dx = \int \frac{e^{-x}}{e^{-x}+1} dx \xrightarrow[\text{定理 1 注(ii)}]{\text{默认 } t = e^{-x}+1} -\int \frac{d(e^{-x}+1)}{e^{-x}+1} = -\ln(e^{-x}+1) + C.$

【注】 (i) 因 $-\ln(e^{-x}+1) = -\ln \dfrac{e^x+1}{e^x} = \ln \dfrac{e^x}{1+e^x}$，故两解法效果一致.

(ii) 验证见第二章第二(二)节[例 3]1).

【例 C】 解不定积分 $\displaystyle \int \frac{x^3+x}{(x+1)^{10}} dx$.

解： 设 $u = x+1$，则 $x = u-1$，那么

$$原式 = \int \frac{(u-1)^3 + u - 1}{u^{10}} dx = \int \frac{u^3 - 3u^2 + 4u - 2}{u^{10}} dx = \int (u^{-7} - 3u^{-8} + 4u^{-9} - 2u^{-10}) dx$$

$$= -\frac{1}{6} u^{-6} + \frac{3}{7} u^{-7} - \frac{1}{2} u^{-8} + \frac{2}{9} u^{-9} + C$$

$$= -\frac{1}{6}(x+1)^{-6} + \frac{3}{7}(x+1)^{-7} - \frac{1}{2}(x+1)^{-8} + \frac{2}{9}(x+1)^{-9} + C.$$

【例 D】 求不定积分 $\displaystyle \int \tan x \, dx$.

解 1： 令 $t = \cos x$，则 $dt = -\sin x \, dx$，即 $dx = -\dfrac{dt}{\sin x}$，于是

$$\int \tan x \, dx = \int \frac{\sin x}{\cos x} dx = -\int \frac{1}{t} dt = -\ln|t| + C = -\ln|\cos x| + C.$$

解 2： $\displaystyle \int \tan x \, dx = \int \frac{\sin x}{\cos x} dx = \int \frac{-d\cos x}{\cos x} \xrightarrow[\text{定理 1 注(ii)}]{\text{默认 } t = \cos x} -\ln|\cos x| + C.$

【例 E】 求不定积分 $\displaystyle \int \frac{1}{a^2 - x^2} dx$.

解： $\displaystyle \int \frac{1}{a^2 - x^2} dx = \int \frac{1}{(a+x)(a-x)} dx = \frac{1}{2a} \int \left(\frac{1}{a+x} + \frac{1}{a-x} \right) dx$

$$= \frac{1}{2a} \left[\int \frac{d(a+x)}{a+x} - \int \frac{d(a-x)}{a-x} \right] \xrightarrow[\text{默认 } t = a-x]{\text{默认 } u = a+x} \frac{1}{2a} \ln \left| \frac{a+x}{a-x} \right| + C.$$

【例 F】 求不定积分：

(1) $\displaystyle \int \frac{1}{\cos x} dx = \int \sec x \, dx$；　　　　(2) $\displaystyle \int \frac{1}{\sin x} dx = \int \csc x \, dx$.

解： (1) 因 $\displaystyle \int \sec x \, dx = \int \frac{\cos x}{\cos^2 x} dx = \int \frac{d\sin x}{1 - \sin^2 x} \xrightarrow[\text{例 E}]{\text{默认 } u = \sin t} \frac{1}{2} \ln \left| \frac{1+\sin x}{1-\sin x} \right| + C$，故

$$\int \sec x \, dx = \frac{1}{2} \ln \left| \frac{(1+\sin x)^2}{1 - \sin^2 x} \right| + C = \ln \left| \frac{1+\sin t}{\cos t} \right| + C = \ln|\sec t + \tan t| + C.$$

(2) 因 $\displaystyle \int \csc x \, dx = \int \frac{\sin x}{\sin^2 x} dx = \int \frac{d\cos x}{\cos^2 x - 1} \xrightarrow[\text{例 E}]{\text{默认 } u = \sin t} \frac{1}{2} \ln \left| \frac{\cos x - 1}{\cos x + 1} \right| + C$，故

$$\int \csc x \, dx = \frac{1}{2} \ln \left| \frac{(1-\cos x)^2}{1 - \cos^2 x} \right| + C = \ln \left| \frac{1-\cos x}{\sin x} \right| + C = \ln|\csc x - \cot x| + C..$$

【例 G】 求不定积分 $\displaystyle \int \sec^3 x \, dx$.

解：　原式 $= \displaystyle\int \dfrac{\cos x}{\cos^4 x} \mathrm{d}x = \int \dfrac{\mathrm{d}\sin x}{(1-\sin^2 x)^2} \xlongequal{u=\sin x} \int \dfrac{\mathrm{d}u}{(1-u^2)^2} = \dfrac{1}{4} \int \left(\dfrac{1}{1+u} + \dfrac{1}{1-u} \right)^2 \mathrm{d}u$

$$= \dfrac{1}{4} \int \left[\dfrac{1}{(1+u)^2} + \dfrac{1}{(1-u)^2} + \dfrac{2}{1-u^2} \right] \mathrm{d}u = \dfrac{1}{4} \left[\int \dfrac{\mathrm{d}(1+u)}{(1+u)^2} - \int \dfrac{\mathrm{d}(1-u)}{(1-u)^2} + \int \dfrac{2\mathrm{d}u}{1-u^2} \right]$$

$$\xlongequal{[\text{例 E}]} \dfrac{1}{4} \left(\dfrac{-1}{1+u} + \dfrac{1}{1-u} + \ln\left|\dfrac{1+u}{1-u}\right| \right) + C = \dfrac{1}{4} \left(\dfrac{2u}{1-u^2} + \ln\left|\dfrac{1+u}{1-u}\right| \right) + C$$

$$= \dfrac{1}{4} \left(\dfrac{2\sin x}{1-\sin^2 x} + \ln\left|\dfrac{1+\sin x}{1-\sin x}\right| \right) + C = \dfrac{1}{4} \left(2\sec x \tan x + 2\ln\left|\dfrac{1+\sin x}{\cos x}\right| \right)$$

得　$\displaystyle\int \sec^3 x \, \mathrm{d}x = \dfrac{1}{2} \left(\sec x \tan x + \ln\left|\dfrac{1+\sin x}{\cos x}\right| \right) = \dfrac{1}{2} \sec x \tan x + \dfrac{1}{2} \ln|\sec x + \tan x| + C.$

【例 H】　设 $f(x)$ 为可导函数，且 $f'(\sin x) = \cos 2x$，求 $\displaystyle\int f(x) \mathrm{d}x$.

解：　因 $\cos 2x = 1 - 2\sin^2 x$，故令 $t = \sin x$ 即得 $f'(t) = 1 - 2t^2$，从而

$$f(t) = \int (1 - 2t^2) \mathrm{d}t = \int \mathrm{d}t - 2\int t^2 \mathrm{d}t = t - \dfrac{2}{3} t^3 + C_1.$$

于是（C_1、C_2 为任意常数）

$$\int f(x) \mathrm{d}x = \int \left(x - \dfrac{2}{3} x^3 + C_1 \right) \mathrm{d}x = \dfrac{1}{2} x^2 - \dfrac{1}{6} x^4 + C_1 x + C_2.$$

2. 第二换元积分法

(1)　**【定理 2】**　设 $f(x)$ 在 $[\alpha, \beta]$ 上有定义，$x = \varphi(t)$ 在 $[a, b]$ 上可导，且 $\alpha \leqslant \varphi(t) \leqslant \beta$，$\varphi'(t) \neq 0$，$\forall t \in [a, b]$. 又设 $f(\varphi(t))\varphi'(t)$ 在 $[a, b]$ 上存在原函数 $F(t)$，即

$$\int f[\varphi(t)]\varphi'(t) \mathrm{d}t = F(t) + C.$$

那么若设 $\varphi^{-1}(x)$ 是 $x = \varphi(t)$ 的反函数，则

$$\int f(x) \mathrm{d}x = F[\varphi^{-1}(x)] + C. \quad （C 为任意常数.）$$

【注】　(i) 第二换元积分法是直接针对积分变量的变换；

(ii) 条件 $\varphi'(t) \neq 0, t \in [a, b]$ 保证 $x = \varphi(t)$ 存在反函数 $t = \varphi^{-1}(x)$；

(iii) 要注意变量还原的技巧，特别是三角变换所应用的辅助三角形法.

(2)　常见三角代换（$a > 0$）：

当采用三角变换时，我们经常为是否必要规定新变量的取值范围而困惑. 其实读者不必过于在意此事，只要便于解题即可（参看下面第 3 节的附注"关于积分换元法的特别说明"）. 不过为了方便起见，本书在三角变换中常标出自变量的某个适用的取值范围.

① 被积函数含 $\sqrt{a^2 - x^2}$ 时 $\Longleftrightarrow$ 可设 $x = a\sin t$ $\left(-\dfrac{\pi}{2} < t < \dfrac{\pi}{2} \right)$；

② 被积函数含 $\sqrt{a^2 + x^2}$ 时 $\Longleftrightarrow$ 可设 $x = a\tan t$ $\left(-\dfrac{\pi}{2} < t < \dfrac{\pi}{2} \right)$；

③ 被积函数含 $\sqrt{x^2 - a^2}$ 时 $\Longleftrightarrow$ 可设 $x = a\sec t$ $\left(0 < t < \dfrac{\pi}{2} \right)$.

当然采用变量代换运算后要将新变量还原为原来的变量.

【例 I】　求不定积分 $\int \sqrt{a^2 - x^2}\,\mathrm{d}x$　$(a > 0)$.

解：　令 $x = a\sin t$，得 $\mathrm{d}x = a\cos t\mathrm{d}t$，$\sin t = \dfrac{x}{a}$，$\cos t = \dfrac{\sqrt{a^2 - x^2}}{a}$，于是

$$\int \sqrt{a^2 - x^2}\,\mathrm{d}x = \int \sqrt{a^2 - (a\sin t)^2} \cdot a\cos t\mathrm{d}t = a^2 \int \cos^2 t\mathrm{d}t$$

$$= a^2 \int \frac{1 + \cos 2t}{2}\mathrm{d}t = \frac{a^2}{2}\left(t + \frac{1}{2}\sin 2t\right) + C.$$

$$= \frac{a^2}{2}(t + \sin t\cos t) + C = \frac{a^2}{2}\arcsin \frac{x}{a} + \frac{x}{2}\sqrt{a^2 - x^2} + C.$$

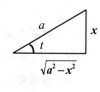

图 4-2-1

【注】　验证见第二章第二(二)节[例 2](5).

【例 J】　求不定积分 $\int \sqrt{x^2 - a^2}\,\mathrm{d}x$　$(a > 0)$.

解：　令 $x = a\sec t$，则 $\mathrm{d}x = a\sec t \cdot \tan t\mathrm{d}t$. 再根据

例 F 和例 G，可得 $\left(C = \dfrac{a^2}{2}\ln a + C_1\right)$

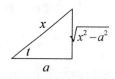

图 4-2-2

$$\int \sqrt{x^2 - a^2}\,\mathrm{d}x = \int a^2 \sec t \cdot \tan^2 t\mathrm{d}t = a^2 \int \sec^3 t\mathrm{d}t - a^2 \int \sec t\mathrm{d}t$$

$$= \frac{a^2}{2}\sec t\tan t - \frac{a^2}{2}\ln|\sec t + \tan t| + C_1$$

$$= \frac{a^2}{2}\left(\frac{x\sqrt{x^2 - a^2}}{a^2} - \ln\left|\frac{\sqrt{x^2 - a^2} + x}{a}\right|\right) + C_1 = \frac{x}{2}\sqrt{x^2 - a^2} - \frac{a^2}{2}\ln\left|\sqrt{x^2 - a^2} + x\right| + C.$$

【例 K】　求不定积分 $\int \sqrt{x^2 + a^2}\,\mathrm{d}x$　$(a > 0)$.

解：　设 $x = a\tan t$，则 $\mathrm{d}x = a\sec^2 t\mathrm{d}t$，于是

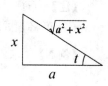

图 4-2-3

$$\int \sqrt{x^2 + a^2}\,\mathrm{d}x = a^2 \int \sec^3 t\mathrm{d}t = \frac{a^2}{2}\sec t\tan t + \frac{a^2}{2}\ln|\sec t + \tan t| + C_1$$

$$= \frac{x}{2}\sqrt{x^2 + a^2} + \frac{a^2}{2}\ln|x + \sqrt{x^2 + a^2}| + C \quad \left(C = -\frac{a^2}{2}\ln a + C_1\right).$$

【注】　例 I 和例 J 验证见第(一)节例 D.

【例 L】　求不定积分 $\int \dfrac{1}{\sqrt{x^2 - a^2}}\mathrm{d}x$　$(a > 0)$.

解：　令 $x = a\sec t$，则 $\mathrm{d}x = a\sec t \cdot \tan t\mathrm{d}t$，那么 $(C = -\ln a + C_1)$

$$\int \frac{1}{\sqrt{x^2 - a^2}}\mathrm{d}x = \int \frac{a\sec t\tan t}{a\sqrt{\sec^2 t - 1}}\mathrm{d}t = \int \sec t\mathrm{d}t = \ln|\sec x + \tan x| + C_1$$

$$\xlongequal[\text{图 4-2-2}]{\text{参看}} \ln\left|\frac{x}{a} + \frac{\sqrt{x^2 - a^2}}{a}\right| + C_1 = \ln|x + \sqrt{x^2 - a^2}| + C.$$

【例 M】　求不定积分 $\int \dfrac{1}{\sqrt{x^2 + a^2}}\mathrm{d}x$　$(a > 0)$.

解：　设 $x = a\tan t$，则 $\mathrm{d}x = a\sec^2 t\mathrm{d}t$，于是　$(C = -\ln a + C_1)$

$$\int \frac{1}{\sqrt{x^2 + a^2}}\mathrm{d}x = \int \frac{a\sec^2 t}{a\sqrt{\tan^2 t + 1}}\mathrm{d}t = \int \sec t\mathrm{d}t = \ln|\sec t + \tan t| + C_1$$

$$\xlongequal[\text{图 4-2-3}]{\text{参看}} \ln\left|\frac{\sqrt{a^2 + x^2}}{a} + \frac{x}{a}\right| + C_1 = \ln|x + \sqrt{a^2 + x^2}| + C.$$

3. 简单的无理积分

前面已涉及含变量 x 之多种根式的不定积分,这里再讨论三类无理积分的换元法,其被积函数为下述类型:

$$R(x, \sqrt[n]{ax+b}), \quad R\left(x, \sqrt[n]{\frac{ax+b}{cx+d}}\right), \quad R(x, \sqrt{ax^2+bx+c}).$$

其中 R 表示有理函数,下面介绍三种常见的变换. 在无理积分运算中,解题的方法可概括为:作代换去掉根号,化为有理函数的积分,运算后再将新变量还原为原来的变量.

① 当被积函数含根式 $\sqrt[n]{ax+b}$ 可考虑令 $\sqrt[n]{ax+b} = t$,则得

$$x = \frac{1}{a}(t^n - b) \quad \text{和} \quad \mathrm{d}x = \frac{n}{a}t^{n-1}\mathrm{d}t,$$

它们都是变量 t 的有理式,那么积分被简化,化为有理函数的积分.

② 当被积函数含根式 $\sqrt{\frac{ax+b}{cx+d}}$ 可考虑令 $\sqrt{\frac{ax+b}{cx+d}} = t$,则得

$$x = \frac{dt^2 - b}{a - ct^2} \quad \text{和} \quad \mathrm{d}x = \frac{2(ad-cb)t}{(a-ct^2)^2}\mathrm{d}t,$$

它们都是变量 t 的有理式,那么积分被简化,化为有理函数的积分.

③* 当被积函数含根式 $\sqrt{ax^2+bx+c}$ $(a>0)$ 可考虑令 $\sqrt{ax^2+bx+c} = t - \sqrt{a}x$,则得

$$x = \frac{t^2 - c}{b + 2\sqrt{a}t} \quad \text{和} \quad \mathrm{d}x = \frac{2(\sqrt{a}t^2 + bt + c\sqrt{a})}{(b+2\sqrt{a}t)^2}\mathrm{d}t,$$

它们都是变量 t 的有理式,那么积分被简化,化为有理函数的积分.

【注】 (i) 若 $c>0$,可令 $x = 1/u$ 将根式 $\sqrt{ax^2+bx+c}$ 化为 $a>0$ 的情形.
(ii) 可将根式 ax^2+bx+c 配方化为再应用第 2(2) 节的三角代换进行解题.

【例 N】 求不定积分 $\displaystyle\int \frac{1}{\sqrt{x^2-x}}\mathrm{d}x$ $(a>0)$.

解 1: 令 $\sqrt{x^2-x} = x - t$,则 $x = \dfrac{t^2}{2t-1}$, $\mathrm{d}x = \dfrac{2t(t-1)}{(2t-1)^2}\mathrm{d}t$,那么

$$\int \frac{1}{\sqrt{x^2-x}}\mathrm{d}x = \int \frac{2t-1}{-t^2+t} \cdot \frac{2t(t-1)}{(2t-1)^2}\mathrm{d}t = -\int \frac{2}{2t-1}\mathrm{d}t = -\ln|2t-1| + C$$

$$= 2\ln \frac{\sqrt{x}}{|x - \sqrt{x^2-x}|} + C = 2\ln \frac{\sqrt{x} \cdot |x + \sqrt{x^2-x}|}{|x|} + C$$

$$= 2\ln |\sqrt{x} + \sqrt{x-1}| + C.$$

解 2: $\displaystyle\int \frac{1}{\sqrt{x^2-x}}\mathrm{d}x = \int \frac{1}{\sqrt{x} \cdot \sqrt{x-1}}\mathrm{d}x = \int \frac{2}{\sqrt{(\sqrt{x})^2 - 1}}\mathrm{d}\sqrt{x} \xlongequal{\text{例 L}} 2\ln|\sqrt{x} + \sqrt{x-1}| + C.$

【例 O】 求积分 $\displaystyle\int \frac{1}{x}\sqrt{1 + \frac{1}{x}}\mathrm{d}x$.

解: 令 $\sqrt{1 + \dfrac{1}{x}} = t$,则 $x = \dfrac{1}{t^2-1}$, $\mathrm{d}x = -\dfrac{2t\mathrm{d}t}{(t^2-1)^2}$,于是

$$\int \frac{1}{x}\sqrt{1 + \frac{1}{x}}\mathrm{d}x = -2\int \left(1 + \frac{1}{t^2-1}\right)\mathrm{d}t \xlongequal{\text{例 E}} 2t - \ln\frac{t-1}{t+1} + C$$

$$= -2\sqrt{1 + \frac{1}{x}} - 2\ln\left(\sqrt{1 + \frac{1}{x}} - 1\right) - \ln|x| + C.$$

【注】　本题验证见第二篇第二章杂难题与综合题解[例1(1)].

【例 P】　$\displaystyle\int \frac{1}{\sqrt{x^2+2x+2}}\mathrm{d}x = \int \frac{1}{\sqrt{(x+1)^2+1}}\mathrm{d}x \xrightarrow[\text{参看例 M}]{x+1=\tan t} \int \sec t\,\mathrm{d}t$

$\displaystyle = \ln|\sec t + \tan t| + C_1 = \ln\left|x+1+\sqrt{1+(x+1)^2}\right| + C.$

【习题 4.2】(不定积分换元法)

1.求不定积分($a>0$):

(1) $\displaystyle\int \frac{3x^3}{1-x^4}\mathrm{d}x$;

(2) $\displaystyle\int \mathrm{e}^{\sec x}\sec x\tan x\mathrm{d}x$;

(3) $\displaystyle\int \frac{x\mathrm{d}x}{\sqrt{a^2-x^4}}$;

(4) $\displaystyle\int (2+\sqrt{x})^{100}\mathrm{d}x$;

(5) $\displaystyle\int \frac{1}{1+\sqrt{2x}}\mathrm{d}x$;

(6) $\displaystyle\int \frac{\cos x - \sin x}{\sqrt[3]{\cos x + \sin x}}\mathrm{d}x$.

2.求不定积分:

(1) $\displaystyle\int \frac{1}{\sqrt{x}+\sqrt[3]{x}}\mathrm{d}x$;

(2) $\displaystyle\int \frac{1}{x\sqrt{1+\ln x}}\mathrm{d}x$;

(3) $\displaystyle\int \frac{x^5+x^2}{(2+x^3)^4}\mathrm{d}x$;

(4) $\displaystyle\int \frac{\mathrm{d}x}{x^2-4x+3}$.

3.求不定积分($a>0$):

(1) $\displaystyle\int \frac{x^2\mathrm{d}x}{\sqrt{(a^2-x^2)^3}}$;

(2) $\displaystyle\int \frac{1-\ln x}{(x-\ln x)^2}\mathrm{d}x$;

(3) $\displaystyle\int \frac{\mathrm{d}x}{x^2\sqrt{1+x^2}}\ (x>0)$;

(4) $\displaystyle\int \frac{\mathrm{d}x}{\sqrt{(x^2-a^2)^3}}$;

(5) $\displaystyle\int \frac{\mathrm{d}x}{(a^2+x^2)^2}$;

(6) $\displaystyle\int \sqrt{\frac{a+x}{a-x}}\mathrm{d}x$.

4.求不定积分($a>0$):

(1) $\displaystyle\int \frac{\mathrm{d}x}{\sqrt{\mathrm{e}^x-2}}$;

(2) $\displaystyle\int \frac{1}{2+\cos x}\mathrm{d}x$;

(3) $\displaystyle\int \frac{\mathrm{d}x}{\sqrt[3]{(x-1)^2(x-2)^4}}$;

(4) $\displaystyle\int \frac{\ln\tan x}{\sin 2x}\mathrm{d}x$;

(5) $\displaystyle\int \frac{x\mathrm{d}x}{\sqrt{1+x^2+\sqrt{(1+x^2)^3}}}$;

(6) $\displaystyle\int \frac{\sin x\cos x}{1+\sin^4 x}\mathrm{d}x$;

(7) $\displaystyle\int \frac{\arctan\sqrt{x}}{\sqrt{x}(1+x)}\mathrm{d}x$;

(8) $\displaystyle\int \frac{1}{1+\sin x}\mathrm{d}x$.

5.求不定积分($a>0$):

(1) $\displaystyle\int \frac{1}{(1+\sqrt[3]{x})\sqrt{x}}\mathrm{d}x$;

(2) $\displaystyle\int \frac{\sqrt{x}}{\sqrt[4]{(1-x^2)^7}}\mathrm{d}x$;

(3) $\displaystyle\int \frac{\mathrm{d}x}{x\sqrt{x^2-1}}$.

（三）分部积分法

1. 分部积分公式、常规例题和需要关注的问题

（1）【定理】　设函数 $u=u(x)$ 和 $v=v(x)$ 具有连续导数，那么有分部积分公式：

$$\text{(i)} \int uv'\mathrm{d}x = uv - \int u'v\mathrm{d}x \quad \text{或} \quad \text{(ii)} \int u\mathrm{d}v = uv - \int v\mathrm{d}u.$$

（2）常规例题

【例A】　求(1) $\int x2^x\mathrm{d}x$；　　　　(2) $\int x^2\ln x\mathrm{d}x$；　　　　(3) $\int \arccos x\mathrm{d}x$.

解：　(1) $\int x2^x\mathrm{d}x = \dfrac{1}{\ln 2}\int x\,\mathrm{d}2^x = \dfrac{1}{\ln 2}\left(x2^x - \int 2^x\mathrm{d}x\right) = \dfrac{1}{\ln 2}\cdot x2^x - \dfrac{1}{\ln^2 2}\cdot 2^x + C.$

(2) $\int x^2\ln x\mathrm{d}x = \dfrac{1}{3}\int \ln x\mathrm{d}x^3 = \dfrac{1}{3}\left(x^3\ln x - \int x^2\mathrm{d}x\right) = \dfrac{x^3\ln x}{3} - \dfrac{x^3}{9} + C.$

(3) $\int \arccos x\mathrm{d}x = x\arccos x - \int x\mathrm{d}\arccos x = x\arccos x - \int\left(-\dfrac{x}{\sqrt{1-x^2}}\right)\mathrm{d}x$

$$= x\arccos x - \int \dfrac{\mathrm{d}(1-x^2)}{2\sqrt{1-x^2}} = x\arccos x - \sqrt{1-x^2} + C.$$

（3）积分的分部积分法需要关注的两个问题

(i) 如何判断积分必须采用分部积分法？

(ii) 如何在被积函数中确定定理公式中的函数 u、v？

由于两个问题都没有固定的规律可循，所以不同教材所提倡的解题思路不尽相同. 问题(i)将在本章"二、解题方法与典型、综合例题"中涉及. 至于问题(ii)，本书倾向于依据公式②，将其转换为寻找凑微分 $\mathrm{d}v$ 的问题进行讨论. 也就是将确定公式 ② 中的凑微分 $\mathrm{d}v$ 视为关键.

新的问题是如何在被积式中寻找因子函数以便凑成微分式？为进一步陈述此问题，现将常见的三类初等函数作为无穷大量从左至右按高阶至低阶递减排序如下：

$$a^x \ (a>1) \triangleright x^\mu \triangleright \ln^q x \qquad (n\in\mathbf{N}^+, q、\mu>0; x\to+\infty). \tag{$*$}$$

$\left(\text{参看第三章第二（三）节，其中两个无穷大量 } H(x)\triangleright G(x) \quad\Leftrightarrow\quad \lim\limits_{x\to+\infty}\dfrac{H(x)}{G(x)}=\infty.\right)$

将此排序应用到分部积分法时，理解为从左至右以左式优先考虑拼凑微分 $\mathrm{d}v$，其中 $\sin x$、$\cos x$ 与 a^x 具有同等之拼凑微分 $\mathrm{d}v$ 的优先权. 例如

$$x\mathrm{e}^x\mathrm{d}x = x\mathrm{d}\mathrm{e}^x, \quad x^2\sin x\mathrm{d}x = -x^2\mathrm{d}\cos x, \quad x^2\ln x\mathrm{d}x = \dfrac{1}{3}\ln x\mathrm{d}x^3.$$

虽然被积函数式常遇到反三函数和对数函数等微分式，如

$$\arcsin x\mathrm{d}x、\arctan x\mathrm{d}x, \ \ln x\mathrm{d}x.$$

但是，因为它们不可能进行凑微分，所以在分部积分时，根本不必考虑是否将它们凑成微分 $\mathrm{d}v$.

简言之，意欲在分部积分法时考虑五类初等函数的拼凑微分问题，只要考虑表($*$)中相关三大类函数（ⓐ 正、余弦、指数函数；ⓑ 幂函数；ⓒ 对数函数）的凑微分优先权的顺序即可.

【注】　要理解 $\sin x$、$\cos x$ 与 a^x 具有同等之拼凑微分 $\mathrm{d}v$ 的优先权的实质内涵（参看后面的例C），相关的理论依据可参考（第九章（三）引入的）有关复数的欧拉公式：

$$\mathrm{e}^{\mathrm{i}x} = \cos x + \mathrm{i}\sin x.$$

下面例B优先凑微分 $\dfrac{x}{\sqrt{1+x^2}}\mathrm{d}x = \mathrm{d}\sqrt{1+x^2}$，因 $\arctan x\mathrm{d}x$ 和 $\ln(1+x^2)\mathrm{d}x$ 不能直接凑微分.

【例 B】　求 (1) $\displaystyle\int \frac{x\ln(1+x^2)}{\sqrt{1+x^2}}\mathrm{d}x$;　　　　　　(2) $\displaystyle\int \frac{x\arctan x}{\sqrt{1+x^2}}\mathrm{d}x$.

解：　(1) $\displaystyle\int \frac{x\ln(1+x^2)}{\sqrt{1+x^2}}\mathrm{d}x = \int \frac{\ln(1+x^2)}{2\sqrt{1+x^2}}\mathrm{d}(1+x^2) = \int \ln(1+x^2)\mathrm{d}\sqrt{1+x^2}$

$$= \sqrt{1+x^2}\ln(1+x^2) - \int \frac{1}{\sqrt{1+x^2}}\mathrm{d}(1+x^2) = \sqrt{1+x^2}\ln(1+x^2) - 2\sqrt{1+x^2} + C.$$

(2) $\displaystyle\int \frac{x\arctan x}{\sqrt{1+x^2}}\mathrm{d}x = \int \frac{\arctan x}{2\sqrt{1+x^2}}\mathrm{d}(1+x^2) = \int \arctan x\,\mathrm{d}\sqrt{1+x^2}$

$$= \sqrt{1+x^2}\arctan x - \int \sqrt{1+x^2}\,\mathrm{d}\arctan x = \sqrt{1+x^2}\arctan x - \int \frac{1}{\sqrt{1+x^2}}\mathrm{d}x$$

$$\xlongequal[\text{例 L}]{\text{第一(二)2 节}} \sqrt{1+x^2}\arctan x - \ln(x+\sqrt{1+x^2}) + C.$$

2. 分部积分法衍生两种特殊的解题方法

(1) 在应用分部积分运算积分式 I 时，其过程中可能出现原积分式 I 的单项式（系数 $\neq 1$），此时称为"产生循环"，于是可通过类似于解方程的方法解出积分 I.

【例 C】　求不定积分 $I = \displaystyle\int \mathrm{e}^x\sin x\,\mathrm{d}x$.

解 1：　因 $I = \displaystyle\int \sin x\,\mathrm{d}\mathrm{e}^x = \mathrm{e}^x\sin x - \int \mathrm{e}^x\cos x\,\mathrm{d}x = \mathrm{e}^x\sin x - \int \cos x\,\mathrm{d}\mathrm{e}^x$

$$= \mathrm{e}^x\sin x - \left(\mathrm{e}^x\cos x - \int \mathrm{e}^x\sin x\,\mathrm{d}x\right) = \mathrm{e}^x(\sin x - \cos x) - I,$$

故 $I = \displaystyle\int \mathrm{e}^x\sin x\,\mathrm{d}x = \frac{\mathrm{e}^x}{2}(\sin x - \cos x) + C.$

解 2：　因 $I = -\displaystyle\int \mathrm{e}^x\,\mathrm{d}\cos x = -\mathrm{e}^x\cos x + \int \mathrm{e}^x\cos x\,\mathrm{d}x = -\mathrm{e}^x\cos x + \int \mathrm{e}^x\,\mathrm{d}\sin x$

$$= -\mathrm{e}^x\cos x + \left(\mathrm{e}^x\sin x - \int \mathrm{e}^x\sin x\,\mathrm{d}x\right) = \mathrm{e}^x(\sin x - \cos x) - I,$$

故 $I = \displaystyle\int \mathrm{e}^x\sin x\,\mathrm{d}x = \frac{\mathrm{e}^x}{2}(\sin x - \cos x) + C.$

【例 D】　(第一(二)1 节例 G 另解) 求不定积分 $\displaystyle\int \sec^3 t\,\mathrm{d}t$

解：　因 $I = \displaystyle\int \sec^3 t\,\mathrm{d}t = \int \sec t\,\mathrm{d}\tan t = \sec t\tan t - \int \tan^2 t\sec t\,\mathrm{d}t$

$$= \sec t\tan t - \left(\int \sec^3 t\,\mathrm{d}t - \int \sec t\,\mathrm{d}t\right) = \sec t\tan t - I + \int \sec t\,\mathrm{d}t,$$

故得　$I = \dfrac{1}{2}\left(\sec t\tan t + \displaystyle\int \sec t\,\mathrm{d}t\right) \xlongequal[\text{例 F}]{\text{第一(二)1 节}} \dfrac{1}{2}\sec t\tan t + \dfrac{1}{2}\ln|\sec t + \tan t| + C.$

(2) 有些积分按自然数成一列，可通过递推方法解出该列积分

【例 E】　求 $I_n = \displaystyle\int \frac{\mathrm{d}x}{(x^2+a^2)^n}$　$(n = 1, 2, 3, \cdots)$.

解 1：　$I_n \xlongequal[\text{积分}]{\text{分部}} \dfrac{x}{(x^2+a^2)^n} - \displaystyle\int x\,\mathrm{d}\dfrac{1}{(x^2+a^2)^n} = \dfrac{x}{(x^2+a^2)^n} + n\int \dfrac{2x^2\,\mathrm{d}x}{(x^2+a^2)^{n+1}}$

$$= \dfrac{x}{(x^2+a^2)^n} + 2n\int \dfrac{x^2+a^2-a^2}{(x^2+a^2)^{n+1}}\mathrm{d}x = \dfrac{x}{(x^2+a^2)^n} + 2n(I_n - a^2 I_{n+1}),$$

由此得递推公式：$I_{n+1} = \dfrac{1}{2na^2} \dfrac{x}{(x^2+a^2)^n} + \dfrac{2n-1}{2na^2} I_n.$

解 2： $I_n \xrightarrow[(n>1)]{\text{恒等变换}} \dfrac{1}{a^2} \displaystyle\int \dfrac{(x^2+a^2)-x^2}{(x^2+a^2)^n} \mathrm{d}x = \dfrac{1}{a^2} \left[I_{n-1} - \displaystyle\int \dfrac{x^2}{(x^2+a^2)^n} \mathrm{d}x \right]$

$$= \dfrac{1}{a^2} \left[I_{n-1} - \int \dfrac{x}{(x^2+a^2)^n} \dfrac{\mathrm{d}(x^2+a^2)}{2} \right] = \dfrac{1}{a^2} \left[I_{n-1} - \int \dfrac{x}{2} \cdot \dfrac{\mathrm{d}(x^2+a^2)^{1-n}}{1-n} \right]$$

$$= \dfrac{1}{a^2} \left\{ I_{n-1} - \dfrac{1}{2(1-n)} \left[x(x^2+a^2)^{1-n} - I_{n-1} \right] \right\}.$$

由此得当 $n > 1$ 时的递推公式：$I_n = \dfrac{1}{2(n-1)a^2} \dfrac{x}{(x^2+a^2)^{n-1}} + \dfrac{2n-3}{2a^2(n-1)} I_{n-1}.$

【注】 若先计算：$I_1 = \displaystyle\int \dfrac{\mathrm{d}x}{x^2+a^2} = \dfrac{1}{a}\arctan\dfrac{x}{a} + C$，根据上述公式即可依次推得：

$$I_2 = \dfrac{1}{2a^2} \dfrac{x}{(x^2+a^2)} + \dfrac{1}{2a^2} \left[\dfrac{1}{a}\arctan\dfrac{x}{a} \right] + C,$$

$$I_3 = \dfrac{1}{4a^2} \dfrac{x}{(x^2+a^2)^2} + \dfrac{3}{4a^2} \left[\dfrac{1}{2a^2} \dfrac{x}{(x^2+a^2)} + \dfrac{1}{2a^3}\arctan\dfrac{x}{a} \right] + C,$$

……

也就是说最后可推得所有的 I_n $(n = 1, 2, 3, \cdots)$.

【习题 4.3】(分部积分法)

1.求不定积分$(a \neq 0)$：

(1) $\displaystyle\int \arccos x \mathrm{d}x$；

(2) $\displaystyle\int x^3 \ln x \mathrm{d}x$；

(3) $\displaystyle\int x^2 \mathrm{e}^{-x} \mathrm{d}x$；

(4) $\displaystyle\int x^2 \sin x \mathrm{d}x$.

2.求不定积分：

(1) $\displaystyle\int \arctan\sqrt{x} \mathrm{d}x$；

(2) $\displaystyle\int \mathrm{e}^{\sqrt{x}} \mathrm{d}x$；

(3) $\displaystyle\int \sqrt{4-x^2} \mathrm{d}x$；

(4) $\displaystyle\int \dfrac{1+\sin x}{1+\cos x} \mathrm{e}^x \mathrm{d}x$；

(5) $\displaystyle\int \sin(\ln x) \mathrm{d}x$；

(6) $\displaystyle\int \dfrac{x\arctan x}{\sqrt{1+x^2}} \mathrm{d}x$.

3.已知 $f(x)$ 的一个原函数 e^{-x^2}，求 $\displaystyle\int x f'(x) \mathrm{d}x$.

4.已知 $f(x)$ 的一个原函数是 $\ln(x+\sqrt{1+x^2})$，求 $\displaystyle\int x f'(x) \mathrm{d}x$.

(四) 有理函数的不定积分

1.有理函数的概念

两个多项式的商(常假定分子与分母之间没有公因式) 表示的函数

$$R(x) = \dfrac{P(x)}{Q(x)} = \dfrac{a_0 x^n + a_1 x^{n-1} + \cdots + a_{n-1} x + a_n}{b_0 x^m + b_1 x^{m-1} + \cdots + b_{m-1} x + b_m}$$

称为有理函数，其中 m、$n \in \mathbf{N}^+$；a_i、$b_j \in \mathbf{R}$ $(i = 0, 1, \cdots, n; \ j = 0, 1, \cdots, m)$；$a_0 \neq 0, b_0 \neq 0$.

且当 $n < m$ 时该有理函数称为真分式；当 $n \geqslant m$ 时该有理函数称为假分式.

【例 A】　用辗转相除法将假分式有理函数化为"多项式"与"真分式"之和：

$$R(x) = \frac{2x^4 + x^3 + 3x^2 + 5x + 10}{x^2 - x + 1}.$$

解：

$$
\begin{array}{r}
2x^2+3x+4 \quad (\text{商式}) \\
x^2-x+1\overline{\smash{\big)}\ 2x^4+x^3+3x^2+5x+10} \\
\underline{2x^4-2x^3+2x^2} \\
3x^3+x^2+5x+10 \\
\underline{3x^3-3x^2+3x} \\
4x^2+2x+10 \\
\underline{4x^2-4x+4} \\
6x+6 \quad (\text{余式})
\end{array}
$$

所以 $R(x) = 2x^2 + 3x + 4 + \dfrac{6x+6}{x^2-x+1}$.

2. 四类最简真分式的不定积分 $(p^2 - 4q < 0, n \in \mathbf{N}^+)$

(1) $\displaystyle \int \frac{A}{x-a}\mathrm{d}x = A\ln|x-a| + C$；

(2) $\displaystyle \int \frac{A}{(x-a)^n}\mathrm{d}x = \frac{A}{(1-n)\,(x-a)^{n-1}} + C \quad (n > 1)$；

(3) $\displaystyle \int \frac{Ax+B}{x^2+px+q}\mathrm{d}x = \frac{A}{2}\int \frac{2x+p}{x^2+px+q}\mathrm{d}x + \int \frac{2(2B-Ap)}{4q-p^2+(2x+p)^2}\mathrm{d}x$

$\displaystyle \qquad = \frac{A}{2}\ln|x^2+px+q| + \frac{2B-Ap}{\sqrt{4q-p^2}}\arctan\frac{2x+p}{\sqrt{4q-p^2}} + C$；

(4) $\displaystyle \int \frac{Ax+B}{(x^2+px+q)^n}\mathrm{d}x = \frac{A}{2}\int \frac{2x+p}{(x^2+px+q)^n}\mathrm{d}x + \left(B - \frac{Ap}{2}\right)\int \frac{1}{(x^2+px+q)^n}\mathrm{d}x$

$\displaystyle \qquad = \frac{A}{2(1-n)\,(x^2+px+q)^{n-1}} + \left(B - \frac{Ap}{2}\right)\int \frac{1}{(x^2+px+q)^n}\mathrm{d}x \quad (n > 1)$.

式(4)最右边第二项可用递推公式求解(参看本章第一(三)2节例E).

3*. 有理函数积分法要点

由于多项式的积分问题已解决，故本节重点讨论真分式的积分法，即讨论如何对真分式进行分项，使之化为上述四类分式之和，如果成功就可得到肯定的结论.

(1) 由代数学知，任何 m 次多项式 $Q_m(x)$ 在实数范围内总能分解成一次因式和二次质因式的乘积，即

$$Q_m(x) = b_0\,(x-a)^k \cdots (x-b)^s\,(x^2+px+q)^\alpha \cdots (x^2+rx+t)^\beta$$

其中 $b_0; a, \cdots, b; p, q, \cdots, r, t$ 为常数；$k, \cdots, s; \alpha, \cdots, \beta$ 为正整数，且

$$k + \cdots + s + 2\alpha + \cdots + 2\beta = m; \quad p^2 - 4q < 0, \cdots, r^2 - 4t < 0.$$

（2）任何一个真分式 $\dfrac{P_n(x)}{Q_m(x)}$ 均可唯一地分解为若干个分式之和（见下面定理）．

（i）分母中若有因式 $(x-a)^k$，则分解式含

$$\dfrac{A_1}{(x-a)}+\dfrac{A_2}{(x-a)^2}+\cdots+\dfrac{A_k}{(x-a)^k},$$

其中 $A_1,\cdots,A_k$ 都是常数．特殊地：当 $k=1$ 时，分解式只含 $\dfrac{A}{x-a}$；

（ii）分母中若有因式 $(x^2+px+q)^k\ \ (p^2-4q<0)$，则分解式含

$$\dfrac{M_1x+N_1}{(x^2+px+q)}+\dfrac{M_2x+N_2}{(x^2+px+q)^2}+\cdots+\dfrac{M_kx+N_k}{(x^2+px+q)^k},$$

其中 M_i,N_i 都是常数 $(i=1,2,\cdots,k)$．特殊地：当 $k=1$ 时，分解式只含 $\dfrac{Mx+N}{x^2+px+q}$．

【定理】　（部分分式展开定理）：设 $\dfrac{P(x)}{Q(x)}$ 是有理函数真分式，那么

$$\begin{aligned}\dfrac{P(x)}{Q(x)}=&\dfrac{A_2}{(x-a)}+\dfrac{A_2}{(x-a)^2}+\cdots+\dfrac{A_k}{(x-a)^k}+\cdots\\&+\dfrac{B_1}{(x-b)}+\dfrac{B_2}{(x-b)^2}+\cdots+\dfrac{B_s}{(x-b)^s}\\&+\dfrac{P_1x+Q_1}{x^2+px+q}+\dfrac{P_2x+Q_2}{(x^2+px+q)^2}+\cdots+\dfrac{P_ax+Q_a}{(x^2+px+q)^a}+\cdots\\&+\dfrac{R_1x+H_1}{x^2+rx+h}+\cdots+\dfrac{R_2x+H_2}{(x^2+rx+h)^2}+\cdots+\dfrac{R_\beta x+H_\beta}{(x^2+rx+h)^\beta}\end{aligned}$$

其中 $k,\cdots,s;\alpha,\cdots,\beta$ 为正整数．

【注】　至此，根据定理，任何有理函数都可以化为整式及四类最简真分式的和，从而其不定积分都可解，即其原函数皆为初等的（参看下面例 B，它是例 A 的续）．

【例 B】　$\displaystyle\int\dfrac{2x^4+x^3+3x^2+5x+10}{x^2-x+1}\mathrm{d}x=\int(2x^2+3x+4)\mathrm{d}x+\int\dfrac{6x+6}{x^2-x+1}\mathrm{d}x$

$\qquad=\displaystyle\int(2x^2+3x+4)\mathrm{d}x+3\int\dfrac{2x-1}{x^2-x+1}\mathrm{d}x+9\int\dfrac{1}{(x-1/2)^2+3/4}\mathrm{d}x$

$\qquad=\dfrac{2}{3}x^3+\dfrac{3}{2}x^2+4x+3\ln|x^2-x+1|+6\sqrt{3}\arctan\dfrac{2x-1}{\sqrt{3}}+C.$

4. 三角函数有理式的不定积分

由三角函数和常数经过有限次四则运算构成的函数称为三角有理式，结构上相当于用三角函数代替有理函数的自变量而得之．三角有理式一般表示为 $R(\sin x,\cos x)$．

第一章第 O（四）1（8）节已介绍了三角万能公式，此处进行变量替换 —— 万能置换公式：

令 $u=\tan\dfrac{x}{2}$，则 $x=2\arctan u$，于是

$$\sin x=\dfrac{2u}{1+u^2},\qquad\cos x=\dfrac{1-u^2}{1+u^2},\qquad\mathrm{d}x=\dfrac{2}{1+u^2}\mathrm{d}u.$$

从而　$\displaystyle\int R(\sin x,\cos x)\mathrm{d}x=\int R\left(\dfrac{2u}{1+u^2},\dfrac{1-u^2}{1+u^2}\right)\cdot\dfrac{2}{1+u^2}\mathrm{d}u.$

【注】　（i）这说明，所有三角有理函数都可化为变量为半角之正切 $u(=\tan\dfrac{x}{2})$ 的有理函数进行积分，然后再用此式代回得出结果．

（ii）采用万能置换公式计算积分常用到待定系数法，它将在第二（二）6 节介绍之．

【例 C】　求积分 $\displaystyle\int \frac{1}{\tan\dfrac{x}{2}+1-\cos x}\mathrm{d}x.$

解：　令 $u=\tan\dfrac{x}{2}$，则 $\sin x=\dfrac{2u}{1+u^2}$，$\cos x=\dfrac{1-u^2}{1+u^2}$，$\mathrm{d}x=\dfrac{2}{1+u^2}\mathrm{d}u$，得

$$原式=\int \frac{1}{u+1-\dfrac{1-u^2}{1+u^2}}\cdot\frac{2\mathrm{d}u}{1+u^2}=\int\frac{2}{u(1+u)^2}\mathrm{d}u=2\int\Big[\frac{1}{u}-\frac{1}{1+u}-\frac{1}{(1+u)^2}\Big]\mathrm{d}u$$

$$=2[\ln|u|-\ln|1+u|]+\frac{2}{1+u}+C=-2\ln\Big|1+\cot\frac{x}{2}\Big|+\frac{2}{1+\tan\dfrac{x}{2}}+C.$$

【注】　参看第二篇第四章杂难题与综合例题[特例 1]和[特例 2].

【习题 4.4】(有理函数的不定积分)

1. 求下列不定积分：

(1) $\displaystyle\int\frac{\mathrm{d}x}{4x^2-20x+31}$；

(2) $\displaystyle\int\frac{1}{x\,(x-1)^2}\mathrm{d}x$；

(3) $\displaystyle\int\frac{1}{2x^3+x^2+2x+1}\mathrm{d}x$；

(4) $\displaystyle\int\frac{1}{1+\mathrm{e}^{x/2}+\mathrm{e}^{x/3}+\mathrm{e}^{x/6}}\mathrm{d}x.$

2. 利用三角万能置换公式求下列不定积分：

(1) $\displaystyle\int\frac{\tan\dfrac{x}{2}}{\tan\dfrac{x}{2}+1-\cos x}\mathrm{d}x$；

(2) $\displaystyle\int\frac{\cot x}{\sin x+\cos x-1}\mathrm{d}x$；

(3) $\displaystyle\int\tan^2\frac{x}{2}\sec x\,\mathrm{d}x.$

二、解题方法与典型、综合例题

(一) 解题方法综述

1. 解题的一个基本思路

被积函数的结构分析当然是寻找解题方法的有效途径. 例如，被积函数的分母为多项式时，原则上项数越少、越简单就越好积分；相反，分子的项数多了不是增加积分难度的根本原因，因为可以将积分式化为多个较简单积分之和而化解之. 据此，我们经常通过恒等变换将被积函数的分母因式分解，将被积函数尽量化为多个简单分式之和，然后分别进行积分.

2. 换元积分法的两个说明

(1) 第一、二类换元法的作用与关系($u=\varphi(x)$ 可导、可逆)

(i) 选用换元法 I 是因为 $\int f(u)\mathrm{d}u$ 关于自变量 u 易解出原函数 $F(u)$!

$$\int f(\varphi(x))\mathrm{d}\varphi(x)=\int f(u)\mathrm{d}u\xrightarrow{\text{求积}}F(u)+C\xrightarrow{\text{还原}}F(\varphi(x))+C.$$

(ii) 选用换元法 II 是因为 $\int f(\varphi(x))\varphi'(x)\mathrm{d}x$ 关于自变量 x 易解出原函数 $G(x)$!

$$\int f(\varphi(x))\mathrm{d}\varphi(x)=\int f(\varphi(x))\varphi'(x)\mathrm{d}x\xrightarrow{\text{求积}}G(x)+C\xrightarrow{\text{还原}}G(\varphi^{-1}(u))+C.$$

（ⅲ）第一、二类换元法关联表达式：

$$\int f(u)\,du \xrightarrow[\text{换元法 I，}\ u=\varphi(x)]{\text{换元法 II，}\ u=\varphi(x)} \int f(\varphi(x))\varphi'(x)\,dx$$

（2）关于不定积分换元法的特别说明

在变量替换过程中，自变量的取值范围将会影响积分运算，通常体现在某个因子可能相差一个"±号"（例如对 $\sqrt{1-x^2}$ 应用变换 $x=\sin t$ 时），不过我们有时忽略这一"细节"．这是因为求解不定积分的目标是寻找具有初等表达式的原函数，带有探索的性质．当然，遇到此情形要尽量注意解题的协调性（参看第（二）2 节[例 H]—[例 L]）．还有另一种忽略"细节"的情形参看后面[例 39]．人们不禁会提出疑问，如此忽略"细节"似乎有悖于数学是一门严格学科的意念．事情并非如此，因为有着一个简单的原理做理论和计算的支撑：**最终验证不定积分结果（原函数）$F(x)$ 正确与否的根本办法是计算其导函数 $F'(x)$，看它是否等于被积函数．若是，解题正确**！进而言之，求解不定积分的最重要目的是应用牛顿－莱布尼兹公式求解定积分，而在定积分计算过程中，我们将认真、精确的对待所有遇到的一切问题．

3．解难题的方法综述

（1）牢记基本公式，熟练应用这些公式解题；

（2）牢记见过的特殊例题及其特殊解题方法；

（3）记住几个被积函数简单、但求积过程繁难的积分公式，熟练应用这些公式解题．例如熟记习题 4.1Ex9 的公式 2°、3° 和 Ex10 的公式 1°、2°、3° 以便于解难题．

（4）善于综合灵活应用变量替换法、分部积分法，它们是解难题的关键．

（5）本书特别重视"凑微分"．深入理解"凑微分"的解题方法，在解过、见过的不定积分题中总结、归纳并记住有用的"凑微分"式，便于计算积分难题：

1° $\left(1\pm\dfrac{1}{x^2}\right)dx = d\left(x\mp\dfrac{1}{x}\right)$　　　　2° $\dfrac{x}{\sqrt{1\pm x^2}}dx = \pm d\sqrt{1\pm x^2}$

3° $\dfrac{1}{(x-b)^2}dx = -d\dfrac{1}{x-b}$　　　　4° $\dfrac{1}{x^2-a^2}dx = \dfrac{1}{2a}d\ln\left|\dfrac{x-a}{x+a}\right|$　$(a\neq 0)$

　　$= \dfrac{1}{a-b}d\left(\dfrac{x-a}{x-b}\right)$　$(a\neq b)$　　　　（4°：参看本章第一（二）节例 E.）

5° $\dfrac{x}{(a^2\pm x^2)^{3/2}}dx = \mp d\dfrac{1}{\sqrt{a^2\pm x^2}}$.　　6° $\dfrac{1}{(a^2\pm x^2)^{3/2}}dx = \dfrac{1}{a^2}d\dfrac{x}{\sqrt{a^2\pm x^2}}$.

（二）解题分析与典型、综合例题

1．不定积分概念的例题

【例 1】　求过点 $(1,3)$，且在任一 x 处的切线斜率为 $6x^2$ 的曲线方程．

解：　由导数的几何意义即得 $y'=k(x)=6x^2$，而 $(2x^3)'=6x^2$，故

$$y = \int 6x^2\,dx = 2x^3 + C.$$

又所求曲线过点 $(1,3)$，故有 $3=2+C$，$\therefore C=1$．因此所求曲线为

$$y = 2x^3 + 1.$$

【例 2】　设 $F(x)$ 是 $\dfrac{\sin x}{x}$ 的原函数，求 $dF(x)$、$dF(x^2)$.

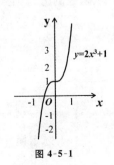

图 4-5-1

解：　由于 $F(x)$ 是 $\dfrac{\sin x}{x}$ 的原函数，故

$$\mathrm{d}F(x) = F'(x)\mathrm{d}x = \frac{\sin x}{x}\mathrm{d}x.$$

令 $u = x^2$，则 $\mathrm{d}F(x^2) = \mathrm{d}F(u) = F'(u)\mathrm{d}u = \dfrac{\sin u}{u} \cdot 2x\mathrm{d}x = \dfrac{2\sin x^2}{x}\mathrm{d}x.$

【例 3】　设 e^{-3x} 是函数 $f(x)$ 的一个原函数，求 $\displaystyle\int f(-2x)\mathrm{d}x.$

解：　因 $f(x) = (\mathrm{e}^{-3x})' = -3\mathrm{e}^{-3x}$，故 $f(-2x) = -3\mathrm{e}^{6x}$．又 $\left(-\dfrac{1}{2}\mathrm{e}^{6x}\right)' = -3\mathrm{e}^{6x}$，所以

$$\int f(-2x)\mathrm{d}x = -3\int \mathrm{e}^{6x}\mathrm{d}x = -\frac{1}{2}\mathrm{e}^{6x} + C.$$

【例 4】设可导函数 $f(x) \neq 0, f(0) = 1$．又 $[f(x)]^2$ 是 $f(x)\cos x$ 的一个原函数，求 $f(x)$．

解：　因 $f(x)\cos x = \{[f(x)]^2\}' = 2f(x)f'(x)$，故 $f'(x) = \dfrac{1}{2}\cos x$，则

$$f(x) = \frac{1}{2}\int \cos x\mathrm{d}x = \frac{1}{2}\sin x + C.$$

令 $x = 0$ 得 $C = f(0) = 1$，所以 $f(x) = \dfrac{1}{2}\sin x + 1.$

2.最简单的不定积分

（1）非三角函数的直接积分法

首先如必要，可对被积函数进行恒等变形．若能化为多个简单函数或有理式之和，就可逐一根据积分基本性质和积分表求出积分．

【例 5】　求不定积分 $\displaystyle\int 2^x(\mathrm{e}^x - 5)\mathrm{d}x.$

解：　原式 $= \displaystyle\int [(2\mathrm{e})^x - 5 \cdot 2^x]\mathrm{d}x = \dfrac{(2\mathrm{e})^x}{\ln(2\mathrm{e})} - 5 \cdot \dfrac{2^x}{\ln 2} + C = 2^x\left[\dfrac{\mathrm{e}^x}{\ln 2 + 1} - \dfrac{5}{\ln 2}\right] + C.$

【例 6】　(1) $\displaystyle\int \dfrac{2x^2 + 1}{x^2(x^2 + 1)}\mathrm{d}x = \int \dfrac{x^2 + (x^2 + 1)}{x^2(x^2 + 1)}\mathrm{d}x = \int \dfrac{1}{x^2 + 1}\mathrm{d}x + \int \dfrac{1}{x^2}\mathrm{d}x = \arctan x - \dfrac{1}{x} + C.$

(2) $\displaystyle\int \dfrac{(x - 2)^2}{\sqrt{x}}\mathrm{d}x = \int \dfrac{x^2 - 4x + 4}{\sqrt{x}}\mathrm{d}x = \int (x^{\frac{3}{2}} - 4x^{\frac{1}{2}} + 4x^{-\frac{1}{2}})\mathrm{d}x = \dfrac{2}{5}x^{\frac{5}{2}} - \dfrac{8}{3}x^{\frac{3}{2}} + 8x^{\frac{1}{2}} + C.$

(3) $\displaystyle\int \dfrac{x + 1 - \mathrm{e}^{-x}}{x(1 - \mathrm{e}^{-x})}\mathrm{d}x = \int \dfrac{1}{1 - \mathrm{e}^{-x}}\mathrm{d}x + \int \dfrac{1}{x}\mathrm{d}x = \int \dfrac{\mathrm{e}^x}{\mathrm{e}^x - 1}\mathrm{d}x + \ln|x|$

$$= \int \dfrac{\mathrm{d}(\mathrm{e}^x - 1)}{\mathrm{e}^x - 1}\mathrm{d}x + \ln|x| = \ln|x(\mathrm{e}^x - 1)| + C.$$

（2）三角函数的直接积分法

有些三角函数经恒等变换后易直接积分，下面是积分常用的三角公式：

$\sin^2 x = (1 - \cos 2x)/2$,　　　　　$\cos^2 x = (1 + \cos 2x)/2$　　（降幂，方便积分）

$1 - \cos 2x = 2\sin^2 x$,　　　　　　$1 + \cos 2x = 2\cos^2 x$　　（出现在分母时常用）

$\sin 2x = 2\sin x\cos x$,　　　　　　$\cos 2x = \cos^2 x - \sin^2 x = 2\cos^2 x - 1 = 1 - 2\sin^2 x$

$1 = \sin^2 x + \cos^2 x$,　　　　　　$1 \pm \sin 2x = (\sin x \pm \cos x)^2$（出现在分子时有时用）

$\tan^2 x = \sec^2 x - 1$,　　　　　　$\cot^2 x = \csc^2 x - 1$　　（出现在分子时有时用）

$2\cos x\cos y = \cos(x + y) + \cos(x - y)$,

$2\sin x\cos y = \sin(x + y) + \sin(x - y)$,　　　　$\left\{\begin{array}{l}（分母常用和差化积； \\ \quad 分子常用积化和差）\end{array}\right.$

$2\sin x\sin y = \cos(x - y) - \cos(x + y)$,

【例7】 $\int \dfrac{1}{1+\cos 2x}dx = \dfrac{1}{2}\int \dfrac{1}{\cos^2 x}dx = \dfrac{1}{2}\tan x + C.$

【例8】 $\int \dfrac{1}{\sin^2 x \cos^2 x}dx = \int \dfrac{\cos^2 x + \sin^2 x}{\sin^2 x \cos^2 x}dx = \int \dfrac{1}{\sin^2 x}dx + \int \dfrac{1}{\cos^2 x}dx = -\cot x + \tan x + C.$

【例9】 $\int \dfrac{\cos 2x}{\cos x \pm \sin x}dx = \int \dfrac{\cos^2 x - \sin^2 x}{\cos x \pm \sin x}dx = \int (\cos x \mp \sin x)dx = \sin x \pm \cos x + C.$

3. 换元积分法

（1）直接凑微分法

【例10】 求不定积分：(1) $\int x^2 (x-2)^5 dx$；　　　　(2) $\int \dfrac{x^2}{(x-2)^5}dx.$

解： 令 $t = x-2$，则 $x = t+2$，$dt = dx$，于是

(1) $\int x^2 (x-2)^5 dx = \int (t+2)^2 t^5 dt = \int (t^7 + 4t^6 + 4t^5)dt = \dfrac{1}{8}t^8 + \dfrac{4}{7}t^7 + \dfrac{2}{3}t^6 + C$

$\xlongequal[\text{代回}]{t=x-1} \dfrac{1}{8}(x-2)^8 + \dfrac{4}{7}(x-2)^7 + \dfrac{2}{3}(x-2)^6 + C.$

(2) $\int \dfrac{x^2}{(x-2)^5}dx = \int (t+2)^2 t^{-5} dt = \int (t^{-3} + 4t^{-4} + 4t^{-5})dt = -\dfrac{1}{2}t^{-2} - \dfrac{4}{3}t^{-3} - t^{-4} + C$

$\xlongequal[\text{代回}]{t=x-1} -\dfrac{1}{2}(x-2)^{-2} - \dfrac{4}{3}(x-2)^{-3} - (x-2)^{-4} + C.$

【例11】 (1) $\int 3x e^{x^2} dx = \dfrac{3}{2}\int e^{x^2} dx^2 = \dfrac{3}{2}e^{x^2} + C$

(2) $\int \tan^{10} x \sec^2 x dx = \int \tan^{10} x d\tan x = \dfrac{1}{11}\tan^{11} x + C$

(3) $\int \dfrac{1+2x^2}{x+x^3}dx = \int \left(\dfrac{1}{x} + \dfrac{x}{1+x^2}\right)dx = \ln|x| + \dfrac{1}{2}\int \dfrac{1}{1+x^2}d(1+x^2)$

$= \ln|x| + \dfrac{1}{2}\ln|1+x^2| = \ln\left|x\sqrt{1+x^2}\right| + C.$

【例12】 $\int \left(3 + 2\sqrt{x+1}\right)^2 dx = \int (13 + 12\sqrt{x+1} + 4x)dx$

$= 13\int dx + 12\int (x+1)^{\frac{1}{2}}d(x+1) + 4\int x dx = 13x + 8\sqrt{(x+1)^3} + 2x^2 + C.$

（2）常见的倒代换的解题法不少可以直接凑微分解题

【例13】 求下列不定积分：

(1) $\int \dfrac{1}{\sqrt{x^4 - x^2}}dx$；　　(2) $\int \dfrac{1}{x^2}\sin\dfrac{1}{x}dx$；　　(3) $\int \dfrac{1}{x^2}\tan^2 \dfrac{1}{x}dx.$

解： 由于 $\dfrac{1}{x^2}dx = -d\left(\dfrac{1}{x}\right)$，故有

(1) $\int \dfrac{1}{\sqrt{x^4 - x^2}}dx = \int \dfrac{1}{x^2\sqrt{1-x^{-2}}}dx = -\int \dfrac{1}{\sqrt{1-x^{-2}}}d\left(\dfrac{1}{x}\right) = -\arcsin\dfrac{1}{x} + C.$

(2) $\int \dfrac{1}{x^2}\sin\dfrac{1}{x}dx = -\int \sin\dfrac{1}{x}d\left(\dfrac{1}{x}\right) = \cos\dfrac{1}{x} + C.$

(3) $\int \dfrac{1}{x^2}\tan^2 \dfrac{1}{x}dx = -\int \tan^2 \dfrac{1}{x}d\left(\dfrac{1}{x}\right) = -\int \left(\sec^2 \dfrac{1}{x} - 1\right)d\left(\dfrac{1}{x}\right) = \dfrac{1}{x} - \tan\dfrac{1}{x} + C.$

（3）被积函数分母恰为二次式 $ax^2 + bx + c$ 之有理函数的积分

【例 14】 (1) $\displaystyle\int \frac{1}{x^2+4x+4}\mathrm{d}x = \int \frac{1}{(x+2)^2}\mathrm{d}(x+2) = -\frac{1}{x+2}+C.$

(2) $\displaystyle\int \frac{1}{2x^2-12x+20}\mathrm{d}x = \frac{1}{2}\int \frac{1}{1+(x-3)^2}\mathrm{d}(x-3) = \frac{1}{2}\arctan(x-3)+C.$

(3) $\displaystyle\int \frac{1}{x^2+4x-5}\mathrm{d}x = \frac{1}{6}\int\left(\frac{1}{x-1}-\frac{1}{x+5}\right)\mathrm{d}x = \frac{1}{6}\left(\int \frac{\mathrm{d}(x-1)}{x-1}-\int \frac{\mathrm{d}(x+5)}{x+5}\right)$

$$= \frac{1}{6}(\ln|x-1|-\ln|x+5|)+C = \frac{1}{6}\ln\left|\frac{x-1}{x+5}\right|+C.$$

【注】 若记 $\Delta=b^2-4ac$,则三种情况 $\Delta=0$、$\Delta<0$、$\Delta>0$ 对应着本例的(1)、(2)、(3)小题,读者可自行总结解题规律.其中 $\Delta>0$ 的情形利用部分分式法,即:

$$\frac{1}{(x+A)(x+B)} = \frac{1}{B-A}\left(\frac{1}{x+A}-\frac{1}{x+B}\right) \quad (A\neq B).$$

(4) 凑微分 $a\mathrm{e}^{ax}\mathrm{d}x = \mathrm{de}^{ax}$ 的应用

【例 15】 (第一(二)1 节例 B 的另解) 求不定积分 $\displaystyle\int \frac{1}{1+\mathrm{e}^x}\mathrm{d}x.$

解: 原式 $=\displaystyle\int \frac{1+\mathrm{e}^x-\mathrm{e}^x}{\mathrm{e}^x+1}\mathrm{d}x = \int \mathrm{d}x - \int \frac{\mathrm{de}^x}{\mathrm{e}^x+1} = x-\ln(\mathrm{e}^x+1)+C.$

【例 16】 (1) $\displaystyle\int \frac{\mathrm{d}x}{\mathrm{e}^x+\mathrm{e}^{-x}} = \int \frac{\mathrm{e}^x\mathrm{d}x}{\mathrm{e}^{2x}+1} = \int \frac{\mathrm{de}^x}{1+\mathrm{e}^{2x}} = \arctan\mathrm{e}^x+C$

(2) $\displaystyle\int \frac{\mathrm{d}x}{\sqrt{\mathrm{e}^x-1}} = \int \frac{\mathrm{e}^{-x/2}\mathrm{d}x}{\sqrt{1-\mathrm{e}^{-x}}} = -2\int \frac{\mathrm{de}^{-x/2}}{\sqrt{1-(\mathrm{e}^{-x/2})^2}} = -2\arcsin\mathrm{e}^{-x/2}+C.$

【注】 本例解法具有普遍意义,即凡被积函数为含有 $\mathrm{e}^{ax}(a\neq0)$ 的分式,可试对分母、分子同乘于 e^{-bax} (一般 $b=k$ 或 $1/k$,k 为整数),然后用凑微分 de^{-bax}.试用此法求解.

(5) 正、余割三角函数的凑微分

配套公式:

(i) $\sec^2 x\mathrm{d}x = \mathrm{d}\tan x;$ $\qquad \sec x\tan x\mathrm{d}x = \mathrm{d}\sec x;$ $\qquad \tan^2 x+1 = \sec^2 x.$

(ii) $\csc^2 x\mathrm{d}x = -\mathrm{d}\cot x;$ $\qquad \csc x\cot x\mathrm{d}x = -\mathrm{d}\csc x;$ $\qquad \cot^2 x+1 = \csc^2 x.$

【例 17】 $\displaystyle\int \frac{1+\cot x}{\sin^2 x}\mathrm{d}x = -\int(1+\cot x)\mathrm{d}\cot x = -\frac{1}{2}(1+\cot x)^2+C.$

【例 18】 $\displaystyle\int \frac{x}{1-\cos x}\mathrm{d}x = \int \frac{x}{2\sin^2\frac{x}{2}}\mathrm{d}x = -\int x\mathrm{d}\cot\frac{x}{2} = -x\cot\frac{x}{2}+\int \cot\frac{x}{2}\mathrm{d}x$

$$= -x\cot\frac{x}{2}+2\int \frac{1}{\sin\frac{x}{2}}\mathrm{d}\sin\frac{x}{2} = -x\cot\frac{x}{2}+2\ln\left|\sin\frac{x}{2}\right|+C.$$

【注】 对于被积函数为 $\sin x$ 的简单有理式,如果将其改为 $\cos x$ 后可解积分,那么只要应用正、余弦诱导公式即可依葫芦画瓢求解原积分.例 19 就是参照例 7 进行解题的.

【例 19】 $\displaystyle\int \frac{1}{1-\sin x}\mathrm{d}x = -\int \frac{\mathrm{d}\left(\frac{\pi}{2}-x\right)}{1-\cos\left(\frac{\pi}{2}-x\right)} = -\int \frac{\mathrm{d}\left(\frac{\pi}{4}-\frac{x}{2}\right)}{\sin^2\left(\frac{\pi}{4}-\frac{x}{2}\right)} = -\cot\left(\frac{\pi}{4}-\frac{x}{2}\right)+C.$

(6) 第二换元法的例题

本小节以第二换元法的例题为主,并注意一题多解.

【例 20】 求 $\displaystyle\int \frac{x+1}{x^2\sqrt{x^2-1}}\mathrm{d}x.$

解 1: (倒代换) 令 $x=\dfrac{1}{t}$,则 $\mathrm{d}x = -\dfrac{1}{t^2}$,于是

原式 $= \int \dfrac{\dfrac{1}{t}+1}{\dfrac{1}{t^2}\sqrt{\dfrac{1}{t^2}-1}}(-\dfrac{1}{t^2})\mathrm{d}t = -\int \dfrac{1+t}{\sqrt{1-t^2}}\mathrm{d}t = -\int \dfrac{1}{\sqrt{1-t^2}}\mathrm{d}t + \int \dfrac{\mathrm{d}(1-t^2)}{2\sqrt{1-t^2}}$

$$= -\arcsin t + \sqrt{1-t^2} + C = \dfrac{\sqrt{x^2-1}}{x} - \arcsin \dfrac{1}{x} + C.$$

解2： （三角代换）设 $x = \sec t(0 < t < \dfrac{\pi}{2})$，则$\mathrm{d}x = \sec t\tan t\mathrm{d}t$，

$$\int \dfrac{\mathrm{d}x}{x^2\sqrt{x^2-1}} = \int \dfrac{(\sec t+1)\cdot \sec t\tan t}{\sec^2 t\tan t}\mathrm{d}t = \int (\cos t+1)\mathrm{d}t$$

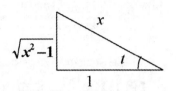

$$= t + \sin t + C = \dfrac{\sqrt{x^2-1}}{x} + \arccos \dfrac{1}{x} + C.$$

【例21】 求不定积分 $I = \int \dfrac{1}{\sqrt{x(4-x)}}\mathrm{d}x$

图 4-5-2

解1： 令 $t = \sqrt{x}$，则 $x = t^2$，$\mathrm{d}x = 2t\mathrm{d}t$，于是

$$\int \dfrac{1}{\sqrt{x(4-x)}}\mathrm{d}x = \int \dfrac{2t}{t\sqrt{4-t^2}}\mathrm{d}t = \int \dfrac{2}{\sqrt{1-t^2}}\mathrm{d}t = 2\arcsin \dfrac{t}{2} + C = 2\arcsin \dfrac{\sqrt{x}}{2} + C.$$

解2： $I = \int \dfrac{1}{\sqrt{x(4-x)}}\mathrm{d}x = \int \dfrac{1}{2}\dfrac{\mathrm{d}x}{\sqrt{1-(\frac{x}{2}-1)^2}} = \int \dfrac{\mathrm{d}(\frac{x}{2}-1)}{\sqrt{1-(\frac{x}{2}-1)^2}} = \arcsin \dfrac{x-2}{2} + C.$

【注】 本题也可选择变换 $t = \sqrt{4-x}$.

【例22】 求 $\int \dfrac{\mathrm{d}x}{\sqrt{(a^2+x^2)^3}}$

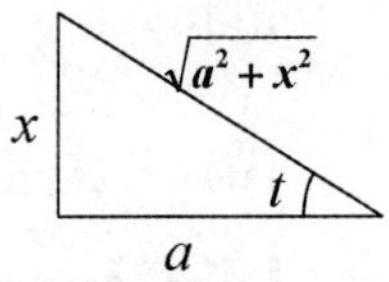

解：（三角替换）设 $x = a\tan t(-\dfrac{\pi}{2} < t < \dfrac{\pi}{2})$，则 $\mathrm{d}x = \sec^2 t\mathrm{d}t$

图 4-5-3

$$\int \dfrac{\mathrm{d}x}{\sqrt{(a^2+x^2)^3}} = \dfrac{1}{a^2}\int \cos t\mathrm{d}t = \dfrac{1}{a^2}\sin t + C = \dfrac{x}{a^2\sqrt{a^2+x^2}} + C.$$

【例23】 求不定积分 $\int \dfrac{1}{x(1+x^2)}\mathrm{d}x$.

解1： $\int \dfrac{1}{x(1+x^2)}\mathrm{d}x = \int \left(\dfrac{1}{x} - \dfrac{x}{1+x^2}\right)\mathrm{d}x = \ln x - \dfrac{1}{2}\int \dfrac{\mathrm{d}(1+x^2)}{1+x^2} = \dfrac{1}{2}\ln \dfrac{x^2}{1+x^2} + C.$

解2： 令 $x = \dfrac{1}{t}$，则 $\mathrm{d}x = -\dfrac{1}{t^2}$，于是

$$\int \dfrac{\mathrm{d}x}{x(1+x^2)} = -\int \dfrac{t\mathrm{d}t}{1+t^2} = -\dfrac{1}{2}\ln(1+t^2) + C = \dfrac{1}{2}\ln \dfrac{x^2}{1+x^2} + C.$$

解3： 令 $x = \sqrt{t-1}$，$\mathrm{d}x = \dfrac{1}{2\sqrt{t-1}}\mathrm{d}t$，于是

$$\int \dfrac{1}{x(1+x^2)}\mathrm{d}x = \dfrac{1}{2}\int \dfrac{1}{t(t-1)}\mathrm{d}t = \dfrac{1}{2}\int \left(\dfrac{1}{t-1} - \dfrac{1}{t}\right)\mathrm{d}t = \dfrac{1}{2}\ln \dfrac{t-1}{t} + C = \dfrac{1}{2}\ln \dfrac{x^2}{1+x^2} + C.$$

解4： 令 $x = \tan t$，$\mathrm{d}x = \sec^2 t\mathrm{d}t$，于是

$$\int \dfrac{1}{x(1+x^2)}\mathrm{d}x = \int \dfrac{\cos t}{\sin t}\mathrm{d}t = \int \dfrac{1}{\sin t}\mathrm{d}\sin t = \ln |\sin t| + C = \dfrac{1}{2}\ln \dfrac{x^2}{1+x^2} + C.$$

4. 含凑微分式的不定积分与分部积分法

如果求解不定积分时遇到下述之被积式可部分进行"凑微分"的情形：

$$\int f(x)\varphi'(x)\mathrm{d}x = \int f(x)\mathrm{d}u \quad (u=\varphi(x)),$$

那么解题方法有下面两种可能：

(1) $f(x)$ 是复合函数 $f(x)=g[\varphi(x)]=g(u)$，且关于变量 u 可直接积出，此时可用凑微分法解之. 这在第 3 节已详细介绍，此处不再赘述；

(2) 不是情形 (1) 时可试用分部积分法.

求解分部积分法要注意应用第一 (三) 节引入的拼凑微分的函数优先权排序：

$$a^x(a>1) \triangleright x^\mu \triangleright \ln^q x \qquad (n\in \mathbf{N}^+, q, \mu>0).$$

对应的分部积分法公式为：
$$\int u\mathrm{d}v = uv - \int v\mathrm{d}u.$$

同时注意运用分部积分法衍生的两种解题方法——"循环法"和"递推法".

【例 24】 $\displaystyle\int x\tan^2 x\mathrm{d}x = \int x(\sec^2 x-1)\mathrm{d}x = \int x\sec^2 x\mathrm{d}x - \int x\mathrm{d}x = \int x\mathrm{d}(\tan x) - \frac{1}{2}x^2$

$\displaystyle\qquad = x\tan x - \int \tan x\mathrm{d}x - \frac{1}{2}x^2 = x\tan x + \ln|\cos x| - \frac{1}{2}x^2 + C$

【例 25】 $\displaystyle\int x\arccos x\mathrm{d}x = \frac{1}{2}\int \arccos x\mathrm{d}x^2 = \frac{1}{2}\left(x^2\arccos x + \int \frac{x^2}{\sqrt{1-x^2}}\mathrm{d}x\right)$

$\displaystyle\qquad = \frac{1}{2}\left(x^2\arccos x - \int\sqrt{1-x^2}\,\mathrm{d}x + \int \frac{\mathrm{d}x}{\sqrt{1-x^2}}\right)$

$\displaystyle\qquad = \frac{1}{2}\left(x^2\arccos x - \frac{1}{2}\arccos x - \frac{x}{2}\sqrt{1-x^2}\right) + C.$

【注】 验证见第二篇第二章杂难题与综合题解的 [例 1(3)].

【例 26】 $\displaystyle\int \frac{\ln\sin x}{\sin^2 x}\mathrm{d}x = -\int \ln\sin x\mathrm{d}(\cot x) = -\cot x\ln\sin x + \int \cot^2 x\mathrm{d}x$

$\displaystyle\qquad = -\cot x\ln\sin x + \int(\csc^2 -1)\mathrm{d}x = -\cot x\ln\sin x - \cot x - x + C$

【例 27】 $\displaystyle\int(1-2x^2)\mathrm{e}^{-x^2}\mathrm{d}x = \int \mathrm{e}^{-x^2}\mathrm{d}x + \int x\mathrm{e}^{-x^2}\mathrm{d}(-x^2) = \int \mathrm{e}^{-x^2}\mathrm{d}x + \int x\mathrm{d}\mathrm{e}^{-x^2} = x\mathrm{e}^{-x^2} + C.$

【例 28】 $\displaystyle\int \frac{x^2}{1+x^2}\arctan x\mathrm{d}x = \int \frac{1+x^2-1}{1+x^2}\arctan x\mathrm{d}x = \int \arctan x\mathrm{d}x - \int \frac{1}{1+x^2}\arctan x\mathrm{d}x$

$\displaystyle\qquad = x\arctan x - \int \frac{x}{1+x^2}\mathrm{d}x - \int \arctan x\mathrm{d}(\arctan x)$

$\displaystyle\qquad = x\arctan x - \frac{1}{2}\ln(1+x^2) - \frac{1}{2}(\arctan x)^2 + C$

【例 29】 $\displaystyle\int\left(1+\frac{1}{\sqrt{x}}\right)\mathrm{e}^{\sqrt{x}}\mathrm{d}x = 2\int(\sqrt{x}+1)\mathrm{e}^{\sqrt{x}}\mathrm{d}\sqrt{x} = 2\int(\sqrt{x}+1)\mathrm{d}\mathrm{e}^{\sqrt{x}}$

$\displaystyle\qquad = 2(\sqrt{x}+1)\mathrm{e}^{\sqrt{x}} - 2\int \mathrm{e}^{\sqrt{x}}\mathrm{d}\sqrt{x} = 2(\sqrt{x}+1)\mathrm{e}^{\sqrt{x}} - 2\mathrm{e}^{\sqrt{x}} + C = 2\sqrt{x}\,\mathrm{e}^{\sqrt{x}} + C.$

【例 30】* $\displaystyle\int \frac{1+\tan x}{\cos x(1+\tan^2 x)}\mathrm{d}x = \int \frac{\cos x+\sin x}{\cos^2 x(1+\tan^2 x)}\mathrm{d}x = \int \frac{\cos x+\sin x}{1+\tan^2 x}\mathrm{d}\tan x$

$\displaystyle\qquad = \int(\cos x+\sin x)\mathrm{d}\arctan(\tan x) = \int(\cos x+\sin x)\mathrm{d}x = \sin x - \cos x + C.$

【注】 这是一个有趣的例子！注意到通过三角恒等变换也可解得同样结果：

$$\frac{1+\tan x}{\cos x(1+\tan^2 x)} = \frac{1+\tan x}{\cos x\sec^2 x} = \frac{1+\tan x}{\sec x} = \cos x + \sin x = (\sin x - \cos x + C)'.$$

5*."凑微分"的实质内涵

"凑微分"的实质当然是第一变量替换法,但它更是一个重要的解题方法(如分部积分法也可用到),这都源于"凑微分"可看成是把要拼凑的被积分式子 $f'(x)\mathrm{d}x$ 解出原函数 $f(x)$ 放到微分号 d 后面而成 $\mathrm{d}f(x)$.所以,理论上说,凡解出的不定积分都可以当做"凑微分"的公式.

例如由本章第一(二)2 节的例题 L 和例题 M 可得的凑微分:

$$\frac{1}{\sqrt{x^2\pm a^2}}\mathrm{d}x = \mathrm{d}\ln\left|x+\sqrt{x^2\pm a^2}\right|. \tag{$*$}$$

直接验证如下:$(\ln\left|x+\sqrt{x^2\pm a^2}\right|)' = \dfrac{(x+\sqrt{x^2\pm a^2})'}{x+\sqrt{x^2\pm a^2}} = \dfrac{1+\dfrac{x}{\sqrt{x^2\pm a^2}}}{x+\sqrt{x^2\pm a^2}} = \dfrac{1}{\sqrt{x^2\pm a^2}}.$

【例 31】 求不定积分 $\displaystyle\int\frac{\sqrt{\ln(x+\sqrt{1+x^2})+5}}{\sqrt{1+x^2}}\mathrm{d}x.$

解: 原式 $= \displaystyle\int\sqrt{\ln(x+\sqrt{1+x^2})+5}\cdot\frac{1}{\sqrt{1+x^2}}\mathrm{d}x$

$\xlongequal{(\,*\,)} \displaystyle\int\left[\ln(x+\sqrt{1+x^2})+5\right]^{\frac{1}{2}}\mathrm{d}\left[\ln(x+\sqrt{1+x^2})+5\right]$

$= \dfrac{2}{3}\left[\ln(x+\sqrt{1+x^2})+5\right]^{\frac{3}{2}}+C.$

【注】 本例从左至右应用式($*$),而下面例 2 则是从右至左应用式($*$).

【例 32】 求不定积分 $\displaystyle\int\ln\left|x+\sqrt{x^2\pm a^2}\right|\mathrm{d}x$

解: $\displaystyle\int\ln\left|x+\sqrt{x^2\pm a^2}\right|\mathrm{d}x = x\cdot\ln\left|x+\sqrt{x^2\pm a^2}\right|-\int x\mathrm{d}\ln\left|x+\sqrt{x^2\pm a^2}\right|$

$\xlongequal{(\,*\,)} x\cdot\ln\left|x+\sqrt{x^2\pm a^2}\right|-\displaystyle\int x\cdot\frac{1}{\sqrt{x^2\pm a^2}}\mathrm{d}x = x\cdot\ln\left|x+\sqrt{x^2\pm a^2}\right|-\int\frac{\mathrm{d}(x^2\pm a^2)}{2\sqrt{x^2\pm a^2}}$

$= x\cdot\ln\left|x+\sqrt{x^2\pm a^2}\right|-\sqrt{x^2\pm a^2}+C.$

【注】 本例的结论从理论上说亦可看成凑微分:

$$\ln\left|x+\sqrt{x^2\pm a^2}\right|\mathrm{d}x = \mathrm{d}\left(x\cdot\ln\left|x+\sqrt{x^2\pm a^2}\right|-\sqrt{x^2\pm a^2}\right).$$

由此得

$$\int\left(x\cdot\ln\left|x+\sqrt{x^2\pm a^2}\right|-\sqrt{x^2\pm a^2}\right)\ln\left|x+\sqrt{x^2\pm a^2}\right|\mathrm{d}x$$

$$= \int\left(x\cdot\ln\left|x+\sqrt{x^2\pm a^2}\right|-\sqrt{x^2\pm a^2}\right)\mathrm{d}\left(x\cdot\ln\left|x+\sqrt{x^2\pm a^2}\right|-\sqrt{x^2\pm a^2}\right)$$

$$= \frac{1}{2}\left(x\cdot\ln\left|x+\sqrt{x^2\pm a^2}\right|-\sqrt{x^2\pm a^2}\right)^2+C.$$

【例 33】 因 $\displaystyle\int(1+\ln x)\mathrm{d}x = x+\int\ln x\mathrm{d}x = x+x\ln x-\int\mathrm{d}x = x\ln x+C,$故

$$(1+\ln x)\mathrm{d}x = \mathrm{d}(x\ln x),$$

于是　$\displaystyle\int x^x(1+\ln x)\mathrm{d}x = \int\mathrm{e}^{x\ln x}\mathrm{d}(x\ln x) = \mathrm{e}^{x\ln x}+C = x^x+C.$

6.有理函数的不定积分·待定系数法

(1)求有理函数不定积分的步骤

(i)若函数是有理假分式,则先化成:"多项式"+"有理真分式";

(ii)如果真分式 $\dfrac{S(x)}{T(x)}$ 的分子次数比分母 $T(x)$ 的次数恰好低 1 次,那么分子可化为形如

$S(x) = AT'(x) + W(x)$,其中 A 为常数,而第一项的积分易解出:

$$\int \frac{AT'(x)}{T(x)} \mathrm{d}x = A \int \frac{\mathrm{d}T(x)}{T(x)} = A\ln T(x) + C. \qquad (*)$$

这样做的效果是真分式 $W(x)$ 的次数至少比 $S(x)$ 少 1 次,所以化为部分分式会更容易些.

(iii) 把比分母次数少 1 次的"有理真分式"化成若干个简单分式(部分分式)之和,此时可应用待定系数法;

(iv) 求出各个简单分式的不定积分.

(2) **待定系数法**. 理论依据是第一(四)3(2)节"部分分式展开定理",它陈述了有理真分式化成部分分式的理论. 这里结合[例 34]解 1 过程对比说明待定系数法的具体步骤:

(i) 将"有理真分式"的分母因式分解,再把真分式化成若干个简单分式(部分分式)之和,其中每个简单分式的分子都含有待定系数;

(ii) 先将化得的含有待定系数的部分分式进行通分取和,然后对比已知有理真分式,把二者的分子式取恒等建立方程;

(iii) 求解待定系数(下列两种方法各有所长,可根据实际情形选用之):

① 通分对比(ii)取得的恒等式或方程两边自变量同类项的系数,解出待定系数即可得到可解积分的四类简单部分分式.

② 设待定系数有 k 个,可通过自变量取 k 个具体数值代入方程而解之,当然所取数值要使得易于解出待定系数. 参看[例 36].

(iv) 解得待定系数后即可得被积式的部分分式分解式,从而不定积分可得解.

【**例 34**】　求有理函数积分 $\displaystyle\int \frac{x+3}{x^2-5x+6} \mathrm{d}x$

解 1：　(1) 先将被积式分母因式分解,再将被积式设成若干个含解待定系数简单分式:

$$\frac{x+3}{x^2-5x+6} = \frac{x+3}{(x-2)(x-3)} \xlongequal{\text{设}} \frac{A}{x-2} + \frac{B}{x-3};$$

(2) 先将上式右边通分 $\dfrac{A(x-3)+B(x-2)}{(x-2)(x-3)}$,然后对比被积式分子建立方程:

$$x+3 = A(x-3) + B(x-2) \quad (*) \Rightarrow x+3 = (A+B)x - (3A+2B);$$

(3) 对比 x 的系数得解待定系数 $\begin{cases} A+B = 1, \\ -(3A+2B) = 3, \end{cases} \Rightarrow \begin{cases} A = -5, \\ B = 6. \end{cases}$ 由此得

$$\frac{x+3}{x^2-5x+6} = \frac{-5}{x-2} + \frac{6}{x-3}.$$

所以　　　$\displaystyle\int \frac{x+3}{x^2-5x+6} \mathrm{d}x = \int \frac{-5}{x-2} \mathrm{d}x + \int \frac{6}{x-3} \mathrm{d}x = \ln\left|\frac{(x-3)^6}{(x-2)^5}\right| + C.$

【**注**】　在(ii)的方程 $(*)$ 中令 $x=2$ 得 $A=-5$;令 $x=3$ 得 $B=6$.

解 2：　因 $(x^2-5x+6)' = 2x-5$,故

$$\int \frac{x+3}{x^2-5x+6} \mathrm{d}x = \frac{1}{2} \int \left(\frac{2x-5}{x^2-5x+6} + \frac{11}{(x-2)(x-3)} \right) \mathrm{d}x$$

$$= \frac{1}{2} \int \frac{\mathrm{d}(x^2-5x+6)}{x^2-5x+6} + \frac{11}{2} \int \left(\frac{1}{x-3} - \frac{1}{x-2} \right) \mathrm{d}x$$

$$= \frac{1}{2} \ln|x^2-5x+6| + \frac{11}{2} \ln\left|\frac{x-3}{x-2}\right| + C.$$

【**例 35**】　求 $\displaystyle\int \frac{2x^3+x-1}{(1+x^2)^2} \mathrm{d}x$

解 1：　设 $\dfrac{2x^3+x-1}{(1+x^2)^2}=\dfrac{Ax+B}{1+x^2}+\dfrac{Cx+D}{(1+x^2)^2}\xlongequal{\text{通分}}\dfrac{(Ax+B)(1+x^2)+(Cx+D)}{(1+x^2)^2}$

比较等式两端 x 同次幂的系数，得 $A=2,B=0,A+C=1,B+D=-1$；解得

$$A=2,B=0,C=-1,D=-1.$$

$$\int\frac{2x^3+x-1}{(1+x^2)^2}\mathrm{d}x=\int\Big[\frac{2x}{1+x^2}-\frac{x+1}{(1+x^2)^2}\Big]\mathrm{d}x$$

$$=\int\frac{\mathrm{d}(1+x^2)}{1+x^2}-\frac{1}{2}\int\frac{\mathrm{d}(1+x^2)}{(1+x^2)^2}-\int\frac{\mathrm{d}x}{(1+x^2)^2}$$

$$=\ln|1+x^2|+\frac{1}{2(1+x^2)}-\int\frac{\mathrm{d}x}{2(1+x^2)^2}$$

而

$$\int\frac{\mathrm{d}x}{(1+x^2)^2}\xlongequal{x=\tan t}\int\cos^2 t\,\mathrm{d}t=\frac{1}{2}\int(1+\cos 2t)\mathrm{d}t$$

$$=\frac{1}{2}t+\frac{1}{4}\sin 2t+C=\frac{1}{2}\arctan x+\frac{x}{2(1+x^2)}+C,$$

则

$$\int\frac{2x^3+x-1}{(1+x^2)^2}\mathrm{d}x=\ln|1+x^2|+\frac{1}{2}\Big[\frac{1-x}{1+x^2}-\arctan x\Big]+C.$$

【例 36】　求 $\displaystyle\int\frac{2x^4-x^3+4x^2+9x-10}{x^5+x^4-5x^3-2x^2+4x-8}\mathrm{d}x$

解：　将分母分解因式 $(x-2)(x+2)^2(x^2-x+1)$，因此有部分分式

$$\frac{2x^4-x^3+4x^2+9x-10}{x^5+x^4-5x^3-2x^2-4x-8}=\frac{A}{x-2}+\frac{B}{x+2}+\frac{C}{(x+2)^2}+\frac{Dx+E}{x^2-x+1}$$

两边同乘 $(x-2)(x+2)^2(x^2-x+1)$ 得

$$2x^4-x^3+4x^2+9x-10=A(x+2)^2(x^2-x+1)+B(x-2)(x+2)(x^2-x+1)$$

$$+C(x-2)(x^2-x+1)+(Dx+E)(x-2)(x+2)^2 \quad (*)$$

依次令 $x=2,x=-2,x=0,x=1,x=-1$ 得下列 5 个方程：

$$A=1,\quad C=-1,\quad B+2E=4,\quad B+3D+3E=2,\quad 3B-D+E=8.$$

解此方程组得：$A=1,B=2,C=-1,D=-1,E=1.$ 从而：

$$\int\frac{2x^4-x^3+4x^2+9x-10}{x^5+x^4-5x^3-2x^2+4x-8}\mathrm{d}x=\int\Big(\frac{1}{x-2}+\frac{2}{x+2}-\frac{1}{(x+2)^2}-\frac{x-1}{x^2-x+1}\Big)\mathrm{d}x$$

$$=\ln|x-2|+2\ln|x+2|+\frac{1}{x+2}-\frac{1}{2}\ln(x^2-x+1)+\frac{1}{\sqrt{3}}\mathrm{arctg}\frac{2x-1}{\sqrt{3}}+C$$

$$=\ln\frac{|x-2|(x+2)^2}{\sqrt{x^2-x+1}}+\frac{1}{x+2}+\frac{1}{\sqrt{3}}\mathrm{arctg}\frac{2x-1}{\sqrt{3}}+C.$$

【注】　若比较方程 $(*)$ 的同次项系数可得下面方程组，也解得 A——E 相同的值：

$$B+A+D=2,\quad E+2D+C-B+3A=-1,\quad -3C+2E-4D-3B+A=4,$$

$$3C-4E-8D+4B=9,\quad 4A-2C-4B-8E=-10.$$

7. 三角有理函数的不定积分

(1) 三角万能置换将被积三角函数化为有理函数，可考虑采用待定系数法．

【例 37】　计算不定积分 $\displaystyle\int \frac{\sin^3 x}{(1+\cos x-\sin x)^4}\mathrm{d}x$.

解：　令 $u=\tan\dfrac{x}{2}$，则 $\sin x=\dfrac{2u}{1+u^2}$，$\cos x=\dfrac{1-u^2}{1+u^2}$，$\mathrm{d}x=\dfrac{2}{1+u^2}\mathrm{d}u$，故

$$\frac{\sin^3 x}{(1+\cos x-\sin x)^4}=\frac{(2u)^3}{(1+u^2)^3}\cdot\left(1+\frac{1-u^2}{1+u^2}-\frac{2u}{1+u^2}\right)^{-4}\cdot\frac{2}{1+u^2}\mathrm{d}u=\frac{u^3}{(1-u)^4}.$$

令 $\dfrac{u^3}{(1-u)^4}=\dfrac{A}{u-1}+\dfrac{B}{(u-1)^2}+\dfrac{C}{(u-1)^3}+\dfrac{D}{(u-1)^4}=\dfrac{a(u-1)^3+b(u-1)^2+c(u-1)+d}{(u-1)^4}$，

对比等号两边分子关于 u 的同次项系数得 $A=1,B=3,C=3,D=1$. 于是

$$\int \frac{\sin^3 x\,\mathrm{d}x}{(1+\cos x-\sin x)^4}=\int \frac{u^3}{(1-u)^4}\mathrm{d}u=\int\left[\frac{1}{u-1}+\frac{3}{(u-1)^2}+\frac{3}{(u-1)^3}+\frac{1}{(u-1)^4}\right]\mathrm{d}u$$

$$=\ln\mid u-1\mid-\frac{3}{u-1}-\frac{3}{2(u-1)^2}-\frac{1}{3(u-1)^3}+C$$

$$=\ln\left|\tan\frac{x}{2}-1\right|-\frac{3}{\tan\dfrac{x}{2}-1}-\frac{3}{2\left(\tan\dfrac{x}{2}-1\right)^2}-\frac{1}{3\left(\tan\dfrac{x}{2}-1\right)^3}+C.$$

【注】　(i) 可以先进行三角恒等变换再用万能置换公式：

$$\frac{\sin^3 x}{(1+\cos x-\sin x)^4}=\frac{8\sin^3\dfrac{x}{2}\cos^3\dfrac{x}{2}}{\left(2\cos^2\dfrac{x}{2}-2\sin\dfrac{x}{2}\cos\dfrac{x}{2}\right)^4}=\frac{1}{2}\,\frac{\tan^3\dfrac{x}{2}}{\left(1-\tan\dfrac{x}{2}\right)^4}\,\frac{1}{\cos^2\dfrac{x}{2}}.$$

(ii) 采用变换 $t=1-u$ 以便简化运算：$\dfrac{u^3}{(1-u)^4}=\dfrac{(1-t)^3}{t^4}=\dfrac{1}{t^4}+\dfrac{3}{t^3}-\dfrac{3}{t^2}+\dfrac{1}{t}$.

【例 38】　求不定积分 $\displaystyle\int \frac{1}{(2+\cos x)\sin x}\mathrm{d}x$.

解：　原式 $=\displaystyle\int \frac{\sin x}{(2+\cos x)\,\sin^2 x}\mathrm{d}x=\int \frac{-\mathrm{d}\cos x}{(2+\cos x)(1-\cos^2 x)}$

$$\xlongequal{\text{令}\,u=\cos x}\int \frac{1}{(2+u)(u^2-1)}\mathrm{d}u=\frac{1}{3}\int \frac{\mathrm{d}u}{2+u}+\frac{1}{6}\int \frac{\mathrm{d}u}{u-1}-\frac{1}{2}\int \frac{\mathrm{d}u}{u+1}$$

$$=\frac{1}{3}\ln\mid u+2\mid+\frac{1}{6}\ln\mid u-1\mid-\frac{1}{2}\ln\mid u+1\mid+C$$

$$=\frac{1}{3}\ln(\cos x+2)+\frac{1}{6}\ln(1-\cos x)-\frac{1}{2}\ln(\cos x+1)+C.$$

【注】　这里用的是变换 $u=\cos x$，效果较好. 又若解题中采用待定系数法，则可令

$\dfrac{1}{(2+u)(u^2-1)}=\dfrac{A}{2+u}+\dfrac{B}{u-1}+\dfrac{C}{u+1}$，易解得 $A=\dfrac{1}{3},B=\dfrac{1}{6},C=-\dfrac{1}{2}$.

（2）万能置换未必最佳

求三角有理函数的不定积分之万能代换的优点是提供一个是比较系统完整的解题方法. 但计算时常伴用待定系数法使得运算显得较为复杂. 从例 37 开始至下面例 39 给出三种解题方法可看出万能代换未必是最优的，故不得已才用万能置换.

【例 39】＊　求不定积分 $\displaystyle\int \frac{1}{1+\cot x}\mathrm{d}x$

解1: 令 $u = \tan\dfrac{x}{2}$,则 $\cot x = \dfrac{1-u^2}{2u}$, $\mathrm{d}x = \dfrac{2\mathrm{d}u}{1+u^2}$,于是

$$原式 = \int \frac{1}{1+\dfrac{1-u^2}{2u}} \cdot \frac{2}{1+u^2}\mathrm{d}u = \int \frac{4u}{(1+u^2)(1+2u-u^2)}\mathrm{d}u$$

$$= \int \frac{1+u}{1+u^2}\mathrm{d}u - \int \frac{1-u}{1+2u-u^2}\mathrm{d}u = \int \frac{1}{1+u^2}\mathrm{d}u + \frac{1}{2}\int \frac{\mathrm{d}(u^2+1)}{1+u^2} - \frac{1}{2}\int \frac{\mathrm{d}(1+2u-u^2)}{1+2u-u^2}$$

$$= \arctan u + \frac{1}{2}\ln(1+u^2) - \frac{1}{2}\ln|1+2u-u^2| + C = \frac{x}{2} - \frac{1}{2}\ln|\sin x + \cos x| + C.$$

解2: 由于被积函数可化为 $\tan x$ 的函数,可设 $u = \tan x$ 则 $\mathrm{d}x = \dfrac{\mathrm{d}u}{1+u^2}$,于是

$$原式 = \int \frac{\tan x}{1+\tan x}\mathrm{d}x = \int \frac{u\mathrm{d}u}{(1+u^2)(1+u)} = \frac{1}{2}\int \frac{1+u}{1+u^2}\mathrm{d}u - \frac{1}{2}\int \frac{1}{1+u}\mathrm{d}u$$

$$= \frac{1}{2}\arctan u + \frac{1}{4}\ln(1+u^2) - \frac{1}{2}\ln|1+u| + C = \frac{x}{2} - \frac{1}{2}\ln|\sin x + \cos x| + C.$$

解3: $$原式 = \int \frac{\sin x}{\sin x + \cos x}\mathrm{d}x = \frac{1}{2}\int\left(1 - \frac{\cos x - \sin x}{\sin x + \cos x}\right)\mathrm{d}x$$

$$= \frac{1}{2}\int 1\mathrm{d}x - \frac{1}{2}\int \frac{\mathrm{d}(\sin x + \cos x)}{\sin x + \cos x} = \frac{1}{2}(x - \ln|\sin x + \cos x|) + C.$$

第五章　　定积分

一、内容概述、归纳与习题

（一）定积分的概念与性质

1. 曲边梯形的面积

（1）曲边梯形：在直角坐标系中，由三条直线
$$x = a, \quad x = b, \quad y = 0$$

及一条连续曲线（曲边）$y = f(x)$ 所围成的图形.

（2）计算曲边梯形面积的方法

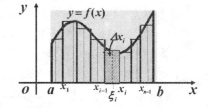

图 5-1-1

(i) 分割：在区间 $[a,b]$ 中任意插入 $n-1$ 个分点
$$a = x_0 < x_1 < x_2 < \cdots < x_{n-1} < x_n = b$$

把区间 $[a,b]$ 分成 n 个小区间 $[x_0,x_1],[x_1,x_2],\cdots,[x_{n-1},x_n]$，并将小区间长度分别记为
$$\Delta x_1 = x_1 - x_0, \quad \Delta x_2 = x_2 - x_1, \quad \cdots, \quad \Delta x_n = x_n - x_{n-1}.$$

过每一分点作平行于 y 轴的直线，把曲边梯形分成 n 个小曲边梯形（记号也表示面积）：
$$\Delta S_1, \quad \Delta S_2, \quad \cdots, \quad \Delta S_n.$$

(ii) 近似（小曲边梯形的近似面积）：

任取一点 $\xi_i \in [x_{i-1},x_i]$，以区间 $[x_{i-1},x_i]$ 为底，$f(\xi_i)$ 为高的矩形代替小曲边梯形 ΔS_i 得：
$$\Delta S_i \approx f(\xi_i)(x_i - x_{i-1}) = f(\xi_i)\Delta x_i.$$

(iii) 作和（曲边梯形的近似面积）：

将 n 个小矩形面积相加，就得到所求曲边梯形面积 S 的近似值，即
$$S \approx \sum_{i=1}^{n} f(\xi_i)\Delta x_i.$$

(iv) 取极限（得曲边梯形面积的精确值）

设 n 个小区间最大长度为 $\lambda = \max\{\Delta x_1,\cdots,\Delta x_n\}$. 令 $\lambda \to 0 (n \to \infty)$ 时上面和式的极限
$$S = \lim_{\lambda \to 0} \sum_{i=1}^{n} f(\xi_i)\Delta x_i$$

（若存在）便是曲边梯形面积的精确值.

2. 定积分的定义、可积条件及其几何意义

（1）【定义】　设函数 $f(x)$ 定义在区间 $[a,b]$ 上. 在 $[a,b]$ 中任意插入 $n-1$ 个分点：
$$a = x_0 < x_1 < x_2 < \cdots < x_{n-1} < x_n = b,$$

把 $[a,b]$ 分成 n 个小区间 $[x_{i-1},x_i]$ $(i=1,\cdots,n)$，并用 $\Delta x_i = x_i - x_{i-1}$ 表示 $[x_{i-1},x_i]$ 的长度，记 $\lambda = \max\{\Delta x_1,\cdots,\Delta x_n\}$ 为 n 个小区间中长度最大值.

任取一点 $\xi_i \in [x_{i-1},x_i]$，作 $f(\xi_i)$ 与 Δx_i 的乘积并取和式 $\sum\limits_{i=1}^{n} f(\xi_i)\Delta x_i$，若其极限
$$\lim_{\lambda \to 0} \sum_{i=1}^{n} f(\xi_i)\Delta x_i$$

存在,则称 $f(x)$ 在区间 $[a,b]$ 上为黎曼(Riemann)可积的,简称为 R 可积的,或可积的,并称该极限为 $f(x)$ 在 $[a,b]$ 上的定积分,记为 $\displaystyle\int_a^b f(x)\mathrm{d}x \left(=\lim_{\lambda\to 0}\sum_{i=1}^n f(\xi_i)\Delta x_i\right).$

【注】 (i) 定积分各个记号的含义表示如下:

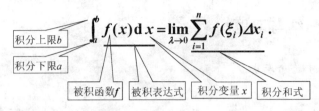

图 5-1-2

(ii) 注意事项

a. 定义中 $\lambda\to 0$ 是为了保证取极限时各小区间 $[x_{i-1},x_i]$ 均缩成一点,故不能用 $n\to\infty$ 代替(例如当 $n\to\infty$ 时固定 $[x_1,x_2]$ 不变,就不能确保各小区间均缩成一点).

b. 定义中区间的分割和各小区间上点 ξ_i 的取法都是任意的. 若按某种特殊规律取和式,则哪怕其极限存在,也不能保证函数的定积分存在.

c. 如果已知 $f(x)$ 在 $[a,b]$ 上是 R 可积的,那么区间的特殊分割和各小区间上点 ξ_i 的特殊取法所构造的和式(当 $\lambda\to 0$ 时)之极限就是该函数的定积分. 所以此时为方便起见,常将区间分割成等分,点 ξ_i 取为边界点.

d. 定积分仅与被积函数及积分区间有关,与变量所用字母无关,即

$$\int_a^b f(x)\mathrm{d}x = \int_a^b f(t)\mathrm{d}t = \int_a^b f(u)\mathrm{d}u.$$

(2) 函数 R 可积分的必要条件

【命题】 设函数 $f(x)$ 定义在区间 $[a,b]$ 上. 如果 $f(x)$ 在 $[a,b]$ 是 R 可积的,那么 $f(x)$ 在区间 $[a,b]$ 上是有界的.

【逆否命题】* 设函数 $f(x)$ 定义在区间 $[a,b]$ 上. 若 $f(x)$ 在点 $c\in[a,b]$ 的任意邻域内无界,那么 $f(x)$ 在区间 $[a,b]$ 上是 R 不可积的.(参看 §5.4 引例 1.)

证: 不妨设 $c\in(a,b)$. 根据命题的条件,$[a,b]$ 内存在点列 $t_k\to c$ 使得 $f(t_k)\to\infty$. 可以取 $\{t_k\}$ 满足条件:① $t_k<c$ 或 $t_k>c(\forall k)$;② $f(t_k)\to+\infty$ 或 $f(t_k)\to-\infty(k\to\infty)$. 于是不妨设 $t_k<c(\forall k)$ 且 $f(t_k)\to+\infty(k\to\infty)$.

假设 $f(x)$ 在 $[a,b]$ 上为 R 可积分. 对任意自然数 n,取

$$x_k = a + \frac{k}{n}(c-a), \quad x_{n+k} = c + \frac{k}{n}(b-c), \quad k=0,1,2,\cdots,n.$$

注意到 $\forall n, x_n = c$. 根据 $\{t_k\}$ 的取法,$\forall n, \exists t_{k(n)} \in \{t_k\} \bigcap [x_{n-1},x_n]$ 使得 $f(t_{k(n)})\geqslant n^2$,而且 $t_{k(n)}\to c(n\to\infty)$. 那么下面两个极限都存在且为 $f(x)$ 在 $[a,b]$ 上的定积分(记为 A):

$$\lim_{n\to\infty}\left[f(c)(x_n-x_{n-1}) + \sum_{j=1, j\neq n}^{2n} f(x_j)(x_j-x_{j-1})\right] = \int_a^b f(x)\mathrm{d}x = A; \qquad (*)$$

$$\lim_{n\to\infty}\left[f(t_{k(n)})(x_n-x_{n-1}) + \sum_{j=1, j\neq n}^{2n} f(x_j)(x_j-x_{j-1})\right] = \int_a^b f(x)\mathrm{d}x = A. \qquad (**)$$

将上面式(**)减去式(*)得

$$\lim_{n\to\infty}\left\{\frac{c-a}{n}[f(t_{k(n)})-f(c)]\right\} = \lim_{n\to\infty}\{[f(t_{k(n)})-f(c)](x_n-x_{n-1})\} = 0.$$

但根据取法 $f(t_{k(n)}) \geqslant n^2$，故当 $n > f(c)$ 时可得

$$\lim_{n \to \infty} \left\{ \frac{c-a}{n} [f(t_{k(n)}) - f(c)] \right\} \geqslant \lim_{n \to \infty} \left\{ \frac{c-a}{n} \cdot [n^2 - f(c)] \right\} = \infty.$$

上面两式矛盾，这说明假设"$f(x)$ 在 $[a,b]$ 上为 R 可积分"为误，从而，$f(x)$ 在 $[a,b]$ 上不是 R 可积分的.

（3）函数 R 可积的充分条件

【定理】 若 $f(x)$ 在闭区间 $[a,b]$ 上连续，或只有有限个第一类间断点，则 $f(x)$ 在 $[a,b]$ 上 R 可积.

【例 A】 用定积分的定义计算 $S = \int_0^1 x^2 \mathrm{d}x$.

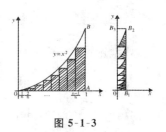

图 5-1-3

解： 因 $f(x) = x^2$ 在 $[0,1]$ 上连续，故 $\int_0^1 x^2 \mathrm{d}x$ 存在.将 $[0,1]$ n 等分，则 $\Delta x_i = \frac{1}{n}$.取 $\xi_i = \frac{i}{n}$ $(i=1,2,\cdots,n)$，有

$$\int_0^1 x^2 \mathrm{d}x = \lim_{n \to \infty} \sum_{i=1}^n f(\xi_i) \Delta x_i = \lim_{n \to \infty} \sum_{i=1}^n \xi_i^2 \cdot \frac{1}{n} = \lim_{n \to \infty} \sum_{i=1}^n \left(\frac{i}{n} \right)^2 \cdot \frac{1}{n}$$

$$= \lim_{n \to \infty} \frac{1}{n^3} \sum_{i=1}^n i^2 = \lim_{n \to \infty} \frac{1}{n^3} \cdot \frac{n(n+1)(2n+1)}{6} = \frac{1}{3}.$$

【注】 观察图 5-1-3，$0 \leqslant S - \sum \frac{面积}{误差} \delta \leqslant \frac{1}{n} \to 0 (n \to \infty)$，这就是求精确面积的思路.

（4）定积分的几何意义（$S, S_1, S_2, S_3 \geqslant 0$）

设 $f(x)$ 在 $[a,b]$ 上连续，$f(x) \not\equiv 0$，其定积分有三种情况：

(1) $f(x) \geqslant 0$（图 5-1-4(a)），$\int_a^b f(x) \mathrm{d}x = S$（正面积）；

(2) $f(x) \leqslant 0$（图 5-1-4(b)），$\int_a^b f(x) \mathrm{d}x = -S$（负面积）；

(3) $f(x)$ 既有正值又有负值时（图 5-1-4(c)），$\int_a^b f(x) \mathrm{d}x = S_1 - S_2 + S_3$.

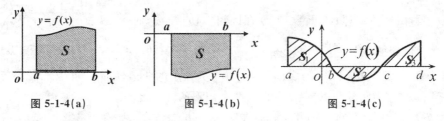

图 5-1-4(a)　　　　　图 5-1-4(b)　　　　　图 5-1-4(c)

3.定积分的性质（设下面讨论的各性质中所列的定积分都是存在的）

为计算方便，下面作两点补充规定：

(i) 当 $a = b$ 时，$\int_a^b f(x) \mathrm{d}x = 0$；

(ii) 当 $a \neq b$ 时，$\int_b^a f(x) \mathrm{d}x = -\int_a^b f(x) \mathrm{d}x$.

【性质 1°】 $\int_a^b [f(x) \pm g(x)] \mathrm{d}x = \int_a^b f(x) \mathrm{d}x \pm \int_a^b g(x) \mathrm{d}x.$

【性质 2°】 $\int_a^b k f(x) \mathrm{d}x = k \int_a^b f(x) \mathrm{d}x$（$k$ 为常数）.

【注】　性质 1 和 2 可推广为有限个函数的代数和(其中 $k_i\ (i=1,\cdots,n)$ 为常数):

$$\int_a^b \big[k_1 f_1(x) + k_2 f_2(x) + \cdots + k_n f_n(x) \big] \mathrm{d}x$$

$$= k_1 \int_a^b f_1(x)\mathrm{d}x + k_2 \int_a^b f_2(x)\mathrm{d}x + \cdots + k_n \int_a^b f_n(x)\mathrm{d}x.$$

【性质 3°】　(定积分关于积分区间的可加性) $\forall c \in (a,b)$,

$$\int_a^b f(x)\mathrm{d}x = \int_a^c f(x)\mathrm{d}x + \int_c^b f(x)\mathrm{d}x.$$

【性质 4°】　如果在 $[a,b]$ 上 $f(x)=1$,则 $\int_a^b \mathrm{d}x = b-a$.

【性质 5°】　(保号性) 在 $[a,b]$ 上 $f(x) \geqslant 0$,且 $a<b$,则 $\int_a^b f(x)\mathrm{d}x \geqslant 0$.

【推论 1】　在 $[a,b]$ 上,若 $f(x) \geqslant g(x)$,且 $a<b$,则 $\int_a^b f(x)\mathrm{d}x \geqslant \int_a^b g(x)\mathrm{d}x$.

【推论 2】　$\left| \int_a^b f(x)\mathrm{d}x \right| \leqslant \int_a^b |f(x)|\,\mathrm{d}x \quad (a<b)$.

【推论 3】*　如果在 $[a,b]$ 上连续,$f(x) \geqslant 0$,那么

$$\int_a^b f(x)\mathrm{d}x = 0 \quad \Leftrightarrow \quad 在 [a,b] 上 f(x) \equiv 0.$$

证:　必要性($\Rightarrow$) 显然成立.

充分性($\Leftarrow$). 假设 $f(x) \not\equiv 0$,则 $\exists x_0 \in [a,b]$ 使得 $f(x_0) \neq 0$,故 $f(x_0) > 0$. 由于 $f(x)$ 在 $[a,b]$ 上连续,那么存在 x_0 的邻域 $U(x_0)$ 使得在 $U(x_0) \bigcap [a,b]$ 内 $f(x) \geqslant \frac{1}{2} f(x_0)$. 任取一个闭区间 $[\alpha,\beta] \subset \{ U(x_0) \bigcap [a,b] \}$,那么(根据推论(2))

$$\int_\alpha^\beta f(x)\mathrm{d}x \geqslant \int_\alpha^\beta \frac{1}{2} f(x_0)\mathrm{d}x \geqslant \frac{1}{2} f(x_0)(\beta-\alpha) > 0.$$

注意 $f(x) \geqslant 0$,根据性质 3 和性质 5 立得下面矛盾:

$$\int_a^b f(x)\mathrm{d}x = \int_a^\alpha f(x)\mathrm{d}x + \int_\alpha^\beta f(x)\mathrm{d}x + \int_\beta^b f(x)\mathrm{d}x \geqslant \int_\alpha^\beta f(x)\mathrm{d}x > 0,$$

所以命题得证.

【性质 6°】　(估值定理) 设函数 $f(x)$ 在区间 $[a,b]$ 连续,而 m、M 分别是其最小值和最大值,则 $m(b-a) \leqslant \int_a^b f(x)\mathrm{d}x \leqslant M(b-a)$.

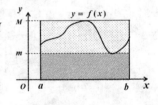

图 5-1-5

【注】　几何意义:以 $[a,b]$ 为底以 $y=f(x)$ 为顶边的曲边梯形面积,介于以 $[a,b]$ 为底分别以 m、n 为高的两个矩形的面积之间.

【性质 7°】　(积分中值定理) 若 $f(x)$ 在区间 $[a,b]$ 上连续,则存在一点 $\xi \in [a,b]$,使得 $\int_a^b f(x)\mathrm{d}x = f(\xi)(b-a)$.

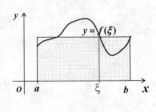

图 5-1-6

【注】　(i) 几何意义是:在闭区间 $[a,b]$ 上至少存在一点 ξ,使得由曲线 $y=f(x)$ 与直线 $x=a$、$x=b$、$y=0$ 所围曲边梯形的面积等于以 $[a,b]$ 为底,以 $f(\xi)$ 为高的矩形面积.

(ii) 性质 7° 又称为"平均值定理",因它可表为平均值形式:

$$\frac{1}{b-a} \int_a^b f(x)\mathrm{d}x = f(\xi).$$

【例 B】　设有连续函数 $f(x) = x^2 - \int_0^1 f(x)\mathrm{d}x$，求 $f(x)$.

解：　令 $A = \int_0^1 f(x)\mathrm{d}x$，则 $f(x) = x^2 - A$，两边取积分得

$$A = \int_0^1 x^2 \mathrm{d}x - \int_0^1 A \mathrm{d}x \xrightarrow{\text{例 A}} \frac{1}{3} - A,$$

解得 $A = \frac{1}{6}$，即得 $f(x) = x^2 - \frac{1}{6}$.

【例 C】　根据定积分的性质，说明积分哪一个值较大：$\int_0^1 x\mathrm{d}x$ 与 $\int_0^1 \ln(1+x)\mathrm{d}x$.

解：　因 x 及 $\ln(1+x)$ 在 $[0,1]$ 上连续，且 $x - \ln(1+x) \geqslant 0$，根据性质 $5°$ 的推论 1，

$$\int_0^1 [x - \ln(1+x)]\mathrm{d}x \geqslant 0,\text{即} \int_0^1 x\mathrm{d}x \geqslant \int_0^1 \ln(1+x)\mathrm{d}x. \qquad (*)$$

进一步讨论，因 $x = 1$ 时 $x = \ln e > \ln 2 = \ln(1+x)$，故根据性质 $5°$ 的推论 3，

$$\int_0^1 [x - \ln(1+x)]\mathrm{d}x > 0 \quad \text{即} \quad \int_0^1 x\mathrm{d}x > \int_0^1 \ln(1+x)\mathrm{d}x.$$

【注】　一般情形，比较定积分值的大小和估计积分值时只需给出不严格不等关系 $(*)$ 即可．如果一定要给出严格不等关系，那么就要应用推论 3 进行论证．

【例 D】　估计积分值 $\int_1^4 (x^2 + 1)\mathrm{d}x$.

解：　显然当 $1 \leqslant x \leqslant 4$ 时 $2 \leqslant x^2 + 1 \leqslant 17$，根据性质 $6°$，有

$$6 = 2 \cdot (4-1) \leqslant \int_1^4 (x^2 + 1)\mathrm{d}x \leqslant 17 \cdot (4-1) = 51.$$

【例 E】　证明 $\lim\limits_{n \to \infty} \int_0^{\frac{\pi}{4}} \sin^n x\, \mathrm{d}x = 0$.

证：　当 $0 \leqslant x \leqslant \frac{\pi}{4}$ 时，$0 \leqslant \sin x \leqslant \frac{1}{\sqrt{2}} < 1$，故 $0 \leqslant \sin^n x \leqslant \frac{1}{(\sqrt{2})^n}$，

$$0 \leqslant \int_0^{\frac{\pi}{4}} \sin^n x\, \mathrm{d}x \leqslant \frac{1}{(\sqrt{2})^n} \cdot \left(\frac{\pi}{4} - 0\right) = \frac{\pi}{4} \cdot \frac{1}{(\sqrt{2})^n} \xrightarrow[n \to \infty]{} 0.$$

根据夹逼准则，有 $\lim\limits_{n \to \infty} \int_0^{\frac{\pi}{4}} \sin^n x\, \mathrm{d}x = 0$.

【例 F】　用定积分表示和式极限：$\lim\limits_{x \to \infty} \left(\frac{1}{\sqrt{n^2 - 1}} + \frac{1}{\sqrt{n^2 - 2}} + \cdots + \frac{1}{\sqrt{n^2 - n}} \right)$.

解：　因所求极限的和式可视为函数 $f(x) = \frac{1}{\sqrt{1-x^2}}$ 在区间 $[0,1]$ 的积分和式，故

$$\text{原式} = \lim_{x \to \infty} \frac{1}{n} \left(\frac{1}{\sqrt{1 - \frac{1}{n^2}}} + \frac{1}{\sqrt{1 - \frac{2}{n^2}}} + \cdots + \frac{1}{\sqrt{1 - \frac{n}{n^2}}} \right) = \int_0^1 \frac{1}{\sqrt{1-x^2}}\mathrm{d}x.$$

【习题 5.1】（定积分的概念与性质）

1. 选择题

(1) 下列关系式中正确的是（　　）

A. $\int_0^1 \mathrm{e}^x \mathrm{d}x = \int_0^1 \mathrm{e}^{x^2} \mathrm{d}x$；

B. $\int_0^1 \mathrm{e}^x \mathrm{d}x \geqslant \int_0^1 \mathrm{e}^{x^2} \mathrm{d}x$；

C. $\int_0^1 \mathrm{e}^x \mathrm{d}x \leqslant \int_0^1 \mathrm{e}^{x^2} \mathrm{d}x$；

D. 以上都不对.

(2) 下列关系式中正确的是(　　)

A. $\int_0^1 \cos x \mathrm{d}x = \int_0^1 \cos^2 x \mathrm{d}x$;　　　　B. $\int_0^1 \cos x \mathrm{d}x \geqslant \int_0^1 \cos^2 x \mathrm{d}x$;

C. $\int_0^1 \cos x \mathrm{d}x \leqslant \int_0^1 \cos^2 x \mathrm{d}x$;　　　　D. 以上都不对.

(3) 下列关系式中正确的是(　　)

A. $\int_{\pi/4}^{\pi/3} \tan x \mathrm{d}x = \int_{\pi/4}^{\pi/3} \ln x \mathrm{d}x$;　　　B. $\int_{\pi/4}^{\pi/3} \tan x \mathrm{d}x \geqslant \int_{\pi/4}^{\pi/3} \ln x \mathrm{d}x$;

C. $\int_{\pi/4}^{\pi/3} \tan x \mathrm{d}x \geqslant \int_{\pi/4}^{\pi/3} \ln x \mathrm{d}x$;　　　D. 以上都不对.

(4) 下列各式中,正确的是(　　)

A. $\dfrac{\pi}{6} \leqslant \int_1^{\sqrt{3}} \operatorname{arccot} x \mathrm{d}x \leqslant \dfrac{\pi}{4}$;　　　B. $\dfrac{\sqrt{3}\,\pi}{6} \leqslant \int_1^{\sqrt{3}} \operatorname{arccot} x \mathrm{d}x \leqslant \dfrac{\sqrt{3}\,\pi}{4}$;

C. $\dfrac{\pi}{6}(\sqrt{3}-1) \leqslant \int_1^{\sqrt{3}} \operatorname{arccot} x \mathrm{d}x \leqslant \dfrac{\pi}{4}(\sqrt{3}-1)$;　　D. 以上都不对.

(5) 下列关系式中正确的是(　　)

A. $\int_0^2 \mathrm{e}^x \mathrm{d}x = \int_0^2 (1+x)\mathrm{d}x$;　　　　B. $\int_0^2 \mathrm{e}^x \mathrm{d}x \geqslant \int_0^2 (1+x)\mathrm{d}x$;

C. $\int_0^2 \mathrm{e}^x \mathrm{d}x \leqslant \int_0^2 (1+x)\mathrm{d}x$;　　　　D. 以上都不对.

2. 用定积分表示和式极限:

(1) $\lim\limits_{n\to\infty} \dfrac{\pi}{n}\left[\sin\dfrac{\pi}{n} + \sin\dfrac{2\pi}{n} + \cdots + \sin\dfrac{(n-1)\pi}{n} \right]$;　　(2) $\lim\limits_{x\to\infty}\left(\dfrac{1}{n+1} + \dfrac{1}{n+2} + \cdots + \dfrac{1}{n+n} \right)$.

3. (1) 用定义计算定积分:$\int_0^1 \mathrm{e}^x \mathrm{d}x$.

(2) 设 $f(x) = \mathrm{e}^x - 2\int_0^1 f(x)\mathrm{d}x$ 根根据(1) 的结果,求函数 $f(x)$.

4. * 估计积分值:$\int_{\mathrm{e}}^{\mathrm{e}^2} \dfrac{\ln x}{\sqrt{x}}\mathrm{d}x$.

(二) 微积分的基本公式

1. 积分上、下限函数及其导数

(1) 变上、下限积分

设函数 $f(t)$ 在区间 $[a,b]$ 上可积,$\forall x \in [a,b]$,固定之,函数 $f(t)$ 在 $[a,x]$ 的定积分 $\int_a^x f(t)\mathrm{d}t$ 是上限为变量 x 的积分,称为 $f(t)$ 的变上限积分,或称为变上限函数,可记为函数形式:

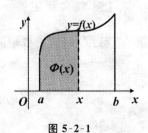

$$\Phi(x) = \int_a^x f(t)\mathrm{d}t, \ x \in [a,b].$$

图 5-2-1

同样有变下限积分

$$\Psi(x) = \int_x^b f(t)\mathrm{d}t, \ x \in [a,b].$$

(2) 原函数存在定理

【定理1】　设 $f(x)$ 在 $[a,b]$ 连续,则变上限积分 $F(x) = \int_a^x f(t)\mathrm{d}t$ 所确定的函数是被积函数 $f(x)$ 的原函数,即:

(i) 变上限定积分 $F(x)$ 在 $[a,b]$ 可导;　　(ii) 在 $[a,b]$ 上 $F(x)$ 的导数 $F'(x) = f(x)$.

【注】　定理 1 可简化为下面公式：　$\dfrac{\mathrm{d}}{\mathrm{d}x}\displaystyle\int_a^x f(t)\mathrm{d}t = f(x).$

【例 A】　$\dfrac{\mathrm{d}}{\mathrm{d}x}\displaystyle\int_0^x \ln(1+\mathrm{e}^t)\mathrm{d}t = \ln(1+\mathrm{e}^x).$

【例 B】　设 $\varPhi(x) = \displaystyle\int_x^1 t\cos t\,\mathrm{d}t$，求 $\varPhi'(x)$.

解：　$\varPhi'(x) = \dfrac{\mathrm{d}}{\mathrm{d}x}\displaystyle\int_x^1 t\cos t\,\mathrm{d}t = -\dfrac{\mathrm{d}}{\mathrm{d}x}\displaystyle\int_1^x t\cos t\,\mathrm{d}t = -x\cos x.$

【例 C】　求 $\dfrac{\mathrm{d}}{\mathrm{d}x}\displaystyle\int_0^{x^2}\sqrt{1+t}\,\mathrm{d}t.$

分析：该变限积分由 $\displaystyle\int_0^u\sqrt{1+t}\,\mathrm{d}t$ 与 $u = x^2$ 复合而成，必须复合函数求导法则求导.

解：　$\dfrac{\mathrm{d}}{\mathrm{d}x}\displaystyle\int_0^{x^2}\sqrt{1+t}\,\mathrm{d}t \xlongequal{\ \text{令}\ u=x^2\ } \left(\dfrac{\mathrm{d}}{\mathrm{d}u}\displaystyle\int_0^u\sqrt{1+t}\,\mathrm{d}t\right)\cdot\dfrac{\mathrm{d}u}{\mathrm{d}x} = \sqrt{1+u}\cdot(x^2)' = 2x\cdot\sqrt{1+x^2}.$

(3)* 积分的绝对连续性

【例 D】　求证 $\lim\limits_{n\to+\infty}\displaystyle\int_0^{\frac{1}{2^n}}\dfrac{\cos x}{1+x}\mathrm{d}x = 0.$

证：　因 $\forall n\in\mathbf{N}^+$，$0\leqslant x\leqslant\dfrac{1}{2^n}$，故 $0\leqslant\dfrac{\cos x}{1+x}\leqslant 1$. 于是

$$0\leqslant\int_0^{\frac{1}{2^n}}\dfrac{\cos x}{1+x}\mathrm{d}x\leqslant\int_0^{\frac{1}{2^n}}\mathrm{d}x = \dfrac{1}{2^n},$$

又 $\lim\limits_{n\to\infty}\dfrac{1}{2^n} = 0$，从而根据夹逼准则有 $\lim\limits_{n\to\infty}\displaystyle\int_0^{\frac{1}{2^n}}\dfrac{\cos x}{1+x}\mathrm{d}x = 0.$

这一结果具有普遍性.

【定理 2】　（积分的绝对连续性）若 $f(x)$ 在 $[a,b]$ 是 R 可积的，则

$$\lim_{x\to a^+}\int_a^x f(t)\mathrm{d}t = 0.$$

证：　因 R 可积函数必有界，故 $\exists M > 0$ 使得 $-M\leqslant f(x)\leqslant M$，那么由性质 $6°$ 得

$$-M(x-a)\leqslant\int_a^x f(x)\mathrm{d}x\leqslant M(x-a),$$

显然 $\lim\limits_{x\to a^+}[-M(x-a)] = 0$，$\lim\limits_{x\to a^+}M(x-a) = 0$，根据夹逼准则，定理得证.

【注】　(i) 本定理确保变限定积分当某变限趋于另一积分限时该积分为无穷小量，为含有变限定积分的极限运算应用洛必达法则提供理论依据，如下面例 E 的求极限题型为 0/0 型.

(ii) 定理 2 还为下面第（四）节 [特例 5] 解题提供理论根据，在那里所求的是 R 积分，但计算过程却借助于广义积分.

【例 E】　求 $\lim\limits_{x\to 0^+}\dfrac{\displaystyle\int_0^x(\arcsin t)^2\mathrm{d}t}{x^3}.$

解：　根据积分的绝对连续性，此极限是 0/0 未定型，用洛必达法则求解：

$$\lim_{x\to 0^+}\frac{\displaystyle\int_0^x(\arcsin t)^2\mathrm{d}t}{x^3}\xlongequal{\left(\frac{0}{0}\text{型}\right)}\lim_{x\to 0^+}\frac{\left(\displaystyle\int_0^x(\arcsin t)^2\mathrm{d}t\right)'}{(x^3)'} = \lim_{x\to 0^+}\frac{(\arcsin x)^2}{3x^2}\xlongequal{\ \text{无穷小}\ \text{替换}\ }\lim_{x\to 0^+}\frac{x^2}{3x^2} = \frac{1}{3}.$$

2. 牛顿 - 莱布尼兹公式

【定理 3】　（微积分基本公式）设 $f(x)$ 在 $[a,b]$ 上连续，且 $F(x)$ 是 $f(x)$ 的原函数，则

$$\int_a^b f(x)\mathrm{d}x = F(b) - F(a).$$

【注】　(i) 有了牛顿－莱布尼兹公式,在计算定积分时,我们只要先求出被积函数的一个原函数,再求这个原函数在积分上、下限的函数值之差即可,从而巧妙地避开了(定义中)求和式极限的艰难道路,为运用定积分计算普遍存在的总量问题找到较为简单的解决方法. 牛顿－莱布尼兹公式简称为 L-N 公式. 为方便,采用下面记号:

$$F(x)\Big|_a^b = F(b) - F(a).$$

(ii) 被积函数必须连续才能利用 L-N 公式计算定积分,否则会出错. 例如下式被积函数不连续,"计算"出错(因若是可积函数,根据性质 5 积分值必非负.):

$$\int_{-1}^1 \frac{1}{x^2}\mathrm{d}x \not= -\frac{1}{x}\Big|_{-1}^1 = -2.$$

【例 F】　求由抛物线 $y = x^2$,直线 $x = 1$ 和 x 轴围成的曲边三角形的面积.

解:　设所求曲边三角形的面积为 S,则(对比例 A)$S = \int_0^1 x^2 \mathrm{d}x = \dfrac{x^3}{3}\Big|_0^1 = \dfrac{1}{3}$.

【例 G】　$\displaystyle\int_{-1}^1 \frac{\mathrm{d}x}{1+x^2} = \arctan x\,\Big|_{-1}^1 = \arctan 1 - \arctan(-1) = \dfrac{\pi}{2}$.

【例 H】　求定积分 $\displaystyle\int_0^1 \arctan x\,\mathrm{d}x$.

解:　先求不定积分. 因(C 为任意常数)

$$\int \arctan x\,\mathrm{d}x = x\arctan x - \int \frac{x}{1+x^2}\mathrm{d}x = x\arctan x - \frac{1}{2}\ln(1+x^2) + C,$$

故　　　$\displaystyle\int_0^1 \arctan x\,\mathrm{d}x = \left[x\arctan x + \frac{1}{2}\ln(1+x^2)\right]_0^1 = \dfrac{\pi}{4} + \dfrac{1}{2}\ln 2.$

【例 I】　求 $\displaystyle\int_{-1}^3 |x-1|\,\mathrm{d}x$.

解:　$\displaystyle\int_{-1}^3 |x-1|\,\mathrm{d}x = \int_{-1}^1 |x-1|\,\mathrm{d}x + \int_1^3 |x-1|\,\mathrm{d}x$

$$= \int_{-1}^1 (1-x)\mathrm{d}x + \int_1^3 (x-1)\mathrm{d}x = \left(x - \frac{x^2}{2}\right)\Big|_{-1}^1 + \left(\frac{x^2}{2} - x\right)\Big|_1^3 = 4.$$

【注】　计算被积函数是分段函数的定积分常利用定积分对区间的可加性(性质 3).

【习题 5.2】(微积分的基本公式)

1. 填空题

(1) 设 $f(x)$ 有连续导函数,$F(x) = \displaystyle\int_x^0 f'(t)\mathrm{d}t + f(x)$,则 $F'(x) = $ _____.

(2) 设 $f(x)$ 连续,$F(x) = \displaystyle\int_x^{\mathrm{e}^{-x}} f(t)\mathrm{d}t$,则 $F'(x) = $ _____.

(3) 设 $f(x) = 2\arctan x - \ln(x+1)$,则 $\displaystyle\int_0^1 f'(x)\mathrm{d}x = $ _____.

(4) 设函数 $f(x)$ 使得 $f'(x)$ 连续、$f(0) = 1$,且 $\displaystyle\int_0^t f'(x)\mathrm{d}x = \mathrm{e}^t + \sin\pi t - 1$,则 $f(x) = $ _____.

(5) $\displaystyle\lim_{x\to 0}\frac{1}{x}\int_0^x \cos(t^2)\mathrm{d}t = $ _____.　　　　(6) $\displaystyle\lim_{x\to 0}\frac{1}{x^2}\int_0^x \ln(1+t)\mathrm{d}t = $ _____.

2. 计算下列定积分：

(1) $\int_0^1 (2x + 3)\mathrm{d}x$；

(2) $\int_4^9 \left(\sqrt{x} + \dfrac{1}{\sqrt{x}}\right)\mathrm{d}x$；

(3) $\int_0^{\frac{\pi}{3}} \tan^2 x\mathrm{d}x$；

(4) $\int_0^1 \dfrac{1 - x^2}{1 + x^2}\mathrm{d}x$.

3. 先求不定积分后计算不定积分：

(1) $\int_0^2 \dfrac{1}{\sqrt{4 - x^2}}\mathrm{d}x$；

(2) $\int_0^1 (\mathrm{e}^x - \mathrm{e}^{-x})^2 \mathrm{d}x$.

4. 设 $f(x)$ 连续，且 $\int_0^{x-1} f(t)\mathrm{d}t = x^3 - 1$，求 $f(x)$ 的表达式.

5. 设 $y = \int_0^x (t - 1)\mathrm{d}t$，求 y 的极值.

（三）定积分的计算方法

1. 定积分的换元积分法

在学习牛顿－莱布尼兹公式后，寻找原函数成了计算定积分的关键，这就是我们花大力气学习不定积分的主要原因. 然而，在具体计算中我们不必机械地等待求得原函数后再代用牛顿－莱布尼兹公式，而是将不定积分的求解方法自然地移植到定积分的解题中.

（1）【定理 1】　设函数 $f(x)$ 在区间 $[a,b]$ 上连续，而函数 $x = \varphi(t)$ 满足条件：

(i) 在区间 $[\alpha,\beta]$ 上严格单调，且有连续导数；

(ii) 当 t 从 α 变到 β 时，x 从 a 变到 b；

(iii) $a = \varphi(\alpha)$，$b = \varphi(\beta)$，

则有定积分的换元公式：

$$\int_a^b f(x)\mathrm{d}x \underset{\text{换元法 I}}{\overset{\text{换元法 II}}{\rightleftharpoons}} \int_\alpha^\beta f[\varphi(t)]\varphi'(t)\mathrm{d}t. \tag{$*$}$$

① 从左到右使用公式（$*$）即为第二换元积分法，此时上、下限要改变：

$$\int_a^b f(x)\mathrm{d}x \xrightarrow[\mathrm{d}x = \varphi'(t)\mathrm{d}t]{x = \varphi(t)} \int_\alpha^\beta f[\varphi(t)]\varphi'(t)\mathrm{d}t = \Phi(t)\big|_\alpha^\beta,$$

其中 $\Phi(t)$ 是 $f(\varphi(t))\varphi'(t)$ 的一个原函数.

② 从右到左使用公式（$*$）即为第一换元积分法：

$$\int_\alpha^\beta f[\varphi(t)]\varphi'(t)\mathrm{d}t \xrightarrow[\mathrm{d}x = \varphi'(t)\mathrm{d}t]{x = \varphi(t)} \int_a^b f(x)\mathrm{d}x = F(x)\big|_a^b,$$

其中 $F(x)$ 是 $f(x)$ 的一个原函数. 若采用的是凑分法，则没有引入新变量，故定积分的上、下限不必改变：

$$\int_\alpha^\beta f[\varphi(t)]\varphi'(t)\mathrm{d}t = \int_\alpha^\beta f[\varphi(t)]\mathrm{d}\varphi(t) \left(\xrightarrow[\mathrm{d}x = \varphi'(t)\mathrm{d}t]{x = \varphi(t)} \int_a^b f(x)\mathrm{d}x\right) = F(\varphi(t))\big|_\alpha^\beta.$$

【注】　条件 $\varphi(t)$ 严格单调确保其反函数存在.

（2）应用定积分换元积分法的注意事项

(i) 依据 N-L 公式，求定积分可以通过求被积函数的一个原函数，算出其上、下限处的函数值之差即可. 回忆当初求不定积分过程，如用到换元积分法时需将新变量还原为原积分变量. 而现在计算定积分时，如用到换元积分法可以省略还原为原积分变量的步骤，直接用变换后新的积分上、下限来计算定积分.

(ii) 定积分换元积分法必须精确地遵守定理 1 的所有条件,以免解题出错!这与不定积分不同("关于积分换元法的特别说明"曾提到在变量替换中有些"细节"可以忽略不计).

【例 A】 指出错解 $\displaystyle\int_{-2}^{-\sqrt{2}}\dfrac{\mathrm{d}x}{x\sqrt{x^2-1}}$ 中的错误,并写出正确的解法.

错解:令 $x=\sec t$,则 $x:-2\to-\sqrt{2}\Rightarrow t:\dfrac{2\pi}{3}\to\dfrac{3\pi}{4}$,$\mathrm{d}x=\tan t\sec t\,\mathrm{d}t$,

$$\int_{-2}^{-\sqrt{2}}\frac{\mathrm{d}x}{x\sqrt{x^2-1}}=\int_{\frac{2\pi}{3}}^{\frac{3\pi}{4}}\frac{1}{\sec t\cdot\tan t}\cdot\sec t\cdot\tan t\,\mathrm{d}t=\int_{\frac{2\pi}{3}}^{\frac{3\pi}{4}}\mathrm{d}t=\frac{\pi}{12}.$$

解答:计算中第二步是错误的. $\because x=\sec t,t\in\left[\dfrac{2\pi}{3},\dfrac{3\pi}{4}\right],\tan t<0$,

$$\sqrt{x^2-1}=|\tan t|\neq\tan t.$$

正解 1: $\displaystyle\int_{-2}^{-\sqrt{2}}\frac{\mathrm{d}x}{x\sqrt{x^2-1}}\xlongequal{\text{令 }x=\sec t}\int_{\frac{2\pi}{3}}^{\frac{3\pi}{4}}\frac{1}{\sec t\cdot|\tan t|}\sec t\cdot\tan t\,\mathrm{d}t=-\int_{\frac{2\pi}{3}}^{\frac{3\pi}{4}}\mathrm{d}t=-\frac{\pi}{12}$.

正解 2: $\displaystyle\int_{-2}^{-\sqrt{2}}\frac{\mathrm{d}x}{x\sqrt{x^2-1}}=\int_{-2}^{-\sqrt{2}}\frac{\mathrm{d}x}{-x^2\cdot\sqrt{1-\frac{1}{x^2}}}=\int_{-2}^{-\sqrt{2}}\frac{\mathrm{d}\frac{1}{x}}{\sqrt{1-\frac{1}{x^2}}}=\arcsin\frac{1}{x}\Big|_{-2}^{-\sqrt{2}}=-\frac{\pi}{12}.$

(3) 奇偶函数在对称区间上的定积分

【推论】 设常数 $a>0$,若 $f(x)$ 在 $[-a,a]$ 上连续,那么:

(i) 当 $f(x)$ 为偶函数时,$\displaystyle\int_{-a}^{a}f(x)\mathrm{d}x=2\int_{0}^{a}f(x)\mathrm{d}x$;

(ii) 当 $f(x)$ 为奇函数时,$\displaystyle\int_{a}^{b}f(x)\mathrm{d}x=0$.

证: 因为 $\displaystyle\int_{-a}^{a}f(x)\mathrm{d}x=\int_{-a}^{0}f(x)\mathrm{d}x+\int_{0}^{a}f(x)\mathrm{d}x$,而

$$\int_{-a}^{0}f(x)\mathrm{d}x\xlongequal{\text{令 }x=-t}-\int_{a}^{0}f(-t)\mathrm{d}t=\int_{0}^{a}f(-t)\mathrm{d}t=\int_{0}^{a}f(-x)\mathrm{d}x,$$

所以,(i) 当 $f(x)$ 为偶函数时,

$$\int_{-a}^{a}f(x)\mathrm{d}x=\int_{0}^{a}f(-x)\mathrm{d}x+\int_{0}^{a}f(x)\mathrm{d}x=2\int_{0}^{a}f(x)\mathrm{d}x.$$

(ii) 当 $f(x)$ 为奇函数时,

$$\int_{-a}^{a}f(x)\mathrm{d}x=\int_{0}^{a}f(-x)\mathrm{d}x+\int_{0}^{a}f(x)\mathrm{d}x=-\int_{0}^{a}f(x)\mathrm{d}x+\int_{0}^{a}f(x)\mathrm{d}x=0.$$

(4) 基本例题

【例 B】 计算 $\displaystyle\int_{0}^{\frac{a}{2}}\frac{1}{(a^2-x^2)^{3/2}}\mathrm{d}x$　$(a>0)$.

解:（用三角代换）设 $x=a\sin t$,则 $\mathrm{d}x=a\cos t\,\mathrm{d}t$,

方法 1: 因为

$$\int\frac{\mathrm{d}x}{\sqrt{(a^2-x^2)^3}}=\frac{1}{a^2}\int\sec^2 t\,\mathrm{d}t=\frac{1}{a^2}\tan t+C=\frac{x}{a^2\sqrt{a^2-x^2}}+C,$$

所以 $\displaystyle\int_{0}^{\frac{a}{2}}\frac{1}{(a^2-x^2)^{3/2}}\mathrm{d}x=\frac{x}{a^2\sqrt{a^2-x^2}}\Big|_{0}^{\frac{a}{2}}=\frac{a}{2a^2\sqrt{a^2-(a^2/4)}}=\frac{1}{\sqrt{3}\,a^2}.$

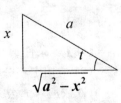

图 5-3-1

方法 2: 由于 $x=0$ 时 $t=0,x=\dfrac{a}{2}$ 时 $t=\dfrac{\pi}{6}$,所以

$$\int_0^{\frac{a}{2}} \frac{1}{(a^2-x^2)^{3/2}}\mathrm{d}x = \frac{1}{a^2}\int_0^{\frac{\pi}{6}} \sec^2 t\mathrm{d}t = \frac{1}{a^2}\tan t\Big|_0^{\frac{\pi}{6}} = \frac{1}{\sqrt{3}\,a^2}.$$

【注】 方法 1 先求原函数,再用 N−L 公式计算,过于繁琐. 方法 2 将变量代换与改变积分上下限同时进行,可以避免求不定积分中的变量代回的步骤,直接计算.

【例 C】 求 $\int_0^4 \dfrac{\mathrm{d}x}{1+\sqrt{x}}$.

解: 令 $\sqrt{x}=t$,即 $x=t^2$,$\mathrm{d}x=2t\mathrm{d}t$,当 $x=0$ 时,$t=0$,当 $x=4$ 时,$t=2$.显然 x 从 0 单增至 4 时,t 从 0 单增至 2,所以

$$\int_0^4 \frac{\mathrm{d}x}{1+\sqrt{x}} = \int_0^2 \frac{2t\mathrm{d}t}{1+t} = 2\int_0^2 \left(1-\frac{1}{1+t}\right)\mathrm{d}t = 2\left[t-\ln(1+t)\right]\Big|_0^2 = 2(2-\ln 3).$$

【例 D】 计算 $\int_0^{\frac{\pi}{2}} \cos^5 x\sin x\mathrm{d}x$.

解 1: 令 $t=\cos x$,$\mathrm{d}t=-\sin x\mathrm{d}x$,当 $x=0$ 时,$t=1$,当 $x=\frac{\pi}{2}$ 时,$t=0$.显然 x 从 0 单增至 $\frac{\pi}{2}$ 时,t 从 1 单减至 0,所以

$$\int_0^{\frac{\pi}{2}} \cos^5 x\sin x\mathrm{d}x \xrightarrow{\text{令}\,t=\cos x} -\int_1^0 t^5\mathrm{d}t = \int_0^1 t^5\mathrm{d}t = \frac{t^6}{6}\Big|_0^1 = \frac{1}{6}.$$

解 2: (凑微分法) $\int_0^{\frac{\pi}{2}} \cos^5 x\sin x\mathrm{d}x = -\int_0^{\frac{\pi}{2}} \cos^5 x\mathrm{d}\cos x = -\frac{1}{6}\cos^6 x\Big|_0^{\frac{\pi}{2}} = \frac{1}{6}$.

【例 E】 计算 $\int_{-\frac{\pi}{6}}^{\frac{\pi}{3}} \tan x\mathrm{d}x$.

解: $\int_{-\frac{\pi}{6}}^{\frac{\pi}{3}} \tan x\mathrm{d}x = -\int_{-\frac{\pi}{6}}^{\frac{\pi}{3}} \frac{\mathrm{d}\cos x}{\cos x} = -\ln\cos x\Big|_{-\frac{\pi}{6}}^{\frac{\pi}{3}} = -\ln\cos\frac{\pi}{3} + \ln\cos\left(-\frac{\pi}{6}\right) = \frac{1}{2}\ln 3.$

【例 F】 计算(1) $\int_{-\frac{1}{2}}^{\frac{1}{2}} \dfrac{1-x\cos x}{\sqrt{1-x^2}}\mathrm{d}x$; (2) $\int_{-\frac{\pi}{4}}^{\frac{\pi}{4}} \cos x\ln\dfrac{1-x}{1+x}\mathrm{d}x$.

解: (1) 原式 $\xlongequal{(*)} \int_{-\frac{1}{2}}^{\frac{1}{2}} \frac{1}{\sqrt{1-x^2}}\mathrm{d}x - \int_{-\frac{1}{2}}^{\frac{1}{2}} \frac{x\cos x}{\sqrt{1-x^2}}\mathrm{d}x = 2\int_0^{\frac{1}{2}} \frac{1}{\sqrt{1-x^2}}\mathrm{d}x = 2\arcsin\frac{1}{2} = \frac{\pi}{3}$.

(2) 设 $\varphi(x)=\ln\dfrac{1-x}{1+x}$,则 $\varphi(-x)=\ln\dfrac{1+x}{1-x}=-\ln\dfrac{1-x}{1+x}=-\varphi(x)$,即 $\varphi(x)$ 为奇函数.

又函数 $\cos x$ 是偶函数,于是 2) 的被积函数是奇函数. 从而

$$\int_{-\frac{\pi}{4}}^{\frac{\pi}{4}} \cos x\ln\frac{1-x}{1+x}\mathrm{d}x = 0.$$

【注】 (1) 中等号 (∗) 右边的第一项的被积函数是偶函数,第二项的被积函数是奇函数.

【例 G】* 设 $\int_a^{2\ln 2} \dfrac{1}{\sqrt{\mathrm{e}^x-1}}\mathrm{d}x = \dfrac{\pi}{6}$ 求常数 a.

解: 因 $\dfrac{\pi}{6} = \int_a^{2\ln 2} \dfrac{1}{\sqrt{\mathrm{e}^x-1}}\mathrm{d}x = \int_a^{2\ln 2} \dfrac{\mathrm{e}^{-x/2}}{\sqrt{1-\mathrm{e}^{-x}}}\mathrm{d}x = -2\int_a^{2\ln 2} \dfrac{\mathrm{d}\mathrm{e}^{-x/2}}{\sqrt{1-(\mathrm{e}^{-x/2})^2}}$

$$= -2\arcsin \mathrm{e}^{-x/2}\Big|_a^{2\ln 2} = -2\arcsin\frac{1}{2} + 2\arcsin \mathrm{e}^{-\frac{a}{2}},$$

故 $\arcsin \mathrm{e}^{-\frac{a}{2}} = \dfrac{\pi}{12} + \dfrac{\pi}{6} = \dfrac{\pi}{4}$,得 $\mathrm{e}^{-\frac{a}{2}} = \dfrac{1}{\sqrt{2}}$,即 $a=\ln 2$.

2. 定积分的分部积分法

【定理 2】 设函数 $u(x)$ 和 $v(x)$ 在区间 $[a,b]$ 上存在连续导数，则由

$$(uv)' = u'v + uv'$$

得知 uv 是 $u'v + uv'$ 的一个原函数，根据 N-L 公式得 $\int_a^b (u'v + uv')\mathrm{d}x = (uv)\big|_a^b$，即

(i) $\int_a^b uv'\mathrm{d}x = (uv)\big|_a^b - \int_a^b vu'\mathrm{d}u$ 　　 或 　　(ii) $\int_a^b u\mathrm{d}v = (uv)\big|_a^b - \int_a^b v\mathrm{d}u$.

【例 H】 求定积分 $\int_0^\pi x\sin x\,\mathrm{d}x$.

解： $\int_0^\pi x\sin x\,\mathrm{d}x = \int_0^\pi x\mathrm{d}(-\cos x) = -(x\cos x)\big|_0^\pi - \int_0^\pi (-\cos x)\mathrm{d}x = \pi + \sin x\big|_0^\pi = \pi.$

【例 I】 求定积分 $\int_0^1 x\ln(1+x)\mathrm{d}x$.

解： $\int_0^1 x\ln(1+x)\mathrm{d}x = \dfrac{1}{2}\int_0^1 \ln(1+x)\mathrm{d}x^2 = \dfrac{1}{2}\left[x^2\ln(1+x)\right]\big|_0^1 - \dfrac{1}{2}\int_0^1 x^2\mathrm{d}\ln(1+x)$

$= \dfrac{1}{2}\ln 2 - \dfrac{1}{2}\int_0^1 \dfrac{x^2}{1+x}\mathrm{d}x = \dfrac{1}{2}\ln 2 - \dfrac{1}{2}\int_0^1 \left(x - 1 + \dfrac{1}{1+x}\right)\mathrm{d}x$

$= \dfrac{1}{2}\ln 2 - \dfrac{1}{2}\left[\dfrac{1}{2}x^2 - x + \ln(1+x)\right]\Big|_0^1 = \dfrac{1}{2}\ln 2 - \dfrac{1}{2}\left(\dfrac{1}{2} - 1 + \ln 2\right) = \dfrac{1}{4}.$

【例 J】 求定积分 $\int_{\sqrt{2}}^2 \dfrac{1}{\sqrt{(x^2-1)^3}}\mathrm{d}x$

解： 令 $x = \sec t$，$\mathrm{d}x = \sec t\tan t\,\mathrm{d}t$；当 $x = \sqrt{2}$ 时 $t = \dfrac{\pi}{4}$，当 $x = 2$ 时 $t = \dfrac{\pi}{3}$，则

$\int_{\sqrt{2}}^2 \dfrac{1}{\sqrt{(x^2-1)^3}}\mathrm{d}x = \int_{\frac{\pi}{4}}^{\frac{\pi}{3}} \dfrac{\sec t\tan t}{\tan^3 t}\mathrm{d}t = \int_{\frac{\pi}{4}}^{\frac{\pi}{3}} \dfrac{\cos t}{\sin^2 t}\mathrm{d}t = \int_{\frac{\pi}{4}}^{\frac{\pi}{3}} \dfrac{\mathrm{d}\sin t}{\sin^2 t} = -\dfrac{1}{\sin t}\Big|_{\frac{\pi}{4}}^{\frac{\pi}{3}} = \sqrt{2} - \dfrac{2}{3}\sqrt{3}.$

【例 K】 求定积分 $\int_0^{\frac{\pi}{2}} \sin^n x\,\mathrm{d}x$　（$n \geqslant 0$ 为整数）.

解： 显然 $I_0 \triangleq \int_0^{\frac{\pi}{2}} \mathrm{d}x = \dfrac{\pi}{2}$，$I_1 \triangleq \int_0^{\frac{\pi}{2}} \sin x\,\mathrm{d}x = -\cos x\big|_0^{\frac{\pi}{2}} = 1$，当 $n > 1$ 时，

$I_n \triangleq \int_0^{\frac{\pi}{2}} \sin^{n-1}x\sin x\,\mathrm{d}x = -\int_0^{\frac{\pi}{2}} \sin^{n-1}x\,\mathrm{d}\cos x$

$= -(\sin^{n-1}x\cos x)\Big|_0^{\frac{\pi}{2}} + (n-1)\int_0^{\frac{\pi}{2}} \sin^{n-2}x\cos^2 x\,\mathrm{d}x = (n-1)\int_0^{\frac{\pi}{2}} \sin^{n-2}x(1-\sin^2 x)\mathrm{d}x$

$= (n-1)\int_0^{\frac{\pi}{2}} \sin^{n-2}x\,\mathrm{d}x - (n-1)\int_0^{\frac{\pi}{2}} \sin^n x\,\mathrm{d}x = (n-1)I_{n-2} - (n-1)I_n$

移项得递推公式：

$$I_n = \dfrac{n-1}{n}I_{n-2}$$

故有 $I_{n-2} = \dfrac{n-3}{n-2}I_{n-4}$，$I_{n-3} = \dfrac{n-4}{n-3}I_{n-5}$，$\cdots$ 同样地依次进行下去，直到此 I_n 的下标递减到 0 或 1 为止. 于是

$$I_n = \int_0^{\frac{\pi}{2}} \sin^n x\,\mathrm{d}x = \begin{cases} \dfrac{n-1}{n}\cdot\dfrac{n-3}{n-2}\cdots\cdots\dfrac{1}{2}\cdot\dfrac{\pi}{2}, & n \text{ 为偶数}; \\[3mm] \dfrac{n-1}{n}\cdot\dfrac{n-3}{n-2}\cdots\cdots\dfrac{2}{3}\cdot 1, & n \text{ 为奇数}. \end{cases}$$

例如 $\int_0^{\frac{\pi}{2}} \sin^6 x\,\mathrm{d}x = \dfrac{5}{6}\cdot\dfrac{3}{4}\cdot\dfrac{1}{2}\cdot\dfrac{\pi}{2} = \dfrac{5}{32}\pi$；$\int_0^{\frac{\pi}{2}} \sin^5 x\,\mathrm{d}x = \dfrac{4}{5}\cdot\dfrac{2}{3}\cdot 1 = \dfrac{8}{15}$

【注】 令 $x = \dfrac{\pi}{2} - t$，则可证 $\displaystyle\int_0^{\frac{\pi}{2}} \cos^n x \, dx = \int_0^{\frac{\pi}{2}} \sin^n x \, dx$.

【习题 5.3】（定积分的计算方法）

1. 求下列定积分：

(1) $\displaystyle\int_e^{e^2} \dfrac{dx}{x \ln x}$；

(2) $\displaystyle\int_{-\ln 2}^{-\ln\sqrt{2}} \dfrac{e^{x/2}}{\sqrt{e^{-x} - e^{x}}} dx$；

(3) $\displaystyle\int_0^4 \dfrac{dx}{1 + \sqrt{x}}$；

(4) $\displaystyle\int_1^2 \dfrac{\ln x}{x^2} dx$.

2. 求下列定积分：

(1) $\displaystyle\int_1^2 \dfrac{\sqrt{x^2 - 1}}{x} dx$；

(2) $\displaystyle\int_0^{\frac{\sqrt{3}}{2}} \dfrac{x^2}{(1 - x^2)\left[x^3 + \sqrt{(1 - x^2)^3}\right]} dx$；

(3) $\displaystyle\int_{\frac{1}{\sqrt{3}}}^{\sqrt{3}} \dfrac{1}{x\sqrt{1 + x^2}} dx$；

(4) $\displaystyle\int_0^1 \dfrac{x \arctan x}{\sqrt{(1 + x^2)^3}} dx$.

3. 求定积分：$\displaystyle\int_{-\pi}^{\pi} \dfrac{x \sin x}{1 + \cos^2 x} dx$.

4. 求下列定积分：

(1) $\displaystyle\int_1^e x \ln x \, dx$；

(2) $\displaystyle\int_0^{\frac{\pi}{2}} e^{2x} \cos x \, dx$.

5. 求证：

(1) $\displaystyle\int_0^1 x^m (1 - x)^n dx = \int_0^1 x^n (1 - x)^m dx$；

(2) $\displaystyle\int_0^\pi \sin^n x \, dx = 2 \int_0^{\frac{\pi}{2}} \sin^n x \, dx$.

（四）广义积分与 Γ- 函数

【引言】 根据 R 定积分的定义和性质，下面条件必须满足：

(i) 积分区间为有限闭的；　　　　　　(ii) 被积函数有界.

本节拟放宽条件(i)和(ii)对定积分做进一步的研究，以便建立更为一般的积分. 下面[引例 2] 将讨论条件(i)，而用实例[引例 1] 说明条件(ii)"有界"是 R 可积函数的必要条件.

【引例 1】* 函数 $f(x) = \begin{cases} \dfrac{1}{\sqrt{x}}, & x \in (0, 1]; \\ 0, & x = 0 \end{cases}$ 在 $[0, 1]$ 为 R 不可积.

证： $\forall$ 自然数 n，把区间 $[0, 1]$ n 等分，取 $\xi_1 = \dfrac{1}{n^4} \in [0, 1/n]$，

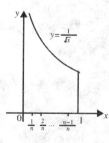

图 5-4-1

$\xi_k = \dfrac{k}{n} (k = 2, \cdots, n)$. 做和并取极限即推出所需结论：

$$f\left(\dfrac{1}{n^4}\right) \cdot \dfrac{1}{n} + \sum_{k=2}^{n} f\left(\dfrac{k}{n}\right) \cdot \dfrac{1}{n}$$

$$\geqslant f\left(\dfrac{1}{n^4}\right) \cdot \dfrac{1}{n} = \sqrt{n^4} \cdot \dfrac{1}{n} = n \xrightarrow[n \to \infty]{} +\infty,$$

$$\lim_{\lambda \to 0} \sum_{k=1}^{n} f(\xi_i) \Delta x_k = \lim_{n \to +\infty} \left[f\left(\dfrac{1}{n^4}\right) \cdot \dfrac{1}{n} + \sum_{k=2}^{n} f\left(\dfrac{k}{n}\right) \cdot \dfrac{1}{n}\right] = +\infty.$$

1. 无穷限的广义积分

【引例 2】　讨论曲线 $y = \dfrac{1}{x^2}$，x 轴与直线 $x = 1$ 所围区域 S 的面积.

观察分析：区域 S 是无界开放的区域，不能直接求解. 如果取正数 $b > 1$，那么先考虑区域 S 在区间 $[1, b]$ 的部分，即曲线 $y = \dfrac{1}{x^2}$，x 轴与直线 $x = 1$，$x = b$ 所围区域 S_b 的面积：

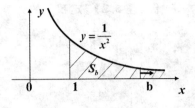

图 5-4-2

$$S_b = \int_1^b \frac{1}{x^2}\,\mathrm{d}x = -\left.\frac{1}{x}\right|_1^b = 1 - \frac{1}{b}.$$

然后令 $b \to +\infty$，所得极限就认定为区域 S 的面积：

$$S = \lim_{b \to +\infty} S_b = \lim_{b \to +\infty} \int_1^b \frac{1}{x^2}\,\mathrm{d}x = \lim_{b \to +\infty}\left(1 - \frac{1}{b}\right) = 1.$$

【定义 1】　设 a 为常数，如果对任意 $b > a$，函数 $f(x)$ 在区间 $[a, b]$ 上 R 可积，那么积分式

$$\int_a^{+\infty} f(x)\,\mathrm{d}x$$

称为函数 $f(x)$ 在无穷区间 $[a, +\infty)$ 上的广义积分（此时积分式视为符号）. 如果极限

$$\lim_{b \to +\infty} \int_a^b f(x)\,\mathrm{d}x \tag{1^*}$$

存在，称此广义积分是收敛的或函数 $f(x)$ 在区间 $[a, +\infty)$ 上是广义可积的，记作

$$\int_a^{+\infty} f(x)\,\mathrm{d}x = \lim_{b \to +\infty} \int_a^b f(x)\,\mathrm{d}x.$$

如果极限 (1^*) 不存在（发散），那么称该广义积分为发散的.

类似可定义：$\displaystyle\int_{-\infty}^b f(x)\,\mathrm{d}x = \lim_{a \to -\infty} \int_a^b f(x)\,\mathrm{d}x.$

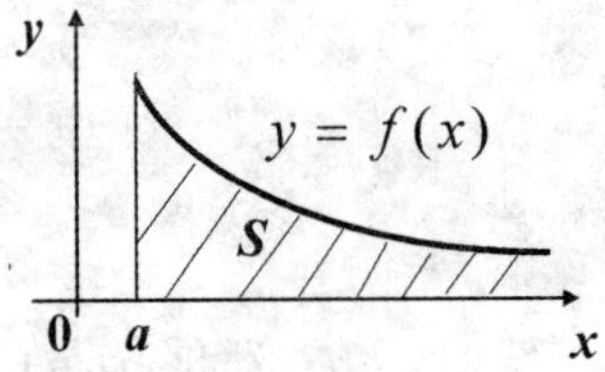

【几何意义】　当 $\displaystyle\int_a^{+\infty} f(x)\,\mathrm{d}x$ 收敛时，该积分值表示由曲线

图 5-4-3

$y = f(x)$，x 轴和直线 $x = a$ 所围的无界的广义曲边梯形 S 的面积，否则就称此广义曲边梯形 S 的面积不存在. 例如引例 2 可用广义积分表示为

$$\int_a^{+\infty} \frac{1}{x^2}\,\mathrm{d}x = \lim_{b \to +\infty} \int_1^b \frac{1}{x^2}\,\mathrm{d}x = \lim_{b \to +\infty}\left(-\frac{1}{x}\right)\Big|_1^b = \lim_{b \to +\infty}\left(1 - \frac{1}{b}\right) = 1.$$

【例 A】　$\displaystyle\int_0^{+\infty} \frac{\mathrm{d}x}{1+x^2} = \lim_{b \to +\infty} \int_0^b \frac{\mathrm{d}x}{1+x^2} = \lim_{b \to +\infty} \arctan x\,\big|_0^b = \lim_{b \to +\infty}(\arctan b - \arctan 0) = \frac{\pi}{2};$

$\displaystyle\int_{-\infty}^0 \frac{\mathrm{d}x}{1+x^2} = \lim_{a \to -\infty} \int_a^0 \frac{\mathrm{d}x}{1+x^2} = \lim_{a \to -\infty} \arctan x\,\big|_a^0 = -\lim_{a \to -\infty} \arctan a = \frac{\pi}{2}.$

【定义 2】　假设 $\forall a, b$，$-\infty < a < b < +\infty$，函数 $f(x)$ 在区间 $[a, b]$ 上皆 R 可积，那么积分式

$$\int_{-\infty}^{+\infty} f(x)\,\mathrm{d}x$$

称为函数 $f(x)$ 在无穷区间 $(-\infty, +\infty)$ 上的广义积分（此时积分式视为符号）. 如果广义积分

$$\int_{-\infty}^0 f(x)\,\mathrm{d}x \quad \text{和} \quad \int_0^{+\infty} f(x)\,\mathrm{d}x \tag{2^*}$$

各自都收敛，那么称该广义积分是收敛的或说函数 $f(x)$ 在无穷区间 $(-\infty, +\infty)$ 上是广义可积的. 此时 $\forall a \in (-\infty, +\infty)$ 有

$$\int_{-\infty}^{+\infty} f(x)\,\mathrm{d}x = \int_{-\infty}^a f(x)\,\mathrm{d}x + \int_a^{+\infty} f(x)\,\mathrm{d}x. \tag{2^{**}}$$

例如由例 A 可得

$$\int_{-\infty}^{+\infty}\frac{dx}{1+x^2}=\int_{-\infty}^{0}\frac{dx}{1+x^2}+\int_{0}^{+\infty}\frac{dx}{1+x^2}=\frac{\pi}{2}+\frac{\pi}{2}=\pi.$$

【注】 (i) 如果(2*)中广义积分有一个为发散的,那么原广义积分称为发散的.

(ii) 在定义 2 的前提下,条件"极限

$$\lim_{b\to+\infty}\left(\int_{-b}^{a}f(x)dx+\int_{a}^{b}f(x)dx\right)=\lim_{b\to+\infty}\int_{-b}^{b}f(x)dx$$

存在"是函数 $f(x)$ 在$(-\infty,+\infty)$ 广义可积的必要条件而非充分条件(见[特例 3]).

(iii) 不论广义积分是否收敛,仍常采用分解式(2**),可理解为纯符号.

在定义 1、2 的条件下,常采用记号:$F(x)\big|_{-\infty}^{+\infty}=\lim_{\substack{b\to+\infty\\a\to-\infty}}[F(b)-F(a)]$

$$F(x)\big|_{a}^{+\infty}=\lim_{b\to+\infty}[F(b)-F(a)],\quad F(x)\big|_{-\infty}^{b}=\lim_{a\to-\infty}[F(b)-F(a)].$$

【例 B】 讨论广义积分 $\int_{a}^{+\infty}\frac{1}{x^p}dx$ ($a>0,\ p>0$) 的敛散性.

解： 当 $p=1$ 时,$\int_{a}^{+\infty}\frac{1}{x^p}dx=\ln x\big|_{a}^{+\infty}=\lim_{b\to+\infty}\ln x\big|_{a}^{b}=\lim_{b\to+\infty}(\ln b-\ln a)=+\infty;$

当 $p>1$ 时,$\int_{a}^{+\infty}\frac{1}{x^p}dx=\frac{x^{1-p}}{1-p}\Big|_{a}^{+\infty}=\lim_{b\to+\infty}\frac{x^{1-p}}{1-p}\Big|_{a}^{b}=\lim_{b\to+\infty}\left(\frac{b^{1-p}}{1-p}-\frac{a^{1-p}}{1-p}\right)=\frac{a^{1-p}}{p-1};$

当 $p<1$ 时,$\int_{a}^{+\infty}\frac{1}{x^p}dx\ \frac{x^{1-p}}{1-p}\Big|_{a}^{+\infty}=\lim_{b\to+\infty}\frac{x^{1-p}}{1-p}\Big|_{a}^{b}==\lim_{b\to+\infty}\left(\frac{b^{1-p}}{1-p}-\frac{a^{1-p}}{1-p}\right)=+\infty.$

2. 无界函数的广义积分

【引例 1(续)】 讨论曲线 $y=\frac{1}{\sqrt{x}}$,x 轴、y 轴与直线 $x=1$ 所围区域 S 的面积.

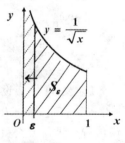

5-4-4

观察分析:区域 S 是无界开放的区域,不能直接求解. 如果取正数 $\varepsilon\in(0,1)$,那么先考虑区域 S 对应于 $x\in[\varepsilon,1]$ 的部分,即曲线 $y=\frac{1}{\sqrt{x}}$,x 轴与直线 $x=1,x=\varepsilon$ 所围区域 S_ε 的面积(也记为 S_ε):

$$S_\varepsilon=\int_{\varepsilon}^{1}\frac{1}{\sqrt{x}}dx=2\sqrt{x}\,\big|_{\varepsilon}^{1}=2(1-\sqrt{\varepsilon}),$$

令 $\varepsilon\to0^+$,所得极限就认定为区域 S 的面积:$S=\lim_{\varepsilon\to0^+}S_\varepsilon=\lim_{\varepsilon\to0^+}2(1-\sqrt{\varepsilon})=2.$

【定义 3】 设定义在区间$(a,b]$上的函数 $f(x)$ 在点 a 的任意邻域内无界,则称点 a 是 $f(x)$ 的(右侧)瑕点. 又设 $\forall\varepsilon\in(0,b-a),f(x)$ 在区间$[a+\varepsilon,b]$上皆 R 可积,那么积分式

$$\int_{a}^{b}f(x)dx$$

称为函数 $f(x)$ 在区间$(a,b]$上的广义积分或瑕积分(此时积分式视为符号). 如果极限

$$\lim_{\varepsilon\to0^+}\int_{a+\varepsilon}^{b}f(x)dx \tag{3*}$$

存在,那么称该广义积是收敛的或函数 $f(x)$ 在区间$(a,b]$上是广义可积的,记作

$$\int_{a}^{b}f(x)dx=\lim_{\varepsilon\to0^+}\int_{a+\varepsilon}^{b}f(x)dx.$$

如果极限(3*)不存在(发散),那么称该广义积分为发散的.

类似可定义 $f(x)$ 的（左侧）瑕点 b 及其瑕积分（广义积分）：

$$\int_a^b f(x)\mathrm{d}x = \lim_{\varepsilon \to 0^+} \int_a^{b-\varepsilon} f(x)\mathrm{d}x.$$

【几何意义】　在定义 3 的条件下，广义积分 $\int_a^b f(x)\mathrm{d}x = \lim_{\varepsilon \to 0^+} \int_{a+\varepsilon}^b f(x)\mathrm{d}x$ 表示由曲线 $y = f(x)$、x 轴及直线 $x = a$、$x = b$ 所围无界区域的面积.

下面为引例 1 的广义积分表示（与前面求面积式完全一致），其中 $x = 0$ 为瑕点：

$$\int_0^1 \frac{1}{\sqrt{x}}\mathrm{d}x = \lim_{\varepsilon \to 0^+} \int_\varepsilon^1 \frac{1}{\sqrt{x}}\mathrm{d}x = \lim_{\varepsilon \to 0^+} 2\sqrt{x}\Big|_\varepsilon^1 = \lim_{\varepsilon \to 0^+} 2(1-\sqrt{\varepsilon}) = 2.$$

【例 C】　讨论广义积分 $\int_0^1 \frac{1}{x^q}\mathrm{d}x$ $(q > 0)$ 的敛散性.

解： $\int_0^1 \frac{1}{x^q}\mathrm{d}x = \lim_{t \to 0^+} \int_t^1 \frac{1}{x^q}\mathrm{d}x = \begin{cases} \lim_{t \to 0^+} \ln x \Big|_t^1 = \lim_{t \to 0^+}(0 - \ln t) = +\infty, & q = 1; \\[2mm] \lim_{t \to 0^+} \frac{x^{1-q}}{1-q}\Big|_t^1 = \lim_{t \to 0^+} \frac{1-t^{1-q}}{1-q} = \begin{cases} +\infty, & q > 1; \\[1mm] \frac{1}{1-q}, & q < 1. \end{cases} \end{cases}$

故广义积分 $\int_0^1 \frac{1}{x^q}\mathrm{d}x$ 当 $q < 1$ 时收敛，当 $q \geqslant 1$ 时发散.

【例 D】　求广义积分 $\int_0^1 \frac{\ln x}{x^2}\mathrm{d}x$.

解： $x = 0$ 是瑕点，下面运算说明所给广义积分是发散的.

$$\int_0^1 \frac{\ln x}{x^2}\mathrm{d}x = \lim_{\varepsilon \to 0^+} \int_\varepsilon^1 \ln x \,\mathrm{d}\left(-\frac{1}{x}\right) = \lim_{\varepsilon \to 0^+}\left[\left(-\frac{1}{x}\ln x\right)\Big|_\varepsilon^1 + \int_\varepsilon^1 \frac{1}{x}\mathrm{d}\ln x\right]$$

$$= \lim_{\varepsilon \to 0^+}\left(\frac{\ln\varepsilon}{\varepsilon} + \int_\varepsilon^1 \frac{1}{x^2}\mathrm{d}x\right) = \lim_{\varepsilon \to 0^+}\left[\frac{\ln\varepsilon}{\varepsilon} + \left(-\frac{1}{x}\right)\Big|_\varepsilon^1\right] = \lim_{\varepsilon \to 0^+}\left(-1 + \frac{1+\ln\varepsilon}{\varepsilon}\right) = -\infty.$$

【定义 4】　假设实数 $a < c < b$ 使得 $\forall \varepsilon > 0, \varepsilon < \min\{c-a, b-c\}$，函数 $f(x)$ 在区间 $[a, c-\varepsilon]$ 和 $[c+\varepsilon, b]$ 上皆 R 可积；又设 $x = c$ 是 $f(x)$ 的左、右侧瑕点（在点 c 的任意左、右邻域内皆无界），那么积分式

$$\int_a^b f(x)\mathrm{d}x$$

称为函数 $f(x)$ 在区间 $[a,b]$ 上的广义积分或瑕积分（此时积分式视为符号）. 如果广义积分

$$\int_a^c f(x)\mathrm{d}x \quad \text{和} \quad \int_c^b f(x)\mathrm{d}x \tag{4^*}$$

各自都收敛，那么称该瑕积分是收敛的或函数 $f(x)$ 在区间 $[a,b]$ 上是广义可积的，记为

$$\int_a^b f(x)\mathrm{d}x = \int_a^c f(x)\mathrm{d}x + \int_c^b f(x)\mathrm{d}x \tag{4^{**}}.$$

【注】　(i) 如果 (4^*) 中广义积分有一个为发散的，那么原广义积分称为发散的.

(ii) 在定义 4 的前提下，条件"极限

$$\lim_{\varepsilon \to 0^+}\left(\int_a^{c-\varepsilon} f(x)\mathrm{d}x + \int_{c+\varepsilon}^b f(x)\mathrm{d}x\right)$$

存在"只是广义积分 $\int_a^b f(x)\mathrm{d}x$ 收敛的必要条件而非充分条件.

(iii) 不论广义积分是否收敛，仍常采用分解式 (4^{**})，可理解为纯符号.

在定义 3、4 的条件下，常采用记号：

$$F(x)\Big|_a^c = \lim_{t\to c^-}\big[F(t)-F(a)\big], \quad F(x)\Big|_c^b = \lim_{t\to c^+}\big[F(b)-F(t)\big].$$

【例 E】 计算积分 $\displaystyle\int_0^9 \frac{1}{\sqrt[3]{x-1}}\,dx$.

解： 显然 $x=1$ 是瑕点.

$$原式 = \lim_{\varepsilon\to 0^+}\int_0^{1-\varepsilon}\frac{1}{\sqrt[3]{x-1}}\,dx + \lim_{\delta\to 0^+}\int_{1+\delta}^9 \frac{1}{\sqrt[3]{x-1}}\,dx$$

$$= \lim_{\varepsilon\to 0^+}\frac{3}{2}(x-1)^{2/3}\Big|_0^{1-\varepsilon} + \lim_{\delta\to 0^+}\frac{3}{2}(x-1)^{2/3}\Big|_{1+\delta}^9 = \lim_{\varepsilon\to 0^+}\frac{3}{2}(\varepsilon^{2/3}-1) + \lim_{\delta\to 0^+}\frac{3}{2}(4-\delta^{2/3}) = \frac{9}{2}.$$

【注】 这里特意用不同变量 ε 和 δ 以强调解题中和式里两个极限式是相互独立的.

3. 广义积分解题步骤和相关事项

(1) 解题步骤:(采用简化表达式时尽可能体系下列步骤)

(i) 将广义积分化为 R 积分的极限;

(ii) 求解该 R 积分(包括求解被积函数的原函数,用 N-L 公式进行计算);

(iii) 计算极限得结果.

(2) 广义积分解题注意事项

(i) 将广义积分化为 R 积分的极限后,若对 R 积分进行拆项,则不要逐项求极限,而是等 R 积分整体计算完成后再取极限,以免产生发散积分(参看[特例 1]).

(ii) 当所给积分是两个广义积分之"和式"时,只有当它们分别收敛时原所给积分才收敛(参看[特例 2]).因此在解题表达中,凡遇到其中之一为发散广义积分时最好先分别独立讨论其敛散性(参看[特例 3]、[特例 4]).

(3) 在求解 R 积分的过程中,有时要借助于广义积分计算,其理论根据是第(二)1.(3)节中所述的 R 积分的绝对连续性(参看[特例 5]).

(4) 无穷限和无界函数两类广义积分的计算过程不一定要用 R 积分的极限式表达,但仍然要注意上面列出的注意事项(参看[特例 1]注(ii)和[特例 2]).

【注】 无穷限和无界函数两类广义积分统称为 R 广义积分,它们是 R 积分的推广,但不是 R(黎曼)积分.

【特例 1】 求广义积分 $\displaystyle\int_1^{+\infty}\frac{dx}{x(1+x)}$.

解 1： 因 $\displaystyle\int\frac{dx}{x(1+x)} = \int\left(\frac{1}{x}-\frac{1}{1+x}\right)dx = \ln\left|\frac{x}{1+x}\right| + C$ （C 为任意常数）,故

$$\int_1^{+\infty}\frac{dx}{x(1+x)} = \lim_{b\to+\infty}\int_1^b \frac{dx}{x(1+x)} = \lim_{b\to+\infty}\ln\frac{x}{1+x}\Big|_1^b = \lim_{b\to+\infty}\ln\frac{b}{1+b} + \ln 2 = \ln 2.$$

解 2： 原式 $\displaystyle= \int_1^{+\infty}\left(\frac{1}{x}-\frac{x}{1+x}\right)dx = \lim_{b\to+\infty}\left(\int_1^b\frac{1}{x}dx - \int_1^b\frac{1}{1+x}dx\right) = \lim_{b\to+\infty}\ln\frac{x}{1+x}\Big|_1^b = \ln 2.$

或简单表达为:原式 $\displaystyle= \int_1^{+\infty}\left(\frac{1}{x}-\frac{x}{1+x}\right)dx = \ln\frac{x}{1+x}\Big|_1^{+\infty} = \ln 2.$

【注】 若像解 2 直接解题,注意被积函数拆项积分后极限号仍要放在和式外,以防产生发散情形:

$$\int_1^{+\infty}\frac{dx}{x(1+x)} \neq \lim_{b\to+\infty}\int_1^b\frac{dx}{x} - \lim_{b\to+\infty}\int_1^b\frac{dx}{1+x} \quad \left(或 \int_1^{+\infty}\frac{dx}{x} - \int_1^{+\infty}\frac{dx}{1+x}\right) \quad （右边的两项皆发散）.$$

【特例 2】 计算广义积分 $\displaystyle\int_{-a}^a \frac{1}{\sqrt{a^2-x^2}}\,dx$ （$a>0$）.

解： 显然 $x=\pm a$ 是瑕点.因

$$\int_{-a}^0 \frac{1}{\sqrt{a^2-x^2}}\,dx = \arcsin\frac{x}{a}\Big|_{-a}^0 = \arcsin 1; \qquad \int_0^a \frac{1}{\sqrt{a^2-x^2}}\,dx = \arcsin\frac{x}{a}\Big|_0^a = \arcsin 1,$$

故
$$\int_{-a}^{a} \frac{1}{\sqrt{a^2 - x^2}} \mathrm{d}x = \int_{-a}^{0} \frac{1}{\sqrt{a^2 - x^2}} \mathrm{d}x + \int_{0}^{a} \frac{1}{\sqrt{a^2 - x^2}} \mathrm{d}x = 2\arcsin 1 = \pi.$$

另解*： 显然 $x = \pm a$ 是瑕点，因被积函数是偶函数，故得

$$\int_{-a}^{a} \frac{1}{\sqrt{a^2 - x^2}} \mathrm{d}x = 2\int_{0}^{a} \frac{1}{\sqrt{a^2 - x^2}} \mathrm{d}x = 2\arcsin 1 = \pi.$$

【注】* 求解广义积分时慎用奇、偶函数性质，因为其理论依据是换元积分法之定理的推论．容易看出，被积函数是奇或偶函数时，它们在对应的两对称区间的广义积分具有相同的敛散性．虽然如此，在求解广义积分时，应用此推论仅对偶函数情形才是成立的，此时可反向追溯解题过程是正确的．而对被积函数是奇函数广义积分，则不能应用该推论，参看下面[特例3、4]．

【特例3】 讨论广义积分的敛散性：$\int_{-\infty}^{+\infty} \sin x \mathrm{d}x$．

错解： 下式错误发生在第一步，从第二步开始推导是正确的（但非原式含意）．

$$\int_{-\infty}^{+\infty} \sin x \mathrm{d}x \neq \lim_{A \to +\infty} \int_{-A}^{A} \sin x \mathrm{d}x = \lim_{A \to +\infty}(-\cos x)\Big|_{-A}^{A} = \lim_{A \to +\infty}(-\cos A + \cos A) = 0.$$

正解： 原积分含两个广义积分，它们分别运算如下：

$$I_1 \triangleq \int_{-\infty}^{0} \sin x \mathrm{d}x = \lim_{A \to +\infty} \int_{-A}^{0} \sin x \mathrm{d}x = \lim_{A \to +\infty}(-\cos x)\Big|_{-A}^{0} = \lim_{A \to +\infty}(\cos A - 1);$$

$$I_2 \triangleq \int_{0}^{+\infty} \sin x \mathrm{d}x = \lim_{A \to +\infty} \int_{0}^{A} \sin x \mathrm{d}x = \lim_{A \to +\infty}(-\cos x)\Big|_{0}^{A} = \lim_{A \to +\infty}(1 - \cos A).$$

因为当 $A \to +\infty$ 时函数 $\cos A$ 的极限不存在，所以 I_1 和 I_2 皆发散．从而原广义积分是发散的．

【特例4】 讨论广义积分的敛散性：$\int_{-1}^{1} \frac{1}{x^3} \mathrm{d}x$．

解： 因 $x = 0$ 是瑕点，又

$$\int_{-1}^{1} \frac{1}{x^3} \mathrm{d}x = \int_{-1}^{0} \frac{1}{x^3} \mathrm{d}x + \int_{0}^{1} \frac{1}{x^3} \mathrm{d}x = \lim_{\varepsilon \to 0^+} \int_{-1}^{-\varepsilon} \frac{1}{x^3} \mathrm{d}x + \lim_{\varepsilon \to 0^+} \int_{\varepsilon}^{1} \frac{1}{x^3} \mathrm{d}x$$

$$= -\frac{1}{2}\lim_{\varepsilon \to 0^+} x^{-2}\Big|_{-1}^{-\varepsilon} - \frac{1}{2}\lim_{\varepsilon \to 0^+} x^{-2}\Big|_{\varepsilon}^{1} = -\frac{1}{2}\lim_{\varepsilon \to 0^+}(\varepsilon^{-2} - 1) - \frac{1}{2}\lim_{\varepsilon \to 0^+}(1 - \varepsilon^{-2})$$

上式右边两项显然皆发散，所以原积分发散．

【注】 (i) 发散式对于计算是无意义的，此时仅理解为一系列符号．今后都按此理解．

(ii) 上式两项极限都在 $\varepsilon \to 0^+$ 下进行，但却是相互独立的．为进一步理解，请看下式错误推导：错从不等号（*）起，这是因为隐含两个广义积分的积分式必须将它们分开各自讨论敛散性，不能共用同一个极限号或广义积分号（对照[特例3]）：

$$\int_{-1}^{1} \frac{1}{x^3} \mathrm{d}x = \int_{-1}^{0} \frac{1}{x^3} \mathrm{d}x + \int_{0}^{1} \frac{1}{x^3} \mathrm{d}x = \lim_{\varepsilon \to 0^+} \int_{-1}^{-\varepsilon} \frac{1}{x^3} \mathrm{d}x + \lim_{\varepsilon \to 0^+} \int_{\varepsilon}^{1} \frac{1}{x^3} \mathrm{d}x$$

$$\overset{(*)}{\neq} \lim_{\varepsilon \to 0^+}\left(\int_{-1}^{-\varepsilon} \frac{1}{x^3} \mathrm{d}x + \int_{\varepsilon}^{1} \frac{1}{x^3} \mathrm{d}x\right) = -\frac{1}{2}\lim_{\varepsilon \to 0^+}\left(x^{-2}\Big|_{-1}^{-\varepsilon} + x^{-2}\Big|_{\varepsilon}^{1}\right) = 0.$$

此例通常的错误表达方式是：$\int_{-1}^{1} \frac{1}{x^3} \mathrm{d}x = -\frac{1}{2} x^{-2}\Big|_{-1}^{1} = 0$．

【特例5】 求定积分：$\int_{0}^{\frac{\pi}{2}} \frac{1}{1 + \cos^2 x} \mathrm{d}x$．

解： 令 $t = \tan x, x = \arctan t, \mathrm{d}t = \sec^2 x \mathrm{d}x$；当 x 从 0 至 $\pi/2$ 时，t 从 0 至 $+\infty$．于是

$$\int_{0}^{\frac{\pi}{2}} \frac{1}{1 + \cos^2 x} \mathrm{d}x = \int_{0}^{+\infty} \frac{\mathrm{d}t}{2 + t^2} = \frac{1}{\sqrt{2}}\arctan\frac{t}{\sqrt{2}}\Big|_{0}^{+\infty} = \lim_{b \to +\infty} \frac{1}{\sqrt{2}}\left(\arctan\frac{b}{\sqrt{2}} - 0\right) = \frac{\pi}{2\sqrt{2}}.$$

【注】 这是一道特殊的例题，因为所求的是 R 积分，但计算过程却借助于广义积分，起因于引入变量替换 $t = \tan x$．其理论依据是积分得绝对连续性（参看第二篇的教学研究）．

4. Γ- 函数

(1) Γ- 函数的概念

【定义 5】 广义积分 $\Gamma(t) = \int_0^{+\infty} x^{t-1}\mathrm{e}^{-x}\mathrm{d}x(t > 0)$ 是收敛的,称为Γ- 函数.

(2) Γ- 函数的性质:

(i) 递推公式 $\Gamma(t+1) = t\Gamma(t)$ $(t > 0)$,特别地,$\forall n \in \mathbf{N}^+$,有
$$\Gamma(n+1) = n!.$$

证:$\Gamma(t+1) = \int_0^{+\infty} x^t\mathrm{e}^{-x}\mathrm{d}x = -\int_0^{+\infty} x^t\mathrm{d}\mathrm{e}^{-x} = (-x^t\mathrm{e}^{-x})\big|_0^{+\infty} + t\int_0^{+\infty} x^{t-1}\mathrm{e}^{-x}\mathrm{d}x = t\Gamma(t).$

注意到:$\Gamma(1) = \int_0^{+\infty} \mathrm{e}^{-x}\mathrm{d}x = 1$,故 $\forall n \in \mathbf{N}^+$,有
$$\Gamma(n+1) = n\Gamma(n) = n(n-1)\Gamma(n-1) = \cdots = n!\Gamma(1) = n!.$$

(ii) 当 $t \to 0^+$ 时,$\Gamma(t) \to +\infty$.

证: 可证 $\Gamma(t)$ 在 $t > 0$ 连续,$\Gamma(1) = 1$. $\because \Gamma(t) = \dfrac{\Gamma(t+1)}{t}$,$\therefore t \to 0^+$ 时,$\Gamma(t) \to +\infty$.

(iii) 余元公式(此处不作证明):$\Gamma(t)\Gamma(1-t) = \dfrac{\pi}{\sin\pi t}$ $(0 < t < 1)$.

由余元公式立得 $\Gamma\left(\dfrac{1}{2}\right) = \sqrt{\pi}$(第七章将给出直接证明).

【例 F】 (1) $\dfrac{\Gamma(6)}{2\Gamma(3)} = \dfrac{5!}{2 \cdot 2!} = \dfrac{5 \cdot 4 \cdot 3 \cdot 2 \cdot 1}{2 \cdot 2 \cdot 1} = 30.$

(2) $\dfrac{\Gamma\left(\dfrac{5}{2}\right)}{\Gamma\left(\dfrac{1}{2}\right)} = \dfrac{\dfrac{3}{2}\Gamma\left(\dfrac{3}{2}\right)}{\Gamma\left(\dfrac{1}{2}\right)} = \dfrac{\dfrac{3}{2} \cdot \dfrac{1}{2}\Gamma\left(\dfrac{1}{2}\right)}{\Gamma\left(\dfrac{1}{2}\right)} = \dfrac{3}{4}.$

(3) Γ- 函数的其他形式

在定义 5 的式子中令 $x = y^2$ 得
$$\Gamma(t) = 2\int_0^{+\infty} y^{2t-1}\mathrm{e}^{-y^2}\mathrm{d}y \quad (t > 0)$$

再令 $2t-1 = s$,即 $t = \dfrac{1+s}{2}$,得应用中常见的积分
$$\int_0^{+\infty} y^s\mathrm{e}^{-y^2}\mathrm{d}y = \dfrac{1}{2}\Gamma\left(\dfrac{1+s}{2}\right) \quad (s > -1).$$

这表明左端的积分可用Γ- 函数来计算. 例如,
$$\int_0^{+\infty} \mathrm{e}^{-y^2}\mathrm{d}y = \dfrac{1}{2}\Gamma\left(\dfrac{1}{2}\right) = \dfrac{\sqrt{\pi}}{2}.$$

【例 G】 (1) $\int_0^{+\infty} x^3\mathrm{e}^{-x}\mathrm{d}x = \Gamma(4) = 3! = 6.$

(2) $\int_0^{+\infty} x^4\mathrm{e}^{-x^2}\mathrm{d}x \xlongequal{\text{令}u=x^2} \dfrac{1}{2}\int_0^{+\infty} u^{\frac{3}{2}}\mathrm{e}^{-u}\mathrm{d}u = \dfrac{1}{2}\Gamma\left(\dfrac{5}{2}\right) = \dfrac{1}{2} \cdot \dfrac{3}{2}\Gamma\left(\dfrac{1}{2}\right) = \dfrac{3}{4}\sqrt{\pi}.$

【习题 5.4】(广义积分与Γ- 函数)

1. 判别下列各广义积分的收敛性,如果收剑计算广义积分的值:

(1) $\int_1^{+\infty} \dfrac{\mathrm{d}x}{x^3}$; (2) $\int_1^{+\infty} \dfrac{\mathrm{d}x}{\sqrt[3]{x}}$; (3) $\int_0^{+\infty} \mathrm{e}^{-4x}\mathrm{d}x$;

(4) $\int_0^{+\infty} \mathrm{e}^{-x}\sin x\mathrm{d}x$; (5) $\int_{-\infty}^{+\infty} \dfrac{\mathrm{d}x}{x^2+4x+5}$; (6) $\int_0^2 \dfrac{\mathrm{d}x}{(1-x)^3}$;

(7) $\int_0^1 \dfrac{x\mathrm{d}x}{\sqrt{1-x^2}}$; (8) $\int_1^2 \dfrac{x\mathrm{d}x}{\sqrt{x-1}}$.

2.设有广义积分 $\int_2^{+\infty} \dfrac{\mathrm{d}x}{x(\ln x)^k}$,其中 k 为参数.

(1) 讨论该广义积分的敛散性? (2)* 问当 k 为何值时,广义积分取得最小值?

3.用 $\varGamma$ 函数表示下列积分,并计算积分值. $\left[\text{已知 }\varGamma\left(\dfrac{1}{2}\right)=\sqrt{\pi}\right]$ (m 为自然数)

(1) $\int_0^{+\infty} x^m \mathrm{e}^{-x}\mathrm{d}x$; (2) $\int_0^{+\infty}\sqrt{x}\,\mathrm{e}^{-x}\mathrm{d}x$; (3) $\int_{-\infty}^{+\infty} x^5 \mathrm{e}^{-x^2}\mathrm{d}x$.

(五) 定积分的应用

1. 定积分的微元法

建立积分元素的方法是通过赋自变量 x 予改变量 Δx 后根据作为因变量的初等公式进行计算,然后去掉比 Δx 高阶的无穷小量. 它是将定积分定义

$$S = \int_a^b f(x)\mathrm{d}x = \lim_{\lambda \to 0}\sum_{i=1}^n f(\xi_i)\Delta x_i$$

中的"分割、近似、求和、取极限"的过程简化所得的方法. 具体而言,就是对应于定义,用长度微元素 $\mathrm{d}x$ 代替划分区间 $[a,b]$ 所得的小区间 $[x_i,x_{i+1}]$ 长度,并直接用 x 代替每个小区间上任取的点 $\xi_i \in [x_i,x_{i+1}]$,然后根据初等公式作乘积代替定义中的近似计算得积分微元素:

$$f(x)\mathrm{d}x = \mathrm{d}S,$$

最后省略"求和、取极限"的手续,直接写出积分式

$$S = \int_a^b \mathrm{d}S = \int_a^b f(x)\mathrm{d}x.$$

称此计算过程为定积分微元素分析法(意为在微小局部范围做数量分析),简称为微元法.

【例 A】 设原点 O 有一个带电量为 $+q$ 的电荷,它产生的电场对周围的电荷有作用力. 现有一单位正电荷从距离原点 $a(>0)$ 处沿射线方向一直移动至距 O 点为 $b(>a)$ 的地方,问电场力做多少功?其中电场力 F 是位移 x 的函数.

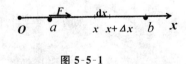

图 5-5-1

$$F(x) = k \cdot \frac{q}{x^2} \quad (k\text{ 为常数}).$$

(定积分的微元法解题步骤对比表)

解:(例 A 具体解题步骤)	【注】 微元法的一般解题步骤:
(i) 恒力 F 做功的初等公式 $\qquad W = F \cdot S$(功 = 恒力×距离) 函数 $F(x)$ 的定义域为 $[a,b]$. (ii) $\forall x \in [a,b]$,赋予改变量 $\mathrm{d}x$; (iii) 构造乘积 $\qquad \mathrm{d}W = F(x)\mathrm{d}x = k \cdot \dfrac{q}{x^2}\mathrm{d}x$; (iv) 最后得定积分: $\qquad W = \int_a^b \mathrm{d}W = \int_a^b k \cdot \dfrac{q}{x^2}\mathrm{d}x$ $\qquad = -k \cdot \dfrac{q}{x}\Big|_a^b = kq \cdot \left(\dfrac{1}{a} - \dfrac{1}{b}\right)$.	(i) 确定(连续)函数 $f(x)$ 及其定义域 $[a,b]$ $\qquad$(一般是初等公式的一因式); (ii) 任取一点 $x \in [a,b]$,赋予改变量 $\mathrm{d}x$ $\qquad$(自变量微元素); (iii)* (关键一步.根据初等公式)构造乘积 $\qquad$(近似值)— 积分微元素 $\qquad\qquad \mathrm{d}I = f(x)\mathrm{d}x$ (iv) 最后得定积分: $\qquad\qquad I = \int_a^b \mathrm{d}I = \int_a^b f(x)\mathrm{d}x$.

2.定积分在几何学上的应用

（1）平面图形的面积

求由曲线 $y = f(x)$，$y = g(x)(f(x) > g(x))$ 与直线 $x = a$，$x = b$ $(a < b)$ 所围图形的面积.

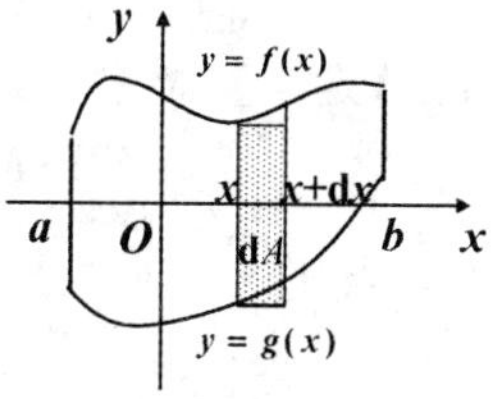

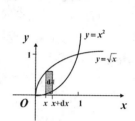

图 5-5-2

（i）取 x 为积分变量，则 $x \in [a, b]$；

（ii）任一小区间 $[x, x + \mathrm{d}x]$ 上的小窄条面积近似值，即面积元素
$$\mathrm{d}A = [f(x) - g(x)]\mathrm{d}x;$$

（iii）所求面积（公式）为 $A = \int_a^b [f(x) - g(x)]\mathrm{d}x$.

【例 B】 求由抛物线 $y = \sqrt{x}$，$y = x^2$ 所围图形之面积 S.

解： 为求交点令 $\begin{cases} y^2 = x \\ y = x^2 \end{cases} \Rightarrow \begin{cases} x = 0 \\ y = 0 \end{cases} \begin{cases} x = 1 \\ y = 1 \end{cases}$，故所求面积

$$A = \int_0^1 (\sqrt{x} - x^2)\mathrm{d}x = \left(\frac{2}{3}x^{\frac{3}{2}} - \frac{x^3}{3}\right)\Big|_0^1 = \frac{1}{3}.$$

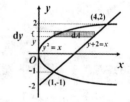

图 5-5-3

【例 C】 求椭圆 $\dfrac{x^2}{a^2} + \dfrac{y^2}{b^2} = 1$ 的面积（如图 5-5-4）.

解： 由对称性，椭圆面积 A 为椭圆在第一象限部分 A_1 的 4 倍：

$$A = 4A_1 = 4\int_0^a y\mathrm{d}x = 4\int_0^a \frac{b}{a}\sqrt{a^2 - x^2}\,\mathrm{d}x$$

$$= \frac{4b}{a}\left(\frac{x}{2}\sqrt{a^2 - x^2} + \frac{a^2}{2}\arcsin\frac{x}{a}\right)\Big|_0^a = \pi ab.$$

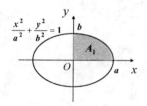

图 5-5-4

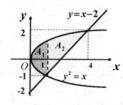

图 5-5-5

图 5-5-6

【例 D】 求由曲线 $y^2 = x$ 和直线 $y = x - 2$ 所围图形面积.

解： 令 $y^2 = x$、$y = x - 2$，得交点 $(1, -1)$、$(4, 2)$.

（i）方法 1：取 x 为积分变量，则面积元素分两段表示：

$$\mathrm{d}A_1 = [\sqrt{x} - (-\sqrt{x})]\mathrm{d}x, \quad x \in [0, 1];$$

$$\mathrm{d}A_2 = [\sqrt{x} - (x - 2)]\mathrm{d}x, \quad x \in [1, 4].$$

所求面积

$$A = \int_0^1 \mathrm{d}A_1 + \int_1^4 \mathrm{d}A_2 = \int_0^1 [\sqrt{x} - (-\sqrt{x})]\mathrm{d}x + \int_1^4 [\sqrt{x} - (x - 2)]\mathrm{d}x$$

$$= \frac{4}{3}x^{3/2}\Big|_0^1 + \left(\frac{2}{3}x^{\frac{3}{2}} - \frac{1}{2}x^2 + 2x\right)\Big|_1^4 = \frac{9}{2}.$$

（ii）方法 2：根据此图形特点，可以选择 y 作为积分变量，其变化区间为 $[-1, 2]$.

图形的面积微元为：$\mathrm{d}A = (y + 2 - y^2)\mathrm{d}y$，从而可得图形面积

$$A = \int_{-1}^2 (y + 2 - y^2)\mathrm{d}y = \left(\frac{y^2}{2} + 2y - \frac{y^3}{3}\right)\Big|_{-1}^2 = \frac{9}{2}.$$

（2）平面曲线的弧长

【定义】　设 A、B 为曲线弧上两端点，在 AB 上任取分点

$$A = M_0 < M_1 < \cdots < M_{n-1} < M_n = B$$

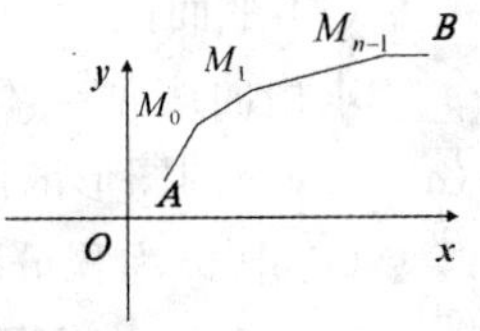

如果当 $n \to \infty$ 时（分点无限加细）$\overset{\frown}{M_{i-1}M_i}(i = 1, \cdots, n)$ 均缩为一点，极限

$$\lim_{n \to \infty} \sum_{i=1}^{n} |\overline{M_{i-1}M_i}|$$

图 5-5-7

存在，那么称此极限为曲线弧的弧长；并称该曲线弧是可求长的.

【定理】　光滑曲线弧是可求长的.

（i）直角坐标系下光滑曲线弧长的计算

设曲线弧由方程 $y = f(x)$ 给出，其中 $f(x)$ 在 $[a, b]$ 上具有连续一阶导数（此时称该曲线弧是光滑的），为求该曲线弧的长度，取 x 为积分变量，则 $x \in [a, b]$，那么弧长的微分元素为

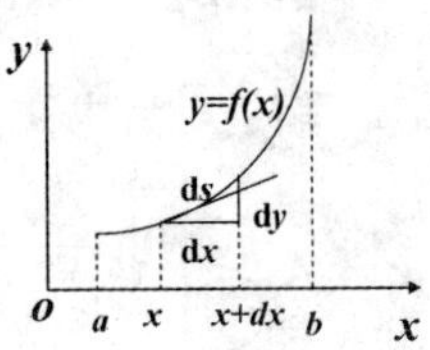

$$\mathrm{d}s = \sqrt{(\mathrm{d}x)^2 + (\mathrm{d}y)^2} = \sqrt{1 + y'^2}\,\mathrm{d}x$$

所求弧长（公式）为

图 5-5-8

$$s = \int_a^b \mathrm{d}s = \int_a^b \sqrt{1 + [f'(x)]^2}\,\mathrm{d}x.$$

【注】　$\mathrm{d}x$、$\mathrm{d}y$、$\mathrm{d}s$ 组成一个直角三角形，称为微分三角形.

（ii）参数方程 $\begin{cases} x = \varphi(t) \\ y = \psi(t) \end{cases} (\alpha < t < \beta)$ 下光滑曲线弧长的计算此时弧长微元素为

$$\mathrm{d}s = \sqrt{(\mathrm{d}x)^2 + (\mathrm{d}y)^2} = \sqrt{[\varphi'(t)]^2 + [\psi'(t)]^2}\,\mathrm{d}t,$$

所求弧长（公式）为

$$s = \int_\alpha^\beta \mathrm{d}s = \int_\alpha^\beta \sqrt{[\varphi'(t)]^2 + [\psi'(t)]^2}\,\mathrm{d}t.$$

（iii）平面极坐标系下光滑曲线弧长的计算

设极坐标系下曲线方程为 $r = r(\theta)$，视为参数方程 $\begin{cases} x = r(\theta)\cos\theta \\ y = r(\theta)\sin\theta \end{cases} (\alpha < \theta < \beta)$，那么弧长微元素为

$$\mathrm{d}s = \sqrt{(\mathrm{d}x)^2 + (\mathrm{d}y)^2} = \sqrt{[r'\cos\theta - r\sin\theta]^2 + [r'\sin\theta + r\cos\theta]^2}\,\mathrm{d}\theta = \sqrt{r^2 + (r')^2}\,\mathrm{d}\theta,$$

所求弧长（公式）为

$$s = \int_\alpha^\beta \mathrm{d}s = \int_\alpha^\beta \sqrt{[r(\theta)]^2 + [r'(\theta)]^2}\,\mathrm{d}\theta.$$

【注】　虽在第六章才引入极坐标系，但读者都已接触过此概念.

【例 E】　求由曲线 $y = \ln x$ 相应于 $\sqrt{3} \leqslant x \leqslant \sqrt{8}$ 的一段弧（如图）的长度.

解：　因 $y' = \dfrac{1}{x}$, $\mathrm{d}s = \sqrt{1 + \left(\dfrac{1}{x}\right)^2}\,\mathrm{d}x = \dfrac{\sqrt{1 + x^2}}{x}\,\mathrm{d}x$，故所求弧长为

$$s = \int_{\sqrt{3}}^{\sqrt{8}} \frac{\sqrt{1 + x^2}}{x}\,\mathrm{d}x \xrightarrow{\text{令 } t = \sqrt{1 + x^2}} \int_2^3 \frac{t^2}{t^2 - 1}\,\mathrm{d}t$$

$$= \int_2^3 \left(1 + \frac{1}{t^2 - 1}\right)\mathrm{d}t = 1 + \frac{1}{2}\ln\frac{t - 1}{t + 1}\bigg|_2^3 = 1 + \frac{1}{2}\ln\frac{3}{2}.$$

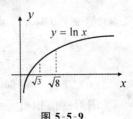

图 5-5-9

【例 F】 计算摆线 $\begin{cases} x = a(t - \sin t) \\ y = a(1 - \cos t) \end{cases}$ 一拱 $(a > 0; 0 \leqslant t \leqslant 2\pi)$ 的长度.

解： 因 $x'(t) = a(1 - \cos t)$，$y'(t) = a\sin t$，故所求弧长为

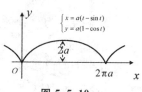

$$s = \int_0^{2\pi} ds = \int_0^{2\pi} \sqrt{[a(1 - \cos t)]^2 + (a\sin t)^2}\, dt$$

$$= a \int_0^{2\pi} \sqrt{2(1 - \cos t)}\, dt = 2a \int_0^{2\pi} \sqrt{\sin^2 \frac{t}{2}}\, dt$$

$$= 2a \int_0^{2\pi} \sin \frac{t}{2}\, dt = 2a \left[-2\cos \frac{t}{2} \right]_0^{2\pi} = 8a.$$

图 5-5-10

【例 G】 求阿基米德旋线 $r = a\theta\,(a > 0)$ 对应于 $0 \leqslant \theta \leqslant 2\pi$ 的一段弧长.

解： 因 $r(\theta) = a\theta$，$r'(\theta) = a$，故所求弧长为

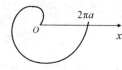

$$s = \int_0^{2\pi} ds = \int_0^{2\pi} \sqrt{(a\theta)^2 + a^2}\, d\theta = a \int_0^{2\pi} \sqrt{1 + \theta^2}\, d\theta$$

$$= \frac{a}{2} \left[\theta\sqrt{1 + \theta^2} + \ln \left| \theta + \sqrt{1 + \theta^2} \right| \right]_0^{2\pi}$$

$$= \frac{a}{2} \left[2\pi\sqrt{1 + 4\pi^2} + \ln(2\pi + \sqrt{1 + 4\pi^2}) \right].$$

图 5-5-11

（3）立体的体积

（i）平行截面面积已知的立体体积

已知空间某立体 V 介于平面 $x = a$ 和 $x = b$ 之间，$a < b$. 设过任意一点 $x \in [a, b]$ 而垂直于 x 轴的平面，记为 $X = x$，截该立体 V 所得的截口面积为 $A(x)$ $(a \leqslant x \leqslant b)$，那么关于 x 赋予改变量 Δx 时得一小薄片立体，它是 V 的介于两平面 $X = x$ 和 $X = x + \Delta x$ 之间的部分（近似视为圆柱体），其体积微元为（底面积 $A(x) \times$ 高 dx）

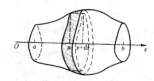

$$dV = A(x)dx,$$

则该立体体积（公式）为

$$V = \int_a^b dV = \int_a^b A(x)dx.$$

图 5-5-12

（ii）旋转体体积

图 5-5-13

由一平面图形以该平面内一条直线 L 为轴环绕旋转一周而成的立体称为旋转体，该定直线 L 称为旋转轴.

① 旋转轴为 x 轴的旋转体体积的计算

设 V 为曲边梯形 $a \leqslant x \leqslant b, 0 \leqslant y \leqslant f(x)$ 绕 x 轴旋转一周而成的立体，下面用微元法求其体积.

a. 显然 x 为积分变量，任取 $x \in [a, b]$，赋予改变量 $\Delta x (= dx)$；

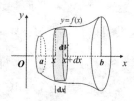

图 5-5-14

b. 任一小区间 $[x, x + dx]$ 上的小旋转体体积近似值，即体积元素，可近似看成一个圆柱体，底面半径为 $f(x)$，高为 $\Delta x (= dx)$，根据初等公式"体积 = 底面积 × 高"立得体积元素：

$$dV = \pi[f(x)]^2 dx$$

c. 所求体积（公式）：$V_x = \int_a^b \pi[f(x)]^2 dx$

② 旋转轴为 y 轴的旋转体体积的计算

求曲边梯形 $c \leqslant y \leqslant \mathrm{d}, 0 \leqslant x \leqslant \varphi(y)$ 绕 y 轴旋转一周而得立体体积 V 可用下面微元法：

a. 这里 y 为积分变量，任取 $y \in [c,d]$，赋予改变量 $\Delta y(= dy)$；

b. 任一小区间 $[y, y+dy]$ 上的小旋转体体积近似值，即体积元素，可近似看成一个圆柱体，底面半径为 $\varphi(y)$，高为 $\Delta y(= dy)$，根据初等公式"体积 = 底面积 × 高"立得体积元素：$dV = \pi[\varphi(y)]^2 dy$

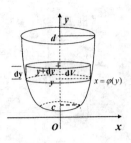

图 5-5-15

c. 所求体积（公式）：$V_y = \int_c^d \pi[\varphi(y)]^2 dy$

【例 H】　求由椭圆 $\dfrac{x^2}{a^2} + \dfrac{y^2}{b^2} = 1$ 分别绕 x 轴、y 轴旋转一周而成的立体的体积 V_x、V_y（参看图 5-5-16）.

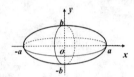

图 5-5-16

解：（i）上半平面的椭圆方程为 $y = f(x) = b\sqrt{1 - \dfrac{x^2}{a^2}}$. 应用绕 x 轴的情形用公式得

$$V_x = \int_{-b}^b \pi[f(x)]^2 dy = 2\pi \int_0^b b^2 \left(1 - \frac{x^2}{a^2}\right) dx = 2\pi b^2 \left(x - \frac{1}{3} \cdot \frac{x^3}{a^2}\right)\Big|_0^a = \frac{4}{3}\pi ab^2.$$

（ii）右半平面的椭圆方程为 $x = \varphi(y) = a\sqrt{1 - \dfrac{y^2}{b^2}}$. 所围平面图形绕 y 轴的旋转体体积为

$$V_y = 2\pi \int_0^b a^2 \left(1 - \frac{y^2}{b^2}\right) dy = 2\pi a^2 \left(y - \frac{1}{3} \cdot \frac{y^3}{b^2}\right)\Big|_0^a = \frac{4}{3}\pi a^2 b.$$

【例 I】　求由曲线 $y = x^3$ 和直线 $x = 2, y = 0$ 所围图形分别绕 x 轴和 y 轴旋转而成旋转体的体积.

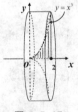

图 5-5-17

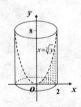

图 5-5-18

解：（i）旋转轴为 x 轴时，基本曲面为由曲线 $y = x^3$ 和直线 $x = 2, y = 0$ 所围图形，其旋转得体积元素为：$dV = \pi y^2 dx = \pi(x^3)^2 dx = \pi x^6 dx$，所求体积：$V_x = \int_0^2 \pi x^6 dx = \dfrac{128}{7}\pi$

（ii）旋转轴为 y 轴时，基本曲面为由曲线 $x = \sqrt[3]{y}$ 和直线 $x = 2, y = 0$ 所围图形，其旋转得体积元素为：　$dV = \pi[2^2 - x^2] = \pi[2^2 - (\sqrt[3]{y})^2] dy = \pi(4 - y^{\frac{2}{3}}) dy.$

所求体积：

$$V_y = \int_0^8 \pi(4 - y^{\frac{2}{3}}) dy = \frac{64}{5}\pi.$$

3. 定积分在经济学中的应用

定积分在经济应用中最常见的计算问题如下：

(i) 若边际成本为 $C'(x)$，则总成本函数 $C(x)=\int_0^x C'(t)\mathrm{d}t+C_0$ （其中 C_0 为固定成本）；

(ii) 若边际收益为 $R'(x)$，则总收益函数 $R(x)=\int_0^x R'(t)\mathrm{d}t$；

(iii) 总利润函数 $L(x)=\int_0^x\left[R'(t)-C'(t)\right]\mathrm{d}x-C_0$ （其中 C_0 为固定成本）.

【例 J】　某产品的产量为 x（单位:百件）时,边际成本和边际收益（单位:万元）分别为：
$$\mathrm{MC}=C'(x)=1,\qquad \mathrm{MR}=R'(x)=5-x.$$

(1) 当产量为多少时总利润最大？

(2) 当产量从最大利润的产量再增加 2 百件时,利润将减少多少？

解： (1) 因为 $L'(x)=R'(x)-C'(x)=5-x-1=4-x$,所以令 $L'(x)=4-x=0$,得 $x=4$,即产量为 4 百件时利润最大.

(2) 因为 $L(x)=\int_0^x L'(t)\mathrm{d}x=\int_0^x(4-t)\mathrm{d}t=4x-\dfrac{x^2}{2}$,所以 $L(4+2)-L(4)=6-8=-2$,即当产量从最大利润的产量再增加 2 百件时,利润将减少 2 万元.

【例 K】　某矿产投资 2000 万元建成投产,开发后,在时间 t（单位:年）的追加成本和增加收益（单位:百万元／年）分别为：
$$C'(t)=7+2t^{2/3},\qquad R'(t)=19-t^{2/3}.$$
试确定该矿产开采多少年后,才能获得最大利润？并求最大利润.

解： 显然 $L'(t)=R'(t)-C'(t)=12-3t^{2/3}$. 由利润最大值的必要条件,令
$$L'(t)=12-3t^{2/3}=0,$$
得唯一驻点 $t=8$,且 $L''(8)=-2t^{-1/3}\big|_{t=8}=-1<0$,故 $t=8$ 年是最大点,最大利润为
$$L_{\max}=\int_0^8 L'(t)\mathrm{d}t-20=\int_0^8(12-3t^{2/3})\mathrm{d}t-20$$
$$=\left(12t-\frac{9}{5}t^{5/3}\right)\Big|_0^8-20=18.4（百万元／年）.$$

【习题 5.5】（定积分的应用）

1.求由下列曲线所围图形的面积：

(1) $y=\sqrt{x},y=x$；　　　　　　　　(2) $y=\mathrm{e}^x,x=0,y=\mathrm{e}$；

(3) $y=3-x^2,y=2x$；　　　　　　　(4) $y=\dfrac{x^2}{2},y^2+x^2=8$（计算两部分）；

(5) $y=\dfrac{1}{x}$ 与 $y=x,x=2$；　　　　　(6) $y=\mathrm{e}^x,y=\mathrm{e}^{-x},x=1$；

(7) $y=\ln x,x=0,y=\ln a,y=\ln b\ (b>a>0)$.

2.求由下列各题中的曲线所围绕指定轴旋转体的体积：

(1) $y=x^3,y=0,x=2$ 绕 x、y 轴；　(2) $y=x^2,x=y^2$ 绕 y 轴；

(3) $x^2+(y-5)^2=16$ 绕 x 轴；　　(4)* $x^2+y^2=a^2$ 绕 $x=b\ (b>a>0)$.

3.用平面截面积已知的立体体积公式计算下列各题中立体的体积：

(1) 以半径为 R 的圆为底、平行且等于底圆直径的线段为顶、高为 H 的正劈锥体.

(2) 半径为 R 的球体中高为 $H(H<R)$ 的球缺.

（3）底面为椭圆 $\dfrac{x^2}{a^2}+\dfrac{y^2}{b^2}\leqslant 1$ 的椭圆柱体被通过 x 轴且与底面夹角 α（$0<\alpha<\dfrac{\pi}{2}$）的平面所截的劈形立体.

二、解题方法与典型、综合例题

（一）定积分的概念及其几何意义的理解应用

1. 用定义求定积分·某些类型的和式极限

（1）定积分以和式极限作定义,具体例题可加深对定积分定义的理解

【例1】　设 $a<b$, k 为常数,用定义计算定积分 $S=\displaystyle\int_a^b k\,\mathrm{d}x$.

解：　因 $f(x)=k$ 在 $[a,b]$ 上连续,故 $\displaystyle\int_a^b k\,\mathrm{d}x$ 存在. 将区间 $[a,b]$ 分成 n 等分, 则 $\Delta x_i=\dfrac{b-a}{n}$, 并取 $\xi_i=k$ $(i=1,\cdots,n)$, 得

$$\int_a^b k\,\mathrm{d}x=\lim_{n\to\infty}\sum_{i=1}^{n}f(\xi_i)\Delta x_i=\lim_{n\to\infty}\sum_{i=1}^{n}k\cdot\dfrac{b-a}{n}=\lim_{n\to\infty}k(b-a)=k(b-a).$$

【例2】　设 $a>0$, 用定义计算定积分 $\displaystyle\int_0^a x\,\mathrm{d}x$.

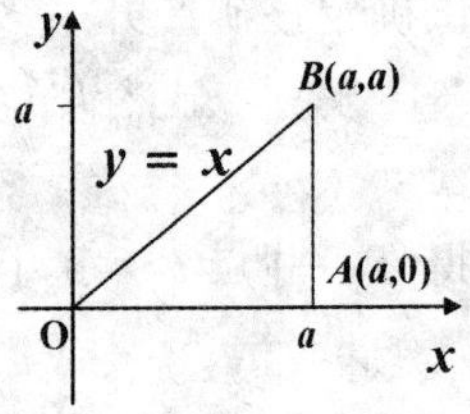

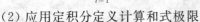

解：　因 $f(x)=x$ 在 $[0,a]$ 上连续,故 $\displaystyle\int_0^a x\,\mathrm{d}x$ 存在. 将区间 $[a,b]$ 分成 n 等分, 则 $\Delta x_i=\dfrac{a}{n}$, 并取 $\xi_i=\dfrac{ai}{n}$ $(i=1,\cdots,n)$, 得

图 5-6-1

$$\int_0^a x\,\mathrm{d}x=\lim_{n\to\infty}\sum_{i=1}^{n}f(\xi_i)\Delta x_i=\lim_{n\to\infty}\sum_{i=1}^{n}\xi_i\cdot\dfrac{a}{n}=\lim_{n\to\infty}\sum_{i=1}^{n}\dfrac{ai}{n}\cdot\dfrac{a}{n}$$

$$=\lim_{n\to\infty}\dfrac{a^2}{n^2}\sum_{i=1}^{n}i=\lim_{n\to\infty}\dfrac{a^2 n(n+1)}{2n^2}=\dfrac{1}{2}a^2.$$

（2）应用定积分定义计算和式极限

【例3】　求和式极限 $\displaystyle\lim_{n\to\infty}n\cdot\left(\dfrac{1}{n^2+1^2}+\dfrac{1}{n^2+2^2}+\cdots+\dfrac{1}{n^2+n^2}\right)$.

解：　观察求极限的和式,可以看成函数 $f(x)=\dfrac{1}{1+x^2}$ 将区间 $[0,1]$ 进行 n 等分后所取的积分和式. 从而由函数 $f(x)$ 的可积性即得

$$\lim_{n\to\infty}n\cdot\left(\dfrac{1}{n^2+1^2}+\dfrac{1}{n^2+2^2}+\cdots+\dfrac{1}{n^2+n^2}\right)$$

$$=\lim_{n\to\infty}\dfrac{1}{n}\cdot\left[\dfrac{1}{1+\left(\dfrac{1}{n}\right)^2}+\dfrac{1}{1+\left(\dfrac{2}{n}\right)^2}+\cdots+\dfrac{1}{1+\left(\dfrac{n}{n}\right)^2}\right]$$

$$=\lim_{n\to\infty}\sum_{i=1}^{n}\dfrac{1}{1+\left(\dfrac{i}{n}\right)^2}\cdot\dfrac{1}{n}=\int_0^1\dfrac{1}{1+x^2}\,\mathrm{d}x=\arctan x\,\Big|_0^1=\arctan 1=\dfrac{\pi}{4}.$$

【例4】　求和式极限 $\displaystyle\lim_{n\to\infty}\dfrac{\pi}{4n}\cdot\left(\cos\dfrac{\pi}{4n}+\cos\dfrac{2\pi}{4n}+\cdots+\cos\dfrac{n\pi}{4n}\right)$.

解： $\lim\limits_{n\to\infty}\dfrac{\pi}{4n}\cdot\left(\cos\dfrac{\pi}{4n}+\cos\dfrac{2\pi}{4n}+\cdots+\cos\dfrac{n\pi}{4n}\right)=\int_0^{\frac{\pi}{4}}\cos x\,dx=\sin x\,|_0^{\pi/4}=\sin\dfrac{\pi}{4}=\dfrac{\sqrt{2}}{2}.$

2. 定积分定义的几何意义是初等面积公式的理论源头

数学的抽象理论系统以集合概念和若干公理为基础出发点，采用形式逻辑体系，依次建立自然数、有理数、实数及其运算，然后引进极限，直至微分学(参看参考书目[5])．此前，所述理论系统还没给出任何几何形体的计算公式．因此以前所用的几何形体计算公式可理解为经验公式．

例 1 给出矩形面积公式，例 2 给出直角边长为 a 的等腰直角三角形的面积公式．

【例 5】 求半径为 r 的圆盘的面积．

解： 半径为 r 的圆盘在直角坐标系下第 I 卦限的集合表达为

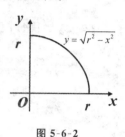

$$\{(x,y)\mid 0\leqslant x\leqslant r,y=\sqrt{r^2-x^2}\},$$

其对应的函数 $y=\sqrt{r^2-x^2}$ 定积分及解为：

$$\int_0^r\sqrt{r^2-x^2}\,dx\xlongequal[dx=r\cos t\,dt]{x=r\sin t}\int_0^{\frac{\pi}{2}}\sqrt{r^2-(r\sin t)^2}(r\cos t)\,dt=r^2\int_0^{\frac{\pi}{2}}\cos^2 t\,dt$$

图 5-6-2

$$=\frac{1}{2}r^2\int_0^{\frac{\pi}{2}}(1+\cos 2t)\,dt=\frac{1}{2}r^2\left(t+\frac{1}{2}\sin 2t\right)\Big|_0^{\frac{\pi}{2}}=\frac{\pi}{4}r^2.$$

于是得到半径为 r 的圆盘的面积公式为 $S=\pi r^2$．

(二) 分类典型、综合例题与解题方法

1. 定积分基本性质的综合例题

【例 1】 设连续函数 $f(x)$ 满足 $f(x)=x^2+\sqrt{1-x^2}\int_0^1 f(x)\,dx$，求 $\int_0^1 f(x)\,dx$．

解： 设 $A=\int_0^1 f(x)\,dx$，则

$$A=\int_0^1 f(x)\,dx=\int_0^1 x^2\,dx+A\cdot\int_0^1\sqrt{1-x^2}\,dx\xlongequal{\text{(一)例5}}\frac{1}{3}+A\cdot\frac{\pi}{4}=\frac{1}{3}+A\cdot\frac{\pi}{4},$$

解得 $\int_0^1 f(x)\,dx=A=\dfrac{4}{12-3\pi}.$

【例 2】 估计积分 $\int_{\frac{1}{\sqrt{3}}}^{\sqrt{3}} x\arctan x\,dx$．

解： 设 $f(x)=x\arctan x$，则 $f'(x)=\arctan x+\dfrac{x}{1+x^2}$，故当 $x>0$ 时 $f'(x)>0$，所以 $f(x)$ 在 $\left[\dfrac{1}{\sqrt{3}},\sqrt{3}\right]$ 严格单调增加，于是

$$\frac{\pi}{6\sqrt{3}}=\frac{1}{\sqrt{3}}\arctan\frac{1}{\sqrt{3}}\leqslant f(x)\leqslant\sqrt{3}\arctan\sqrt{3}=\frac{\sqrt{3}\pi}{3},$$

$$\frac{\pi}{9}=\frac{\pi}{6\sqrt{3}}\cdot\frac{2\sqrt{3}}{3}\leqslant\int_{\frac{1}{\sqrt{3}}}^{\sqrt{3}} x\arctan x\,dx\leqslant\frac{\sqrt{3}\pi}{3}\cdot\frac{2\sqrt{3}}{3}=\frac{2\pi}{3}.$$

【例 3】 估计 $\int_0^{\frac{\pi}{2}}\dfrac{\sin x}{x}\,dx$ 的取值范围．

解： 设 $f(x)=\dfrac{\sin x}{x}$，则在 $\left[0,\dfrac{\pi}{2}\right]$ 上连续，且在 $\left(0,\dfrac{\pi}{2}\right)$ 有

$$f'(x) = \frac{x\cos x - \sin x}{x^2} = \frac{\cos x}{x^2}(x - \tan x) < 0,$$

故 $f(x)$ 在 $\left[0, \frac{\pi}{2}\right]$ 单调减少，从而最大值 M 和最小值 m 分别为

$$M = f(0) = \lim_{x \to 0^+} \frac{\sin x}{x} = 1, \qquad m = f\left(\frac{\pi}{2}\right) = \frac{2}{\pi}.$$

所以

$$1 = \frac{2}{\pi} \cdot \frac{\pi}{2} \leqslant \int_0^{\frac{\pi}{2}} \frac{\sin x}{x} \mathrm{d}x \leqslant \frac{\pi}{2}.$$

【例4】　计算 $\int_{-1}^{1} \frac{2x^2 + x\cos x}{1 + \sqrt{1-x^2}} \mathrm{d}x$.

解： 原式 $\overset{(*)}{=\!=\!=} \int_{-1}^{1} \frac{2x^2}{1 + \sqrt{1-x^2}} \mathrm{d}x + \int_{-1}^{1} \frac{x\cos x}{1 + \sqrt{1-x^2}} \mathrm{d}x$

$$= 4\int_0^1 \frac{x^2}{1 + \sqrt{1-x^2}} \mathrm{d}x = 4\int_0^1 \frac{x^2(1 - \sqrt{1-x^2})}{1 - (1-x^2)} \mathrm{d}x = 4\int_0^1 (1 - \sqrt{1-x^2}) \mathrm{d}x$$

$$= 4 - 4\int_0^1 \sqrt{1-x^2} \mathrm{d}x \overset{(-)\,例5}{=\!=\!=\!=} 4 - \pi.$$

【注】　等号 $(*)$ 右边的第一项是偶函数的积分，第二项是奇函数的积分.

2.定积分中值定理综合分析题

【例5】　设函数 $f(x)$ 在 $[0,1]$ 上连续，在 $(0,1)$ 内可导，且 $f(1) = 2\int_0^{\frac{1}{2}} xf(x)\mathrm{d}x$，试证明存在一点 $\xi \in (0,1)$，使 $f(\xi) + \xi \cdot f'(\xi) = 0$.

分析：(i) 回忆第三章第一(二)3(2)节，联想 $F(x) = x^n \cdot f(x)$ 的导数取 0，即

$$x^{n-1}[nf(x) + x \cdot f'(x)] = 0 \quad (\text{本题为 } n = 1);$$

(ii) 点 ξ 涉及中值，要求函数在两端取等值，但 $F(0) = F(1)(= f(1))$ 似乎不可能，应另找一点 x_0 使 $F(x_0) = f(1)$；

(iii) 要找 $F(x_0) = f(1)$，必须用已知积分式，应该想到积分平均值定理.

证： 令 $F(x) = x \cdot f(x)$，则 $F(1) = f(1)$，且 $F(x)$ 在 $[0,1]$ 上连续，在 $(0,1)$ 内可导. 由积分平均值定理和已知条件知 $\exists \eta \in (0,1)$，使得

$$f(1) = 2 \cdot \int_0^{\frac{1}{2}} F(x)\mathrm{d}x = 2 \cdot F(\eta) \cdot \frac{1}{2} = F(\eta),$$

即得 $F(\eta) = F(1)$，故由罗尔定理，$\exists \xi \in (\eta, 1)$，使得 $F'(\xi) = 0$. 再有 $F'(x) = f(x) + xf'(x)$，即得 $f(\xi) + \xi \cdot f'(\xi) = 0$.

【例6】　设函数 $f(x)$ 在闭区间 $[a,b]$ 连续，$g(x)$ 在 $[a,b]$ 连续且不变号，试证明存在一点 $\xi \in [a,b]$，使

$$\int_a^b f(x)g(x)\mathrm{d}x = f(\xi) \cdot \int_a^b g(x)\mathrm{d}x. \quad （第一积分中值定理）$$

证： 根据性质 5 推论 3，若 $\int_a^b g(x)\mathrm{d}x = 0$，则 $g(x) \equiv 0$，故时命题成立.

下面讨论 $\int_a^b g(x)\mathrm{d}x \neq 0$ 的情形. 设 $f(x)$ 在区间 $[a,b]$ 的最小值和最大值分别是 m、M，则由 $g(x)$ 在 $[a,b]$ 连续且不变号可得对任意 $x \in [a,b]$，有着

$$mg(x) \leqslant f(x)g(x) \leqslant Mg(x) \quad （\text{或 } mg(x) \geqslant f(x)g(x) \geqslant Mg(x)），$$

三式保序求积再除于 $\int_a^b g(x)\mathrm{d}x$ 得：

$$m \leqslant \frac{\displaystyle\int_a^b f(x)g(x)\mathrm{d}x}{\displaystyle\int_a^b g(x)\mathrm{d}x} \leqslant M \qquad \left(\text{或 } m \geqslant \frac{\displaystyle\int_a^b f(x)g(x)\mathrm{d}x}{\displaystyle\int_a^b g(x)\mathrm{d}x} \geqslant M\right),$$

根据连续函数介质定理，$\exists \xi \in [a,b]$，使得

$$f(\xi) = \frac{\displaystyle\int_a^b f(x)g(x)\mathrm{d}x}{\displaystyle\int_a^b g(x)\mathrm{d}x},$$

即　　　　　$\displaystyle\int_a^b f(x)g(x)\mathrm{d}x = f(\xi) \cdot \int_a^b g(x)\mathrm{d}x.$

3. 变上、下限积分的综合例题

【例 7】　求函数 $f(x) = \displaystyle\int_0^x (t-x)\sin t\,\mathrm{d}t$ 的导函数.

解：　$f'(x) = \dfrac{\mathrm{d}}{\mathrm{d}x}\displaystyle\int_0^x (t-x)\sin t\,\mathrm{d}t = \dfrac{\mathrm{d}}{\mathrm{d}x}\int_0^x t\sin t\,\mathrm{d}t - \dfrac{\mathrm{d}}{\mathrm{d}x}\left(x\int_0^x \sin t\,\mathrm{d}t\right)$

$\qquad = x\sin x - \left(\displaystyle\int_0^x \sin t\,\mathrm{d}t + x\sin x\right) = \cos t \,\big|_0^x = \cos x - 1.$

【注】　积分变量为 t 时，x 看做参数，即 x 对该积分而言是常数. 又有

$$\int_0^x (t-x)\sin t\,\mathrm{d}t = \int_0^x t\sin t\,\mathrm{d}t - x\int_0^x \sin t\,\mathrm{d}t = -\int_0^x t\,\mathrm{d}\cos t + x\cos t \,\Big|_{t=0}^{t=x}$$

$$= -\left[(t\cos t)\,\Big|_{t=0}^{t=x} - \int_0^x \cos t\,\mathrm{d}t\right] + x(\cos x - 1) = \sin t \,\Big|_0^x - x = \sin x - x.$$

【例 8】　求极限 $\displaystyle\lim_{x \to 0} \frac{\displaystyle\int_0^x \ln(\cos t)\,\mathrm{d}t}{x^3}.$

解：　$\displaystyle\lim_{x \to 0} \frac{\displaystyle\int_0^x \ln(\cos t)\,\mathrm{d}t}{x^3} \xlongequal[\text{法则}]{\text{洛必达}} \lim_{x \to 0} \frac{\left[\displaystyle\int_0^x \ln(\cos t)\,\mathrm{d}t\right]'_x}{(x^3)'} = \lim_{x \to 0} \frac{\ln(\cos x)}{3x^2}$

$\qquad\qquad \xlongequal[\text{法则}]{\text{洛必达}} \displaystyle\lim_{x \to 0} \frac{[\ln(\cos x)]'}{(3x^2)'} = \lim_{x \to 0} \frac{-\sin x}{6x\cos x} = -\frac{1}{6}.$

【例 9】　设函数 $f(x) = \begin{cases} \dfrac{1}{x^2}\displaystyle\int_0^x \ln(1+t)\,\mathrm{d}t, & x \neq 0; \\ k, & x = 0 \end{cases}$ 在 $x = 0$ 处连续，求 k 的值.

解：　根据积分的绝对连续性，下面极限是 $\left(\dfrac{0}{0}\right)$ 未定型，用洛必达法则求之：

$$k = \lim_{x \to 0} \frac{\displaystyle\int_0^x \ln(1+t)\,\mathrm{d}t}{x^2} = \lim_{x \to 0} \frac{\left[\displaystyle\int_0^x \ln(1+t)\,\mathrm{d}t\right]'}{(x^2)'} = \lim_{x \to 0} \frac{\ln(1+x)}{2x} = \frac{1}{2}.$$

【例 10】　设 $\displaystyle\int_1^x f(t)\,\mathrm{d}t = \dfrac{x^4 - 1}{2}$，求 $\displaystyle\int_1^4 \frac{1}{\sqrt{x}} f(\sqrt{x})\,\mathrm{d}x.$

解 1：　对所给积分式两边关于 x 求导得 $f(x) = 2x^3$. 于是 $f(\sqrt{x}) = 2x\sqrt{x}$，则

$$\int_1^4 \frac{1}{\sqrt{x}} f(\sqrt{x})\,\mathrm{d}x = \int_1^4 2x\,\mathrm{d}x = x^2 \,\big|_1^4 = 15.$$

解2： $\displaystyle\int_1^4\frac{1}{\sqrt{x}}f(\sqrt{x})\mathrm{d}x\xlongequal[\mathrm{d}x=2t\mathrm{d}t]{\text{令}\,t=\sqrt{x}}2\int_1^2f(t)\mathrm{d}t\xlongequal{\text{已知条件}}2\cdot\left.\frac{x^4-1}{2}\right|_{x=2}=15.$

【例 11】 求极限 $\displaystyle\lim_{x\to0}\frac{\displaystyle\int_0^x\left[\int_0^{t^2}\arctan(1+u)\mathrm{d}u\right]\mathrm{d}t}{x(1-\cos x)}.$

解： 根据积分的绝对连续性，此极限是 $\left(\dfrac{0}{0}\right)$ 未定型，用洛必达法则求解.

$$\text{原式}\xlongequal[\text{小替换}]{\text{等价无穷}}\lim_{x\to0}\frac{2\displaystyle\int_0^x\left[\int_0^{t^2}\arctan(1+u)\mathrm{d}u\right]\mathrm{d}t}{x^3}\xlongequal{\left(\frac{0}{0}\right)}\frac{2}{3}\cdot\lim_{x\to0}\frac{\displaystyle\int_0^{x^2}\arctan(1+u)\mathrm{d}u}{x^2}$$

$$=\frac{2}{3}\cdot\lim_{x\to0}\frac{2x\cdot\arctan(1+x^2)}{2x}\xlongequal{\left(\frac{0}{0}\right)}\frac{2}{3}\cdot\lim_{x\to0}\arctan(1+x^2)=\frac{\pi}{6}.$$

【例 12】* 设函数 $f(x)=\displaystyle\int_0^x\frac{\sin t}{\pi-t}\mathrm{d}t$，求 $\displaystyle\int_0^\pi f(x)\mathrm{d}x.$

解： 因 $f(0)=0$，$f'(x)=\dfrac{\mathrm{d}}{\mathrm{d}x}\displaystyle\int_0^x\frac{\sin t}{\pi-t}\mathrm{d}t=\frac{\sin x}{\pi-x}$，故得

$$\int_0^\pi f(x)\mathrm{d}x=\int_0^\pi f(x)\mathrm{d}(x-\pi)=\left[(x-\pi)f(x)\right]\big|_0^\pi-\int_0^\pi(x-\pi)f'(x)\mathrm{d}x$$

$$=-\int_0^\pi(x-\pi)\cdot\frac{\sin x}{(\pi-x)}\mathrm{d}x=\int_0^\pi\sin x\mathrm{d}x=-\cos x\big|_0^\pi=2.$$

【注】 严格地说，这里要求函数 $g(x)=\dfrac{\sin x}{\pi-x}$ 在闭区间 $[0,\pi]$ 连续，这只需 $x=1$ 是 $g(x)$ 的可去奇点即可，而此论断由下式即得之：

$$\lim_{x\to\pi}g(x)=\lim_{x\to\pi}\frac{\sin(\pi-x)}{\pi-x}\xlongequal{x=\pi-t}\lim_{t\to0}\frac{\sin t}{t}=1.$$

4.定积分的综合计算方法（换元与分部积分法）

【例 13】 计算 $\displaystyle\int_0^1\frac{\arctan x}{\sqrt{(1+x^2)^3}}\mathrm{d}x.$

解： （用三角代换）设 $x=\tan t$，则 $\mathrm{d}x=\sec^2 t\mathrm{d}t$，得

$$\int_0^1\frac{\arctan x}{\sqrt{(1+x^2)^3}}\mathrm{d}x=\int_0^{\frac{\pi}{4}}\frac{t\sec^2 t}{\sqrt{(1+\tan^2 t)^3}}\mathrm{d}t=\int_0^{\frac{\pi}{4}}t\cos t\mathrm{d}t=\int_0^{\frac{\pi}{4}}t\mathrm{d}\sin t$$

$$=(t\sin t)\big|_0^{\frac{\pi}{4}}-\int_0^{\frac{\pi}{4}}\sin t\mathrm{d}t=\frac{\pi}{4\sqrt{2}}+(\cos t)\big|_0^{\frac{\pi}{4}}=\frac{\sqrt{2}}{8}\pi+\frac{\sqrt{2}}{2}-1.$$

【例 14】 计算 $\displaystyle\int_1^{\sqrt{3}}\frac{\mathrm{d}x}{x^2\sqrt{x^2+1}}.$

解1： $\displaystyle\int_1^{\sqrt{3}}\frac{\mathrm{d}x}{x^2\sqrt{x^2+1}}\xlongequal{\text{令}\,x=\tan t}\int_{\frac{\pi}{4}}^{\frac{\pi}{3}}\frac{\sec^2 t\ \mathrm{d}t}{\tan^2 t\sqrt{\tan^2 t+1}}=\int_{\frac{\pi}{4}}^{\frac{\pi}{3}}\frac{\cos t}{\sin^2 t}\mathrm{d}t=-\left.\frac{1}{\sin t}\right|_{\frac{\pi}{4}}^{\frac{\pi}{3}}=\sqrt{2}-\frac{2\sqrt{3}}{3}.$

解2： $\displaystyle\int_1^{\sqrt{3}}\frac{\mathrm{d}x}{x^2\sqrt{x^2+1}}\xlongequal{\text{令}\,x=1/t}-\int_1^{\frac{1}{\sqrt{3}}}\frac{t}{\sqrt{t^2+1}}\mathrm{d}t=-\sqrt{t^2+1}\left.\right|_1^{\frac{1}{\sqrt{3}}}=\sqrt{2}-\frac{2\sqrt{3}}{3}.$

【例 15】 计算 $\displaystyle\int_0^{\ln 2}\sqrt{1-\mathrm{e}^{-2x}}\mathrm{d}x.$

解1： 设 $\mathrm{e}^{-x}=\sin t$，即 $x=-\ln\sin t$，则 $\mathrm{d}x=-\cot t\mathrm{d}t$；由此得

$$\text{原式}\xlongequal[x=\ln 2\ \Rightarrow\ t=\pi/6]{x=0\ \Rightarrow\ t=\pi/2}\int_{\frac{\pi}{2}}^{\frac{\pi}{6}}\sqrt{1-\sin^2 t}(-\cot t)\mathrm{d}t=\int_{\frac{\pi}{6}}^{\frac{\pi}{2}}(\csc t-\sin t)\mathrm{d}t$$

$$= [\ln|\csc t - \cot t| + \cos t]\Big|_{\frac{\pi}{6}}^{\frac{\pi}{2}} = \ln(2+\sqrt{3}) - \frac{\sqrt{3}}{2}.$$

解 2： 设 $t = \sqrt{1-e^{-2x}}$，即 $x = -\frac{1}{2}\ln(1-t^2)$，$dx = \frac{t}{1-t^2}dt$；积分域为 $\left[0, \frac{\sqrt{3}}{2}\right]$，得

$$原式 = \int_0^{\frac{\sqrt{3}}{2}} \frac{t^2}{1-t^2}dt = -\int_0^{\frac{\sqrt{3}}{2}}dt + \int_0^{\frac{\sqrt{3}}{2}}\frac{1}{1-t^2}dt = -\frac{\sqrt{3}}{2} + \frac{1}{2}\ln\frac{1+t}{1-t}\Big|_0^{\frac{\sqrt{3}}{2}} = \ln(2+\sqrt{3}) - \frac{\sqrt{3}}{2}.$$

【例 16】 求证 $\int_0^{\pi}\sin^n x\,dx = 2\int_0^{\frac{\pi}{2}}\sin^n x\,dx.$

证 1： 令 $x = \pi - t$，则 $dx = -dt$；$x = \pi/2 \Rightarrow t = \pi/2$；$x = \pi \Rightarrow t = 0$，故得

$$左边 = \int_0^{\pi}\sin^n x\,dx = \int_0^{\frac{\pi}{2}}\sin^n x\,dx + \int_{\frac{\pi}{2}}^{\pi}\sin^n x\,dx = \int_0^{\frac{\pi}{2}}\sin^n x\,dx - \int_{\frac{\pi}{2}}^{0}\sin^n(\pi-t)\,dt$$

$$= \int_0^{\frac{\pi}{2}}\sin^n x\,dx + \int_0^{\frac{\pi}{2}}\sin^n t\,dt = 2\int_0^{\frac{\pi}{2}}\sin^n x\,dx = 右边. \qquad (证毕)$$

证 2： $左边 = \int_0^{\pi}\sin^n x\,dx = \int_0^{\frac{\pi}{2}}\sin^n x\,dx + \int_{\frac{\pi}{2}}^{\pi}\sin^n x\,dx$

$$\xrightarrow{x = \frac{\pi}{2}+t} \int_0^{\frac{\pi}{2}}\sin^n x\,dx + \int_0^{\frac{\pi}{2}}\sin^n\left(\frac{\pi}{2}+t\right)dt = \int_0^{\frac{\pi}{2}}\sin^n x\,dx + \int_0^{\frac{\pi}{2}}\cos^n t\,dt$$

$$\xrightarrow{t = \frac{\pi}{2}-u} \int_0^{\frac{\pi}{2}}\sin^n x\,dx - \int_{\frac{\pi}{2}}^{0}\cos^n\left(\frac{\pi}{2}-u\right)du = 2\int_0^{\frac{\pi}{2}}\sin^n x\,dx = 右边.（证毕）$$

【例 17】 求定积分：$\int_0^{\frac{\pi}{2}}\sqrt{1-\sin 2x}\,dx.$

解： $\int_0^{\frac{\pi}{2}}\sqrt{1-\sin 2x}\,dx = \int_0^{\frac{\pi}{2}}\sqrt{\sin^2 x + \cos^2 x - 2\sin x\cos x}\,dx$

$$= \int_0^{\frac{\pi}{2}}|\sin x - \cos x|\,dx = \int_0^{\frac{\pi}{4}}(\cos x - \sin x)\,dx + \int_{\frac{\pi}{4}}^{\frac{\pi}{2}}(\sin x - \cos x)\,dx$$

$$= (\sin x + \cos x)\Big|_0^{\pi/4} - (\cos x + \sin x)\Big|_{\pi/4}^{\pi/2} = 2\sqrt{2} - 2.$$

【例 18】 求定积分：$\int_0^{\frac{\pi}{2}}\frac{x+\sin x}{1+\cos x}dx.$

解： $\int_0^{\frac{\pi}{2}}\frac{x+\sin x}{1+\cos x}dx = \int_0^{\frac{\pi}{2}}\frac{x + 2\sin\frac{x}{2}\cos\frac{x}{2}}{2\cos^2\frac{x}{2}}dx = \int_0^{\frac{\pi}{2}}x\,d\tan\frac{x}{2} + \int_0^{\frac{\pi}{2}}\tan\frac{x}{2}\,dx$

$$\xrightarrow{(分部积分)} \left(x\tan\frac{x}{2}\right)\Big|_0^{\frac{\pi}{2}} = \frac{\pi}{2}.$$

【例 19】 $\int_0^1 2x\sqrt{1-x^2}\,\arcsin x\,dx$

解 1： $原式 = \int_0^1\sqrt{1-x^2}\,\arcsin x\,dx^2 = -\frac{2}{3}\int_0^1\arcsin x\,d(1-x^2)^{\frac{3}{2}}$

$$= -\frac{2}{3}\left[(1-x^2)^{\frac{3}{2}}\arcsin x\right]\Big|_0^1 + \frac{2}{3}\int_0^1(1-x^2)^{\frac{3}{2}}\cdot\frac{1}{\sqrt{1-x^2}}\,dx$$

$$= \frac{2}{3}\int_0^1(1-x^2)\,dx = \frac{2}{3}\left(x - \frac{1}{3}x^3\right)\Big|_0^1 = \frac{4}{9}.$$

解2： 令 $x = \sin t, t = \arcsin x, \mathrm{d}x = \cos t\mathrm{d}t ; x = 1 \Rightarrow t = \dfrac{\pi}{2} , \ x = 0 \Rightarrow t = 0 ,$

$$\int_0^1 2x\sqrt{1-x^2} \ \arcsin x\mathrm{d}x = 2\int_0^{\frac{\pi}{2}} t\cos^2 t\sin t\mathrm{d}t = -\frac{2}{3}\int_0^{\frac{\pi}{2}} t\mathrm{d}\cos^3 t$$

$$= -\frac{2}{3}\left[(t\cos^3 t)\Big|_0^{\frac{\pi}{2}} - \int_0^{\frac{\pi}{2}}\cos^3 t\mathrm{d}t\right] = \frac{2}{3}\int_0^{\frac{\pi}{2}}(1-\sin^2 t)\mathrm{d}\sin t$$

$$= \frac{2}{3}\left(\sin t - \frac{1}{3}\sin^3 t\right)\Big|_0^{\frac{\pi}{2}} = \frac{4}{9}.$$

【例20】 求 $\displaystyle\int_0^{\frac{1}{2}}\sqrt{2x-x^2} \ \mathrm{d}x.$

解1： 令 $1-x = \sin t$，则 $\mathrm{d}x = -\cos t\mathrm{d}t$；且当 x 从 0 变至 $\dfrac{1}{2}$ 时，t 从 $\dfrac{\pi}{2}$ 变至 $\dfrac{\pi}{6}$，那么

$$原式 = \int_0^{\frac{1}{2}}\sqrt{1-(1-x)^2}\mathrm{d}x = -\int_{\frac{\pi}{2}}^{\frac{\pi}{6}}\cos^2 t\mathrm{d}t = \int_{\frac{\pi}{6}}^{\frac{\pi}{2}}\frac{1+\cos 2t}{2}\mathrm{d}t$$

$$= \frac{1}{2}t\Big|_{\frac{\pi}{6}}^{\frac{\pi}{2}} + \frac{1}{4}\sin 2t\Big|_{\frac{\pi}{6}}^{\frac{\pi}{2}} = \frac{\pi}{6} - \frac{\sqrt{3}}{8}.$$

解2： 令 $x = 2\sin^2 t$，则 $\mathrm{d}x = 4\sin t\cos t\mathrm{d}t$；且当 x 从 0 变至 $1/2$ 时，t 从 0 变至 $\pi/6$，那么

$$原式 = \int_0^{\frac{1}{2}}\sqrt{2x-x^2}\mathrm{d}x = \int_0^{\frac{1}{2}}\sqrt{x} \cdot \sqrt{2-x}\mathrm{d}x = \int_0^{\frac{\pi}{6}}\sqrt{2}\sin t \ \sqrt{2}\sqrt{1-\sin^2 t} \cdot 4\sin t\cos t\mathrm{d}t$$

$$= 2\int_0^{\frac{\pi}{6}}2\sin^2 t \cdot 2\cos^2 t\mathrm{d}t = 2\int_0^{\frac{\pi}{6}}(1-\cos 2t)(1+\cos 2t)\mathrm{d}t = 2\int_0^{\frac{\pi}{6}}(1-\cos^2 2t)\mathrm{d}t$$

$$= \int_0^{\frac{\pi}{6}}2\sin^2 2t\mathrm{d}t = \int_0^{\frac{\pi}{6}}(1-\cos 4t)\mathrm{d}t = \left(t - \frac{1}{4}\sin 4t\right)\Big|_0^{\pi/6} = \frac{\pi}{6} - \frac{\sqrt{3}}{8}.$$

5. 广义积分的综合例题

【例21】 求广义积分：$\displaystyle\int_0^{+\infty}\frac{x}{(1+x)^3}\mathrm{d}x.$

解1： $原式 = \lim\limits_{b\to+\infty}\displaystyle\int_0^b\left[\frac{1}{(1+x)^2} - \frac{1}{(1+x)^3}\right]\mathrm{d}x = \lim\limits_{b\to+\infty}\left[-\frac{1}{1+x} + \frac{1}{2(1+x)^2}\right]_0^b$

$$= \lim\limits_{b\to+\infty}\left[-\frac{1}{1+b} + \frac{1}{2(1+b)^2} - \left(-1 + \frac{1}{2}\right)\right] = \frac{1}{2}.$$

解2： 令 $x = t-1, \mathrm{d}x = \mathrm{d}t, x\to+\infty \Rightarrow t\to+\infty,$

$$\int_0^{+\infty}\frac{x}{(1+x)^3}\mathrm{d}x = \int_1^{+\infty}\frac{t-1}{t^3}\mathrm{d}t = \left[-\frac{1}{t} + \frac{1}{2t^2}\right]_1^{+\infty} = \lim\limits_{b\to+\infty}\left[-\frac{1}{b} + \frac{1}{2b^2} - \left(-1 + \frac{1}{2}\right)\right] = \frac{1}{2}.$$

【例22】 求下列广义积分：$\displaystyle\int_1^2\frac{x}{\sqrt{x-1}}\mathrm{d}x.$

解： $\displaystyle\int_1^2\frac{x}{\sqrt{x-1}}\mathrm{d}x = \lim\limits_{\varepsilon\to0^+}\int_{1+\varepsilon}^2\frac{x}{\sqrt{x-1}}\mathrm{d}x \xlongequal[x=t^2+1,\mathrm{d}x=2t\mathrm{d}t]{t=\sqrt{x-1}} \lim\limits_{\varepsilon\to0^+}\int_{\sqrt{\varepsilon}}^1\frac{t^2+1}{t}2t\mathrm{d}t$

$$= 2\lim\limits_{\varepsilon\to0^+}\int_{\sqrt{\varepsilon}}^1(t^2+1)\mathrm{d}t = 2\lim\limits_{\varepsilon\to0^+}\left[\frac{t^3}{3} + t\right]_{\sqrt{\varepsilon}}^1 = \frac{8}{3}.$$

【注】 本例可简写为 $\displaystyle\int_1^2\frac{x}{\sqrt{x-1}}\mathrm{d}x \xlongequal[x=t^2+1,\mathrm{d}x=2t\mathrm{d}t]{t=\sqrt{x-1}} 2\int_0^1(t^2+1)\mathrm{d}t = 2\left[\frac{t^3}{3} + t\right]_0^1 = \frac{8}{3}.$

【例23】 已知广义积分 $\displaystyle\int_0^{+\infty}\frac{\sin x}{x}\mathrm{d}x = \frac{\pi}{2}$，求

$(1) \int_0^{+\infty} \dfrac{\sin x \cos x}{x} \mathrm{d}x;$　　　　　　　$(2) \int_0^{+\infty} \dfrac{\sin^2 x}{x^2} \mathrm{d}x.$

解： $(1) \int_0^{+\infty} \dfrac{\sin x \cos x}{x} \mathrm{d}x = \dfrac{1}{2} \int_0^{+\infty} \dfrac{\sin 2x}{2x} \mathrm{d}(2x) \xlongequal{u=2x} \dfrac{1}{2} \int_0^{+\infty} \dfrac{\sin u}{u} \mathrm{d}u = \dfrac{\pi}{4}.$

$(2) \int_0^{+\infty} \dfrac{\sin^2 x}{x^2} \mathrm{d}x = -\int_0^{+\infty} \sin^2 x \, \mathrm{d}\dfrac{1}{x} = -\dfrac{\sin^2 x}{x} \Big|_0^{+\infty} + \int_0^{+\infty} \dfrac{1}{x} \, \mathrm{d} \sin^2 x.$

$$= -\lim_{x \to +\infty} \dfrac{\sin^2 x}{x} + \lim_{x \to 0^+} \dfrac{\sin^2 x}{x} + 2 \int_0^{+\infty} \dfrac{\sin x \cos x}{x} \mathrm{d}x \xlongequal{(1)} \dfrac{\pi}{2}.$$

6．定积分的几何应用综合题

【例 24】 一平面经过半径为 $R(>0)$ 的圆柱体的底圆中心，并与底面成交角 α（如图）. 计算这平面截圆柱体所得立体 V 的体积.

解： 如图，建立直角坐标系，使得底圆的方程为 $x^2 + y^2 = R^2$ 于是对任意 $x \in (-R, R)$，过 x 作垂直于 X 轴的截面在立体 V 上截得的是有一锐角为 α 的直角三角形 A，其直角边长分别 y 为及 $y\tan\alpha$，因此截面 A 的面积 $A(x)$ 为

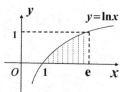

$$A(x) = \dfrac{1}{2} y \cdot y\tan\alpha = \dfrac{1}{2}(R^2 - x^2)\tan\alpha,$$

则　　$V = \int_{-R}^{R} A(x) \mathrm{d}x = \int_{-R}^{R} \dfrac{1}{2}(R^2 - x^2)\tan\alpha \, \mathrm{d}x$

$$= \dfrac{1}{2}\tan\alpha \cdot \left(R^2 x - \dfrac{1}{3} x^3\right) \Big|_{-R}^{R} = \dfrac{2}{3} R^3 \tan\alpha.$$

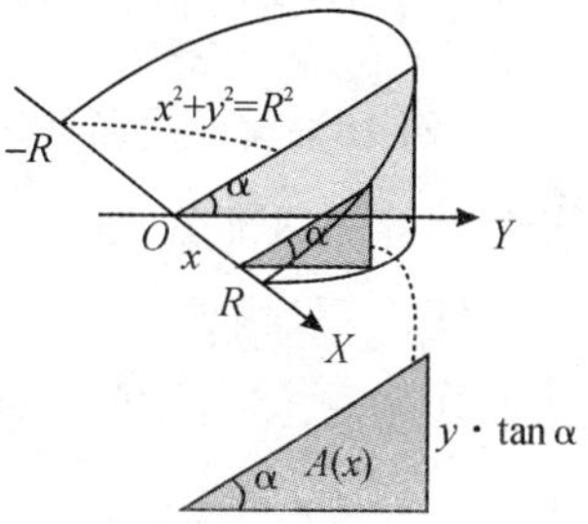

图 5-6-3

【例 25】 求由曲线 $y = \ln x$ 与 $y = 0, x = \mathrm{e}$ 绕 x 轴、y 轴旋转而成的旋转体的体积.

解： $V_x = \pi \int_1^{\mathrm{e}} (\ln x)^2 \mathrm{d}x = \pi \left(\left[x(\ln x)^2 \right] \Big|_1^{\mathrm{e}} - \int_1^{\mathrm{e}} x \, \mathrm{d}(\ln x)^2 \right)$

$$= \pi \left(\mathrm{e} - \int_1^{\mathrm{e}} x(2\ln x) \dfrac{1}{x} \mathrm{d}x \right) = \pi\mathrm{e} - 2\pi \left(\left[x\ln x \right] \Big|_1^{\mathrm{e}} - \int_1^{\mathrm{e}} x \, \mathrm{d}\ln x \right)$$

$$= \pi\mathrm{e} - 2\pi \left(\mathrm{e} - \int_1^{\mathrm{e}} \mathrm{d}x \right) = \pi(\mathrm{e} - 2).$$

图 5-6-4

$$V_y = \pi \int_0^1 \mathrm{e}^2 \mathrm{d}y - \pi \int_0^1 \mathrm{e}^{2y} \mathrm{d}y = \pi \left(\mathrm{e}^2 - \dfrac{1}{2} \mathrm{e}^{2y} \Big|_0^1 \right) = \dfrac{\pi}{2}(\mathrm{e}^2 + 1).$$

【例 26】 求曲线 $y = \ln(1 - x^2)$ 在区间 $\left(0, \dfrac{1}{2}\right)$ 上对应的一段弧长.

解： 为求弧长，先求导：$y' = [\ln(1 - x^2)]' = \dfrac{-2x}{1 - x^2}, x \in \left[0, \dfrac{1}{2}\right],$

$$\sqrt{1 + (y')^2} = \sqrt{1 + \dfrac{4x^2}{(1 - x^2)^2}} = \dfrac{\sqrt{(1 - x^2)^2 + 4x^2}}{|1 - x^2|} = \dfrac{1 + x^2}{1 - x^2},$$

故所求弧长

$$S = \int_0^{\frac{1}{2}} \sqrt{1 + (y')^2} \, \mathrm{d}x = \int_0^{\frac{1}{2}} \dfrac{1 + x^2}{1 - x^2} \mathrm{d}x = \int_0^{\frac{1}{2}} \dfrac{2 - (1 - x^2)}{1 - x^2} \mathrm{d}x = \int_0^{\frac{1}{2}} \left(\dfrac{2}{1 - x^2} - 1 \right) \mathrm{d}x$$

$$= \int_0^{\frac{1}{2}} \left(\dfrac{1}{1 + x} + \dfrac{1}{1 - x} - 1 \right) \mathrm{d}x = \left(\ln\left| \dfrac{1 + x}{1 - x} \right| - x \right) \Big|_0^{\frac{1}{2}} = \ln 3 - \dfrac{1}{2}.$$

【例 27】 求由抛物线 $y = -x^2 + 4x - 3$ 及在其点 $(0, -3)$、$(3, 0)$ 处得两条切线所围平面图形的面积.

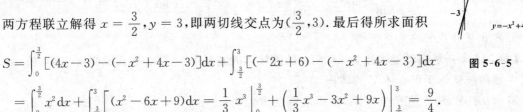

解： 为求切线,先求导: $y' = (-x^2 + 4x - 3)' = -2x + 4$,

解得 $\qquad k_1 = y' |_{x=0} = 4, k_2 = y' |_{x=3} = -2.$

由此得两切线方程: $y = 4x - 3, y = -2(x - 3) = -2x + 6.$

两方程联立解得 $x = \dfrac{3}{2}, y = 3$,即两切线交点为 $(\dfrac{3}{2}, 3)$. 最后得所求面积

$$S = \int_0^{\frac{3}{2}} [(4x - 3) - (-x^2 + 4x - 3)] \mathrm{d}x + \int_{\frac{3}{2}}^3 [(-2x + 6) - (-x^2 + 4x - 3)] \mathrm{d}x$$

$$= \int_0^{\frac{3}{2}} x^2 \mathrm{d}x + \int_{\frac{3}{2}}^3 [(x^2 - 6x + 9) \mathrm{d}x = \frac{1}{3} x^3 \Big|_0^{\frac{3}{2}} + \left(\frac{1}{3} x^3 - 3x^2 + 9x \right) \Big|_{\frac{3}{2}}^3 = \frac{9}{4}.$$

图 5-6-5

【例 28】 设由曲线 $y = 1 - x^2 (0 \leqslant x \leqslant 1)$ 与 x 轴、y 轴所围平面图形被 $y = ax^2 (a > 0)$ 分为相等的两部分,求 a.

解： 设由曲线 $y = 1 - x^2$ 与 x 轴、$y = ax^2$ 所围的面积记为 S_1;而由曲线 $y = 1 - x^2$ 与 y 轴、$y = ax^2$ 所围的面积记为 S_2.

$$令 \quad \begin{cases} y = 1 - x^2; \\ y = ax^2, \end{cases} 解得(取正值) x_0 = \frac{1}{\sqrt{1 + a}}.$$

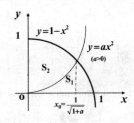

图 5-6-6

由题意得:

$$\int_0^{\frac{1}{\sqrt{1+a}}} ax^2 \mathrm{d}x + \int_{\frac{1}{\sqrt{1+a}}}^1 (1 - x^2) \mathrm{d}x = S_1 = S_2 = \int_0^{\frac{1}{\sqrt{1+a}}} (1 - x^2 - ax^2) \mathrm{d}x,$$

故得 $\displaystyle\int_0^{\frac{1}{\sqrt{1+a}}} (2a + 1) x^2 \mathrm{d}x - \int_0^{\frac{1}{\sqrt{1+a}}} \mathrm{d}x + \int_{\frac{1}{\sqrt{1+a}}}^1 \mathrm{d}x - \int_{\frac{1}{\sqrt{1+a}}}^1 x^2 \mathrm{d}x = 0$,所以

$$0 = \int_0^{\frac{1}{\sqrt{1+a}}} (2a + 1) x^2 \mathrm{d}x - \int_{\frac{1}{\sqrt{1+a}}}^1 x^2 \mathrm{d}x + 1 - \frac{2}{\sqrt{1 + a}}$$

$$= \frac{2a + 1}{3} x^3 \Big|_0^{\frac{1}{\sqrt{1+a}}} - \frac{1}{3} x^3 \Big|_{\frac{1}{\sqrt{1+a}}}^1 + 1 - \frac{2}{\sqrt{1 + a}} = \frac{2}{3} - \frac{4}{3\sqrt{1 + a}},$$

即得 $\quad a = 3.$

第六章　　多元函数微分

一、空间解析几何简介

（一）内容概述与归纳

1. 空间直角坐标系

（1）空间直角坐标系

过空间定点 O（称为坐标原点）作三条互相垂直的数轴 —— x 轴，y 轴，z 轴（各自取好长度单位），这就组成了一个空间直角坐标系 $Oxyz$.

伸开右手，让大拇指与其他四个并拢的手指在同一平面上并相互垂直. 以右手握住 z 轴，让四个手指从 x 轴 的正向按逆时针的方向以 $\pi/2$ 的角度转向 y 轴的正向. 若这时大拇指所指的方向是 z 轴的正向，则称该坐标系为右手系，否则称为左手系. 通常直角坐标系采用的是右手系.

每两个坐标轴确定的平面称为坐标平面，简称为坐标面. x 轴与 y 轴所确定的坐标面称为 Oxy 坐标面（也称为 xOy 坐标面），类似地有 Oyz 坐标面（也称为 yOz 坐标面），Ozx 坐标面（也称为 zOx 坐标面）. 这些坐标面把空间分成八个部分，每一个部分称为一个卦限. 边界面交线为 x、y、z 轴之正半轴的卦限称为第 I 卦限. 从 Oz 轴的正向向下看，由第 I 卦限开始，按逆时针的方向，先后出现的卦限依次称为第 II、III、IV 卦限；对应于它们下方的空间部分依次称为第 V、VI、VII、VIII 卦限.

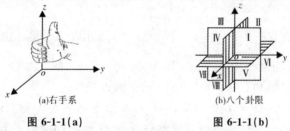

图 6-1-1(a)　(a)右手系　　　　　图 6-1-1(b)　(b)八个卦限

（2）空间中的点·两点间的距离

（i）与平面情形类似，三个实数的有序数组 (a,b,c) 与空间直角坐标系 $Oxyz$ 中的点 M 是一一对应的，前者称为后者的坐标，通常混为一谈，记为

$$M(a,b,c),$$

其中 a,b,c 分别称为第一坐标（或 x 坐标），第二坐标（或 y 坐标）和第三坐标（或 z 坐标）.

（ii）空间两点 $M_1(x_1,y_1,z_1)$、$M_2(x_2,y_2,z_2)$ 的距离（记为 $|M_1M_2|$ 或 $d_{M_1M_2}$）定义为：

$$d_{M_1M_2} = |M_1M_2| = \sqrt{(x_2-x_1)^2 + (y_2-y_1)^2 + (z_2-z_1)^2}.$$

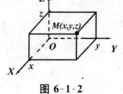

图 6-1-2

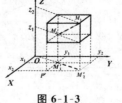

图 6-1-3

2. 空间曲面与方程

【定义 1】　在空间直角坐标系中,若曲面 S 与方程 $F(x,y,z)=0$ 使得:

(i) S 上的任意点的坐标都满足此方程(即使得方程成立);

(ii) 不在 S 上的点的坐标不满足此方程,

则 $F(x,y,z)=0$ 叫做曲面 S 的方程,曲面 S 叫做该方程的图形.

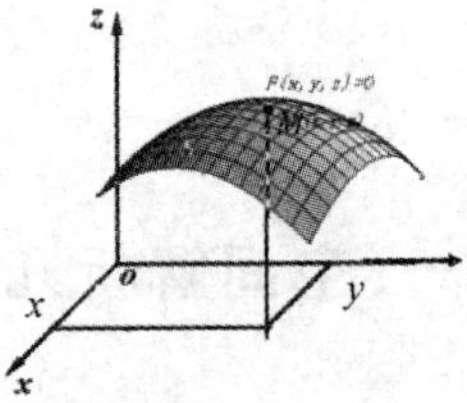

空间曲面 $F(x,y,z)=0$ 与 Oxy 坐标面若相交,其相交曲线可表示为

$$\begin{cases} F(x,y,0)=0; \\ z=0. \end{cases}$$

曲面与 Oyz 坐标面、Ozx 坐标面相交的情形以此类推.

图 6-1-4

【例 A】　求动点到定点 $M_0(x_0,y_0,z_0)$ 距离为 $R>0$ 的轨迹方程.

解:　设动点为 $M(x,y,z)$,依题意 $|M_0M|=R$,即

$$|M_0M|=\sqrt{(x-x_0)^2+(y-y_0)^2+(z-z_0)^2}=R$$

故所求方程表示一球面:

$$(x-x_0)^2+(y-y_0)^2+(z-z_0)^2=R^2.\qquad(*)$$

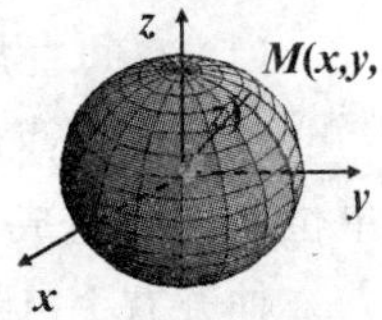

图 6-1-5

反之,设点 $M(x,y,z)$ 不满足方程 $(*)$,则 $(x-x_0)^2+(y-y_0)^2+(z-z_0)^2\neq R^2$,那么 $|M_0M|=\sqrt{(x-x_0)^2+(y-y_0)^2+(z-z_0)^2}\neq R$,所以 M 不在球面上,方程 $(*)$ 即为所求.

3. 空间平面方程

每个三元一次方程 $F(x,y,z)=0$ 表示空间中的一个平面.

(1) 一般方程:每个空间平面都可表为(其中 $A^2+B^2+C^2\neq 0$)

$$Ax+By+Cz+D=0.$$

(2) 截距式方程:方程 $\dfrac{x}{a}+\dfrac{y}{b}+\dfrac{z}{c}=1(abc\neq 0)$ 表示在三个坐标轴上

的截距分别为 a、b、c 的空间平面.

图 6-1-6

【例 B】　求通过 x 轴和点 $(4,-3,-1)$ 的平面方程.

解:　设所求方程为 $Ax+By+Cz+D=0$.因平面通过 x 轴,故过原点 $(0,0,0)$ 和点 $(1,0,0)$.将它们的坐标分别代入所设方程解得 $A=D=0$,即所求平面方程为 $By+Cz=0$.再代入已知点 $(4,-3,-1)$ 得 $C=-3B$,化简,得所求平面方程 $y-3z=0$.

4. 几种常见的空间曲面

每个三元二次方程 $F(x,y,z)=0$ 表示空间中的一个空间曲面,故又称为二次曲面.

(1) 一般空间曲面(为方便可设 $a,b,c>0$)

常见空间曲面的标准方程及其图形 Ⅰ

空间曲面的标准方程	图形	空间曲面的标准方程	图形
·椭球面: $\dfrac{x^2}{a^2}+\dfrac{y^2}{b^2}+\dfrac{z^2}{c^2}=1$;	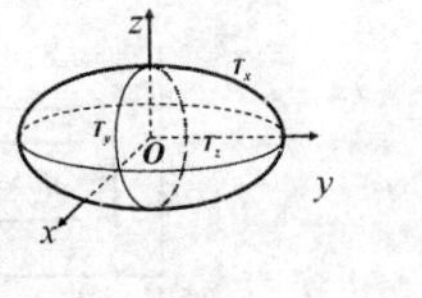	·椭圆锥面: $\dfrac{x^2}{a^2}+\dfrac{y^2}{b^2}=z^2$;	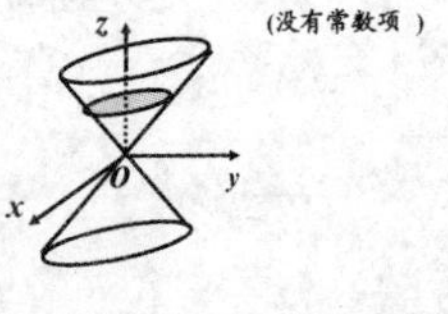 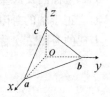 (没有常数项)

续表

空间曲面的标准方程	图形	空间曲面的标准方程	图形
·双曲面 1： 单叶双曲面 $\dfrac{x^2}{a^2}+\dfrac{y^2}{b^2}-\dfrac{z^2}{c^2}=1$;	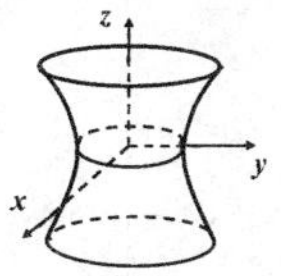	·双曲面 2： 双叶双曲面（两个负号） $\dfrac{x^2}{a^2}+\dfrac{y^2}{b^2}-\dfrac{z^2}{c^2}=-1$;	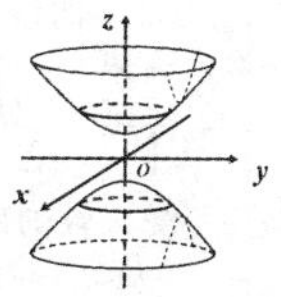
·抛物面 1： 椭圆抛物面（p,q 同号） $z=\dfrac{x^2}{2p}+\dfrac{y^2}{2q}$;	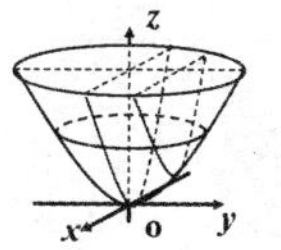	·抛物面 2： 双曲抛物面（p,q 同号） $z=\dfrac{x^2}{2p}-\dfrac{y^2}{2q}$.	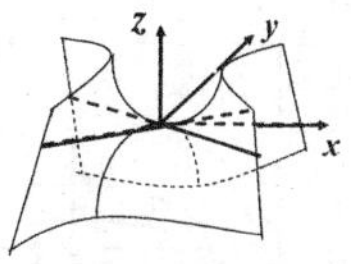

（2）柱面

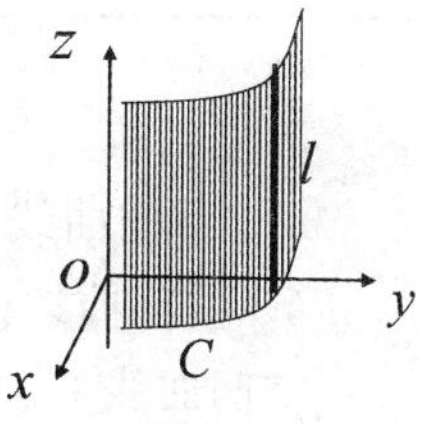

【**定义 2**】　平行于某定直线并沿定曲线 C 移动的直线 l 形成的轨迹叫做柱面，其中 C 叫做准线，l 叫做母线.

柱面方程 $F(x,y,z)=0$ 的特征：若缺字母 x，则柱面的母线平行 x 轴，依次类推.

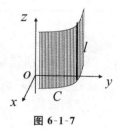

图 6-1-7

常见空间曲面的标准方程及其图形 Ⅱ（柱面）

空间曲面的标准方程	椭圆柱面： $\dfrac{x^2}{a^2}+\dfrac{y^2}{b^2}=1$;	双曲柱面： $\dfrac{x^2}{a^2}-\dfrac{y^2}{b^2}=1$;	抛物柱面： $x^2=2py$ （$p>0$）；
图形	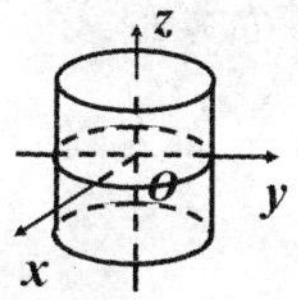	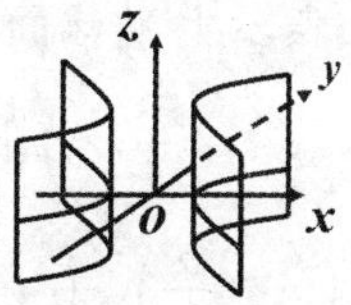	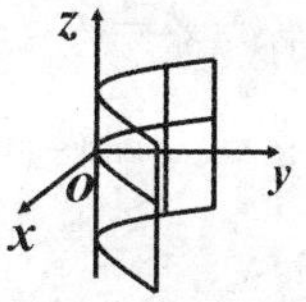

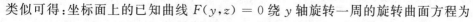

（3）旋转曲面

（i）【**定义 3**】　一条平面曲线绕该平面上一条定直线旋转一周所形成的曲面叫做旋转曲面.该平面曲线称为母线，而定直线称为旋转轴.

（ii）旋转曲面的方程的建立：

给定 yOz 面上曲线 $C:F(y,z)=0$，其上点 $M_1(0,y_1,z_1)\in C$ 必满足方程

$$F(y_1,z_1)=0. \qquad (*)$$

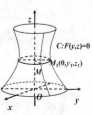

图 6-1-8

当 M_1 绕 z 轴旋转到 $M(x,y,z)$ 时，有：（虽为 $z=z_1$，但因是动点仍用 z 表示）

$$z=z_1,\quad \sqrt{x^2+y^2}=|y_1|.$$

将其代入式（*）得旋转曲面方程 $F(\pm\sqrt{x^2+y^2},z)=0$.

类似可得：坐标面上的已知曲线 $F(y,z)=0$ 绕 y 轴旋转一周的旋转曲面方程为

$$F(y,\pm\sqrt{x^2+z^2})=0.$$

常见空间曲面的标准方程及其图形 Ⅲ（旋转曲面）

旋转曲面	旋转椭球面	旋转抛物面	圆锥面	双叶双曲面	单叶双曲面
形成过程及标准方程	曲线：$\begin{cases} \dfrac{x^2}{a^2}+\dfrac{y^2}{b^2}=1 \\ z=0 \end{cases}$ 绕 x 轴的旋转得旋转椭球面： $\dfrac{x^2}{a^2}+\dfrac{y^2+z^2}{b^2}=1$	曲线：$\begin{cases} y^2=a^2z \\ x=0 \end{cases}$ $(a\neq 0)$ 绕 z 轴的旋转得旋转抛物面： $x^2+y^2=a^2z$	曲线：$\begin{cases} y^2=a^2z^2 \\ x=0 \end{cases}$ $(a\neq 0)$ 绕 z 轴的旋转得圆锥面： $x^2+y^2=a^2z^2$.	曲线：$\begin{cases} \dfrac{x^2}{a^2}-\dfrac{z^2}{c^2}=1 \\ y=0 \end{cases}$ 绕 x 轴的旋转得双叶双曲面： $\dfrac{x^2}{a^2}-\dfrac{y^2+z^2}{c^2}=1$	曲线：$\begin{cases} \dfrac{x^2}{a^2}-\dfrac{z^2}{c^2}=1 \\ y=0 \end{cases}$ 绕 z 轴的旋转得单叶双曲面： $\dfrac{x^2+y^2}{a^2}-\dfrac{z^2}{c^2}=1$.
图形	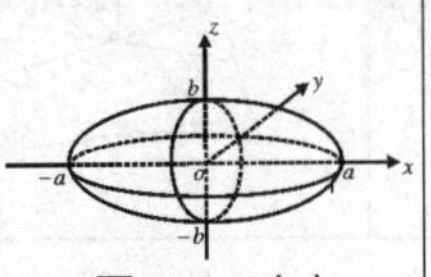 图 6-1-9(a)	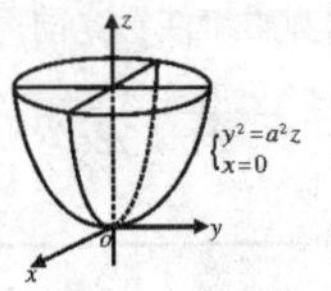 图 6-1-9(b)	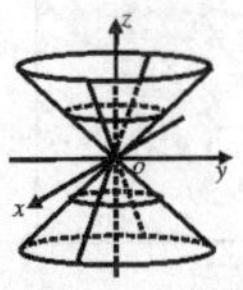 图 6-1-9(c)	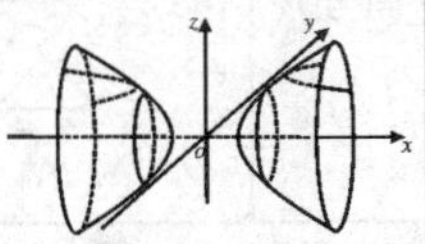 图 6-1-9(d)	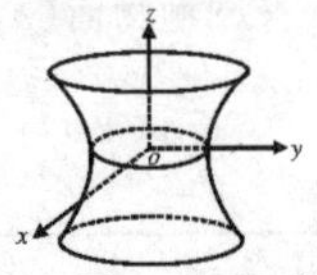 图 6-1-9(e)

5. 空间曲线

(1) 空间曲线的方程

(i) 空间曲线的一般方程

空间曲线 C 可看作空间两个曲面的交线，一般用方程组表示之：

$$\begin{cases} F(x,y,z)=0 \\ G(x,y,z)=0 \end{cases}$$

其中 $F(x,y,z)=0$ 和 $G(x,y,z)=0$ 分别表示曲面.

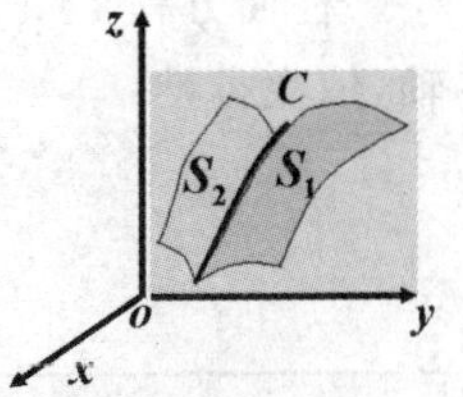

图 6-1-10

【例 C】 方程组 $\begin{cases} z=\sqrt{a^2-x^2-y^2} \\ x^2+y^2=ax \end{cases}$ $(a>0)$ 表示怎样的线？

解： $z=\sqrt{a^2-x^2-y^2}$ 表示上半球面 S，而第二个方程表示圆柱面 H，将它配方即得 $\left(x-\dfrac{a}{2}\right)^2+y^2=\dfrac{a^2}{4}$. 若限制在 xOy 平面为圆周 C：

$$C: \begin{cases} \left(x-\dfrac{a}{2}\right)^2+y^2=\dfrac{a^2}{4}; \\ z=0, \end{cases}$$

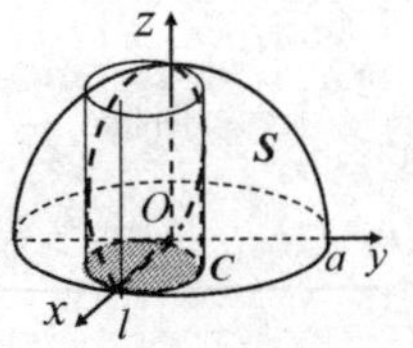

图 6-1-11

圆柱面 H 就是用一条平行于 z 轴的母线 l 沿圆周 C 移动而形成的柱面，它与上半球面 S 交线（图中虚线）即为所求. 它在 xOy 平面投的影就是圆周 C.

(ii) 空间直线与方程

一般情形，空间两个平面的交线为一直线. 空间直线的标准方程为

$$\frac{x-x_0}{m}=\frac{y-y_0}{n}=\frac{z-z_0}{p}. \qquad (*)$$

【例 D】 方程组 $\begin{cases} 2x+y+z=1 \\ x-y+z=2 \end{cases}$ 表示一条空间直线，下面过程将其化为标准式：

$$\begin{cases} 3x+2z=3 \\ x+2y=-1 \end{cases} \Rightarrow \begin{cases} \dfrac{x}{2}=\dfrac{z-3/2}{-3} \\ \dfrac{x}{2}=\dfrac{y+1/2}{-1} \end{cases} \Rightarrow \frac{x}{2}=\frac{y+1/2}{-1}=\frac{z-3/2}{-3}.$$

（iii）空间曲线的参数方程

将空间曲线 Γ 上动点的坐标 x,y,z 表示成参数 t 的函数：$\begin{cases} x = \varphi(t); \\ y = \psi(t); \\ z = \omega(t), \end{cases}$ 此方程组称为该空

间曲线 Γ 的参数方程.

【例 E】　将直线标准方程（*）三式同时令其 $= t$，则得参数方程 $\begin{cases} x = x_0 + mt, \\ y = y_0 + nt, \\ z = z_0 + pt. \end{cases}$

【例 F】　如果空间一点 M 在圆柱面上以角速度 ω 绕 z 轴旋转，同时又以线速度 v_0 沿平行于 z 轴的正方向上升，那么点 M 构成的图形叫做螺旋线.试建立其参数方程.

解：　取时间 t 为参数，动点 M，从点 $A(a,0,0)$ 出发，经过 t 时间，运动到点 $M(x,y,z)$，它在 xOy 平面上的投影记为 $N(x,y,0)$.那么由动点 M 的坐标 (x,y,z)：

$\begin{cases} x = |ON| \cos\angle AON = a\cos\omega t; \\ y = |ON| \sin\angle AON = a\sin\omega t; \\ z = |MN| = v_0 t \end{cases}$ 得螺旋线参数方程 $\begin{cases} x = a\cos\omega t; \\ y = a\sin\omega t; \\ z = v_0 t. \end{cases}$

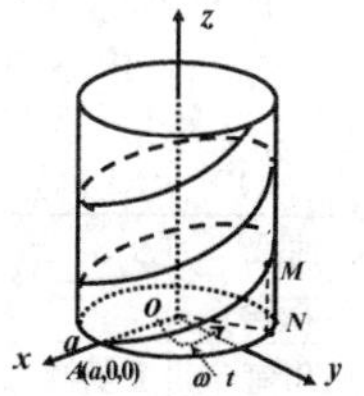

图 6-1-12

（2）* 空间曲线及其在坐标面上的投影

将空间曲线 C 的一般方程 $\begin{cases} F(x,y,z) = 0 \\ G(x,y,z) = 0 \end{cases}$，消去 z（对应地，y 或 x）后所

得到的方程 $H(x,y) = 0$（对应地，$R(x,z) = 0$ 或 $T(y,z) = 0$）表示母线平行于 z 轴（对应地，y 轴或 x 轴）的柱面，它与 xOy（对应地，xOz 或 yOz）坐标面的交线

$$\begin{cases} H(x,y) = 0 \\ z = 0 \end{cases} \left(\text{对应地,} \quad \begin{cases} R(x,z) = 0 \\ y = 0 \end{cases} \quad \text{或} \quad \begin{cases} T(y,z) = 0 \\ x = 0 \end{cases} \right)$$

即为空间曲线 C 在 xOy 面（对应地，xOz 面或 yOz 面）上的投影曲线（简称投影）.

【例 G】　求球面 $x^2 + y^2 + z^2 = 9$ 与平面 $x + z = 1$ 的交线在 xOy 面上的投影曲线方程.

解：　由 $\begin{cases} x^2 + y^2 + z^2 = 9 \\ x + z = 1 \end{cases}$ 消去 z 可得（交线的投影柱面）：$x^2 + y^2 + (1-x)^2 = 9$.

经配方、化简并与 $z = 0$ 联立得所求的投影曲线方程：

$$\begin{cases} 2\left(x - \dfrac{1}{2}\right)^2 + y^2 = \dfrac{17}{2}; \\ z = 0. \end{cases}$$

这是 xOy 面上的椭圆，其中心在 $\left(\dfrac{1}{2}, 0\right)$，两半轴分别为 $\sqrt{\dfrac{17}{4}}$ 和 $\sqrt{\dfrac{17}{2}}$.

6. 平面极坐标系

（1）平面极坐标系的概念

在平面上取一固定点 O 作为极点，过极点 O 作一条水平右向射线 OA 并规定好单位长度，称为极轴.对平面上的点 P，连线 OP 称为点 P 的极径，用 ρ 表示，同时也表示其长度；自 OA 按逆时针方向旋转至 OP 的位置所转过的角 θ 称为点 P 的极角.以上约定建立的坐标系称为极坐标系，记为 O_{θ}.如此一来，极坐标系中点 P 的位置可用坐标 (ρ, θ) 表示之.

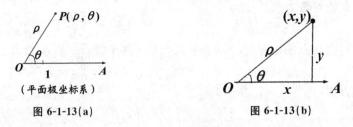

图 6-1-13(a)　　　　　　　　　　　　图 6-1-13(b)

（2）平面直角坐标系 Oxy 点 $M(x,y)$ 与它的极坐标 $M(\rho,\theta)$ 之间的变换关系为：

$$\begin{cases} x = \rho\cos\theta; \\ y = \rho\sin\theta; \end{cases} \Longleftrightarrow \begin{cases} \rho = \sqrt{x^2 + y^2}; \\ \tan\theta = \dfrac{y}{x}. \end{cases} \qquad (*)$$

此时可视为平面直角坐标系 Oxy 与极坐标系 $O_{\rho\theta}$ 有共同的原点，而且坐标系 Oxy 之 x 轴的正半轴即为极坐标系的极轴（见图 6-1-13(b)）.

（3）几个曲线的极坐标方程

曲线的极坐标方程及图形

曲线方程	① $\rho = k$（k 为常数）	② $\theta = k$（k 为常数）	③ $\rho^2 = a^2\cos2\theta$.	④ $\rho = a(1+\cos\theta)$.	⑤ $\rho = \theta$
几何意义	表示圆心在极点、半径为 k 的圆	表示极角为 k 的一条直线（过极点）	双纽线	心形线	螺旋线
图形	图 6-1-13(c)	图 6-1-13(d)	图 6-1-13(e)	图 6-1-13(f)	图 6-1-13(g)

【例 H】　把下列极坐标方程化为直角坐标方程：

（1）$\rho\cos\theta = 4$；　　　　　　（2）$\rho = 5$；　　　　　　（3）$\rho = 2r\sin\theta$.

解：（1）把 $\rho\cos\theta = x$ 代入上式，得它的直角坐标方程 $x = 4$.

（2）两边同时平方，得 $\rho^2 = 25$. 把 $\rho^2 = x^2 + y^2$ 代入得它的直角坐标方程 $x^2 + y^2 = 25$.

（3）两边同时乘以 ρ，得 $\rho^2 = 2r\rho\sin\theta$. 把 $\rho^2 = x^2 + y^2$、$\rho\sin\theta = y$ 代入上式，得它的直角坐标方程 $x^2 + y^2 = 2ry$，即 $x^2 + (y-r)^2 = r^2$.

（二）解题方法与典型、综合例题

1. 空间图形特性的直观判断

【特例 1】（填空）空间点 $M(x,y,z)$ 的对称点坐标之直观解法

· 点 $M(x,y,z)$ 关于 x 轴的对称点为（坐标____ 不变）：$M'(x,-y,-z)$；

· 点 $M(x,y,z)$ 关于 y 轴的对称点为（坐标____ 不变）：$M'(-x,y,-z)$；

· 点 $M(x,y,z)$ 关于 z 轴的对称点为（坐标____ 不变）：$M'(-x,-y,z)$；

· 点 $M(x,y,z)$ 关于 xOy 面的对称点为（坐标____、____ 不变）：$M'(x,y,-z)$；

· 点 $M(x,y,z)$ 关于 xOz 面的对称点为（坐标____、____ 不变）：$M'(x,-y,z)$；

· 点 $M(x,y,z)$ 关于 yOz 面的对称点为（坐标____、____ 不变）：$M'(-x,y,z)$.

【特例2】（填空）平面方程 $Ax + By + Cz + D = 0$　$(A^2 + B^2 + C^2 \neq 0)$ 的特征判断：

- $Ax + By + D = 0$ 表示平行于＿＿＿＿轴的平面；
- $Ax + Cz + D = 0$ 表示平行于＿＿＿＿轴的平面；
- $By + Cz + D = 0$ 表示平行于＿＿＿＿轴的平面；
- $Ax + D = 0$（可简写为 $x = D$）表示平行于＿＿＿＿面的平面；
- $By + D = 0$（可简写为 $y = D$）表示平行于＿＿＿＿面的平面.
- $Cz + D = 0$（可简写为 $z = D$）表示平行于＿＿＿＿面的平面；

【注】　以上六题只需在空格填上字母,使每题正好有三字母 x, y, z.

- $Ax + By + Cz = 0(D = 0)$ 表示＿＿＿＿＿＿＿＿的平面.
- 平面 $Ax + By + Cz + D = 0$ 过 x 轴 $\Longleftrightarrow$ 平面过＿＿＿＿并平行于＿＿轴

  $\Longleftrightarrow$ 方程 $Ax + By + Cz + D = 0$ 中：＿＿ $= 0$ 且＿＿ $= 0$.
- 平面 $Ax + By + Cz + D = 0$ 过 y 轴 $\Longleftrightarrow$ 平面过＿＿＿＿并平行于＿＿轴

  $\Longleftrightarrow$ 方程 $Ax + By + Cz + D = 0$ 中：＿＿ $= 0$ 且＿＿ $= 0$.
- 平面 $Ax + By + Cz + D = 0$ 过 z 轴 $\Longleftrightarrow$ 平面过＿＿＿＿并平行于＿＿轴

  $\Longleftrightarrow$ 方程 $Ax + By + Cz + D = 0$ 中：＿＿ $= 0$ 且＿＿ $= 0$.

【特例3】（填空）旋转曲面方程的特征：

（先掌握好问题的几何意义以及理论推导过程,再采用本文的纯符号的记忆和解题方法）

- 曲线 $\begin{cases} F(x, y) = 0 \\ z = 0 \end{cases}$ 绕 x 轴得旋转面方程（F 中的 x 保持不变）为 $F(x, \pm\sqrt{y^2 + z^2}) = 0$；
- 曲线 $\begin{cases} F(x, y) = 0 \\ z = 0 \end{cases}$ 绕 y 轴得旋转面方程（F 中的＿＿保持不变）为＿＿＿＿＿＿＿＿.
- 曲线 $\begin{cases} F(x, z) = 0 \\ y = 0 \end{cases}$ 绕 x 轴得旋转面方程（F 中的＿＿保持不变）为＿＿＿＿＿＿＿＿.
- 曲线 $\begin{cases} F(x, z) = 0 \\ y = 0 \end{cases}$ 绕 z 轴得旋转面方程（F 中的＿＿保持不变）为＿＿＿＿＿＿＿＿.
- 曲线 $\begin{cases} F(y, z) = 0 \\ x = 0 \end{cases}$ 绕 y 轴得旋转面方程（F 中的＿＿保持不变）为＿＿＿＿＿＿＿＿.
- 曲线 $\begin{cases} F(y, z) = 0 \\ x = 0 \end{cases}$ 绕 z 轴得旋转面方程（F 中的＿＿保持不变）为＿＿＿＿＿＿＿＿.

2. 空间平面方程

【例1】　求过三点 $P(3, 0, 0)$、$Q(0, 2, 0)$ 和 $R(0, 0, 5)$ 的平面方程.

解：　设平面方程为 $Ax + By + Cz + D = 0$,将三点坐标代入方程,得 $\begin{cases} 3A + D = 0; \\ 2B + D = 0; \\ 5C + D = 0, \end{cases}$ 解得

$A = -\dfrac{D}{3}, B = -\dfrac{D}{2}, C = -\dfrac{D}{5}.$ 则平面方程为 $\dfrac{x}{3} + \dfrac{y}{2} + \dfrac{z}{5} = 1.$（已知三点对应三截距.）

【例2】　求与点 $M_1(1, 0, 2)$、$M_2(2, 1, -1)$ 等距的动点 $M(x, y, z)$ 的轨迹方程.

解：　由条件得 $|MM_1| = |MM_2|$,则

$$\sqrt{(x-1)^2 + y^2 + (z-2)^2} = \sqrt{(x-2)^2 + (y-1)^2 + (z+1)^2},$$

化简得一平面方程,它是点 M_1 和 M_2 连线的垂直平分线：

$$2x + 2y - 6z = 1.$$

3. 空间图形不同坐标、方程形式的变换

（1）一般参数方程消去参数后即得其直角坐标方程

【例3】　将参数方程为 $\begin{cases} x = \cos t; \\ y = 3 - \sin^2 t; \\ z = -\cos^2 t + 2\cos t - 2 \end{cases}$ 的空间曲线用直角坐标表示之.

解：　注意到 $\sin^2 t = 1 - \cos^2 t$. 那么将第 1 个参数方程代入其余两个即得到 $\begin{cases} y = 2 + x^2; \\ z = -(x-1)^2 - 1, \end{cases}$ 它表示空间两个抛物柱面之交线. 或将方程1代入方程2，再将此两个方程代入方程3得 $\begin{cases} y = 2 + x^2; \\ 2x - y - z = 0, \end{cases}$ 它表示空间一个抛物柱面与一个平面之交线.

（2）方程之直角坐标与极坐标的转换常用方法有二

（i）根据第（一）6(2)节的转换公式（＊）将直角坐标与极坐标直接进行互代即可；

（ii）在坐标平面上分析几何意义建立所需的直角坐标方程或极坐标方程.

【注】　（i）参看前面例 H、下面例 4 解 1、例 5 解 2；　（ii）参看下面例 4 解 2、例 5 解 1.

【例4】　求直角坐标系下过点 $A(2,0)$ 且垂直于 x 轴之直线的极坐标方程.

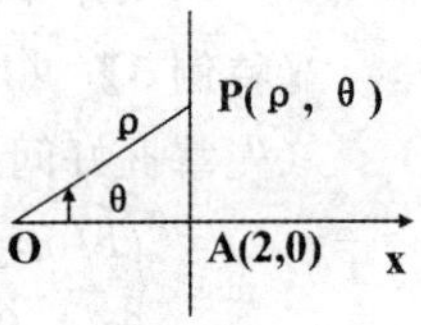

解1：　显然所求直线的直角坐标系方程为 $x = 2$. 将 $x = \rho\cos\theta$ 代入，则直线的极坐标方程为

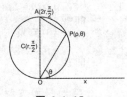
图 6-1-14

$$\rho = \frac{2}{\cos\theta}, \quad -\frac{\pi}{2} < \theta < \frac{\pi}{2}.$$

解2：　如图 6-1-14，在所求直线 l 上任取一点 $P(\rho, \theta)$，连结 OP，则

$$OP = \rho, \qquad \angle POA = \theta.$$

在 $\text{Rt}\triangle POA$ 中，由于 $OA/OP = \cos\theta$，所以 $2/\rho = \cos\theta$，故得直线的极坐标方程

$$\rho = \frac{2}{\cos\theta}, \quad -\frac{\pi}{2} < \theta < \frac{\pi}{2}.$$

【例5】*　在极坐标系下求圆心在 $C(r, \pi/2)$、半径为 r 之圆周的方程.

解1：　由题意，所求圆周过极点且圆心在直线 $l: \theta = \pi/2$ 上，故圆周与直线 l 的另一交点为 $A(2r, \pi/2)$. 设圆上动点为 $P(\rho, \theta)$，则

$$|OP| = \rho, \qquad \angle POx = \theta.$$

在 $\text{Rt}\triangle POA$ 中，因 $\cos\angle POA = \dfrac{|OP|}{|OA|}$，故 $\cos\left(\dfrac{\pi}{2} - \theta\right) = \dfrac{\rho}{2r}$，即得所求圆的极坐标方程为 $\rho = 2r\sin\theta$.

图 6-1-15

解2：　在直角坐标系 Oxy 下点 $C(x_0, y_0)$ 坐标为 $x_0 = r\cos\pi/2 = 0, y_0 = r\sin\pi/2 = r$，即圆心为 $C(0, r)$. 故得方程

$$x^2 + (y - r)^2 = r^2,\ \text{即}\ x^2 + y^2 = 2ry.$$

令 $x = \rho\cos\theta, y = \rho\sin\theta$ 立得所求圆方程为 $\rho = 2r\sin\theta$.

4. 空间曲面及其上曲线的投影

【例6】　设一个立体由上半球面 $z = \sqrt{4 - x^2 - y^2}$ 和锥面 $z = \sqrt{3(x^2 + y^2)}$ 所围成，求它在 xOy 面上的投影.

解：　半球面与锥面的交线为 $C:\begin{cases} z = \sqrt{4 - x^2 - y^2} \\ z = \sqrt{3(x^2 + y^2)} \end{cases}$ ，消去 z，得到 $x^2 + y^2 = 1$，

这是过交线 C 平行于 z 轴的投影柱面．故交线 C 在 xOy 面上的投影曲线为圆周 $\begin{cases} x^2 + y^2 = 1; \\ z = 0, \end{cases}$ 它所围区域即为所求立体在 xOy 面上的投影：

$$\{(x,y) \mid x^2 + y^2 \leqslant 1\}.$$

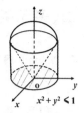

图 6-1-16

【例 7】　求曲线 $\Gamma:\begin{cases} x^2 + y^2 + z^2 = 64 \\ x^2 + y^2 = 8y \end{cases}$　在 Oxy 和 Oyz 坐标面的投影

曲线的方程．

解：　(i) 方程 $x^2 + y^2 = 8y$ 配方得

$$x^2 + (y - 4)^2 = 4^2,$$

它就是 Γ 所在的平行于 z 轴的柱面方程，因而 Γ 在 Oxy 坐标平面上的投影曲线就是圆心在 y 轴，过原点的半径为 4 的圆周：

$$\begin{cases} x^2 + y^2 = 8y, \\ z = 0. \end{cases}$$

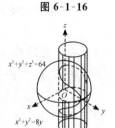

图 6-1-17(a)

(ii) 将 $x^2 = -y^2 + 8y$ 代入 $x^2 + y^2 + z^2 = 64$，得 $z^2 = 8(8 - y)$，这是平行于 x 轴的抛物柱面，故 Γ 在 Oyz 平面的投影为抛物线：

$$\begin{cases} z^2 = 8(8 - y), \\ x = 0. \end{cases}$$

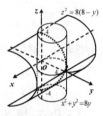

图 6-1-17(b)

【习题 6.1】（空间解析几何简介）

1. 指出下列各点所在挂限：

(1) $(2, -3, \sqrt{3})$；

(2) $(-2, -\sqrt{5}, 1)$；

(3) $(\sqrt{2}, 3, -3)$；

(4) $(-1, 2, -\sqrt{7})$．

2. 确定点 $(2, -\sqrt{5}, -3)$ 关于下列坐标轴、坐标平面的对称点：

(1) x 轴；

(2) y 轴；

(3) z 轴；

(4) Oxy 平面；

(5) Oyz 平面；

(6) Oxz 平面．

3. 问空间直角坐标系下的点 $A(8, -6, 0)$、$B(0, -6, 0)$ 与原点组成什么样的三角形？

4. 确定平面 $x + 3y - 2z - 6 = 0$ 在三个坐标轴上的截距，并画出该平面图形．

5. 求一动点 $M(x, y, z)$ 与两定点 $A(-1, 0, 4)$ 和 $B(1, 2, -1)$ 的距离相等之动点 M 的轨迹 S 的方程．又问点 $C\left(-1, -\dfrac{1}{4}, \dfrac{3}{5}\right)$ 和 $D\left(1, \dfrac{1}{4}, -\dfrac{3}{5}\right)$ 在几何形 S 上吗？

6. 方程 $x^2 + y^2 - z^2 - 2x + 4y + 2z = 0$ 表示什么曲面？

7. 将 Oxz 坐标面上的抛物线 $z^2 = 3x$ 绕 x 轴旋转一周，求所生成的旋转曲面方程．

8. 将 Oxy 坐标面上的双曲线 $4x^2 - 9y^2 = 36$ 分别绕 x 轴及 y 轴旋转一周，求所生成的旋转曲面方程．

二、多元函数的基本概念

（一）内容概述与归纳

1. 平面点集

（1）二维空间

（i）由二元有序数组 (x_1,x_2) 的全体构成的集合称为二维空间，记为 R^2，即

$$R^2 = \{(x_1,x_2) \mid x_1,x_2 \in \mathbf{R}(\text{实数集})\},$$

其中每个元数称为二维空间中的一个点.

由于 R^2 的点与 xOy 平面的点 $M(x,y)$ 在下面映射下是一一对应的：

$$(x_1,x_2) \mapsto (x,y),$$

所以二者不加区别混为一谈，从而 x_1,x_2 也分别称为 R^2 中点的第一，第二个坐标.

（ii）邻域：以点 $P_0 = (x_0,y_0)$ 为中心，以 $\delta(>0)$ 为半径的圆内部点的全体称为 P_0 的 δ 邻域，记为 $U_\delta(P_0)$ 或 $U(P_0,\delta)$（简记为 $U(P_0)$），即

$$U_\delta(P_0) = \{(x,y) \mid \sqrt{(x-x_0)^2 + (y-y_0)^2} < \delta\}.$$

邻域 $U_\delta(P_0)$ 移去点 P_0 后称为 P_0 的去心（或，空心）δ 邻域，记为

$$U_\delta^o(P_0) = U_\delta(P_0)\setminus\{P_0\} = \{(x,y) \mid 0 < \sqrt{(x-x_0)^2 + (y-y_0)^2} < \delta\}.$$

P_0 的去心 δ 邻域也简记为 $U^o(P_0)$.

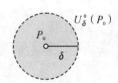

图 6-2-1

（iii）平面上的点 P_0 与已知点集 E 的位置关系

• 内点：设点 $P_0 = (x_0,y_0) \in E$，若有邻域 $U_\delta(P_0) \subset E$，则称 P_0 为 E 的内点. E 的全体内点所成集合称为 E 的内部，记为 E^o.

• 外点：设平面上的点 $P_0 = (x_0,y_0) \bar{\in} E$ 有邻域 $U_\delta(P_0)$ 使得 $U_\delta(P_0) \bigcap E = \varnothing$，则称 P_0 为 E 的外点. E 的全体外点所成集合称为 E 的外部.

• 边界点：若平面上的点 $P_0 = (x_0,y_0)$ 的任何邻域 $U_\delta(P_0)$ 既含有 E 的点，又含有不属于 E 的点，则称为 E 的边界点. E 的全体边界点所成集合称为 E 的边界，记为 ∂E.

• 聚点：设 $P_0 = (x_0,y_0)$ 是平面上的一个点，如果点 P_0 的任一邻域 $U_\delta(P_0)$ 内总有无限多个点属于集 E，则称点 P_0 为 E 的聚点；等价地，点 P_0 的任一空心邻域 $U_\delta^o(P_0)$ 总含有集 E 的点，即 $U_\delta^o(P_0) \bigcap E \neq \varnothing$.

【注】 （i）E 的边界点可能属于 E，也可能不属于 E.

（ii）E 的聚点可能属于 E，也可能不属于 E；E 的内点一定是 E 的聚点；

（iii）设 $P \in E$ 是 E 的边界点. 若 P 不是聚点，则存在邻域 $U_\delta(P) \bigcap E = \{P\}$；称为集 E 的孤立点.

（P_0 为 E 的内点） （P_0 为 E 的外点） （P_0 为 E 的边界点）

图 6-2-2(a) 图 6-2-2(b) 图 6-2-2(c)

（iv）区域

· 开集:若点集 E 的每一点都是它的内点,则称 E 为开集.

· 闭集:若点集 E 的边界 $\partial E \subset E$,则称 E 为闭集.

· 连通集:若点集 E 的任意两点,都可以用一条(属于) E 里的折线连接起来,则称 E 为连通集.

· 开区域:连通的开集统称为开区域,简称为区域.

· 闭区域:开区域和它的边界的并集称为闭区域.

· 单连通区域:若连通开(或闭)区域 U 内的任何一条封闭曲线 $\sigma(\subset U)$ 都能在 U 内连续缩为 U 中一点,则称 U 为单连通区域.例如下面图 6-2-3(a) 不是单连通区域(有个空洞);图 6-2-3(b) 不是连通区域,但却是由两个单连通区域组成.

图 6-2-3(a)　　　　　　图 6-2-3(b)

（v）有界(点)集和无界(点)集:对于点集 E,若存在正数 r,使得 $E \subset U_r(O)$,其中 O 为原点,则称 E 为有界点集,否则称为无界点集.

【例 A】　图 6-2-4(a) 表示的区域 $E_1 = \{(x,y) \mid 1 < x^2 + y^2 < 4\}$,是有界开区域.

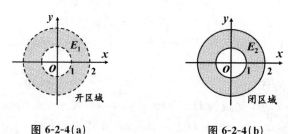

图 6-2-4(a)　　　　　　图 6-2-4(b)

图 6-2-4(b) 表示的区域 $E_2 = \{(x,y) \mid 1 \leqslant x^2 + y^2 \leqslant 4\}$ 是有界闭区域.

它们的边界都是 $\partial E_{1,2} = \{(x,y) \mid x^2 + y^2 = 1 \text{ 或 } x^2 + y^2 = 4\}$.

（2） n 维空间

设 n 为取定的一个正整数,称 n 元数组 $(x_1, x_2, \cdots, x_n)$ 的全体为记为 R^n,而每个 n 元数组 $(x_1, x_2, \cdots, x_n)$ 称为 R^n 的一个点,数 x_i 称为该点的第 i 个坐标.

$$R^n = \{(x_1, x_2, \cdots, x_n) \mid x_1, x_2, \cdots, x_n \in \mathbf{R}\}.$$

对任意 $x = (x_1, x_2, \cdots, x_n), y = (y_1, y_2, \cdots, y_n) \in R^n$,定义

① 加法: $x + y = (x_1 + y_1, x_2 + y_2, \cdots, x_n + y_n)$;

② 数乘: $\lambda x = (\lambda x_1, \lambda x_2, \cdots, \lambda x_n)$,其中 λ 为常数.

通常将定义有加法和数乘运算的集合 R^n 称为 n 维空间,仍记为 R^n.

设 $M(x_1, x_2, \cdots, x_n), N(y_1, y_2, \cdots, y_n)$ 为 n 维空间两点,它们之间距离公式定义如下:

$$|MN| = \sqrt{(y_1 - x_1)^2 + (y_2 - x_2)^2 + \cdots + (y_n - x_n)^2}.$$

特别,当 $n = 1, 2, 3$ 时,该公式分别表示数轴、平面、空间中两点间的距离.

n 维空间中点 P_0 的邻域定义为($\delta > 0$):

$$U_\delta(P_0) = \{P \mid |PP_0| < \delta, P \in R^n\}.$$

类似的也可定义区域、内点、边界点、区域、聚点等概念.

2.多元函数

（1）n 元函数的概念

【定义1】　设 $D \subset R^n, D \neq \varnothing$，映射

$$f:D \to \mathbf{R}(\text{实数域}), P = (x_1, x_2, \cdots, x_n) \mapsto y = f(P)$$

称为定义在 D 上的 n 元函数.自变量为 $P = (x_1, x_2, \cdots, x_n)$，因变量为 y，常采用的记号为

$$y = f(x_1, x_2, \cdots, x_n).$$

当 $n \geqslant 2$ 时，n 元函数统称为多元函数.多元函数的定义域为 $D \subset R^n$，值域为

$$Z_f = \{y = f(P) \mid P = (x_1, \cdots, x_n) \in D\}.$$

【例B】　函数 $z = \sqrt{R^2 - x^2 - y^2}$ 的定义域 D 是半径为 R 的闭圆盘：

$$D = \{(x,y) \mid x^2 + y^2 \leqslant R^2\},$$

为有界闭区域.其内部为 $D^\circ = \{(x,y) \mid x^2 + y^2 < R^2\}$.从而单位圆周

$$\partial D = \{(x,y) \mid x^2 + y^2 = R\}$$

是单位闭圆盘 D 和它的内部 D° 的共同边界（图6-2-5）.

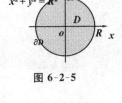

图6-2-5

【例C】　求下列函数的定义域 D，并画出 D 的图形.

$$z = \arccos \frac{x}{2} + \frac{1}{\sqrt{x^2 + y^2 - 1}}.$$

解：　令 $\begin{cases} |x| \leqslant 2, & (\text{使函数 } \arccos(x/2) \text{ 有意义}) \\ x^2 + y^2 - 1 > 0, & (\text{使函数根式和分式有意义}) \end{cases}$

所求定义域为无界（非开、非闭）区域（图6-2-6）：

$$D_f = \{(x,y) \mid x^2 + y^2 > 1, -2 \leqslant x \leqslant 2\}.$$

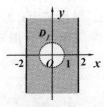

图6-2-6

（2）二元函数的几何意义

设函数 $z = f(x,y)$ 的定义域为 D. $\forall P(x,y) \in D$，以 x、y、z 为坐标在空间确定点 $M(x,y,z)$，当 x 取遍 D 上一切点时，所得点集称为二元函数的图形：

$$\{(x,y,z) \mid z = f(x,y), (x,y) \in D\}.$$

常见的二元函数的图形通常是一张曲面.

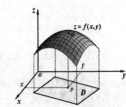

图6-2-7

【例D】　（1）$z = \sqrt{1 - x^2 - y^2}$ 的定义域为

$$D = \{(x,y) \mid x^2 + y^2 \leqslant 1\},$$

图形 $S_1 = \{(x,y,z) \mid x^2 + y^2 \leqslant 1, z = \sqrt{1 - x^2 - y^2}\}$ 是以原点为心，半径为1的球面的上半部分（图6-2-8）.

（2）函数 $z = \sin xy$ 的定义域为全平面

$$R^2 = \{(x,y) \mid x \in \mathbf{R}, y \in \mathbf{R}\},$$

其图形 $S_2 = \{(x,y,z) \mid z = \sin xy, x、y \in \mathbf{R}\}$.

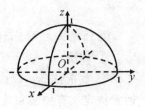

图6-2-8

3.二元函数的极限

（1）【定义2】　设函数 $f(P) = f(x,y)$ 定义域为 D_f. 对平面上的点 $P_0(x_0, y_0)$，如果动点 $P(x,y)$ 在 D_f 内移动并无限接近 P_0 时，$f(x,y)$ 随着无限接近于数 A，那么 A 称为当 P 趋于 P_0 时函数 $f(P) = f(x,y)$ 的极限，记为

$$\lim_{P \to P_0} f(P) = A, \text{或} \lim_{(x,y) \to (x_0, y_0)} f(x,y) = A \text{ 或 } f(p) \to A \quad (P \to P_0) \text{ 等等.}$$

【注】（i）定义中 $P \to P_0$ 的方式是任意的.

(ii) $\lim\limits_{P \to P_0} f(P) = A$，当且仅当 $\forall \varepsilon > 0, \exists \delta > 0$，当 $0 < |PP_0| = \sqrt{(x-x_0)^2 + (y-y_0)^2} < \delta$，$|f(x,y) - A| < \varepsilon$.

(iii) 当讨论函数的极限时，一般默认 P_0 是函数定义域中的聚点.

（2）多元函数极限的性质

【性质 $1°$】 （局部有界性）若 $\lim\limits_{x \to a} f(x)$ 存在，则存在 $\delta > 0$，使得 $f(x)$ 在 a 的某空心邻域 $U_\delta^o(a) = \{P \mid 0 < |P - a| < \delta\}$ 内有界；

【性质 $2°$】 （保号性）若 $\lim\limits_{x \to a} f(x) = A > 0$，则存在 $\delta > 0$，使得 $f(x)$ 在 a 的某空心邻域 $U_\delta^o(a) = \{P \mid 0 < |P - a| < \delta\}$ 内取正值；

【性质 $3°$】 （比较性）若 $\lim\limits_{x \to a} f(x) = A$，$\lim\limits_{x \to a} g(x) = B$，并且存在 $\delta > 0$，使得在 a 的某空心邻域 $U_\delta^o(a) = \{P \mid 0 < |P - a| < \delta\}$ 有 $f(x) \geqslant g(x)$，则 $A \geqslant B$.

【性质 $4°$】 二元函数极限的四则运算与一元函数运算相似.

除了这些相似性之外，我们还经常不加证明地采用一些与一元函数情形相似的性质，例如夹逼准则. 但是必须指出，多元函数的极限较之一元函数的极限有很大的区别，而且难得多. 特别是自变量的变化趋势比一元函数要复杂得多.

【例 E】 求极限 $\lim\limits_{\substack{x \to 0 \\ y \to 0}} \dfrac{\sqrt{xy+1} - 1}{xy}$.

解： $\lim\limits_{\substack{x \to 0 \\ y \to 0}} \dfrac{\sqrt{xy+1} - 1}{xy} = \lim\limits_{\substack{x \to 0 \\ y \to 0}} \dfrac{xy + 1 - 1}{xy(\sqrt{xy+1} + 1)} = \lim\limits_{\substack{x \to 0 \\ y \to 0}} \dfrac{1}{\sqrt{xy+1} + 1} = \dfrac{1}{2}$.

【注】 本例对应一元函数极限的等价无穷小公式：$\sqrt{\alpha+1} - 1 \sim \dfrac{1}{2}\alpha$ （$\alpha = xy \to 0$）.

【例 F】 讨论函数 $f(x,y) = \dfrac{xy^2}{\sin(xy)}$ 在点 $(2,0)$ 和 $(0,3)$ 处的极限.

解： 令 $t = xy$. 若 $(x,y) \to (2,0)$，则 $x \to 2$ 且 $y \to 0$. 于是从某时刻起 $|x-2| \leqslant 1$，得 $|x| \leqslant |x-2| + 2 \leqslant 3$. 从而 $|t| = |xy| \leqslant 3|y| \to 0$，根据夹逼准则，$t \to 0$；同理当 $(x,y) \to (0,3)$ 时 $t = xy \to 0$. 由此得

$$\lim\limits_{\substack{x \to 2 \\ y \to 0}} \dfrac{xy^2}{\sin(xy)} = \lim\limits_{\substack{t \to 0 \\ y \to 0}} \dfrac{ty}{\sin t} = \lim\limits_{t \to 0} \dfrac{t}{\sin t} \cdot \lim\limits_{y \to 0} y = 1 \cdot 0 = 0.$$

$$\lim\limits_{\substack{x \to 0 \\ y \to 3}} \dfrac{xy^2}{\sin(xy)} = \lim\limits_{\substack{t \to 0 \\ y \to 3}} \dfrac{ty}{\sin t} = \lim\limits_{t \to 0} \dfrac{t}{\sin t} \cdot \lim\limits_{y \to 3} y = 1 \cdot 3 = 3.$$

【例 G】 判断极限 $\lim\limits_{\substack{x \to 0 \\ y \to 0}} \dfrac{xy}{x^2 + y^2}$ 的存在性.

图 6-2-9

解： 令 $y = x$，则 $\lim\limits_{\substack{x \to 0 \\ y = x}} \dfrac{xy}{x^2 + y^2} = \lim\limits_{\substack{x \to 0 \\ y = x}} \dfrac{x^2}{2x^2} = \dfrac{1}{2}$；

令 $y = 2x$，则 $\lim\limits_{\substack{x \to 0 \\ y = x}} \dfrac{xy}{x^2 + y^2} = \lim\limits_{\substack{x \to 0 \\ y = x}} \dfrac{2x^2}{5x^2} = \dfrac{2}{5}$.

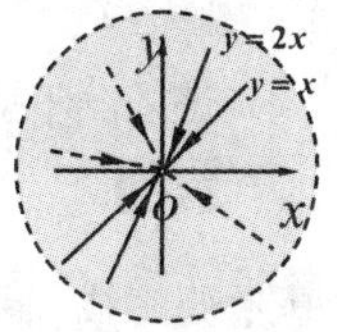

由于沿两条不同途径 $(x,y) \to (0,0)$ 时，原式有不同极限值，所以原式极限不存在！

4. 二元函数的连续性

（1）【定义 3】 $f(x,y)$ 在点 P_0 处连续 $\Longleftrightarrow$ $\lim\limits_{P \to P_0} f(P) = f(P_0)$.

【注】 凡遇到用简约符号表示命题时,应理解为命题所需的最基本条件是自然成立的. 比如本定义的自然基本条件是:"二元函数 $f(x,y)$ 在点 P_0 的某邻域里有定义".

(2) 二元连续函数的性质

【定理1】 有限个连续函数经四则运算和复合后仍连续.

【定理2】 设 $f(P)$ 是有界闭域 $\overline{D}$ 上的连续函数,那么

(i)(有界性)$f(P)$ 在 $\overline{D}$ 里有界;

(ii)(最值性)$f(P)$ 在 $\overline{D}$ 上必然取到最大值和最小值;

(iii)(介质性)$f(P)$ 在 $\overline{D}$ 上取到介于最小值 m 与最大值 M 之间的任何一个数,即 $\forall \mu \in [m,M], \exists (\xi,\eta) \in \overline{D}$ 使得 $f(\xi,\eta) = \mu$.

(3) 二元初等函数的连续性

【定义4】 由二元基本初等函数经过有限次四则运算和复合步骤所构成的可用一个此类式子所表示的二元函数叫二元初等函数.

【命题】 一切二元初等函数在其定义区域内是连续的.

【例H】 求 $\lim\limits_{(x,y)\to(0,1)} (x^2 + 2y^2 + 3xy)$.

解: 原式 $= \lim\limits_{(x,y)\to(0,1)} (x^2) + 2 \lim\limits_{(x,y)\to(0,1)} (y^2) + 3 \lim\limits_{(x,y)\to(0,1)} (xy) = 2.$

【例I】 讨论下面函数在$(0,0)$处的连续性:$f(x,y) = \begin{cases} \dfrac{xy^2}{x^2 + y^2}, & (x,y) \neq (0,0); \\ 0, & (x,y) = (0,0). \end{cases}$

解: 令 $x = \rho\cos\theta, y = \rho\sin\theta$,则当$(x,y) \to (0,0)$时,$\rho \to 0$. 又

$$0 \leqslant |f(x,y) - f(0,0)| = |\rho\cos\theta\sin^2\theta| \leqslant \rho \xrightarrow[(x,y)\to(0,0)]{} 0,$$

所以根据夹逼准则得 $\lim\limits_{(x,y)\to(0,0)} f(x,y) = f(0,0)$,从而函数在$(0,0)$处连续.

(二) 解题方法与典型、综合例题

1. 二元函数极限计算综述

(1) 先讨论直角坐标系 Oxy 和极坐标系 $O_{\rho\theta}$ 下自变量的变化状态的关系.

(i) $(x,y) \to (0,0)$(即:$x \to 0$ 且 $y \to 0$)$\Longleftrightarrow \rho = \sqrt{x^2 + y^2} \to 0$.

证: "$\Rightarrow$". 因 $0 \leqslant \rho = \sqrt{x^2 + y^2} \leqslant |x| + |y|$,故根据夹逼定理,当 $x \to 0$ 且 $y \to 0$ 时 $\rho \to 0$. "$\Leftarrow$". 显然 $0 \leqslant |x| \leqslant \rho$ 且 $0 \leqslant |y| \leqslant \rho$,故当 $\rho \to 0$ 时 $x \to 0$ 且 $y \to 0$.

(ii) $x \to \infty$ 或 $y \to \infty$(至少一个成立)$\Longrightarrow \rho = \sqrt{x^2 + y^2} \to +\infty$.

证: 下式立得结论:$\rho = \sqrt{x^2 + y^2} \geqslant \max\{|x|, |y|\} \to +\infty$.

【注】 $\rho \to \infty$ 只能推出 x 或 y 是无界的,推不出 $x \to \infty$ 或 $y \to \infty$. 观察第一(一)6(3)2节的阿基米德螺线 $\rho = \theta$,当取 $\theta_n = \dfrac{1}{2}n\pi$ 时,显然 $\rho_n = \theta_n \to \infty$,但$(k=1,2,\cdots)$:

$$x_{4k+1} = 0, \quad x_{4k} = 2k\pi \xrightarrow[k\to\infty]{} +\infty; \quad y_{4k} = 0, \quad y_{4k+1} = \left(2k + \dfrac{1}{2}\right)\pi \xrightarrow[k\to\infty]{} +\infty.$$

(2) 二元函数极限的计算方法(与一元函数类似):

(i) 可根据定义、运算法则直接计算、论证,或直接引用一元函数极限的命题进行运算等;

(ii) 用消去致零因子等恒等变换方法求解;

(iii) 将二元自变量通过替换成一元情形以方便论证;

(iv) 采用无穷小替换;

(v) 用夹逼定理论证、计算极限;

(vi) 当采用极坐标时,模 ρ 起着重要作用,而正、余弦函数是有界,便于利用夹逼定理.

(3) 多元函数极限不存在的判定方法

(i) 一元函数极限自变量变化是单一的;多元函数极限定义中 $P \to P_0$ 的方式是任意的:

$$\boxed{\substack{\text{一}\\\text{元}\\\text{中}}}\quad \left.\begin{array}{l}\lim\limits_{x \to x_0^-}f(x)=A,\\[2mm]\lim\limits_{x \to x_0^+}f(x)=A,\end{array}\right\} \quad \Leftrightarrow \quad \lim\limits_{x \to x_0}f(x)=A.$$

$$\boxed{\substack{\text{多}\\\text{元}\\\text{中}}}\quad \lim\limits_{\substack{x \to x_0\\y \to y_0}}f(x)=A \quad \underset{\Leftarrow}{\overrightarrow{\ne}} \quad \left\{\begin{array}{l}\lim\limits_{x \to x_0,y=y_0}f(x,y)=A \quad (P\text{ 沿平行 }x\text{ 轴方向}\to P_0)\\[2mm]\lim\limits_{x=x_0,y \to y_0}f(x,y)=A \quad (P\text{ 沿平行 }y\text{ 轴方向}\to P_0)\\[2mm]\lim\limits_{\substack{x \to x_0\\y=y_0+k(x-x_0)}}f(x,y)=A \quad (P\text{ 沿 }y=y_0+k(x-x_0)\to P_0)\end{array}\right.$$

$$\lim\limits_{P \to P_0}f(x)=A, \quad \underset{\Leftarrow}{\overrightarrow{\ne}} \quad f(x) \to A \quad (P\text{ 以某种方式趋于 }P_0).$$

(ii) 极限不存在的判定可令 P 沿 $y=y_0+k(x-x_0) \to P_0$,若极限值与 k 有关;或者,特别地,寻找两种不同趋近方式,使有不同极限值,则可断言极限不存在.

2. 典型、综合例题

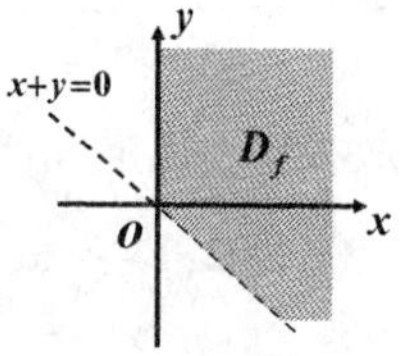

【例1】 求 $z=f(x,y)=\dfrac{1}{\sqrt{x}}+\ln(x+y)$ 的定义域.

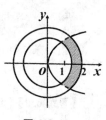

图 6-2-10

解: 令 $\left\{\begin{array}{l}x>0 \quad (\text{使函数 }1/\sqrt{x}\text{ 有意义});\\x+y>0 \quad (\text{使函数 }\ln(x+y)\text{ 有意义}),\end{array}\right.$

所求定义域为 $D_f=\{(x,y) \mid x+y>0,x>0\}$.它是无界开区域.

【例2】 求 $f(x,y)=\dfrac{\arcsin(3-x^2-y^2)}{\sqrt{x-y^2}}$ 的定义域.

解: 因 $\left\{\begin{array}{l}|3-x^2-y^2| \leqslant 1\\x-y^2>0\end{array}\right. \Rightarrow \left\{\begin{array}{l}2 \leqslant x^2+y^2 \leqslant 4,\\x>y^2\end{array}\right.,$

故所求定义域为有界(非开、非闭) 区域(图 6-2-11):

$$D=\{(x,y) \mid 2 \leqslant x^2+y^2 \leqslant 4,x>y^2\}.$$

图 6-2-11

【例3】 求极限 $\lim\limits_{\substack{x \to 0\\y \to 0}}\dfrac{(y-x)x}{\sqrt{x^2+y^2}}$.

解: 令 $x=\rho\cos\theta,y=\rho\sin\theta(\rho>0)$,则 $\rho \xrightarrow[x \to 0\text{ 且 }y \to 0]{} 0$. 且

$$0 \leqslant \left|\dfrac{(y-x)x}{\sqrt{x^2+y^2}}\right|=\dfrac{\rho^2 \mid (\sin\theta-\cos\theta)\cos\theta \mid}{\rho}=\rho(\mid \sin\theta\cos\theta \mid + \mid \cos^2\theta \mid) \leqslant 2\rho,$$

因 $\lim\limits_{\substack{x \to 0\\y \to 0}}2\rho=\lim\limits_{\rho \to 0}2\rho=0$,故根据夹逼定理,有 $\lim\limits_{\substack{x \to 0\\y \to 0}}\dfrac{(y-x)x}{\sqrt{x^2+y^2}}=0$.

【例4】 求极限 $\lim\limits_{\substack{x \to 2\\y \to 1}}\dfrac{x^2y-2x}{\sqrt{xy+2}-2}$.

解： $\displaystyle\lim_{\substack{x\to 2\\y\to 1}}\frac{x^2y-2x}{\sqrt{xy+2}-2}=\lim_{\substack{x\to 2\\y\to 1}}\frac{x(xy-2)(\sqrt{xy+2}+2)}{xy-2}=\lim_{\substack{x\to 2\\y\to 1}}[x(\sqrt{xy+2}+2)]=8.$

【例5】 求极限 $\displaystyle\lim_{\substack{x\to 0\\y\to 0}}\frac{\sqrt{xy+1}-1}{x\ln(1+\sin y)}.$

解： 显然 $\displaystyle\lim_{x\to 0,y\to 0}\sin y=0$、$\displaystyle\lim_{x\to 0,y\to 0}(xy)=0.$ 应用无穷小替换即得

$$\lim_{\substack{x\to 0\\y\to 0}}\frac{\sqrt{xy+1}-1}{x\ln(1+\sin y)}\xrightarrow[\text{替换}]{\text{无穷小}}\lim_{\substack{x\to 0\\y\to 0}}\frac{(xy)/2}{x\sin y}\xrightarrow[\text{替换}]{\text{无穷小}}\lim_{\substack{x\to 0\\y\to 0}}\frac{xy}{2xy}=\frac{1}{2}.$$

【例6】 求极限 $\displaystyle\lim_{\substack{x\to 0\\y\to 2}}\frac{\mathrm{e}^{xy\sin x}-1}{y^2\ln(1+\tan^2 x)}.$

解： 显然 $\displaystyle\lim_{\substack{x\to 0}}\sin x=0$、$\displaystyle\lim_{\substack{x\to 0}}\tan^2 x=0$、$\displaystyle\lim_{\substack{x\to 0}}xy\sin x=0.$ 应用无穷小替换得

$$\lim_{\substack{x\to 0\\y\to 2}}\frac{\mathrm{e}^{xy\sin x}-1}{y^2\ln(1+\tan^2 x)}\xrightarrow[\text{替换}]{\text{无穷小}}\lim_{\substack{x\to 0\\y\to 2}}\frac{xy\sin x}{y^2\tan^2 x}\xrightarrow[\text{替换}]{\text{无穷小}}\lim_{\substack{x\to 0\\y\to 2}}\frac{x^2y}{y^2x^2}=\lim_{\substack{x\to 0\\y\to 2}}\frac{1}{y}=\frac{1}{2}.$$

【注】 公式：$\ln(1+\alpha)\sim\alpha$，$\sqrt{\alpha+1}-1\sim\dfrac{1}{2}\alpha$，$\mathrm{e}^{\alpha}-1\sim\dfrac{1}{2}\alpha\quad(\alpha\to 0).$

【例7】 求极限 $\displaystyle\lim_{x\to 0,y\to 0}(x^2+y^2)^{x^2y^2}.$

解1： 原式 $=\mathrm{e}^{\lim\limits_{x\to 0,y\to 0}(xy)^2\ln(x^2+y^2)}.$ 令 $u=x^2+y^2$，则 $u\to 0^+$ 当且仅当 $x\to 0,y\to 0.$ 因

$$(xy)^2\ln(x^2+y^2)\leqslant\left[\frac{1}{2}(x^2+y^2)\right]^2\cdot\ln(x^2+y^2)\xlongequal{u=x^2+y^2}\frac{1}{4}u^2\ln u\xrightarrow[u\to 0^+]{}0.$$

故根据夹逼定理，$\displaystyle\lim_{x\to 0,y\to 0}(xy)^2\ln(x^2+y^2)=0$，原式 $=\mathrm{e}^{\lim\limits_{x\to 0,y\to 0}(xy)^2\ln(x^2+y^2)}=\mathrm{e}^0=1.$

解2： 令 $x=r\cos\theta,y=r\sin\theta$，则由 $|2\cos^2\theta\sin^2\theta|\leqslant 2$ 和 $\displaystyle\lim_{r\to 0}(r\ln|r|)=0$ 可得

$$\lim_{\substack{x\to 0\\y\to 0}}(x^2+y^2)^{x^2y^2}=\mathrm{e}^{\lim\limits_{x\to 0,y\to 0}(xy)^2\ln(x^2+y^2)}=\mathrm{e}^{\lim\limits_{r\to 0}r^3\cdot 2\sin^2\theta\cos^2\theta\cdot r\ln|r|}=\mathrm{e}^0=1.$$

【例8】 证明二重极限 $\displaystyle\lim_{\substack{x\to 0\\y\to 0}}\frac{x^k}{x^k+y}$ 不存在.

证： 令 $y=x^k$，原式 $=\displaystyle\lim_{\substack{x\to 0\\y=x^k}}\frac{x^k}{x^k+x^k}=\frac{1}{2}$；令 $y=x^{2k}$，原式 $=\displaystyle\lim_{\substack{x\to 0\\y=x^{2k}}}\frac{1}{1+x^k}=1.$ 由于 $(x,y)\to$

$(0,0)$ 沿两条不同途径求极限时,极限式取不同值,所以原式极限不存在.

【习题6.2】（多元函数的基本概念）

1. 求函数的定义域,画出定义域的图形,并计算指定的函数值：

(1) $z=\sqrt{1-x^2-y^2}$；　$z\,|_{(0,-1)},z\,|_{(\frac{1}{2},0)}.$

(2) $z=\ln(x+y-1)$；　$z\,|_{(3,-1)},z\,|_{(4,0)}.$

(3) $z=\dfrac{\arccos[3-(x^2+y^2)]/2}{\sqrt{4-(x^2+y^2)}}$；　$z\,|_{(1,-1)}$，　$z\,|_{(\sqrt{2},0)}.$

2. 求函数 $z=\sqrt{x-\sqrt{y}}+\arcsin\dfrac{5}{x^2+y^2}$ 的定义域,并求 $z\,|_{(3,1)}.$

3. 求下列各函数的表达式：

(1) 已知 $f(x,y) = \dfrac{2xy}{x^2+y^2}$,求 $f\left(\dfrac{y}{x},1\right)$,$f\left(1,\dfrac{y}{x}\right)$;

(2) 已知 $f(x+y,xy) = x^2 + y^2$,求 $f(x,y)$;

(3) 已知 $f(tx,ty) = t^2\left(x^2 - y^2 + xy\arcsin\dfrac{x}{y}\right)$,求 $f(x,y)$.

4. 画出函数 $z = 4 - x^2 - y^2$ 的图形.

5. 求下列极限:

(1) $\lim\limits_{(x,y)\to(1,2)}(4x+y)$;

(2) $\lim\limits_{\substack{x\to 0\\y\to 1}}\dfrac{2x^2+y}{x+y}$;

(3) $\lim\limits_{\substack{x\to 0\\y\to 2}}\dfrac{\sin xy}{x}$;

(4) $\lim\limits_{\substack{x\to 0\\y\to 0}}\dfrac{2-\sqrt{xy+4}}{xy}$;

(5) $\lim\limits_{\substack{x\to 1\\y\to 0}}\dfrac{e^{(x-1)^2+y^2}-1}{(x-1)^2+y^2}$.

6. 讨论二元函数 $f(x,y) = \dfrac{y}{x^2+y^2}$ 当 $(x,y)\to(0,0)$ 时是否存在极限.

7. 求函数 $z = \dfrac{1}{y^2-2x}$ 的间断点.

三、偏导数与全微分

(一) 内容概述与归纳

1. 偏导数的概念与几何意义

(1) 二元函数偏导数的定义

设函数 $z = f(x,y)$ 在点 $P_0(x_0,y_0)$ 某邻域有定义,关于自变量 x、y 的偏导数分别定义为:

$$\left(\left.\frac{\partial z}{\partial x}\right|_{P_0} = \left.\frac{\partial f}{\partial x}\right|_{P_0} = \right) f'_x(x_0,y_0) = \lim_{\Delta x\to 0}\frac{\Delta_x z}{\Delta x} = \lim_{\Delta x\to 0}\frac{f(x_0+\Delta x,y_0)-f(x_0,y_0)}{\Delta x},$$

$$\left(\left.\frac{\partial z}{\partial y}\right|_{P_0} = \left.\frac{\partial f}{\partial y}\right|_{P_0} = \right) f'_y(x_0,y_0) = \lim_{\Delta y\to 0}\frac{\Delta_y z}{\Delta y} = \lim_{\Delta y\to 0}\frac{f(x_0,y_0+\Delta y)-f(x_0,y_0)}{\Delta y},$$

若函数 $z = f(x,y)$ 在区域 D 的每一点皆可偏导,则称它在区域 D 可偏导. 此时映射

$$\varphi_x: P(x,y) \mapsto f'_x(x,y) = \left.\frac{\partial f}{\partial x}\right|_{P(x,y)} \text{ 和 } \varphi_y: P(x,y) \mapsto f'_y(x,y) = \left.\frac{\partial f}{\partial y}\right|_{P(x,y)}$$

都是区域 D 上的函数,称为函数 $z = f(x,y)$ 在区域 D 的偏导函数.

(2) 三元函数偏导数的定义

设函数 $w = f(x,y,z)$ 在点 $P(x,y,z)$ 的某邻域有定义,关于 x、y、z 的偏导数分别定义为:

$$\left(\frac{\partial w}{\partial x} = \frac{\partial f}{\partial x} = \right) f'_x(x,y,z) = \lim_{\Delta x\to 0}\frac{\Delta_x w}{\Delta x} = \lim_{\Delta x\to 0}\frac{f(x+\Delta x,y,z)-f(x,y,z)}{\Delta x},$$

$$\left(\frac{\partial w}{\partial y} = \frac{\partial f}{\partial y} = \right) f'_y(x,y,z) = \lim_{\Delta y\to 0}\frac{\Delta_y w}{\Delta y} = \lim_{\Delta y\to 0}\frac{f(x,y+\Delta y,z)-f(x,y,z)}{\Delta y},$$

$$\left(\frac{\partial w}{\partial z} = \frac{\partial f}{\partial z} = \right) f'_z(x,y,z) = \lim_{\Delta z\to 0}\frac{\Delta_z w}{\Delta z} = \lim_{\Delta z\to 0}\frac{f(x,y,z+\Delta z)-f(x,y,z)}{\Delta z},$$

若函数 $w = f(x,y,z)$ 在区域 D 的每一点皆可偏导,则称它在区域 D 可偏导. 与二元情况类

似,该偏导数可总体看做是区域 D 上的偏导函数.

(3) 二元函数偏导数的几何意义

(i) 在 xOy 平面上过点 (x_0,y_0) 作平行于 xOz 面的平面 $y=y_0$,该平面与函数 $z=f(x,y)$ 表示的曲面 $\sum$ 相截得一条平面曲线 Γ_1: $\begin{cases} z=f(x,y); \\ y=y_0. \end{cases}$

偏导 $f'_x(x_0,y_0)=\dfrac{\partial f}{\partial x}\bigg|_{P_0}$ 表示 Γ_1 在点 $M_0(x_0,y_0,f(x_0,y_0))$ 处的切线 T_1 对 x 轴的斜率.

(ii) 在 xOy 平面上过点 (x_0,y_0) 作平行于 yOz 面的平面 $x=x_0$,该平面与函数 $z=f(x,y)$ 表示的曲面 Σ 相截得到一条平面曲线 Γ_2: $\begin{cases} z=f(x,y); \\ x=x_0. \end{cases}$

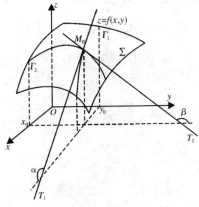

图 6-3-1

偏导 $f'_y(x_0,y_0)=\dfrac{\partial f}{\partial y}\bigg|_{P_0}$ 表示截线 Γ_2 在 $M_0(x_0,y_0,f(x_0,y_0))$ 处的切线 T_2 对 y 轴的斜率.

2.高阶偏导数的定义

如果二元函数 $z=f(x,y)$ 在区域 D 内可偏导,且 $f'_x(x,y)$,$f'_y(x,y)$ 的偏导数也存在,那么有下列四个二阶偏导数:

$$\frac{\partial}{\partial x}\left(\frac{\partial z}{\partial x}\right)=\frac{\partial^2 z}{\partial x^2}=f''_x(x,y), \qquad \frac{\partial}{\partial y}\left(\frac{\partial z}{\partial x}\right)=\frac{\partial^2 z}{\partial x\partial y}=f''_{xy}(x,y),$$

$$\frac{\partial}{\partial x}\left(\frac{\partial z}{\partial y}\right)=\frac{\partial^2 z}{\partial y\partial x}=f''_{yx}(x,y), \qquad \frac{\partial}{\partial y}\left(\frac{\partial z}{\partial y}\right)=\frac{\partial^2 z}{\partial y^2}=f''_{yy}(x,y).$$

同样可定义 3 阶、$\cdots$、n 阶偏导数.二阶及其以上的偏导数统称为高阶偏导数.

【注】 偏导数、偏导函数以及高阶偏导数、偏导函数的概念皆可推广到任意 n 维空间中.

3.偏导数的求解

(1) 求偏导可借用一元函数的求导法.求解函数 $f(x,y)$ 关于某变量的偏导函数,只需将非求导的变量视为常数而关于求导变量求导即可.例如,求函数 $f(x,y)$ 关于变量 x 的偏导函数,将 y 看成常数,根据求导公式对变量 x 进行求导运算即可.

(2) 求函数 $f(x,y)$ 在具体已知点 (a,b) 处的偏导数.

(i) 方法 1:先求函数 $f(x,y)$ 的偏导函数,然后将值 $(x,y)=(a,b)$ 代入而得解;

(ii) 方法 2:先求 $f(x,b)$ 的导函数 $f'_x(x,b)$,然后将 $x=a$ 代入 $f'_x(x,b)$ 而解得 $f'_x(a,b)$;先求 $f(a,y)$ 的导函数 $f'_y(a,y)$,然后将 $y=b$ 代入 $f'_y(a,y)$ 而解得 $f'_y(a,b)$.

【例A】 求函数 $z=f(x,y)=\dfrac{xy}{x^2+y^2}$ 在点 $(0,0)$ 处的导数.

解: 根据导数定义得

$$f'_x(0,0)=\lim_{\Delta x\to 0}\frac{f(0+\Delta x,0)-f(0,0)}{\Delta x}=0,\ f'_y(0,0)=\lim_{\Delta y\to 0}\frac{f(0,0+\Delta y)-f(0,0)}{\Delta y}=0.$$

4.偏导数在经济学中的应用

(1) 边际问题

二元函数 $z=f(x,y)$ 的偏导数 $f_x(x,y)$ 与 $f_y(x,y)$ 分别称为函数 $f(x,y)$ 关于 x 与 y 的边际,边际在某点的值称为边际值.边际的概念可以推广到多元函数上.

① 边际产量举例

【例B】　假设对某一商品的市场需求受到商品的价格 P 与企业的广告投入 A 这两个因素的影响，其需求函数为 $Q = 5000 - 10P + 40A + PA - 0.8A^2 - 0.5P^2$，那么价格的边际需求和广告投入的边际需求分别为

$$\frac{\partial Q}{\partial P} = -10 + A - P, \quad \frac{\partial Q}{\partial A} = 40 + P - 1.6A.$$

【例C】　柯布－道格拉斯生产函数(1934 年)的因变量是产量 Q，一般表达为：

$$Q = AK^\alpha L^\beta \quad (A、\alpha、\beta 为正常数),$$

其中 A 称规模参数，或称效益参数；L 为投入的劳动力数量，K 为投入的资本数量.

(1) 资本的边际产量为 $\dfrac{\partial Q}{\partial K} = A\alpha K^{\alpha-1} L^\beta = \alpha \dfrac{Q}{K}$. 其经济意义为：劳动力投入 L 保持不变，而资本投入 K 发生变化时产量 Q 的变化率.

(2) 劳动力的边际产量为 $\dfrac{\partial Q}{\partial L} = A\beta K^\alpha L^{\beta-1} = \beta \dfrac{Q}{L}$. 其经济意义为：资本投入 K 保持不变，而劳动力投入 L 发生变化时产量 Q 的变化率.

【注】　柯布－道格拉斯生产函数两边取对数得到的是线性和齐次的方程：

$$\ln Q = \ln A + \alpha \ln K + \beta \ln L.$$

② 边际成本与边际利润举例

【例D】　设某企业生产甲、乙两种产品，产量分别为 x, y，总成本函数为

$$C = 3x^2 + 7x + 1.5xy + 6y + 2y^2$$

那么甲、乙两种产品的边际成本分别为

$$\frac{\partial C}{\partial x} = 6x + 7 + 1.5y, \qquad \frac{\partial C}{\partial y} = 1.5x + 6 + 4y.$$

(2) 偏弹性

多元函数的各种弹性称为偏弹性.

本小节讨论需求的偏弹性，它指的是因价格变动或收入变动引起的需求量相应的变化率.

① 需求的价格偏弹性表示需求量的变化相对于价格变化的反应程度.

设甲、乙两关联商品的需求量分别为 $Q_1、Q_2$，其单位价格分别为 $P_1、P_2$，则需求函数分别为

$$Q_1 = Q_1(P_1, P_2), \qquad Q_2 = Q_2(P_1, P_2),$$

这里商品的需求量 $Q_1、Q_2$ 分别与双方价格 $P_1、P_2$ 相关.

(i) 商品的需求量 $Q_1、Q_2$ 分别对自身价格的偏弹性为

$$\varepsilon_{11} = \frac{EQ_1}{EP_1} = \frac{P_1}{Q_1} \cdot \frac{\partial Q_1}{\partial P_1}, \qquad \varepsilon_{22} = \frac{EQ_2}{EP_2} = \frac{P_2}{Q_2} \cdot \frac{\partial Q_2}{\partial P_2},$$

其中 ε_{11} 称为商品甲的需求量 Q_1 对价格 P_1 的直接价格偏弹性，而 ε_{22} 称为商品乙的需求量 Q_2 对价格 P_2 的直接价格偏弹性.

需求的价格偏弹性表示一种商品的需求量的变化相对于自身价格变化的反应程度.

(ii) 甲、乙两商品的需求量 $Q_1、Q_2$ 分别对相关商品的价格 $P_2、P_1$ 的价格偏弹性分别为

$$\varepsilon_{12} = \frac{EQ_1}{EP_2} = \frac{P_2}{Q_1} \cdot \frac{\partial Q_1}{\partial P_2}, \qquad \varepsilon_{21} = \frac{EQ_2}{EP_1} = \frac{P_1}{Q_2} \cdot \frac{\partial Q_2}{\partial P_1},$$

其中 ε_{12} 称为商品甲的需求量 Q_1 对相关价格 P_2 的交叉价格偏弹性，而 ε_{21} 称为商品乙的需求量 Q_2 对相关价格 P_1 的交叉价格偏弹性.

需求的交叉价格偏弹性表示一种商品的需求量的变化相对于另一种商品的价格变化的反应程度.

② 需求的价格偏弹性的经济意义

(i) 若商品甲(或乙)的需求量 Q_1(或 Q_2)对商品乙(或甲)的交叉价格的偏弹性

$$\varepsilon_{12} = \frac{EQ_1}{EP_2} < 0 \qquad (或\ \varepsilon_{21} = \frac{EQ_2}{EP_1} < 0)$$

则表示当商品甲(或乙)的价格 P_1(或 P_2)不变,而商品乙(或甲)的价格 P_2(或 P_1)上升时,商品甲(或乙)的需求量 Q_1(或 Q_2)将相应地减少,此时称商品甲和乙是相互补充关系.

(ii) 若商品甲(或乙)的需求量 Q_1(或 Q_2)对商品乙(或甲)的交叉价格的偏弹性

$$\varepsilon_{12} = \frac{EQ_1}{EP_2} > 0 \qquad (或\ \varepsilon_{21} = \frac{EQ_2}{EP_1} > 0)$$

则表示当商品甲(或乙)的价格 P_1(或 P_2)不变,而商品乙(或甲)的价格 P_2(或 P_1)上升时,商品甲(或乙)的需求量 Q_1(或 Q_2)将相应地增加,此时称商品甲和乙是相互竞争(相互替代)关系.

(iii) 若 $\varepsilon_{12} = 0$,$\varepsilon_{21} = 0$,此时称两种商品甲和乙是相互独立的商品.

③ 需求关于消费者收入以及相关商品的价格的偏弹性

设商品的需求量 Q 受自身价格 P_1、消费者的收入 M 以及相关商品价格 P_2 等因素的影响,那么它们的关系可用函数表示为

$$Q = f(P_1, M, P_2).$$

此处涉及的是两种商品,与 ① 仅表面不同,只是提及其中一种商品需求 Q,而不提另一商品需求而已. 与 ① 本质不同的是此处增加考虑了影响因素 —— 消费者的收入 M.

(i) 需求的价格偏弹性的表达方式与 ① 中相同:

$$\varepsilon_{P_1} = \frac{EQ}{EP_1} = \frac{P_1}{Q} \cdot \frac{\partial Q}{\partial P_1}.$$

(ii) 需求量 Q 关于相关商品的价格 P_2 的偏弹性是交叉价格偏弹性:

$$\varepsilon_{P_2} = \frac{EQ}{EP_2} = \frac{P_2}{Q} \cdot \frac{\partial Q}{\partial P_2},$$

其表达方式与(i)中相同,意义却有所不同.

(iii) 需求的收入价格偏弹性表示需求量的变化相对于消费者收入的变化的反应程度:

$$\varepsilon_M = \frac{EQ}{EM} = \frac{M}{Q} \cdot \frac{\partial Q}{\partial M}.$$

【例 E】　设某市场牛肉的需求函数为

$$Q = 4580 - 5P_1 + 0.1M + 1.5P_2$$

其中消费者收入 $M = 10000$,牛肉价格 $P_1 = 10$,相关商品猪肉的价格 $P_2 = 8$.求

(1) 牛肉需求的价格偏弹性;

(2) 牛肉需求的收入价格偏弹性;

(3) 牛肉需求的交叉价格偏弹性;

(4) 若猪肉价格增加 10%,求牛肉需求量的变化率.

解:　当 $M = 10000, P_1 = 10, P_2 = 8$ 时 $Q = 4580 - 5P_1 + 0.1M + 1.5P_2 = 5812$.

(1) 牛肉需求的价格偏弹性为　　　$\varepsilon_{P_1} = \frac{P_1}{Q} \cdot \frac{\partial Q}{\partial P_1} = -\frac{10}{5812} \times 5 = -0.009$

（2）牛肉需求的收入价格偏弹性为　　$\varepsilon_M = \dfrac{M}{Q} \cdot \dfrac{\partial Q}{\partial M} = \dfrac{10000}{5812} \times 0.1 = 0.172$

（3）牛肉需求的交叉价格偏弹性为　　$\varepsilon_{P_2} = \dfrac{P_2}{Q} \cdot \dfrac{\partial Q}{\partial P_2} = \dfrac{8}{5812} \times 1.5 = 0.002$

（4）由需求的交叉价格偏弹性，得　　$\dfrac{\partial Q}{Q} = \varepsilon_{P_2} \cdot \dfrac{\partial P_2}{P_2} = 0.002 \times 10\% = 0.02\%$

即当相关商品猪肉的价格增 10%，而牛肉价格不变时，其市场需求量将增 0.02%.

5. 全微分

（1）【定义】　如果函数 $z = f(x,y)$ 在 $P_0(x_0,y_0)$ 处的全增量 $\Delta z = f(x,y) - f(x_0,y_0)$ 可表为：

$$\Delta z = A \cdot \Delta x + B \cdot \Delta y + o(\rho) \quad (\rho = \sqrt{(\Delta x)^2 + (\Delta y)^2} \to 0),$$

其中 A、B 是与 Δx、Δy 无关仅与 x、y 有关的常数，那么称函数 $z = f(x,y)$ 在 $P_0(x_0,y_0)$ 处是可微分的，全增量 Δz 的线性主部 $A \cdot \Delta x + B \cdot \Delta y$ 称为函数 $z = f(x,y)$ 在 $P_0(x_0,y_0)$ 处的微分，记为 $\mathrm{d}z|_{P_0}$、$\mathrm{d}z|_{(x_0,y_0)}$、简记为 $\mathrm{d}z$，即　　$\mathrm{d}z|_{P_0} = \mathrm{d}z|_{(x_0,y_0)} = A \cdot \Delta x + B \cdot \Delta y$.

（2）全微分的运算法则

【定理1】　（可微的必要条件）如果函数 $z = f(x,y)$ 在点 $P_0(x_0,y_0)$ 处可微分，那么 $f(x,y)$ 在该点的关于 x、y 偏导数都存在，且有

$$\mathrm{d}z|_{P_0} = \frac{\partial z}{\partial x}\bigg|_{P_0} \cdot \Delta x + \frac{\partial z}{\partial y}\bigg|_{P_0} \cdot \Delta y = f_x(x_0,y_0)\Delta x + f_y(x_0,y_0)\Delta y. \quad (*)$$

【定理2】　（可微的充分条件）如果函数 $z = f(x,y)$ 在 $P_0(x_0,y_0)$ 的邻域 $U(P_0)$ 内偏导数 $\dfrac{\partial z}{\partial x}$，$\dfrac{\partial z}{\partial y}$ 存在，且在点 P_0 处连续，则函数 $f(x,y)$ 在该点可微分（且式（*）成立）.

【定理3】　设区域 D 是一个单连通域，函数 $P(x,y)$ 和 $Q(x,y)$ 在 D 内具有一阶连续偏导数，那么存在可微函数 $u(x,y)$ 使得在 D 内成立着

$$\mathrm{d}u(x,y) = P(x,y)\mathrm{d}x + Q(x,y)\mathrm{d}y$$

的充分必要条件为在 D 内恒有

$$\frac{\partial P(x,y)}{\partial y} = \frac{\partial Q(x,y)}{\partial x}.$$

【注】　（i）多元函数连续、可导、可微的关系：

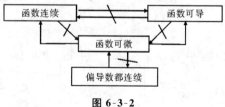

图 6-3-2

（ii）类似地可定义三元函数 $u = f(x,y,z)$ 在点 $P(x,y,z)$ 的微分.

若函数 $u = f(x,y,z)$ 在点 $P(x,y,z)$ 处可微，则它的全微分为

$$\mathrm{d}u = \frac{\partial u}{\partial x}\mathrm{d}x + \frac{\partial u}{\partial y}\mathrm{d}y + \frac{\partial u}{\partial z}\mathrm{d}z.$$

【例F】　求 $z = \ln(x+y) + \sin(xy)$ 在点 $\left(1, \dfrac{\pi}{2}\right)$ 处的微分.

解： 因　　　$\dfrac{\partial z}{\partial x} = \dfrac{1}{x+y} + y\cos(xy),\ \dfrac{\partial z}{\partial y} = \dfrac{1}{x+y} + x\cos(xy),$

故　　　$\mathrm{d}z\big|_{(1,\frac{\pi}{2})} = \dfrac{\partial z}{\partial x}\Big|_{(1,\frac{\pi}{2})}\mathrm{d}x + \dfrac{\partial z}{\partial y}\Big|_{(1,\frac{\pi}{2})}\mathrm{d}y = \dfrac{2}{2+\pi}\mathrm{d}x + \dfrac{2}{2+\pi}\mathrm{d}y.$

(4) 全微分在近似计算中的应用

如果函数 $z = f(x,y)$ 在 (x_0, y_0) 可微，那么当 $\rho = \sqrt{\Delta x^2 + \Delta y^2}$ 很小时，有 $\mathrm{d}z\big|_{(x_0,y_0)} \approx \Delta z$，即

$$f(x,y) \approx f(x_0,y_0) + f_x(x_0,y_0)\Delta x + f_y(x_0,y_0)\Delta y.$$

【例 G】　求 $(\ln 1.02)\cos\dfrac{3\pi}{20}$ 的近似值.

解：　设 $f(x,y) = \ln x \cdot \cos y$. 取 $x_0 = 1, \Delta x = 0.02$；$y_0 = \pi/6$，$\Delta y = -\pi/60$. 则

$$f_x(x,y) = \dfrac{\cos y}{x}, \qquad\qquad f_x\left(1,\dfrac{\pi}{6}\right) = \dfrac{\sqrt{3}}{2},$$

$$f_y(x,y) = -\ln x \cdot \sin y, \qquad\qquad f_y\left(1,\dfrac{\pi}{6}\right) = 0.$$

于是　　　$(\ln 1.02)\cos\dfrac{3\pi}{20} \approx f\left(1,\dfrac{\pi}{6}\right) + f_x\left(1,\dfrac{\pi}{6}\right)\cdot\Delta x + f_y\left(1,\dfrac{\pi}{6}\right)\cdot\Delta y$

$$= (\ln 1)\cos\dfrac{\pi}{6} + \dfrac{\sqrt{3}}{2}\cdot 0.02 + 0 \approx 0.017321.$$

(二) 解题方法与典型、综合例题

1. 偏导求解

(1) 求函数 $f(x,y)$ 在已知点 (a,b) 处的偏导数，除用定义求解外，通常有下面两种方法：

(i) 常借用一元函数的求导法解出偏导函数，再代入具体点的坐标数值即得函数在该点的偏导数.

(ii) 直接求解，即先求 $f(x,b)$ 的导函数 $f_x(x,b)$，然后将 $x=a$ 代入 $f_x(x,b)$ 而得解 $f_x(a,b)$；先求 $f(a,y)$ 的导函数 $f_y(a,y)$，然后将 $y=b$ 代入 $f_y(a,y)$ 而得解 $f_y(a,b)$.

【例 1】　求下面函数在点 $(1,0)$ 处的偏导数：

(1) $f(x,y) = (x^2 - y^2)\ln(x+y)$；　　　　　(2) $g(x,y) = \arctan\left(\dfrac{y}{x}\mathrm{e}^{x^2+y^2}\right)$.

解 1：　(1) $\dfrac{\partial f}{\partial x} = 2x\ln(x+y) + x - y, \qquad \dfrac{\partial f}{\partial x}\Big|_{(1,0)} = 1;$

$\qquad\qquad \dfrac{\partial f}{\partial y} = -2y\ln(x+y) + x - y, \qquad \dfrac{\partial f}{\partial y}\Big|_{(1,0)} = 1.$

(2) $\dfrac{\partial g}{\partial x} = \dfrac{(-y + 2x^2 y)\mathrm{e}^{x^2+y^2}}{x^2 + y^2\mathrm{e}^{2(x^2+y^2)}}, \quad \dfrac{\partial g}{\partial x}\Big|_{(1,0)} = 0; \quad \dfrac{\partial g}{\partial y} = \dfrac{(x + 2xy^3)\mathrm{e}^{x^2+y^2}}{x^2 + y^2\mathrm{e}^{2(x^2+y^2)}}, \quad \dfrac{\partial g}{\partial y}\Big|_{(1,0)} = \mathrm{e}.$

解 2：　(1) $f'_x(x,0) = (x^2\ln x)' = 2x\ln x + x, \qquad \dfrac{\partial f}{\partial x}\Big|_{(1,0)} = f'_x(x,0)\big|_{x=1} = 1;$

$\qquad\qquad f'_y(1,y) = \left[(1-y^2)\ln(1+y)\right]' = -2y\ln(1+y) + 1 - y,$

$\qquad\qquad \dfrac{\partial f}{\partial x}\Big|_{(1,0)} = f'_y(1,y)\big|_{y=0} = 1.$

(2) $g'_x(x,0) = 0, \qquad \dfrac{\partial g}{\partial x}\Big|_{(1,0)} = 0;$

$$g'_y(1,y) = \left[\arctan(ye^{1+y^2})\right]' = \frac{(1+2y^2)e^{1+y^2}}{1+y^2e^{2(1+y^2)}}, \qquad \frac{\partial g}{\partial x}\bigg|_{(1,0)} = g'_y(1,y)\big|_{y=0} = e.$$

【注】 虽然方法(ii)简单些,但是由于后续知识的需要,掌握方法(i)更为普遍些.

(2)求函数 $f(x,y)$ 在已知点 (a,b) 处的二阶偏导数,可先求二阶偏导函数,再代入具体点的坐标数值即得函数在该点的二阶偏导数.

【例2】 设 $z = xy^3 + e^{xy}$,求 $\dfrac{\partial^2 z}{\partial x^2}$,$\dfrac{\partial^2 z}{\partial y \partial x}$,$\dfrac{\partial^2 z}{\partial x \partial y}$,$\dfrac{\partial^2 z}{\partial y^2}$ 及 $\dfrac{\partial^3 z}{\partial x^3}$.

解: $\dfrac{\partial z}{\partial x} = y^3 + ye^{xy}$, $\dfrac{\partial z}{\partial y} = 3xy^2 + xe^{xy}$; $\dfrac{\partial^2 z}{\partial x^2} = y^2 e^{xy}$, $\dfrac{\partial^2 z}{\partial y \partial x} = 3y^2 + xye^{xy} + e^{xy}$;

$\dfrac{\partial^2 z}{\partial x \partial y} = 3y^2 + e^{xy} + xye^{xy}$, $\dfrac{\partial^2 z}{\partial y^2} = 6xy + x^2 e^{xy}$; $\dfrac{\partial^3 z}{\partial x^3} = y^3 e^{xy}$.

【例3】 求 $z = \cos\dfrac{x+y}{x-y}$ 的二阶偏导 $\dfrac{\partial^2 z}{\partial x^2}\bigg|_{(0,1)}$,$\dfrac{\partial^2 z}{\partial y^2}\bigg|_{(1,0)}$.

解: $\dfrac{\partial z}{\partial x} = -\sin\dfrac{x+y}{x-y} \cdot \left(\dfrac{x+y}{x-y}\right)'_x = \dfrac{2y}{(x-y)^2}\sin\dfrac{x+y}{x-y}$,

$\dfrac{\partial^2 z}{\partial x^2} = \dfrac{\partial}{\partial x}\left(\dfrac{\partial z}{\partial x}\right) = \dfrac{\partial}{\partial x}\left[\dfrac{2y}{(x-y)^2}\sin\dfrac{x+y}{x-y}\right] = \dfrac{-4y}{(x-y)^3}\sin\dfrac{x+y}{x-y} + \dfrac{2y}{(x-y)^2}\cos\dfrac{x+y}{x-y}\left(\dfrac{x+y}{x-y}\right)'_x$

$= -\dfrac{4y}{(x-y)^3}\sin\dfrac{x+y}{x-y} - \dfrac{4y^2}{(x-y)^4}\cos\dfrac{x+y}{x-y}$,

因为 $\dfrac{\partial^2 z}{\partial y^2} = \dfrac{\partial^2}{\partial y^2}\cos\dfrac{x+y}{x-y} = \dfrac{\partial^2}{\partial y^2}\cos\dfrac{y+x}{y-x}$,所以将 $\dfrac{\partial^2 z}{\partial x^2}$ 答案中的 x、y 对调即得:

$$\dfrac{\partial^2 z}{\partial y^2} = -\dfrac{4x}{(y-x)^3}\sin\dfrac{x+y}{y-x} - \dfrac{4x^2}{(y-x)^4}\cos\dfrac{x+y}{y-x}.$$

$\dfrac{\partial^2 z}{\partial x^2}\bigg|_{(0,1)} = \left[-\dfrac{4y}{(x-y)^3}\sin\dfrac{x+y}{x-y} - \dfrac{4y^2}{(x-y)^4}\cos\dfrac{x+y}{x-y}\right]_{(0,1)} = -4(\sin 1 + \cos 1).$

$\dfrac{\partial^2 z}{\partial y^2}\bigg|_{(1,0)} = \left[-\dfrac{4x}{(y-x)^3}\sin\dfrac{x+y}{y-x} - \dfrac{4x^2}{(y-x)^4}\cos\dfrac{x+y}{y-x}\right]_{(1,0)} = -4(\sin 1 + \cos 1).$

2.全微分在近似计算的应用

【例4】 利用全微分计算 $\sqrt{(0.99)^2 + (1.03)^2}$ 的近似值.

解: 设函数 $z = f(x,y) = \sqrt{x^2 + y^2}$,取 $x = 1,y = 1;\Delta x = -0.01,\Delta y = 0.03$. 则

$$f(x,y) = f(x+\Delta x, y+\Delta y) \approx f(x,y) + \frac{\partial z}{\partial x}\Delta x + \frac{\partial z}{\partial y}\Delta y.$$

因为 $\dfrac{\partial z}{\partial x}\bigg|_{\substack{x=1\\y=1}} = \dfrac{2x}{\sqrt{x^2+y^2}}\bigg|_{\substack{x=1\\y=1}} = \sqrt{2}$,$\dfrac{\partial z}{\partial y}\bigg|_{\substack{x=1\\y=1}} = \dfrac{2y}{\sqrt{x^2+y^2}}\bigg|_{\substack{x=1\\y=1}} = \sqrt{2}$,所以

$$\sqrt{(0.99)^2 + (1.03)^2} \approx f(0.97,1.01) = f(1,1) + \frac{\partial z}{\partial x}\bigg|_{\substack{x=1\\y=1}}\Delta x + \frac{\partial z}{\partial y}\bigg|_{\substack{x=1\\y=1}}\Delta y$$

$$= \sqrt{2}(1 - 0.01 + 0.03) = 1.02\sqrt{2} \approx 1.4425.$$

【例5】 求 $(1.98)^{4.01}$ 的近似值.

解: 设函数 $f(x,y) = x^y$. 取 $x = 2,\Delta x = -0.02,y = 4,\Delta y = 0.01$. 则

$$f_x(2,4) = yx^{y-1}\big|_{\substack{x=2\\y=4}} = 32, \quad f_y(2,4) = x^y\ln x\big|_{\substack{x=2\\y=4}} \approx 11.09,$$

故 $(1.98)^{4.01} = f(x+\Delta x, y+\Delta y) \approx f(2,4) + f_x(2,4)\Delta x + f_y(2,4)\Delta y$

$$\approx 16 + 32 \times (-0.02) + 11.09 \times 0.01 \approx 15.47.$$

【习题 6.3】（偏导数与全微分）

1. 设 $f(x,y) = \dfrac{x^2 - y^2}{x + y}$，　用定义求 $f_x{}'(0,1)$，$f_y{}'(1,0)$.

2. 求下列函数的偏导 $\dfrac{\partial z}{\partial x}$ 和 $\dfrac{\partial z}{\partial y}$：

(1) $z = xy + \dfrac{y}{x}$　　　　　(2) $z = x^2 \sin y$　　　　(3) $z = y^x$　($y > 0, y \neq 1$).

3. 求 $z = x^2 + 3xy + y^2$ 在 $(1,2)$ 处的偏导数.

4. 设函数 $z = x^2 y^2 - 3y^2 x$，求它的二阶偏导数.

5. 求函数的全微分：(1) $z = xy^2 + x^2$；　　　　　　(2) $z = x^{2y}$.

6. 求函数 $z = \dfrac{x}{y}$ 在点 $(1,2)$ 处的全微分.

7. 利用全微分近似计算 $(0.98)^{2.03}$ 的值.

8. 某款小汽车销售量 Q 除与自身价格 P_1 有关外，还与其配置系统价格 P_2 相关，函数为

$$Q = 100 + \frac{250}{P_1} - 100P_2 - P_2{}^2,$$

其中价格单位为：万元. 当 $P_1 = 25, P_2 = 2$ 时，求：

(1) Q 对价格 P_1 的直接价格偏弹性；　　　　(2) Q 对价格 P_2 的交叉价格偏弹性.

四、多元函数的微分法

（一）内容概述与归纳

1. 全导数与复合函数求偏导法

(1) 全导数（复合函数的中间变量皆为一元函数的情形）.

【定理 1】　设函数 $u = \varphi(t), v = \psi(t)$ 都在点 t 可导，而 $z = f(u,v)$ 在对应点 (u,v) 具有连续偏导数，那么复合函数 $z = f[\varphi(t), \psi(t)]$ 在点 t 可导，且有

$$\frac{\mathrm{d}z}{\mathrm{d}t} = \frac{\partial z}{\partial u} \cdot \frac{\mathrm{d}u}{\mathrm{d}t} + \frac{\partial z}{\partial v} \cdot \frac{\mathrm{d}v}{\mathrm{d}t} \tag{1}$$

【定理 2】*　设函数 $u = \varphi(t), v = \psi(t), w = \omega(t)$ 都在点 t 可导，而 $z = f(u,v,w)$ 在对应点 (u,v,w) 具有连续偏导数，那么复合函数 $z = f[\varphi(t), \psi(t), \omega(t)]$ 在点 t 可导，且有

$$\frac{\mathrm{d}z}{\mathrm{d}t} = \frac{\partial z}{\partial u} \cdot \frac{\mathrm{d}u}{\mathrm{d}t} + \frac{\partial z}{\partial v} \cdot \frac{\mathrm{d}v}{\mathrm{d}t} + \frac{\partial z}{\partial w} \cdot \frac{\mathrm{d}w}{\mathrm{d}t} \tag{2}$$

【注】　关键是分清公式里的变量是"中间变量"还是"（最终）自变量"，这分别对应着求导数符号用的是"∂"还是"d".

(2) 复合函数求偏导数的链式法则

【定理 3】　设函数 $u = \varphi(x,y), v = \psi(x,y)$ 在点 (x,y) 处有偏导数，而函数 $z = f(u,v)$ 在对应点 (u,v) 有连续偏导数，则复合函数 $z = f[\varphi(x,y), \psi(x,y)]$ 在点 (x,y) 处的偏导数 $\dfrac{\partial z}{\partial x}, \dfrac{\partial z}{\partial y}$ 存在，且

$$\frac{\partial z}{\partial x} = \frac{\partial z}{\partial u} \cdot \frac{\partial u}{\partial x} + \frac{\partial z}{\partial v} \cdot \frac{\partial v}{\partial x}, \tag{3}$$

$$\frac{\partial z}{\partial y} = \frac{\partial z}{\partial u} \cdot \frac{\partial u}{\partial y} + \frac{\partial z}{\partial v} \cdot \frac{\partial v}{\partial y}. \tag{4}$$

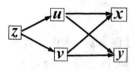

图 6-4-1

复合函数求偏导数的链式法则可推广到三维情形：

【定理 4】＊　设函数 $u = \varphi(x,y)$，$v = \psi(x,y)$，$w = \eta(x,y)$ 在点 (x,y) 处有偏导数，而函数 $z = f(u,v,w)$ 在对应点 (u,v,w) 有连续偏导数，则复合函数

$$z = f[\varphi(x,y),\psi(x,y),\eta(x,y)]$$

在点 (x,y) 处的偏导数 $\dfrac{\partial z}{\partial x}$，$\dfrac{\partial z}{\partial y}$ 存在，且

$$\frac{\partial z}{\partial x} = \frac{\partial z}{\partial u} \cdot \frac{\partial u}{\partial x} + \frac{\partial z}{\partial v} \cdot \frac{\partial v}{\partial x} + \frac{\partial z}{\partial w} \cdot \frac{\partial w}{\partial x}, \tag{5}$$

$$\frac{\partial z}{\partial y} = \frac{\partial z}{\partial u} \cdot \frac{\partial u}{\partial y} + \frac{\partial z}{\partial v} \cdot \frac{\partial v}{\partial y} + \frac{\partial z}{\partial w} \cdot \frac{\partial w}{\partial y}. \tag{6}$$

2. 隐函数求导法

（1）一元隐函数求导

【定理 5】　在点 $P_0(x_0,y_0)$ 某邻域内有连续偏导数之函数 $F(x,y)$ 若使得 $F(x_0,y_0) = 0$ 且 $F_y(x_0,y_0) \neq 0$，则其对应的方程 $F(x,y) = 0$ 在 P_0 的某邻域内唯一确定了一个定义在点 x_0 某邻域 $U(x_0)$ 内的连续、可偏导的隐函数 $y = f(x)$，使得 $y_0 = f(x_0)$ 且其求导公式为：

$$\frac{\mathrm{d}y}{\mathrm{d}x} = -\frac{F_x}{F_y}. \tag{7}$$

（2）二元隐函数求导

【定理 6】＊　在点 $P_0(x_0,y_0,z_0)$ 的某邻域内有连续偏导数之函数 $F(x,y,z)$ 若使得 $F(x_0,y_0,z_0) = 0$ 且 $F_z(x_0,y_0,z_0) \neq 0$，则其对应的方程 $F(x,y,z) = 0$ 在 P_0 的某邻域内唯一确定了一个定义在点 (x_0,y_0) 某邻域 $U(x_0,y_0)$ 内的连续、可偏导的隐函数 $z = f(x,y)$，使得 $z_0 = f(x_0,y_0)$ 且其求导公式为：

$$\frac{\partial z}{\partial x} = -\frac{F_x}{F_z}, \qquad \frac{\partial z}{\partial y} = -\frac{F_y}{F_z}. \tag{7'}$$

3. 全微分形式不变性

【定理 7】＊　设函数 $z = f(u,v)$、$u = \varphi(x,y)$、$v = \psi(x,y)$ 都具有连续偏导数，不论 u,v 为自变量，还是中间变量（即当 $u = \varphi(x,y)$，$v = \psi(x,y)$ 有复合函数 $z = f[\varphi(x,y),\psi(x,y)]$ 时），函数的全微分都为

$$\mathrm{d}z = \frac{\partial z}{\partial u}\mathrm{d}u + \frac{\partial z}{\partial v}\mathrm{d}v.$$

【注】　其中 u、v 为中间变量时上式推导如下：

$$\mathrm{d}z = \frac{\partial z}{\partial x}\mathrm{d}x + \frac{\partial z}{\partial y}\mathrm{d}y = \left(\frac{\partial z}{\partial u}\frac{\partial u}{\partial x} + \frac{\partial z}{\partial v}\frac{\partial v}{\partial x}\right)\mathrm{d}x + \left(\frac{\partial z}{\partial u}\frac{\partial u}{\partial y} + \frac{\partial z}{\partial v}\frac{\partial v}{\partial y}\right)\mathrm{d}y$$

$$= \frac{\partial z}{\partial u}\left(\frac{\partial u}{\partial x}\mathrm{d}x + \frac{\partial u}{\partial y}\mathrm{d}y\right) + \frac{\partial z}{\partial v}\left(\frac{\partial v}{\partial x}\mathrm{d}x + \frac{\partial v}{\partial y}\mathrm{d}y\right) = \frac{\partial z}{\partial u}\mathrm{d}u + \frac{\partial z}{\partial v}\mathrm{d}v.$$

【推论】　全微分的四则运算与一元微分类似，即在定理 7 条件下，不论 u,v 为自变量，还是中间变量，有

（i）$\mathrm{d}(Cu) = C\mathrm{d}u$；　　　　　　　　　　　（ii）$\mathrm{d}(u \pm v) = \mathrm{d}u \pm \mathrm{d}v$；

(iii) $\mathrm{d}(uv) = v\mathrm{d}u + u\mathrm{d}v$;　　　　　　(iv) $\mathrm{d}\left(\dfrac{u}{v}\right) = \dfrac{v\mathrm{d}u - u\mathrm{d}v}{v^2}$.

【例A】　求由开普勒方程 $x - y - \varepsilon\sin y = 0 (0 < \varepsilon < 1)$ 所确定的隐函数 $y = f(x)$ 的导数.

解1：　令 $F(x, y) = x - y - \varepsilon\sin y$, 则 $F_x = 1$, $F_y = -1 - \varepsilon\cos y$, 代公式得

$$\frac{\mathrm{d}y}{\mathrm{d}x} = -\frac{F_x}{F_y} = \frac{1}{1 + \varepsilon\cos y}.$$

解2：　方程两端对 x 求导(y 是 x 的函数), 得 $1 - \dfrac{\mathrm{d}y}{\mathrm{d}x} - \varepsilon\cos y \cdot \dfrac{\mathrm{d}y}{\mathrm{d}x} = 0$, 所以得到

$$\frac{\mathrm{d}y}{\mathrm{d}x} = \frac{1}{1 + \varepsilon\cos y}.$$

解3：　原方程两端求微分, 得

$$\mathrm{d}x - \mathrm{d}y - \varepsilon\cos y\mathrm{d}y = 0 \quad \Rightarrow \quad \mathrm{d}y = \frac{1}{1 + \varepsilon\cos y}\mathrm{d}x,$$

所以　　　　　　　　　　$$\frac{\mathrm{d}y}{\mathrm{d}x} = \frac{1}{1 + \varepsilon\cos y}.$$

【例B】　求函数 $u = \dfrac{\sin(xy)}{x^2 + y^2}$ 的全微分和 $\dfrac{\partial z}{\partial x}$, $\dfrac{\partial z}{\partial y}$.

解：　$\mathrm{d}u = \dfrac{(x^2 + y^2)\mathrm{d}\sin(xy) - \sin(xy)\mathrm{d}(x^2 + y^2)}{(x^2 + y^2)^2}$

$$= \frac{(x^2 + y^2)\cos(xy)\mathrm{d}(xy) - \sin(xy)[\mathrm{d}(x^2) + \mathrm{d}(y^2)]}{(x^2 + y^2)^2}$$

$$= \frac{(x^2 + y^2)\cos(xy)(y\mathrm{d}x + x\mathrm{d}y) - \sin(xy)(2x\mathrm{d}x + 2y\mathrm{d}y)}{(x^2 + y^2)^2}.$$

由此得一阶偏导数：

$$\frac{\partial z}{\partial x} = \frac{y(x^2 + y^2)\cos(xy) - 2x\sin(xy)}{(x^2 + y^2)^2}, \quad \frac{\partial z}{\partial y} = \frac{x(x^2 + y^2)\cos(xy) - 2y\sin(xy)}{(x^2 + y^2)^2}.$$

(二) 解题方法与典型、综合例题

为突出求偏导, 函数的(偏)导数常采用带撇号的记号, 如 z'_x、z'_x、z''_{xy}、f'_v、f''_{12} 等.

1. 求复合函数偏导数的关键问题 —— 确定中间变量・某些自变量即为中间变量情形

【例1】　设 $u = \dfrac{y - z}{1 + a^2}\mathrm{e}^{ax}$, $y = a\sin x$, $z = \cos x$, 求 $\dfrac{\mathrm{d}u}{\mathrm{d}x}$.

解1：　$\dfrac{\mathrm{d}u}{\mathrm{d}x} \overset{\text{默认}x\text{也是}}{\underset{\text{中间变量}}{=\!=\!=\!=}} \left(\dfrac{\partial u}{\partial x}\dfrac{\mathrm{d}x}{\mathrm{d}x} + \dfrac{\partial u}{\partial y}\dfrac{\mathrm{d}y}{\mathrm{d}x} + \dfrac{\partial u}{\partial z}\dfrac{\mathrm{d}z}{\mathrm{d}x} = \right)\dfrac{\partial u}{\partial x} + \dfrac{\partial u}{\partial y}\dfrac{\mathrm{d}y}{\mathrm{d}x} + \dfrac{\partial u}{\partial z}\dfrac{\mathrm{d}z}{\mathrm{d}x}$

$$= \frac{y - z}{1 + a^2} \cdot a\mathrm{e}^{ax} + \frac{\mathrm{e}^{ax}}{1 + a^2} \cdot a\cos x + \frac{-\mathrm{e}^{ax}}{1 + a^2} \cdot (-\sin x)$$

$$= \frac{\mathrm{e}^{ax} \cdot [(a\sin x - \cos x) \cdot a + a\cos x + \sin x]}{1 + a^2} = \mathrm{e}^{ax}\sin x.$$

解2：　将 $y = a\sin a$, $z = \cos x$ 代入函数中, 得 $u = \dfrac{a\sin x - \cos x}{1 + a^2}\mathrm{e}^{ax}$.

$\dfrac{\mathrm{d}u}{\mathrm{d}x} = \dfrac{a\cos x + \sin x}{1 + a^2} \cdot \mathrm{e}^{ax} + \dfrac{a\sin x - \cos x}{1 + a^2} \cdot a\mathrm{e}^{ax}$

$$= \frac{(a\cos x + \sin x) + (a^2\sin x - a\cos x)}{1 + a^2} \cdot \mathrm{e}^{ax} = \mathrm{e}^{ax}\sin x.$$

【注】　解 1 中 u 是三元函数, x,y,z 是其中间变量, 而对应的三个复合函数是 $x=x$, $y=a\sin x$, $z=\cos x$. 注意 x 为最终自变量, 又是中间变量.

【例 2】　设函数 $u=f(x,y,z)=\mathrm{e}^{x^2+y^2+z^2}$, 其中 $z=x^2\sin y$, 求 $\dfrac{\partial u}{\partial x}$, $\dfrac{\partial u}{\partial y}$.

解 1：　(借用中间变量 $s,t,w,s=x,t=y,w=z=x^2\sin y$, 于是)

$$\frac{\partial u}{\partial x}=\left(\frac{\partial f}{\partial s}\cdot\frac{\partial s}{\partial x}+\frac{\partial f}{\partial t}\cdot\frac{\partial t}{\partial x}+\frac{\partial f}{\partial w}\cdot\frac{\partial w}{\partial x}=\right)\frac{\partial f}{\partial x}+\frac{\partial f}{\partial z}\cdot\frac{\partial z}{\partial x}$$

$$=2x\mathrm{e}^{x^2+y^2+z^2}+2z\mathrm{e}^{x^2+y^2+z^2}\cdot 2x\sin y=2x(1+2x^2\sin^2 y)\mathrm{e}^{x^2+y^2+x^4\sin^2 y},$$

$$\frac{\partial u}{\partial y}=\frac{\partial f}{\partial y}+\frac{\partial f}{\partial z}\cdot\frac{\partial z}{\partial y}=2y\mathrm{e}^{x^2+y^2+z^2}+2z\mathrm{e}^{x^2+y^2+z^2}\cdot x^2\cos y$$

$$=2(y+x^4\sin y\cos y)\mathrm{e}^{x^2+y^2+x^4\sin^2 y}.$$

解 2：　将 $z=x^2\sin y$ 代入函数中, 得 $u=f(x,y,x^2\sin y)=\mathrm{e}^{x^2+y^2+x^4\sin^2 y}$,

$$\frac{\partial u}{\partial x}=\mathrm{e}^{x^2+y^2+x^4\sin^2 y}(x^2+y^2+x^4\sin^2 y)'_x=\mathrm{e}^{x^2+y^2+x^4\sin^2 y}(2x+4x^3\sin^2 y),$$

$$\frac{\partial u}{\partial y}=\mathrm{e}^{x^2+y^2+x^4\sin^2 y}(x^2+y^2+x^4\sin^2 y)'_y=\mathrm{e}^{x^2+y^2+x^4\sin^2 y}(2y+2x^4\sin y\cos y).$$

【注】　(i) 注意到例 1 和例 2 的"解 2"都是将中间变量的(复合)函数代入, 使求解的函数化为非复合函数, 可用直接常规解法求偏导, 不必用复合函数求偏导的链式法则了.

(ii)* 符号分析：一些文献说 $\dfrac{\partial u}{\partial x}$ 和 $\dfrac{\partial f}{\partial x}$、而 $\dfrac{\partial u}{\partial y}$ 和 $\dfrac{\partial f}{\partial y}$ 含义不同, 可理解为如下"约定"(以[例 2]为例：$u=f(x,y,z)=\mathrm{e}^{x^2+y^2+z^2}$, $z=x^2\sin y$ 进行实例分析)：

a. u 看成二元因变量, 在此约定中认为已进行 $z=x^2\sin y$ 的复合, 其最终两个自变量为 x、y, 它们相互独立.

b. $f(x,y,z)$ 是三元函数关系式, 在此约定中认为还没有进行复合, 因而 x,y,z 是 f 的自变量, 三者相互独立(z 不是 x,y 的函数).

c. 其实, 问题的实质在于 x、y 即为中间变量, 又是最终自变量, 同时因变量 u 对中间和最终变量都是多元的, 因此偏导符号 $\dfrac{\partial u}{\partial x}$ 和 $\dfrac{\partial u}{\partial y}$ 自然不明. 这种情况下采用函数符号 f 就能起着分辨作用, 而且将 f 关于第 k 个中间变量的偏导数记为 f_k(即 f'_k)就更方便了.

2. 求隐函数偏导的方法

(1) 公式法：根据定理 5 或定理 6, 先确定定理中的函数 F, 求出偏导数, 代用公式(7)或(7'), 即得结果；

(2) 直接法：建立定理 5 或定理 6 中的方程 $F=0$, 然后对此方程两边关于自变量求导, 比如隐函数以 z 为因变量, x 是自变量(之一), 那么方程两边关于 x 求(偏)导即得到含有偏导 z'_x 的方程, 解出它就完成了运算. 反之亦然；

(3) 全微分法：首先关于定理中的方程 $F=0$ 两边求微分, 然后根据第三节定理 1 的公式确定所需偏导数.

【例 3】　求由方程 $x^2+2y^2+3z^2-4=0$ 所确定的隐函数 $z=f(x,y)$ 的两个偏导数.

解 1：　令 $F(x,y,z)=x^2+2y^2+3z^2-4$, 则

$$F_x=2x,\qquad F_y=4y,\qquad F_z=6z.$$

若 $F_z=6z\neq 0$, 方程 $F(x,y,z)=0$ 确定了函数 $z=f(x,y)$, 由公式(7')得

$$\frac{\partial z}{\partial x} = -\frac{F_x}{F_z} = -\frac{x}{3z}, \quad \frac{\partial z}{\partial y} = -\frac{F_y}{F_z} = -\frac{2y}{3z}.$$

解 2：　原方程两边对 x 求偏导得 $2x + 6zz'_x = 0$，解得 $\frac{\partial z}{\partial x} = z'_x = -\frac{x}{3z}$；

原方程两边对 x 求偏导得 $4y + 6zz'_y = 0$，解得 $\frac{\partial z}{\partial y} = z'_y = -\frac{2y}{3z}$.

解 3：　方程两边求微分得 $2x\mathrm{d}x + 4y\mathrm{d}y + 6z\mathrm{d}z = 0$，解出 $\mathrm{d}z$ 得

$$\mathrm{d}z = -\frac{x}{3z}\mathrm{d}x - \frac{2y}{3z}\mathrm{d}y,$$

由此也得结论：$\frac{\partial z}{\partial x} = -\frac{x}{3z}, \frac{\partial z}{\partial y} = -\frac{2y}{3z}$.

【例 4】　设函数 $z = f(x, y)$ 是由方程 $\sin z = xyz$ 所确定，求 $\frac{\partial z}{\partial x}, \frac{\partial z}{\partial y}$.

解 1：　设 $F(x, y, z) = \sin z - xyz$，则

$$F_x = -yz, \quad F_y = -xz, \quad F_z = \cos z - xy,$$

于是 $\frac{\partial z}{\partial x} = -\frac{F_x}{F_z} = \frac{yz}{\cos z - xy}, \frac{\partial z}{\partial x} = -\frac{F_x}{F_z} = \frac{xz}{\cos z - xy}$.

解 2：　原方程两边关于 x 求偏导，得 $z'_x \cos z = yz + xyz'_x$，解得

$$\frac{\partial z}{\partial x} = z'_x = \frac{yz}{\cos z - xy};$$

原方程两边关于 y 求偏导，得 $z'_y \cos z = xz + xyz'_y$，解得

$$\frac{\partial z}{\partial x} = z'_y = \frac{xz}{\cos z - xy}.$$

3. 带抽象函数的复合函数求偏导法

【例 5】　设函数 $z = f(\cos(xy), x^2 - y^2)$，其中 f 具有连续偏导数，求 $\frac{\partial z}{\partial x}, \frac{\partial z}{\partial y}$.

解：　令 $u = \cos(xy), v = x^2 - y^2$，可得

$$\frac{\partial z}{\partial x} = \frac{\partial z}{\partial u} \cdot \frac{\partial u}{\partial x} + \frac{\partial u}{\partial v} \cdot \frac{\partial v}{\partial x} \left(= f'_u(u, v) \cdot \frac{\partial u}{\partial x} + f'_v(u, v) \cdot \frac{\partial v}{\partial x} \right)$$

$$= f'_1(\cos(xy), x^2 - y^2) \cdot \frac{\partial u}{\partial x} + f'_2(\cos(xy), x^2 - y^2) \cdot \frac{\partial v}{\partial x}$$

$$= -y\sin(xy) \cdot f'_1(\cos(xy), x^2 - y^2) + 2x \cdot f'_2(\cos(xy), x^2 - y^2),$$

$$\frac{\partial z}{\partial y} = \frac{\partial z}{\partial u} \cdot \frac{\partial u}{\partial y} + \frac{\partial u}{\partial v} \cdot \frac{\partial v}{\partial y}$$

$$= f'_1(\cos(xy), x^2 - y^2) \cdot \frac{\partial u}{\partial y} + f'_2(\cos(xy), x^2 - y^2) \cdot \frac{\partial v}{\partial y}$$

$$= -x\sin(xy) \cdot f'_1(\cos(xy), x^2 - y^2) - 2y \cdot f'_2(\cos(xy), x^2 - y^2).$$

【注】　$f'_1 = f'_u, f'_2 = f'_v$；

【例 6】　设函数 $z = f\left(xy, \frac{y}{x}\right)$，其中 f 具有二阶连续偏导数，求 $\frac{\partial^2 z}{\partial x^2}, \frac{\partial^2 z}{\partial x \partial y}$.

解：　令 $u = xy, v = \frac{y}{x}$，可得（注：$f'_1 = f'_u, f'_2 = f'_v$；$f''_{12} = f''_{uv}, f''_{21} = f''_{vu}$.）

$$\frac{\partial z}{\partial x} = \frac{\partial z}{\partial u} \cdot \frac{\partial u}{\partial x} + \frac{\partial u}{\partial v} \cdot \frac{\partial v}{\partial x} \left(= f'_u(u, v) \cdot y + f'_v(u, v) \cdot \left(-\frac{y}{x^2} \right) \right)$$

$$= y \cdot f'_1\left(xy, \frac{y}{x}\right) - \frac{y}{x^2} \cdot f'_2\left(xy, \frac{y}{x}\right),$$

$$\frac{\partial^2 z}{\partial x^2} = \frac{\partial}{\partial x}\left(y \cdot f'_1 - \frac{y}{x^2} \cdot f'_2\right)$$

$$= y \cdot \frac{\partial}{\partial x} f'_1 - \left(\frac{\partial}{\partial x} \frac{y}{x^2}\right) \cdot f'_2 - \frac{y}{x^2} \cdot \frac{\partial}{\partial x} f'_2$$

注：$f'_k(u,v)$ 是二元复合函数，求偏导用链式法则.

$$= y \cdot \left(y \cdot f''_{11} - \frac{y}{x^2} \cdot f''_{12}\right) + \frac{2y}{x^3} \cdot f'_2 - \frac{y}{x^2} \cdot \left(y \cdot f''_{21} - \frac{y}{x^2} \cdot f''_{22}\right).$$

由于 f 具有二阶连续偏数，故 $f''_{21} = f''_{21}$，所以

$$\frac{\partial^2 z}{\partial x^2} = \frac{2y}{x^3} \cdot f'_2 + y^2 \cdot f''_{11} - 2\frac{y^2}{x^2} \cdot f''_{12} + \frac{y^2}{x^4} \cdot f''_{22}.$$

$$\frac{\partial^2 z}{\partial x \partial y} = f'_1 + y \cdot \frac{\partial}{\partial y} f'_1 - \left(\frac{\partial}{\partial y} \frac{y}{x^2}\right) \cdot f'_2 - \frac{y}{x^2} \cdot \frac{\partial}{\partial y} f'_2$$

注：$f'_k(u,v)$ 是二元复合函数，求偏导用链式法则.

$$= f'_1 + y \cdot \left(x \cdot f''_{11} + \frac{1}{x} \cdot f''_{12}\right) - \frac{1}{x^2} \cdot f'_2 - \frac{y}{x^2} \cdot \left(x \cdot f''_{21} + \frac{1}{x} \cdot f''_{22}\right)$$

$$= f'_1 - \frac{1}{x^2} \cdot f'_2 + xy \cdot f''_{11} - \frac{1}{x^3} \cdot f''_{22}.$$

【例7】　设函数 $z = f(e^x \sin y, x^2 + y^2)$，其中 f 具有连续偏导数，求 $\frac{\partial^2 z}{\partial x \partial y}$.

（注：f 是二元函数：$f(u,v)$，$u = e^x \sin y$，$v = x^2 + y^2$.）

解： $\frac{\partial z}{\partial x} = f'_1 \cdot [e^x \sin y]'_x + f'_2 \cdot (x^2 + y^2)'_x = e^x \sin y f'_1 + 2x f'_2$,

$$\frac{\partial^2 z}{\partial x \partial y} = \frac{\partial}{\partial y}\left(\frac{\partial z}{\partial x}\right) = (e^x \sin y f'_1 + 2x f'_2)'_y$$

注：先进行求导四则运算.

$$= e^x[(\sin y)'_y \cdot f'_1 + \sin y \cdot (f'_1)'_y] + 2x(f'_2)'_y$$

$$= e^x\{\cos y \cdot f'_1 + \sin y[f''_{11} \cdot e^x \cos y +$$
$$f''_{12} \cdot 2y]\} + 2x(f''_{21} \cdot e^x \cos y + f''_{22} \cdot 2y)$$

注：$f'_k = f'_k(e^x \sin y, x^2 + y^2)$ 是二元复合函数，求解偏导要用复合函数求导的链式法则.

$$= e^x \cos y \cdot f'_1 + e^{2x} \sin y \cos y \cdot f''_{11} + 2e^x(y \sin y + x \cos y)f''_{12} + 4xy \cdot f''_{22}.$$

4. 全微分例题

【例8】　求函数 $u = \dfrac{x}{x^2 + y^2 + z^2}$ 的全微分和三个一阶偏导数.

解： $du = d\dfrac{x}{x^2+y^2+z^2} = \dfrac{(x^2+y^2+z^2)dx - xd(x^2+y^2+z^2)}{(x^2+y^2+z^2)^2}$

$$= \frac{(x^2+y^2+z^2)dx - x(2xdx+2ydy+2zdz)}{(x^2+y^2+z^2)^2} = \frac{(-x^2+y^2+z^2)dx - 2xydy - 2xzdz}{(x^2+y^2+z^2)^2},$$

由此得三个一阶偏导数：

$$\frac{\partial u}{\partial x} = \frac{-x^2+y^2+z^2}{(x^2+y^2+z^2)^2}dx, \quad \frac{\partial u}{\partial y} = \frac{-2xy}{(x^2+y^2+z^2)^2}dy, \quad \frac{\partial u}{\partial z} = \frac{-2xz}{(x^2+y^2+z^2)^2}dy.$$

【例9】　利用一阶全微分形式不变性求函数 $z = xy^3 e^{xy}$ 的各偏导函数.

$$dz = y^3 e^{xy}dx + xe^{xy}dy^3 + xy^3 de^{xy} = y^3 e^{xy}dx + 3xy^2 e^{xy}dy + xy^3 e^{xy}(xdy+ydx)$$

$$= (y^3 + xy^4)e^{xy}dx + (3xy^2 + x^2y^3)e^{xy}dy$$

所以 $\dfrac{\partial z}{\partial x} = (y^3 + xy^4)e^{xy}$, $\quad \dfrac{\partial z}{\partial y} = (3xy^2 + x^2y^3)e^{xy}$

【例 10】　设 f 可微,利用一阶全微分形式不变性求 $u = f(x^2 - y^2, e^{xy}, z)$ 的全微分和偏导数.

解：　$du = f_1 d(x^2 - y^2) + f_2 de^{xy} + f_3 dz = f_1 (2x dx - 2y dy) + f_2 e^{xy} (y dx + x dy) + f_3 dz$

$\qquad = (2x f_1 + y f_2 e^{xy}) dx + (-2y f_1 + x e^{xy} f_2) dy + f_3 dz.$

由此得 $u_x = 2x f_1 + f_2 e^{xy}$,　$u_y = -2y f_1 + e^{xy} f_2$,　$u_z = f_3$.

【习题 6.4】（多元函数的微分法）

1. 设 $z = e^u \sin v$,而 $u = yx$,$v = x + y$,求 $\dfrac{\partial z}{\partial x}$ 和 $\dfrac{\partial z}{\partial y}$.

2. 设 $z = (x^2 - y)^{xy}$,求 $\dfrac{\partial z}{\partial x}$,$\dfrac{\partial z}{\partial y}$.

3. 设 $x^2 + y^2 + z^2 = 4z$ 确定函数 $z = f(x, y)$,求 $\dfrac{\partial z}{\partial x}$,$\dfrac{\partial z}{\partial y}$.

4. 求由方程 $e^{-xy} - 2z + e^z = 0$ 所确定的隐函数 $z = f(x, y)$ 关于 x、y 的偏导数.

5. 设函数 $z = \dfrac{y}{f(x^2 - y^2)}$,求 $\dfrac{\partial z}{\partial x}$,$\dfrac{\partial z}{\partial y}$.

五、多元函数的极值

（一）内容概述与归纳

1. 无条件极值

(1)**【定理 1】**　（极值存在的必要条件）$f(x, y)$ 的一阶偏导数存在的极值点 (x_0, y_0) 必为驻点：
$$f'_x(x_0, y_0) = 0, \quad f'_y(x_0, y_0) = 0.$$

【注】　函数也有可能在偏导数不存在的点取得极值.

(2)**【定理 2】**　（极值存在的充分条件）对具有连续的二阶偏导数之函数 $z = f(x, y)$ 的驻点 $P_0(x_0, y_0)$,记 $A = f''_{xx}(x_0, y_0)$,$B = f''_{xy}(x_0, y_0)$,$C = f''_{yy}(x_0, y_0)$,

(i) $B^2 - AC < 0 \Longrightarrow \begin{cases} A > 0 \ (\text{或 } C > 0) \quad \Longrightarrow \quad f(x_0, y_0) \text{ 为极小值;} \\ A < 0 \ (\text{或 } C < 0) \Longrightarrow f(x_0, y_0) \text{ 为极大值.} \end{cases}$

(ii) $B^2 - AC > 0 \Longrightarrow (x_0, y_0)$ 不是 $f(x, y)$ 的极值点.

(iii) $B^2 - AC = 0 \Longrightarrow$ 不能确定 (x_0, y_0) 是否为极值点.

(3) 最值的求法

(i) 求出函数在 D 内的所有驻点处的函数值;

(ii) 求出 D 的边界上的最大值和最小值;

(iii) 比较上述(i)与(ii)所求出的所有函数值的大小,其中最大者即为最大值,最小者即为最小值.

2. 条件极值 —— 拉格朗日乘数法

求函数 $z = f(x, y)$ 在条件 $\varphi(x, y) = 0$ 下的极值,步骤如下：

(i) 构造函数（其中 λ 为某一待定常数）：
$$L(x, y) = f(x, y) + \lambda \varphi(x, y);$$

(ii) 求函数 L 关于 x, y, λ 的偏导数,并令分别为 0；

$$\begin{cases} L_x = f_x(x,y) + \lambda\varphi_x(x,y) = 0, \\ L_y = f_y(x,y) + \lambda\varphi_y(x,y) = 0, \\ L_\lambda = \varphi(x,y) = 0, \end{cases}$$

(iii) 解出 x,y,λ，其中 x,y 就是可能的极值点的坐标.

(iv) 判别解出的点 (x,y) 是否为极值点，若是求其极值.

（二）典型、综合例题

【例 1】 求函数 $f(x,y) = x^3 - y^3 + 3x^2 + 3y^2 - 9x$ 的极值.

解： 解方程组 $\begin{cases} f_x(x,y) = 3x^2 + 6x - 9 = 0 \\ f_x(x,y) = -3y^2 + 6y = 0 \end{cases}$，求得函数的驻点为 $(1,0)$、$(1,2)$、$(-3,0)$、$(-3,2)$. 函数的二阶偏导数为

$$f_{xx}(x,y) = 6x + 6, f_{xy}(x,y) = 0, \quad f_{yy}(x,y) = -6y + 6.$$

在点 $(1,0)$ 处，$f_{xx} \cdot f_{yy} - f_{xy}{}^2 = 12 \cdot 6 > 0$，又 $f_{xx} > 0$，所以函数有极小值 $f(1,0) = -5$；

在点 $(1,2)$ 处，$f_{xx} \cdot f_{yy} - f_{xy}{}^2 = 12 \cdot (-6) < 0$，所以 $f(1,2)$ 不是极值；

在点 $(-3,0)$ 处，$f_{xx} \cdot f_{yy} - f_{xy}{}^2 = -12 \cdot 6 < 0$，所以 $f(-3,0)$ 不是极值；

在点 $(-3,2)$ 处，$f_{xx} \cdot f_{yy} - f_{xy}{}^2 = -12 \cdot (-6) > 0$，又 $A < 0$，所以函数有极大值 $f(-3,2) = 31$.

【例 2】 有一宽为 24 cm 的长方形铁板，把它折起来做成一个断面为等腰梯形的水槽，问怎样折法才能使断面面积最大.

解： 设折起来的边长为 $x$cm，倾角为 α，则断面面积表示成下面函数：

$$A = \frac{1}{2}(24 - 2x + 2x\cos\alpha + 24 - 2x) \cdot x\sin\alpha = 24x\sin\alpha - 2x^2\sin\alpha + x^2\cos\alpha\sin\alpha,$$

其定义域为 $D - \left\{(x,\alpha) \mid 0 < x < 12, 0 < \alpha < \frac{\pi}{2}\right\}$. 令

$$\begin{cases} A_x = 24\sin\alpha - 4x\sin\alpha + 2x\sin\alpha\cos\alpha = 0; \\ A_\alpha = 24x\cos\alpha - 2x^2\cos\alpha + x^2(\cos^2\alpha - \sin^2\alpha) = 0. \end{cases}$$

因 $\sin\alpha \neq 0, x \neq 0$，故

$$\begin{cases} 12 - 2x + x\cos\alpha = 0; \\ 24\cos\alpha - 2x\cos\alpha + x(\cos^2\alpha - \sin^2\alpha) = 0. \end{cases}$$

解得：$\alpha = \frac{\pi}{3} = 60°$，$x = 8(\text{cm})$.

由题意知，最大值在必在定义域 D 内唯一的驻点达到. 所以折起来的边长为 8cm，倾角为60°时才能使断面面积最大.

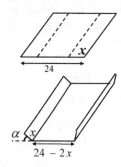

图 6-5-1

【例 3】 某公司的销售收入 R（万元）与电视广告费 x（万元）和报纸广告费 y（万元）之间有如下经验公式：

$$R = 15 + 14x + 32y - 8xy - 2x^2 - 10y^2$$

(1) 在广告费不限的情况下，求最佳广告策略.

(2) 在广告费限为 1.5 万元的情况下，求相应的最佳广告策略.

解：(1) 令 $\begin{cases} R_x = 14 - 8y - 4x = 0, \\ R_y = 32 - 8x - 20y = 0, \end{cases}$ 得 $x = \dfrac{3}{2}, y = 1.$

又 $A = R_{xx} = -4 < 0, B = R_{xy} = -8, C = R_{yy} = -20,$ 故 $B^2 - AC = -16 < 0,$ 于是 $(3/2, 1)$ 为极大点. 所以最佳广告策略为投入电视广告费 1.5(万元) 和报纸广告费 1(万元). 此时 R 最大.

(2) 设 $L = 15 + 14x + 32y - 8xy - 2x^2 - 10y^2 - \lambda(x + y - 1.5),$ 令

$$\begin{cases} L_x = 14 - 8y - 4x + \lambda = 0, \\ L_y = 32 - 8x - 20y + \lambda = 0, \\ L_\lambda = x + y - 1.5 = 0, \end{cases} \quad 得 \quad \begin{cases} x = 0, \\ y = \dfrac{3}{2}, \\ \lambda = -2. \end{cases}$$

由实际意义知存在最佳广告策略，且驻点唯一，所以最佳广告策略是将 1.5(万元) 全部投入报纸广告费.

【例 4】*　求由方程 $z^2 = 1 + x^2 + y^2$ 所确定的隐函数 $z = f(x, y)$ 的极值.

解： $z'_x = \dfrac{x}{z}, z'_y = \dfrac{y}{z};$ 　　$z''_{xx} = \dfrac{z - xz'_x}{z^2} = \dfrac{z^2 - x^2}{z^3},$

$z''_{xy} = -\dfrac{xz'_x}{z^2} = -\dfrac{xy}{z^3},$ 　$z''_{yy} = \dfrac{z - yz'_y}{z^2} = \dfrac{z^2 - y^2}{z^3},$

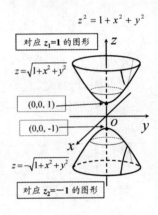

图 6-5-2

令 $z'_x = 0$ 且 $z'_y = 0$ 得驻点 $(0, 0).$ 　将 $x = y = 0$ 代入原方程解 $z = \pm 1.$

(i) 对应 $z_1 = 1,$ 　$A = z''_{xx}\big|_{(0,0,1)} = \dfrac{z^2 - x^2}{z^3}\bigg|_{(0,0,1)} = 1 > 0,$

$$B = z''_{xy}\big|_{(0,0,1)} = -\dfrac{xy}{z^3}\bigg|_{(0,0,1)} = 0,$$

$$C = z''_{yy}\big|_{(0,0,1)} = \dfrac{z^2 - y^2}{z^3}\bigg|_{(0,0,1)} = 1 > 0,$$

由此得 $B^2 - AC < 0$ 且 $A > 0,$ 故 $f(0, 0) = 1$ 为极小值.

(ii) 对应 $z_2 = -1,$ 　$A = z''_{xx}\big|_{(0,0,1)} = \dfrac{z^2 - x^2}{z^3}\bigg|_{(0,0,1)} = -1 < 0,$

$$B = z''_{xy}\big|_{(0,0,1)} = -\dfrac{xy}{z^3}\bigg|_{(0,0,1)} = 0, \quad C = z''_{yy}\big|_{(0,0,1)} = \dfrac{z^2 - y^2}{z^3}\bigg|_{(0,0,1)} = -1 < 0,$$

由此得 $B^2 - AC < 0$ 且 $A < 0,$ 故 $f(0, 0) = -1$ 为极大值.

【注】*　本题涉及多值函数的概念，此处做一简单说明. 先回忆本章第四(一)2 节定理 6 的隐函数存在定理的推广形式. 根据这一定理，对应于 $z_1 = 1$、$z_2 = -1,$ 定义域内分别存在驻点 $(0, 0)$ 的邻域 $V_1(0, 0,)$、$V_2(0, 0),$ 使得曲面(函数图像)上分别在 $P_1(0, 0, 1)$、$P_2(0, 0, -1)$ 各自对应的邻域内，原方程分别确定了定义在 V_1、V_2 的二元隐函数

$$z_1 = \sqrt{1 + x^2 + y^2} \qquad 和 \qquad z_2 = -\sqrt{1 + x^2 + y^2}.$$

简言之，$z_1 = 1$、$z_2 = -1$ 所对应的是两个不同函数，相关的极值也是对不同的两个函数分别进行讨论.

【习题 6.5】(多元函数的极值)

1. 求函数 $f(x, y) = x^3 - y^3 + 3x^2 + 3y^2 - 9x$ 的极值.

2.设有二元函数 $f(x,y) = x^2 + xy + y^2 - x - y$,求:

(1) $f(x,y)$ 在开区域 $D_1: x > 0,\ y > 0,\ 0 < x < 1,\ 0 < y < 1$ 内的最值;

(2) $f(x,y)$ 在闭区域 $D_2: x \geqslant 0,\ y \geqslant 0,\ 0 \leqslant x \leqslant 1,\ 0 \leqslant y \leqslant 1$ 上的最值.

3.拟建一容积为 $18\ \mathrm{m}^3$ 长方体无盖水池,已知侧面单位造价发底面造价的 $\dfrac{3}{4}$,如何设计尺寸,才能使总造价最省?

4.求 $z = x^2 + y^2$ 在满足 $x + y - 3 = 0$ 条件下的极值.

第七章　二重积分

一、内容概述与归纳

(一)二重积分的概念与性质

1. 二重积分的定义

【定义1】　设二元函数 $z = f(x, y)$ 定义在有界闭区域 D 上,将 D 划分为 n 个小区域 $\Delta\sigma_1, \Delta\sigma_2, \cdots, \Delta\sigma_n$,仍用 $\Delta\sigma_i(i = 1, \cdots, n)$ 表示第 i 个区域的面积,其直径记为 λ_i,并记 $\lambda = \max\limits_{1 \leqslant i \leqslant n}\{\lambda_i\}$. 在 $\Delta\sigma_i$ 上任取一点 $(x_i, y_i), i = 1, \cdots, n$, 作乘积 $f(x_i, y_i)\Delta\sigma_i$, 取和式 $\sum\limits_{i=1}^{n} f(x_i, y_i)\Delta\sigma_i$. 如果极限 $\lim\limits_{\lambda \to 0} \sum\limits_{i=1}^{n} f(x_i, y_i)\Delta\sigma_i$ 存在,则称这个极限值为函数 $z = f(x, y)$ 在 D 上的二重积分,记作 $\iint\limits_{D} f(x, y)\mathrm{d}\sigma$,即

$$\iint\limits_{D} f(x, y)\mathrm{d}\sigma = \lim\limits_{\lambda \to 0} \sum\limits_{i=1}^{n} f(x_i, y_i)\Delta\sigma_i.$$

【注】　(i) 二重积分各个记号的含义:

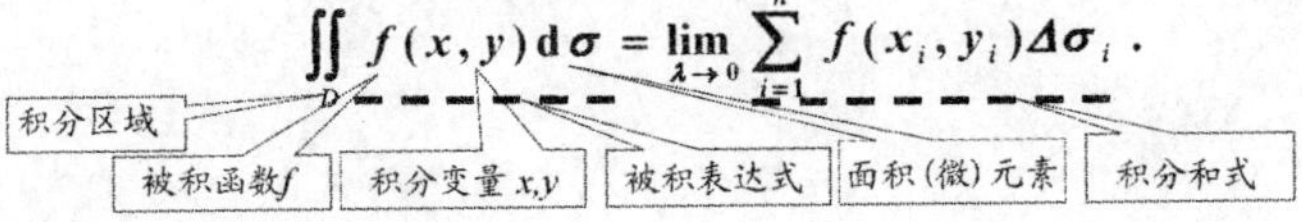

(ii) 二重积分表示一个常数,它只与区域 D 和被积函数相关,而与区域 D 被分成小区域 $\Delta\sigma_i$ 的分法以及点 $(x_i, y_i) \in \Delta\sigma_i$ 的取法无关;

(iii) 在直角坐标系中,常用平行于 x 轴和 y 轴的直线把区域 D 分割成小矩形,它的边长是 Δx 和 Δy,故 $\Delta\sigma = \Delta x \cdot \Delta y$,因此面积元为 $\mathrm{d}\sigma = \mathrm{d}x\mathrm{d}y$,所以此时有

图 7-1-1

$$\iint\limits_{D} f(x, y)\mathrm{d}x\mathrm{d}y = \lim\limits_{\lambda \to 0} \sum\limits_{i=1}^{n} f(\xi_i, \eta_i)\Delta\sigma_i.$$

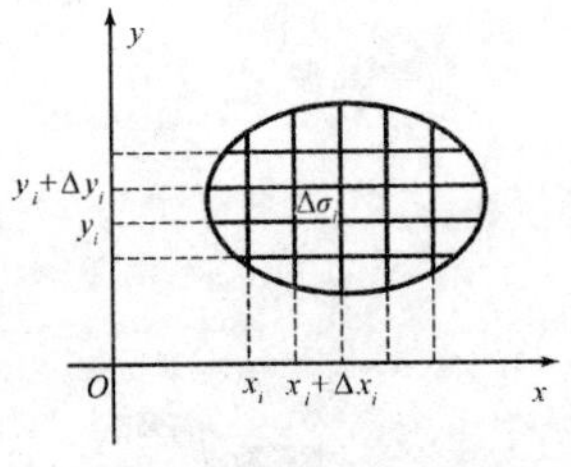

2. 二重可积函数和二重积分的几何意义

(1)**【命题】**　若 $f(x, y)$ 在有界闭区域 D 上连续,则其二重积分一定存在.

如不特别说明,本章假设二重积分的被积函数皆在积分区域上可积,今后不再赘述.

(2) 由定义立得:若区域 D 的面积为 σ,则 $\iint\limits_{D} \mathrm{d}x\mathrm{d}y = \sigma$;

(3) 以可积函数 $z = f(x, y)$ 为曲顶曲面的柱体的体积可表示为: $V = \iint\limits_{D} f(x, y)\mathrm{d}\sigma$. 当 $f(x, y) > 0$ 时,二重积分是柱体的体积;当 $f(x, y) < 0$ 时,二重积分是柱体的体积的负值. 当 $f(x, y)$ 有正有负时,二重积分表示该柱体取正、负值之各个部分体积的代数和.

3. 二重积分的性质

【性质 1°】　若 k 为常数,则 $\iint_D kf(x,y)\mathrm{d}\sigma = k\iint_D f(x,y)\mathrm{d}\sigma$;

【性质 2°】　$\iint_D [f(x,y) \pm g(x,y)]\mathrm{d}\sigma = \iint_D f(x,y)\mathrm{d}\sigma \pm \iint_D g(x,y)\mathrm{d}\sigma$;

【注】　由性质 1°、2° 即得(线性性质):若 α,β 为常数,则

$$\iint_D [\alpha f(x,y) + \beta g(x,y)]\mathrm{d}\sigma = \alpha \iint_D f(x,y)\mathrm{d}\sigma + \beta \iint_D g(x,y)\mathrm{d}\sigma.$$

【性质 3°】　(对区间的可加性)若积分区域 D 由 D_1、D_2 组成(即 $D = D_1 \bigcup D_2$,其中 D_1 与 D_2 除边界外无公共点),则

$$\iint_D f(x,y)\mathrm{d}\sigma = \iint_{D_1} f(x,y)\mathrm{d}\sigma + \iint_{D_2} f(x,y)\mathrm{d}\sigma;$$

【性质 4°】　设在闭区域 D 上有 $f(x,y) \leqslant g(x,y)$,则

$$\iint_D f(x,y)\mathrm{d}\sigma \leqslant \iint_D g(x,y)\mathrm{d}\sigma;$$

【推论 1】　$\left| \iint_D f(x,y)\mathrm{d}\sigma \right| \leqslant \iint_D |f(x,y)|\mathrm{d}\sigma$;

【推论 2】　设函数 $f(x,y)$ 在区域 D 连续,且 $f(x,y) \geqslant 0$,则

$$\iint_D f(x,y)\mathrm{d}\sigma = 0 \iff f(x,y) = 0, \quad \forall (x,y) \in D.$$

【性质 5°】　(估值定理)设 M、m 为常数,σ 是积分区域 D 的面积,且在 D 上 $M \leqslant f(x,y) \leqslant m$,则

$$m\sigma \leqslant \iint_D f(x,y)\mathrm{d}\sigma \leqslant M\sigma;$$

【性质 6°】　(二重积分的中值定理)设函数 $f(x,y)$ 在闭区域 D 上连续,σ 是 D 的面积,则在 D 上至少存在一点 (ξ,η) 使得下式成立:

$$\iint_D f(x,y)\mathrm{d}\sigma = f(\xi,\eta) \cdot \sigma.$$

【性质 7°】　(奇、偶函数的积分性质)设 D 为有界闭区域,那么

(i) 当 D 关于 $x = 0$(即 y 轴)为轴对称,记 $D_1 = \{x \in D \mid x \geqslant 0\}$,那么

$$\iint_D f(x,y)\mathrm{d}x\mathrm{d}y = \begin{cases} 2\iint_{D_1} f(x,y)\mathrm{d}x\mathrm{d}y, & \text{当 } f \text{ 关于 } x \text{ 为偶函数时};\\ 0, & \text{当 } f \text{ 关于 } x \text{ 为奇函数时}. \end{cases}$$

(ii) 当 D 关于 $y = 0$(即 x 轴)为轴对称,记 $D_1 = \{y \in D \mid y \geqslant 0\}$,那么

$$\iint_D f(x,y)\mathrm{d}x\mathrm{d}y = \begin{cases} 2\iint_{D_1} f(x,y)\mathrm{d}x\mathrm{d}y, & \text{当 } f \text{ 关于 } y \text{ 为偶函数时};\\ 0, & \text{当 } f \text{ 关于 } y \text{ 为奇函数时}. \end{cases}$$

【例 A】　不作计算,估计 $I = \iint_D \mathrm{e}^{(x^2+y^2)}\mathrm{d}\sigma$ 的值,其中 D 是椭圆闭区域:

$$\frac{x^2}{a^2} + \frac{y^2}{b^2} = 1 \quad (0 < b < a).$$

解:　显然区域 D 的面积 $\sigma = ab\pi$. 又在 D 上 $0 \leqslant x^2 + y^2 \leqslant a^2$,故

$$1 = \mathrm{e}^0 \leqslant \mathrm{e}^{x^2+y^2} \leqslant \mathrm{e}^{a^2}.$$

由性质 6 知 $\sigma \leqslant \iint_D \mathrm{e}^{(x^2+y^2)}\mathrm{d}\sigma \leqslant \sigma \cdot \mathrm{e}^{a^2}$,所以

$$ab\pi \leqslant \iint_D e^{(x^2+y^2)}d\sigma \leqslant ab\pi e^{a^2}.$$

【例 B】　估计 $I = \iint_D \dfrac{d\sigma}{\sqrt{x^2+y^2+2xy+16}}$ 的值，其中 $D: 0 \leqslant x \leqslant 1, 0 \leqslant y \leqslant 2$.

解： 显然，区域 D 的面积 $\sigma = 2$. 又对任意 $(x,y) \in D$,

$$f(1,2) = \frac{1}{\sqrt{(1+2)^2+16}} \leqslant f(x,y) \leqslant \frac{1}{\sqrt{16}} = f(0,0)$$

故 f 的最大值 $M = f(0,0) = \dfrac{1}{4}$，最小值 $m = f(1,2) = \dfrac{1}{\sqrt{3^2+16}} = \dfrac{1}{5}$，于是根据性质 $5°$,

$$0.4 = \frac{2}{5} = m\sigma \leqslant I = \iint_D \frac{d\sigma}{\sqrt{x^2+y^2+2xy+16}} \leqslant M\sigma = \frac{2}{4} = 0.5.$$

【例 C】*　判断 $\iint\limits_{r\leqslant|x|+|y|\leqslant 1} \ln(x^2+y^2)dxdy \quad (r\in(0,1))$ 的符号.

解： 显然 $0 < x^2+y^2 \leqslant (|x|+|y|)^2 \leqslant 1$，故 $-\ln(x^2+y^2) \geqslant 0$. 于是根据性质 $4°$,

$$\iint\limits_{r\leqslant|x|+|y|\leqslant 1} [-\ln(x^2+y^2)]dxdy \geqslant 0.$$

取 $x_0 = y_0 = \dfrac{1+r}{4}, \dfrac{1+r}{4}$，则 $r < |x_0|+|y_0| < 1$，即有 $-\ln(x_0^2+y_0^2) > 0$. 于是根据性质 $4°$ 的推论 2, $\iint\limits_{r\leqslant|x|+|y|\leqslant 1} [-\ln(x^2+y^2)]dxdy \neq 0$，所以

$$\iint\limits_{r\leqslant|x|+|y|\leqslant 1} \ln(x^2+y^2)dxdy < 0.$$

【习题 7.1】（重积分的概念与性质）

1.用二重积分表示由圆柱面 $x^2+y^2=1$，平面 $z=0, z=2$ 所围成的平顶柱的体积.

2.用二重积分表示以下曲面为顶，区域 D 为底的曲顶柱体的体积.

(1) 曲面 $z=x+y+1$，区域 D 是长方形：$0 \leqslant x \leqslant 1, 1 \leqslant y \leqslant 2$;

(2) 曲面 $z=x+y$，区域 D 是由圆 $x^2+y^2=1$ 在第一象限部分与坐标轴所围成.

3.利用二重积分的性质

(1) 比较 $\iint_D (x+y)^2 d\sigma$ 与 $\iint_D (x+y)^3 d\sigma$ 的大小，D 由 x 轴、y 轴与直线 $x+y=1$ 所围成;

(2) 比较 $\iint_D (x+y)d\sigma$ 与 $\iint_D [\ln(x+y)]^2 d\sigma$ 的大小，其中

$$D = \{(x,y) \mid 3 \leqslant x \leqslant 5, 0 \leqslant y \leqslant 1\}.$$

(3) 估计 $\iint_D (x+y+1)d\sigma$ 的值，其中 D 是长方形区域：$0 \leqslant x \leqslant 1, 0 \leqslant y \leqslant 2$;

（二）二重积分的计算

1.重积分化累次积分简述

重积分的计算采用的办法是将二重积分化为二次积分，实质上是两次应用（一维）积分的 N-L 定理进行计算.于是产生下面两个问题（以变量 x、y 为例）：

(i) 二次积分的积分次序：先对积分变量 x 还是 y 进行计算？

(ii) 积分的上、下限如何确定？

上述两个问题与积分区域 D 的构造密切相关，而积分区域 D 可以采用如下两种表达形式：

(a) $D = \{(x,y)\,|\,a \leqslant x \leqslant b, \varphi_1(x) \leqslant y \leqslant \varphi_2(x)\}$；

(b) $D = \{(x,y)\,|\,c \leqslant y \leqslant d, \psi_1(y) \leqslant x \leqslant \psi_2(y)\}$，

它们与累次积分的上、下限的关系示意如下：

【注】　所谓"内积分"即"第一次积分"，"外积分"即"第二次积分"．从方便解题的角度看，二次积分的积分次序须先确定外积分式（即第二次积分）之变量的变化范围，它是实数闭区间；然后再确定内积分式（即第一次积分的）变量的变化范围，一般是两曲线表达式．

2. 直角坐标系下累次积分的计算

(1) 分类 X、Y 型区域将二重积分化为二次（累次）积分计算法

将(a)、(b) 类区域分别称为 X、Y 型区域，然后按上一小节之图式所提示的方法确定二次积分的次序和两次积分的上、下限．下面是 X、Y 型区域的图示：

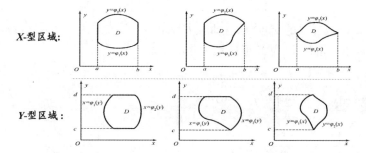

【例 A】　求 $I = \iint_D y\sqrt{1+x^2-y^2}\,\mathrm{d}\sigma$, $D: y=x, x=-1, y=1$ 所围．

解：　先做草图，选用 X 型区域 $D: -1 \leqslant x \leqslant 1, x \leqslant y \leqslant 1$．

$$I = \int_{-1}^1 \mathrm{d}x \int_x^1 y\sqrt{1+x^2-y^2}\,\mathrm{d}y = -\frac{1}{3}\int_{-1}^1 \left[1+x^2-y^2\right]^{\frac{3}{2}}\Big|_x^1 \mathrm{d}x$$

$$= -\frac{1}{3}\int_{-1}^1 (|x|^3-1)\mathrm{d}x = -\frac{2}{3}\int_0^1 (x^3-1)\mathrm{d}x = -\frac{2}{3}\left(\frac{1}{4}x^4-x\right)\Big|_0^1 = \frac{1}{2}.$$

图 7-2-1

【注】　若取 Y 型，则积分较繁：$I = \int_{-1}^1 \mathrm{d}y \int_{-1}^y y\sqrt{1+x^2-y^2}\,\mathrm{d}x$．

(2) 分析积分区域出入境曲线式确定内积分的上下限

在确定积分区域 D 为 X 或 Y 类型后，面临确定内积分的上、下限．为此可引一射线穿越区域 D，按射线出、入境曲线式来确定之．以 X 类型区域为例（可对照［例 B］），设 $a \leqslant x \leqslant b$ 已定，$\forall\, x_0 \in [a,b]$，作与 y 轴同向的射线 $L: x = x_0$，则入 D 境界线 $y = \varphi_1(x)$ 的表达式 $\varphi_1(x)$ 是内积分下限；而出 D 境界线 $y = \varphi_2(x)$ 的表达式 $\varphi_2(x)$ 为内积分上限．此时，对应的区域表达式为

$$D: a \leqslant x \leqslant b, \varphi_1(x) \leqslant y \leqslant \varphi_2(x) \quad \left(\begin{cases} y = \varphi_1(x) : \text{入 } D \text{ 境界线} \\ y = \varphi_2(x) : \text{出 } D \text{ 境界线} \end{cases} \right).$$

【例B】　计算二重积分 $\iint_D \dfrac{y}{\sqrt{1+x^3}} \mathrm{d}x\mathrm{d}y$，其中 D 由下列曲线所围：$x = 1/2$，$y = 0$，$y = x$.

分析：如图，先确定 $0 \leqslant x \leqslant \dfrac{1}{2}$，然后 $\forall a \in \left(0, \dfrac{1}{2}\right)$，按 y 轴的

正方向作射线 $x = a$ 穿过区域 D，则入 D 境界线（$y = 0$）的表达式为关于变量 y 之积分的下限，而出 D 境界线（$y = x$）的表达式为该积分的上限.

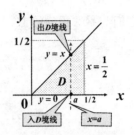
图 7-2-2

解：　因 $D = \left\{ (x,y) \,\middle|\, 0 \leqslant x \leqslant \dfrac{1}{2}, 0 \leqslant y \leqslant x \right\}$，故

$$\iint_D \frac{y}{\sqrt{1+x^3}} \mathrm{d}x\mathrm{d}y = \int_0^{1/2} \mathrm{d}x \int_0^x \frac{y}{\sqrt{1+x^3}} \mathrm{d}y = \frac{1}{2} \int_0^{1/2} \frac{1}{\sqrt{1+x^3}} \cdot (y^2 \mid_0^x) \mathrm{d}x$$

$$= \frac{1}{2} \int_0^{1/2} \frac{x^2}{\sqrt{1+x^3}} \mathrm{d}x = \frac{1}{6} \int_0^{1/2} \frac{\mathrm{d}(1+x^3)}{\sqrt{1+x^3}} = \frac{1}{3}\sqrt{1+x^3} \Big|_0^{1/2} = \frac{\sqrt{2}}{4} - \frac{1}{3}.$$

(3) 如果区域边界不是简单的直线，可以通过先求边界曲线的交点以确定区域是否需要划分，是为何类型等等，然后确定积分限，最后进行计算.

【例C】　将 $\iint_D f(x,y)\mathrm{d}x\mathrm{d}y$ 化为二次积分，D 由下面直线围成：

$$y = x, \; y = x - 2, \; y = 2, \; y = 4.$$

解：　先求出区域边界的交点，联立曲线方程求得四线交点为 $(2,2)$，$(4,2)$，$(4,4)$ 及 $(6,4)$.

方法1：　取积分区域 D 为 Y 形区域并作图 7-2-3(a)：

$$D = \{ (x,y) \mid 2 \leqslant y \leqslant 4, y \leqslant x \leqslant y+2 \},$$

于是 $\iint_D f(x,y)\mathrm{d}x\mathrm{d}y = \int_2^4 \mathrm{d}y \int_y^{y+2} f(x,y)\mathrm{d}x.$

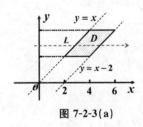
图 7-2-3(a)

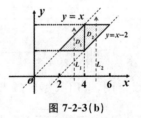
图 7-2-3(b)

方法2：　将原区域分为两个 X 形区域 $D = D_1 \bigcup D_2$（图 7-2-3(b)）：

$$D_1 : 2 \leqslant x \leqslant 4, 2 \leqslant y \leqslant x; \quad D_2 : 4 \leqslant x \leqslant 6, x - 2 \leqslant y \leqslant 4 \}.$$

于是 $\iint_D f(x,y)\mathrm{d}x\mathrm{d}y = \iint_{D_1} f(x,y)\mathrm{d}x\mathrm{d}y + \iint_{D_2} f(x,y)\mathrm{d}x\mathrm{d}y$

$$= \int_2^4 \mathrm{d}x \int_2^x f(x,y)\mathrm{d}y + \int_4^6 \mathrm{d}x \int_{x-2}^4 f(x,y)\mathrm{d}y.$$

【例D】　计算 $\iint_D 2xy^2 \mathrm{d}x\mathrm{d}y$，其中 D 由抛物线 $y^2 = x$ 及直线 $y = x - 2$ 所围成.

解：　令 $\begin{cases} y^2 = x \\ y = x - 2 \end{cases}$ 得交点 $(1,-1)$，$(4,2)$. 取 D 为 Y 型，区域 $D = \{ (x,y) \mid -1 \leqslant y \leqslant 2,$

$y^2 \leqslant x \leqslant y+2\}$,则

$$\iint_D 2xy^2 \mathrm{d}x\mathrm{d}y = \int_{-1}^2 \mathrm{d}y \int_{y^2}^{y+2} 2xy^2 \mathrm{d}x = \int_{-1}^2 y^2(x^2 \big|_{y^2}^{y+2}) \mathrm{d}y$$

$$= \int_{-1}^2 (y^4 + 4y^3 + 4y^2 - y^6) \mathrm{d}y$$

$$= \left(\frac{y^5}{5} + y^4 + \frac{4}{3}y^3 - \frac{y^7}{7} \right)\bigg|_{-1}^2 = 15\frac{6}{35}.$$

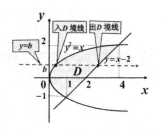

图 7-2-4

【注】 选 $-1 \leqslant y \leqslant 2$ 后,$\forall b \in (-1,2)$,按 x 轴的正方向作射线 $y=b$ 穿过 D,入 D 境线 $x=y^2$ 的表达式即为关于变量 x 之积分的下限,而出 D 境线 $x=y+2$ 即为该积分的上限.

【例 E】 计算二重积分 $\iint_D \dfrac{x^2}{y^2}\mathrm{d}\sigma$,其中 D 是直线 $y=2$,$y=x$ 和双曲线 $xy=1$ 所围之区域.

解: 求得三线交点为 $(1/2,2)$,$(1,2)$ 及 $(2,2)$.将 D 分为两个 X 型区域 D_1 和 D_2:

$$D_1: \frac{1}{2} \leqslant x \leqslant 1, \frac{1}{x} \leqslant y \leqslant 2; \qquad D_2: 1 \leqslant x \leqslant 2, x \leqslant y \leqslant 2.$$

于是 $\displaystyle\iint_D \frac{x^2}{y^2}\mathrm{d}\sigma = \iint_{D_1} \frac{x^2}{y^2}\mathrm{d}\sigma + \iint_{D_2} \frac{x^2}{y^2}\mathrm{d}\sigma = \int_{\frac{1}{2}}^1 \mathrm{d}x \int_{\frac{1}{x}}^2 \frac{x^2}{y^2}\mathrm{d}y + \int_1^2 \mathrm{d}x \int_x^2 \frac{x^2}{y^2}\mathrm{d}y$

$$= \int_{\frac{1}{2}}^1 x^2 \cdot \left[-\frac{1}{y} \right]_{1/x}^2 \mathrm{d}x + \int_1^2 x^2 \cdot \left[\frac{1}{y} \right]_x^2 \mathrm{d}x = \int_{\frac{1}{2}}^1 \left(x^3 - \frac{x^2}{2} \right)\mathrm{d}x + \int_1^2 \left(x - \frac{x^2}{2} \right)\mathrm{d}x$$

$$= \left[\frac{x^4}{4} - \frac{x^3}{6} \right]_{1/2}^1 + \left[\frac{x^2}{2} - \frac{x^3}{6} \right]_1^2 = \frac{81}{192} = \frac{27}{64}.$$

另解:将 D 取为 Y 型区域(先对 x 积分),$D: 1 \leqslant y \leqslant 2, \dfrac{1}{y} \leqslant x \leqslant y$,于是

$$\iint_D \frac{x^2}{y^2}\mathrm{d}\sigma = \int_1^2 \mathrm{d}y \int_{\frac{1}{y}}^y \frac{x^2}{y^2}\mathrm{d}x = \frac{1}{3}\int_1^2 \frac{1}{y^2}(x^3 \big|_{1/y}^y)\mathrm{d}y = \frac{1}{3}\int_1^2 \left(y - \frac{1}{y^5} \right)\mathrm{d}y = \left[\frac{y^2}{6} + \frac{1}{12y^4} \right]_1^2 = \frac{27}{64}.$$

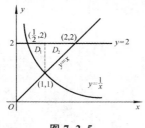

图 7-2-5

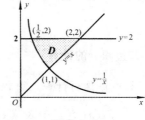

图 7-2-6

【小结】 (i) 通过分析积分区域出入境曲线之表达式以确定积分上、下限的方法可推广到极坐标下的二重积分计算和三重积分化为累次积分计算.

(ii) 在具体解题中,只要(像例C—例E)将积分区域表示成不等式形式,其中含有积分上、下限的表达式,这样既简单明了又准确有效.

3.改变累次积分的顺序(而后进行计算)

采用不同的积分顺序进行计算时可能遇到计算难易程度有较大的差别(参看例E).特别还会遇到如下情况:如果选用积分顺序不当,目前的要求和知识无法进行计算.特别是已知给定的积分是二次积分,为简化计算或避免无法积分情形,必须改变积分顺序.下面以将 X 型区域确定的积分改为按 Y 型域确定积分为例,给出具体解题步骤:

按 X 型域(可能多个)确定积分限	⟹	还原成平面积分区域 D(作图,分析边界曲线方程)	⟹	按 Y 型域(可能多个)确定积分限.

将积分区域进行 X、Y 型转换时,如若需要,应对区域进行合并或划分,以确定新积分次序和上下限,还可按本节开头给出的(a)或(b)两种情形的示意图与区域表达式(a)或(b)进行对照变换.

【例 F】　计算 $\int_0^1 \mathrm{d}x \int_x^1 x\,\mathrm{e}^{-y^3}\,\mathrm{d}y$.

分析:积分遇到 $\int \mathrm{e}^{-y^3}\,\mathrm{d}y$,难于求积,故试用积分次序交换解题.

解:　先根据积分限写下 D 的边界(曲)直线方程如下:
$$D: x = 0,\ x = 1,\ y = x,\ y = 1;$$
然后画出 D 的草图,改用 X 型区域:$D: 0 \leqslant y \leqslant 1, 0 \leqslant x \leqslant y$. 那么

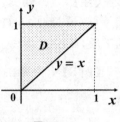

图 7-2-7

$$原式 = \int_0^1 \mathrm{d}y \int_0^y x\,\mathrm{e}^{-y^3}\,\mathrm{d}x = \int_0^1 \mathrm{e}^{-y^3}\left[\frac{x^2}{2}\right]_0^y \mathrm{d}y = \frac{1}{2}\int_0^1 y^2\,\mathrm{e}^{-y^3}\,\mathrm{d}y$$
$$= -\frac{1}{6}\int_0^1 \mathrm{e}^{-y^3}\,\mathrm{d}(-y^3) = -\frac{1}{6}\mathrm{e}^{-y^3}\Big|_0^1 = \frac{1}{6} - \frac{1}{6\mathrm{e}}.$$

【例 G】　计算积分 $I = \int_{\frac{1}{4}}^{\frac{1}{2}} \mathrm{d}y \int_{\frac{1}{2}}^{\sqrt{y}} \mathrm{e}^{\frac{x}{x}}\,\mathrm{d}x + \int_{\frac{1}{2}}^{1} \mathrm{d}y \int_y^{\sqrt{y}} \mathrm{e}^{\frac{x}{x}}\,\mathrm{d}x$.

解:　为改变积分次序,由积分限得区域 $D = D_1 \bigcup D_2$ 的边界(曲)直线方程:

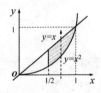

图 7-2-8

$$D_1: y = \frac{1}{4},\ y = \frac{1}{2}, x = y, x = \frac{1}{2};$$
$$D_2: y = \frac{1}{2},\ y = 1, x = y, x = \sqrt{y}.$$

画出草图,合并积分区域 D,并改用 X 型:$D = \left\{ (x,y) \mid \frac{1}{2} \leqslant x \leqslant 1, x^2 \leqslant y \leqslant x \right\}$,故

$$I = \int_{\frac{1}{4}}^{\frac{1}{2}} \mathrm{d}y \int_{\frac{1}{2}}^{\sqrt{y}} \mathrm{e}^{\frac{x}{x}}\,\mathrm{d}x + \int_{\frac{1}{2}}^{1} \mathrm{d}y \int_y^{\sqrt{y}} \mathrm{e}^{\frac{x}{x}}\,\mathrm{d}x = \int_{\frac{1}{2}}^{1} \mathrm{d}x \int_{x^2}^{x} \mathrm{e}^{\frac{x}{x}}\,\mathrm{d}y = \int_{\frac{1}{2}}^{1} x(\mathrm{e} - \mathrm{e}^x)\,\mathrm{d}x = \frac{3}{8}\mathrm{e} - \frac{1}{2}\sqrt{\mathrm{e}}.$$

【习题 7.2】(二重积分的计算)

1.画出积分区域的图像再计算二重积分:

(1) 计算 $\iint_D (x + y)\,\mathrm{d}x\mathrm{d}y$,其中区域 D 是由直线 $x = 1, x = 2, y = x, y = 3x$ 所围成的闭区域.

(2) 计算 $\iint_D \frac{y}{1 + \sqrt[6]{x}}\,\mathrm{d}\sigma$,设 D 由曲线 $y = \sqrt[6]{x}$ 与直线 $x = 0, y = 1$ 所围成的区域.

(3) 计算 $\iint_D \mathrm{e}^{-y^2}\,\mathrm{d}x\mathrm{d}y$,其中区域是由直线 $y = 1, y = x$ 和 y 轴所围成的闭区域.

(4) 计算 $\iint_D xy\,\mathrm{d}\sigma$,其中 D 是由抛物线 $y^2 = x$ 及 $y = x - 2$ 所围成的闭区域.

2.计算二重积分:

(1) $\iint_D x\cot x\cos(xy)\,\mathrm{d}\sigma$,其中 D 是由直线 $x = 1, y = 1$ 和 x 轴 y 轴所围成闭区域.

(2) $\iint_D x\mathrm{e}^{x+xy}\sqrt{\mathrm{e}^{xy}-1}\,\mathrm{d}\sigma$,其中 D 是由直线 $x=1$, $y=1$ 和 x 轴 y 轴所围成闭区域.

(3) $\iint_D \dfrac{y}{1+x^3\sqrt{x}}\,\mathrm{d}\sigma$,其中 D 由直线 $x=0$, $x=1$ 和曲线 $y=1+x^3$, $y=\sqrt{x}$ 所围.

3. 设 $f(x,y)$ 为二元可积函数,交换下列积分次序:

(1) $\int_2^3\mathrm{d}x\int_{\ln2}^{\ln x}f(x,y)\,\mathrm{d}y$; 　　　　(2) $\int_0^1\mathrm{d}y\int_y^{\sqrt{y}}f(x,y)\,\mathrm{d}x$.

(三) 二重积分的变量代换

1^*. 二重积分的一般换元法

【定理】 设 $f(x,y)$ 在 Oxy 平面上的闭区域 D 上连续,而有变换

$$T:x=\varphi(u,v),\ y=\psi(u,v) \qquad (*)$$

将 Ouv 平面上的边界为逐段光滑之闭曲线围成的区域 D' 变为 Oxy 平面上的 D,且满足

(i) $\varphi(u,v),\psi(u,v)$ 在 D' 上具有一阶连续偏导数;

(ii) 在 D' 上雅可比式 $J(u,v)=\dfrac{\partial(x,y)}{\partial(u,v)}\neq0$;

(iii) 从区域角度看,变换 $T:D'\rightarrow D$ 是一对一的,则有

$$\iint_D f(x,y)\,\mathrm{d}x\mathrm{d}y=\iint_{D'}f[\varphi(u,v),\psi(u,v)]\,|J(u,v)|\,\mathrm{d}u\mathrm{d}v.$$

其中雅可比式为 $J=\dfrac{\partial(x,y)}{\partial(u,v)}=\begin{vmatrix}\dfrac{\partial x}{\partial u}&\dfrac{\partial x}{\partial v}\\[2mm]\dfrac{\partial y}{\partial u}&\dfrac{\partial y}{\partial v}\end{vmatrix}=\dfrac{\partial x}{\partial u}\dfrac{\partial y}{\partial v}-\dfrac{\partial x}{\partial v}\dfrac{\partial y}{\partial u}$.

【注】 (i) 积分变换中面积微元的变换 $\mathrm{d}x\mathrm{d}y=|J|\,\mathrm{d}u\mathrm{d}v$ 是一要点.

(ii) 定理中的式 $(*)$ 可看成是从平面坐标系 Ouv 到另一个平面坐标 Oxy 的一种变换,即对于 Ouv 平面上的一点 $M'(u,v)$,通过式 $(*)$ 变换,变成 Oxy 平面上的一点 $M(x,y)$.

【例 A】 计算 $\iint_D\sqrt{1-\dfrac{x^2}{a^2}-\dfrac{y^2}{b^2}}\,\mathrm{d}x\mathrm{d}y$,$D$ 为椭圆 $\dfrac{x^2}{a^2}+\dfrac{y^2}{b^2}=1$ 所围成的闭区域.

解: 作广义极坐标变换 $\begin{cases}x=ar\cos\theta,\\y=br\sin\theta,\end{cases}$ 其中 $a>0,b>0,0\leqslant r\leqslant1,0\leqslant\theta\leqslant2\pi$. 该变换

的雅可比式为 $J=\dfrac{\partial(x,y)}{\partial(r,\theta)}=\dfrac{\partial x}{\partial r}\dfrac{\partial y}{\partial\theta}-\dfrac{\partial x}{\partial\theta}\dfrac{\partial y}{\partial r}=abr\cos^2\theta+abr\sin^2\theta=abr$. 在区域

$D'=\{(r,\theta)\mid0\leqslant r\leqslant1,0\leqslant\theta\leqslant2\pi\}$ 内仅当 $r=0$ 处为零,所以换元公式仍成立,从而

$$原式=\iint_{D'}\sqrt{1-r^2}\,abr\,\mathrm{d}r\mathrm{d}\theta=\frac{1}{2}ab\int_0^{2\pi}\mathrm{d}\theta\int_0^1\sqrt{1-r^2}\,\mathrm{d}r^2=-\frac{2}{3}\pi ab(1-r^2)^{\frac{3}{2}}\Big|_0^1=\frac{2}{3}\pi ab.$$

【例 B】 计算 $\iint_D\mathrm{e}^{\frac{y-x}{y+x}}\,\mathrm{d}x\mathrm{d}y$,其中 D 是由 x 轴、y 轴和直线 $x+y=2$ 所围成的闭区域.

解: 令 $T:u=y-x$, $v=y+x$,则有 $x=\dfrac{v-u}{2}$, $y=\dfrac{v+u}{2}$,其雅可比式为

$$J = \frac{\partial(x,y)}{\partial(u,v)} = \begin{vmatrix} \dfrac{\partial x}{\partial u} & \dfrac{\partial x}{\partial v} \\ \dfrac{\partial y}{\partial u} & \dfrac{\partial y}{\partial v} \end{vmatrix} = \begin{vmatrix} -\dfrac{1}{2} & \dfrac{1}{2} \\ \dfrac{1}{2} & \dfrac{1}{2} \end{vmatrix} = -\dfrac{1}{2},$$

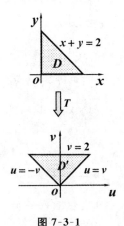

图 7-3-1

又 $x = 0 \to u = v$；$y = 0 \to u = -v$；$x + y = 2 \to v = 2$，则得

$$\iint_D e^{\frac{y-x}{y+x}} dx dy = \iint_{D'} e^{\frac{u}{v}} \left| -\frac{1}{2} \right| du dv = \frac{1}{2} \int_0^2 dv \int_{-v}^v e^{\frac{u}{v}} du$$

$$= \frac{1}{2} \int_0^2 (e - e^{-1}) v dv = e - e^{-1}.$$

2. 极坐标下二重积分的计算

（1）极坐标系回顾（参看第六章第一（一）6 节）

平面直角坐标 (x,y) 下极坐标 (r,θ) 变换为 $\begin{cases} x = r\cos\theta, \\ y = r\sin\theta. \end{cases}$ 此变换

的雅克比式为 $J = \dfrac{\partial x}{\partial r} \dfrac{\partial y}{\partial \theta} - \dfrac{\partial x}{\partial \theta} \dfrac{\partial y}{\partial r} = r\cos^2\theta + r\sin^2\theta = r,$

故面积微元素为 $d\sigma = dx dy = r dr d\theta.$

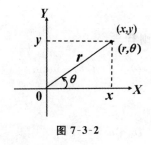

图 7-3-2   图 7-3-3

（2）极坐标下的微元素分析

与一元定积分类似，这里讨论极坐标下二重积分的微元素法．

设有积分区域 D，用一组以极点为圆心的同心圆（$r =$ 常数）及过极点的一组射线（$\theta =$ 常数）将区域 D 分割成 n 个小区域．利用扇形面积公式

$$S = \frac{1}{2} r^2 \Delta\theta \left(= \frac{\text{圆盘面积} \times \text{张角}}{2\pi} \right)$$

得面积改变量为（"半径为 $r + \Delta r$ 扇形面积" $-$ "半径为 r 扇形面积"）：

$$\Delta\sigma = \frac{1}{2} \big[(r + \Delta r)^2 - r^2 \big] \cdot \Delta\theta = r\Delta r \cdot \Delta\theta + \frac{1}{2} \Delta r^2 \cdot \Delta\theta,$$

故（去一高阶无穷小）得 $\Delta\sigma \approx r\Delta r \cdot \Delta\theta$，所以面积微元为

$$d\sigma = r dr d\theta,$$

它与用雅克比式计算是一致的，这验证了微元素法的科学性．故得

$$\iint_D f(x,y) dx dy = \iint_{D'} f(r\cos\theta, r\sin\theta) r dr d\theta.$$

（3）分析积分区域出入境曲线式以确定积分限

（i）一般先定幅角 θ 的积分上、下限．

当积分区域 D 环绕极点 O 或 O 为 D 的内点时，必有 $0 \leqslant \theta \leqslant 2\pi$；否则，从极点出发作两射线 $\theta = \alpha, \theta = \beta (\alpha < \beta)$，使得积分区域 D 含在扇形区域 $\{(r,\theta) \mid r \geqslant 0, \alpha \leqslant \theta \leqslant \beta\}$ 内，并使得此两条射线与积分区域的边界有交点．于是积分下限为 $(\theta =)\alpha$，上限为 $(\theta =)\beta$．

（ii）为确定变量 r 的积分上、下限，可从极点出发作一穿过区域 D 的射线 L（图中虚射线），则入 D 境界线（$r = r_1(\theta)$）的表达式 $r_1(\theta)$ 为关于变量 r 之积分的下限，而出 D 境界线（$r = r_2(\theta)$）的表达式 $r_2(\theta)$ 为该积分的上限.

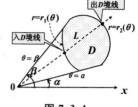

图 7-3-4

（iii）若极点含在积分区域内或边界上，则取 $r_1(\theta) = 0$（参看［例 C］的图）.

（iv）若穿过区域 D 之射线 L 的入（或出）境界线不能用统一的式子表达，则要用射线将 D 分成几个上述规范的子区域，再分别计算积分.

具体如何确定变量 r 的积分上、下限见下一小节（4）.

【例 C】 将下列方程化为极坐标方程.

① $x^2 + y^2 = 2y$；　　　　② $(x-2)^2 + y^2 = 1$.

解： ① 参看图 7-3-5. 将极坐标变换代入原方程得
$$r^2 \cos^2\theta + r^2 \sin\theta = 2r\sin\theta,$$
则原方程的极坐标形式为 $r = 2\sin\theta$.

② 方程化为 $x^2 + y^2 = 4x - 3$，再将极坐标变换代入原方程得 $r^2 = 4r\cos\theta - 3$.

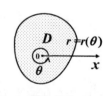

图 7-3-5

（4）极坐标下几种常见积分区域上的二重积分

（i）极点 O 在区域 D 内的情形

设 D 的边界曲线为连续封闭曲线 $r = r(\theta)$（$0 \leqslant \theta \leqslant 2\pi$），此时
$$D' = \{(r,\theta) \mid 0 \leqslant \theta \leqslant 2\pi, 0 \leqslant r \leqslant r(\theta)\},$$
$$\iint_D f(x,y)\mathrm{d}\sigma = \iint_{D'} f(r\cos\theta, r\sin\theta)r\mathrm{d}r\mathrm{d}\theta$$
$$= \int_0^{2\pi} \mathrm{d}\theta \int_0^{r(\theta)} f(r\cos\theta, r\sin\theta)r\mathrm{d}r.$$

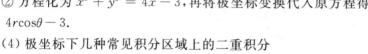

图 7-3-6

【例 D】 计算积分 $\iint_D (x^2 + y^2)\mathrm{d}x\mathrm{d}y$，其中 $D = \{(x,y) \mid x^2 + y^2 \leqslant 4\}$.

解： 极坐标系下 $D' = \{(r,\theta) \mid 0 \leqslant \theta \leqslant 2\pi, r \leqslant 2\}$，故
$$原式 = \iint_D r^3 \mathrm{d}r\mathrm{d}\theta = \int_0^{2\pi} \mathrm{d}\theta \int_0^2 r^3 \mathrm{d}r = \frac{1}{4} \int_0^{2\pi} (r^4)\Big|_0^2 \mathrm{d}\theta = 8\pi.$$

（ii）极点 O 在区域 D 的边界上的情形

设 D 由射线 $\theta = \alpha, \theta = \beta$ 和连续曲线 $r = r(\theta)$ 围成，此时
$$D' = \{(r,\theta) \mid \alpha \leqslant \theta \leqslant \beta, 0 \leqslant r \leqslant r(\theta)\},$$
$$\iint_D f(x,y)\mathrm{d}\sigma = \iint_{D'} f(r\cos\theta, r\sin\theta)r\mathrm{d}r\mathrm{d}\theta$$
$$= \int_\alpha^\beta \mathrm{d}\theta \int_0^{r(\theta)} f(r\cos\theta, r\sin\theta)r\mathrm{d}r.$$

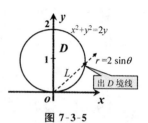

图 7-3-7

【例 E】 计算积分 $\iint_D x\mathrm{d}x\mathrm{d}y$，其中 $D = \{(x,y) \mid x^2 + y^2 \leqslant 2y, x \geqslant 0\}$.

解： 由例 C1）得 $D' = \{(r,\theta) \mid 0 \leqslant \theta \leqslant \pi/2, 0 \leqslant r \leqslant 2\sin\theta\}$，故
$$\iint_D x\mathrm{d}x\mathrm{d}y = \iint_D \cos\theta \cdot r^2 \mathrm{d}r\mathrm{d}\theta = \int_0^{\frac{\pi}{2}} \mathrm{d}\theta \int_0^{2\sin\theta} \cos\theta \cdot r^2 \mathrm{d}r$$

图 7-3-8

$$= \frac{1}{3} \int_0^{\frac{\pi}{2}} \cos\theta \cdot (r^3)\Big|_0^{2\sin\theta} \mathrm{d}\theta = \frac{8}{3} \int_0^{\frac{\pi}{2}} \cos\theta \sin^3\theta \mathrm{d}\theta = \frac{8}{3} \int_0^{\frac{\pi}{2}} \sin^3\theta \mathrm{d}\sin\theta = \frac{8}{3} \left(\frac{1}{4} \sin^4\theta\right)\Big|_0^{\frac{\pi}{2}} = \frac{2}{3}.$$

(iii) 极点 O 在区域 D 外部的情形

设 D 由射线 $\theta=\alpha,\theta=\beta$ 和两条连续曲线 $r=r_1(\theta),r=r_2(\theta)$ 围成，按 3(ii) 的分析方法即可得出积分限，此时

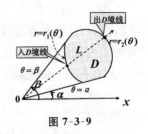

图 7-3-9

$$D'=\{(r,\theta)\mid \alpha\leqslant\theta\leqslant\beta,r_1(\theta)\leqslant r\leqslant r_2(\theta)\},$$

$$\iint_D f(x,y)\mathrm{d}\sigma=\iint_{D'}f(r\cos\theta,r\sin\theta)r\mathrm{d}r\mathrm{d}\theta$$

$$=\int_\alpha^\beta\mathrm{d}\theta\int_{r_1(\theta)}^{r_2(\theta)}f(r\cos\theta,r\sin\theta)r\mathrm{d}r.$$

【注】   本情形包含区域 D 环绕极点 $O(O\in\overline{D})$ 的情形，此种情形下区间必有表达式 $D'=\{(\theta,r)\mid 0\leqslant\theta\leqslant2\pi,r_1(\theta)\leqslant r\leqslant r_2(\theta)\}$.

【例 F】   计算 $\iint_D(x^2+y^2)\mathrm{d}\sigma$，其中 $D=\{(x,y)\mid 1\leqslant x^2+y^2\leqslant4\}$.

解：   显然积分区域可表为 $D'=\{(\theta,r)\mid 0\leqslant\theta\leqslant2\pi,1\leqslant r\leqslant2\}$，故

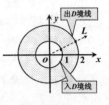

图 7-3-10

$$\iint_D(x^2+y^2)\mathrm{d}\sigma=\iint_{D'}r^3\mathrm{d}r\mathrm{d}\theta=\int_0^{2\pi}\mathrm{d}\theta\int_1^2 r^3\mathrm{d}r=\frac{1}{4}\int_0^{2\pi}(r^4)\Big|_1^2\mathrm{d}\theta$$

$$=\frac{1}{4}\int_0^{2\pi}(16-1)\mathrm{d}\theta=\frac{15\pi}{2}.$$

【例 G】   设 $D=\{(x,y)\mid R_1^2\leqslant x^2+y^2\leqslant R_2^2,x\geqslant0,y\geqslant0\}$，计算下列二重积分：

(1) $\iint_D\dfrac{1}{x^2+y^2}\mathrm{d}\sigma$；   (2) $\iint_D\dfrac{\sin(\pi\sqrt{x^2+y^2})}{\sqrt{x^2+y^2}}\mathrm{d}x\mathrm{d}y$，

其中 $R_1=1,R_2=2$.

解：   显然 D 为圆环 $R_1^2\leqslant x^2+y^2\leqslant R_2^2$ 在第一象限的部分. 采用极坐标：

$$x=r\cos\theta,y=r\sin\theta,$$

此时积分区域为 $D'=\{(r,\theta)\mid 0\leqslant\theta\leqslant\dfrac{\pi}{2},R_1\leqslant r\leqslant R_2\}$，于是

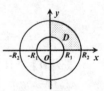

图 7-3-11

(1) 原式 $=\iint_{D'}\dfrac{1}{r^2}r\mathrm{d}r\mathrm{d}\theta=\int_0^{\frac{\pi}{2}}\mathrm{d}\theta\int_{R_1}^{R_2}\dfrac{1}{r}\mathrm{d}r=\dfrac{\pi}{2}(\ln r)\Big|_{R_2}^{R_2}=\dfrac{\pi}{2}\ln\dfrac{R_2}{R_1}$.

(2) 原式 $=\iint_{D'}\dfrac{\sin(\pi r)}{r}r\mathrm{d}r\mathrm{d}\theta=\dfrac{\pi}{2}\int_1^2\sin\pi r\mathrm{d}r=\dfrac{1}{2}(-\cos\pi r)\Big|_1^2=-1$.

【习题 7.3】（重积分的变量代换）

1. 计算二重积分 $\iint_D x^2\mathrm{d}\sigma$，其中 D 为圆环 $1\leqslant x^2+y^2\leqslant4$.

2. 计算 $\iint_D\dfrac{1}{(1+x^2+y^2)^2}\mathrm{d}x\mathrm{d}y$，其中 D 是闭圆周 $x^2+y^2=1$ 及其内部.

3. 求积分 $\iint_D\sqrt{x^2+y^2}\mathrm{d}\sigma$，其中 D 为圆周 $x^2-2x+y^2=0$ 所围的闭区域.

4. 将二重积分 $\iint_D f(x,y)\mathrm{d}\sigma$ 化为极坐标系下的累次积分，其中

$$D=\{(x,y)\mid x^2+y^2\leqslant2Rx,y\geqslant0\},\text{常数 }R>0.$$

5.* 用积分变量替换计算 $\iint_D\dfrac{y}{x+y}\mathrm{e}^{(x+y)^2}\mathrm{d}\sigma$，其中 D 由 $x+y=1,x=0$ 和 $y=0$ 所围成.

（四）二重积分的应用

1.计算平面图形的面积

【例 A】　求由 $y = x^2$ 和 $y = -x + 2, y = 0$ 围成之区域的面积 D.

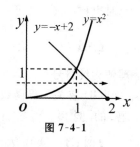

图 7-4-1

解：　令 $\begin{cases} y = x^2 \\ y = -x + 2 \end{cases}$ 得 $x = 1, y = 1 (x = -2$ 不合题意，舍去)；

令 $\begin{cases} y = 0 \\ y = x^2 \end{cases}$ 得 $\quad x = 0, y = 0;$

令 $\begin{cases} y = 0 \\ y = -x + 2 \end{cases}$ 得 $\quad x = 2, y = 0.$

所以区域可表为 $D = \{(x, y) \mid 0 \leqslant y \leqslant 1, \sqrt{y} \leqslant x \leqslant -y + 2\}$，故 D 的面积为：

$$S = \iint_D \mathrm{d}x \mathrm{d}y = \int_0^1 \mathrm{d}y \int_{\sqrt{y}}^{2-y} \mathrm{d}x = \int_0^1 (2 - y - \sqrt{y}) \mathrm{d}y = \left(2y - \frac{1}{2}y^2 - \frac{2}{3}\sqrt{y^3}\right)\Big|_0^1 = \frac{5}{6}.$$

【注】　又有 $S = \int_0^1 \mathrm{d}x \int_0^{x^2} \mathrm{d}y + \int_1^2 \mathrm{d}x \int_0^{-x+2} \mathrm{d}y = \int_0^1 x^2 \mathrm{d}x + \int_1^2 (-x + 2) \mathrm{d}x$

$$= \frac{1}{3}x^3\Big|_0^1 + \left(-\frac{1}{2}x^2 + 2x\right)\Big|_1^2 = \frac{1}{3} + \frac{1}{2} = \frac{5}{6}.$$

2.计算立体的体积

【例 B】　求由曲面 $z = 0, x^2 - 2x + y^2 = 0, z = \sqrt{x^2 + y^2}$ 所围的立体体积.

解：　由于方程 $x^2 - 2x + y^2 = 0$ 可化为 $(x-1)^2 + y^2 = 1$，这是圆柱面，它在 Oxy 平面上的投影是以 $(1,0)$ 为圆心、以 1 为半径的圆 D. 故所求立体 V 是以 $z = \sqrt{x^2 + y^2}$ 为曲顶的柱体，从而

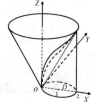

图 7-4-2

$$D = \{(x, y) \mid (x-1)^2 + y^2 \leqslant 1\},$$

令 $x = r\cos\theta, y = r\sin\theta$，则 D 可表为

$$D' = \left\{(r, \theta) \mid r = 2\cos\theta, -\frac{\pi}{2} \leqslant \theta \leqslant \frac{\pi}{2}\right\},$$

得　$V = \iint_D \sqrt{x^2 + y^2} \mathrm{d}\sigma = \iint_D r^2 \mathrm{d}r \mathrm{d}\theta = \int_{-\frac{\pi}{2}}^{\frac{\pi}{2}} \mathrm{d}\theta \int_0^{2\cos\theta} r^2 \mathrm{d}r = \frac{1}{3} \int_{-\frac{\pi}{2}}^{\frac{\pi}{2}} (r^3 \big|_0^{2\cos\theta}) \mathrm{d}\theta$

$$= \frac{8}{3} \int_{-\frac{\pi}{2}}^{\frac{\pi}{2}} \cos^3\theta \mathrm{d}\theta = \frac{16}{3} \int_0^{\frac{\pi}{2}} \cos^3\theta \mathrm{d}\theta = \frac{16}{3} \int_0^{\frac{\pi}{2}} (1 - \sin^2\theta) \mathrm{d}\sin\theta$$

$$= \frac{16}{3} \left(\sin\theta - \frac{1}{3}\sin^3\theta\right)\Big|_0^{\frac{\pi}{2}} = \frac{32}{9}.$$

3.计算广义积分

1.无界区域上的广义二重积分的概念

【定义】　设 D 是平面上一无界区域，函数 $f(x, y)$ 在其上有定义，用任意光滑曲线 L 在 D 中划出有界区域 D_L. 设 $f(x, y)$ 在任意 D_L 上皆可积，且当曲线 L 连续变动，使得 D_L 无限扩展而穷尽区域 D 时，不论 L 的形状如何，也不论扩展的过程怎样，若极限 $\lim\limits_{D_L \to D} \iint_{D_L} f(x, y) \mathrm{d}\sigma$ 存在取 (相同的) 值 I，则称该值为 $f(x, y)$ 在无界区域 D 上的广义二重积分. 记作

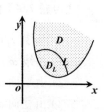

图 7-4-3

$$\iint_D f(x,y)\mathrm{d}\sigma = \lim_{D_L \to D} \iint_{D_L} f(x,y)\mathrm{d}\sigma = I,$$

此时也称广义二重积分$\iint_D f(x,y)\mathrm{d}\sigma$ 收敛,否则称此广义二重积分发散.

【注】 (i) 不论广义二重积分$\iint_D f(x,y)\mathrm{d}\sigma$ 收敛与否,都可使用此积分式.当它发散时可理解为纯符号.

(ii) 有关无界函数的广义积分不给予论述,请参看下面第二节"解题方法与典型、综合例题"的[例 10].

【例 C】 求广义二重积分$\iint_D \dfrac{1}{x^2(1+y^2)}\mathrm{d}x\mathrm{d}y$,其中 $D = \{(x,y) \mid 1 \leqslant x, -1 \leqslant y\}$.

解: $\forall R > 1$,设 $D_R = \{(x,y) \mid 1 \leqslant x \leqslant R, -1 \leqslant y \leqslant R\}$,则 $D_R \xrightarrow[R \to +\infty]{} D$,于是

$$原式 = \lim_{R \to +\infty} \iint_{D_R} \frac{\mathrm{d}x\mathrm{d}y}{x^2(1+y^2)} = \lim_{R \to +\infty} \int_1^R \frac{1}{x^2}\mathrm{d}x \int_0^R \frac{1}{1+y^2}\mathrm{d}y = \lim_{R \to +\infty}\left[\left(1-\frac{1}{R}\right)\cdot \arctan R\right] = \frac{\pi}{2}.$$

【例 D】 设 D 为全平面,求 $I = \iint_D \mathrm{e}^{-x^2-y^2}\mathrm{d}x\mathrm{d}y$,并以此求 $J = \int_0^{+\infty} \mathrm{e}^{-x^2}\mathrm{d}x$ 的值.

解: 为计算广义积分 I,用区间 $D_R = \{(x,y) \mid x^2+y^2 \leqslant R\}$ 穷尽全平面,且用极坐标计算:$x = r\cos\theta$, $y = r\sin\theta$,此时 $D_R = \{(r,\theta) \mid 0 \leqslant \theta \leqslant 2\pi, 0 \leqslant r \leqslant R\}$.

$$I = \iint_D \mathrm{e}^{-x^2-y^2}\mathrm{d}\sigma = \lim_{R \to +\infty}\iint_{D_R}\mathrm{e}^{-x^2-y^2}\mathrm{d}\sigma = \lim_{R \to +\infty}\iint_{x^2+y^2 \leqslant R}\mathrm{e}^{-x^2-y^2}\mathrm{d}x\mathrm{d}y$$

$$\xlongequal[x=r\sin t]{\diamondsuit\, x=r\cos t} \lim_{R \to +\infty}\int_0^{2\pi}\mathrm{d}\theta\int_0^R \mathrm{e}^{-r^2}r\mathrm{d}r = \lim_{R \to +\infty}\pi(-\mathrm{e}^{-r^2})\Big|_0^R = \lim_{R \to +\infty}\pi(1-\mathrm{e}^{-R^2})\Big| = \pi.$$

为估计广义积分 I 和广义积分$\int_0^{+\infty}\mathrm{e}^{-x^2}\mathrm{d}x$ 的关系,用方形区间

$$D_A = \{(x,y) \mid -A \leqslant x \leqslant A, -A \leqslant y \leqslant A\}$$

穷尽全平面,而仍采用直角坐标进行运算.

$$\iint_D \mathrm{e}^{-x^2-y^2}\mathrm{d}\sigma = \lim_{A \to +\infty}\iint_{D_A}\mathrm{e}^{-x^2-y^2}\mathrm{d}x\mathrm{d}y = \lim_{A \to +\infty}\iint_{-A \leqslant x,y \leqslant A}\mathrm{e}^{-x^2-y^2}\mathrm{d}x\mathrm{d}y$$

$$= \lim_{A \to +\infty}\int_{-A}^A \mathrm{e}^{-x^2}\mathrm{d}x\int_{-A}^A \mathrm{e}^{-y^2}\mathrm{d}y = \lim_{A \to +\infty}\left(\int_{-A}^A \mathrm{e}^{-x^2}\mathrm{d}x\right)^2 = \left(\int_{-\infty}^{+\infty}\mathrm{e}^{-x^2}\mathrm{d}x\right)^2.$$

故得 $J = \int_0^{+\infty}\mathrm{e}^{-x^2}\mathrm{d}x = \lim_{A \to +\infty}\int_0^A \mathrm{e}^{-x^2}\mathrm{d}x = \lim_{A \to +\infty}\frac{1}{2}\int_{-A}^A \mathrm{e}^{-x^2}\mathrm{d}x = \frac{1}{2}\int_{-\infty}^{+\infty}\mathrm{e}^{-x^2}\mathrm{d}x = \frac{\sqrt{I}}{2} = \frac{\sqrt{\pi}}{2}.$

【习题 7.4】(二重积分的应用)

1.求下列各题面积或体积:
(1) 曲线 $x = y^2, x = 2y - y^2$ 所围的面积;
(2) 由平面 $x + 2y + 3z = 1, x = 0, y = 0, z = 0$ 所围的体积;
(3) 由柱面 $x^2 + y^2 = 1$,与平面 $x + y + z = 3, z = 0$ 所围的体积.
(4) 计算极径 Ox 与阿基米德螺线 $r = a\theta(a > 0)$ 对应 $\theta \in [0, 2\pi]$ 所围图形面积.

2. 计算广义二重积分$\iint_D \dfrac{x\mathrm{e}^{x+y}}{\sqrt{\mathrm{e}^{xy}-1}}\mathrm{d}\sigma$,$D$ 由直线 $x = 1, y = 1$ 和 x 轴 y 轴所围的闭区域.

3.计算下列广义二重积分:

(1) $\iint_D \dfrac{1}{(x^2+y^2)^2} \cdot \arctan^2 \dfrac{y}{x} \mathrm{d}x\mathrm{d}y$,其中 $D = \{(x,y) \mid x \geqslant 0, x^2 + y^2 \geqslant 1\}$.

(2) $\iint_D \dfrac{1}{xy^2} \mathrm{d}x\mathrm{d}y$,其中 $D = \{(x,y) \mid \mathrm{e} \leqslant x \leqslant y\}$.

二、解题方法与典型、综合例题

1. 二重积分计算的关键问题:化为二次积分,从而关键是确定积分次序,其中确定积分变量的上下限为重点和难点.

(1) 画出积分区域 D 的草图. 变量范围可通过联立所给 D 的边界线方程解出. 注意非矩形区域可导致其中一个一元积分为变上、下限积分,它必然是先计算的"内积分".

【例 1】 计算 $\iint_D xy\mathrm{d}x\mathrm{d}y$,其中 $D: x^2 + y^2 \leqslant 1, x \geqslant 0, y \geqslant 0$.

解: 作 D 的图形. 先确定 D 为 X 型区域:$x \in [0,1]$,再确定 y 的变化范围是由 0 到 $\sqrt{1-x^2}$,它们分别为内积分的(变)下、上限,故得

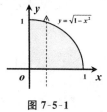

图 7-5-1

$$\iint_D xy\mathrm{d}x\mathrm{d}y = \int_0^1 \mathrm{d}x \int_0^{\sqrt{1-x^2}} xy\mathrm{d}y = \int_0^1 \frac{1}{2}x(1-x^2)\mathrm{d}x = \frac{1}{2}\left(\frac{x^2}{2} - \frac{x^4}{4}\right)\Big|_0^1 = \frac{1}{8}.$$

【注】 若 D 取为 Y 型区域,解法类似.

【例 2】 求 $\iint_D (x+y^2)\mathrm{d}x\mathrm{d}y$,其中 D 是由抛物线 $y = x^2$ 和 $x = y^2$ 所围平面闭区域.

解: 令 $y = x^2$ 且 $x = y^2$,得两曲线的交点 $(0,0),(1,1)$,于是有

$$D = \{(x,y) \mid 0 \leqslant y \leqslant 1, y^2 \leqslant x \leqslant \sqrt{y}\} \quad (\text{Y 型区域}).$$

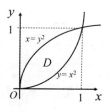

图 7-5-2

所以 $\displaystyle\iint_D (x+y^2)\mathrm{d}x\mathrm{d}y = \int_0^1 \mathrm{d}y \int_{y^2}^{\sqrt{y}} (x+y^2)\mathrm{d}x = \int_0^1 \left[\frac{1}{2}x^2 + y^2 x\right]_{y^2}^{\sqrt{y}} \mathrm{d}y$

$$= \int_0^1 \left[\frac{1}{2}(y-y^4) + y^2(\sqrt{y} - y^2)\right]\mathrm{d}y = \frac{33}{140}.$$

(2) 积分次序确定不当可能导致解题失败,所以改变积分次序的技巧至关重要,其关键是先根据积分的四个上下限确定积分区域 D,再画草图,写出新积分次序(见第(二)3 节).

【例 3】 设 $f(x,y)$ 为二元可积函数,改变积分次序:

$$\int_0^1 \mathrm{d}x \int_0^{\sqrt{2x-x^2}} f\mathrm{d}y + \int_1^2 \mathrm{d}x \int_0^{2-x} f\mathrm{d}y.$$

解: 先根据积分限写下列曲、直线方程:

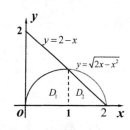

图 7-5-3

$$D_1: x = 0, x = 1, y = 0, y = \sqrt{2x - x^2};$$

$$D_2: x = 1, x = 2, y = 0, y = 2 - x.$$

画出积分区域草图,进行合并或划分,以确定新积分次序的积分区域结构(Y 型区域):

$$D = D_1 \bigcup D_2 = \left\{(x,y) \Big| 0 \leqslant y \leqslant 1, 1 - \sqrt{1-y^2} \leqslant x \leqslant 2 - y\right\}.$$

最后写出新次序积分:

$$\int_0^1 \mathrm{d}x \int_0^{\sqrt{2x-x^2}} f(x,y)\mathrm{d}y + \int_1^2 \mathrm{d}x \int_0^{2-x} f(x,y)\mathrm{d}y = \int_0^1 \mathrm{d}y \int_{1-\sqrt{1-y^2}}^{2-y} f(x,y)\mathrm{d}x.$$

2.利用二重积分求几何形体的面、体积

(1) 利用二重积分求几何形面积

【例 4】　求双纽线 $r^2 = a^2 \cos 2\theta$ 所围图形区域 D 的面积.

解 1：　显然,函数的定义域可取为 $\left[-\frac{\pi}{4}, \frac{\pi}{4}\right] \cup \left[\frac{3\pi}{4}, \frac{5\pi}{4}\right]$. 因利用对称性可知所求区域 D 的面积 A 为对应于 $\theta \in [0, \pi/4]$ 的区域 D_1 面积的 4 倍,故

$$A = 4 \iint_{D_1} \mathrm{d}\sigma = 4 \int_0^{\frac{\pi}{4}} \mathrm{d}\theta \int_0^{a\sqrt{\cos 2\theta}} r \mathrm{d}r = 4 \int_0^{\frac{\pi}{4}} \left(\frac{r^2}{2} \Big|_0^{a\sqrt{\cos 2\theta}}\right) \mathrm{d}\theta = 2a^2 \int_0^{\frac{\pi}{4}} \cos 2\theta \mathrm{d}\theta = a^2 [\sin 2\theta]_0^{\frac{\pi}{4}} = a^2.$$

解 2：　现直接用函数性质推导,根据的是余弦函数的周期性和偶函数性. 首先设

$$D_1 = \left\{(\theta, r) \mid 0 \leqslant r \leqslant a\sqrt{\cos 2\theta}, -\frac{\pi}{4} \leqslant \theta \leqslant \frac{\pi}{4}\right\}; \quad D_2 = \left\{(\theta, r) \mid 0 \leqslant r \leqslant a\sqrt{\cos 2\theta}, \frac{3\pi}{4} \leqslant \theta \leqslant \frac{5\pi}{4}\right\},$$

那么 $\quad A = \iint_{D_1} \mathrm{d}\sigma + \iint_{D_2} \mathrm{d}\sigma = \int_{-\frac{\pi}{4}}^{\frac{\pi}{4}} \mathrm{d}\theta \int_0^{a\sqrt{\cos 2\theta}} r \mathrm{d}r + \int_{\frac{3\pi}{4}}^{\frac{5\pi}{4}} \mathrm{d}\theta \int_0^{a\sqrt{\cos 2\theta}} r \mathrm{d}r \xlongequal[\text{周期为}\pi]{} 2 \int_{-\frac{\pi}{4}}^{\frac{\pi}{4}} \mathrm{d}\theta \int_0^{a\sqrt{\cos 2\theta}} r \mathrm{d}r$

$$= a^2 \int_{-\frac{\pi}{4}}^{\frac{\pi}{4}} \cos 2\theta \mathrm{d}\theta \xlongequal[\text{为偶函数}]{} 2a^2 \int_0^{\frac{\pi}{4}} \cos 2\theta \mathrm{d}\theta = a^2 [\sin 2\theta]_0^{\frac{\pi}{4}} = a^2..$$

【例 5】　求双纽线 $r^2 = a^2 \cos 2\theta$ 与圆周 $r = a\sqrt{2} \sin \theta$ 所围公共部分图形区域 D 的面积.

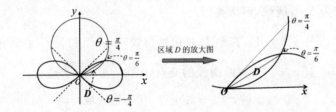

图 7-5-4　　　　　　　　　图 7-5-5

解：　双纽线函数定义域同例 4,而圆周定义域取为 $[0, \pi]$. 利用对称性可知所求区域的面积 A 为对应于 $\theta \in [0, \pi/4]$ 的区域 D 面积的 2 倍. 现联立曲线方程解得 $r = a/\sqrt{2}$, $\theta = \pi/6$. 据此,将对应于 $\theta \in [0, \pi/4]$ 的区域 D 可分为两部分:

$$D_1 = \left\{(\theta, r) \mid 0 \leqslant r \leqslant a\sqrt{\cos 2\theta}, 0 \leqslant \theta \leqslant \pi/6\right\}; \quad D_2 = \left\{(\theta, r) \mid 0 \leqslant r \leqslant a\sqrt{2} \sin \theta, \pi/6 \leqslant \theta \leqslant \pi/4\right\},$$

那么 $\quad A = 2 \iint_D \mathrm{d}\sigma = 2 \left(\iint_{D_1} \mathrm{d}\sigma + \iint_{D_2} \mathrm{d}\sigma\right) = 2 \int_0^{\frac{\pi}{6}} \mathrm{d}\theta \int_0^{a\sqrt{2}\sin\theta} r \mathrm{d}r + 2 \int_{\frac{\pi}{6}}^{\frac{\pi}{4}} \mathrm{d}\theta \int_0^{a\sqrt{\cos 2\theta}} r \mathrm{d}r$

$$= 2a^2 \int_0^{\frac{\pi}{6}} \sin^2\theta \mathrm{d}\theta + a^2 \int_{\frac{\pi}{6}}^{\frac{\pi}{4}} \cos 2\theta \mathrm{d}\theta = a^2 \int_0^{\frac{\pi}{6}} (1 - \cos 2\theta) \mathrm{d}\theta + \frac{a^2}{2} \sin 2\theta \Big|_{\frac{\pi}{6}}^{\frac{\pi}{4}}$$

$$= \frac{a^2}{6}\pi - \frac{a^2}{2} \sin 2\theta \Big|_0^{\frac{\pi}{6}} + \frac{a^2}{2}\left(1 - \frac{\sqrt{3}}{2}\right) = \frac{a^2}{6}\pi + \frac{a^2}{2}(1 - \sqrt{3}).$$

(2) 利用二重积分求立体体积

【例 6】　求由下列曲面所围成的立体体积, $x = 0, y = 0, x + y = 1, z = x + y, z = xy$.

解：　因平面 $x = 0, y = 0, x + y = 1$ 都平行于 z 轴,故所给几何体在 Oxy 上的投影为

$$D = \{(x, y) \mid 0 \leqslant x \leqslant 1, 0 \leqslant y \leqslant 1 - x\} \quad (D \text{ 为拟设置二重积分的定义域}).$$

由于曲面所围立体可视为以 $z = xy$ 和 $z = x + y$ 为曲顶的行于 z 轴柱体(见图),故所求体积为

$$V = \iint_D (x + y - xy) \mathrm{d}\sigma = \int_0^1 \mathrm{d}x \int_0^{1-x} (x + y - xy) \mathrm{d}y = \int_0^1 \left[x(1-x) + \frac{1}{2}(1-x)^3\right] \mathrm{d}x = \frac{7}{24}.$$

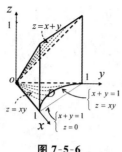

图 7-5-6

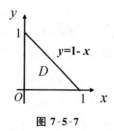

图 7-5-7

【**例 7**】 求两个底面半径相同的直交圆柱所围立体的体积 V.

解： 设这两个直交圆柱面的方程为：

$$x^2 + y^2 = a^2, \quad x^2 + z^2 = a^2$$

由对称性,该体积是其在第一卦限的 8 倍. 该立体在第一卦限部分可视为(底面)定义域为

$$D_1 = \left\{ (x,y) \,\middle|\, 0 \leqslant x \leqslant a, 0 \leqslant y \leqslant \sqrt{a^2 - x^2} \right\},$$

曲顶为 $z = \sqrt{a^2 - x^2}$ 的柱体. 于是

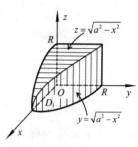

图 7-5-8

$$V = 8\iint_D \sqrt{a^2 - x^2} \,\mathrm{d}x\mathrm{d}y = 8\int_0^a \mathrm{d}x \int_0^{\sqrt{a^2-x^2}} \sqrt{a^2 - x^2}\,\mathrm{d}y$$

$$= 8\int_0^a (a^2 - x^2)\mathrm{d}x = 8\left(a^2 x - \frac{x^3}{3} \right)\bigg|_0^a = \frac{16a^3}{3}.$$

3. 广义二重积分的例题

【**例 8**】 计算 $\iint_D \dfrac{1}{x\cos^2 x}\mathrm{d}\sigma$,其中 D 由曲线 $y = x, y = 0, x = \dfrac{\pi}{4}$ 所围成.

解： 这是无界函数广义积分,瑕点为 $(0,0)$. 积分区域选 X 型

$$D = \left\{ (x,y) \,\middle|\, 0 \leqslant x \leqslant \frac{\pi}{4}, 0 \leqslant y \leqslant x \right\}.$$

因 $D_\varepsilon = \left\{ (x,y) \,\middle|\, 0 < \varepsilon \leqslant x \leqslant \dfrac{\pi}{4}, 0 \leqslant y \leqslant x \right\} \xrightarrow{\varepsilon \to 0^+} D$,故

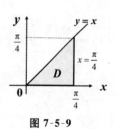

图 7-5-9

$$\text{原式} = \lim_{\varepsilon \to 0^+} \iint_{D_\varepsilon} \frac{1}{x\cos^2 x}\mathrm{d}x\mathrm{d}y = \lim_{\varepsilon \to 0^+} \int_\varepsilon^{\frac{\pi}{4}} \mathrm{d}x \int_0^x \frac{1}{x\cos^2 x}\mathrm{d}y$$

$$= \lim_{\varepsilon \to 0^+} \int_\varepsilon^{\frac{\pi}{4}} \frac{1}{x\cos^2 x} \cdot (y\,|_0^x)\mathrm{d}x = \lim_{\varepsilon \to 0^+} \int_\varepsilon^{\frac{\pi}{4}} \frac{1}{\cos^2 x}\mathrm{d}x = \lim_{\varepsilon \to 0^+}\tan x\,|_\varepsilon^{\frac{\pi}{4}} = 1.$$

【**注**】 可直接表达为：

$$\text{原式} = \int_0^{\frac{\pi}{4}} \mathrm{d}x \int_0^x \frac{1}{x\cos^2 x}\mathrm{d}y = \cdots = \int_0^{\frac{\pi}{4}} \frac{1}{\cos^2 x}\mathrm{d}x = \tan x\,|_0^{\frac{\pi}{4}} = 1.$$

【**例 9**】 求广义二重积分 $\iint_D \dfrac{\sqrt{1+y}}{x^3}\mathrm{d}x\mathrm{d}y$,其中 $D = \{(x,y) \mid 1 \leqslant x, -1 \leqslant y \leqslant x-1\}$.

解： $\forall R > 0$,设 $D_R = \{(x,y) \mid 1 \leqslant x \leqslant R, -1 \leqslant y \leqslant x-1\}$,则 $D_R \xrightarrow[R \to +\infty]{} D$,

于是 $\displaystyle\iint_D \frac{\sqrt{1+y}}{x^3}\mathrm{d}x\mathrm{d}y = \lim_{R \to +\infty} \iint_{D_R} \frac{\sqrt{1+y}}{x^3}\mathrm{d}x\mathrm{d}y = \lim_{R \to +\infty} \int_1^R \frac{1}{x^3}\mathrm{d}x \int_{-1}^{x-1} \sqrt{1+y}\,\mathrm{d}y$

$$= \lim_{R \to +\infty} \frac{2}{3}\int_1^R \frac{1}{x^3}\left[(1+y)^{3/2}\,\bigg|_{-1}^{x-1} \right]\mathrm{d}x = \frac{2}{3}\lim_{R \to +\infty} \int_1^R x^{-3/2}\mathrm{d}x$$

$$= -\frac{4}{3}\lim_{R\to+\infty}(x^{-1/2}\big|_1^R) = -\frac{4}{3}\lim_{R\to+\infty}\left(\frac{1}{\sqrt{R}}-1\right) = \frac{4}{3}.$$

【例 11】 求广义积分 $\displaystyle\iint_D \frac{1}{(1+x)^2}\mathrm{d}x\mathrm{d}y, D = \{(x,y) \mid x \geqslant y^2\}$.

解： $\forall R > 0$，设 $D_R = \{(x,y) \mid y^2 \leqslant x \leqslant R\}$，则 $D_R \xrightarrow[R\to+\infty]{} D$，

于是　原式 $= \displaystyle\lim_{R\to+\infty}\iint_{D_R}\frac{1}{(1+x)^2}\mathrm{d}x\mathrm{d}y = \lim_{R\to+\infty}\int_{-\sqrt{R}}^{\sqrt{R}}\mathrm{d}y\int_{y^2}^{R}\frac{1}{(1+x)^2}\mathrm{d}x$

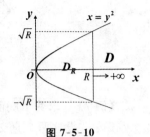

图 7-5-10

$$= \lim_{R\to+\infty}\int_{-\sqrt{R}}^{\sqrt{R}}\left(-\frac{1}{1+x}\bigg|_{y^2}^R\right)\mathrm{d}y = \lim_{R\to+\infty}\int_{-\sqrt{R}}^{\sqrt{R}}\left(-\frac{1}{1+R}+\frac{1}{1+y^2}\right)\mathrm{d}y$$

$$= \lim_{R\to+\infty}\left(-\frac{2\sqrt{R}}{1+R}+\arctan y\big|_{-\sqrt{R}}^{\sqrt{R}}\right) = \lim_{R\to+\infty}(2\arctan\sqrt{R}) = \pi.$$

【注】 （i）如若改变积分次序，则下式看出解题比上面困难：

$$原式 = \lim_{R\to+\infty}\iint_{D_R}\frac{1}{(1+x)^2}\mathrm{d}x\mathrm{d}y = \lim_{R\to+\infty}\int_0^R\mathrm{d}x\int_{-\sqrt{x}}^{\sqrt{x}}\frac{1}{(1+x)^2}\mathrm{d}y = \lim_{R\to+\infty}\int_0^R\frac{2\sqrt{x}}{(1+x)^2}\mathrm{d}x.$$

（ii）若设 $D_R = \{(x,y) \mid y^2 \leqslant x, \sqrt{x^2+y^2} \leqslant R\}$，则 $D_R \xrightarrow[R\to+\infty]{} D$. 但应用极坐标时，曲线 $y^2 = x$ 的极坐标方程为 $r = \cot\theta\csc\theta$. 虽有 $r\mathrm{d}\theta = \cot\theta\csc\theta\mathrm{d}\theta = -\mathrm{d}\csc\theta$，但为确定 θ 的变化范围，需要解方程 $r = \cot\theta\csc\theta$，但其解表达式较复杂，故此法也不可取.

第八章　无穷级数

一、常数项级数

（一）内容概述与归纳

1. 级数及其敛散性的概念

（1）【定义 1】　将给定的排成列的无穷个数

$$u_1,\ u_2,\ \cdots,\ u_n,\ \cdots \tag{$*$}$$

连加在一起后称为一个无穷级数,简称为级数,记为 $\sum\limits_{n=1}^{\infty}u_n$,此时理解为一个符号,即

$$\sum_{n=1}^{\infty}u_n = u_1 + u_2 + u_3 + \cdots + u_n + \cdots \tag{$**$}$$

其中 u_n 称为级数的通项或一般项.级数（$**$）常简记为 $\sum u_n$,其前 n 项的和式

$$\sum_{i=1}^{n}u_i = u_1 + u_2 + \cdots + u_n$$

称为级数的 n 次部分和,通常记为 S_n,即 $S_n = \sum\limits_{i=1}^{n}u_i$.

依次按 $n = 1,2,3,\cdots$ 取级数的部分和得到一数列:

$$S_1 = u_1,\ S_2 = u_1 + u_2,\ \cdots,\ S_n = u_1 + u_2 + \cdots + u_n,\ \cdots$$

称为级数（$**$）的部分和数列.

反之,若给定数列 $\{S_n\}$,令

$$u_1 = S_1,\ u_2 = S_2 - S_1,\ \cdots,\ u_n = S_n - S_{n-1},\ \cdots$$

由此得一级数 $\sum\limits_{n=1}^{\infty}u_n$,注意到该级数的部分和列就是 $\{S_n\}$.

上述的关系 $S_n = \sum\limits_{i=1}^{n}u_i (\forall n \in \mathbf{N}^+)$ 确定一个数列与级数间的一一映射:

$$\{S_n\}_{n=1}^{\infty} \mapsto \sum_{i=1}^{\infty}u_i,$$

这说明数列和级数是一一对应的.于是级数的任何性质都可以写成数列的形式,反之亦然.但是,之所以采用级数形式研究问题是因为级数的表达比起数列的表达有着其显著的优越性.

（2）级数的收敛与发散

【定义 2】　如果级数 $\sum\limits_{n=1}^{\infty}u_n$ 的部分和数列 S_n 有极限 S,即 $\lim\limits_{n\to\infty}S_n = S$,那么称无穷级数 $\sum\limits_{n=1}^{\infty}u_n$ 是收敛的,这时极限 S 叫做级数的和,记为

$$S = \sum_{n=1}^{\infty}u_n = u_1 + u_2 + \cdots + u_3 + \cdots$$

如果数列 S_n 发散(没有极限),那么称无穷级数 $\sum\limits_{n=1}^{\infty} u_n$ 是发散的.

数列($*$)从第 $n+1$ 项后排成列的无穷个数组成的级数

$$\sum_{i=1}^{\infty} u_{n+i} = u_{n+1} + u_{n+2} + \cdots$$

称为级数($**$)的 n 次余式或余项,此时也理解为一个符号,常记为 r_n,即 $r_n = \sum\limits_{i=1}^{\infty} u_{n+i}$.

当级数($**$)收敛时,当 n 足够大时 $S_n \approx S$,误差为 $|r_n|$,其中 $\lim\limits_{n\to\infty} r_n = \lim\limits_{n\to\infty}(S - S_n) = 0$.

【例A】　讨论下面等比级数(几何级数)的敛散性:

$$\sum_{n=0}^{\infty} aq^n = a + aq + aq^2 + \cdots + aq^n + \cdots (a \neq 0,\ |q| \neq 1).$$

解:　因为 $|q| \neq 1$,所以

$$S_n = a + aq + aq^2 + \cdots + aq^{n-1} = \frac{a - aq^n}{1-q} = \frac{a}{1-q} - \frac{aq^n}{1-q}.$$

当 $|q| < 1$ 时,因为 $\lim\limits_{n\to\infty} q^n = 0$,所以 $\lim\limits_{n\to\infty} S_n = \dfrac{a}{1-q}$,从而原级数收敛;

当 $|q| > 1$ 时,因为 $\lim\limits_{n\to\infty} q^n = \infty$,所以 $\lim\limits_{n\to\infty} S_n = \infty$,从而原级数发散.

【小结】　$\sum\limits_{n=0}^{\infty} aq^n \xlongequal{a \neq 0} \begin{cases} \dfrac{a}{1-q}, & \text{当 } |q| < 1 \text{ 时;} \\ \infty, & \text{当 } |q| > 1 \text{ 时.} \end{cases}$

【例B】　级数 $\sum\limits_{n=1}^{\infty} \dfrac{1}{n} = 1 + \dfrac{1}{2} + \dfrac{1}{3} + \cdots + \dfrac{1}{n} + \cdots$ 称为调和级数,试证明其发散.

证1:　用反证法,假设调和级数收敛且其和为 s,则有 $\lim\limits_{n\to\infty}(S_{2n} - S_n) = s - s = 0$. 然而

$$S_{2n} - S_n = \frac{1}{n+1} + \frac{1}{n+2} + \cdots + \frac{1}{2n} \overset{(n\text{项})}{>} \frac{1}{2n} + \frac{1}{2n} + \cdots + \frac{1}{2n} = \frac{1}{2},$$

由此得 $0 = \lim\limits_{n\to\infty}(S_{2n} - S_n) \geq \dfrac{1}{2} > 0$,矛盾. 所设为误,所以调和级数是发散的.

证2:　将调和级数的所有项按下式进行加括号(2^m 项有 m 个括号):

$$\sum_{n=1}^{\infty} \frac{1}{n} = \left(1 + \frac{1}{2}\right) + \cdots + \left(\frac{1}{2^{m-1}+1} + \frac{1}{2^{m-1}+2} + \cdots + \frac{1}{2^m}\right) + \cdots$$

由于每个括号内各项之和 $\geq \dfrac{1}{2}$,故　$S_{2^m} = \sum\limits_{n=1}^{2^m} \dfrac{1}{n} \geq \dfrac{m}{2} \xrightarrow[m\to+\infty]{} +\infty$,

所以原级数的部分和列发散,从而调和级数发散.

【例C】　讨论 p 级数的敛散性($p > 0$):

$$\sum_{n=1}^{\infty} \frac{1}{n^p} = 1 + \frac{1}{2^p} + \frac{1}{3^p} + \cdots + \frac{1}{n^p} + \cdots$$

解:　设 $p \leq 1$,则由于级数 $\sum\limits_{n=1}^{\infty} \dfrac{1}{n}$ 发散立得知原级数的部分和

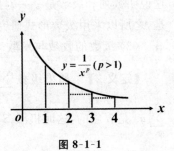

图 8-1-1

$$S_n = \sum_{k=1}^{n} \frac{1}{k^p} \geq \sum_{k=1}^{n} \frac{1}{k} \xrightarrow[n\to+\infty]{} +\infty,$$

所以 p 级数发散.

设 $p>1$. 当 $k-1\leqslant x\leqslant k$ 时,有 $\dfrac{1}{k^p}\leqslant\displaystyle\int_{k-1}^{k}\dfrac{\mathrm{d}x}{x^p}(\forall k)$,故

$$S_n=\sum_{k=1}^{n}\frac{1}{k^p}\leqslant 1+\sum_{k=1}^{n-1}\int_{k}^{k+1}\frac{\mathrm{d}x}{x^p}=1+\int_{1}^{n}\frac{\mathrm{d}x}{x^p}=1+\frac{1}{p-1}\Big(1-\frac{1}{n^{p-1}}\Big)<1+\frac{1}{p-1},$$

即 S_n 有界,根据级数收敛的充要条件,p - 级数收敛.

【小结】 p - 级数 $\displaystyle\sum_{n=1}^{\infty}\frac{1}{n^p}\Rightarrow\begin{cases}\text{当 }p>1\text{ 时,收敛;}\\\text{当 }p\leqslant 1\text{ 时,发散.}\end{cases}$

【例 D】 容易看出级数 $\displaystyle\sum_{n=0}^{\infty}(-1)^n=1-1+1-1+\cdots+1-1+\cdots\cdots$ 的部分和列为

$S_n=\begin{cases}1,\text{当 }n\text{ 为奇数时;}\\0,\text{当 }n\text{ 为偶数时,}\end{cases}$ 显然为发散列,故级数 $\displaystyle\sum_{n=0}^{\infty}(-1)^n$ 发散.

但所给级数按下式加括号后的级数(通项为 $u_k=(-1)^{2k-2}+(-1)^{2k-1}$)

$$\sum_{k=1}^{\infty}\big[(-1)^{2k-2}+(-1)^{2k-1}\big]=(1-1)+(1-1)+\cdots+(1-1)+\cdots$$

部分和列为 $S_n=0$,显然收敛于 0,所以上面加括号级数收敛于 0.

2. 常数项级数的基本性质

【性质 1°】 线性:k_1、k_2 为常数,$\displaystyle\sum_{n=1}^{\infty}u_n$、$\displaystyle\sum_{n=1}^{\infty}v_n$ 收敛 $\Rightarrow\displaystyle\sum_{n=1}^{\infty}(k_1u_n+k_2v_n)=k_1\sum_{n=1}^{\infty}u_n+k_2\sum_{n=1}^{\infty}v_n.$

【推论】 若 $\displaystyle\sum_{n=1}^{\infty}u_n$ 收敛,而 $\displaystyle\sum_{n=1}^{\infty}v_n$ 发散,则 $\displaystyle\sum_{n=1}^{\infty}(u_n\pm v_n)$ 发散.

【性质 2°】 改变级数任意有限项的值不影响级数的敛散性.

【性质 3°】 级数重组(加括号):(i) 收敛级数加上括号后形成级数仍然收敛.

(ii) 加上括号后形成的级数发散 $\Longrightarrow$ 原级数发散.

(iii) 加上括号后形成的级数收敛 $\Longrightarrow\!\!\!\!/$ 原级数收敛(参看例 D).

(iv) 对于正项级数,加上括号后形成的级数收敛 $\Longleftrightarrow$ 原级数收敛.

【性质 4°】 (收敛的必要条件)级数 $\displaystyle\sum_{n=1}^{\infty}u_n$ 收敛 $\Rightarrow\displaystyle\lim_{n\to\infty}u_n=0.$

【推论】 (4° 的逆否命题):$u_n\not\to 0(n\to\infty)\Rightarrow\displaystyle\sum_{n=1}^{\infty}u_n$ 发散.

【注】 [例 B] 是 4° 的一个反例,它说明 4° 的逆命题不成立.

(二)解题方法与典型、综合例题

1. 根据定义判定已知级数的敛散性

$\displaystyle\sum_{k=1}^{\infty}u_n$ 收敛(对应地,发散)$\Leftrightarrow$ 部分和列 $S_n=\displaystyle\sum_{k=1}^{n}u_k$ 收敛(对应地,发散).

【例 1】 判别级数 $\dfrac{1}{3\cdot 8}+\dfrac{1}{8\cdot 13}+\cdots+\dfrac{1}{(5n-2)\cdot(5n+3)}+\cdots$ 的敛散性.

解: 因 $S_n=\dfrac{1}{5}\Big(\dfrac{1}{3}-\dfrac{1}{8}\Big)+\dfrac{1}{5}\Big(\dfrac{1}{8}-\dfrac{1}{13}\Big)+\cdots+\dfrac{1}{5}\Big(\dfrac{1}{5n-2}-\dfrac{1}{5n+3}\Big)=\dfrac{1}{5}\Big(\dfrac{1}{3}-\dfrac{1}{5n+3}\Big),$

故 $\displaystyle\lim_{n\to\infty}S_n=\lim_{n\to\infty}\dfrac{1}{5}\Big(\dfrac{1}{3}-\dfrac{1}{5n+3}\Big)=\dfrac{1}{15}$,根据定义,原级数收敛,其和为 $\dfrac{1}{15}$,即

$$\frac{1}{3 \cdot 8} + \frac{1}{8 \cdot 13} + \cdots + \frac{1}{(5n-2) \cdot (5n+3)} + \cdots = \frac{1}{15}.$$

【例2】　证明级数发散：$\dfrac{1}{3} + 1 + \dfrac{1}{3^2} + \dfrac{1}{2} + \dfrac{1}{3^3} + \dfrac{1}{3} + \dfrac{1}{3^4} + \dfrac{1}{4} + \dfrac{1}{3^5} + \cdots$

证：　因 $S_{2n+1} \geqslant S_{2n} = \dfrac{1}{3} + 1 + \dfrac{1}{3^2} + \dfrac{1}{2} + \cdots + \dfrac{1}{3^n} + \dfrac{1}{n} > \sum\limits_{k=1}^{n} \dfrac{1}{k} \xrightarrow[n \to \infty]{} +\infty$，故原级数发散.

2. 根据级数收敛的必要条件判定级数的发散性

先判定级数发散性可以排除进一步讨论的必要性，避免陷入无谓的运算！

【例3】　讨论级数 $\sum\limits_{n=1}^{\infty} n\sin\dfrac{\pi}{n}$ 的敛散性.

解：　下式证明了级数的通项极限不为 0，故原级数发散：

$$\lim_{n \to \infty} u_n = \lim_{n \to \infty} n\sin\frac{\pi}{n} = \pi \lim_{n \to \infty} \frac{\sin(\pi/n)}{\pi/n} = \pi \neq 0.$$

3. 利用已知等比级数和 p- 级数的敛散性解题

【例4】　试把循环小数 $2.3\overline{17} = 2.3171717\cdots$ 表示成分数的形式.

解：　$2.3\overline{17} = 2.3 + \dfrac{17}{10^3} + \dfrac{17}{10^5} + \dfrac{17}{10^7} + \cdots = 2.3 + \dfrac{17}{10^3}\sum\limits_{n=0}^{\infty}\left(\dfrac{1}{100}\right)^n$

$$\xrightarrow[\text{例A}]{\text{等比级数取和}} 2.3 + \frac{17}{10^3} \cdot \frac{1}{1 - 1/100} = \frac{1147}{495}.$$

【例5】　判别下列级数的收敛性：(1) $\sum\limits_{n=1}^{\infty} \dfrac{1}{n\sqrt{n}}$；　　　(2) $\sum\limits_{n=1}^{\infty} \dfrac{1}{\sqrt{n}}$.

解：　(1) 因为 $\sum\limits_{n=1}^{\infty} \dfrac{1}{n\sqrt{n}}$ 是 $p = \dfrac{3}{2} > 1$ 的 p- 级数，所以根据例C，级数 $\sum\limits_{n=1}^{\infty} \dfrac{1}{n\sqrt{n}}$ 收敛.

(2) 因为 $\sum\limits_{n=1}^{\infty} \dfrac{1}{\sqrt{n}}$ 是 $p = \dfrac{1}{2} < 1$ 的 p- 级数，所以根据例C，级数 $\sum\limits_{n=1}^{\infty} \dfrac{1}{\sqrt{n}}$ 发散.

4*. 一类应用定义判定级数的敛散性的习题

前面指出级数 $\sum\limits_{n=1}^{\infty} u_n$ 与其部分和列 $S_n = \sum\limits_{i=1}^{n} u_i$ 一一对应. 由此可设一类习题，如［例1］，它

将通项化为 $u_n = S_{n+1} - S_n$ 形变为 $\sum\limits_{k=1}^{\infty}(S_{k+1} - S_k)$，其 n 次部分和展开式前后项相减得

$$\sum_{k=2}^{n}(S_k - S_{k-1}) = S_n - S_1,$$

如果 $S_n \xrightarrow[n \to \infty]{} 0$，那么级数收敛于 $-S_1$. 下面是此类习题的一种较一般形式：

【特例】　设 $F(x)$ 和数列 $\{a_n\}$ 可复合为 $F(a_n)$，如果 $F(a_n) \xrightarrow[n \to \infty]{} \infty$，那么

$$\sum_{n=1}^{\infty} \frac{F(a_{n+1}) - F(a_n)}{F(a_{n+1}) \cdot F(a_n)} = \lim_{m \to \infty} \sum_{n=1}^{m} \frac{F(a_{n+1}) - F(a_n)}{F(a_{n+1}) \cdot F(a_n)} = \lim_{m \to \infty} \sum_{n=1}^{m}\left[\frac{1}{F(a_n)} - \frac{1}{F(a_{n+1})}\right]$$

$$= \lim_{m \to \infty}\left[\frac{1}{F(a_1)} - \frac{1}{F(a_{m+1})}\right] = \frac{1}{F(a_1)}.$$

第二篇第八章杂难题与综合例题的［例1］和下面［例6］可看成［特例］的几种分类.

【例6】　$\sum\limits_{n=1}^{\infty} \dfrac{1}{\sqrt{n(n+1)}(\sqrt[4]{n} + \sqrt[4]{n+1})} = \lim\limits_{m \to \infty} \sum\limits_{n=1}^{m} \dfrac{1}{\sqrt{n(n+1)}(\sqrt[4]{n} + \sqrt[4]{n+1})}$

$$= \lim_{m \to \infty} \sum_{n=1}^{m} \frac{\sqrt{n+1} - \sqrt{n}}{\sqrt{n(n+1)}} = \lim_{m \to \infty} \sum_{n=1}^{m} \left(\frac{1}{\sqrt{n}} - \frac{1}{\sqrt{n+1}} \right) = \lim_{m \to \infty} \left(1 - \frac{1}{\sqrt{m+1}} \right) = 1.$$

【习题 8.1】（常数项级数）

1. 填空题（其中 u_n 表示级数的通项公式，而 S_n 表示 n 次部分和）：

(1) 设级数 $2 - 2 + 2 - 2 + \cdots$ 则 $u_n =$ _____，此级数记为 _____，其 n 次部分和 S_n = _____，其敛散性为 _____.

(2) 级数 $1 - \frac{1}{3} + \frac{1}{3^2} - \frac{1}{3^3}, \cdots$ 则 $u_n =$ _____，此级数记为 _____，其 n 次部分和 $S_n =$ _____，其敛散性为 _____（和 $S =$ _____）.

(3) 级数 $\frac{1}{2 \cdot 5} + \frac{1}{5 \cdot 8} + \frac{1}{11 \cdot 14}, \cdots$ 则 $u_n =$ _____，此级数记为 _____，其 n 次部分和 $S_n =$ _____，其敛散性为 _____（和 $S =$ _____）.

(4) 级数 $\sum_{n=1}^{\infty} \frac{1}{n^{p-1}}$ 当 _____ 时收敛；_____ 时发散.

(5) 若 $\sum_{n=1}^{\infty} (-1)^n \left(\frac{2}{u_n} - \frac{1}{3} \right)$ 收敛，则 $\lim_{n \to \infty} u_n$ _____.

(6) 设有级数 $\frac{x^2}{2} + \frac{x^4}{4} + \frac{x^6}{8} + \cdots$ 则 $u_n =$ _____，此级数记为 _____，其 n 次部分和 S_n = _____，当 _____ 时级数收敛.

2. 判别下列级数的收敛性，若收敛，则求其和函数：

(1) $\frac{2}{5} + \frac{3}{7} + \cdots + \frac{n+1}{2n+3} + \cdots$；

(2) $\sum_{n=1}^{\infty} \frac{1}{(4n^2 - 1)}$；

(3) $\sum_{n=1}^{\infty} \frac{(3n+2)^5 - (3n-1)^5}{(9n^2 + 3n - 2)^5}$；

(4)* $\sum_{n=1}^{\infty} \left[\frac{3^n + n}{n \cdot 3^n} - \frac{3^{n+1} + n + 1}{(n+1) \cdot 3^{n+1}} \right]$.

二、正项级数

（一）内容概述与归纳

1. 正项级数的概念及其敛散性的判别

(1)**【定义】** 设级数 $\sum_{n=1}^{\infty} u_n$ 的一般项 $u_n \geqslant 0$，那么称其为正项级数.

(2) 正项级数敛散的充要条件

【定理 1】 $\sum_{n=1}^{\infty} u_n$ 收敛 $\Leftrightarrow$ 部分和列 $S_n = \sum_{k=1}^{n} u_k$ 有（上）界.

(3) 比较判别法

【定理 2】 （比较判别法的一般形式）若 $u_n \leqslant v_n (\exists N \in \mathbf{N}^+, \forall n > N)$，则

$$\sum_{n=1}^{\infty} v_n \text{ 收敛} \Rightarrow \sum_{n=1}^{\infty} u_n \text{ 收敛（通项大的级数收敛} \Rightarrow \text{通项小的级数也收敛）；}$$

$$\sum_{n=1}^{\infty} u_n \text{ 发散} \Rightarrow \sum_{n=1}^{\infty} v_n \text{ 发散（通项小的级数发散} \Rightarrow \text{通项大的级数也发散）.}$$

【**定理 3**】（比较判别法的极限形式）设 $\lim\limits_{n\to\infty}\dfrac{u_n}{v_n}=l$，那么

(i) 若 $0<l<+\infty$，则 $\sum\limits_{n=1}^{\infty}u_n$ 与 $\sum\limits_{n=1}^{\infty}v_n$ 同敛散；

(ii) 若 $l=0$，则 $\sum\limits_{n=1}^{\infty}v_n$ 收敛 $\Rightarrow \sum\limits_{n=1}^{\infty}u_n$ 收敛；

(iii) 若 $l=+\infty$，则 $\sum\limits_{n=1}^{\infty}v_n$ 发散 $\Rightarrow \sum\limits_{n=1}^{\infty}u_n$ 发散．

【**注**】　根据级数收敛必要条件，只需考虑 $u_n\to 0$、$v_n\to 0$ 的情形，此时定理各条件简述为：(i) u_n 和 v_n 是同阶无穷小量；(ii) u_n 是比 v_n 高阶的无穷小量；(iii) u_n 是比 v_n 低阶的无穷小量．

【**例 A**】*　判别级数的收敛性：$\sum\limits_{n=1}^{\infty}\left(1+\dfrac{1}{n}\right)^{-n^2}$．

解：　因 $\left(1+\dfrac{1}{n}\right)^{-n}\xrightarrow[n\to\infty]{}\dfrac{1}{e}<\dfrac{1}{2}$，故 $\exists N>0,\forall n>N,0\leqslant\left(1+\dfrac{1}{n}\right)^{-n}\leqslant\dfrac{1}{2}$，

于是
$$0\leqslant\left(1+\frac{1}{n}\right)^{-n^2}\leqslant\frac{1}{2^n},\forall n>N;$$

显然 $\sum\limits_{n=1}^{\infty}\dfrac{1}{2^n}$ 收敛，根据比较判别法，级数 $\sum\limits_{n=1}^{\infty}\left(1+\dfrac{1}{n}\right)^{-n^2}$ 收敛．

（4）比值判别法

【**定理 4**】（达朗贝尔）若 $\lim\limits_{n\to\infty}\dfrac{u_{n+1}}{u_n}=\rho$，则　　(i) 当 $\rho<1$ 时，$\sum\limits_{n=1}^{\infty}u_n$ 收敛；

(ii) 当 $\rho>1$ 时，$\sum\limits_{n=1}^{\infty}u_n$ 发散；　　　　　(iii) 当 $\rho=1$ 时，此法失效．

【**推论**】　若 $\lim\limits_{n\to\infty}\dfrac{u_{n+1}}{u_n}=\rho>1$，则 $u_n\to+\infty$，从而 $u_n\nrightarrow 0(n\to\infty)$．

（5）柯西根值判别法：

【**定理 5**】　若 $\lim\limits_{n\to\infty}\sqrt[n]{u_n}=\rho$，则 (i) 当 $\rho<1$ 时，$\sum\limits_{n=1}^{\infty}u_n$ 收敛；(ii) 当 $\rho>1$ 时，$\sum\limits_{n=1}^{\infty}u_n$ 发散；(iii) 当 $\rho=1$ 时，此法失效．

证：　若 $\rho<1$，取 $q=\dfrac{\rho+1}{2}<1$，则 $\rho<q<1$，于是由条件得 $\exists N>0,\forall n>N$，

$$\sqrt[n]{u_n}\leqslant q<1,\text{即 }0\leqslant u_n\leqslant q^n,$$

显然 $\sum\limits_{n=1}^{\infty}q^n$ 收敛，根据比较判别法，级数 $\sum\limits_{n=1}^{\infty}u_n$ 收敛．

若 $\rho>1$，取 $q=\dfrac{\rho+1}{2}>1$，则 $1<q<\rho$，于是由条件得 $\exists N>0,\forall n>N$，

$$\sqrt[n]{u_n}>q>1,\text{即 }u_n>q^n,$$

于是 $u_n\xrightarrow[n\to\infty]{}+\infty$，从而原级数发散．

【**推论**】　若 $\lim\limits_{n\to\infty}\sqrt[n]{u_n}=\rho>1$，则 $u_n\to+\infty$，从而 $u_n\nrightarrow 0(n\to\infty)$．

【**注**】　(i) 柯西根值判别法的证明用的就是例 A 的解题方法．现在例 A 可解如下：
$$\lim_{n\to\infty}\sqrt[n]{u_n}=\lim_{n\to\infty}\sqrt[n]{u_n}=\lim_{n\to\infty}\sqrt[n]{\left(1+\frac{1}{n}\right)^{-n^2}}=\lim_{n\to\infty}\left(1+\frac{1}{n}\right)^{-n}=\frac{1}{e}<1.$$

(ii) 对于严格正项级数(即 $u_n > 0, n = 1, 2, \cdots$)而言,若 $\lim\limits_{n \to +\infty} \dfrac{u_{n+1}}{u_n}$ 存在,则

$$\lim_{n \to +\infty} \sqrt[n]{u_n} = \lim_{n \to +\infty} \frac{u_{n+1}}{u_n}.$$

从这一命题可以看出这就是利用比值判别法和根式判别法审定级数的敛散性时其结论完全相同的原因所在(参看文献[9]题141).

2* 通项为无穷大量之比的几个级数的敛散性

【命题】　设 p、$a > 1$, q、$\sigma > 0$,正整数 $k \geqslant \max\{2, 1 + \sigma\}$,那么

$$a^{n!} \overset{(i)}{\succ} (kn)! \overset{(ii)}{\succ} (n!)^{1+\sigma} \overset{(iii)}{\succ} n^n \overset{(iv)}{\succ} n! \overset{(v)}{\succ} a^n \overset{(vi)}{\succ} n^p \overset{(vii)}{\succ} \ln^q n,$$

其中 $n \to \infty$ 时,上面列出的无穷大量 $A_n \succ B_n$ 表示级数 $\sum\limits_{n=1}^{\infty} \dfrac{B_n}{A_n}$ 收敛. 由此立得 $\lim\limits_{n \to \infty} \dfrac{B_n}{A_n} = 0$,从而 A_n 是比 B_n 高阶的无穷大量. 即要证下列级数收敛:

(i) $\sum\limits_{n=1}^{\infty} \dfrac{(kn)!}{a^{n!}}$;　　(ii) $\sum\limits_{n=1}^{\infty} \dfrac{(n!)^{1+\sigma}}{(kn)!}$;　　(iii) $\sum\limits_{n=1}^{\infty} \dfrac{n^n}{(n!)^{1+\sigma}}$;　　(iv) $\sum\limits_{n=1}^{\infty} \dfrac{n!}{n^n}$;

(v) $\sum\limits_{n=1}^{\infty} \dfrac{a^n}{n!}$;　　(vi) $\sum\limits_{n=1}^{\infty} \dfrac{n^p}{a^n}$;　　(vii) $\sum\limits_{n=1}^{\infty} \dfrac{\ln^q n}{n^p}$.

证:　第一章第二(二)3节已证明

$$\lim_{n \to +\infty} \frac{n}{a^n} = 0, (特别有 \lim_{n \to +\infty} \frac{n!}{a^{n!}} = 0). \tag{$*$}$$

(i) 因 $0 \leqslant \dfrac{(kn+k)!}{a^{(n+1)!}} \cdot \left(\dfrac{(kn)!}{a^{n!}}\right)^{-1} = \dfrac{(kn+k) \cdots (kn+1)}{a^{n \cdot n!}} \leqslant \dfrac{k^k (n+1)^k}{a^{n^2}} \leqslant k^k \left(\dfrac{n+1}{a^n}\right)^k (n > k)$,

故根据($*$)和夹逼定理,$\lim\limits_{n \to +\infty} \left[\dfrac{(kn+k)!}{a^{(n+1)!}} \cdot \left(\dfrac{(kn)!}{a^{n!}}\right)^{-1}\right] = 0$. 根据比值判别法,$\sum\limits_{n=1}^{\infty} \dfrac{(kn)!}{a^{n!}}$ 收敛,从而同时有 $\lim\limits_{n \to +\infty} \dfrac{(kn)!}{a^{n!}} = 0$.

(ii) 因 $\dfrac{\dfrac{[(n+1)!]^{1+\sigma}}{(kn+k)!}}{\dfrac{(n!)^{1+\sigma}}{(kn)!}} = \dfrac{1}{n^{k-(1+\sigma)}} \cdot \dfrac{\left(1 + \dfrac{1}{n}\right)^{1+\sigma}}{\left(k + \dfrac{k}{n}\right) \cdots \left(k + \dfrac{1}{n}\right)} \xrightarrow{n \to \infty} \begin{cases} 0 < 1, & \text{当 } k > 1 + \sigma; \\ \dfrac{1}{k^k} < 1, & \text{当 } k = 1 + \sigma, \end{cases}$ 故根据比值

判别法,$\sum\limits_{n=1}^{\infty} \dfrac{(n!)^{1+\sigma}}{(kn)!}$ 收敛,从而同时有 $\lim\limits_{n \to \infty} \dfrac{(n!)^{1+\sigma}}{(kn)!} = 0$.

(iii) 因 $\lim\limits_{n \to +\infty} \dfrac{(n+1)^{n+1}}{[(n+1)!]^{1+\sigma}} \cdot \left(\dfrac{n^n}{(n!)^{1+\sigma}}\right)^{-1} \overset{\overline{}}{\underset{n > 2}{=\!=\!=}} \lim\limits_{n \to +\infty} \dfrac{(1 + 1/n)^n}{(1+n)^{\sigma}} = 0$,故根据比值判别法,

$\sum\limits_{n=1}^{\infty} \dfrac{n^n}{(n!)^{1+\sigma}}$ 收敛,从而同时有 $\lim\limits_{n \to +\infty} \dfrac{n^n}{(n!)^{1+\sigma}} = 0$.

(iv) 因 $\lim\limits_{n \to +\infty} \dfrac{(n+1)!}{(n+1)^{n+1}} \cdot \left(\dfrac{n!}{n^n}\right)^{-1} = \lim\limits_{n \to +\infty} \dfrac{1}{(1+1/n)^n} = \dfrac{1}{e} < 1$,故根据比值判别法,$\sum\limits_{n=1}^{\infty} \dfrac{n!}{n^n}$

收敛,从而同时有 $\lim\limits_{n \to +\infty} \dfrac{n!}{n^n} = 0$.

(v) 因 $\lim\limits_{n \to +\infty} \dfrac{a^{n+1}}{(n+1)!} \cdot \left(\dfrac{a^n}{n!}\right)^{-1} = \lim\limits_{n \to +\infty} \dfrac{a}{n+1} = 0$,故根据比值判别法,$\sum\limits_{n=1}^{\infty} \dfrac{a^n}{n!}$ 收敛,从而同

时有 $\lim\limits_{n \to +\infty} \dfrac{a^n}{n!} = 0$.

（vi）因 $\lim\limits_{n\to+\infty}\dfrac{(n+1)^p}{a^{n+1}}\cdot\left(\dfrac{n^p}{a^n}\right)^{-1}=\lim\limits_{n\to+\infty}\dfrac{1}{a}\left(1+\dfrac{1}{n}\right)^p=\dfrac{1}{a}<1$，故根据比值判别法，$\sum\limits_{n=1}^{\infty}\dfrac{n^p}{a^n}$

收敛，从而同时有 $\lim\limits_{n\to+\infty}\dfrac{n^p}{a^n}=0$.

（vii）根据第三章第二（三）** 节几种常见无穷大量的比较【命题（iii）】，有 $\lim\limits_{n\to+\infty}\dfrac{\ln^q n}{n^\sigma}=0$

（$\forall\sigma>0$）. 下面证明级数 $\sum\limits_{n=1}^{\infty}\dfrac{\ln^q n}{n^p}$ 的收敛性不受 $\ln^q n$ 影响. 事实上，根据上式，$\forall\sigma>0$，

$\exists N\in\mathbf{N}^+$，使得当 $n>N$ 有 $0\leqslant\dfrac{\ln^q n}{n^\sigma}\leqslant 1(q>0)$. 从而若 $p>1$，记 $p=1+2\sigma$，则有

$$0\leqslant\dfrac{\ln^q n}{n^p}=\dfrac{1}{n^{1+\sigma}}\cdot\dfrac{\ln^q n}{n^\sigma}\leqslant\dfrac{1}{n^{1+\sigma}},$$

于是由 $\sum\limits_{n=1}^{\infty}\dfrac{1}{n^{1+\sigma}}$ 收敛立得 $\sum\limits_{n=1}^{\infty}\dfrac{\ln^q n}{n^p}$ 收敛.

（二）解题方法与典型、综合例题

1.应用比较判别法的一般形式时要掌握好通项 u_n 的缩放技巧

【例1】　讨论 $\sum\limits_{n=1}^{\infty}\dfrac{1}{1+\alpha^n}(\alpha>0)$ 的敛散性.

解： （i）因当 $0<\alpha<1$ 时，$u_n=\dfrac{1}{1+\alpha^n}\xrightarrow{n\to\infty}1$；当 $\alpha=1$ 时，$u_n\equiv\dfrac{1}{2}$，故当 $0<\alpha\leqslant 1$ 时一般项都不趋于 0，不满足级数收敛的必要性，所以原级数发散.

（ii）当 $\alpha>1$ 时，因 $0\leqslant u_n=\dfrac{1}{1+\alpha^n}\leqslant\dfrac{1}{\alpha^n}$. 应用比较判别法，由于级数 $\sum\dfrac{1}{\alpha^n}$ 是公比为 $q=\dfrac{1}{\alpha}<1$ 的几何级数，收敛，因此原级数收敛.

2.巧用 p- 级数的性质判断所给级数的敛散性

【例2】　判定级数的敛散性：（1）$\sum\limits_{n=1}^{\infty}\dfrac{n+2}{\sqrt{n(n^2-1)}}$；　　　　（2）$\sum\limits_{n=1}^{\infty}\arctan\dfrac{1}{n}$.

解： （1）因 $\dfrac{n+2}{\sqrt{n(n^2-1)}}\geqslant\dfrac{1}{\sqrt{n}}$，而 $p=\dfrac{1}{2}<1$ 的 p- 级数 $\sum\limits_{n=1}^{\infty}\dfrac{1}{\sqrt{n}}$ 发散，故根据比较判别法，级数 $\sum\limits_{n=1}^{\infty}\dfrac{n+2}{\sqrt{n(n^2-1)}}$ 发散.

【注】　$\dfrac{n+2}{\sqrt{n(n^2-1)}}\sim\dfrac{1}{\sqrt{n}},n\to\infty$.

（2）因 $\lim\limits_{n\to\infty}\left[\arctan\dfrac{1}{n}\cdot\left(\dfrac{1}{n}\right)^{-1}\right]=1$，故根据比较判别法，原级数与调和级数 $\sum\limits_{n=1}^{\infty}\dfrac{1}{n}$ 同敛散，而调和级数为发散的，故原级数发散.

【例3】*　讨论级数 $\sum\limits_{n=3}^{\infty}\ln^q n\cdot\sin\dfrac{1}{n^{1+\sigma}}(\sigma>0;q$ 为实数$)$ 的敛散性.

解： 根据（一）3* 命题中（vii）的证明，对任意实数 q 有

$$\lim_{n\to\infty}\frac{\ln^q n\cdot\sin\dfrac{1}{n^{1+\sigma}}}{n^{-(1+\sigma/2)}}\xlongequal[\text{替换}]{\text{等价无穷小}}\lim_{n\to\infty}\frac{\ln^q n}{n^{\sigma/2}}=0,$$

而 $\displaystyle\sum_{n=1}^{\infty}\frac{1}{n^{1+\sigma/2}}$ 为 $p=1+\dfrac{\sigma}{2}>1$ 的级数，收敛. 根据比较判别法，原级数收敛.

3. 应用比较判别法的极限形式要有无穷小量阶比较的观点

【例4】　判定级数 $\displaystyle\sum_{n=1}^{\infty}\frac{1}{3^n-n}$ 的敛散性.

解：　因 $\displaystyle\lim_{n\to\infty}\frac{1}{3^n-n}\cdot\left(\frac{1}{3^n}\right)^{-1}=\lim_{n\to\infty}\left(1-\frac{n}{3^n}\right)^{-1}=1$，故根据比较判别法，原级数与级数

$\displaystyle\sum_{n=1}^{\infty}\frac{1}{3^n}$ 同敛散. 而级数 $\displaystyle\sum_{n=1}^{\infty}\frac{1}{3^n}$ 是公比为 $\dfrac{1}{3}<1$ 的等比级数，故收敛，所以原级数收敛.

【例5】　判断级数 $\displaystyle\sum_{n=1}^{\infty}\left(1-\cos\frac{1}{n}\right)$ 的敛散性.

解：　因 $\displaystyle\lim_{n\to\infty}(1-\cos\frac{1}{n})\cdot n^2\xlongequal[\text{替换}]{\text{无穷小}}\lim_{n\to\infty}\frac{1}{2n^2}\cdot n^2=\frac{1}{2}$，故所给级数与 $\displaystyle\sum_{n=1}^{\infty}\frac{1}{n^2}$ 同敛散，于是

由 $\displaystyle\sum_{n=1}^{\infty}\frac{1}{n^2}$ 收敛即得所给级数收敛.

4. 应用比值判别法时最好牢记几种常见无穷大量的比较

参看(一)2* 中 $a^{n!}$，$(kn)!$，$(n!)^{1+\sigma}$，n^n，$n!$，a^n 等无穷大量的比较.

【例6】　讨论级数 $\displaystyle\sum_{n=1}^{\infty}\frac{a^n\cdot n!}{n^n}(a>0,a\neq\mathrm{e})$ 的敛散性.

解：　因 $\displaystyle\lim_{n\to\infty}\frac{u_{n+1}}{u_n}=\lim_{n\to\infty}\left[\frac{a^{n+1}\cdot(n+1)!}{(n+1)^{n+1}}\right]\cdot\left(\frac{a^n\cdot n!}{n^n}\right)^{-1}=\lim_{n\to\infty}\frac{a}{(1+1/n)^n}=\frac{a}{\mathrm{e}}$，故

(i) 当 $0<a<\mathrm{e}$ 时，$\dfrac{a}{\mathrm{e}}<1$，根据比值判别法，原级数收敛.

(ii) 当 $a>\mathrm{e}$ 时，$\dfrac{a}{\mathrm{e}}>1$，根据比值判别法，原级数发散.

5. 通项中含有 n 次幂式的因子时可试用根值判别法

【例7】　判定级数的敛散性：

(1) $\displaystyle\sum_{n=1}^{\infty}\frac{1}{[\ln(n+1)]^n}$；　　　(2) $\displaystyle\sum_{n=1}^{\infty}2^n\cdot\left(\frac{n}{n+1}\right)^{n^2}$；　　　(3) $\displaystyle\sum_{n=1}^{\infty}5^n\cdot\left(\frac{n}{n+1}\right)^{n^2}$.

解：　(1) 因 $\sqrt[n]{u_n}=\dfrac{1}{[\ln(n+1)]}\to 0<1\quad(n\to\infty)$，故根据根式判别法原级数收敛.

(2) 因 $\sqrt[n]{u_n}=\dfrac{2}{(1+1/n)^n}\to\dfrac{2}{\mathrm{e}}<1\quad(n\to\infty)$，故根据根式判别法原级数收敛.

(3) 因 $\sqrt[n]{u_n}=\dfrac{5}{(1+1/n)^n}\to\dfrac{5}{\mathrm{e}}>1\quad(n\to\infty)$，故根据根式判别法原级数发散.

【注】　本例如果采用比较或比值判别法，计算可能很繁琐.

【习题 8.2】(正项级数)

1.填空题(其中 u_n 表示级数的通项公式,而 S_n 表示 n 次部分和):

(1) 设 $\sum\limits_{n=1}^{\infty} 2^n u_n$ 为正项级数,若 $\lim\limits_{n\to\infty} \dfrac{u_{n+1}}{u_n} = \rho$,则根据比值判别法,当 _____ 时级数收敛;当 _____ 时级数发散.

(2) 若对任意自然数 n,$u_n \leqslant 2v_n$,若级数 $\sum\limits_{n=9}^{\infty} v_n$ 收敛;则级数 $\sum\limits_{n=1}^{\infty} 3u_n$ _____;若级数 $\sum\limits_{n=1}^{\infty} 3u_n$ 发散,则级数 $\sum\limits_{n=9}^{\infty} v_n$ _____.

(3) 如果 $u_n > 0$,且 $\lim\limits_{n\to\infty} \dfrac{u_n}{n^{-p}} = 2$,那么当实数 p _____ 时 $\sum\limits_{n=1}^{\infty} u_n$ 收敛;当实数 p _____ 时 $\sum\limits_{n=1}^{\infty} u_n$ 发散;当实数 p _____ 时 $\sum\limits_{n=1}^{\infty} (-1)^n u_n$ 绝对收敛.

2.选择填空 —— 判断级数敛散性:

(1) $\sum\limits_{n=1}^{\infty} (-2)^n \tan\dfrac{\pi}{3^n}$ (　　);　　(2) $\sum\limits_{n=1}^{\infty} \dfrac{2+(-1)^n}{2^n}$ (　　).

(A) 正项级数,收敛;　(B) 条件收敛;　(C) 绝对收敛;　(D) 发散.

3.判别级数的敛散性:

(1) $\sum\limits_{n=1}^{\infty} \dfrac{1}{3n^2-1}$;　　(2) $\sum\limits_{n=1}^{\infty} \dfrac{n+\sin n}{n^3+1}$;　　(3) $\sum\limits_{n=1}^{\infty} \left(\dfrac{n}{n+1}\right)^n$;

(4) $\sum\limits_{n=1}^{\infty} \dfrac{n^2+1}{2^n}$;　　(5) $\sum\limits_{n=1}^{\infty} \dfrac{n+1}{n^n}$;　　(6) $\sum\limits_{n=1}^{\infty} 2^n \left(\dfrac{n}{n+1}\right)^{n^2}$.

4.设级数 $\sum\limits_{n=1}^{\infty} \dfrac{n^n}{a^n \cdot n!}$ $(a>0)$,讨论数 a 与级数的敛散性的关系.

三、任意项级数

(一)内容概述与归纳

通项 u_n 可取负数也可取非负数的级数 $\sum\limits_{n=1}^{\infty} u_n$ 称为任意项级数.当我们将每一项取绝对值时,得到的级数 $\sum\limits_{n=1}^{\infty} |u_n|$ 就是正项级数,因此就可用正项级数敛散判别法判断它的敛散性.由此联想到能否通过审视级数 $\sum\limits_{n=1}^{\infty} |u_n|$ 的敛散性得以判断级数 $\sum\limits_{n=1}^{\infty} u_n$ 的敛散性.回答是部分肯定的.

1.绝对收敛与条件收敛

(1)【定义】　(i) 若 $\sum\limits_{n=1}^{\infty} |u_n|$ 收敛,称 $\sum\limits_{n=1}^{\infty} u_n$ 为绝对收敛的;

(ii) 若 $\sum\limits_{n=1}^{\infty}u_n$ 收敛,而 $\sum\limits_{n=1}^{\infty}|u_n|$ 发散,称 $\sum\limits_{n=1}^{\infty}u_n$ 为条件收敛的.

（2）敛散判别方法

【定理1】 (i) 绝对收敛级数必收敛,即: $\sum\limits_{n=1}^{\infty}|u_n|$ 收敛 $\Rightarrow$ $\sum\limits_{n=1}^{\infty}u_n$ 收敛,从而

$$\lim_{n\to\infty}\left|\frac{u_{n+1}}{u_n}\right|=\rho\left(\text{或}\lim_{n\to\infty}\sqrt[n]{u_n}=\rho\right),\quad \rho<1\Rightarrow\sum_{n=1}^{\infty}|u_n|\text{ 收敛}\Rightarrow\sum_{n=1}^{\infty}u_n\text{ 收敛}.$$

(ii) $\lim\limits_{n\to\infty}\left|\dfrac{u_{n+1}}{u_n}\right|=\rho\left(\text{或}\lim\limits_{n\to\infty}\sqrt[n]{u_n}=\rho\right),\quad \rho>1\text{ 或}+\infty\Rightarrow u_n\nrightarrow0\,(n\to\infty)\Rightarrow\sum\limits_{n=1}^{\infty}u_n\text{ 发散}.$

2.交错级数与莱布尼兹判别法

【定理2】若交错级数 $\sum\limits_{n=1}^{\infty}(-1)^n u_n\,(u_n>0;n=1,2,\cdots)$ 满足条件

(i) $u_n\geqslant u_{n+1}\,(n=1,2,3\cdots)$; (ii) $\lim\limits_{n\to\infty}u_n=0$,

那么 $\sum\limits_{n=1}^{\infty}(-1)^{n-1}u_n$ 收敛,其和 $\sum\limits_{n=1}^{\infty}(-1)^{n-1}u_n=S\leqslant u_1$,其余项的绝对值 $|r_n|\leqslant u_{n+1}$.

为方便,将满足定理2条件(i)和(ii)的级数称为莱布尼兹级数,故莱布尼兹级数必收敛.

3*.级数的柯西收敛原理

第一章给出了数列极限的柯西收敛原理,即数列 $\{S_n\}_{n=1}^{\infty}$ 为一收敛列的充分必要条件是 $\forall\varepsilon>0,\exists N>0$,使 $\forall n>N,\forall p\in\mathbf{N}^+$,恒有

$$|S_{n+p}-S_n|<\varepsilon.$$

将上述数列理解为级数的部分和列,即得级数收敛的柯西收敛原理.

【定理3】 级数 $\sum\limits_{n=1}^{\infty}u_{n+1}$ 收敛的充分必要条件是 $\forall\varepsilon>0,\exists N>0$,使得

$$|u_{n+1}+u_{n+2}+\cdots+u_{n+p}|=|S_{n+p}-S_n|<\varepsilon,\forall n>N,\forall p\in\mathbf{N}^+.$$

（二）解题方法与典型、综合例题

1.任意项级数敛散性判别的总体思路

按下述步骤(1)～(6)次序思考分析,是判别任意项级数敛散性的最有效的基本方法.

(1) $u_n\nrightarrow0(n\to\infty)\Rightarrow\sum\limits_{n=1}^{\infty}u_n$ 发散.

$$\left(\text{注}:\lim_{n\to\infty}\left|\frac{u_{n+1}}{u_n}\right|=\rho>1\text{ 或}+\infty\Rightarrow u_n\nrightarrow0.\right)$$

(2) $\sum\limits_{n=1}^{\infty}|u_n|$ 收敛 $\Rightarrow\sum\limits_{n=1}^{\infty}u_n$ 收敛(通过正项级数 $\sum|u_n|$ 判断原级数收敛性);

【注】 逆否命题: $\sum\limits_{n=1}^{\infty}u_n$ 发散 $\Rightarrow\sum\limits_{n=1}^{\infty}|u_n|$ 发散.

（3）交错级数可试用莱布尼茨判别法：u_n 单调下降 $\to 0 \Rightarrow \sum (-1)^n u_n$ 收敛　（$u_n > 0$）；

（4）可试用级数的柯西收敛原理判别级数敛散性；

（5）最后可试用敛散的定义或其他方法判别级数敛散性.

【注】　粗估级数的敛散性可试用上述第二（一）2* 节的"通项为无穷大量之比的几个级数的敛散性"的分析方法.

2．在通项趋于 0 情形下，可先判别级数是否绝对收敛

【例 1】　讨论级数敛散性：

（1）$\displaystyle\sum_{n=1}^{\infty} (-1)^n \frac{\ln n}{n^2}$；　　　　　（2）$\displaystyle\sum_{n=1}^{\infty} \frac{\sin n}{(n+1)^2}$.

解：（1）因 $|u_n| = \dfrac{(\ln n)/n^2}{1/n^{3/2}} = \dfrac{\ln n}{\sqrt{n}} \xrightarrow[n \to \infty]{} 0$，而 $\displaystyle\sum_{n=1}^{\infty} \dfrac{1}{n^{3/2}}$ 为 $p = 3/2 > 1$ 的级数，收敛.

根据比较判别法，$\sum |u_n|$ 收敛，所以原级数绝对收敛.

（2）因 $0 \leqslant \dfrac{|\sin n|}{(n+1)^2} \leqslant \dfrac{1}{n^2}$，又 $\displaystyle\sum_{n=1}^{\infty} \dfrac{1}{n^2}$ 为 $p = 2 > 1$ 的 p - 级数，故收敛. 根据比较判别法，

级数 $\displaystyle\sum_{n=1}^{\infty} \dfrac{|\sin n|}{(n+1)^2}$ 收敛，从而 $\displaystyle\sum_{n=1}^{\infty} \dfrac{\sin n}{(n+1)^2}$ 绝对收敛.

3．在通项趋于 0 情形下，非绝对收敛的交错级数可试用莱布尼茨判别法

【例 2】　判定级数的敛散性，若收敛，指出是否绝对收敛：

（1）$\displaystyle\sum_{n=2}^{\infty} \frac{(-1)^n}{\sqrt{n(n-1)}}$；　（2）$\displaystyle\sum_{n=1}^{\infty} (-1)^n \ln \frac{n}{n+1}$；　（3）$\displaystyle\sum_{n=1}^{\infty} (-1)^{n+1} \frac{2^{n^2}}{n!}$.

解：（1）因 $|u_n| = \dfrac{1}{\sqrt{n(n-1)}} \geqslant \dfrac{1}{n}$，而 $\displaystyle\sum_{n=2}^{\infty} \dfrac{1}{n}$ 为调和级数，发散. 根据比较判别法，

$\sum |u_n|$ 发散. 但 $|u_n| = \dfrac{1}{\sqrt{n(n-1)}} \geqslant \dfrac{1}{\sqrt{(n+1)n}} = |u_{n+1}| \xrightarrow[n \to \infty]{} 0$，故原级数为莱布尼兹级

数，收敛. 综上所述，原级数条件收敛.

（2）因 $|u_n| = \left| \ln \dfrac{n}{n+1} \right| = \ln \dfrac{n+1}{n} = \ln \left(1 + \dfrac{1}{n} \right) \sim \dfrac{1}{n} (n \to \infty)$，故 $\sum |u_n|$ 与 $\sum \dfrac{1}{n}$ 同

敛散. 于是由 $\sum \dfrac{1}{n}$ 发散知 $\sum |u_n|$ 发散；又，

$$|u_n| = \left| \ln \frac{n}{n+1} \right| = \ln \left(1 + \frac{1}{n} \right) \geqslant \ln \left(1 + \frac{1}{n+1} \right) \geqslant |u_{n+1}| \xrightarrow[n \to \infty]{} 0,$$

根据莱布尼兹定理，原级数 $\displaystyle\sum_{n=1}^{\infty} (-1)^n \ln \dfrac{n}{n+1} = \sum_{n=1}^{\infty} (-1)^{n-1} \ln \dfrac{n+1}{n}$ 收敛，从而条件收敛.

（3）因 $\displaystyle\lim_{n \to \infty} \left| \dfrac{u_{n+1}}{u_n} \right| = \lim_{n \to \infty} \dfrac{2^{(n+1)^2}/(n+1)!}{2^{n^2}/n!} = \lim_{n \to \infty} \dfrac{2^{2n+1}}{n+1} = +\infty$，故根据比值判别法的推论，

$u_n \nrightarrow 0 (n \to \infty)$，从而原级数发散.

4*. 常数项级数审敛法小结

I. 常数项级数审敛法列表

常数项级数 $\sum u_n = u_1 + \cdots + u_n + \cdots$		部分和列 $S_n = \sum_{k=1}^{n} u_k$

<table>
<tr><td rowspan="11">敛
散
判
别
法</td><td colspan="2">1. 收敛定义</td><td>$\sum u_k$ 收敛于 $S \xLeftrightarrow{\text{记为}} \sum u_k \xlongequal{\text{记为}} S \Longleftrightarrow \lim_{n\to\infty} S_n = S(\text{存在})$</td></tr>
<tr><td colspan="2">2. 柯西收敛原理</td><td>$\sum u_k$ 收敛 $\Longleftrightarrow \forall \varepsilon > 0, \exists N \in \mathbf{N}^+,$ 使 $\forall n > N, \forall p \in \mathbf{N}^+, |u_{n+1}+u_{n+2}+\cdots+u_{n+p}| < \varepsilon.$</td></tr>
<tr><td colspan="2">3. 收敛必要条件</td><td>$\sum u_n$ 收敛 $\Longrightarrow u_n \to 0.$ 推论：当 $n \to \infty, u_n \nrightarrow 0$，则级数发散.</td></tr>
<tr><td rowspan="5">正项级数
$(u_n > 0)$</td><td>4. 收敛充
要条件</td><td>$\sum u_n$ 收敛 $\Leftrightarrow$ 部分和列 S_n 有界.</td></tr>
<tr><td>5. 比较判
别法</td><td>$\forall n, u_n \leqslant v_n,$ (i) $\sum v_n$ 收敛 $\Rightarrow \sum u_n$ 收敛; (ii) $\sum u_n$ 发散 $\Rightarrow \sum v_n$ 发散.</td></tr>
<tr><td>5′. 比较
判别法极
限形式：</td><td>$\lim_{n\to\infty} \dfrac{u_n}{v_n} = l,$ (i) $0 < l < +\infty \Rightarrow \sum v_n, \sum u_n$ 同敛散; (ii) $l = 0, \sum v_n$ 收敛 $\Rightarrow \sum u_n$ 收敛; (iii) $l = +\infty, \sum v_n$ 发散 $\Rightarrow \sum u_n$ 发散.</td></tr>
<tr><td>6. 比值判
别法
7. 根值判
别法</td><td>$\lim_{n\to\infty} \dfrac{u_{n+1}}{u_n} = \rho$ (或 $+\infty$);　$\lim_{n\to\infty} \sqrt[n]{u_n} = \rho$ (或 $+\infty$)　$\Big\}$ 6. 或 7. $\Longrightarrow$ $\begin{cases}\text{(i) } \rho < 1 \text{ 时级数收敛;}\\ \text{(ii) } \rho > 1 (\text{含} +\infty) \text{ 时}, u_n \nrightarrow 0(n\to\infty) \\ \quad \Rightarrow \text{级数发散;} \\ \text{(iii) } \rho = 1 \text{ 时失效.}\end{cases}$</td></tr>
<tr><td>8. 积分判
别法</td><td>$f \geqslant 0$ 连续、单减，$u_n = f(n):$ $\sum u_n$ 收敛 $\Leftrightarrow \displaystyle\int_1^{+\infty} f(t)\mathrm{d}t$ 收敛 $\Leftrightarrow \lim_{x\to+\infty} \displaystyle\int_1^x f(t)\mathrm{d}t$ 存在.</td></tr>
<tr><td rowspan="3">任意项级
数</td><td>9. $\sum u_n$
绝对收敛</td><td>$\sum |u_n|$ 收敛 $(\Rightarrow \sum u_n$ 收敛$)$（注：可用 $4 \sim 8$ 判别法判断 $\sum |u_n|$ 的敛散性）.</td></tr>
<tr><td>10. 交错
级数</td><td>$\sum (-1)^n u_n, u_n > 0$；莱布尼茨定理：u_n 单降 $\to 0 \Rightarrow \sum (-1)^n u_n$ 收敛；</td></tr>
<tr><td>11. 条件
收敛</td><td>$\sum u_n$ 收敛，但 $\sum |u_n|$ 发散.</td></tr>
</table>

【注】 比较判别法常参照 p-级数 　 $\displaystyle\sum \frac{1}{n^p}$ 　 $(p > 0)$：

(i) $p > 1 \Rightarrow p$-级数收敛；

(ii) $p \leqslant 1 \Rightarrow p$-级数发散.

II. 常数项级数 $\sum u_n$ 审敛法步骤：

(1) 首先观察是否满足收敛的必要条件（若 $u_n \nrightarrow 0$，则发散）.

(2) 其次记住几个级数敛散的特殊判定方法和级数的敛散性（方便使用比较判别法）：

(i) 例如第一节（二）例 1；　　　(ii) 定积分的定义等；

(iii) 　1° 等比、等差级数；　　2° p-级数；　　3° 调和级数.

(3) 用正项级数审敛法观察 $\sum |u_n|$ 是否收敛.

(i) $|u_n|$ 为 n 次幂形式可试用柯西根式审敛法.

（此处将柯西根式审敛法放在第(i)位的原因参看第二(二)节的[例7].）

(ii) 用等价无穷小量观点直观、初步判断级数的敛散性.

(iii) 按下面"变量顺序表"选择审敛法 $(a > 1, \sigma, p, q > 0,$ 正整数 $k \geqslant \max\{2, 1+\sigma\})$：

$$a^{n!} \succ (kn)! \succ (n!)^{1+\sigma} \succ n^n \succ n! \succ a^n \succ \boxed{n^p} \;\rhd\; \ln^q n \;\rhd\; \ln^r \ln^s n \;\rhd\; \cdots$$

| ① 通项 u_n 的因子中含有上表中 a^n 以及其左方的变量，可采用比值 (D'Alembert) 判别法审敛 $\sum u_n$ 的敛散性. | ② 通项 u_n 的因子只含有上表中 n^p 以及其右方的变量，可试用比较判别法审敛 $\sum u_n$ 的敛散性. |

（参看本章第二（一）2* 节，注意在那里 $p>1$；第三章第二（三）节几种常见无穷大量的比较.）

进一步分析. 当 $n\to\infty$ 时，无穷大量比较式：$A_n \succ B_n \Rightarrow A_n \rhd B_n \Leftrightarrow \dfrac{A_n}{B_n} \to \infty$，即 A_n 是比 B_n 高阶的无穷大量. 对应情形 ①，级数 $\sum \dfrac{B_n}{A_n}$ 必（绝对）收敛；级数 $\sum \dfrac{A_n}{B_n}$ 发散.

（4）第三观察级数 $\sum u_n$ 是否为交错级数，如果是，试用莱布尼兹审敛法.

（5）上面方法无效，最后采用级数收敛定义或柯西收敛原理进行讨论.

（6）级数的求和也是证明收敛性的方法之一，可结合函数项级数求和及其他方法讨论之.

【习题 8.3】（任意项级数）

1.选择填空 —— 判断级数敛散性：

（1）$\displaystyle\sum_{n=1}^{\infty} \dfrac{2^n\sin(1/n)}{n!}$ 为（　　）；　　　（2）$\displaystyle\sum_{n=1}^{\infty} \dfrac{\cos n\pi}{n\pi}$ 为（　　）；

（3）$\displaystyle\sum_{n=1}^{\infty} \dfrac{(-1)^n}{\ln\ln(n+2)}$ 为（　　）；　（4）$\displaystyle\sum_{n=1}^{\infty} \dfrac{1}{n}\sin\dfrac{1}{n}$ 为（　　）；

（5）若 $\lim\limits_{n\to\infty}\sqrt[n]{u_n}=\rho(u_n>0)$，则 $\displaystyle\sum_{n=1}^{\infty}(-1)^n u_n$ 当 $\rho>1$ 时（　　）；当 $\rho<1$ 时（　　）；

（6）若 $\lim\limits_{n\to\infty}\dfrac{u_{n+1}}{u_n}=\rho(u_n>0)$，则 $\displaystyle\sum_{n=1}^{\infty}(-1)^n u_n$ 当 $\rho>1$ 时（　　）；当 $\rho<1$ 时（　　）；

（7）若 $\displaystyle\sum_{n=1}^{\infty}3^n u_n(u_n>0)$ 收敛，则 $\displaystyle\sum_{n=1}^{\infty}(-2)^n u_n$ 必（　　）；$\displaystyle\sum_{n=1}^{\infty}\dfrac{(-1)^n}{3^n u_n}$ 必（　　）；

（8）若 $u_n>0$，且 $\lim\limits_{n\to\infty}\dfrac{nu_n}{2n+1}=1$，则级数 $\displaystyle\sum_{n=1}^{\infty}u_n$ 必（　　），$\displaystyle\sum_{n=1}^{\infty}(-1)^n u_n$ 必（　　）；

（9）若单调列 $u_n>0$，且 $\lim\limits_{n\to\infty}\dfrac{\sqrt[n]{n}u_n}{n+1}=1$，则 $\displaystyle\sum_{n=1}^{\infty}u_n$ 必（　　），$\displaystyle\sum_{n=1}^{\infty}(-1)^n u_n$ 必（　　）.

（A）正项级数，收敛；　　（B）条件收敛；　　（C）绝对收敛；　　（D）发散.

2.判别（讨论）下列级数的敛散性（发散、条件收敛或绝对收敛）：

（1）$\displaystyle\sum_{n=1}^{\infty}(-1)^{n-1}\dfrac{1}{\sqrt{n^3-1}}$；　　（2）$\displaystyle\sum_{n=1}^{\infty}(-1)^{n-1}\dfrac{2^n}{n!}$；

（3）$\displaystyle\sum_{n=1}^{\infty}(-1)^{n-1}\dfrac{5^{n-1}}{n^5+\sin n}$；　（4）$\displaystyle\sum_{n=1}^{\infty}(-1)^{n-1}\dfrac{1}{n^{p-1}}(p>1)$；

（5）$\dfrac{1}{\ln 2}-\dfrac{1}{\sqrt{2}\ln 3}+\dfrac{1}{\sqrt{3}\ln 4}-\cdots+(-1)^{n-1}\dfrac{1}{\sqrt{n}\ln(n+1)}+\cdots$

四、幂级数和函数的幂级数展开

（一）内容概述与归纳

1. 函数项级数的基本概念

（1）【定义 1】　设 $u_1(x), u_2(x), \cdots, u_n(x), \cdots$ 是定义在集合 $X \subset \mathbf{R}$ 上的一列函数，那么

$$\sum_{n=1}^{\infty} u_n(x) = u_1(x) + u_2(x) + \cdots + u_n(x) + \cdots$$

称为定义在集合 X 上的函数项无穷级数. 其前 n 项的和式

$$S_n(x) = \sum_{k=1}^{n} u_k(x) = u_1(x) + u_2(x) + \cdots + u_n(x)$$

称为函数项级数的 n 次部分和.

（2）收敛点与收敛域：设 $x_0 \in X$，区间 $I \subset \mathbf{R}$，那么

（i）x_0 为函数项级数 $\sum\limits_{n=1}^{\infty} u_n(x)$ 的收敛点 $\Leftrightarrow \sum\limits_{n=1}^{\infty} u_n(x_0)$ 收敛；

　x_0 为函数项级数 $\sum\limits_{n=1}^{\infty} u_n(x)$ 的发散点 $\Leftrightarrow \sum\limits_{n=1}^{\infty} u_n(x_0)$ 发散.

（ii）I 为函数项级数 $\sum\limits_{n=1}^{\infty} u_n(x)$ 的收敛区间 $\Leftrightarrow \forall\, x_0 \in I, \sum\limits_{n=1}^{\infty} u_n(x_0)$ 收敛；

　I 为函数项级数 $\sum\limits_{n=1}^{\infty} u_n(x)$ 的发散区间 $\Leftrightarrow \forall\, x_0 \in I, \sum\limits_{n=1}^{\infty} u_n(x_0)$ 发散.

（3）和函数：如果函数项级数 $\sum\limits_{n=1}^{\infty} u_n(x)$ 的部分和列 $S_n(x) = \sum\limits_{k=1}^{n} u_k(x)$ 使得

$$\lim_{n \to \infty} S_n(x) = S(x), \quad \forall\, x \in I(\text{区间}),$$

即原级数在任一点 $x \in I$ 处收敛于 $S(x)$，那么称 $S(x)$ 为函数项级数在区间 I 的和函数，记为

$$S(x) = \sum_{n=1}^{\infty} u_n(x) = u_1(x) + u_2(x) + \cdots + u_n(x) + \cdots$$

在函数项级数 $\sum\limits_{n=1}^{\infty} u_n(x)$ 的收敛区间 I 里，级数

$$r_n(x) = \sum_{k=n+1}^{\infty} u_k(x) = u_{n+1}(x) + u_{n+2}(x) + u_{n+3}(x) + \cdots$$

也是收敛的，是该函数项级数的 n 次余项（函数）. 显然 $\sum\limits_{m=1}^{\infty} u_m(x) = S_n(x) + r_n(x)$，而且

$$\lim_{n \to \infty} r_n(x) = 0, \quad \forall\, x \in I.$$

【例 A】　设级数 $\sum\limits_{n=0}^{\infty} x^n = 1 + x + x^2 + \cdots$，那么

（1）当 $|x| < 1$，级数为公比绝对值 < 1 的等比级数，故绝对收敛；

（2）当 $|x| \geqslant 1$，级数一般项不趋于 0，故发散；

（3）该级数的收敛域为 $(-1, 1)$，发散域为 $(-\infty, -1] \bigcup [1, +\infty)$；

（4）根据等比级数的求和公式易得本例的和函数：

$$\sum_{n=0}^{\infty} x^n = 1 + x + x^2 + \cdots = \frac{1}{1-x}, \quad x \in (-1, 1).$$

【例 B】　求级数 $\sum \dfrac{(-1)^n}{n}\left(\dfrac{1}{1+x}\right)^n$ 的收敛域.

解：　显然 $\lim\limits_{n\to+\infty}\dfrac{|u_{n+1}(x)|}{|u_n(x)|}=\lim\limits_{n\to+\infty}\dfrac{n}{n+1}\cdot\dfrac{1}{|1+x|}=\dfrac{1}{|1+x|}\xlongequal{\text{记为}}l(x)$.用达朗贝尔判别法.

(1) 令 $l(x)<1$,得 $|1+x|>1$,于是当 $x>0$ 或 $x<-2$ 时,原级数绝对收敛.

(2) 令 $l(x)>1$,得 $|1+x|<1$,于是当 $-2<x<0$ 时,原级数发散.

(3) 令 $|1+x|=1$,得 $x=0$ 或 $x=-2$.当 $x=0$ 时,原级数为 $\sum\limits_{n=1}^{\infty}\dfrac{(-1)^n}{n}$,根据莱布尼

兹判别法,此级数收敛;当 $x=-2$ 时,原级数为 $\sum\limits_{n=1}^{\infty}\dfrac{1}{n}$,是调和级数,发散.

综上所述,级数的收敛域为 $(-\infty,-2)\bigcup[0,+\infty)$.

2.幂级数

(1)**【定义 2】**　形如

$$\sum_{n=0}^{\infty}a_n(x-x_0)^n=a_0+a_1(x-x_0)+a_2(x-x_0)^2+\cdots+a_n(x-x_0)^n+\cdots$$

的级数称为幂级数.其中 $x\in\mathbf{R}$ 为变量,常数 $a_n(n=1,2,\cdots)$ 称为系数.

当 $x_0=0$ 时,上面幂级数化为　　$\sum\limits_{n=0}^{\infty}a_nx^n=a_0+a_1x+a_2x^2+\cdots+a_nx^n+\cdots$

幂级数必有收敛点,至少 $\sum\limits_{n=0}^{\infty}a_n(x-x_0)^n$ 在 $x=x_0$ 收敛、$\sum\limits_{n=0}^{\infty}a_nx^n$ 在 $x=0$ 收敛.

(2) 幂级数的收敛半径和收敛区间

【定理 1】　(Abel 阿贝尔)如果幂级数 $\sum\limits_{n=0}^{\infty}a_nx^n$ 在 $x=x_0(x_0\neq0)$ 处收敛,则它在满足不

等式 $|x|<|x_0|$ 的一切 x 处绝对收敛;如果幂级数 $\sum\limits_{n=0}^{\infty}a_nx^n$ 在 $x=x_0$ 处发散,则它在满足不等

式 $|x|>|x_0|$ 的一切 x 处发散.

于是当幂级数在某点 $x_0\neq0$ 处收敛时,存在 $R>0$,使得幂级数在 $(-R,R)$ 内绝对收敛.称 R 为幂级数的收敛半径,而 $(-R,R)$ 称为幂级数的收敛区间.

【注】　(i) 幂级数必存在收敛半径 R(含 $+\infty$),且是唯一的.

(ii) 幂级数在收敛区间 $(-R,R)$ 的区间端点处可能收敛也可能发散.

幂级数的收敛(开)区间连同它的收敛端点所成区间称为收敛域.

(3) 收敛区间的求解

【定理 2】　对于幂级数 $\sum\limits_{n=0}^{\infty}a_nx^n,a_n\neq0(n=1,2,\cdots)$,由公式 $\rho=\lim\limits_{n\to\infty}\left|\dfrac{a_{n+1}}{a_n}\right|$(若有有限或

无限极限)可得收敛半径如下：$R=\begin{cases}\dfrac{1}{\rho}, & \rho\neq0;\\ +\infty, & \rho=0;\\ 0, & \rho=+\infty.\end{cases}$

【注】　几何示意图：

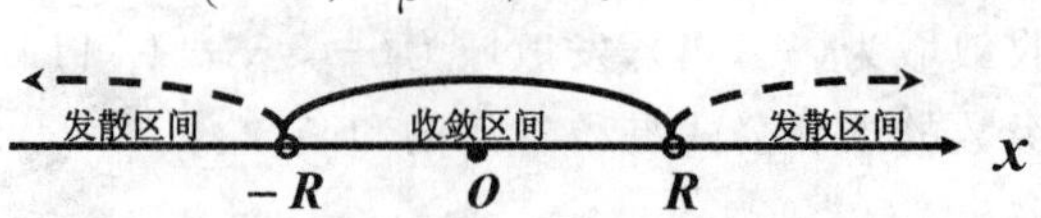

图 8-4-1

（4）幂级数的运算性质

（i）幂级数的代数运算性质

设 $\sum\limits_{n=0}^{\infty}a_nx^n$ 和 $\sum\limits_{n=0}^{\infty}b_nx^n$ 的收敛半径分别为 R_1 和 R_2，令 $R=\min\{R_1,R_2\}$，那么有着

【性质 1°】 代数和运算：$\sum\limits_{n=0}^{\infty}a_nx^n \pm \sum\limits_{n=0}^{\infty}b_nx^n = \sum\limits_{n=0}^{\infty}c_nx^n$，$x\in(-R,R)$. 其中

$$c_n=a_n\pm b_n.$$

【性质 2°】 乘法：$\left(\sum\limits_{n=0}^{\infty}a_nx^n\right)\cdot\left(\sum\limits_{n=0}^{\infty}b_nx^n\right)=\sum\limits_{n=0}^{\infty}c_nx^n$，$x\in(-R,R)$. 其中

$$c_n=\sum_{j+k=n}a_jb_k=a_0b_n+a_1b_{n-1}+\cdots+a_nb_0.$$

（ii）收敛区间内幂级数的分析运算性质

【性质 1°】 幂级数 $\sum\limits_{n=0}^{\infty}a_nx^n$ 的和函数 $S(x)$ 在收敛域 I 必连续．

【性质 2°】 幂级数的和函数 $S(x)=\sum\limits_{n=0}^{\infty}a_nx^n$ 在收敛域 I 上可积，且可逐项积分：

$$\int_0^x S(x)\mathrm{d}x=\sum_{n=0}^{\infty}\int_0^x a_nx^n\mathrm{d}x=\sum_{n=0}^{\infty}\frac{a_n}{n+1}x^{n+1}\quad(\forall x\in I),$$

逐项积分后与原级数有相同的收敛半径．

【注】 性质 1°、2° 的区域 I 可能含端点．

【性质 3°】 幂级数的和函数在收敛区间 $(-R,R)$ 内可导，且可逐项求导：

$$\left(\sum_{n=0}^{\infty}a_nx^n\right)'=\sum_{n=0}^{\infty}(a_nx^n)'=\sum_{n=1}^{\infty}na_nx^{n-1}\quad(-R<x<R),$$

逐项求导后与原级数有相同的收敛半径．

3.函数的幂级数展开

（1）泰勒（Taylor）级数

【定理 3】 如果函数 $f(x)$ 在 x_0 的某邻域 $U(x_0)$ 内有任意阶导数，且可以展开成幂级数 $f(x)=\sum\limits_{n=0}^{\infty}a_n(x-x_0)^n$，那么必有 $a_n=\dfrac{f^{(n)}(x_0)}{n!}\quad(n=0,1,2,\cdots)$.

【注】 幂级数展开式的系数特征．

【定义 3】 如果 $f(x)$ 在点 x_0 处任意阶可导，则幂级数 $\sum\limits_{n=0}^{\infty}\dfrac{f^{(n)}(x_0)}{n!}(x-x_0)^n$ 称为 $f(x)$ 在点 x_0 的泰勒级数.特别 $f(x)$ 在点 $x_0=0$ 的泰勒级数 $\sum\limits_{n=0}^{\infty}\dfrac{f^{(n)}(0)}{n!}x^n$ 称为 $f(x)$ 的麦克劳林级数.

（2）【定理 4】 （泰勒公式）如果函数 $f(x)$ 在 x_0 的某邻域 $U(x_0)$ 内具有直至 $n+1$ 阶导数，那么此邻域内的任一点 x 成立着 $f(x)=\sum\limits_{k=0}^{n}\dfrac{f^{(k)}(x_0)}{k!}(x-x_0)^k+R_n(x)$，其中拉格朗日（Lagrange）余项 $R_n(x)=\dfrac{f^{(n+1)}(\xi)}{(n+1)!}(x-x_0)^{n+1}\quad(\xi$ 介于 x 和 x_0 之间）.

【问题 1】 $f(x)$ 的泰勒级数在 $x=0$ 外是否收敛？

回答是部分肯定（部分否定）的！因为存在这样的函数 $f(x)$，其麦克劳林级数除 $x=0$ 外

处处不收敛于 $f(x)$（参看第二篇第九章杂难综合例题的【特例】）.

　　【问题 2】　按定理 4 所构造的泰勒级数在什么条件下收敛?其和函数是否在收敛域上等于所给定的函数 $f(x)$?下面的定理 5 回答了此问题.

　　(2) 函数的幂级数直接展开

　　【定理 5】　设函数 $f(x)$ 在含 x_0 的某开区间 (a,b) 内有任意阶导数,那么

$$f(x) = \sum_{n=0}^{\infty} \frac{f^{(n)}(x_0)}{n!}(x-x_0)^n \Leftrightarrow \lim_{n \to +\infty} R_n(x) = 0, \forall x \in (a,b).$$

即 $f(x)$ 对应的泰勒级数收敛于 $f(x)$ 当且仅当其拉格朗日余项趋于 0.

　　【例 C】　将 $f(x) = \cos x$ 展开成 x 的幂级数.

　　解:　　$f^{(0)}(x) = f(x) = \cos x$,　　　　　　　$f^{(0)}(0) = 1$;

$$f'(x) = -\sin x = \cos\left(x + \frac{\pi}{2}\right), \qquad f'(0) = 0;$$

$$f''(x) = -\cos x = \cos\left(x + \frac{2\pi}{2}\right), \qquad f''(0) = -1;$$

　　　　　　……　　　　　　　　　　　　　　　　　……

$$f^{(n)}(x) = \cos\left(x + \frac{n\pi}{2}\right), \qquad f^{(n)}(0) = \cos\frac{n\pi}{2};$$

　　　　　　……　　　　　　　　　　　　　　　　　……

一般有 $f^{(2n+1)}(0) = 0$、$f^{(2n)}(0) = (-1)^n$ $(n = 0,1,2\cdots)$,且

$$|f^{(n)}(x)| = \left|\cos\left(x + \frac{n\pi}{2}\right)\right| \leqslant 1, \quad \forall x \in (-\infty, +\infty).$$

根据定理 2,由于 $\forall x \in (-\infty, +\infty)$,拉格朗日余式($\xi$ 介于 x 和 0 之间)

$$|R_n(x)| = \frac{|f^{(n+1)}(\xi)|}{(n+1)!}|x|^{n+1} = \frac{\left|\cos\left[\xi + \frac{(n+1)\pi}{2}\right]\right|}{(n+1)!}|x|^{n+1} \leqslant \frac{|x|^{n+1}}{(n+1)!} \xrightarrow{n \to \infty} 0,$$

其中,上式右边极限为 0 根据的是 §8.2,第 3 段命题 1.所以

$$\cos x = \sum_{n=0}^{\infty} \cos\frac{n\pi}{2} \cdot \frac{x^n}{n!} = \sum_{n=0}^{\infty} \frac{(-1)^n}{(2n)!}x^{2n} \quad (-\infty < x < +\infty).$$

其展开式为 $\cos x = 1 - \frac{1}{2!}x^2 + \frac{1}{4!}x^4 - \cdots + (-1)^n \frac{x^{2n}}{(2n)!} + \cdots$　$x \in (-\infty, +\infty)$.

　　(3) 幂级数的间接展开·常用的函数展开式

　　幂级数的间接展开指从已知函数的幂级数展开式出发,应用恒等变形、变量代换的方法以及逐项求导、逐项积分等性质求出所给函数的幂级数展开式.

　　下面为常用的函数展开式

　　$1°$ $\dfrac{1}{1-x} = \sum_{n=0}^{\infty} x^n = 1 + x + x^2 + \cdots + x^n + \cdots$ $(-1 < x < 1)$;

　　$2°$ $e^x = \sum_{n=0}^{\infty} \dfrac{x^n}{n!} = 1 + \dfrac{x}{1!} + \dfrac{x^2}{2!} + \cdots + \dfrac{x^n}{n!} + \cdots$ $(-\infty < x < +\infty)$;

　　$3°$ $\sin x = \sum_{n=0}^{\infty} \dfrac{(-1)^n x^{2n+1}}{(2n+1)!} = 1 - \dfrac{1}{3!}x^3 + \cdots + \dfrac{(-1)^n x^{2n+1}}{(2n+1)!} + \cdots$ $(-\infty < x < +\infty)$;

　　$4°$ $\cos x = \sum_{n=0}^{\infty} \dfrac{(-1)^n}{(2n)!}x^{2n} = 1 - \dfrac{1}{2!}x^2 + \cdots + (-1)^n \dfrac{x^{2n}}{(2n)!} + \cdots$ $(-\infty < x < +\infty)$;

$5°\ \ln(1+x) = \sum_{n=0}^{\infty} \frac{(-1)^n}{n+1} x^{n+1} = x - \frac{1}{2} x^2 + \cdots + \frac{(-1)^n}{n+1} x^{n+1} + \cdots \quad (-1 < x \leqslant 1)$;

$6°\ \ (1+x)^a = 1 + \sum_{n=1}^{\infty} \frac{\alpha(\alpha-1)\cdots(\alpha-n+1)}{n!} x^n$

$$= 1 + \alpha x + \frac{\alpha(\alpha-1)}{2!} x^2 + \cdots + \frac{\alpha(\alpha-1)\cdots(\alpha-n+1)}{n!} x^n + \cdots \quad (-1 < x < 1).$$

【例 D】　分别用 $-x$ 和 x^2 代替 $1°$ 中的 x 立即推出：

(1) $\sum_{n=0}^{\infty} (-1)^n x^n = \frac{1}{1+x}, \quad x \in (-1,1)$；　　(2) $\sum_{n=0}^{\infty} x^{2n} = \frac{1}{1-x^2}, \quad x \in (-1,1)$.

（二）解题方法与典型、综合例题

1. 认识到存在两种收敛状态 —— 点态收敛和整区域收敛：

(1) 首先，幂级数"收敛"的概念针对的是将每一点 x_0 固定后视为一常项级数

$$\sum_{n=0}^{\infty} a_n x_0^n = a_0 + a_1 x_0 + a_2 x_0^2 + \cdots + a_n x_0^n + \cdots$$

的敛散问题，此时级数的收敛性常被称为"点态收敛"，因而常项级数的敛散判别法是基本方法，它在缺项幂级数和幂级数收敛域端点处的敛散判别中起着重要作用.

(2) 其次，幂级数敛散性有明显的区域性，从而有着"收敛半径"及"和函数"的概念. 当收敛半径为 $R(>0)$ 时，幂级数的收敛值是半径为 R 之区间上的一个函数.

2. 解题方法和注意事项

(i) 在运算过程中要注意和号跑标的调整.

(ii) 增减有限项虽然不影响级数的敛散性，但是却能使其和（函数）不同.

(iii) 直接用变量替换代用已知的（函数）幂级数展开式后，必须对其表示收敛区间的不等式进行（相同）变量替换后求出新的不等式以确定新的收敛域.

(iv) 如果级数为缺项幂级数，特别形如 $\sum_{n=0}^{\infty} a_n x^{kn}$，那么

① 可用达朗贝尔比值判别法或柯西根值判别法判断敛散性（参见［例 2］解 1）.

② 可以通过变量替换 $t = x^k$ 后化为规范型 $\sum_{n=0}^{\infty} a_n t^k$ 进行解题，题解后再用 $t = x^k$ 代回，然后按(iii) 解得收敛域（参见［例 2］解 2）.

(iv) 对规范的幂级数，一般根据定理 2 求收敛半径.

(vi) 对函数展开式逐项求导、求积分可先在开区间内进行，收敛区间不变. 如果收敛半径 $0 < R < +\infty$，那么再对 $x = \pm R$ 所对应的数项级数讨论其敛散性.

3. 典型、综合例题

【例 1】　求下列幂级数的收敛域：

(1) $\sum_{n=1}^{\infty} n! x^n$；　　　　(2) $\sum_{n=1}^{\infty} (-1)^n \frac{2n-1}{n!} x^n$；　　　　(3) $\sum_{n=0}^{\infty} \frac{3^n}{4^n \sqrt{n}} x^n$.

解：　(1) 因 $R = \lim_{n \to \infty} \frac{a_n}{a_{n+1}} = \lim_{n \to \infty} \frac{n!}{(n+1)!} = \lim_{n \to \infty} \frac{1}{n+1} = 0$，故原级数的收敛域为 $\{0\}$，即原级数仅在 $x = 0$ 处收敛.

(2) 因 $R = \lim_{n \to \infty} \left| \frac{a_n}{a_{n+1}} \right| = \lim_{n \to \infty} \frac{2n-1}{n!} \cdot \frac{(n+1)!}{2n+1} = \lim_{n \to \infty} \frac{2n-1}{2n+1} (n+1) = +\infty$，故原级数的

收敛域为 $(-\infty,+\infty)$.

（3）因 $R=\lim\limits_{n\to\infty}\dfrac{a_n}{a_{n+1}}=\lim\limits_{n\to\infty}\left(\dfrac{3^n}{4^n\sqrt{n}}\cdot\dfrac{4^{n+1}\sqrt{n+1}}{3^{n+1}}\right)=\dfrac{4}{3}$，故收敛区间为 $\left(-\dfrac{4}{3},\dfrac{4}{3}\right)$.

当 $x=\dfrac{4}{3}$ 时，原级数为 $\sum\limits_{n=0}^{\infty}\dfrac{1}{\sqrt{n}}$，这是 $p=\dfrac{1}{2}<1$ 的 $p-$ 级数，发散.

当 $x=-\dfrac{4}{3}$ 时，原级数为 $\sum\limits_{n=0}^{\infty}\dfrac{(-1)^n}{\sqrt{n}}$，其通项绝对值显然单调下降趋于 0，根据莱布尼兹判别法，此级数收敛（考虑到 $\sum\limits_{n=0}^{\infty}\dfrac{1}{\sqrt{n}}$ 发散，此时该级数为条件收敛）.

综上所述，原级数的收敛域为 $\left[-\dfrac{4}{3},\dfrac{4}{3}\right)$.

【例2】　讨论级数 $\sum\limits_{n=1}^{\infty}\dfrac{n}{2n-1}x^{3n}$ 的敛散性.

解1：　因 $\lim\limits_{n\to\infty}\left|\dfrac{u_{n+1}}{u_n}\right|=\lim\limits_{n\to\infty}\left(\dfrac{n+1}{2n+1}\right)\cdot\left(\dfrac{n}{2n-1}\right)^{-1}\cdot|x|^3=|x|^3$，故根据比值判别法，当 $|x|<1$ 时，原级数绝对收敛. 当 $|x|>1$ 时，原级数发散.

又，当 $x=\pm1$ 时，原级数为 $\sum\limits_{n=1}^{\infty}\dfrac{\pm n}{2n-1}$，其通项的绝对值 $\left|\dfrac{\pm n}{2n-1}\right|\xrightarrow[n\to\infty]{}\dfrac{1}{2}\neq0$，即其通项不趋于 0，从而此时级数发散. 综上所述，原级数的收敛域为 $(-1,1)$.

解2：　令 $t=x^3$，原级数化为（*）：$\sum\limits_{n=1}^{\infty}\dfrac{n}{2n-1}t^n$，其收敛半径为 $R=\dfrac{a_n}{a_{n+1}}=\dfrac{n}{2n-1}\left(\dfrac{n+1}{2n+1}\right)^{-1}=1$.

又，当 $t=\pm1$ 时，级数（*）为 $\sum\limits_{n=1}^{\infty}\dfrac{(\pm1)^n n}{2n-1}$，其通项的绝对值 $\left|\dfrac{(\pm1)^n n}{2n-1}\right|\xrightarrow[n\to\infty]{}\dfrac{1}{2}\neq0$，即其通项不趋于 0，从而此时级数发散. 综上所述，级数（*）的收敛域为 $(-1,1)$.

现令 $-1<t=x^3<1$，得 $-1<x<1$，所以原级数的收敛域为 $(-1,1)$.

【例3】　（1）$\dfrac{1}{2+x}=\dfrac{1}{2}\cdot\dfrac{1}{1+\dfrac{x}{2}}\overset{(4)1^\circ}{=\!=\!=}\dfrac{1}{2}\sum\limits_{n=0}^{\infty}(-1)^n\left(\dfrac{x}{2}\right)^n$

$$\overset{-1<\frac{x}{2}<1}{=\!=\!=\!=\!=}\sum\limits_{n=0}^{\infty}(-1)^n\dfrac{x^n}{2^{n+1}}\quad(-2<x<2).$$

或 $\dfrac{1}{2+x}=\dfrac{1}{1+(x+1)}\overset{(4)1^\circ}{\underset{-1<x+1<1}{=\!=\!=\!=\!=}}\sum\limits_{n=0}^{\infty}(-1)^n(x+1)^n\quad(-2<x<0).$

（2）$\dfrac{e^x+e^{-x}}{2}\overset{(4)2^\circ}{=\!=\!=}\dfrac{1}{2}\left[\sum\limits_{n=0}^{\infty}\dfrac{x^n}{n!}+\sum\limits_{n=0}^{\infty}(-1)^n\dfrac{x^n}{n!}\right]=\dfrac{1}{2}\sum\limits_{n=0}^{\infty}[1+(-1)^n]\dfrac{x^n}{n!}$

$$=\sum\limits_{n=0}^{\infty}\dfrac{x^{2n}}{(2n)!}\quad(-\infty<x<+\infty).$$

（3）根据例 C，得

$$\sin^2x=\dfrac{1}{2}(1-\cos2x)=\dfrac{1}{2}-\dfrac{1}{2}\sum\limits_{n=0}^{\infty}\dfrac{(-1)^n}{(2n)!}(2x)^{2n}\quad(-\infty<x<+\infty).$$

【例4】　求幂级数 $\sum\limits_{n=1}^{\infty}(-1)^{n-1}\dfrac{x^{2n-1}}{2n-1}$ 的和函数.

解：　令 $s(x)=\sum\limits_{n=1}^{\infty}(-1)^{n-1}\dfrac{x^{2n-1}}{2n-1}$，则两边取导数立得

$$s'(x) = \sum_{n=1}^{\infty} (-1)^{n-1} x^{2n-2} = \sum_{n=0}^{\infty} (-1)^n x^{2n} = \frac{1}{1+x^2}, \quad x \in (-1,1).$$

又因 $s(0) = 0$,故上式两边取积分得

$$s(x) = \int_0^x s'(t) \mathrm{d}t = \int_0^x \frac{1}{1+t^2} \mathrm{d}t = \arctan x, x \in (-1,1).$$

当 $x = \pm 1$ 时,原级数为莱布尼兹级数 $\pm \sum_{n=1}^{\infty} (-1)^{n-1} \frac{1}{2n-1}$,收敛. 最后得

$$\sum_{n=1}^{\infty} (-1)^{n-1} \frac{x^{2n-1}}{2n-1} = \arctan x, \quad x \in [-1,1].$$

【例 5】* 求幂级数 $\sum_{n=1}^{\infty} nx^{n-1}$ 的和函数.

解: 令 $s(x) = \sum_{n=1}^{\infty} nx^{n-1}$,两边积分得后再两边求导数得

$$\int_0^x s(t) \mathrm{d}t = \sum_{n=1}^{\infty} n \int_0^x t^{n-1} \mathrm{d}t = \sum_{n=1}^{\infty} x^n = \frac{1}{1-x} - 1 = \frac{x}{1-x}, \quad x \in (-1,1);$$

$$s(x) = \frac{\mathrm{d}}{\mathrm{d}x} \frac{x}{1-x} = \frac{1}{(1-x)^2}, \quad x \in (-1,1).$$

又当 $x = \pm 1$ 时,原级数为 $\sum_{n=1}^{\infty} n(\pm 1)^{n-1}$,其通项显然趋于 ∞,故此级数是发散的. 最后得

$$\sum_{n=1}^{\infty} nx^{n-1} = \frac{1}{(1-x)^2}, \quad x \in (-1,1).$$

【例 6】* 求 $\sum_{n=1}^{\infty} \frac{n(n+1)}{2^n}$ 的和.

解: 令 $s(x) = \sum_{n=1}^{\infty} n(n+1)x^n$,则由 $(x^{n+1})'' = (n+1)(x^n)' = n(n+1)x^{n-1}$ 得

$$s(x) = x \sum_{n=1}^{\infty} (x^{n+1})'' = x \left(\sum_{n=1}^{\infty} x^{n+1} \right)'' = x \left(x^2 \cdot \sum_{n=0}^{\infty} x^n \right)'' = x \left(\frac{x^2}{1-x} \right)'' = \frac{2x}{(1-x)^3} \quad (|x| < 1),$$

由此得 $\sum_{n=1}^{\infty} \frac{n(n+1)}{2^n} = s\left(\frac{1}{2} \right) = 8.$

【注】 用凑微分可避免逐项求积分.

【习题 8.4】(幂级数和函数的幂级数展开)

1.求下列幂级数的收敛半径或收敛域:

(1) $\sum_{n=0}^{\infty} 3^n x^n$;

(2) $\sum_{n=0}^{\infty} \frac{x^n}{5^n \sqrt{n+1}}$;

(3) $\sum_{n=0}^{\infty} n^n x^n$;

(4) $\sum_{n=0}^{\infty} (-1)^n \frac{\sqrt{n^2+1}}{n!} x^n$;

(5) $\frac{x}{1 \cdot 2} - \frac{x^2}{2 \cdot 5} + \frac{x^3}{3 \cdot 8} - \cdots$

2.求幂级数的收敛域:$\sum_{n=1}^{\infty} \frac{(x-5)^n}{\sqrt{n}}$.

3.利用"常用的函数展开式"将下列函数间接展开成幂级数:

(1) $f(x) = \dfrac{1}{2-x}$;　　　　　　(2) $f(x) = xe^{-x}$;

(3) $f(x) = (x-1)\ln x$;　　　　　(4) $f(x) = \sqrt{2}\sin\dfrac{x}{\sqrt{2}}$;

(5) $f(x) = (3+x)^a$;　　　　　　(6) $f(x) = \dfrac{1}{x^2+2x-3}$;

(7) $f(x) = \cos^2 x$.

4. 求和函数：$\displaystyle\sum_{n=1}^{\infty} n\left(-\dfrac{1}{3}\right)^{n-1}$.

5. 将函数 $f(x) = \ln(x+2)$ 展开成幂级数：

(1) 在 $x=0$ 处直接展开成幂级数；　　　(2) 利用已知函数幂级数展开式间接展开.

6. 求幂级数 $\displaystyle\sum_{n=0}^{\infty} \dfrac{x^n}{n+1}$ 的和函数.

第九章　常微分方程

一、内容概述、归纳与习题

（一）微分方程的基本概念

1.微分方程的定义

【定义 1】 含有自变量、未知函数以及未知函数的导数（或微分）的方程称为微分方程，其中所含未知函数的导数（或微分）的最高阶数称为该微分方程的阶数.阶数 $n \geqslant 2$ 时的微分方程称为高阶微分方程.

n 阶微分方程的一般形式为 $F(x, y, x', y', \cdots, y^{(n)}) = 0$.

【定义 2】 未知函数是一元函数的微分方程称为常微分方程.未知函数是多元函数的微分方程称为偏微分方程.

【例 A】 设曲线过点 $(1,1)$，且其上任意点 P 的切线 T_P 在 y 轴上截距是切点纵坐标的三倍，试建立此曲线的微分方程.

解： 设所求的曲线方程为 $y = y(x)$，$P(x,y)$ 为其上任意点，若设点 P 的切线 T_P 之动点为 (X, Y)，则

$$Y - y = y'(X - x).$$

令 $X = 0$，得切线在 y 轴上的截距为 $Y = y - xy'$，于是由题意得微分方程 $y - xy' = 3y$，即

$$xy' = -2y.$$

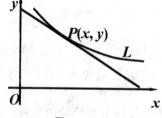

图 9-1-1

【例 B】 （指数模型，Malthus 模型）根据美国科学家发现，假定在 t 时刻人口数量为 $P(t)$，在人员既无迁入也无迁出情况下，人口的增长率与人口数量 $P(t)$ 成正比，按此建立的微分方程为（其中 r 为正数）：

$$\frac{\mathrm{d}P(t)}{\mathrm{d}t} = rP(t). \tag{$*$}$$

2.微分方程的解

【定义 3】 如果将函数 $y = y(x)$ 代入已知微分方程后能使方程成为恒等式，那么 $y = y(x)$ 称为该微分方程的（显式）解.如果微分方程的解由方程 $F(x, y) = 0$ 所确定，那么该解称为隐式解.

如果微分方程的解中包含任意常数，且独立的任意常数的个数与方程的阶数相同，那么这种形式的解称为微分方程的通解；通解中的任意常数给予确定数值所得的解称为特解；确定通解中任意常数的条件称为初始条件或定解条件.

【注】 通解不一定是方程的全部解.事实上，方程 $(x+y)y' = 0$ 有解 $y = -x$ 及 $y = C$（C 为任意常数）.后者是通解，但不包含前一个解.

【例 C】 验证下列二个含任意常数 C 的函数分别为例 A、B 中之方程的通解，并分别求出所给初始条件的特解：

(1) $y = \dfrac{C}{x^2}$；初始条件 $y\,|_{x=1} = 2$；　　(2) $P(t) = C\mathrm{e}^{rt}$；初始条件 $P\,|_{t=0} = P_0$.

解：　(1) 显然所给函数的导数 $y' = -\dfrac{2C}{x^3}$. 将它们代入原方程的左、右两边,得恒等式：

$$\text{方程 A 的左边} = xy' = -\frac{2C}{x^2} = -2y = \text{方程 A 的右边},$$

故所给函数满足方程 A. 又因为该函数含有一个任意常数,所以 $y = \dfrac{C}{x^2}$ 是一阶微分方程 A：$xy' = -2y$ 的通解.

将初始条件 $y\big|_{x=1} = 2$ 代入通解,得 $C = 2$,故所求方程 A 的特解为 $y = \dfrac{2}{x^2}$.

(2) 设 $P(t) = Ce^{rt}$,则 $\dfrac{\mathrm{d}P(t)}{\mathrm{d}t} = P'(t) = Cre^{rt}$. 将它们代入原方程的左、右两边,得恒等式：

$$\text{方程 B 的左边} = \frac{\mathrm{d}P(t)}{\mathrm{d}t} = rCe^{rt} = rP(t) = \text{方程 B 的右边},$$

所以函数 $P(x)$ 满足方程 B. 又因为该函数含有一个任意常数,所以 $P(t) = Ce^{rt}$ 是一阶微分方程 B：$\dfrac{\mathrm{d}P(t)}{\mathrm{d}t} = rP(t)$ 的通解为

$$P(t) = Ce^{rt}.$$

将初始条件 $P\big|_{t=0} = P_0$ 代入通解得 $C = P_0$,故所求方程 B 的特解为

$$P(t) = P_0 e^{rt}.$$

【例 D】　验证函数 $x = C_1\cos kt + C_2\sin kt$ 是微分方程 $\dfrac{\mathrm{d}^2 x}{\mathrm{d}t^2} + k^2 x = 0$ 的通解,其中 k 为常数,C_1,C_2 为任意常数.

解：　函数求导 $\dfrac{\mathrm{d}x}{\mathrm{d}t} = -kC_1\sin kt + kC_2\cos kt$,$\dfrac{\mathrm{d}^2 x}{\mathrm{d}t^2} = -k^2 C_1\cos kt - k^2 C_2\sin kt = -k^2 x$,代入

方程得　　　　　　$\text{微分方程左边} = \dfrac{\mathrm{d}^2 x}{\mathrm{d}t^2} + k^2 x = 0 = \text{微分方程右边}.$

又所给函数含两个任意常数,而微分方程是二阶的,故所给函数是微分方程的通解.

3. 解微分方程应用题的方法和步骤

(1) 找出事物的共性及可贯穿于全过程的规律列方程. 常用的方法：

(i) 根据几何关系、物理等自然科学规律列方程;

(ii) 根据人文、经济规律列方程;

(iii) 根据微量分析平衡关系列方程.

(2) 利用反映事物个性的特殊状态确定初始条件.

(3) 求通解,并根据初始条件确定特解.

【例 E】　某银行账户以当年余额的 3% 的年利率连续每年盈利利息. 假设最初存入的数额为 1 万元,并且这之后没有其他数额存入和取出,求账户中余额所满足的方程.

解：　设 y 为时刻 t 时的余额,并且这以后没有存入和取出,那么余额的变化率就等于利息,即"余额的增长率 = 当时余额 × 3%". 所以,有

$$\frac{\mathrm{d}y}{\mathrm{d}t} = 0.03y.$$

用初等积分法解方程如下：

$$\frac{\mathrm{d}y}{\mathrm{d}t} = 0.03y \Rightarrow \frac{\mathrm{d}y}{y} = 0.03\mathrm{d}t \quad (\text{两边积分：}) \Rightarrow \int \frac{\mathrm{d}y}{y} = 0.03\int \mathrm{d}t$$

$$\Rightarrow \ln y = 0.03t + C_1 \quad (C = \pm e^{C_1}) \Rightarrow y = Ce^{0.03t}.$$

将 $t = 0$、$y = 10000$ 代入通解得 $C = 10000$,于是在初始条件 $y\big|_{t=0} = 10000$ 下,账户中余额所满足的方程即为特解　　　　　　$y = 10000e^{0.03t}.$

【例 F】　设降落伞从跳伞塔下落后所受空气阻力与速度成正比,并设降落伞离开跳伞塔时的速度为 0,求降落伞下落速度与时间的函数关系.

解：　设时间为 t,速度为 $v = v(t)$,则初始条件为 $v|_{t=0} = 0$.根据牛顿第二定律列方程得

$$m\frac{\mathrm{d}v}{\mathrm{d}t} = mg - kv.$$

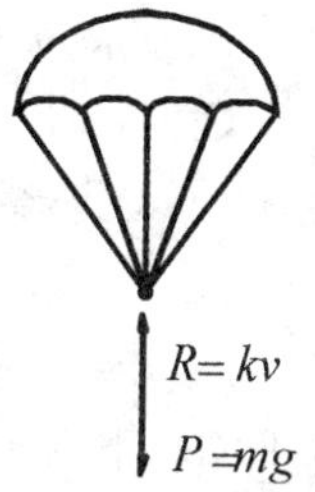

对方程分离变量,然后积分：$\displaystyle\int \frac{\mathrm{d}v}{mg - kv} = \int \frac{\mathrm{d}t}{m}$ 得

$$-\frac{1}{k}\ln(mg - kv) = \frac{t}{m} + C \quad (mg - kv > 0).$$

利用初始条件 $t = 0$,$v = 0$ 解得 $C = -\dfrac{1}{k}\ln(mg)$.代入上式后化简得特解

$$v = \frac{mg}{k}(1 - \mathrm{e}^{-\frac{k}{m}t})\left(t \text{ 足够大时 } v \approx \frac{mg}{k}\right).$$

图 9-2-1

4^{*}. 关于微分方程求解的特别说明

早在1841 年,刘维尔已证明李嘉蒂型方程

$$\frac{\mathrm{d}y}{\mathrm{d}x} + ay^2 = x^2 \quad (a > 0)$$

的解不能用初等函数的有限个积分来表示.这一点与求解不定积分类似.

进一步讨论之,不仅不是所有的微分方程都有初等函数解式,而且求解微分方程也没有一套完整的方法,也是带有探索性质的.我们一般按题目要求给出方程的解,尽管可能不是所给方程的全部解.鉴于此,在解微分方程过程中,有时会忽视某些"细节"而不做详细讨论(参看下面第(二)1节例 A、B,比如其中 $\ln|y|$ 常直接写成 $\ln y$;不写"令 $C = \pm \mathrm{e}^{C_1}$"而直接引用 C 为任意常数,等等).采取如此处理方式之原因所在是微分方程求解的核心方法是不定积分法,所以与不定积分的[特别注释]是一致的,同出一个道理：最终验证解题结果解式 $y = f(x)$ 是否正确的根本办法是计算其相关各阶导函数 $f^{(0)}(x)$,$f'(x)$,… 将它们代入原方程验证是否使方程成为恒等式,若是,解题正确!

本章拟介绍几种常见的较容易演算的微分方程类型的求解方法.

本章用 C 和带下标 C_1 等表示任意常数,文中将忽略注解"C 为任意常数"等.

【习题 9.1】(微分方程的基本概念)

1.单项选择题 —— 判断所给微分方程的阶：

(1) 方程 $2\mathrm{e}^x \mathrm{d}x + (1 + y^2)\mathrm{d}y = 0$ 是(　　)；　(2) 方程 $3x^2 + \sin(x + y) = 1$ 是(　　)；

(3) 方程 $y^{(5)} + 6y''' - 2y'' + y + 5 = 0$ 是(　　)；　(4) 方程 $y'' + y' - y = x^2 + 2$ 是(　　)；

(5) 方程 $x^3 \dfrac{\mathrm{d}y}{\mathrm{d}x} = y^4 - 1$ 是(　　)；　　　(6) 方程 $\dfrac{\mathrm{d}^4 y}{\mathrm{d}x^4} = \dfrac{1}{x+1}$ 是(　　).

A.一阶微分方程；　　　　　　　　B.二阶微分方程；

C.高阶微分方程；　　　　　　　　D.非微分方程.

2.单项选择题 —— 方程的解：

(1) 微分方程 $x^2 \mathrm{d}x + y^2 \mathrm{d}y = 0$,满足 $y|_{x=-1} = -1$ 的特解是(　　).

A. $x^3 + y^3 = -2$；　　　　　　　B. $x^3 + y^3 = 2$；

C. $x^2 + y^2 = 1$；　　　　　　　　D. $x^2 + y^2 = 2$.

(2) 微分方程 $2x\mathrm{d}x - \mathrm{sin}y\mathrm{d}y = 0$,满足 $y\,|_{x=0} = 0$ 的特解是(   ).

A. $x + \mathrm{sin}y = 0$;　　　　　　　　B. $x + \mathrm{cos}y = 0$;

C. $x^2 + \mathrm{sin}y = 1$;　　　　　　　D. $x^2 + \mathrm{cos}y = 1$.

(3) 函数 $y = Ce^x$(C 为任意常数) 是二阶线性微分方程(   ) 的解.

A. $y'' + y' + 2y = 0$;　　　　　　　B. $y'' - y' - 2y = 0$;

C. $y'' - y' + 2y = 0$;　　　　　　　D. $y'' + y' - 2y = 0$.

(4) 二阶微分方程 $y'' - y' - 6y = 0$,满足 $y\,|_{x=0} = 2$ 的特解是(   ).

A. $y = 3e^{-2x}$;　　　　　　　　B. $y = e^{2x}$;

C. $y = 2e^{-2x}$;　　　　　　　　D. $y = 2e^{2x}$.

(5) 下列函数中为二阶微分方程 $2y'' + 4y = \mathrm{sin}x$ 的解是(   ).

A. $y = \mathrm{sin}x$;　　　　　　　　B. $y = \dfrac{1}{2}\mathrm{sin}x$;

C. $y = \dfrac{1}{3}\mathrm{sin}x$;　　　　　　　D. $y = \dfrac{1}{4}\mathrm{sin}x$.

3. 验证题

(1) 验证函数 $y = Ce^{-3x} + e^{-2x}$(C 为任意常数) 为二阶微分方程 $\dfrac{\mathrm{d}y}{\mathrm{d}x} = e^{-2x} - 3y$ 的通解,并求该方程满足初始条件 $y\,|_{x=0} = 0$ 的特解.

(2) 验证函数 $y_1 = e^x, y_2 = xe^x$ 都是下面微分方程 $y'' - 2y' + y = 0$ 的解,并求该方程的通解.

(二) 一阶微分方程及其求解

1. 可分离变量方程

形如下面的微分方程(其右边两个因子分别为 x、y 的函数)

$$\frac{\mathrm{d}y}{\mathrm{d}x} = f(x)g(y)$$

称为可分离变量的微分方程. 其求解步骤如下:

(i) 分离变量:$\dfrac{1}{g(y)}\mathrm{d}y = f(x)\mathrm{d}x$,其中 $g(y) \neq 0$;

(ii) 两边积分:$\displaystyle\int \frac{1}{g(y)}\mathrm{d}y = \int f(x)\mathrm{d}x$;

(iii) 计算上述不定积分,得通解 $G(y) = F(x) + C$,其中 $G(y)$、$F(x)$ 分别是 $1/g(y)$、$f(x)$ 的一个原函数,C 为任意常数.

【例 A】　求下列微分方程的通解.

(1) $\dfrac{\mathrm{d}y}{\mathrm{d}x} = \dfrac{y}{2x}$;　　　　　　　　(2) $\dfrac{\mathrm{d}y}{\mathrm{d}x} = 3x^2\mathrm{cos}^2 y$.

解:　(1) 先分离变量得

$$2\frac{\mathrm{d}y}{y} = \frac{\mathrm{d}x}{x}　(y \neq 0),\qquad\qquad(*)$$

两边取积分 $2\displaystyle\int \frac{\mathrm{d}y}{y} = \int \frac{\mathrm{d}x}{x}$,解得 $2\ln|y| = \ln|x| + C_1$,取 $C = \pm e^{C_1}$,最后得通解

$$y^2 = Cx \quad (C \text{ 为任意常数}).$$

(2) 先分离变量得 $\dfrac{\mathrm{d}y}{\cos^2 y} = 3x^2\,\mathrm{d}x$，两边取积分 $\displaystyle\int \dfrac{\mathrm{d}y}{\cos^2 y} = \int 3x^2\,\mathrm{d}x$，最后得通解

$$\tan y = x^3 + C \quad (C \text{ 为任意常数}).$$

【注】 求解过程中的每一步不一定是同解变形，因此可能增、减解。比如(1)中(＊)处在分离变量时丢失了解 $y = 0$。但当我们令 $C = \pm e^{C_1}$ 后，若让 C 可取任意常数，则可取到0，即可补回丢失的解 $y = 0$。今后，诸如 $y \neq 0$ 的附注可不必在解题中注明。

【例 B】用分离变量法解第(一)1 节例 A、B 中的方程。

(1) $xy' = -2y$；   (2) $\dfrac{\mathrm{d}P(t)}{\mathrm{d}t} = rP(t)$。

解：解题过程简单表述如下(参看第(一)1 节[例 C])：

(1) $xy' = -2y \Rightarrow \dfrac{1}{y}\mathrm{d}y = -2\dfrac{1}{x}\mathrm{d}x$ （两边积分：）$\Rightarrow \displaystyle\int \dfrac{1}{y}\mathrm{d}y = -2\int \dfrac{1}{x}\mathrm{d}x$

$\Rightarrow \ln y = -2\ln x + C_1 (C = \pm e^{C_1}) \Rightarrow y = \dfrac{C}{x^2}$ （C 为任意常数）。

(2) $\dfrac{\mathrm{d}P(t)}{\mathrm{d}t} = rP(t) \Rightarrow \dfrac{\mathrm{d}P(t)}{P(t)} = r\mathrm{d}t$ （两边积分：）$\Rightarrow \displaystyle\int \dfrac{\mathrm{d}P(t)}{P(t)} = \int r\mathrm{d}t$

$\Rightarrow \ln P(t) = rt + C_1 (C = \pm e^{C_1}) \Rightarrow P(t) = Ce^{rt}$。

2. 齐次微分方程

(1) 齐次微分方程的概念和求解步骤

可化为形如 $\dfrac{\mathrm{d}y}{\mathrm{d}x} = f\left(\dfrac{y}{x}\right)$ 的微分方程称为齐次微分方程，其求解步骤如下：

(i) 将所给方程化为(如上)标准形式；

(ii) 作变量代换 $u = \dfrac{y}{x}$，有 $y = xu$，故 $\dfrac{\mathrm{d}y}{\mathrm{d}x} = x\dfrac{\mathrm{d}u}{\mathrm{d}x} + u$，代入原方程得 $u + x\dfrac{\mathrm{d}u}{\mathrm{d}x} = f(u)$；

(iii) 分离变量得 $\dfrac{\mathrm{d}u}{f(u) - u} = \dfrac{\mathrm{d}x}{x}$；

(iv) 两边积分，得 $\displaystyle\int \dfrac{\mathrm{d}u}{f(u) - u} = \int \dfrac{\mathrm{d}x}{x} = \ln|x| + C$；

(v) 求出函数 $\dfrac{1}{f(u) - u}$ 的一个原函数后，将 $u = \dfrac{y}{x}$ 代回，即得原方程的通解。

【例 C】 求微分方程 $\dfrac{\mathrm{d}y}{\mathrm{d}x} = -\dfrac{x}{y}$ 的通解。

解： 分离变量，得 $y\mathrm{d}y = -x\mathrm{d}x$，两边积分得 $\dfrac{1}{2}y^2 = -\dfrac{1}{2}x^2 + C_1$，即 $x^2 + y^2 = C$ 为所给方程的通解，其中 $C = 2C_1$ 为任意常数。

【例 D】 求方程 $\dfrac{\mathrm{d}y}{\mathrm{d}x} = -\dfrac{x(1+y^2)}{y(1+x^2)}$ 满足初始条件 $y|_{x=1} = 1$ 的特解。

解： 分离变量并积分 $\displaystyle\int \dfrac{y}{1+y^2}\mathrm{d}y = -\int \dfrac{x}{1+x^2}\mathrm{d}x$，解得

$$\dfrac{1}{2}\ln(1+y^2) = -\dfrac{1}{2}\ln(1+x^2) + \dfrac{1}{2}\ln C,$$

即原方程的通解为 $(1+x^2)(1+y^2) = C$ （其中 C 为任意常数。）。

由 $y|_{x=1} = 1$ 得，$C = 4$，因此，满足初始条件的特解为 $(1+x^2)(1+y^2) = 4$。

【例 E】 解齐次微分方程 $(x+y)y' - (x-y) = 0$.

解： 原方程可化为 $\dfrac{\mathrm{d}y}{\mathrm{d}x} = \dfrac{x-y}{x+y} = \dfrac{1-\dfrac{y}{x}}{1+\dfrac{y}{x}}$. 作变量代换 $u = \dfrac{y}{x}$，有 $y = xu$，故

$$\frac{\mathrm{d}y}{\mathrm{d}x} = x\frac{\mathrm{d}u}{\mathrm{d}x} + u,$$

代入上式得 $u + x\dfrac{\mathrm{d}u}{\mathrm{d}x} = \dfrac{1-u}{1+u} \Rightarrow x\dfrac{\mathrm{d}u}{\mathrm{d}x} = \dfrac{1-u}{1+u} - u = \dfrac{1-2u-u^2}{1+u}$，分离变量并积分得

$$\int \frac{\mathrm{d}x}{x} = \int \frac{1+u}{1-2u-u^2}\mathrm{d}u = -\frac{1}{2}\int \frac{\mathrm{d}(1-2u-u^2)}{1-2u-u^2},$$

即 $\ln|x| - C_1 = -\dfrac{1}{2}\ln|1-2u-u^2| \Rightarrow \ln|x^2(1-2u-u^2)| = 2C_1$，由此得

$$x^2 - 2xy - y^2 = C \quad (C \text{ 为任意常数}).$$

3. 全微分方程

设函数 $P(x,y)$ 和 $Q(x,y)$ 在一个单连通开区域 D 内具有一阶连续偏导数，对于方程式

$$P(x,y)\mathrm{d}x + Q(x,y)\mathrm{d}y = 0, \tag{$*$}$$

如果存在可微函数 $u(x,y)$ 使得在 D 内成立着

$$\mathrm{d}u(x,y) = P(x,y)\mathrm{d}x + Q(x,y)\mathrm{d}y,$$

那么方程 $(*)$ 的称为全微分方程，可记为 $\mathrm{d}u(x,y) = 0$，其通解为

$$u(x,y) = C \quad (\text{其中 } C \text{ 为任意常数}).$$

根据第六章定理 4，方程 $(*)$ 为全微分方程的充分必要条件为在 D 内恒有

$$\frac{\partial P(x,y)}{\partial y} = \frac{\partial Q(x,y)}{\partial x}. \tag{$**$}$$

这为判定方程 $(*)$ 是否为全微分方程提供有效的办法. 因此也提供了解题方法. 由于此时对 D 内适当选定点 (x_0, y_0) 有

$$u(x,y) = \int_{x_0}^{x} P(t,y)\mathrm{d}t + \int_{y_0}^{y} Q(x_0,t)\mathrm{d}t + C,$$

所以方程 $(*)$ 有通解

$$\int_{x_0}^{x} P(t,y)\mathrm{d}t + \int_{y_0}^{y} Q(x_0,t)\mathrm{d}t = C \quad \text{或} \quad \int_{x_0}^{x} P(t,y_0)\mathrm{d}t + \int_{y_0}^{y} Q(x,t)\mathrm{d}t = C.$$

【例 F】 求微分方程的通解：

(1) $(x^2 - y)\mathrm{d}x - x\mathrm{d}y = 0$;   (2) $\mathrm{e}^y \mathrm{d}x + (x\mathrm{e}^y - 2y)\mathrm{d}y = 0$.

解： (1) 设 $P = x^2 - y$，$Q = -x$，因为 $\dfrac{\partial P}{\partial y} = -1 = \dfrac{\partial Q}{\partial x}$，所以原方程为全微分方程，故

$$\int_0^x P(t,y)\mathrm{d}t - \int_0^y Q(0,t)\mathrm{d}t = \int_0^x (t^2-y)\mathrm{d}t - \int_0^y 0\mathrm{d}t = C,$$

得原方程的通解为 $\qquad\qquad \dfrac{1}{3}x^3 - xy = C.$

(2) 设 $P = \mathrm{e}^y$，$Q = x\mathrm{e}^y - 2y$，因为 $\dfrac{\partial P}{\partial y} = \mathrm{e}^y = \dfrac{\partial Q}{\partial x}$，所以原方程为全微分方程，故

$$\int_0^x P(t,y)\mathrm{d}t - \int_0^y Q(0,t)\mathrm{d}t = \int_0^x \mathrm{e}^y \mathrm{d}t - \int_0^y 2t\mathrm{d}t = C,$$

得原方程的通解为 $\qquad\qquad x\mathrm{e}^y - y^2 = C.$

4. 一阶线性微分方程

形如(其中函数 $P(x)$、$Q(x)$ 已知连续)

$$\frac{\mathrm{d}y}{\mathrm{d}x} + P(x)y = Q(x) \tag{1}$$

的方程称为一阶线性微分方程. 其相关的方程

$$\frac{\mathrm{d}y}{\mathrm{d}x} + P(x)y = 0 \tag{2}$$

称为方程(1) 所对应的齐次方程. 当 $Q(x) \not\equiv 0$ 时, 方程(1) 称为一阶非齐次线性微分方程.

一阶线性微分方程的解题分下面两步进行.

(1) 用分离变量解法求对应的齐次方程的通解, 其过程如下:

$$\frac{\mathrm{d}y}{y} = -P(x)\mathrm{d}x \Rightarrow \ln|y| = -\int P(x)\mathrm{d}x + \ln C_1 \Rightarrow y = C\mathrm{e}^{-\int P(x)\mathrm{d}x}.$$

(2) 用常数变易解法解非齐次方程:

(i) 将齐次方程(2) 的通解 $y(x) = C\mathrm{e}^{-\int P(x)\mathrm{d}x}$ 的任意常数 C 变换为待解函数 $C(x)$:

$$y(x) = C(x)\mathrm{e}^{-\int P(x)\mathrm{d}x}, \tag{$*$}$$

再代入原方程得 $\underline{C'(x)\mathrm{e}^{-\int P(x)\mathrm{d}x} = Q(x)}$, 即 $\dfrac{\mathrm{d}C(x)}{\mathrm{d}x} = Q(x)\mathrm{e}^{\int P(x)\mathrm{d}x}$;

(ii) 两端积分得(变易后的待解函数): $C(x) = \int Q(x)\mathrm{e}^{\int P(x)\mathrm{d}x}\mathrm{d}x + C$;

(iii) 代回式($*$) 得原方程的通解

$$y = \mathrm{e}^{-\int P(x)\mathrm{d}x}\left(\int Q(x)\mathrm{e}^{\int P(x)\mathrm{d}x}\mathrm{d}x + C\right). \tag{3}$$

【注】 (i) 通解(3) 的结构如下:

$$y = \underbrace{C\mathrm{e}^{-\int P(x)\mathrm{d}x}}_{\text{(齐次方程通解)}} + \underbrace{\mathrm{e}^{-\int P(x)\mathrm{d}x}\int Q(x)\mathrm{e}^{\int P(x)\mathrm{d}x}\mathrm{d}x}_{\text{(非齐次方程特解)}}. \tag{3'}$$

(ii) 解一阶非齐次线性微分方程可用上述常数变易解法, 也可直接代公式(3).

【例 G】 求方程 $y' - \dfrac{2}{x+1} \cdot y = (x+1)^3$ 的通解.

解: 由于 $P(x) = -\dfrac{2}{x+1}$, $Q(x) = (x+1)^3$, 故由公式(3) 可得

$$y = \mathrm{e}^{\int \frac{2}{x+1}\mathrm{d}x}\left[\int (x+1)^3 \mathrm{e}^{-\int \frac{2}{x+1}\mathrm{d}x}\mathrm{d}x + C\right] = (x+1)^2\left[\int (x+1)^3 \frac{1}{(x+1)^2}\mathrm{d}x + C\right]$$

$$= (x+1)^2\left[\frac{1}{2}(x+1)^2 + C\right] = \frac{1}{2}(x+1)^4 + C(x+1)^2.$$

【例 H】 求微分方程 $\dfrac{\mathrm{d}y}{\mathrm{d}x} = 2\dfrac{y}{x} + \dfrac{1}{2}x$ 的通解.

解 1: (公式法) 将 $P(x) = -\dfrac{2}{x}$, $Q(x) = \dfrac{x}{2}$ 代入公式(3) 得原方程的通解:

$$y = \mathrm{e}^{-\int P(x)\mathrm{d}x}\left(\int Q(x)\mathrm{e}^{\int P(x)\mathrm{d}x}\mathrm{d}x + C\right) = \mathrm{e}^{\int \frac{2}{x}\mathrm{d}x}\left(\int \frac{x}{2}\mathrm{e}^{-\int \frac{2}{x}\mathrm{d}x}\mathrm{d}x + C\right)$$

$$= \mathrm{e}^{\ln x^2}\left(\int \frac{1}{2x}\mathrm{d}x + C\right) = x^2 \cdot \left(\frac{1}{2}\ln|x| + C\right).$$

解 2: (常数变易法) 对应的齐次方程为 $\dfrac{\mathrm{d}y}{\mathrm{d}x} = 2\dfrac{y}{x}$. 分离变量得 $\dfrac{1}{y}\mathrm{d}y = \dfrac{2}{x}\mathrm{d}x$, 积分得

$$\int \frac{1}{y}\mathrm{d}y = 2\int \frac{1}{x}\mathrm{d}x \Rightarrow \ln|y| = 2\ln|x| + C_1 \Rightarrow y = \mathrm{e}^{C_1}x^2.$$

故齐次方程的通解为
$$y = Cx^2.$$

令 $y = C(x)x^2$，代入原方程得 $C'(x)x^2 + C(x) \cdot 2x = \frac{2}{x}C(x)x^2 + \frac{x}{2}$，即有 $C'(x) = \frac{1}{2x}$，

两边积分得 $C(x) = \frac{1}{2}\ln|x| + C$. 所以原方程的通解为 $y = x^2 \cdot \left(\frac{1}{2}\ln|x| + C\right)$.

5. 伯努利方程

形如

$$\frac{\mathrm{d}y}{\mathrm{d}x} + P(x)y = Q(x)y^n \quad (n \neq 0,1)$$

的方程称为伯努利方程. 如果令 $z = y^{1-n}$，则 $\frac{\mathrm{d}z}{\mathrm{d}x} = (1-n)y^{-n}\frac{\mathrm{d}y}{\mathrm{d}x}$，原方程解化为

$$\frac{\mathrm{d}z}{\mathrm{d}x} + (1-n)P(x)z = (1-n)Q(x),$$

这是一阶线性微分方程，已有解法，若解出此方程，则将 $z = y^{1-n}$ 代入所得的解即可得原方程解.

【例 I】 求微分方程 $\frac{\mathrm{d}y}{\mathrm{d}x} = y + xy^5$ 的通解.

解： 令 $z = y^{-4}$. 将方程两端同乘以 y^{-5} 得

$$\frac{\mathrm{d}z}{\mathrm{d}x} = -4y^{-5}\frac{\mathrm{d}y}{\mathrm{d}x}, \Rightarrow \frac{\mathrm{d}z}{\mathrm{d}x} = -4y^{-4} - 4x = -4z - 4x. \qquad (*)$$

解方程（*）对应的齐次方程：

$$\frac{\mathrm{d}z}{\mathrm{d}x} = -4z \Rightarrow \ln z = -4x + C_1 \Rightarrow z = C\mathrm{e}^{-4x}.$$

进行常数变易，令 $z = C(x)\mathrm{e}^{-4x}$，代入方程（*）得 $C'(x) = -4x\mathrm{e}^{4x}$，解得

$$C(x) = -4\int x\mathrm{e}^{4x}\mathrm{d}x = -x\mathrm{e}^{4x} + \int \mathrm{e}^{4x}\mathrm{d}x = -x\mathrm{e}^{4x} + \frac{1}{4}\mathrm{e}^{4x} + C.$$

得方程（*）的通解为 $z = C\mathrm{e}^{-4x} - x + \frac{1}{4}$，将 $z = y^{-4}$ 代入上式得原方程通解为

$$y^{-4} = C\mathrm{e}^{-4x} - x + \frac{1}{4} \quad (\text{其中 } C \text{ 为任意常数}).$$

【习题 9.2】（一阶微分方程及其求解）

1. 单项选择题 —— 微分方程类型判别：

(1) 方程 $2y\mathrm{e}^{\frac{x}{y}}\mathrm{d}x + (y-x)\mathrm{d}y = 0$ 是（　　）；　(2) 方程 $2y\mathrm{e}^x\mathrm{d}x + (1+\mathrm{e}^{2x})\mathrm{d}y = 0$ 是（　　）；

(3) 方程 $\frac{\mathrm{d}y}{\mathrm{d}x} = \frac{2y}{x+y^4}$ 是（　　）；　(4) 方程 $\frac{\mathrm{d}y}{\mathrm{d}x} = \frac{3x+2y}{x+y^4}$ 是（　　）；

(5) 方程 $yy' - x = \sqrt{x^2+2y^2}$ 是（　　）；　(6) 方程 $x\frac{\mathrm{d}y}{\mathrm{d}x} - xy = \sin\frac{y}{x}$ 是（　　）；

A. 齐次方程；　B. 可分离变量方程；　C. 一阶线性方程；　D. 以上都不是.

2. 填空题：

(1) 求解方程 $x^2\cos y\frac{\mathrm{d}y}{\mathrm{d}x} = 1$ 可分离变量化为 _____. 两边积分得 _____.

解得 _____.

(2) 求解方程 $x^2\frac{\mathrm{d}y}{\mathrm{d}x} = y^2 + xy$ 可变形为规范形式① _____. 令 _____，则有

_____．代入 ① 得_____．分离变量,两边积分得_____．解得_____

故原方程的通解为_____．

(3) 解方程 $y' = \dfrac{y + x\ln x}{x}$,可将其变形为规范形式 ① 称为_____．为求通

解,可首先对 ① 所对应的齐次方程②_____ 求解,将它分离变量得_____,

两边积分得_____．

所以,齐次方程 ② 的通解为_____ 接着采用常数变易解法,即

令③_____,将其代入原方程得_____ 于是

$C(x) = $_____．

将此式代入 ③,得原方程的通解为_____．

(4) 一阶非齐次线性方程 $\dfrac{\mathrm{d}y}{\mathrm{d}x} + P(x)y = Q(x)$ 的通解的公式为_____;用公式写

出 $y' = y + x$ 的通解为_____．

3.解答题:

(1) 求微分方程 $(5x^4 + 3xy^2 - y^3)\mathrm{d}x + (3x^2 y - 3xy^2 + y^2)\mathrm{d}y = 0$ 的通解.

(2) 解方程 $(\mathrm{e}^{x+y} - \mathrm{e}^x)\mathrm{d}x + (\mathrm{e}^{x+y} + \mathrm{e}^y)\mathrm{d}y = 0$ 的 $y(1) = 0$ 时的特解.

(3) 求微分方程 $y' = \dfrac{x}{y} + \dfrac{y}{x}$ 的通解.

(4) 求微分方程 $\dfrac{\mathrm{d}y}{\mathrm{d}x} = \dfrac{y}{x} + \sec\dfrac{y}{x}$ 的通解.

(5)(不用公式) 求方程 $\dfrac{\mathrm{d}y}{\mathrm{d}x} - \dfrac{2y}{x} = -x^3 \mathrm{e}^{x^2}$ 的通解.

4. 求微分方程 $\dfrac{\mathrm{d}y}{\mathrm{d}x} + \dfrac{y}{x} = a(\ln x)y^2 (a \neq 0)$ 的通解.

(三) 高阶微分方程

0. 预备知识

(1) 线性相关·线性无关

【定义 1】　设有定义在区间 I 上的 n 个函数 $y_i(x)$,若有不全为 0 的 n 个数 $k_i(i = 1,\cdots,n)$ 使得 $k_1 y_1(x) + k_2 y_2(x) + \cdots + k_n y_n(x) \equiv 0$,则称这 n 个函数是线性相关的,否则称为是线性无关的.

【命题】　n 个函数 $y_i(x)(i = 1,\cdots,n)$ 线性相关当且仅当

(i) 若 $n = 1$(即单个函数 $y(x)$ 在区间 I 上线性相关),则 $y \equiv 0$;且

(ii) 若 $n \geqslant 2$,则有一个 y_{i_0} 可用其他元素 $\{y_i \mid 1 \leqslant i \leqslant n, i \neq i_0\}$ 线性表示,即 $\exists n$

$\{k_i \mid 1 \leqslant i \leqslant n, i \neq i_0\}$ 使得 $y_{i_0} = \sum\limits_{1 \leqslant i \leqslant n, i \neq i_0} k_i y_i$.

【推论】　两个函数 $f(x), g(x)$ 线性相关 $\Longleftrightarrow$ $\exists$ 常数 $k \neq 0$.

$$f(x) = kg(x) \quad \text{或} \quad g(x) = kf(x).$$

【例】　在区间 $(-\infty, +\infty)$ 上,函数组 e^x, e^{-x}, e^{2x} 线性无关;而下面函数组却是线性

相关的:

$$1, \quad \cos^2 x, \quad \sin^2 x.$$

(2) 虚数与棣美弗公式

(i) 单位虚数 i 定义为 $\mathrm{i}^2 = -1$.对任意自然数 n, $\mathrm{i}^{4n} = 1$;一般有

检验员 5

$$i = \sqrt{-1}, \quad i^2 = -1, \quad i^3 = -i, \quad i^4 = 1; \quad \cdots$$

$$i^{4n+1} = \sqrt{-1}, \quad i^{4n+2} = -1, \quad i^{4n+3} = -i, \quad i^{4(n+1)} = 1.$$

(ii) 欧拉公式：$e^{ix} = \cos x + i\sin x$.

证： 用 ix 代替公式 $e^x = \sum\limits_{n=0}^{\infty} \dfrac{x^n}{n!}$ 中的 x 立得：

$$e^{ix} = \sum_{n=0}^{\infty} i^n \cdot \frac{x^n}{n!} = \sum_{n=0}^{\infty} i^{2n} \cdot \frac{x^{2n}}{(2n)!} + \sum_{n=0}^{\infty} i^{2n+1} \cdot \frac{x^{2n+1}}{(2n+1)!}$$

$$= \sum_{n=0}^{\infty} (-1)^n \frac{x^{2n}}{(2n)!} + i \cdot \sum_{n=0}^{\infty} (-1)^n \cdot \frac{x^{2n+1}}{(2n+1)!} = \cos x + i\sin x.$$

(iii) 由欧拉公式立得棣美弗公式：$(\cos x + i\sin x)^n = \cos nx + i\sin nx$.

1. 二阶常系数齐次线性微分方程及其解

形如（其中 p、q 为常数）

$$y'' + py' + qy = 0. \tag{1*}$$

的方程称为二阶常系数齐次线性微分方程. 对应的以 r 为未知量的一元二次方程

$$r^2 + pr + q = 0; \tag{2*}$$

称为微分方程 (1^*) 的特征方程.

(1)【**定理 1**】　设 $y_1(x)$、$y_2(x)$ 是齐次线性方程 (1^*) 的两个解，那么

(i)（解的线性性质）$\forall$ 常数 k_1、k_2，$y = k_1 y_1(x) + k_2 y_2(x)$ 是方程 (1^*) 的解；

(ii)（通解的结构）当 $y_1(x)$、$y_2(x)$ 线性无关时，$y = C_1 y_1 + C_2 y_2$（C_1，C_2 为任意常数）是齐次线性微分方程 (1^*) 的通解.

(2) 求解二阶常系数齐次线性微分方程的步骤：

(i) 写出微分方程 $y'' + py' + qy = 0$（p，q 为常数）的特征方程：

$$r^2 + pr + q = 0;$$

(ii) 求出特征根：r_1, r_2；

(iii) 根据下表写出微分方程的通解：（其中 C_1、C_2 为任意常数）

特征根	通解
（不等实根）$r_1 \neq r_2$	$y = C_1 e^{r_1 x} + C_2 e^{r_2 x}$
（相等实根）$r_1 = r_2 = r \ \left(r = -\dfrac{p}{2} \right)$	$y = (C_1 + C_2 x) e^{rx}$
（一对复根）$r_{1,2} = \alpha \pm i\beta$	$y = e^{\alpha x}(C_1 \cos\beta x + C_2 \sin\beta x)$

【**例 A**】　求方程 $y'' - 2y' - 3y = 0$ 的通解.

解： 原方程的特征方程为 $r^2 - 2r - 3 = 0$，特征根：$r_1 = -1, r_2 = 3$，因此原方程的通解为

$$y = C_1 e^{-x} + C_2 e^{3x}.$$

【**例 B**】　求方程 $y'' - 4y' + 5y = 0$ 的通解.

解： 特征方程为 $r^2 - 4r + 5 = 0$，特征根为 $r_{1,2} = 2 \pm i$，故原方程通解为

$$y = e^{2x}(C_1 \cos x + C_2 \sin x) \quad (C_1、C_2 \text{ 为任意常数}).$$

【**例 C**】　求解初值问题：$\dfrac{d^2 s}{dt^2} + 2\dfrac{ds}{dt} + s = 0$；$s|_{t=0} = 4$，$\dfrac{ds}{dt}\Big|_{t=0} = -2$.

解： 因特征方程 $r^2 + 2r + 1 = 0$ 有重根 $r_1 = r_2 = -1$，故原方程的通解为

$$s = (C_1 + C_2 t)\mathrm{e}^{-t}.$$

令 $t = 0$、$s = 4$ 得 $C_1 = 4$,代入上式并求导得 $\dfrac{\mathrm{d}s}{\mathrm{d}t} = (C_2 - 4 - C_2 t)\mathrm{e}^{-t}$.

再令 $t = 0$、$\dfrac{\mathrm{d}s}{\mathrm{d}t} = -2$ 得 $C_2 = 2$,于是所求初值问题的解为 $s = (4 + 2t)\mathrm{e}^{-t}$.

2. 二阶常系数非齐次线性微分方程

形如(其中 p、q 为常数)

$$y'' + py' + qy = f(x) \tag{3*}$$

的方程称为二阶常系数非齐次线性微分方程,其中 $f(x) \not\equiv 0$.

为方便,将方程(3^*)右边的 $f(x)$ 称为自由项.

(1) 二阶常系数非齐次线性微分方程解的结构

【定理 2】 (非齐次线性方程解的结构):

$$\left.\begin{array}{l} \text{非齐次线性方程}(3^*)\text{的一个特解 } y^* \\ \text{对应的齐次线性方程}(1^*)\text{的通解 } Y \end{array}\right\} \Longrightarrow y = y^* + Y \text{ 为方程}(3^*)\text{的通解}.$$

【定理 3】 (非齐次线性方程解的叠加原理)

$$\left.\begin{array}{l} y'' + py' + qy = f_1(x) \text{ 有解 } y_1^*(x) \\ y'' + py' + qy = f_2(x) \text{ 有解 } y_2^*(x) \end{array}\right\} \Longrightarrow \left\{\begin{array}{l} y = y_1^* + y_2^* \text{ 是下面方程的解} \\ y'' + py' + qy = f_1(x) + f_2(x). \end{array}\right.$$

【注】 定理 2、3 本身给出求解二阶线性微分方程的步骤:先求方程(3^*)对应齐次方程(1^*)的通解 Y,再求方程(3^*)的一个特解 y^*,于是得方程(3^*)通解 $y = Y + y^*$.

因为上一小节已介绍求解方程(3^*)对应的齐次线性方程(1^*)的通解分方法,所以问题的关键是如何求方程(3^*)的特解?下面先按自由项分两大类进行讨论,然后第二(三)节将把自由项进一步细分为几个简化类型进行特解求解讨论.

(2) 二阶常微分方程 $y'' + py' + qy = f(x)$ 按自由项 $f(x)$ 分类的求特解的方法

【类型 I】 $f(x) = P_m(x)\mathrm{e}^{\lambda x}$ 型(此类型对复(系)数也适用).

【类型 II】 $f(x) = \mathrm{e}^{\alpha x}[P_l(x)\cos\beta x + P_m(x)\sin\beta x]$ 型.

(i) 求解【类型 I】$f(x) = P_m(x)\mathrm{e}^{\lambda x}$ 的方程 $y'' + py' + qy = f(x)$,其中 λ 为实数,$P_m(x)$ 为实 m 次多项式,记为 $P_m(x) = a_m x^m + a_{m-1} x^{m-1} + \cdots + a_0$.

方程 $y'' + py' + qy = P_m(x)\mathrm{e}^{\lambda x}$ 之特解的形式(特征方程 $r^2 + pr + q = 0$)

特征根	参数 k	特解形式
λ 不是特征根	$k = 0$	$y^* = Q_m(x)\mathrm{e}^{\lambda x}$
λ 是单特征根	$k = 1$	$y^* = x \cdot Q_m(x)\mathrm{e}^{\lambda x}$
λ 是二重特征根	$k = 2$	$y^* = x^2 \cdot Q_m(x)\mathrm{e}^{\lambda x}$

【注】 (i) 上表可简言之:当 λ 是 k 重特征根时,$y^* = x^k Q_m(x)\mathrm{e}^{\lambda x}$ ($k = 0,1,2$).

(ii) 为求特解,将表格中方程的形式特解 $y^* = x^k Q_m(x)\mathrm{e}^{\lambda x}$ 及其导函数代入原方程得

$$(y^*)'' + p(y^*)' + qy^* = P_m(x)\mathrm{e}^{\lambda x}. \tag{*}$$

式$(*)$是一个以 x 为变量的恒等式,通过对比式$(*)$两边之 x 的同次数各项系数就得到一个方程(组),它的待求未知数是所设多项式 $Q_m(x) = A_m x^m + A_{m-1} x^{m-1} + \cdots + A_0$ 之待定系数

$$A_m, A_{m-1}, \cdots, A_0.$$

解得 $A_k(k=0,\cdots,m)$ 即解得 $Q_m(x)$(下同),从而可求得所需特解.

【例 D】 求方程 $y''+y'=x$ 的一个特解.

解： 原方程的特征方程为 $r^2+r=0$,其根为 $r_1=-1,r_2=0$;方程的自由项为 $f(x)=x\mathrm{e}^{0x}$,即 $m=1$;而 $\lambda=0$ 是特征单根,取 $k=1$.那么可设所求特解形为

$$y_p=(Ax+B)x\mathrm{e}^{0x}=Ax^2+Bx,$$

则 $(y_p)'=2Ax+B$;$(y_p)''=2A$;代入原方程得：

$$2A+(2Ax+B)=x,$$

比较系数,得 $2A=1$ 且 $2A+B=0$,解得 $A=\dfrac{1}{2}$,$B=-1$.于是所求特解为

$$y_P=\frac{1}{2}x^2-x.$$

【例 E】 求方程 $y''-2y'-3y=3x\mathrm{e}^{2x}$ 的一个特解.

解： 原方程的特征方程为 $r^2-2r-3=0$,其根为 $r_1=-1,r_2=3$;方程的自由项的为 $f(x)=3x\mathrm{e}^{2x}$,即 $m=1$;而 $\lambda=2$ 不是特征单根,取 $k=0$.那么可设所求特解为

$$y_p=(Ax+B)\mathrm{e}^{2x},$$

则 $(y_p)'=2(Ax+B)\mathrm{e}^{2x}+A\mathrm{e}^{2x}=2y_p+A\mathrm{e}^{2x}$;$(y_p)''=2(y_p)'+2A\mathrm{e}^{2x}=4y_p+4A\mathrm{e}^{2x}$;代入方程得：

$$(4-2)A-3(Ax+B)=3x, \tag{$*$}$$

比较系数,得 $\begin{cases}-3A=3\\-2A-3B=0\end{cases}\Longrightarrow A=-1,B=-\dfrac{2}{3}$,于是所求特解为 $y_P=\left(-x-\dfrac{2}{3}\right)\mathrm{e}^{2x}$.

【注】 恒等式($*$)可通过下面步骤得到：

将 $Q(x)=Ax+B$ 代入公式 $Q''(x)+(2\lambda+p)Q'(x)+(\lambda^2+p\lambda+q)Q(x)=P_m(x)$.

【例 F】 求方程 $y''-6y'+9y=\mathrm{e}^{3x}$ 的通解.

解： 原方程所对应的特征方程为 $r^2-6r+9=0$,其根为 $r=r_1=r_2=3$. 故原方程所对应的齐次方程 $y''-6y'+9y=0$ 的通解为

$$y_c=(C_1+C_2x)\mathrm{e}^{3x}.$$

由方程自由项 e^{3x} 取 $m=1,\lambda=3$,后者恰是特征方程的二重根,故可令原方程的特解为

$$y_p=Ax^2\mathrm{e}^{3x}.$$

将 $Q(x)=Ax^2$,$Q'(x)=2Ax$,$Q''(x)=2A$ 代入公式

$$Q''(x)+(2\lambda+p)Q'(x)+(\lambda^2+p\lambda+q)Q(x)=P_m(x)=1$$

后对比系数得 $2A=1\Rightarrow A=\dfrac{1}{2}$.于是所求特解为 $y_P=\dfrac{1}{2}x^2\mathrm{e}^{3x}$,

故所求通解为

$$y=y_c+y_p=(C_1+C_2x)\mathrm{e}^{3x}+\frac{1}{2}x^2\mathrm{e}^{3x}.$$

(ii)* 求解**【类型 II】** $f(x)=\mathrm{e}^{\lambda x}[P_l(x)\cos\omega x+P_m(x)\cos\omega x]$ 的方程

$$y''+py'+qy=\mathrm{e}^{\lambda x}[P_l(x)\cos\omega x+P_m(x)\cos\omega x]$$

其中 $P_j(x)$ 为实 j 次多项式($j=l,m$),可设特解形如：$y^*=x^k\mathrm{e}^{\lambda x}[R_n^{(1)}\cos\omega x+R_n^{(2)}\sin\omega x]$,其中 $R_n^{(1)}$、$R_n^{(1)}$ 为待定 n 次多项式,$n=\max\{l,m\}$;而 k 按 $\lambda\pm\mathrm{i}\omega$ 不是特征根,或是特征根分别取 $k=0$ 或 $k=1$.

【注】 将含待定系数的特解 y^* 代入原方程的左边,对比右边各项系数即可解得特解.

【证明思路】* (i)根据欧拉公式,先对方程的自由项进行恒等变换：

$$f(x) = \mathrm{e}^{\lambda x}\left[P_l\cos\omega x + P_m\sin\omega x\right] = \mathrm{e}^{\lambda x}\left[P_l \cdot \frac{\mathrm{e}^{\mathrm{i}\omega x} + \mathrm{e}^{-\mathrm{i}\omega x}}{2} + P_m \cdot \frac{\mathrm{e}^{\mathrm{i}\omega x} - \mathrm{e}^{-\mathrm{i}\omega x}}{2\mathrm{i}}\right]$$

$$= \left(\frac{P_l}{2} + \frac{P_m}{2\mathrm{i}}\right) \cdot \mathrm{e}^{(\lambda+\mathrm{i}\omega)x} + \left(\frac{P_l}{2} - \frac{P_m}{2\mathrm{i}}\right) \cdot \mathrm{e}^{(\lambda-\mathrm{i}\omega)x} = P_n(x)\mathrm{e}^{(\lambda+\mathrm{i}\omega)x} + \overline{P}_n(x)\mathrm{e}^{(\lambda-\mathrm{i}\omega)x}$$

其中 $P_n(x) = \frac{P_l}{2} + \frac{P_m}{2\mathrm{i}} = \frac{P_l}{2} - \frac{P_m}{2}\mathrm{i}$ 和 $\overline{P}_n(x) = \frac{P_l}{2} - \frac{P_m}{2\mathrm{i}} = \frac{P_l}{2} + \frac{P_m}{2}\mathrm{i}$ 是互为共轭的

$n = \max\{l,m\}$ 次多项式,即它对应们的系数是共轭复数.

(ii) 应用类型 I 的方法将原方程化为两个方程求解 $(\mu = \lambda + \omega)$:

$$y'' + py' + qy = P_n(x)\mathrm{e}^{\mu x};\qquad\qquad ⓐ$$

$$y'' + py' + qy = \overline{P}_n(x)\mathrm{e}^{\overline{\mu} x}.\qquad\qquad ⓑ$$

方程 ⓐ $y'' + py' + qy = P_n(x)\mathrm{e}^{\mu x}$ 和方程 ⓑ $y'' + py' + qy = \overline{P}_n(x)\mathrm{e}^{\overline{\mu} x}$ 之特解的形式

特征根	参数 k	特解形式
$\mu = \lambda \pm \omega\mathrm{i}$ 不是特征根	$k = 0$	ⓐ $\quad y^* = Q_n(x)\mathrm{e}^{(\lambda+\omega\mathrm{i})x}$ ⓑ $\quad \overline{y}^* = \overline{Q}_n(x)\mathrm{e}^{(\lambda-\omega\mathrm{i})x}$
$\mu = \lambda \pm \omega\mathrm{i}$ 是特征根	$k = 1$	ⓐ $\quad y^* = xQ_n(x)\mathrm{e}^{(\lambda+\omega\mathrm{i})x}$ ⓑ $\quad \overline{y}^* = x\overline{Q}_n(x)\mathrm{e}^{(\lambda-\omega\mathrm{i})x}$

【注】　方程 ⓐ 和 ⓑ 的特征根互为共轭.

(iii) 根据特解的叠加原理(定理 3),原方程有如下特解 $(k = 0,1)$:

$$y^* = y^* + \overline{y}^* = x^k\left[Q_n\mathrm{e}^{(\lambda+\mathrm{i}\omega)x} + \overline{Q}_n\mathrm{e}^{(\lambda-\mathrm{i}\omega)x}\right] = x^k\mathrm{e}^{\lambda x}\left[Q_n\mathrm{e}^{\mathrm{i}\omega x} + \overline{Q}_n\mathrm{e}^{-\mathrm{i}\omega x}\right]$$

$$= x^k\mathrm{e}^{\lambda x}\left[Q_n(\cos\omega x + \mathrm{i}\cdot\sin\omega x) + \overline{Q}_n(\cos\omega x - \mathrm{i}\cdot\sin\omega x)\right],$$

由于最后一式的方括号内为两项共轭式,故可以写成实函数形式:

$$y^* = x^k\mathrm{e}^{\lambda x}\left[R_n^{(1)}\cos\omega x + R_n^{(2)}\sin\omega x\right].$$

【例 G】　求方程 $y'' - 4y = x\sin 2x$ 的通解.

解:　原方程的特征方程为 $r^2 - 4 = 0$,特征根为 $r = \pm 2$. 故原方程所对应的线性齐次方程为 $y'' - 4y = 0$ 的通解为　　　　　$Y = C_1\mathrm{e}^{-2x} + C_2\mathrm{e}^{2x}$.

由自由项得 $\max\{l,m\} = 1$,复数 $\lambda + \omega\mathrm{i} = \pm 2\mathrm{i}$ 不是特征根,故可设方程的特解为

$$y^* = (Ax + B)\cos 2x + (Cx + D)\sin 2x,$$

得　　　　$(y^*)' = (-2Ax - 2B + C)\sin 2x + (2Cx + A + 2D)\cos 2x,$

$\qquad\quad (y^*)'' = (-4Ax - 4B + 4C)\cos 2x - (4Cx + 4A + 4D)\sin 2x,$

代入原方程得 $x\sin 2x \equiv (-8Ax - 8B + 4C)\cos 2x - (8Cx + 4A + 8D)\sin 2x$,对比系数得

$$-8C = 1, 4A + 8D = 0, -8A = 0, -8B + 4C = 0 \Rightarrow A = D = 0; B = -\frac{1}{16}; C = -\frac{1}{8}.$$

于是 $y^* = -\frac{1}{16}\cos 2x - \frac{1}{8}x\sin 2x$. 故原方程的通解为

$$y = Y + y^* = C_1\mathrm{e}^{-2x} + C_2\mathrm{e}^{2x} - \frac{1}{16}\cos 2x - \frac{1}{8}x\sin 2x \quad (C_1、C_2 \text{ 为任意常数}).$$

【例 H】　求微分方程 $y'' - 2y = \mathrm{e}^x\cos x$ 的通解.

解:　特征方程 $r^2 - 2 = 0$,其根为 $r_{1,2} = \pm\sqrt{2}$. 其对应的齐次方程 $y'' - 2y = 0$ 的通解为

$$Y = C_1\mathrm{e}^{-\sqrt{2}x} + C_2\mathrm{e}^{\sqrt{2}x}(C_1、C_2 \text{ 为任意常数}.)$$

由原方程自由项得 $\max\{l,m\} = 0$,而 $\lambda + \omega\mathrm{i} = 1 \pm \mathrm{i}$ 不是特征根,取 $k = 0$. 特解可设为

$$y^* = \mathrm{e}^x(A\cos x + B\sin x). \quad (A、B \text{ 为待定系数})$$

于是 $(y^*)' = y^* + \mathrm{e}^x(-A\sin x + B\cos x)$；$(y^*)'' = 2\mathrm{e}^x(-A\sin x + B\cos x)$. 代入原方程得：

$$(-2A + 2B)\cos x + (-2A - 2B)\sin x \equiv \mathrm{e}^x\cos x.$$

比较系数得 $-2A + 2B = 1$ 且 $-2A - 2B = 0$，得 $A = -\dfrac{1}{4}$，$B = \dfrac{1}{4}$. 于是原方程有特解

$y^* = \dfrac{1}{4}\mathrm{e}^x(-\cos x + \sin x)$. 故原方程的通解为：

$$y = y^* + Y = \frac{1}{4}\mathrm{e}^x(-\cos x + \sin x) + C_1\mathrm{e}^{-\sqrt{2}x} + C_2\mathrm{e}^{\sqrt{2}x} \quad (C_1、C_2 \text{ 为任意常数}).$$

3^*. 二类高阶微分方程

（1）可降阶的高阶微分方程

（i）$y^{(n)} = f(x)$ 型的微分方程

此类方程可通过 n 次积分解得方程的通解.

【例 I】　求方程 $y^{(3)} = \cos x$ 的通解.

解：　因为 $y^{(3)} = \cos x$，所以将 y'' 看成求解的函数，即将方程视为一阶 $(y'')' = \cos x$ 而解之：

$$y'' = \int\cos x\,\mathrm{d}x = \sin x + C_1;$$

将 y' 看成求解的函数，即将方程视为一阶 $(y')' = \sin x + C_1$ 而解之：

$$y' = \int(\sin x + C_1)\,\mathrm{d}x = -\cos x + C_1 x + C_2;$$

由此直接解得 $y = \int(-\cos x + C_1 x + C_2)\,\mathrm{d}x = -\sin x + \dfrac{1}{2}C_1 x^2 + C_2 x + C_3$. （其中 $C_1、C_2、C_3$ 为任意常数.）

（ii）$y'' = f(x, y')$ 型的微分方程

此类方程的特点是右端不显含未知函数 y，因而为解此类方程，可令 $y' = p(x)$，而得 $y'' = p'(x)$，再将二者代入原方程而将其化为已知可解类的一阶方程 $\dfrac{\mathrm{d}p}{\mathrm{d}x} = f(x, p(x))$.

假设此一阶方程的通解为 $p = \varphi(x, C_1)$，即得 $y' = \varphi(x, C_1)$，于是再积分一次就能求得原方程的通解.

【例 J】　求方程 $2xy'y'' = 1 + (y')^2$ 的通解.

解：　原方程不含函数 y，可令 $y' = p(x)$，$y'' = p'(x)$，代入所给方程，得 $2xp'p = 1 + p^2$. 分离变量得 $\dfrac{2p\,\mathrm{d}p}{1 + p^2} = \dfrac{\mathrm{d}x}{x}$，两边积分得 $\ln(1 + p^2) = \ln x + \ln C_1$，立得

$$1 + p^2 = C_1 x \Rightarrow p = \pm\sqrt{C_1 x - 1} \Rightarrow y' = \pm\sqrt{C_1 x - 1},$$

所以原方程的通解为 $y = \pm\int(C_1 x - 1)^{\frac{1}{2}}\,\mathrm{d}x = \dfrac{2}{3C_1}(C_1 x - 1)^{\frac{3}{2}} + C_2$.

（iii）$y'' = f(y, y')$ 型的微分方程

此类方程的特点是右端不显含自变量 x，为解此类方程，可令 $y' = p(y)$ 而得

$$y'' = \frac{\mathrm{d}y'}{\mathrm{d}x} = \frac{\mathrm{d}p(y)}{\mathrm{d}y}\frac{\mathrm{d}y}{\mathrm{d}x} = p\frac{\mathrm{d}p}{\mathrm{d}y}. \quad (*)$$

现在将原方程 $y'' = f(y, y')$ 代入式 $(*)$ 并整理得 $p\dfrac{\mathrm{d}p}{\mathrm{d}y} = f(y, p)$.

这是一个以 y 为自变量，以 p 为函数的一阶微分方程，如能求出其解 $p = \varphi(y, C_1)$，则可以

由 $\dfrac{\mathrm{d}y}{\mathrm{d}x} = \varphi(y,C_1)$ 求出原方程的解.

【例 K】　求方程特解：$y'' = 3\sqrt{y}$，$y\mid_{x=0} = 1, y'\mid_{x=0} = 2$.

解：　此方程右端不含自变量 x，令 $y' = p(y)$ 而得式（ * ）：

$$3\sqrt{y} = y'' = \frac{\mathrm{d}y'}{\mathrm{d}x} = \frac{\mathrm{d}p}{\mathrm{d}y} \cdot \frac{\mathrm{d}y}{\mathrm{d}x} = \frac{\mathrm{d}p}{\mathrm{d}y} \cdot p.$$

变量分离后积分得 $\displaystyle\int p\,\mathrm{d}p = \int 3\sqrt{y}\,\mathrm{d}y \Rightarrow \frac{1}{2}p^2 = 2y^{\frac{3}{2}} + C_1$. 令 $x = 0$ 得 $y = 1, p = y' = 2$ 代入上式得 $C_1 = 0$，于是 $p^2 = 4y^{\frac{3}{2}}$，即 $\dfrac{\mathrm{d}y}{\mathrm{d}x} = p = 2y^{\frac{3}{4}}$.

变量分离后积分得 $\displaystyle\int y^{-\frac{3}{4}}\,\mathrm{d}y = 2\int\mathrm{d}x \Rightarrow y^{\frac{1}{4}} = \frac{1}{2}x + C$. 令 $x = 0$ 得 $y = 1$ 代入上右式得 $C = 1$，于是得求方程特解 $y = \left(\dfrac{1}{2}x + 1\right)^4$.

（2）n 阶常系数齐次线性微分方程

【定义 2】　设 $a_1, a_2, \cdots, a_n$ 是已知常数，那么形如

$$y^{(n)} + a_1 y^{(n-1)} + \cdots + a_{n-1} y' + a_n y = 0$$

的微分方程称为 n 阶常系数微分方程. 其特征方程为

$$r^n + a_1 r^{n-1} + \cdots + a_{n-1} r + a_n = 0.$$

求解 n 阶常系数齐次线性微分方程之通解的方法、步骤与求解二阶常系数齐次线性微分方程之通解的方法相似.

（i）写出该微分方程的特征方程：$r^n + a_1 r^{n-1} + \cdots + a_{n-1} r + a_n = 0$；

（ii）求出该特征方程的 n 个特征根：$r_1, r_2, \cdots, r_n$；

（iii）根据下表写出该微分方程的通解：

特征根	通解中对应项
单根 r	$C\mathrm{e}^{rx}$　（C 为任意常数）
k 重实根 r	$(C_1 + C_2 x + \cdots + C_k x^{k-1})\mathrm{e}^{rx}$　（$C_1, C_2 \cdots, C_k$ 为任意常数）
一对单复根 $\alpha \pm \mathrm{i}\beta$	$\mathrm{e}^{\alpha x}(C_1 \cos\beta x + C_2 \sin\beta x)$　（$C_1 、C_2$ 为任意常数）
一对 k 重复根 $\alpha \pm \mathrm{i}\beta$	$\begin{cases}(C_1 + C_2 x + \cdots + C_k x^{k-1})\mathrm{e}^{\alpha x}\cos\beta x + (D_1 + D_2 x + \cdots + D_k x^{k-1})\mathrm{e}^{\alpha x}\sin\beta x \\ (C_1, \cdots, C_k, D_1, \cdots, D_k \text{ 为任意常数.})\end{cases}$

【例 L】　求微分方程 $y''' - y'' + y' - y = 0$ 的通解.

解：　原方程特征方程为 $r^3 - r^2 - r + 1 = 0$，其根为 $r_1 = 1, r_{2,3} = \pm\mathrm{i}$，故原方程通解为

$$y = C_1 \mathrm{e}^x + C_2 \cos x + C_3 \sin x \quad (C_1、C_2、C_3 \text{ 为任意常数}).$$

【例 M】　求微分方程 $y^{(4)} - 2y''' + y'' = 0$ 的通解.

解：　因特征方程 $r^4 - 2r^3 + r^2 = 0$ 的根为 $r_1 = r_2 = 0, r_3 = r_4 = 1$，故原方程通解为

$$y = C_1 + C_2 x + (C_3 + C_4 x)\mathrm{e}^x \quad (C_1、C_2、C_3、C_4 \text{ 为任意常数}).$$

【习题 9.3】(二阶常系数线性微分方程)

1. 填空题:

(1) 设有方程: $y'' + py' + q = 0$(其中 p、q 为常数)…①,

(i) 方程 ① 称为_____.

(ii) 若 $y = C_1 y_1 + C_2 y_2$ 是方程 ① 的通解,则 y_1 与 y_2 是线性_____ 的.

(iii) 若方程 ① 的通解为 $y = C_1 e^{2x} + C_2 e^{-3x}$,则方程 ① 对应的特征根为_____;于是 $p =$ _____,$q =$ _____.

(iv) 若方程 ① 的通解为 $y = e^{-x}(C_1 \cos 5x + C_2 \sin 5x)$,则方程 ① 对应的特征根为_____;于是 $p =$ _____,$q =$ _____.

(2) 设有方程: $y'' + py' + q = x + 1$(其中 p、q 为常数)…②,

(i) 方程 ② 称为_____.

(ii) 若方程 ② 对应的齐次方程的通解为 $y = C_1 e^{-2x} + C_2 e^{2x}$,其特征根为_____;于是 $p =$ _____,$q =$ _____.

(iii) 方程 ② 的特解可设为:_____.

(3) 设有方程: $y'' + py' + q = 12x e^x$(其中 p、q 为常数)…③,

(i) 若方程 ③ 对应的齐次方程的通解为 $y = (C_1 + C_2 x) e^x$,则特征根为_____;于是 _____,$q =$ _____.

(ii) 方程 ③ 的特解可设为:_____.

(4) 设有方程: $y'' + py' + q = 10 \sin 2x$(其中 p、q 为常数)…④,

(i) 若方程 ④ 对应的齐次方程的通解为 $y = (C_1 \cos x + C_2 \sin x) e^{-x}$,则特征根为_____;于是 $p =$ _____,$q =$ _____.

(ii) 方程 ④ 的特解可设为:_____.

2. 选择填空题:

(1) 二阶微分方程 $y'' + y' - 6y = 0$ 的通解是( )(其中 C_1、C_2 为任意常数).

A. $Y = C_1 e^{2x} + C_2 e^{3x}$;　　　　B. $Y = C_1 e^{-2x} + C_2 e^{3x}$;

C. $Y = C_1 e^{2x} + C_2 e^{-3x}$;　　　　D. $Y = C_1 e^{-2x} + C_2 e^{-3x}$.

(2) 设二阶线性微分方程的通解为 $y = C_1 e^{-2x} + C_2 e^{x}$ 则该方程为( ).

A. $y'' + y' + 2y = 0$;　　　　B. $y'' - y' - 2y = 0$;

C. $y'' - y' + 2y = 0$;　　　　D. $y'' + y' - 2y = 0$.

3. 方程求解:

(1) $y'' - 4y = x + 1$;　　　　(2) $y'' - 2y' + y = 12x e^x$;

(3) $y'' + 2y' + 2y = 10 \sin 2x$.

4. 求方程的通解:

(1) $\dfrac{d^3 y}{dx^3} = e^{2x} - \cos x$;　　　　(2) $(1 + x^2) y'' = 2xy'$.

5. 求方程的特解: $y'' - (y')^2 = 0$,$y|_{x=0} = 1$,$y'|_{x=0} = 2$.

（四）微分方程在经济学中的应用

本节旨在举例介绍微分方程在经济学中几种常见的应用．首先是 Logistic 方程，它是在 Marthus(1798) 模型基础上发展而来．最早由 Verhulst(1838,1845) 用于描述人口增长，之后 PearlandReed(1920,1926) 利用该模型描述了美国人口动态和世界人口增长趋势．Logistic 方程是生态学中模拟种群动态的最常用的模型．

【例 A】 逻辑斯蒂（Logistic）方程 $\dfrac{\mathrm{d}y}{\mathrm{d}t} = ay(N-y)$ 的通解，其中 $a>0$、N（饱和值）都是常数且 $N>y>0$.

解： 由原式分离变量得 $\dfrac{\mathrm{d}y}{y(N-y)} = a\mathrm{d}t$，即 $\left(\dfrac{1}{y}+\dfrac{1}{N-y}\right)\mathrm{d}y = Na\,\mathrm{d}t$.

两边积分得 $\ln y - \ln(N-y) = Nat + C_1$，即得通解

$$\frac{y}{N-y} = Ce^{Nat} \Rightarrow y = \frac{CNe^{Nat}}{1+Ce^{Nat}} = \frac{N}{1+\dfrac{1}{C}e^{-Nat}} \quad (C>0 \text{ 是任意常数}).$$

【例 B】 （人口增长模型）第（一）节［例 B］和第（二）节［例 B2）]引入马尔萨斯人口增长的指数模型——某地区在任何 t 时刻的人口增长率与当时人口数 $P(t)$ 成正比的初值问题

$$\begin{cases} \dfrac{1}{P}\cdot\dfrac{\mathrm{d}P}{\mathrm{d}t} = r, \\ P\big|_{t=t_0} = P_0 \end{cases} \quad \text{或} \quad \begin{cases} \dfrac{\mathrm{d}P}{\mathrm{d}t} = Pr, \\ P\big|_{t=t_0} = P_0 \end{cases} \quad (r>0 \text{ 为常数}) \Longrightarrow P(t) = P_0 e^{rt}.$$

上述的马尔萨斯人口模型对世界估计 1700—1961 年间人口总数的检验是对的，而未来 (2510—2670 年) 的人口总数预测确是无法承受的数字(2～36 万亿)．产生错的原因是：随着人口的增加，自然资源，环境条件等因素对人口继续增长的阻滞作用越来越显著．如果考虑资源，环境等因素，可将上述模型的常数 r 看成人口 P 的减函数，增加到一定数量（允许的最大值）P_M 时，对应的增长率为 0，随后，增长率就会随着人口的继续增加而逐渐减少．由此，可令

$$r(P) = k\left(1-\frac{P}{P_M}\right) = \frac{k}{P_M}(P_M-P), k>0 \text{ 是常数}.$$

加上初值，由此得 logistic 模型（阻滞增长模型）：

$$\begin{cases} \dfrac{\mathrm{d}P}{\mathrm{d}t} = \dfrac{k}{P_M}P(P_M-P), k>0 \text{ 是常数}, \\ P\big|_{t=t_0} = P_0. \end{cases} \tag{1}$$

将上式中的 $\dfrac{k}{P_M}$ 看做例 1 中比例系数 a，P_M 看做饱和值 N，其通解为：

$$P = \frac{P_M}{1+\dfrac{1}{C}e^{-kt}} \quad (C>0 \text{ 是任意常数}).$$

将 $t=0,P=P_0$ 代入上式，得 $C = \dfrac{P_0}{P_M-P_0}$，则人口增长模型为

$$P = \frac{P_M}{1+\left(\dfrac{P_M}{P_0}-1\right)e^{-kt}}. \tag{2}$$

显然，有 $\lim\limits_{t\to+\infty} P(t) = \lim\limits_{t\to+\infty} \dfrac{P_M}{1+\left(\dfrac{P_M}{P_0}-1\right)e^{-kt}} = P_M$.适当选择参数 k，可用此模型预测未来人口数.

【注】　根据(1),(2) 两式可画出 $\dfrac{\mathrm{d}P}{\mathrm{d}t}$—$P$ 和 P—t 曲线图如图(a) 及图(b)：

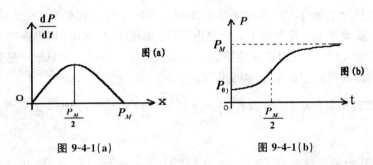

图 9-4-1(a)　　　　　　　　　　图 9-4-1(b)

【例 C】　（商品销售模型）设某产品销售量 $x(t)$ 是时间 t 的函数.如果该产品的销售量对时间 t 的增长率 $\dfrac{\mathrm{d}x}{\mathrm{d}t}$ 与销售量接近于饱和水平的程度 $N-x(t)$ 之积成正比,其中比例常数 $k>0$,饱和水平 N,且 $x(0)=N/4$,求：

(1) 销售量 $x(t)$ 的表达式；　　　　　　(2) 销售量 $x(t)$ 增长的最快时刻 T.

解：　(1) 由题意有 $\dfrac{\mathrm{d}x}{\mathrm{d}t}=kx(N-x)$.显然,这是逻辑斯蒂(Logistic) 方程,通解为：

$$x(t)=\frac{N}{1+\dfrac{1}{C}\mathrm{e}^{-Nkt}}　　(C>0\text{ 是任意常数}).$$

由 $x(0)=\dfrac{1}{4}N$,得 $C=\dfrac{1}{3}$,故销售量 $x(t)$ 的表达式为：

$$x(t)=\frac{N}{1+3\mathrm{e}^{-Nkt}}.$$

(2) 由上式立得 $\dfrac{\mathrm{d}x}{\mathrm{d}t}=\dfrac{3N^2k\mathrm{e}^{-Nkt}}{(1+3\mathrm{e}^{-Nkt})^2}$, $\dfrac{\mathrm{d}^2x}{\mathrm{d}t^2}=\dfrac{-3N^3k^2\mathrm{e}^{-Nkt}(1-3\mathrm{e}^{-Nkt})}{(1+3\mathrm{e}^{-Nkt})^3}$.

令 $\dfrac{\mathrm{d}^2x}{\mathrm{d}t^2}=0$,得 $T=\dfrac{\ln3}{kN}$.显然,当 $t<T$ 时,$\dfrac{\mathrm{d}^2x}{\mathrm{d}t^2}>0$；当 $t<T$ 时,$\dfrac{\mathrm{d}^2x}{\mathrm{d}t^2}<0$,所以,当

$$t=T=\frac{\ln3}{kN}$$

时,$x(t)$ 的导数取得最大值,$x(t)$ 的增长速度最大.

【例 D】　（价格调整模型）设某商品的需求函数和供给函数分别为

$$Q_d=a-bP,\quad Q_s=-c+dP,\quad (a,b,c,d\text{ 为正常数})$$

而商品价格 P 为时间 t 的函数.进一步假设已知初始价格 $P(0)=P_0$,而且 $P(t)$ 的变化率总与该时刻的超额需求 Q_d-Q_s 成正比,比例常数为 $k>0$.

(1) 求供需求相等时价格 P_s（即均衡价格）；

(2) 求价格 $P(t)$ 的表达式；

(3) 分析价格 $P(t)$ 随时间的变化情况.

解：　(1) 令 $Q_d=Q_s$ 得 $P_e=\dfrac{a+b}{b+d}$.

(2) 由题设得 $\dfrac{\mathrm{d}P}{\mathrm{d}t}=k(Q_d-Q_s)$,即 $\dfrac{\mathrm{d}P}{\mathrm{d}t}+k(b+d)P=k(a+c)$.这是一阶线性非齐次方程,直接代用本章第(二)4(2) 节的公式(3) 立得其通解为

$$P(t) = \mathrm{e}^{-\int k(b+d)\mathrm{d}t}\left(\int k(a+c)\mathrm{e}^{\int k(b+d)\mathrm{d}x}\,\mathrm{d}t + C\right) = \mathrm{e}^{-k(b+d)t}\left(\int k(a+c)\mathrm{e}^{k(b+d)t}\,\mathrm{d}t + C\right)$$

$$= \mathrm{e}^{-k(b+d)t}\left(\frac{a+c}{b+d}\mathrm{e}^{k(b+d)t} + C\right) = C\mathrm{e}^{-k(b+d)t} + \frac{a+c}{b+d},$$

$$P(t) = C\mathrm{e}^{-\lambda t} + P_{\mathrm{e}} \quad (C\ \text{为常数}),$$

其中 $\lambda = k(b+d) > 0$，$P_{\mathrm{e}} = \dfrac{a+c}{b+d}$。由 $P(0) = P_0$ 得 $C = P_0 - P_{\mathrm{e}}$，故价格 $P(t)$ 的表达式为

$$P(t) = (P_0 - P_{\mathrm{e}})\mathrm{e}^{-\lambda t} + P_{\mathrm{e}}.$$

（3）下面推导式说明实际价格总是趋于均衡价格.

$$\lim_{t\to+\infty}\left[P(t) - P_{\mathrm{e}}\right] = \lim_{t\to+\infty}(P_0 - P_{\mathrm{e}})\mathrm{e}^{-\lambda t} = 0 \Rightarrow \lim_{t\to+\infty}P(t) = P_{\mathrm{e}}.$$

【习题 9.4】（微分方程在经济学中的应用）

1. 在理想情形下，人口数以常数比率增长. 若摸底去的人口数在 1990 年为 3000 万，在 2000 年为 3800 万，依此试确定在 2020 年得人口数.

2. 设某商品的需求量 Q 对价格 P 的弹性为 $3P^2$，如果该商品的最大需求为 10000 件（即当 $P = 0$ 时，$Q = 10000$），试求

（1）需求量 Q 与价格 P 的函数关系；

（2）当价格为 1 时，市场对该商品的需求量.

3. 某公司年净资产有 $W(t)$ 单位：万元），并且资产每年以 5% 的连续复利持续增长，同时该公司每年以 30 万元的金额支付职工工资.

（1）给出描述净资产 $W(t)$ 满足的微分方程；

（2）求解微分方程，并设初始净资产为 $W(0) = W_0$.

（3）讨论 $W_0 = 500$ 万元，600 万元，700 万元三种情况下 $W(t)$ 的变化特点.

4. 某商品的销售成本 y 和存储费用 x 均是时间 t 的函数. 如果，某商品销售成本对时间 t 的变化率 $\dfrac{\mathrm{d}y}{\mathrm{d}t}$ 是存储费用 x 的倒数与常数 5 之和，而存储费用对时间 t 的变化率是存储费用的 $-\dfrac{1}{3}$，且有 $y(0) = 0$，$x(0) = 10$，求销售成本 y 及存储费用 x 关于时间 t 的函数关系式.

5. 宏观经济研究发现，某地区的国民经济收入 y，国民储蓄 S 和投资 I 是均为时间的函数. 且在任一时刻 t，储蓄额 $S(t)$ 为国民收入 $y(t)$ 的 $\dfrac{1}{10}$，投资 $I(t)$ 是国民收入增长率 $\dfrac{\mathrm{d}y}{\mathrm{d}t}$ 的 $\dfrac{1}{3}$. 如果 $y(0) = 5$ 亿元，且在 t 时刻的储蓄额全部用于投资，求国民收入函数 $y(t)$. 6. 某商品的净利润 L 随广告费用 x 的变化而变化，假设它们之间的关系式可用如下方程表示：

$$\frac{\mathrm{d}L}{\mathrm{d}x} = k - a(L + x),$$

其中 a、k 均为常数，当 $x = 0$ 时，$L = L_0$，求 L 与 x 的函数关系式.

二、解题方法与典型、综合例题

(一) 一阶和可降阶微分方程的解法综述

1. 一阶微分方程及其解法

(1) 可分离变量的微分方程(即把含有 x 的放在等号某一边,把含有 y 的放在等号另一边)采用初等积分法即可得解.

(2) 齐次微分方程通过变换 $u = \dfrac{y}{x}$ 化为可分离变量方程而得解.

(3) 一阶线性微分方程对应的齐次方程就是(1)中的可分离变量方程,解得后将通解的常数 C 进行变易而成待解函数 $C(x)$ 后,再代入原方程求出函数 $C(x)$,便得原方程的通解.

2. 可降阶高阶微分方程及其解法

(1) 可降阶的高阶微分方程 $y^{(n)} = f(x)$ 经过 n 次积分,就可得方程的通解.

(2) $y'' = f(x, y')$ 型(不显含 y)的方程可设 $y' = p$(即 $p(x)$)而得关于因变量 y' 的微分方程,求出通解 $y' = p = F(x, c)$ 然后再积分就可得原方程的通解.

(3) $y'' = f(y, y')$ 型(不显含 x)的方程可设 $y' = p$(即 $p(y)$)使原方程化为关于因变量 y' 的微分方程 $p\dfrac{\mathrm{d}p}{\mathrm{d}y} = f(y, p)$ 而求出通解 $y' = p = F(y, c)$,然后再求得原方程的通解.

3. 全微分方程求解

设函数 $P(x, y)$ 和 $Q(x, y)$ 在一个单连通开区域 D 内具有一阶连续偏导数,那么在条件 $\dfrac{\partial P(x, y)}{\partial y} = \dfrac{\partial Q(x, y)}{\partial x}$ 下,若适当选定点 $(x_0, y_0) \in D$,则全微分方程

$$P(x, y)\mathrm{d}x + Q(x, y)\mathrm{d}y = 0,$$

有通解 $\displaystyle\int_{x_0}^{x} P(t, y)\mathrm{d}t + \int_{y_0}^{y} Q(x_0, t)\mathrm{d}t = C$ 或 $\displaystyle\int_{x_0}^{x} P(t, y_0)\mathrm{d}t + \int_{y_0}^{y} Q(x, t)\mathrm{d}t = C$.

(二) 二阶非齐次线性微分方程 $y'' + py' + qy = f(x)$ 的解题综述

1. 方程求解步骤

(1) 先求解二阶方程的特征方程,写出对应齐次线性方程的通解 Y;

(2) 求解原方程的一个特解 y^*;

(3) 得出原方程的通解 $y = y^* + Y$.

2. 求解方程之特解的详细思路

(1) 先按自由项 $f(x)$ 确定所属类型(如必要,补写函数和数据使 $f(x)$ 成为标准形式)

(i) $f(x)$ 不含正、余弦时,视为【类型 Ⅰ】$f(x) = P_m(x)\mathrm{e}^{\lambda x}$.

(ii) $f(x)$ 含有正、余弦时,视为【类型 Ⅱ】$f(x) = \mathrm{e}^{\lambda x}[P_l(x)\cos\omega x + P_m(x)\cos\omega x]$.

(2) 再按类型求方程特解

(i) 根据自由项 $f(x)$ 的结构读出所需的参数: $\lambda = ?$ $\omega = ?$ $l = ?$ $m = ?$

(ii) 验证数 λ 和 $\lambda \pm \omega \mathrm{i}$ 是否为特征根,根据它们为非特征根、单根(或二重根 · 类型Ⅰ)确定参数分别为 $k = 0$, $k = 1$(或 $k = 2$ · 类型Ⅰ);

(iii) (由参数 λ, k, m, l)确定二阶方程的待求特解 y^* 形式:

[**类型 I**]　$y^* = x^k Q_m(x) \mathrm{e}^{\lambda x}$　$(k = 0,1,2)$.

[**类型 II**]　$y^* = x^k \mathrm{e}^{\lambda x} [Q_l(x)\cos\omega x + Q_m(x)\sin\omega x]$　$(k = 0,1)$.

为解得 $Q_k(x)$,即确定待定多项式的系数:$Q_k(x) = a_0 x^k + a_1 x^{k-1} + \cdots + a_k (k = l, m)$,只要将所设特解 y^* 及其导数代入原方程左边,对比右边多项式中 x 的同次项系数即可解之.

(三)** 二阶微分方程按自由项细分为几个简化类之求特解的方法

这里所谓的简化类型,就是对(二)中微分方程的自由项 $f(x)$ 细分所得简化分类的求解方法,例如类型 I　$f(x) = P_m(x)\mathrm{e}^{\lambda x}$ 按其两个因子分解为两类自由项进行讨论:

$$f_1(x) = P_m(x)、 \qquad\qquad f_2(x) = \mathrm{e}^{\lambda x}.$$

类似地,类型 II　$f(x) = \mathrm{e}^{\lambda x}[P_l(x)\cos\omega x + P_m(x)\cos\omega x]$ 可分解为下列多类自由项进行讨论:

$$f_3(x) = A\cos\omega x \text{ 或 } B\cos\omega x; \qquad f_4(x) = A\mathrm{e}^{\lambda x}\cos\omega x \text{ 或 } B\mathrm{e}^{\lambda x}\cos\omega x;$$

$$f_5(x) = \mathrm{e}^{\lambda x}[A\cos\omega x + B\cos\omega x];$$

事实上,除了自由项 $f_3(x)$、$f_4(x)$ 外,其余几个简化类的求解方法仍然与原分类所列表格的方法一致,只是其中一些参数为 0 而已.对应于自由项 $f_3(x)$,$f_4(x)$ 之简化类型 III、IV 的理论依据见第二篇第九章杂难题与综合例题中[特例 1]和[特例 2].

这里罗列出几类简化类型的方程并非什么创新,而是以此为学习高等数学有困难的学生提供学习上的方便.同时笔者建议经管、文科类和高职类的高等数学教材中关于微分方程教学的内容可考虑选用上述的部分"简化类型",避开第一(三)2.(2)①、② 节的类型 I、II.

另,第二篇第九章杂难题与综合例题中的有部分例题对应下述的简化微分方程之类型.

1.【简化类型 I】方程为 $y'' + py' + qy = P_m(x)$ 型,其特解可设置如下.

特征方程 $r^2 + pr + q = 0$ 的根	参数	特解形式(Q_m 为 m 次待定多项式)
$\lambda = 0$ 不是特征根	$k = 0$	$y^* = Q_m(x)$
$\lambda = 0$ 是特征单根	$k = 1$	$y^* = x \cdot Q_m(x)$
$\lambda = 0$ 是二重特征根	$k = 2$	$y^* = x^2 Q_m(x)$

【注】　此类方程的自由项可视为 $f(x) = P_m(x)\mathrm{e}^{0x}$,在应用第一(三)2.(2)(i)节类型 I 公式时默认 $\lambda = 0$ 即得本表格中的特解形式.

【例 1】　(简 I 型)求方程 $y'' - 2y' = 3x + 1$ 的一个特解.

解：　本题自由项视为 $f(x) = (3x + 1)\mathrm{e}^{0x}$,$\lambda = 0$,$P_1(x) = 3x + 1$;特征方程为

$$r^2 - 2r = 0,$$

其根为 $r_1 = 0$,$r_2 = 2$.因 $r_1 = 0$ 是特征方程的单根,取 $k = 1$,故可设所求特解为

$$y^* = x(ax + b), \quad \text{(对应公式中的 } Q_1(x))$$

于是 $(y^*)' = 2ax + b$;$(y^*)'' = 2a$;代入原方程得:

$$(\text{左边} = (y^*)'' - 2(y^*)' =) -4ax + 2a - 2b = 3x + 1 \quad (= \text{右边}),$$

比较系数,得 $\begin{cases} -4a = 3 \\ 2a - 2b = 1 \end{cases} \Longrightarrow a = -\dfrac{3}{4}, b = -\dfrac{5}{4}$,于是所求特解为 $y^* = -\dfrac{3}{4}x^2 - \dfrac{5}{4}x$.又原方程的齐次方程的通解为 $Y = C_1 + C_2\mathrm{e}^{2x}$,最后得原方程通解为

$$y = y^* + Y = -\frac{3}{4}x^2 - \frac{5}{4}x + C_1 + C_2 e^{2x} \quad (C_1 \text{、} C_2 \text{ 为任意常数}).$$

2.【简化类型 Ⅱ】方程为 $y'' + py' + qy = A e^{\lambda x}$ 型,其特解可设置如下:

特征方程 $r^2 + pr + q = 0$ 的根	参数 k	特解形式(a 为待定系数)
λ 不是特征根	$k = 0$	$y^* = a e^{\lambda x}$
λ 是单特征根	$k = 1$	$y^* = ax e^{\lambda x}$
λ 是二重特征根	$k = 2$	$y^* = ax^2 e^{\lambda x}$

【注】　此类方程的自由项为 $f(x) = A e^{\lambda x}$,在应用第一(三)2.(2)(i)节类型 I 公式时默认 $P_0(x) \equiv A$,$\lambda \neq 0$,即得本表格中的特解形式.

【例2】　(简 Ⅱ 型)求方程 $y'' - 2y' - 3y = 5 e^{-x}$ 的通解.

解：　本题 $\lambda = -1, P_0(x) \equiv 5$;而特征方程为 $r^2 - 2r - 3 = 0$,其根为 $r_1 = -1, r_2 = 3$,故原方程的齐次方程的通解为　　$Y = C_1 e^{-x} + C_2 e^{3x}$.

因为 $\lambda = -1$ 是特征方程的根,取 $k = 1$,所以可设所求特解为 $y^* = ax e^{-x}$,于是
$$(y^*)' = -ax e^{-x} + a e^{-x}, \quad (y^*)'' = ax e^{-x} - 2a e^{-x};$$

代入原方程得:(左边 $= (y^*)'' - 4(y^*)' + 4y^* =$)　$-4a e^{-x} = 5 e^{-x}$　(右边).

比较系数,得 $a = -\frac{5}{4}$,于是所求特解为 $y^* = -\frac{5}{4}x e^{-x}$. 最后得原方程通解为
$$y = y^* + Y = -\frac{5}{4}x e^{-x} + C_1 e^{-x} + C_2 e^{3x} \quad (C_1 \text{、} C_2 \text{ 为任意常数}).$$

3.【简化类型 Ⅲ】方程为 $y'' + qy = A\cos\omega x$ 或 $y'' + qy = B\sin\omega x$ 型,其特解可设置如下.

特征方程 $r^2 + q = 0$ 的根	自由项	特解形式(a、b 为待定常数)
$\pm \omega i$ 不是特征根	$f(x) = A\cos\omega x$ $f(x) = B\sin\omega x$	$y^* = a\cos\omega x$ $y^* = b\sin\omega x$

【注】　这是第一(三)2.(2)(ii)节类型 II 的特殊情形,相对于类型 II,注意命题的条件有三:
(i) 本方程类型中 y' 的系数 $p = 0$,特征方程为 $r^2 + q = 0$;
(ii) 自由项 $f(x)$ 中默认 $\lambda = l = m = 0, \omega > 0$,且 $f(x)$ 只含有正、余弦函数之一;
(iii) $\pm \omega i$ 不是方程的特征根($\Rightarrow \omega^2 \neq q$).

【例3】　(简 Ⅲ 型)求微分方程 $y'' - 4y = \cos 2x$ 的通解.

解：　特征方程 $r^2 - 4 = 0$ 的特征根为 $r_{1,2} = \pm 2$.其对应的齐次方程 $y'' - 4y = 0$ 的通解为　　$Y = C_1 e^{-2x} + C_2 e^{2x} \quad (C_1 \text{、} C_2 \text{ 为任意常数}.)$
由原方程的自由项得 $\omega = 2$,故 $\lambda \pm \omega i = \pm 2i$ 不是特征方程的根,取 $k = 0$.从而特解可设为
$$y^* = a\cos 2x \quad (a \text{ 为待定系数}).$$
$$(y^*)' = -2a\sin 2x; \quad (y^*)'' = -4a\cos 2x;$$

代入原方程得:
$$(\text{左边} = (y^*)'' - 4y^* =) \quad -8a\cos 2x = \cos 2x \quad (= \text{右边}),$$

比较系数得 $a = -\frac{1}{8}$.于是原方程有特解 $y^* = -\frac{1}{8}\cos 2x$.故原方程通解为:
$$y = y^* + Y = -\frac{1}{8}\cos 2x + C_1 e^{-2x} + C_2 e^{2x} \quad (C_1 \text{、} C_2 \text{ 为任意常数}).$$

【例 4】 （简 Ⅲ 型）求微分方程 $y'' - 9y = 2\sin x$ 的通解.

解： 特征方程 $r^2 - 9 = 0$ 的特征根为 $r_{1,2} = \pm 3$. 其对应的齐次方程 $y'' - 9y = 0$ 的通解为
$$Y = C_1 e^{-3x} + C_2 e^{3x} \quad (C_1 、 C_2 \text{ 为任意常数.})$$

由原方程的自由项得 $\omega = 1$，显然 $\pm \omega i = \pm i$ 不是特征方程的根，取 $k = 0$. 从而特解可设为
$$y^* = b\sin x \quad (b \text{ 为待定系数}).$$

于是 $(y^*)' = -b\cos x$；$(y^*)'' = -b\sin x$；代入原方程得：
$$(\text{左边} = (y^*)'' - 9y^* =) \quad -10b\sin x = 2\sin x \quad (= \text{右边}),$$

比较系数得 $b = -\dfrac{1}{5}$. 于是原方程有特解 $y^* = -\dfrac{1}{5}\sin x$. 故原方程通解为：
$$y = y^* + Y = -\frac{1}{5}\sin x + C_1 e^{-3x} + C_2 e^{3x} \quad (C_1 、 C_2 \text{ 为任意常数}).$$

4. **【简化类型 Ⅳ】** 方程为 $y'' + py' + qy = Be^{\lambda x}\sin\omega x$ 或 $y'' + py' + qy = Ae^{\lambda x}\cos\omega x$ 型
其特解可设置如下：

特征方程 $r^2 + pr + q = 0$ 的根	参数 k	自由项	特解形式（a、b 为待定常数）
$\lambda \pm \omega i$ 是特征根	$k = 1$	$Be^{\lambda x}\sin\omega x$	$y^* = xe^{\lambda x}a\cos\omega x$
		$Ae^{\lambda x}\cos\omega x$	$y^* = xe^{\lambda x}b\sin\omega x$

【例 5】 （简 Ⅳ）设方程 $y'' - 2y' + 5y = e^x\sin 2x$，求通解.

解： 原方程的特征方程为 $r^2 - 2r + 5 = 0$，特征根为 $r_{1,2} = 1 \pm 2i$.

因根据自由项立得 $\lambda = 1, \omega = 2$，故它们对应的复数 $\lambda \pm \omega i = 1 \pm 2i$ 是特征方程的根，取 $k = 1$. 可设对应特解为
$$y^* = xe^x a\cos 2x \quad (\text{其中 } a \text{ 为待定系数}).$$
$$\left(\begin{aligned} (y^*)' &= y^* + e^x a\cos 2x - 2xe^x a\sin 2x; \\ (y^*)'' &= (y^*)' + e^x a\cos 2x - (4 + 2x)e^x a\sin 2x - 4xe^x a\cos 2x. \end{aligned} \right)$$

代入原方程得：左边 $= (y^*)'' - 2(y^*)' + 5y^* = -4e^x a\sin 2x =$ 右边 $= e^{-x}\sin 2x$.

比较系数得 $a = -\dfrac{1}{4}$. 于是原方程有特解 $y^* = -\dfrac{1}{4}xe^x\cos 2x$. 故原方程通解为：
$$y = -\frac{1}{4}xe^x\cos 2x + e^x(C_1\cos 2x + C_2\sin 2x) \quad (C_1 、 C_2 \text{ 为任意常数}).$$

【例 6】 （简 Ⅳ）设方程 $y'' + 2y' + 3y = e^{-x}\cos\sqrt{2}\,x$，求其通解.

解： 原方程的特征方程为 $r^2 + 2r + 3 = 0$，特征根为 $r_{1,2} = -1 \pm i\sqrt{2}$.

因根据自由项立得 $\lambda = -1, \omega = \sqrt{2}$，故它们对应的复数 $\lambda \pm \omega i = -1 \pm \sqrt{2}i$ 是特征方程的根，取 $k = 1$. 可设对应特解为
$$y^* = xe^{-x}b\sin\sqrt{2}\,x \quad (\text{其中 } b \text{ 为待定系数}).$$
$$\left(\begin{aligned} (y^*)' &= -y^* + e^{-x}b\sin\sqrt{2}\,x + \sqrt{2}xe^{-x}b\cos\sqrt{2}\,x; \\ (y^*)'' &= -(y^*)' + (2\sqrt{2} - \sqrt{2}x)e^{-x}b\cos\sqrt{2}\,x - (2x+1)e^{-x}b\sin\sqrt{2}\,x. \end{aligned} \right)$$
代入原方程得：
$$\text{左边} = (y^*)'' + p(y^*)' + qy^* = 2\sqrt{2}e^{-x}b\cos\sqrt{2}\,x = \text{右边} = e^{-x}\cos\sqrt{2}\,x.$$

比较系数得 $b = \dfrac{\sqrt{2}}{4}$. 于是原方程有特解 $y^* = \dfrac{\sqrt{2}}{4}xe^{-x}\sin\sqrt{2}\,x$. 故原方程通解为：

$$y = \frac{\sqrt{2}}{4} x e^{-x} \sin\sqrt{2}\, x + e^{-x}(C_1\cos\sqrt{2}\, x + C_2\sin\sqrt{2}\, x) \quad (C_1、C_2 \text{ 为任意常数}).$$

5.【简化类型 Ⅴ】方程为 $y'' + py' + qy = e^{\lambda x}(A\cos\omega x + B\sin\omega x)$ 型
（简化类型 Ⅱ－Ⅳ 的复合形式；A,B,λ,ω 为实常数，$\omega > 0$）其特解可设置如下：

特征方程 $r^2 + pr + q = 0$ 的根	参数 k	特解形式（a、b 为待定常数）
$\lambda \pm \omega i$ 不是特征根	$k = 0$	$y^* = e^{\lambda x}(a\cos\omega x + b\sin\omega x)$
$\lambda \pm \omega i$ 是特征根　（$AB \neq 0$）	$k = 1$	$y^* = x e^{\lambda x}(a\cos\omega x + b\sin\omega x)$

【注】　(i) 当 $\lambda \pm \omega i$ 是特征根时，$AB = 0$ 的情形归简化类型 Ⅱ 或 Ⅳ.
　　　　(ii) 当 $\lambda \pm \omega i$ 非特征根时，尽管有 $AB = 0$，但待定系数 a、b 却可能都不为 0（见［例 8］）.

【例 7】*　（简 Ⅴ）设方程 $y'' + 2y' + 3y = 2e^x\sin x$，求对应的特解 y^* 形式：

解：　原方程的特征方程为 $r^2 + 2r + 3 = 0$，特征根为

$$r_1 = -1 + i\sqrt{2}, \quad r_2 = -1 - i\sqrt{2}.$$

因 $f(x) = 2e^x\sin x = e^x(0\cos x + 2\sin x)$，其中 $\lambda = 1, \omega = 1$，故 $\lambda \pm \omega i = 1 \pm i$ 非特征方程的根，取 $k = 0$. 对应特解为

$$y^* = e^{-x}(a\cos x + b\sin x) \quad (\text{其中 } a、b \text{ 为待定系数}).$$

【例 8】　求方程 $y'' + 3y' + 2y = e^{-x}\cos x$ 的一个特解.

解 1：　显然原方程的特征方程 $r^2 + 3r + 2 = 0$ 之根为 $r = -1, -2$. 由于原方程自由项得 $\lambda + \omega i = -1 \pm i$ 不是特征方程的根，取 $k = 0$. 从而特解可设为

$$y^* = e^{-x}(a\cos x + b\sin x).$$

则 $(y^*)' = -y^* + e^{-x}(-a\sin x + b\cos x)$；$(y^*)'' = -2e^{-x}(-a\sin x + b\cos x)$. 代入原方程得：

$$(-a+b)\cos x + (-a-b)\sin x \equiv \cos x.$$

比较系数得 $-a+b = 1$ 且 $-a-b = 0$，得 $a = -\frac{1}{2}, b = \frac{1}{2}$. 于是原方程有特解

$$y^* = \frac{1}{2}e^{-x}(-\cos x + \sin x).$$

解 2*：　因方程的自由项为 $e^{(-1+i)x}$ 的实部，故先解辅助方程

$$y'' + 3y' + 2y = e^{(-1+i)x}, \qquad\qquad (*)$$

其特征方程 $r^2 + 3r + 2 = 0$ 的根为 $r = -1, -2$. 因 $z = -1 + i$ 非特征根，故设特解为

$$y = a e^{(-1+i)x},$$

则 $y' = a(-1+i)e^{(-1+i)x}, y'' = a(-1+i)^2 e^{(-1+i)x}$. 将它们代入方程（*）得

$$[(-1+i)^2 + 3(-1+i) + 2]a = 1,$$

解得 $a = \dfrac{1}{i-1} = \dfrac{1+i}{-2}$ 或 $(i-1)a = 1$. 所以方程（*）有特解

$$y^* = \left(-\frac{1}{2} - \frac{1}{2}i\right)e^{(-1+i)x} = \frac{1}{2}e^{-x}(-\cos x + \sin x) - \frac{1}{2}ie^{-x}(\cos x + \sin x).$$

因此，它的实部 $y_1 = \dfrac{1}{2}e^{-x}(-\cos x + \sin x)$ 就是所给原方程的一个特解.

【注】　y^* 的虚部 $y_2 = -\dfrac{1}{2}e^{-x}(\cos x + \sin x)$ 是方程 $y'' + 3y' + 2y = e^{-x}\sin x$ 的一个特解.

附录　微分方程求解方法列表

微分方程类型	解题法(齐次方程通解 y_C、原方程特解 y^*)
一、变量可分离方程 $g(y)\mathrm{d}y = f(x)\mathrm{d}x$	解 $\int g(y)\mathrm{d}y = \int f(x)\mathrm{d}x$ 得通解.
二、一阶齐次方程 $\dfrac{\mathrm{d}y}{\mathrm{d}x} = f(\dfrac{y}{x})$	令 $u = \dfrac{y}{x}$，解 $\int \dfrac{\mathrm{d}u}{f(u)-u} = \int \dfrac{\mathrm{d}x}{x}$ 得通解.
三、一阶齐次线性方程 $\dfrac{\mathrm{d}y}{\mathrm{d}x} + p(x)y = 0$	$y_c = Ce^{-\int p(x)\mathrm{d}x}$ $\Rightarrow$ 常数变易：令 $C = C(x)$
四、一阶非齐次线性方程 $\dfrac{\mathrm{d}y}{\mathrm{d}x} + P(x)y = Q(x)$	$y_c = e^{-\int P(x)\mathrm{d}x}\left[\int Q(x)e^{\int P(x)\mathrm{d}x}\mathrm{d}x + C\right].$
五、全微分方程 $P(x,y)\mathrm{d}x + Q(x,y)\mathrm{d}y = 0$	在某开单连区间 D 内 $\dfrac{\partial P(x,y)}{\partial y} \equiv \dfrac{\partial Q(x,y)}{\partial x}$ 有通解： $\int_{x_0}^{x} P(t,y)\mathrm{d}t + \int_{y_0}^{y} Q(x_0,t)\mathrm{d}t = C$ 或 $\int_{x_0}^{x} P(t,y_0)\mathrm{d}t + \int_{y_0}^{y} Q(x,t)\mathrm{d}t = C((x_0,y_0)\in D).$
六、伯努利方程 $\dfrac{\mathrm{d}y}{\mathrm{d}x} + P(x)y = Q(x)y^n$ $(n\neq 0,1)$	令 $z = y^{1-n} \Rightarrow \dfrac{\mathrm{d}z}{\mathrm{d}x} = (1-n)y^{-n}\dfrac{\mathrm{d}y}{\mathrm{d}x}$(代入方程)$\Rightarrow \dfrac{\mathrm{d}z}{\mathrm{d}x} + (1-n)P(x)z = (1-n)Q(x)$， 按类型四求通解，再用 $z = y^{1-n}$ 代回得原方程解.
七、三类高阶微分方程　1. 可降阶的高阶微分方程 $y^{(n)} = f(x)$	积分得 $y^{(n-1)} = \int f(x)\mathrm{d}x + C$，再积分. 依此递推共积分 n 次，得通解.
2. $y'' = f(x,y')$	令 $y' = p \Rightarrow y'' = p'$(代入方程)$\Rightarrow p' = f(x,p)$， 按类型二——四求通解，再用 $p = y'$ 代回得原方程解.
3. $y'' = f(y,y')$	令 $y' = p \Rightarrow y'' = p\dfrac{\mathrm{d}p}{\mathrm{d}y}$(代入方程)$\Rightarrow p\dfrac{\mathrm{d}p}{\mathrm{d}y} = f(y,p)$，解出 p，再解 $y' = p$.
八、二阶常系数齐次线性微分方程 $y'' + py' + qy = 0$ (对应特征方程 $r^2 + pr + q = 0$)	对应特征方程有根： 不等实根 $r_1 \neq r_2$：　$y_C = C_1 e^{r_1 x} + C_2 e^{r_2 x}$； 实重根 $r_1 = r_2 = -\dfrac{p}{2}$：　$y_C = (C_1 + C_2 x)e^{rx}$； 复根 $r_{1,2} = \alpha \pm \mathrm{i}\beta$：　$y_C = e^{\alpha x}(C_1\cos\beta x + C_2\sin\beta x).$
九、二阶常系数非齐次线性微分方程 (对应特征方程 $r^2 + pr + q = 0$)	1. 方程类型 I　$y'' + py' + qy = P_n(x)e^{\lambda x}$ 的特解形式：　　(自由项：$P_n(x)e^{\lambda x}$) 验证 λ 是否为特征方程的根： 　λ 不是特征根$(k=0)$：　　$y^* = Q_n(x)e^{\lambda x}$ 　λ 是单特征根$(k=1)$：　　$y^* = x\cdot Q_n(x)e^{\lambda x}$ 　λ 是二重特征根$(k=2)$：　$y^* = x^2\cdot Q_n(x)e^{\lambda x}$ • 简言之，当 λ 是 k 重特征根时$(k=0,1,2)$，$y^* = x^k Q_n(x)e^{\lambda x}$　($Q_n(x)$ 待定，次数为 n). 2. 方程类型 II(缺项即系数为0)　$y'' + py' + qy = e^{\lambda x}[P_l(x)\cos\omega x + P_m(x)\sin\omega x]$ 的特解形式： 验证 $\lambda \pm \omega\mathrm{i}$ 是否为特征根： 　$\lambda \pm \omega\mathrm{i}$ 不是特征根$(k=0)$：　$y^* = e^{\lambda x}[R_n^{(1)}(x)\cos\omega x + R_n^{(2)}(x)\sin\omega x]$ 　$\lambda \pm \omega\mathrm{i}$ 是特征根$(k=1)$：　$y^* = xe^{\lambda x}[R_n^{(1)}(x)\cos\omega x + R_n^{(2)}(x)\sin\omega x]$ • 简言之，当 $\lambda \pm \omega\mathrm{i}$ 是 k 重特征根时，$(k=0,1;$ 二项要写全；$R_n^{(1)}、R_n^{(2)}$ 为待定多项式). 可设特解形如：$y^* = x^k e^{\lambda x}[R_n^{(1)}(x)\cos\omega x + R_n^{(2)}(x)\sin\omega x], n = \max\{l,m\}.$

续表

微分方程类型	解题法(齐次方程通解 y_c、原方程特解 y^*)
十、二阶常系数非齐次线性微分方程五种简化类型(对应特征方程 $r^2 + pr + q = 0$)	1.简化类型 I 　$y'' + py' + qy = P_m(x)$ 的特解形式：（自由项为实 m 次多项式：$P_m(x)$） $\Uparrow$ 验证 $\lambda = 0$ 是否为特征方程的根 $\begin{cases} \lambda = 0\text{不是特征根}(k=0): & y^* = Q_m(x) \\ \lambda = 0\text{是特征单根}(k=1): & y^* = x \cdot Q_m(x) \\ \lambda = 0\text{是二重特征根}(k=2): & y^* = x^2 \cdot Q_m(x) \end{cases}$ ·简言之，当 λ 是 k 重特征根时$(k=0,1,2)$，$y^* = x^k Q_m(x)$　（$Q_m(x)$ 待定，次数为 m）. 2.简化类型 II 　$y'' + py' + qy = Ae^{\lambda x}$ 的特解形式：　　　（自由项：$Ae^{\lambda x}$） $\Uparrow$ 验证 λ 是否为特征方程的根 $\begin{cases} \lambda\text{不是特征根}(k=0): & y^* = ae^{\lambda x} \\ \lambda\text{是特征单根}(k=1): & y^* = x \cdot ae^{\lambda x} \\ \lambda\text{是二重特征根}(k=2): & y^* = x^2 \cdot ae^{\lambda x} \end{cases}$ ·简言之，当 λ 是 k 重特征根时$(k=0,1,2)$，　$y^* = x^k \cdot ae^{\lambda x}$　（a 为待定系数）. 3.简化类型 III 　　$y'' + qy = A\cos\omega x$ 　或　 $y'' + qy = B\sin\omega x$ 　的特解形式： $\Uparrow$ $\pm \omega i$ 不是特征根：　$y^* = a\cos\omega x$　　　　　$y^* = b\sin\omega x$　　（a、b 为待定系数）. 4.简化类型 IV 　$y'' + qy = Be^{\lambda x}\sin\omega x$ 　或　 $y'' + qy = Ae^{\lambda x}\cos\omega x$ 　的特解形式： $\Uparrow$ $\lambda \pm \omega i$ 是特征根：　$y^* = x \cdot ae^{\lambda x}\cos\omega x$　　　$y^* = x \cdot be^{\lambda x}\sin\omega x$　（a、b 为待定系数）. 5.简化类型 V 　$y'' + py' + qy = e^{\lambda x}(A\cos\omega x + B\sin\omega x)$　（缺项即系数为 0；A、B 已知）的特解形式：　　　　　（自由项：$e^{\lambda x}(A\cos\omega x + B\sin\omega x)$） $\Uparrow$　　　　　$\Uparrow$ 验证 λ 是否为特征方程的根 $\begin{cases} \lambda \pm \omega i \text{ 不是特征根}(\text{取 } k=0): & y^* = e^{\lambda x}(a\cos\omega x + b\sin\omega x) \\ \lambda \pm \omega i \text{ 是特征根}(AB \neq 0)(\text{取 } k=1): & y^* = xe^{\lambda x}(a\cos\omega x + b\sin\omega x) \end{cases}$ ·简言之，当 λ 是 k 重特征根时，$y^* = x^k e^{\lambda x}(a\cos\omega x + b\sin\omega x)$　（$k=0,1$；a、b 为待定）. 【注】当 $\lambda \pm \omega i$ 是特征根时，$AB = 0$ 的情形可归简化类型 IV.

第二篇　练习题及其解答和教学研讨

一、章节习题、自测题及其解答与杂难综合例题

（一）第一章　函数与极限

Ⅰ．　第一章习题解答

【习题 1.0】(预备知识)(解答)

1. 把下列集合用区间表示出来：

$\{x \mid 2 < x < 4\} = $ ___(2,4)___ ；$\{x \mid x \leqslant 7\} = $ ___$(-\infty, 7]$___ ；

$\{x \mid x \neq -1\} = $ ___$(-\infty, -1) \bigcup (-1, \infty)$___ ；$\{x \mid 1 \leqslant x < 3\} = $ ___$[1,3)$___ ；

$\{x \mid -2 < x < 3\} \bigcap \{x \mid x \geqslant 1\} = $ ___$[1,3)$___ ；

$\{x \mid -1.5 < x < 10\} \bigcup \{x \mid x \geqslant 5\} = $ ___$(-1.5, +\infty)$___ ．

2. 把下列区间用集合表示出来：

$(-1,2) = $ ___$\{x \mid -1 < x < 2\}$___ ；$[2, 4.4) = $ ___$\{x \mid 2 \leqslant x < 4.4\}$___ ；

$(-\infty, 0) = $ ___$\{x \mid -\infty < x < 0\}$___ ；$[-1.2, +\infty) = $ ___$\{x \mid -1.2 \leqslant x < +\infty\}$___ ；

$[-2,3] \bigcap (-6,3) = $ ___$\{x \mid -2 \leqslant x < 3\}$___ ；

$(-\infty, -3] \bigcup (1,7) = $ ___$\{x \mid -\infty < x < 7\}$___ ．

3. 利用已知三角公式从左至右推导下面等式：

(1) $\dfrac{1}{\sin^4 x} = \csc^2 x \cdot \csc^2 x = (1 + \cot^2 x)\csc^2 x$.

(2) $\dfrac{1}{\cos^4 x} = \sec^2 x \cdot \sec^2 x = (1 + \tan^2 x)\sec^2 x$.

(3) $\dfrac{\cos 2x}{\cos^2 x \cdot \sin^2 x} = \dfrac{\cos^2 x - \sin^2 x}{\cos^2 x \cdot \sin^2 x} = \dfrac{1}{\sin^2 x} - \dfrac{1}{\cos^2 x}$.

(4) $\dfrac{1}{\cos^2 x \cdot \sin^2 x} = \dfrac{\cos^2 x + \sin^2 x}{\cos^2 x \cdot \sin^2 x} = \dfrac{1}{\sin^2 x} + \dfrac{1}{\cos^2 x}$.

(5) $\dfrac{2}{\cos x} = \dfrac{2\cos x}{\cos^2 x} = \dfrac{2\cos x}{1 - \sin^2 x} = \dfrac{\cos x}{1 - \sin x} + \dfrac{\cos x}{1 + \sin x}$.

(6) $\dfrac{2}{\sin x} = \dfrac{\sin x}{\sin^2 x} = \dfrac{\sin x}{(1 + \cos x)(1 - \cos x)} = \dfrac{\sin x}{1 - \cos x} + \dfrac{\sin x}{1 + \cos x}$.

(7) $\dfrac{2}{\sin x} = \dfrac{1}{\sin \frac{x}{2}\cos \frac{x}{2}} = \dfrac{1}{\tan \frac{x}{2}\cos^2 \frac{x}{2}} = \dfrac{1}{\tan \frac{x}{2}} \cdot \sec^2 \dfrac{x}{2}$.

(8) $\dfrac{1}{2+\cos x}=\dfrac{1}{1+2\cos^2\dfrac{x}{2}}=\dfrac{\sec^2\dfrac{x}{2}}{\sec^2\dfrac{x}{2}+2}=\dfrac{\sec^2\dfrac{x}{2}}{\tan^2\dfrac{x}{2}+3}.$

(9) $\dfrac{1}{2+\sin x}=\dfrac{1}{2+\cos(\dfrac{\pi}{2}-x)}=\dfrac{1}{1+2\cos^2(\dfrac{\pi}{4}-\dfrac{x}{2})}$

$\qquad =\dfrac{\sec^2(\dfrac{\pi}{4}-\dfrac{x}{2})}{\sec^2(\dfrac{\pi}{4}-\dfrac{x}{2})+2}=\dfrac{\sec^2(\dfrac{\pi}{4}-\dfrac{x}{2})}{\tan^2(\dfrac{\pi}{4}-\dfrac{x}{2})+3}.$

(10) $\dfrac{\sin x}{\sin x+\cos x}=\dfrac{1}{2}\dfrac{(\sin x+\cos x)+(\sin x-\cos x)}{\sin x+\cos x}=\dfrac{1}{2}\left(1-\dfrac{\cos x-\sin x}{\sin x+\cos x}\right).$

(11) $\dfrac{1}{\sin 2x+2\sin x}=\dfrac{1}{2\sin x\cos x+2\sin x}=\dfrac{\sin x}{2\sin^2 x(1+\cos x)}=\dfrac{\sin x}{2(1-\cos^2 x)(1+\cos x)}.$

(12) $\left(\sin\dfrac{x}{2}\pm\cos\dfrac{x}{2}\right)^2=\sin^2\dfrac{x}{2}+\cos^2\dfrac{x}{2}\pm 2\cos\dfrac{x}{2}\sin\dfrac{x}{2}=1\pm\sin x.$

(13) $\dfrac{1+\sin x}{\sin 3x+\sin x}=\dfrac{1}{4}\left(\dfrac{\sin x}{1-\cos^2 x}+\dfrac{\sin x}{\cos^2 x}+\dfrac{1}{\cos^2 x}\right).$

解： $\dfrac{1+\sin x}{\sin 3x+\sin x}=\dfrac{1+\sin x}{2\sin 2x\cos x}=\dfrac{1+\sin x}{4\sin x\cos^2 x}$

$\qquad =\dfrac{1}{4}\left(\dfrac{1}{\sin x\cos^2 x}+\dfrac{1}{\cos^2 x}\right)=\dfrac{1}{4}\left(\dfrac{\sin x}{\sin^2 x\cos^2 x}+\dfrac{1}{\cos^2 x}\right)$

$\qquad =\dfrac{1}{4}\left(\dfrac{\sin x}{(1-\cos^2 x)\cos^2 x}+\dfrac{1}{\cos^2 x}\right)=\dfrac{1}{4}\left(\dfrac{\sin x}{1-\cos^2 x}+\dfrac{\sin x}{\cos^2 x}+\dfrac{1}{\cos^2 x}\right).$

(14)* $\dfrac{1}{\sin(x+a)\cdot\sin(x+b)}=\dfrac{1}{\sin(a-b)}\left[\dfrac{\cos(x+b)}{\sin(x+b)}-\dfrac{\cos(x+a)}{\sin(x+a)}\right].(a-b\neq k\pi)$

解： $\dfrac{1}{\sin(x+a)\cdot\sin(x+b)}=\dfrac{1}{\sin(a-b)}\cdot\dfrac{\sin[(x+a)-(x+b)]}{\sin(x+a)\cdot\sin(x+b)}$

$\qquad =\dfrac{1}{\sin(a-b)}\cdot\dfrac{\sin(x+a)\cos(x+b)-\cos(x+a)\sin(x+b)}{\sin(x+a)\cdot\sin(x+b)}$

$\qquad =\dfrac{1}{\sin(a-b)}\left[\dfrac{\cos(x+b)}{\sin(x+b)}-\dfrac{\cos(x+a)}{\sin(x+a)}\right].$

4. 填空：

(1) $\arctan 1=\underline{\dfrac{\pi}{4}}$ ；

(2) $\operatorname{arccot}(-1)=\underline{\pi-\dfrac{\pi}{4}=\dfrac{3\pi}{4}}$ ；

(3) $\arcsin(-\dfrac{1}{2})=\underline{-\dfrac{\pi}{6}}$ ；

(4) $\arccos(-\dfrac{\sqrt{2}}{2})=\underline{\pi-\dfrac{\pi}{4}=\dfrac{3\pi}{4}}$ ；

(5) $\sin(-\arcsin\dfrac{\sqrt{2}}{3})=\underline{-\dfrac{\sqrt{2}}{3}}$ ；

(6) $\cos\left(-\arccos\dfrac{\sqrt{5}}{3}\right)=\underline{\dfrac{\sqrt{5}}{3}}$ ；

(7) $\cot(\operatorname{arccot}(-3.1))=\underline{-3.1}$ ；

(8) $\sin(-\arctan\sqrt{3})=\underline{-\dfrac{\sqrt{3}}{2}}$ ；

(9) $\tan(\arcsin\dfrac{\sqrt{2}}{2})=\underline{1}$ ；

(10) $\cot(\arccos 1)=\underline{无意义}$.

5. 填空：

(1) 等式 $\arccos(\cos x) = x$ 成立当且仅当 $x \in$ ___$[0,\pi]$___．

(2) 函数 $y = \arccos(\sin x)(-\frac{\pi}{3} < x < \frac{2\pi}{3})$ 的值域是 ___$\left(\frac{\pi}{6}, 5\frac{\pi}{6}\right)$___．

(3) 解： 函数 $y = \arccos\frac{1}{\sqrt{x}}$；令 $0 < \frac{1}{\sqrt{x}} \leqslant 1$，得 $x \geqslant 1$，故函数定义域为 $[1,\infty)$；又，由 $0 < \frac{1}{\sqrt{x}} \leqslant 1$ 得 $0 \leqslant \arccos\frac{1}{\sqrt{x}} < \frac{\pi}{2}$，所以函数值域为 $[0,\pi/2)$．

(4) 解： 函数 $y = \text{arccot}(2x-1)$，令 $-\infty < 2x-1 < \infty$，则 $-\infty < x < \infty$，故函数定义域为 $R = (-\infty, \infty)$；又，由于 $2x-1 > -1$，$\therefore 0 \leqslant \text{arccot}(2x-1) < \text{arccot}(-1) = \frac{3\pi}{4}$，函数值域为 $[0, \frac{3\pi}{4})$．

6.* 求函数 $y = \tan x, x \in \left(\frac{\pi}{2}, \frac{3\pi}{2}\right)$ 的反函数．

解： 令 $x = t - \pi$，则 $t \in \left(-\frac{\pi}{2}, \frac{\pi}{2}\right)$，由 $y = \tan(\pi + t) = \tan t$ 得反函数 $t = \arctan y$，即 $x - \pi = \arctan y$，$x = \pi + \arctan y$．于是所求反函数为 $y = \pi + \arctan x, x \in R$．

7.* 用反三角函数值的形式表示下列式中的 x：

(1) $\cos x = \frac{3}{5}, x \in (0,\pi)$；   (2) $\tan x = -\frac{1}{4}, x \in (-\frac{\pi}{2}, \frac{\pi}{2})$；

(3) $\sin x = -\frac{\sqrt{2}}{3}, x \in \left[\frac{\pi}{2}, \frac{3\pi}{2}\right]$；   (4) $\cot x = 3, x \in (0,\pi)$；

(5) $\cot x = 3, x \in (-\pi, 0)$；

解： (1) $x = \arccos\frac{3}{5}, x \in (0,\pi)$；   (2) $x = \arctan(-\frac{1}{4}), x \in (-\frac{\pi}{2}, \frac{\pi}{2})$；

(3) $x = \pi + \arcsin(-\frac{\sqrt{2}}{3}), x \in \left[\frac{\pi}{2}, \frac{3\pi}{2}\right]$；   (4) $x = \text{arccot}3, x \in (0,\pi)$；

(5) $x = -\pi + \text{arccot}3, x \in (-\pi, 0)$．

【习题 1.1】(函数)(解答)

1. 填空题

(1) 函数 $f(x) = x^2 + 4x - 7$，则 $f(3) = 3^2 + 4 \cdot 3 - 7 = 14$；

(2) 函数 $f(x) = \frac{1}{\ln(x+2)} + \sqrt{4-x^2}$ 的定义域是 ___$(-2,-1) \bigcup (-1,2]$___；

(3) 函数 $y = \text{arccot}(1+x^2)(x \in R)$ 的值域是 ___$(0, \frac{\pi}{4}]$___；

(4) 函数 $f(x) = x^2 - 2x$，则 $f(x-1) = (x-1)^2 - 2(x-1) = x^2 - 4x + 3$．

2. 设 $f(x)$ 的定义域是 $[0,1]$，求下列函数的定义域．

(1) $f(x^2)$；   (2) $f(x+a)(a > 0)$；

(3)* $f(x+a) + f(x-a)(a > 0)$．

解： (1) 令 $0 \leqslant x^2 \leqslant 1$，得 $-1 \leqslant x \leqslant 1$，故 $f(x^2)$ 的定义域为 $[-1,1]$；

(2) 令 $0 \leqslant x+a \leqslant 1$，得 $-a \leqslant x \leqslant -a+1$，故 $f(x+a)$ 定义域为 $[-a, -a+1]$；

(3)* 令 $0 \leqslant x-a \leqslant 1$，得 $a \leqslant x \leqslant a+1$，故函数 $f(x-a)$ 定义域为 $[a, a+1]$. 综合(2) 的结论，得知当 $-a \leqslant a \leqslant -a+1$、即 $(0 <)a \leqslant 1/2$ 时，$f(x+a)+f(x-a)$ 定义域为 $[a, -a+1]$；而当 $a > 1/2$ 时 $f(x+a)+f(x-a)$ 无定义.

3. 求 $y = \cot\pi x + \arccos 2^x$ 的定义域.

解： $\begin{cases} \pi x \neq k\pi \\ 2^x \leqslant 1 \end{cases} \Rightarrow \begin{cases} x \neq k, k = 0, \pm 1, \pm 2, \cdots \\ x \leqslant 0 \end{cases}$　　得定义域为 $x < 0$ 且 $x \neq -1, -2, \cdots$

4. 求 $y = \arcsin\sqrt{2-x}$ 的定义域和值域.

解： $0 \leqslant 2-x \leqslant 1 \Rightarrow$　　函数的定义域为：$[1, 2] = \{x \mid 1 \leqslant x \leqslant 2\}$.

当 $x = 1$ 时，$\arcsin x = \arcsin 1 = \pi/2$；当 $x = 2$ 时，$\arcsin x = \arcsin 0 = 0$，所以根据单调性，所给函数的值域为：$\{y \mid 0 \leqslant y \leqslant \dfrac{\pi}{2}\}$.

5. 设 $f(\dfrac{1}{x}) = x + \sqrt{1+x^2}$，求函数 $y = f(x)(x > 0)$ 的表达式.

解： 设 $\dfrac{1}{x} = u$ 则 $f(u) = \dfrac{1}{u} + \sqrt{1 + \dfrac{1}{u^2}} = \dfrac{1 + \sqrt{1+u^2}}{u}$，故 $f(x) = \dfrac{1 + \sqrt{1+x^2}}{x}(x > 0)$.

6. 指出下列函数中哪些是奇函数、偶函数或非奇非偶函数？

(1) $f(x) = x\cos x$ 为奇函数；　　　　(2) $f(x) = \ln(x + \sqrt{1+x^2})$ 为奇函数；

(3) $f(x) = x - x^3$ 为奇函数；　　　　(4) $f(x) = \dfrac{e^{-x} + e^x}{\ln(2+x^2)}$ 为偶函数；

(5) $f(x) = xe^{3x}$ 是非奇非偶函数；　　(6) $f(x) = \dfrac{1+x^2}{1-x^2}$ 为偶函数.

【注】 (2) 的解题过程：

$$f(-x) = \ln(-x + \sqrt{1+x^2}) = \ln\dfrac{(\sqrt{1+x^2})^2 - x^2}{\sqrt{1+x^2} + x} = -\ln(x + \sqrt{1+x^2}) = -f(x).$$

7. 下列函数中哪些是周期函数，对于周期函数指出其周期.

(1) $f(x) = \sin^2 x$ 周期为 π；　　　　(2) $f(x) = \sin(x-2)$ 周期为 2π；

(3) $f(x) = \cos x - 2$ 周期为 2π；　　(4) $f(x) = 2^{\cos 2x}$ 周期为 π；

(5) $f(x) = x\sin x$ 是非周期函数.

8. 下列函数中哪些是有界函数，哪些是无界函数？

(1) $f(x) = \text{arccot}x$ 为有界函数；　　(2) $f(x) = \sin 3x$ 为有界函数；

(3) $f(x) = \ln(x^2+1)$ 为无界函数；　　(4) $f(x) = 2^{-|x|}$ 为有界函数.

9. 将下列各复合函数的复合过程填入空格：

(1) $y = \sqrt{x^4+1}$：$\underline{\quad y = \sqrt{u}, u = x^4+1 \quad}$；

(2) $y = \arcsin(1-x^2)$：$\underline{\quad y = \arcsin u, u = 1-x^2 \quad}$；

(3) $y = \cos\ln\dfrac{3x}{2}$：$\underline{\quad y = \cos u, u = \ln v, v = \dfrac{3x}{2} \quad}$；

(4) $y = \tan^3 e^x$：$\underline{\quad y = u^3, u = \tan v, v = e^x \quad}$；

(5) $y = e^{\sin^2\sqrt{x}}$：$\underline{\quad y = e^u, u = v^2, v = \sin t, t = \sqrt{x} \quad}$；

10. 设 $f(x) = x^2, g(x) = 2^x$，求 $f[g(x)], g[f(x)]$.

解： $f[g(x)] = [g(x)]^2 = (2^x)^2 = 4^x$，$g[f(x)] = 2^{f(x)} = 2^{x^2}$.

11. 设函数 $f(\sqrt{x}+2)=2x$,求 $f(x)$ 的函数式.

解 1： （变量替换法）令 $\sqrt{x}+2=u,u\in[2,+\infty)$,解得 $x=(u-2)^2,f(u)=2(u-2)^2$,所以 $f(x)=2(x-2)^2,x\in[2,+\infty)$.

解 2： （拼凑法）因为 $f(\sqrt{x}+2)=2x=2(\sqrt{x}+2-2)^2=2[(\sqrt{x}+2)^2-4(\sqrt{x}+2)+4]$,所以 $f(x)=2(x^2-4x+4)=2(x-2)^2,x\in[2,+\infty)$.

12. 求函数 $y=\arccos x\quad(-1<x<\frac{1}{2})$ 的反函数.

解： 因 $\arccos(-1)=\pi-\arccos 1=\pi,\arccos\frac{1}{2}=\frac{\pi}{6}$,故反函数为

$$y=\cos x\quad(\frac{\pi}{6}\leqslant x\leqslant\pi).$$

13*. 求 $y=\begin{cases}x^2,&-1\leqslant x<0\\\ln x,&0<x\leqslant 1\\2\mathrm{e}^{x-1},&1<x\leqslant 2\end{cases}$ 的反函数及其定义域.

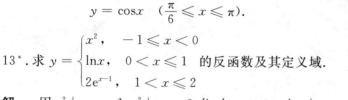

解： 因 $x^2|_{x=-1}=1,x^2|_{x=0}=0;\lim\limits_{x\to 0^+}\ln x=-\infty,\ln x|_{x=1}=0$;
$(2\mathrm{e}^{x-1})|_{x=1}=2,(2\mathrm{e}^{x-1})|_{x=2}=2\mathrm{e}$,故

当 $-1\leqslant x<0$ 时,$y=x^2\in(0,1]$,则 $x=-\sqrt{y},y\in(0,1]$;

当 $0<x\leqslant 1$ 时,$y=\ln x\in(-\infty,0]$,则 $x=\mathrm{e}^y,y\in(-\infty,0]$;

当 $1<x\leqslant 2$ 时,$y=2\mathrm{e}^{x-1}\in(2,2\mathrm{e}]$,则 $x=1+\ln\frac{y}{2},y\in(2,2\mathrm{e}]$.

得反函数 $y=\begin{cases}\mathrm{e}^x,&x\in(-\infty,0]\\-\sqrt{x},&x\in(0,1]\\1+\ln\frac{x}{2},&x\in(2,2\mathrm{e}]\end{cases}$,定义域为 $(-\infty,1]\bigcup(2,2\mathrm{e}]$.

14*. 设 $f(0)=0$ 且 $x\neq 0$ 时 $af(x)+bf(\frac{1}{x})=\frac{c}{x}$,其中 a,b,c 为常数,且 $|a|\neq|b|$.证明 $f(x)$ 为奇函数.

证 1： 首先由 $|a|\neq|b|$ 即知 a、b 不同时为 0. 设 $a\neq 0$,当 $x\neq 0$ 时,有

$$f(x)=-\frac{b}{a}f(\frac{1}{x})+\frac{c}{ax},\qquad f(-x)=-\frac{b}{a}f(-\frac{1}{x})-\frac{c}{ax},\qquad(1)$$

$$f(\frac{1}{x})=-\frac{b}{a}f(x)+\frac{c}{ax},\qquad f(-\frac{1}{x})=-\frac{b}{a}f(-x)-\frac{c}{ax},\qquad(2)$$

(2) 代入 (1) 得 $f(x)=\frac{b^2}{a^2}f(x)+\frac{ac-bc}{a^2x}$,解得

$$f(x)=\frac{ac-bc}{ax(1-\frac{b^2}{a^2})}=\frac{ac(a-b)}{x(a^2-b^2)}=\frac{ac}{x(a+b)},f(-x)=-\frac{ac}{x(a+b)}=-f(x),$$

同理可证 $b\neq 0$ 时,当 $x\neq 0$ 时,有 $f(-x)=-f(x)$.

综上所述,$\forall x,f(-x)=-f(x)$,所以 $f(x)$ 为奇函数.

证 2： 令 $t=\frac{1}{x}$,则 $x=\frac{1}{t},af(\frac{1}{t})+bf(t)=ct$. 连同原式得 $\begin{cases}af(x)+bf(\frac{1}{x})=\frac{c}{x}\\af(\frac{1}{x})+bf(x)=cx\end{cases}$,

消去 $f(\dfrac{1}{x})$，得 $f(x) = \dfrac{c}{b^2 - a^2}(bx - \dfrac{a}{x})(x \neq 0)$.

显然 $f(-x) = -f(x)$，$\forall x \neq 0$；又 $f(0) = 0$，故 $f(x)$ 为奇函数.

【习题 1.2】（数列的极限）（解答）

1. **解：**　(1) $\lim\limits_{n\to\infty} \dfrac{2n^2 + n}{3n^2 + 2} = \lim\limits_{n\to\infty} \dfrac{2 + \dfrac{1}{n}}{3 + \dfrac{2}{n^2}} = \dfrac{2}{3}$.

(2) $\lim\limits_{n\to\infty} \dfrac{5n^4 + 2n^2 + 3}{2n^3 + 1} = \lim\limits_{n\to\infty} \dfrac{n^4}{n^3} \cdot \dfrac{5 + \dfrac{2}{n^2} + \dfrac{3}{n^4}}{2 + \dfrac{1}{n^3}} = \infty$.

(3) $\lim\limits_{n\to\infty} \dfrac{3n^3 + n}{2n^4 - n^2} = \lim\limits_{n\to\infty} \dfrac{\dfrac{3}{n} + \dfrac{1}{n^3}}{2 - \dfrac{1}{n^2}} = 0$.

(4) $\lim\limits_{n\to\infty} \dfrac{2n^2 + 6n + 3}{\sqrt{2n^4 + 1}} = \lim\limits_{n\to\infty} \dfrac{2 + \dfrac{6}{n} + \dfrac{3}{n^2}}{\sqrt{2 + \dfrac{1}{n^4}}} = \dfrac{2}{\sqrt{2}} = \sqrt{2}$.

2. 求 $\lim\limits_{n\to\infty} x_n$，其中 $x_n = n \cdot \left(\dfrac{1}{2\sqrt{n^2+1}} + \dfrac{1}{2^2\sqrt{n^2+2}} + \dfrac{1}{2^3\sqrt{n^2+3}} + \cdots + \dfrac{1}{2^n\sqrt{n^2+n}} \right)$.

解：　因 $\dfrac{n}{\sqrt{n^2+n}} \cdot \left(\dfrac{1}{2} + \dfrac{1}{2^2} + \dfrac{1}{2^3} + \cdots + \dfrac{1}{2^n} \right) \leqslant x_n \leqslant \dfrac{n}{\sqrt{n^2+1}} \cdot \left(\dfrac{1}{2} + \dfrac{1}{2^2} + \dfrac{1}{2^3} + \cdots + \dfrac{1}{2^n} \right)$,

$$\dfrac{n}{\sqrt{n^2+n}} \cdot \left(1 - \dfrac{1}{2^{n+1}} \right) \leqslant x_n \leqslant \dfrac{n}{\sqrt{n^2+1}} \cdot \left(1 - \dfrac{1}{2^{n+1}} \right),$$

且　　$\lim\limits_{n\to\infty} \dfrac{n}{\sqrt{n^2+n}} \cdot \left(1 - \dfrac{1}{2^{n+1}} \right) = \lim\limits_{n\to\infty} \dfrac{1}{\sqrt{1 + \dfrac{1}{n^2}}} \cdot \left(1 - \dfrac{1}{2^{n+1}} \right) = 1$,

$$\lim\limits_{n\to\infty} \dfrac{n}{\sqrt{n^2+1}} \cdot \left(1 - \dfrac{1}{2^{n+1}} \right) = \lim\limits_{n\to\infty} \dfrac{1}{\sqrt{1 + \dfrac{1}{n}}} \cdot \left(1 - \dfrac{1}{2^{n+1}} \right) = 1,$$

故　$\lim\limits_{n\to\infty} n \cdot \left(\dfrac{1}{2\sqrt{n^2+1}} + \dfrac{1}{2^2\sqrt{n^2+2}} + \dfrac{1}{2^3\sqrt{n^2+3}} + \cdots + \dfrac{1}{2^n\sqrt{n^2+4}} \right) = \lim\limits_{n\to\infty} x_n = 1$.

3. 计算 $\lim\limits_{n\to\infty} \left(\dfrac{1+2+\cdots+n}{2+n} - \dfrac{n}{2} \right)$.

解：　先将数列的一般项通分变形再求极限.

因　　$\dfrac{1+2+\cdots+n}{n+2} - \dfrac{n}{2} = \dfrac{n(n+1)}{2(n+2)} - \dfrac{n}{2} = \dfrac{n^2 + n - n^2 - 2n}{2(n+2)} = \dfrac{-n}{2n+4}$,

故　　$\lim\limits_{n\to\infty} \left(\dfrac{1+2+\cdots+n}{n+2} - \dfrac{n}{2} \right) = \lim\limits_{n\to\infty} \dfrac{-n}{2n+4} = -\dfrac{1}{2}$.

4. 求 $\lim\limits_{n\to+\infty} 0.\underbrace{33\cdots3}$　（n 个 3）.

解：　$0.\underbrace{33\cdots3}_{n\text{个}3} = \dfrac{3}{10} + \dfrac{3}{10^2} + \cdots + \dfrac{3}{10^n}$ 是首项为 $a_1 = \dfrac{3}{10}$、公比为 $q = \dfrac{1}{10}$ 等比数列前 n 项和：

$$\lim_{n\to\infty} 0.\underbrace{33\cdots3}_{n\uparrow 3} = \lim_{n\to\infty}\left(\frac{3}{10}+\frac{3}{10^2}+\cdots+\frac{3}{10^n}\right) = \lim_{n\to\infty}\frac{\frac{3}{10}\left(1-\frac{1}{10^n}\right)}{1-\frac{1}{10}} = \frac{1}{3}.$$

5^*. 证明 $\lim\limits_{n\to\infty}\left[(n+1)^\alpha - n^\alpha\right] = 0 \quad (0 < \alpha < 1)$.

证： 因 $0\leqslant (n+1)^\alpha - n^\alpha = n^\alpha\cdot\left[\left(1+\frac{1}{n}\right)^\alpha - 1\right]\leqslant n^\alpha\cdot\left[\left(1+\frac{1}{n}\right)-1\right] = \frac{1}{n^{1-\alpha}}$，且 $\lim\limits_{n\to\infty}\frac{1}{n^{1-\alpha}}$

$=0$，故根据夹逼准则得 $\lim\limits_{n\to\infty}\left[(n+1)^\alpha - n^\alpha\right] = 0.$

6^*. 求 $\lim\limits_{n\to+\infty}\frac{\sqrt{n^2+a^2}}{n}$，其中 a 为常数.

解： 当 $a = 0$ 时，显然原式 $= \lim\limits_{n\to+\infty}\frac{\sqrt{n^2}}{n} = 1$. 当 $a\neq 0$ 时，因为

$$0\leqslant\left|\frac{\sqrt{n^2+a^2}}{n}-1\right| = \left|\frac{\sqrt{n^2+a^2}-n}{n}\right| = \frac{a^2}{n(\sqrt{n^2+a^2}+n)}\leqslant\frac{a^2}{n},$$

又 $\lim\limits_{n\to+\infty}\frac{a^2}{n} = 0$，所以 $\lim\limits_{n\to+\infty}\left|\frac{\sqrt{n^2+a^2}}{n}-1\right| = 0$. 从而 $\lim\limits_{n\to+\infty}\frac{\sqrt{n^2+a^2}}{n} = 1.$

综上所述 $\lim\limits_{n\to+\infty}\frac{\sqrt{n^2+a^2}}{n} = 1$，其中 a 为常数.

7^*. 设 $x_n = \sqrt{1+\sqrt{1+\sqrt{\cdots+\sqrt{1}}}}$，求 $\lim\limits_{n\to\infty}x_n$.

解： 显然 $x_n \xlongequal{n\uparrow 1}\sqrt{1+\sqrt{1+\sqrt{\cdots+\sqrt{1}}}}\leqslant\sqrt{1+\sqrt{1+\sqrt{\cdots+\sqrt{1+\sqrt{1}}}}}\xlongequal{n+1\uparrow 1}x_{n+1}$,

又 $\qquad x_n \xlongequal{n\uparrow 1}\sqrt{1+\sqrt{1+\cdots\sqrt{1+\sqrt{1}}}}\leqslant\sqrt{1+\sqrt{1+\cdots\sqrt{1+8}}} = 2,$

所以 $\{x_n\}$ 是单调增加有界列，收敛.

于是可设 $x = \lim\limits_{n\to\infty}x_n$. 显然 $x_{n+1} = \sqrt{1+x_n}$，所以 $x_{n+1}^2 = 1 + x_n$，取极限得 $x^2 = 1+x$. 解得 $x_1 = \frac{1+\sqrt{5}}{2}$，$x_2 = \frac{1-\sqrt{5}}{2}$（舍去），最后得

$$\lim_{n\to\infty}x_n = \sqrt{1+\sqrt{1+\sqrt{\cdots+\sqrt{1}}}} = \frac{1+\sqrt{5}}{2}.$$

【习题 1.3】(函数的极限)(解答)

1. 计算：(1) $\lim\limits_{x\to\infty}\frac{2x^2+x-1}{x^2-2} = \lim\limits_{x\to\infty}\frac{2+1/x-1/x^2}{1-2/x^2} = 2.$

(2) $\lim\limits_{x\to-2}\frac{x^3+3x^2+2x}{x^2-x-6} = \lim\limits_{x\to-2}\frac{x(x+1)(x+2)}{(x-3)(x+2)}\xlongequal[\text{约去致零因子}]{\text{分子分母}}\lim\limits_{x\to-2}\frac{x(x+1)}{x-3} = -\frac{2}{5}.$

(3) $\lim\limits_{x\to\pi}\frac{\tan x}{x-\pi} = \lim\limits_{x\to\pi}\frac{\tan(x-\pi)}{x-\pi}\xlongequal{\text{令}\,t=x-\pi}\lim\limits_{t\to0}\frac{\tan t}{t} = \lim\limits_{t\to0}\frac{\sin t}{t}\cdot\frac{1}{\cos t} = 1.$

(4) 计算 $\lim\limits_{x\to+\infty}x(\sqrt{x^2+1}-x)$. （分析：利用分子有理化变形，可变成 $\frac{\infty}{\infty}$ 的形式.）

解： $\lim\limits_{x\to+\infty}x(\sqrt{x^2+1}-x) = \lim\limits_{x\to+\infty}\frac{x}{\sqrt{x^2+1}+x} = \lim\limits_{x\to+\infty}\frac{1}{\sqrt{1+(1/x)^2}+1} = \frac{1}{2}.$

2. 设 $f(x) = \begin{cases} 1-x, & x < 0 \\ x^2+1, & x\geqslant 0 \end{cases}$，试问 $\lim\limits_{x\to0}f(x)$ 存在否.

解： 当 $x < 0$ 时，$\lim\limits_{x \to 0^-} f(x) = \lim\limits_{x \to 0^-}(1-x) = 1$；而当 $x > 0$ 时，

$$\lim\limits_{x \to 0^+} f(x) = \lim\limits_{x \to 0^+}(x^2 + 1) = 1;$$

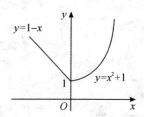

故左右极限存在且相等，从而所问极限存在且 $\lim\limits_{x \to 0} f(x) = 1$.

3. **解：** $\lim\limits_{x \to +\infty}(3^x + 9^x)^{\frac{1}{x}} = \lim\limits_{x \to +\infty}(9^x)^{\frac{1}{x}}\left(\dfrac{1}{3^x} + 1\right)^{\frac{1}{x}}$

$$= 9 \cdot \lim\limits_{x \to +\infty}\left[\left(1 + \dfrac{1}{3^x}\right)^{3^x}\right]^{\frac{1}{3^x \cdot x}} = 9.$$

4. 求 $\lim\limits_{x \to \infty}\left(\sin\dfrac{1}{x} + \cos\dfrac{1}{x}\right)^x$.

解： 原式 $= \lim\limits_{x \to \infty}\left[\left(\sin\dfrac{1}{x} + \cos\dfrac{1}{x}\right)^2\right]^{\frac{x}{2}} = \lim\limits_{x \to \infty}\left(1 + \sin\dfrac{2}{x}\right)^{\frac{x}{2}} = \lim\limits_{x \to \infty}\left[\left(1 + \sin\dfrac{2}{x}\right)^{\frac{1}{\sin\frac{2}{x}}}\right]^{\sin\frac{2}{x} \cdot \frac{x}{2}} = \mathrm{e}.$

5. 求证 $\lim\limits_{x \to 1}\dfrac{\sqrt{x+1} - \sqrt{2}}{x - 1} = \dfrac{1}{2\sqrt{2}}$.

证 1： $\lim\limits_{x \to 1}\dfrac{\sqrt{x+1} - \sqrt{2}}{x - 1} = \lim\limits_{x \to 1}\dfrac{(\sqrt{x+1})^2 - (\sqrt{2})^2}{(x-1)(\sqrt{x+1} + \sqrt{2})} = \lim\limits_{x \to 1}\dfrac{1}{\sqrt{x+1} + \sqrt{2}}$

$$= \dfrac{1}{\lim\limits_{x \to 1}\sqrt{x+1} + \sqrt{2}} = \dfrac{1}{2\sqrt{2}}.$$

【注】 若不用根号下取极限（推论 2），而用夹逼准则论证，必有繁琐的恒等变换：

$$\left|\dfrac{\sqrt{x+1} - \sqrt{2}}{x-1} - \dfrac{1}{2\sqrt{2}}\right| = \left|\dfrac{1}{\sqrt{x+1} + \sqrt{2}} - \dfrac{1}{2\sqrt{2}}\right| = \left|\dfrac{\sqrt{x+1} - \sqrt{2}}{2\sqrt{2}(\sqrt{x+1} + \sqrt{2})}\right|$$

$$= \left|\dfrac{(\sqrt{x+1})^2 - (\sqrt{2})^2}{2\sqrt{2}(\sqrt{x+1} + \sqrt{2})^2}\right| = \dfrac{|x-1|}{2\sqrt{2}(\sqrt{x+1} + \sqrt{2})^2} \leqslant |x-1| \xrightarrow[x \to 1]{} 0.$$

6. * 写出对应本节开始罗列的自变量各状态下的函数极限为有限和无穷的各种严格 $(\varepsilon - \delta, \varepsilon - N, \varepsilon - X; G - \delta, G - N, G - X)$ 定义.

解： （1）自变量各种状态下各状态下函数收敛的定义：

(i) $\lim\limits_{x \to +\infty} f(x) = A$：$\forall \varepsilon > 0, \exists X > 0$，使当 $x > X$ 时，恒有 $|f(x) - A| < \varepsilon$；

(ii) $\lim\limits_{x \to -\infty} f(x) = A$：$\forall \varepsilon > 0, \exists X > 0$，使当 $x < -X$ 时，恒有 $|f(x) - A| < \varepsilon$；

(iii) $\lim\limits_{x \to \infty} f(x) = A$：$\forall \varepsilon > 0, \exists X > 0$，使当 $|x| > X$ 时，恒有 $|f(x) - A| < \varepsilon$；

(iv) $\lim\limits_{x \to x_0} f(x) = A$：$\forall \varepsilon > 0, \exists \delta > 0$，使当 $0 < |x - x_0| < \delta$ 时，恒有 $|f(x) - A| < \varepsilon$.

(v) $\lim\limits_{x \to x_0^+} f(x) = A$：$\forall \varepsilon > 0, \exists \delta > 0$，使当 $0 < x - x_0 < \delta$ 时，恒有 $|f(x) - A| < \varepsilon$；

(vi) $\lim\limits_{x \to x_0^-} f(x) = A$：$\forall \varepsilon > 0, \exists \delta > 0$，使当 $0 < x_0 - x < \delta$ 时，恒有 $|f(x) - A| < \varepsilon$.

（2）自变量各种状态下的函数发散于无穷的定义

与数列相同，发散于无穷的函数 $f(x)$ 极限是不存在的，下面定义借用收敛极限的记法，还将它们说成"趋于无穷"、"极限为无穷"等.

另，与上面定义（1）对比，对应相同序号的定义中仅最后一句表达式不同.

(i) $\lim\limits_{x \to +\infty} f(x) = \infty$（或 $\pm\infty$）：$\forall G > 0, \exists X > 0$，使当 $x > X$ 时

$$f(x) \mid > G\,(\text{或} \pm f(x) > G);$$

(ii) $\lim\limits_{x \to -\infty} f(x) = \infty$(或 $\pm\infty$)：$\forall G > 0, \exists X > 0$，使当 $x < -X$ 时

$$|f(x)| > G(\text{或} \pm f(x) > G);$$

(iii) $\lim\limits_{x \to \infty} f(x) = \infty$(或 $\pm\infty$)：$\forall G > 0, \exists X > 0$，使当 $|x| > X$ 时

$$|f(x)| > G(\text{或} \pm f(x) > G);$$

(iv) $\lim\limits_{x \to x_0} f(x) = \infty$(或 $\pm\infty$)：$\forall G > 0, \exists \delta > 0$，使当 $0 < |x - x_0| < \delta$ 时

$$|f(x)| > G(\text{或} \pm f(x) > G);$$

(v) $\lim\limits_{x \to x_0^+} f(x) = \infty$(或 $\pm\infty$)：$\forall G > 0, \exists \delta > 0$，使当 $0 < x - x_0 < \delta$ 时

$$|f(x)| > G(\text{或} \pm f(x) > G);$$

(vi) $\lim\limits_{x \to x_0^-} f(x) = \infty$(或 $\pm\infty$)：$\forall G > 0, \exists \delta > 0$，使当 $0 < x_0 - x < \delta$ 时

$$|f(x)| > G(\text{或} \pm f(x) > G);$$

对应自变量各状态之各类极限的统一表达方式对照表 Ⅱ（参看例 D[注] 对照表 Ⅰ）

$$\lim f(x) = A(\text{或} \infty, \pm\infty) \Leftrightarrow \begin{cases} \forall \varepsilon(\text{或} G) > 0, \exists \text{ 某时刻，从此时刻起，恒有} \\ |f(x) - A| < \varepsilon \quad (\text{或} |f(x)| > G, \pm f(x) > G). \end{cases}$$

自变量变化过程 Ⅰ		$n \to \infty$	$x \to +\infty$	$x \to -\infty$	$x \to \infty$
极限定义中语句	对任意正数	$\forall \varepsilon(\text{或} G) > 0$			
	存在某时刻	$\exists X > 0 (\text{或} N \in \mathbf{N}^+)$			
	从此时刻以后	$n > N$	$x > X$	$x < -X$	$|x| > X$
	$(\lim f(x) = A)$　$f(x)$ 满足条件	$|f(x) - A| < \varepsilon$			
	$(\lim f(x) = \infty)$	$|f(x)| > G$　(或 $\pm f(x) > G$)			

自变量变化过程 Ⅱ		$x \to x_0$	$x \to x_0^+$	$x \to x_0^-$
极限定义中语句	对任意正数	$\forall \varepsilon(\text{或} G) > 0$		
	存在某时刻	$\exists \delta > 0$		
	从此时刻以后	$0 < |x - x_0| < \delta$	$0 < x - x_0 < \delta$	$-\delta < x - x_0 < 0$
	$(\lim f(x) = A)$　$f(x)$ 满足条件	$|f(x) - A| < \varepsilon$		
	$(\lim f(x) = \infty)$	$|f(x)| > G$　(或 $\pm f(x) > G$)		

【习题 1.4】(无穷小量阶的比较)(解答)

1. 下列变量中，哪个是无穷大，哪个是无穷小，为什么？

解：(1) $\because \lim\limits_{x \to 0} \dfrac{\tan x}{1 + \cos x} = \dfrac{0}{2} = 0$，$\therefore \dfrac{\tan x}{1 + \cos x}$ 当 $x \to 0$ 时是的无穷小.

(2) $\because \lim\limits_{x \to 0^+} 2^{\frac{1}{x}} = +\infty$，$\lim\limits_{x \to 0^-} 2^{\frac{1}{x}} = 0$，$\therefore 2^{\frac{1}{x}}$ 当 $x \to 0$ 时既不是无穷大，也不是无穷小.

(3) $\because \lim\limits_{x \to 0^+} \ln x = -\infty$，$\therefore \ln x$ 是 $x \to 0^+$ 时的无穷大.

2. (1) 求 $\lim\limits_{x \to \infty} \dfrac{\arctan x}{x + 1}$.

解： 当 $x \to \infty$ 时，$\dfrac{1}{x+1} \to 0$. 但 $\arctan x$ 极限不存在，而 $|\arctan x| < \dfrac{\pi}{2}$，是有界量，故

$$\lim_{x \to \infty} \frac{\arctan x}{x+1} = \lim_{x \to \infty} \frac{1}{x+1}\arctan x = 0.$$

(2) 求 $\lim\limits_{x \to 1} \dfrac{x^2+1}{x^2-1}$；　**解：** 因 $\lim\limits_{x \to 1} \dfrac{x^2-1}{x^2+1} = 0$，故得 $\lim\limits_{x \to 1} \dfrac{x^2+1}{x^2-1} = \infty$.

(3) $\lim\limits_{x \to 0} \dfrac{\tan^2 2x}{1-\cos x} \xlongequal[1-\cos x \sim \frac{1}{2}x^2]{\tan 2x \sim 2x} \lim\limits_{x \to 0} \dfrac{(2x)^2}{\frac{1}{2}x^2} = 8.$

3^*. 设 $\lim\limits_{x \to -1} \dfrac{x^2+ax+1}{x+1}$ 具有极限 l，试求 a 和 l 的值.

解： 由于 $\lim\limits_{x \to -1}(x+1) = 0$，根据无穷小量的实用性质，由 $\lim\limits_{x \to -1} \dfrac{x^2+ax+1}{x+1}$ 极限存在必推出 $\lim\limits_{x \to -1}(x^2+ax+1) = 0$，由此得 $a = 2$. 将 $a = 2$ 代回原极限式有

$$l = \lim_{x \to -1} \frac{x^2+2x+1}{x+1} = \lim_{x \to -1}(x+1) = 0.$$

4^*. $\lim\limits_{x \to 0} \dfrac{e^{\sqrt{1+\sin^3 x}-1}-1}{x^3} \xlongequal[\text{等价代换}]{\text{无穷小}} \lim\limits_{x \to 0} \dfrac{\sqrt{1+\sin^3 x}-1}{x^3} \xlongequal[\text{等价代换}]{\text{无穷小}} \lim\limits_{x \to 0} \dfrac{\sin^3 x}{2x^3} = \dfrac{1}{2}.$

【习题 1.5】(函数的连续性)(解答)

1. 讨论函数 $f(x) = \begin{cases} 2x+1, & x \leqslant 0, \\ \cos x, & x > 0, \end{cases}$ 的连续性.

解： 因 $f(x)$ 分别在 $(-\infty, 0)$ 和 $(0, +\infty)$ 内为初等的，故连续.

下面讨论 $f(x)$ 在 $x = 0$ 处的连续性. 因为

$$\lim_{x \to 0^+} f(x) = \lim_{x \to 0^+}\cos x = 1, \qquad \lim_{x \to 0^-} f(x) = \lim_{x \to 0^-}(2x+1) = 1.$$

且 $f(0) = 1$，即 $f(x)$ 在 $x = 0$ 处左、右连续，故在 $x = 0$ 处连续.

综上所述，$f(x)$ 在 $(-\infty, +\infty)$ 为连续.

2. 讨论下面函数的间断点：$f(x) = \dfrac{x^2-4}{x^2+2x}$.

解： 令 $x^2+2x = 0$，得 $x = -2, x = 0$. 因为函数 $f(x)$ 的分母、分子皆为初等的，而且在 $x = -2, x = 0$ 处没有定义，所以是函数的间断点.

(i) 因 $\lim\limits_{x \to -2} \dfrac{x^2-4}{(x^2+2x)} = \lim\limits_{x \to -2} \dfrac{x-2}{x} = 2$，故 $x = -2$ 是可去间断点.

(ii) 因 $\lim\limits_{x \to 0} \dfrac{x^2-4}{(x^2+2x)} = \lim\limits_{x \to 0} \dfrac{x-2}{x} = \infty$，故 $x = 0$ 是无穷间断点.

3. 设 $f(x) = \begin{cases} \dfrac{\ln(1+2x)}{x}, & x \neq 0 \\ a, & x = 0 \end{cases}$ 试确定常数 a，使 $f(x)$ 在 $x = 0$ 连续.

解： 要使 $f(x)$ 在 $x = 0$ 连续，只需

$$\lim_{x \to 0} f(x) = \lim_{x \to 0} \frac{\ln(1+2x)}{x} \xlongequal[\text{等价代换}]{\text{无穷小}} \lim_{x \to 0} \frac{2x}{x} = 2 = f(0).$$

又 $f(0) = a$，故当 $a = 2$ 时，$f(x)$ 在 $x = 0$ 处连续.

4. 试证明：方程 $4x = 2^x$ 有一个小于 $\dfrac{1}{2}$ 的正根.

证： 因 $f(x) = 4x - 2^x$ 为初等函数，故在定义域内，特别在闭区间 $\left[0, \dfrac{1}{2}\right]$ 上连续. 又

$$f(0) = -1 < 0, \qquad f\left(\frac{1}{2}\right) = 2 - \sqrt{2} > 0,$$

故由零点定理知，存在 $\xi \in \left[0, \dfrac{1}{2}\right]$，使 $f(\xi) = 0$. 由式（＊）知 $\xi \in \left(0, \dfrac{1}{2}\right)$，所以 ξ 是方程 $4x = 2^x$ 的正根，从而命题得证.

Ⅱ. 第一章自测题及其解答

自测题一

一、单项选择题

1. 函数 $y = \dfrac{\sqrt{\ln(x-1)}}{x-3}$ 的定义域是（　　）.

A. $[1,2) \bigcup (2, +\infty)$;　　　　　　　　B. $(1,2) \bigcup (2, +\infty)$;

C. $[2,3) \bigcup (3, +\infty)$;　　　　　　　　D. $(2,3) \bigcup (3, +\infty)$.

2. 下列函数中为奇函数的是（　　）.

A. 2^x;　　　　　　　　　　　　　　　　　B. $\ln \dfrac{1+x}{1-x}$;

C. $\sin x^2$;　　　　　　　　　　　　　　　D. $\ln \sin x$.

3. 设函数 $f(x) = x^3 - x^2 - 1$，则 $f[f(1)] = $（　　）.

A. 0;　　　　　　　　　　　　　　　　　B. -1;

C. -2;　　　　　　　　　　　　　　　　D. -3.

4. $\lim\limits_{x \to +\infty} \dfrac{2\sin x^2}{\sqrt{x}} = $（　　）.

A. 0;　　　　　　　　　　　　　　　　　B. 1;

C. 2;　　　　　　　　　　　　　　　　　D. ∞.

5. 如果 $f(x_0) = 2$，但 $\lim\limits_{x \to x_0^-} f(x) = \lim\limits_{x \to x_0^+} f(x) = 3$，则 $\lim\limits_{x \to x_0} f(x) = $（　　）.

A. 2;　　　　　　　　　　　　　　　　　B. 3;

C. 0;　　　　　　　　　　　　　　　　　D. ∞.

6. $f(x) = \dfrac{1}{x}$ 是（　　）.

A. 无穷小;　　　　　　　　　　　　　　　B. 无穷大;

C. 有界量;　　　　　　　　　　　　　　　D. 函数.

7. $\lim\limits_{x \to \infty} \dfrac{1 + 2 + 3 + \cdots + n}{n^2} = $（　　）.

A. 0;　　　　　　　　　　　　　　　　　B. $\dfrac{1}{3}$;

C. $\dfrac{1}{2}$;　　　　　　　　　　　　　　D. 不存在.

8. 从 $\lim\limits_{x \to x_0} f(x) = 1$ 不能推出（　　）.

A. $\lim\limits_{x \to x_0^+} f(x) = 1$;　　　　　　　　B. $\lim\limits_{x \to x_0^-} f(x) = 1$;

C. $f(x_0)=1$;　　　　　　　　　　　D. $\lim\limits_{x\to x_0}[f(x)-1]=0$.

9. $\lim\limits_{x\to x_0}f(x)=f(x_0)$ 是 $f(x)$ 在 $x=x_0$ 连续的(　　)条件.

A. 必要非充分;　　　　　　　　　　B. 充分非必要;

C. 充分必要;　　　　　　　　　　　D. 无关.

10. 下列极限中,极限值不为 0 的是(　　).

A. $\lim\limits_{x\to\infty}\dfrac{\arctan x}{x}$;　　　　　　　　B. $\lim\limits_{x\to\infty}\dfrac{2\sin x+3\cos x}{x}$;

C. $\lim\limits_{x\to 0}x^2\sin\dfrac{1}{x}$;　　　　　　　　D. $\lim\limits_{x\to 0}\dfrac{x^2}{x^4+x^2}$.

二、计算题 —— 求下列极限

(1) $\lim\limits_{x\to 1}\dfrac{x^2-2x+1}{x^2-1}$;　　　　　　(2) $\lim\limits_{x\to 1}(\dfrac{1}{1-x}-\dfrac{3}{1-x^3})$;

(3) $\lim\limits_{x\to\infty}\left(\dfrac{1+x}{x}\right)^{2x}$;　　　　　(4) $\lim\limits_{x\to-\infty}\dfrac{\arctan\dfrac{1}{x}}{\mathrm{e}^{-\frac{2}{x}}-1}$;

(5) $\lim\limits_{x\to 0}\dfrac{1-\cos 2x}{x\ln(x+1)}$;　　　　(6) $\lim\limits_{x\to 2^-}\dfrac{\ln(3-x)}{\sqrt{3-x}-1}$.

三、解答题

1. 判定函数 $f(x)=\dfrac{1}{2}(\mathrm{e}^x+\mathrm{e}^{-x})$ 的奇偶性.

2. 指出函数 $y=\sin^3(\dfrac{\ln x}{2}-\dfrac{\pi}{3})$ 的复合过程,并求 $\lim\limits_{x\to\mathrm{e}^\pi}\sin^3(\dfrac{\ln x}{2}-\dfrac{\pi}{3})$.

3. 求函数 $f(x)=\begin{cases}x-1,x\geqslant 1;\\3-x,x<1\end{cases}$ 和 $g(x)=\begin{cases}x-1,x>2;\\3-x,x\leqslant 2\end{cases}$ 的间断点,连续区间,并说明理由.

四、证明方程 $x^3-2x=3$ 在区间至少有一个根在 1 和 2 之间.

自测题一参考答案

一、单项选择题

1. C; 2. B; 3. D; 4. A; 5. B; 6. D; 7. C; 8. C; 9. C; 10. D.

二、计算题 —— 求下列极限

解: (1) $\lim\limits_{x\to 1}\dfrac{x^2-2x+1}{x^2-1}=\lim\limits_{x\to 1}\dfrac{(x-1)^2}{(x-1)(x+1)}=\lim\limits_{x\to 1}\dfrac{x-1}{x+1}=0$.

(2) $\lim\limits_{x\to 1}\left(\dfrac{1}{1-x}-\dfrac{3}{1-x^3}\right)=\lim\limits_{x\to 1}\dfrac{(1+x+x^2)-3}{(1-x)(1+x+x^2)}=\lim\limits_{x\to 1}\dfrac{(x-1)(x+2)}{(1-x)(1+x+x^2)}$

$=-\lim\limits_{x\to 1}\dfrac{x+2}{1+x+x^2}=-1$.

(3) $\lim\limits_{x\to\infty}\left(\dfrac{1+3x}{3x}\right)^{2x}=\lim\limits_{x\to\infty}\left[\left(1+\dfrac{1}{3x}\right)^{3x}\right]^{\frac{2}{3}}=\left[\lim\limits_{x\to\infty}\left(1+\dfrac{1}{3x}\right)^{3x}\right]^{\frac{2}{3}}=\mathrm{e}^{\frac{2}{3}}$.

(4) $\lim\limits_{x\to\infty}\dfrac{\arctan\dfrac{1}{x}}{\mathrm{e}^{-\frac{2}{x}}-1}\xlongequal[\text{等价代换}]{\text{无穷小}}\lim\limits_{x\to\infty}\dfrac{1/x}{-2/x}=-\dfrac{1}{2}$.

(5) $\lim\limits_{x\to 0}\dfrac{1-\cos 2x}{x\sin x}\xlongequal[\text{等价代换}]{\text{无穷小}}\lim\limits_{x\to 0}\dfrac{2\sin^2 x}{x\sin x}=\lim\limits_{x\to 0}\dfrac{2\sin x}{x}=2$.

(6) $\lim\limits_{x \to 2^-} \dfrac{\ln(3-x)}{\sqrt{3-x}-1} = \lim\limits_{x \to 2^-} \dfrac{\ln[1+(2-x)]}{\sqrt{(2-x)+1}-1} \xrightarrow[\text{等价代换}]{\text{无穷小}} \lim\limits_{x \to 2^-} \left(2 \cdot \dfrac{2-x}{2-x}\right) = 2.$

三、解答题

1. 判定函数 $f(x) = \dfrac{1}{2}(e^x + e^{-x})$ 的奇偶性.

解： 因 $f(-x) = \dfrac{1}{2}(e^{-x} + e^{-(-x)}) = \dfrac{1}{2}(e^{-x} + e^x) = f(x)$，故函数 $f(x)$ 为偶函数.

2. 指出函数 $y = \sin^3(\dfrac{\ln x}{2} - \dfrac{\pi}{3})$. 的复合过程，并求 $\lim\limits_{x \to e^\pi} \sin^3(\dfrac{\ln x}{2} - \dfrac{\pi}{3})$.

解： $y = \sin^3(\dfrac{\ln x}{2} - \dfrac{\pi}{3})$ 由函数 $y = u^3, u = \sin v, v = \dfrac{w}{2} - \dfrac{\pi}{3}, w = \ln x$ 复合而成.

$$\lim\limits_{x \to e^\pi} \sin^3(\dfrac{\ln x}{2} - \dfrac{\pi}{3}) = \left[\lim\limits_{x \to e^\pi} \sin(\dfrac{\ln x}{2} - \dfrac{\pi}{3})\right]^3 = \left[\sin \lim\limits_{x \to e^\pi}(\dfrac{\ln x}{2} - \dfrac{\pi}{3})\right]^3$$

$$= \left[\sin(\dfrac{1}{2}\lim\limits_{x \to e^\pi}\ln x - \dfrac{\pi}{3})\right]^3 = \left[\sin(\dfrac{\ln e^\pi}{2} - \dfrac{\pi}{3})\right]^3 = \left[\sin(\dfrac{\pi}{2} - \dfrac{\pi}{3})\right]^3 = \dfrac{1}{8}.$$

3. 求函数 $f(x) = \begin{cases} x-1, x \geqslant 1; \\ 3-x, x < 1 \end{cases}$ 和 $g(x) = \begin{cases} x-1, x > 2; \\ 3-x, x \leqslant 2 \end{cases}$ 的间断点，连续区间，并说明理由.

解： (1) 函数 $f(x) = \begin{cases} x-1, x \geqslant 1; \\ 3-x, x < 1 \end{cases}$ 在区域 $(-\infty, 1) \bigcup [1, +\infty)$ 为初等，故连续. 又

$$f(1-0) = \lim\limits_{x \to 1^-}f(x) = \lim\limits_{x \to 1^-}(3-x) = 2 \neq f(1+0) = \lim\limits_{x \to 1^+}f(x) = \lim\limits_{x \to 1^+}(x-1) = 0,$$

函数 $f(x)$ 在 $x = 1$ 处的左右极限不相等，所以函数 $f(x)$ 在 $x = 1$ 处不连续，为跳跃间断点.

(2) 函数 $g(x) = \begin{cases} x-1, x > 2; \\ 3-x, x \leqslant 2 \end{cases}$ 在区域 $(-\infty, 2] \bigcup (2, +\infty)$ 是初等的，故连续. 又

$$g(2-0) = \lim\limits_{x \to 2^-}g(x) = \lim\limits_{x \to 2^-}(3-x) = 1 = g(2+0) = \lim\limits_{x \to 2^+}g(x) = \lim\limits_{x \to 2^+}(x-1) = 1,$$

即得函数 $f(x)$ 在 $x = 1$ 处的左右极限相等，连续，从而在 $(-\infty, +\infty)$ 连续.

四、证明方程 $x^3 - 2x = 3$ 至少有一个根在 1 和 2 之间.

证： 设 $f(x) = x^3 - 2x - 3$，在区间 $[1, 2]$ 是初等的，故连续. 又

$$f(1) = -4 < 0, \qquad f(2) = 1 > 0,$$

根据闭区间连续函数的介值定理，存在一点 $c \in (1, 2)$ 使得 $f(c) = 0$，即 $c^3 - 2c = 3$，

所以方程 $x^3 - 2x = 3$ 至少有一个根在 1 和 2 之间.

Ⅲ. 第一章杂难题与综合例题

【例 1】 设 $f(x) = \ln\dfrac{3+x}{3-x} + 1$，求 $f(x) + f\left(\dfrac{3}{x}\right)$ 的定义域.

解： 先求 $f(x)$ 的定义域. 由 $\dfrac{3+x}{3-x} > 0$ 解得 $|x| < 3$. 所以 $f(x)$ 的定义域为

$$D_1 = \{x \mid -3 < x < 3\}.$$

于是 $f(\dfrac{3}{x})$ 中的 $|\dfrac{3}{x}| < 3$，即 $f(\dfrac{3}{x})$ 的定义域为 $D_2 = \{x \mid |x| > 1\}$. 故所求的定义域为

$$D = D_1 \bigcap D_2 = (-3, -1) \bigcup (1, 3).$$

【例 2】 设 $f(x)$ 在 $(-\infty, +\infty)$ 内有定义，且

$$|f(x) - f(y)| < |x - y|, \forall x, y \in (-\infty, +\infty).$$

试证明：$F(x)=f(x)+x$ 在 $(-\infty,+\infty)$ 内单调增加.

证： 任取 x_1、$x_2\in(-\infty,+\infty)$，且设 $x_1<x_2$，则有
$$|f(x_2)-f(x_1)|<|x_2-x_1|=x_2-x_1.$$
而 $f(x_1)-f(x_2)\leqslant|f(x_1)-f(x_2)|<x_2-x_1$，故 $f(x_1)+x_1\leqslant f(x_2)+x_2$，即 $F(x_1)<F(x_2)$. 所以 $F(x)$ 在 $(-\infty,+\infty)$ 上单调增加.

【例3】 讨论函数 $f(x)=xe^{-x^2}(2-\cos x)$ 的奇偶性和有界性.

解： 因为 $f(-x)=-xe^{-x^2}[2-\cos(-x)]=-f(-x)$，所以 $f(x)$ 是奇函数.

因 $\lim\limits_{x\to-\infty}f(x)=\lim\limits_{x\to+\infty}f(x)=0$，故 $\exists G>0$，使得当 $|x|>G$ 时，$|f(x)|<1$. 又 $f(x)$ 是 $[-G,G]$ 上的连续函数，有界，故 $\exists M>0$，使得在 $[-G,G]$ 上 $|f(x)|<M$.

综上所述，$f(x)$ 在 $(-\infty,+\infty)$ 上 $|f(x)|<M+1$，即在 $(-\infty,+\infty)$ 上有界.

【例4】 设对任何 $x\in(-\infty,+\infty)$，存在常数 $c\neq0$，使得 $f(x+c)=-f(x)$，证明：$f(x)$ 是周期函数.

证： $\forall x\in\mathbf{R}$，$f(x+2c)=f(x+c+c)=-f(x+c)=f(x)$. 故 $f(x)$ 是周期为 $2c$ 的函数.

【例5】 求极限 $\lim\limits_{x\to+\infty}(\sqrt{x^2+x}-\sqrt[3]{x^3+x^2})$.

解： 作倒代换，令 $x=t^{-1}$，则 $x\to+\infty$ 时 $t\to0^+$，于是
$$原式=\lim_{x\to+\infty}(\sqrt{x^2+x}-x)+\lim_{x\to+\infty}(x-\sqrt[3]{x^3+x^2})=\lim_{t\to0^+}\frac{\sqrt{t+1}-1}{t}+\lim_{t\to0^+}\frac{1-\sqrt[3]{t+1}}{t}$$
$$=\lim_{t\to0^+}\frac{1}{\sqrt{t+1}+1}-\lim_{t\to0^+}\frac{1}{1+\sqrt[3]{t+1}+\sqrt[3]{(t+1)^2}}=\frac{1}{6}.$$

或
$$原式=\lim_{x\to+\infty}(\sqrt{x^2+x}-x)+\lim_{x\to+\infty}(x-\sqrt[3]{x^3+x^2})=\lim_{t\to0^+}\frac{\sqrt{t+1}-1}{t}+\lim_{t\to0^+}\frac{1-\sqrt[3]{t+1}}{t}$$
$$\xrightarrow[\text{等价代换}]{\text{无穷小}}\lim_{t\to0^+}\frac{t/2}{t}-\lim_{t\to0^+}\frac{t/3}{t}=\frac{1}{6}.$$

【例6】 $\lim\limits_{x\to0}\left(\dfrac{1-x}{1+3x}\right)^{\frac{1}{x}}=\lim\limits_{x\to0}\left(1+\dfrac{-4x}{1+3x}\right)^{\frac{1}{x}}=\lim\limits_{x\to0}\left(1+\dfrac{-4x}{1+3x}\right)^{-\frac{1+3x}{4x}\cdot\frac{-4}{1+3x}}=e^{-4}.$

或
$$\lim_{x\to0}\left(\frac{1-x}{1+3x}\right)^{\frac{1}{x}}=\lim_{x\to0}\left[\frac{(1-x)^{\frac{1}{x}}}{(1+3x)^{\frac{1}{x}}}\right]=\frac{\lim_{x\to0}[(1-x)^{-\frac{1}{x}}]^{-1}}{\lim_{x\to0}[(1+3x)^{\frac{1}{3x}}]^3}=e^{-4}.$$

【例7】 计算 $\lim\limits_{x\to\pi/2}(\sin x)^{\tan x}$.

解： 令 $x=\dfrac{\pi}{2}-t$ 得 $\lim\limits_{x\to\frac{\pi}{2}}(\sin x-1)\tan x=\lim\limits_{t\to0}(\cos t-1)\dfrac{\cos t}{\sin t}=\lim\limits_{t\to0}\dfrac{-t^2\cos t}{2t}=0$，故
$$原式=\lim_{x\to\frac{\pi}{2}}\left\{\left[1+(\sin x-1)\right]^{\frac{1}{\sin x-1}}\right\}^{(\sin x-1)\tan x}=\left\{\lim_{x\to\frac{\pi}{2}}\left[1+(\sin x-1)\right]^{\frac{1}{\sin x-1}}\right\}^{\lim_{x\to\frac{\pi}{2}}(\sin x-1)\tan x}=e^0=1.$$

【例8】 计算 $\lim\limits_{x\to0}\dfrac{e^{\sin2x}-e^{2\sin x}}{\tan^2 x\ln(1+x)}$.

解：
$$\lim_{x\to0}\frac{e^{\sin2x}-e^{2\sin x}}{\tan^2 x\ln(1+x)}=\lim_{x\to0}e^{2\sin x}\frac{e^{\sin2x-2\sin x}-1}{\tan^2 x\ln(1+x)}\xrightarrow[\text{等价代换}]{\text{无穷小}}\lim_{x\to0}e^{2\sin x}\frac{\sin2x-2\sin x}{x^2\cdot x}$$
$$=\lim_{x\to0}e^{2\sin x}\frac{2\sin x(\cos x-1)}{x\cdot x^2}\xrightarrow[\text{等价代换}]{\text{无穷小}}\lim_{x\to0}e^{2\sin x}\frac{-2x\cdot2\sin^2\frac{x}{2}}{x\cdot x^2}=-1.$$

【例 9】 计算 $\lim\limits_{x\to 0}\dfrac{\sqrt{1+\tan x}-\sqrt{1-\tan x}}{x^3+5x^2+x}$.

解： 原式 $=\lim\limits_{x\to 0}\dfrac{2\tan x}{x(x^2+5x+1)(\sqrt{1+\tan x}+\sqrt{1-\tan x})}$

$\xlongequal[\text{等价代换}]{\text{无穷小}}\lim\limits_{x\to 0}\dfrac{2x}{x(x^2+5x+1)(\sqrt{1+\tan x}+\sqrt{1-\tan x})}=1.$

【例 10】 证明任何一个一元三次方程 $a_0x^3+a_1x^2+a_2x+a_3=0$ 至少有一个根.

证： 设 $f(x)=a_0x^3+a_1x^2+a_2x+a_3$，不妨设 $a_0>0$. 由于 $\lim\limits_{x\to\infty}\dfrac{f(x)}{x^3}=a_0$，所以，必存在 $X>0$，使得当 $|x|>X$ 时，都有 $\dfrac{f(x)}{x^3}>0$.

现在取 $a=X+1>X>0$，则有 $f(a)>0$，且 $f(-a)<0$. 利用零点存在定理知，一元三次方程 $a_0x^3+a_1x^2+a_2x+a_3=0$ 在闭区间 $[-a,a]$ 至少有一个根. 命题得证.

【例 11】 设函数 $f(x)$ 在 $[0,2a]$ 上连续，又 $f(0)=f(2a)$，证明：在 $(0,2a)$ 内至少存在一点 ξ，使得 $f(\xi)=f(a+\xi)$.

证： 作辅助函数 $F(x)=f(x)-f(x+a)$.

① 如果 $F(a)=0$，取 $\xi=a$，命题得证.

② 如果 $F(a)\neq 0$，由 $f(0)=f(2a)$，则有
$$F(a)F(0)=(f(a)-f(2a))(f(0)-f(a))=-(F(a))^2<0,$$
则根据零点存在定理，在 $(0,a)$ 内至少有一点 ξ，使得 $F(\xi)=0$，即 $f(\xi)=f(a+\xi)$.

【特例 1】* 若 $\lim\limits_{n\to\infty}x_n=A>0$，则 $\lim\limits_{n\to\infty}\sqrt[k]{x_n}=\sqrt[k]{A}$，$\forall k\in\mathbf{N}^+$.

证： （应用公式 $a^n-b^n=(a-b)(a^{n-1}+a^{n-2}b+\cdots+b^{n-1})$.）

根据保号性的证明，存在 $N_1>0$，使得当 $n>N_1$ 时 $x_n>A/2>0$. 此时
$$\left|\sqrt[k]{x_n}-\sqrt[k]{A}\right|=\left|\frac{(x_n^{1/k}-A^{1/k})[x_n^{(k-1)/k}+x_n^{(k-2)/k}A^{1/k}+\cdots+x_n^{1/k}A^{(k-2)/k}+A^{(k-1)/k}]}{x_n^{(k-1)/k}+x_n^{(k-2)/k}A^{1/k}+\cdots+x_n^{1/k}A^{(k-2)/k}+A^{(k-1)/k}}\right|$$
$$\leqslant\frac{|x_n-A|}{A^{(k-1)/k}[2^{-(k-1)/k}+2^{-(k-2)/k}+\cdots+2^{-1/k}+1]}\leqslant\frac{|x_n-A|}{A^{(k-1)/k}}\xrightarrow[n\to\infty]{(*)}0,$$
根据夹逼准则，$\lim\limits_{n\to\infty}\sqrt[k]{x_n}=\sqrt[k]{A}$，$\forall k\in\mathbf{N}^+$.

【注】 从箭号 $(*)$ 处接用定义证明：$\forall\varepsilon>0$，$\exists N_2>0$，$\forall n>N_2$，$|x_n-A|<A^{(k-1)/k}\varepsilon$. 若令 $N=max\{N_1,N_2\}$，则 $\forall n>N$，$\left|\sqrt[k]{x_n}-\sqrt[k]{A}\right|\leqslant\dfrac{|x_n-A|}{A^{(k-1)/k}}<\varepsilon$，所以 $\lim\limits_{n\to\infty}\sqrt[k]{x_n}=\sqrt[k]{A}$，$\forall k\in\mathbf{N}^+$.

【特例 2】* （数列极限的柯西收敛原理）证明命题：数列 $\{x_n\}_{n=1}^\infty$ 为一收敛数列的充分必要条件是 $\forall\varepsilon>0$，$\exists N>0$，使 $\forall n>N$，$\forall p\in\mathbf{N}^+$，恒有 $|x_n-x_{n+p}|<\varepsilon$.

必要性的证明：设 $\exists$ 常数 a，使得 $\lim\limits_{n\to\infty}x_n=a$，要证命题条件成立. 事实上，由极限的定义得 $\forall\varepsilon>0$，$\exists N>0$，使 $\forall n>N$，恒有 $|x_n-a|<\varepsilon/2$. 于是 $\forall p\in\mathbf{N}^+$，因 $n+p>N$，故恒有
$$|x_n-x_{n+p}|\leqslant|x_n-a|+|x_{n+p}-a|<\varepsilon.$$

充分性的证明**. 设条件成立.

(i) 特取 $\varepsilon=1>0$，则 $\exists N_1>0$，$\forall p\in\mathbf{N}^+$，恒有 $|x_{N_1+1}-x_{N_1+p}|<\varepsilon=1$. 于是有
$$|x_{N_1+p}|\leqslant|x_{N_1+1}|+|x_{N_1+1}-x_{N_1+p}|<|x_{N_1+1}|+1,\quad\forall p\in\mathbf{N}^+,$$
即得数列 $\{x_{N_1+p}\}_{p=1}^\infty=1$ 是有界列. 记 $t_p=x_{N_1+p}$，$a_0=-|x_{N_1+1}|-1$、$b_0=|x_{N_1+1}|+1$，则
$$t_p\in[a_0,b_0],\quad\forall p\in\mathbf{N}^+.\qquad(*)$$

(ii) 下面证明存在一收敛子列 $\{t_{p_k}\}_{k=1}^{\infty}$. 事实上，用数学归纳法取该子列如下：

先取 $[a_0,b_0]$ 的中点 c_0，则区间 $[a_0,c_0]$ 和 $[c_0,b_0]$ 至少有一个含有 $\{t_p\}_{p=1}^{\infty}$ 的无限多项，将此区间记为 $[a_1,b_1]$，并任取一项 $t_{p_1} \in [a_1,b_1] \cap \{t_p\}_{p=1}^{\infty}$；

现假设取好 K 个点和 K 个区间：$t_{p_k} \in [a_k,b_k] \cap \{t_p\}_{p=1}^{\infty}(1 \leqslant k \leqslant K)$ 使每个 $[a_K,b_K]$ 含有 $\{t_p\}_{p=1}^{\infty}$ 的无限多项，且 $[a_{k+1},b_{k+1}] \subset [a_k,b_k]$，$b_{k+1}-a_{k+1} = \dfrac{1}{2}(b_k-a_k)(K \leqslant k \leqslant K-1)$；

再取 $[a_K,b_K]$ 的中点 c_K，则区间 $[a_K,c_K]$ 和 $[c_K,b_K]$ 至少有一个含有 $\{t_p\}_p^{\infty}$ 的无限多项，将此区间记为 $[a_{K+1},b_{K+1}]$，并任取一项 $t_{p_{K+1}} \in [a_{K+1},b_{K+1}] \cap \{t_p\}_{p=1}^{\infty}$；

根据数学归纳法，子列 $\{t_{p_k}\}_{k=1}^{\infty}$ 已取好，使得 $t_{p_k} \in [a_k,b_k]$，$b_k-a_k = \dfrac{1}{2}(b_{k-1}-a_{k-1})$，

$$[a_k,b_k] \subset [a_{k-1},b_{k-1}] \quad (k=1,2,\cdots),且 \lim_{k \to \infty}(b_k-a_k)=0.$$

显然由条件（＊＊）得 $a_0 \leqslant a_k \leqslant t_{p_k} \leqslant b_k \leqslant b_0$，故 $\{a_k\}$ 是单调增加有界列、$\{b_k\}$ 是单调减少有界列，故分别有极限，$\lim\limits_{k \to \infty}a_k = A$、$\lim\limits_{k \to \infty}b_k = B$. 根据上式得 $B-A = \lim\limits_{k \to \infty}(b_k-a_k)=0$，即 $A = B$. 根据夹逼准则 $\lim\limits_{k \to \infty}t_{p_k} = \lim\limits_{k \to \infty}b_k = \lim\limits_{k \to \infty}a_k = A$.

(iii) 要证 A 为原数列的极限. 首先由条件，$\forall \varepsilon > 0$，$\exists N > 0$，使 $\forall n > N$，$\forall p \in \mathbf{N}^+$，恒有

$$|x_n - x_{n+p}| < \varepsilon/2.$$

于是，当 $k > n$ 时，必有 $N_1 + p_k \geqslant p_k \geqslant k > n$，回忆 $t_{p_k} = x_{N_1+p_k}$，故恒有

$$|x_n - t_{p_k}| = |x_n - x_{N_1+p_k}| = |x_n - x_{n+(N_1+p_k-n)}| < \varepsilon/2.$$

令 $k \to \infty$ 得 $|x_n - A| \leqslant \varepsilon/2 < \varepsilon$. 这就证明了 $\lim\limits_{n \to \infty}x_n = A$.

（二）第二章　导数与微分

Ⅰ．第二章习题解答

【习题 2.1】(导数的概念)(解答)

1. 用导数定义证明：

$(1)(x^3)' = 3x^2$；　　　　　　　　　　　$(2)(\cos x)' = -\sin x$

解：$(1)(x^3)' = \lim\limits_{\Delta x \to 0} \dfrac{(x+\Delta x)^3 - x^3}{\Delta x} = \lim\limits_{\Delta x \to 0} \dfrac{3x^2\Delta x + 3x\Delta x^2 + \Delta x^3}{\Delta x}$

$\qquad = \lim\limits_{\Delta x \to 0}(3x^2 + 3x\Delta x + \Delta x^2) = 3x^2$

(2) 因 $\Delta\cos x = \cos(x+\Delta x) - \cos x = -2\sin\left(x+\dfrac{\Delta x}{2}\right)\sin\dfrac{\Delta x}{2}$，故

$$(\cos x)' = \lim_{\Delta x \to 0}\frac{\Delta\cos x}{\Delta x} = -\lim_{\Delta x \to 0}\sin\left(x+\frac{\Delta x}{2}\right)\frac{\sin\dfrac{\Delta x}{2}}{\dfrac{\Delta x}{2}} = -\lim_{\Delta x \to 0}\sin\left(x+\frac{\Delta x}{2}\right)\cdot\lim_{\Delta x \to 0}\frac{\sin\dfrac{\Delta x}{2}}{\dfrac{\Delta x}{2}} = -\sin x.$$

2. 设函数 $y = f(x)$ 在 $x = x_0$ 可导；

解： (1) $\lim\limits_{x \to x_0} \dfrac{f(2x) - f(2x_0)}{x - x_0} = 2\lim\limits_{x \to x_0}\dfrac{f(2x) - f(2x_0)}{2x - 2x_0} = 2f'(2x_0)$.

(2) $\lim\limits_{\Delta x \to 0}\dfrac{f(x_0) - f(x_0 - \Delta x)}{\Delta x} = \lim\limits_{\Delta x \to 0}\dfrac{f(x_0 - \Delta x) - f(x_0)}{-\Delta x} = f'(x_0)$.

(3) $\lim\limits_{h \to 0}\dfrac{f(x_0 + 5h) - f(x_0 - 3h)}{5h} = \lim\limits_{h \to 0}\dfrac{f(x_0 + 5h) - f(x_0) - [f(x_0 - 3h) - f(x_0)]}{5h}$

$\qquad = \lim\limits_{h \to 0}\dfrac{f(x_0 + 5h) - f(x_0)}{5h} + \dfrac{3}{5}\lim\limits_{h \to 0}\dfrac{f(x_0 - 3h) - f(x_0)}{-3h} = \dfrac{8}{5}f'(x_0)$.

3. 求下列函数导数

(1) $(x^{11})' = \underline{\quad 11x^{10} \quad}$；　　　　　　(2) $(\sqrt[3]{x^2})' = (x^{\frac{2}{3}})' = \dfrac{2}{3}x^{-\frac{1}{3}} = \dfrac{2}{3\sqrt[3]{x}}$；

(3) $(\log_{0.5} x)' = \dfrac{(\ln x)'}{\ln 0.5} = \dfrac{1}{-x\ln 2}$；　　　　(4) $(\log_{0.5} 6)' = \underline{\quad 0 \quad}$

(5) $(3^x)' = \underline{\quad 3^x\ln 3 \quad}$；　　　　　　　　$(6)(\mathrm{e}^3)' = \underline{\quad 0 \quad}$.

4. 设 $f(x) = \dfrac{(x-1)(x-2)\cdots(x-n)}{(x+1)(x+2)\cdots(x+n)}$，求 $f'(1)$.

解： $f'(1) = \lim\limits_{x \to 1}\dfrac{f(x) - f(1)}{x - 1} \overset{f(1)=0}{=\!=\!=\!=} \lim\limits_{x \to 1}\dfrac{(x-2)\cdots(x-n)}{(x+1)(x+2)\cdots(x+n)}$

$\qquad = \dfrac{(-1)(-2)\cdots(1-n)}{2\cdot3\cdots(n+1)} = \dfrac{(-1)^{n-1}}{n(n+1)}$.

5. 判断分段函数 $f(x) = \begin{cases} x^2, & x \geq 0 \\ -x, & x < 0 \end{cases}$ 在 $x = 0$ 处的连续性和可导性.

解： 因 $\lim\limits_{x \to 0^-}f(x) = \lim\limits_{x \to 0^-}(-x) = 0 = f(0) = \lim\limits_{x \to 0^+}(x^2) = \lim\limits_{x \to 0^+}f(x)$，故 $f(x)$ 在 $x = 0$ 处连续.

又因 $f'_-(0) = \lim\limits_{x \to 0^-}\dfrac{f(x) - f(0)}{x} = \lim\limits_{x \to 0^-}\dfrac{-x}{x} = -1$，　$f'_+(0) = \lim\limits_{x \to 0^+}\dfrac{f(x) - f(0)}{x} = \lim\limits_{x \to 0^+}\dfrac{x^2}{x} = 0$，

故 $f(x)$ 在 $x = 0$ 处左、右导数不相等,从而不可导.

6. 设函数 $f(x)$ 在 $x = 2$ 处连续,已知 $\lim\limits_{x \to 2}\dfrac{f(x) - 1}{x - 2} = 3$,求 $f(2)$ 和 $f'(2)$.

解： 因 $\lim\limits_{x\to2}[f(x)-1]=\lim\limits_{x\to2}\dfrac{f(x)-1}{x-2}\cdot(x-2)=0.$ 故由函数在 $x=2$ 处连续得 $f(2)=1.$ 又

$$f'(2)=\lim_{x\to2}\frac{f(x)-f(2)}{x-2}=\lim_{x\to0}\frac{f(x)-1}{x-2}=3.$$

综上所述，$f(2)=1,f'(2)=3.$

7. 设函数 $f(x)=\begin{cases}1+\sin x, & x\leqslant0;\\ ax+be^{2x}, & x>0\end{cases}$ 在 $x=0$ 处可导，试用左、右导数的定义确定 a、b 的值，并求 $f(x)$ 的导函数.

　　解：（ⅰ）因 $f(x)$ 在 $x=0$ 处可导，故必连续，从而

$$1=f(0)=\lim_{x\to0^+}f(x)=\lim_{x\to0^+}(ax+be^{2x})=b.$$

（ⅱ）下面求 $f(x)$ 在 $x=0$ 处左、右导，有

$$f'_-(0)=\lim_{x\to0^-}\frac{f(x)-f(0)}{x}=\lim_{x\to0^-}\frac{1+\sin x-1}{x}=\lim_{x\to0^-}\frac{\sin x}{x}=1;$$

$$f'_+(0)=\lim_{x\to0^-}\frac{f(x)-f(0)}{x}=\lim_{x\to0^+}\left(a+\frac{e^{2x}-1}{x}\right)=a+\lim_{x\to0^+}\frac{2x}{x}=a+2,$$

由 $f(x)$ 的处可导性得 $f'_-(0)=f'_+(0)$，由此得 $a=-1.$

　　综上所述　$a=-1,b=1;f'(0)=1.$

（ⅲ）因 $x<0$ 时，$f'(x)=(1+\sin x)'=\cos x$；$x>0$ 时，$f'(x)=(-x+e^{2x})'=2e^{2x}-1.$ 故

$$f'(x)=\begin{cases}\cos x, & x\leqslant0\\ 2e^{2x}-1, & x>0\end{cases}$$

8. 已知一作直线运动的物体的运动方程为 $S(t)=t^3(m)$，求物体在 $t=2(s)$ 时的瞬时速度.（即为函数 $S(t)=t^3$ 在 $t=2$ 的导数.）

　　解： 因 $v(t)=S'(t)=(t^3)'=3t^2$，故 $v(2)=S'(t)\mid_{t=2}=12(m/s).$

9. 求立方抛物线 $y=x^3$ 在点 $(2,8)$ 处的切线和法线方程.

　　解： 因 $y'=3x^2,y'\mid_{(2,8)}=3\cdot2^2=12$，故曲线的切线斜率和法线斜率分别为

$$k_1=12,\qquad k_2=-\frac{1}{12},$$

曲线的切线方程和法线方程分别为 $y-8=12(x-2)$ 和 $y-8=-(x-2)/12$，即

$$12x-y-16=0\quad\text{和}\quad x+12y-98=0.$$

10. 求曲线 $y=\ln x$ 在点 $(e,1)$ 处的切线和法线方程.

　　解： 因 $y'=(\ln x)'=\dfrac{1}{x},\quad y'\mid_{(e,1)}=\dfrac{1}{e}$，故曲线的切线斜率和法线斜率分别为

$$k_1=\frac{1}{e},\quad k_2=-e.$$

曲线的切线方程和法线方程分别为 $y-1=(x-e)/e$ 和 $y-1=-e(x-e)$，即

$$x-ey=0\quad\text{和}\quad ex+y-(e^2+1)=0.$$

【习题 2.2】（函数的求导法则）（解答）

1. 求下列函数的导数.

　　解：（1）$y'=(3x^2-x+5)'=(3x^2)'-(x)'+(5)'=6x-1.$

（2）$y'=(x^3+2^x+2^2)'=(x^3)'+(2^x)'+(2^2)'=3x^2+2^x\ln2.$

（3）$y'=(3e^x)'=3(e^x)'=3e^x.$

（4）$y'=(\arcsin x+\log_2 3)'=(\arcsin x)'+(\log_2 3)'=\dfrac{1}{\sqrt{1-x^2}}.$

（5）$y'=[(x-a)(x-b)]'=(x-a)'(x-b)+(x-a)(x-b)'=2x-a-b.$

(6) $y' = (e^x \sin x)' = (e^x)' \sin x + e^x (\sin x)' = e^x (\sin x + \cos x)$.

(7) $y' = (x \tan x - \cot x)' = (x \tan x)' - (\cot x)' = \tan x + x \sec^2 x + \csc^2 x$.

(8) $y' = (x^2 \cdot \ln x)' = (x^2)' \cdot \ln x + x^2 \cdot (\ln x)' = 2x \ln x + x$.

(9) $y' = \left(\dfrac{\sin x}{x} \right)' = \dfrac{(x)' \sin x - x(\sin x)'}{x^2} = \dfrac{\sin x - x \cos x}{x^2}$.

(10) $y' = \left(\dfrac{\ln x}{x} \right)' = \dfrac{(\ln x)' \cdot x - \ln x \cdot (x)'}{x^2} = \dfrac{1 - \ln x}{x^2}$.

2. 求下列函数的导数.

解： (1) $y' = \left[(2x^3 + 1)^2 \right]' = 2(2x^3 + 1)(2x^3 + 1)' = 12x^2(2x^3 + 1)$.

(2) $y' = \left[\ln(1 + \sin x^2) \right]' = \dfrac{(1 + \sin x^2)'}{1 + \sin x^2} = \dfrac{(\sin x^2)'}{1 + \sin x^2} = \dfrac{\cos x^2 \cdot (x^2)'}{1 + \sin x^2} = \dfrac{2x \cos x^2}{1 + \sin x^2}$.

(3) $y' = (e^{\sin x})' = e^{\sin x} (\sin x)' = e^{\sin x} \cos x$.

(4) $y' = (\tan^4 x)' = 4 \tan^3 x (\tan x)' = 4 \tan^3 x \sec^2 x$.

3. 求下列函数的导数.

解： (1) $y' = \left(\dfrac{e^x - 1}{e^x + 1} \right)' = \dfrac{(e^x - 1)'(e^x + 1) - (e^x - 1)(e^x + 1)'}{(e^x + 1)^2} = \dfrac{2e^x}{(e^x + 1)^2}$.

(2) $y' = \left(\dfrac{\sin x + \cos x}{x} \right)' = \dfrac{x(\sin x + \cos x)' - (x)'(\sin x + \cos x)}{x^2}$

$\qquad = \dfrac{x(\cos x - \sin x) - (\sin x + \cos x)}{x^2}$.

(3) $y' = \left[\log_2 (x^2 + x + 1) \right]' = \dfrac{(x^2 + x + 1)'}{(x^2 + x + 1)\ln 2} = \dfrac{2x + 1}{(x^2 + x + 1)\ln 2}$.

(4) $y' = \left[(\arctan x)^2 \right]' = 2\arctan x \cdot (\arctan x)' = \dfrac{2\arctan x}{1 + x^2}$.

(5) $y' = (e^{-\frac{x}{2}} \cdot \cos 3x)' = (e^{-\frac{x}{2}})' \cdot \cos 3x + e^{-\frac{x}{2}} \cdot (\cos 3x)' = -e^{-\frac{x}{2}} \left(\dfrac{1}{2} \cos 3x + 3\sin 3x \right)$.

(6) $y' = \left(\sqrt{\tan \dfrac{x}{2}} \right)' = \dfrac{\left(\tan \dfrac{x}{2} \right)'}{2\sqrt{\tan \dfrac{x}{2}}} = \dfrac{\sec^2 \dfrac{x}{2} \cdot \left(\dfrac{x}{2} \right)'}{2\sqrt{\tan \dfrac{x}{2}}} = \dfrac{\sec^2 \dfrac{x}{2}}{4\sqrt{\tan \dfrac{x}{2}}}$.

(7) $y' = \left[\sqrt{1 + \ln^2 x} \right]' = \dfrac{(1 + \ln^2 x)'}{2\sqrt{1 + \ln^2 x}} = \dfrac{2\ln x \cdot (\ln x)'}{2\sqrt{1 + \ln^2 x}} = \dfrac{\ln x}{x\sqrt{1 + \ln^2 x}}$.

4. 求下列函数在指定点的导数.

解： (1) 因 $y' = (\arcsin \sqrt{x})' = \dfrac{(\sqrt{x})'}{\sqrt{1 - x}} = \dfrac{1}{2\sqrt{x - x^2}}$，故 $y'|_{x=\frac{1}{2}} = \dfrac{1}{2\sqrt{\dfrac{1}{2} - \dfrac{1}{2^2}}} = 1$.

(2) 因 $y' = (\sin 2x \ln x)' = 2\cos 2x \ln x + \dfrac{\sin 2x}{x}$，故

$$y'|_{x=\frac{\pi}{6}} = 2\cos \dfrac{\pi}{3} \ln \dfrac{\pi}{6} + \dfrac{6}{\pi} \sin \dfrac{\pi}{3} = \ln \dfrac{\pi}{6} + \dfrac{3\sqrt{3}}{\pi}.$$

(3) $y' = \left(\dfrac{e^{2x}}{1 + \sqrt{x}} \right)' = \dfrac{2e^{2x}(1 + \sqrt{x}) - \dfrac{e^{2x}}{2\sqrt{x}}}{(1 + \sqrt{x})^2} = \dfrac{e^{2x}\left[4(\sqrt{x} + x) - 1 \right]}{2\sqrt{x}\,(1 + \sqrt{x})^2}$，故

$$y'|_{x=1} = \dfrac{e^2 \left[4(1 + 1) - 1 \right]}{2(1 + 1)^2} = \dfrac{7}{8} e^2.$$

5. 把一物体向上抛，经过 t 秒后，上升距离为 $S(t) = 12t - \dfrac{1}{2} gt^2$（取 $g = 10$），求：

(1) 速度 $V(t)$；　　　　　　　　(2) 物体何时到达最高点.

解：　由一阶导数的物理意义，可得：

(1) $V(t) = S'(t) = 12 - gt = 12 - 10t$.

(2) 令 $V(t) = 12 - 10t = 0$ 得 $t = 1.2(s)$，所以物体过 1.2 秒后到达最高点.

6. 求曲线 $y = \sqrt{1-x^2}$ 在 $x = \dfrac{1}{2}$ 处的切线和法线方程.

解：　因 $y' = (\sqrt{1-x^2})' = \dfrac{-x}{\sqrt{1-x^2}}$，$\ y'\mid_{x=\frac{1}{2}} = -\dfrac{\sqrt{3}}{3}$，故曲线的切线和法线斜率分别为

$$k_1 = -\frac{\sqrt{3}}{3}, \qquad k_2 = \sqrt{3},$$

由于 $y\mid_{x=\frac{1}{2}} = \dfrac{\sqrt{3}}{2}$，曲线的切线方程和法线方程分别为

$$y - \frac{\sqrt{3}}{2} = -\frac{\sqrt{3}}{3}\left(x - \frac{1}{2}\right) \qquad 和 \qquad y - \frac{\sqrt{3}}{2} = \sqrt{3}\left(x - \frac{1}{2}\right),$$

7. 已知曲线 $y = ax^3$ 和直线 $y = x + b$，在 $x = 1$ 处相切，问 a 和 b 应取何值？

解：　切线 $y = x + b$ 的斜率 $k = 1$. 因曲线导数为 $y' = (ax^3)' = 3ax^2$，$y'\mid_{x=1} = 3a$，故 $3a = k = 1$，即 $a = \dfrac{1}{3}$；从而在 $x = 1$ 处 $y = ax^3 = \dfrac{1}{3}$. 代入切线方程得 $b = -\dfrac{2}{3}$.

综上所述，$\ a = \dfrac{1}{3}$；$\ b = -\dfrac{2}{3}$.

【习题 2.3】(高阶导数)(解答)

1. 求下列函数的二阶导数

解：　(1) $y' = (x^2\ln x)' = 2x\ln x + x$，$\ y'' = (2x\ln x + x)' = 2\ln x + 3$.

(2) $y' = (xe^{2x})' = e^{2x} + 2xe^{2x} = e^{2x}(1 + 2x)$，

　　$y'' = [e^{2x}(1+2x)]' = 2e^{2x}(1+2x) + 2e^{2x} = 4e^{2x}(1+x)$.

(3) $y' = (\sqrt{1+x})' = \dfrac{1}{2\sqrt{1+x}}$，$\ y'' = \left(\dfrac{1}{2\sqrt{1+x}}\right)' = \dfrac{1}{2}\left[(1+x)^{-\frac{1}{2}}\right]' = -\dfrac{1}{4\sqrt{(1+x)^3}}$.

(4) $y' = (x\cos x)' = \cos x - x\sin x$，$\ y'' = (\cos x - x\sin x)' = -2\sin x - x\cos x$.

(5) $y' = (\sin^2 x)' = 2\sin x\cos x = \sin 2x$，$\ y'' = (\sin 2x)' = 2\cos 2x$.

(6) $y' = (e^{-x}\cos x)' = -e^{-x}(\cos x + \sin x)$，

　　$y'' = e^{-x}(\cos x + \sin x) - e^{-x}(-\sin x + \cos x) = 2e^{-x}\sin x$.

2. 已知 $y = 2x^3 + x^2 + x + 1$，求 y'，y''，y''' 和 $y^{(4)}$.

解：　$y' = 6x^2 + 2x + 1$，$\ y'' = 12x + 2$，$\ y''' = 12$，$\ y^{(4)} = 0$.

3. 求下列函数的 n 阶导数：

解：　(1) a 为常数，$\ y = e^{at}$，$\ y' = (e^{at})' = ae^{at}$，$\ y'' = (ae^{at})'$，

$$\cdots\cdots$$
$$y^{(n)} = a^n e^{at}.$$

(2) $y' = (x \cdot e^x)' = e^x(x+1)$，　　　　$y'' = [e^x(x+1)]' = e^x(x+2)$，

　　$y''' = [e^x(x+2)]' = e^x(x+3)$，

$$\cdots\cdots$$
$$y^{(n)} = e^x(x+n).$$

(3) $y' = (x\ln x)' = \ln x + 1$，$\ y'' = (\ln x + 1)' = x^{-1}$，$\ y''' = (x^{-1})' = -x^{-2}$，

$$\cdots\cdots$$

$$y^{(n)} = \frac{(-1)^n(n-2)!}{x^{n-1}} \quad (n \geq 2).$$

【习题 2.4】(隐函数及由参数方程所确定的函数的导数)(解答)

1. 求下列隐函数的导数 $\dfrac{\mathrm{d}y}{\mathrm{d}x}$:

(1) $x^2 + y^2 = 1$;　　　　(2) $x^2 + xy + y^2 = 4$;　　　(3) $x^3 + y^3 - xy = 0$;

(4) $\cos(xy) = x$;　　　　(5) $y = 1 + xe^y$;　　　　(6) $y - \sin x - \cos(x-y) = 0$.

解:(1) 原方程两边关于 x 求导得 $2x + 2yy' = 0$,解得　$\dfrac{\mathrm{d}y}{\mathrm{d}x} = -\dfrac{x}{y}$.

(2) 原方程两边关于 x 求导得 $2x + y + xy' + 2yy' = 0$,解得　$\dfrac{\mathrm{d}y}{\mathrm{d}x} = -\dfrac{2x+y}{x+2y}$.

(3) 原方程两边关于 x 求导得 $3x^2 + 3y^2y' - y - xy' = 0$,解得　$\dfrac{\mathrm{d}y}{\mathrm{d}x} = \dfrac{3x^2-y}{x-3y^2}$.

(4) 原方程两边关于 x 求导得 $-\sin(xy)(y + xy') = 1$,解得　$\dfrac{\mathrm{d}y}{\mathrm{d}x} = -\dfrac{1 + y\sin(xy)}{x\sin(xy)}$.

(5) 原方程两边关于 x 求导得 $y' = e^y + x \cdot e^y y'$,解得　$\dfrac{\mathrm{d}y}{\mathrm{d}x} = \dfrac{e^y}{1 - xe^y}$.

(6) 原方程两边关于 x 求导得 $y' - \cos x + (1 - y')\sin(x-y) = 0$,解得

$$\frac{\mathrm{d}y}{\mathrm{d}x} = \frac{\sin(x-y) - \cos x}{\sin(x-y) - 1}.$$

2. 用对数求导法,求下列函数导数:

解:　(1) $y = (\ln x)^x$ 两边取对数得 $\ln y = x\ln\ln x$,两边关于 x 求导得

$$\frac{y'}{y} = \ln\ln x + \frac{1}{\ln x}, \qquad 即 \qquad \frac{\mathrm{d}y}{\mathrm{d}x} = (\ln x)^x\left(\ln\ln x + \frac{1}{\ln x}\right).$$

(2) $y = x^{\tan x}$ 两边取对数得 $\ln y = \tan x\ln x$,两边关于 x 求导得

$$\frac{y'}{y} = \sec^2 x \cdot \ln x + \frac{\tan x}{x}, \qquad 即 \qquad \frac{\mathrm{d}y}{\mathrm{d}x} = x^{\tan x}\left(\sec^2 x \cdot \ln x + \frac{\tan x}{x}\right).$$

(3) $y = \sqrt[3]{\dfrac{x(x-1)^2}{(x-2)(x-3)}}$ 两边取对数得

$$\ln y = \frac{1}{3}\left[\ln x + 2\ln(x-1) - \ln(x-2) - \ln(x-3)\right],$$

两边关于 x 求导得　$\dfrac{y'}{y} = \dfrac{1}{3}\left(\dfrac{1}{x} + \dfrac{2}{x-1} - \dfrac{1}{x-2} - \dfrac{1}{x-3}\right)$,　即

$$\frac{\mathrm{d}y}{\mathrm{d}x} = \frac{1}{3}\sqrt[3]{\frac{x(x-1)^2}{(x-2)(x-3)}} \cdot \left(\frac{1}{x} + \frac{2}{x-1} - \frac{1}{x-2} - \frac{1}{x-3}\right).$$

(4) $y = \dfrac{\sin x \cdot \sqrt{x+1}}{(x^3+1)(x+2)}$ 两边取对数得

$$\ln y = \ln\sin x + \frac{1}{2}\ln(x+1) - \ln(x^3+1) - \ln(x+2),$$

两边关于 x 求导得　$\dfrac{y'}{y} = \dfrac{\cos x}{\sin x} + \dfrac{1}{2(x+1)} - \dfrac{3x^2}{x^3+1} - \dfrac{1}{x+2}$,　即

$$\frac{\mathrm{d}y}{\mathrm{d}x} = \frac{\sin x \cdot \sqrt{x+1}}{(x^3+1)(x+2)} \cdot \left(\frac{\cos x}{\sin x} + \frac{1}{2(x+1)} - \frac{3x^2}{x^3+1} - \frac{1}{x+2}\right).$$

【习题 2.5】(微 分)(解答)

1. 填空题.

(1) $d(\dfrac{t^2}{2}) = tdt$;　　(2) $d(\sec t) = \sec t\tan t dt$.　(3) $d\sin e^x = (e^x\cos e^x dx)$;

(4) $d[\ln(x^2+1)+\arctan x] = \left(\dfrac{2x}{x^2+1}+\dfrac{1}{1+x^2}\right)dx = \dfrac{2x+1}{x^2+1}dx$.

2. 设函数 $y = 2x^2 - x$ 当 x 的值从 $x=1$ 变到 $x=1.01$ 时,求函数的改变量 Δy 与微分 dy,并求两者的差.

解: 设 $y = f(x) = 2x^2 - x$;根据题意令 $x_0 = 1, \Delta x = 0.01$. 显然 $f'(x) = 4x-1$,于是
$$\Delta y = f(x_0+\Delta x) - f(x_0) = 2\times 1.01^2 - 1.01 - 1 = 0.0302.$$
$$dy = f'(x_0)\Delta x = (4-1)\times 0.01 = 0.03.$$
$$\Delta y - dy = 0.0302 - 0.03 = 0.0002.$$

3. 求下列函数的微分.

解: (1) $dy = d(3x^2) = 3dx^2 = 6xdx$.

(2) $dy = d\cos 2x = -\sin 2x d(2x) = -2\sin 2x dx$.

(3) $dy = d(\dfrac{1}{x} + 2\sqrt{x}) = d\dfrac{1}{x} + 2d\sqrt{x} = (-\dfrac{1}{x^2} + \dfrac{1}{\sqrt{x}})dx$.

(4) $dy = d(x\sin 2x) = \sin 2x dx + x d\sin 2x = (\sin 2x + 2x\cos 2x)dx$.

4. 求下列函数在指定点的微分.

(1) $y = \ln(1+e^{x^2}), x=1$;　　　　　(2) $y = \dfrac{x}{\sqrt{x^2+1}}, x=\sqrt{3}$;

(3) 方程 $(1+x)y = 1 + x\sin y$ 确定 y 为 x 的函数,$x=0$.

解: (1) $dy = d\ln(1+e^{x^2})dx = \dfrac{1}{1+e^{x^2}}d(1+e^{x^2}) = \dfrac{e^{x^2}}{1+e^{x^2}}d(x^2) = \dfrac{2xe^{x^2}}{1+e^{x^2}}dx$.

$$dy\mid_{x=1} = \dfrac{2e}{1+e}dx.$$

(2) $dy = d[x\cdot(x^2+1)^{-\frac{1}{2}}] = dx\cdot(x^2+1)^{-\frac{1}{2}} + x\cdot d(x^2+1)^{-\frac{1}{2}} = \dfrac{1}{\sqrt{(x^2+1)^3}}dx$.

$$dy\mid_{x=\sqrt{3}} = = \dfrac{1}{\sqrt{(3+1)^3}}dx = \dfrac{1}{8}dx.$$

(3) 显然 $x=0$ 时 $y=1$. 又因 $y+(1+x)y' = \sin y + xy'\cos y$,故
$$y' = \dfrac{\sin y - y}{1+x-x\cos y},\qquad y'\mid_{x=0} = \dfrac{\sin y - y}{1+x-x\cos y} = \sin 1 - 1$$

5. 用微分近似计算.

(1) $\arctan 1.02$;　　　(2) $\sin 29°$;　　　(3) $\ln 1.05$;　　　(4) $\sqrt[5]{31}$.

解: (1) 设 $f(x) = \arctan x$,则 $f'(x) = \dfrac{1}{1+x^2}$;令 $x_0 = 1, \Delta x = 0.02, x = x_0 + \Delta x$. 于是

$$\arctan 1.02 = f(x) \approx f(x_0) + f'(x_0)\Delta x = \arctan 1 + \dfrac{1}{2}\cdot 0.02 = \dfrac{\pi}{4} + 0.01 \approx 0.7954.$$

(2) 设 $f(x) = \sin x$,则 $f'(x) = \cos x$;令 $x_0 = \dfrac{\pi}{6}, \Delta x = -\dfrac{\pi}{180}, x = x_0 + \Delta x$. 于是

$$\sin 29° = f(x) \approx f(x_0) + f'(x_0)\Delta x = \sin\dfrac{\pi}{6} - \dfrac{\pi}{180}\cos\dfrac{\pi}{6} = \dfrac{1}{2} - \dfrac{\sqrt{3}\pi}{360} \approx 0.4849.$$

(3) 设 $f(x) = \ln x$,则 $f'(x) = \dfrac{1}{x}$;令 $x_0 = 1, \Delta x = 0.05, x = x_0 + \Delta x$. 于是

$$\ln1.05 = f(x) \approx f(x_0) + f'(x_0)\Delta x = \ln1 + \frac{1}{1} \cdot 0.05 = 0.05.$$

(4) 设 $f(x) = \sqrt[5]{x}$,则 $f'(x) = \dfrac{1}{5\sqrt[5]{x^4}}$;令 $x_0 = 32, \Delta x = -1, x = x_0 + \Delta x$. 于是

$$\sqrt[5]{31} = f(x) \approx f(x_0) + f'(x_0)\Delta x = \sqrt[5]{32} + \frac{1}{5\sqrt[5]{32^4}} \cdot (-1) = 2 - \frac{1}{80} = 1.9875.$$

【习题 2.6】(函数导数理论在经济学中的应用)(解答)

1. 某种商品的需求量 Q 与价格 p 的关系为 $Q = 1600\left(\dfrac{1}{4}\right)^p$,

(1) 求边际需求 MQ;

(2) 当商品的价格 $p = 10$ 元时,求该商品的边际需求量.

解： (1) $MQ = Q'(p) = 1600 \cdot \left(\dfrac{1}{4}\right)^p \ln\left(\dfrac{1}{4}\right) = -3200\left(\dfrac{1}{4}\right)^p \ln2$,

(2) $MQ(10) = Q'(10) = -3200\left(\dfrac{1}{4}\right)^{10} \cdot \ln2 = -\dfrac{25}{2^{13}} \cdot \ln2.$

2. 某工厂总利润函数为 $L(Q) = 250Q - 5Q^2$,其中 Q 为产量. 求每月产量分别为 20 吨,25 吨,35 吨时的边际利润,并作经济解释.

解： $L'(Q) = 250 - 10Q$, $\therefore L'(20) = 50$, $L'(25) = 0$, $L'(35) = -100$.

其经济意义为：

每月生产 20 吨时,再增加(减少)1 吨,利润将增加(减少)50.

每月生产 25 吨时,再增加(减少)1 吨,利润不变.

每月生产 35 吨时,再增加(减少)1 吨,利润将减少(增加)100.

3. 设巧克力糖每周的需求量 Q(公斤)是价格 P 的函数,$Q = f(P) = \dfrac{1000}{P+1}$,求 $P = 9$ 时, 巧克力糖的边际需求量并说明其经济意义.

解： $Q' = \dfrac{1000}{(P+1)^2}$, $\therefore Q' \mid_{P=9} = -\dfrac{1000}{(P+1)^2}\bigg|_{P=9} = -10.$

意义为：当 $P = 9$ 时,价格升高(降低)1,需求量将减少(增加)10 公斤.

4. 设某产品生产 Q 单位的总成本为 $C(Q) = 1100 + \dfrac{Q^2}{1200}$,那么

(1) 求生产 900 个单位时总成本和平均成本;

(2) 求生产 900 个单位到 1000 个单位时总成本的平均变化率;

(3) 求生产 900 个单位的边际成本,并解释其经济意义.

解： (1) 总成本和平均成本为：$C(900) = 1775, \overline{C}(900) = \dfrac{C(900)}{900} \approx 1.97$;

(2) 所求总成本的平均变化率为：$\dfrac{\Delta C(Q)}{\Delta Q} = \dfrac{C(1000) - C(900)}{1000 - 900} \approx 1.58$;

(3) 所求边际成本为：$C'(900) = 1.5$,

其经济意义为生产 900 个单位,增加(减少)1 个单位产品,成本将增加(减少)1.5.

5. 设某商品需求函数 $Q = f(p) = 12 - \dfrac{P}{2}$ 试求：

(1) $p = 6$ 时价格上涨 1%,总收益将变化百分之几?

(2) $p = 14$ 时价格上涨 1%,总收益将变化百分之几?

(3) p 为何值时总收益最大,最大收益为多少?

解： 商品销售总收益和边际收益分别为

$$R(p) = p \cdot f(p) = 12p - \frac{p^2}{2}, \qquad R'(p) = 12 - p.$$

(1) 当 $P = 6$ 时 $R(6) = 12 \cdot 6 - \frac{6^2}{2} = 54$，$R'(6) = 6$. 此时的收益价格弹性为

$$\varepsilon_{RP} = \frac{P}{R}R'(P) = \frac{6}{54} \cdot 6 = \frac{2}{3} \approx 0.667,$$

其经济意义为：当 $p = 6$ 时价格上涨 1%，总收益将增加 0.667%.

(2) 当 $P = 14$ 时 $R(14) = 12 \cdot 14 - \frac{14^2}{2} = 70$，$R'(14) = -2$. 此时的收益价格弹性为

$$\varepsilon_{RP} = \frac{P}{R}R'(P) = \frac{14}{70} \cdot (-2) = -\frac{2}{5} = -0.4,$$

其经济意义为：当 $p = 14$ 时价格上涨 1%，总收益将减少 0.4%.

(3) 令 $R'(p) = 0$ 得 $p = 12$ 为唯一驻点，此时总收益必最大，为 $R(12) = 72$.

6. 设某商品的需求函数为 $Q = 150 - 2P^2$.

(1) 求当价格 $P = 6$ 时的边际需求，并解释其经济意义；

(2) 求当价格 $P = 6$ 时的需求价格弹性，解释经济意义；

(3) 当价格 $P = 6$ 时，若价格下降 2%，总收益将变化百分之几？是增还是减？

解： 显然 $Q'(P) = -4P$. 当 $P = 6$ 时，$Q = 78$，$Q'(6) = -24$.

(1) 当 $P = 6$ 时，边际需求 $Q'(6) = -24 < 0$. 其经济意义为：在价格 $P = 6$ 时，价格上涨（或下降）一个单位时，需求量 Q 将减少（或增加）24 个单位商品.

(2) 当价格 $P = 6$ 时，需求价格弹性为

$$\eta = -\frac{P}{Q} \cdot Q'(P) = -\frac{6}{78}(-24) = \frac{24}{13} \approx 1.85.$$

即当 $P = 6$ 时，$\eta \approx 1.85 > 1$，该商品为高弹性商品；这说明在价格 $P = 6$ 时，价格上涨（或下降）1%，需求量 2 将从 28 个单位起减少（或增加）1.85%. 此时边际收益 $R'(P) > 0$，提高价格会使总收益减少，降低价格会使总收益增加.

(3) 商品销售总收益和边际收益分别为

$$R(P) = P \cdot Q(P) = 150P - 2P^3, \qquad R'(P) = 150 - 6P^2.$$

由此得 $R(6) = 468$，$R'(6) = -66$，从而 $P = 6$ 时的收益价格弹性为

$$\varepsilon_{RP} = \frac{P}{R}R'(P) = \frac{6}{468}(-66) = \frac{11}{13} \approx 0.846,$$

即当价格 $P = 6$ 时，收益价格弹性 $\varepsilon_{RP} \approx 0.846 < 0$. 这就是说，若价格下降 2%，总收益将增加 1.692%.

Ⅱ. 第二章自测题及其解答

自测题二

一、单项选择题

1. 设 $f(0) = 0$，且 $\lim\limits_{x \to 0} \frac{f(x)}{x}$ 存在，则 $\lim\limits_{x \to 0} \frac{f(x)}{x} = ($).

A. $f(0)$； B. $f'(0)$；

C. $f'(x)$； D. 0.

2. 设 $f(x) = ax^2 + bx + c$（a, b, c 是常数，$a \neq 0$），则下列导数错误的是（ ）.

A. $f'(x) = 2ax + b$； B. $f'(0) = b$；

C. $f'\left(\dfrac{1}{2}\right) = a + b$;　　　　　　D. $f'\left(-\dfrac{b}{2a}\right) = 2b$.

3. 函数 $y = f(x)$ 在点 x_0 处可导是它在该点处连续的（　　）.

A. 必要条件；　　　　　　　　B. 充分条件；

C. 充要条件；　　　　　　　　D. 非充分也非必要条件.

4. 函数 $y = f(x)$ 在点 $x = x_0$ 处可导是它在该点处可微的（　　）.

A. 必要条件；　　　　　　　　B. 充分条件；

C. 充要条件；　　　　　　　　D. 非充分也非必要条件.

5. 设 $y = x^{99}$，则 $y^{(100)} = ($　　$)$.

A. 0　　　　　　　　　　　　B. 99!

C. 100!　　　　　　　　　　　D. 1

二、计算题

1. 求下列函数导数.

(1) $y = x^{10} - 10^x + 10^{10}$;　　　　　(2) $y = \sqrt{x\sqrt{x}}$;

(3) $y = (\ln x + 1)(\sin x - 1)$;　　　　(4) $y = \arctan\dfrac{1+x}{1-x}$;

(5) $\mathrm{e}^y = \cos(x + y)$;　　　　　　(6) $y = (\sin x)^{\cos x}, \sin x > 0$.

2. 求下列函数的二阶导数.

(1) $y = x\sin x$;　　　　　　　　(2) $y = (1 + x^2)\arctan x$.

3. 求下列函数的微分.

(1) $y = \sin(x + 1)$;　　　　　　(2) $y = \mathrm{e}^x\cos x$;

(3) $y = \dfrac{x}{1 - x^2}$;　　　　　　(4) $y = \ln(1 + \sqrt{1-x})$.

4. 求曲线 $y = \mathrm{e}^x$ 在点 $(0,1)$ 处的切线方程和法线方程.

自测题二参考答案

一、单项选择题

1. B;　2. D;　3. B.；　4. C;　5. A.

二、计算题

1. 求下列函数导数.

(1) **解**：$y' = 10x^9 - 10^x\ln 10$.

(2) **解**：$y' = (x^{3/4})' = \dfrac{3}{4\sqrt[4]{x}}$.

(3) **解**：$y' = (\ln x + 1)'(\sin x - 1) + (\ln x + 1)(\sin x - 1)' = \dfrac{1}{x}(\sin x - 1) + (\ln x + 1)\cos x$.

(4) **解**：$y' = \left(\arctan\dfrac{1+x}{1-x}\right)' = \dfrac{(1+x)'(1-x) - (1+x)(1-x)'}{\left[1 + \left(\dfrac{1+x}{1-x}\right)^2\right]\cdot(1-x)^2} = \dfrac{1}{1+x^2}$.

(5) **解**：方程两边关于 x 求导得　$\mathrm{e}^y\cdot y' = -\sin(x+y)\cdot(1 + y')$，　解得
$$y' = -\dfrac{\sin(x+y)}{\mathrm{e}^y + \sin(x+y)}.$$

(6) **解**：$y' = (e^{\cos x \ln \sin x})' = e^{\cos x \ln \sin x}(\cos x \ln \sin x)' = (\sin x)^{\cos x}[(\cos x)' \cdot \ln \sin x + \cos x \cdot (\ln \sin x)']$

$= (\sin x)^{\cos x}(-\sin x \ln \sin x + \cos x \cot x).$

【注】 可用对数求导法.

2. 求下列函数的二阶导数.

(1) $y = x \sin x$；

解：$y' = \sin x + x \cos x,$　　　　$y'' = \cos x + (\cos x - x \sin x) = 2\cos x - x \sin x.$

(2) $y = (1 + x^2) \arctan x.$

解：$y' = 2x \arctan x + (1 + x^2) \cdot \dfrac{1}{1 + x^2} = 2x \arctan x + 1,$　　　$y'' = 2\arctan x + \dfrac{2x}{1 + x^2}.$

3. 求下列函数的微分.

(1) $y = \sin(x + 1)$；　　　**解**：$dy = \cos(x + 1)d(x + 1) = \cos(x + 1)dx.$

(2) $y = e^x \cos x$；

解1：　因 $y' = e^x \cos x - e^x \sin x,$故 $dy = e^x(\cos x - \sin x)dx.$

解2：　$dy = \cos x de^x + e^x d\cos x = e^x(\cos x - \sin x)dx.$

(3) **解**：$y' = \left(\dfrac{x}{1 - x^2}\right)' = \dfrac{(1 - x^2) + 2x^2}{(1 - x^2)^2} = \dfrac{1 + x^2}{(1 - x^2)^2},$　故 $dy = \dfrac{1 + x^2}{(1 - x^2)^2}dx.$

(4) $y = \ln(1 + \sqrt{1 - x}).$

解：$dy = \dfrac{d(1 + \sqrt{1 - x})}{1 + \sqrt{1 - x}} = \dfrac{d\sqrt{1 - x}}{1 + \sqrt{1 - x}} = \dfrac{d(1 - x)}{2\sqrt{1 - x}(1 + \sqrt{1 - x})} = -\dfrac{dx}{2(1 - x + \sqrt{1 - x})}.$

4. 求曲线 $y = e^x$ 在点 $(0,1)$ 处的切线方程和法线方程.

解：　因 $y' = e^x,$　$y'|_{(0,1)} = e^0 = 1,$故曲线的切线斜率和法线斜率分别为

$$k_1 = 1, \qquad k_2 = -1,$$

曲线的切线方程和法线方程分别为

$$y = 1 + x, \qquad y = 1 - x.$$

Ⅲ.　第二章杂难题与综合例题

【例1】　(1) $\dfrac{d}{dx}\left[-2\sqrt{1 + \dfrac{1}{x}} - 2\ln\left(\sqrt{1 + \dfrac{1}{x}} - 1\right) - \ln|x|\right]$

$= \dfrac{1}{x^2\sqrt{1 + \dfrac{1}{x}}} - \dfrac{2}{\sqrt{1 + \dfrac{1}{x}} - 1} \cdot \dfrac{-1}{2x^2\sqrt{1 + \dfrac{1}{x}}} - \dfrac{1}{x} = \dfrac{1}{x^2\sqrt{1 + \dfrac{1}{x}}} \cdot \left(1 + \dfrac{1}{\sqrt{1 + \dfrac{1}{x}} - 1}\right) - \dfrac{1}{x}$

$= \dfrac{1}{x^2\left(\sqrt{1 + \dfrac{1}{x}} - 1\right)} - \dfrac{1}{x} = \dfrac{\sqrt{1 + \dfrac{1}{x}} + 1}{x} - \dfrac{1}{x} = \dfrac{1}{x}\sqrt{1 + \dfrac{1}{x}}.$

(2) $\dfrac{d}{dx}\left[-\dfrac{1}{24}\cot^3\dfrac{x}{2} - \dfrac{3}{8}\cot\dfrac{x}{2} + \dfrac{3}{8}\tan\dfrac{x}{2} + \dfrac{1}{24}\tan^3\dfrac{x}{2}\right]$

$= \dfrac{1}{16}\cot^2\dfrac{x}{2}\csc^2\dfrac{x}{2} + \dfrac{3}{16}\csc^2\dfrac{x}{2} + \dfrac{3}{16}\sec^2\dfrac{x}{2} + \dfrac{1}{16}\tan^2\dfrac{x}{2}\sec^2\dfrac{x}{2}$

$= \dfrac{1}{16}\csc^4\dfrac{x}{2} + \dfrac{1}{8}\csc^2\dfrac{x}{2} + \dfrac{1}{8}\sec^2\dfrac{x}{2} + \dfrac{1}{16}\sec^4\dfrac{x}{2}$

$$= \frac{\sin^4 \frac{x}{2} + 2\sin^2 \frac{x}{2}\cos^2 \frac{x}{2} + \cos^4 \frac{x}{2}}{16\sin^4 \frac{x}{2}\cos^4 \frac{x}{2}} = \frac{1}{\sin^4 x}.$$

(3) $\dfrac{\mathrm{d}}{\mathrm{d}x}\left[x^2 \arccos x - \dfrac{1}{2}\arccos x - \dfrac{x}{2}\sqrt{1-x^2}\right]$

$$= 2x\arccos x - \frac{x^2}{\sqrt{1-x^2}} + \frac{1}{2\sqrt{1-x^2}} - \frac{1}{2\sqrt{1-x^2}} - \frac{x}{2}\cdot\frac{-2x}{2\sqrt{1-x^2}} = 2x\arccos x.$$

(4) $\dfrac{\mathrm{d}}{\mathrm{d}x}\left\{-\dfrac{1}{\sqrt{2}}\arctan\left[\dfrac{1}{\sqrt{2}}\tan\left(\dfrac{\pi}{4}-\dfrac{x}{2}\right)\right]\right\} = \dfrac{\sec^2\left(\dfrac{\pi}{4}-\dfrac{x}{2}\right)}{4+2\tan^2\left(\dfrac{\pi}{4}-\dfrac{x}{2}\right)} = \dfrac{\sec^2\left(\dfrac{\pi}{4}-\dfrac{x}{2}\right)}{2+2\sec^2\left(\dfrac{\pi}{4}-\dfrac{x}{2}\right)}$

$$= \frac{1}{2\cos^2\left(\dfrac{\pi}{4}-\dfrac{x}{2}\right)+2} = \frac{1}{\cos\left(\dfrac{\pi}{2}-x\right)+3} = \frac{1}{3+\sin x}.$$

(5) $\dfrac{\mathrm{d}}{\mathrm{d}x}\left\{x - 3\ln(1+\mathrm{e}^{\frac{x}{6}}) - \dfrac{3}{2}\ln(1+\mathrm{e}^{\frac{x}{3}}) - 3\arctan \mathrm{e}^{\frac{x}{6}}\right\}$

$$= 1 - \frac{1}{2}\frac{\mathrm{e}^{\frac{x}{6}}}{1+\mathrm{e}^{\frac{x}{6}}} - \frac{1}{2}\frac{\mathrm{e}^{\frac{x}{3}}}{1+\mathrm{e}^{\frac{x}{3}}} - \frac{1}{2}\frac{\mathrm{e}^{\frac{x}{5}}}{1+\mathrm{e}^{\frac{x}{3}}} = 1 - \frac{\mathrm{e}^{\frac{x}{6}}+\mathrm{e}^{\frac{x}{3}}+\mathrm{e}^{\frac{x}{2}}}{(1+\mathrm{e}^{\frac{x}{3}})(1+\mathrm{e}^{\frac{x}{6}})} = \frac{1}{1+\mathrm{e}^{\frac{x}{2}}+\mathrm{e}^{\frac{x}{3}}+\mathrm{e}^{\frac{x}{6}}}.$$

【例2】 设 $f(x)$ 可导，$F(x) = f(x)(1+|\sin x|)$，证明 $F(x)$ 在点 $x=0$ 处可导的充要条件是 $f(0) = 0$.

证： 因为 $f(x)$ 可导，则 $f'(0) = \lim\limits_{x\to 0}\dfrac{f(x)-f(0)}{x}$，$f(0) = \lim\limits_{x\to 0}f(x)$，于是

$$F'_+(0) = \lim_{x\to 0^+}\frac{F(x)-F(0)}{x-0} = \lim_{x\to 0^+}\frac{f(x)(1+\sin x)-f(0)}{x}$$

$$= \lim_{x\to 0^+}\frac{f(x)-f(0)}{x} + \lim_{x\to 0^+}f(x)\frac{\sin x}{x} = f'(0) + f(0)$$

$$F'_-(0) = \lim_{x\to 0^-}\frac{F(x)-F(0)}{x-0} = \lim_{x\to 0^-}\frac{f(x)(1-\sin x)-f(0)}{x}$$

$$= \lim_{x\to 0^+}\frac{f(x)-f(0)}{x} - \lim_{x\to 0^+}f(x)\frac{\sin x}{x} = f'(0) - f(0)$$

从而，$F(x)$ 在 $x=0$ 点处可导的充要条件为 $F'_+(0) = F'_-(0)$，即 $f(0) = 0$.

【例3】 $f(x) = \begin{cases} \mathrm{e}^x, & x < 0; \\ ax^2 + bx + c, & x \geqslant 0, \end{cases}$ 且 $f''(0)$ 存在，试确定常数 a、b、c 的值.

解： 易知 $f'(x) = \begin{cases} \mathrm{e}^x, & x < 0 \\ 2ax + b, & x > 0 \end{cases}$. 因为 $f''(0)$ 存在，则：

① $\lim\limits_{x\to 0^+}f(x) = \lim\limits_{x\to 0^-}f(x)$；　　　② $\lim\limits_{x\to 0^+}f'(x) = \lim\limits_{x\to 0^-}f'(x) = f'(0)$；

③ $\lim\limits_{x\to 0^+}\dfrac{f'(x)-f'(0)}{x-0} = \lim\limits_{x\to 0^-}\dfrac{f'(x)-f'(0)}{x-0}$.

由①，有 $c = 1$. 由② 有 $b = 1$ 且 $f'(0) = 1$. 又

$$\lim_{x\to 0^+}\frac{f'(x)-f'(0)}{x-0} = \lim_{x\to 0^+}\frac{2ax+1-1}{x} = 2a, \quad \lim_{x\to 0^-}\frac{f'(x)-f'(0)}{x-0} = \lim_{x\to 0^-}\frac{\mathrm{e}^x-1}{x} = 1,$$

由③ 知　$a = \dfrac{1}{2}$.

【例 4】　已知定义于 $(-\infty,+\infty)$ 上的函数 $f(x)$ 在 $x=0$ 处可导,且 $f'(0)=2$. 若对任意的 x、y 恒有 $f(x+y)=f(x)+f(y)+2xy$,试求 $f(x)$ 的表达式.

解:　令 $y=0$,由已知条件有 $f(x)=f(x)+f(0)$,则有 $f(0)=0$. 令 $y=\Delta x$,则有
$$f(x+\Delta x)=f(x)+f(\Delta x)+2x\Delta x,$$
$$\lim_{\Delta x\to 0}\frac{f(x+\Delta x)-f(x)}{\Delta x}=\lim_{\Delta x\to 0}\frac{f(\Delta x)}{\Delta x}+2x\xlongequal{f(0)=0}\lim_{\Delta x\to 0}\frac{f(\Delta x)-f(0)}{\Delta x}+2x,$$
即 $f'(x)=f'(0)+2x=2+2x$. 易知,$f(x)=x^2+2x+C$,再由 $f(0)=0$,有 $C=0$,从而
$$f(x)=x^2+2x.$$

【例 5】　设 $y=f\left(\dfrac{x^4+1}{x^2+1}\right)$, $f'(x)=\ln\sqrt{x}$,求 $\dfrac{\mathrm{d}y}{\mathrm{d}x}$.

解:　令 $u=\dfrac{x^4+1}{x^2+1}$,则 $\dfrac{\mathrm{d}u}{\mathrm{d}x}=\left(x^2-1+\dfrac{2}{x^2+1}\right)'=2x-\dfrac{4x}{(x^2+1)^2}$. 所以
$$\frac{\mathrm{d}y}{\mathrm{d}x}=\frac{\mathrm{d}y}{\mathrm{d}u}\frac{\mathrm{d}u}{\mathrm{d}x}=f'(u)\frac{\mathrm{d}u}{\mathrm{d}x}=2x\left(1-\frac{2}{(1+x^2)^2}\right)\ln\sqrt{u}=x\left(1-\frac{2}{(1+x^2)^2}\right)\ln\frac{x^4+1}{x^2+1}.$$

【例 6】　设 $x=y^2+y$, $u=(x^2+x)^{\frac{3}{2}}$,求 $\dfrac{\mathrm{d}y}{\mathrm{d}u}$.

解:　因为 $\mathrm{d}x=(2y+1)\mathrm{d}y$,所以 $\mathrm{d}y=\dfrac{\mathrm{d}x}{2y+1}$. $\mathrm{d}u=\dfrac{3}{2}(x^2+x)^{\frac{1}{2}}(2x+1)\mathrm{d}x$,故
$$\frac{\mathrm{d}y}{\mathrm{d}u}=\frac{2}{3(2x+1)(2y+1)\sqrt{x^2+x}}.$$

【例 7】　设函数 $y=y(x)$ 是由方程组 $\begin{cases}x=t^2-2t-3\\ \mathrm{e}^y\sin t-y+1=0\end{cases}$ 所确定,求 $\dfrac{\mathrm{d}y}{\mathrm{d}x}$,$\dfrac{\mathrm{d}y}{\mathrm{d}x}\Big|_{t=0}$.

解:　由方程 ① $x=t^2-2t-3$ 两边微分得 $\mathrm{d}x=2(t-1)\mathrm{d}t$.
又将 $t=0$ 代入方程 ② $\mathrm{e}^y\sin t-y+1=0$ 解得 $y=1$;
再由方程 ② 两边微分,得 $\mathrm{e}^y\sin t\mathrm{d}y+\mathrm{e}^y\cos t\mathrm{d}t-\mathrm{d}y=0$,即 $\mathrm{d}y=\dfrac{\mathrm{e}^y\cos t}{1-\mathrm{e}^y\sin t}\mathrm{d}t$. 所以
$$\frac{\mathrm{d}y}{\mathrm{d}x}=\frac{\mathrm{e}^y\cos t}{2(1-\mathrm{e}^y\sin t)(t-1)},\qquad \frac{\mathrm{d}y}{\mathrm{d}x}\Big|_{t=0}=-\frac{\mathrm{e}}{2}.$$

【例 8】　求对数螺线 $\rho=\mathrm{e}^\theta$ 在点 $(\rho,\theta)=\left(\mathrm{e}^{\frac{\pi}{2}},\dfrac{\pi}{2}\right)$ 处的切线的直角坐标方程.

解:　对数螺线的参数方程为 $\begin{cases}x=\mathrm{e}^\theta\cos\theta;\\ y=\mathrm{e}^\theta\sin\theta,\end{cases}$ 则
$$\frac{\mathrm{d}y}{\mathrm{d}x}=\frac{\mathrm{d}y/\mathrm{d}\theta}{\mathrm{d}x/\mathrm{d}\theta}=\frac{\mathrm{e}^\theta\sin\theta+\mathrm{e}^\theta\cos\theta}{-\mathrm{e}^\theta\sin\theta+\mathrm{e}^\theta\cos\theta}=\frac{\sin\theta+\cos\theta}{\cos\theta-\sin\theta}.$$
$\theta_0=\dfrac{\pi}{2}$ 时,$x_0=0$,$y_0=\mathrm{e}^{\frac{\pi}{2}}$,$k=\dfrac{\mathrm{d}y}{\mathrm{d}x}\Big|_{\theta=\frac{\pi}{2}}=-1$,所求切线方程为 $y-\mathrm{e}^{\frac{\pi}{2}}=-x$,即
$$x+y=\mathrm{e}^{\frac{\pi}{2}}.$$

【例 9】　求 $y=\sin^4 x+\cos^4 x$ 的 n 阶导数.

解:　因为 $\sin^4 x+\cos^4 x=(\sin^2 x+\cos^2 x)^2-\dfrac{1}{2}\sin^2 2x=\dfrac{3}{4}+\dfrac{1}{4}\cos 4x$,所以,
$$y^{(n)}(x)=4^{n-1}\cos\left(4x+\frac{n}{2}\pi\right).$$

【例 10】　设 $f(x)=\ln(3+7x-6x^2)$,求 $f^{(n)}(1)$.

解： 因 $f(x) = \ln[(3-2x)(3x+1)] = \ln 6 + \ln\left(\dfrac{3}{2} - x\right) + \ln\left(x + \dfrac{1}{3}\right)$，故

$$f'(x) = \frac{1}{x - \dfrac{3}{2}} + \frac{1}{x + \dfrac{1}{3}},$$

$$f^{(n)}(x) = \frac{(-1)^{n-1}(n-1)!}{\left(x - \dfrac{3}{2}\right)^n} + \frac{(-1)^{n-1}(n-1)!}{\left(x + \dfrac{1}{3}\right)^n},$$

$$\cdots\cdots$$

$$f^{(n)}(1) = \frac{(-1)^{n-1}(n-1)!}{\left(-\dfrac{1}{2}\right)^n} + \frac{(-1)^{n-1}(n-1)!}{\left(\dfrac{4}{3}\right)^n}$$

$$= -(n-1)! \cdot 2^n + (-1)^{n-1}(n-1)! \cdot \left(\frac{3}{4}\right)^n.$$

【例 11】 设 $b^2 + 4a > 0, a^2 + 2a\pi + 4b < 0$，试证明下面两曲线有公共切线：

$$y = x^2 \quad \text{和} \quad y = a\cos x + b\sin x \quad \left(0 < x < \frac{\pi}{2}\right).$$

证： 设两曲线有公共切线，它在曲线 $y = x^2$ 和曲线 $y = a\cos x + b\sin x$ 上的切点分别记为

$$P_1(x_1, x_1^2) \quad \text{和} \quad P_2(x_2, a\cos x_2 + b\sin x_2).$$

因为过 P_1、P_2 之连线的斜率为 $\dfrac{a\cos x_2 + b\sin x_2 - x_1^2}{x_2 - x_1}$，且同时等于 P_2、P_2 第二分量的导数 $2x_1$、$-a\sin x_2 + b\sin x_2$，所以

$$\frac{a\cos x_2 + b\sin x_2 - x_1^2}{x_2 - x_1} = 2x_1 = -a\sin x_2 + b\sin x_2.$$

显然，若 x_2 存在，则 x_1 必存在，且 $x_1 = \dfrac{1}{2}(b\cos x_2 - a\sin x_2)$，代入 $\dfrac{a\cos x_2 + b\sin x_2 - x_1^2}{x_2 - x_1} = 2x_1$ 得

$$a\cos x_2 + b\sin x_2 = x_2(b\cos x_2 - a\sin x_2) - \frac{1}{4}(b\cos x_2 - a\sin x_2)^2,$$

需证明上式的 $x_2 \in \left(0, \dfrac{\pi}{2}\right)$ 是存在的. 为此令

$$F(x) = a\cos x + b\sin x - x(b\cos x - a\sin x) + \frac{1}{4}(b\cos x - a\sin x)^2,$$

显然 $F(x)$ 在 $\left[0, \dfrac{\pi}{2}\right]$ 上连续，且 $F(0) = \dfrac{1}{4}b^2 + 4a > 0$，$F\left(\dfrac{\pi}{2}\right) = \dfrac{1}{4}(a^2 + 2a\pi + 4b) < 0$. 由闭区间上的连续函数的零点定理，存在 $x_2 \in \left(0, \dfrac{\pi}{2}\right)$ 使得 $F(x_2) = 0$.

综上所述，命题得证.

（三）第三章　　微分中值定理与导数的应用

Ⅰ.　第三章习题解答

【习题 3.1】(微分中值定理与导数的应用)(解答)

1. 求函数 $f(x)=x^4$ 在区间 $[1,2]$ 上满足拉格朗日定理条件的中值点 ξ.

解:　因 $f(x)=x^4$ 在 $[1,2]$ 是连续可导的,又 $f'(x)=4x^3$,故 $\exists \xi\in(1,2)$ 使得
$$2^4-1^4=f(2)-f(1)=f'(\xi)(2-1)=4\xi^3,$$

即得　　$\xi=\sqrt[3]{\dfrac{15}{4}}=\dfrac{\sqrt[3]{30}}{2}.$

2. 验证 $f(x)=\begin{cases}x^2-4x+3,x>1;\\ \sin\pi x,x\leqslant 1\end{cases}$ 在 $[1,3]$ 上是否满足罗尔定理条件?若满足,找出中值点 ξ.

解:　(i) 因 $f(x)$ 在 $(1,3]$ 为初等,则连续、可导. 又
$$\lim_{x\to 1^+}f(x)=\lim_{x\to 1^+}(x^2-4x+3)=0=\sin\pi=f(1),$$

故 $f(x)$ 在 $[1,3]$ 连续;显然 $f(1)=0=f(3)$. 从而 $f(x)$ 在 $[1,3]$ 上满足罗尔定理条件.

(ii) 显然 $f'(x)=2x-4$,令
$$f'(x)=2x-4=0,$$

得 $x=2$,该点即为所求的 ξ,即 $\xi=2$.

3. 若方程 $a_0x^n+a_1x^{n-1}+\cdots+a_{n-1}x=0$ 有一个正根 $x=x_0$,证明方程
$$a_0nx^{n-1}+a_1(n-1)x^{n-2}+\cdots+a_{n-1}=0$$

必有一个小于 x_0 的正根.

证: 设 $F(x)=a_0x^n+a_1x^{n-1}+\cdots+a_{n-1}x$,则函数 $F(x)$ 在 $[0,x_0]$ 上连续、可导,且 $F'(x)=a_0nx^{n-1}+a_1(n-1)x^{n-2}+\cdots+a_{n-1}$. 由题设 $F(x_0)=0=F(0)$. 根据罗尔定理,存在 $\xi\in(0,x_0)$,使 $F'(\xi)=0$,即
$$a_0n\xi^{n-1}+a_1(n-1)\xi^{n-2}+\cdots+a_{n-1}=0,$$

这说明 ξ 就是方程 $a_0nx^{n-1}+a_1(n-1)x^{n-2}+\cdots+a_{n-1}=0$ 的一个小于 x_0 的正根.

4. 设 $f(x)=(x-a)(x-b)(x-c)(x-d)$,$a<b<c<d$ 为实数. 问 $f'(x)=0$,$f''(x)$ 有几个零点

证: 因 $f(x)$ 是最高次项为 x^4 的次多项式,故在 $[a,b]$、$[b,c]$、$[c,d]$ 上连续、可导;又
$$f(a)=f(b)=f(c)=f(d)=0,$$

故 $f(x)$ 在上述区间满足 Rolle 定理条件,从而 $f'(x)$ 在 (a,b)、(b,c)、(c,d) 分别至少有一个零点. 又 $f'(x)$ 是一个三次多项式,且最高次数项为 $4x^3$,所以正好有三个零点.

设 $f'(x)$ 的三个零点为 u,v,w,于是 $f'(x)=4(x-u)(x-v)(x-w)$. 与 $f'(x)$ 的讨论相同,即得 $f''(x)$ 正好有两个零点.

5. 证明: $2\arctan x-\arcsin\dfrac{2x}{1+x^2}=0$ 　$(-1<x<1)$.

证:　令 $f(x)=2\arctan x-\arcsin\dfrac{2x}{1+x^2}$,　$x\in(-1,1)$. 因
$$f'(x)=\frac{2}{1+x^2}-\frac{1}{\sqrt{1-\left(\dfrac{2x}{1+x^2}\right)^2}}\cdot\frac{2(1+x^2)-2x\cdot 2x}{(1+x^2)^2}=0,$$

故 $f(x)=c$，$x\in(-1,1)$，又 $c=f(0)=0$，于是命题得证.

6. 求证：当 $0<a<b$ 时，$\dfrac{b-a}{b}<\ln\dfrac{b}{a}<\dfrac{b-a}{a}$

证：即要证 $\dfrac{1}{b}(b-a)<\ln b-\ln a<\dfrac{1}{a}(b-a)$. 令 $f(x)=\ln x$，$x\in[a,b]$，则 $f(x)$ 在 $[a,b]$ 上连续、可导. 根据拉格朗日中值定理，有

$$\ln\frac{b}{a}=\ln b-\ln a=\frac{1}{\xi}(b-a),\ \xi\in(a,b).$$

又 $\because\ \dfrac{1}{b}<\dfrac{1}{\xi}<\dfrac{1}{a}$, $\qquad\therefore\ \dfrac{b-a}{b}<\ln\dfrac{b}{a}<\dfrac{b-a}{a}$.

【习题 3.2】（求极限之洛必达法则）（解答）

1. **解：** $\displaystyle\lim_{x\to0}\frac{\tan3x}{2x}\overset{(0/0)}{=\!=\!=}\lim_{x\to0}\frac{(\tan3x)'}{(2x)'}=\lim_{x\to0}\frac{3\sec^2x}{2}=\frac{3}{2}$.

另解：（用等价无穷小量替换）$\displaystyle\lim_{x\to0}\frac{\tan3x}{2x}=\lim_{x\to0}\frac{3x}{2x}=\frac{3}{2}$.

2. **解：** $\displaystyle\lim_{x\to1}\frac{x^3-3x+2}{x^3-x^2-x+1}\overset{(0/0)}{=\!=\!=}\lim_{x\to1}\frac{3x^2-3}{3x^2-2x-1}\overset{(0/0)}{=\!=\!=}\lim_{x\to1}\frac{6x}{6x-2}=\frac{3}{2}$.

另解： $\displaystyle\lim_{x\to1}\frac{x^3-3x+2}{x^3-x^2-x+1}\ \lim_{x\to1}\frac{(x-1)^2(x+2)}{(x-1)^2(x+1)}=\lim_{x\to1}\frac{x+2}{x+1}=\frac{3}{2}$.

3. **解：** $\displaystyle\lim_{x\to+\infty}x^2e^{-x}=\lim_{x\to+\infty}\frac{x^2}{e^x}\overset{(\frac{\infty}{\infty})}{=\!=\!=}\lim_{x\to+\infty}\frac{2x}{e^x}\overset{(\frac{\infty}{\infty})}{=\!=\!=}\lim_{x\to+\infty}\frac{2}{e^x}=0$.

4. **解：** $\displaystyle\lim_{x\to\frac{\pi}{2}}(\csc x)^{\tan^2x}\overset{(1^\infty)}{=\!=\!=}\lim_{x\to\frac{\pi}{2}}(1+\cot^2x)^{\frac{\tan^2x}{2}}=\lim_{x\to\frac{\pi}{2}}\left[(1+\frac{1}{\tan^2x})^{\tan^2x}\right]^{\frac{1}{2}}=e^{\frac{1}{2}}$.

另解： 设 $H(x)=\ln(\csc x)^{\tan^2x}=\tan^2x\ln|\csc x|$，则

$$\lim_{x\to\frac{\pi}{2}}H(x)=\lim_{x\to\frac{\pi}{2}}\frac{\ln|\csc x|}{\cot^2x}\overset{(0/0)}{=\!=\!=}\lim_{x\to\frac{\pi}{2}}\frac{-\csc x\cot x}{\csc x(-2\cot x\csc^2x)}=\lim_{x\to\frac{\pi}{2}}\frac{1}{2\csc^2x}=\frac{1}{2}$$

所以 $\qquad\displaystyle\lim_{x\to\frac{\pi}{2}}(\csc x)^{\tan^2x}=\lim_{x\to\frac{\pi}{2}}e^{H(x)}=e^{\frac{1}{2}}$.

5. **解：** 显然，当 $x\to\infty$ 时，函数 $g(x)=1-\sin x$ 不收敛也不发散于 ∞. 于是若对本题使用洛必达法则，对求极限的函数式分母、分子分别求极限后得到的就是函数 $g(x)$，因而洛必达法则失效，则：原式 $\displaystyle\neq\lim_{x\to\infty}\frac{1-\sin x}{1}=\lim_{x\to\infty}(1-\sin x)$.

但本题易解如下：$\displaystyle\lim_{x\to\infty}\frac{x+\cos x}{x}=\lim_{x\to\infty}(1+\frac{1}{x}\cos x)=1$.

6. **解：** 原式 $\overset{\text{无穷小子}}{\underset{\text{等价代换}}{=\!=\!=}}\displaystyle\lim_{x\to0}e^x\cdot\frac{xe^x+x-2e^x+2}{x^3}\overset{\text{非零极限因子}}{\underset{\text{先算出极限}}{=\!=\!=}}\lim_{x\to0}\frac{xe^x+x-2e^x+2}{x^3}$

$\overset{(0/0)}{=\!=\!=}\displaystyle\lim_{x\to0}\frac{xe^x+e^x+1-2e^x}{3x^2}\overset{(0/0)}{=\!=\!=}\lim_{x\to0}\frac{xe^x}{6x}=\lim_{x\to0}\frac{e^x}{6}=\frac{1}{6}$.

【习题 3.3】（函数的单调性与极值）（解答）

1. 求证：$x>\ln(1+x)$，$\forall x>0$.

证：令 $f(x)=x-\ln(1+x)$，则 $f(x)$ 在 $(0,+\infty)$ 可导，且

$$f'(x)=1-\frac{1}{1+x}>0,\quad\forall x\in(0,+\infty).$$

又因 $f(x)$ 在 $[0,+\infty)$ 连续,故严格单调增加. 于是由 $f(0)=0$ 得
$$f(x)>f(0)=0,\quad \forall x\in(0,+\infty).$$
这就证明了 $x>\ln(1+x),\quad \forall x>0$.

2. 求函数的单调区间:(1) $f(x)=x^3-3x+1$;　　　　(2) $f(x)=\sqrt[3]{x^2}$.

解: (1) $f(x)=x^3-3x+1$ 在定义域 $(-\infty,+\infty)$ 是连续、可导的.显然
$$f'(x)=3x^2-3=3(x+1)(x-1),$$
令 $f'(x)=0$ 得 $x=-1,x=1$.

因 $\forall x\in(-\infty,-1),f'(x)>0$,又 $f(x)$ 在 $(-\infty,-1]$ 连续,故 $f(x)$ 在 $(-\infty,-1]$ 单调增加;

因 $\forall x\in(-1,1),f'(x)<0$,又 $f(x)$ 在 $[-1,1]$ 连续,故在 $[-1,1]$ 单调减少;

因 $\forall x\in(1,+\infty),f'(x)>0$,又 $f(x)$ 在 $[1,+\infty)$ 连续,故在 $[1,+\infty)$ 单调增加.

(2) $f(x)=\sqrt[3]{x^2}$ 在定义域 $(-\infty,+\infty)$ 是连续、可导的,且 $f'(x)=\dfrac{2}{3}x^{-\frac{1}{3}}=\dfrac{2}{3\sqrt[3]{x}}$.

显然 $f(x)$ 在点 0 处不可导,现讨论列表如下表所示:

x	$(-\infty,0)$	0	$(0,+\infty)$
$f'(x)$	$-$	不存在	$+$
$f(x)$	↘		↗

所以 $(-\infty,0)$ 是函数 $f(x)$ 的单调减少区间;而 $(0,+\infty)$ 是函数 $f(x)$ 的单调增加区间.

3. 求函数 $f(x)=x^3-6x^2+9x+2$ 的单调区间和极值.

解: $f(x)$ 在定义域 $(-\infty,+\infty)$ 是连续、可导的.
$$f'(x)=3x^2-12x+9=3(x-1)(x-3),$$
令 $f'(x)=0$,得 $x=1,x=3$,

把函数的定义域重新划分,并讨论列表如下表所示:

x	$(-\infty,1)$	1	$(1,3)$	3	$(3,+\infty)$
$f'(x)$	$+$	0	$-$	0	$+$
$f(x)$	↗	极大值	↘	极小值	↗

所以,$(-\infty,1),(3,+\infty)$ 是函数 $f(x)$ 的单调增加区间;而 $(1,3)$ 是函数 $f(x)$ 的单调减少区间.函数 $f(x)$ 的极大值为 $f(1)=6$,极小值为 $f(3)=2$.

4. 求函数的极值:(1) $f(x)=-2x^3+6x^2+18x-7$;　　(2) $f(x)=x-\dfrac{3}{2}\sqrt[3]{x^2}$.

解: (1) $f(x)=-2x^3+6x^2+18x-7$ 在定义域 $(-\infty,+\infty)$ 是连续、可导的.
$$f'(x)=-6x^2+12x+18=-6(x+1)(x-3),$$
令 $f'(x)=0$ 得到驻点 $x_1=-1,x_2=3$. 列下表讨论:

x	$(-\infty,-1)$	-1	$(-1,3)$	3	$(3,+\infty)$
$f'(x)$	$-$	0	$+$	0	$-$
$f(x)$	↘	极小值	↗	极大值	↘

所以 $f(x)$ 的极小值为 $f(-1)=-17$,极大值为 $f(3)=47$.

（2）$f(x) = x - \dfrac{3}{2} \sqrt[3]{x^2}$ 在定义域$(-\infty, +\infty)$是连续、可导的.

$$f'(x) = 1 - x^{-\frac{1}{3}} = 1 - \dfrac{1}{\sqrt[3]{x}},$$

令 $f'(x) = 0$ 得到驻点 $x = 1$,而当 $x = 0$ 是 $f'(x)$ 的间断点. 列下表讨论:

x	$(-\infty, 0)$	0	$(0, 1)$	1	$(1, +\infty)$
$f'(x)$	$+$	不存在	$-$	0	$+$
$f(x)$	↗	极大值	↘	极小值	↗

所以 $f(x)$ 的极大值为 $f(0) = 0$,极小值为 $f(1) = -\dfrac{1}{2}$.

5. 求 $f(x) = x^4 - 2x^2 + 5$ 在$[-2, 2]$上的最大值与最小值.

解： $f(x)$是初等函数,在定义域$(-\infty, +\infty)$是连续、可导的.显然
$$f'(x) = 4x^3 - 4x = 4x(x^2 - 1),$$

令 $f'(x) = 4x(x^2 - 1) = 0$,得驻点为 $x_1 = 0, x_2 = 1, x_3 = -1$. 计算得
$$f(0) = 5, \quad f(1) = 4, \quad f(-1) = 4, \quad f(-2) = 13, \quad f(2) = 13.$$
比较得知为函数 $f(x)$ 在$[-2, 2]$上的最大值为 $f(\pm 2) = 13$,最小值为 $f(\pm 1) = 4$.

6. 求 $f(x) = \dfrac{1}{2} x^2 - \dfrac{27}{x}$ 在$(-\infty, 0)$上的最大值与最小值.

解： $f(x)$是初等函数,在$(-\infty, 0)$是连续、可导的.显然 $f'(x) = x + \dfrac{27}{x^2}$,令 $f'(x) = 0$,

得唯一驻点 $x = -3$. 又因 $f''(x) = 1 - \dfrac{54}{x^3}, f''(-3) = 3 > 0$,故 $x = -3$ 是极小值点.

最后由于函数 $f(x)$ 在$(-\infty, 0)$只有唯一驻点,且考虑的区间为开的,所以$f(-3) = \dfrac{27}{2}$

是函数 $f(x)$ 在$(-\infty, 0)$上最小值,该函数在$(-\infty, 0)$没有最大值.

7. 某车间靠墙盖一间长方形小屋,现存材料只够围成 20 米长的墙壁,问应围成怎样的长方形才能使小屋的面积最大?

解： 设长方形小屋的长为 x 米,则小屋的宽为 $\dfrac{20 - x}{2}$ 米,依题意,小屋的面积为

$$s(x) = x \cdot \dfrac{20 - x}{2} = 10x - \dfrac{1}{2} x^2 \quad (0 < x < 20).$$

它是连续可导函数. 且 $s'(x) = 10 - x, s''(x) = -1$. 令 $s'(x) = 0$ 得唯一驻点 $x = 10$.

又因为 $s''(10) = -1 < 0$,所以 $x = 10$ 是 $s(x)$ 的极大值点也是最大值点. 因此当小屋的长为 10 米,宽为 5 米时,小屋的面积最大.

8. 某厂生产某产品,固定成本为 2000 元,每生产一吨产品的成本为 60 元,该种产品的需求函数为 $Q = 1000 - 10p$(Q 为需求量,p 为价格),试求:

（1）总成本函数,总收益函数.　　　　　　　　（2）产量为多少吨时利润最大?

（3）获得最大利润时的价格.

解： （1）依题意得 $p = 100 - \dfrac{Q}{10}$. 于是总成本函数和总收益函数分别为:

$$C(Q) = 60Q + 2000, \qquad R(Q) = pQ = (100 - \dfrac{Q}{10})Q = 100Q - \dfrac{1}{10} Q^2.$$

(2) 总利润函数为　$L(Q)=R(Q)-C(Q)=-\dfrac{1}{10}Q^2+40Q-2000$，于是

$$L'(Q)=-\frac{1}{5}Q+40, \qquad L''(Q)=-\frac{1}{5}.$$

令 $L'(Q)=-\dfrac{1}{5}Q+40=0$，解得唯一驻点 $Q=200$．又因为 $L''(200)=-\dfrac{1}{5}<0$．所以 $Q=200$ 是 $L(Q)$ 的极大值点也是最大值点．因此当产量为 200 吨时利润最大．

(3) 获得最大利润时的价格　$p\mid_{Q=200}=100-\dfrac{Q}{10}=100-\dfrac{200}{10}=80(元)$．

【习题 3. 4】（曲线的凹凸性与拐点）（解答）

1. 求曲线 $f(x)=3x^4-6x^3+2$ 的凹凸区间和拐点.

解： 函数的定义域为 $D_f=(-\infty,+\infty)$，且函数为连续、可导的．且

$$f'(x)=12x^3-18x^2, \quad f''(x)=36x^2-36x=36x(x-1),$$

令 $f''(x)=0$ 得 $x_1=0,x_2=1$，它们将区间 D_f 分成三个区间：$(-\infty,0]$、$[0,1]$、$[1,+\infty)$．

因在 $(-\infty,0)$ 上，$f''(x)>0$，故 $(-\infty,0]$ 是曲线的凹区间；

因在 $(0,1)$ 上，$f''(x)<0$，故 $[0,1]$ 是曲线的凸区间；

因在 $(1,+\infty)$ 上，$f''(x)>0$，故 $[1,+\infty)$ 是曲线的凹区间．

显然 $f''(x)$ 分别在 $x_1=0$ 和 $x_2=1$ 的两侧异号，所以点 $(0,2)$ 和 $(1,-1)$ 都是曲线的拐点．

2. 求曲线 $f(x)=3x^{\frac{5}{3}}+\dfrac{5}{3}x^2$ 的凹凸区间和拐点.

解： 函数的定义域为 $(-\infty,+\infty)$，且为连续、可导的．显然

$$f'(x)=5x^{\frac{2}{3}}+\frac{10}{3}x, \quad f''(x)=\frac{10}{3}x^{-\frac{1}{3}}+\frac{10}{3}=\frac{10}{3}\cdot\frac{\sqrt[3]{x}+1}{\sqrt[3]{x}},$$

令 $f''(x)=0$ 得 $x_1=-1$．又 $f''(x)$ 的间断点为 $x_2=0$，它们将 $(-\infty,+\infty)$ 分成三个：

$$(-\infty,-1]、\quad [-1,0]、\quad [0,+\infty).$$

因在 $(-\infty,-1)$ 上，$f''(x)>0$，故 $(-\infty,-1]$ 是曲线的凹区间；

因在 $(-1,0)$ 上，$f''(x)<0$，故 $[-1,0]$ 是曲线的凸区间；

因在 $(0,+\infty)$ 上，$f''(x)>0$，故 $[0,-\infty)$ 是曲线的凹区间．

显然 $f''(x)$ 分别在 $x_1=-1$ 和 $x_2=0$ 的两侧异号，故点 $(-1,-\dfrac{4}{3})$ 和 $(0,0)$ 都是曲线的拐点．

3. 讨论曲线 $y=(x-1)\sqrt[3]{x^2}$ 的凹凸性及拐点.

解： 函数在 $(-\infty,+\infty)$ 连续、可导．$y'=\dfrac{5}{3}x^{\frac{2}{3}}-\dfrac{2}{3}x^{-\frac{1}{3}}$，$y''=\dfrac{10}{9}x^{-\frac{1}{3}}+\dfrac{2}{9}x^{-\frac{4}{3}}$．令 $y''=0$，得 $x=-\dfrac{1}{5}$ 当 $x=0$ 时，y'' 不存在．列表讨论如下：

x	$(-\infty,-\frac{1}{5})$	$-\frac{1}{5}$	$(-\frac{1}{5},0)$	0	$(0,+\infty)$
y''	$-$	0	$+$	不存在	$+$
y	$\cap$	有拐点	$\cup$	无拐点	$\cup$

于是，曲线在 $(-\infty,-\dfrac{1}{5}]$ 上是凸弧，在 $[-\dfrac{1}{5},+\infty)$ 是凹弧；拐点为 $(-\dfrac{1}{5},-\dfrac{6}{5}\sqrt[3]{\dfrac{1}{25}})$．

4^*. 利用函数的凹凸性证明：$\dfrac{a+b}{2} \geqslant \sqrt{ab}$，$\forall a,b > 0$.

分析： 将函数的凹凸性定义不等式与对数函数性质联想，它可以将两数之几何平均值的对数变换成算术平均值的对数.

证： 设 $f(x) = \ln x$，则 $f(x)$ 在 $(0, +\infty)$ 连续、可导，且

$$f'(x) = \frac{1}{x},\ f''(x) = -\frac{1}{x^2} < 0.$$

由此得 $f(x)$ 是凸函数，所以 $\forall a, b > 0$，

$$\ln \frac{a+b}{2} = f\left(\frac{a+b}{2}\right) \geqslant \frac{f(a)+f(b)}{2} = \frac{1}{2}(\ln a + \ln b) = \ln \sqrt{ab}.$$

于是由 $\ln x$ 的单调性立得 $\quad \dfrac{a+b}{2} \geqslant \sqrt{ab}$，$\forall a, b > 0$.

【习题 3.5】(函数图形的描绘)(解答)

1. 求下列曲线的渐近线：

解： （1）当 $x \to \infty$ 时，有 $e^{-x^2} \to 0$，所以 $y = 0$ 为曲线 $y = e^{-x^2}$ 的水平渐近线.

（2）因 $\lim\limits_{x \to 0} \dfrac{(x-1)^3}{x(x-2)} = \infty$，$\lim\limits_{x \to 2} \dfrac{(x-1)^3}{x(x-2)} = \infty$，故 $x = 0, x = 2$ 是垂直渐近线. 又

$$k = \lim_{x \to \infty} \frac{(x-1)^3}{x(x-2)} \cdot \frac{1}{x} = 1, \quad b = \lim_{x \to \infty}\left[\frac{(x-1)^3}{x(x-2)} - x\right] = \lim_{x \to \infty} \frac{(x-1)^3 - x^2(x-2)}{x(x-2)} = -1,$$

于是，$y = x - 1$ 是曲线 $y = \dfrac{(x-1)^3}{x(x-2)}$ 的斜渐近线.

（3）因 $\lim\limits_{x \to -1} y(x) = \lim\limits_{x \to -1} \dfrac{e^x}{x+1} = \infty$，故 $x = -1$ 是曲线 $y = \dfrac{e^x}{x+1}$ 的垂直渐进线.

又因 $\lim\limits_{x \to -\infty} y(x) = \lim\limits_{x \to -\infty} \dfrac{e^x}{x+1} = 0$，故 $y = 0$ 是 $y = \dfrac{e^x}{x+1}$ 水平渐进线.

（4）因 $k = \lim\limits_{x \to +\infty} \dfrac{y}{x} = \lim\limits_{x \to +\infty} \dfrac{\sqrt{x^2-x+1}}{x} = \lim\limits_{x \to +\infty} \sqrt{1 - \dfrac{1}{x} + \dfrac{1}{x^2}} = 1,$

$$b = \lim_{x \to +\infty}(y - kx) = \lim_{x \to +\infty} \frac{-x+1}{\sqrt{x^2-x+1}+x} = \lim_{x \to +\infty} \frac{-1+\dfrac{1}{x}}{\sqrt{1-\dfrac{1}{x}+\dfrac{1}{x^2}}+1} = -\frac{1}{2}.$$

所以 $y = x - \dfrac{1}{2}$ 是曲线 $y = \sqrt{x^2-x+1}$ 的斜渐近线.

2. 描绘函数的图像.

解： （1）函数 $y = \sqrt[3]{x^2}$ 的定义域为 $(-\infty, +\infty)$.

$$y' = \frac{2}{3\sqrt[3]{x}}$$

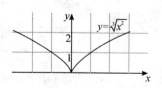

显然导函数在 $x = 0$ 处不连续.

因为 $x < 0$ 时，$y' < 0$，所以函数在 $(\infty-, 0]$ 上单调减少；

因为 $x > 0$ 时，$y' > 0$，所以函数在 $[0, \infty+)$ 上单调增加.

（2）函数 $y = \dfrac{\ln x}{\sqrt{x}}$ 的定义域为 $(0, +\infty)$.

求导：$y' = \dfrac{2-\ln x}{2x^{3/2}}$，$y'' = \dfrac{3\ln x - 8}{4x^{5/2}}$.

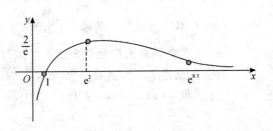

令 $y' = 0$ 得 $x = e^2$，$f(e^2) = \dfrac{2}{e}$.

令 $y'' = \dfrac{3\ln x - 8}{4x^{\frac{5}{2}}} = 0$，得 $x = e^{\frac{8}{3}}$，

$f(e^{8/3}) = \dfrac{8}{3}e^{-\frac{4}{3}}$.

列表讨论如下：

x	$(0,e^2)$	e^2	$(e^2,e^{\frac{8}{3}})$	$e^{\frac{8}{3}}$	$(e^{\frac{8}{3}},+\infty)$
y'	$+$	0	$-$	$-$	$-$
y''	$-$	$-$	$-$	0	$+$
y	↗	y 极大值 $\dfrac{2}{e}$	↘	拐点 $\left(e^{\frac{8}{3}}, \dfrac{8}{3}e^{-\frac{4}{3}}\right)$	↘ 0

渐近线：因为 $\lim\limits_{x\to 0}f(x) = \infty$，所以 $y = 0$ 为水平渐近线；

又因为 $\lim\limits_{x\to +\infty}\dfrac{\ln x}{\sqrt{x}} = 0$，所以 $x = 0$ 为铅直渐近线.

令 $y = \dfrac{\ln x}{\sqrt{x}} = 0$，得 $x = 1$ 为曲线与 x 轴交点的横坐标. 画出曲线（草图）.

【注】　因 $y = \dfrac{\ln x}{\sqrt{x}} \xlongequal{u = \sqrt{x}} \dfrac{2\ln u}{u}$，故 $y = \dfrac{\ln x}{x}$ 图像与本题"相似".

(3) 函数 $y = \dfrac{x^2}{1+x}$ 的定义域为 $(-\infty,-1)\bigcup(-1,+\infty)$

$$y' = \dfrac{2x(1+x) - x^2}{(1+x)^2} = \dfrac{x^2+2x}{(1+x)^2}$$

$$y'' = \dfrac{(2x+2)(1+x)^2 - (x^2+2x)2(1+x)}{(1+x)^4} = \dfrac{2}{(1+x)^3}$$

令 $y' = 0$，得 $x = 0$，$x = -2$；而当 $x = -1$ 时 y'、y'' 不存在.

列表分析如下：

	$(-\infty,-2)$	-2	$(-2,-1)$	-1	$(-1,0)$	0	$(0,+\infty)$
$f'(x)$	$+$	0	$-$		$-$	0	$+$
$f''(x)$	$-$	$-$	$-$		$+$	$+$	$+$
$f(x)$	↗	极大值 -4	↘		↘	极小值 0	↗

渐近线分析如下：

因 $\lim\limits_{x\to-1}\dfrac{x^2}{1+x} = \infty$，故 $x = -1$ 垂直渐近线；$\lim\limits_{x\to\infty}\dfrac{x^2}{1+x} = \infty$ 无水平渐近线. 又

$$k = \lim\limits_{x\to\infty}\dfrac{f(x)}{x} = \lim\limits_{x\to\infty}\dfrac{x^2}{1+x} = 1, \quad b = \lim\limits_{x\to-1}(f(x) - kx) = \lim\limits_{x\to\infty}\left(\dfrac{x^2}{1+x} - kx\right) = -1,$$

故有斜渐近线 $y = x - 1$. 根据上述讨论画出曲线（草图）.

【习题 3.6】(函数最值在经济中的应用)(解答)

1. 某工厂的某产品的生产成本函数为 $C(Q) = 9000 + 40Q + 0.001Q^2$(元／件),其中 Q 为产量. 求平均成本达到最低时的产量,并求此时的平均成本和边际成本?

解: 平均成本函数及其边际为

$$\overline{C}(Q) = \frac{C(Q)}{Q} = \frac{9000}{Q} + 40 + 0.001Q, \quad \overline{C}'(Q) = -\frac{9000}{Q^2} + 0.001,$$

令 $\overline{C}'(Q) = 0$ 得 $Q_0 = 3000$. 又 $\overline{C}''(x) = \frac{18000}{Q^3} > 0$,故 $Q_0 = 3000$ 是 $(0, +\infty)$ 唯一的极小点,即产量 $Q_0 = 3000$ 件时平均成本最低,且最小平均成本为

$$\overline{C}(3000) = 46(元／件).$$

注意到边际成本为 $C'(Q) = 40 + 0.002Q$,故 $C'(3000) = 46$(元／件). 这就验证了最小平均成本等于其相应的边际成本.

2. 某商家销售某种商品的价格满足关系 $P = 7 - 0.2Q$(万元／吨),且 Q 为销售量(单位:吨)、商品的成本函数为 $C(Q) = 3Q + 1$(万元),问

(1)若每销售一吨商品,政府要征税 t(万元),求该商家获最大利润时的销售量;

(2)t 为何值时,政府税收总额最大.

解: (1)当该商品的销售量为 Q 时,商品销售总收入为

$$R(Q) = P(Q) \cdot Q = 7Q - 0.2Q^2.$$

设政府征的总税额为 T,则有 $T = tQ$,且利润函数为

$$L(Q) = R(Q) - C(Q) - T = -0.2Q^2 + (4 - t)Q - 1. \quad L'(Q) = -0.4Q + 4 - t \overset{令}{=\!=\!=} 0,$$

得驻点 $Q = \frac{5}{2}(4 - t)$. 而 $L''(Q) = -0.4 < 0$,且驻点 $Q_t = \frac{5}{2}(4 - t)$ 是唯一的. 故 $L(Q)$ 在该驻点取得最大值. 即 $Q_t = \frac{5}{2}(4 - t)$ 是使商家获得最大利润的销售量.

(2)由(1)的结果知,政府税收总额为

$$T = tQ = \frac{5}{2}(4 - t)t = 10 - \frac{5}{2}(t - 2)^2.$$

显然,当 $t = 2$ 时,政府税收总额最大(此时 $Q_t = 5$).但应指出:为了使商家在纳税情况下仍能获得最大利润,就应使 $Q_t > 0$,即 t 满足限制 $0 < t < 4$. 显然 $t = 2$ 并未超出 t 的限制范围.

3. 某产品年产量为 120000 件,分批生产,已知每批的生产准备费为 250 元,每件产品的库存费为 0.6 元,产品均匀投放市场,每批产量为何值时该产品一年费用最小?并求最小费用.

解: 设每批产量为 x,费用为 y,则

$$y = \frac{120000}{x} \times 250 + \frac{x}{2} \times 0.6 = \frac{30000000}{x} + 0.3x$$

由 $y' = -\frac{30000000}{x^2} + 0.3 = 0 \Rightarrow x = 10000$(舍去 -10000)

$$y''(10000) = \frac{60000000}{x^3}\bigg|_{x=10000} > 0,$$

所以,费用最小时的批量是:$x = 10000$(件),最小费用是:$y(1000) = 6000$(元).

4. 某厂年需某种零件 8000 个,分期分批外购并均匀投入使用(设平均库存量为批量一半).若每次订货的手续费为 40 元,每个零件的库存费为 4 元.试求最经济的订货批量和进货批数.

解: 设每年的库存费和订货的手续费为 C,进货的批数为 x,则批量为 $\frac{8000}{x}$ 个,且

$$C = C(x) = \frac{8000}{x} \cdot \frac{1}{2} \cdot 4 + 40x = \frac{16000}{x} + 40x.$$

令 $C'(x) = -\frac{16000}{x^2} + 40 = 0$，得唯一 $x = 20$. 而 $C''(x) = \frac{32000}{x^2} > 0$，故 $x = 0$ 为极小点. 因而当进货批数为 20 批，批量为 400 个时，每年的库存费和订货的手续费最少——最经济.

Ⅱ.　第三章自测题及其解答

自测题三

1. 验证函数 $f(x) = \ln x$ 在区间 $[1, e]$ 上是否满足拉格朗日定理的条件，若满足，求出定理所述的中值点 ξ.

2. 求下列极限.

(1) $\lim\limits_{x \to 2} \dfrac{\sqrt{x-1} - 1}{x - 2}$;

(2) $\lim\limits_{x \to 0} \dfrac{1 - \cos 3x}{x^2}$;

(3) $\lim\limits_{x \to +\infty} \dfrac{2^x}{x^2}$;

(4) $\lim\limits_{x \to +\infty} \dfrac{\ln^2 x}{x}$;

(5) $\lim\limits_{x \to 0} \left(\dfrac{1}{x} - \dfrac{1}{e^x - 1} \right)$.

3. 求函数 $f(x) = x^3 - 3x^2 - 9x + 5$ 的极值.

4. 证明不等式 $\ln(1+x) > \dfrac{\arctan x}{1+x} (x > 0)$.

5. 求下列曲线的渐近线：(1) $y = xe^{-x^2}$;　(2) $y = \dfrac{x(x+1)^2}{(x-1)(x-2)}$.

6. 证明方程 $4ax^3 + 3bx^2 + 2cx - a - b - c = 0$ 至少有一个正根，其中 a, b, c 是任意常数.

7. 画出函数 $y = x^3 - x^2 - x + 1$ 的图形.

自测题三参考答案

1. 验证：函数 $f(x) = \ln x$ 在区间 $[1, e]$ 上是否满足拉格朗日定理的条件，若满足，求出定理所述的中值点 ξ.

解：　显然 $f(x) = \ln x$ 为初等函数，故在区间 $[1, e]$ 上连续可导，且 $f'(x) = \dfrac{1}{x}$，从而满足拉格朗日定理的条件. 令

$$\frac{f(e) - f(1)}{e - 1} = f'(\xi) = \frac{1}{\xi},$$

即 $\dfrac{1}{\xi} = \dfrac{f(e) - f(1)}{e - 1} = \dfrac{\ln e - \ln 1}{e - 1} = \dfrac{1}{e - 1}$，故得定理所述的中值点为 $\xi = e - 1$.

2. 求下列极限

(1) $\lim\limits_{x \to 2} \dfrac{\sqrt{x-1} - 1}{x - 2} \xlongequal{(\frac{0}{0})} \lim\limits_{x \to 2} \dfrac{1}{2\sqrt{x-1}} = \dfrac{1}{2}$.

(2) $\lim\limits_{x\to 0}\dfrac{1-\cos 3x}{x^2}\xlongequal{(\frac{0}{0})}\lim\limits_{x\to 0}\dfrac{3\sin 3x}{2x}\xlongequal{(\frac{0}{0})}\lim\limits_{x\to 0}\dfrac{9\cos 3x}{2}=\dfrac{9}{2}.$

(3) $\lim\limits_{x\to +\infty}\dfrac{2^x}{x^2}\xlongequal{(\frac{\infty}{\infty})}\lim\limits_{x\to +\infty}\dfrac{2^x\ln 2}{2x}\xlongequal{(\frac{\infty}{\infty})}\lim\limits_{x\to +\infty}\dfrac{2^x(\ln 2)^2}{2}=+\infty.$

(4) $\lim\limits_{x\to +\infty}\dfrac{\ln^2 x}{x}\xlongequal{(\frac{\infty}{\infty})}\lim\limits_{x\to +\infty}\dfrac{2\ln x}{x}\xlongequal{(\frac{\infty}{\infty})}\lim\limits_{x\to +\infty}\dfrac{2}{x}=0.$

(5) $\lim\limits_{x\to 0}(\dfrac{1}{x}-\dfrac{1}{e^x-1})=\lim\limits_{x\to 0}\dfrac{e^x-1-x}{x(e^x-1)}\xlongequal[\text{代换}]{\text{无穷小}}\lim\limits_{x\to 0}\dfrac{e^x-x-1}{x^2}\xlongequal{(\frac{0}{0})}\lim\limits_{x\to 0}\dfrac{e^x-1}{2x}\xlongequal[\text{代换}]{\text{无穷小}}\lim\limits_{x\to 0}\dfrac{x}{2x}=\dfrac{1}{2}.$

3. 求函数 $f(x)=x^3-3x^2-9x+5$ 的极值并绘草图.

解： (1) $f'(x)=3x^2-6x-9=3(x+1)(x-3).$

(2) 令 $3(x+1)(x-3)=0$,得驻点 $x_1=-1,x_2=3.$

(3) 列表判断：

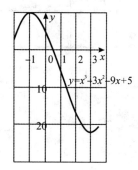

x	$(-\infty,-1)$	-1	$(-1,3)$	3	$(3,+\infty)$
$f'(x)$	$+$	0	$-$	0	$+$
$f(x)$	↗	10 极大	↘	-22 极小	↗

函数 $f(x)$ 的极大值为 $f(-1)=10$,极小值为 $f(3)=-22$.

4. 证明不等式 $\ln(1+x)>\dfrac{\arctan x}{1+x}(x>0).$

证： 设 $\varphi(x)=(1+x)\ln(1+x)-\arctan x$,则 $\varphi(x)$ 在 $[0,+\infty)$ 连续、可导,且

$$\varphi'(x)=1+\ln(1+x)-\dfrac{1}{1+x^2}>0\quad (x>0),$$

故 $x\geqslant 0$ 时,$\varphi(x)$ 严格单调增加,从而 $\varphi(x)>\varphi(0)=0$,即

$$\ln(1+x)>\dfrac{\arctan x}{1+x}\quad (x>0)$$

5. 求下列曲线的渐近线：(1) $y=xe^{-x^2}$; (2) $y=\dfrac{x(x+1)^2}{(x-1)(x-2)}.$

解： (1) 因 $\lim\limits_{x\to\infty}xe^{-x^2}=\lim\limits_{x\to\infty}\dfrac{x}{e^{x^2}}=\lim\limits_{x\to\infty}\dfrac{1}{2xe^{x^2}}=0$,所以 $y=0$ 为曲线 $y=xe^{-x^2}$ 的水平渐近线.

(2) 因 $\lim\limits_{x\to 1}\dfrac{x(x+1)^2}{(x-1)(x-2)}=\infty,\lim\limits_{x\to 2}\dfrac{x(x+1)^2}{(x-1)(x-2)}=\infty$,故 $x=1,x=2$ 是垂直渐近线.

又 $k=\lim\limits_{x\to\infty}\dfrac{x(x+1)^2}{(x-1)(x-2)}\cdot\dfrac{1}{x}=1,\quad b=\lim\limits_{x\to\infty}\left[\dfrac{x(x+1)^2}{(x-1)(x-2)}-x\right]=\lim\limits_{x\to\infty}\dfrac{5x^2-x}{x^2-3x+2}=5,$

于是,$y=x+5$ 是曲线的斜渐近线

6. 证明方程 $4ax^3+3bx^2+2cx-a-b-c=0$ 至少有一个正根,其中 a,b,c 是任意常数.

证： 令 $f(x)=4ax^3+3bx^2+2cx-a-b-c$,构造函数

$$F(x)=ax^4+bx^3+cx^2-(a+b+c)x,$$

显然 $F(x)$ 在 $[0,1]$ 连续,在 $(0,1)$ 内可导,且 $F'(x)=f(x)$；又 $F(0)=F(1)$,应用罗尔定理知,存在 $\xi\in(0,1)$,使得 $F'(\xi)=0$,即 $f(\xi)=0$.

因此,方程 $4ax^3+3bx^2+2cx-a-b-c=0$ 至少有一个正根 $\xi\in(0,1)$.

7. 画出函数 $y = x^3 - x^2 - x + 1$ 的图形.

解：（1）函数的定义域为 $(-\infty, +\infty)$，是初等函数，连续、可导.

（2）求函数的一、二阶导数：

$$f'(x) = 3x^2 - 2x - 1 = (3x+1)(x-1), \quad f''(x) = 6x - 2 = 2(3x-1).$$

令 $f'(x) = 0$ 得驻点为 $x = -1/3$ 和 $x = 1$；　令 $f''(x) = 0$ 得 $x = 1/3$.

（3）列表分析：

x	$\left(-\infty, -\frac{1}{3}\right)$	$-\frac{1}{3}$	$\left(-\frac{1}{3}, \frac{1}{3}\right)$	$\frac{1}{3}$	$\left(-\frac{1}{3}, 1\right)$	1	$(1, +\infty)$
$f'(x)$	$+$	0	$-$		$-$	0	$+$
$f''(x)$	$-$		$-$	0	$+$	$+$	$+$
$f(x)$	↗	$\frac{33}{27}$ 极大	↘	$\frac{16}{27}$ 拐点	↘	0 极小	↗

（4）计算特殊点：$f(0) = 1$；$f(-1) = 0$.

（5）描点连线画出图形如下：

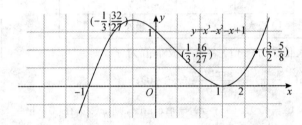

Ⅲ.　第三章杂难题与综合例题

【例 1】　设 $f(x)$ 在 $[1,2]$ 上连续，在 $(1,2)$ 内可导，$f(2) = 2$，$f(1) = \dfrac{1}{2}$，试证明：存在 $\xi \in (1,2)$ 使得 $f'(\xi) = \dfrac{2f(\xi)}{\xi}$.

证：　作辅助函数 $F(x) = \dfrac{f(x)}{x^2}$，则 $F'(x) = \dfrac{x^2 f'(x) - 2xf(x)}{x^4} = \dfrac{xf'(x) - 2f(x)}{x^3}$. 由已知条件知，$F(x)$ 在 $[1,2]$ 上连续，在 $(1,2)$ 内可导，且 $F(2) = F(1) = \dfrac{1}{2}$，由罗尔定理，知存在 $\xi \in (1,2)$，使得 $F'(\xi) = 0$，即 $f'(\xi) = \dfrac{2f(\xi)}{\xi}$.

【例 2】　设 $f(x)$ 在 $[0,1]$ 上二阶可导，且 $f(0) = f(1) = 0$，证明在 $(0,1)$ 内必存在一点 ξ，使得 $f''(\xi) = \dfrac{2f'(\xi)}{1-\xi}$.

证：　作辅助函数 $F(x) = (1-x)f(x)$，则

$$F'(x) = -f(x) + (1-x)f'(x), \qquad F''(x) = -2f'(x) + (1-x)f''(x).$$

由已知条件知 $F(0) = F(1) = 0$，由罗尔中值定理，存在一点 $c \in (0,1)$，使得 $F'(c) = 0$. 又 $F'(1) = 0$. 再由罗尔中值定理，知存在 $\xi \in (c,1) \subset (0,1)$，使得 $F''(\xi) = 0$，即

$$f''(\xi) = \frac{2f'(\xi)}{1-\xi}.$$

【例3】 设 $f(x)$ 在 $[0,1]$ 上连续,在 $(0,1)$ 内可导,$f(0)=0$,$f(1)=1$,证明 $\forall a$、$b>0$,存在 $\xi,\eta\in(0,1)$,$\xi\neq\eta$,使得 $\dfrac{a}{f'(\xi)}+\dfrac{b}{f'(\eta)}=a+b$.

证： 由 $0=f(0)<\dfrac{a}{a+b}<1=f(1)$ 及 $f(x)$ 在 $[0,1]$ 上连续,利用介值定理,知存在 $c\in(0,1)$,使得 $f(c)=\dfrac{a}{a+b}$. 分别在 $[a,c]$,$[c,b]$ 应用拉格朗日中值定理,存在 $\xi\in(0,c)$,$\eta\in(c,1)$ 使得

$$f(c)-f(0)=\frac{a}{a+b}=f'(\xi)(c-0)=cf'(\xi),\quad f(1)-f(c)=\frac{b}{a+b}=f'(\eta)(1-c),$$

即 $\dfrac{a}{f'(\xi)}=c(a+b)$,$\dfrac{b}{f'(\eta)}=(1-c)(a+b)$,故 $\dfrac{a}{f'(\xi)}+\dfrac{b}{f'(\eta)}=a+b$.

【例4】 已知极限 $\lim\limits_{x\to0}\dfrac{2\arctan x-\ln\dfrac{1+x}{1-x}}{x^p}=c\neq0$,求常数 p 和 c 的值.

解： 原式 $=\dfrac{2\arctan x-\ln(1+x)+\ln(1-x)}{x^p}$,利用洛必达法则,有

$$\lim_{x\to0}\frac{2\arctan x-\ln\dfrac{1+x}{1-x}}{x^p}=\lim_{x\to0}\frac{\dfrac{2}{1+x^2}-\dfrac{2}{1-x^2}}{px^{p-1}}=-4\lim_{x\to0}\frac{1}{1-x^4}\lim_{x\to0}\frac{x^2}{px^{p-1}}=-\frac{4}{p}\lim_{x\to0}x^{3-p}.$$

由于 $\lim\limits_{x\to0}\dfrac{2\arctan x-\ln\dfrac{1+x}{1-x}}{x^p}=c\neq0$,则 $p=3$,$c=-\dfrac{4}{3}$.

【例5】 $\lim\limits_{x\to\infty}\left[x-x^2\ln\left(1+\dfrac{1}{x}\right)\right]$.

解： 作变量代换 $t=\dfrac{1}{x}$,利用洛比达法则得

$$原式=\lim_{t\to0}\left(\frac{1}{t}-\frac{1}{t^2}\ln(1+t)\right)=\lim_{t\to0}\frac{t-\ln(1+t)}{t^2}\xlongequal{\text{(0/0)}}{\text{洛必达法}}\lim_{t\to0}\frac{1-\dfrac{1}{1+t}}{2t}=\frac{1}{2}.$$

【例6】 求极限 $\lim\limits_{x\to0}\left[\dfrac{(1+x)^{\frac{1}{x}}}{e}\right]^{-\frac{1}{x}}$.

解： 因为 $\left[\dfrac{(1+x)^{\frac{1}{x}}}{e}\right]^{-\frac{1}{x}}=\exp\left\{-\dfrac{1}{x}\ln\dfrac{(1+x)^{\frac{1}{x}}}{e}\right\}=\exp\left\{\dfrac{x-\ln(1+x)}{x^2}\right\}$,而利用洛比达法则,有

$$\lim_{x\to0}\frac{x-\ln(1+x)}{x^2}=\lim_{x\to0}\frac{1-\dfrac{1}{1+x}}{2x}=\frac{1}{2},\quad\text{故}\lim_{x\to0}\left[\frac{(1+x)^{\frac{1}{x}}}{e}\right]^{-\frac{1}{x}}=\sqrt{e}.$$

【例7】 求极限 $\lim\limits_{x\to+\infty}\dfrac{e^x}{\left(1+\dfrac{1}{x}\right)^{x^2}}$.

解： 原式 $\xlongequal{t=\frac{1}{x}}\lim\limits_{t\to0}\dfrac{e^{\frac{1}{t}}}{(1+t)^{1/t^2}}=e^{\lim\limits_{t\to0}\frac{t-\ln(1+t)}{t^2}}\xlongequal{\text{(0/0)}}{\text{洛必达法}}e^{\lim\limits_{t\to0}\frac{1-1/(1+t)}{2t}}=e^{\lim\limits_{t\to0}(1+t)/2}=e^{\frac{1}{2}}$.

【例8】 求极限 $\lim\limits_{x\to+\infty}\left[\dfrac{x^{1+x}}{(1+x)^x}-\dfrac{x}{e}\right]$.

解1： 因 $\left[(1+t)^{\frac{1}{t}}\right]'=\left[e^{\frac{1}{t}\ln(1+t)}\right]'=(1+t)^{\frac{1}{t}}\cdot\dfrac{t-(1+t)\ln(1+t)}{t^2(1+t)}$. 故若令 $t=\dfrac{1}{x}$,则

$$原式 = \lim_{t \to 0}\left[\frac{1}{t(1+t)^{\frac{1}{t}}} - \frac{1}{et}\right] = \lim_{t \to 0}\frac{e - (1+t)^{\frac{1}{t}}}{et(1+t)^{\frac{1}{t}}} = \lim_{t \to 0}\frac{e - (1+t)^{\frac{1}{t}}}{e^2 t}$$

$$\xlongequal[\text{洛必达法}]{(0/0)} \lim_{t \to 0}\frac{-\left[(1+t)^{\frac{1}{t}}\right]'}{e^2} = \lim_{t \to 0}\frac{(1+t)\ln(1+t) - t}{et^2}$$

$$\xlongequal[\text{洛必达法}]{(0/0)} \lim_{t \to 0}\frac{\ln(1+t)}{2et} \xlongequal[\text{小替换}]{\text{等价无穷}} \lim_{x \to +\infty}\frac{t}{2et} = \frac{1}{2e}.$$

解 2： 令 $y = \ln\left(1 + \dfrac{1}{x}\right)$，则 $x = \dfrac{1}{e^y - 1}, y \to 0, yx \to 1$ 且 $y \sim \dfrac{1}{x}(x \to +\infty)$. 于是

$$原式 \xlongequal[\text{小替换}]{\text{等价无穷}} \lim_{x \to +\infty}\frac{x}{e} \cdot \left[\frac{e}{[1+1/x]^x} - 1\right] = \lim_{x \to +\infty}\frac{1}{ey} \cdot (e^{1-yx} - 1)$$

$$\xlongequal[\text{小替换}]{\text{等价无穷}} \lim_{x \to +\infty}\frac{1}{ey}(1 - yx) = \lim_{y \to 0}\frac{1}{ey} \cdot \left(1 - \frac{y}{e^y - 1}\right) = \lim_{y \to 0}\frac{1}{ey} \cdot \frac{e^y - y - 1}{e^y - 1}$$

$$\xlongequal[\text{小替换}]{\text{等价无穷}} \lim_{y \to 0}\frac{e^y - y - 1}{ey^2} = \lim_{y \to 0}\frac{[e^y - y - 1]'}{[ey^2]'} = \lim_{y \to 0}\frac{e^y - 1}{2ey} = \frac{1}{2e}.$$

【例 9】 设 $\lim\limits_{x \to 0}\dfrac{1}{bx - \sin x}\displaystyle\int_0^x \dfrac{t^2}{\sqrt{a^2 + t^2}}\mathrm{d}t = 4$，求实数 a、b.

解： 应用罗比达法则（0/0 型）得

$$\lim_{x \to 0}\frac{1}{(bx - \sin x)'}\left[\int_0^x \frac{t^2}{\sqrt{a^2 + t^2}}\mathrm{d}t\right]' = \lim_{x \to 0}\frac{1}{b - \cos x}\frac{x^2}{\sqrt{a^2 + x^2}} = 4, \qquad (*)$$

由此得 $b - 1 = \lim\limits_{x \to 0}(b - \cos x) = \lim\limits_{x \to 0}\dfrac{1}{4}\dfrac{x^2}{\sqrt{a^2 + x^2}} = 0.$ 从而 $b = 1.$ 代入式 $(*)$ 得

$$4 = \lim_{x \to 0}\frac{1}{1 - \cos x}\frac{x^2}{\sqrt{a^2 + x^2}} = \lim_{x \to 0}\frac{x^2}{2\sin^2(x/2)}\frac{1}{\sqrt{a^2 + x^2}} = \frac{2}{|a|}.$$

最后得 $a = \pm\dfrac{1}{2}, b = 1.$

【例 10】 设 $f(x) = (x-1)(x-2)(x-3)(x-4)(x-5)$，问 $f(x)$ 有多少个极值点和拐点？

解： 显然 $x = 1, 2, 3, 4, 5$ 是 $f(x)$ 的所有根，且因 $f(x)$ 是 5 次多项式，故在 $(-\infty, +\infty)$ 连续可导. 于是 $f(x)$ 分别在区间 $[1,2], [2,3], [3,4], [4,5]$ 满足罗尔定理，从而 $f'(x)$ 分别在 $(1,2), (2,3), (3,4), (4,5)$ 有零点. 又 $f'(x)$ 是 4 次多项式，故至多有 4 个 0 点，从而正好有 4 个 0 点，记为 $x_1 < x_2 < x_3 < x_4$，则

$$f'(x) = a(x - x_1)(x - x_2)(x - x_3)(x - x_4) \quad (a \text{ 为常数}). \qquad (*)$$

于是 $f'(x)$ 分别在这 4 点的足够小的左右邻域内符号相反，故它们都为极值点.

再从式 $(*)$ 出发，与上面推理相同，有实数 $b, t_1 < t_2 < t_3$ 使得

$$f''(x) = b(x - t_1)(x - t_2)(x - t_3).$$

于是 $f''(x)$ 分别在点 $t_i(i = 1, 2, 3)$ 的足够小的左右邻域内符号相反，故它们都为拐点.

综上若所述，$f(x)$ 有 4 个极值点，3 个拐点.

【特例 1】 设函数 $\psi(x)$ 和函数 $\phi(x)$ 在 $x = 0$ 处可导. 又设分段函数

$$f(x) = \begin{cases} \phi(x), & x \geqslant 0 \\ \psi(x), & x < 0 \end{cases} \qquad (*)$$

在 $x = 0$ 处可导，那么成立着：$\psi(0) = \phi(0)$ 且 $\psi'(0) = \phi'(0)$. $\qquad (**)$

证： 首先，由 $f(x)$ 在 $x = 0$ 处可导，则必连续. 于是

$$\psi(0) = \lim_{x \to 0^-} \psi(x) = \lim_{x \to 0^-} f(x) = f(0) = \phi(0).$$

由于函数 $\psi(x)$ 和 $\phi(x)$ 分别在 $x = 0$ 处可导,根据 $f(x)$ 在 $x = 0$ 处的可导性立得

$$\psi'(0) = \psi'_-((0) = f'_-(0) = f'_+(0) = \phi'_+(0) = \phi'(0).$$

【特例 2】 设函数 $\psi(x)$ 在半开闭区间 $(-\delta, 0] (\delta > 0)$ 上有一阶连续导函数 $\psi'(x)$,而函数 $\phi(x)$ 在半开闭区间 $[0, \delta)$ 上有一阶连续导函数 $\phi'(x)$. 又设分段函数

$$f(x) = \begin{cases} \phi(x), x \geqslant 0 \\ \psi(x), x < 0 \end{cases} \qquad (*)$$

在 $x = 0$ 处可导. 试证明成立着: $\psi'_-(0) = \phi'_+(0)$.

证: 首先,由 $f(x)$ 在 $x = 0$ 处可导,则必连续. 于是

$$\psi(0) = \lim_{x \to 0^-} \psi(x) = \lim_{x \to 0^-} f(x) = f(0) = \phi(0).$$

$$f'_-(0) = \lim_{x \to 0^-} \frac{f(x) - f(0)}{x} = \lim_{x \to 0^-} \frac{\psi(x) - \psi(0)}{x} = \psi'_-(0);$$

$$f'_+(0) = \lim_{x \to 0^+} \frac{f(x) - f(0)}{x} = \lim_{x \to 0^+} \frac{\phi(x) - \phi(0)}{x} = \phi'_+(0).$$

最后根据 $f(x)$ 在 $x = 0$ 处的可导性得 $\psi'_-(0) = f'_-(0) = f'_+(0) = \phi'_+(0)$.

【注】 设初等函数 $\psi(x)$ 和 $\phi(x)$ 在开区间 $(-\delta, \delta)$ 上有一阶连续导函数 $\psi'(x)$ 和 $\phi'(x)$,如果分段函数 $(*)$ 在 $x = 0$ 处可导,那么成立着:$\psi'(0) = f'_-(0) = f'_+(0) = \phi'(0)$.

(四) 第四章　　不定积分

Ⅰ．第四章习题解答(其中 C 表示任意常数)

【习题 4.1】(原函数与不定积分的概念)(解答)

1. 填空题:

(1) 一个已知的函数若有原函数,则有　无穷多　个原函数,其中任意两个的差是一个　常数　;

(2) $f(x)$ 的　原函数全体　称为 $f(x)$ 的不定积分;

(3) 把 $f(x)$ 的一个原函数 $F(x)$ 的图形叫做函数 $f(x)$ 的　积分曲线　,它的方程是 $y = F(x)$;而不定积 $\int f(x)\mathrm{d}x$ 在几何上就表示　积分曲线族　,它由曲线 $y = F(x)$　上下平移　$|C|$ 而形成,其中 C 为任意常数;

(4) 由 $F'(x) = f(x)$ 可知,在积分曲线族 $y = F(x) + C(C$ 是任意常数) 上横坐标相同的点处作切线,这些切线彼此是　平行　的;

(5) 若 $f(x)$ 在某区间上　连续　,则在该区间上 $f(x)$ 的原函数一定存在;

(6) $\displaystyle\int \frac{\mathrm{d}x}{x^2\sqrt{x}} = \int x^{-\frac{5}{2}}\mathrm{d}x = \frac{1}{1-5/2}x^{-\frac{5}{2}+1} + C = -\frac{2}{3}x^{-\frac{3}{2}} + C;$

(7) $\displaystyle\int (x^2 - 3x + 2)\mathrm{d}x = \frac{x^3}{3} - \frac{3}{2}x^2 + 2x + C;$

(8) $\displaystyle\int (\sqrt{x}+1)(\sqrt{x^3}-1)\mathrm{d}x = \int (x^2 + x^{\frac{3}{2}} - x^{\frac{1}{2}} - 1)\mathrm{d}x = \frac{x^3}{3} + \frac{2}{5}x^{\frac{5}{2}} - \frac{2}{3}x^{\frac{3}{2}} - x + C.$

2. **解**：(1) $\displaystyle\int x^2\sqrt{x}\,\mathrm{d}x = \int x^{\frac{5}{2}}\mathrm{d}x = \frac{2}{7}x^{\frac{7}{2}} + C.$

(2) $\displaystyle\int \cos^2\frac{x}{2}\mathrm{d}x = \int \frac{1+\cos x}{2}\mathrm{d}x = \frac{x+\sin x}{2} + C.$

(3) $\displaystyle\int \tan^2 x\,\mathrm{d}x = \int (\sec^2 x - 1)\mathrm{d}x = \int \sec^2 x\,\mathrm{d}x - \int \mathrm{d}x = \tan x - x + C.$

(4) $\displaystyle\int \frac{\mathrm{e}^{2x}-1}{\mathrm{e}^x+1}\mathrm{d}x = \int \frac{(\mathrm{e}^x+1)(\mathrm{e}^x-1)}{\mathrm{e}^x+1}\mathrm{d}x = \int (\mathrm{e}^x - 1)\mathrm{d}x = \mathrm{e}^x - x + C.$

(5) $\displaystyle\int \sin\frac{x}{2}\cos\frac{x}{2}\mathrm{d}x = \int \frac{1}{2}\sin x\,\mathrm{d}x = -\frac{1}{2}\cos x + C.$

(6) $\displaystyle\int \frac{1-\cos x}{1-\cos 2x}\mathrm{d}x = \int \frac{1-\cos x}{2\sin^2 x}\mathrm{d}x = \int \frac{\mathrm{d}x}{2\sin^2 x} - \frac{1}{2}\int \csc x\cot x\,\mathrm{d}x = -\frac{1}{2}\cot x + \frac{1}{2}\csc x + C.$

(7) $\displaystyle\int \frac{1+x+x^2}{x(1+x^2)}\mathrm{d}x = \int \frac{x+(1+x^2)}{x(1+x^2)}\mathrm{d}x = \int \left(\frac{1}{1+x^2} + \frac{1}{x}\right)\mathrm{d}x$

$\displaystyle\qquad = \int \frac{1}{1+x^2}\mathrm{d}x + \int \frac{1}{x}\mathrm{d}x = \arctan x + \ln|x| + C.$

(8) $\displaystyle\int \frac{1+2x^2}{x^2(1+x^2)}\mathrm{d}x = \int \frac{x^2+1+x^2}{x^2(1+x^2)}\mathrm{d}x = \int \left(\frac{1}{1+x^2} + \frac{1}{x^2}\right)\mathrm{d}x = \arctan x - \frac{1}{x} + C.$

(9) $\displaystyle\int (2^x - 3^x)^2\mathrm{d}x = \int (2^{2x} - 2\cdot 2^x\cdot 3^x + 3^{2x})\mathrm{d}x$

$\displaystyle\qquad = \int (4^x - 2\cdot 6^x + 9^x)\mathrm{d}x = \frac{4^x}{\ln 4} - \frac{2\cdot 6^x}{\ln 6} + \frac{9^x}{\ln 9} + C.$

(10) $\int(\dfrac{2}{\sqrt{1-x^2}}+\dfrac{x^4}{1+x^2})\mathrm{d}x=\int\dfrac{2}{\sqrt{1-x^2}}\mathrm{d}x+\int\dfrac{x^4-1+1}{1+x^2}\mathrm{d}x$

$\qquad =2\arcsin x+\int\dfrac{1}{1+x^2}\mathrm{d}x+\int(x^2-1)\mathrm{d}x=2\arcsin x+\arctan x+\dfrac{1}{3}x^3-x+C.$

3. 在所给条件下求解不定积分

(1) 若 e^{-x} 是 $f(x)$ 的原函数,求 $\int x^2 f(\ln x)\mathrm{d}x$.

解: 根据原函数的定义,$f(x)=(\mathrm{e}^{-x})'=-\mathrm{e}^{-x}$,所以 $f(\ln x)=-\mathrm{e}^{-\ln x}=-\dfrac{1}{x}$,

从而 $\int x^2 f(\ln x)\mathrm{d}x=-\int x\mathrm{d}x=-\dfrac{1}{2}x^2+C.$

(2)* 若 $f(x)$ 是 e^x 的原函数且 $f(0)=1$,求 $\int\dfrac{f[\ln(x+1)]}{x}\mathrm{d}x.$

解: 根据原函数的定义,$\int\mathrm{e}^x\mathrm{d}x=f(x)+C_0$ (C_0 为任意常数),于是

$$f(x)=\int\mathrm{e}^x\mathrm{d}x-C_0=\mathrm{e}^x-C_0.$$

由 $f(0)=1$ 得 $C_0=0$,故 $f(x)=\mathrm{e}^x$. 由此得 $\dfrac{f[\ln(x+1)]}{x}=\dfrac{1}{x}\mathrm{e}^{\ln(x+1)}=1+\dfrac{1}{x}$,所以

$$\int\dfrac{f[\ln(x+1)]}{x}\mathrm{d}x=\int 1\mathrm{d}x+\int\dfrac{1}{x}\mathrm{d}x=x+\ln|x|+C \quad (C\text{ 为任意常数}).$$

4. 已知 $\int\dfrac{x^2}{\sqrt{1-x^2}}\mathrm{d}x=Ax\sqrt{1-x^2}+B\int\dfrac{\mathrm{d}x}{\sqrt{1-x^2}}$ 求常数 A,B.

解: 等式两边对 x 求导,得

$$\dfrac{x^2}{\sqrt{1-x^2}}=A\sqrt{1-x^2}-\dfrac{Ax^2}{\sqrt{1-x^2}}+\dfrac{B}{\sqrt{1-x^2}}=\dfrac{(A+B)-2Ax^2}{\sqrt{1-x^2}}$$

对比上式(分子)变量 x 的各项系数得 $\begin{cases}A+B=0;\\ -2A=1,\end{cases}$ 解得 $A=-\dfrac{1}{2},B=\dfrac{1}{2}.$

5. 已知 $f'(\sin x)=2\cos^2 x+1$,求 $f(x)$.

解: 由 $f'(\sin x)=2\cos^2 x+1=3-2\sin^2 x$,得 $f'(x)=3-2x^2$,

所以 $f(x)=\int(3-2x^2)\mathrm{d}x=3x-\dfrac{2}{3}x^3+C.$

6. 已知一曲线 $y=f(x)$ 在任意点 $(x,f(x))$ 处的切线斜率为 $\sec^2 x+\sin x$,且此曲线与 y 轴的交点为 $(0,5)$,求此曲线的方程.

解: ∵$\dfrac{\mathrm{d}y}{\mathrm{d}x}=\sec^2 x+\sin x$,∴$y=\int(\sec^2 x+\sin x)\mathrm{d}x=\tan x-\cos x+C$,

∵$y(0)=5$,∴$C=6$. 故所求曲线方程为 $y=\tan x-\cos x+6.$

7. 根据原函数定义,验证下列积分公式(其中为任意 C 常数):

解: 1° 因 $(\ln|\sec x|)'=\dfrac{\sec x\tan x}{\sec x}=\tan x$,故 $\int\tan x\mathrm{d}x=-\ln|\cos x|+C=\ln|\sec x|+C.$

因 $(-\ln|\csc x|)'=-\dfrac{-\csc x\cot x}{\csc x}=\cot x$,故 $\int\cot x\mathrm{d}x=\ln|\sin x|+C=-\ln|\csc x|+C.$

2° 因 $(\ln|\sec x+\tan x|)'=\dfrac{\sec x\tan x+\sec^2 x}{\sec x+\tan x}=\sec x$,故 $\int\sec x\mathrm{d}x=\ln|\sec x+\tan x|+C.$

因 $(\ln|\csc x-\cot x|)'=\dfrac{-\csc x\cot x+\csc^2 x}{\csc x-\cot x}=\csc x$,故$\displaystyle\int\csc x\mathrm{d}x=\ln|\csc x-\cot x|+C.$

$3°$ 因 $\left(\dfrac{1}{2}\sec t\tan t+\dfrac{1}{2}\ln|\sec t+\tan t|\right)'\overset{2°}{=\!=\!=}\dfrac{1}{2}\sec t(\tan^2 t+1)+\dfrac{1}{2}\sec^3 t=\sec^3 t,$

故 $\displaystyle\int\sec^3 t\mathrm{d}t=\dfrac{1}{2}\sec t\tan t+\dfrac{1}{2}\ln|\sec t+\tan t|+C.$

题 8 解答略.

【习题 4.2】(不定积分换元法)(解答)

1. **解：** (1) $\displaystyle\int\dfrac{3x^3}{1-x^4}\mathrm{d}x=-\dfrac{3}{4}\int\dfrac{1}{1-x^4}\mathrm{d}(1-x^4)=-\dfrac{3}{4}\ln|1-x^4|+C.$

(2) $\displaystyle\int e^{\sec x}\sec x\tan x\mathrm{d}x=\int e^{\sec x}\mathrm{d}\sec x=e^{\sec x}+C.$

(3) $\displaystyle\int\dfrac{x\mathrm{d}x}{\sqrt{a^2-x^4}}=\dfrac{1}{2}\int\dfrac{1}{\sqrt{1-(x^2/a)^2}}\mathrm{d}(x^2/a)=\dfrac{1}{2}\arcsin\dfrac{x^2}{a}+C.$

(4) 令 $t=2+\sqrt{x}$,则 $x=(t-2)^2$,$\mathrm{d}x=2(t-2)\mathrm{d}t$,于是

$$\int(2+\sqrt{x})^{100}\mathrm{d}x=\int t^{100}\cdot 2(t-2)\mathrm{d}t=2\int(t^{101}-2t^{100})\mathrm{d}t$$
$$=2\left(\dfrac{1}{102}t^{102}-\dfrac{2}{101}t^{101}\right)+C=\dfrac{1}{51}(2+\sqrt{x})^{102}-\dfrac{4}{101}(2+\sqrt{x})^{101}+C.$$

(5) 令 $\sqrt{2x}=t$,即得 $x=\dfrac{t^2}{2}$,$\mathrm{d}x=t\mathrm{d}t$,于是

$$\int\dfrac{1}{1+\sqrt{2x}}\mathrm{d}x=\int\dfrac{t}{1+t}\mathrm{d}t=\int(1-\dfrac{1}{1+t})\mathrm{d}t=t-\ln(1+t)+C=\sqrt{2x}-\ln(1+\sqrt{2x})+C.$$

(6) $\displaystyle\int\dfrac{\cos x-\sin x}{\sqrt[3]{\cos x+\sin x}}\mathrm{d}x=\int(\sin x+\cos x)^{-1/3}\mathrm{d}(\sin x+\cos x)=\dfrac{3}{2}(\sin x+\cos x)^{-2/3}.$

2. **解：** (1) 令 $x=t^6$,即得 $\mathrm{d}x=6t^5\mathrm{d}t$,于是

$$\int\dfrac{1}{\sqrt{x}+\sqrt[3]{x}}\mathrm{d}x=\int\dfrac{6t^5\mathrm{d}t}{t^2+t^3}=6\int(t^2-t+1-\dfrac{1}{1+t})\mathrm{d}t=2t^3-3t^2+6t-\ln(1+t)+C.$$
$$=2\sqrt{x}-3\sqrt[3]{x}+6\sqrt[6]{x}-\ln(1+\sqrt[6]{x})+C.$$

(2) $\displaystyle\int\dfrac{1}{x\sqrt{1+\ln x}}\mathrm{d}x=\int\dfrac{1}{\sqrt{1+\ln x}}\mathrm{d}(\ln x)=\int\dfrac{1}{\sqrt{1+\ln x}}\mathrm{d}(1+\ln x)=2\sqrt{1+\ln x}+C.$

(3) $\displaystyle\int\dfrac{x^5+x^2}{(2+x^3)^4}\mathrm{d}x\xrightarrow{t=x^3,\mathrm{d}t=3x^2\mathrm{d}x}\dfrac{1}{3}\int\dfrac{t+1}{(2+t)^4}\mathrm{d}t=\dfrac{1}{3}\int\left[\dfrac{1}{(2+t)^3}-\dfrac{1}{(2+t)^4}\right]\mathrm{d}(2+t)$

$=-\dfrac{1}{6(2+t)^2}+\dfrac{1}{9(2+t)^3}+C=-\dfrac{1}{6(2+x^3)^2}+\dfrac{1}{9(2+x^3)^3}+C.$

(4) $\displaystyle\int\dfrac{\mathrm{d}x}{x^2-4x+3}=\int\dfrac{\mathrm{d}x}{(x-1)(x-3)}=\dfrac{1}{2}\int\left(\dfrac{1}{x-3}-\dfrac{1}{x-1}\right)\mathrm{d}x$

$$=\dfrac{1}{2}\left(\int\dfrac{\mathrm{d}x}{x-3}-\int\dfrac{\mathrm{d}x}{x-1}\right)=\dfrac{1}{2}\left(\int\dfrac{\mathrm{d}(x-3)}{x-3}-\int\dfrac{\mathrm{d}(x-1)}{x-1}\right)$$
$$=\dfrac{1}{2}[\ln|x-3|-\ln|x-1|]+C=\dfrac{1}{2}\ln\left|\dfrac{x-3}{x-1}\right|+C.$$

3. (1) **解：** 设 $x=a\sin t(-\dfrac{\pi}{2}<t<\dfrac{\pi}{2})$,则 $\mathrm{d}x=a\sec t\tan t\mathrm{d}t$

$$\int \frac{x^2\,\mathrm{d}x}{\sqrt{(a^2-x^2)^3}} = \int \frac{\sin^2 t\cos t}{\cos^3 t}\mathrm{d}t = \int \frac{(1-\cos^2 t)\,\mathrm{d}t}{\cos^2 t}$$

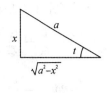

$$= \int \frac{\mathrm{d}t}{\cos^2 t} - \int \mathrm{d}t = \tan t - t + C$$

$$= \frac{x}{\sqrt{a^2-x^2}} - \arcsin\frac{x}{a} + C.$$

（2）**解：** 设 $x = \dfrac{1}{t}(t \neq 0)$，则 $\mathrm{d}x = -\dfrac{1}{t^2}\mathrm{d}t$

$$\int \frac{1-\ln x}{(x-\ln x)^2}\mathrm{d}x = \int \frac{1+\ln t}{(1+t\ln t)^2}\mathrm{d}t = -\int \frac{\mathrm{d}(t\ln t)}{(1+t\ln t)^2} = -\frac{1}{1+t\ln t} + C = \frac{x}{x-\ln x} + C.$$

（3）**解：**（倒代换）设 $x = \dfrac{1}{t}(t \neq 0)$，则 $\mathrm{d}x = -\dfrac{1}{t^2}\mathrm{d}t$，则

$$\int \frac{\mathrm{d}x}{x^2\sqrt{1+x^2}} = -\int \frac{t}{\sqrt{1+t^2}}\mathrm{d}t = -\sqrt{1+t^2} + C = -\frac{\sqrt{1+x^2}}{x} + C.$$

另解：（三角代换）设 $x = \tan t\left(0 < t < \dfrac{\pi}{2}\right)$，则 $\mathrm{d}x = \sec^2 t\,\mathrm{d}t$

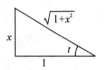

$$\int \frac{\mathrm{d}x}{x^2\sqrt{1+x^2}} = \int \frac{\sec^2 t}{\tan^2 t\sec t}\mathrm{d}t = \int \frac{\sec t\,\mathrm{d}t}{\tan^2 t} = \int \frac{\cos t}{\sin^2 t}\mathrm{d}t$$

$$= \int \frac{\mathrm{d}(\sin t)}{\sin^2 t} = -\frac{1}{\sin t} + C = -\frac{\sqrt{1+x^2}}{x} + C.$$

（4）**解：** 设 $x = a\sec t(0 < t < \pi)$，则 $\mathrm{d}x = a\sec t\tan t\,\mathrm{d}t$

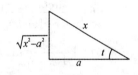

$$\int \frac{\mathrm{d}x}{\sqrt{(x^2-a^2)^3}} = \frac{1}{a^2}\int \frac{\cos t}{\sin^2 t}\mathrm{d}t = \frac{1}{a^2}\int \frac{\mathrm{d}\sin t}{\sin^2 t} = -\frac{1}{a^2\sin t} + C$$

$$= -\frac{x}{a^2\sqrt{x^2-a^2}} + C.$$

（5）**解：** 设 $x = a\tan t\left(-\dfrac{\pi}{2} < t < \dfrac{\pi}{2}\right)$，则 $\mathrm{d}x = a\sec^2 t\,\mathrm{d}t$，于是

$$\int \frac{\mathrm{d}x}{(a^2+x^2)^2} = \frac{1}{a^3}\int \cos^2 t\,\mathrm{d}t = \frac{1}{2a^3}\int (1+\cos 2t)\,\mathrm{d}t = \frac{1}{2a^3}\left(t + \frac{1}{2}\sin 2t\right) + C$$

$$= \frac{1}{2a^3}(t + \sin t\cos t) + C = \frac{x}{2a^2(a^2+x^2)} + \frac{1}{2a^3}\arctan\frac{x}{a} + C.$$

（6）**解：** 令 $x = a\sin t$，则 $\mathrm{d}x = a\cos t\,\mathrm{d}t$，于是

$$\int \sqrt{\frac{a+x}{a-x}}\,\mathrm{d}x = \int \frac{\sqrt{a^2+x^2}}{a-x}\mathrm{d}x = \int \frac{a^2\cos^2 t}{a(1-\sin t)}\mathrm{d}t = a\int (1+\sin t)\,\mathrm{d}t$$

$$= at - a\cos t + C = a\arcsin\frac{x}{a} - \sqrt{a^2-x^2} + C.$$

另解：（用凑微分法，默认变换 $u = a^2-x^2$）

$$\int \sqrt{\frac{a+x}{a-x}}\,\mathrm{d}x = \int \frac{a+x}{\sqrt{a^2-x^2}}\mathrm{d}x = a\int \frac{\mathrm{d}x}{\sqrt{a^2-x^2}} + \int \frac{x\,\mathrm{d}x}{\sqrt{a^2-x^2}}$$

$$= a\arcsin\frac{x}{a} - \int \frac{\mathrm{d}(a^2-x^2)}{2\sqrt{a^2-x^2}} + C = a\arcsin\frac{x}{a} - \sqrt{a^2-x^2} + C.$$

【注】 还可令 $x = a\cos 2t$，则 $\mathrm{d}x = 2a\sin 2t\,\mathrm{d}t$.

4. 求不定积分($a > 0$):

(1) $\displaystyle\int \frac{\mathrm{d}x}{\sqrt{\mathrm{e}^x - 2}} = \int \frac{\mathrm{e}^{-x/2}\,\mathrm{d}x}{\sqrt{1 - 2\mathrm{e}^{-x}}} = -\sqrt{2} \int \frac{\mathrm{d}(\sqrt{2}\,\mathrm{e}^{-x/2})}{\sqrt{1 - (\sqrt{2}\,\mathrm{e}^{-x/2})^2}} = -\sqrt{2}\arcsin(\sqrt{2}\,\mathrm{e}^{-x/2}) + C.$

(2) $\displaystyle\int \frac{\mathrm{d}x}{\sqrt[3]{(x-1)^2\,(x-2)^4}} = \int \left(\frac{x-1}{x-2}\right)^{-\frac{2}{3}} \cdot \frac{\mathrm{d}x}{(x-2)^2} = -\int \left(\frac{x-1}{x-2}\right)^{-\frac{2}{3}} \mathrm{d}\left(\frac{x-1}{x-2}\right)$

$$= -3 \cdot \left(\frac{x-1}{x-2}\right)^{\frac{1}{3}} + C.$$

(3) $\displaystyle\int \frac{\ln\tan x}{\sin 2x}\,\mathrm{d}x = \int \frac{\ln\tan x}{2\sin x\cos x}\,\mathrm{d}x = \int \frac{\ln\tan x}{2\tan x\,\cos^2 x}\,\mathrm{d}x = \frac{1}{2}\int \frac{\ln\tan x}{\tan x}\mathrm{d}(\tan x)$

$$= \frac{1}{2}\int \ln\tan x\,\mathrm{d}(\ln\tan x) = \frac{1}{4}\,(\ln\tan x)^2 + C.$$

或令 $\ln\tan x = u$, $\mathrm{d}u = \dfrac{\sec^2 x}{\tan x}\mathrm{d}x = \dfrac{2\mathrm{d}x}{\sin 2x}$,原式 $= \dfrac{1}{2}\displaystyle\int u\,\mathrm{d}u = \dfrac{1}{4}u^2 + c = \dfrac{1}{4}\,(\ln\tan x)^2 + C.$

(4) $\displaystyle\int \frac{x\,\mathrm{d}x}{\sqrt{1 + x^2 + \sqrt{(1+x^2)^3}}} = \int \frac{\mathrm{d}(1+x^2)}{2\sqrt{1+x^2}\,\cdot\,\sqrt{1 + \sqrt{1+x^2}}} = \int \frac{\mathrm{d}\sqrt{1+x^2}}{\sqrt{1 + \sqrt{1+x^2}}}$

$$= 2\int \frac{\mathrm{d}(1 + \sqrt{1+x^2})}{2\sqrt{1 + \sqrt{1+x^2}}} = 2\sqrt{1 + \sqrt{1+x^2}} + C.$$

(5) $\displaystyle\int \frac{\sin x\cos x}{1 + \sin^4 x}\,\mathrm{d}x = \int \frac{\sin x\,\mathrm{d}(\sin x)}{1 + \sin^4 x} = \frac{1}{2}\int \frac{\mathrm{d}(\sin^2 x)}{1 + (\sin^2 x)^2} = \frac{1}{2}\arctan(\sin^2 x) + C.$

(6) $\displaystyle\int \frac{\arctan\sqrt{x}}{\sqrt{x}\,(1+x)}\,\mathrm{d}x = \int \frac{\arctan\sqrt{x}}{1+x} \cdot 2\mathrm{d}\sqrt{x} = 2\int \arctan\sqrt{x}\,\mathrm{d}(\arctan\sqrt{x}) = (\arctan\sqrt{x})^2 + C.$

(7) $\displaystyle\int \frac{1}{1 \pm \sin x}\,\mathrm{d}x = \int \frac{1 \mp \sin x}{1 - \sin^2 x}\,\mathrm{d}x = \int \frac{1 \mp \sin x}{\cos^2 x}\,\mathrm{d}x$

$$= \int \sec^2 x\,\mathrm{d}x \pm \int \frac{1}{\cos^2 x}\mathrm{d}\cos x = \tan x \mp \frac{1}{\cos x} + C.$$

或:$\displaystyle\int \frac{1}{1 \pm \sin x}\,\mathrm{d}x = \int \frac{1}{\sin^2\frac{x}{2} + \cos^2\frac{x}{2} \pm 2\sin\frac{x}{2}\cos\frac{x}{2}}\,\mathrm{d}x = \int \frac{1}{\left(\sin\frac{x}{2} \pm \cos\frac{x}{2}\right)^2}\,\mathrm{d}x$

$$= \int \frac{1}{\cos^2\frac{x}{2}\left(\tan\frac{x}{2} \pm 1\right)^2}\,\mathrm{d}x = 2\int \frac{1}{\left(\tan\frac{x}{2} \pm 1\right)^2}\mathrm{d}\tan\frac{x}{2} = -\frac{2}{\tan\frac{x}{2} \pm 1} + C.$$

(8) $\displaystyle\int \frac{1}{2 + \cos x}\,\mathrm{d}x = \int \frac{1}{1 + 2\cos^2\frac{x}{2}}\,\mathrm{d}x = \int \frac{\sec^2\frac{x}{2}}{\sec^2\frac{x}{2} + 2}\,\mathrm{d}x = 2\int \frac{1}{\tan^2\frac{x}{2} + 3}\mathrm{d}\tan\frac{x}{2}$

$$= \frac{2}{\sqrt{3}}\arctan\left(\frac{1}{\sqrt{3}}\tan\frac{x}{2}\right) + C.$$

(9) $\displaystyle\int \frac{1}{3 + \sin x}\,\mathrm{d}x = -\int \frac{1}{3 + \cos\left(\frac{\pi}{2} - x\right)}\mathrm{d}\left(\frac{\pi}{2} - x\right) \xlongequal[\mathrm{d}x = -2\mathrm{d}t]{\;\diamondsuit\;\frac{\pi}{2} - x = 2t\;} 2\int \frac{\mathrm{d}t}{3 + \cos 2t}$

$$= -2\int \frac{\mathrm{d}t}{2 + 2\cos^2 t} = -\int \frac{\sec^2 t\,\mathrm{d}t}{\sec^2 t + 1} = -\int \frac{\mathrm{d}\tan t}{2 + \tan^2 t}$$

$$=-\frac{1}{\sqrt{2}}\arctan\left(\frac{1}{\sqrt{2}}\tan t\right)+C \xrightarrow[\text{代回}]{t=\frac{\pi}{4}-\frac{x}{2}} -\frac{1}{\sqrt{2}}\arctan\left[\frac{1}{\sqrt{2}}\tan\left(\frac{\pi}{4}-\frac{x}{2}\right)\right]+C.$$

【注】 对照题(8),此处解法是将正弦用诱导公式换为余弦. 故对余弦可解的题目,对正弦同类题也可解. 又,本题验证见第二章杂难题与综合例题的[例1(4)].

5. (1) $\displaystyle\int\frac{1}{(1+\sqrt[3]{x})\sqrt{x}}\mathrm{d}x \xrightarrow[\mathrm{d}x=6t^5\mathrm{d}t]{x=t^6} \int\frac{6t^5}{(1+t^2)t^3}\mathrm{d}t = 6\int\left(1-\frac{1}{1+t^2}\right)\mathrm{d}t$

$$= 6(t-\arctan t)+C = 6(\sqrt[6]{x}-\arctan\sqrt[6]{x})+C.$$

(2) $\displaystyle\int\frac{\sqrt{x}}{\sqrt[4]{(1-x^2)^7}}\mathrm{d}x \xrightarrow[\mathrm{d}x=\cos t\mathrm{d}t]{x=\sin t} \int(\tan x)^{\frac{1}{2}}\sec^2 t\mathrm{d}t = \int(\tan t)^{\frac{1}{2}}\mathrm{d}\tan t$

$$= \frac{2}{3}(\tan t)^{\frac{3}{2}}+C = \frac{2}{3}\frac{x\sqrt{x}}{\sqrt[4]{(1-x^2)^3}}+C.$$

(3) $\displaystyle\int\frac{\mathrm{d}x}{x\sqrt{x^2-1}} \xrightarrow[\mathrm{d}x=\sec t\cdot\tan t\mathrm{d}t]{\diamondsuit\ x=\sec t} \int\frac{\sec t\cdot\tan t}{\sec t\cdot\tan t}\mathrm{d}t$

$$= \int\mathrm{d}t = t+C = \arccos\frac{1}{x}+C.$$

或: $\displaystyle\int\frac{\mathrm{d}x}{x\sqrt{x^2-1}} \xrightarrow[\mathrm{d}x=-\frac{1}{t^2}\mathrm{d}t]{\diamondsuit\ x=\frac{1}{t}} \int\frac{1}{\frac{1}{t}\sqrt{\frac{1}{t^2}-1}}\left(-\frac{1}{t^2}\right)\mathrm{d}t = \int\frac{-\mathrm{d}t}{\sqrt{1-t^2}}$

$$=-\arcsin t+C =-\arcsin\frac{1}{x}+C.$$

【注】 或解可表成凑微分:$\displaystyle\int\frac{\mathrm{d}x}{x\sqrt{x^2-1}} = \int\frac{\mathrm{d}x}{x^2\sqrt{1-\frac{1}{x^2}}} = \int\frac{-\mathrm{d}\frac{1}{x}}{\sqrt{1-\frac{1}{x^2}}} =-\arcsin\frac{1}{x}+C.$

【习题 4.3】(分部积分法)(解答)

1. (1) $\displaystyle\int\arccos x\mathrm{d}x = x\arccos x-\int x\mathrm{d}\arccos x = x\arccos x+\int\frac{x}{\sqrt{1-x^2}}\mathrm{d}x$

$$= x\arccos x-\frac{1}{2}\int(1-x^2)^{-\frac{1}{2}}\mathrm{d}(1-x^2)$$

$$= x\arccos x-\frac{1}{2}\cdot 2\cdot(1-x^2)^{\frac{1}{2}}+C = x\arccos x-\sqrt{1-x^2}+C.$$

(2) $\displaystyle\int x^3\ln x\mathrm{d}x = \frac{1}{4}\int\ln x\mathrm{d}(x^4) = \frac{1}{4}\left(x^4\ln x-\int x^4\cdot\frac{1}{x}\mathrm{d}x\right)$

$$= \frac{1}{4}\left(x^4\ln x-\int x^3\mathrm{d}x\right) = \frac{1}{4}\left(x^4\ln x-\frac{1}{4}x^4\right)+C = \frac{x^4}{4}\left(\ln x-\frac{1}{4}\right)+C.$$

(3) $\displaystyle\int x^2\mathrm{e}^{-x}\mathrm{d}x =-\int x^2\mathrm{d}(\mathrm{e}^{-x}) =-\left(x^2\mathrm{e}^{-x}-2\int x\mathrm{e}^{-x}\mathrm{d}x\right) =-\left(x^2\mathrm{e}^{-x}+2\int x\mathrm{d}(\mathrm{e}^{-x})\right)$

$$=-\left[x^2\mathrm{e}^{-x}+2\left(x\mathrm{e}^{-x}-\int\mathrm{e}^{-x}\mathrm{d}x\right)\right] =-\left[x^2\mathrm{e}^{-x}+2(x\mathrm{e}^{-x}+\mathrm{e}^{-x})\right]+C.$$

(4) $\displaystyle\int x^2\sin x\mathrm{d}x =-\int x^2\mathrm{d}\cos x =-\left(x^2\cos x-\int\cos x\mathrm{d}(x^2)\right)$

$$=-\left(x^2\cos x-2\int x\cos x\mathrm{d}x\right) =-\left(x^2\cos x-2\int x\mathrm{d}\sin x\right)$$

$$= -[x^2\cos x - 2(x\sin x + \cos x)] + C = -x^2\cos x + 2x\sin x + 2\cos x + C.$$

2. (1) $\displaystyle\int \arctan\sqrt{x}\,dx = x\arctan\sqrt{x} - \int x \cdot \frac{1}{1+x}d\sqrt{x} = x\arctan\sqrt{x} - \int(1 - \frac{1}{1+x})d\sqrt{x}$

$$= x\arctan\sqrt{x} - \sqrt{x} + \arctan\sqrt{x} + C.$$

或：$\displaystyle\int \arctan\sqrt{x}\,dx \xrightarrow[dx=2tdt]{令\sqrt{x}=t} \int \arctan t\,d(t^2) = t^2\arctan t - \int t^2 \cdot \frac{1}{1+t^2}dt$

$$= t^2\arctan t - \int(1 - \frac{1}{1+t^2})dt = t^2\arctan t - t + \arctan t + C$$

$$\xrightarrow[代回]{t=\sqrt{x}} (x+1)\arctan\sqrt{x} - \sqrt{x} + C.$$

(2) $\displaystyle\int e^{\sqrt{x}}\,dx \xrightarrow[dx=2tdt]{令\sqrt{x}=t} \int e^t \cdot 2t\,dt = 2\int t\,de^t = 2[te^t - \int e^t\,dt] = 2te^t - 2e^t + C$

$$\xrightarrow[代回]{t=\sqrt{x}} 2\sqrt{x}\,e^{\sqrt{x}} - 2e^{\sqrt{x}} + C.$$

(3) 因 $\displaystyle\int\sqrt{4-x^2}\,dx = x\sqrt{4-x^2} - \int x\frac{-x}{\sqrt{4-x^2}}dx = x\sqrt{4-x^2} - \int\sqrt{4-x^2}\,dx + \int\frac{4}{\sqrt{4-x^2}}dx,$

故 $\displaystyle\int\sqrt{4-x^2}\,dx = \frac{x}{2}\sqrt{4-x^2} + 2\arcsin\frac{x}{2} + C.$

(4) $\displaystyle\int \frac{1+\sin x}{1+\cos x}e^x\,dx = \int\frac{e^x}{1+\cos x}dx + \int\frac{\sin x}{1+\cos x}e^x\,dx = \int\frac{e^x}{2\cos^2\frac{x}{2}}dx + \int\tan\frac{x}{2}e^x\,dx$

$$= \int e^x\,d(\tan\frac{x}{2}) + \int\tan\frac{x}{2}de^x = e^x\tan\frac{x}{2} + C.$$

(5) $\displaystyle\int \sin(\ln x)\,dx = x\sin(\ln x) - \int x\,d[\sin(\ln x)] = x\sin(\ln x) - \int x\cos(\ln x)\cdot\frac{1}{x}dx$

$$= x\sin(\ln x) - x\cos(\ln x) + \int x\,d[\cos(\ln x)]$$

$$= x[\sin(\ln x) - \cos(\ln x)] - \int\sin(\ln x)\,dx$$

$\therefore \displaystyle\int\sin(\ln x)\,dx = \frac{x}{2}[\sin(\ln x) - \cos(\ln x)] + C.$

(6) $\displaystyle\int\frac{x\arctan x}{\sqrt{1+x^2}}dx = \int\arctan x\,d\sqrt{1+x^2} = \sqrt{1+x^2}\arctan x - \int\sqrt{1+x^2}\cdot\frac{1}{1+x^2}dx$

$$= \sqrt{1+x^2}\arctan x - \int\frac{1}{\sqrt{1+x^2}}dx.$$

$\because \displaystyle\int\frac{1}{\sqrt{1+x^2}}dx \xrightarrow[dx=\sec^2 t\,dt]{x=\tan t} \int\frac{1}{\sqrt{1+\tan^2 t}}\sec^2 t\,dt = \int\sec t\,dt$

$$= \ln|\sec t + \tan t| + C = \ln|x + \sqrt{1+x^2}| + C$$

$\therefore \displaystyle\int\frac{x\arctan x}{\sqrt{1+x^2}}dx = \sqrt{1+x^2}\arctan x - \ln|x + \sqrt{1+x^2}| + C.$

3. 已知 $f(x)$ 的一个原函数 e^{-x^2}，求 $\displaystyle\int xf'(x)\,dx.$

解： 因 $f(x) = [e^{-x^2}]' = -2xe^{-x^2}, \displaystyle\int f(x)\,dx = e^{-x^2} + C,$故

$$\int xf'(x)\mathrm{d}x = \int x\mathrm{d}f(x) = xf(x) - \int f(x)\mathrm{d}x = -2x^2\mathrm{e}^{-x^2} - \mathrm{e}^{-x^2} + C.$$

4. 已知 $f(x)$ 的一个原函数是 $\ln(x+\sqrt{1+x^2})$,求 $\int xf'(x)\mathrm{d}x$.

解： 因 $f(x) = \left[\ln(x+\sqrt{1+x^2})\right]' = \dfrac{1}{\sqrt{1+x^2}}$,$\int f(x)\mathrm{d}x = \ln(x+\sqrt{1+x^2}) + C$,故

$$\int xf'(x)\mathrm{d}x = \int x\mathrm{d}f(x) = xf(x) - \int f(x)\mathrm{d}x = \frac{x}{\sqrt{1+x^2}} - \ln(x+\sqrt{1+x^2}) + C.$$

【习题 4.4】(有理函数的不定积分)(解答)

1. (1) $\displaystyle\int \frac{\mathrm{d}x}{4x^2-20x+31} = \int \frac{\mathrm{d}x}{(2x-5)^2+6} = \frac{1}{2}\int \frac{\mathrm{d}(2x-5)}{(2x-5)^2+(\sqrt{6})^2} = \frac{1}{2\sqrt{6}}\arctan\frac{2x-5}{\sqrt{6}} + C.$

(2) **解：** 令 $\dfrac{1}{x(x-1)^2} = \dfrac{A}{x} + \dfrac{B}{(x-1)^2} + \dfrac{C}{x-1}$,则

$$1 = A(x-1)^2 + Bx + Cx(x-1) \qquad\qquad (*)$$

取 $x=0$,得 $A=1$;取 $x=1$,得 $B=1$;取 $x=2$,并将 A、B 的值代入($*$)得 $C=-1$. 于是

$$\frac{1}{x(x-1)^2} = \frac{1}{x} + \frac{1}{(x-1)^2} - \frac{1}{x-1}.$$

所以 $\displaystyle\int \frac{1}{x(x-1)^2}\mathrm{d}x = \int\left[\frac{1}{x} + \frac{1}{(x-1)^2} - \frac{1}{x-1}\right]\mathrm{d}x = \int\frac{1}{x}\mathrm{d}x + \int\frac{1}{(x-1)^2}\mathrm{d}x - \int\frac{1}{x-1}\mathrm{d}x$

$$= \ln|x| - \frac{1}{x-1} - \ln|x-1| + C = \ln\left|\frac{x}{x-1}\right| - \frac{1}{x-1} + C.$$

(3) **解：** 因 $2x^3+x^2+2x+1 = (1+2x)(1+x^2)$,故设

$$\frac{1}{(1+2x)(1+x^2)} = \frac{A}{1+2x} + \frac{Bx+C}{1+x^2},$$

右边通分后对比等式两边的分子得 $1 = A(1+x^2) + (Bx+C)(1+2x)$,整理得

$$1 = (A+2B)x^2 + (B+2C)x + C+A,$$

对比等式两边变量 x 的系数得：$\begin{cases} A+2B=0, \\ B+2C=0, \\ A+C=1, \end{cases} \Rightarrow A=\dfrac{4}{5}, B=-\dfrac{2}{5}, C=\dfrac{1}{5}$,所以

$$\int \frac{1}{(1+2x)(1+x^2)}\mathrm{d}x = \int \frac{\dfrac{4}{5}}{1+2x}\mathrm{d}x + \int \frac{-\dfrac{2}{5}x+\dfrac{1}{5}}{1+x^2}\mathrm{d}x,$$

$$= \frac{2}{5}\ln(1+2x) - \frac{1}{5}\int\frac{2x}{1+x^2}\mathrm{d}x + \frac{1}{5}\int\frac{1}{1+x^2}\mathrm{d}x = \frac{1}{5}\ln\frac{(1+2x)^2}{1+x^2} + \frac{1}{5}\arctan x + C.$$

(4) **解：** 令 $\mathrm{e}^{\frac{x}{6}} = t$,则 $x = 6\ln t$,$\mathrm{d}x = \dfrac{6}{t}\mathrm{d}t$,则

$$\int \frac{\mathrm{d}x}{1+\mathrm{e}^{\frac{x}{2}}+\mathrm{e}^{\frac{x}{3}}+\mathrm{e}^{\frac{x}{6}}} = \int \frac{1}{1+t^3+t^2+t}\cdot\frac{6}{t}\mathrm{d}t = \int \frac{6}{t(1+t)(1+t^2)}\mathrm{d}t$$

设 $\dfrac{6}{t(1+t)(1+t^2)} = \dfrac{A}{t} + \dfrac{B}{t+1} + \dfrac{Ct+D}{1+t^2}$,右边通分后对比等式两边的分子得

$$6 = A(1+t)(1+t^2) + Bt(1+t^2) + (Ct+D)t(t+1).$$

对比两边同次项系数解得 $A=6, B=-3, C=-3, D=-3$.

原式 $= \displaystyle\int\left(\frac{6}{t} - \frac{3}{1+t} - \frac{3t+3}{1+t^2}\right)\mathrm{d}t = 6\ln t - 3\ln(1+t) - \frac{3}{2}\ln(1+t^2) - 3\arctan t + C$

$$= x - 3\ln(1+e^{\frac{x}{6}}) - \frac{3}{2}\ln(1+e^{\frac{x}{3}}) - 3\arctan e^{\frac{x}{6}} + C.$$

【注】 本题验证见第二章杂难题与综合例题的[例1(5)].

2. 利用三角万能置换公式求下列不定积分：

解： 令 $u = \tan\frac{x}{2}$ 则 $\sin x = \frac{2u}{1+u^2}, \cos x = \frac{1-u^2}{1+u^2} dx = \frac{2}{1+u^2}du$, 得

(1) $\displaystyle\int \frac{\tan(x/2)}{\tan(x/2)+1-\cos x}dx = \int \frac{u}{u+1-\frac{1-u^2}{1+u^2}} \cdot \frac{2du}{1+u^2} = \int \frac{2}{(1+u)^2}du$

$$= -\frac{2}{1+u} + C = -\frac{2}{1+\tan(x/2)} + C.$$

(2) $\displaystyle\int \frac{\cot x}{\sin x + \cos x - 1}dx = \int \frac{\frac{1-u^2}{2u}\cdot\frac{2}{1+u^2}}{\frac{2u}{1+u^2}+\frac{1-u^2}{1+u^2}-1}du = \int \frac{1+u}{2u^2}du = \int\frac{1}{2u^2}du + \int\frac{1}{2u}du$

$$= -\frac{1}{2u} + \frac{1}{2}\ln|u| + C \xlongequal{u=\tan\frac{x}{2}} -\frac{1}{2}\cot\frac{x}{2} + \frac{1}{2}\ln|\tan\frac{x}{2}| + C.$$

(3) $\displaystyle\int \tan^2\frac{x}{2}\sec x\, dx = 2\int \frac{u^2}{1-u^2}du = 2\int\left(\frac{1}{1-u^2}-1\right)du = \int\left(\frac{1}{1-u}+\frac{1}{1+u}-2\right)du$

$$= \ln\left|\frac{1+u}{1-u}\right| - 2u + C = \ln\left|\frac{1+\tan\frac{x}{2}}{1-\tan\frac{x}{2}}\right| - 2\tan\frac{x}{2} + C = \ln|\sec x + \tan x| - 2\tan\frac{x}{2} + C.$$

Ⅱ. 第四章自测题及其解答

自测题四

一、填空题：

1. $d\displaystyle\int\sqrt{x^2+1}\,dx = $ _____ ;

2. 设 $f(x)$ 是函数 $\sin x + e^x$ 的一个原函数，那么 $\displaystyle\int f'(x)dx = $ _____ ;

3. 设 $x + e^x$ 是函数 $f(x)$ 的一个原函数，那么 $\displaystyle\int [f(x)]^2 dx = $ _____ ;

4. 设 $F(x^2)$ 和 $\ln x$ 是函数 $f(x)$ 的两个原函数，其中 F 可导，那么
$$\int F'(x^2)dx = $$ _____ ;

5. 若函数 $y = f(x)$ 与函数 $y = \arctan x$ 所表示的两曲线在相同横坐标 x 点处的两条切线相互垂直，则 $f(x) = $ _____ .

二、求下列不定积分：

1. $\displaystyle\int \tan 2x\, dx$;
2. $\displaystyle\int \frac{e^x}{\sqrt{(1+e^x)^3}}dx$;

3. $\displaystyle\int \frac{\ln\tan x}{\sin 2x}dx$;
4. $\displaystyle\int \frac{x^2 dx}{(2+x)^{10}}$;

5. $\displaystyle\int \arccos x \,\mathrm{d}x$；

6. $\displaystyle\int \frac{1}{(1+\sqrt{x})\sqrt[3]{x}}\mathrm{d}x$；

7. $\displaystyle\int \frac{\mathrm{d}x}{\sqrt{(a^2+x^2)^3}}$；

8. $\displaystyle\int \frac{\arcsin x \,\mathrm{d}x}{\sqrt{(1-x^2)^3}}$；

9. $\displaystyle\int \tan^2\frac{x}{2}(1+\csc x)\mathrm{d}x$.

三、解答题：

1. 已知 $f(x)$ 的一个原函数是 $\ln(x+\sqrt{1+x^2})$，求 $\displaystyle\int xf(x)\mathrm{d}x$.

2. 已知曲线 $y=f(x)$ 在定义区间上的任一点处的切线斜率为 $\mathrm{e}^x-\cos x$，且曲线通过点 $(0,0)$，求该曲线方程.

3*. 设 $f(x)$ 在 (a,b) 内有原函数 $F(x)$，即 $F'(x)=f(x)(x\in(a,b))$. 若 $x_0\in(a,b)$ 为 $f(x)$ 的间断点，则 x_0 必为 $f(x)$ 的第二类间断点.

自测题四参考答案 （C 为任意常数）

一、填空题

1. $\mathrm{d}\displaystyle\int \sqrt{x^2+1}\,\mathrm{d}x=\underline{\quad \sqrt{x^2+1}\,\mathrm{d}x\quad}$；

2. 设 $f(x)$ 是函数 $\sin x+\mathrm{e}^x$ 的一个原函数，那么 $\displaystyle\int f'(x)\mathrm{d}x=\underline{\displaystyle\int(\sin x+\mathrm{e}^x)\mathrm{d}x=-\cos x+\mathrm{e}^x+C}$；

【注】 $f'(x)=\sin x+\mathrm{e}^x$.

3. 设 $x+\mathrm{e}^x$ 是函数 $f(x)$ 的一个原函数，那么 $(f(x)=(x+\mathrm{e}^x)'=1+\mathrm{e}^x.)$

$\displaystyle\int [f(x)]^2\mathrm{d}x=\underline{\displaystyle\int(1+\mathrm{e}^x)^2\mathrm{d}x=\int(1+2\mathrm{e}^x+\mathrm{e}^{2x})\mathrm{d}x=x+2\mathrm{e}^x+\frac{1}{2}\mathrm{e}^{2x}+C}$；

4. 设 $F(x^2)$ 和 $\ln x$ 是函数 $f(x)$ 的两个原函数，其中 F 可导，那么

$$\underline{\displaystyle\int F'(x^2)\mathrm{d}x=\int \frac{1}{2x^2}\mathrm{d}x=-\frac{1}{2x}+C}$$；

【注】 $[F(x^2)]'=(\ln x)' \Rightarrow 2xF'(x^2)=\dfrac{1}{x} \Rightarrow F'(x^2)=\dfrac{1}{2x^2}$.

5. 若函数 $y=f(x)$ 与函数 $y=\arctan x$ 所表示的两曲线在相同横坐标 x 点处的两条切线相互垂直，且 $f(0)=0$，则

$$\underline{f(x)=\displaystyle\int f'(x)\mathrm{d}x=-\int(1+x^2)\mathrm{d}x=-x-\frac{1}{3}x^3+C \xrightarrow[\Rightarrow C=0]{f(0)=0} -x-\frac{1}{3}x^3}$$；

【注】$f'(x)=-\dfrac{1}{[\arctan x]'}=-\left[\dfrac{1}{1+x^2}\right]^{-1}=-(1+x^2)$.

二、求下列不定积分（C 是任意常数）

1. 解：$\displaystyle\int \tan 2x\,\mathrm{d}x=\int \frac{\sin 2x}{\cos 2x}\mathrm{d}x=-\frac{1}{2}\int \frac{\mathrm{d}\cos 2x}{\cos 2x}=-\frac{1}{2}\ln|\cos 2x|+C$.

2. 解：$\displaystyle\int \frac{\mathrm{e}^x}{\sqrt{(1+\mathrm{e}^x)^3}}\mathrm{d}x=\int(1+\mathrm{e}^x)^{\frac{3}{2}}\mathrm{d}(1+\mathrm{e}^x)=\frac{2}{5}(1+\mathrm{e}^x)^{\frac{5}{2}}+C$.

3. 解：$\displaystyle\int \frac{\ln\tan x}{\sin 2x}\mathrm{d}x=\int \frac{\ln\tan x}{2\sin x\cos x}\mathrm{d}x=\int \frac{\ln\tan x}{2\tan x\cos^2 x}\mathrm{d}x=\frac{1}{2}\int \frac{\ln\tan x}{\tan x}\mathrm{d}(\tan x)$

$\qquad=\dfrac{1}{2}\displaystyle\int \ln\tan x\,\mathrm{d}(\ln\tan x)=\frac{1}{4}(\ln\tan x)^2+C$.

4. $\displaystyle\int\frac{x^2\mathrm{d}x}{(2+x)^{10}}\xlongequal[\mathrm{d}x=\mathrm{d}x]{t=2+x}\int\frac{(t-2)^2}{t^{10}}\mathrm{d}t=\int(t^{-8}-2t^{-9}+4t^{-10})\mathrm{d}t=-\frac{1}{7}t^{-7}-\frac{1}{4}t^{-8}-\frac{4}{9}t^{-9}+C$

$\xlongequal[\text{代回}]{t=2+x}-\frac{1}{7}(2+x)^{-7}-\frac{1}{4}(2+x)^{-8}-\frac{4}{9}(2+x)^{-9}+C.$

5. $\displaystyle\int\arccos x\mathrm{d}x=x\arccos x-\int x\mathrm{d}\arccos x=x\arccos x+\int\frac{x}{\sqrt{1-x^2}}\mathrm{d}x$

$=x\arccos x-\frac{1}{2}\int\frac{\mathrm{d}(1-x^2)}{\sqrt{1-x^2}}=x\arccos x-\sqrt{1-x^2}+C.$

6. 求不定积分 $\displaystyle\int\frac{1}{(1+\sqrt{x})\sqrt[3]{x}}\mathrm{d}x$

解：设 $x=t^6$，于是 $\mathrm{d}x=6t^5\mathrm{d}t$，从而

$\displaystyle\int\frac{\sqrt[3]{x}-\sqrt[5]{x}+1}{(1+\sqrt{x})\sqrt[3]{x^2}}\mathrm{d}x=\int\frac{6t^5(t^2-t+1)}{(1+t^3)t^4}\mathrm{d}t=6\int\frac{t}{1+t}\mathrm{d}t=6\int\left(1-\frac{1}{1+t}\right)\mathrm{d}t$

$=6[t-\ln(1+t)]+C=6[\sqrt[6]{x}-\ln(1+\sqrt[6]{x})]+C.$

7. 求不定积分 $\displaystyle\int\frac{\mathrm{d}x}{(x^2+a^2)^2}(a>0).$

解：令 $x=a\tan t,\ |t|<\frac{\pi}{2}$，则 $\mathrm{d}x=a\sec^2 t\mathrm{d}t$，

$\displaystyle\int\frac{\mathrm{d}x}{(x^2+a^2)^2}=\int\frac{a\sec^2 t\mathrm{d}t}{(a^2\tan^2 x+a^2)^2}=\int\frac{a\sec^2 t\mathrm{d}t}{a^4\sec^4 t}=\frac{1}{a^3}\int\cos^2 t\mathrm{d}t$

$=\frac{1}{2a^3}\int(1+\cos 2t)\mathrm{d}t=\frac{1}{2a^3}(t+\frac{1}{2}\sin 2t)+C=\frac{1}{2a^3}(t+\sin t\cos t)+C$

$=\frac{1}{2a^3}(\arctan\frac{x}{a}+\frac{x}{\sqrt{x^2+a^2}}\cdot\frac{a}{\sqrt{x^2+a^2}})+C=\frac{1}{2a^3}(\arctan\frac{x}{a}+\frac{ax}{x^2+a^2})+C$

8. $\displaystyle\int\frac{\arcsin x\mathrm{d}x}{\sqrt{(1-x^2)^3}}$

解：设 $x=\sin t(-\frac{\pi}{2}<t<\frac{\pi}{2})$，则 $\mathrm{d}x=\cos t\mathrm{d}t$，于是

$\displaystyle\int\frac{\arcsin x\mathrm{d}x}{\sqrt{(1-x^2)^3}}=\int t\cdot\sec^2 t\mathrm{d}t=\int t\mathrm{d}\tan t=t\cdot\tan t-\int\tan t\mathrm{d}t$

$=t\cdot\tan t+\int\frac{\mathrm{d}\cos t}{\cos t}=t\cdot\tan t+\ln|\cos t|+C=\frac{x\arcsin x}{\sqrt{1-x^2}}+\ln\sqrt{1-x^2}+C$

9. $\displaystyle\int\tan^2\frac{x}{2}(1+\csc x)\mathrm{d}x.$

解：令 $u=\tan\frac{x}{2}$ 则 $\sin x=\frac{2u}{1+u^2}$，$\cos x=\frac{1-u^2}{1+u^2}$，$\mathrm{d}x=\frac{2}{1+u^2}\mathrm{d}u$，得

$\displaystyle\int\tan^2\frac{x}{2}(1+\csc x)\mathrm{d}x=2\int\frac{u^2}{1+u^2}\left(1+\frac{1+u^2}{2u}\right)\mathrm{d}u=2\int\left(\frac{u^2}{1+u^2}+\frac{u}{2}\right)\mathrm{d}u$

$=\int\left(2-\frac{2}{1+u^2}+u\right)\mathrm{d}u=2u+\frac{1}{2}u^2-2\arctan u$

$=2\tan\frac{x}{2}+\frac{1}{2}\tan^2\frac{x}{2}-x+C.$

【注】令 $t=\arctan u=\arctan\tan\frac{x}{2}$，得 $\tan t=\tan\frac{x}{2}$，于是 $\exists$ 整数 k 使得 $t=\frac{x}{2}+k\pi$.

三、解答题

1. 已知 $f(x)$ 的一个原函数是 $\ln(x+\sqrt{1+x^2})$，求 $\int xf(x)\mathrm{d}x$.

解： 因 $\int f(x)\mathrm{d}x = \ln(x+\sqrt{1+x^2})+C$, $\quad f(x) = [\ln(x+\sqrt{1+x^2})]' = \dfrac{1}{\sqrt{1+x^2}}$, 故

$$\int xf(x)\mathrm{d}x = \int \frac{x}{\sqrt{1+x^2}}\mathrm{d}x = \frac{1}{2}\int \frac{1}{\sqrt{1+x^2}}\mathrm{d}(1+x^2) = \sqrt{1+x^2}+C.$$

2. 已知曲线 $y=f(x)$ 在定义区间上的任一点处的切线斜率为 $\mathrm{e}^x - \cos x$，且曲线通过点 $(0,0)$，求该曲线方程.

解： 根据题意，$f'(x) = \mathrm{e}^x - \cos x$，故

$$y = f(x) = \int(\mathrm{e}^x - \cos x)\mathrm{d}x = \mathrm{e}^x - \sin x + C,$$

又曲线通过点 $(0,0) \Longrightarrow C = -1$，得所求曲线方程为

$$y = \mathrm{e}^x - \sin x - 1.$$

3^* 设 $f(x)$ 在 (a,b) 内有原函数 $F(x)$，即 $F'(x) = f(x)$ $\quad (x \in (a,b))$. 若 $x_0 \in (a,b)$ 为 $f(x)$ 的间断点，则 x_0 必为 $f(x)$ 的第二类间断点.

证：（反证法）假设 x_0 为 $f(x)$ 的第一类间断点，则

$$\lim_{x \to x_0^-} f(x) = \lim_{x \to x_0^-} F'(x), \qquad \lim_{x \to x_0^+} f(x) = \lim_{x \to x_0^+} F'(x),$$

由于 $F(x)$ 在 x_0 可导，所以 $F(x)$ 在 x_0 连续，因此有

$$\lim_{x \to x_0^-} f(x) = F'_-(x_0) = F'(x_0) = f(x_0), \qquad \lim_{x \to x_0^+} f(x) = F'_+(x_0) = F'(x_0) = f(x_0).$$

从而得知 $f(x)$ 在 x_0 点连续，这与已知矛盾. 故 x_0 必为 $f(x)$ 的第二类间断点.

Ⅲ. 第四章杂难题与综合例题

【例 1】 $\displaystyle\int \frac{3x^2+1}{x^3+x+2}\mathrm{d}x = \int \frac{\mathrm{d}(x^3+x+2)}{x^3+x+2} = \ln|x^3+x+2|+C.$

【例 2】 求不定积分 $\displaystyle\int \frac{\cos 2x}{\sqrt{\sin x + \cos x}}\mathrm{d}x$.

解： 原式 $= \dfrac{1}{2}\displaystyle\int \dfrac{\mathrm{d}\sin 2x}{\sqrt[4]{(\sin x + \cos x)^2}} = \dfrac{1}{2}\displaystyle\int \dfrac{\mathrm{d}(1+\sin 2x)}{\sqrt[4]{1+\sin 2x}} = \dfrac{2}{3}(1+\sin 2x)^{\frac{3}{4}}+C.$

【例 3】 (1) $\displaystyle\int x(3x^2+5)^9\mathrm{d}x = \dfrac{1}{6}\displaystyle\int (3x^2+5)^9\mathrm{d}(3x^2+5) = \dfrac{1}{60}(3x+5)^{10}+C.$

(2) $\displaystyle\int \dfrac{\sin\sqrt{t}}{\sqrt{t}}\mathrm{d}t = 2\displaystyle\int \sin\sqrt{t}\ \mathrm{d}\sqrt{t} = -2\cos\sqrt{t}+C.$

(3) $\displaystyle\int \dfrac{\mathrm{d}x}{x^2\sqrt{1+x^2}} = \int \dfrac{1}{x^3\cdot\sqrt{1+\frac{1}{x^2}}}\mathrm{d}x = -\int \dfrac{1}{2\sqrt{1+\frac{1}{x^2}}}\mathrm{d}\left(1+\dfrac{1}{x^2}\right) = -\sqrt{1+\dfrac{1}{x^2}}+C.$

【例 4】 $\displaystyle\int \dfrac{x\mathrm{d}x}{\sqrt{(a^2\pm x^2)^3}} = \pm\dfrac{1}{2}\displaystyle\int \dfrac{\mathrm{d}(a^2\pm x^2)}{\sqrt{(a^2\pm x^2)^3}} = \mp\dfrac{1}{\sqrt{a^2\pm x^2}}+C.$

【例 5】 $\int \dfrac{\sqrt{1-x^2}+\sqrt{1+x^2}}{\sqrt{1-x^4}}dx \quad \int \dfrac{\sqrt{1-x^2}+\sqrt{1+x^2}}{\sqrt{1-x^2}\sqrt{1+x^2}}dx = \int (\dfrac{1}{\sqrt{1+x^2}}+\dfrac{1}{\sqrt{1-x^2}})dx$

$= \int \dfrac{1}{\sqrt{1+x^2}}dx + \int \dfrac{1}{\sqrt{1-x^2}}dx = \ln|x+\sqrt{1+x^2}|+\arcsin x + C.$

【例 6】 (1) $\int \dfrac{\cot x}{\ln\sin x}dx = \int \dfrac{1}{\ln\sin x}\cdot\dfrac{\cos x}{\sin x}dx = \int \dfrac{1}{\ln\sin x}\cdot\dfrac{d\sin x}{\sin x} = \int \dfrac{d(\ln\sin x)}{\ln\sin x} = \ln|\ln\sin x|+C.$

(2) $\int \dfrac{[\ln(1+\ln x)]^2}{x(1+\ln x)}dx = \int \dfrac{[\ln(1+\ln x)]^2}{1+\ln x}d(1+\ln x)$

$= \int [\ln(1+\ln x)]^2 d\ln(1+\ln x) = \dfrac{1}{3}[\ln(1+\ln x)]^3+C.$

【例 7】 $\int \dfrac{\ln x}{x^2}dx = \int \ln\dfrac{1}{x}d\left(\dfrac{1}{x}\right) = \dfrac{1}{x}\ln\dfrac{1}{x} - \int \dfrac{1}{x}d\left(\ln\dfrac{1}{x}\right)$

$= \dfrac{1}{x}\ln\dfrac{1}{x} - \int d\left(\dfrac{1}{x}\right) = -\dfrac{1}{x}(1+\ln x)+C.$

【例 8】 $\int \dfrac{dx}{e^x+e^{-x}} = \int \dfrac{e^x dx}{e^{2x}+1} = \int \dfrac{de^x}{1+e^{2x}} = \arctan e^x + C.$

【例 9】 $\int \dfrac{\ln(2x)}{x\sqrt{1+\ln x}}dx \xrightarrow[dx=e^{t-1}dt]{令\ t=1+\ln x} \int \dfrac{t+\ln2-1}{\sqrt{t}}dt = \dfrac{2}{3}\sqrt{t^3}+2(\ln2-1)\sqrt{t}+C$

$\xrightarrow[代回]{t=1+\ln x} \dfrac{2}{3}\sqrt{(1+\ln x)^3}+2(\ln2-1)\sqrt{1+\ln x}+C.$

【例 10】 $\int \dfrac{1}{2-\sin x}dx = \int \dfrac{1}{3-1-\cos\left(\frac{\pi}{2}-x\right)}dx = \int \dfrac{1}{3-2\cos^2\left(\frac{\pi}{4}-\frac{x}{2}\right)}dx$

$= -2\int \dfrac{\sec^2\left(\frac{\pi}{4}-\frac{x}{2}\right)}{3\sec^2\left(\frac{\pi}{4}-\frac{x}{2}\right)-2}d\left(\dfrac{\pi}{4}-\dfrac{x}{2}\right) = -2\int \dfrac{1}{3\tan^2\left(\frac{\pi}{4}-\frac{x}{2}\right)+1}d\tan\left(\dfrac{\pi}{4}-\dfrac{x}{2}\right)$

$= -\dfrac{2}{\sqrt{3}}\arctan\left(\sqrt{3}\tan\left(\dfrac{\pi}{4}-\dfrac{x}{2}\right)\right)+C.$

【例 11】 $\int \dfrac{1}{\sin x}dx = \int \dfrac{1}{2\sin\frac{x}{2}\cos\frac{x}{2}}dx = \int \dfrac{1}{\tan\frac{x}{2}\cos^2\frac{x}{2}}d\left(\dfrac{x}{2}\right) = \int \dfrac{1}{\tan\frac{x}{2}}d\left(\tan\dfrac{x}{2}\right)$

$= \ln\left|\tan\dfrac{x}{2}\right|+C = \ln\left|\dfrac{1-\cos x}{\sin x}\right|+C = \ln|\csc x - \cot x|+C.$

【例 12】 $\int \dfrac{\ln(1+x)-\ln x}{x(1+x)}dx = \int [\ln(1+x)-\ln x]\cdot\left(\dfrac{1}{x}-\dfrac{1}{1+x}\right)dx$

$= -\int [\ln(1+x)-\ln x]d[\ln(1+x)-\ln x] = -\dfrac{1}{2}[\ln(1+x)-\ln x]^2+C.$

【例 13】 $\int \dfrac{1+x^2}{1+x^4}dx = \int \dfrac{\frac{1}{x^2}+1}{\frac{1}{x^2}+x^2}dx = \int \dfrac{1}{2+\left(x-\frac{1}{x}\right)^2}d\left(x-\dfrac{1}{x}\right) = \dfrac{1}{\sqrt{2}}\arctan\dfrac{1}{\sqrt{2}}\left(x-\dfrac{1}{x}\right)+C.$

【例 14】 (1) $\int \dfrac{\ln\tan x}{\sin 2x}dx = \int \dfrac{\ln\tan x}{2\sin x\cos x}dx = \int \dfrac{\ln\tan x}{2\tan x\cos^2 x}dx = \dfrac{1}{2}\int \dfrac{\ln\tan x}{\tan x}d(\tan x)$

$= \dfrac{1}{2}\int \ln\tan x\, d(\ln\tan x) = \dfrac{1}{4}(\ln\tan x)^2+C.$

(2) $\displaystyle\int \frac{1}{x\sqrt{1+\ln x}}\mathrm{d}x = \int \frac{1}{\sqrt{1+\ln x}}\mathrm{d}\ln x = \int (1+\ln x)^{-\frac{1}{2}}\mathrm{d}(1+\ln x) = 2(1+\ln x)^{\frac{1}{2}} + C.$

【例 15】 (1) $\displaystyle\int \frac{x}{\sqrt{1+x^2}\,(1-\sqrt{1+x^2})}\mathrm{d}x = \int \frac{\mathrm{d}(1+x^2)}{2\sqrt{1+x^2}\,(1-\sqrt{1+x^2})}$

$$= \int \frac{\mathrm{d}\sqrt{1+x^2}}{(1-\sqrt{1+x^2})} = -\int \frac{\mathrm{d}(1-\sqrt{1+x^2})}{(1-\sqrt{1+x^2})} = -\ln(1-\sqrt{1+x^2}) + C.$$

(2) $\displaystyle\int \frac{x^3\,\mathrm{d}x}{\sqrt{(a^2+x^2)^3}} = \int \frac{x(x^2+a^2)-a^2 x}{\sqrt{(a^2+x^2)^3}}\mathrm{d}x = \int \frac{x}{\sqrt{a^2+x^2}}\mathrm{d}x - \int \frac{a^2 x}{\sqrt{(a^2+x^2)^3}}\mathrm{d}x$

$$= \frac{1}{2}\int \frac{\mathrm{d}x^2}{\sqrt{a^2+x^2}} - \frac{a^2}{2}\int \frac{\mathrm{d}x^2}{\sqrt{(a^2+x^2)^3}} = \sqrt{a^2+x^2} + \frac{a^2}{\sqrt{a^2+x^2}} + C.$$

【例 16】 (1) $\displaystyle\int \frac{\sin x\cos x}{1+\sin^4 x}\mathrm{d}x = \int \frac{\sin x\,\mathrm{d}(\sin x)}{1+\sin^4 x} = \frac{1}{2}\int \frac{\mathrm{d}(\sin^2 x)}{1+(\sin^2 x)^2} = \frac{1}{2}\arctan(\sin^2 x) + C.$

(2) $\displaystyle\int \frac{\arccos\sqrt{x}}{\sqrt{x-x^2}}\mathrm{d}x = \int \frac{\arccos\sqrt{x}}{\sqrt{1-x}}\cdot\frac{\mathrm{d}x}{\sqrt{x}} = 2\int \frac{\arccos\sqrt{x}}{\sqrt{1-(\sqrt{x})^2}}\mathrm{d}\sqrt{x}$

$$= -2\int \arccos\sqrt{x}\,\mathrm{d}\arccos\sqrt{x} = -\arccos^2\sqrt{x} + C.$$

【例 17】 $\displaystyle\int \left(1+\frac{1}{\sqrt{x}}\right)\mathrm{e}^{\sqrt{x}}\mathrm{d}x = 2\int (\sqrt{x}+1)\mathrm{e}^{\sqrt{x}}\mathrm{d}\sqrt{x} = 2\int (\sqrt{x}+1)\mathrm{d}\mathrm{e}^{\sqrt{x}}$

$$= 2(\sqrt{x}+1)\mathrm{e}^{\sqrt{x}} - 2\int \mathrm{e}^{\sqrt{x}}\mathrm{d}\sqrt{x} = 2(\sqrt{x}+1)\mathrm{e}^{\sqrt{x}} - 2\mathrm{e}^{\sqrt{x}} + C = 2\sqrt{x}\,\mathrm{e}^{\sqrt{x}} + C.$$

【例 18】 $\displaystyle\int \frac{\arctan\sqrt{x}}{\sqrt{x}\,(1+x)}\mathrm{d}x = \int \frac{\arctan\sqrt{x}}{1+x}\cdot 2\mathrm{d}\sqrt{x} = 2\int \arctan\sqrt{x}\,\mathrm{d}(\arctan\sqrt{x}) = (\arctan\sqrt{x})^2 + C.$

【例 19】 求不定积分:$\displaystyle\int \frac{1}{(1+a^t)^2}\mathrm{d}t\ (a>0, a\neq 1).$

解 1: 令 $x=1+a^t$,则 $t=\dfrac{\ln(x-1)}{\ln a}$,$\mathrm{d}t=\dfrac{1}{(x-1)\ln a}\mathrm{d}x$,那么

原式 $= \dfrac{1}{\ln a}\displaystyle\int \frac{1}{x^2(x-1)}\mathrm{d}x = \frac{-1}{\ln a}\int \left(\frac{x+1}{x^2}-\frac{1}{x-1}\right)\mathrm{d}x = \frac{1}{\ln a}\int \left(-\frac{1}{x^2}-\frac{1}{x}+\frac{1}{x-1}\right)\mathrm{d}x$

$= \dfrac{1}{\ln a}\left(\dfrac{1}{x}-\ln x+\ln(x-1)\right)+C \xrightarrow[\text{代回}]{x=1+a^t} \dfrac{1}{\ln a}\left(\dfrac{1}{1+a^t}+t\ln a-\ln(1+a^t)\right)+C.$

解 2: $\displaystyle\int \frac{1}{(1+a^t)^2}\mathrm{d}t = \int \frac{a^{-2t}}{(1+a^{-t})^2}\mathrm{d}t = -\frac{1}{\ln a}\int \frac{a^{-t}}{(1+a^{-t})^2}\mathrm{d}a^{-t}$

$$= -\frac{1}{\ln a}\int \left[\frac{1}{1+a^{-t}}-\frac{1}{(1+a^{-t})^2}\right]\mathrm{d}(1+a^{-t}) = -\frac{1}{\ln a}\left[\ln(1+a^{-t})+\frac{1}{1+a^{-t}}\right]+C.$$

【例 20】 求不定积分 $I = \displaystyle\int \frac{x^5+x^4-8}{x^3-x}\mathrm{d}x$

解: 显然 $\dfrac{x^5+x^4-8}{x^3-x} = x^2+x+1+\dfrac{x^2+x-8}{x^3-x}$. 设 $\dfrac{x^2+x-8}{x^3-x} = \dfrac{A}{x}+\dfrac{B}{x+1}+\dfrac{C}{x-1}$,即

$x^2+x-8 = A(x^2-1)+Bx(x-1)+Cx(x+1)$,得 $A=8, B=-4, C=-3$,于是

$$I = \int \frac{x^5+x^4-8}{x^3-x}\mathrm{d}x = \int \left(x^2+x+1+\frac{8}{x}-\frac{4}{x+1}-\frac{3}{x-1}\right)\mathrm{d}x$$

$$= \frac{x^3}{3}+\frac{x^2}{2}+x+8\ln|x|-4\ln|x+1|-3\ln|x-1|+C_1.$$

【例 21】 求积分 $\displaystyle\int \frac{1}{\sin^4 x}\,\mathrm{d}x$.

解 1： 令 $u = \tan\dfrac{x}{2}$，由万能置换公式得

$$\text{原式} = \int \frac{1 + 3u^2 + 3u^4 + u^6}{8u^4}\,\mathrm{d}u = \frac{1}{8}\left[-\frac{1}{3u^3} - \frac{3}{u} + 3u + \frac{u^3}{3}\right] + C$$

$$= -\frac{1}{24}\cot^3\frac{x}{2} - \frac{3}{8}\cot\frac{x}{2} + \frac{3}{8}\tan\frac{x}{2} + \frac{1}{24}\tan^3\frac{x}{2} + C.$$

解 2： （修改万能置换公式）令 $u = \tan x$，$\sin x = \dfrac{u}{\sqrt{1+u^2}}$，$\mathrm{d}x = \dfrac{1}{1+u^2}\,\mathrm{d}u$，

$$\text{原式} = \int \left(\frac{u}{\sqrt{1+u^2}}\right)^{-4}\cdot\frac{1}{1+u^2}\,\mathrm{d}u = \int \frac{1+u^2}{u^4}\,\mathrm{d}u = -\frac{1}{3u^3} - \frac{1}{u} + C = -\frac{1}{3}\cot^3 x - \cot x + C.$$

解 3： $\displaystyle\int \frac{1}{\sin^4 x}\,\mathrm{d}x = \int \csc^2 x\,\csc^2 x\,\mathrm{d}x = -\int (1+\cot^2 x)\,\mathrm{d}\cot x = -\cot x - \frac{1}{3}\cot^3 x + C.$

【注】 容易验证解 2、解 3 的结果．解 1 的验证见第二章杂难题与综合例题［例 1(2)］.

【特例 1】 （习题 4.4 Ex2(1) 另解）求积分 $\displaystyle\int \frac{\tan(x/2)}{\tan(x/2) + 1 - \cos x}\,\mathrm{d}x$.

解： $\displaystyle\int \frac{\tan(x/2)}{\tan(x/2) + 1 - \cos x}\,\mathrm{d}x = \int \frac{1}{1 + \dfrac{1 - \cos x}{\tan(x/2)}}\,\mathrm{d}x = \int \frac{1}{1 + \sin x}\,\mathrm{d}x$

$$= \int \frac{1}{1 + \cos\left(\dfrac{\pi}{2} - x\right)}\,\mathrm{d}x = \int \frac{1}{2\cos^2\left(\dfrac{\pi}{4} - \dfrac{x}{2}\right)}\,\mathrm{d}x = -\tan\left(\frac{\pi}{4} - \frac{x}{2}\right) + C$$

$$= -\frac{1 - \tan(x/2)}{1 + \tan(x/2)} + C = -\frac{2}{1 + \tan(x/2)} + C_1 \quad (C_1 = C + 1).$$

【注】 注意三角公式 $\dfrac{1 - \cos}{\sin x} = \tan\dfrac{x}{2} \Leftrightarrow \dfrac{1 - \cos}{\tan(x/2)} = \sin x$. 本例验证如下：

$$\frac{\mathrm{d}}{\mathrm{d}x}\left[\frac{2}{1 + \tan\dfrac{x}{2}}\right] = \frac{-\sec^2\dfrac{x}{2}}{\left(1 + \tan\dfrac{x}{2}\right)^2} = \frac{-1}{\left(\cos\dfrac{x}{2} + \sin\dfrac{x}{2}\right)^2} = -\frac{1}{1 + \sin x} = -\frac{\tan\dfrac{x}{2}}{\tan\dfrac{x}{2} + 1 - \cos x}.$$

【特例 2】 求积分 $\displaystyle\int \frac{1 - \cos x}{\tan\dfrac{x}{2} + 1 - \cos x}\,\mathrm{d}x$.

解： 令 $u = \tan\dfrac{x}{2}$，则 $\sin x = \dfrac{2u}{1+u^2}$，$\cos x = \dfrac{1-u^2}{1+u^2}$，$\mathrm{d}x = \dfrac{2}{1+u^2}\,\mathrm{d}u$.

方法 1： $\displaystyle\text{原式} = \int \frac{1 - \dfrac{1-u^2}{1+u^2}}{u + 1 - \dfrac{1-u^2}{1+u^2}}\cdot\frac{2\,\mathrm{d}u}{1+u^2} = \int \frac{4u}{(1+u)^2(1+u^2)}\,\mathrm{d}u = 2\int\left[\frac{1}{1+u^2} - \frac{1}{(1+u)^2}\right]\mathrm{d}u$

$$= 2\arctan u + \frac{2}{1+u} + C = 2\arctan\left(\tan\frac{x}{2}\right) + \frac{2}{1 + \tan\dfrac{x}{2}} + C \stackrel{(*)}{=\!=\!=} x + \frac{2}{1 + \tan\dfrac{x}{2}} + C.$$

方法 2： $\displaystyle\text{原式} = \int\left[1 - \frac{\tan(x/2)}{\tan(x/2) + 1 - \cos x}\right]\mathrm{d}x \xrightarrow{[\text{特例 1}]} x + \frac{2}{1 + \tan\dfrac{x}{2}} + C.$

【注】 (i) 解 1 等式 (*) 用到 $\arctan(\tan u) = u$，严格地说，它在条件 $u \in \left(-\pi/2, \pi/2\right)$ 下才成立，但这里忽略这一"细节". 这也是本章"关于不定积分换元法的特别说明"的思路.

(ii) 忆本章第一(四)4 节【例 C】$\displaystyle\int \frac{1}{\tan\dfrac{x}{2}+1-\cos x}\,\mathrm{d}x = -2\ln\left|1+\cot\dfrac{x}{2}\right| + \dfrac{2}{1+\tan\dfrac{x}{2}} + C.$

为验证此结论的正确性, 先求下面导数:

$$\frac{\mathrm{d}}{\mathrm{d}x}\left[-2\ln\left|1+\cot\frac{x}{2}\right|\right] = \frac{\csc^2\dfrac{x}{2}}{1+\cot\dfrac{x}{2}} = \frac{1+\cot\dfrac{x}{2}}{\left(\sin\dfrac{x}{2}+\cos\dfrac{x}{2}\right)^2} = \frac{1+\cot\dfrac{x}{2}}{1+\sin x} = \frac{1+\tan\dfrac{x}{2}}{\tan\dfrac{x}{2}+1-\cos x},$$

连同特例 1 的验证即知第一(四)4 节[例 C] 解题正确:

$$\frac{\mathrm{d}}{\mathrm{d}x}\left[-2\ln\left|1+\cot\frac{x}{2}\right| + \frac{2}{1+\tan\dfrac{x}{2}}\right] = \frac{1}{\tan\dfrac{x}{2}+1-\cos\dfrac{x}{2}}.$$

(五) 第五章　　定积分

Ⅰ. 　第五章习题解答

【习题 5.1】(定积分的概念与性质)(解答)

1. 选择题：

(1) 下列关系式中正确的是(　B　)

A. $\int_0^1 e^x dx = \int_0^1 e^{x^2} dx$；　　　　　　　　B. $\int_0^1 e^x dx \geqslant \int_0^1 e^{x^2} dx$；

C. $\int_0^1 e^x dx \leqslant \int_0^1 e^{x^2} dx$；　　　　　　　　D. 以上都不对.

【注】　在区间$[0,1]$内：$x \geqslant x^2 \Rightarrow e^x \geqslant e^{x^2} \Rightarrow \int_0^1 e^x dx \geqslant \int_0^1 e^{x^2} dx$.

(2) 下列关系式中正确的是(　B　)

A. $\int_0^1 \cos x dx = \int_0^1 \cos^2 x dx$；　　　　　　　B. $\int_0^1 \cos x dx \geqslant \int_0^1 \cos^2 x dx$；

C. $\int_0^1 \cos x dx \leqslant \int_0^1 \cos^2 x dx$；　　　　　　D. 以上都不对.

(3) 下列关系式中正确的是(　C　)

A. $\int_{\pi/4}^{\pi/3} \tan x dx = \int_{\pi/4}^{\pi/3} \ln x dx$；　　　　　B. $\int_{\pi/4}^{\pi/3} \tan x dx \geqslant \int_{\pi/4}^{\pi/3} \ln x dx$；

C. $\int_{\pi/4}^{\pi/3} \tan x dx \geqslant \int_{\pi/4}^{\pi/3} \ln x dx$；　　　　　D. 以上都不对.

(4) 下列各式中，正确的是(　C　)

A. $\frac{\pi}{6} \leqslant \int_1^{\sqrt{3}} \operatorname{arccot} x dx \leqslant \frac{\pi}{4}$；　　　　　B. $\frac{\sqrt{3}}{6}\pi \leqslant \int_1^{\sqrt{3}} \operatorname{arccot} x dx \leqslant \frac{\sqrt{3}}{4}\pi$；

C. $\frac{\pi}{6}(\sqrt{3}-1) \leqslant \int_1^{\sqrt{3}} \operatorname{arccot} x dx \leqslant \frac{\pi}{4}(\sqrt{3}-1)$；　D. 以上都不对.

(5) 下列关系式中正确的是(　B　)

A. $\int_0^2 e^x dx = \int_0^2 (1+x) dx$；　　　　　　B. $\int_0^2 e^x dx \geqslant \int_0^2 (1+x) dx$；

C. $\int_0^2 e^x dx \leqslant \int_0^2 (1+x) dx$；　　　　　D. 以上都不对.

2. (1) $\lim\limits_{n \to \infty} \frac{\pi}{n}\left[\sin\frac{\pi}{n} + \sin\frac{2\pi}{n} + \cdots + \sin\frac{(n-1)\pi}{n}\right] = \int_0^\pi \sin x dx$.

(2) $\lim\limits_{x \to \infty}\left(\frac{1}{n+1} + \frac{1}{n+2} + \cdots + \frac{1}{n+n}\right) = \lim\limits_{x \to \infty} \frac{1}{n}\left(\frac{1}{1+\frac{1}{n}} + \frac{1}{1+\frac{2}{n}} + \cdots + \frac{1}{1+\frac{n}{n}}\right) = \int_0^1 \frac{1}{1+x} dx$.

3. (1) 解：　因 $f(x) = e^x$ 在$[0,1]$连续，故 R 可积. 现在将$[0,1]$等分，分点为 $x_i = \frac{i}{n}$，且

$\Delta x_i = x_i - x_{i-1} = \frac{1}{n}, i = 1, 2, \cdots, n$；取 $\xi_i = \frac{i}{n}$，则有

$$\int_0^1 e^x dx = \lim_{n \to \infty} \sum_{i=1}^n f(\xi_i)\Delta x_i = \lim_{n \to \infty} \sum_{i=1}^n \left(e^{\frac{i}{n}} \cdot \frac{1}{n}\right) = \lim_{n \to \infty} \frac{1}{n}\sum_{i=1}^n e^{\frac{i}{n}}$$

$$= \lim_{n \to \infty} \left\{ \frac{1}{n} \cdot \frac{1}{1 - \mathrm{e}^{\frac{1}{n}}} \left[(1 - \mathrm{e}^{\frac{1}{n}}) \cdot \sum_{i=1}^{n} \mathrm{e}^{\frac{i}{n}} \right] \right\}$$

$$\xlongequal{(*)} \lim_{n \to \infty} \frac{1}{n} \cdot \frac{\mathrm{e}^{\frac{1}{n}}(1 - \mathrm{e})}{1 - \mathrm{e}^{\frac{1}{n}}} \xlongequal[\text{替换}]{\text{无穷小}} \lim_{n \to \infty} \frac{1}{n} \cdot \frac{\mathrm{e}^{\frac{1}{n}}(1 - \mathrm{e})}{-\frac{1}{n}} = \mathrm{e} - 1.$$

【注】 式(*)两边相等是因为: $(1 - \mathrm{e}^{\frac{1}{n}}) \cdot \sum_{i=1}^{n} \mathrm{e}^{\frac{i}{n}} = \sum_{i=1}^{n} \mathrm{e}^{\frac{i}{n}} - \sum_{i=2}^{n+1} \mathrm{e}^{\frac{i}{n}} = \mathrm{e}^{\frac{1}{n}}(1 - \mathrm{e}).$

(2) 设 $f(x) = \mathrm{e}^x - 2\int_0^1 f(x)\mathrm{d}x$ 根根据(1)的结果,求函数 $f(x)$.

解: 等式两边积分得 $\int_0^1 f(x)\mathrm{d}x = \int_0^1 \mathrm{e}^x \mathrm{d}x - 2\int_0^1 f(x)\mathrm{d}x = \mathrm{e} - 1 - 2\int_0^1 f(x)\mathrm{d}x$, 则

$$\int_0^1 f(x)\mathrm{d}x = \frac{1}{3}(\mathrm{e}-1) \Rightarrow f(x) = \mathrm{e}^x - \frac{1}{3}(\mathrm{e}-1).$$

4^*. 估计积分值 $\int_{\mathrm{e}}^{\mathrm{e}^2} \frac{\ln x}{\sqrt{x}}\mathrm{d}x$. **解:** 设 $f(x) = \frac{\ln x}{\sqrt{x}}$, 则 $f(x)$ 在 $[\mathrm{e}, \mathrm{e}^2]$ 连续. 又因

$$\left(\frac{\ln x}{\sqrt{x}} \right)' = (x^{-\frac{1}{2}}\ln x)' = -\frac{1}{2}x^{-\frac{3}{2}}\ln x + x^{-\frac{3}{2}} = x^{-\frac{3}{2}}\left(1 - \frac{1}{2}\ln x\right) > 0, \forall x \in (\mathrm{e}, \mathrm{e}^2),$$

故 $f(x)$ 在 $[\mathrm{e}, \mathrm{e}^2]$ 严格单调增加. 所以 $\frac{1}{\sqrt{\mathrm{e}}} = f(\mathrm{e}) < f(x) = \frac{\ln x}{\sqrt{x}} < \frac{2}{\mathrm{e}}, \forall x \in (\mathrm{e}, \mathrm{e}^2)$. 最后得

$$\sqrt{\mathrm{e}}(\mathrm{e}-1) = \frac{1}{\sqrt{\mathrm{e}}}(\mathrm{e}^2 - \mathrm{e}) \leqslant \int_{\mathrm{e}}^{\mathrm{e}^2} \frac{\ln x}{\sqrt{x}}\mathrm{d}x \leqslant \frac{2}{\mathrm{e}}(\mathrm{e}^2 - \mathrm{e}) = 2(\mathrm{e}-1).$$

【习题 5.2】(微积分的基本公式)(解答)

1. 填空题:

(1) 设 $f(x)$ 有连续导函数, $F(x) = \int_x^0 f'(t)\mathrm{d}t + f(x)$, 则 $F'(x) = $ _____;

解: $F'(x) = \frac{\mathrm{d}}{\mathrm{d}x}\left[\int_x^0 f'(t)\mathrm{d}t + f(x)\right] = -f'(x) + f'(x) = 0.$

(2) 设 $f(x)$ 连续, $F(x) = \int_x^{\mathrm{e}^{-x}} f(t)\mathrm{d}t$, 则 $F'(x) = $ _____.

解: $F'(x) = \left(\int_x^{\mathrm{e}^{-x}} f(t)\mathrm{d}t\right)' = f(\mathrm{e}^{-x}) \cdot (\mathrm{e}^{-x})' - f(x) = -\mathrm{e}^{-x}f(\mathrm{e}^{-x}) - f(x).$

(3) 设 $f(x) = 2\arctan x - \ln(x+1)$, 则 $\int_0^1 f'(x)\mathrm{d}x = $ _____.

解: $\int_0^1 f'(x)\mathrm{d}x = f(x)\Big|_0^1 = [2\arctan x - \ln(x+1)]\Big|_0^1 = \frac{\pi}{2} - \ln 2.$

(4) 设函数 $f(x)$ 使得 $f'(x)$ 连续、$f(0) = 1$, 且 $\int_0^t f'(x)\mathrm{d}x = \mathrm{e}^t + \sin\pi t - 1$,

则 $f(x) = $ _____.   **解:** $f(x) = f(0) + \int_0^x f'(t)\mathrm{d}t = \mathrm{e}^x + \sin\pi x.$

(5) $\lim_{x \to 0} \frac{1}{x}\int_0^x \cos(t^2)\mathrm{d}t \xlongequal[\text{洛必达法}]{(0/0)} \lim_{x \to 0}\cos(x^2) = 1.$

(6) $\lim_{x \to 0} \frac{1}{x^2}\int_0^x \ln(1+t)\mathrm{d}t \xlongequal[\text{洛必达法}]{(0/0)} \lim_{x \to 0} \frac{\ln(1+x)}{2x} \xlongequal[\text{洛必达法}]{(0/0)} \lim_{x \to 0} \frac{1}{2(1+x)} = \frac{1}{2}.$

2. (1) $\int_0^1 (2x+3)\mathrm{d}x = (x^2 + 3x)\big|_0^1 = 1 + 3 = 4.$

(2) $\int_4^9 (\sqrt{x} + \frac{1}{\sqrt{x}}) dx = \int_4^9 \sqrt{x} dx + \int_4^9 \frac{1}{\sqrt{x}} dx = \frac{2}{3} \sqrt{x^3} \Big|_4^9 + 2\sqrt{x} \Big|_4^9 = \frac{2}{3}(27-8) + 2(3-2) = \frac{44}{3}.$

(3) $\int_0^{\frac{\pi}{3}} \tan^2 x dx = \int_0^{\frac{\pi}{3}} (\sec^2 x - 1) dx = \int_0^{\frac{\pi}{3}} \sec^2 x dx - \int_0^{\frac{\pi}{3}} dx = \tan x \Big|_0^{\frac{\pi}{3}} - \frac{\pi}{3} = \sqrt{3} - \frac{\pi}{3}.$

(4) $\int_0^1 \frac{1-x^2}{1+x^2} dx = 2\int_0^1 \frac{1}{1+x^2} dx - \int_0^1 dx = 2\arctan x \Big|_0^1 - 1 = \frac{\pi}{2} - 1.$

3. 解：(1) 因 $\int \frac{1}{\sqrt{4-x^2}} dx = \int \frac{1}{\sqrt{1-(\frac{x}{2})^2}} d\frac{x}{2} = \arcsin\frac{x}{2} + C(C$ 为任意常数)，故

$$\int_0^2 \frac{1}{\sqrt{4-x^2}} dx = \left[\arcsin\frac{x}{2}\right]_0^2 = \arcsin 1 = \frac{\pi}{2}.$$

(2) 因 $\int (e^x - e^{-x})^2 dx = \int (e^{2x} + e^{-2x} - 2) dx = \frac{1}{2}e^{2x} - \frac{1}{2}e^{-2x} - 2x + C(C$ 为任意常数)，故

$$\int_0^1 (e^x - e^{-x})^2 dx = \left[\frac{1}{2}e^{2x} - \frac{1}{2}e^{-2x} - 2x\right]_0^1 = \frac{1}{2}e^2 - \frac{1}{2}e^{-2} - 2.$$

4. 设 $f(x)$ 连续，且 $\int_0^{x-1} f(t) dt = x^3 - 1$，求 $f(x)$ 的表达式.

解：原式两边求导得 $f(x-1) = 3x^2$. 令 $t = x-1$，则得

$$f(t) = 3(t+1)^2 \quad \Rightarrow \quad f(x) = 3(x+1)^2.$$

【注】验证：$\int_0^{x-1} 3(t+1)^2 dt = (t+1)^3 \big|_0^{x-1} = x^3 - 1.$

5*. 设 $y = \int_0^x (t-1) dt$，求 y 的极值.

解1：令 $y' = \frac{d}{dx}\left[\int_0^x (t-1) dt\right] = x - 1 = 0$ 得驻点 $x = 1$. 又 $y'' = 1 > 0$. 故 $x = 1$ 为

极小点，极小值为 $y(1) = \int_0^1 (x-1) dx = \left[\frac{x}{2} - x\right]_0^1 = \frac{1}{2} - 1 = -\frac{1}{2}.$

解2：因 $y = \int_0^x (t-1) dt = (\frac{t^2}{2} - t) \Big|_0^x = \frac{x^2}{2} - x$，则令 $y' = x - 1 = 0$ 得驻点 $x = 1$.

又 $y'' = 1 > 0$. 所以 $x = 1$ 为极小值点，极小值为 $y(1) = -\frac{1}{2}.$

【习题 5.3】(定积分的计算方法)(解答)

1. (1) $\int_e^{e^2} \frac{dx}{x\ln x} = \int_e^{e^2} \frac{d\ln x}{\ln x} = \ln\ln x \big|_e^{e^2} = \ln\ln e^2 - \ln\ln e = \ln 2.$

(2) $\int_{-\ln 2}^{-\ln\sqrt{2}} \frac{e^{x/2}}{\sqrt{e^{-x} - e^x}} dx = \int_{-\ln 2}^{-\ln\sqrt{2}} \frac{e^x}{\sqrt{1-e^{2x}}} dx = \int_{-\ln 2}^{-\ln\sqrt{2}} \frac{1}{\sqrt{1-e^{2x}}} de^x = \arcsin e^x \big|_{-\ln 2}^{-\ln\sqrt{2}}$

$$= \arcsin\frac{1}{\sqrt{2}} - \arcsin\frac{1}{2} = \frac{\pi}{4} - \frac{\pi}{6} = \frac{\pi}{12}.$$

(3) $\int_0^4 \frac{dx}{1+\sqrt{x}} \xlongequal[dx = 2tdt]{x = t^2} \int_0^2 \frac{2tdt}{1+t} = 2\left(\int_0^2 dt - \int_0^2 \frac{dt}{1+t}\right) = 2[t - \ln(1+t)] \big|_0^2 = 4 - 2\ln 3.$

(4) $\int_1^2 \frac{\ln x}{x^2} dx = -\int_1^2 \ln x d\frac{1}{x} = -\left[\frac{\ln x}{x}\right]_1^2 + \int_1^2 \frac{1}{x^2} dx = -\frac{\ln 2}{2} - \left[\frac{1}{x}\right]_1^2 = \frac{1-\ln 2}{2}.$

2. (1) $\int_1^2 \frac{\sqrt{x^2-1}}{x} dx \xlongequal[dx = \sec t\tan t dt]{\Leftrightarrow x = \sec t} \int_0^{\frac{\pi}{3}} \frac{\tan t}{\sec t} \cdot \sec t\tan t dt = \int_0^{\frac{\pi}{3}} \tan^2 t dt$

$$= \int_0^{\frac{\pi}{3}} (\sec^2 t - 1) dt = (\tan t - t) \Big|_0^{\frac{\pi}{3}} = \sqrt{3} - \frac{\pi}{3}.$$

(2) $\displaystyle\int_0^{\frac{\sqrt{3}}{2}} \frac{x^2}{(1-x^2)\left[x^3 + \sqrt{(1-x^2)^3}\right]} dx \xrightarrow[dx = \cos t dt]{\text{设} x = \sin t} \int_0^{\frac{\pi}{3}} \frac{\sin^2 t \cos t}{\cos^2 t (\cos^3 t + \sin^3 t)} dt$

$$= \int_0^{\frac{\pi}{3}} \frac{\sin^2 t}{\cos^4 t (1 + \tan^3 t)} dt \int_0^{\frac{\pi}{3}} \frac{\tan^2 t}{1 + \tan^3 t} d\tan t = \frac{1}{3} \ln |1 + \tan^3 t| \Big|_0^{\frac{\pi}{3}} = \frac{1}{3} \ln(1 + 3\sqrt{3}).$$

(3) $\displaystyle\int_{\frac{1}{\sqrt{3}}}^{\sqrt{3}} \frac{1}{x\sqrt{1+x^2}} dx \xrightarrow[dx = \sec^2 t dt]{\text{设} x = \tan t} \int_{\frac{\pi}{6}}^{\frac{\pi}{3}} \frac{\sec^2 t dt}{\tan t \sqrt{(1 + \tan^2 t)}} = \int_{\frac{\pi}{6}}^{\frac{\pi}{3}} \frac{1}{\sin t} dt$

$$\xrightarrow[\text{Ex. 7 公式 } 2°]{\text{习题 4.1}} \ln |\csc x - \cot x| \Big|_{\frac{\pi}{6}}^{\frac{\pi}{3}} = \ln \left| \frac{\csc \frac{\pi}{3} - \cot \frac{\pi}{3}}{\csc \frac{\pi}{6} - \cot \frac{\pi}{6}} \right| = \ln \left(1 + \frac{2\sqrt{3}}{3} \right).$$

(4) $\displaystyle\int_0^1 \frac{x \arctan x}{\sqrt{(1+x^2)^3}} dx \xrightarrow[dx = \sec^2 t dt]{\text{设} x = \tan t} \int_0^{\frac{\pi}{4}} \frac{t \tan t \sec^2 t}{\sqrt{(1+\tan^2 t)^3}} dt = \int_0^{\frac{\pi}{4}} t \sin t dt = -\int_0^{\frac{\pi}{4}} t d\cos t.$

$$= -(t \cos t) \Big|_0^{\frac{\pi}{4}} + \int_0^{\frac{\pi}{4}} \cos t dt = -\frac{\sqrt{2}}{8}\pi + \sin t \Big|_0^{\frac{\pi}{4}} = -\frac{\sqrt{2}}{8}\pi + \frac{\sqrt{2}}{2}.$$

3. $\displaystyle\int_{-\pi}^{\pi} \frac{x \sin x}{1 + \cos^2 x} dx = 2 \int_{-\pi}^{\pi} \frac{x \sin x}{1 + \cos^2 x} dx = 2 \left(\int_0^{\frac{\pi}{2}} \frac{x \sin x}{1 + \cos^2 x} dx + \int_{\frac{\pi}{2}}^{\pi} \frac{x \sin x}{1 + \cos^2 x} dx \right)$

$$\xrightarrow[dx = -dt]{\text{令} x = \pi - t} 2 \left(\int_0^{\frac{\pi}{2}} \frac{x \sin x}{1 + \cos^2 x} dx - \int_{\frac{\pi}{2}}^{0} \frac{(\pi - t)\sin t}{1 + \cos^2 t} dt \right) = 2 \int_0^{\frac{\pi}{2}} \frac{\pi \sin x}{1 + \cos^2 x} dx$$

$$= -2\pi \int_0^{\frac{\pi}{2}} \frac{d\cos x}{1 + \cos^2 x} = -2\pi \arctan(\cos x) \Big|_0^{\frac{\pi}{2}} = \frac{\pi^2}{2}.$$

4. **解:** (1) $\displaystyle\int_1^e x \ln x dx = \frac{1}{2} \int_1^e \ln x dx^2 = \frac{1}{2} (x^2 \ln x) \Big|_1^e - \frac{1}{2} \int_1^e x dx = \frac{1}{2} e^2 - \frac{1}{4} x^2 \Big|_1^e = \frac{1}{4}(e^2 + 1).$

(2) $\displaystyle\int_0^{\frac{\pi}{2}} e^{2x} \cos x dx = \int_0^{\frac{\pi}{2}} e^{2x} d\sin x = (e^{2x} \sin x) \Big|_0^{\frac{\pi}{2}} - \int_0^{\frac{\pi}{2}} \sin x de^{2x} = e^{\pi} - 2 \int_0^{\frac{\pi}{2}} e^{2x} \sin x dx$

$$= e^{\pi} + 2 \int_0^{\frac{\pi}{2}} e^{2x} d\cos x = e^{\pi} + 2(e^{2x} \cos x) \Big|_0^{\frac{\pi}{2}} - 2 \int_0^{\frac{\pi}{2}} \cos x de^{2x} = e^{\pi} - 2 - 4 \int_0^{\frac{\pi}{2}} e^{2x} \cos x dx,$$

或: $\displaystyle\int_0^{\frac{\pi}{2}} e^{2x} \cos x dx = \frac{1}{2} \int_0^{\frac{\pi}{2}} \cos x de^{2x} = \frac{1}{2} (e^{2x} \cos x) \Big|_0^{\frac{\pi}{2}} - \frac{1}{2} \int_0^{\frac{\pi}{2}} e^{2x} d\cos x$

$$= -\frac{1}{2} + \frac{1}{2} \int_0^{\frac{\pi}{2}} e^{2x} \sin x dx = -\frac{1}{2} + \frac{1}{4} \int_0^{\frac{\pi}{2}} \sin x de^{2x}$$

$$= -\frac{1}{2} + \frac{1}{4} (e^{2x} \sin x) \Big|_0^{\frac{\pi}{2}} - \frac{1}{4} \int_0^{\frac{\pi}{2}} e^{2x} d\sin x = -\frac{1}{2} + \frac{1}{4} e^{\pi} - \frac{1}{4} \int_0^{\frac{\pi}{2}} e^{2x} \cos x dx,$$

由此得 $\displaystyle\int_0^{\frac{\pi}{2}} e^{2x} \cos x dx = \frac{1}{5}(e^{\pi} - 2).$

5. **求证:** (1) $\displaystyle\int_0^1 x^m (1-x)^n dx = \int_0^1 x^n (1-x)^m dx.$ (2) $\displaystyle\int_0^{\pi} \sin^n x dx = 2 \int_0^{\frac{\pi}{2}} \sin^n x dx.$

证: (1) 左边 $= \displaystyle\int_0^1 x^m (1-x)^n dx \xrightarrow[x=0 \Rightarrow t=1; x=1 \Rightarrow t=0]{\text{令} 1-x = t, dx = -dt} -\int_1^0 (1-t)^m t^n dt$

$$= \int_0^1 (1-t)^m t^n dt = \int_0^1 (1-x)^m x^n dx = \text{右边}.$$

(2) 左边 $= \displaystyle\int_0^{\pi} \sin^n x dx = \int_0^{\frac{\pi}{2}} \sin^n x dx + \int_{\frac{\pi}{2}}^{\pi} \sin^n x dx$

$$\xrightarrow[\;x=\frac{\pi}{2}\Rightarrow t=\frac{\pi}{2};\;x=\pi\Rightarrow t=0\;]{\;\diamondsuit\, x=\pi-t,\mathrm{d}x=-\,\mathrm{d}t;\;}\int_0^{\frac{\pi}{2}}\sin^n x\,\mathrm{d}x-\int_{\frac{\pi}{2}}^0\sin^n(\pi-t)\,\mathrm{d}t$$

$$=\int_0^{\frac{\pi}{2}}\sin^n x\,\mathrm{d}x+\int_0^{\frac{\pi}{2}}\sin^n t\,\mathrm{d}t=2\int_0^{\frac{\pi}{2}}\sin^n x\,\mathrm{d}x=\text{右边（证毕）}.$$

另证：左边 $=\displaystyle\int_0^\pi\sin^n x\,\mathrm{d}x=\int_0^{\frac{\pi}{2}}\sin^n x\,\mathrm{d}x+\int_{\frac{\pi}{2}}^\pi\sin^n x\,\mathrm{d}x$

$$\xrightarrow[]{\;\diamondsuit\, x=\frac{\pi}{2}+t\;}\int_0^{\frac{\pi}{2}}\sin^n x\,\mathrm{d}x+\int_0^{\frac{\pi}{2}}\sin^n(\tfrac{\pi}{2}+t)\,\mathrm{d}t=\int_0^{\frac{\pi}{2}}\sin^n x\,\mathrm{d}x+\int_0^{\frac{\pi}{2}}\cos^n t\,\mathrm{d}t$$

$$\xrightarrow[]{\;\diamondsuit\, x=\frac{\pi}{2}-t\;}\int_0^{\frac{\pi}{2}}\sin^n x\,\mathrm{d}x-\int_{\frac{\pi}{2}}^0\cos^n(\tfrac{\pi}{2}-t)\,\mathrm{d}t=2\int_0^{\frac{\pi}{2}}\sin^n x\,\mathrm{d}x=\text{右边（证毕）}.$$

【习题 5.4】(广义积分与 Γ- 函数)

1. 判别下列各广义积分的收敛性，如果收敛计算广义积分的值：

(1) $\displaystyle\int_1^{+\infty}\frac{\mathrm{d}x}{x^3}$；

(2) $\displaystyle\int_1^{+\infty}\frac{\mathrm{d}x}{\sqrt[3]{x}}$；

(3) $\displaystyle\int_0^{+\infty}\mathrm{e}^{-4x}\,\mathrm{d}x$；

(4) $\displaystyle\int_0^{+\infty}\mathrm{e}^{-x}\sin x\,\mathrm{d}x$；

(5) $\displaystyle\int_{-\infty}^{+\infty}\frac{\mathrm{d}x}{x^2+4x+5}$；

(6) $\displaystyle\int_0^2\frac{\mathrm{d}x}{(1-x)^3}$；

(7) $\displaystyle\int_0^1\frac{x\,\mathrm{d}x}{\sqrt{1-x^2}}$；

(8) $\displaystyle\int_1^2\frac{x\,\mathrm{d}x}{\sqrt{x-1}}$．

解： (1) 由于 $p=3>1,a=1>0$，故积分收敛，且 $\displaystyle\int_1^{+\infty}\frac{\mathrm{d}x}{x^3}=\int_a^{+\infty}\frac{\mathrm{d}x}{x^p}=\frac{a^{1-p}}{p-1}=\frac{1}{2}$．

(2) 由于 $p=\dfrac{1}{3}<1,a=1>0$，故积分 $\displaystyle\int_1^{+\infty}\frac{\mathrm{d}x}{\sqrt[3]{x}}=\int_a^{+\infty}\frac{\mathrm{d}x}{x^p}$ 发散．

(3) 积分收敛：$\displaystyle\int_0^{+\infty}\mathrm{e}^{-4x}\,\mathrm{d}x=\lim_{A\to+\infty}\int_0^A\mathrm{e}^{-4x}\,\mathrm{d}x=-\frac{1}{4}\lim_{A\to+\infty}\mathrm{e}^{-4x}\Big|_0^A=-\lim_{A\to+\infty}\frac{1}{4}(\mathrm{e}^{-4A}-1)=\frac{1}{4}$．

(4) 由于 $\displaystyle\int\mathrm{e}^{-x}\sin x\,\mathrm{d}x=-\frac{1}{2}\mathrm{e}^{-x}(\sin x+\cos x)+C$，于是下面积分收敛：

$$\int_0^{+\infty}\mathrm{e}^{-x}\sin x\,\mathrm{d}x=-\frac{1}{2}\mathrm{e}^{-x}(\sin x+\cos x)\Big|_0^{+\infty}=\frac{1}{2}.$$

(5) $\displaystyle\int_{-\infty}^{+\infty}\frac{\mathrm{d}x}{x^2+4x+5}=\int_{-\infty}^{+\infty}\frac{\mathrm{d}(x+2)}{(x+2)^2+1}=\arctan(x+2)\Big|_{-\infty}^{+\infty}=\frac{\pi}{2}-\left(-\frac{\pi}{2}\right)=\pi$，收敛．

(6) 由 $\displaystyle\int_0^1\frac{\mathrm{d}x}{(1-x)^3}=\lim_{\varepsilon\to0^+}\int_0^{1-\varepsilon}\frac{\mathrm{d}x}{(1-x)^3}=\lim_{\varepsilon\to0^+}\frac{1}{2}\frac{1}{(1-x)^2}\Big|_0^{1-\varepsilon}=\lim_{\varepsilon\to0^+}\left(\frac{1}{2\varepsilon^2}-\frac{1}{2}\right)=+\infty$，

知 $\displaystyle\int_0^1\frac{\mathrm{d}x}{(1-x)^3}$ 发散，故积分 $\displaystyle\int_0^2\frac{\mathrm{d}x}{(1-x)^3}$ 发散．

(7) $\displaystyle\int_0^1\frac{x\,\mathrm{d}x}{\sqrt{1-x^2}}=-\frac{1}{2}\int_0^1\frac{\mathrm{d}(1-x^2)}{\sqrt{1-x^2}}=-\sqrt{1-x^2}\Big|_0^1=0-(-1)=1$，积分收敛．

(8) $\displaystyle\int_1^2\frac{x\,\mathrm{d}x}{\sqrt{x-1}}=\int_1^2\frac{x\,\mathrm{d}x}{\sqrt{x-1}}\xrightarrow[\;x=t^2+1\;]{\;t=\sqrt{x-1}\;}2\int_0^1(t^2+1)\,\mathrm{d}t=2\left(\frac{t^3}{3}+t\right)\Big|_0^1=2\left(\frac{1}{3}+1\right)=\frac{8}{3}$，收敛．

2. 设有广义积分 $\displaystyle\int_2^{+\infty}\frac{\mathrm{d}x}{x(\ln x)^k}$，其中 k 为参数．

(1) 讨论该广义积分的敛散性？　　　　(2)* 问当 k 为何值时,广义积分取得最小值？

解： $\forall b > 2, \displaystyle\int_2^b \frac{\mathrm{d}x}{x\,(\ln x)^k} = \int_2^b \frac{\mathrm{d}\ln x}{(\ln x)^k} = \begin{cases} \ln\ln x \big|_2^b = \ln\ln b - \ln\ln 2, & k = 1, \\[2mm] \dfrac{(\ln x)^{1-k}}{1-k}\bigg|_2^b = \dfrac{1}{1-k}\big[(\ln b)^{1-k} - (\ln 2)^{1-k}\big], & k \neq 1. \end{cases}$

(1) 当 $k = 1$ 时, $\displaystyle\int_2^{+\infty} \frac{\mathrm{d}x}{x\,(\ln x)^k} = \lim_{b\to+\infty}(\ln\ln b - \ln\ln 2) = +\infty$, 积分发散;

当 $k < 1$ 时, $\displaystyle\int_2^{+\infty} \frac{\mathrm{d}x}{x\,(\ln x)^k} = \lim_{b\to+\infty}\frac{1}{1-k}\big[(\ln b)^{1-k} - (\ln 2)^{1-k}\big] = +\infty$, 积分发散;

当 $k > 1$ 时, $\displaystyle\int_2^{+\infty} \frac{\mathrm{d}x}{x\,(\ln x)^k} = \lim_{b\to+\infty}\frac{1}{1-k}\big[(\ln b)^{1-k} - (\ln 2)^{1-k}\big] = \frac{(\ln 2)^{1-k}}{k-1}$, 积分收敛.

(2) 设 $\varphi(k) = (k-1)(\ln 2)^{k-1}$, 则当 $k > 1$ 时 $\varphi(k) > 0$, 且(注意到 $\ln\ln 2 < 0$)

$$\varphi'(k) = (\ln 2)^{k-1} + (k-1)(\ln 2)^{k-1}\ln\ln 2 = (\ln 2)^{k-1}\ln\ln 2\left(k - 1 + \frac{1}{\ln\ln 2}\right).$$

令 $\varphi'(k) = 0$ 得 $k_0 = 1 - \dfrac{1}{\ln\ln 2} > 1$, 于是当 $k < k_0$ 时, $\varphi'(x) > 0$, 当 $k > k_0$ 时, $\varphi'(x) < 0$.
可见当 $k = k_0$ 时, $\varphi(k)$ 取得最大值, 于是当 $k = k_0$ 时积分取得最小值:

$$\int_2^{+\infty} \frac{\mathrm{d}x}{x\,(\ln x)^{k_0}} = \frac{1}{\varphi(k_0)} = \frac{(\ln 2)^{1-k_0}}{k_0 - 1} \quad \left(k_0 = 1 - \frac{1}{\ln\ln 2} > 1\right).$$

3. 用 $\Gamma-$ 函数表示下列积分,并计算积分值[已知 $\Gamma\left(\dfrac{1}{2}\right) = \sqrt{\pi}$].

解： (1) $\displaystyle\int_0^{+\infty} x^m \mathrm{e}^{-x}\mathrm{d}x = \int_0^{+\infty} x^{(m+1)-1}\mathrm{e}^{-x}\mathrm{d}x = \Gamma(m+1) = m!,\quad (m$ 为自然数);

(2) $\displaystyle\int_0^{+\infty} \sqrt{x}\,\mathrm{e}^{-x}\mathrm{d}x = \int_0^{+\infty} x^{\frac{3}{2}-1}\mathrm{e}^{-x}\mathrm{d}x = \Gamma\left(\frac{3}{2}\right) = \Gamma\left(\frac{1}{2}+1\right) = \frac{1}{2}\Gamma\left(\frac{1}{2}\right) = \frac{\sqrt{\pi}}{2}$;

(3) $\displaystyle\int_{-\infty}^{+\infty} x^5 \mathrm{e}^{-x^2}\mathrm{d}x \xlongequal[\mathrm{d}s=2x\mathrm{d}x]{s=x^2} \frac{1}{2}\int_0^{+\infty} s^2 \mathrm{e}^{-s}\mathrm{d}s = \frac{1}{2}\Gamma(3) = \frac{1}{2}\cdot 2! = 1.$

【习题 5.5】(定积分的应用)(解答)

1. 求由下列曲线所围图形的面积:

(1) $y = \sqrt{x}, y = x$;

解： 由 $\begin{cases} y = \sqrt{x} \\ y = x \end{cases}$, 得 $\begin{cases} x = 0 \\ y = 0 \end{cases}$ 或 $\begin{cases} x = 1 \\ y = 1 \end{cases}$. 图 A 为: $0 \leqslant x \leqslant 1; x \leqslant y \leqslant \sqrt{x}$, 面积为

$$A = \int_0^1 (\sqrt{x} - x)\mathrm{d}x = \left[\frac{2}{3}x^{\frac{3}{2}} - \frac{x^2}{2}\right]_0^1 = \frac{2}{3} - \frac{1}{2} = \frac{1}{6}.$$

(2) $y = \mathrm{e}^x, x = 0, y = \mathrm{e}$;　　　**解：** 图 A 为: $0 \leqslant x \leqslant 1; \mathrm{e}^x \leqslant y \leqslant \mathrm{e}$, 面积为

$$A = \int_0^1 (\mathrm{e} - \mathrm{e}^x)\mathrm{d}x = (\mathrm{e}x - \mathrm{e}^x)\big|_0^1 = 1.$$

或: 图 A 为: $1 \leqslant y \leqslant \mathrm{e}; 0 \leqslant x \leqslant \ln y$, 面积为

$$A = \int_1^{\mathrm{e}} \ln y\,\mathrm{d}y = (y\ln y)\big|_1^{\mathrm{e}} - \int_1^{\mathrm{e}} \mathrm{d}y = \mathrm{e} - (\mathrm{e}-1) = 1.$$

(3) $y = 3 - x^2, y = 2x$;

解： 由 $\begin{cases} y = 3 - x^2 \\ y = 2x \end{cases}$, 得 $\begin{cases} x = -3 \\ y = -6 \end{cases}$ 或 $\begin{cases} x = 1 \\ y = 2 \end{cases}$, 图 A 为: $-3 \leqslant x \leqslant 1; 2x \leqslant y \leqslant 3 - x^2$,

面积为　$A = \displaystyle\int_{-3}^1 [(3-x^2) - 2x]\mathrm{d}x = \left(3x - \frac{x^3}{3} - x^2\right)\bigg|_{-3}^1 = \frac{5}{3} + 9 = \frac{32}{3}.$

(4) $y = \dfrac{x^2}{2}, y^2 + x^2 = 8$；　　　解：由$\begin{cases} y = \dfrac{x^2}{2} \\ y^2 + x^2 = 8 \end{cases}$，得$\begin{cases} x = -2 \\ y = 2 \end{cases}$或$\begin{cases} x = 2 \\ y = 2 \end{cases}$．

(i) 图形：$A_1 : -2 \leqslant x \leqslant 2; \dfrac{x^2}{2} \leqslant y \leqslant \sqrt{8 - x^2}$，面积为（参见第四章第一(二)2 节例 H）

$$A_1 = \int_{-2}^{2} \left(\sqrt{8 - x^2} - \dfrac{x^2}{2} \right) \mathrm{d}x = \left(4\arcsin \dfrac{x}{2\sqrt{2}} + \dfrac{x}{2}\sqrt{8 - x^2} - \dfrac{x^3}{6} \right) \bigg|_{-2}^{2} = 2\pi + \dfrac{4}{3},$$

(ii) 图形：A_2：圆盘 $y^2 + x^2 \leqslant 8$ 扣去图形 A_1，面积为

$$A_2 = 8\pi - \left(2\pi + \dfrac{4}{3} \right) = 6\pi - \dfrac{4}{3}.$$

(5) $y = \dfrac{1}{x}$ 与 $y = x, x = 2$；　　　解：　图形：$A : 1 \leqslant x \leqslant 2; \dfrac{1}{x} \leqslant y \leqslant x$，所求面积为

$$A = \int_{1}^{2} \left(x - \dfrac{1}{x} \right) \mathrm{d}x = \left(\dfrac{x^2}{2} - \ln x \right) \bigg|_{1}^{2} = 2 - \ln 2 - \dfrac{1}{2} = \dfrac{3}{2} - \ln 2.$$

(6) $y = \mathrm{e}^x, y = \mathrm{e}^{-x}, x = 1$；　　　解：　图形：$A : 0 \leqslant x \leqslant 1; \mathrm{e}^{-x} \leqslant y \leqslant \mathrm{e}^x$，所求面积为

$$A = \int_{0}^{1} (\mathrm{e}^x - \mathrm{e}^{-x}) \mathrm{d}x = (\mathrm{e}^x + \mathrm{e}^{-x}) \big|_{0}^{1} = \mathrm{e} + \mathrm{e}^{-1} - 2.$$

(7) $y = \ln x, x = 0, y = \ln a, y = \ln b (b > a > 0)$．

解：　图形：$A : \ln a \leqslant y \leqslant \ln b; 0 \leqslant x \leqslant \mathrm{e}^y$，所求面积为

$$A = \int_{\ln a}^{\ln b} \mathrm{e}^y \mathrm{d}y = \mathrm{e}^y \big|_{\ln a}^{\ln b} = b - a.$$

2. 求由下列各题中的曲线所围图形绕指定轴旋转的旋转体的体积：

(1) $y = x^3, y = 0, x = 2$ 绕 x 轴、y 轴；

解：　$V_x = \displaystyle\int_{0}^{2} \pi y^2 \mathrm{d}x = \int_{0}^{2} \pi x^6 \mathrm{d}x = \dfrac{\pi x^7}{7} \bigg|_{0}^{2} = \dfrac{128\pi}{7},$

$$V_y = \int_{0}^{8} (\pi \cdot 2^2 - \pi x^2) \mathrm{d}y = \int_{0}^{8} (4\pi - \pi y^{\frac{2}{3}}) \mathrm{d}y = \left(4\pi y - \dfrac{3\pi y^{\frac{5}{3}}}{5} \right) \bigg|_{0}^{8} = \dfrac{64\pi}{5}.$$

(2) $y = x^2, x = y^2$ 绕 y 轴；　　　解：$x_1 = \sqrt{y}, x_2 = y^2, 0 \leq y \leq 1$，

$$V_y = \int_{0}^{1} (\pi x_1^2 - \pi x_2^2) \mathrm{d}y = \int_{0}^{1} (\pi y - \pi y^4) \mathrm{d}y = \left(\dfrac{\pi y^2}{2} - \dfrac{\pi y^5}{5} \right) \bigg|_{0}^{1} = \dfrac{\pi}{2} - \dfrac{\pi}{5} = \dfrac{3\pi}{10}.$$

(3) $x^2 + (y - 5)^2 = 16$ 绕 x 轴；

解：$y_1 = 5 + \sqrt{16 - x^2}, y_2 = 5 - \sqrt{16 - x^2}, -4 \leq x \leq 4$，

$$V_x = \int_{-4}^{4} (\pi y_1^2 - \pi y_2^2) \mathrm{d}x = 20\pi \int_{-4}^{4} \sqrt{16 - x^2} \mathrm{d}x = 160\pi^2.$$

(4) $x^2 + y^2 = a^2$ 绕 $x = b (b > a > 0)$．

解：$x_1 = -\sqrt{a^2 - y^2}, x_2 = \sqrt{a^2 - y^2}, -a \leq y \leq a$，

$$\mathrm{d}V_y = \pi (b - x_1)^2 \mathrm{d}y - \pi (b - x_2)^2 \mathrm{d}y = 4b\pi \sqrt{a^2 - y^2} \mathrm{d}y,$$

$$V = \int_{-a}^{a} 4b\pi \sqrt{a^2 - y^2} \mathrm{d}y = 2a^2 b\pi^2.$$

3. 用平面截面积已知的立体体积公式计算下列各题中立体的体积：

(1) 以半径为 R 的圆为底、平行且等于底圆直径的线段为顶、高为 H 的正劈锥体．

解：　$A(x) = \dfrac{1}{2} H \cdot 2y = H \sqrt{R^2 - x^2}, -R \leq x \leq R,$

$$V = \int_{-R}^{R} A(x)\,\mathrm{d}x = \frac{H}{2}\int_{-R}^{R}(R^2 - x^2)\,\mathrm{d}x = \frac{\pi}{2}R^2 H.$$

(2) 半径为 R 的球体中高为 $H(H < R)$ 的球缺.

解: $A(y) = \pi(R^2 - y^2)$, $R - H \leqslant y \leqslant R$,

$$V = \int_{R-H}^{R} A(x)\,\mathrm{d}x = \pi\int_{R-H}^{R}(R^2 - y^2)\,\mathrm{d}y = \pi R^2 H - \frac{\pi}{3}\big[R^3$$

$$- (R-H)^3\big]$$

$$= \pi R H^2 - \frac{\pi}{3}H^3 = \pi H^2\left(R - \frac{H}{3}\right).$$

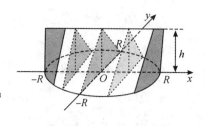

(3) 底面为椭圆 $\dfrac{x^2}{a^2} + \dfrac{y^2}{b^2} \leqslant 1$ 的椭圆柱体被通过 x 轴且与底面夹

角 $\alpha\left(0 < \alpha < \dfrac{\pi}{2}\right)$ 的平面所截的劈形立体.

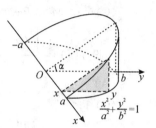

解: $A(x) = \dfrac{1}{2}b\sqrt{1 - \dfrac{x^2}{a^2}} \cdot b\sqrt{1 - \dfrac{x^2}{a^2}}\tan\alpha = \dfrac{b^2}{2}\tan\alpha \cdot \left(1 - \dfrac{x^2}{a^2}\right),$

$$\therefore V = \int_{-a}^{a} A(x)\,\mathrm{d}x = \frac{b^2}{2}\tan\alpha\int_{-a}^{a}\left(1 - \frac{x^2}{a^2}\right)\mathrm{d}x = \frac{2}{3}ab^2\tan\alpha.$$

Ⅱ. 第五章自测题及其解答

自测题五

一、选择题

1. $F(x)$ 在 $[a,b]$ 上有界是 $\displaystyle\int_a^b f(x)\,\mathrm{d}x$ 存在的(　　).

(A) 必要条件;　　　　　　　　　　(B) 充分条件;

(C) 充要条件;　　　　　　　　　　(D) 以上都不对.

2. 下列关系式中正确的是(　　).

(A) $\displaystyle\int_0^1 \sin x\,\mathrm{d}x = \int_0^1 x\,\mathrm{d}x$;　　　(B) $\displaystyle\int_0^1 \sin x\,\mathrm{d}x \geqslant \int_0^1 x\,\mathrm{d}x$;

(C) $\displaystyle\int_0^1 \sin x\,\mathrm{d}x \leqslant \int_0^1 x\,\mathrm{d}x$;　　　(D) 以上都不对.

3. 下列关系式中正确的是(　　).

(A) $0 \leqslant \displaystyle\int_0^1 \mathrm{e}^{x^2}\,\mathrm{d}x \leqslant 1$;　　　　(B) $\mathrm{e} \leqslant \displaystyle\int_0^1 \mathrm{e}^{x^2}\,\mathrm{d}x \leqslant \mathrm{e}^2$;

(C) $1 \leqslant \displaystyle\int_0^1 \mathrm{e}^{x^2}\,\mathrm{d}x \leqslant \mathrm{e}$;　　　　(D) 以上都不对.

4. 设 $f(x)$ 为连续函数,且 $F(x) = \displaystyle\int_x^{\ln x} f(t)\,\mathrm{d}t$,则 $F'(x) = ($　　$)$.

(A) $\dfrac{1}{x}f(\ln x) + f(x)$;　　　　(B) $\dfrac{1}{x}f(\ln x) - f(x)$;

(C) $f(\ln x) + f(x)$;　　　　　　(D) $f(\ln x) - f(x)$.

5. 设 $f(x)$ 在 $[-a,a](a>0)$ 上为连续函数,且 $F(x)=\int_0^x f(t)\mathrm{d}t$ 是( ).

(A) 连续奇函数;　　　　　　　　　(B) 连续偶函数;

(C) 非奇非偶函数;　　　　　　　　(D) 不连续函数.

6. 设 $M=\int_{\frac{\pi}{2}}^{\frac{\pi}{2}}\dfrac{x}{4+\cos^2 x}\mathrm{d}t,N=\int_{\frac{\pi}{2}}^{\frac{\pi}{2}}(x+\cos^2 x)\mathrm{d}t,P=\int_{\frac{\pi}{2}}^{\frac{\pi}{2}}(x-\cos^2 x)\mathrm{d}t$,则( ).

(A) $N<P<M$;　　　　　　　　　(B) $M<P<N$;

(C) $N<M<P$;　　　　　　　　　(D) $P<M<N$

7. 设 $f(x)=\dfrac{\int_0^x (\mathrm{e}^t-1)\mathrm{d}t}{x}\ (x\neq 0)$. 要使得 $f(x)$ 在 $x=0$ 处连续,则必定义 $f(0)=($).

(A) -1;　　　　　　　　　　　(B) 0;

(C) 1;　　　　　　　　　　　　(D) 2.

8. 下面结论正确的是( ).

(A) 若 $f(x)$ 是周期为 T 的函数,则对任意常数 a,都有 $\int_a^{a+T} f(x)\mathrm{d}x=\int_0^T f(x)\mathrm{d}x$;

(B) 若 $|f(x)|$ 可积,则必 $f(x)$ 可积;

(C) 若 $[a,b]\subseteq[c,d]$,则必有 $\int_a^b f(x)\mathrm{d}x\geqslant\int_c^d f(x)\mathrm{d}x$;

(D) 若 $f(x)$ 在 $[a,b]$ 上可积,,则 $f(x)$ 在 $[a,b]$ 内必有原函数.

二、计算下列定积分

1. $\displaystyle\int_0^{\frac{\pi}{4}}\dfrac{1}{5\cos^2 x-1}\mathrm{d}x$;　　　　　　　2. $\displaystyle\int_0^{\ln 2}\sqrt{\mathrm{e}^x-1}\,\mathrm{d}x$;

3. $\displaystyle\int_1^{\mathrm{e}}\dfrac{\ln x}{\sqrt{x}}\mathrm{d}x$;　　　　　　　　　4. $\displaystyle\int_0^{\frac{\sqrt 3}{2}}\dfrac{1}{1-x^2+\sqrt{1-x^2}}\mathrm{d}x$;

5. $\displaystyle\int_{-\infty}^1\dfrac{1}{\sqrt{(4-3x)^3}}\mathrm{d}x$.

三、解答题

1. 求和式极限 $\displaystyle\lim_{n\to\infty}\dfrac{1}{2n}\left[\cos\dfrac{\pi}{2n}+\cos\dfrac{2\pi}{2n}+\cdots+\cos\dfrac{(n-1)\pi}{2n}\right]$.

2. 设 $f(x)$ 在 $[0,1/2]$ 连续,若 $f(x)=\dfrac{1}{\sqrt{1-x^2}}+\displaystyle\int_0^{\frac{1}{2}}f(t)\mathrm{d}t$,求 $f(x)$.

四、证明题

设 $f(x)$ 在 $[a,b]$ 上连续,(a,b) 内可微,$f'(x)\leqslant 0$. 若设 $F(x)=\dfrac{1}{x-a}\displaystyle\int_a^x f(t)\mathrm{d}t$,求证

$$F'(x)\leqslant 0.$$

五、应用题

1. 求曲线 $y=\sqrt{x}$ 与直线 $x=1,x=4$ 及 x 轴所围的平面图形 S 分别绕 y 轴旋转而得的旋转体的体积.

2. 求曲线 $y=\dfrac{1}{4}x^2-\dfrac{1}{2}\ln x\,(1\leqslant x\leqslant\mathrm{e})$ 的弧长.

自测题五参考答案

一、选择题

1. A； 2. C； 3. C.； 4. D； 5. B； 6. D； 7. B； 8. A.

二、计算下列定积分

1. $\displaystyle\int_0^{\frac{\pi}{4}} \frac{1}{5\cos^2 x - 1}\mathrm{d}x = \int_0^{\frac{\pi}{4}} \frac{\sec^2 x}{5 - \sec^2 x}\mathrm{d}x = \int_0^{\frac{\pi}{4}} \frac{1}{4 - \tan^2 x}\mathrm{d}\tan x$

$\displaystyle = \frac{1}{4}\int_0^{\frac{\pi}{4}} \left(\frac{1}{2 + \tan x} + \frac{1}{2 - \tan x}\right)\mathrm{d}\tan x = \frac{1}{4}\ln\left|\frac{2 + \tan x}{2 - \tan x}\right|\ \Big|_0^{\frac{\pi}{4}} = \frac{1}{4}\ln 3.$

2. $\displaystyle\int_0^{\ln 2}\sqrt{\mathrm{e}^x - 1}\,\mathrm{d}x \xrightarrow[\mathrm{d}x = \frac{2u}{u^2 + 1}\mathrm{d}u]{\text{设 } u = \sqrt{\mathrm{e}^x - 1}} \int_0^1 u\,\frac{2u}{u^2 + 1}\mathrm{d}u$

$\displaystyle = 2\int_0^1\left(1 - \frac{1}{u^2 + 1}\right)\mathrm{d}u = 2(u - \arctan u)\ |_0^1 = 2 - \frac{\pi}{2}.$

3. $\displaystyle\int_1^{\mathrm{e}} \frac{\ln x}{\sqrt{x}}\mathrm{d}x = 2\int_1^{\mathrm{e}}\ln x\,\mathrm{d}\sqrt{x} = 2(\sqrt{x}\ln x)\ |_1^{\mathrm{e}} - 2\int_1^{\mathrm{e}}\sqrt{x}\cdot\frac{1}{x}\mathrm{d}x$

$\displaystyle = 2(\sqrt{\mathrm{e}} - 0) - 2\cdot 2\sqrt{x}\ |_1^{\mathrm{e}} = 4 - 2\sqrt{\mathrm{e}}.$

4. $\displaystyle\int_0^{\frac{\sqrt{3}}{2}} \frac{1}{1 - x^2 + \sqrt{1 - x^2}}\mathrm{d}x \xrightarrow[\substack{x = 0 \Rightarrow t = 0;\\ x = \sqrt{3}/2 \Rightarrow t = \pi/3.}]{\text{令 } x = \sin t,} \int_0^{\frac{\pi}{3}} \frac{\cos t}{\cos^2 t + \cos t}\mathrm{d}t = \int_0^{\frac{\pi}{3}} \frac{1}{1 + \cos t}\mathrm{d}t$

$\displaystyle = \frac{1}{2}\int_0^{\frac{\pi}{3}}\sec^2\frac{t}{2}\mathrm{d}t = \tan\frac{t}{2}\ \Big|_0^{\frac{\pi}{3}} = \tan\frac{\pi}{6} - \tan 0 = \frac{\sqrt{3}}{3}.$

5. $\displaystyle\int_{-\infty}^1 \frac{1}{\sqrt{(4 - 3x)^3}}\mathrm{d}x = \lim_{A \to -\infty}\int_A^1 (4 - 3x)^{-\frac{3}{2}}\mathrm{d}x = -\frac{1}{3}\lim_{A \to -\infty}\left[-2(4 - 3x)^{-\frac{1}{2}}\right]|_A^1$

$\displaystyle = \frac{2}{3}\lim_{A \to -\infty}\left(1 - \frac{1}{\sqrt{4 - 3A}}\right) = \frac{2}{3}.$

三、解答题

1. $\displaystyle\lim_{n \to \infty}\frac{1}{2n}\left[\cos\frac{\pi}{2n} + \cos\frac{2\pi}{2n} + \cdots + \cos\frac{(n-1)\pi}{2n}\right] = \int_0^{\frac{1}{2}}\cos\pi x\,\mathrm{d}x = \frac{1}{\pi}\sin\pi x\ \Big|_0^{\frac{1}{2}} = \frac{1}{\pi}.$

2. **解**： 设 $A = \displaystyle\int_0^{\frac{1}{2}} f(x)\mathrm{d}x$. 将 $f(x) = \dfrac{1}{\sqrt{1 - x^2}} + \displaystyle\int_0^{\frac{1}{2}} f(t)\mathrm{d}t$ 两边关于 $[0, 1/2]$ 积分得

$$A = \int_0^{\frac{1}{2}} f(x)\mathrm{d}x = \int_0^{\frac{1}{2}} \frac{1}{\sqrt{1 - x^2}}\mathrm{d}x + \frac{1}{2}\int_0^{\frac{1}{2}} f(t)\mathrm{d}t = \arcsin x\ |_0^{\frac{1}{2}} + \frac{1}{2}A = \frac{\pi}{6} + \frac{1}{2}A,$$

解得 $A = \displaystyle\int_0^{\frac{1}{2}} f(t)\mathrm{d}t = \frac{\pi}{3}.$ 故 $\quad f(x) = \dfrac{1}{\sqrt{1 - x^2}} + \dfrac{\pi}{3}.$

四、证明题

1. **证**： 要证 $F'(x) \leqslant 0$. 根据积分平均值定理，$\forall x \in (a, b)$，$\exists \xi \in (a, x)$ 使得

$$F(x) = \frac{1}{x - a}\int_a^x f(t)\mathrm{d}t = f(\xi).$$

根据微分中值定理，对上述 ξ，$\exists \eta \in (a, \xi)$ 使得 $\quad \dfrac{f(x) - f(\xi)}{x - a} = f'(\eta).$ 于是在 (a, b) 内有

$$F'(x) = -\frac{1}{(x-a)^2}\int_a^x f(t)\mathrm{d}t + \frac{1}{x-a}f(x) = \frac{f(x)-f(\xi)}{x-a} == f'(\eta) \leqslant 0.$$

五、应用题

1. 解： （1）曲线 $y=\sqrt{x}$ 与直线 $x=1,x=4$ 及 x 轴所围平面图形 S 绕 x 轴旋转的体积为

$$V_x = \pi\int_1^4 y^2\mathrm{d}x = \pi\int_1^4 x\mathrm{d}x = \frac{\pi}{2}x^2\Big|_1^4 = \frac{15}{2}\pi.$$

（2）将函数化为 $x=y^2$，当 $x=1$ 时 $y=1$；当 $x=4$ 时 $y=2$. 故 S 绕 y 轴旋转得体积

$$V_y = \pi\int_1^2 x^2\mathrm{d}y = \pi\int_1^2 y^4\mathrm{d}y = \frac{\pi}{5}x^5\Big|_1^2 = \frac{31}{5}\pi.$$

2. 解： 因 $y'=\left(\frac14 x^2 - \frac12\ln x\right)' = \frac12\left(x-\frac1x\right)$，故曲线 $y=\frac14 x^2 - \frac12\ln x(1\leqslant x\leqslant \mathrm{e})$ 弧长为

$$S = \int_1^{\mathrm{e}}\sqrt{1+y'^2}\mathrm{d}x = \int_1^{\mathrm{e}}\sqrt{1+\frac14\left(x-\frac1x\right)^2}\mathrm{d}x = \int_1^{\mathrm{e}}\frac12\left(x+\frac1x\right)\mathrm{d}x$$

$$= \frac12\left[\frac{x^2}{2}+\ln x\right]_1^{\mathrm{e}} = \frac14(\mathrm{e}^2+1).$$

Ⅲ. 第五章杂难题与综合例题

【例1】 设 f 与 g 在 $x=0$ 的某邻域内连续，且 $g(0)\neq 0$，求 $\lim\limits_{x\to 0}\dfrac{\int_0^{x^2}f(\sqrt{x^2-t})\mathrm{d}t}{\int_0^1 x^2 g(xt)\mathrm{d}t}.$

解： 原式 $\xrightarrow[\text{罗比达法}(0/0\text{型})]{\text{令}u=xt}\lim\limits_{x\to 0}\dfrac{\left[\int_0^{x^2}f(\sqrt{x^2-t})\mathrm{d}t\right]'}{\left[x\int_0^x g(u)\mathrm{d}u\right]'} = \lim\limits_{x\to 0}\dfrac{2xf(0)}{\int_0^x g(u)\mathrm{d}u + xg(x)}$

$$= \frac{2f(0)}{\lim\limits_{x\to 0}\dfrac{\int_0^x g(u)\mathrm{d}u}{x}+\lim\limits_{x\to 0}g(x)} = \frac{2f(0)}{\lim\limits_{x\to 0}\dfrac{\left[\int_0^x g(u)\mathrm{d}u\right]'}{(x)'}+g(0)} = \frac{f(0)}{g(0)}.$$

【例2】 利用定积分定义求 $\int_1^{\mathrm{e}}\ln x\mathrm{d}x.$

解： 因 $\ln x$ 在 $[1,\mathrm{e}]$ 上连续，故可积. 分划区间 $[1,\mathrm{e}]$，分点为 $x_i=\mathrm{e}^{\frac{i}{n}},i=0,1,\cdots,n$，则 $\Delta x_i = x_i - x_{i-1} = \mathrm{e}^{\frac{i}{n}}-\mathrm{e}^{\frac{i-1}{n}}$. 取区间右端点 $\xi_i=x_i=\mathrm{e}^{\frac{i}{n}},i=1,2,\cdots,n$. 则 $f(\xi_i)=\ln\xi_i=\frac{i}{n}$，

$$\sum_{i=1}^n f(\xi_i)\Delta x_i = \sum_{i=1}^n \frac{i}{n}(\mathrm{e}^{\frac{i}{n}}-\mathrm{e}^{\frac{i-1}{n}}) = \sum_{i=1}^n \frac{i}{n}\mathrm{e}^{\frac{i}{n}} - \sum_{i=1}^n\left(\frac{i-1}{n}\mathrm{e}^{\frac{i-1}{n}}+\frac1n\mathrm{e}^{\frac{i-1}{n}}\right)$$

$$= \mathrm{e} - \sum_{i=1}^n\frac1n\mathrm{e}^{\frac{i-1}{n}} = \mathrm{e}-\frac1n\frac{1-\mathrm{e}}{1-\mathrm{e}^{\frac1n}}.$$

则 $\int_1^{\mathrm{e}}\ln x\mathrm{d}x = \lim\limits_{n\to\infty}\left(\mathrm{e}-\frac1n\frac{1-\mathrm{e}}{1-\mathrm{e}^{\frac1n}}\right) = \mathrm{e}-(1-\mathrm{e})\lim\limits_{n\to\infty}\frac1n\left(\frac{1}{1-\mathrm{e}^{\frac1n}}\right) = \mathrm{e}-(1-\mathrm{e})(-1)=1.$

【例3】 求极限 $\lim\limits_{n\to\infty}\int_0^1\dfrac{nx^{n-1}}{1+\sin x}\mathrm{d}x.$

解： 因 $\int_0^1\dfrac{nx^{n-1}}{1+\sin x}\mathrm{d}x = \int_0^1\dfrac{\mathrm{d}x^n}{1+\sin x} = \dfrac{x^n}{1+\sin x}\Big|_0^1 + \int_0^1\dfrac{x^n\cos x}{(1+\sin x)^2}\mathrm{d}x$，又

$$0 \leqslant \int_0^1 \frac{x^n \cos x}{(1+\sin x)^2} \mathrm{d}x \leqslant \int_0^1 x^n \mathrm{d}x = \frac{1}{n+1} \xrightarrow[n \to \infty]{} 0.$$

从而 $\lim\limits_{n\to\infty} \int_0^1 \frac{nx^{n-1}}{1+\sin x} \mathrm{d}x = \lim\limits_{n\to\infty}\left[\frac{1}{1+\sin 1} + \int_0^1 \frac{x^n\cos x}{(1+\sin x)^2}\mathrm{d}x\right] = \frac{1}{1+\sin 1}.$

【例4】 计算定积分 $\int_a^b \sqrt{(x-a)(b-x)}\,\mathrm{d}x\,(b>a)$.

解： 首先被积变形得 $\sqrt{(x-a)(b-x)} = \sqrt{\left(\frac{b-a}{2}\right)^2 - \left(x - \frac{a+b}{2}\right)^2}$，它表示以

$\left(\frac{a+b}{2}, 0\right)$ 为圆心，以 $r = \frac{b-a}{2}$ 为半径的上半圆，其面积为 $S = \frac{1}{2}\pi r^2 = \frac{\pi(b-a)^2}{8}$.

由定积分的几何意义知 $\int_a^b \sqrt{(x-a)(b-x)}\,\mathrm{d}x = \frac{\pi(b-a)^2}{8}$.

【例5】 $\int_{\frac{1}{2}}^1 \frac{\arcsin\sqrt{x}}{\sqrt{x(1-x)}}\mathrm{d}x \xlongequal{t=\sqrt{x}} 2\int_{\frac{1}{\sqrt{2}}}^1 \frac{\arcsin t}{\sqrt{1-t^2}}\mathrm{d}t = \arcsin^2 t \Big|_{\frac{1}{\sqrt{2}}}^1 = \frac{3}{16}\pi^2.$

或：$\int_{\frac{1}{2}}^1 \frac{\arcsin\sqrt{x}}{\sqrt{x(1-x)}}\mathrm{d}x \xlongequal{x=\sin^2 t} \int_{\frac{\pi}{4}}^{\frac{\pi}{2}} \frac{2t\sin t\cos t}{\sin t\cos t}\mathrm{d}t = \int_{\frac{\pi}{4}}^{\frac{\pi}{2}} 2t\,\mathrm{d}t = \frac{3\pi^2}{16}.$

【例6】 (1) $\int_a^{2a} \frac{\sqrt{x^2-a^2}}{x^4}\mathrm{d}x \xlongequal[(a>0)]{\diamond x=1/t} \int_{\frac{1}{2a}}^{\frac{1}{a}} \frac{\sqrt{t^{-2}-a^2}}{t^{-4}}(-t^{-2})\mathrm{d}t = \int_{\frac{1}{2a}}^{\frac{1}{a}} \sqrt{1-a^2t^2}\,t\,\mathrm{d}t$

$$= -\frac{1}{2a^2}\frac{2}{3}\sqrt{(1-a^2t^2)^3}\,\Big|_{\frac{1}{2a}}^{\frac{1}{a}} = \frac{1}{3a^2}\cdot\frac{3\sqrt{3}}{8} = \frac{\sqrt{3}}{8a^2}.$$

(2) $\int_a^{\sqrt{3}a} \frac{1}{x^2\sqrt{a^2+x^2}}\mathrm{d}x \xlongequal[(a>0)]{\diamond x=1/t} \int_{\frac{1}{a}}^{\frac{1}{\sqrt{3}a}} \frac{t\,\mathrm{d}t}{\sqrt{1+a^2t^2}} = -\frac{1}{2a^2}\int_{\frac{1}{a}}^{\frac{1}{\sqrt{3}a}} \frac{\mathrm{d}(1+a^2t^2)}{\sqrt{1+a^2t^2}}$

$$= -\frac{1}{a^2}\sqrt{1+a^2t^2}\,\Big|_{\frac{1}{a}}^{\frac{1}{\sqrt{3}a}} = \frac{1}{a^2}\left(\sqrt{2} - \frac{2\sqrt{3}}{3}\right).\,(a>0)$$

【例7】 $\int_{-\frac{\pi}{4}}^{\frac{\pi}{4}} \frac{\sin^2 x\,\mathrm{d}x}{1+e^{-x}} = \int_0^{\frac{\pi}{4}} \frac{\sin^2 x\,\mathrm{d}x}{1+e^{-x}} + \int_{-\frac{\pi}{4}}^0 \frac{\sin^2 x\,\mathrm{d}x}{1+e^{-x}} \xlongequal{\diamond x=-t} \int_0^{\frac{\pi}{4}} \frac{e^x\sin^2 x\,\mathrm{d}x}{e^x+1} + \int_0^{\frac{\pi}{4}} \frac{\sin^2 t\,\mathrm{d}t}{1+e^t}$

$$= \int_0^{\frac{\pi}{4}}\left(\frac{e^x}{e^x+1} + \frac{1}{1+e^x}\right)\sin^2 x\,\mathrm{d}x = \int_0^{\frac{\pi}{4}} \sin^2 x\,\mathrm{d}x = \int_0^{\frac{\pi}{4}} \frac{1-\cos 2x}{2}\mathrm{d}x = \frac{\pi-2}{8}.$$

【例8】 计算定积分 $I = \int_2^4 \frac{\sqrt{\ln(9-x)}}{\sqrt{\ln(9-x)} + \sqrt{\ln(x+3)}}\mathrm{d}x$.

解： $I \xlongequal[\text{则 }\mathrm{d}x=-\mathrm{d}t]{\diamond t=6-x} -\int_4^2 \frac{\sqrt{\ln(t+3)}}{\sqrt{\ln(t+3)}+\sqrt{\ln(9-t)}}\mathrm{d}t = \int_2^4 \frac{\sqrt{\ln(x+3)}}{\sqrt{\ln(x+3)}+\sqrt{\ln(9-x)}}\mathrm{d}x$

于是 $2I = \int_2^4 \frac{\sqrt{\ln(9-x)}}{\sqrt{\ln(9-x)}+\sqrt{\ln(x+3)}}\mathrm{d}x + \int_2^4 \frac{\sqrt{\ln(x+3)}}{\sqrt{\ln(x+3)}+\sqrt{\ln(9-x)}}\mathrm{d}x = \int_2^4 \mathrm{d}x = 2$，得

$$I = \int_2^4 \frac{\sqrt{\ln(9-x)}}{\sqrt{\ln(9-x)}+\sqrt{\ln(x+3)}}\mathrm{d}x = 1.$$

【例9】 计算 $I = \int_0^\pi \frac{x\sin x}{1+\cos^2 x}\mathrm{d}x$.

解： 因 $I = \int_0^\pi \frac{x\sin x}{1+\cos^2 x}\mathrm{d}x \xlongequal[\text{则 }\mathrm{d}x=-\mathrm{d}t]{\diamond t=\pi-x} \int_\pi^0 \frac{(\pi-t)\sin t}{1+\cos^2 t}\mathrm{d}t = \pi\int_0^\pi \frac{\sin t}{1+\cos^2 t}\mathrm{d}t + I$，故

$$\int_0^\pi \frac{x\sin x}{1+\cos^2 x}\mathrm{d}x = I = \frac{\pi}{2}\int_0^\pi \frac{\sin x}{1+\cos^2 x}\mathrm{d}x = -\frac{\pi}{2}\int_0^\pi \frac{d\cos x}{1+\cos^2 x} = -\frac{\pi}{2}\arctan(\cos x)\Big|_0^\pi = \frac{\pi^2}{4}.$$

【例 10】 计算定积分 $I_n = \int_0^1 (1-x^2)^n \mathrm{d}x$.

解： 因 $I_n = \int_0^1 (1-x^2)^n \mathrm{d}x = \int_0^1 (1-x^2)^{n-1}(1-x^2)\mathrm{d}x = I_{n-1} - \int_0^1 x^2(1-x^2)^{n-1}\mathrm{d}x$，故

$$I_n = I_{n-1} + \frac{1}{2n}\int_0^1 x\,\mathrm{d}(1-x^2)^n = I_{n-1} + \frac{1}{2n}x(1-x^2)^n\Big|_0^1 - \frac{1}{2n}\int_0^1 (1-x^2)^n\mathrm{d}x = I_{n-1} - \frac{1}{2n}I_n.$$

所以 $I_n = \frac{2n}{2n+1}I_{n-1}$，而 $I_0 = \int_0^1 (1-x^2)^0\mathrm{d}x = 1$，从而

$$I_n = \frac{2n}{2n+1} \cdot \frac{2(n-1)}{2(n-1)+1}\cdots\cdots 1 = \frac{2^n n!}{(2n+1)!!}.$$

【例 11】 $\int_{-2}^3 |x^2 + 2|x| - 3|\mathrm{d}x = 2\int_0^2 |x^2+2x-3|\mathrm{d}x + \int_2^3 |x^2+2x-3|\mathrm{d}x$

$$= -2\int_0^1 (x^2+2x-3)\mathrm{d}x + 2\int_1^2 (x^2+2x-3)\mathrm{d}x + \int_2^3 (x^2+2x-3)\mathrm{d}x = \frac{49}{3}.$$

【例 12】 设 $f(x)$ 在 $[a,b]$ 上连续，证明至少存在一点 $\xi \in [a,b]$ 使 $\int_a^\xi f(x)\mathrm{d}x = \int_\xi^b f(x)\mathrm{d}x$.

证： 作辅助函数 $F(x) = \int_a^x f(t)\mathrm{d}t - \int_x^b f(t)\mathrm{d}t$. 只要证明 $\exists \xi \in [a,b]$，使得 $F(\xi) = 0$.

显然 $F(a) = 0 \Leftrightarrow F(b) = 0 \Leftrightarrow \int_a^b f(t)\mathrm{d}t = 0$，此时取 $\xi = a$ 或 b 即可；

若 $F(a)F(b) \neq 0$，则有 $F(a)F(b) = -\left(\int_a^b f(x)\mathrm{d}x\right)^2 < 0$，由介值定理，存在 $\xi \in (a,b)$，使得 $F(\xi) = 0$. （证毕）

【例 13】 $\int_{-1}^1 \left[|\mathrm{e}^x - \mathrm{e}^{-x}| - \ln(x + \sqrt{x^2+1})\right]\mathrm{d}x$.

解： 因为 $|\mathrm{e}^x - \mathrm{e}^{-x}|$ 为偶函数，$\ln(x + \sqrt{x^2+1})$ 为奇函数，所以，

$$\int_{-1}^1 \left[|\mathrm{e}^x - \mathrm{e}^{-x}| - \ln(x + \sqrt{x^2+1})\right]\mathrm{d}x = 2\int_0^1 (\mathrm{e}^x - \mathrm{e}^{-x})\mathrm{d}x = 2\left(\mathrm{e} + \frac{1}{\mathrm{e}} - 2\right).$$

【例 14】 设函数 $f(x)$ 在 $[0,1]$ 上连续，$(0,1)$ 内可导，且 $3\int_{\frac{2}{3}}^1 f(x)\mathrm{d}x = f(0)$，证明在 $(0,1)$ 内至少存在一点 c，使 $f'(c) = 0$.

证： 根据积分中值定理知，存在 $\xi \in \left[\frac{2}{3}, 1\right]$，使得 $\int_{\frac{2}{3}}^1 f(x)\mathrm{d}x = f(\xi)\left(1 - \frac{2}{3}\right) = \frac{1}{3}f(\xi)$，于是由等式 $3\int_{\frac{2}{3}}^1 f(x)\mathrm{d}x = f(0)$ 知，$f(\xi) = f(0)$. 由已知条件知，$f(x)$ 在 $[0,\xi]$ 上满足罗尔定理的条件，故存在 $c \in (0,\xi) \subset (0,1)$，使得 $f'(c) = 0$.

【例 15】 设 $f(x) \in C[0,1]$，且满足条件 $\int_0^1 f(x)\mathrm{d}x = 0$，证明存在 $\xi \in (0,1)$，使得

$$f(1-\xi) + f(\xi) = 0.$$

证： 将欲证的等式中的 ξ 换成 x，得到 $f(1-x) + f(x) = 0$，引入变限积分

$$F(x) = \int_0^x [f(1-t) + f(t)]\mathrm{d}t,$$

显然 $F(0) = 0$，$F(1) = \int_0^1 f(1-t)\mathrm{d}t + \int_0^1 f(t)\mathrm{d}t = \int_0^1 f(1-t)\mathrm{d}t \xlongequal{\diamondsuit u=1-t} \int_0^1 f(u)\mathrm{d}u = 0$.

由已知条件及 $F(1) = F(0) = 0$ 知，$F(x)$ 在 $[0,1]$ 上满足罗尔定理的条件，故存在点 $\xi \in (0,1)$，使得 $F'(\xi) = 0$，即 $f(1-\xi) + f(\xi) = 0$.

【例 16】 设 $f(x)$，$g(x)$ 在 $[a,b]$ 上连续，证明在 (a,b) 内至少存在一点 ξ，使得

$$f(\xi) \int_\xi^b g(x)\mathrm{d}x = g(\xi) \int_a^\xi f(x)\mathrm{d}x.$$

证： 将欲证的等式 $f(\xi) \int_\xi^b g(x)\mathrm{d}x - g(\xi) \int_a^\xi f(x)\mathrm{d}x = 0$ 中的 ξ 换成 x 得

$$\left(\int_a^x f(t)\mathrm{d}t \int_x^b g(t)\mathrm{d}t \right)' = f(x) \int_x^b g(t)\mathrm{d}t - g(x) \int_a^x f(t)\mathrm{d}t = 0.$$

由此,作辅助函数 $F(x) = \int_a^x f(t)\mathrm{d}t \int_x^b g(t)\mathrm{d}t$,由已知条件及 $F(a) = F(b) = 0$ 知,$F(x)$ 在 $[a,b]$ 上满足罗尔定理的条件,于是,存在 $\xi \in (a,b)$,使得 $F'(\xi) = 0$,即

$$f(\xi) \int_\xi^b g(x)\mathrm{d}x - g(\xi) \int_a^\xi f(x)\mathrm{d}x = 0, 也即 f(\xi) \int_\xi^b g(x)\mathrm{d}x = g(\xi) \int_a^\xi f(x)\mathrm{d}x.$$

【例 17】 设 $f(x)$ 是以 T 为周期的连续函数,那么

(1) 试证明 $\int_0^x f(t)\mathrm{d}t$ 可以表示成一个以 T 为周期的连续函数与 kx 之和,并求出常数 k;

(2) 求 $\lim\limits_{x \to \infty} \dfrac{1}{x} \int_0^x f(t)\mathrm{d}t$(对 1) 中 k.

解： (1) 令 $g(x) = \int_0^x f(t)\mathrm{d}t - kx$,则 $g(x)$ 连续. 只要证有常数 k,使 $g(x)$ 以 T 为周期.

$$g(x+T) - g(x) = \int_0^{x+T} f(t)\mathrm{d}t - k(x+T) - \left[\int_0^x f(t)\mathrm{d}t - kx \right] = \int_x^{x+T} f(t)\mathrm{d}t - kT.$$

由于 $f(x)$ 是以 T 为周期,则 $g(x+T) - g(x) = \int_0^T f(t)\mathrm{d}t - kT$,于是,取 $k = \dfrac{1}{T} \int_0^T f(t)\mathrm{d}t$ 时,$g(x)$ 是以 T 为周期的连续函数,从而 $\int_0^x f(t)\mathrm{d}t = g(x) + kx$.

(2) $\lim\limits_{x \to \infty} \dfrac{1}{x} \int_0^x f(t)\mathrm{d}t = \lim\limits_{x \to \infty} \dfrac{g(x)}{x} + k = k = \dfrac{1}{T} \int_0^T f(t)\mathrm{d}t.$

（六）第六章　　多元函数微分

Ⅰ．　第六章习题解答

【习题 6.1】（空间解析几何简介）（解答）

1. 指出下列各点所在挂限（用"$\in$ Ⅰ $-$ Ⅷ"表示之）：

解： （1）$(2,-3,\sqrt{3})\in$ Ⅳ；　　　　　　（2）$(-2,-\sqrt{5},1)\in$ Ⅲ；

（3）$(\sqrt{2},3,-3)\in$ Ⅴ；　　　　　　（4）$(-1,2,-\sqrt{7})\in$ Ⅵ．

2. 确定点 $A(2,-\sqrt{5},-3)$ 关于下列坐标轴坐标平面的对称点：

解： （1）点 A 关于 x 轴的对称点为 $(2,\sqrt{5},3)$；

（2）点 A 关于 y 轴的对称点为 $(-2,-\sqrt{5},3)$；

（3）点 A 关于 z 轴的对称点为 $(-2,\sqrt{5},-3)$；

（4）点 A 关于 Oxy 平面的对称点为 $(2,-\sqrt{5},3)$；

（5）点 A 关于 Oyz 平面的对称点为 $(-2,-\sqrt{5},-3)$；

（6）点 A 关于 Oxz 平面的对称点为 $(2,\sqrt{5},-3)$．

3. 问空间直角坐标系下的点 $A(8,-6,0)$、$B(0,-6,0)$ 与原点组成什么样的三角形？

解： 因 $|OA|=\sqrt{8^2+(-6)^2+0^2}=10$，$|OB|=\sqrt{0^2+(-6)^2+0^2}=6$，
$$|AB|=\sqrt{(-8)^2+0^2+0^2}=8,$$
且 $|OB|^2+|AB|^2=6^2+8^2=100=10^2=|OA|^2$，故原点与点 A、B 组成一个直角三角形．

4. 确定平面 $x+3y-2z-6=0$ 在三个坐标轴上的截距，并作图．

解： 因原方程可化为 $x+3y-2z=6$，故得其截距式方程

$$\frac{x}{6}+\frac{y}{2}+\frac{z}{-3}=1,$$

所以该平面在 x、y、z 轴的截距分别为 6、2、-3．

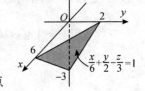

5. 求一与两定点 $A(-1,0,4)$ 和 $B(1,2,-1)$ 的距离相等之动点 $M(x,y,z)$ 的轨迹 S 的方程．又问点 $C(-1,-\frac{1}{4},\frac{3}{5})$ 和 $D(1,\frac{1}{4},-\frac{3}{5})$ 在几何形 S 上吗？

解： 因 $|MA|=|MB|$，故
$$\sqrt{(x+1)^2+y^2+(z-4)^2}=\sqrt{(x-1)^2+(y-2)^2+(z+1)^2},$$
化简即得 $M(x,y,z)$ 的轨迹 S 的方程为

$$4x+4y-10z+11=0,\qquad\qquad(*)$$

这是 A、B 两点连线的垂直平分面．

将点 C 坐标代入方程（ $*$ ）验证得：

$$左边=4\cdot(-1)+4\cdot(-\frac{1}{4})-10\cdot\frac{3}{5}+11=-4-1-6+11=0=右边；$$

将点 D 坐标代入方程（ $*$ ）验证得：

$$左边=4\cdot1+4\cdot\frac{1}{4}-10\cdot(-\frac{3}{5})+11=4+1+6+11=22\neq0=右边，$$

所以点 C 在平面 S 上，而点 D 不在平面 S 上．

6. 方程 $x^2+y^2-z^2-2x+4y+2z=0$ 表示什么曲面？

解： 因原方程可化为 $\dfrac{(x-1)^2+(y+2)^2}{2^2}-\dfrac{(z-1)^2}{2^2}=1$，故该曲面为旋转轴平行于

z 轴、以$(1,-2,1)$为心旋转单叶双曲面.

7. 解： Oxz 面上的抛物线 $z^2 = 3x$ 绕 x 轴旋转所生成的曲面为旋转抛物面 $3x = y^2 + z^2$.

8. 解： Oxy 面上双曲线 $4x^2 - 9y^2 = 36$ 绕 x 轴旋转得一旋转双叶双曲面 $\dfrac{x^2}{9} - \dfrac{y^2 + z^2}{4} = 1$；

绕 y 轴旋转得一旋转单叶双曲面 $\dfrac{x^2 + z^2}{9} - \dfrac{y^2}{4} = 1$.

【习题 6.2】（多元函数的基本概念）（解答）

1. 求函数的定义域，画出定义域的图形，并计算指定的函数值：

(1) $z = \sqrt{1 - x^2 - y^2}$；　$z\,|_{(0,-1)}$，　$z\,|_{(\frac{1}{2},0)}$.

解： 令 $1 - x^2 - y^2 \geqslant 0$，得 $x^2 + y^2 \leqslant 1$，从而定义域是
$$D = \{(x,y) \mid x^2 + y^2 \leqslant 1\},$$

它是由单位圆围成的闭区域（如右图）. 又

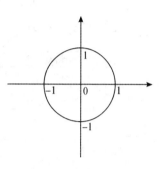

$$z\,|_{(0,-1)} = \sqrt{1 - 0^2 - (-1)^2} = 0,$$
$$z\,|_{(\frac{1}{2},0)} = \sqrt{1 - \left(\frac{1}{2}\right)^2 - 0^2} = \frac{\sqrt{3}}{2}.$$

(2) $z = \ln(x + y - 1)$；　$z\,|_{(3,-1)}$，　$z\,|_{(4,0)}$.

解： 为使原式有意义，令 $x + y - 1 > 0$. 故定义域是
$$D = \{(x,y) \mid x + y > 1\}$$

它是位于直线 $x + y = 1$ 的右上方，且不含直线的半个平面，是无界区域. 又有　$z\,|_{(3,-1)} = \ln 1 = 0$，　$z\,|_{(4,0)} = \ln 3$.

(3) $z = \dfrac{\arccos[3 - (x^2 + y^2)]/2}{\sqrt{4 - (x^2 + y^2)}}$；　$z\,|_{(1,-1)}$，　$z\,|_{(\sqrt{2},0)}$.

解： 令 $4 - x^2 - y^2 > 0$ 和 $-2 \leqslant 3 - x^2 - y^2 \leqslant 2$，得定义域
$$D = \{(x,y) \mid 1 \leqslant x^2 + y^2 < 4\}.$$

表示以原点为圆心，半径分别为 1 和 2 的同心圆所围成的外虚内实的圆环.

$$z\,|_{(1,-1)} = \frac{\arccos\{3 - [1^2 + (-1)^2]\}/2}{\sqrt{4 - [1^2 + (-1)^2]}} = \frac{\arccos 1/2}{\sqrt{2}} = \frac{\sqrt{2}}{6}\pi;$$

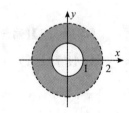

$$z\,|_{(\sqrt{2},0)} = \frac{\arccos\{3 - [(\sqrt{2})^2 + 0^2]\}/2}{\sqrt{4 - [(\sqrt{2})^2 + 0^2]}} = \frac{\arccos 1/2}{\sqrt{2}} = \frac{\sqrt{2}}{6}\pi.$$

2. 求函数 $z = \sqrt{x - \sqrt{y}} + \arcsin\dfrac{5}{x^2 + y^2}$ 的定义域，并求 $z\,|_{(3,1)}$.

解： 要函数有意义，自变量 x,y 必须同时满足 $x - \sqrt{y} \geqslant 0$ 且 $\dfrac{5}{x^2 + y^2} \leqslant 1$，从而定义域为
$$D = \{(x,y) \mid x^2 \geqslant y, x^2 + y^2 \geqslant 5, x \geqslant 0, y \geqslant 0\}. \text{ 又有}$$
$$z\,|_{(3,1)} = \sqrt{3 - \sqrt{1}} + \arcsin\frac{5}{3^2 + 1^2} = \sqrt{2} + \arcsin\frac{1}{2} = \sqrt{2} + \frac{\pi}{6}.$$

3. 求下列各函数的表达式.

(1) $f(x,y) = \dfrac{2xy}{x^2 + y^2} \implies f(\dfrac{y}{x},1) = \dfrac{2xy}{x^2 + y^2}$.

(2) $f(x+y, xy) = x^2 + y^2 \implies f(x,y) = x^2 - 2y$.

(3) $f(tx, ty) = t^2(x^2 - y^2 + xy\arcsin\dfrac{x}{y}) \implies f(x,y) = x^2 - y^2 + xy\arcsin\dfrac{x}{y}$.

4. 画出函数 $z = 4 - x^2 - y^2$ 的图形.

解： 此前知道,函数 $z = 4 - x^2 - y^2$ 可以看作由 yOz 坐标面上的 抛物线 $z = 4 - y^2$ 绕 z 轴旋转一周所形成的旋转抛物面.

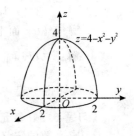

5. 求下列极限

解： （1）由于 $f(x,y) = (4x + y)$ 是二元初等函数,在 xOy 平面区域上均连续. 则

$$\lim_{(x,y) \to (1,2)} (4x + y) = 4 + 2 = 6.$$

（2）由于 $f(x,y) = \dfrac{2x^2 + y}{x + y}$ 在 $(0,1)$ 连续. 则 $\quad \lim_{\substack{x \to 0 \\ y \to 1}} \dfrac{2x^2 + y}{x + y} = \dfrac{2 \times 0^2 + 1}{0 + 1} = 1.$

（3）$\lim_{\substack{x \to 0 \\ y \to 2}} \dfrac{\sin xy}{x} \xlongequal{\text{令} t = xy} \lim_{\substack{t \to 0 \\ y \to 2}} \dfrac{y \sin t}{t} = \lim_{\substack{y \to 2}} y \cdot \lim_{t \to 0} \dfrac{\sin t}{t} = 2 \cdot 1 = 2.$

（4）$\lim_{\substack{x \to 0 \\ y \to 0}} \dfrac{2 - \sqrt{xy + 4}}{xy} = \lim_{\substack{x \to 0 \\ y \to 0}} \dfrac{4 - (xy + 4)}{xy(2 + \sqrt{xy + 4})} = \lim_{\substack{x \to 0 \\ y \to 0}} \dfrac{-1}{2 + \sqrt{xy + 4}} = -\dfrac{1}{4}.$

（5）设 $\begin{cases} x = 1 + r\cos\theta, \\ y = r\sin\theta \end{cases}$,则 $\lim_{\substack{x \to 1 \\ y \to 0}} \dfrac{e^{(x-1)^2 + y^2} - 1}{(x-1)^2 + y^2} = \lim_{r \to 0} \dfrac{e^{r^2} - 1}{r^2} \xlongequal[\text{等价替换}]{\text{无穷小}} \lim_{r \to 0} \dfrac{r^2}{r^2} = 1.$

6. 讨论二元函数 $f(x,y) = \dfrac{y}{x^2 + y^2}$ 当 $(x,y) \to (0,0)$ 时是否存在极限.

解： 令 $y = x^2$. 当点 (x,y) 沿直线 $y = x^2$ 取极限时,有 $\lim_{\substack{x \to 0 \\ y = x^2}} f(x,y) = \lim_{x \to 0} \dfrac{x^2}{x^2 + x^4} = 1.$

令 $y = 2x^2$. 当点 (x,y) 沿直线 $y = 2x^2$ 取极限时,有 $\lim_{\substack{x \to 0 \\ y = 2x^2}} f(x,y) = \lim_{x \to 0} \dfrac{2x^2}{x^2 + 4x^4} = 2.$

可见,原极限式沿不同路径所得极限值不同,所以原式的极限不存在.

7. 求函数 $z = \dfrac{1}{y^2 - 2x}$ 的间断点.

解： 令 $y^2 - 2x = 0$,得 $y^2 = 2x$,故函数的间断点集为一抛物线：
$$\{(x,y) \mid y^2 = 2x, x \in R\}.$$

【习题 6.3】(偏导数与全微分)(解答)

1. 设 $f(x,y) = \dfrac{x^2 - y^2}{x + y}$, 用定义求 $f_x{}'(0,1), f_y{}'(1,0)$.

解： $f_x{}'(0,1) = \lim_{\Delta x \to 0} \dfrac{f(\Delta x, 1) - f(0,1)}{\Delta x} = \lim_{\Delta x \to 0} \dfrac{1}{\Delta x}\left[\dfrac{(\Delta x)^2 - 1}{\Delta x + 1} - (-1)\right] = \lim_{\Delta x \to 0} \dfrac{\Delta x}{\Delta x} = 1.$

$f_y{}'(1,0) = \lim_{\Delta y \to 0} \dfrac{f(1, \Delta y) - f(1,0)}{\Delta y} = \lim_{\Delta y \to 0} \dfrac{1}{\Delta y}\left[\dfrac{1 - (\Delta y)^2}{1 + \Delta y} - 1\right] = \lim_{\Delta y \to 0} \dfrac{-\Delta y}{\Delta y} = -1.$

2. 求下列函数的偏导数 $\dfrac{\partial z}{\partial x}$ 和 $\dfrac{\partial z}{\partial y}$.

解： （1）把 y 看作常数,方程 $z = xy + \dfrac{y}{x}$ 两边对 x 求偏导,得 $\dfrac{\partial z}{\partial x} = y - \dfrac{y}{x^2}$；

把 x 看作常数,方程 $z = xy + \dfrac{y}{x}$ 两边对 y 求导,得 $\dfrac{\partial z}{\partial y} = x + \dfrac{1}{x}$.

（2）$\dfrac{\partial}{\partial x}(x^2 \sin y) = 2x \sin y$；$\quad \dfrac{\partial}{\partial y}(x^2 \sin y) = x^2 \cos y.$

（3）$\dfrac{\partial}{\partial x}(y^x) = y^x \ln y$；$\quad \dfrac{\partial}{\partial y}(y^x) = xy^{x-1}.$

3. 求 $z = x^2 + 3xy + y^2$ 在 $(1,2)$ 处的偏导数.

解 1： $\dfrac{\partial z}{\partial x} = 2x + 3y, \dfrac{\partial z}{\partial y} = 3x + 2y$，故 $\dfrac{\partial z}{\partial x}\Big|_{\substack{x=1\\y=2}} = 8, \dfrac{\partial z}{\partial y}\Big|_{\substack{x=1\\y=2}} = 7$.

解 2： $f(x,2) = x^2 + 6x + 4, \quad f(1,y) = 1 + 3y + y^2$. 故

$$\dfrac{\partial z}{\partial x}\Big|_{\substack{x=1\\y=2}} = f_x{}'(1,2) = (2x+6)\Big|_{x=1} = 8, \qquad \dfrac{\partial z}{\partial y}\Big|_{\substack{x=1\\y=2}} = f_y{}'(1,2) = (3+2y)\Big|_{y=2} = 7.$$

4. 设函数 $z = x^2 y^3 - 3y^2 x$，求它的二阶偏导数.

解： 函数的一阶偏导为 $\dfrac{\partial z}{\partial x} = 2xy^3 - 3y^2, \dfrac{\partial z}{\partial y} = 3x^2 y^2 - 6yx$，则二阶偏导数为：

$$\dfrac{\partial^2 z}{\partial x^2} = \dfrac{\partial}{\partial x}\left(\dfrac{\partial z}{\partial x}\right) = \dfrac{\partial z}{\partial x}(2xy^3 - 3y^2) = 2y^3,$$

$$\dfrac{\partial^2 z}{\partial x \partial y} = \dfrac{\partial}{\partial y}\left(\dfrac{\partial z}{\partial x}\right) = \dfrac{\partial z}{\partial y}(2xy^3 - 3y^2) = 6xy^2 - 6y,$$

$$\dfrac{\partial^2 z}{\partial y \partial x} = \dfrac{\partial}{\partial x}\left(\dfrac{\partial z}{\partial y}\right) = \dfrac{\partial z}{\partial x}(3x^2 y^2 - 6yx) = 6xy^2 - 6y,$$

$$\dfrac{\partial^2 z}{\partial y^2} = \dfrac{\partial}{\partial y}\left(\dfrac{\partial z}{\partial y}\right) = \dfrac{\partial z}{\partial y}(3x^2 y^2 - 6yx) = 6x^2 y - 6x.$$

5. 求函数的全微分：(1) $z = xy^2 + x^2$; (2) $z = x^{2y}$.

解： (1) 因 $\dfrac{\partial z}{\partial x} = y^2 + 2x, \dfrac{\partial z}{\partial y} = 2xy$，故 $\mathrm{d}z = \dfrac{\partial z}{\partial x}\mathrm{d}x + \dfrac{\partial z}{\partial y}\mathrm{d}y = (y^2 + 2x)\mathrm{d}x + 2xy\mathrm{d}y$.

(2) 因 $\dfrac{\partial z}{\partial x} = 2yx^{2y-1}, \dfrac{\partial z}{\partial y} = 2x^{2y}\ln x$，故 $\mathrm{d}z = \dfrac{\partial z}{\partial x}\mathrm{d}x + \dfrac{\partial z}{\partial y}\mathrm{d}y = 2yx^{2y-1}\mathrm{d}x + 2x^{2y}\ln x\mathrm{d}y$.

6. 求函数 $z = \dfrac{x}{y}$ 在点 $(1,2)$ 处的全微分.

解 1： 因 $\dfrac{\partial z}{\partial x} = \dfrac{1}{y}, \dfrac{\partial z}{\partial y} = -\dfrac{x}{y^2}$，故 $\dfrac{\partial z}{\partial x}\Big|_{(1,2)} = \dfrac{1}{2}, \dfrac{\partial z}{\partial y}\Big|_{(1,2)} = -\dfrac{1}{4}$，所以 $\mathrm{d}z\big|_{(1,2)} = \dfrac{1}{2}\mathrm{d}x - \dfrac{1}{4}\mathrm{d}y$.

解 2： $\mathrm{d}z\big|_{(1,2)} = \left[\dfrac{1}{y}\mathrm{d}x + x\mathrm{d}\left(\dfrac{1}{y}\right)\right]_{(1,2)} = \left[\dfrac{1}{y}\mathrm{d}x - \dfrac{x}{y^2}\mathrm{d}y\right]_{(1,2)} = \dfrac{1}{2}\mathrm{d}x - \dfrac{1}{4}\mathrm{d}y$.

7. 利用全微分近似计算 $(0.98)^{2.03}$ 的值.

解： 设函数 $z = f(x,y) = x^y$，取 $x=1, y=2, \Delta x = -0.02, \Delta y = 0.03$，故

$$f(x+\Delta x, y+\Delta y) \approx f(x,y) + \dfrac{\partial z}{\partial x}\Delta x + \dfrac{\partial z}{\partial y}\Delta y,$$

$$\dfrac{\partial z}{\partial x}\Big|_{\substack{x=1\\y=2}} = (yx^{y-1})\Big|_{\substack{x=1\\y=2}} = 2, \qquad \dfrac{\partial z}{\partial y}\Big|_{\substack{x=1\\y=2}} = (x^y \ln x)\Big|_{\substack{x=1\\y=2}} = 0.$$

所以 $(0.98)^{2.03} \approx 1 + 2 \times (-0.02) + 0 \times 0.03 = 0.96$.

8. 某款小汽车销售量 Q 除与自身价格 P_1 有关外，还与其配置系统价格 P_2 相关，函数为

$$Q = 100 + \dfrac{250}{P_1} - 100P_2 - P_2{}^2,$$

其中价格单位为：万元. 当 $P_1 = 25, P_2 = 2$ 时，求：

(1) Q 对价格 P_1 的直接价格偏弹性； (2) Q 对价格 P_2 的交叉价格偏弹性.

解： (1) 销售量 Q 对自身价格 P_1 的直接价格偏弹性为

$$\dfrac{EQ}{EP_1} = \dfrac{P_1}{Q} \cdot \dfrac{\partial Q}{\partial P_1} = \dfrac{P_1}{100 + \dfrac{250}{P_1} - 100P_2 - P_2{}^2} \cdot \left(-\dfrac{250}{P_1{}^2}\right) = \dfrac{250}{100P_1 + 250 - 100P_1 P_2 - P_1 P_2{}^2}.$$

当 $P_1 = 25, P_2 = 2$ 时,销售量 Q 对价格 P_1 的直接价格偏弹性为

$$\left.\frac{EQ}{EP_1}\right|_{\substack{P_1=25\\P_2=2}} = \frac{250}{100 \cdot 25 + 250 - 100 \cdot 25 \cdot 2 - 25 \cdot 2^2} \approx 0.1.$$

(2) 销售量 Q 对自身价格 P_2 的交叉价格偏弹性

$$\frac{EQ}{EP_2} = \frac{P_2}{Q} \cdot \frac{\partial Q}{\partial P_2} = \frac{P_2}{100 + \frac{250}{P_1} - 100P_2 - P_2^2} \cdot (-100 - 2P_2) = -\frac{(100 + 2P_2)P_1P_2}{100P_1 + 250 - 100P_1P_2 - P_1P_2^2}.$$

当 $P_1 = 25, P_2 = 2$ 时,销售量 Q 对价格 P_2 的直接价格偏弹性为

$$\left.\frac{EQ}{EP_2}\right|_{\substack{P_1=25\\P_2=2}} = -\frac{(100 + 2 \cdot 2) \cdot 2 \cdot 25}{100 \cdot 25 + 250 - 100 \cdot 25 \cdot 2 - 25 \cdot 2^2} \approx -2.2.$$

【习题 6.4】(多元函数的微分法)(解答)

1. 设 $z = e^u \sin v$,而 $u = yx, v = x + y$,求 $\frac{\partial z}{\partial x}$ 和 $\frac{\partial z}{\partial y}$.

解: 因 $\frac{\partial z}{\partial u} = e^u \sin v, \frac{\partial z}{\partial v} = e^u \cos v; \frac{\partial u}{\partial x} = y, \frac{\partial u}{\partial y} = x; \frac{\partial v}{\partial x} = \frac{\partial v}{\partial y} = 1$,故

$$\frac{\partial z}{\partial x} = \frac{\partial z}{\partial u}\frac{\partial u}{\partial x} + \frac{\partial z}{\partial v}\frac{\partial v}{\partial x} = e^u y \sin v + e^u \cos v = e^{xy}[y\sin(x+y) + \cos(x+y)],$$

$$\frac{\partial z}{\partial y} = \frac{\partial z}{\partial u}\frac{\partial u}{\partial y} + \frac{\partial z}{\partial v}\frac{\partial v}{\partial y} = e^u x \sin v + e^u \cos v = e^{xy}[x\sin(x+y)) + \cos(x+y)].$$

2. 设 $z = (x^2 - y)^{xy}$,求 $\frac{\partial z}{\partial x}, \frac{\partial z}{\partial y}$.

解: 设 $z = (x^2 - y)^{xy} = u^v$,其中 $u = x^2 - y, v = xy$. 则

$$\frac{\partial z}{\partial x} = \frac{\partial z}{\partial u}\frac{\partial u}{\partial x} + \frac{\partial z}{\partial v}\frac{\partial v}{\partial x} = vu^{v-1}2x + u^v y \ln u = 2x^2 y(x^2-y)^{xy-1} + y(x^2-y)^{xy}\ln(x^2-y),$$

$$\frac{\partial z}{\partial y} = \frac{\partial z}{\partial u}\frac{\partial u}{\partial y} + \frac{\partial z}{\partial v}\frac{\partial v}{\partial y} = vu^{v-1}(-1) + u^v x \ln u = -xy(x^2-y)^{xy-1} + x(x^2-y)^{xy}\ln(x^2-y).$$

3. 设 $x^2 + y^2 + z^2 = 4z$ 确定函数 $z = f(x,y)$,求 $\frac{\partial z}{\partial x}, \frac{\partial z}{\partial y}$.

解1: 将原方程中的 z 视为 x、y 的隐函数,对 x 求偏导数有 $2x + 2z\frac{\partial z}{\partial x} = 4\frac{\partial z}{\partial x}$,由此可

得　$\frac{\partial z}{\partial x} = \frac{x}{2-z}$; 类似可得: $\frac{\partial z}{\partial y} = \frac{y}{2-z}$.

解2: 令 $F(x,y,z) = x^2 + y^2 + z^2 - 4z$(其中 x,y,z 看成三个相互独立变量),则

$$\frac{\partial F}{\partial x} = 2x, \qquad \frac{\partial F}{\partial y} = 2y, \qquad \frac{\partial F}{\partial z} = 2z - 4..$$

由此得　$\frac{\partial z}{\partial x} = -\frac{\frac{\partial F}{\partial x}}{\frac{\partial F}{\partial z}} = -\frac{2x}{2z-4} = \frac{x}{2-z}$; $\qquad \frac{\partial z}{\partial y} = -\frac{\frac{\partial F}{\partial y}}{\frac{\partial F}{\partial z}} = -\frac{2y}{2z-4} = \frac{y}{2-z}$.

4. 求由方程 $e^{-xy} - 2z + e^z = 0$ 所确定的隐函数 $z = f(x,y)$ 关于 x、y 的偏导数.

解1: 令 $F(x,y,z) = e^{-xy} - 2z + e^z$,则有

$$F_x = -ye^{-xy}, \quad F_y = -xe^{-xy}, \quad F_z = -2 + e^z.$$

代入公式,得　$\frac{\partial z}{\partial x} = -\frac{F_x}{F_z} = \frac{ye^{-xy}}{e^z - 2}, \qquad \frac{\partial z}{\partial y} = -\frac{F_y}{F_z} = \frac{xe^{-xy}}{e^z - 2}.$

解 2： 方程两边关于 x 求偏导得（z 是 x 的函数）$-y\mathrm{e}^{-xy} - 2z'_x + z'_x \mathrm{e}^z = 0$，解得

$$\frac{\partial z}{\partial x} = z'_x = -\frac{y\mathrm{e}^{-xy}}{\mathrm{e}^z - 2};$$

原方程两边关于 y 求偏导得（z 是 y 的函数） $-x\mathrm{e}^{-xy} - 2z'_y + z'_y \mathrm{e}^z = 0$， 解得

$$\frac{\partial z}{\partial y} = z'_y = -\frac{x\mathrm{e}^{-xy}}{\mathrm{e}^z - 2}.$$

5. 设函数 $z = \dfrac{y}{f(x^2 - y^2)}$，求 $\dfrac{\partial z}{\partial x}, \dfrac{\partial z}{\partial y}$.

解： $\dfrac{\partial z}{\partial x} = \dfrac{\partial}{\partial x}\left[\dfrac{y}{f(x^2 - y^2)}\right] = \dfrac{-y\left[f(x^2 - y^2)\right]'_x}{\left[f(x^2 - y^2)\right]^2}$

> 注：f 是一元函数；先进行除式求导.

$$= \frac{-yf'(x^2 - y^2) \cdot (2x)}{\left[f(x^2 - y^2)\right]^2} = -\frac{2xyf'(x^2 - y^2)}{\left[f(x^2 - y^2)\right]^2}$$

> 注：求解 $\left[f(x^2 - y^2)\right]'_x$ 要用复合函数求导.

$$\xlongequal{\text{（简记为）}} -\frac{2xyf'}{f^2},$$

$$\frac{\partial z}{\partial y} = \frac{\partial}{\partial y}\left[\frac{y}{f(x^2 - y^2)}\right] = \frac{f(x^2 - y^2) - y\left[f(x^2 - y^2)\right]'_y}{\left[f(x^2 - y^2)\right]^2}$$

$$= \frac{f(x^2 - y^2) + 2y^2 f'(x^2 - y^2)}{\left[f(x^2 - y^2)\right]^2} \xlongequal{\text{（简记为）}} \frac{f + 2y^2 f'}{f^2}.$$

【习题 6.5】（多元函数的极值）（解答）

1. 求函数 $f(x,y) = x^3 - y^3 + 3x^2 + 3y^2 - 9x$ 的极值.

解： $f_x(x,y) = 3x^2 + 6x - 9, f_y(x,y) = -3y^2 + 6y$. 解方程组 $\begin{cases} 3x^2 + 6x - 9 = 0 \\ -3y^2 + 6y = 0 \end{cases}$ 得全部驻点为：$(1,0), (1,2), (-3,0), (-3,2)$. 再求二阶偏导数，

$$A = f_{xx} = 6x + 6, B = f_{xy} = 0, C = f_{yy} = -6y + 6.$$

列表如下所示：

驻点	$A = 6x+6$	$B=0$	$C=-6y+6$	$B^2 - AC$	结论
$(1,0)$	$12 > 0$	0	$6 > 0$	$-72 < 0$	是极值点且为极小值点
$(1,2)$	$12 > 0$	0	$-6 < 0$	$72 > 0$	不是极值点
$(-3,0)$	$-12 < 0$	0	$6 > 0$	$72 > 0$	不是极值点
$(-3,2)$	$-12 < 0$	0	$-6 < 0$	$-72 < 0$	是极值点且为极大值点

因此，在点 $(1,0)$ 处，函数取得极小值 $f(1,0) = -5$ 在点 $(-3,2)$ 处，函数取得极大值 $f(-3,2) = 31$.

2. 设有二元函数 $f(x,y) = x^2 + xy + y^2 - x - y$，求：

(1) $f(x,y)$ 在开区域 $D_1: 0 < x < 1, 0 < y < 1$ 内的最值；

(2) $f(x,y)$ 在闭区域 $D_2: 0 \leqslant x \leqslant 1, 0 \leqslant y \leqslant 1$ 上的最值.

解： (1) 函数在区域 D_1 内处处可导，故由 $\begin{cases} f_x = 2x + y - 1 = 0 \\ f_y = x + 2y - 1 = 0 \end{cases}$ 解得唯一的驻点 $\left(\dfrac{1}{3}, \dfrac{1}{3}\right)$ 以及相应的函数值 $f\left(\dfrac{1}{3}, \dfrac{1}{3}\right) = -\dfrac{1}{3}$. 再求二阶偏导数，

$$A = f_{xx} = 2 > 0, \quad B = f_{xy} = 1, \quad C = f_{yy} = 2 > 0; \qquad B^2 - AC = -3 < 0,$$

由此得 $f(\frac{1}{3}, \frac{1}{3}) = -\frac{1}{3}$ 为极小值,从而是最小值.

(2) 显然 $D_2 = D_1 \bigcup \partial D_2$. 考虑函数 $f(x, y)$ 在 D_2 的边界 ∂D_2 上的情况:

(i) 在边界 $x = 0$ 上,f 为 y 的一元函数 $f(0, y) = y^2 - y (0 \leqslant y \leqslant 1)$;求导令为 0 得:

$$[f(0, y)]' = 2y - 1 = 0 \Rightarrow y = \frac{1}{2} \Rightarrow 驻点(0, \frac{1}{2}) \Rightarrow f(0, \frac{1}{2}) = -\frac{1}{4};$$

(ii) 在边界 $y = 0$ 上,f 为 x 的一元函数 $f(x, 0) = x^2 - x (0 \leqslant x \leqslant 1)$;求导令为 0 得:

$$[f(x, 0)]' = 2x - 1 = 0 \Rightarrow x = \frac{1}{2} \Rightarrow 驻点(\frac{1}{2}, 0) \Rightarrow f(\frac{1}{2}, 0) = -\frac{1}{4};$$

(iii) 在边界 $x = 1$ 上,f 为 y 的一元函数 $f(1, y) = y^2 (0 \leqslant y \leqslant 1)$;

(iv) 在边界 $y = 1$ 上,f 成为 x 的一元函数 $f(x, 1) = x^2 (0 \leqslant x \leqslant 1)$;

显然情形(iii)−(iv)函数皆在边界取最小、最大值;连同其他情形,只需对比下列各数:

$$f(\frac{1}{3}, \frac{1}{3}) = -\frac{1}{3}, \quad f(0, \frac{1}{2}) = f(\frac{1}{2}, 0) = -\frac{1}{4},$$

$$f(0, 0) = f(0, 1) = f(1, 0) = 0, \quad f(1, 1) = 1,$$

即可得函数在闭区域 D_2 上的最小值为 $f(\frac{1}{2}, \frac{1}{2}) = -\frac{1}{3}$,最大值为 $f(1, 1) = 1$.

3. 拟建一容积为 18 m^3 长方体无盖水池,已知侧面单位造价为底面造价的 $\frac{3}{4}$,如何设计尺寸,才能使总造价最省?

解: 设水池的长、宽、高分别为 $x, y, z \text{(m)}$,侧、底面单位造价分别为 $3a$、$4a$(元),则水池总造价为:$S = 2(xz + yz)3a + xy4a$. 由题意知:$xyz = 18$. 将 $z = \frac{18}{xy}$ 代入目标函数得:

$$S = 4a \left(\frac{27}{x} + \frac{27}{y} + xy \right) \Rightarrow S_x = 4a \left(y - \frac{27}{x^2} \right), \quad S_y = 4a \left(x - \frac{27}{y^2} \right).$$

令 $S_x = S_y = 0$,解得 $x = 3, y = 3$,立得 $z = 2$. 根据实际问题知,唯一的驻点即为最值点,即当水池的长、宽、高分别为 $3 \text{ m}, 3 \text{ m}, 2 \text{ m}$ 时,总造价最省.

【注】 对于实际问题中的最值问题,往往从问题本身能断定它的最值一定在 D 的内部取得,而函数在 D 内又只有一个驻点,则该驻点处的函数值就是函数 D 上的最值.

4. 求 $z = x^2 + y^2$ 在满足 $x + y - 3 = 0$ 条件下的极值.

解: 设 $F(x, y, \lambda) = x^2 + y^2 + \lambda(x + y - 3)$. 由 $\begin{cases} F_x = 2x + \lambda = 0 \\ F_y = 2y + \lambda = 0 \\ F_\lambda = x + y - 3 = 0 \end{cases}$ 解得唯一驻点

$\lambda = -3, x = y = \frac{3}{2}$. 对点 $\left(\frac{3}{2}, \frac{3}{2} \right)$ 进行判断,有

$$A = F_{xx} = 2 > 0, \quad B = F_{xy} = 0, \quad C = F_{yy} = 2 > 0, \quad B^2 - AC = -4 < 0,$$

故函数在 $\left(\frac{3}{2}, \frac{3}{2} \right)$ 处有极小值,极小值为 $f\left(\frac{3}{2}, \frac{3}{2} \right) = \frac{9}{2}$.

Ⅱ. 第六章自测题及其解答

自测题六

一、单项选择题

1. 二元函数 $z = \dfrac{xy}{\sqrt{\ln(x+y)}}$ 的定义域是(   ).

A. $xy > 0$；   B. $x + y > 0$；

C. $x + y > 1$；   D. $x + y \neq 1$.

2. 若 $f(x,y) = xy - \dfrac{x}{y}$，则 $f(1,-1) = ($ $)$.

A. 0；   B. 1；

C. -1；   D. 2.

3. 若 $f\left(x+y, \dfrac{y}{x}\right) = x^2 - y^2$，则 $f(1,2) = ($ $)$.

A. 5；   B. $-\dfrac{1}{3}$；

C. $-\dfrac{1}{2}$；   D. -3.

4. 设函数 $f(x,y)$ 连续，那么 $f_x(x_0,y_0)$、$f_y(x_0,y_0)$ 存在是 $f(x,y)$ 在点 (x_0,y_0) 处可微的(   )条件.

A. 充分；   B. 必要；

C. 充要；   D. 无关.

5. 若 $f(x,y)$ 点 (a,b) 处 f_x、f_y 存在，则 $\lim\limits_{x \to 0} \dfrac{f(a+2x,b) - (a,b)}{x} = ($ $)$.

A. $f_x(a,b)$；   B. $f_x(2a,b)$；

C. $2f_x(a,b)$；   D. $\dfrac{1}{2}f_x(a,b)$.

6. 设 $z = y^2 \mathrm{e}^{2x}$，则 $\dfrac{\partial^2 z}{\partial x \partial y} = ($ $)$.

A. $2\mathrm{e}^{2x}$；   B. $2y + 2\mathrm{e}^{2x}$；

C. $4\mathrm{e}^{2x}$；   D. $4y\mathrm{e}^{2x}$.

7. 函数 $f(x,y) = x^3 - 12xy + 8y^3$ 在点 $(2,1)$ 处(   ).

A. 取得极大值；   B. 取得极小值；

C. 不取得极值；   D. 无法判断.

8. 当 $x = 1, y = -1, \Delta x = 0.01, \Delta y = -0.01$ 时，$f(x,y) = x^2 y^3$ 的全微分为(   ).

A. 0.01；   B. 0.05；

C. -0.05；   D. -0.01.

二、计算题

1. 设函数 $f\left(\dfrac{x}{2}, 2y\right) = 2xy$，求 $f(x,y)$，$f(1,1)$.

2. 设函数 $z = u^v$，$u = x - y$，$v = x + y$，求 $\dfrac{\partial z}{\partial x}$，$\dfrac{\partial z}{\partial y}$.

3. 设函数 $z = (x+y)\ln(x-y)$，求 $\dfrac{\partial z}{\partial x}$，$\dfrac{\partial z}{\partial y}$.

4. 设函数 $z = x^y$，求 $\dfrac{\partial^2 z}{\partial x^2}, \dfrac{\partial^2 z}{\partial y \partial x}$.

5. 设隐函数 $\sin y + e^x - xy = 0$ 确定 y 是 x 的函数，求 $\dfrac{dy}{dx}$.

6. 设隐函数 $z^2 = xy + 1$ 确定 z 是 x,y 的函数，求 $\dfrac{\partial z}{\partial x}, \dfrac{\partial z}{\partial y}$.

7. 求函数 $z = x^2 + y^2 + 1$ 的极值.

三、证明题

已知 $u = f(x^2 + y^2)$，证明 $y\dfrac{\partial u}{\partial x} - x\dfrac{\partial u}{\partial y} = 0$.

四、利用全微分计算 $\sqrt{(3.01)^2 + (3.98)^2}$ 的近似值.

五、应用题

某工厂生产两种商品的日产量分别为 x 和 y（件），总成本函数 $C(x,y) = 6x^2 - xy + 19y^2$. 商品的限额为 $x + y = 56$，求最小成本？

自测题六参考答案

一、单项选择题

1. C；　2. A；　3. B. ；　4. B；　5. C；　6. D；　7. B；　8. C.

二、计算题

1. 设函数 $f(\dfrac{x}{2}, 2y) = 2xy$，求 $f(x,y), f(1,1)$.

解： 令 $t = \dfrac{x}{2}, u = 2y$，则 $x = 2t, y = \dfrac{u}{2}$，于是 $f(t,u) = 2(2t)u/2 = 2tu$，即得

$$f(x,y) = 2xy, \quad f(1,1) = 2.$$

2. 设函数 $z = u^v, u = x - y, v = x + y$，求 $\dfrac{\partial z}{\partial x}, \dfrac{\partial z}{\partial y}$.

解： 因 $\dfrac{\partial z}{\partial u} = \dfrac{\partial}{\partial u}u^v = vu^{v-1}, \dfrac{\partial z}{\partial v} = \dfrac{\partial}{\partial v}u^v = u^v\ln u; \dfrac{\partial u}{\partial x} = 1, \dfrac{\partial u}{\partial y} = -1, \dfrac{\partial v}{\partial x} = \dfrac{\partial v}{\partial y} = 1$，故

$\dfrac{\partial z}{\partial x} = \dfrac{\partial z}{\partial u}\dfrac{\partial u}{\partial x} + \dfrac{\partial z}{\partial v}\dfrac{\partial v}{\partial x} = vu^{v-1} + u^v\ln u = (x+y)(x-y)^{x+y-1} + (x-y)^{x+y}\ln(x-y)$；

$\dfrac{\partial z}{\partial y} = \dfrac{\partial z}{\partial u}\dfrac{\partial u}{\partial y} + \dfrac{\partial z}{\partial v}\dfrac{\partial v}{\partial y} = -vu^{v-1} + u^v\ln u = -(x+y)(x-y)^{x+y-1} + (x-y)^{x+y}\ln(x-y)$.

3. 设函数 $z = (x+y)\ln(x-y)$，求 $\dfrac{\partial z}{\partial x}, \dfrac{\partial z}{\partial y}$.

解： $\dfrac{\partial z}{\partial x} = (x+y)'_x\ln(x-y) + (x+y)[\ln(x-y)]'_x = \ln(x-y) + \dfrac{x+y}{x-y}$,

$\dfrac{\partial z}{\partial y} = (x+y)'_y\ln(x-y) + (x+y)[\ln(x-y)]'_y = \ln(x-y) - \dfrac{x+y}{x-y}$.

4. 设函数 $z = x^y$，求 $\dfrac{\partial^2 z}{\partial x^2}, \dfrac{\partial^2 z}{\partial y \partial x}$.

解： 因 $\dfrac{\partial z}{\partial x} = \dfrac{\partial}{\partial x}x^y = yx^{y-1}, \dfrac{\partial z}{\partial y} = \dfrac{\partial}{\partial y}x^y = x^y\ln x$，故

$$\frac{\partial^2 z}{\partial x^2} = y(y-1)x^{y-2}, \quad \frac{\partial^2 z}{\partial y\partial x} = yx^{y-1}\ln x + x^{y-1}.$$

5. 设隐函数 $\sin y + e^x - xy = 0$ 确定 y 是 x 的函数，求 $\dfrac{dy}{dx}$.

解： 原方程两边关于 x 求导得 $y'\cos y + e^x - y - xy' = 0$，解得

$$\frac{dy}{dx} = y' = \frac{y - e^x}{-x + \cos y}.$$

6. 隐函数 $z^2 = xy + 1$ 确定 z 是 x, y 的函数，求 $\dfrac{\partial z}{\partial x}, \dfrac{\partial z}{\partial y}$.

解： 原方程两边关于 x 求导得 $2zz'_x = y$，解得 $\dfrac{\partial z}{\partial x} = z'_x = \dfrac{y}{2z}$.

原方程两边关于 y 求导得 $2zz'_y = x$，解得 $\dfrac{\partial z}{\partial y} = z'_y = \dfrac{x}{2z}$.

7. 求函数 $z = x^2 + y^2 + 1$ 的极值.

解： $\dfrac{\partial z}{\partial x} = 2x, \dfrac{\partial z}{\partial y} = 2y$. 令 $\dfrac{\partial z}{\partial x} = 0, \dfrac{\partial z}{\partial y} = 0$，得 $x = y = 0$. 又

$$A = \frac{\partial^2 z}{\partial x^2} = 2, \quad B = \frac{\partial^2 z}{\partial y\partial x} = \frac{\partial^2 z}{\partial x\partial y} = 0, \quad C = \frac{\partial^2 z}{\partial y^2} = 2,$$

得 $B - AC = -4 < 0, A = 2 > 0$，所以函数在点 $(0,0)$ 处取极小值 $z(0,0) = 1$.

三、证明题：已知 f 为可导函数，$u = f(x^2 + y^2)$，证明 $y\dfrac{\partial u}{\partial x} - x\dfrac{\partial u}{\partial y} = 0$.

证： 因 $\dfrac{\partial u}{\partial x} = 2xf'(x^2 + y^2), \dfrac{\partial u}{\partial y} = 2yf'(x^2 + y^2)$，故

$$y\frac{\partial u}{\partial x} - x\frac{\partial u}{\partial y} = 2xyf'(x^2 + y^2) - 2xyf'(x^2 + y^2) = 0.$$

四、利用全微分计算 $\sqrt{(3.01)^2 + (3.98)^2}$ **的近似值.**

解： 设函数 $z = f(x,y) = \sqrt{x^2 + y^2}$，取 $x = 3, y = 4, \Delta x = 0.01, \Delta y = -0.02$，故

$$f(x + \Delta x, y + \Delta y) \approx f(x,y) + \frac{\partial z}{\partial x}\Delta x + \frac{\partial z}{\partial y}\Delta y.$$

因为 $\dfrac{\partial z}{\partial x}\Big|_{\substack{x=3\\y=4}} = \dfrac{x}{\sqrt{x^2+y^2}}\Big|_{\substack{x=3\\y=4}} = \dfrac{3}{5}, \quad \dfrac{\partial z}{\partial y}\Big|_{\substack{x=3\\y=4}} = \dfrac{y}{\sqrt{x^2+y^2}}\Big|_{\substack{x=3\\y=4}} = \dfrac{4}{5}$，所以

$$\sqrt{(3.01)^2 + (3.98)^2} \approx 5 + \frac{3}{5} \cdot 0.01 + \frac{4}{5} \cdot (-0.02) = 4.99.$$

五、应用题

某工厂生产两种商品的日产量分别为 x 和 y（件），总成本函数 $C(x,y) = 6x^2 - xy + 19y^2$（元），商品的限额为 $x + y = 56$，求最小成本？

解： 约束条件为 $\Phi(x,y) = x + y - 56 = 0$，设拉格朗日函数为

$$L(x,y,\lambda) = 6x^2 - xy + 19y^2 + \lambda(x + y - 56).$$

解方程组 $\begin{cases} L_x = 12x - y + \lambda = 0; \\ L_y = -x + 38y + \lambda = 0; \\ L_\lambda = x + y - 56 = 0. \end{cases}$ 得唯一驻点 $(42,14)$.

由于实际问题的驻点为最值点，所以最小成本为 $L(42,14) = 13720$（元）.

Ⅲ.　第六章杂难题与综合例题

【例1】　讨论极限 $\lim\limits_{\substack{x\to 0 \\ y\to 0}} \dfrac{\sqrt{xy+1}-1}{|x|+|y|}$ 的存在性.

解：　因 $|xy| \leqslant \left(\dfrac{|x|+|y|}{2}\right)^2$，故得

$$\frac{\sqrt{xy+1}-1}{|x|+|y|} = \frac{xy}{|x|+|y|}\frac{1}{\sqrt{xy+1}+1} \leqslant \frac{1}{4}(|x|+|y|) \to 0(x\to 0, y\to 0).$$

根据夹逼准则得　　　　　　　　$\lim\limits_{\substack{x\to 0 \\ y\to 0}} \dfrac{\sqrt{xy+1}-1}{|x|+|y|} = 0.$

【例2】　求极限 $\lim\limits_{\substack{x\to\infty \\ y\to a}}\left(1+\dfrac{1}{x}\right)^{\frac{x^2}{x+y}}$，$a$ 为常数.

解：　因 $\lim\limits_{\substack{x\to\infty \\ y\to a}}\dfrac{x^2}{x+y} = \lim\limits_{\substack{x\to\infty \\ y\to a}}\dfrac{1}{1+y/x} = 1$，故 $\lim\limits_{\substack{x\to\infty \\ y\to a}}\left(1+\dfrac{1}{x}\right)^{\frac{x^2}{x+y}} = \lim\limits_{\substack{x\to\infty \\ y\to a}}\left[\left(1+\dfrac{1}{x}\right)^x\right]^{\lim\limits_{\substack{x\to\infty \\ y\to a}}\frac{x}{x+y}} = \mathrm{e}.$

【例3】　求极限 $\lim\limits_{\substack{x\to 0 \\ y\to 0}}\dfrac{x^3+y^3}{x^2+y^2}$.

解1：　设 $u = x^2+y^2$，则 $x\to 0$ 且 $y\to 0 \Leftrightarrow u\to 0^+$. 显然

$$|(x+y)| \leqslant |x|+|y| \leqslant \sqrt{2(x^2+y^2)} = \sqrt{2u}, \quad |xy| \leqslant \frac{1}{2}u,$$

$$|x^3+y^3| = |x+y|\cdot|x^2-xy+y^2| \leqslant |x+y|(|x^2+y^2|+|xy|) = \frac{3\sqrt{2u}}{2}u,$$

则得 $0 \leqslant \left|\dfrac{x^3+y^3}{x^2+y^2}\right| \leqslant \dfrac{3\sqrt{2u}}{2} \to 0(u\to 0^+)$. 根据夹逼准则得 $\lim\limits_{\substack{x\to 0 \\ y\to 0}}\dfrac{x^3+y^3}{x^2+y^2} = 0.$

解2：　设极坐标变换 $x = r\cos\theta, y = r\sin\theta$，那么，$x\to 0$ 且 $y\to 0 \Leftrightarrow r\to 0^+$. 于是

$$0 < \left|\frac{x^3+y^3}{x^2+y^2}\right| = |r(\cos^3+\sin^3)| \leqslant 2r \to 0(r\to 0^+).$$

根据夹逼准则得 $\lim\limits_{\substack{x\to 0 \\ y\to 0}}\dfrac{x^3+y^3}{x^2+y^2} = 0.$

【例4】　求极限 $\lim\limits_{\substack{x\to 0 \\ y\to 0}}\dfrac{x^3y+xy^4+x^2y}{x+y}$.

解：　显然 $\lim\limits_{\substack{y=0 \\ x\to 0}}\dfrac{x^3y+xy^4+x^2y}{x+y} = 0.$ 又

$$\lim\limits_{\substack{y=x^3-x \\ x\to 0}}\frac{x^3y+xy^4+x^2y}{x+y} = \lim\limits_{x\to 0}[(x^3-x)+x^2(x^2-1)^4+(x^2-1)] = -1.$$

由于求极限式沿着两条不同的路径取不同的极限，所以原极限不存在.

【例5】　讨论函数 $f(x,y) = \begin{cases} \dfrac{x}{y^2}\mathrm{e}^{-x^2/y^2} & y\neq 0 \\ 0 & y=0 \end{cases}$ 的连续性.

解：　显然 $\lim\limits_{\substack{y=x \\ x\to 0}}f(x,y) = \lim\limits_{\substack{y=x \\ x\to 0}}\dfrac{1}{\mathrm{e}\cdot x} = \infty$　（而 $\lim\limits_{\substack{x=y^2 \\ y\to 0}}f(x,y) = \lim\limits_{\substack{x=y^2 \\ y\to 0}}\mathrm{e}^{-y^2} = 1$），所以 $f(x,y)$ 在

$(0,0)$ 点处极限不存在. 又因为 $(x,y) \neq (0,0)$ 时函数 $f(x,y)$ 是初等的,故连续.

综上所述, $f(x,y)$ 只在 $(0,0)$ 点处不连续.

【例 6】 求函数 $f(x,y) = \begin{cases} x\sin\dfrac{1}{y} & y \neq 0 \\ 0 & y = 0 \end{cases}$ 的间断点.

解: 显然函数 $f(x,y)$ 在集合 $D = \{(x,y) \mid y = 0, x \neq 0\}$ 的外部是初等的,故连续.

注意到 $0 \leqslant |f(x,y)| \leqslant |x\sin\dfrac{1}{y}| \leqslant |x|$,故 $\lim\limits_{\substack{x \to 0 \\ y \to 0}} f(x,y) = 0$.

而当 $x_0 \neq 0$ 时, $\lim\limits_{\substack{x \to x_0 \\ y \to 0}} f(x,y)$ 不存在,故间断点的集合为 $D = \{(x,y) \mid y = 0, x \neq 0\}$.

【例 7】 求 $f(x,y) = \arctan\dfrac{x+y}{1-xy}$ 的二阶偏导 $\dfrac{\partial^2 z}{\partial x^2}, \dfrac{\partial^2 z}{\partial y^2}, \dfrac{\partial^2 z}{\partial x \partial y}$.

解: $\dfrac{\partial f}{\partial x} = \dfrac{1}{1 + \left(\dfrac{x+y}{1-xy}\right)^2}\left(\dfrac{x+y}{1-xy}\right)'_x = \dfrac{(1-xy)^2}{1+x^2y^2+x^2+y^2} \cdot \dfrac{1+y^2}{(1-xy)^2} = \dfrac{1}{1+x^2}$,

$$\dfrac{\partial^2 f}{\partial x^2} = \dfrac{\partial}{\partial x}\left(\dfrac{\partial f}{\partial x}\right) = \dfrac{\partial}{\partial x}\dfrac{1}{1+x^2} = -\dfrac{2x}{(1+x^2)^2}.$$

由 $f(x,y)$ 关于两变量 x、y 为对称,故将上式 x、y 对调即得: $\dfrac{\partial^2 f}{\partial y^2} = -\dfrac{2y}{(1+y^2)^2}$.

显然 $\dfrac{\partial^2 f}{\partial x \partial y} = \dfrac{\partial}{\partial y}\left(\dfrac{1}{1+x^2}\right) = 0$, $\quad \dfrac{\partial^2 f}{\partial y \partial x} = \dfrac{\partial}{\partial x}\left(\dfrac{1}{1+y^2}\right) = 0$.

【例 8】 利用全微分计算 $(1.02)^{3.01}$ 的近似值.

解: 设函数 $z = f(x,y) = x^y$,取 $x = 1, y = 3, \Delta x = 0.02, \Delta y = 0.01$,故

$$f(x+\Delta x, y+\Delta y) \approx f(x,y) + \dfrac{\partial z}{\partial x}\Delta x + \dfrac{\partial z}{\partial y}\Delta y.$$

因为 $\dfrac{\partial z}{\partial x}\Big|_{\substack{x=1 \\ y=3}} = (yx^{y-1})\Big|_{\substack{x=1 \\ y=3}} = 3$, $\dfrac{\partial z}{\partial y}\Big|_{\substack{x=1 \\ y=3}} = (x^y\ln x)\Big|_{\substack{x=1 \\ y=3}} = 0$,所以

$$(1.02)^{3.01} \approx 1 + 3 \times 0.02 + 0 \times 0.01 = 1.06.$$

【例 9】* 求二元函数 $f(x,y) = x + xy - x^2 - y^2$ 在区域 $D: x \geqslant 0, y \geqslant 0, x+y \leqslant 4$ 内的最值.

解: 函数在区域 D 内处处可导,故由 $\begin{cases} f_x = 1 + y - 2x = 0 \\ f_y = x - 2y = 0 \end{cases}$ 解得唯一的驻点 $\left(\dfrac{2}{3}, \dfrac{1}{3}\right)$ 以

及相应的函数值 $f\left(\dfrac{2}{3}, \dfrac{1}{3}\right) = \dfrac{1}{3}$. 考虑函数 $f(x,y)$ 在 D 的边界上的情况:

在边界 $x = 0$ 上,二元函数成为 y 的一元函数 $f(0,y) = -y^2 (0 \leqslant y \leqslant 4)$,则

$$-16 \leqslant f(0,y) \leqslant 0.$$

在边界 $y = 0$ 上,二元函数成为 x 的一元函数 $f(x,0) = x - x^2 (0 \leqslant x \leqslant 4)$,则

$$-12 \leqslant f(x,0) \leqslant \dfrac{1}{4}.$$

在边界 $x+y = 4$ 上,二元函数成为 x 的一元函数 $f(x,4-x) = -3x^2 + 13x - 16 (0 \leqslant x \leqslant 4)$,则

$$-16 \leqslant f(x,4-x) \leqslant -\dfrac{23}{12}.$$

所以,函数在闭区域 D 上的最大值,最小值分别为:

$$f\left(\frac{2}{3},\frac{1}{3}\right)=\frac{1}{3}, \qquad f(0,4)=-16$$

【例10】* 求由方程 $x^2+y^2+z^2-2x+4y-6z-11=0$ 所确定的隐函数的极值.

解： $z'_x=\dfrac{x-1}{3-z}, z'_y=\dfrac{y+2}{3-z};$

$$z''_{xx}=\frac{3-z+(x-1)\cdot z'_x}{(3-z)^2}=\frac{1}{3-z}+\frac{(x-1)^2}{(3-z)^3},$$

$$z''_{xy}=\frac{(x-1)\cdot z'_y}{(3-z)^2}=\frac{(x-1)(y+2)}{(3-z)^3},$$

$$z''_{yy}=\frac{3-z+(y+2)\cdot z'_y}{(3-z)^2}=\frac{1}{3-z}+\frac{(y+2)^2}{(3-z)^3},$$

令 $z'_x=\dfrac{x-1}{3-z}=0$ 且 $z'_y=\dfrac{y+2}{3-z}=0$ 解得驻点 $(1,-2)$，

代入原方程得 $z_1=-2$ 和 $z_2=8$.

(i) 对应 $z_1=-2$,

$$A=z''_{xx}\big|_{(1,-2,-2)}=\left(\frac{1}{3-z}+\frac{(x-1)^2}{(3-z)^3}\right)\Big|_{(1,-2,-2)}=\frac{1}{5}>0,$$

$$B=z''_{xy}\big|_{(1,-2,-2)}=\frac{(x-1)(y+2)}{(3-z)^3}\Big|_{(1,-2,-2)}=0,$$

$$C=z''_{yy}\big|_{(1,-2,-2)}=\left(\frac{1}{3-z}+\frac{(y+2)^2}{(3-z)^3}\right)\Big|_{(1,-2,-2)}=\frac{1}{5}>0,$$

由此得 $B^2-AC<0$ 且 $A>0$,故 $f(1,-2)=-2$ 为极小值.

(ii) 对应 $z_2=8$,

$$A=z''_{xx}\big|_{(1,-2,8)}=\left(\frac{1}{3-z}+\frac{(x-1)^2}{(3-z)^3}\right)\Big|_{(1,-2,8)}=\frac{1}{-5}<0,$$

$$B=z''_{xy}\big|_{(1,-2,8)}=\frac{(x-1)(y+2)}{(3-z)^3}\Big|_{(1,-2,8)}=0,$$

$$C=z''_{yy}\big|_{(1,-2,8)}=\left(\frac{1}{3-z}+\frac{(y+2)^2}{(3-z)^3}\right)\Big|_{(1,-2,8)}=\frac{1}{-5}<0,$$

由此得 $B^2-AC<0$ 且 $A<0$,故 $f(1,-2)=8$ 为极大值.

【例11】 某公司可通过电台及报纸两种方式做销售某种商品的广告,根据统计资料,销售收入 R(万元) 与电台费用 x_1(万元) 及报纸广告费用 x_2(万元) 之间的关系有如下经验公式:

$$R_2=15+14x_1+32x_2-8x_1x_2-2x_1^2-10x_2^2.$$

(1) 在广告费用不限的情况下,求最优广告策略;

(2) 若提供的广告费用为 1.5 万元,求相应的最优广告策略.

解： (1) 利润函数

$$L(x_1,x_2)=R(x_1,x_2)-(x_1+x_2)=15+13x_1+31x_2-8x_1x_2-2x_1^2-10x_2^2.$$

$$由\begin{cases}L'_{x_1}=13-8x_2-4x_1=0\\ L'_{x_2}=31-8x_1-20x_2=0\end{cases}求得 x_1=0.75, x_2=1.25.$$

又 $A=L''_{x_1x_1}=-4<0, B=L''_{x_1x_2}=-8, C=L''_{x_2x_2}=-20, \Delta=B^2-AC=-16<0,$所以 $L(x_1,x_2)$ 在 $(0.75,1.25)$ 处取得极大值,也是最大值,即电台广告费用 0.75 万元,报纸广告费用 1.25 万元时利润最大.

(2) 问题是求利润函数 L 在 $x_1+x_2=1.5$ 时的条件极值.

令 $L(x_1,x_2,\lambda)=15+13x_1+31x_2-8x_1x_2-2x_1^2-10x_2^2+\lambda(x_1+x_2-1.5)$,由

$$\begin{cases} L'_{x_1} = 13 + \lambda - 4x_1 - 8x_2 = 0 \\ L'_{x_2} = 31 + \lambda - 8x_1 - 20x_2 = 0 \\ L'_{\lambda} = x_1 + x_2 - 1.5 = 0 \end{cases}$$

解得 $x_1 = 0, x_2 = 1.5$.

因此把广告费 1.5 万元全部用于报纸广告, 可使利润最大.

【例 12】 设生产某种产品必须投入两种要素, x_1 和 x_2 分别为两要素的投入量, Q 为产出量; 若生产函数为 $Q = 2x_1^{\alpha} x_2^{\beta}$, 其中 α, β 为正常数, 且 $\alpha + \beta = 1$. 假设两种要素的价格分别为 p_1 和 p_2, 试问: 当产量为 12 时, 两要素各投入多少, 可以使得投入总费用最小?

解: 总费用函数 $f(x_1, x_2) = p_1 x_1 + p_2 x_2$, 约束条件 $2x_1^{\alpha} x_2^{\beta} = 12$ (其中 $\alpha + \beta = 1$), 求 f 的最小值. 显然条件 $2x_1^{\alpha} x_2^{\beta} = 12$ 等价于 $\alpha \ln x_1 + \beta \ln x_2 = \ln 6$.

作拉格朗日函数 $L(x, y, z, \lambda) = p_1 x_1 + p_2 x_2 + \lambda (\ln 6 - \alpha \ln x_1 - \beta \ln x_2)$. 由

$$\begin{cases} L'_{x_1} = p_1 - \dfrac{\lambda \alpha}{x_1} = 0 \\ L'_{x_2} = p_2 - \dfrac{\lambda \beta}{x_2} = 0 \\ L'_{\lambda} = \ln 6 - \alpha \ln x_1 - \beta \ln x_2 = 0 \end{cases}$$

求得 $x_1 = 6\left(\dfrac{p_2 \alpha}{p_1 \beta}\right)^{\beta}, x_2 = 6\left(\dfrac{p_1 \beta}{p_2 \alpha}\right)^{\alpha}$. 因驻点唯一, 且实际问题存在最小值, 所以上述的两要素投入量可使投入总费用最少.

（七）第七章　二重积分

I. 第七章习题解答

【习题 7.1】（重积分的概念与性质）（解答）

1. 用二重积分表示由圆柱面 $x^2 + y^2 = 1$，平面 $z = 0, z = 2$ 所围成的平顶柱体的体积.

解： 设 $D = \{(x,y) \mid x^2 + y^2 \leqslant 1\}$，那么所求体积

$$V = \iint_D 2\mathrm{d}\sigma = 2\iint_D \mathrm{d}\sigma.$$

2. 用二重积分表示以下列曲面为顶，区域 D 为底的曲顶柱体的体积.

(1) 曲面 $z = x + y + 1$，区域 D 是长方形：$0 \leqslant x \leqslant 1, 1 \leqslant y \leqslant 2$；

解： 设 $D = \{(x,y) \mid 0 \leqslant x \leqslant 1, 1 \leqslant y \leqslant 2\}$，那么所求体积

$$V = \iint_D (x + y + 1)\mathrm{d}\sigma.$$

(2) 曲面 $z = x + y$，区域 D 是由圆 $x^2 + y^2 = 1$ 在第一象限部分与坐标轴所围成.

解： 设 $D = \{(x,y) \mid 0 \leqslant x^2 + y^2 \leqslant 1, 0 \leqslant x, 0 \leqslant y\}$，那么所求体积

$$V = \iint_D (x + y)\mathrm{d}\sigma.$$

3. (1) 比较 $\displaystyle\iint_D (x+y)^2\mathrm{d}\sigma$ 与 $\displaystyle\iint_D (x+y)^3\mathrm{d}\sigma$ 的大小，D 是由 x 轴、y 轴与直线 $x+y=1$ 所围成.

解： 因 $\forall \in D, 0 \leqslant x + y \leqslant 1$，故 $(x+y)^2 \geqslant (x+y)^3$，所以

$$\iint_D (x+y)^2\mathrm{d}\sigma \geqslant \iint_D (x+y)^3\mathrm{d}\sigma.$$

(2) 比较 $\displaystyle\iint_D \ln(x+y)\mathrm{d}\sigma$ 与 $\displaystyle\iint_D [\ln(x+y)]^2\mathrm{d}\sigma$ 的大小，其中

$$D = \{(x,y) \mid 3 \leqslant x \leqslant 5, 0 \leqslant y \leqslant 1\}.$$

解： 因 $\forall \in D, 3 \leqslant x + y \leqslant 6$，故 $1 \leqslant \ln(x+y) \leqslant [\ln(x+y)]^2$，所以

$$\iint_D \ln(x+y)\mathrm{d}\sigma \leqslant \iint_D [\ln(x+y)]^2\mathrm{d}\sigma.$$

(3) 估计 $\displaystyle\iint_D (x+y+1)\mathrm{d}\sigma$ 的值，其中 D 是长方形区域：$0 \leqslant x \leqslant 1, 0 \leqslant y \leqslant 2$；

解： 因 $\forall \in D, 1 \leqslant x + y + 1 \leqslant 4$，而 D 的面积 $S_D = 2$，故

$$2 = 1 \cdot S_D = \iint_D 1\mathrm{d}\sigma \leqslant \iint_D \ln(x+y+1)\mathrm{d}\sigma \leqslant \iint_D 4\mathrm{d}\sigma = 4 \cdot S_D = 8.$$

【习题 7.2】（二重积分的计算）（解答）

1. 画出积分区域的图像再计算二重积分：

(1) 计算 $\displaystyle\iint_D (x+y)\mathrm{d}x\mathrm{d}y$，其中区域 D 是由直线 $x = 1, x = 2, y = x$，$y = 3x$ 所围成的闭区域.

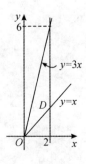

解： 画出积分区 D，如图 5.6 所示，区域 D 是 $X -$ 型的. 区间 $[1,2]$ 上任意取定一点，过点作垂直轴的直线，与区域的边界相交，因此

$$\iint_D (x+y)\mathrm{d}x\mathrm{d}y = \int_1^2 \mathrm{d}x \int_x^{3x} (x+y)\mathrm{d}y = \int_1^2 \left[xy + \frac{y^2}{2}\right]_x^{3x} \mathrm{d}x = \int_1^2 6x^2 \mathrm{d}x = 14.$$

(2) 计算 $\displaystyle\iint_D \frac{y}{1 + \sqrt[6]{x}}\mathrm{d}\sigma$，设 D 由曲线 $y = \sqrt[6]{x}$ 与直线 $x = 0, y = 1$ 所围成的区域.

解： 取积分区域为 X 型 $:D = \{(x,y) \mid 0 \leqslant x \leqslant 1, \sqrt[6]{x} \leqslant y \leqslant 1\}$.

$$\iint_D \frac{y}{1+\sqrt[6]{x}} d\sigma = \int_0^1 dx \int_{\sqrt[6]{x}}^1 \frac{y}{1+\sqrt[6]{x}} dy = \frac{1}{2}\int_0^1 \frac{1}{1+\sqrt[6]{x}} \cdot (y^2 \mid_{\sqrt[6]{x}}^1) dx$$

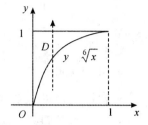

$$= \frac{1}{2}\int_0^1 \frac{1-\sqrt[3]{x}}{1+\sqrt[6]{x}} dx = \frac{1}{2}\int_0^1 (1-\sqrt[6]{x}) dx = \left[\frac{1}{2}x - \frac{3}{7}x^{\frac{7}{6}}\right]_0^1 = \frac{1}{14}.$$

(3) 计算 $\iint_D e^{-y^2} dxdy$，D 是直线 $y=1, y=x$ 和 y 轴所围闭区域.

解： 先对 x 积分，再对 y 积分，即积分区域取 $Y-$型，则

$$\iint_D e^{-y^2} dxdy = \int_0^1 dy \int_0^y e^{-y^2} dx = \int_0^1 e^{-y^2} (x \mid_0^y) dy$$

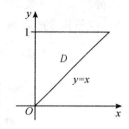

$$= \int_0^1 y e^{-y^2} dy = -\frac{1}{2} e^{-y^2} \mid_0^1 = \frac{1}{2}\left(1-\frac{1}{e}\right).$$

(4) 计算 $\iint_D xy d\sigma$，D 是由抛物线 $y^2=x$ 及 $y=x-2$ 所围闭区域.

解： 将 D 作 Y 型 $:D = \{(x,y) \mid -1 \leqslant y \leqslant 2, y^2 \leqslant x \leqslant y+2\}$.

$$\iint_D xy d\sigma = \int_{-1}^2 dy \int_{y^2}^{y+2} xy dx = \int_{-1}^2 y\left[\frac{x^2}{2}\right]_{y^2}^{y+2} dy$$

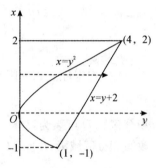

$$= \frac{1}{2}\int_{-1}^2 [y(y+2)^2 - y^5] dy$$

$$= \frac{1}{2}\left[\frac{1}{4}y^4 + \frac{4}{3}y^3 + 2y^2 - \frac{1}{6}y^6\right]_{-1}^2 = 5\frac{5}{8}.$$

2. 计算二重积分：

(1) $\iint_D x\cot x \cos(xy) d\sigma$，$D$ 由 $x=1, y=1, x$ 轴，y 轴所围闭区域.

解： 将 D 作型区域 $D = \{(x,y) \mid 0 \leqslant x \leqslant 1, 0 \leqslant y \leqslant 1\}$，于是

$$原式 = \int_0^1 dx \int_0^1 x\cot x \cos(xy) dy = \int_0^1 \cot x dx \int_0^1 \cos(xy) d(xy)$$

$$= \int_0^1 \cot x [\sin(xy) \mid_0^1] dx = \int_0^1 \cot x \sin x dx = \int_0^1 \cos x dx = \sin x \mid_0^1 = \sin 1.$$

(2) $\iint_D x e^{x+xy} \sqrt{e^{xy}-1} d\sigma$，其中 D 是由直线 $x=1, y=1$ 和 x 轴 y 轴所围成闭区域.

解： 将 D 作型区域 $D = \{(x,y) \mid 0 \leqslant x \leqslant 1, 0 \leqslant y \leqslant 1\}$，于是

$$原式 = \int_0^1 dx \int_0^1 x e^{x+xy} \sqrt{e^{xy}-1} dy = \int_0^1 e^x dx \int_0^1 \sqrt{e^{xy}-1} \cdot (x e^{xy}) dy = \frac{2}{3}\int_0^1 e^x \left[(e^{xy}-1)^{\frac{3}{2}} \Big|_0^1\right] dx$$

$$= \frac{2}{3}\int_0^1 e^x (e^x-1)^{\frac{3}{2}} dx = \frac{2}{3}\int_0^1 (e^x-1)^{\frac{3}{2}} d(e^x-1) = \frac{4}{15}(e^x-1)^{\frac{5}{2}} \mid_0^1 = \frac{4}{15}(e-1)^{\frac{5}{2}}.$$

(3) $\iint_D \frac{y^2}{1+x^3-\sqrt{x}} d\sigma$，其中 D 由直线 $x=0, x=1$ 和曲线 $y=1+x^3, y=\sqrt{x}$ 所围.

解： D 取为 X 型 $:D = \{(x,y) \mid 0 \leqslant x \leqslant 1, \sqrt{x} \leqslant y \leqslant 1+x^3\}$.

$$\iint_D \frac{y^2}{1+x^3-\sqrt{x}} d\sigma = \int_0^1 dx \int_{\sqrt{x}}^{1+x^3} \frac{y^2}{1+x^3-\sqrt{x}} dy = \frac{1}{3}\int_0^1 \frac{1}{1+x^3-\sqrt{x}} \cdot (y^3 \mid_{\sqrt{x}}^{1+x^3}) dx$$

$$= \frac{1}{2}\int_0^1 [(1+x^3)^2 + (1+x^3)\sqrt{x} + x] dx$$

$$= \frac{1}{2}\int_0^1 (1+x^{\frac{1}{2}} + x + 2x^3 + x^{\frac{7}{2}} + x^6) dx$$

$$= \frac{1}{2}\left[x + \frac{2}{3}x^{\frac{3}{2}} + \frac{1}{2}x^2 + \frac{1}{2}x^4 + \frac{2}{7}x^{\frac{7}{2}} + \frac{1}{6}x^6\right]_0^1 = \frac{131}{126}.$$

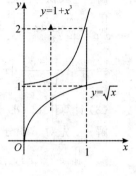

3. 设 $f(x,y)$ 为二元可积函数,交换下列积分次序:

(1) $\int_2^3 \mathrm{d}x \int_{\ln2}^{\ln x} f(x,y)\mathrm{d}y$;　　　　(2) $\int_0^1 \mathrm{d}y \int_y^{\sqrt{y}} f(x,y)\mathrm{d}x$.

解:　(1) 根据原式积分限写下曲、直线方程如下,

$$D:\quad x=2, x=3, y=\ln2, y=\ln x.$$

积分区域 D 可表为:$D = \{(x,y) \mid 2 \leqslant x \leqslant 3, \ln2 \leqslant y \leqslant \ln x\}$. 做草图,改写积分区域为:$D = \{(x,y) \mid \ln2 \leqslant y \leqslant \ln3, \mathrm{e}^y \leqslant x \leqslant 3\}$. 得

$$\int_2^3 \mathrm{d}x \int_{\ln2}^{\ln x} f(x,y)\mathrm{d}y = \int_{\ln2}^{\ln3} \mathrm{d}y \int_{\mathrm{e}^y}^3 f(x,y)\mathrm{d}x.$$

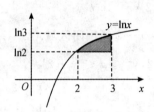
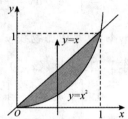

(2) 根据原式积分限写下曲、直线方程如下,

$$D: y=0, y=1, x=y, x=\sqrt{y}.$$

积分区域 D 可表为:$D = \{(x,y) \mid 0 \leqslant y \leqslant 1, y \leqslant x \leqslant \sqrt{y}\}$. 做草图,改写积分区域为:$D = \{(x,y) \mid 0 \leqslant x \leqslant 1, x^2 \leqslant y \leqslant x\}$. 得

$$\int_0^1 \mathrm{d}y \int_y^{\sqrt{y}} f(x,y)\mathrm{d}x = \int_0^1 \mathrm{d}x \int_{x^2}^x f(x,y)\mathrm{d}y.$$

【习题 7.3】　(重积分的变量代换)(解答)

1. 计算二重积分 $\iint_D x^2 \mathrm{d}\sigma$,其中 D 为圆环 $1 \leqslant x^2 + y^2 \leqslant 4$.

解:　令 $x = r\cos\theta, y = r\sin\theta$,则 $D = \{(r,\theta) \mid 0 \leqslant \theta \leqslant 2\pi, 1 \leqslant r \leqslant 2\}$,故

$$\iint_D x^2 \mathrm{d}x\mathrm{d}y = \int_0^{2\pi} \mathrm{d}\theta \int_1^2 \cos^2\theta \cdot r^3 \mathrm{d}r = \int_0^{2\pi} \frac{1+\cos2\theta}{2}\mathrm{d}\theta \int_1^2 r^3 \mathrm{d}r = \frac{15}{4}\pi.$$

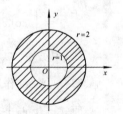

2. 计算 $\iint_D \frac{1}{(1+x^2+y^2)^2}\mathrm{d}x\mathrm{d}y$,其中 D 是闭圆周 $x^2+y^2=1$ 及其内部.

解:　选用极坐标,D 可表示为 $0 \leqslant \theta \leqslant 2\pi, 0 \leqslant r \leqslant 1$,于是

$$\iint_D \frac{1}{(1+x^2+y^2)^2}\mathrm{d}x\mathrm{d}y = \iint_D \frac{1}{(1+r^2)^2}r\mathrm{d}r\mathrm{d}\theta = \int_0^{2\pi} \mathrm{d}\theta \int_0^1 \frac{r}{(1+r^2)^2}\mathrm{d}r$$

$$= -\frac{1}{2}\int_0^{2\pi}\left(\frac{1}{1+r^2}\Big|_0^1\right)\mathrm{d}\theta = -\frac{1}{2}\int_0^{2\pi}\left(\frac{1}{2}-1\right)\mathrm{d}\theta = \frac{\pi}{2}.$$

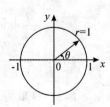

3. 求积分 $\iint_D \sqrt{x^2+y^2}\,\mathrm{d}\sigma$,$D$ 为圆周 $x^2-2x+y^2=0$ 所围的闭区域.

解:　用极坐标 D 表为 $\{(r,\theta) \mid -\pi/2 \leqslant \theta \leqslant \pi/2, 0 \leqslant r \leqslant 2\cos\theta\}$,则

$$\iint_D \sqrt{x^2+y^2}\,\mathrm{d}\sigma = \iint_D \sqrt{(r\cos\theta)^2+(r\sin\theta)^2}\,r\mathrm{d}r\mathrm{d}\theta = \iint_D r^2 \mathrm{d}r\mathrm{d}\theta$$

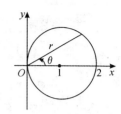

$$= \int_{-\frac{\pi}{2}}^{\frac{\pi}{2}} d\theta \int_0^{2\cos\theta} r^2 \, dr = \int_{-\frac{\pi}{2}}^{\frac{\pi}{2}} \left[\frac{1}{3} r^3 \right]_0^{2\cos\theta} d\theta = \int_{-\frac{\pi}{2}}^{\frac{\pi}{2}} \frac{8}{3} \cos^3\theta \, d\theta$$

$$= \frac{16}{3} \int_0^{\frac{\pi}{2}} \cos^3\theta \, d\theta = \frac{16}{3} \int_0^{\frac{\pi}{2}} (1 - \sin^2\theta) \, d\sin\theta = \frac{16}{3} \left[\sin\theta - \frac{1}{3}\sin^3\theta \right]_0^{\frac{\pi}{2}} = \frac{32}{9}.$$

4.* 用积分变量替换计算 $\iint_D \dfrac{y}{x+y} e^{(x+y)^2} \, d\sigma$，其中 D 由 $x+y=1$，$x=0$ 和 $y=0$ 所围成.

解： 令 $\begin{cases} u = x+y \\ v = y \end{cases} \Rightarrow \begin{cases} x = u-v \\ y = v \end{cases}$，变换雅可比行列式为

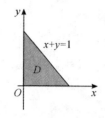

$$J = \frac{\partial(x,y)}{\partial(u,v)} = \begin{vmatrix} 1 & -1 \\ 0 & 1 \end{vmatrix} = 1;$$

且 $\begin{cases} x+y=1 \Rightarrow u=1, \\ x=0 \Rightarrow u-v=0, \\ y=0 \Rightarrow v=0. \end{cases}$ 区域为 $D = \{0 \leqslant u \leqslant 1, 0 \leqslant v \leqslant u\}$，得

$$\text{原式} = \iint_D \frac{v}{u} \cdot e^{u^2} \, du\,dv = \int_0^1 \frac{e^{u^2}}{u} du \int_0^u v\,dv = \int_0^1 \frac{u}{2} \cdot e^{u^2} \, du = \frac{1}{4}(e-1).$$

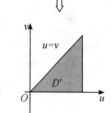

【习题 7.4】（二重积分的应用）（解答）

1. 求下列各题面积或体积：

(1) 曲线 $x = y^2$，$x = 2y - y^2$ 所围的面积；

(2) 由平面 $x + 2y + 3z = 1$，$x=0$，$y=0$，$z=0$ 所围的体积；

(3) 由柱面 $x^2 + y^2 = 1$，与平面 $x+y=z+3$，$z=0$ 所围的体积.

(4) 计算极径 Ox 与螺线 $r = a\theta(a>0)$ 一周所围图形面积.

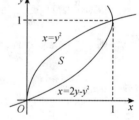

解： $(1) S = \iint_D dx\,dy = \int_0^1 dy \int_{y^2}^{2y-y^2} dx = \int_0^1 [(2y-y^2) - y^2]\,dy$

$$= \left(y^2 - \frac{2}{3} y^3 \right) \Big|_0^1 = \frac{1}{3}.$$

(2) 令 $z=0$ 得 $x+2y=1$，取 $D = \{(x,y) \mid 0 \leqslant x \leqslant 1, 0 \leqslant y \leqslant (1-x)/2\}$. 则体积为

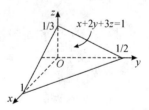

$$V = \iint_D z\,dx\,dy = \iint_D \frac{1}{3}(1-x-2y)\,dx\,dy$$

$$= \frac{1}{3} \int_0^1 dx \int_0^{\frac{1-x}{2}} (1-x-2y)\,dy = \frac{1}{3} \int_0^1 \left[\frac{1}{2}(1-x)^2 - y^2 \Big|_0^{\frac{1-x}{2}} \right] dx$$

$$= \frac{1}{3} \int_0^1 \frac{(1-x)^2}{4} dx = \frac{1}{12} \left[-\frac{(1-x)^2}{3} \right]_0^1 = \frac{1}{36}.$$

(3) 取 $D = \{(x,y) \mid x^2 + y^2 \leqslant 1\}$，则所求体积为

$$V = \iint_D z\,dx\,dy = \iint_D (3-x-y)\,dx\,dy = \int_{-1}^1 dx \int_{-\sqrt{1-x^2}}^{\sqrt{1-x^2}} (3-x-y)\,dy$$

$$= \int_{-1}^1 \left[\int_{-\sqrt{1-x^2}}^{\sqrt{1-x^2}} (3-x)\,dy - \int_{-\sqrt{1-x^2}}^{\sqrt{1-x^2}} y\,dy \right] dx = \int_{-1}^1 \left[2(3-x)\sqrt{1-x^2} \right] dx$$

$$= 6\int_{-1}^1 \sqrt{1-x^2}\,dx - 2\int_{-1}^1 x\sqrt{1-x^2}\,dx = 3\pi.$$

(4) 计算极径 Ox 与阿基米德螺线 $r = a\theta(a>0)$ 对应于 $\theta \in [0, 2\pi]$ 所围图形面积.

解： $A = \iint_D \mathrm{d}\sigma = \int_0^{2\pi} \mathrm{d}\theta \int_0^{a\theta} r\mathrm{d}r = \frac{1}{2} \int_0^{2\pi} (r \mid_0^{a\theta}) \mathrm{d}\theta$

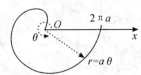

$$= \frac{1}{2} \int_0^{2\pi} (a\theta)^2 \mathrm{d}\theta = \frac{a^2}{2} \left[\frac{1}{3} \theta^3 \right] = \frac{4}{3} \pi^3 a^2$$

2. 计算 $\iint_D \frac{x\mathrm{e}^{x+xy}}{\sqrt{\mathrm{e}^{xy}-1}} \mathrm{d}\sigma$. **解：** 区域化为 $D = \{(x,y) \mid 0 \leqslant x \leqslant 1, 0 \leqslant y \leqslant 1\}$，于是

原式 $= \int_0^1 \mathrm{d}x \int_0^1 \frac{x\mathrm{e}^{x+xy}}{\sqrt{\mathrm{e}^{xy}-1}} \mathrm{d}y = \int_0^1 \mathrm{e}^x \mathrm{d}x \int_0^1 \frac{1}{\sqrt{\mathrm{e}^{xy}-1}} \mathrm{d}(\mathrm{e}^{xy}-1) = 2 \int_0^1 \mathrm{e}^x \left(\sqrt{\mathrm{e}^{xy}-1} \mid_0^1 \right) \mathrm{d}x$

$$= 2 \int_0^1 \mathrm{e}^x \sqrt{\mathrm{e}^x-1} \mathrm{d}x = 2 \int_0^1 \sqrt{\mathrm{e}^x-1} \mathrm{d}(\mathrm{e}^x-1) = \frac{4}{3} (\mathrm{e}^x-1)^{\frac{3}{2}} \mid_0^1 = \frac{4}{3} (\mathrm{e}-1)^{\frac{3}{2}}.$$

【注】 因被积函数在原点邻域无界，故为广义积分. 不过可以采用通常二重积分表达方法.

3. 计算下列广义二重积分：

(1) $\iint_D \frac{1}{(x^2+y^2)^2} \cdot \arctan^2 \frac{y}{x} \mathrm{d}x\mathrm{d}y$，其中 $D = \{(x,y) \mid x \geqslant 0, x^2+y^2 \geqslant 1\}$.

解： 设 $R > 1$，则 $D_R = \{(x,y) \mid 1 \leqslant \sqrt{x^2+y^2} \leqslant R, x \geqslant 0\} \xrightarrow[R \to +\infty]{} D$.

令 $x = r\cos\theta, y = r\sin\theta$，则

$$\iint_D \frac{1}{(x^2+y^2)^2} \cdot \arctan^2 \frac{y}{x} \mathrm{d}x\mathrm{d}y = \lim_{R \to +\infty} \iint_{D_R} \frac{1}{(x^2+y^2)^2} \cdot \arctan^2 \frac{y}{x} \mathrm{d}x\mathrm{d}y$$

$$= \lim_{R \to +\infty} \int_{-\frac{\pi}{2}}^{\frac{\pi}{2}} \theta^2 \mathrm{d}\theta \int_1^R \frac{1}{r^3} \mathrm{d}r = \lim_{R \to +\infty} \left(\frac{1}{3} \theta^3 \mid_{-\frac{\pi}{2}}^{\frac{\pi}{2}} \right) \cdot \left(-\frac{1}{2r^2} \mid_1^R \right) = \lim_{R \to +\infty} \left(\frac{1}{3} \cdot \frac{\pi^3}{4} + \frac{1}{2} - \frac{1}{2R^2} \right) = \frac{\pi^3}{12} + \frac{1}{2}.$$

(2) $\iint_D \frac{1}{xy^2} \mathrm{d}x\mathrm{d}y$，其中 $D = \{(x,y) \mid \mathrm{e} \leqslant x \leqslant y\}$.

解： 设 $D_R = \{(x,y) \mid \mathrm{e} \leqslant x \leqslant y \leqslant R\}, D_R \xrightarrow[R \to +\infty]{} D$，则

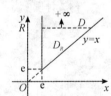

$$\iint_D \frac{1}{xy^2} \mathrm{d}x\mathrm{d}y = \lim_{R \to +\infty} \int_e^R \mathrm{d}y \int_e^y \frac{1}{xy^2} \mathrm{d}x = \lim_{R \to +\infty} \int_e^R \frac{1}{y^2} (\ln x \mid_e^y) \mathrm{d}y$$

$$= \lim_{R \to +\infty} \int_e^R \frac{\ln y - 1}{y^2} \mathrm{d}y = -\lim_{R \to +\infty} \frac{\ln y}{y} \mid_e^R = \frac{1}{\mathrm{e}}.$$

Ⅱ. 第七章自测题及其解答

自测题七

1. 设 D 为由直线 $x = 0, x = 1, y = -1, y = 0$ 所围区域，求积分 $\iint_D x\mathrm{e}^{xy} \mathrm{d}x\mathrm{d}y$.

2. 计算 $\iint_D \frac{y^2}{1 + \sqrt[3]{x} + \sqrt[3]{x^2}} \mathrm{d}\sigma$，$D$ 由直线 $x = 0, x = 1$ 及 $y = 1$ 和曲线 $y = \sqrt[3]{x}$ 所围闭区域.

3. 计算 $\int_{\ln 2}^{\ln 3} \mathrm{d}y \int_{\mathrm{e}^y}^3 \frac{x}{\ln x - \ln 2} \mathrm{d}x$.

4. 求二重积分 $\iint_D xy\mathrm{d}\sigma$，其中 D 为直线 $y = x$ 与抛物线 $y = x^2$ 所围的闭区域.

5. (1) 设 $f(x)$ 在 $[0,c]$ 上连续，证明 $\int_0^c \mathrm{d}y \int_0^y f(x)\mathrm{d}x = \int_0^c (c-x)f(x)\mathrm{d}x$.

(2) 改变积分的次序 $\int_0^1 \mathrm{d}x \int_0^x f(x,y)\mathrm{d}y + \int_1^2 \mathrm{d}x \int_0^{2-x} f(x,y)\mathrm{d}y$.

6. 计算二重积分 $\displaystyle\iint_D \sin(x^2 + y^2)\mathrm{d}x\mathrm{d}y$,其中 D 为 $\left\{ (x,y) \mid x^2 + y^2 \leqslant \dfrac{\pi}{2} \right\}$ 在第一象限部分.

7. 求广义积分 $\displaystyle\iint_D \mathrm{e}^{-(x+y)}\mathrm{d}x\mathrm{d}y$,$D = \{ (x,y) \mid x \geqslant 0, y \geqslant x \}$,

自测题七参考答案

1. **解:** $\displaystyle\iint_D x\,\mathrm{e}^{xy}\mathrm{d}x\mathrm{d}y = \int_0^1 \mathrm{d}x \int_{-1}^0 \mathrm{e}^{xy}\mathrm{d}(xy) = \int_0^1 (\mathrm{e}^{xy}\,|_{-1}^0)\mathrm{d}x = \int_0^1 (1 - \mathrm{e}^{-x})\mathrm{d}x = \dfrac{1}{\mathrm{e}}$.

2. 计算 $\displaystyle\iint_D \dfrac{y^2}{1 + \sqrt[3]{x} + \sqrt[3]{x^2}}\mathrm{d}\sigma$,$D$ 由直线 $x = 0$,$x = 1$ 及 $y = 1$ 和曲线 $y = \sqrt[3]{x}$ 所围闭区域.

解: 积分区域 D 取为 X 型:$D = \{ (x,y) \mid 0 \leqslant x \leqslant 1, \sqrt[3]{x} \leqslant y \leqslant 1 \}$.

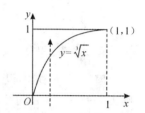

$$\text{原式} = \int_0^1 \mathrm{d}x \int_{\sqrt[3]{x}}^1 \dfrac{y^2}{1 + \sqrt[3]{x} + \sqrt[3]{x^2}}\mathrm{d}y = \dfrac{1}{3}\int_0^1 \dfrac{1}{1 + \sqrt[3]{x} + \sqrt[3]{x^2}} \cdot (y^3\,|_{\sqrt[3]{x}}^1)\mathrm{d}x$$

$$= \dfrac{1}{2}\int_0^1 (1 - \sqrt[3]{x})\mathrm{d}x = \left[\dfrac{1}{2}x - \dfrac{3}{8}x^{\frac{4}{3}} \right]_0^1 = \dfrac{1}{8}.$$

3. **解:** D 由 $y = \ln 2$、$y = \ln 3$ 和 $x = \mathrm{e}^y$、$x = 3$ 所围成. 积分区域取为 $D: 2 \leqslant x \leqslant 3, \ln 2 \leqslant y \leqslant \ln x$. 于是

$$\text{原式} = \int_2^3 \mathrm{d}x \int_{\ln 2}^{\ln x} \dfrac{x}{\ln x - \ln 2}\mathrm{d}y = \int_2^3 \dfrac{x}{\ln x - \ln 2} \cdot (y\,|_{\ln 2}^{\ln x})\mathrm{d}x = \int_2^3 x\,\mathrm{d}x = \dfrac{1}{2}x^2\,|_2^3 = \dfrac{5}{2}.$$

4. 求二重积分 $\displaystyle\iint_D xy\,\mathrm{d}\sigma$,其中 D 为直线 $y = x$ 与抛物线 $y = x^2$ 所围的闭区域.

解: 令 $\begin{cases} y = x^2 \\ y = x \end{cases}$ 得 $(1,1)$ 和 $(0,0)$. 得 $D = \{ (x,y) \mid 0 \leqslant x \leqslant 1, x^2 \leqslant y \leqslant x \}$.

$$\iint_D xy\,\mathrm{d}\sigma = \int_0^1 x\,\mathrm{d}x \int_{x^2}^x y\,\mathrm{d}y = \dfrac{1}{2}\int_0^1 x(y^2\,|_{x^2}^x)\mathrm{d}x = \dfrac{1}{2}\int_0^1 (x^3 - x^5)\mathrm{d}x = \dfrac{1}{2}\left(\dfrac{1}{4}x^4 - \dfrac{1}{6}x^6 \right)\Big|_0^1 = \dfrac{1}{24}.$$

【注】 积分还可表为 $\displaystyle\iint_D xy\,\mathrm{d}\sigma = \int_0^1 y\,\mathrm{d}y \int_y^{\sqrt{y}} x\,\mathrm{d}x$,计算结果相同.

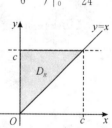

5. (1) 设 $f(x)$ 在 $[0,c]$ 上连续,证明

$$\int_0^c \mathrm{d}y \int_0^y f(x)\mathrm{d}x = \int_0^c (c-x)f(x)\mathrm{d}x.$$

证: 根据左式积分限写下曲、直线方程如下,

$$D: \quad y = 0, y = c, x = 0, x = y.$$

得 $D = \{ (x,y) \mid 0 \leqslant y \leqslant c, 0 \leqslant x \leqslant y \}$. 画出积分区域草图,$D$ 可化为:

$$D = \{ (x,y) \mid 0 \leqslant x \leqslant c, x \leqslant y \leqslant c \}.$$

得　左边 $= \displaystyle\int_0^c \mathrm{d}x \int_x^c f(x)\mathrm{d}y = \int_0^c (c-x)f(x)\mathrm{d}x = $ 右边.　（证毕）

(2) 改变积分的次序 $\displaystyle\int_0^1 \mathrm{d}x \int_0^x f(x,y)\mathrm{d}y + \int_1^2 \mathrm{d}x \int_0^{2-x} f(x,y)\mathrm{d}y$.

解: 根据积分限写出积分区域边界的曲、直线方程如下:

$$D_1: x = 0, x = 1, y = 0, y = x; \quad D_2: x = 1, x = 2, y = 0, y = 2 - x.$$

画出积分区域草图,对所得区域进行合并.
$$D = D_1 \bigcup D_2 = \{(x,y) \mid 0 \leqslant y \leqslant 1, y \leqslant x \leqslant 2 - y\}.$$
最后得

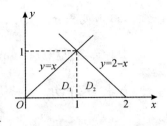

$$\int_0^1 \mathrm{d}x \int_0^x f(x,y)\mathrm{d}y + \int_1^2 \mathrm{d}x \int_0^{2-x} f(x,y)\mathrm{d}y = \int_0^1 \mathrm{d}y \int_y^{2-y} f(x,y)\mathrm{d}x.$$

6. 计算 $\iint_D \sin(x^2 + y^2)\mathrm{d}x\mathrm{d}y$, D 为圆盘 $x^2 + y^2 \leqslant \dfrac{\pi}{2}$ 在第一象限部分.

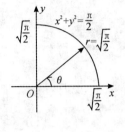

解: 令 $x = r\cos\theta, y = r\sin\theta$, 则圆周 $x^2 + y^2 = \dfrac{\pi}{2}$ 的方程为 $r = \sqrt{\dfrac{\pi}{2}}$.

$$\iint_D \sin(x^2 + y^2)\mathrm{d}x\mathrm{d}y = \int_0^{\frac{\pi}{2}} \mathrm{d}\theta \int_0^{\sqrt{\frac{\pi}{2}}} \sin r^2 \cdot r\mathrm{d}r = \frac{1}{2}\int_0^{\frac{\pi}{2}} \mathrm{d}\theta \int_0^{\sqrt{\frac{\pi}{2}}} \sin r^2 \mathrm{d}r^2$$

$$= \frac{1}{2}\int_0^{\frac{\pi}{2}} \left(-\cos r^2 \Big|_0^{\sqrt{\frac{\pi}{2}}}\right)\mathrm{d}\theta = \frac{\pi}{4}\left(1 - \cos\frac{\pi}{2}\right) = \frac{\pi}{4}.$$

7. 求广义积分 $\iint_D \mathrm{e}^{-(x+y)}\mathrm{d}x\mathrm{d}y$, $D = \{(x,y) \mid x \geqslant 0, y \geqslant x\}$.

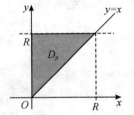

解: $\forall R > 0$, 设 $D_R = \{(x,y) \mid 0 \leqslant x \leqslant R, x \leqslant y \leqslant R\}$, 则 $D_R \xrightarrow[R \to +\infty]{} D$, 于是

$$\iint_D \mathrm{e}^{-(x+y)}\mathrm{d}x\mathrm{d}y = \lim_{R \to +\infty}\iint_{D_R} \mathrm{e}^{-(x+y)}\mathrm{d}x\mathrm{d}y = \lim_{R \to +\infty}\int_0^R \mathrm{d}x \int_x^R \mathrm{e}^{-(x+y)}\mathrm{d}y$$

$$= \lim_{R \to +\infty}\int_0^R \left[-\mathrm{e}^{-(x+y)} \Big|_x^R\right]\mathrm{d}x = \lim_{R \to +\infty}\int_0^R \left[\mathrm{e}^{-2x} - \mathrm{e}^{-(x+R)}\right]\mathrm{d}x$$

$$= \lim_{R \to +\infty}\left(-\frac{1}{2}\mathrm{e}^{-2x} + \mathrm{e}^{-(x+R)}\right)\Big|_0^R = \lim_{R \to +\infty}\left[\frac{1}{2}(\mathrm{e}^{-2R} + 1) - \mathrm{e}^{-R}\right] = \frac{1}{2}.$$

Ⅲ. 第七章杂难题与综合例题

【例 1】 改变积分次序: $\int_0^1 \mathrm{d}y \int_0^{y^2} f(x,y)\mathrm{d}x + \int_1^2 \mathrm{d}y \int_0^{\sqrt{1-(y-1)^2}} f(x,y)\mathrm{d}x$;

解: 积分区域可表示为 $D: \sqrt{x} < y < \sqrt{1-x^2} + 1, 0 < x < 1$, 交换积分次序

$$\int_0^1 \mathrm{d}y \int_0^{y^2} f(x,y)\mathrm{d}x + \int_1^2 \mathrm{d}y \int_0^{\sqrt{1-(y-1)^2}} f(x,y)\mathrm{d}x = \int_0^1 \mathrm{d}x \int_{\sqrt{x}}^{\sqrt{1-x^2}+1} f(x,y)\mathrm{d}y;$$

【例 2】 试交换二次积分次序: $I = \int_0^2 \mathrm{d}y \int_0^{\frac{y^2}{2}} f(x,y)\mathrm{d}x + \int_2^{2\sqrt{2}} \mathrm{d}y \int_0^{\sqrt{8-y^2}} f(x,y)\mathrm{d}x.$

解: 显然,由第一部分的积分限所确定的积分区域为 $D_1: 0 \leqslant x \leqslant \dfrac{y^2}{2}, 0 \leqslant y \leqslant 2$;

由第二部分的积分限所确定的积分区域为 $D_2: 0 \leqslant x \leqslant \sqrt{8-y^2}, 2 \leqslant y \leqslant 2\sqrt{2}$. 所以,区域 D_1 与 D_2 的并集 D 为 $\sqrt{2x} \leqslant y \leqslant \sqrt{8-x^2}, 0 \leqslant x \leqslant 2$, 因此,交换积分次序后的二次积分

为 $$\int_0^2 \mathrm{d}y \int_0^{\frac{y^2}{2}} f(x,y)\mathrm{d}x + \int_2^{2\sqrt{2}} \mathrm{d}y \int_0^{\sqrt{8-y^2}} f(x,y)\mathrm{d}x = \int_0^2 \mathrm{d}x \int_{\sqrt{2x}}^{\sqrt{8-x^2}} f(x,y)\mathrm{d}y.$$

【例 3】 计算 $\int_0^1 \mathrm{d}x \int_x^1 x^2 \mathrm{e}^{-y^2}\mathrm{d}y$.

分析：$\int e^{-y^2} dy$ 难于求积，试用积分次序交换解题.

解： 由所给积分式得积分区域为 $D：0 \leqslant x \leqslant 1, x \leqslant y \leqslant 1$. 经还原成平面区域后再分析得 $D：0 \leqslant y \leqslant 1, 0 \leqslant x \leqslant y$，故

$$原式 = \int_0^1 dy \int_0^y x^2 e^{-y^2} dx = \int_0^1 \frac{y^3}{3} e^{-y^2} dy = \frac{1}{6} \int_0^1 y^2 e^{-y^2} d(y^2)$$

$$\xlongequal{令 u = y^2} \frac{1}{6} \int_0^1 u e^{-u} du = -\frac{1}{6} u e^{-u} \Big|_0^1 + \frac{1}{6} \int_0^1 e^{-u} du = \frac{1}{6} - \frac{1}{3e}.$$

【例 4】 求 $\iint\limits_D \dfrac{y^2 - x^2}{xy} dxdy, D：\begin{cases} 1 \leqslant xy \leqslant 2 \\ 0 \leqslant x \leqslant y \leqslant \sqrt{3}\, x \end{cases}$.

解 1： 将积分区域 D 用极坐标表示：

$$D：\begin{cases} 1 \leqslant \dfrac{1}{2} r_2 \sin 2\theta \leqslant 2 \\ 1 \leqslant \tan\theta \leqslant \sqrt{3} \end{cases}, \text{即 } D：\begin{cases} \dfrac{\sqrt{2}}{\sqrt{\sin 2\theta}} \leqslant r \leqslant \dfrac{2}{\sqrt{\sin 2\theta}} \\ \dfrac{\pi}{4} \leqslant \theta \leqslant \dfrac{\pi}{3} \end{cases},$$

所以，

$$原式 = -\int_{\frac{\pi}{4}}^{\frac{\pi}{3}} d\theta \int_{\frac{\sqrt{2}}{\sqrt{\sin 2\theta}}}^{\frac{2}{\sqrt{\sin 2\theta}}} \frac{2r\cos 2\theta}{\sin 2\theta} dr = -2 \int_{\frac{\pi}{4}}^{\frac{\pi}{3}} \frac{\cos 2\theta}{\sin^2 2\theta} d\theta = \frac{1}{\sin 2\theta} \Big|_{\frac{\pi}{4}}^{\frac{\pi}{3}} = \frac{2}{\sqrt{3}} - 1.$$

解 2： 令 $u = xy, v = \dfrac{y}{x}$，即 $x = \sqrt{\dfrac{u}{v}}, y = \sqrt{uv}$，则

$$J = \frac{\partial(x,y)}{\partial(u,v)} = \begin{vmatrix} \dfrac{1}{2}\dfrac{1}{\sqrt{uv}} & -\dfrac{1}{2v}\sqrt{\dfrac{u}{v}} \\ \dfrac{1}{2}\sqrt{\dfrac{v}{u}} & \dfrac{1}{2}\sqrt{\dfrac{u}{v}} \end{vmatrix} = \frac{1}{2v}, \qquad D：\begin{cases} 1 \leqslant u \leqslant 2 \\ 1 \leqslant v \leqslant \sqrt{3} \end{cases},$$

所以，

$$原式 = \int_1^{\sqrt{3}} dv \int_1^2 \left(v - \frac{1}{v}\right) \cdot \frac{1}{2v} du = \frac{1}{2}\left(v + \frac{1}{v}\right)\Big|_1^{\sqrt{3}} = \frac{2}{\sqrt{3}} - 1.$$

【例 5】 求 $\iint\limits_D x[1 + yf(x^2 + y^2)] dxdy, D$ 由 $y = 1, x = -1, y = x^3$ 所围的区域.

解： 将积分区域分为两部分，即 $D = D_1 \bigcup D_2$，其中 $D_1：y = 1, y = |x|^3$，关于 y 轴对称；而 $D_2：x = -1, y = -x^3, y = x^3$，关于 x 轴对称. 从而

$$\iint\limits_{D_1} xyf(x^2 + y^2) dxdy = \iint\limits_{D_2} xyf(x^2 + y^2) dxdy = 0$$

【例 6】 计算 $I = \iint\limits_D |y + \sqrt{3} x| dxdy$，其中 $D：x^2 + y^2 \leqslant 1$.

解： 直线 $y + \sqrt{3} x = 0$ 把 $D：x^2 + y^2 \leqslant 1$ 分为两个区域 D_1 和 D_2，即

$$D_1：-\frac{\pi}{3} \leqslant \theta \leqslant \frac{2}{3}\pi, 0 \leqslant r \leqslant 1; \quad D_2：\frac{2\pi}{3} \leqslant \theta \leqslant \frac{5}{3}\pi, 0 \leqslant r \leqslant 1.$$

故

$$I = \iint\limits_{D_1} (y + \sqrt{3} x) dxdy - \iint\limits_{D_2} (y + \sqrt{3} x) dxdy$$

$$= \int_{-\frac{\pi}{3}}^{\frac{2\pi}{3}} (\sin\theta + \sqrt{3}\cos\theta) d\theta \int_0^1 r^2 dr - \int_{\frac{2\pi}{3}}^{\frac{5\pi}{3}} (\sin\theta + \sqrt{3}\cos\theta) d\theta \int_0^1 r^2 dr = \frac{8}{3}.$$

【例 7】 设函数 $f(x)$ 连续，$f(0) = 0$，且在 $x = 0$ 处可导，求极限

$$\lim_{t \to 0^+} \frac{1}{t^4} \iint\limits_{x^2 + y^2 \leqslant t^2} f(x^2 + y^2) dxdy.$$

解： 利用极坐标变换 $x = r\cos\theta, y = r\sin\theta$. 计算得

$$\iint\limits_{x^2+y^2\leqslant t^2} f(x^2+y^2)\mathrm{d}x\mathrm{d}y = \int_0^{2\pi}\mathrm{d}\theta\int_0^t f(r^2)r\mathrm{d}r = 2\pi\int_0^t rf(r^2)\mathrm{d}r.$$

故　　　　　　$$原式 = 2\pi\lim_{t\to 0^+}\frac{1}{t^4}\int_0^t rf(r^2)\mathrm{d}r = 2\pi\lim_{t\to 0^+}\frac{tf(t^2)}{4t^3} = \frac{\pi}{2}f'(0).$$

【例 8】　证明：$\displaystyle\int_0^1\mathrm{d}x\int_x^1 f(x)f(y)\mathrm{d}y = \frac{1}{2}\left[\int_0^1 f(x)\mathrm{d}x\right]^2$，其中 $f(x)$ 在$[0,1]$上连续.

证 1：　交换左边二次积分的次序得，原式 $= \displaystyle\int_0^1\mathrm{d}y\int_0^y f(x)f(y)\mathrm{d}x$，由于二次积分即是定积分，它与积分变量无关，故将符号 x,y 互换得 $\displaystyle\int_0^1\mathrm{d}y\int_0^y f(x)f(y)\mathrm{d}x = \int_0^1\mathrm{d}x\int_0^x f(x)f(y)\mathrm{d}y$，从而

$$2\int_0^1\mathrm{d}y\int_x^1 f(x)f(y)\mathrm{d}y = \int_0^1\mathrm{d}y\int_x^1 f(x)f(y)\mathrm{d}y + \int_0^1\mathrm{d}x\int_0^x f(x)f(y)\mathrm{d}y$$
$$= \int_0^1 f(x)\mathrm{d}x\int_0^1 f(y)\mathrm{d}y = \left[\int_0^1 f(x)\mathrm{d}x\right]^2.$$

证 2：　设 $F(y) = \displaystyle\int_0^y f(t)\mathrm{d}t$，则 $F(1)-F(0) = \displaystyle\int_0^1 f(x)\mathrm{d}x$. 于是

$$\int_0^1\mathrm{d}y\int_x^1 f(x)f(y)\mathrm{d}y = \int_0^1 f(x)[F(1)-F(x)]\mathrm{d}x = \frac{1}{2}(F(1)-F(0))^2 = \frac{1}{2}\left[\int_0^1 f(x)\mathrm{d}x\right]^2.$$

【例 9】　计算广义二重积分$\displaystyle\iint_D \frac{1}{\sqrt{(x^2+y^2)^3}}\cdot\sec^2\frac{1}{\sqrt{x^2+y^2}}\mathrm{d}x\mathrm{d}y$，其中 D 为

$$D = \left\{(x,y)\mid\sqrt{x^2+y^2}\geqslant\frac{4}{\pi}, x\geqslant 0, y\geqslant 0\right\}.$$

解：　令 $x = r\cos\theta, y = r\sin\theta$，则 $D_R = \left\{(\theta,r)\mid 0\leqslant\theta\leqslant\frac{\pi}{2},\frac{4}{\pi}\leqslant r\leqslant R\right\}\xrightarrow{R\to+\infty} D.$

于是　　　　$$原式 = \lim_{R\to+\infty}\iint_{D_R}\frac{1}{\sqrt{(x^2+y^2)^3}}\cdot\sec^2\frac{1}{\sqrt{x^2+y^2}}\mathrm{d}x\mathrm{d}y$$
$$= \lim_{R\to+\infty}\int_0^{\frac{\pi}{2}}\mathrm{d}\theta\int_{\frac{4}{\pi}}^R\frac{1}{r^2}\sec^2\frac{1}{r}\mathrm{d}r = -\lim_{R\to+\infty}\int_0^{\frac{\pi}{2}}\mathrm{d}\theta\int_{\frac{4}{\pi}}^R\sec^2\frac{1}{r}\mathrm{d}\frac{1}{r}$$
$$= -\lim_{R\to+\infty}\int_0^{\frac{\pi}{2}}\left(\tan\frac{1}{r}\Big|_{\frac{4}{\pi}}^R\right)\mathrm{d}\theta = \lim_{R\to+\infty}\frac{\pi}{2}\left(1-\tan\frac{1}{R}\right) = \frac{\pi}{2}.$$

【例 10】　计算二重积分$\displaystyle\iint_D x\mathrm{e}^{-y^2}\mathrm{d}x\mathrm{d}y$，其中 $D = \left\{(x,y)\mid\frac{\sqrt{y}}{3}\leqslant x\leqslant\frac{\sqrt{y}}{2}, y\geqslant 0\right\}.$

解：　$$原式 = \int_0^{+\infty}\mathrm{e}^{-y^2}\mathrm{d}y\int_{\frac{\sqrt{y}}{3}}^{\frac{\sqrt{y}}{2}}x\mathrm{d}x = \frac{1}{2}\int_0^{+\infty}\mathrm{e}^{-y^2}\left(x^2\Big|_{\sqrt{y}/3}^{\sqrt{y}/2}\right)\mathrm{d}y = \frac{5}{72}\int_0^{+\infty}y\mathrm{e}^{-y^2}\mathrm{d}y$$
$$= \frac{5}{144}\int_0^{+\infty}\mathrm{e}^{-y^2}\mathrm{d}y^2 = -\frac{5}{144}\mathrm{e}^{-y^2}\Big|_0^{+\infty} = \frac{5}{144}.$$

（八）第八章　　无穷级数

Ⅰ．第八章习题解答

【习题 8.1】(常数项级数)(解答)

1. 填空题(其中 u_n 表示级数的通项公式,而 s_n 表示 n 次部分和)：

(1) 设级数 $2-2+2-2+\cdots$ 则 $\underline{u_n=(-1)^{n-1}2}$,此级数记为 $\underline{\displaystyle\sum_{n=1}^{\infty}(-1)^{n-1}2}$,其 n 次部分和 $s_n=\underline{\begin{cases}2,\text{当为奇数;}\\0,\text{当为偶数}\end{cases}}$,其敛散性为 $\underline{\text{发散}}$.

(2) 级数 $1-\dfrac{1}{3}+\dfrac{1}{3^2}-\dfrac{1}{3^3},\cdots$ 则 $u_n=\underline{\dfrac{(-1)^n}{3^n}}$,此级数记为 $\underline{\displaystyle\sum_{n=0}^{\infty}\dfrac{(-1)^n}{3^n}}$,其 n 次部分和 $s_n=\underline{\dfrac{3}{4}\left[1-\dfrac{(-1)^n}{3^n}\right]}$,其敛散性为 $\underline{\text{收敛}\left(\text{和 }s=\dfrac{3}{4}\right)}$.

(3) 级数 $\dfrac{1}{2\cdot5}+\dfrac{1}{5\cdot8}+\dfrac{1}{11\cdot14},\cdots$ 则 $u_n=\underline{\dfrac{1}{(3n-1)(3n+2)}}$,此级数记为 $\underline{\displaystyle\sum_{n=1}^{\infty}\dfrac{1}{(3n-1)(3n+2)}}$,其 n 次部分和 $s_n=\underline{\dfrac{1}{6}-\dfrac{1}{3(3n+2)}}$,其敛散性为收敛 $\left(\text{和 }s=\dfrac{1}{6}\right)$.

(4) 级数 $\displaystyle\sum_{n=1}^{\infty}\dfrac{1}{n^{p-1}}$ 当 $\underline{p>2}$ 时收敛; $\underline{p\leqslant2}$ 时发散;

(5) 若 $\displaystyle\sum_{n=1}^{\infty}(-1)^n\left(\dfrac{2}{u_n}-\dfrac{1}{3}\right)$ 收敛,则 $\lim_{n\to\infty}u_n=\underline{6}$.

(6) 级数 $\dfrac{x^2}{2}+\dfrac{x^4}{4}+\dfrac{x^6}{8}+\cdots$ 则 $u_n=\underline{\dfrac{x^{2n}}{2^n}}$,此级数记为 $\underline{\displaystyle\sum_{n=1}^{\infty}\dfrac{x^{2n}}{2^n}}$, 其 n 次部分和 $s_n=\underline{\dfrac{x^2}{2-x^2}\cdot\left(1-\dfrac{x^{2n+2}}{2^{n+1}}\right)}$,当 $\underline{-\sqrt2<x<\sqrt2}$ 时级数收敛.

2. 判别下列级数的收敛性,若收敛,则求其和函数：

(1) $\dfrac{2}{5}+\dfrac{3}{7}+\cdots+\dfrac{n+1}{2n+3}+\cdots$ 　　**解：** $u_n=\dfrac{n+1}{2n+3}\xrightarrow{n\to\infty}\dfrac{1}{2}\neq0$,故级数发散.

(2) **解：** $\displaystyle\sum_{n=1}^{\infty}\dfrac{1}{(4n^2-1)}=\lim_{m\to\infty}\sum_{n=1}^{m}\dfrac{1}{(2n-1)(2n+1)}$

$=\lim_{m\to\infty}\dfrac{1}{2}\sum_{n=1}^{m}\left(\dfrac{1}{2n-1}-\dfrac{1}{2n+1}\right)=\lim_{m\to\infty}\dfrac{1}{2}\left(1-\dfrac{1}{2m+1}\right)=\dfrac{1}{2}$.

(3) 因为 $u_n=\dfrac{(3n+2)^5-(3n-1)^5}{(3n+2)^5(3n-1)^5}=\dfrac{1}{(3n-1)^5}-\dfrac{1}{(3n+2)^5}$,

$s_n=\displaystyle\sum_{k=1}^{n}\left[\dfrac{1}{(3n-1)^5}-\dfrac{1}{(3n+2)^5}\right]=\dfrac{1}{2^5}-\dfrac{1}{(3n+2)^5}\xrightarrow{n\to\infty}\dfrac{1}{32}$,

所以原级数收敛,和为 $\dfrac{1}{32}$,即 $\displaystyle\sum_{n=1}^{\infty}\dfrac{(3n+2)^5-(3n-1)^5}{(9n^2+3n-2)^5}=\dfrac{1}{32}$.

(4)* **解：** $\displaystyle\sum_{n=1}^{\infty}\left[\dfrac{3^n+n}{n\cdot3^n}-\dfrac{3^{n+1}+n+1}{(n+1)\cdot3^{n+1}}\right]=\lim_{m\to\infty}\sum_{n=1}^{m}\left[\dfrac{3^n+n}{n\cdot3^n}-\dfrac{3^{n+1}+n+1}{(n+1)\cdot3^{n+1}}\right]$

$=\lim_{m\to\infty}\left[\sum_{n=1}^{m}\left(\dfrac{1}{n}-\dfrac{1}{n+1}\right)+\sum_{n=1}^{m}\left(\dfrac{1}{3^n}-\dfrac{1}{3^{n+1}}\right)\right]=\lim_{m\to\infty}\left[\left(1-\dfrac{1}{m+1}\right)+\left(\dfrac{1}{3}-\dfrac{1}{3^m}\right)\right]=\dfrac{4}{3}$.

【习题 8.2】(正项级数)(解答)

1. 填空题(其中 $u_n \geqslant 0$ 表示级数的通项公式,而 s_n 表示 n 次部分和):

(1) 设 $\sum\limits_{n=1}^{\infty} 2^n u_n$ 为正项级数,若 $\lim\limits_{n\to\infty} \dfrac{u_{n+1}}{u_n} = \rho$,则根据比值判别法,当 $\underline{\rho < \dfrac{1}{2}}$ 时级数收敛;当 $\underline{\rho > \dfrac{1}{2}\ (\text{或}\lim\limits_{n\to\infty} \dfrac{u_{n+1}}{u_n} = \infty)}$ 级数发散.

(2) 若对任意自然数 n, $u_n \leqslant 2v_n$,若级数 $\sum\limits_{n=9}^{\infty} v_n$ 收敛;则级数 $\sum\limits_{n=1}^{\infty} 3u_n$ $\underline{\text{收敛}}$;若级数 $\sum\limits_{n=1}^{\infty} 3u_n$ 发散,则级数 $\sum\limits_{n=9}^{\infty} v_n$ $\underline{\text{发散}}$.

(3) 如果 $u_n > 0$,且 $\lim\limits_{n\to\infty} \dfrac{u_n}{n^{-p}} = 2$,那么当实数 $\underline{p > 1}$ 时 $\sum\limits_{n=1}^{\infty} u_n$ 收敛;当实数 $\underline{p \leqslant 1}$ 时 $\sum\limits_{n=1}^{\infty} u_n$ 发散;当 $\underline{p > 1}$ 时 $\sum\limits_{n=1}^{\infty} (-1)^n u_n$ 绝对收敛.

2. 选择填空 —— 判断级数敛散性

(1) $\sum\limits_{n=1}^{\infty} (-2)^n \tan\dfrac{\pi}{3^n}$ (C);　　(2) $\sum\limits_{n=1}^{\infty} \dfrac{2 + (-1)^n}{2^n}$ (A);

A. 正项级数,收敛;　　　　　　　　　B. 条件收敛;

C. 绝对收敛;　　　　　　　　　　　　D. 发散.

【注】 题(2)显然 $0 \leqslant \dfrac{2 + (-1)^n}{2^n} \leqslant \dfrac{3}{2^n}$,又 $\sum\limits_{n=1}^{\infty} \dfrac{3}{2^n}$ 为公比 $\dfrac{1}{2} < 1$ 的几何级数,收敛. 于是根据比较判别法,原级数收敛.

3. 判别级数的敛散性

(1) $\sum\limits_{n=1}^{\infty} \dfrac{1}{3n^2 - 1}$;　　**解:** 因 $\lim\limits_{n\to\infty} \dfrac{1}{3n^2 - 1} \cdot \left(\dfrac{1}{n^2}\right)^{-1} = \lim\limits_{n\to\infty} \dfrac{n^2}{3n^2 - 1} = \dfrac{1}{3}$,根据比较判别法,$\sum\limits_{n=1}^{\infty} \dfrac{1}{3n^2 - 1}$ 与 $\sum\limits_{n=1}^{\infty} \dfrac{1}{n^2}$ 同敛散. 又 $\sum\limits_{n=1}^{\infty} \dfrac{1}{n^2}$ 为 $p = 2 > 1$ 级数,收敛,从而级数 $\sum\limits_{n=1}^{\infty} \dfrac{1}{3n^2 - 1}$ 收敛.

(2) $\sum\limits_{n=1}^{\infty} \dfrac{n + \sin n}{n^3 + 1}$;　　**解:** 因 $0 \leqslant \dfrac{n + \sin n}{n^3 + 1} \leqslant \dfrac{2n}{n^3} = \dfrac{2}{n^2}$,而 $p = 2 > 1$ 的 p-级数 $\sum\limits_{n=1}^{\infty} \dfrac{1}{n^2}$ 收敛,故根据比较判别法,级数 $\sum\limits_{n=1}^{\infty} \dfrac{n + \sin n}{n^3 + 1}$ 收敛

(3) $\sum\limits_{n=1}^{\infty} \left(\dfrac{n}{n+1}\right)^n$;　　**解:** 因 $\lim\limits_{n\to\infty} u_n = \lim\limits_{n\to\infty} \left(\dfrac{n}{n+1}\right)^n = \dfrac{1}{\lim\limits_{n\to\infty}(1 + 1/n)^n} = e^{-1} \neq 0$,而级数收敛的必要条件为 $\lim\limits_{n\to\infty} u_n = 0$,故级数 $\sum\limits_{n=1}^{\infty} \left(\dfrac{n}{n+1}\right)^n$ 发散.

(4) $\sum\limits_{n=1}^{\infty} \dfrac{n^2 + 1}{2^n}$;　　**解:** 因 $\lim\limits_{n\to\infty} \dfrac{u_{n+1}}{u_n} = \lim\limits_{n\to\infty} \dfrac{[(n+1)^2 + 1]/2^{n+1}}{(n^2+1)/2^n} = \lim\limits_{n\to\infty} \dfrac{n^2 + 2n + 2}{2(n^2 + 1)} = \dfrac{1}{2} < 1$,根据比值判别法,级数 $\sum\limits_{n=1}^{\infty} \dfrac{n^2 + 1}{2^n}$ 收敛.

(5) $\sum\limits_{n=1}^{\infty} \dfrac{n + 1}{n^n}$;　　**解:** 因根据比值判别法,由下式得知级数 $\sum\limits_{n=1}^{\infty} \dfrac{n + 1}{n^n}$ 收敛:

$$\lim_{n\to\infty}\frac{u_{n+1}}{u_n}=\lim_{n\to\infty}\frac{n+2}{(n+1)^{n+1}}\cdot\left(\frac{n+1}{n^n}\right)^{-1}=\lim_{n\to\infty}\left[\frac{n+2}{(n+1)^2}\cdot\frac{1}{(1+1/n)^n}\right]=0\cdot\frac{1}{\mathrm{e}}=0<1.$$

(6) $\displaystyle\sum_{n=1}^{\infty}2^n\left(\frac{n}{n+1}\right)^{n^2}$.

解： 根据柯西根式判别法，由 $\displaystyle\lim_{n\to\infty}\sqrt[n]{u_n}=\lim_{n\to\infty}2\left(1+\frac{1}{n}\right)^{-n}=\frac{2}{\mathrm{e}}<1$ 得原级数收敛.

【注】 有些学员提出，本题如何看出 $u_n\xrightarrow[n\to\infty]{}0$? 事实上，因

$$\lim_{n\to\infty}\left(\frac{n}{n+1}\right)^n=\frac{1}{\mathrm{e}}<\frac{2}{5}\quad\text{（极限小于 1，从某时刻起各项都小于一个小于 1 的常数），}$$

故 $\displaystyle\exists N>0,\forall n>N,\left(\frac{n}{n+1}\right)^n\leqslant\frac{2}{5}$，得 $\displaystyle0\leqslant u_n=2^n\left(\frac{n}{n+1}\right)^{n^2}\leqslant\left(\frac{4}{5}\right)^n\xrightarrow[n\to\infty]{}0.$

4. 设级数 $\displaystyle\sum_{n=1}^{\infty}\frac{n^n}{a^n\cdot n!}\quad(a>0)$，讨论数 a 与级数的敛散性的关系.

解： 因 $\displaystyle\lim_{n\to\infty}\frac{u_{n+1}}{u_n}=\lim_{n\to\infty}\frac{a^n\cdot n!\cdot(n+1)^{n+1}}{n^n\cdot a^{n+1}\cdot(n+1)!}=\lim_{n\to\infty}\frac{1}{a}\left(1+\frac{1}{n}\right)^n=\frac{\mathrm{e}}{a}$，故根据比值判别法得知原级数当 $a\geqslant\mathrm{e}$ 时收敛；当 $0<a<\mathrm{e}$ 时发散.

【注】 由 $\displaystyle\lim_{n\to\infty}\frac{n}{\sqrt[n]{n!}}=\mathrm{e}$ 得 $\displaystyle\lim_{n\to\infty}\sqrt[n]{u_n}=\lim_{n\to\infty}\frac{n}{a\cdot\sqrt[n]{n!}}=\frac{\mathrm{e}}{a}.$

【习题 8.3】(任意项级数)(解答)

1. 选择填空 —— 判断级数敛散性

(1) $\displaystyle\sum_{n=1}^{\infty}\frac{2^n\sin(1/n)}{n!}$ 为（ C ）；   (2) $\displaystyle\sum_{n=1}^{\infty}\frac{\cos n\pi}{n\pi}$ 为（ B ）；

(3) $\displaystyle\sum_{n=1}^{\infty}\frac{(-1)^n}{\ln\ln(n+2)}$ 为（ B ）；   (4) $\displaystyle\sum_{n=1}^{\infty}\frac{1}{n}\sin\frac{1}{n}$ 为（ A ）；

(5) 若 $\displaystyle\lim_{n\to\infty}\sqrt[n]{u_n}=\rho(u_n>0)$，则 $\displaystyle\sum_{n=1}^{\infty}(-1)^n u_n$ 当 $\rho>1$ 时（ D ）；当 $\rho<1$ 时（ C ）；

(6) 若 $\displaystyle\lim_{n\to\infty}\frac{u_{n+1}}{u_n}=\rho(u_n>0)$，则 $\displaystyle\sum_{n=1}^{\infty}(-1)^n n u_n$ 当 $\rho>1$ 时（ D ）；当 $\rho<1$ 时（ C ）；

(7) 若 $\displaystyle\sum_{n=1}^{\infty}3^n u_n\,(u_n>0)$ 收敛，则 $\displaystyle\sum_{n=1}^{\infty}(-2)^n u_n$ 必（ C ）；$\displaystyle\sum_{n=1}^{\infty}\frac{(-1)^n}{3^n u_n}$ 必（ D ）；

(8) 若 $u_n>0$，且 $\displaystyle\lim_{n\to\infty}\frac{n u_n}{2n+1}=1$，则级数 $\displaystyle\sum_{n=1}^{\infty}u_n$ 必（ D ），$\displaystyle\sum_{n=1}^{\infty}(-1)^n u_n$ 必（ D ）；

(9) 若单调列 $u_n>0$，且 $\displaystyle\lim_{n\to\infty}\frac{n\sqrt[n]{n}\,u_n}{n+1}=1$，则 $\displaystyle\sum_{n=1}^{\infty}u_n$ 必（ D ），$\displaystyle\sum_{n=1}^{\infty}(-1)^n u_n$ 必（ B ）.

A. 正项级数，收敛；   B. 条件收敛；

C. 绝对收敛；   D. 发散.

【注】 题(7) 分析：(i) 记 $w_n=(-2)^n u_n=(-1)^n\left(\frac{2}{3}\right)^n\cdot 3^n u_n$；设 $v_n=\left(\frac{2}{3}\right)^n$. 则

$$\lim_{n\to\infty}\left|\frac{w_n}{v_n}\right|=\lim_{n\to\infty}|3^n u_n|=0,\text{ 故由 }\sum_{n=1}^{\infty}v_n\text{ 收敛得 }\sum_{n=1}^{\infty}|w_n|\text{ 收敛.}$$

(ii) $\displaystyle\sum 3^n u_n$ 收敛 $\Rightarrow\lim(3^n u_n)=0\Rightarrow\lim\frac{(-1)}{3^n u_n}=\infty\Rightarrow\sum\frac{(-1)^n}{3^n u_n}$ 发散.

2. 判别(讨论) 下列级数的敛散性(发散、条件收敛或绝对收敛)

(1) $\sum\limits_{n=1}^{\infty} (-1)^{n-1} \dfrac{1}{\sqrt{n^3-1}}$;

解：因 $\lim\limits_{n\to\infty} \dfrac{|u_{n+1}|}{n^{-\frac{3}{2}}} = \lim\limits_{n\to\infty} \dfrac{\sqrt{n^3}}{\sqrt{n^3-1}} = 1$，故根据比较判别法，级数 $\sum\limits_{n=1}^{\infty} \dfrac{1}{\sqrt{n^3-1}}$ 与级数

$\sum\limits_{n=1}^{\infty} \dfrac{1}{\sqrt{n^3}}$ 同敛散. 由于此级数为 $p = \dfrac{3}{2} > 1$ 的级数，收敛，因而级数 $\sum\limits_{n=1}^{\infty} \dfrac{1}{\sqrt{n^3-1}}$ 收敛，从而原

级数绝对收敛.

(2) $\sum\limits_{n=1}^{\infty} (-1)^{n-1} \dfrac{2^n}{n!}$;

解：根据比值判别法，由下式得知原级数绝对收敛：
$$\lim_{n\to\infty} \frac{|u_{n+1}|}{|u_n|} = \lim_{n\to\infty}\left[\frac{2^{n+1}}{(n+1)!} \cdot \left(\frac{2^n}{n!}\right)^{-1}\right] = \lim_{n\to\infty} \frac{2}{n+1} = 0 < 1.$$

(3) $\sum\limits_{n=1}^{\infty} (-1)^{n-1} \dfrac{5^{n-1}}{n^5+\sin n}$;

解：根据比值判别法的推论，由下式得知 $u_n \not\to 0 (n\to\infty)$，故原级发散：
$$\lim_{n\to\infty} \frac{|u_{n+1}|}{|u_n|} = \lim_{n\to\infty}\left[\frac{5^n}{(n+1)^5+\sin(n+1)} \cdot \left(\frac{5^{n-1}}{n^5+\sin n}\right)^{-1}\right] = \lim_{n\to\infty} \frac{5(n^5+\sin n)}{(n+1)^5+\sin(n+1)} = 5 > 1.$$

(4) $\sum\limits_{n=1}^{\infty} (-1)^{n-1} \dfrac{1}{n^{p-1}} (p>1)$;

解：当 $p>2$ 时，$\sum\limits_{n=1}^{\infty} \dfrac{1}{n^{p-1}}$ 为 $p-1>1$ 的 p-级数，收敛，从而原级数绝对收敛；

当 $1<p\leqslant 2$ 时，$\sum\limits_{n=1}^{\infty} \dfrac{1}{n^{p-1}}$ 为 $p-1\leqslant 1$ 的 p-级数，发散. 但 $\dfrac{1}{n^{p-1}}$ 单调下降 $\to 0(n\to 0)$，

所以原级数 $\sum\limits_{n=1}^{\infty} (-1)^{n-1} \dfrac{1}{n^{p-1}}$ 条件收敛.

(5) $\dfrac{1}{\ln 2} - \dfrac{1}{\sqrt{2}\ln 3} + \dfrac{1}{\sqrt{3}\ln 4} - \cdots + (-1)^{n-1} \dfrac{1}{\sqrt{n}\ln(n+1)} + \cdots$

解：因 $\lim\limits_{n\to\infty} \dfrac{|u_n|}{n^{-1}} = \dfrac{\sqrt{n}}{\ln(n+1)} = +\infty$，故由调和级数 $\sum \dfrac{1}{n}$ 发散得级数 $\sum |u_n|$ 发散.

但由于 $|u_n| = \dfrac{1}{\sqrt{n}\ln(n+1)} \geqslant \dfrac{1}{\sqrt{n+1}\ln(n+2)} = |u_{n+1}| \xrightarrow[n\to\infty]{} 0$，于是原级数为莱布尼兹级数，

收敛. 所以原级数条件收敛.

【习题 8.4】(幂级数和函数的幂级数展开)(解答)

1. 求下列幂级数的收敛半径或收敛域：

(1) $\sum\limits_{n=0}^{\infty} 3^n x^n$;　解：$\rho = \lim\limits_{n\to\infty} \dfrac{|a_{n+1}|}{|a_n|} = \lim\limits_{n\to\infty} \dfrac{|3^{n+1}|}{|3^n|} = 3$，幂级数的收敛半径为 $R = \dfrac{1}{\rho} = \dfrac{1}{3}$.

当 $x = \pm\dfrac{1}{3}$ 时级数为 $\sum\limits_{n=0}^{\infty} (\pm 1)^n$，通项不趋于 0，发散. 所以原幂级数的收敛域为 $\left(-\dfrac{1}{3}, \dfrac{1}{3}\right)$.

(2) $\sum\limits_{n=0}^{\infty} \dfrac{x^n}{5^n\sqrt{n+1}}$;　解：$\rho = \lim\limits_{n\to\infty} \dfrac{|a_{n+1}|}{|a_n|} = \lim\limits_{n\to\infty} \dfrac{|5^n\sqrt{n+1}|}{|5^{n+1}\sqrt{n+2}|} = \dfrac{1}{5}$，原幂级数的收敛

半径为 $R = \dfrac{1}{\rho} = 5$. 当 $x = -5$ 时原级数为 $\sum\limits_{n=0}^{\infty} \dfrac{(-1)^n}{\sqrt{n+1}}$，因 $\dfrac{1}{\sqrt{n+1}}$ 显然单调下降趋于 0，故此

级数为莱布尼兹级数，收敛；当 $x = 5$ 时原级数为 $\sum\limits_{n=0}^{\infty} \dfrac{1}{\sqrt{n+1}}$，是 $p = \dfrac{1}{2} < 1$ 的级数，发散.

综上所述，原级数的收敛域为 $[-5, 5)$.

（3）$\sum\limits_{n=0}^{\infty} n^n x^n$；　解：$\rho = \lim\limits_{n \to \infty} \dfrac{|a_{n+1}|}{|a_n|} = \lim\limits_{n \to \infty} \dfrac{|(n+1)^{n+1}|}{|n^n|} = \lim\limits_{n \to \infty}(n+1)\left(1 + \dfrac{1}{n}\right)^n = \infty$，故原

幂级数的收敛半径为 $R = 0$. 所以原幂级数的收敛域为 $\{0\}$.

（4）$\sum\limits_{n=0}^{\infty} (-1)^n \dfrac{\sqrt{n^2 + 1}}{n!} x^n$. 　解：$\rho = \lim\limits_{n \to \infty} \dfrac{|a_{n+1}|}{|a_n|} = \lim\limits_{n \to \infty} \dfrac{n! \sqrt{(n+1)^2 + 1}}{(n+1)! \sqrt{n^2 + 1}} = 0$，原幂

级数的收敛半径为 $R = \infty$. 所以原幂级数的收敛域为 $(-\infty, +\infty)$.

（5）$\dfrac{x}{1 \cdot 2} - \dfrac{x^2}{2 \cdot 5} + \dfrac{x^3}{3 \cdot 8} - \cdots \left(= \sum\limits_{n=1}^{\infty} \dfrac{(-1)^{n-1}}{n(3n-1)} x^n. \right)$

解：　级数通项系数 $a_n = \dfrac{(-1)^{n-1}}{n(3n-1)}$. 因 $\rho = \lim\limits_{n \to \infty} \dfrac{|a_{n+1}|}{|a_n|} = \lim\limits_{n \to \infty} \dfrac{n(3n-1)}{(n+1)(3n+2)} = 1$，故原

幂级数的收敛半径为 $R = \dfrac{1}{\rho} = 1$. 又当 $x = 1$ 和 $x = -1$ 时，原级数分别为 $\sum\limits_{n=0}^{\infty} \dfrac{(-1)^{n-1}}{n(3n-1)}$ 和

$\sum\limits_{n=0}^{\infty} \dfrac{-1}{n(3n-1)}$；因 $\sum\limits_{n=0}^{\infty} \dfrac{1}{n(3n-1)}$ 与 $p = 2$ 的 p-级数同敛散，故收敛，所以当 $x = \pm 1$ 时原级

数收敛. 综上所述，原级数的收敛域为 $[-1, 1]$.

2. 求收敛域：$\sum\limits_{n=1}^{\infty} \dfrac{(x-5)^n}{\sqrt{n}}$.

解：　令 $t = x - 5$，原级数为 $\sum\limits_{n=1}^{\infty} \dfrac{t^n}{\sqrt{n}}$. 因 $\dfrac{a_{n+1}}{a_n} = \dfrac{\sqrt{n+1}}{\sqrt{n}} = \sqrt{1 + \dfrac{1}{n}} \underset{n \to \infty}{\to} 1$，故原级数收敛半

径为 1，即得 $-1 < t = x - 5 < 1$，故原级数收敛区间为 $(4, 6)$. 当 $x = 4$，原级数为 $\sum\limits_{n=1}^{\infty} \dfrac{(-1)^n}{\sqrt{n}}$，

由 $\dfrac{1}{\sqrt{n}}$ 单调下降趋于 0 知此级数收敛；当 $x = 6$，级数为 $\sum\limits_{n=1}^{\infty} \dfrac{1}{\sqrt{n}}$，是 $p = \dfrac{1}{2} < 1$ 的 p-级数，发

散. 综上所述，原级数 $\sum\limits_{n=1}^{\infty} \dfrac{(x-5)^n}{\sqrt{n}}$ 收敛域为 $[4, 6)$.

3. 利用"常用的函数展开式"将下列函数间接展开成幂级数：

（1）解：　依据公式 $\dfrac{1}{1-t} = \sum\limits_{n=0}^{\infty} t^n \quad (-1 < t < 1)$，令 $t = x - 1$，则得

$$f(x) = \dfrac{1}{2-x} = \dfrac{1}{1 - (x-1)} = \sum_{n=0}^{\infty} (x-1)^n \quad (0 < x < 2).$$

或　　　$f(x) = \dfrac{1}{2(1 - x/2)} = \dfrac{1}{2} \sum\limits_{n=0}^{\infty} \dfrac{x^n}{2^n} = \sum\limits_{n=0}^{\infty} \dfrac{x^n}{2^{n+1}} \quad (-2 < x < 2).$

（2）解：　依据公式 $e^t = \sum\limits_{n=0}^{\infty} \dfrac{t^n}{n!} \quad (-\infty < -x < +\infty)$，令 $t = -x$，则得

$$f(x) = x e^{-x} = x \sum_{n=0}^{\infty} \dfrac{(-x)^n}{n!} = \sum_{n=0}^{\infty} (-1)^n \dfrac{x^{n+1}}{n!} \quad (-\infty < x < +\infty).$$

(3) **解:** 依据公式 $\ln(1+t) = \sum\limits_{n=0}^{\infty} (-1)^n \dfrac{t^{n+1}}{n+1}$ $(-1 < t \leqslant 1)$,令 $t = x - 1$,则得

$$f(x) = (x-1)\ln x = (x-1)\ln[1+(x-1)] = (x-1)\sum\limits_{n=0}^{\infty} (-1)^n \dfrac{(x-1)^{n+1}}{n+1}$$

$$= \sum\limits_{n=0}^{\infty} (-1)^n \dfrac{(x-1)^{n+2}}{n+1} \quad (0 < x \leqslant 2).$$

(4) **解:** 依据公式 $\sin t = \sum\limits_{n=0}^{\infty} (-1)^n \dfrac{t^{2n+1}}{(2n+1)!}$ $(-\infty < t < +\infty)$,令 $t = \dfrac{x}{\sqrt{2}}$,则得

$$f(x) = \sqrt{2}\sin\dfrac{x}{\sqrt{2}} = \sqrt{2}\sum\limits_{n=0}^{\infty} (-1)^n \dfrac{1}{(2n+1)!}\left(\dfrac{x}{\sqrt{2}}\right)^{2n+1}$$

$$= \sum\limits_{n=0}^{\infty} (-1)^n \dfrac{x^{2n+1}}{2^n \cdot (2n+1)!} \quad (-\infty < x < +\infty).$$

(5) **解:** 由公式 $(1+t)^\alpha = 1 + \sum\limits_{n=1}^{\infty} \dfrac{\alpha(\alpha-1)\cdots(\alpha-n+1)}{n!} t^n$

$$= 1 + \alpha t + \dfrac{\alpha(\alpha-1)}{2!}t^2 + \cdots + \dfrac{\alpha(\alpha-1)\cdots(\alpha-n+1)}{n!}t^n + \cdots \quad (-1 < t < 1),得$$

$$(3+x)^\alpha = 3^\alpha\left(1+\dfrac{x}{3}\right)^\alpha = 3^\alpha + \alpha 3^{\alpha-1} x + \dfrac{\alpha(\alpha-1)}{2!}3^{\alpha-2}x^2 + \cdots$$

$$+ \dfrac{\alpha(\alpha-1)\cdots(\alpha-n+1)}{n!}3^{\alpha-n}x^n + \cdots \quad (-3 < x < 3).$$

(6) **解:** 显然 $f(x) = \dfrac{1}{x^2+2x-3} = \dfrac{1}{4}\left(\dfrac{1}{x-1} - \dfrac{1}{x+3}\right)$.

依据公式　$\dfrac{1}{1-t} = \sum\limits_{n=0}^{\infty} t^n$、$\dfrac{1}{1+t} = \sum\limits_{n=0}^{\infty} (-1)^n t^n$ $(-1 < t < 1)$,在第二个式中令

$t = \dfrac{x}{3}$,则得 $-3 < x < 3$. 取公共收敛区间 $-1 < t < 1$,依此已知函数可化为

$$f(x) = \dfrac{1}{4}\left[-\sum\limits_{n=0}^{\infty} x^n - \dfrac{1}{3}\sum\limits_{n=0}^{\infty} (-1)^n \left(\dfrac{x}{3}\right)^n\right] = \sum\limits_{n=0}^{\infty}\left(-\dfrac{1}{4} + \dfrac{(-1)^{n+1}}{4 \cdot 3^{n+1}}\right)\cdot x^n \quad (-1 < x < 1).$$

【注】 另有 $f(x) = \dfrac{1}{x^2+2x-3} = -\dfrac{1}{4}\dfrac{1}{1-(\frac{x+1}{2})^2} = -\sum\limits_{n=0}^{\infty} \dfrac{(x+1)^{2n}}{2^{2(n+1)}}$ $(-2 < x < 0)$.

(7) **解:** 依据公式 $\cos t = \sum\limits_{n=0}^{\infty} (-1)^n \dfrac{t^{2n}}{(2n)!}$ $(-\infty < t < +\infty)$,令 $t = 2x$,则

$$f(x) = \cos^2 x = \dfrac{1}{2}(1+\cos 2x) = \dfrac{1}{2} + \dfrac{1}{2}\sum\limits_{n=0}^{\infty} (-1)^n \dfrac{(2x)^{2n}}{(2n)!}$$

$$= \dfrac{1}{2} + \sum\limits_{n=0}^{\infty} (-1)^n \dfrac{2^{2n-1}}{(2n)!}x^{2n} \quad (-\infty < t < +\infty).$$

4. 求和函数: $\sum\limits_{n=1}^{\infty} n\left(-\dfrac{1}{3}\right)^{n-1}$;

解: 令 $s(x) = \sum\limits_{n=1}^{\infty} nx^{n-1}$,依据公式 $\dfrac{1}{1-t} = \sum\limits_{n=0}^{\infty} t^n (-1 < t < 1)$ 立得

$$\int_0^x s(t)\,\mathrm{d}t = \sum\limits_{n=1}^{\infty} n\int_0^x t^{n-1}\,\mathrm{d}t = \sum\limits_{n=1}^{\infty} x^n = \dfrac{1}{1-x} - 1, \quad x \in (-1,1),$$

$$s(x) = \frac{\mathrm{d}}{\mathrm{d}x}\left(\frac{1}{1-x} - 1\right) = \frac{1}{(1-x)^2}, \quad x \in (-1,1).$$

最后得 $\displaystyle\sum_{n=1}^{\infty} n\left(-\frac{1}{3}\right)^{n-1} = s\left(-\frac{1}{3}\right) = \frac{1}{\left(1+\frac{1}{3}\right)^2} = \frac{9}{16}.$

5.(1) 将函数 $f(x) = \ln(x+2)$ 在 $x = 0$ 处直接展开成幂级数.

解: $f'(x) = \dfrac{1}{x+2} = (x+2)^{-1};\quad f''(x) = \left[(x+2)^{-1}\right]' = -(x+2)^{-2};$

$f'''(x) = 1 \cdot 2 \cdot (x+2)^{-3},\ \cdots,\ f^{(n)}(x) = (-1)^{n-1}(n-1)!(x+2)^{-n},$

得 $\quad \ln(x+2) = f(0) + \displaystyle\sum_{n=1}^{\infty} \frac{f^{(n)}(0)}{n!} \cdot x^n = \ln 2 + \sum_{n=1}^{\infty} \frac{(-1)^{n-1}}{n \cdot 2^n} \cdot x^n$

$$= \ln 2 + \frac{1}{2}x - \frac{1}{8}x^2 + \cdots + \frac{(-1)^{n-1}}{n \cdot 2^n}x^n + \cdots. \qquad (*)$$

考察上面级数,因 $\displaystyle\lim_{n\to\infty}\left|\frac{a_{n+1}}{a_n}\right| = \lim_{n\to\infty}\frac{n \cdot 2^n}{(n+1) \cdot 2^{n+1}} = \lim_{n\to\infty}\frac{n}{(n+1) \cdot 2} = \frac{1}{2}$,故上面级数收敛半径为 $R = 2$,收敛区间为 $(-2,2)$.

当 $x = -2$ 时,级数为 $\displaystyle\sum_{n=1}^{\infty}\frac{-1}{n}$,是调和级数,发散;当 $x = 2$ 时,级数为 $\displaystyle\sum_{n=1}^{\infty}\frac{(-1)^{n-1}}{n}$,是莱布尼兹级数,收敛,于是 $\ln(x+2)$ 在 $x = 2$ 左连续. 最后得到展开式

$$\ln(x+2) = \ln 2 + \sum_{n=1}^{\infty} \frac{(-1)^{n-1}}{n \cdot 2^n} \cdot x^n \quad (-2 < x \leqslant 2). \qquad (**)$$

(2) 利用公式 $\displaystyle\sum_{n=0}^{\infty} x^n = \frac{1}{1-x}$,将函数 $f(x) = \ln(x+2)$ 展开为幂级数.

解: 将 $-\dfrac{x}{2}$ 代替公式 $\displaystyle\sum_{n=0}^{\infty} x^n = \frac{1}{1-x}$ 中的 x 立得

$$\sum_{n=0}^{\infty} \frac{(-1)^n}{2^n}x^n = \frac{2}{x+2}, \quad x \in (-2,2).$$

$$\ln(x+2) - \ln 2 = \int_0^x \frac{\mathrm{d}t}{t+2} = \sum_{n=0}^{\infty} \frac{(-1)^n}{2^{n+1}}\int_0^x t^n \mathrm{d}t = \sum_{n=0}^{\infty} \frac{(-1)^n x^{n+1}}{(n+1)2^{n+1}}, \quad x \in (-2,2).$$

与上面(1)中式 $(*)$ 后的讨论相同,最后可得到展开式 $(**)$.

6. 求幂级数 $\displaystyle\sum_{n=0}^{\infty} \frac{x^n}{n+1}$ 的和函数.

解: 令 $s(x) = \displaystyle\sum_{n=0}^{\infty} \frac{x^{n+1}}{n+1}\left(= x \cdot \sum_{n=0}^{\infty} \frac{x^n}{n+1}(即\ x\ 乘原级数)\right)$,则

$$s'(x) = \sum_{n=0}^{\infty} x^n = \frac{1}{1-x} \quad (-1 < x < 1),$$

$$s(x) = \int_0^x s'(t)\mathrm{d}t = \int_0^x \frac{\mathrm{d}t}{1-t} = -\ln(1-x) \quad (-1 < x < 1),$$

故 $\displaystyle\sum_{n=0}^{\infty} \frac{x^n}{n+1} = \frac{1}{x} \cdot \sum_{n=0}^{\infty} \frac{x^{n+1}}{n+1} = \frac{-\ln(1-x)}{x}(0 < |x| < 1).$ 显然 $x = 0$ 时原级数收敛于 0.

当 $x = 1$ 时原级数为调和级数 $\displaystyle\sum_{n=0}^{\infty} \frac{1}{n+1}$,发散;当 $x = -1$ 时原级数 $\displaystyle\sum_{n=0}^{\infty} \frac{(-1)^n}{n+1}$,又由于

$\dfrac{1}{n+1} \geqslant \dfrac{1}{n+2} \underset{n\to\infty}{\to} 0$,根据莱布尼兹判别法,收敛.根据性质 1 可得和函数连续到边界 $x=-1$.

综上所述,有着 $\displaystyle\sum_{n=0}^{\infty} \dfrac{x^n}{n+1} = \begin{cases} \dfrac{-\ln(1-x)}{x}, & x \in [-1,0) \bigcup (0,1); \\ 1, & x=0. \end{cases}$

Ⅱ. 第八章自测题及其解答

自测题八

一、单项选择题

1. 级数 $\dfrac{1}{\ln 5} - \dfrac{1}{\ln 8} + \dfrac{1}{\ln 11} - \dfrac{1}{\ln 14} + \cdots$ 是(　　)的.

2. 级数 $\displaystyle\sum_{n=1}^{\infty} \sqrt{\dfrac{n+1}{n}}$ 是(　　)的.　　　3. 级数 $\displaystyle\sum_{n=1}^{\infty} (-1)^{n-1} \dfrac{n}{3^{n-1}}$ 是(　　)的.

4. 级数 $\displaystyle\sum_{n=2}^{\infty} \dfrac{(-1)^n}{n+\ln n}$ 是(　　)的.　　　5. 级数 $\displaystyle\sum_{n=1}^{\infty} \dfrac{1}{n^2+\ln n}$ 是(　　)的.

(A) 正项级数,收敛;　　　　　　　　(B) 条件收敛;

(C) 绝对收敛;　　　　　　　　　　(D) 发散.

二、填空题

—— 判别下列级数是否收敛?如果是收敛的,是绝对收敛还是条件收敛?

1. 级数 $\displaystyle\sum_{n=1}^{\infty} \dfrac{(-1)^n}{n^{p+1}}$ 当_____ 时条收敛;当_____ 时绝对收敛.

2. 若 $\displaystyle\lim_{n\to\infty} \left| \dfrac{a_{n+1}}{a_n} \right| = \rho$,则级数 $\displaystyle\sum_{n=1}^{\infty} (-1)^n n a_n$ 当 $\rho > 1$ 时_____.

3. 设 $a_n > 0$ 是单调列,如果 $\displaystyle\lim_{n\to\infty} (n \cdot \sqrt[n]{a_n}) = 2$,那么级数 $\displaystyle\sum_{n=1}^{\infty} (-1)^n a_n$ 的敛散性为:

_____;如果 $\displaystyle\lim_{n\to\infty} (n \cdot a_n) = 2$,那么级数 $\displaystyle\sum_{n=1}^{\infty} (-1)^n a_n$ 的敛散性为:_____.

4. $\displaystyle\sum_{n=0}^{\infty} \dfrac{\cos n\pi}{\ln(n+1)}$ 敛散性为:_____.

5. 级数 $\displaystyle\sum_{n=1}^{\infty} 2^{2n} 3^{1-n}$ 的敛散性为:_____.

6. 级数 $\displaystyle\sum_{n=1}^{\infty} \left(\dfrac{n}{3n-1}\right)^{2n-1}$ 的敛散性为:_____.

三、解答题

1. 设级数 $\displaystyle\sum_{n=1}^{\infty} \dfrac{n^n \cdot a^{n/2}}{n!} (a > 0)$,讨论数 a 与级数的敛散性的关系.

2. 求和函数 $\displaystyle\sum_{n=1}^{\infty} 2n x^{2n-1}$.

自测题八参考答案

一、单项选择题

1. B； 2. D； 3. C．； 4. B； 5. A．

二、填空题

—— 判别下列级数是否收敛?如果是收敛的,是绝对收敛还是条件收敛?

1. 级数 $\sum\limits_{n=1}^{\infty} \dfrac{(-1)^n}{n^{p+1}}$ 当 $\underline{\quad -1 < p \leqslant 0 \quad}$ 时条收敛;当 $\underline{\quad p > 0 \quad}$ 时绝对收敛.

2. 若 $\lim\limits_{n\to\infty} \dfrac{a_n}{a_{n+1}} = \rho(a_n > 0)$,则级数 $\sum\limits_{n=1}^{\infty}(-1)^n na_n$ 当 $\rho > 1$ 时 $\underline{\quad 绝对收敛 \quad}$.

3. 设 $a_n > 0$ 是单调列,如果 $\lim\limits_{n\to\infty}(n \cdot \sqrt[n]{a_n}) = 2$,那么级数 $\sum\limits_{n=1}^{\infty}(-1)^n a_n$ 的敛散性为:

$\underline{\quad 绝对收敛 \quad}$;如果 $\lim\limits_{n\to\infty}(n \cdot a_n) = 2$,那么级数 $\sum\limits_{n=1}^{\infty}(-1)^n a_n$ 的敛散性为: $\underline{\quad 条件收敛 \quad}$.

4. $\sum\limits_{n=0}^{\infty} \dfrac{\cos n\pi}{\ln(n+1)}$ 敛散性为: $\underline{\quad 条件收敛 \quad}$.

5. 级数 $\sum\limits_{n=1}^{\infty} 2^{2n} 3^{1-n}$ 的敛散性为: $\underline{\quad 发散 \quad}$.

6. 级数 $\sum\limits_{n=1}^{\infty} \left(\dfrac{n}{3n-1}\right)^{2n-1}$ 的敛散性为: $\underline{\quad 收敛 \quad}$.

【注】(i) 5. 因 $u_n = 2^{2n} 3^{1-n} = 4 \cdot (4/3)^{n-1}$,公比 $q = \dfrac{4}{3} > 1$,故级数发散.

(ii) 6. 因 $\sqrt[n]{u_n} = \sqrt[n]{\left(\dfrac{n}{3n-1}\right)^{2n-1}} = \left(\dfrac{n}{3n-1}\right)^{2-\frac{1}{n}} \xrightarrow[n\to\infty]{} \dfrac{1}{3^2} < 1$,故 $\sum\limits_{n=1}^{\infty} \left(\dfrac{n}{3n-1}\right)^{2n-1}$ 收敛.

三、解答题

1. 设级数 $\sum\limits_{n=1}^{\infty} \dfrac{n^n \cdot a^{n/2}}{n!}$ $(a > 0)$,讨论数 a 与级数的敛散性的关系.

解: 因 $\lim\limits_{n\to\infty}\left|\dfrac{u_{n+1}}{u_n}\right| = \lim\limits_{n\to\infty} \dfrac{(n+1)^{n+1} \cdot a^{(n+1)/2}}{(n+1)!} \cdot \dfrac{n!}{n^n \cdot a^{n/2}} = \lim\limits_{n\to\infty}\left(1 + \dfrac{1}{n}\right)^n a^{1/2} = e \cdot a^{1/2}$,

故根据比值判别法得:原级数当 $0 < a < \dfrac{1}{e^2}$ 时收敛;当 $a > \dfrac{1}{e^2}$ 时发散.

2. 求和函数 $\sum\limits_{n=1}^{\infty} 2nx^{2n-1}$. **解:** 令 $s(x) = \sum\limits_{n=1}^{\infty} 2nx^{2n-1}$,则

$$\int_0^x s(t)\mathrm{d}t = \sum_{n=1}^{\infty} 2n \int_0^x t^{2n-1}\mathrm{d}x = \sum_{n=1}^{\infty} x^{2n} = \dfrac{x^2}{1-x^2} \quad x \in (-1,1),$$

$$s(x) = \dfrac{\mathrm{d}}{\mathrm{d}x} \dfrac{x^2}{1-x^2} = \dfrac{2x(1-x^2) + x^2 \cdot 2x}{(1-x^2)^2} = \dfrac{2x}{(1-x^2)^2} \quad x \in (-1,1).$$

当 $x = \pm 1$ 时,原级数的一般项 $u_n = \mp 2n$ 都不趋于0,发散. 所以原级数的收敛域为 $(-1,1)$.

Ⅲ. 第八章杂难题与综合例题

【例1】用定义判别下列级数的敛散性.若收敛,并求其和.

(1) $\displaystyle\sum_{n=1}^{\infty} \frac{1}{1+2+\cdots+n}$;

(2) $\displaystyle\sum_{n=1}^{\infty} \frac{n}{(n+1)!}$;

(3) $\displaystyle\sum_{n=1}^{\infty}(\sqrt{n+2}-2\sqrt{n+1}+\sqrt{n})$;

(4) $\displaystyle\sum_{n=2}^{\infty} \frac{\ln\left[\left(1+\frac{1}{n}\right)^n(n+1)\right]}{\ln n^n \cdot \ln(n+1)^{n+1}}$.

(5) $\displaystyle\sum_{n=1}^{\infty} \frac{2n+3}{\sqrt{3n(n+1)}(\sqrt[]{n3^n}+\sqrt{(n+1)3^{n+1}})}$

(6) $\displaystyle\sum_{n=1}^{\infty} \frac{1}{a_n a_{n+1}\cdots a_{n+m}}$,其中$(m>1)$,$\{a_n\}$为公差$d>0$的等差数列,又$\lim\limits_{n\to\infty}a_n=+\infty$.

解: (1) 因 $s_n=\displaystyle\sum_{k=1}^{n}\frac{2}{k(k+1)}=\sum_{k=1}^{n}2\left(\frac{1}{k}-\frac{1}{k+1}\right)=2\left(1-\frac{1}{n+1}\right)$,故 $s=\lim\limits_{n\to\infty}s_n=2$,于是原级数收敛,和为 2.

(2) 因为 $u_n=\dfrac{n}{(n+1)!}=\dfrac{1}{n!}-\dfrac{1}{(n+1)!}$,　$s_n=\displaystyle\sum_{k=1}^{n}\left(\frac{1}{k!}-\frac{1}{(k+1)!}\right)=1-\frac{1}{(n+1)!}$,所以 $s=\lim\limits_{n\to\infty}s_n=1$,于是原级数收敛,和为 1.

(3) 设 $v_n=\sqrt{n+1}-\sqrt{n}$,则 $u_n=(\sqrt{n+2}-\sqrt{n+1})-(\sqrt{n+1}-\sqrt{n})=v_{n+1}-v_n$,且
$$s_n=\sum_{k=1}^{n}(v_{k+1}-v_k)=v_{n+1}-v_1,$$

所以　$s=\lim\limits_{n\to\infty}s_n=(v_{n+1}-v_1)=\lim\limits_{n\to\infty}\left[\frac{1}{\sqrt{n+2}+\sqrt{n+1}}-(\sqrt{2}-1)\right]=1-\sqrt{2}$,

故原级数收敛,和为 $1-\sqrt{2}$.

(4) $u_n=\dfrac{(n+1)\ln(n+1)-n\ln n}{(n+1)\ln(n+1)\cdot n\ln n}=\dfrac{1}{n\ln n}-\dfrac{1}{(n+1)\ln(n+1)}$,于是,
$$s_n=\sum_{k=2}^{n+1}\left[\frac{1}{k\ln k}-\frac{1}{(k+1)\ln(k+1)}\right]=\frac{1}{2\ln 2}-\frac{1}{(n+2)\ln(n+2)}$$

从而,$s=\lim\limits_{n\to\infty}s_n=\dfrac{1}{2\ln 2}$,故原级数收敛,和为 $\dfrac{1}{2\ln 2}$.

(5) 原式 $=\displaystyle\lim_{m\to\infty}\sum_{n=1}^{m}\frac{2n+3}{\sqrt{3n(n+1)}(\sqrt{n3^n}+\sqrt{(n+1)3^{n+1}})}=\lim_{m\to\infty}\sum_{n=1}^{m}\frac{(2n+3)(\sqrt{(n+1)3^{n+1}}-\sqrt{n3^n})}{\sqrt{n(n+1)3^{2n+1}}(2n+3)}$

$=\displaystyle\lim_{m\to\infty}\sum_{n=1}^{m}\left[\frac{1}{\sqrt{n3^n}}-\frac{1}{\sqrt{(n+1)3^{n+1}}}\right]=\lim_{m\to\infty}\left[\frac{1}{\sqrt{3}}-\frac{1}{\sqrt{(m+1)3^{m+1}}}\right]=\frac{\sqrt{3}}{3}$

(6) 因 $s_n=\displaystyle\sum_{k=1}^{n}\frac{1}{a_k a_{k+1}\cdots a_{k+m}}=\sum_{k=1}^{n}\frac{1}{md}\left(\frac{1}{a_k\cdots a_{k+m-1}}-\frac{1}{a_{k+1}\cdots a_{k+m}}\right)$

$=\dfrac{1}{md}\left(\dfrac{1}{a_1 a_2\cdots a_m}-\dfrac{1}{a_{n+1}\cdots a_{n+m}}\right)$.

故 $\lim\limits_{n\to\infty}s_n=\dfrac{1}{mda_1 a_2\cdots a_m}$,所以原级数收敛,级数和 $\displaystyle\sum_{n=1}^{\infty}\frac{1}{a_n a_{n+1}\cdots a_{n+m}}=\frac{1}{mda_1 a_2\cdots a_m}$.

【例2】　设 $x_1=1$,$x_{n+1}=x_n+x_n^2$,证明 $\displaystyle\sum_{n=1}^{\infty}\frac{1}{1+x_n}$ 收敛.

证： 显然 $\{x_n\}$ 单增，则 $\lim\limits_{n\to\infty}x_n=+\infty$，又 $\dfrac{1}{1+x_m}=\dfrac{x_n^2}{x_nx_{n+1}}=\dfrac{x_{n-1}-x_n}{x_nx_{n+1}}=\dfrac{1}{x_n}-\dfrac{1}{x_{n+1}}$，故

$$s_n=\sum_{k=1}^n\frac{1}{1+x_k}=\sum_{k=1}^n\left(\frac{1}{x_k}-\frac{1}{x_{k+1}}\right)=\frac{1}{x_1}-\frac{1}{x_{n+1}}\xrightarrow[n\to\infty]{}\frac{1}{x_1}.$$

所以原级数收敛：$\displaystyle\sum_{n=1}^\infty\frac{1}{1+x_n}=\frac{1}{x_1}$.

【例3】 若 $\displaystyle\sum_{n=1}^\infty a_n$ 满足(i) $\lim\limits_{n\to\infty}a_n=0$；(ii) $\lim\limits_{n\to\infty}\displaystyle\sum_{k=1}^n(a_{2k-1}+a_{2k})$ 收敛，证明 $\displaystyle\sum_{n=1}^\infty a_n$ 收敛.

证： 记 $s_n=\displaystyle\sum_{k=1}^n a_k,\sigma_n=\sum_{k=1}^n(a_{2k+1}+a_{2k})$，显然有 $s_{2n}=\sigma_n,\lim\limits_{n\to\infty}s_{2n}=\lim\limits_{n\to\infty}\sigma_n=a$，又

$$\lim_{n\to\infty}s_{2n+1}=\lim_{n\to\infty}(s_{2n}+a_{2n+1})=a+\lim_{n\to\infty}a_{2n+1}=a,$$

所以 $\lim\limits_{n\to\infty}s_n=a$ 存在，故原级数收敛.

【例4】 判别 $1-\dfrac{1}{2^p}+\dfrac{1}{3}-\dfrac{1}{4^p}+\cdots+\dfrac{1}{2n-1}-\dfrac{1}{(2n)^p}+\cdots(p\neq1)$ 的敛散性.

解：当 $p>1$ 时，$\displaystyle\sum_{n=1}^\infty\frac{1}{(2n)^p}$ 收敛，而 $\displaystyle\sum_{n=1}^\infty\frac{1}{2n-1}$ 发散，从而 $\displaystyle\sum_{n=1}^\infty\left(\frac{1}{2n-1}-\frac{1}{(2n)^p}\right)$ 发散；当

$p<1$ 时，$\lim\limits_{n\to\infty}\dfrac{\dfrac{1}{(2n)^p}-\dfrac{1}{2n-1}}{1/n^p}=\dfrac{1}{2^p}$，而 $\displaystyle\sum_{n=1}^\infty\frac{1}{n^p}$ 发散，由比较判别法的极限形式知

$\displaystyle\sum_{n=1}^\infty\left(\frac{1}{2n-1}-\frac{1}{(2n)^p}\right)$ 发散，故原级数发散.

【注】 加括号后的级数发散，则原级数必定发散.

【例5】 设有正项级数 $\displaystyle\sum_{n=1}^\infty a_n$，其部分和 $s_n=\displaystyle\sum_{k=1}^n a_k$，试证 $\displaystyle\sum_{n=1}^\infty\frac{a_n}{s_n^2}$ 收敛.

证： 因 $\sigma_n=\displaystyle\sum_{k=1}^n\frac{a_k}{s_k^2}=\frac{a_1}{s_1^2}+\frac{a_2}{s_2^2}+\cdots+\frac{a_n}{s_n^2}\leqslant\frac{a_1}{s_1^2}+\frac{a_2}{s_1s_2}+\cdots+\frac{a_n}{s_{n-1}s_n}$

$$=\frac{1}{a_1}+\left(\frac{1}{s_1}-\frac{1}{s_2}\right)+\cdots+\left(\frac{1}{s_{n-1}}-\frac{1}{s_n}\right)\leqslant\frac{2}{a_1}.$$

故 $\{\sigma_n\}$ 单调增加且有上界，所以 $\displaystyle\sum_{n=1}^\infty\frac{a_n}{s_n^2}$ 收敛.

【例6】 求证 $\lim\limits_{n\to\infty}\dfrac{(2n)!}{a^{n!}}=0(a>1)$.

证： 记 $u_n=\dfrac{(2n)!}{a^{n!}}$，由 $\lim\limits_{n\to\infty}\dfrac{u_{n+1}}{u_n}=\lim\limits_{n\to\infty}\dfrac{(2n+1)(2n+2)}{a^{n\cdot n!}}=0(a>1)$，知 $\displaystyle\sum_{n=1}^\infty\frac{(2n)!}{a^{n!}}$ 收敛，

故其通项的极限 $\lim\limits_{n\to\infty}u_n=\lim\limits_{n\to\infty}\dfrac{(2n)!}{a^{n!}}=0$.

【例7】 级数 $\displaystyle\sum_{n=1}^\infty u_n$ 的部分和 $s_n=\arctan n$，试求该级数及其和.

解： $u_n=s_n-s_{n-1}=\arctan n-\arctan(n-1)$，

$$\tan u_n=\frac{\tan s_n-\tan s_{n-1}}{1+\tan s_n\cdot\tan s_{n-1}}=\frac{n-(n-1)}{1+n(n-1)}=\frac{1}{n^2-n+1},$$

所求级数 $\displaystyle\sum_{n=1}^\infty u_n=\sum_{n=1}^\infty\arctan\frac{1}{n^2-n+1}$，其和 $s=\lim\limits_{n\to\infty}s_n=\lim\limits_{n\to\infty}\arctan n=\dfrac{\pi}{2}$.

【例8】 判断级数 $\sum\limits_{n=1}^{\infty} \dfrac{a^{n(n+1)/2}}{(1+a)(1+a^2)\cdots(1+a^n)}$ 的敛散性. 其中 $a>0$.

解： 当 $0<a\leqslant 1$ 时，$\dfrac{u_{n+1}}{u_n}=\dfrac{a^{n+1}}{1+a^{n+1}}<1$，级数收敛. 当 $a>1$ 时，$\lim\limits_{n\to\infty}\dfrac{a^{n+1}}{1+a^{n+1}}=1$，比值法失效，因此，应采用其他方法判别. 令 $b=\dfrac{1}{a}$，则 $0<b<1$，$u_n=\dfrac{1}{v_n}$，

$$1+b+b^2+\cdots+b^n < v_n=(1+b)(1+b^2)\cdots(1+b^n)<e^{b+b^2+\cdots+b^n}=e^{\frac{b(1-b^n)}{1-b}}<e^{\frac{b}{1-b}}$$

即 $\{v_n\}$ 单调上升有上界，且 $\lim\limits_{n\to\infty}u_n=\lim\limits_{n\to\infty}\dfrac{1}{v_n}\geqslant e^{\frac{b}{b-1}}>0$，所以原级数发散.

【例9】 判断级数 $\sum\limits_{n=1}^{\infty}a^{-n+(-1)^n}(a>0)$ 的敛散性.

解： 由 $\lim\limits_{n\to\infty}\sqrt[n]{u_n}=\dfrac{1}{a}$ 知，当 $a>1$ 时级数收敛，当 $0<a\leqslant 1$ 时，级数发散.

【例10】 求幂级数 $\sum\limits_{n=1}^{\infty}\dfrac{n\ln^{n-1}x}{x}$ 的和函数.

解： 令 $s(x)=\sum\limits_{n=1}^{\infty}\dfrac{n\ln^{n-1}x}{x}$，　两边积分得

$$\int_1^x s(t)dt=\sum_{n=1}^{\infty}n\int_1^x\frac{\ln^{n-1}t}{t}dt=\sum_{n=1}^{\infty}\ln^n x \xlongequal{(*)}\frac{1}{1-\ln x}-1,\quad x\in(e^{-1},e).$$

上式两边求导数得 $s(x)=\dfrac{1}{x(1-\ln x)^2}$，　$x\in(e^{-1},e)$. 又 $s(e^{-1})=\dfrac{e}{4}$，最后得

$$\sum_{n=1}^{\infty}\frac{n\ln^{n-1}x}{x}=\frac{1}{x(1-\ln x)^2},\quad x\in[e^{-1},e).$$

【注】 等号 $(*)$ 处应用级数 $\sum x^n$ 的和函数式，由收敛区间 $(-1,1)$ 立得 $x\in(e^{-1},e)$.

【例11】 求幂级数 $1+\sum\limits_{n=1}^{\infty}(-1)^n\dfrac{x^{2n}}{2n}(|x|<1)$ 的和函数 $s(x)$ 及其极值.

解： 原级数记为 $s(x)$，则 $s(0)=1$. 先对原级数逐项求导，再两边从 0 到 x 积分，得

$$s'(x)=\sum_{n=1}^{\infty}(-1)^n x^{2n-1}=\frac{1}{x}\sum_{n=1}^{\infty}(-1)^n(x^2)^n=\frac{1}{x}\cdot\frac{-x^2}{1+x^2}=-\frac{x}{1+x^2};$$

$$s(x)=s(0)-\int_0^x\frac{t}{1+t^2}dt=1-\frac{1}{2}\ln(1+x^2)\quad(|x|<1).$$

令 $s'(x)=0$ 得唯一驻点 $x=0$. 又 $s''(x)=-\dfrac{1-x^2}{(1+x^2)^2}$，$s''(0)=-1<0$，故 $s(x)$ 在 $x=0$ 处取得极大值，其极大值为 $s(0)=1$.

【例12】 求幂级数 $\sum\limits_{n=0}^{\infty}\dfrac{n^2}{n!}x^n$ 的收敛域与和函数

解： 易知所给幂级数收敛域为 $(-\infty,+\infty)$，由 $\sum\limits_{n=1}^{\infty}\dfrac{x^n}{n!}=e^x-1$，连续两次逐项求导得

$$\sum_{n=1}^{\infty}\frac{nx^{n-1}}{n!}=e^x,\ x\left(\sum_{n=1}^{\infty}\frac{nx^{n-1}}{n!}\right)=\sum_{n=1}^{\infty}\frac{nx^n}{n!}=xe^x,\qquad \sum_{n=1}^{\infty}\frac{n^2 x^{n-1}}{n!}=(1+x)e^x,$$

两边再乘以 x，得所求和函数为 $\sum\limits_{n=1}^{\infty}\dfrac{n^2 x^n}{n!}=x(1+x)e^x$.

【特例】 $f(x) = \begin{cases} \mathrm{e}^{-x^{-2}}, & x \neq 0 \\ 0, & x = 0 \end{cases}$ 在 $x = 0$ 点任意可导,

$$f^{(n)}(0) = 0 (n = 0,1,2,\cdots),$$

所以 $f(x)$ 的麦克劳林级数为 $\sum_{n=0}^{\infty} (0 \cdot x^n) \equiv 0, x \in (-\infty, +\infty)$. 于是除 $x = 0$ 外,$f(x)$ 的麦克劳林级数处处不收敛于 $f(x)$.

下面证明

$$f^{(n)}(0) = 0 (n = 0,1,2,\cdots).$$

事实上,若令 $u(x) = -x^{-2}$,则

$$u^{(k)}(x) = (-1)^{k+1}(k+1)!x^{-(k+2)} (k = 1,2,\cdots).$$

于是当 $x \neq 0$ 时,

$$f'(x) = [\mathrm{e}^{u(x)}]' = u'(x)\mathrm{e}^{u(x)},$$
$$f''(x) = [u'(x)\mathrm{e}^{u(x)}]' = \{u''(x) + [u'(x)]^2\}\mathrm{e}^{u(x)}$$
$$\cdots\cdots$$
$$f^{(n)}(x) = P_n(u,u',\cdots,u^{(n)}) \cdot \mathrm{e}^{u(x)},$$
$$\cdots\cdots$$

其中 P_n 表示 n 元 n 次多项式,从而是 x^{-1} 的多项式,记为 $Q_{m(n)}(x^{-1})$.

又因 $\forall$ 自然数 $p, \lim\limits_{t \to \infty} \dfrac{t^p}{\mathrm{e}^{t^2}} = \lim\limits_{v \to +\infty} \dfrac{v^{p/2}}{\mathrm{e}^v} = 0$,故

$$f'(0) = \lim_{x \to \pm 0} \frac{1}{x}\mathrm{e}^{-\frac{1}{x^2}} = \lim_{w \to \pm\infty} \frac{w}{\mathrm{e}^{w^2}} = \lim_{w \to \pm\infty} \frac{1}{2w\mathrm{e}^{w^2}} = 0;$$

假设 $\quad f^{(n)}(x) = \dfrac{\mathrm{d}}{\mathrm{d}x}f^{(n-1)}(0) = 0$,那么

$$f^{(n+1)}(0) = \lim_{x \to 0} \frac{f^{(n)}(x) - f^{(n)}(0)}{x} = \lim_{x \to 0} \frac{1}{x}Q_{m(n)}(x^{-1}) \cdot \mathrm{e}^{-x^{-2}} \xlongequal{t = 1/x} \lim_{u \to \infty} \frac{tQ_{m(n)}(t)}{\mathrm{e}^{t^2}} = 0.$$

于是归纳法证明了 $\quad f^{(n)}(0) = 0 (n = 0,1,2,\cdots).$

（九）第九章　常微分方程

Ⅰ. 第九章习题解答　（各题中的 C,C_1,C_2,C_3 等皆表示任意常数）.

【习题 9.1】(微分方程的基本概念)(解答)

1. 单项选择题 —— 判断所给微分方程的阶：

(1) 微分方程 $2e^x dx + (1+y^2)dy = 0$ 是（　A　）；

(2) 方程 $3x^2 + \sin(x+y) = 1$ 是（　D　）；

(3) 微分方程 $y^{(5)} + 6y'' - 2y' + y + 5 = 0$ 是（　C　）；

(4) 微分方程 $y'' + y' - y = x^2 + 2$ 是（　B　）；

(5) 微分方程 $x^3 \dfrac{dy}{dx} = y^4 - 1$ 是（　A　）；

(6) 微分方程 $\dfrac{d^4 y}{dx^4} = \dfrac{1}{x+1}$ 是（　C　）；

A. 一阶微分方程；　　　　　　　　B. 二阶微分方程；

C. 高阶微分方程；　　　　　　　　D. 非微分方程.

【注】　(2) 中不含导数、微分，非微分方程；(1) 中 y^2 和(5)中的 y^4 都不能决定方程的阶数.

2. 单项选择题 —— 方程的解：

(1) 微分方程 $x^2 dx + y^2 dy = 0$，满足 $y|_{x=-1} = -1$ 的特解是（　A　）.

A. $x^3 + y^3 = -2$；　　　　　　　B. $x^3 + y^3 = 2$；

C. $x^2 + y^2 = 1$；　　　　　　　D. $x^2 + y^2 = 2$.

(2) 微分方程 $2x dx - \sin y dy = 0$，满足 $y|_{x=0} = 0$ 的特解是（　D　）.

A. $x + \sin y = 0$；　　　　　　　B. $x + \cos y = 0$；

C. $x^2 + \sin y = 1$；　　　　　　D. $x^2 + \cos y = 1$.

(3) 函数 $y = Ce^x$(C 为任意常数) 是二阶线性微分方程（　D　）的解.

A. $y'' + y' + 2y = 0$；　　　　　　B. $y'' - y' - 2y = 0$；

C. $y'' - y' + 2y = 0$；　　　　　　D. $y'' + y' - 2y = 0$.

(4) 二阶微分方程 $y'' - y' - 6y = 0$，满足 $y|_{x=0} = 2$ 的特解是（　C　）.

A. $y = e^{-2x}$；　　　　　　　　　B. $y = e^{2x}$；

C. $y = 2e^{-2x}$；　　　　　　　　D. $y = 2e^{2x}$.

(5) 下列函数中为二阶微分方程 $2y'' + 4y = \sin x$ 的解是（　B　）.

A. $y = \sin x$；　　　　　　　　　B. $y = \dfrac{1}{2}\sin x$；

C. $y = \dfrac{1}{3}\sin x$；　　　　　　　D. $y = \dfrac{1}{4}\sin x$.

3. 验证题：

(1) 验证函数 $y = Ce^{-3x} + e^{-2x}$(C 为任意常数) 为二阶微分方程 $\dfrac{dy}{dx} = e^{-2x} - 3y$ 的通解，并求该方程满足初始条件 $y|_{x=0} = 0$ 的特解.

解：　因 $\dfrac{dy}{dx} = \dfrac{d}{dx}(Ce^{-3x} + e^{-2x}) = -3Ce^{-3x} - 2e^{-2x} = -3(Ce^{-3x} + e^{-2x}) + e^{-2x} = e^{-2x} - 3y$,

故所给函数是所给方程的通解. 在所给函数中,令 $x=0$、$y=0$,得 $0=C+1$,即 $C=-1$,于是所求的特解为 $y=-\,\mathrm{e}^{-3x}+\mathrm{e}^{-2x}$.

(2) 验证函数 $y_1=\mathrm{e}^x$,$y_2=x\mathrm{e}^x$ 都是微分方程 $y''-2y'+y=0$ 的解,并求该方程的通解.

解: 将 $y_1'=y_1''=\mathrm{e}^x$ 代入方程,下式说明 $y_1=\mathrm{e}^x$ 是方程的通解:
$$左边 = y''-2y'+y = \mathrm{e}^x-2\mathrm{e}^x+\mathrm{e}^x = 0 = 右边.$$

又将 $y_2'=(1+x)\mathrm{e}^x$、$y_2''=(2+x)\mathrm{e}^x$ 代入方程,下式说明 $y_2=x\mathrm{e}^x$ 是方程的通解:
$$左边 = (2+x)\mathrm{e}^x-2(1+x)\mathrm{e}^x+x\mathrm{e}^x = 0 = 右边.$$

最后取线性无关解组 e^x、$x\mathrm{e}^x$ 得该方程通解为 $y=C_1\mathrm{e}^x+C_2x\mathrm{e}^x$ (C_1、C_2 为任意常数).

【习题 9.2】(一阶微分方程及其求解)(解答)

1. 单项选择题 —— 判断所给微分方程的类型:

(1) 微分方程 $2y\mathrm{e}^{\frac{x}{y}}\mathrm{d}x+(y-x)\mathrm{d}y=0$ 是(A);

(2) 微分方程 $2y\mathrm{e}^x\mathrm{d}x+(1+\mathrm{e}^{2x})\mathrm{d}y=0$ 是(B);

(3) 微分方程 $\dfrac{\mathrm{d}y}{\mathrm{d}x}=\dfrac{2y}{x+y^4}$ 是(C);

(4) 微分方程 $\dfrac{\mathrm{d}y}{\mathrm{d}x}=\dfrac{3x+2y}{x+y^4}$ 是(D);

(5) 微分方程 $yy'-x=\sqrt{x^2+2y^2}$ 是(A);

(6) 微分方程 $x\dfrac{\mathrm{d}y}{\mathrm{d}x}-xy=\sin\dfrac{y}{x}$ 是(D);

A. 齐次方程;   B. 可分离变量方程;

C. 一阶线性方程;   D. 以上都不是.

【注】 (1) 化为 $\dfrac{\mathrm{d}x}{\mathrm{d}y}=-\dfrac{1}{2}\mathrm{e}^{-\frac{x}{y}}(1-\dfrac{x}{y})$($y$ 为自变量).

(2) 化为 $\dfrac{2\mathrm{e}^x}{1+\mathrm{e}^{2x}}\mathrm{d}x=-\dfrac{1}{y}\mathrm{d}y$.

(3) 化为 $\dfrac{\mathrm{d}x}{\mathrm{d}y}-\dfrac{1}{2y}x+\dfrac{1}{2}y^3=0$($y$ 为自变量).

2. 填空题:

(1) 求解方程 $x^2\cos y\dfrac{\mathrm{d}y}{\mathrm{d}x}=1$ 可分离变量化为 $\cos y\mathrm{d}y=\dfrac{\mathrm{d}x}{x^2}$. 两边积分得 $\displaystyle\int\cos y\mathrm{d}y=\int\dfrac{\mathrm{d}x}{x^2}$.
解得 $\sin y=-\dfrac{1}{x}+C$(C 为任意常数).

(2) 求解方程 $x^2\dfrac{\mathrm{d}y}{\mathrm{d}x}=y^2+xy$ 可变形为规范形式① $\dfrac{\mathrm{d}y}{\mathrm{d}x}=\left(\dfrac{y}{x}\right)^2+\dfrac{y}{x}$. 令 $u=\dfrac{y}{x}$,则有 $\dfrac{\mathrm{d}y}{\mathrm{d}x}=x\dfrac{\mathrm{d}u}{\mathrm{d}x}+u$. 代入①得 $x\dfrac{\mathrm{d}u}{\mathrm{d}x}=u^2$. 分离变量,两边积分得 $\displaystyle\int\dfrac{\mathrm{d}u}{u^2}=\int\dfrac{\mathrm{d}x}{x}$. 解得 $-\dfrac{1}{u}=\ln|x|+C_1$. 故原方程的通解为 $\mathrm{e}^{-\frac{x}{y}}=Cx$($C=\pm\mathrm{e}^{C_1}$).

(3) 解方程 $y'=\dfrac{y+x\ln x}{x}$ 可将其变形为规范形式① $y'-\dfrac{1}{x}y=\ln x$ 称为 一阶线性非齐次方程. 为求其通解,可首先对①式所对应的齐次方程② $y'-\dfrac{1}{x}y=0$ 求解,将它分离

变量得 $\dfrac{\mathrm{d}y}{y}=\dfrac{\mathrm{d}x}{x}$，两边积分得 $\underline{\ln|y|=\ln|x|+\ln|C|\Rightarrow\ln|y|=\ln|Cx|}$，所以，齐次方程 ② 的通解为 $\underline{y=Cx}$．接着采用常数变易解法，即令 ③ $\underline{y=C(x)x}$，将其代入原方程得 $xC'(x)=\ln x\Rightarrow C'(x)=\dfrac{1}{x}\ln x$，于是 $C(x)=\displaystyle\int\dfrac{\ln x}{x}\mathrm{d}x=\int\ln x\mathrm{d}\ln x=\dfrac{1}{2}(\ln x)^2+C$. 将此式代入

③，得原方程的通解为 $\underline{y=\dfrac{x}{2}(\ln x)^2+Cx\quad(C\text{为任意常数})}$．

（4）一阶非齐次线性方程 $\dfrac{\mathrm{d}y}{\mathrm{d}x}+P(x)y=Q(x)$ 的通解的公式为 $y=\mathrm{e}^{-\int P(x)\mathrm{d}x}\left(\displaystyle\int Q(x)\mathrm{e}^{\int P(x)\mathrm{d}x}\mathrm{d}x+C\right)$；用公式写出 $y'=y+x$ 的通解为 $\underline{y=-1-x+C\mathrm{e}^x\quad(C\text{为任意常数})}$；

【注】 $p=-1$，$Q(x)=x$．

3. 解答题：

（1）求微分方程 $(5x^4+3xy^2-y^3)\mathrm{d}x+(3x^2y-3xy^2+y^2)\mathrm{d}y=0$ 的通解．

解： 设 $P=5x^4+3xy^2-y^3$，$Q=3x^2y-3xy^2+y^2$，因为 $\dfrac{\partial P}{\partial y}=6xy-3y^2=\dfrac{\partial Q}{\partial x}$，所以原方程为全微分方程，故

$$\int_0^x P(x,y)\mathrm{d}x-\int_0^y Q(0,y)\mathrm{d}y=\int_0^x(5x^4+3xy^2-y^3)\mathrm{d}x-\int_0^y y^2\mathrm{d}y=C,$$

得原方程的通解为 $x^5+\dfrac{3}{2}x^2y^2-xy^3+\dfrac{1}{3}y^3=C$．

（2）解方程 $(\mathrm{e}^{x+y}-\mathrm{e}^x)\mathrm{d}x+(\mathrm{e}^{x+y}+\mathrm{e}^y)\mathrm{d}y=0$ 的 $y(1)=0$ 时的特解．

解： 原方程分离变量得 $\dfrac{\mathrm{e}^y}{\mathrm{e}^y-1}\mathrm{d}y=-\dfrac{\mathrm{e}^x}{\mathrm{e}^x+1}\mathrm{d}x$，两边积分得

$$\int\dfrac{\mathrm{e}^y}{\mathrm{e}^y-1}\mathrm{d}y=-\int\dfrac{\mathrm{e}^x}{\mathrm{e}^x+1}\mathrm{d}x\Rightarrow\ln(\mathrm{e}^y-1)=-\ln(\mathrm{e}^x+1)+\ln C,$$

即得原方程的通解为 $(\mathrm{e}^y-1)(\mathrm{e}^x+1)=C$ （其中 C 为任意常数）．

令 $x=1$，$y=0$ 代入通解得 $(\mathrm{e}^0-1)(\mathrm{e}^1+1)=C\Rightarrow C=0$，故所求特解为

$$(\mathrm{e}^y-1)(\mathrm{e}^x+1)=0.$$

（3）求微分方程 $y'=\dfrac{x}{y}+\dfrac{y}{x}$ 的通解．

解： 令 $u=\dfrac{y}{x}$，有 $y=xu$，故 $\dfrac{\mathrm{d}y}{\mathrm{d}x}=x\dfrac{\mathrm{d}u}{\mathrm{d}x}+u$，代入原方程得

$$u+x\dfrac{\mathrm{d}u}{\mathrm{d}x}=u+\dfrac{1}{u};$$

分离变量得 $u\mathrm{d}u=\dfrac{\mathrm{d}x}{x}$，两边积分得 $\dfrac{1}{2}u^2=\ln|x|+C_1$，将 $u=\dfrac{y}{x}$ 代回，即得原方程的通解

$$y^2=x^2(2\ln|x|+C)\quad(\text{其中 }C=2C_1\text{ 为任意常数}).$$

（4）求微分方程 $\dfrac{\mathrm{d}y}{\mathrm{d}x}=\dfrac{y}{x}+\sec\dfrac{y}{x}$ 的通解．

解： 令 $u=\dfrac{y}{x}$，有 $y=xu$，故 $\dfrac{\mathrm{d}y}{\mathrm{d}x}=x\dfrac{\mathrm{d}u}{\mathrm{d}x}+u$，代入原方程得

$$u+x\dfrac{\mathrm{d}u}{\mathrm{d}x}=u+\sec u,$$

分离变量得 $\cos u\mathrm{d}u=\dfrac{\mathrm{d}x}{x}$，两边积分得 $\sin u=\ln|x|+C$，将 $u=\dfrac{y}{x}$ 代回，即得原方程通解：

$$\sin \frac{y}{x} = \ln |x| + C \quad (\text{其中 } C \text{ 为任意常数}).$$

（5）（不用公式）求方程 $\dfrac{dy}{dx} - \dfrac{2y}{x} = -x^3 e^{x^2}$ 的通解.

解： 对应的齐次方程为 $\dfrac{dy}{dx} - \dfrac{2y}{x} = 0 \Rightarrow \dfrac{dy}{y} = 2\dfrac{dx}{x}$，两边积分 $\displaystyle\int \dfrac{dy}{y} = 2\int \dfrac{dx}{x}$，得

$$\ln|y| = \ln x^2 + C' \Rightarrow y = Cx^2.$$

令 $y = C(x)x^2$，则 $y' = C'(x)x^2 + 2C(x)x$，代入原方程得 $C'(x) = -xe^{x^2}$ 解得

$$C(x) = -\int xe^{x^2}\,dx = -\frac{1}{2}e^{x^2} + C.$$

最后得原方程的通解为 $\quad y = x^2\left(-\dfrac{1}{2}e^{x^2} + C\right)$ （C 为任意常数）.

4. 求微分方程 $\dfrac{dy}{dx} + \dfrac{y}{x} = a(\ln x)y^2 (a \neq 0)$ 的通解.

解： 令 $z = y^{-1}$. 将方程两端同乘以 $-y-2$ 得

$$\frac{dz}{dx} = -y^{-2}\frac{dy}{dx} \Rightarrow \frac{dz}{dx} - \frac{1}{x}z = -a\ln x. \quad\quad\quad (*)$$

解方程 $(*)$ 对应的齐次方程：

$$\frac{dz}{dx} = \frac{z}{x} \Rightarrow \ln z = \ln x + C_1 \Rightarrow z = Cx.$$

令 $z = xC(x)$，得 $z' = xC'(x) + C(x)$. 代入方程 $(*)$ 得 $C'(x) = -\dfrac{a}{x}\ln x$，于是

$$C(x) = -a\int \frac{\ln x}{x}dx = -\frac{a}{2}\int \ln x\,d\ln x = -\frac{a}{2}\ln^2 x + C_1.$$

得方程 $(*)$ 的通解为 $\quad z = \dfrac{a}{2}(C_1 - \ln^2 x)x = x\left(C - \dfrac{a}{2}\ln^2 x\right).$

将 $z = y^{-1}$ 代入上式得原方程通解为 $yx\left(C - \dfrac{a}{2}\ln^2 x\right) = 1.$

【习题 9.3】（二阶常系数线性微分方程）（解答）

1. 填空题：

（1）设有方程：$y'' + py' + q = 0$（其中 p、q 为常数）$\cdots$①，

（i）方程 ① 称为 ___二阶常系数齐次线性微分方程___.

（ii）若 $y = C_1 y_1 + C_2 y_2$ 是方程 ① 的通解，则 y_1 与 y_2 是线性___无关___的.

（iii）若方程 ① 的通解为 $y = C_1 e^{2x} + C_2 e^{-3x}$，则方程 ① 对应的特征根为 $r_1 = 2, r_2 = -3$ ；于是 $p = $ ___1___ ，$q = $ ___-6___ . 故原方程为 $y'' + y' - 6y = 0$.

（iv）若方程 ① 的通解为 $y = e^{-x}(C_1 \cos 5x + C_2 \sin 5x)$，则方程 ① 对应的特征根为 ___$-1 \pm 5i$___ ；于是 $p = $ ___2___ ，$q = $ ___26___ . 故原方程为 $y'' + 2y' + 26y = 0$.

（2）设有方程：$y'' + py' + q = x + 1$（其中 p、q 为常数）$\cdots$②，

（i）方程 ② 称为 ___二阶常系数非齐次线性微分方程___.

（ii）若方程 ② 对应的齐次方程的通解为 $y = C_1 e^{-2x} + C_2 e^{2x}$，则特征根为 ___$r_{1.2} = \pm 2$___ ；于是 $p = $ ___0___ ，$q = $ ___-4___ . 原方程为 $y'' - 4y = x + 1$.

（iii）方程 ② 的特解可设为：___$y^* = ax + b$___ （其中 a、b 为待定常数）.

（3）设有方程：$y'' + py' + q = 12xe^x$（其中 p、q 为常数）$\cdots$③，

(i) 若方程 ③ 对应的齐次方程的通解为 $y = (C_1 + C_2 x)\mathrm{e}^x$，则特征根为 $\underline{r_{1,2} = 1(\text{重根})}$；于是 $p = \underline{-2}$，$q = \underline{1}$．原方程为 $y'' - 2y' + y = 12x\mathrm{e}^x$．

(ii) 方程 ③ 的特解可设为：$\underline{y^* = x^2(ax+b)\mathrm{e}^x}$（其中 a、b 为待定常数）．

(4) 设有方程：$y'' + py' + q = 10\sin 2x$（其中 p、q 为常数）$\cdots$④，

(i) 若方程 ④ 对应的齐次方程的通解为 $y = (C_1\cos x + C_2\sin x)\mathrm{e}^{-x}$，则特征根为 $\underline{r_{1,2} = -1 \pm i}$；于是 $p = \underline{2}$，$q = \underline{2}$．原方程为 $y'' + 2y' + 2y = 10\sin 2x$．

(ii) 方程 ④ 的特解可设为：$\underline{y = a\cos 2x + b\sin 2x}$（其中 a、b 为待定常数）．

2. 选择填空题：

(1) 二阶微分方程 $y'' + y' - 6y = 0$ 的通解是（ C ）；

A. $Y = C_1\mathrm{e}^{2x} + C_2\mathrm{e}^{3x}$；　　　　　　B. $Y = C_1\mathrm{e}^{-2x} + C_2\mathrm{e}^{3x}$；

C. $Y = C_1\mathrm{e}^{2x} + C_2\mathrm{e}^{-3x}$；　　　　　　D. $Y = C_1\mathrm{e}^{-2x} + C_2\mathrm{e}^{-3x}$．

(2) 设二阶线性微分方程的通解为 $y = C_1\mathrm{e}^{-2x} + C_2\mathrm{e}^x$ 则该方程为（ D ）：

A. $y'' + y' + 2y = 0$；　　　　　　B. $y'' - y' - 2y = 0$；

C. $y'' - y' + 2y = 0$；　　　　　　D. $y'' + y' - 2y = 0$．

3. 方程求解：

(1) 求方程 $y'' - 4y = x + 1$ 的通解．

解： 特征方程 $r^2 - 4 = 0$ 有重根 $r_{1,2} = \pm 2$．齐次方程通解为 $Y = C_1\mathrm{e}^{-2x} + C_2\mathrm{e}^{2x}$．

又 $f(x) = x + 1 = (x+1)\mathrm{e}^{0x}$，其中 $\lambda = 0$，非特征方程的根，取 $k = 0$．可设原方程特解

$$y^* = ax + b.$$

得 $y^{*\prime} = a, y^{*\prime\prime} = 0$，代入原方程解得 $a = -1/4, b = -1/4$．于是方程的特解为

$$y^* = -\frac{1}{4}(x+1).$$

所以原方程的通解为　$y = Y + y^* = C_1\mathrm{e}^{-2x} + C_2\mathrm{e}^{2x} - \frac{1}{4}(x+1)$．

(2) 求方程 $y'' - 2y' + y = 12x\mathrm{e}^x$ 的通解．

解： 特征方程 $r^2 - 2r + 1 = 0$ 有特征重根 $r_{1,2} = 1$．齐次方程通解为 $Y = (C_1 + C_2 x)\mathrm{e}^x$．

又因 $f(x) = 12x\mathrm{e}^x$，其中 $\lambda = 1$ 是特征方程的根，取 $k = 2$．从而可设原方程有特解

$$y^* = x^2(ax + b)\mathrm{e}x.$$

由于 $y^{*\prime} = (3ax^2 + 2bx)\mathrm{e}x + y^*$，

$$y^{*\prime\prime} = [3ax^2 + (6a + 2b)x + 2b]\mathrm{e}x + y^{*\prime},$$

代入原方程得 $2b + 6ax = 12x$．对比系数解得 $a = 2, b = 0$．故得特解

$$y^* = 2x^3\mathrm{e}^x.$$

所以原方程的通解为　$y = Y + y^* = (C_1 + C_2 x)\mathrm{e}^x + 2x^3\mathrm{e}^x$．

(3) 求方程 $y'' + 2y' + 2y = 10\sin 2x$ 的通解．

解： 特征方程 $r^2 + 2r + 2 = 0$ 有征重根为 $r_{1,2} = -1 \pm i$．齐次方程通解为

$$Y = (C_1\cos x + C_2\sin x)\mathrm{e}^{-x}.$$

又因 $f(x) = (0\cos 2x + 10\sin 2x)\mathrm{e}^{0x}$，其中 $\lambda \pm \omega i = 0 \pm 2i$，不是特征方程的根，取 $k = 0$．从而可设原方程有特解为

$$y^* = a\cos 2x + b\sin 2x,$$

于是 $y^{*\prime} = -2a\sin 2x + 2b\cos 2x, y^{*\prime\prime} = -4a\cos 2x - 4b\sin 2x$，代入原方程得

$$(2b-a)\cos2x-(b+2a)\sin x=5\sin2x.$$

对比系数解得 $a=-2,b=-1$. 故得特解

$$y^*=-2\cos2x-\sin2x.$$

所以原方程的通解为 $\quad y=Y+y^*=(C_1\cos x+C_2\sin x)\mathrm{e}^{-x}-2\cos2x-\sin2x.$

4. 求方程的通解:

(1) $\dfrac{\mathrm{d}^3y}{\mathrm{d}x^3}=\mathrm{e}^{2x}-\cos x$;

解: 对方程接连积分三次即可得结果:

$$\frac{\mathrm{d}^2y}{\mathrm{d}x^2}=\int(\mathrm{e}^{2x}-\cos x)\mathrm{d}x=\frac{1}{2}\mathrm{e}^{2x}-\sin x+C'_1;$$

$$\frac{\mathrm{d}y}{\mathrm{d}x}=\int\left(\frac{1}{2}\mathrm{e}^{2x}-\sin x+C_1\right)\mathrm{d}x=\frac{1}{4}\mathrm{e}^{2x}+\cos x+C'_1x+C_2;$$

$$y=\int\left(\frac{1}{4}\mathrm{e}^{2x}+\cos x+C_1x\right)\mathrm{d}x=\frac{1}{8}\mathrm{e}^{2x}+\sin x+C_1x^2+C_2x+C_3.$$

(2) $(1+x^2)y''=2xy'.$

解: 令 $p=y'$. 原方程化为 $(1+x^2)p'=2xp$,分离变量解得

$$\int\frac{\mathrm{d}p}{p}=\int\frac{2x}{1+x^2}\mathrm{d}x\Rightarrow\ln p=\ln(1+x^2)+C',$$

即得 $p=C_1(1+x2)$. 将 $p=y'$ 代入得 $y'=C_1(1+x2)$,解得原方程的通解

$$y=C_1\left(x+\frac{1}{3}x^3\right)+C_2.$$

5. 求方程的特解: $yy''-(y')^2=0,y\mid_{x=0}=1,y'\mid_{x=0}=2.$

解: 此方程右端不含自变量 x,令 $y'=p(y)$ 而得式 (*):

$$y''=\frac{\mathrm{d}y'}{\mathrm{d}x}=\frac{\mathrm{d}p(y)}{\mathrm{d}y}\cdot\frac{\mathrm{d}y}{\mathrm{d}x}=\frac{\mathrm{d}p}{\mathrm{d}y}p,$$

代入原方程得

$$y\frac{\mathrm{d}p(y)}{\mathrm{d}y}p(y)-p^2(y)=0\Rightarrow p(y)\left[y\frac{\mathrm{d}p(y)}{\mathrm{d}y}-p(y)\right]=0.$$

由此得到两个方程: $p(y)=0$ 和 $y\dfrac{\mathrm{d}p(y)}{\mathrm{d}y}-p(y)=0.$

令 $x=0$ 得 $y=1,p=y'=2$,所以 $p=0$ 非要的特解. 将上面第二个方程分离变量并解得

$$\frac{\mathrm{d}p(y)}{p(y)}=\frac{\mathrm{d}y}{y}\Rightarrow p(y)=Cy,$$

令 $x=0$ 得 $y=1,p=y'=2$,得 $C=2$,于是方程 $\dfrac{\mathrm{d}y}{\mathrm{d}x}=p=2y$,分离变量并解得

$$\frac{\mathrm{d}y}{y}=2\mathrm{d}x\Rightarrow\ln|y|=2x+C\Rightarrow y=C\mathrm{e}^{2x}.$$

令 $x=0$ 得 $y=1$,故 $C=1$. 所以原方程的特解为 $\quad y=\mathrm{e}^{2x}.$

【习题 9.4】(微分方程在经济学中的应用)(解答)

1. 在理想情形下,人口数以常数比率增长. 若摸底去的人口数在 1990 年为 3000 万,在 2000 年为 3800 万,依此试确定在 2020 年得人口数.

解: 设人口数为 $P(t)$,则根据条件有常数 r 使得

$$\frac{\mathrm{d}P}{\mathrm{d}t} = rP \Rightarrow \int \frac{\mathrm{d}P}{P} = \int r\mathrm{d}t \Rightarrow \ln P = rt + C_1 \Rightarrow P = Ce^{rt}.$$

又设 $t = 0$ 时刻为 1990 年，$P_0 = P(0) = P(t_0) = 3000$ 万，则 $C = 3000$，即 $P(t) = 3000e^{rt}$. 由此得 $3000e^{10r} = P(10) = 3800$（万），即 $e^{10r} = 19/15$. 所以 2020 年得人口数为

$$P(30) = 3000e^{30r} = 3000[e^{10r}]^3 = 3000(19/15)^3 \approx 6096.893 \text{ 万}.$$

2. 设某商品的需求量 Q 对价格 P 的弹性为 $3P^2$，如果该商品的最大需求为 10000 件（即当 $P = 0$ 时，$Q = 10000$），试求

(1) 需求量 Q 与价格 P 的函数关系；   (2) 当价格为 1 时，市场对该商品的需求量.

解： 根据条件有 $\eta = -\frac{P}{Q} \cdot \frac{\mathrm{d}Q}{\mathrm{d}P} = 3P^2$，故

$$\int \frac{\mathrm{d}Q}{Q} = -3\int P\mathrm{d}P \Rightarrow \ln Q = -\frac{3}{2}P^2 + C_1 \Rightarrow Q = Ce^{-\frac{3}{2}P^2}.$$

(1) 令 $P = 0$ 得 $C = Q(0) = 10000$，即有 $Q = 10000e^{-\frac{3}{2}P^2}$.

(2) 当价格为 1 时，市场对该商品的需求量为 $Q = Q(1) = 10000e^{-\frac{3}{2}} \approx 2231$ 件.

3. 某公司年净资产有 $W(t)$（单位：万元），并且资产每年以 5% 的连续复利持续增长，同时该公司每年以 30 万元的金额支付职工工资.

(1) 给出描述净资产 $W(t)$ 满足的微分方程；

(2) 求解微分方程，并设初始净资产为 $W(0) = W_0$.

(3) 讨论 $W_0 = 500$ 万元，600 万元，700 万元三种情况下 $W(t)$ 的变化特点.

解： (1) 根据连续复利持续增长率可得 $\frac{\mathrm{d}W}{\mathrm{d}t} = 0.05W - 30$. 解方程如下：

$$\frac{\mathrm{d}W}{0.05W - 30} = \mathrm{d}t \Rightarrow \int \frac{\mathrm{d}W}{W - 600} = 0.05\mathrm{d}t \Rightarrow \ln(W - 600) = 0.05t + C_1 \Rightarrow$$

$$W(t) = 600 + Ce^{0.05t}.$$

(2) 令 $t = 0$ 得 $C = W_0 - 600$. 最后代入上面方程得

$$W(t) = 600 + (W_0 - 600)e^{0.05t}.$$

(3)① 当 $W_0 = 500$ 百万元时，$W(t) = 600 - 100e^{0.05t}$. 那么 $W'(t) = -5e^{0.05t} < 0$，且

$$W(t) = 600 - 100e^{0.05t} \xlongequal{\text{令}} 0 \Rightarrow e^{0.05t} = 6 \Rightarrow t = 20\ln6 \approx 36.$$

由此得知公司净资单调递减，公司将于第 36 年破产.

② 当 $W_0 = 600$ 百万元时，$W(t) = 600$. 公司收支平衡，净资产保持 600 百万元不变.

③ 当 $W_0 = 700$ 百万元时，$W(t) = 600 + 100e^{0.05t}$. 公司净资产按指数不断增长.

4. 某商品的销售成本 y 和存储费用 x 均是时间 t 的函数. 如果，某商品销售成本对时间 t 的变化率 $\frac{\mathrm{d}y}{\mathrm{d}t}$ 是存储费用 x 的倒数与常数 5 之和，而存储费用对时间 t 的变化率是存储费用的 $-\frac{1}{3}$，且有 $y(0) = 0, x(0) = 10$，求销售成本 y 及存储费用 x 关于时间 t 的函数关系式.

解： 根据条件得 $\frac{\mathrm{d}y}{\mathrm{d}t} = \frac{1}{x} + 5; \frac{\mathrm{d}x}{\mathrm{d}t} = -\frac{1}{3}x$. 解方程如下：

$$\frac{\mathrm{d}x}{\mathrm{d}t} = -\frac{1}{3}x \Rightarrow \int \frac{\mathrm{d}x}{x} = -\frac{1}{3}\int \mathrm{d}t \Rightarrow \ln x = -\frac{1}{3}t + C_1 \Rightarrow x = Ce^{-\frac{1}{3}t}.$$

令 $t = 0$ 得 $C = x(0) = 10$，故 $x = 10e^{-\frac{1}{3}t}$. 于是

$$\frac{dy}{dt} = \frac{1}{10}e^{\frac{1}{3}t} + 5 \Rightarrow y = \int \left(\frac{1}{10}e^{\frac{1}{3}t} + 5\right)dt = \frac{3}{10}e^{\frac{1}{3}t} + 5t + C_1.$$

令 $t = 0$ 得 $C_1 = y(0) - \frac{3}{10} = -\frac{3}{10}$,最后代入上面方程得 $\quad y = \frac{3}{10}e^{\frac{1}{3}t} + 5t - \frac{3}{10}.$

5. 宏观经济研究发现,某地区的国民经济收入 y,国民储蓄 S 和投资 I 是均为时间的函数. 且在任一时刻 t,储蓄额 $S(t)$ 为国民收入 $y(t)$ 的 $\frac{1}{10}$,投资 $I(t)$ 是国民收入增长率 $\frac{dy}{dt}$ 的 $\frac{1}{3}$. 如果 $y(0) = 5$ 亿元,且在 t 时刻的储蓄额全部用于投资,求对应的国民收入函数 $y(t)$.

解:根据条件有 $y(t) = 10S(t)$,$\frac{dy}{dt} = 3I(t)$,$S(t) = I(t)$. 由此得

$$\frac{dy(t)}{dt} = 3S(t) = \frac{3}{10}y(t).$$

解方程如下: $\int \frac{dy}{y} = \int \frac{3}{10}dt \Rightarrow \ln y = \frac{3}{10}t + C_1 \Rightarrow y = Ce^{\frac{3}{10}t}.$

令 $t = 0$ 得 $C = y(0) = 5$,故 $y(t) = 5e^{\frac{3}{10}t}$,$S(t) = I(t) = \frac{1}{10}y(t) = \frac{1}{2}e^{\frac{3}{10}t}.$

6. 某商品的净利润 L 随广告费用 x 而变化,假设它们之间的关系式可用如下方程表示:

$$\frac{dL(x)}{dx} = k - a[L(x) + x],$$

其中 a、$k(\neq 0)$ 为常数,当 $x = 0$ 时,$L = L_0$,求 L 与 x 的函数关系式.

解: 因原方程对应的齐次方程为 $\frac{dL}{dx} = -aL$,则有解

$$\int \frac{dL}{L} = -a\int dx = -ax \Rightarrow \ln L = -ax + C_1 \Rightarrow L = Ce^{-ax}.$$

令 $L(x) = C(x)e^{-ax}$,则 $L'(x) = C'(x)e^{-ax} - aC(x)e^{-ax} = [C'(x) - aC(x)]e^{-ax}$.代入原方程得

$$C'(x) = (-ax + k)e^{ax}.$$

解得 $C(x) = \int(-ax + k)e^{ax}dx = \frac{1}{a}e^{ax}(-ax + k + 1) + C$.将上式代入方程(∗)得

$$L(x) = \frac{1}{a}(-ax + k + 1) + Ce^{-ax} \qquad (\ast)$$

令 $x = 0$ 得 $L = L_0$,故 $C = L_0 - \frac{1}{a}(k + 1)$.代入式(∗)得

$$L(x) = \frac{1}{a}[(-ax + k + 1) + (aL_0 - k - 1)e^{-ax}].$$

Ⅱ. 第九章自测题及其解答

自测题九

1. 验证函数 $y = C_1 e^x + C_2 e^{2x}$(C_1、C_2 为任意常数)为二阶微分方程

$$y'' - 3y' + 2y = 0$$

的通解,并求该方程满足初始条件 $y(0) = 0$,$y'(0) = 1$ 的特解.

2. 求方程 $\frac{dy}{dx} + xy = 0$ 的通解.

3.求微分方程 $2xy\mathrm{d}x + (x^2 - y^2)\mathrm{d}y = 0$ 的通解.

4.解初值问题 $\begin{cases} xy\mathrm{d}x + (x^2 + 1)\mathrm{d}y = 0 \\ y(0) = 1 \end{cases}$

5.求方程的通解和特解：$\dfrac{\mathrm{d}y}{\mathrm{d}x} - \dfrac{2y}{x + 1} = (x + 1)^{\frac{5}{2}}$，$y(0) = 0$.

6.求微分方程 $x\dfrac{\mathrm{d}y}{\mathrm{d}x} - y = 2\sqrt{xy}$ 满足初始条件 $y\big|_{x=1} = 0$ 的特解.

7.求方程的通解：$xy'' + y' = 0$.

8.求方程 $y'' + 2y' + 3y = 0$ 满足初始条件 $y(0) = 1$，$y'(0) = 1$ 的特解.

9.求方程 $y'' + y' = x^3 - x + 1$ 的一个特解.

10.求方程 $y'' + y = \sin x$ 的通解.

11.求方程 $y'' - 2y' - 3y = 3x + 1$ 的通解.

自测题九参考答案

1. **解：** 显然 $y = C_1\mathrm{e}^x + C_2\mathrm{e}^{2x}$，$y' = C_1\mathrm{e}^x + 2C_2\mathrm{e}^{2x}$，$y'' = C_1\mathrm{e}^x + 4C_2\mathrm{e}^{2x}$. 将它们代入方程（＊）：$y'' - 3y' + 2y = 0$ 的左端，得

方程（＊）左边 $= C_1\mathrm{e}^x + 4C_2\mathrm{e}^{2x} - 3(C_1\mathrm{e}^x + 2C_2\mathrm{e}^{2x}) + 2(C_1\mathrm{e}^x + C_2\mathrm{e}^{2x})$

$\qquad = (C_1 - 3C_1 + 2C_1)\mathrm{e}^x + (4C_2 - 6C_2 + 2C_2)\mathrm{e}^{2x} = 0 = $ 方程（＊）右边.

故函数 $y = C_1\mathrm{e}^x + C_2\mathrm{e}^{2x}$ 是所给二阶微分方程的解. 又因为这个解中有两个独立的任意常数，与微分方程的阶数相同，所以它是所给微分方程的通解.

由初始条件 $y(0) = 0$ 代入 $y = C_1\mathrm{e}^x + C_2\mathrm{e}^{2x}$，得 $C_1 + C_2 = 0$；由初始条件 $y'(0) = 1$ 代入 $y' = C_1\mathrm{e}^x + 2C_2\mathrm{e}^{2x}$，得 $C_1 + 2C_2 = 1$. 由此解得 $C_1 = -1$、$C_2 = 1$. 于是所求特解为

$$y = -\mathrm{e}^x + \mathrm{e}^{2x}$$

2. **解：** 方程变形为 $\dfrac{\mathrm{d}y}{\mathrm{d}x} = -xy$ 分离变量得 $\dfrac{\mathrm{d}y}{y} = -x\mathrm{d}x$ 两边积分得

$$\int \dfrac{\mathrm{d}y}{y} = -\int x\mathrm{d}x \Rightarrow \ln|y| = -\dfrac{1}{2}x^2 + C_1,$$

所以 $|y| = \mathrm{e}^{C_1}\mathrm{e}^{-\frac{1}{2}x^2}$，（记 $C = \pm \mathrm{e}^{C_1}$）即得原方程通解：（含分离变量时丢失的解 $y = 0$）

$$y = C\mathrm{e}^{-\frac{1}{2}x^2} \qquad (C \text{ 为任意常数}).$$

3. **解：** 设 $P = 2xy$，$Q = x^2 - y^2$. 因 $\dfrac{\partial P}{\partial y} = 2x = \dfrac{\partial Q}{\partial x}$，故原方程为全微分方程，得

$$\int_0^x P(x,y)\mathrm{d}x - \int_0^y Q(0,y)\mathrm{d}y = \int_0^x 2xy\mathrm{d}x - \int_0^y y^2\mathrm{d}y = C,$$

最后得通解 $\quad x^2 y - \dfrac{1}{3}y^3 = C \quad (C \text{ 为任意常数}).$

4. **解：** 分离变量得 $\dfrac{\mathrm{d}y}{y} = -\dfrac{x}{1 + x^2}\mathrm{d}x$，两边积分 $\int \dfrac{\mathrm{d}y}{y} = -\int \dfrac{x}{1 + x^2}\mathrm{d}x$ 得所给方程的通解为

$$\ln|y| = \ln \dfrac{1}{\sqrt{x^2 + 1}} + \ln|C| \Rightarrow y\sqrt{x^2 + 1} = C \quad (C \text{ 为任意常数}).$$

由初始条件 $y(0) = 1$ 得 $C = 1$，故所求特解为 $\quad y\sqrt{x^2 + 1} = 1.$

5. 解： 先解对应的齐次方程 $\dfrac{\mathrm{d}y}{\mathrm{d}x} - \dfrac{2y}{x+1} = 0$，即 $\dfrac{\mathrm{d}y}{y} = \dfrac{2\mathrm{d}x}{x+1}$，积分得

$$\ln|y| = 2\ln|x+1| + \ln|C|，即 \ y = C(x+1)^2.$$

用常数变易法求特解. 令 $y = C(x)(x+1)^2$，则

$$y' = C'(x)(x+1)^2 + 2C(x)(x+1),$$

代入非齐次方程得 $C'(x) = (x+1)^{\frac{1}{2}}$，得 $C(x) = \dfrac{2}{3}(x+1)^{\frac{3}{2}} + C$，故原方程通解为

$$y = (x+1)^2 \left[\dfrac{2}{3}(x+1)^{\frac{3}{2}} + C \right] \quad (C \text{ 为任意常数}).$$

将 $x = 0$、$y = 0$ 代入得 $C = -2/3$，故所求特解为

$$y = (x+1)^2 \left[\dfrac{2}{3}(x+1)^{\frac{3}{2}} - \dfrac{2}{3} \right].$$

6. 解： 将方程两边同除以 x，得

$$\dfrac{\mathrm{d}y}{\mathrm{d}x} - \dfrac{y}{x} = 2\sqrt{\dfrac{y}{x}}.$$

令 $u = \dfrac{y}{x}$，则 $\dfrac{\mathrm{d}y}{\mathrm{d}x} = x\dfrac{\mathrm{d}u}{\mathrm{d}x} + u$. 代入上式，得

$$x\dfrac{\mathrm{d}u}{\mathrm{d}x} = 2\sqrt{u}.$$

若 $u \neq 0$，分离变量，便有 $\dfrac{\mathrm{d}u}{2\sqrt{u}} = \dfrac{\mathrm{d}x}{x}$，两边积分得 $\sqrt{u} = \ln|x| + C_1$，即

$$\mathrm{e}^{\sqrt{u}} = Cx \qquad (C = \pm\,\mathrm{e}^{-C_1}).$$

将 $u = \dfrac{y}{x}$ 代回，得通解 $\mathrm{e}^{\sqrt{\frac{y}{x}}} = Cx$. 代入初始条件 $y\big|_{x=1} = 0$，得 $C = 1$，所求特解为

$$\mathrm{e}^{\sqrt{\frac{y}{x}}} = x.$$

7. 解： 令 $y' = p(x)$，而得 $y'' = p'(x)$，再将二者代入原方程而将其化为一阶方程：

$$\dfrac{\mathrm{d}p}{\mathrm{d}x} = p' = -\dfrac{p}{x} \Rightarrow \int \dfrac{1}{p}\mathrm{d}p = -\int \dfrac{1}{x}\mathrm{d}x\,p = \dfrac{C_1}{x}.$$

即得 $\dfrac{\mathrm{d}y}{\mathrm{d}x} = \dfrac{C_1}{x}$，容易解得原方程的通解为

$$y = C_1\ln|x| + C_2.$$

8. 解： $y'' + 2y' + 3y = 0$ 的特征方程为 $r^2 + 2r + 3 = 0$，特征根为

$$r_1 = -1 + \mathrm{i}\sqrt{2}, \quad r_2 = -1 - \mathrm{i}\sqrt{2}.$$

所以，所给微分方程的通解为 $y = \mathrm{e}^{-x}(C_1\cos\sqrt{2}\,x + C_2\sin\sqrt{2}\,x)$. 则

$$y' = (\mathrm{e}^{-x}\cos\sqrt{2}\,x)' + C_2(\mathrm{e}^{-x}\sin\sqrt{2}\,x)'$$

$$= -\mathrm{e}^{-x}(\cos\sqrt{2}\,x + \sqrt{2}\sin\sqrt{2}\,x) + C_2\mathrm{e}^{-x}(-\sin\sqrt{2}\,x + \sqrt{2}\cos\sqrt{2}\,x).$$

由初始条件 $y(0) = 1$，得 $C_1 = 1$；由 $y'(0) = 1$ 得 $1 = -1 + \sqrt{2}C_2$，

从而得 $C_2 = \sqrt{2}$. 于是所求特解为 $y = \mathrm{e}^{-x}(\cos\sqrt{2}\,x + \sqrt{2}\sin\sqrt{2}\,x)$.

9. 解： 原方程的特征方程 $r2 + r = 0$，特征根为 $r_1 = -1, r_2 = 0$；因为方程的自由项

$$f(x) = \mathrm{e}^{0x}(x^3 - x + 1),$$

$\lambda = 0$ 是特征根（取 $k = 1$），所以可设方程的特解为

$$y^* = x(Ax^3 + Bx^2 + Cx + D),$$

$^{*\prime} = 4Ax^3 + 3Bx^2 + 2Cx + D, \quad y^{*\prime\prime} = 12Ax^2 + 6Bx + 2C.$ 将它们代入原方程后,有
$$4Ax^3 + (12A + 3B)x^2 + (6B + 2C)x + (2C + D) = x^3 - x + 1.$$

,较两端 x 同次幂的系数:$\begin{cases} 4A = 1, \\ 12A + 3B = 0, \\ 6B + 2C = -1, \\ 2C + D = 1. \end{cases}$ 解得 $A = \dfrac{1}{4}, B = -1, C = \dfrac{5}{2}, D = -4.$

故所求特解为　$y^* = x\left(\dfrac{1}{4}x^3 - x^2 + \dfrac{5}{2}x - 4\right) = \dfrac{1}{4}x^4 - x^3 + \dfrac{5}{2}x^2 - 4x.$

10. 解:　原方程的特征方程为 $r^2 + 1 = 0$,特征根为 $r_{1,2} = \pm i$;因为方程的自由项
$$f(x) = \sin x = e^{ax}(0\cos\omega x + \sin\omega x),$$
其中 $a = 0, \omega = 1$;即得 $a + \omega i = i$ 是特征方程的根,取 $k = 1$. 所以可设特解为
$$y^* = x(C\cos x + D\sin x).$$
则 $y^{*\prime} = C\cos x + D\sin x + x(D\cos x - C\sin x), y^{*\prime\prime} = 2D\cos x - 2C\sin x - x(C\cos x + D\sin x).$
将它们代入原方程得 $-2C\sin x + 2D\cos x = \sin x$. 比较两端 $\sin x$ 与 $\cos x$ 的系数,得 $C = -\dfrac{1}{2}$,

$D = 0$. 故原方程的特解为　$y^* = -\dfrac{1}{2}x\cos x.$

而对应齐次方程 $y'' + y = 0$ 的通解为　$Y = C_1\cos x + C_2\sin x.$　故原方程的通解为
$$y = y^* + Y = -\dfrac{1}{2}x\cos x + C_1\cos x + C_2\sin x.$$

11. 解:　特征方程为 $r^2 - 2r - 3 = 0$,根为 $r_1 = -1, r_2 = 3$. 齐次方程方程通解为
$$Y = C_1 e^{-x} + C_2 e^{3x}.$$
因原方程自由项 $f(x) = (3x + 1)e^{0x}, \lambda = 0$ 不是特征根,取 $k = 0$. 故可设所求特解为
$$y_p = Ax + B \Rightarrow y'_p = A, \quad y''_p = 0,$$
将它们代入原方程得:$-3Ax - 3B - 2A = 3x + 1$,比较系数得 $\begin{cases} -3A = 3; \\ -2A - 3B = 1. \end{cases}$ 由此解得

$A = -1, B = \dfrac{1}{3}$. 于是所求特解为　$y_P = -x + \dfrac{1}{3}.$

从而原方程的通解为　$y = Y + y_P = C_1 e^{-x} + C_2 e^{3x} - x + \dfrac{1}{3}.$

Ⅲ.　第九章杂难题与综合例题

这里的部分例题注有"简Ⅰ—Ⅴ型"者对应着第一篇第九章第二(三)节——二阶微分方程按自由项细分几个简化类的求特解的方法.

【例1】（简Ⅰ型）求方程 $y'' - y' - 6y = x$ 的一个特解.

解:　本题自由项视为 $f(x) = xe^{0x}, \lambda = 0, P_1(x) = x$;特征方程为
$$r^2 - r - 6 = 0,$$

其根为 $r_1 = -2, r_2 = 3$. 因特征根 $r_{1,2} \neq 0$, 取 $k = 0$, 故可设所求特解为

$$y^* = Ax + B,$$

于是 $(y^*)' = A$, $(y^*)'' = 0$; 代入原方程得:

$$（左边 = (y^*)'' - (y^*)' - 6y^* =）\quad -6Ax - A - 6B = x \quad（= 右边）,$$

比较系数, 得 $\begin{cases} -6A = 1 \\ -A - 6B = 0 \end{cases} \Longrightarrow A = -\dfrac{1}{6}, B = \dfrac{1}{36}$, 于是所求特解为 $y^* = -\dfrac{1}{6}x + \dfrac{1}{36}$.

又原方程的齐次方程的通解为 $Y = C_1 \mathrm{e}^{-2x} + C_2 \mathrm{e}^{3x}$, 最后得原方程通解为

$$y = y^* + Y = -\frac{1}{6}x + \frac{1}{36} + C_1 \mathrm{e}^{-2x} + C_2 \mathrm{e}^{3x} \quad（C_1、C_2 为任意常数）.$$

【例 2】 （简 II 型）求微分方程 $y'' - 4y' + 4y = 6\mathrm{e}^{2x}$ 的通解.

解: 特征方程 $r^2 - 4r + 4 = 0$ 的根为 $r_{1,2} = 2$. 其对应齐次方程 $y'' - 4y' + 4y = 0$ 的通解为

$$Y = (C_1 + C_2 x)\mathrm{e}^{2x} \quad（C_1、C_2 为任意常数.）$$

由原方程的自由项得 $\lambda = 2$, 是特征方程的重根, 取 $k = 2$. 从而特解可设为 (A 为待定系数)

$$y^* = Ax^2 \mathrm{e}^{2x}.$$

得 $(y^*)' = 2Ax^2 \mathrm{e}^{2x} + 2Ax\mathrm{e}^{\lambda x}$; $(y^*)'' = 4Ax^2 \mathrm{e}^{2x} + 8Ax\mathrm{e}^{2x} + 2A\mathrm{e}^{2x}$; 代入原方程得:

$$（左边 = (y^*)'' - 4(y^*)' + 4y^* =）\quad 2A\mathrm{e}^{2x} = 6\mathrm{e}^{2x} \quad（= 右边）\Rightarrow A = 3.$$

于是原方程有特解 $y^* = 3x^2 \mathrm{e}^{2x}$. 故原方程通解为:

$$y = y^* + Y = 3x^2 \mathrm{e}^{2x} + (C_1 + C_2 x)\mathrm{e}^{2x} = (C_1 + C_2 x + 3x^2)\mathrm{e}^{2x} \quad（C_1、C_2 为任意常数）.$$

【例 3】 （简 III 型）求微分方程 $y'' + 9y = 2\cos 2x$ 的通解.

解: 特征方程 $r^2 + 9 = 0$ 的特征根为 $r_{1,2} = \pm 3i$. 其对应的齐次方程 $y'' - 9y = 0$ 的通解为

$$Y = C_1 \cos 3x + C_2 \sin 3x \quad（C_1、C_2 为任意常数.）$$

由原方程的自由项得 $\omega = 2$, 显然 $\pm \omega i = \pm 2i$ 不是特征方程的根, 取 $k = 0$. 从而特解可设为

$$y^* = a\cos 2x \quad（a 为待定系数）.$$

于是 $(y^*)' = -2a\sin 2x$; $(y^*)'' = -4a\cos 2x$. 代入原方程得:

$$（左边 = (y^*)'' + 9y^* =）\quad 5a\cos 2x = 2\cos 2x \quad（= 右边）,$$

比较系数得 $a = \dfrac{2}{5}$. 于是原方程有特解 $y^* = \dfrac{2}{5}\cos 2x$. 故原方程通解为:

$$y = y^* + Y = \frac{2}{5}\cos 2x + C_1 \cos 3x + C_2 \sin 3x \quad (C_1、C_2 为任意常数).$$

【例 4】*（简 V） 求微分方程 $y'' - 2y = \mathrm{e}^x \cos x$ 的通解.

解: 因方程自由项为 $\mathrm{e}^{(1+i)x}$ 的实部, 故先解辅助方程:

$$y'' - 2y = \mathrm{e}^{(1+i)x}, \tag{$*$}$$

其特征方程 $r^2 - 2 = 0$ 的根为 $r = \pm \sqrt{2}$, 所以 $\lambda = 1 + i$ 不是特征方程的根, 因此可设辅助方程 ($*$) 的一个特解为

$$y = A\mathrm{e}^{(1+i)x},$$

则 $y' = A(1+i)\mathrm{e}^{(1+i)x}$, $y'' = A(1+i)^2 \mathrm{e}^{(1+i)x}$. 将它们代入方程 ($*$) 得

$$[(1+i)^2 - 2]A = 1,$$

解得 $A = \dfrac{1}{2i - 2} = -\dfrac{1+i}{4}$ 或 $(1+i)A = -4$. 所以方程 ($*$) 有特解

$$y^* = -\frac{1+\mathrm{i}}{4}\mathrm{e}^{(1+\mathrm{i})x} = -\frac{1}{4}\mathrm{e}^x(\cos x + \mathrm{i}\sin x) - \frac{1}{4}\mathrm{e}^x(\mathrm{i}\cos x - \sin x).$$

因此，它的实部 $y_1 = -\frac{1}{4}\mathrm{e}^x(\cos x - \sin x)$ 就是所给原方程的一个特解.

【注】　（i）本例视为第一篇第九章第（三）3 节的例 H 的另解.

（ii）y^* 的虚部 $y_2 = -\frac{1}{4}\mathrm{e}^x(\cos x + \sin x)$ 是方程 $y'' - 2y = \mathrm{e}^x\sin x$ 的一个特解.

【例5】　求微分方程 $y'' - 2y' + 5y = \mathrm{e}^x\sin x$ 的通解.

解：　特征方程 $r^2 - 2r + 5 = 0$ 的特征根为 $r_{1,2} = 1\pm 2\mathrm{i}$. 那么所对应的齐次方程的通解为
$$Y = \mathrm{e}^x(C_1\cos 2x + C_2\sin 2x).$$

又因 $f(x) = \mathrm{e}^x\sin x = \mathrm{e}^x(0\cos x + \sin x)$，其中 $\lambda = 1, \omega = 1$，故 $\lambda \pm \omega\mathrm{i} = 1\pm\mathrm{i}$ 非特征方程的根，取 $k=0$. 从而原方程有特解（其中 $a、b$ 为待定系数）
$$y^* = \mathrm{e}^x(a\cos x + b\sin x),$$
$$\left(\begin{matrix}(y^*)' = y^* + \mathrm{e}^x(-a\sin x + b\cos x);\\ (y^*)'' = (y^*)' + \mathrm{e}^x(-a\sin x + b\cos x) - y^*;\end{matrix}\right)$$

代入原方程左边 $= (y^*)'' - 2(y^*)' + 5y^* = -(y^*)' + \mathrm{e}^{-x}(-a\sin x + b\cos x) + 4y^* = 3y^*$，
故
$$3a\cos x + 3b\sin x = \sin x,$$

比较系数得 $a=0, b=\frac{1}{3}$. 于是原方程有特解 $y^* = \frac{1}{3}\mathrm{e}^x\sin x$. 故原方程通解为
$$y = Y + y^* = \mathrm{e}^x(C_1\cos 2x + C_2\sin 2x) + \frac{1}{3}\mathrm{e}^x\sin x \quad (C_1、C_2 \text{ 为任意常数}).$$

【例6】　求微分方程 $y'' + 4y = \mathrm{e}^x + \cos 2x$ 的通解.

解：　特征方程 $r^2 + 4 = 0$ 其根为 $r_{1,2} = \pm 2\mathrm{i}$. 其对应齐次方程 $y'' + 4y = 0$ 的通解为
$$Y = C_1\cos 2x + C_2\sin 2x \quad (C_1、C_2 \text{ 为任意常数.})$$

对应于原方程有如下两个方程，下面先求这两个方程的特解：
$$y'' + 4y = \mathrm{e}^x \tag{a}$$
$$y'' + 4y = \cos 2x \tag{b}$$

（i）方程（a）的右边 $= \mathrm{e}^x = \mathrm{e}^x(\cos 0x + \sin 0x)$，其中 $\lambda = 1, \omega = 0$，故 $\lambda \pm \omega\mathrm{i} = 1$ 非特征方程的根，取 $k=0$. 从而有特解形如
$$y_1^* = Ax^k\mathrm{e}^x = A\mathrm{e}^x.$$

代入方程（a）得 $5A\mathrm{e}^x = \mathrm{e}^x$，解得 $A = \frac{1}{5}$. 于是应方程（a）有特解
$$y_1^* = \frac{1}{5}\mathrm{e}^x.$$

（ii）方程（b）的右边 $= \cos 2x = \mathrm{e}^0(\cos 2x + 0\sin 2x)$，其中 $\lambda = 0, \omega = 2$，故 $\lambda \pm \omega\mathrm{i} = \pm 2\mathrm{i}$ 是特征方程的根，取 $k=1$. 从而特解可设为
$$y_2^* = x^k(a\cos 2x + b\sin 2x) = x(a\cos 2x + b\sin 2x) \quad (a、b \text{ 为待定系数}).$$
$$\left(\begin{matrix}(y_2^*)' = (a\cos 2x + b\sin 2x) + 2x(-a\sin 2x + b\cos 2x);\\ (y_2^*)'' = 4(-a\sin 2x + b\cos 2x) - 4y_2^*;\\ (\text{代入}) \text{ 原方程左边} = (y_2^*)'' + 4y_2^* = 4(-a\sin 2x + b\cos 2x),\end{matrix}\right)$$

代入方程（b）得 $4(-a\sin 2x + b\cos 2x) = \cos 2x$，比较系数得 $a=0, b=\frac{1}{4}$. 故方程（b）有特解

$$y_2^* = \frac{1}{4}x\sin 2x.$$

故原方程通解为(C_1、C_2 为任意常数)

$$y = Y + y_1^* + y_2^* = C_1\cos 2x + C_2\sin 2x + \frac{1}{5}\mathrm{e}^x + \frac{1}{4}x\sin 2x.$$

【注】 方程(b)的特解不能设为 $y_2^* = ax^k\cos 2x$.

【特例 1】* 设有微分方程 $y'' + qy = f(x)$,实常数 ω,且 $\pm\omega\mathrm{i}$ 不是方程的特征根,那么

(i) 若 $f(x) = A\cos\omega x (\not\equiv 0)$,则可设原方程的特解为

$$y^* = a\cos\omega x \quad (\text{其中 } a \text{ 为待定常数});$$

(ii) 若 $f(x) = B\sin\omega x (\not\equiv 0)$,则可分别设原方程的特解为

$$y^* = b\sin\omega x \quad (\text{其中 } b \text{ 为待定常数}),$$

即(i)、(ii)中分别所设特解与设 $y^* = a\cos\omega x + b\sin\omega x$ 是等效的,其中 a、b 为待定常数.

证： 因 $\pm\omega\mathrm{i}$ 不是特征方程的根,根据第一(三)2.(2)② 节取 $k=0$,故可设特解为

$$y^* = a\cos\omega x + b\sin\omega x \quad (\text{其中 } a\text{、}b \text{ 为待定常数}). \quad (*)$$

于是 $(y^*)' = -a\omega\sin\omega x + b\omega\cos\omega x$; $(y^*)'' = -a\omega^2\cos\omega x - b\omega^2\sin\omega x$. 将它们代入原方程的左边得：

$$(y^*)'' + qy^* = a(q-\omega^2)\cos\omega x + b(q-\omega^2)\sin\omega x. \quad (**)$$

(i) 若自由项为 $f(x) = A\cos\omega x$,与(y^* 代入原方程左边所得) 式 $(**)$ 建立方程为

$$a(q-\omega^2)\cos\omega x + b(q-\omega^2)\sin\omega x = A\cos\omega x,$$

对比系数得 $a = \dfrac{A}{q-\omega^2}$, $b = 0$, 此时特解为 $y^* = \dfrac{A}{q-\omega^2}\cos\omega x$. 于是可将特解改设为 $y^* = a\cos\omega x$, 它与原设 $(*)$ 是等效的.

(ii) 若自由项为 $f(x) = B\sin\omega x$,同理将它与(y^* 代入原方程左边所得) 式 $(**)$ 建立方程可解得 $a = 0$. 于是可改设原方程特解为 $y^* = b\sin\omega x$, 它与原设 $(*)$ 是等效的. 此时特解为

$$y^* = \frac{B}{q-\omega^2}\sin\omega x.$$

【注】 本例主要目的不是获得特解之结论,而是为了提供一类易于求解的微分方程,所以将此归纳表格化后作为第一篇第九章中的"简化类型 III".

【特例 2】* 设有微分方程 $y'' + py' + qy = \mathrm{e}^{\lambda x}(A\cos\omega x + B\sin\omega x)$,其中 p、q、λ、ω 为实常数,且 $\lambda\pm\omega\mathrm{i}$ 是方程的特征根. 如果设待求特解为

$$y_0^* = x\mathrm{e}^{\lambda x}(a\cos\omega x + b\sin\omega x) \quad (\text{其中 } a\text{、}b \text{ 为待定常数}), \quad (*)$$

那么

(i) 若 $A = 0$,则改设待求特解为 $y_1^* = ax\mathrm{e}^{\lambda x}\cos\omega x$ 与原设 $(*)$ 是等效的,此时 $b = 0$.

(ii) 若 $B = 0$,则改设待求特解为 $y_2^* = bx\mathrm{e}^{\lambda x}\sin\omega x$ 与原设 $(*)$ 是等效的,此时 $b = 0$.

证： (1)先证明：

[引理] 设 p、q、λ、ω 为非 0 实常数. 如果 $\lambda\pm\omega\mathrm{i}$ 是方程 $r^2 + pr + q = 0$ 的根,那么

(a) 若设函数 $y_0^* = x\mathrm{e}^{\lambda x}(a\cos\omega x + b\sin\omega x)$,其中 a、b 为实常数,则

$$(y_0^*)'' + p(y_0^*)' + qy_0^* = 2\omega\mathrm{e}^{\lambda x}(-a\sin\omega x + b\cos\omega x).$$

(b) 若设函数 $y_1^* = ax\mathrm{e}^{\lambda x}\cos\omega x$,其中 a 为实常数,则

$$(y_1^*)'' + p(y_1^*)' + qy_1^* = 2\omega\mathrm{e}^{\lambda x}(-a\sin\omega x).$$

(c) 若设函数 $y_2^* = bx\mathrm{e}^{\lambda x}\sin\omega x$,其中 b 为实常数,则

$$(y_2{}^*)'' + p(y_2{}^*)' + qy_2{}^* = 2\omega e^{\lambda x} b\cos\omega x.$$

事实上,由条件易得 $\lambda = -\dfrac{p}{2}$, $\omega = \dfrac{\sqrt{4q-p^2}}{2}$ 及 $p\lambda + q + \lambda^2 - \omega^2 = 0$. 　　　($*\,*$)

记 $R_1(x) = a\cos\omega x$, $R_2(x) = b\sin\omega x$, $R_0(x) = R_1(x) + R_2(x)$. 则

$$R_1{}'(x) = -a\omega\sin\omega x, R_2{}'(x) = b\omega\cos\omega x, R_0{}'(x) = -a\omega\sin\omega x + b\omega\cos\omega x.$$

$$R_1{}''(x) = -\omega^2 R_1(x), R_2(x) = -\omega^2 R_2(x), R_0(x) = -\omega^2 R_0(x).$$

$$(y_j{}^*)' = \lambda y^* + e^{\lambda x} R_j(x) + x e^{\lambda x} R_j{}'(x)\,(j = 0,1,2),$$

$$(y_j{}^*)'' = (\lambda^2 - \omega^2)y^* + 2\lambda e^{\lambda x} R_j(x) + 2(\lambda x + 1)e^{\lambda x} R_j{}'(x)\,(j = 0,1,2).$$

由式($*\,*$)得 $(y_j{}^*)'' + p(y_j{}^*)' + qy_j{}^* = 2e^{\lambda x} R_j{}'(x) = \begin{cases} 2\omega e^{\lambda x}(-a\sin\omega x + b\cos\omega x), j = 0; \\ 2\omega e^{\lambda x}(-a\sin\omega x), j = 1; \\ 2\omega e^{\lambda x}(b\cos\omega x), j = 2. \end{cases}$ （引理证毕）

(2) 现在证明[特例 2].

注意到,根据条件 $A = 0$ 和引理的结论(b)立可推得:改设待求特解为 $y_1{}^* = ax e^{\lambda x}\cos\omega x$ 与原设($*$)是等效的;

根据条件 $B = 0$ 和引理的结论(c)立可推得:改设待求特解为 $y_2{}^* = bx e^{\lambda x}\sin\omega x$ 与原设($*$)是等效的.

最后根据引理,将待求特解 $y_0{}^*$ 代入微分方程得

$$2\omega e^{\lambda x}(-a\sin\omega x + b\cos\omega x) = e^{\lambda x}(A\cos\omega x + B\sin\omega x).$$

分别取 $x = 0$ 和 $x = \dfrac{\pi}{2}$ 即得结论:

(i) 若 $A = 0$,则 $a = -\dfrac{B}{2\omega}$, $b = 0$;

(ii) 若 $B = 0$,则 $a = 0$, $b = \dfrac{A}{2\omega}$. 　　　（证毕）

【注】　(i) 本例主要目的不是获得特解之结论,与简化类型 III 一样,而是为了提供一类易于求解的微分方程,所以将此归纳表格化后作为第一篇第九章中的"简化类型 IV".

(ii)[例 6]的方程(b)满足[特例 2]的条件,故可设其特解为 $y_2{}^* = bx\sin 2x$,计算可简化,解得 $b = \dfrac{1}{4}$,即 $y_2{}^* = \dfrac{1}{4}x\sin 2x$.

二、阶段试题、知识竞赛试题及其解答

(一) 阶段试题及其解答

Ⅰ.《微积分》(第一、二章) 阶段试卷及其解答

1.《微积分》(第一、二章) 阶段试卷 1 及其解答

《微积分》(第一、二章) 阶段试卷 1

一、填空(每小题 4 分,共 20 分)

1. 函数 $f(x) = \arccos(x - 1) + \dfrac{1}{\sqrt{1 - x^2}}$ 的定义域(用区间表示) 是 _____.

2. 设数列 x_n 单调下降,若有界则必 _____;若无界则必 _____.

3. $\lim\limits_{n \to \infty} \left(\dfrac{1}{2 \cdot 5} + \dfrac{1}{5 \cdot 8} + \cdots + \dfrac{1}{(3n-1)(3n+2)} \right) = $ _____.

4. 若 $y = f(x)$ 在点 x_0 连续,则 $\lim\limits_{x \to x_0} [f(x) - f(x_0)] = $ _____.

5. 设 $y = e^x + \ln x + 5$,则 $\mathrm{d}y = $ _____.

二、单项选择(每小题 5 分,共 25 分)

1. 下列极限不为 0 的是(   ).

A. $\lim\limits_{x \to 0} x \sin \dfrac{1}{x}$;

B. $\lim\limits_{x \to \infty} \dfrac{\sin x}{x}$;

C. $\lim\limits_{x \to 0} x \sin x$;

D. $\lim\limits_{x \to \infty} x \sin \dfrac{1}{x}$.

2. 若 $x \to 0$ 时,$\sqrt{1 + x^2} - 1$ 与 ax^2 是等价无穷小量,则 $a = $(   ).

A. -1;

B. 1;

C. $-\dfrac{1}{2}$;

D. $\dfrac{1}{2}$.

3. 设函数 $f(x)$ 在点 $x = 2$ 可导,以下等式不成立的是(   ).

A. $\lim\limits_{x \to 2^+} \dfrac{f(x) - f(2)}{x - 2} = f'(2)$;

B. $\lim\limits_{\Delta x \to 0^-} \dfrac{f(2 + \Delta x) - f(2)}{\Delta x} = f'(2)$;

C. $\lim\limits_{\Delta x \to 0} \dfrac{f(2 - \Delta x) - f(2)}{\Delta x} = f'(2)$;

D. $\lim\limits_{\Delta x \to 0^-} \dfrac{f(2) - f(2 - \Delta x)}{\Delta x} = f'(2)$.

4. 设 $f(x) = \begin{cases} (x + 1) \sin \dfrac{1}{x + 1}, & x \neq -1 \\ 0, & x = -1 \end{cases}$ 在点 $x = -1$ 是(   ).

A. 连续可导;

B. 连续不可导;

C. 不连续可导；

D. 不连续不可导.

5. 函数 $y = \dfrac{|x-1|}{x-1}$ 在点 $x = 1$ 是（　　）.

A. 连续点；

B. 可去间断点；

C. 跳跃间断点；

D. 第二类间断点.

三、求极限（每小题 7 分，共 21 分）

1. $\lim\limits_{n \to \infty} \left(\dfrac{1}{n^2 + 2} + \dfrac{2}{n^2 + 4} + \cdots + \dfrac{n}{n^2 + 2n} \right)$.

2. $\lim\limits_{x \to -1} \dfrac{\sqrt{3+x} - \sqrt{1-x}}{x^2 - 1}$.

3. $\lim\limits_{x \to 0} (1 + x^2)^{\frac{1}{\tan^2 x}}$.

四、求微分与导数（每小题 7 分，14 分）

1. 求星形线 $\begin{cases} x = \cos^3 t \\ x = \sin^3 t \end{cases}$ 的导数 $\dfrac{\mathrm{d}y}{\mathrm{d}x}$，以此求 $\dfrac{\mathrm{d}y}{\mathrm{d}x}\bigg|_{t = \frac{3\pi}{4}}$.

2. 方程 $\mathrm{e}^{xy} + y^2 = \cos x$ 确定了一个隐函数 $y = f(x)$，求 $\dfrac{\mathrm{d}y}{\mathrm{d}x}$.

五、解答题（每小题 10 分，共 20 分）

1. 设函数 $f(x)$ 在 $x = 1$ 处连续. 已知 $\lim\limits_{x \to 1} \dfrac{f(x) - a}{x - 1} = -1 (a > 0)$，求 $f'(1)$.

2. 求曲线 $y^2 = 4x$ 与曲线 $xy = 2$ 在交点处两切线方程和它们的交角.

《微积分》（第一、二章）阶段试卷 1（参考答案）

一、填空（每小题 4 分，共 20 分）

1. **解**：令 $|x-1| \leqslant 1$ 且 $1 - x^2 > 0$ 得函数的定义域为　$[0,1)$　.

2. 设数列 x_n 单调下降，若有界则必　收敛　；若无界则必　发散　.

3. **解**：原式 $= \lim\limits_{n \to \infty} \dfrac{1}{3} \left(\dfrac{1}{2} - \dfrac{1}{5} + \cdots + \dfrac{1}{3n-1} - \dfrac{1}{n+2} \right) = \lim\limits_{n \to \infty} \dfrac{1}{3} \left(\dfrac{1}{2} - \dfrac{1}{n+2} \right) = \dfrac{1}{6}$.

4. 若 $f(x)$ 在点 x_0 连续，则 $\lim\limits_{x \to x_0} [f(x) - f(x_0)] = \lim\limits_{x \to x_0} f(x) - f(x_0) = f(x_0) - f(x_0) = \underline{0}$.

5. 设 $y = \mathrm{e}^x + \ln x + 5$，则 $\mathrm{d}y = \mathrm{d}(\mathrm{e}^x + \mathrm{d}(\ln x + 5)) = \mathrm{d}\mathrm{e}^x \mathrm{d}x + \dfrac{1}{x} \mathrm{d}x = \underline{(\mathrm{e}^x + \dfrac{1}{x}) \mathrm{d}x}$.

二、单项选择（每小题 5 分，共 25 分）

1. 下列极限不为 0 的是（　D　）：$\lim\limits_{x \to \infty} x \sin \dfrac{1}{x}$ 不存在.

2. （　D　）. $1 = \lim\limits_{x \to 0} \dfrac{ax^2}{\sqrt{1 + x^2} - 1} = \lim\limits_{x \to 0} \dfrac{ax^2}{x^2/2} \Rightarrow a = \dfrac{1}{2}$；

3. （　C　）. 不成立：$\lim\limits_{\Delta x \to 0} \dfrac{f(2 - \Delta x) - f(2)}{\Delta x} = -\lim\limits_{\Delta x \to 0} \dfrac{f(2 - \Delta x) - f(2)}{-\Delta x} = -f'(2) \neq f'(2)$；

4. （　B　）. $\lim\limits_{x \to -1} f(x) = \lim\limits_{x \to -1} (x+1) \sin \dfrac{1}{x+1} = 0 = f(0) \Rightarrow f(x)$ 在 $x = -1$ 处连续；

因 $\dfrac{f(-1+\Delta x)-f(-1)}{\Delta x}=\sin\dfrac{1}{\Delta x}$ 当 $\Delta x\to 0$ 时不收敛,故 $f(x)$ 在 $x=1$ 处不可导.

5.(C).跳跃间断点:因 $\lim\limits_{x\to1^-}\dfrac{|x-1|}{x-1}=\lim\limits_{x\to1^-}\dfrac{1-x}{x-1}=-1\neq\lim\limits_{x\to1^+}\dfrac{|x-1|}{x-1}=\lim\limits_{x\to1^+}\dfrac{x-1}{x-1}=1.$

三、求极限(每小题 7 分,共 21 分)

1. **解:** 因 $\dfrac{\dfrac{n(n+1)}{2}}{n^2+2n}=\dfrac{1+\cdots+n}{n^2+2n}\leqslant\dfrac{1}{n^2+2}+\dfrac{2}{n^2+4}+\cdots+\dfrac{n}{n^2+2n}\leqslant\dfrac{1+\cdots+n}{n^2+2}=\dfrac{\dfrac{n(n+1)}{2}}{n^2+2},$

而 $\lim\limits_{n\to\infty}\dfrac{\dfrac{n(n+1)}{2}}{n^2+2n}=\lim\limits_{n\to\infty}\dfrac{n^2+n}{2(n^2+2n)}=\dfrac{1}{2};\lim\limits_{n\to\infty}\dfrac{\dfrac{n(n+1)}{2}}{n^2+2}=\lim\limits_{n\to\infty}\dfrac{n^2+n}{2n^2}=\dfrac{1}{2},$故

$$\lim_{n\to\infty}\left(\dfrac{1}{n^2+2}+\dfrac{2}{n^3+4}+\cdots+\dfrac{n}{n^3+2n}\right)=\dfrac{1}{2}.$$

2. **解:** 原式 $=\lim\limits_{x\to1}\dfrac{(3+x)-(1-x)}{(x^2-1)(\sqrt{3+x}+\sqrt{1-x})}=\lim\limits_{x\to1}\dfrac{2}{(x-1)(\sqrt{3+x}+\sqrt{1-x})}=-\dfrac{1}{2\sqrt{2}}=-\dfrac{\sqrt{2}}{4}.$

3. $\lim\limits_{x\to0}(1+x^2)^{\frac{1}{\tan^2 x}}.$ **解:** 原式 $=\lim\limits_{x\to0}\left[(1+x^2)^{\frac{1}{x^2}}\right]^{\frac{x^2}{\tan^2 x}}=\left[\lim\limits_{x\to0}(1+x^2)^{\frac{1}{x^2}}\right]^{\lim_{x\to0}\frac{x^2}{\tan^2 x}}=e.$

四、求微分与导数(每小题 7 分,14 分):

1. **解:** 因 $\dfrac{\mathrm{d}x}{\mathrm{d}t}=-3\cos^2 t\sin t,\dfrac{\mathrm{d}y}{\mathrm{d}t}=3\sin^2 t\cos t,$故

$$\dfrac{\mathrm{d}y}{\mathrm{d}x}=\dfrac{\mathrm{d}y/\mathrm{d}t}{\mathrm{d}x/\mathrm{d}t}=\dfrac{3\sin^2 t\cos t}{-3\cos^2 t\sin t}=-\tan t,\qquad \dfrac{\mathrm{d}y}{\mathrm{d}x}\Big|_{t=\frac{3\pi}{4}}=-\tan t\big|_{t=\frac{3\pi}{4}}=1.$$

2. **解:** 方程两边求导 $e^{xy}\cdot(y+xy')+2yy'=-\sin x,$得 $\dfrac{\mathrm{d}y}{\mathrm{d}x}=y'=-\dfrac{\sin x+ye^{xy}}{xe^{xy}+2y}.$

五、解答题(每小题 10 分,共 20 分)

1. **解:** $\lim\limits_{x\to1}[f(x)-a]=\lim\limits_{x\to1}\dfrac{f(x)-a}{x-1}\cdot\lim\limits_{x\to1}(x-1)=0.$又函数 $f(x)$ 在 $x=1$ 处连续,所以

$f(1)=a.$由已知得 $f'(1)=\lim\limits_{x\to1}\dfrac{f(x)-f(1)}{x-1}=\lim\limits_{x\to1}\dfrac{f(x)-a}{x-1}=-1.$

2. **解:** 令 $\begin{cases}y^2=4x,①\\xy=2,②\end{cases}\Rightarrow y^3=8\Rightarrow y=2\Rightarrow x=1,$即两曲线的交点为 $A(1,2).$

① 求导得 $2yy'=4,y'=\dfrac{2}{y}.$即 $k_1=y'|_{(1,2)}=1.$曲线 ① 在 A 的切线为 $y=x+1$;

② 求导得 $y+xy'=0,y'=-\dfrac{y}{x}.$即 $k_2=y'|_{(1,2)}=-2.$曲线 ② 在 A 的切线为 $y=-2x+4.$

两切线夹角正切 $\tan\alpha=\left|\dfrac{k_2-k_1}{1+k_1k_2}\right|=\left|\dfrac{-2-1}{1-2}\right|=3,$交角为 $\alpha=\arctan 3\approx71°34'.$

2.《微积分》(第一、二章) 阶段试卷 2 及其解答

《微积分》(第一、二章) 阶段试卷 2

一、选择题(每小题 4 分,共 16 分)

1. 对函数 $f(x)$ 而言,下列命题错误的是(　　　).

A. 在点 x_0 处没有定义 $\Rightarrow$ 在点 x_0 必极限不存在;

B. 在点 x_0 极限不存在 $\Rightarrow$ 在点 x_0 处必不连续;

C. 在点 x_0 处不连续 $\Rightarrow$ 在点 x_0 不可导;

D. 在点 x_0 不可导 $\Rightarrow$ 在点 x_0 必不可微.

2. 设函数 $f(x)$ 在点 $x=2$ 有二阶导数,$f'(2) \neq 0$,以下等式不成立的是(　　　).

A. $\lim\limits_{x \to 2} \dfrac{f'(x)-f'(2)}{x-2} = f''(2)$;　　　　B. $\lim\limits_{\Delta x \to 0} \dfrac{f'(2+\Delta x)-f'(2-\Delta x)}{2\Delta x} = f''(2)$;

C. $\lim\limits_{x \to 2} \dfrac{f(4-x)-f(2)}{2-x} = f'(2)$;　　　　D. $\lim\limits_{h \to 0} \dfrac{f(2-h)-f(2)}{h} = f'(2)$.

3. 若 $x \to 0$ 时,$\sqrt{1-ax^2}-1$ 与 $x\sin x$ 是等价无穷小量,则 $a = ($　　$)$.

A. -1;　　　　　　　　　　B. 1;

C. -2;　　　　　　　　　　D. 2.

4. 设函数 $y=f(x)$ 可微,则当 $\Delta x \to 0$ 时,$\Delta y - \mathrm{d}y$ 是 Δx 的(　　　).

A. 高阶无穷小;　　　　　　　　B. 低阶无穷小;

C. 同阶不等价无穷小;　　　　　　D. 等阶无穷小.

二、填空题(每小题 5 分,共 20 分)

1. $\lim\limits_{x \to 0}\left(x\sin\dfrac{1}{x} + \dfrac{x}{\sin 2x} + \dfrac{x}{\cos x}\right) = $ _____.

2. 曲线 $y = \sin x + \cos 2x$ 过点 $\left(\dfrac{\pi}{6}, 1\right)$ 的切线方程为 _____.

3. 设 $f(x)$ 在点 $x=2$ 连续,且 $\lim\limits_{x \to 2} \dfrac{f(x)-1}{x-2} = 3$,则 $f(2) = $ _____,$f'(2) = $ _____.

4. 设 $f(x) = \lim\limits_{n \to \infty} \dfrac{x^2(x^{2n}-1)}{x^{2n}+1}$,则函数 $f(x)$ 的表达式为 $f(x) = \left\{ \rule{3cm}{0pt} \right.$

它的间断点是 _____.

三、求极限(每小题 7 分,共 21 分)

1. 设 $x_n = \dfrac{1}{\sqrt{n^4+n^2+1}} + \dfrac{2}{\sqrt{n^4+n^2+2}} + \cdots + \dfrac{n}{\sqrt{n^4+n^2+n}}$,求 $\lim\limits_{n \to \infty} x_n$.

2. $\lim\limits_{x \to 1} \dfrac{\sqrt{5-x}-\sqrt{3+x}}{x^2-1}$.

3. $\lim\limits_{x \to 0}\left[1+\ln(1+2x+x^2)\right]^{\frac{1}{e^x-1}}$.

四、求导数或微分(每小题 7 分,共 28 分)

1. 设 $y = x^{-3} + 3^{-x} + x^x + 3^3$,求 y'.

2. 设 $y = \ln(x + \sqrt{x^2 + 1})$，求 y'，y''.

3. 设 $y = e^{\cos\frac{1}{x}}$，求 dy.

4. 方程 $x + y = \ln(xy)$ 确定隐函数 $y = y(x)$，求 y'.

五、(15 分) 设函数 $f(x) = \begin{cases} a\ln(1+x) + b & x > 0 \\ e^{-x} & x \leqslant 0 \end{cases}$，

(1) a, b 取何值时，$f(x)$ 在点 $x = 0$ 连续？

(2) a, b 取何值时，$f(x)$ 在点 $x = 0$ 可导？

《微积分》(第一、二章) 阶段试卷 2(参考答案)

一、选择题(每小题 4 分，共 16 分)

1.（ A ）(【反例】$\lim\limits_{x \to 0}(x\sin\frac{1}{x}) = 0$，但 $y = x\sin\frac{1}{x}$ 在 $x = 0$ 无定义.)

2.（ D ）不成立：$\lim\limits_{h \to 0}\dfrac{f(2-h) - f(2)}{h} = -\lim\limits_{h \to 0}\dfrac{f(2-h) - f(2)}{-h} = -f'(2) \neq f'(2)$;

3.（ C ）：$1 = \lim\limits_{x \to 0}\dfrac{\sqrt{1-ax^2} - 1}{x\sin x} = \lim\limits_{x \to 0}\dfrac{ax^2/2}{x^2} \Rightarrow a = -2$;

4.（ A ）：$\Delta y - dy = [f'(x)\Delta x + o(\Delta x)] - f'(x)\Delta x = o(\Delta x)(\Delta x \to 0)$.

二、填空题(每小题 5 分，共 20 分)

1. $\lim\limits_{x \to 0}\left(x\sin\dfrac{1}{x} + \dfrac{x}{\sin 2x} + \dfrac{x}{\cos x}\right) = \lim\limits_{x \to 0}x\sin\dfrac{1}{x} + \lim\limits_{x \to 0}\dfrac{x}{\sin 2x} + \lim\limits_{x \to 0}\dfrac{x}{\cos x} = 0 + \dfrac{1}{2} + 0 = \dfrac{1}{2}$.

2. 解：$y' = \cos x - 2\sin 2x$，斜率 $k = y'|_{x = \frac{\pi}{6}} = -\dfrac{\sqrt{3}}{2}$，切线方程为 $y = -\dfrac{\sqrt{3}}{2}x + \dfrac{\sqrt{3}}{12}\pi + 1$.

3. 解：$\lim\limits_{x \to 2}[f(x) - 1] = \lim\limits_{x \to 2}\dfrac{f(x) - 1}{x - 2} \cdot \lim\limits_{x \to 2}(x - 2) = 0$. 又函数 $f(x)$ 在 $x = 2$ 处连续，

所以 $f(2) = 1$. 由已知得 $f'(2) = \lim\limits_{x \to 2}\dfrac{f(x) - f(2)}{x - 1} = \lim\limits_{x \to 1}\dfrac{f(x) - 1}{x - 1} = 3$.

4. 设 $f(x) = \lim\limits_{n \to \infty}\dfrac{x^2(x^{2n} - 1)}{x^{2n} + 1}$，则函数 $f(x)$ 的表达式 $f(x) = \begin{cases} -x^2, & |x| < 1 \text{ 时}; \\ 0, & |x| = 1 \text{ 时}; \\ x^2, & |x| > 1 \text{ 时}. \end{cases}$

它的间断点是 $x = \pm 1$，跳跃间断点(用图解) .

【注】 $|x| < 1$ 时，$\lim\limits_{n \to \infty}\dfrac{x^2(x^{2n} - 1)}{x^{2n} + 1} = -x^2$；$|x| > 1$ 时，$\lim\limits_{n \to \infty}\dfrac{x^2(1 - 1/x^{2n})}{1 + 1/x^{2n}} = x^2$.

$\lim\limits_{n \to 1^-}f(x) = \lim\limits_{n \to 1^-}x^2 = 1 \neq \lim\limits_{n \to 1^+}f(x) = \lim\limits_{n \to 1^+}(-x^2) = -1 \Rightarrow x = -1$ 为跳跃间断点；

$\lim\limits_{n \to 1^-}f(x) = \lim\limits_{n \to 1^-}(-x^2) = -1 \neq \lim\limits_{n \to 1^+}f(x) = \lim\limits_{n \to 1^+}x^2 = 1 \Rightarrow x = 1$ 为跳跃间断点.

三、求极限(每小题 7 分，共 21 分)

1. 解： 将数列通项缩放得：$\dfrac{n(n+1)/2}{\sqrt{n^4 + n^2 + n}} \leqslant x_n \leqslant \dfrac{n(n+1)/2}{\sqrt{n^4 + n^2 + 1}}$，又

$$\lim_{n\to\infty}\frac{n(n+1)/2}{\sqrt{n^4+n^2+n}}=\lim_{n\to\infty}\frac{(1+1/n)}{2\sqrt{1+1/n^2+1/n^3}}=\frac{1}{2},\quad \lim_{n\to\infty}\frac{n(n+1)/2}{\sqrt{n^4+n^2+1}}=\lim_{n\to\infty}\frac{(1+1/n)}{2\sqrt{1+1/n^2+1/n^4}}=\frac{1}{2},$$

根据夹逼准则得 $\lim\limits_{n\to\infty}\left(\dfrac{1}{\sqrt{n^4+n^2+1}}+\dfrac{2}{\sqrt{n^4+n^2+2}}+\cdots+\dfrac{n}{\sqrt{n^4+n^2+n}}\right)=\dfrac{1}{2}.$

2. **解：** $\lim\limits_{x\to1}\dfrac{\sqrt{5-x}-\sqrt{3+x}}{x^2-1}=\lim\limits_{x\to1}\dfrac{2-2x}{(x^2-1)(\sqrt{5-x}+\sqrt{3+x})}=\lim\limits_{x\to1}\dfrac{-2}{(x+1)(\sqrt{5-x}+\sqrt{3+x})}=-\dfrac{1}{4}.$

3. **解：** $\lim\limits_{x\to0}\left[1+\ln(1+2x+x^2)\right]^{\frac{1}{e^x-1}}=\lim\limits_{x\to0}\left\{\left[1+\ln(1+2x+x^2)\right]^{\frac{1}{\ln(1+2x+x^2)}}\right\}^{\frac{\ln(1+2x+x^2)}{e^x-1}}$

$$=\left\{\lim_{x\to0}\left[1+\ln(1+2x+x^2)\right]^{\frac{1}{\ln(1+2x+x^2)}}\right\}^{\lim\limits_{x\to0}\frac{\ln(1+2x+x^2)}{e^x-1}}=e^{\lim\limits_{x\to0}\frac{\ln(1+2x+x^2)}{e^x-1}}=e^{\lim\limits_{x\to0}\frac{2x+x^2}{x}}=e^2.$$

四、求导数或微分（每小题 7 分，共 28 分）

1. **解：** $\because (x^x)'=(e^{x\ln x})'=e^{x\ln x}(x\ln x)'=x^x(\ln x+1),$

$\therefore y'=(x^{-3}+3^{-x}+x^x+3^3)'=-3x^{-4}-3^{-x}\ln3+x^x(\ln x+1).$

2. **解：** $y'=\left[\ln(x+\sqrt{x^2+1})\right]'=\dfrac{(x+\sqrt{x^2+1})'}{x+\sqrt{x^2+1}}=\dfrac{1}{x+\sqrt{x^2+1}}\cdot\left[1+(\sqrt{x^2+1})'\right]$

$$=\frac{1}{x+\sqrt{x^2+1}}\cdot(1+\frac{2x}{2\sqrt{x^2+1}})=\frac{1}{x+\sqrt{x^2+1}}\cdot(\frac{\sqrt{x^2+1}+x}{\sqrt{x^2+1}})=\frac{1}{\sqrt{x^2+1}}.$$

$$y''=\left(\frac{1}{\sqrt{x^2+1}}\right)'=-\frac{(x^2+1)'}{2\sqrt{(x^2+1)^3}}=-\frac{x}{\sqrt{(x^2+1)^3}}.$$

3. **解：** $\because y'=e^{\cos\frac{1}{x}}\cdot\left(\cos\dfrac{1}{x}\right)'=-e^{\cos\frac{1}{x}}\cdot\sin\dfrac{1}{x}\cdot\left(\dfrac{1}{x}\right)'=-e^{\cos\frac{1}{x}}\cdot\sin\dfrac{1}{x}\cdot\left(-\dfrac{1}{x^2}\right),$

$\therefore dy=d(e^{\cos\frac{1}{x}})=\dfrac{1}{x^2}e^{\cos\frac{1}{x}}\sin\dfrac{1}{x}dx.$

4. **解：** 方程 $x+y=\ln(xy)$ 两边求导得 $1+y'=\dfrac{1}{xy}(y+xy')$，故有 $y'=\dfrac{xy-y}{x-xy}.$

五、（15 分）**解：** 已知函数 $f(x)=\begin{cases}a\ln(1+x)+b, & x>0;\\ e^{-x}, & x\leqslant0\end{cases}$，那么

(1) 当 $x\leqslant0$ 时，$f(x)=e^x$ 为初等故连续，故 $\lim\limits_{x\to0^-}f(x)=1=f(0)$；于是取

$$1=f(0)=\lim_{x\to0^+}f(x)=\lim_{x\to0^+}\left[a\ln(1+x)+b\right]=b,$$

所以 $b=1$，a 为任意实数时 $f(x)$ 在 $x=0$ 连续.

(2) 因 $f'_-(0)=\lim\limits_{x\to0^-}\dfrac{f(x)-f(0)}{x}=\lim\limits_{x\to0^-}\dfrac{e^{-x}-1}{x}=\lim\limits_{x\to0^-}\dfrac{-x}{x}=-1$；而

$$f'_+(0)=\lim_{x\to0^+}\frac{f(x)-f(0)}{x}=\lim_{x\to0^+}\frac{a\ln(1+x)+1-1}{x}=\lim_{x\to0^-}\frac{a}{1+x}=a,$$

所以取 $a=-1,b=1$ 时 $f(x)$ 在点 $x=0$ 可导.

Ⅱ.《微积分》(第三、四章) 阶段试卷及其解答

1.《微积分》(第三、四章) 阶段试卷 1 及其解答

《微积分》(第三、四章) 阶段试卷 1

一、单项选择(每小题 4 分,共 16 分)

1. 已知函数 $f(x) = x(x-1)(x-2)$,那么 $f'(x)$ 有 ____ 个零点.

A. 0;   B. 1;

C. 2;   D. 3.

2. 函数 $f(x) = x + \arctan x$ 的图形(   ).

A. 仅有斜渐近线;   B. 仅有水平渐进线;

C. 既有斜渐近线又有水平渐进线;   D. 无渐近线.

3. 下列等式正确的是(   ).

A. $\dfrac{\mathrm{d}}{\mathrm{d}x}\displaystyle\int f(x)\mathrm{d}x = f(x)$;   B. $\displaystyle\int f'(x)\mathrm{d}x = f(x)$;

C. $\displaystyle\int \mathrm{d}f(x) = f(x)$;   D. $\mathrm{d}\displaystyle\int f(x)\mathrm{d}x = f(x)$.

4. 设 $f(x)$ 的一个原函数为 e^{-x},则 $\displaystyle\int f(x)\mathrm{d}x = ($ $)$,其中 C 为任意常数.

A. $-\mathrm{e}^{-x}$;   B. e^{-x};

C. $\mathrm{e}^{-x} + x + C$;   D. $\mathrm{e}^{-x} + 2 + C$.

二、用洛必达法则求极限(每小题 7 分,共 21 分)

1. $\lim\limits_{x\to 1}\left(\dfrac{2}{x^2-1} - \dfrac{x}{x-1}\right)$;   2. $\lim\limits_{x\to 0}\dfrac{\mathrm{e}^x + \mathrm{e}^{-x} - 2}{1 - \cos x}$;

3. $\lim\limits_{x\to +\infty}\dfrac{\ln^2 x}{x^2}$.

三、计算不定积分(每小题 7 分,共 42 分)

1. $\displaystyle\int \dfrac{x^2 - \sqrt{x}\,\sec^2 x}{\sqrt{x}}\mathrm{d}x$;   2. $\displaystyle\int x\,\sqrt{4-x^2}\,\mathrm{d}x$;

3. $\displaystyle\int \dfrac{1}{x^2\,\sqrt{1-x^2}}\mathrm{d}x$;   4. $\displaystyle\int \ln x\,\mathrm{d}x$;

5. $\displaystyle\int \mathrm{e}^x \cos x\,\mathrm{d}x$;   6. $\displaystyle\int \dfrac{x^4 - 4x^3 - 5x^2 + 1}{x^2 - 4x - 5}\mathrm{d}x$.

四、应用题(9 分)

某厂生产某种产品 x 件的成本为 $C(x) = 25000 + 200x + \dfrac{x^2}{40}$(元).

(1) 求使平均成本为最小时的产量 x;

(2) 若产品单位销售价格为 500 元,求获得利润最大时的产量 x.

五、(12 分) 作函数 $f(x) = \dfrac{x}{3 + x^2}$.

《微积分》(第三、四章) 阶段试卷 1(参考答案)

一、单项选择(每小题 4 分,共 16 分)

1.(C).因 $f(x)$ 为 3 次多项式,那么 $f'(x)$ 必为 2 次多项式,故有 2 个零点.

2.(A).$k = \lim\limits_{x \to +\infty} \dfrac{f(x)}{x} = 1 + \lim\limits_{x \to +\infty} \dfrac{\arctan x}{x} = 1, b = \lim\limits_{x \to +\infty} [f(x) - kx] = \lim\limits_{x \to +\infty} \arctan x = \dfrac{\pi}{2}$,仅

有斜渐近线 $y = x + \dfrac{\pi}{2}$.

3.(A).B,C错,因 $\int f'(x)\mathrm{d}x = \int \mathrm{d}f(x) = f(x) + C$;D. 错,因 $\mathrm{d}\int f(x)\mathrm{d}x = f(x)\mathrm{d}x$.

4.(D).A、B错原因之一是缺少任意常数项"$+ C$".

二、用洛必达法则求极限(每小题 7 分,共 21 分)

1. **解**: $\lim\limits_{x \to 1}\left(\dfrac{2}{x^2 - 1} - \dfrac{x}{x - 1}\right) = \lim\limits_{x \to 1}\dfrac{-x^2 - x + 2}{x^2 - 1} = \lim\limits_{x \to 1}\dfrac{-2x - 1}{2x} = -\dfrac{3}{2}$.

2. **解**: $\lim\limits_{x \to 0}\dfrac{\mathrm{e}^x + \mathrm{e}^{-x} - 2}{1 - \cos x} = \lim\limits_{x \to 0}\dfrac{\mathrm{e}^x - \mathrm{e}^{-x}}{\sin x} = \lim\limits_{x \to 0}\dfrac{\mathrm{e}^x + \mathrm{e}^{-x}}{\cos x} = 2$.

3. **解**: $\lim\limits_{x \to +\infty}\dfrac{\ln^2 x}{x^2} = \lim\limits_{x \to +\infty}\dfrac{\ln x}{x^2} = \lim\limits_{x \to +\infty}\dfrac{1}{2x^2} = 0$.

三、计算不定积分(每小题 7 分,共 42 分)

1. **解**: $\int \dfrac{x^2 - \sqrt{x}\,\sec^2 x}{\sqrt{x}}\mathrm{d}x = \int (x^{\frac{3}{2}} - \sec^2 x)\,\mathrm{d}x = \dfrac{2}{5}x^{\frac{5}{2}} - \tan x + C$.

2. **解**: $\int x\sqrt{x^2 - 4}\,\mathrm{d}x = \dfrac{1}{2}\int \sqrt{x^2 - 4}\,\mathrm{d}x^2 = \dfrac{1}{2}\int (x^2 - 4)^{\frac{1}{2}}\mathrm{d}(x^2 - 4) = \dfrac{1}{3}\sqrt{(x^2 - 4)^3} + C$.

3. **解**: $\int \dfrac{1}{x^2\sqrt{1 - x^2}}\mathrm{d}x \xlongequal[\mathrm{d}x = \cos t\mathrm{d}t]{x = \sin t} \int \dfrac{\cos t\mathrm{d}t}{\sin^2 t\sqrt{1 - \sin^2 t}} = \int \dfrac{\mathrm{d}t}{\sin^2 t} = -\cot t + C = -\dfrac{\sqrt{1 - x^2}}{x} + C$.

4. **解**: $\int \ln x\mathrm{d}x = x\ln x - \int x\mathrm{d}\ln x = x\ln x - \int \mathrm{d}x = x\ln x - x + C$.

5. **解**: 因 $I = \int \mathrm{e}^x\cos x\mathrm{d}x = \int \mathrm{e}^x\mathrm{d}\sin x = \mathrm{e}^x\sin x - \int \sin x\mathrm{d}\mathrm{e}^x$

$= \mathrm{e}^x\sin x - \int \mathrm{e}^x\sin x\mathrm{d}x = \mathrm{e}^x\sin x + \mathrm{e}^x\cos x - = \mathrm{e}^x\sin x + \int \mathrm{e}^x\mathrm{d}\cos x$

$= \mathrm{e}^x\sin x + \mathrm{e}^x\cos x - \int \cos x\mathrm{d}\mathrm{e}^x = \mathrm{e}^x\sin x + \mathrm{e}^x\cos x - I$,

故 $I = \dfrac{1}{2}\mathrm{e}^x(\sin x + \cos x) + C$.

6. **解**: $\int \dfrac{x^4 - 4x^3 - 5x^2 + 1}{x^2 - 4x - 5}\mathrm{d}x = \int \left(x^2 + \dfrac{1}{x^2 - 4x - 5}\right)\mathrm{d}x = \dfrac{1}{3}x^3 + \int \dfrac{1}{(x - 5)(x + 1)}\mathrm{d}x$

$= \dfrac{1}{3}x^3 + \dfrac{1}{6}\int \left(\dfrac{1}{x - 5} - \dfrac{1}{x + 1}\right)\mathrm{d}x = \dfrac{1}{3}x^3 + \dfrac{1}{6}\ln\left|\dfrac{x - 5}{x + 1}\right| + C$.

四、应用题（9分）

解： 已知成本为 $C(x) = 25000 + 200x + \dfrac{x^2}{40}$（元）.

（1）$\overline{C(x)} = \dfrac{C(x)}{x} = \dfrac{25000}{x} + 200 + \dfrac{x}{40}$，$\quad \overline{C(x)}' = -\dfrac{25000}{x^2} + \dfrac{1}{40}$.

令 $\overline{C(x)}' = 0$，得 $x = 1000$ （取正解）. 又 $\overline{C(x)}'' = \dfrac{50000}{x^3} > 0$，

故当 $x = 1000$ 时平均成本为最小.

（2）$L(x) = 500x - \left(25000 + 200x + \dfrac{1}{40}x^2\right) = 300x - 25000 - \dfrac{1}{40}x^2$，

$L'(x) = 300 - \dfrac{1}{20}x$，令 $L'(x) = 0$ 得 $x = 6000$ （取正解）.

又 $L''(x) = -\dfrac{1}{20} < 0$，故当 $x = 6000$ 时所获利润为最大.

五、（12分）

解： （1）函数 $f(x) = \dfrac{x}{3 + x^2}$ 的定义域为 $(-\infty, +\infty)$，奇函数.

（2）求一、二阶导数的零点和不连续点：$f'(x) = \dfrac{3 + x^2 - 2x^2}{(3 + x^2)^2} = \dfrac{3 - x^2}{(3 + x^2)^2}$，

$$f''(x) = \dfrac{-2x(3 + x^2)^2 - 4x(3 + x^2)(3 - x^2)}{(3 + x^2)^4} = \dfrac{2x(x^2 - 9)}{(3 + x^2)^3},$$

令 $f'(x) = 0$ 得 $x = \pm\sqrt{3}$；令 $f''(x) = 0$ 得 $x = 0$、$x = \pm 3$.

（3）列表讨论：　　　　　　　　（【注】因是奇函数，故可只列出 $[0, +\infty)$ 部分的表格.）

x	$(-\infty, 3)$	-3	$(-3, -\sqrt{3})$	$-\sqrt{3}$	$(-\sqrt{3}, 0)$	0	$(0, -\sqrt{3})$	$\sqrt{3}$	$(\sqrt{3}, 3)$	3	$(3, +\infty)$
$f'(x)$	$-$	$-$	$-$	0	$+$	$+$	$+$	0	$-$	$-$	$-$
$f''(x)$	$-$	0	$+$	$+$	$+$	0	$-$	$-$	$-$	0	$+$
$f(x)$	↘	拐点 $\left(-3, -\dfrac{1}{4}\right)$	↘	极小值 $-\sqrt{3}/6$	↗	拐点 $(0, 0)$	↗	极大值 $\sqrt{3}/6$	↘	拐点 $\left(3, \dfrac{1}{4}\right)$	↘

（4）渐近线：　因 $\lim\limits_{x \to \infty} \dfrac{x}{3 + x^2} = 0$，故 $y = 0$ 是水平渐近线.

（5）计算特殊点：$f(\pm 4) = \pm 4/19$.

（6）描点连线画出 $y = \dfrac{x}{3 + x^2}$ 图形：

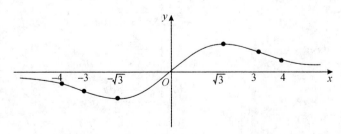

2.《微积分》(第三、四章) 阶段试卷 2 及其解答

《微积分》(第三、四章) 阶段试卷 2

一、单项选择(每小题 3 分,共 12 分)

1. 设函数 $f(x)$ 在 $x = x_0$ 可导,若 x_0 为 $f(x)$ 的极值点,则必有(　　).

A. $f'(x_0) = 0$；　　　　　　　　　　B. $f'(x_0) \neq 0$；

C. $f'(x_0)$ 不存在；　　　　　　　　D. $f(x_0) = 0$.

2. 函数 $f(x) = x^3$ 在区间 $[1,2]$ 上满足拉格朗日定理的中值点为 $\xi = ($　　$)$.

A. $1/3$；　　　　　　　　　　　　　B. $\sqrt{7}/3$；

C. $\sqrt{14}/3$；　　　　　　　　　　D. $\sqrt{21}/3$.

3. 函数 $f(x) = \dfrac{x^3}{x^2 + 1}$ 的图形(　　).

A. 仅有垂直渐近线；　　　　　　　　B. 仅有斜渐进线；

C. 既有垂直渐近线又有斜渐进线；　　D. 无渐近线.

4. 设 $F_1(x), F_2(x)$ 是区间 I 内连续函数 $f(x)(\neq 0)$ 的两个不同的原函数,则 I 内必有(　　)(C 为任意常数).

A. $F_1(x) + F_2(x) = C$；　　　　　　B. $F_1(x) \cdot F_2(x) = C$；

C. $F_1(x) = CF_2(x)$；　　　　　　　D. $F_1(x) - F_2(x) = C$.

二、填空(每小题 5 分,共 10 分)

1. $\displaystyle\int x\cos(x^2 + 1)\mathrm{d}x = $ _____；

2. 设 $f(x)$ 的一个原函数为 e^{-x}，$\displaystyle\int f'(x)\mathrm{d}x = $ _____.

三、用洛必达法则求极限(每小题 7 分,共 21 分)

1. $\displaystyle\lim_{x \to +\infty} \frac{\mathrm{e}^{2x}}{x^3}$；　　　　　　　2. $\displaystyle\lim_{x \to 0} \frac{\sin 2x - 2x}{x^3}$；

3. $\displaystyle\lim_{x \to 0^+} (\sin x)^x$.

四、计算不定积分(每小题 7 分,共 42 分)

1. $\displaystyle\int \cos^3 x\,\mathrm{d}x$；　　　　　　　2. $\displaystyle\int \frac{1}{x(1 + \ln x)^2}\mathrm{d}x$；

3. $\displaystyle\int \frac{x}{(x+1)^{100}}\mathrm{d}x$；　　　　4. $\displaystyle\int \frac{\mathrm{d}x}{\sqrt{(a^2 - x^2)^3}}(a > 0)$；

5. $\displaystyle\int x\mathrm{e}^x\,\mathrm{d}x$；　　　　　　　6. $\displaystyle\int \frac{x^3}{1 + x^2}\mathrm{d}x$.

五、应用题(共 15 分)

1.(7 分) 求曲线 $y = x^2 + 2\ln x$ 的凹凸区间.

2.(8 分) 设某商品的需求函数为 $Q = 75 - p^2$，

(1) 求当 $p = 4$ 时的边际需求,并说明其经济意义;

(2) 求当 $p = 4$ 时的需求价格弹性,并说明其经济意义.

《微积分》(第三、四章) 阶段试卷 2(参考答案)

一、单项选择(每小题 3 分,共 12 分)

1. 设函数 $f(x)$ 在 $x = x_0$ 可导,若 x_0 为 $f(x)$ 的极值点,则必有(A):$f'(x_0) = 0$.

2. (D). $f'(x) = (x^3)' = 3x^2$,令 $\dfrac{f(2) - f(1)}{2 - 1} = f'(\xi) = 3\xi^2$,得 $\xi = \sqrt{21}/3$.

3. (B). $k = \lim\limits_{x \to +\infty} \dfrac{f(x)}{x} = \lim\limits_{x \to +\infty} \dfrac{x^2}{x^2 + 1} = 1$,$b = \lim\limits_{x \to +\infty} [f(x) - kx] = \lim\limits_{x \to +\infty} \left(\dfrac{x^3}{x^2 + 1} - x \right) = 0$,仅

有斜渐近线 $y = x$.

4. (D). 在区间 I 上,$[F_1(x) + F_2(x)]' = f(x) - f(x) \equiv 0 \Rightarrow F_1(x) - F_2(x) = C$.

二、填空(每小题 5 分,共 10 分)

1. $\displaystyle\int x\cos(x^2 + 1)\mathrm{d}x = \dfrac{1}{2}\int \cos(x^2 + 1)\mathrm{d}(x^2 + 1) = \dfrac{1}{2}\sin(x^2 + 1) + C$.

2. 设 $f(x)$ 的一个原函数为 e^{-x},$\displaystyle\int f'(x)\mathrm{d}x = \underline{\quad f(x) + C = (\mathrm{e}^{-x})' + C = -\mathrm{e}^{-x} + C \quad}$.

三、用洛必达法则求极限(每题 7 分,共 21 分)

1. **解:** $\lim\limits_{x \to +\infty} \dfrac{\mathrm{e}^{2x}}{x^3} = \lim\limits_{x \to +\infty} \dfrac{2\mathrm{e}^{2x}}{3x^2} = \lim\limits_{x \to +\infty} \dfrac{4\mathrm{e}^{2x}}{6x} = \lim\limits_{x \to +\infty} \dfrac{8\mathrm{e}^{2x}}{6} = \infty$.

2. **解:** $\lim\limits_{x \to 0} \dfrac{\sin 2x - 2x}{x^3} = \lim\limits_{x \to 0} \dfrac{2\cos 2x - 2}{3x^2} = \lim\limits_{x \to 0} \dfrac{-4\sin 2x}{6x} = -\dfrac{4}{3}$.

3. **解:** $\because \lim\limits_{x \to 0^+} x \ln\sin x = \lim\limits_{x \to 0^+} \dfrac{\ln\sin x}{x^{-1}} \overset{(\infty/\infty)}{=\!=\!=} \lim\limits_{x \to 0^+} \dfrac{(\cos x)/(\sin x)}{-x^{-2}} \overset{\text{算出}}{\underset{\text{非 0 因子}}{=\!=\!=}} -\lim\limits_{x \to 0^+} \dfrac{x^2}{\sin x}$

$$\overset{(0/0)}{=\!=\!=} -\lim\limits_{x \to 0^+} \dfrac{2x}{\cos x} = 0,$$

$\therefore \lim\limits_{x \to 0^+} (\sin x)^x = \mathrm{e}^{\lim_{x \to 0^+} x \ln\sin x} = \mathrm{e}^0 = 1$.

四、计算不定积分(每小题 7 分,共 42 分)

1. **解:** $\displaystyle\int \cos^3 x\,\mathrm{d}x = \int (1 - \sin^2 x)\mathrm{d}\sin x = \sin x - \dfrac{1}{3}\sin^3 x + C$.

2. **解:** $\displaystyle\int \dfrac{1}{x(1 + \ln x)^2}\mathrm{d}x = \int \dfrac{1}{(1 + \ln x)^2}\mathrm{d}\ln x = -\dfrac{1}{1 + \ln x} + C$.

3. **解:** $\displaystyle\int \dfrac{x}{(x+1)^{100}}\mathrm{d}x \overset{\substack{\text{令 } t = x+1 \\ \mathrm{d}x = \mathrm{d}t}}{=\!=\!=} \int \dfrac{t-1}{t^{100}}\mathrm{d}t = \int (t^{-99} - t^{-100})\mathrm{d}t = -\dfrac{1}{98}t^{-98} + \dfrac{1}{99}t^{-99} + C$

$$\overset{\substack{t = x+1 \\ \text{代回}}}{=\!=\!=} -\dfrac{1}{98}(x+1)^{-98} + \dfrac{1}{99}(x+1)^{-99} + C.$$

4. **解:** 令 $x = a\sin t$,则 $\mathrm{d}x = a\cos t\,\mathrm{d}t$,于是

$$\int \dfrac{1}{\sqrt{(a^2 - x^2)^3}}\mathrm{d}x = \dfrac{1}{a^2}\int \dfrac{\cos t\,\mathrm{d}t}{\sqrt{(1 - \sin^2 t)^3}} = \dfrac{1}{a^2}\int \dfrac{\mathrm{d}t}{\cos^2 t} = \dfrac{1}{a^2}\tan x + C = \dfrac{x}{a^2\sqrt{a^2 - x^2}} + C.$$

5. **解：** $\int x\mathrm{e}^x\mathrm{d}x = \int x\mathrm{d}\mathrm{e}^x = x\mathrm{e}^x - \int \mathrm{e}^x\mathrm{d}x = x\mathrm{e}^x - \mathrm{e}^x + C.$

6. **解：** $\int \dfrac{x^3}{1+x^2}\mathrm{d}x = \int \dfrac{x^3+x-x}{1+x^2}\mathrm{d}x = \int \left(x - \dfrac{x}{1+x^2}\right)\mathrm{d}x = \dfrac{1}{2}x^2 - \dfrac{1}{2}\int \dfrac{1}{1+x^2}\mathrm{d}(1+x^2)$

$\qquad = \dfrac{1}{2}x^2 - \dfrac{1}{2}\ln(1+x^2) + C.$

五、应用题（共 15 分）

1. **解：** 函数 $y = x^2 + 2\ln x$ 定义域为 $(0,+\infty)$.

$$y' = 2x + \dfrac{2}{x} > 0; \qquad y'' = 2 - \dfrac{2}{x^2} = \dfrac{2(x+1)(x-1)}{x^2}.$$

令 $y'' = 0$ 得 $x = 1$. 于是由下面的讨论得知 $(1,1)$ 是拐点：

当 $x < 1$ 时，$y'' < 0$，故函数在 $(0,1)$（或 $(0,1]$）是单调增加、凸的；

当 $x > 1$ 时，$y'' > 0$，故函数在 $(1,+\infty)$（或 $[1,+\infty)$）是单调增加、凹的.

2. **解：** 函数 $Q = 75 - p^2$ 的导数 $Q'(p) = -2p$. 当 $p = 4$ 时，$Q = 59$，$Q'(4) = -8$.

(1) 当 $p = 4$ 时，边际需求 $Q'(4) = -8 < 0$. 其经济意义为：在价格 $p = 4$ 时，价格上涨（或下降）一个单位时，需求量 Q 将减少（或增加）8 个单位商品.

(2) 当价格 $p = 4$ 时，需求价格弹性为

$$\eta = -\dfrac{p}{Q} \cdot Q'(p) = -\dfrac{4}{59}(-8) = \dfrac{32}{59} \approx 0.542,$$

即当 $p = 4$ 时，$\eta \approx 0.542 < 1$，该商品为低弹性商品；这说明在价格 $P = 4$ 时，价格上涨（或下降）1%，需求量 Q 将从 59 个单位起减少（或增加）0.542%.

此时边际收益 $R'(p) > 0$，提高价格会使总收益增加，降低价格会使总收益减少.

Ⅲ.《微积分》（第五、六章）阶段试卷及其解答

1.《微积分》（第五、六章）阶段试卷 1 及其解答

《微积分》（第五、六章）阶段试卷 1

一、填空（每小题 3 分，共 15 分）

1. 若 f 为连续函数，且 $\int_{\frac{\pi}{4}}^{x} f(t)\mathrm{d}t = \sin 2x - 1$，则 $f(x) = $ _____.

2. $\int_{-1}^{1} \dfrac{x^{2011}}{1+x^2}\mathrm{d}x = $ _____.

3. $\int_{0}^{1/2} \dfrac{\arcsin x}{\sqrt{1-x^2}}\mathrm{d}x = $ _____.

4. 设 $u = x\sin y$，求 $\mathrm{d}u = $ _____.

5. $\lim\limits_{\substack{x\to 0 \\ y\to 2}} \dfrac{\sqrt{xy+1}-1}{x} = $ _____.

二、单项选择(每小题 3 分,共 15 分)

1. $f(x)$ 在 $[a,b]$ 上连续是 $\int_a^b f(x)\mathrm{d}x$ 存在(即,f 在 $[a,b]$ 可积) 的(   ).

   A. 充分条件;   B. 必要条件;

   C. 充要条件;   D. 既非充分又非必要条件.

2. 若 $\int f(x)\mathrm{d}x = F(x) + C(C$ 为任意常数),则 $\int_1^2 \dfrac{f(\sqrt{x})}{\sqrt{x}}\mathrm{d}x = ($ $)$.

   A. $F(2) - F(1)$;   B. $F(\sqrt{2}) - F(1)$;

   C. $2[F(2) - F(1)]$;   D. $2[F(\sqrt{2}) - F(1)]$;

3. 设函数 $f(x)$ 在 $(-\infty, +\infty)$ 连续,则下列函数中必为奇函数的是(   ).

   A. $\displaystyle\int_{-x}^x f(t)\mathrm{d}t$;   B. $\displaystyle\int_0^x f(t)\mathrm{d}t$;

   C. $\displaystyle\int_x^0 f(t^2)\mathrm{d}t$;   D. $\displaystyle\int_x^0 [f(t)]^2\mathrm{d}t$.

4. 设 $z = x^2 y + \arctan \dfrac{y}{x}$,则 $\dfrac{\partial z}{\partial x}\Big|_{(1,0)} = ($ $)$.

   A. -1;   B. 0;

   C. 1;   D. 2.

5. 在空间直角坐标系下,二次曲面 $\dfrac{x^2}{4} + \dfrac{y^2}{4} = z$ 的图形为(   ).

   A. 圆锥面;   B. 双曲抛物面;

   C. 旋转抛物面;   D. 抛物柱面.

三、计算题(每小题 7 分,共 21 分)

1. 设方程 $z\sin y + x\ln z = 2$ 确定了隐函数 $z = z(x,y)$,求 $\dfrac{\partial z}{\partial x}, \dfrac{\partial z}{\partial y}$.

2. 设 $z = \mathrm{e}^{xy^2}$,求 $\dfrac{\partial^2 z}{\partial y \partial x}$ 和 $\dfrac{\partial^2 z}{\partial y^2}$.

3. 设函数 $f(x,y)$ 的偏导连续,令 $z = f(\mathrm{e}^x, \sqrt{x+y})$,求 $\dfrac{\partial z}{\partial x}, \dfrac{\partial z}{\partial y}$.

四、求定积分(每小题 8 分,共 24 分)

1. $\displaystyle\int_0^2 x\mathrm{e}^x \mathrm{d}x$;

2. $\displaystyle\int_0^1 x^3 \sqrt{1-x^2}\,\mathrm{d}x$;

3. $\displaystyle\int_1^{+\infty} \dfrac{1}{(1+x)\ln^2(1+x)}\mathrm{d}x$.

五、应用题

1. (10 分) 求曲线 $y^2 = x$ 与 $y = x^3$ 所围成的平面图形的面积,及该图形绕 x 轴旋转所得的旋转体的体积.

2. (15 分) 某工厂生产 A、B 两种产品,其销售单价分别为 $p_A = 12$ 元 $p_B = 18$ 元,总成本 C(单位:万元)是两种产品产量 x 和 y(单位:千件)的函数:

$$C(x,y) = 2x^2 + xy + 2y^2.$$

若产量限额为 $x + 2y = 18$,则如何分配两种产品的产量,可获得最大利润?最大利润是多少?

《微积分》(第五、六章) 阶段试卷 1(参考答案)

一、填空(每小题 3 分,共 15 分)

1. 若 f 为连续函数,且 $\int_{\frac{\pi}{4}}^{x} f(t)\mathrm{d}t = \sin 2x - 1$,两边关于 x 求导得 $f(x) = $ $\underline{2\cos 2x}$.

2. 奇函数在对称区域上的定积分 $\int_{-1}^{1} \dfrac{x^{2011}}{1+x^2}\mathrm{d}x = $ $\underline{\quad 0 \quad}$.

3. $\int_0^{1/2} \dfrac{\arcsin x}{\sqrt{1-x^2}}\mathrm{d}x = \int_0^{1/2} \arcsin x\, \mathrm{d}\arcsin x = \dfrac{1}{2}\arcsin^2 x \Big|_0^{1/2} = $ $\underline{\dfrac{\pi^2}{72}}$.

4. $\mathrm{d}u = \mathrm{d}(x\sin y) = $ $\underline{\sin y\mathrm{d}x + x\cos y\mathrm{d}y}$.

5. $\lim\limits_{\substack{x \to 0 \\ y \to 2}} \dfrac{\sqrt{xy+1}-1}{x} = \lim\limits_{\substack{x \to 0 \\ y \to 2}} \dfrac{xy}{x(\sqrt{xy+1}+1)} = \lim\limits_{\substack{x \to 0 \\ y \to 2}} \dfrac{y}{\sqrt{xy+1}+1} = $ $\underline{\quad 1 \quad}$.

二、单项选择(每小题 3 分,共 15 分)

1. $f(x)$ 在 $[a,b]$ 上连续是 $\int_a^b f(x)\mathrm{d}x$ 存在(A):充分条件;

2. (D). $\int_1^2 \dfrac{f(\sqrt{x})}{\sqrt{x}}\mathrm{d}x = 2\int_1^2 f(\sqrt{x})\mathrm{d}\sqrt{x} = 2\big[F(\sqrt{2}) - F(1)\big]$.

3. (A). $F(x) = \int_{-x}^{x} f(t)\mathrm{d}t$ 是奇函数:因 $F(-x) = \int_x^{-x} f(t)\mathrm{d}t = -\int_{-x}^{x} f(t)\mathrm{d}t = -F(x)$.

4. (B). 设 $z = x^2 y + \arctan\dfrac{y}{x}$,则 $\dfrac{\partial z}{\partial x}\Big|_{(1,0)} = \left[2xy - \dfrac{y}{x^2+y^2}\right]_{(1,0)} = 0$.

5. 在空间直角坐标系下,二次曲面 $\dfrac{x^2}{4} + \dfrac{y^2}{4} = z$ 的图形为(C):旋转抛物面.

三、计算题(每小题 7 分,共 21 分)

1. **解 1:** 令 $F(x,y,z) = z\sin y + x\ln z - 2$,则 $F_x = \ln z$,$F_y = z\cos y$,$F_z = \sin y + \dfrac{x}{z}$.

若 $F_z = \sin y + \dfrac{x}{z} \neq 0$,方程 $F(x,y,z) = 0$ 确定了函 $z = f(x,y)$,得

$$\frac{\partial z}{\partial x} = -\frac{F_x}{F_z} = -\frac{z\ln z}{z\sin y + x}, \qquad \frac{\partial z}{\partial y} = -\frac{F_y}{F_z} = -\frac{z^2\cos y}{z\sin y + x}.$$

解 2:原方程两边对 x 求导得 $z'_x \sin y + \ln z + \dfrac{x}{z}z'_x = 0$,解得 $\dfrac{\partial z}{\partial x} = z'_x = -\dfrac{z\ln z}{z\sin y + x}$;

原方程两边对 y 求导得 $z'_y \sin y + z\cos y + \dfrac{x}{z}z'_y = 0$,得 $\dfrac{\partial z}{\partial y} = z'_y = -\dfrac{z^2\cos y}{z\sin y + x}$.

2. **解:** $z = \mathrm{e}^{xy^2}$,　$\dfrac{\partial z}{\partial y} = 2xy\mathrm{e}^{xy^2}$,

$$\frac{\partial^2 z}{\partial y\partial x} = \frac{\partial}{\partial x}(2xy\mathrm{e}^{xy^2}) = 2y\mathrm{e}^{xy^2} + 2xy^3\mathrm{e}^{xy^2}, \qquad \frac{\partial^2 z}{\partial y^2} = \frac{\partial}{\partial y}(2xy\mathrm{e}^{xy^2}) = 2x\mathrm{e}^{xy^2} + 4x^2y^2\mathrm{e}^{xy^2}.$$

3. **解:** $z = f(\mathrm{e}^x, \sqrt{x+y})$,　$\dfrac{\partial z}{\partial y} = \dfrac{1}{2\sqrt{x+y}}f'_2(\mathrm{e}^x, \sqrt{x+y})$,

$$\frac{\partial z}{\partial x} = e^x f'_1(e^x, \sqrt{x+y}) + \frac{1}{2\sqrt{x+y}} f'_2(e^x, \sqrt{x+y}).$$

四、求定积分(每小题 8 分,共 24 分)

1. 解: $\displaystyle\int_0^2 x e^x dx = \int_0^2 x de^x = (xe^x)\big|_0^2 - \int_0^2 e^x dx = 2e^2 - e^x\big|_0^2 = 2e^2 - e^2 + 1 = e^2 + 1.$

2. 解: 令 $x = \sin t, dx = \cos t\, dt$,则当 $x = 0$ 时 $t = 0$;当 $x = 1$ 时 $t = \frac{\pi}{2}$,于是

$$\int_0^1 x^3 \sqrt{1-x^2}\, dx = \int_0^{\frac{\pi}{2}} \sin^3 t \cos^2 t\, dt = -\int_0^{\frac{\pi}{2}} (1-\cos^2 t)\cos^2 t\, d\cos t$$

$$= -\int_0^{\frac{\pi}{2}} (\cos^2 t - \cos^4 t)\, d\cos t = -\left(\frac{1}{3}\cos^3 t - \frac{1}{5}\cos^5 t\right)\bigg|_0^{\frac{\pi}{2}} = \frac{1}{3} - \frac{1}{5} = \frac{2}{15}.$$

3. 解: $\displaystyle\int_1^{+\infty} \frac{1}{(1+x)\ln^2(1+x)} dx = \lim_{b\to+\infty} \int_1^b \frac{d\ln(1+x)}{\ln^2(1+x)} = -\lim_{b\to+\infty} \frac{1}{\ln(1+x)}\bigg|_1^b$

$$= -\lim_{b\to+\infty}\left[\frac{1}{\ln(1+b)} - \frac{1}{\ln 2}\right] = \frac{1}{\ln 2}.$$

五、应用题

1.(10 分) 平面图形 S 由曲线 $y^2 = x$ 与 $y = x^3$ 所围成.

解: 令 $\begin{cases} y^2 = x \\ y = x^3 \end{cases}$,解得 $\begin{cases} x = 0 \\ y = 0 \end{cases}$ 和 $\begin{cases} x = 1 \\ y = 1 \end{cases}$.

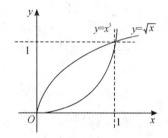

(1)所求面积为

$$S = \int_0^1 (\sqrt{x} - x^3)\, dx = \left(\frac{2}{3}x^{\frac{3}{2}} - \frac{1}{4}x^4\right)\bigg|_0^1 = \frac{5}{12};$$

(2)图形 S 饶 x 轴旋转所得体积为

$$V_x = \pi\int_0^1 \left[(\sqrt{x})^2 - (x^3)^2\right]dx = \pi\int_0^1 (x - x^6)\, dx = \pi\left(\frac{1}{2}x^2 - \frac{1}{7}x^7\right)\bigg|_0^1 = \frac{5}{14}\pi$$

2.(15 分) 产品总成本函数 $C(x,y) = 2x^2 + xy + 2y^2$,产量限额 $x + 2y = 18$.

解: 两产品销售价分别为 $p_A = 12$ 元,$p_B = 18$ 元时,利润函数为

$$L(x,y) = R(x,y) - C(x,y) = p_A x + p_B y - C(x,y) = (12x + 18y) - 2x^2 - xy - 2y^2.$$

在约束条件为 $\varphi(x,y) = x + 2y - 18 = 0$ 的条件下,设拉格朗日函数

$$F(x,y,\lambda) = 12x + 18y - 2x^2 - xy - 2y^2 + \lambda(x + 2y - 18).$$

求偏导并令等于 0,得 $\begin{cases} F_x = 12 - 4x - y + \lambda = 0; \\ F_y = 18 - x - 4y + 2\lambda = 0; \\ F_\lambda = x + 2y - 18 = 0. \end{cases}$ 解得 $x = 3, y = \frac{15}{2}$,故 $\left(3, \frac{15}{2}\right)$ 是唯

一驻点,也是最大值点,从而当产品 A 生产 3 千件,产品 B 生产 7.5 千件时,利润最大为

$$L\left(3, \frac{15}{2}\right) = 18(万元)$$

2.《微积分》(第五、六章) 阶段试卷 2 及其解答

《微积分》(第五、六章) 阶段试卷 2

一、填空(每小题 4 分,共 12 分)

1. 二元函数 $z = \dfrac{\ln(x-y)}{\sqrt{x^2+y^2-1}}$ 的定义域为_____,是_____ 区域.

2. 若 $f(x,y) = \dfrac{x^2+y^2}{2xy}$,则 $f(2,-3) =$ _____,$f(1, \dfrac{y}{x}) =$ _____.

3. $\mathrm{d}[\arctan(xy)] =$ _____.

二、单项选择(每小题 4 分,共 16 分)

1. 在空间直角坐标系下,二次曲面 $\dfrac{x^2}{4} + \dfrac{y^2}{9} - \dfrac{z^2}{16} = -1$ 的图形为( ).

A. 双曲抛物面;　　　　　　　　B. 单叶双曲面;

C. 双叶双曲面;　　　　　　　　D. 二次锥面.

2. 函数 $z = f(x,y)$ 在点 (x_0,y_0) 处连续是在点 (x_0,y_0) 处偏导数存在的( ).

A. 充分条件;　　　　　　　　B. 必要条件;

C. 充要条件;　　　　　　　　D. 既非充分条件又非必要条件

3. 若 $\int f(x)\mathrm{d}x = F(x) + C$,则 $\int_1^2 \dfrac{f(\ln x)}{x}\mathrm{d}x = ($).

A. $f(2) - f(1)$;　　　　　　　　B. $f(\ln 2) - f(0)$;

C. $F(2) - F(1)$;　　　　　　　　D. $F(\ln 2) - F(0)$.

4. 下列广义积分收敛的是( ).

A. $\displaystyle\int_1^2 \dfrac{1}{(x-1)^2}\mathrm{d}x$;　　　　　　B. $\displaystyle\int_1^2 \dfrac{1}{\sqrt[3]{x-1}}\mathrm{d}x$;

C. $\displaystyle\int_1^{+\infty} \dfrac{1}{\sqrt[3]{x^2}}\mathrm{d}x$;　　　　　　D. $\displaystyle\int_1^{+\infty} \dfrac{1}{x}\mathrm{d}x$.

三、计算(每小题 7 分,共 21 分)

1. 求 $\lim\limits_{\substack{x\to 1 \\ y\to 0}} \dfrac{\ln(xy+1)}{x^2 y(x+y+1)}$

2. 设二元函数 f 有连续偏导函数,$z = f(x, \dfrac{x}{y})$,求 $\dfrac{\partial z}{\partial x}, \dfrac{\partial z}{\partial y}, \dfrac{\partial^2 z}{\partial x\partial y}$.

3. 设方程 $\mathrm{e}^{xz} = 1 + z\ln y$ 确定二元隐函数 $z = f(x,y)$,求偏导数 $\dfrac{\partial z}{\partial x}, \dfrac{\partial z}{\partial y}$ 及全微分 $\mathrm{d}z$.

四、求定积分(每小题 6 分,共 24 分)

1. $\displaystyle\int_0^2 |x-1|\,\mathrm{d}x$;　　　　　　　　2. $\displaystyle\int_1^e \dfrac{\ln x}{x}\mathrm{d}x$;

3. $\displaystyle\int_0^1 x\sqrt{1-x^2}\,\mathrm{d}x$;　　　　　　4. $\displaystyle\int_0^{\frac{\pi^2}{4}} \cos\sqrt{x}\,\mathrm{d}x$.

五、应用题

1.(7 分) 求极限　　$\lim\limits_{x\to 0} \dfrac{1}{x^2}\displaystyle\int_0^{x^2}(1+t^2)\,\mathrm{d}t$.

2.（10 分）求曲线 $y = x^2$ 与 $x = y^2$ 所围平面图形 S 分别绕 x 轴和 y 轴旋转所得的体积.

3.（10 分）求函数 $z = x^2 + 3y^2$ 在条件 $x + 3y = 1$ 下的极值.

《微积分》(第五、六章) 阶段试卷 2(参考答案)

一、填空(每小题 4 分，共 12 分)

1. 二元函数 $z = \dfrac{\ln(x-y)}{\sqrt{x^2 + y^2 - 1}}$ 的定义域为 $\underline{\{(x,y) \mid x^2 + y^2 > 1, y < x\}}$，是 $\underline{\text{开}}$ 区域.

2. 若 $f(x,y) = \dfrac{x^2 + y^2}{2xy}$，则 $f(2,-3) = \underline{-\dfrac{13}{12}}$，$f\left(1, \dfrac{y}{x}\right) = \underline{\quad f(x,y) \quad}$.

3. $\mathrm{d}\left[\arctan(xy)\right] \dfrac{= \dfrac{\mathrm{d}(xy)}{1 + (xy)^2} = \dfrac{y\mathrm{d}x + x\mathrm{d}y}{1 + (xy)^2}}{}$.

二、单项选择(每小题 4 分，共 16 分)

1. 二次曲面 $\dfrac{x^2}{4} + \dfrac{y^2}{9} - \dfrac{z^2}{16} = -1$ 的图形为（ C ）：双叶双曲面.

2. 函数 $z = f(x,y)$ 在点 (x_0, y_0) 处连续是在该点处偏导数存在的（ D ）：既非充分又非必要条件.

3. 若 $\displaystyle\int f(x)\mathrm{d}x = F(x) + C$，则 $\displaystyle\int_1^2 \dfrac{f(\ln x)}{x}\mathrm{d}x = \int_1^2 f(\ln x)\mathrm{d}\ln x =$ （ D ）：$F(\ln 2) - F(0)$.

4. 下列广义积分收敛的是（ B ）：$\displaystyle\int_1^2 \dfrac{1}{\sqrt[3]{x-1}}\mathrm{d}x$，其中 $x = 1$ 是瑕点.

三、计算(每小题 7 分，共 21 分)

1. **解**：$\displaystyle\lim_{\substack{x \to 1 \\ y \to 0}} \dfrac{\ln(xy+1)}{x^2 y(x+y+1)} \xlongequal{u = xy \to 0} \dfrac{\displaystyle\lim_{u \to 0}\ln(u+1)^{\frac{1}{u}}}{\displaystyle\lim_{\substack{x \to 1 \\ y \to 0}} x(x+y+1)} = \dfrac{1}{2}$.

2. **解**：$\dfrac{\partial z}{\partial x} = f_1' + \dfrac{1}{y}f_2'$，$\quad \dfrac{\partial z}{\partial y} = -\dfrac{x}{y^2}f_2'$，$\quad \dfrac{\partial^2 z}{\partial x \partial y} = -\dfrac{x}{y^2}f_{12}'' - \dfrac{x}{y^3}f_{22}'' - \dfrac{1}{y^2}f_2'$.

3. **解**：方程两边关于 x 求偏导，有 $(z + x z_x')\mathrm{e}^{xz} = z_x'\ln y \Rightarrow \dfrac{\partial z}{\partial x} = z_x' = \dfrac{z\mathrm{e}^{xz}}{\ln y - x\mathrm{e}^{xz}}$.

方程两边关于 y 求偏导，有 $xz_y'\mathrm{e}^{xz} = \dfrac{z}{y} + z_y'\ln y \Rightarrow \dfrac{\partial z}{\partial y} = z_y' = \dfrac{z}{y(x\mathrm{e}^{xz} - \ln y)}$.

最后得 $\quad \mathrm{d}z = \dfrac{\partial z}{\partial x}\mathrm{d}x + \dfrac{\partial z}{\partial y}\mathrm{d}y = \dfrac{z\mathrm{e}^{xz}}{\ln y - x\mathrm{e}^{xz}}\mathrm{d}x + \dfrac{z}{y(x\mathrm{e}^{xz} - \ln y)}\mathrm{d}y$.

四、求定积分(每小题 6 分，共 24 分)

1. **解 1**：$\displaystyle\int_0^2 |x-1|\mathrm{d}x = \int_0^1 (1-x)\mathrm{d}x + \int_1^2 (x-1)\mathrm{d}x = \left(x - \dfrac{1}{2}x^2\right)\Big|_0^1 + \left(\dfrac{1}{2}x^2 - x\right)\Big|_1^2 = 1$.

解 2：$\displaystyle\int_0^2 |x-1|\mathrm{d}x \xlongequal{t = x-1} \int_{-1}^1 |t|\mathrm{d}t = 2\int_0^1 t\mathrm{d}t = t^2\Big|_0^1 = 1$.

2. **解**：$\displaystyle\int_1^e \dfrac{\ln x}{x}\mathrm{d}x = \int_1^e \ln x\,\mathrm{d}\ln x = \dfrac{1}{2}\ln^2 x\Big|_1^e = \dfrac{1}{2}$.

3. **解**：令 $x = \sin t$，$\mathrm{d}x = \cos t\,\mathrm{d}t$，则当 $x = 0$ 时 $t = 0$；当 $x = 1$ 时 $t = \dfrac{\pi}{2}$，于是

$$\int_0^1 x\sqrt{1-x^2}\,\mathrm{d}x = \int_0^{\frac{\pi}{2}} \sin t\cos^2 t\,\mathrm{d}t = -\int_0^{\frac{\pi}{2}} \cos^2 t\,\mathrm{d}\cos t = -\left(\frac{1}{3}\cos^3 t\right)\Big|_0^{\frac{\pi}{2}} = \frac{1}{3}.$$

4. 解： 令 $t = \sqrt{x}, \mathrm{d}x = 2t\mathrm{d}t$，则当 $x = 0$ 时 $t = 0$；当 $x = \dfrac{\pi^2}{4}$ 时 $t = \dfrac{\pi}{2}$，于是

$$\int_0^{\frac{\pi^2}{4}} \cos\sqrt{x}\,\mathrm{d}x = 2\int_0^{\frac{\pi}{2}} t\cos t\,\mathrm{d}t = 2\int_0^{\frac{\pi}{2}} t\mathrm{d}\sin t = 2(t\sin t)\Big|_0^{\frac{\pi}{2}} - 2\int_0^{\frac{\pi}{2}} \sin t\,\mathrm{d}t = \pi + 2\cos t\Big|_0^{\frac{\pi}{2}} = \pi - 2.$$

五、应用题（共 27 分）

1. 解： $\displaystyle\lim_{x\to 0}\frac{1}{x^2}\int_0^{x^2}(1+t^2)\,\mathrm{d}t = \lim_{x\to 0}\frac{1}{(x^2)'}\left[\int_0^{x^2}(1+t^2)\,\mathrm{d}t\right]' = \lim_{x\to 0}\frac{2x(1+x^4)}{2x} = 1.$

2. 平面图形 S 由曲线 $y = x^2$ 与 $x = y^2$ 所围，它分别绕 x 和 y 轴旋转所得体积为

$$V_x = \pi\int_0^1\left[(\sqrt{x})^2 - (x^2)^2\right]\mathrm{d}x = \pi\int_0^1 (x - x^4)\,\mathrm{d}x = \pi\left(\frac{1}{2}x^2 - \frac{1}{5}x^5\right)\Big|_0^1 = \frac{3}{10}\pi.$$

$$V_y = \pi\int_0^1\left[(\sqrt{y})^2 - (y^2)^2\right]\mathrm{d}y = \pi\int_0^1 (y - y^4)\,\mathrm{d}y = \pi\left(\frac{1}{2}y^2 - \frac{1}{5}y^5\right)\Big|_0^1 = \frac{3}{10}\pi.$$

3. 解 1： 函数 $z = x^2 + 3y^2$ 在条件 $x + 3y = 1$ 下设 $L(x,y,\lambda) = x^2 + 3y^2 + \lambda(x + 3y - 1)$，则

$$\begin{cases} L_x(x,y,\lambda) = 2x + \lambda, \\ L_y(x,y,\lambda) = 6y + 3\lambda, \\ L_\lambda(x,y,\lambda) = x + 3y - 1. \end{cases} \qquad 令 \qquad \begin{cases} L_x = 2x + \lambda = 0, \\ L_y = 6y + 3\lambda = 0, \\ L_\lambda = x + 3y - 1 = 0 \end{cases}$$

解得 $x = y = \dfrac{1}{4}$，即的驻点 $\left(\dfrac{1}{4}, \dfrac{1}{4}\right)$. 又 $z'_x = 2x$，$z'_y = 6y$，由此得

$$A = z''_{xx} = 2, \quad B = z''_{xy} = 0, \quad C = z''_{yy} = 6,$$

则 $B^2 - AC = -12 < 0$. 又 $A = 2 > 0$，所以 $\left(\dfrac{1}{4}, \dfrac{1}{4}\right)$ 为极小值点，其对应极小值为

$$z_{\min} = (x^2 + 3y^2)\Big|_{\left(\frac{1}{4}, \frac{1}{4}\right)} = \frac{1}{4}.$$

解 2： 由条件得 $x = 1 - 3y$，代入所给函数得到一元函数 $z = 1 - 6y + 12y^2$. 求导数并令为 0 得 $z'_y = 24y - 6 = 0$，解得 $y = \dfrac{1}{4}$，又 $z''_{yy} = 24 > 0$，故函数有极小值，从而为最小值：

$$z\Big|_{\frac{1}{4}} = \left[(1 - 3y)^2 + 3y^2\right]_{\frac{1}{4}} = \frac{1}{4}.$$

Ⅳ.《微积分》（第七、八、九章）阶段试卷及其解答

1.《微积分》（第七、八、九章）阶段试卷 1 及其解答

《微积分》（第七、八、九章）阶段试卷 1

一、填空（每小题 4 分，共 20 分）

1. 若平面区域 D 是以 $A(0,1), B(2,1), C(2,0)$ 为顶点的三角形区域，则 $\displaystyle\iint_D \mathrm{d}x\mathrm{d}y =$ _____.

2. 设区域 $D = \{(x,f) \mid 0 \leqslant x \leqslant 1, 0 \leqslant y \leqslant x^2\}$，则 $\iint_D x\,\mathrm{d}x\mathrm{d}y = $ _____.

3. 若 $u_n = \dfrac{n^2}{3n^2+1}$，则级数 $\sum\limits_{n=1}^{\infty} u_n$ 的敛散性为 _____.

4. 几何级数 $\sum\limits_{n=0}^{\infty} aq^n (a > 0)$ 当 _____ 时收敛，其和为 _____.

5. 设二阶常系数齐次线性微分方程的特征根为 $r_1 = 0, r_2 = 2$，则该方程是 _____.

二、单项选择（每小题 4 分，共 20 分）

1. $\int_0^1 \mathrm{d}x \int_x^1 f(x,y)\mathrm{d}y$ 交换积分次序后为（　　）.

A. $\int_0^1 \mathrm{d}y \int_y^0 f(x,y)\mathrm{d}$;　　　　　　　B. $\int_0^1 \mathrm{d}y \int_0^y f(x,y)\mathrm{d}x$;

C. $\int_0^1 \mathrm{d}y \int_y^1 f(x,y)\mathrm{d}x$;　　　　　　　D. $\int_0^1 \mathrm{d}y \int_1^y f(x,y)\mathrm{d}x$.

2. 设平面区域 $D: x^2 + y^2 \leqslant 4$，则 $\iint_D (x^2 + y^2)\mathrm{d}x\mathrm{d}y = $（　　）.

A. 2π;　　　　　　　　　　　　B. 4π;

C. 6π;　　　　　　　　　　　　D. 8π.

3. 幂级数 $\sum\limits_{n=1}^{\infty} \dfrac{1}{3^n n} x^n$ 的收敛半径为（　　）.

A. 1;　　　　　　　　　　　　　B. 2;

C. 3;　　　　　　　　　　　　　D. 4.

4. 微分方程 $x^2\mathrm{d}x + y^2\mathrm{d}y = 0$，满足 $y|_{x=1} = 1$ 的特解是（　　）.

A. $x^3 + y^3 = 2$;　　　　　　　B. $x^2 + y^2 = 2$;

C. $x^3 + y^3 = 1$;　　　　　　　D. $x^2 + y^2 = 1$.

5. 二阶微分方程 $y'' + y' - 6y = 0$ 的通解是（　　）（其中 C_1、C_2 为任意常数）.

A. $Y = C_1 \mathrm{e}^{2x} + C_2 \mathrm{e}^{3x}$;　　　　　B. $Y = C_1 \mathrm{e}^{-2x} + C_2 \mathrm{e}^{3x}$;

C. $Y = C_1 \mathrm{e}^{2x} + C_2 \mathrm{e}^{-3x}$;　　　　　D. $Y = C_1 \mathrm{e}^{-2x} + C_2 \mathrm{e}^{-3x}$.

三、计算积分（共 18 分）

1.（8 分）计算二重积分 $\iint_D \dfrac{y}{x}\mathrm{d}x\mathrm{d}y$，其中区域 D 由直线 $x = 1$、$x = 2$、$y = 1$ 和 x 轴所围.

2.（10 分）计算 $\iint_D \mathrm{e}^{x^2+y^2}\mathrm{d}x\mathrm{d}y$，其中区域 $D = \{(x,y) \mid x^2 + y^2 \leqslant 1\}$.

四、级数敛散性判别与求和（共 22 分）

1.（7 分）判别正项级数 $\sum\limits_{n=1}^{\infty} \sin\dfrac{1}{n!}$ 的敛散性.

2.（7 分）判别任意项级数 $\sum\limits_{n=2}^{\infty} \dfrac{(-1)^n}{\sqrt{n(n+1)}}$ 的敛散性，若收敛要说明条件收敛或绝对收敛.

3.（8 分）求幂级数 $\sum\limits_{n=0}^{\infty}(n+1)x^n$ 的和函数，以此求级数 $\sum\limits_{n=0}^{\infty}\dfrac{n+1}{2^n}$ 之和.

五、方程求解（每小题 10 分，共 20 分）

1. 求一阶非齐次线性微分方程 $y'+y\cdot\sin x=\mathrm{e}^{\cos x}$ 的通解.

2. 求微分方程 $y''-2y'-3y=3x+1$ 的通解.

《微积分》（第七、八、九章）阶段试卷 1（参考答案）

一、填空（每小题 4 分，共 20 分）

1. 区域 D 是以 $A(0,1)$，$B(2,1)$，$C(2,0)$ 为顶点的三角形，则其面积 $\iint_D \mathrm{d}x\mathrm{d}y=$ ___1___.

2. $\iint_D x\mathrm{d}x\mathrm{d}y=\int_0^1\mathrm{d}x\int_0^{x^2}x\mathrm{d}y=\int_0^1 x^3\mathrm{d}x=\left.\dfrac{1}{4}x^4\right|_0^1=$ ___$\dfrac{1}{4}$___.

3. 因 $u_n=\dfrac{n^2}{3n^2+1}\xrightarrow[n\to\infty]{}\dfrac{1}{3}\neq0$，故级数 $\sum\limits_{n=1}^{\infty}u_n$ 的敛散性为 ___发散___.

4. 几何级数 $\sum\limits_{n=0}^{\infty}aq^n(a>0)$ 当 ___$|q|<1$___ 时收敛，其和为 ___$\dfrac{a}{1-q}$___.

5. 二阶常系数齐次线性微分方程的特征根为 $r_1=0$，$r_2=2$，方程是 ___$y''-2y'=0$___.

二、单项选择（每小题 4 分，共 20 分）

1.（　B　）：区域 D：$\begin{cases}0\leqslant x\leqslant 1,\\ x\leqslant y\leqslant 1\end{cases}\Rightarrow\begin{cases}0\leqslant y\leqslant 1,\\ 0\leqslant x\leqslant y,\end{cases}$ 得 $\int_0^1\mathrm{d}x\int_x^1 f(x,y)\mathrm{d}y=\int_0^1\mathrm{d}y\int_0^y f(x,y)\mathrm{d}x$.

2.（　D　）：$\iint_D(x^2+y^2)\mathrm{d}x\mathrm{d}y=\int_0^{2\pi}\mathrm{d}\theta\int_0^2 r^3\mathrm{d}r=\dfrac{1}{4}\int_0^{2\pi}\left(\left.r^4\right|_0^2\right)\mathrm{d}\theta=8\pi$.

3.（　C　）：收敛半径 $R=\lim\limits_{n\to\infty}\dfrac{a_n}{a_{n+1}}=\lim\limits_{n\to\infty}\dfrac{3^{n+1}(n+1)}{3^n n}=\lim\limits_{n\to\infty}\dfrac{3(n+1)}{n}=3$.

4.（　A　）：$x^3+y^3=2$ 使 $y|_{x=1}=1$，且取微分得 $\mathrm{d}(x^3+y^3)=x^2\mathrm{d}x+y^2\mathrm{d}y=0$.

5.（　C　）：特征方程 $r^2+r-6=0$ 的根为 $r_{1,2}=2,-3$；通解是 $Y=C_1\mathrm{e}^{2x}+C_2\mathrm{e}^{-3x}$.

三、计算积分（共 18 分）

1. **解：** 原式 $=\int_1^2\mathrm{d}x\int_0^1\dfrac{y}{x}\mathrm{d}y=\dfrac{1}{2}\int_1^2\dfrac{1}{x}\left(y^2|_0^1\right)\mathrm{d}x=\dfrac{1}{2}\int_1^2\dfrac{1}{x}\mathrm{d}x=\dfrac{1}{2}\ln x|_1^2=\dfrac{1}{2}\ln 2$.

【注】 可直接化为两个一元积分乘积：原式 $=\int_1^2\mathrm{d}x\int_0^1\dfrac{y}{x}\mathrm{d}y=\left(\int_1^2\dfrac{1}{x}\mathrm{d}x\right)\left(\int_0^1 y\mathrm{d}y\right)=\dfrac{1}{2}\ln 2$.

2. **解：** 选用极坐标，D 可表示为 $0\leqslant\theta\leqslant 2\pi$，$0\leqslant r\leqslant 1$，于是

$$\iint_D\mathrm{e}^{x^2+y^2}\mathrm{d}x\mathrm{d}y=\iint_D\mathrm{e}^{r^2}\cdot r\mathrm{d}r\mathrm{d}\theta=\int_0^{2\pi}\mathrm{d}\theta\int_0^1\mathrm{e}^{r^2}\cdot r\mathrm{d}r=\dfrac{1}{2}\int_0^{2\pi}\left(\mathrm{e}^{r^2}|_0^1\right)\mathrm{d}\theta=\pi(\mathrm{e}-1).$$

四、级数敛散性判别与求和（共 22 分）

1. **解：** 因 $\lim\limits_{n\to\infty}\dfrac{u_{n+1}}{u_n}=\lim\limits_{n\to\infty}\dfrac{\sin\dfrac{1}{(n+1)!}}{\sin\dfrac{1}{n!}}=\lim\limits_{n\to\infty}\dfrac{\dfrac{1}{(n+1)!}}{\dfrac{1}{n!}}=\lim\limits_{n\to\infty}\dfrac{1}{n+1}=0<1$，根据比值

判别法,级数 $\displaystyle\sum_{n=1}^{\infty}\sin\frac{1}{n!}$ 收敛.

2. 解: 记 $u_n=\dfrac{(-1)^n}{\sqrt{n(n+1)}}$. 因 $|u_n|\geqslant\dfrac{1}{\sqrt{(n+1)(n+2)}}=|u_{n+1}|\to 0\quad(n\to\infty)$,故

根据莱布尼兹定理,交错级数 $\displaystyle\sum_{n=2}^{\infty}\dfrac{(-1)^n}{\sqrt{n(n+1)}}$ 收敛. 又 $\dfrac{|u_n|}{\frac{1}{n}}=\dfrac{1}{\sqrt{1+\frac{1}{n}}}\xrightarrow{n\to\infty}1$,故 $\sum|u_n|$ 与

$\displaystyle\sum\dfrac{1}{n}$ 同敛散. 而调和级数 $\displaystyle\sum_{n=2}^{\infty}\dfrac{1}{n}$ 发散,故级数 $\displaystyle\sum_{n=2}^{\infty}|u_n|$ 发散.

综上所述,原级数 $\displaystyle\sum_{n=2}^{\infty}\dfrac{(-1)^n}{\sqrt{n(n+1)}}$ 条件收敛.

3. 解: 令 $s(x)=\displaystyle\sum_{n=0}^{\infty}(n+1)x^n$,则由级数展开式立得

$$\int_0^x s(t)\,\mathrm{d}t=\sum_{n=0}^{\infty}(n+1)\int_0^x t^n\,\mathrm{d}t=\sum_{n=0}^{\infty}x^{n+1}=\frac{1}{1-x}-1=\frac{x}{1-x},\quad x\in(-1,1),$$

$$s(x)=\frac{\mathrm{d}}{\mathrm{d}x}\frac{x}{1-x}=\frac{1}{(1-x)^2},\quad x\in(-1,1).$$

取 $x=\dfrac{1}{2}$,最后得 $\displaystyle\sum_{n=0}^{\infty}\dfrac{n+1}{2^n}=s\left(\dfrac{1}{2}\right)=\dfrac{1}{\left(1-\frac{1}{2}\right)^2}=4.$

五、方程求解(每小题 10 分,共 20 分)

1. 解: 先解齐次方程 $y'+y\cdot\sin x=0$,分离变量为 $\dfrac{\mathrm{d}y}{y}=-\sin x\,\mathrm{d}x$,两边积分得

$\displaystyle\int\frac{\mathrm{d}y}{y}=-\int\sin x\,\mathrm{d}x$,即 $\ln y=\cos x+C_1$,由此得齐次方程通解 $y=C\mathrm{e}^{\cos x}\quad(C=\pm\mathrm{e}^{C_1})$.

令 $C=C(x)$,代入上式得 $y=C(x)\mathrm{e}^{\cos x}$ 和 $y'=C'(x)\mathrm{e}^{\cos x}-C(x)\sin x\cdot\mathrm{e}^{\cos x}$. 将它们代入原方程得 $C'(x)=1$,解得 $C(x)=x+C$. 最后得原方程 $y'+y\cdot\sin x=\mathrm{e}^{\cos x}$ 的通解

$$y=(x+C)\mathrm{e}^{\cos x}\quad(C\text{ 为任意常数}).$$

2. 解: 原方程的特征为 $r^2-2r-3=0$,特征根为 $r=-1,r=3$,故原方程所对应的线性齐次方程为 $y''-2y'-3y=0$ 的通解为 $Y=C_1\mathrm{e}^{-x}+C_1\mathrm{e}^{3x}$.

注意原方程自由项 $f(x)=3x+1$,而 $\lambda=0$ 不是特征根,故设方程的特解为

$$y^*=ax+b,$$

得 $y^{*\prime}=a,y^{*\prime\prime}=0$. 代入原方程得 $-3ax-2a-3b=3x+1$,解得 $a=-1,b=\dfrac{1}{3}$,故

$$y^*=-x+\frac{1}{3}.$$

所以原方程 $y''-2y'-3y=3x+1$ 的通解为 $y=y^*+Y=-x+\dfrac{1}{3}+C_1\mathrm{e}^{-x}+C_2\mathrm{e}^{3x}.$

2.《微积分》(第七、八、九章) 阶段试卷 2 及其解答

《微积分》(第七、八、九章) 阶段试卷 2

一、填空(每小题 4 分, 共 20 分)

1. 若区域 D 由 $x + y = 1$ 和两坐标轴所围成, 比较积分大小

$$\iint_D \sqrt{x+y}\,\mathrm{d}x\mathrm{d}y \underline{\qquad\qquad} \iint_D (x+y)\,\mathrm{d}x\mathrm{d}y.$$

2. 若平面区域 D 是半径为 2 的圆所围成的区域, 则 $S = \iint_D 3\mathrm{d}x\mathrm{d}y = \underline{\qquad}$.

3. 若级数 $\sum\limits_{n=1}^{\infty} u_n$ 的 n 次部分和为 $s_n = \dfrac{n}{n+1}$, 则 $u_n = \underline{\qquad}$.

4. 级数 $\sum\limits_{n=1}^{\infty} \dfrac{1}{(2n+1)(2n+3)}$ 的和为 $\underline{\qquad}$.

5. 二阶微分方程的 $y'' + 2y' + 5y = 0$ 通解是 $\underline{\qquad\qquad\qquad\qquad}$.

二、单项选择(每小题 4 分, 共 20 分)

1. 交换二次积分的积分次序: $\int_0^1 \mathrm{d}x \int_{x^2}^1 f(x,y)\mathrm{d}y = (\qquad)$.

A. $\int_0^1 \mathrm{d}y \int_{y^2}^1 f(x,y)\mathrm{d}x$; 　　　　　B. $\int_0^1 \mathrm{d}y \int_0^y f(x,y)\mathrm{d}x$;

C. $\int_0^1 \mathrm{d}y \int_0^{\sqrt{y}} f(x,y)\mathrm{d}x$; 　　　　D. $\int_0^1 \mathrm{d}y \int_1^{y^2} f(x,y)\mathrm{d}x$.

2. 设平面区域 $D: 1 \leqslant x^2 + y^2 \leqslant 9$, 则 $\iint_D f(\sqrt{x^2+y^2})\mathrm{d}x\mathrm{d}y$ 化为极坐标下积分为 ($\qquad$).

A. $2\pi \int_1^3 rf(r)\mathrm{d}r$; 　　　　　B. $2\pi \int_1^3 f(r)\mathrm{d}r$;

C. $\pi \int_1^3 rf(r)\mathrm{d}r$; 　　　　　D. $\pi \int_1^3 f(r)\mathrm{d}r$.

3. 级数 $\sum\limits_{n=1}^{\infty} (-1)^{n-1} \dfrac{1}{\sqrt{n+1}}$ 为 ($\qquad$).

A. 发散; 　　　　　　　　　　B. 绝对收敛;

C. 条件收敛; 　　　　　　　　D. 无法判别.

4. 微分方程 $y' + y\tan x = \cos x$ 的解有 ($\qquad$).

A. $y = x + 1$; 　　　　　　　B. $y = (x+1)\cos x$;

C. $y = (x+1)\tan x$; 　　　　D. $y = (x+1)\mathrm{e}^x$.

5. 设二阶常系数微分方程 $y'' + py' + qy = 0$ 的通解为 $y = C_1\mathrm{e}^{-x} + C_2\mathrm{e}^{2x}$, 那么 ($\qquad$).

A. $p = 1, q = 2$; 　　　　　　B. $p = -1, q = 2$;

C. $p = 1, q = -2$; 　　　　　D. $p = -1, q = -2$.

三、计算积分(共 18 分)

1. (8 分) 求积分 $\iint_D x\sin(xy)\mathrm{d}x\mathrm{d}y$, 其中 D 为直线 $x = \dfrac{\pi}{2}$、$y = 1$ 与两个坐标轴所围的区域.

2.(10 分)计算积分 $\iint_D (x+y)\mathrm{d}\sigma$,其中 D 为直线 $y=x$ 与抛物线 $y=x^2$ 所围的闭区域.

四、判别下列级数收敛与发散性(共 22 分)

1.(7 分)判别任意项级数 $\sum\limits_{n=1}^{\infty}(-1)^{n-1}\sin\dfrac{1}{n^2}$ 的敛散性,收敛时要说明条件收敛或绝对收敛.

2.(7 分)设有正项级数 $\sum\limits_{n=2}^{\infty}\dfrac{n^n}{n!\,a^n}(a>0)$,问 a 取何值时级数收敛? a 取何值时级数发散?

3.(8 分)求幂级数的收敛域: $\sum\limits_{n=1}^{\infty}\dfrac{1}{2^n n}x^n$.

五、方程求解(每小题 10 分,共 20 分)

1. 求一阶齐次微分方程 $x\mathrm{d}y-(y+x^2\mathrm{e}^{x-\frac{y}{x}})\mathrm{d}x=0$ 的通解.
2. 求方程 $y''-4y=\sin x$ 的通解.

《微积分》(第七、八、九章) 阶段试卷 2(参考答案)

一、填空(每小题 4 分,共 20 分)

1. 由 $0\leqslant x+y\leqslant 1$ 得知积分 $\iint_D\sqrt{x+y}\,\mathrm{d}x\mathrm{d}y\geqq\iint_D(x+y)\mathrm{d}x\mathrm{d}y$.

2. 若平面区域 D 是半径为 2 的圆所围成的区域,则 $S=\iint_D 3\mathrm{d}x\mathrm{d}y=$ ___12π___.

3. $s_n=\dfrac{n}{n+1},u_1=s_1,u_n=s_n-s_{n-1}(n>1)\ \Rightarrow\ u_n=$ ___$\dfrac{1}{n(n+1)}$___.

4. $\sum\limits_{n=1}^{\infty}\dfrac{1}{(2n+1)(2n+3)}=\lim\limits_{m\to\infty}\sum\limits_{n=1}^{m}\dfrac{1}{(2n+1)(2n+3)}\lim\limits_{m\to\infty}\dfrac{1}{2}\sum\limits_{n=1}^{m}\left(\dfrac{1}{2n+1}-\dfrac{1}{2n+3}\right)$
$==\lim\limits_{m\to\infty}\dfrac{1}{2}\left(\dfrac{1}{3}-\dfrac{1}{2m+3}\right)=$ ___$\dfrac{1}{6}$___.

5. 特征方程 $r^2+2r+5=0$ 的根为 $r=-1\pm2\mathrm{i}$;通解是 $Y=\mathrm{e}^{-x}(C_1\cos2x+C_2\sin2x)$.

二、单项选择(每小题 4 分,共 20 分)

1.(C):区域 $D\begin{cases}0\leqslant x\leqslant1,\\x^2\leqslant y\leqslant1\end{cases}\Rightarrow\begin{cases}0\leqslant y\leqslant1,\\0\leqslant x\leqslant\sqrt{y},\end{cases}$ 得 $\int_0^1\mathrm{d}x\int_{x^2}^1 f(x,y)\mathrm{d}y=\int_0^1\mathrm{d}y\int_0^{\sqrt{y}}f(x,y)\mathrm{d}x$.

2.(A): $D:1\leqslant x^2+y^2\leqslant9$,极坐标下 $\iint_D f(\sqrt{x^2+y^2})\mathrm{d}x\mathrm{d}y=2\pi\int_1^3 rf(r)\mathrm{d}r$.

3.(C): $\dfrac{1}{\sqrt{n+1}}\geqslant\dfrac{1}{\sqrt{n+2}}\xrightarrow{n\to\infty}0$,莱布尼兹级数 $\sum\limits_{n=1}^{\infty}(-1)^{n-1}\dfrac{1}{\sqrt{n+1}}$ 条件收敛.

4.(B): $y=(x+1)\cos x,\ y'=\cos x-(x+1)\sin x\Rightarrow y'+y\tan x=\cos x$.

5.(D):特征方程 $r^2+pr+q=0$ 的解 $r_{1,2}=-1,2$;那么 $p=-1,q=-2$.

三、计算积分(共 18 分)

1. **解**: $D:0\leqslant x\leqslant\dfrac{\pi}{2},0\leqslant y\leqslant1$,故

$$\iint_D x\sin(xy)\mathrm{d}x\mathrm{d}y = \int_0^{\frac{\pi}{2}}\mathrm{d}x\int_0^1 x\sin(xy)\mathrm{d}y = \int_0^{\frac{\pi}{2}}\mathrm{d}x\int_0^1\sin(xy)\mathrm{d}(xy)$$

$$= \int_0^{\frac{\pi}{2}}\left[-\cos(xy)\,\big|_0^1\right]\mathrm{d}x = \int_0^{\frac{\pi}{2}}(1-\cos x)\mathrm{d}x = \frac{\pi}{2}-\sin x\,\Big|_0^{\frac{\pi}{2}} = \frac{\pi}{2}-1.$$

2.(10 分) 计算二重积分 $\iint_D(x+y)\mathrm{d}\sigma$，其中 D 为直线 $y=x$ 与抛物线 $y=x^2$ 所围的闭区域.

解 1： 原式 $=\displaystyle\int_0^1\mathrm{d}x\int_{x^2}^x(x+y)\mathrm{d}y = \int_0^1\left(xy+\frac{1}{2}y^2\right)\Big|_{x^2}^x\mathrm{d}x$

$$= \int_0^1\left(\frac{3}{2}x^2-x^3-\frac{1}{2}x^4\right)\mathrm{d}x = \left(\frac{1}{2}x^3-\frac{1}{4}x^4-\frac{1}{10}x^5\right)\Big|_0^1 = \frac{3}{20}$$

解 2： 原式 $=\displaystyle\int_0^1\mathrm{d}y\int_y^{\sqrt{y}}(x+y)\mathrm{d}x = \int_0^1\left(\frac{1}{2}x^2+yx\right)\Big|_y^{\sqrt{y}}\mathrm{d}y$

$$= \int_0^1\left(\frac{1}{2}y+y^{\frac{3}{2}}-\frac{3}{2}y^2\right)\mathrm{d}y = \left(\frac{1}{4}y^2+\frac{2}{5}y^{\frac{5}{2}}-\frac{1}{2}y^3\right)\Big|_0^1 = \frac{3}{20}$$

四、判别下列级数收敛与发散性（共 22 分）

1. 解： 显然 $\displaystyle\lim_{x\to\infty}\frac{1}{n^2}=0$，则 $\sin\dfrac{1}{n^2}\sim\dfrac{1}{n^2}(x\to\infty)\left(\text{即}\ \lim_{x\to\infty}\frac{\sin(1/n^2)}{1/n^2}=\lim_{x\to\infty}\frac{1/n^2}{1/n^2}=1\right).$

根据比较判别法，两级数 $\sum\sin\dfrac{1}{n^2}$ 与 $\sum\dfrac{1}{n^2}$ 同敛散. 由于级数 $\displaystyle\sum_{n=1}^{\infty}\frac{1}{n^2}$ 是 $p=2>1$ 的 $p-$

级数，收敛. 故得级数 $\displaystyle\sum_{n=1}^{\infty}\sin\frac{1}{n^2}$ 收敛，从而原级数 $\displaystyle\sum_{n=1}^{\infty}(-1)^{n-1}\sin\frac{1}{n^2}$ 绝对收敛.

2. 解： 因 $\displaystyle\lim_{n\to\infty}\frac{u_{n+1}}{u_n}=\lim_{n\to\infty}\frac{(n+1)^{n+1}}{(n+1)!a^{n+1}}\cdot\frac{n!a^n}{n^n}=\lim_{n\to\infty}\frac{\left(1+\dfrac{1}{n}\right)^n}{a}=\frac{\mathrm{e}}{a}.$ 根据比值判别法，有：

(i) 若 $\dfrac{\mathrm{e}}{a}<1$，即 $a>\mathrm{e}$ 时，原级数 $\displaystyle\sum_{n=2}^{\infty}\frac{n^n}{n!a^n}$ 收敛；

(ii) 若 $\dfrac{\mathrm{e}}{a}>1$，即 $0<a<\mathrm{e}$ 时，当 $n\to\infty$ 有 $u_n\to\infty$，则原级数 $\displaystyle\sum_{n=2}^{\infty}\frac{n^n}{n!a^n}$ 发散.

3. 解： (i) $\because\rho=\displaystyle\lim_{n\to\infty}\frac{a_{n+1}}{a_n}=\lim_{n\to\infty}\frac{2^n n}{2^{n+1}(n+1)}=\frac{1}{2}$，$\therefore$ 取 $R=2$；

(ii) 当 $x=-2$ 时，原级数为 $\displaystyle\sum_{n=1}^{\infty}\frac{(-1)^n}{n}$，因 $|u_n|=\dfrac{1}{n}>\dfrac{1}{n+1}=|u_{n+1}|\xrightarrow[n\to\infty]{}0$，此级

数为莱布尼兹级数，收敛；

(iii) 当 $x=2$ 时，原级数为调和级数 $\displaystyle\sum_{n=1}^{\infty}\frac{1}{n}$，发散.

综上所述，幂级数 $\displaystyle\sum_{n=1}^{\infty}\frac{1}{2^n n}x^n$ 的收敛半径为 $R=2$；收敛区域是 $[-2,2)$.

五、方程求解（每小题 10 分，共 20 分）

1. 解： 方程 $x\mathrm{d}y-(y+x^2\mathrm{e}^{-\frac{y}{x}})\mathrm{d}x=0$ 可化为形如：$(*)\ \dfrac{\mathrm{d}y}{\mathrm{d}x}=\dfrac{y}{x}+x\mathrm{e}^{-\frac{y}{x}}$，作代换

$$u=\frac{y}{x}\qquad\Rightarrow\qquad \frac{\mathrm{d}y}{\mathrm{d}x}=x\frac{\mathrm{d}u}{\mathrm{d}x}+u,$$

代入方程 $(*)$ 得 $u+x\dfrac{\mathrm{d}u}{\mathrm{d}x}=u+x\mathrm{e}^{x-u}$，分离变量得 $\mathrm{e}^u\mathrm{d}u=\mathrm{e}^x\mathrm{d}x$，两边积分，得

$$\int e^u \, du = \int e^x \, dx \quad \Rightarrow \quad e^u = e^x + C \quad \Rightarrow \quad u = \ln(e^x + C),$$

最后得原方程得通解为 $y = x\ln(e^x + C)$ （C 为任意常数）.

2. 解： 特征方程为 $r^2 - 4 = 0$，其根为 $r = \pm 2$. 故原方程对应齐次方程的通解为

$$Y = C_1 e^{-2x} + C_1 e^{2x}$$

因原方程自由项 $f(x) = \sin x$，其对应的复数 $\lambda + \omega i \pm i$ 不是特征根，故设方程的特解为

$$y^* = A\sin x, \quad \Rightarrow \quad y^{*\prime} = A\sin x \quad \Rightarrow \quad y^{*\prime\prime} = -A\sin x.$$

将它们代入原方程得 $-5A\sin x = \sin x \quad \Rightarrow \quad A = -\dfrac{1}{5}.$ 于是 $y^* = -\dfrac{1}{5}\sin x.$

故原方程 $y'' - 4y = \sin x$ 的通解为 $y = y^* + Y = -\dfrac{1}{5}\sin x + C_1 e^{-2x} + C_2 e^{2x}.$

（二）知识竞赛试题及其解答

Ⅰ. 知识竞赛试题 1 及其解答

《微积分》知识竞赛试卷 1

一、填空题（本题共 5 小题，每小题 5 分，满分 25 分）

1. 设 $f(x) = x(x+1)(x+2)\cdots(x+n)$，则 $f'(0) = $ _____，$f^{(n+1)}(x) = $ _____.

2. 求极限 $\lim\limits_{x \to 0} \dfrac{\int_0^x \left[\int_0^t \arcsin(1+u)\,du\right]dt}{\ln(1+x^2)} = $ _____.

3. 设 f 二重可积，改变积分次序：$\int_0^1 dy \int_0^{2y^2} f(x,y)\,dx + \int_1^3 dy \int_0^{3-y} f(x,y)\,dx = $ _____.

4. 判别级数敛散性：$\sum\limits_{n=1}^{\infty} (-2)^n \ln\left(1+\dfrac{1}{3^n}\right)$ 是 _____.

5. 级数 $\sum\limits_{n=1}^{\infty} \dfrac{a^n \cdot n!}{n^n} (a>0)$ 当 _____ 时收敛；当 _____ 时发散.

二、计算题（本题共 5 小题，每小题 10 分，满分 50 分）

1. 设二元函数 f 具有二阶连续偏导数，求 $\dfrac{\partial^2}{\partial x \partial y}\left[x^2 \cdot f\left(\dfrac{1}{x}, xy\right)\right]$

2. 求幂级数 $\sum\limits_{n=1}^{\infty} \dfrac{x^n}{3^n \cdot n}$ 的和函数.

3. 设函数 $f(x)$ 在 $x=1$ 处连续. 已知 $\lim\limits_{x \to 1} \dfrac{f(x)-2x}{x-1} = 2$，求 $f(1)$ 和 $f'(1)$.

4. 求微分方程 $y'' - 2y' - 3y = 3xe^{2x}$ 的通解.

5. 求微分方程 $y'' + 2y' + 2y = e^{-x}\sin x$ 的通解.

三、应用题（本题共 3 小题，每小题 10 分，满分 30 分）

1. 某商品的需求函数为 $Q = 10 - \dfrac{p}{2}$，求：

(1) 需求价格弹性函数；

(2) 当 $p=5$ 时的需求价格弹性并说明其经济意义；

(3) 当 $p=10$ 时的需求价格弹性并说明其经济意义；

(4) 当 $p=15$ 时的需求价格弹性并说明其经济意义.

2. 作函数 $f(x)=\dfrac{2x^3+1}{4x^2}$ 的图形.

3. 求球体 $x^2+y^2+z^2\leqslant 4a^2$ 被圆柱面 $x^2+y^2=2ax(a>0)$ 所截得的(含在圆柱面内部的)立体的体积.

四、论证题(本题满分 $15=3+6+6$ 分)

设 $f(x)$ 在 $[a,b]$ 上连续,且 $f(x)>0,F(x)=\displaystyle\int_a^x f(t)\mathrm{d}t+\int_b^x \frac{1}{f(t)}\mathrm{d}t,x\in[a,b]$. 试证明：

(1) $F'(x)\geq 2$;

(2) 方程 $F(x)=0$ 在 (a,b) 内有唯一实根；

(3) 若方程 $F(x)=0$ 在 (a,b) 内的唯一实根恰为中点 $c=\dfrac{a+b}{2}$,则必存在一点 $\xi\in(a,b)$ 使得 $f(\xi)=1$.

《微积分》知识竞赛试卷 1(参考答案;120 分)

一、填空题(本题共 5 小题,每小题 5 分,满分 25 分)

1. 设 $f(x)=x(x+1)(x+2)\cdots(x+n)$,则 $f'(0)=\underline{\ n!\ }$,$f^{(n+1)}(x)=\underline{\ (n+1)!\ }$.

2. 求极限 $\displaystyle\lim_{x\to 0}\frac{\int_0^x\left[\int_0^t\arcsin(1+u)\mathrm{d}u\right]\mathrm{d}t}{\ln(1+x^2)}=\underline{\ \dfrac{\pi}{4}\ }$.

3. $\displaystyle\int_0^1\mathrm{d}y\int_0^{2y^2}f(x,y)\mathrm{d}x+\int_1^3\mathrm{d}y\int_0^{3-y}f(x,y)\mathrm{d}x=\underline{\ \displaystyle\int_1^2\mathrm{d}x\int_{\frac{\sqrt{2x}}{2}}^{3-x}f(x,y)\mathrm{d}y\ }$.

4. 判别级数是绝对、条件收敛,还是发散的: $\displaystyle\sum_{n=1}^{\infty}(-2)^n\ln(1+\frac{1}{3^n})\underline{\ 是绝对收敛的\ }$.

5. 级数 $\displaystyle\sum_{n=1}^{\infty}\frac{a^n\cdot n!}{n^n}(a>0)$ 当 $\underline{\ a<\mathrm{e}\ }$ 时收敛;当 $\underline{\ a>\mathrm{e}\ }$ 时发散.

二、计算与解答题(本题共 5 小题,每小题 10 分,满分 50 分)

1. **解:** $\dfrac{\partial}{\partial x}\left[x^2\cdot f\left(\frac{1}{x},xy\right)\right]=2xf\left(\frac{1}{x},xy\right)-f'_1\left(\frac{1}{x},xy\right)+x^2yf'_2\left(\frac{1}{x},xy\right)$,

$\dfrac{\partial^2}{\partial x\partial y}\left[x^2\cdot f\left(\frac{1}{x},xy\right)\right]=3x^2f'_2\left(\frac{1}{x},xy\right)-xf''_{12}\left(\frac{1}{x},xy\right)+x^3yf''_{22}\left(\frac{1}{x},xy\right)$.

2. **解:** 令 $s(x)=\displaystyle\sum_{n=1}^{\infty}\frac{x^n}{3^n\cdot n}$,则

$s'(s)=\displaystyle\sum_{n=1}^{\infty}\frac{x^{n-1}}{3^n}=\frac{1}{3}\sum_{n=0}^{\infty}\left(\frac{x}{3}\right)^n=\frac{1}{3(1-x/3)}=\frac{1}{3-x}\quad(-3<x<3)$,

$s(x)=\displaystyle\int_0^x s'(t)\mathrm{d}t=\int_0^x\frac{\mathrm{d}t}{3-t}=-\ln(3-t)\Big|_0^x=\ln(3-x)+\ln 3\quad(-3<x<3)(*)$

又，当 $x=3$ 时原级数为调和级数 $\sum\limits_{n=1}^{\infty}\dfrac{1}{n}$，发散；当 $x=-3$ 时原级数为 $\sum\limits_{n=1}^{\infty}\dfrac{(-1)^n}{n}$，是交错

级数，而 $\dfrac{1}{n}\geqslant\dfrac{1}{n+1}\xrightarrow[n\to\infty]{}0$，根据莱布尼兹判别法，此级数收敛. 根据幂级数的性质可得和函

数（＊）连续到边界 $x=-3$.

综上所述，有着 $\sum\limits_{n=1}^{\infty}\dfrac{x^n}{3^n\cdot n}=-\ln(3-x)+\ln 3$, $x\in[-3,3)$.

3. 解： 由已知 $\lim\limits_{x\to 1}\dfrac{f(x)-2x}{x-1}=2$ 得 $\lim\limits_{x\to 1}[f(x)-2x]=\lim\limits_{x\to 1}\dfrac{f(x)-2x}{x-1}(x-1)=2\times 0=0$，又

函数 $f(x)$ 在 $x=1$ 处连续，所以 $f(1)=2$. 由已知得

$$f'(1)=\lim\limits_{x\to 1}\dfrac{f(x)-f(1)}{x-1}=\lim\limits_{x\to 1}\dfrac{f(x)-2x+2x-2}{x-1}=\lim\limits_{x\to 1}\dfrac{f(x)-2x}{x-1}+2=4.$$

4. 求微分方程 $y''-2y'-3y=3xe^{2x}$ 的通解.

解： 由原方程自由项取得 $\lambda=2,P_m(x)=3x$；而特征方程为 $r^2-2r-3=0$，其根为
$r_1=-1,r_2=3$. 因 $\lambda=2$ 不是特征方程的根，故可设所求特解为

$$y_p=(Ax+B)e^{2x},$$

于是 $(y_p)'=2(Ax+B)e^{2x}+Ae^{2x}=2y_p+Ae^{2x}$；$(y_p)''=2(y_p)'+2Ae^{2x}=4y_p+4Ae^{2x}$；将

它们代入原方程得：$(4-2)A-3(Ax+B)=3x$. 比较系数，得

$$-3A=3\text{ 且 }-2A-3B=0\Longrightarrow A=-1,B=-\dfrac{2}{3}.$$

即得 $y_p=\left(-x-\dfrac{2}{3}\right)e^{2x}$. 连同齐次方程通解 $Y=C_1e^{-x}+C_2e^{3x}$，得原方程通解为

$$y=y_p+Y=\left(-x-\dfrac{2}{3}\right)e^{2x}+C_1e^{-x}+C_2e^{3x}\quad(C_1、C_2\text{ 为任意常数}).$$

5. 求微分方程 $y''+2y'+2y=e^{-x}\sin x$ 的通解.

解： 由原方程自由项取得 $\lambda=-1,\omega=1$；而原方程的特征方程 $r^2+2r+2=0$ 之根为
$r_{1,2}=-1\pm i$. 因 $\lambda+\omega i=-1\pm i$ 是特征方程的根，取 $k=1$. 从而可设特解为

$$y^*=xe^{-x}(A\cos x+B\sin x)\Rightarrow(y_*)'=-y+e^{-x}(A\cos x+B\sin x)+xe^{-x}(-A\cos x+B\sin x);$$
$$\Rightarrow(y^*)''=-(y^*)'+e^{-x}(A\cos x+B\sin x)+(-x+2)e^{-x}(-A\cos x+B\sin x)-y^*;$$

代入原方程得：$2B\cos x-2A\sin x\equiv\sin x$. 比较系数，得 $A=-\dfrac{1}{2}$ 且 $B=0$. 得特解

$$y^*=-\dfrac{1}{2}xe^{-x}\cos x.$$

所以连同齐次方程通解 $Y=e^{-x}(C_1\cos x+C_2\sin x)$ 立得原方程的通解为：

$$y=y^*+Y=-\dfrac{1}{4}xe^{-x}\cos x+e^{-x}(C_1\cos x+C_2\sin x)\quad(C_1、C_2\text{ 为任意常数}).$$

三、应用题（本题共 3 小题，每小题 10 分，满分 30 分）

1. 解： （1）需求函数为 $Q=10-\dfrac{p}{2}$，弹性为：$\eta_p=-\dfrac{p}{Q}\cdot Q'=\dfrac{p}{20-p}$.

（2）$\eta_p(5)=\dfrac{5}{20-5}=\dfrac{1}{3}\approx 0.33<1$，所以当 $p=5$ 时，该商品为低弹性商品；这时价格

上涨（或下降）1‰，需求量 Q 将由 7.5 个单位起减少（或增加）0.33‰. 此时，提高价格会使总收
益增加，降低格会使总收益减少.

(1) $F'(x) \geqslant 2$；

(2) 方程 $F(x) = 0$ 在 (a,b) 内有唯一实根；

(3) 方程 $F(x) = 0$ 在 (a,b) 内的唯一实根为 $c = \dfrac{a+b}{2}$，则 $\exists \xi \in (a,b)$ 使 $f(\xi) = 1$.

证： (1) 因为 $f(x) > 0$，所以 $F'(x) = F(x) + \dfrac{1}{f(x)} \geqslant 2\sqrt{f(x) \cdot \dfrac{1}{f(x)}} = 2$.

(2) 由 (1) $F'(x) > 0$ 知 $F(x)$ 在 $[a,b]$ 上严格单增，故在 (a,b) 内最多有一个实根.
由于在 $[a,b]$ 上 $f(x) > 0$ 且连续，则必取到最大值 $M > 0$ 和最小值 $m > 0$，那么

$$F(a) = -\int_a^b \frac{1}{f(t)} \mathrm{d}t \leqslant -\frac{1}{M}(b-a) < 0, \quad F(b) = \int_a^b f(t)\mathrm{d}t \geqslant m(b-a) > 0.$$

根据介质定理，$F(x) = 0$ 在 (a,b) 至少有一个实根，从而仅有一个实根.

(3) 显然 $F(x)$ 在 $[a,b]$ 上连续，故 $\exists \eta_c \in (a,c)$，$\exists \zeta_c \in (c,b)$，使得

$$0 = F(c) = \int_a^c f(t)\mathrm{d}t + \int_b^c \frac{1}{f(t)}\mathrm{d}t = f(\eta_c)(c-a) + \frac{(c-b)}{f(\zeta_c)} = \frac{b-a}{2}\left[f(\eta_c) - \frac{1}{f(\zeta_c)}\right],$$

由此得 $\qquad f(\eta_c)f(\zeta_c) = 1$ $\hfill(*)$

假设 $f(x) \neq 1 (\forall x \in (a,b))$. 则 $f(\eta_c) \neq 1$ 且 $f(\zeta_c) \neq 1$. 不妨设 $f(\eta_c) < 1$，那么由式 $(*)$ 得 $f(\zeta_c) > 1$. 根据介质定理，必有 $u \in (\eta_c, \zeta_c) \subset (a,b)$ 使得 $f(u) = 1$. 这与假设矛盾，即假设为误，从而必存在 $\zeta \in (a,b)$ 使得 $f(\zeta) = 1$.

Ⅱ.知识竞赛试题 2 及其解答

《微积分》知识竞赛试卷 2

一、填空题(本题共 7 小题，每小题 5 分，满分 35 分)

1. $\mathrm{d}\left[(x^2 + y^2)\arctan \dfrac{y}{x}\right] = $ _____．

2. 设方程 $\mathrm{e}^{xy} = z + \sin(xz)$ 确定隐函数 $z = f(x,y)$，则 $\dfrac{\partial z}{\partial x} = $ _____．

3. 设 $f(x)$ 为连续函数，$F(x) = \displaystyle\int_{x^2}^{\ln x} f(t)\mathrm{d}t$，则 $F'(x) = $ _____．

4. 曲线 $y = \dfrac{2x^2}{x-1}$ 有渐近线：_____．

5. 判别级数 $\displaystyle\sum_{n=1}^{\infty} \dfrac{\cos n\pi}{\sqrt{\ln(n+1)}}$ 是(正项、绝对、条件收敛，还是发散)：_____．

6. 设 $a > 0$，则 $\displaystyle\iint_{x^2+y^2 \leqslant a^2} x^2 \mathrm{d}x\mathrm{d}y = $ _____．

7. 某商品需求函数为 $Q = 150 - 2P^2$，当价格 $P = 6$ 时需求价格弹性为_____．

二、计算题(本题共 2 小题，每小题 11 分，满分 22 分)

1. 求极限：$\displaystyle\lim_{x \to \infty} x\left[\left(1 + \dfrac{1}{x}\right)^x - \mathrm{e}\right]$.

2. $\displaystyle\iint_D \dfrac{y^2}{1 + x^3 - \sqrt{x}} \mathrm{d}\sigma$，其中 D 由直线 $x = 0$，$x = 1$ 和曲线 $y = 1 + x^2$，$y = \sqrt{x}$ 所围.

三、综合解答题(本题共 4 小题,每小题 12 分,满分 48 分)

1. 设 $f(x)$ 有连续导函数.若 $f(x) = \dfrac{1}{1+x^2} + \displaystyle\int_0^1 (t-1)f'(t)\mathrm{d}t$,求 $f(x)$.

2. 求幂级数 $\displaystyle\sum_{n=1}^{\infty} \dfrac{1}{n}x^n$ 的和函数.

3. 求级数 $\displaystyle\sum_{n=2}^{\infty} \dfrac{1}{(n^2-1)\cdot 2^n}$ 的和值.

4. 求微分方程 $y'' + 2y' + 5y = \mathrm{e}^{-x}\sin 2x$ 的通解.

四、应用题(15 分)

设空间中点 $P_0(x_0, y_0, z_0)$ 到平面 $Ax + By + Cz + D = 0$ 的距离公式为

$$d(P) = \frac{|Ax_0 + By_0 + Cz_0 + D|}{\sqrt{A^2+B^2+C^2}}.$$

求旋转抛物面 $z = x^2 + y^2$ 与平面 $x + y - 2z = 2$ 之间的最短距离.

《微积分》知识竞赛试卷 2(参考答案;120 分)

一、填空题(本题共 7 小题,每小题 5 分,满分 35 分)

1. $\mathrm{d}\left[(x^2+y^2)\arctan\dfrac{y}{x}\right] = \underline{\left(2x\arctan\dfrac{y}{x}-y\right)\mathrm{d}x + \left(2y\arctan\dfrac{y}{x}+x\right)\mathrm{d}y}$.

2. 设方程 $\mathrm{e}^{xy} = z + \sin(xz)$ 确定隐函数 $z = f(x,y)$,则 $\dfrac{\partial z}{\partial x} = \underline{\dfrac{y\mathrm{e}^{xy}-z\cos xz}{1+x\cos(yz)}}$.

3. 设 $f(x)$ 为连续函数,$F(x) = \displaystyle\int_{x^2}^{\ln x} f(t)\mathrm{d}t$,则 $F'(x) = \underline{\dfrac{1}{x}f(\ln x)-2xf(x^2)}$.

4. 曲线 $y = \dfrac{2x^2}{x-1}$ 有渐近线:$\underline{\text{垂直渐近线 }x=1,\text{斜渐近线 }y=2x+2}$.

5. 判别级数敛散性:$\displaystyle\sum_{n=1}^{\infty} \dfrac{\cos n\pi}{\sqrt{\ln(n+1)}}$ 是 $\underline{\text{条件收敛的}}$.

6. $\displaystyle\iint_{x^2+y^2\leqslant a^2} x^2\mathrm{d}x\mathrm{d}y = \int_0^{2\pi}\mathrm{d}\theta\int_0^a r^3\cos^2\theta\mathrm{d}r = \dfrac{a^4}{4}\int_0^{2\pi}\dfrac{1+\cos 2\theta}{2}\mathrm{d}\theta = \dfrac{a^4}{4}\left(\pi + \dfrac{\sin 2\theta}{4}\Big|_0^{2\pi}\right) = \underline{\dfrac{\pi}{4}a^4}$.

7. 商品需求 $Q = 150 - 2P^2$ 关于价格 $P=6$ 时弹性为 $\underline{\eta = -\dfrac{P}{Q}\cdot Q'(P) = -\dfrac{6}{78}(-24)}$ $\underline{= \dfrac{72}{39} \approx 1.85}$.

二、计算题(本题共 2 小题,每小题 11 分,满分 22 分)

1. **解**:$\displaystyle\lim_{x\to\infty} x\left[\left(1+\dfrac{1}{x}\right)^x - \mathrm{e}\right] = \mathrm{e}\cdot\lim_{x\to\infty}\dfrac{\mathrm{e}^{x\ln(1+\frac{1}{x})-1}-1}{x^{-1}} \x=[\text{无穷小替换}] \mathrm{e}\cdot\lim_{x\to\infty}\dfrac{x\ln\left(1+\frac{1}{x}\right)-1}{x^{-1}}$

$\xrightarrow{\text{洛必达法则}} \mathrm{e}\cdot\lim_{x\to\infty}\dfrac{\ln(1+x)-\ln x-(x+1)^{-1}}{-x^{-2}} = \mathrm{e}\cdot\lim_{x\to\infty}\dfrac{(x+1)^{-1}-x^{-1}+(x+1)^{-2}}{2x^{-3}}$

$= \dfrac{\mathrm{e}}{2}\cdot\lim_{x\to\infty}\dfrac{-x^2}{(x+1)^2} = -\dfrac{\mathrm{e}}{2}.$ 　　**【注】**可设 $t = \dfrac{1}{x}\xrightarrow{x\to\infty} 0$ 求解.）

2. **解**:D 取为 X 型:$D = \{(x,y)\mid 0\leqslant x\leqslant 1, \sqrt{x}\leqslant y\leqslant 1+x^2\}$.

$$\iint_D \frac{y^2}{1+x^2-\sqrt{x}}\mathrm{d}\sigma = \int_0^1 \mathrm{d}x \int_{\sqrt{x}}^{1+x^2} \frac{y^2}{1+x^2-\sqrt{x}}\mathrm{d}y$$

$$= \frac{1}{3}\int_0^1 \frac{1}{1+x^2-\sqrt{x}} \cdot (y^3 \big|_{\sqrt{x}}^{1+x^2})\mathrm{d}x$$

$$= \frac{1}{2}\int_0^1 [(1+x^2)^2 + (1+x^2)\sqrt{x} + x]\mathrm{d}x$$

$$= \frac{1}{2}\int_0^1 (1 + x^{\frac{1}{2}} + x + 2x^2 + x^{\frac{5}{2}} + x^4)\mathrm{d}x$$

$$= \frac{1}{2}\left[x + \frac{2}{3}x^{\frac{3}{2}} + \frac{1}{2}x^2 + \frac{2}{3}x^3 + \frac{2}{7}x^{\frac{7}{2}} + \frac{1}{5}x^5 \right]_0^1 = \frac{697}{420}.$$

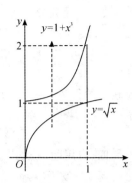

三、综合解答题（本题共 4 小题，每小题 12 分，满分 48 分）

1. 解：因 $\int_0^1 (t-1)f'(t)\mathrm{d}t = \int_0^1 (t-1)\mathrm{d}f(t) = [(t-1)f(t)]_0^1 - \int_0^1 f(t)\mathrm{d}t = f(0) - \int_0^1 f(t)\mathrm{d}t$，故

$$f(x) = \frac{1}{1+x^2} + f(0) - \int_0^1 f(t)\mathrm{d}t, \qquad (*)$$

令 $x=0$ 立得 $\int_0^1 f(t)\mathrm{d}t = 1$. 所以将式 $(*)$ 两边关于 $[0,1]$ 积分即得

$$1 = \int_0^1 f(x)\mathrm{d}x = \int_0^1 \frac{1}{1+x^2}\mathrm{d}x + f(0) - \int_0^1 f(t)\mathrm{d}t = \arctan x\,\big|_0^1 + f(0) - 1 = \frac{\pi}{4} + f(0) - 1,$$

推得 $f(0) = 2 - \dfrac{\pi}{4}$. 最后得 $\qquad f(x) = \dfrac{1}{1+x^2} + 1 - \dfrac{\pi}{4}.$

2. 解：设 $s(x) = \sum\limits_{n=1}^{\infty} \dfrac{1}{n}x^n$，则 $s'(x) = \sum\limits_{n=1}^{\infty} x^{n-1} = \sum\limits_{n=0}^{\infty} x^n = \dfrac{1}{1-x}(-1 < x < 1)$. 又因 $s(0) = 0$，故上式两边取积分得

$$\sum_{n=1}^{\infty} \frac{1}{n}x^n = s(x) = \int_0^x s'(t)\mathrm{d}t = \int_0^x \frac{1}{1-t}\mathrm{d}t = -\ln(1-x)(-1 < x < 1).$$

当 $x = -1$ 时，原级数为莱布尼兹级数 $\sum\limits_{n=1}^{\infty}(-1)^n \dfrac{1}{n}$，收敛. 最后得

$$\sum_{n=1}^{\infty} \frac{1}{n}x^n = -\ln(1-x)(-1 \leqslant x < 1).$$

3. 解：令 $s(x) = \sum\limits_{n=2}^{\infty} \dfrac{1}{n^2-1}x^n$，$s_1(x) = \sum\limits_{n=2}^{\infty} \dfrac{1}{n-1}x^{n-1}$，$s_2(x) = \sum\limits_{n=2}^{\infty} \dfrac{1}{n+1}x^{n+1}$，则有分解式：

$$s(x) = \sum_{n=2}^{\infty} \frac{1}{2}\left(\frac{1}{n-1} - \frac{1}{n+1} \right)x^n = \frac{x}{2}\sum_{n=2}^{\infty} \frac{1}{n-1}x^{n-1} - \frac{1}{2x}\sum_{n=2}^{\infty} \frac{1}{n+1}x^{n+1},$$

根据(1)，$\quad s_1(x) = \sum\limits_{n=2}^{\infty} \dfrac{1}{n-1}x^{n-1} = \sum\limits_{n=1}^{\infty} \dfrac{1}{n}x^n = -\ln(1-x) \quad (-1 \leqslant x < 1)$，

$$s_2(x) = \sum_{n=2}^{\infty} \frac{1}{n+1}x^{n+1} = \sum_{n=3}^{\infty} \frac{1}{n}x^n = \sum_{n=3}^{\infty} \frac{1}{n}x^n - x - \frac{x^2}{2} = -\ln(1-x) - x - \frac{x^2}{2}.$$

所以，$s(x) = \dfrac{x}{2}s_1(x) - \dfrac{1}{2x}s_2(x) = \dfrac{2+x}{4} + \dfrac{1-x^2}{2x}\ln(1-x), (-1 \leqslant x < 1, x \neq 0)$，

故得 $\qquad \sum\limits_{n=2}^{\infty} \dfrac{1}{(n^2-1)\cdot 2^n} = s\left(\dfrac{1}{2}\right) = \dfrac{5}{8} - \dfrac{3}{4}\ln 2.$

4. 解：特征方程为 $r^2 + 2r + 5 = 0$，根为 $r_{1,2} = -1 \pm 2\mathrm{i}$. 则原方程对应齐次方程的通解为

$$Y = \mathrm{e}^{-x}(C_1\cos 2x + C_2\sin 2x) \quad (C_1、C_2 \text{ 为任意常数}).$$

由原方程自由项得 $\lambda = -1$，$\omega = 2$. 因 $\lambda + \omega\mathrm{i} = -1 \pm 2\mathrm{i}$ 是特征根，取 $k=1$. 故特解可设为

$$y^* = x\mathrm{e}^{-x}(A\cos 2x + B\sin 2x) \quad (A、B \text{ 为待定系数}).$$

其一、二阶导数分别为$(y^*)' = -y^* + \mathrm{e}^{-x}(A\cos2x + B\sin2x) + 2x\mathrm{e}^{-x}(-A\sin2x + B\cos2x)$ 和 $(y^*)'' = -(3x+2)\mathrm{e}^{-x}(A\cos2x + B\sin2x) + 4(-x+1)\mathrm{e}^{-x}(-A\sin2x + B\cos2x)$. 将它们代入原方程 $y'' + 2y' + 5y = \mathrm{e}^{-x}\sin2x$ 得:

$$4(-A\sin2x + B\cos2x) \equiv \sin2x.$$

比较系数得 $A = -\dfrac{1}{4}, B = 0$. 于是原方程有特解 $y^* = -\dfrac{1}{4}x\mathrm{e}^{-x}\cos2x$. 故原方程的通解为:

$$y = y^* + Y = -\frac{1}{4}x\mathrm{e}^{-x}\cos2x + \mathrm{e}^{-x}(C_1\cos2x + C_2\sin2x) \quad (C_1、C_2 \text{ 为任意常数}).$$

四、应用题(15 分)

解： 设 $P(x,y,z)$ 为抛物面 $z = x^2 + y^2$ 上任意一点,则 P 到平面 $x + y - 2z - 2 = 0$ 的距离为 $d(p) = \dfrac{1}{\sqrt{6}}\,|\,x + y - 2z - 2\,|$. 将问题化为求 $d(P)^2$ 在条件下 $x^2 + y^2 - z = 0$ 的最小值. 设

$$F(x,y,z) = \frac{1}{6}(x + y - 2z - 2)^2 + \lambda(z - x^2 - y^2),$$

求其各偏导数并令为 0 得方程组:
$$\begin{cases} F'_x = (x + y - 2z - 2)/3 - 2\lambda x = 0, & (1) \\ F'_y = (x + y - 2z - 2)/3 - 2\lambda y = 0, & (2) \\ F'_z = -2(x + y - 2z - 2)/3 + \lambda = 0, & (3) \\ z = x^2 + y^2, & (4) \end{cases}$$

解得 $x = \dfrac{1}{4}, y = \dfrac{1}{4}, z = \dfrac{1}{8}$. 即得唯一驻点 $M\left(\dfrac{1}{4}, \dfrac{1}{4}, \dfrac{1}{8}\right)$,根据题意距离必在点 M 处取最小值

$$d_{\min} = \frac{1}{\sqrt{6}}\left|\frac{1}{4} + \frac{1}{4} - \frac{1}{4} - 2\right| = \frac{7}{4\sqrt{6}}.$$

三、教学研讨

（一）高等数学教育的人文功效

在提倡素质教育和大众化教育的今天，高等数学进入普及化阶段。众所周知，微积分是高等数学的基本内容，其主要思想方法是分析法，所以数学专业的对应课程称为数学分析。

笔者推崇传说中的爱因斯坦对"教育"的一番趣语："……从前有个才子讲得不错，他对教育下了这样一个定义：'如果一个人忘掉了他在学校里所学到的每一样东西，那么留下来的就是教育。'"就数学的教学而言，通俗地说，人们可能忘记所学的数学公式、定理以及论证方法等，但是由于学习数学所形成的发现问题、分析问题、解决问题的思想与方法却会烙印在人们的头脑里，转换成潜在的能力而永远保留下来，在一生中永远起着重要作用。这就是笔者曾经提出的数学单科素质教育的的真谛！或更准确地说是数学在素质教育中起的独特作用。

数学的教学过程中贯穿着分析、推理的思想方法，形式逻辑是思维的准则，期间三段论"大前提 — 小前提 — 结论"的严格的思维的训练是必不可少的。数学中的公理、定义、性质、定理等是大前提，待论证或待求解的问题中的所给的条件是小前提。人们证明和求解数学命题的过程就是形式逻辑的思维验证、对比所给的条件是否符大前提的条件等，如果是，结论就成立，证题、解题工作就圆满正确完成！上述三段论的思想方法的训练是培养学生"循规蹈矩"的社会人文素质的有效捷径，经训练后的人们行为目标明确，办事有依据，注重程序的正确合理性。意大利经济学家、法理学家贝卡利亚有一段法律格言："法官对任何案件都应进行三段论式的逻辑推理。大前提是一般法律，小前提是行为是否符合法律，结论是自由或刑罚。"这与数学思维的三段论如出一辙。因此，不少国家的法律工作者都必须学习高等数学，而且要求较高。

从另一个角度来看，数学的教学使得学生对于立论的三要素 —— 论点、论据、论证 —— 的认识与应用意识提高起着积极而高效的作用。学生在学习数学的过程中，为了计算结果或证明论点，必须选择、运用论据来证明论点，其过程和方法就叫论证，要紧紧扣住论点、抓住本质，保持论据与论点的统一，表达清晰、简练，丝丝相扣，使论证发挥最大效果。特别是，数学要求学生论证的每一步骤都必须有理有据 —— 论据充分，这一特点是其他学科无可比拟的。正是上述特点训练着学生认真的精神，培养规范、严谨的习惯。

还有一部分教学大纲中列为"了解"范畴、主要由教师在课堂上讲解的知识点同样可以对学生产生人文效果。例如极限的 ε-δ 语言定义及其论证应用，学员们可能在听课时半懂不懂，课后练习做不出，时隔不久会忘记！但是，他们在课堂上感受到教师教学的认真态度，数学理论的严密论证，不容随便推想，进而对数学及其思想方法产生崇敬心理。这使得他们在融入社会后对那些不能完全理解之社会制度的某些方面、某些法规，虽有半懂不懂之处，但却仍然怀有崇敬、敬畏心理！这正是数学教学的素质效果之一。

总而言之，系统地学习数学可以提高学生的逻辑推理能力、分析问题和解决问题的能力；可以养成学生严谨、认真、规范办事的习惯；极大地有利于学生客观、公正、实事求是之优良品质的形成。

（二）数学理论在经济学中一个有效应用的典型例子

数学在消费最优化的应用 —— 消费的最优化·效用与偏好

在消费问题中,消费者的经济行为是以追求其消费效用最大为准则的,这一出发点属"最优化原理",因此可用数学工具进行讨论.我们不去理会有关的争论,先承认存在所谓的**效用函数** $u(x)$,并认为消费者确实追求这个效用函数的最大,其中自变量可以是代表 n 种商品的 n 维向量: $x = (x_1, x_2, \cdots, x_n)$.假设消费者的收入为 y,（n 种）商品的价格为（n 维向量）$p = (p_1, p_2, \cdots, p_n)$.那么该消费者买得起的商品量 x 满足下面关系:

$$p \cdot x = \sum_{i=1}^{n} p_i x_i \leqslant y.$$

此时,消费的最优化问题是在所买得起的商品中挑一个效用最大的;数学上就是在条件 $p \cdot x \leqslant y$ 下求 $u(x)$ 的最大值.而

$$v(y, p) = \max\{u(x) \mid p \cdot x \leqslant y\},$$

称为**间接效用函数**.经济学家们以效用函数为出发点建立了一套理论,得出一些有效解释现实的结果.

然而,讨论消费的最优化出发点和效用函数的概念涉及两个问题:一是消费者是否真有着有钱后就非花得痛快的倾向,有这种主张的人被称为"功利主义者",他们遵循所谓的"最大欢乐原则",其祖师爷是英国哲学家边沁;二是即使有这种倾向,又该如何来衡量消费的痛快程度.从边沁 直到杰文斯、瓦尔拉斯、门格尔 都认为人们占有商品时所产生的欢乐程度就是"效用",并且可表示成商品数量的数值函数.

一般说来,人们难以接受能用数值衡量欢乐程度的观点,所以效用是一个数值函数这点仍然是一个问题.尽管不断有效用函数的可测量性的研究,看来永远也不可能解决效用函数的测量.于是,埃奇沃思、费歇尔、帕累托 等提出用**偏好**来代替效用的概念,即人们不应该问欢乐程度有多大、或占有甲的欢乐程度比占有乙的欢乐程度大多少,而只要知道占有甲比占有乙的欢乐程度谁大谁小、或无差别就行了.这就是用所谓的"序数效用论"代替"基数效用论".如果将序数效用论和合理行为论连在一起,整个学说就更象那么回事了.顺便指出,帕累托 是首先区分基数效用与序数效用的人,虽然他本人没用这两个名词.

值得高兴的是,在序数效用论和基数效用论的讨论上,或者说在效用与偏好的讨论上,数学起着本质的作用.

对消费者而言,设他所可能消费的商品量 x 全体构成一个（n 维商品空间中的）集合 X,称为**消费集**.在集合 X 中定义**偏好**（关系）$\geqslant$ 如下: $x \geqslant y$ 意味着 x 不比 y 差,也就是说,在消费量 x、y 之间消费者并不更偏好于 y.这种偏好关系 $\geqslant$ 应满足下面三个条件:

1° 自反性. $x \geqslant x$ （自己不比自己差）.

2° 传递性.如果 $x \geqslant y$、$y \geqslant z$,则 $x \geqslant z$. （x 不比 y 差,y 不比 z 差,则 x 也不比 z 差.）

3° 完全性. $x \geqslant y$ 与 $y \geqslant x$ 二者至少有一个成立. （任何两种消费都是可比较的.）

通常意义下的"排队"或比较大小都满足偏好关系的条件,不同的是 $x \geqslant y$ 和 $y \geqslant x$ 有可能在 $x \neq y$ 时成立,此时称 x 与 y **无差别**.

有了偏好关系后,原则上可建立由消费最优化出发的消费理论.但这种最优不是用数量给出的,而只是用顺序给出的.这两种不同的处理方法分别被称为**基数效用论**和**序数效用论**.可以看出,这里的基数和序数的意义是特定的,与语法意义上和集合意义上的基数和序数既有联

系、又不完全相同. 应当注意到,关于集合论的序数以及关于效用和偏好的公理化叙述都出于 J. 冯·诺伊曼 之手.

假设消费者已有一个效用函数 $u(x)$,那么可用其定义如下的偏好关系:

$$u(x) \geqslant u(y) \quad \Leftrightarrow \quad x \geqslant y. \qquad\qquad (*)$$

反之,是否有了一个偏好关系就一定有一个效用函数 $u(x)$,且它们满足关系($*$). 显然,这样的效用函数若存在也未必唯一. 为便于数学处理,我们假定偏好关系还满足下面的

$4°$ 连续性. 对任何 y,满足 $x \geqslant y$ 的 x 全体和满足 $z \geqslant y$ 的全体都是闭集.

这就是说,如果有一系列 x 不比 y 差,那么它们的极限也不比 y 差;如果 y 比一系列 z 都不差,那么 y 也不比它们的极限差. 这看来是合理的,但却是有条件的,因为字典排列顺序不满足这一假定. 不过采用字典排列顺序的似乎为低消费者,因而连续性假定是一条反映消费水平较高的假定. 正当人们还在为基数效用论和序数效用论争论不休时,德布罗 竟在 1954 证明了:对任何有连续性的偏好关系 $\geqslant$,一定存在与其相应的连续效用函数 $u(x)$,使得关系($*$)成立. 这是德布罗 获得(1983 年)诺贝尔奖的原因之一. 不过德布罗 于 1954 的证明有一漏洞,因为它涉及下面的数学命题:

设 S 是一个集合,求一个在 S 上的严格单调函数 g,使得 $g(S)$ 没有区间空隙.

但是,过好几年后有人指出:可构造出类似康托尔集的集合,使得上述命题不成立. 于是,德布罗 在 1964 年重新证明了:

对任意实数集合 S,存在 S 上的严格单调函数 g,使得其值域 $g(S)$ 的空隙都是开集.

人们大概很难想到,一个经济问题会需要这样的在数学专业的实变函数课程中才会遇到的数学技巧.

德布罗 还指出,类似的结果早在 1941 年就被数学家爱伦贝格 所证明,后来经济学家拉德尔(JohnT. Rader) 在 1963 年也发表同样主题的论文. 今天在文献中将这些结果称为德布罗 - 爱伦贝格 - 拉德尔定理,其严格的数学叙述为:

【德布罗 - 爱伦贝格 - 拉德尔定理】设 X 为有可数开集基或可分连通的拓扑空间. 那么对于 X 上的任何连续偏好关系,都存在相应的连续效用函数.

读者不必理会定理中的拓扑学名词(相关概念见参考书[4]). 令人感兴趣的是诸如上面集合论、拓扑学等抽象数学概念、定理竟能在经济学的讨论中起着如此重要作用!

(三) 关于教材结构与取材的几点建议

1. 教材应保持逻辑严密的连贯性

笔者认为,作为数学教材,一是要注意逻辑上的完备性,因此一定要注意开头说明知识起点,全书要保持逻辑严密的连贯性;二是在相同知识效果的不同方式的知识点不必强求全面完善. 下面分别举例说明之.

(1) 为了保持逻辑的完备性,教科书不得不将一些非重要的知识点写入,但可以不做证明,在教学大纲中可将它们列为"了解"的范畴,它可由教师在课堂上讲解介绍,可以只布置少量相关作业,甚至不布置作业. 从素质教育观点出发,大纲中定位为"了解"的知识点是必不可少的. 因为单纯的解题不是数学教学的终极目标,养成学生具有上述的个人优良品质才是应当注重的实质目的. 所谓了解,就是不必深入牢固掌握的知识,那么学生为什么还要了解它们呢?

除了保持逻辑的连贯性外,笔者认为该类知识点可以让学生体会到数学知识之外的理念和思想方法,这就是素质教育的目的.下面举两例说明.

一是集合论[4],高等数学书籍虽然大多从集合论讲起,但却不以集合为逻辑出发点,只是作为非介绍不可的数学基础知识而已.但是它告诉人们,数学理论是建立在集合论基础上的.

二是极限的定义.万事开头难,学习微积分的最大难点是极限的概念和运算,它是微积分课程的核心知识,贯穿于全课程.极限的概念以 $\varepsilon\delta$ 语言的定义为根基,它不仅以纯数学方式体现出论证过程的严谨性,而且还能使得学生在学习过程中获得哲学感悟,认识到一个典型的辩证关系,即以"不等式"($|f(x)-A|<\varepsilon$)的形式表示"相等"关系、用"无限"的极限过程表示一个"有限"量——极限值 A.让学生特别深刻体会到的是,初学极限的 $\varepsilon\delta$ 语言定义时觉得晦涩难懂,一旦理解后就觉得茅塞顿开,在思想方法上有一个小飞跃!

对于像极限定义这样的问题,建议采取略讲的措施,只要在开头提及 ε-N、ε-δ 语言的定义,接着立即转入无穷小量,用"常数加无穷小量"替代"极限"的概念,然后在讲述极限的夹逼定理(性质)后用它在论证中替代"ε-N、ε-δ 语言".这就是说,凡极限的证明都尽量应用这两个概念与定理,避开 ε-N、ε-δ 语言.这样的安排体现在教学大纲里就是将"ε-N、ε-δ 语言"列入"了解"的知识点.还有,在习题设置上,尽可能将根号下取极限的例题、习题放到复合函数求极限的推论 2 之后,避开繁琐的恒等变换和缩放运算.

(2) 关于第二点,仍以极限定义为例.据笔者了解,早期的微积分教科书的极限理论有两种派系,一是采用 ε-N、ε-δ 语言定义、讨论极限,比如前苏联菲赫金哥尔茨编写的《数学分析原理》[6],这是面对数学专业教学用书;二是先定义无穷小,然后定义、讨论极限,比如鲁金编写的《微分学》[7],这是面对工科的教学用书.笔者建议对于非数学专业教学不必要求学生掌握 ε-N、ε-δ 语言的极限定义,更不必要求用此方法进行论证.

另一例子是用洛必答法则求解极限.这是一般微积分教科书都有的,但同时强调用无穷小代换求解极限就有过重的感觉.事实上,一般能用无穷小替换可解的极限题用洛必答法则也可解.目前我国微积分类教学用书对求极限中无穷小等价替换应用要求较高,但笔者认为,除非是采用无穷小量定义极限的理论体系,非数学专业和非工程专业的学生只需要求了解无穷小替换的概念即可,不必列为重点知识.

2. 非重要的概念和知识点不宜展开深入讨论

(1) 关于分段函数的概念

尽管笔者一直主张不必太注重分段函数的概念,但在参编文科高等数学教科书时也曾写过所谓的定义,这一做法让我久久不能释怀,所以借此机会多谈几句!

我想,人们热衷于定义分段函数的目的之一是希望找出一类非初等函数.但是笔者认为这定义是无法严格叙述的,因为本书用到的"数学式"一词就不是严格的概念,如果改用"解析式"似乎严格了,但恐怕定义出来的就不是"分段"的初衷了.

狄里克雷函数和符号函数都是非常著名的分段函数,二者的重要意义在体现出函数的对应关系.狄里克雷函数还有更重要的意义为它是黎曼不可积分而是勒贝格可积分的.另,本文特别指出实数的绝对值不是所谓的"分段函数",但我们却经常用分段来表示之.

鉴于上述原因,笔者认为引入分段函数是积极有效的,但不必强求严格定义.我们应当引导学生了解分段函数的本质仍是对应关系,而不是分段的形式,更不必要求学生搞清所谓分段函数的概念而忽略了相关的实质内涵!

(2)函数间断点是相对连续点的概念而提出的.微积分研究的是连续、可导函数为对象的理论,虽然可积函数允许有间断点,但也不必仔细研究之.因此本人认为重点在于让学生掌握函数在点 a 处不连续必为两种情形:(i)函数在点 a 无定义;(ii)函数在点 a 无极限,其中以跳跃间断点为必须理解的概念.顺便说明,连续型变量主要对应面是离散型变量.

(3)对于文科、经管类课程而言,有关闭区间上连续函数的性质为非重点内容,它的证明涉及实数理论.其作用主要是承上启下,保持理论的逻辑完整性,侧重于应用,为后面的内容提供理论依据.因此,多数教材设置篇幅较小,没有过多练习和过难的论证题.

3. 重视介绍解题技能、方法,避免过多记忆公式和疑难复杂的运算

(1)我们常为是要求学生掌握解题方法还是要求学生记牢公式熟练代用这两问题而感到纠结,笔者偏向于侧重前者.这是因为文科、经济管理类学员有不少人的入学数学成绩不高,加之今后走入社会后直接应用微积分极少,所以对记忆数学公式、结论兴趣低下.所以从素质教育目的出发,微积分教学应以思想方法为主,知识训练为辅.至于部分需要深入学习数学知识的学生,可以通过设置后续课程来解决.

(2)本书注重突出解题技能、方法.例如,关于参数方程的高阶导数求解方法侧重于采用递推法;有关有理函数、三角有理函数的积分仅侧重介绍、引入简单的例题、习题;关于二阶微分方程求解方面对普遍采用的解题类型进行简化等,目的都是注重思想方法.

对学生的要求主要是掌握最基本的理论,突出内涵以及最基本的方法和简单技巧,比如求极限夹逼定理的应用、积分变换法、分部积分法尽量直接简单等等.虽然教材可以保留传统的逻辑系统,但却要摒弃过多的理论分析和证明,也不必要求学生熟练掌握.

(3)课后练习以让大多数学生掌握基本知识为目的,以基础的知识、基本解题方法为主.在习题、例题、考题的命题和配套上,要注重最基础的知识题;以必要的基本解题方法、技能测试为主;题目类型涵盖基础知识面即可,避免拐弯多、难度较大的技巧题目,比如较难的拼凑法,难而繁的初等恒等变换等(这些恰是"文科生"的弱项),以防它们掩盖基本知识点、基本方法的学习和掌握.平时出现的难题可理解为提高练习,主要是满足成绩优秀的学生之需求,切不可转变为常态.

基础练习不必过分强求不同题类的设置,出现相似题型在所难免.相反,难题尽量把握量少、题型少、同类型题重复少.本书的难杂题不是为了强调其重要作用,而是为了呼应部分教材,或是为了说明某些问题所引入的.

建议多设置一些验证类题目,这不仅为了素质教育需要,而且"验证"本身也是体现数学

严密性.例如,常见有人对不定积分和微分方程的解题提出表述"不够严密"的质疑,甚至写成小论文进行讨论.正是按定义对不定积分原函数求导函数进行的"验证"、对微分方程的通、特解求导代入原方程所进行的"验证"守卫了理论系统的严密性,解除了数学工作者的顾虑.

4. 提倡用一种方法解决多种问题

除非用不同的解法可以复习多个知识点,笔者不刻意提倡一题多解.反之,笔者提倡用一种或类似相关的系列方法解决多种问题.

在"知识大爆炸"时代,顺序渐进的学习方法得到挑战.先深入学习单系统知识,后横向延伸拓广的学习方法非常行之有效!于是,虽然本书仍出现一题多解的例题,但是笔者更加推崇寻找一个方法或一个理论小系统用来解决较多的问题.例如本书将常见的五类初等函数作为无穷大量从左至右按高阶至低阶递减排序的应用,它们以渐进深入复杂的形式分别出现在本书的下列章节,虽然解决问题的知识点不同,但可看出从符号和排序上有着共同之处:

(i) 第三章第二(三)节中有五类函数作为无穷大量从左至右按高阶至低阶递减排序:

$$x^x \triangleright a^x(a>1) \triangleright (x^n \text{ 或})x^\mu \triangleright \ln^q x(n \in \mathbf{N}^+, q、\mu>0, x \to +\infty);$$

(ii) 第四章第一(三)1节中有三个函数,从左至右以左式优先次序考虑拼凑微分 $\mathrm{d}v$:

$$a^x(a>1) \triangleright x^\mu \triangleright \ln^q x(n \text{ 为正整数}, q、\mu>0);$$

(iii) 第八章第二(一)3节归纳了通项为下列8类无穷大量之比的级数,它们的敛散性判别与下列无穷大的阶比较相关:($p、a>1, q、\sigma>0$,正整数 $k \geqslant \max\{2, 1+\sigma\}, x \to +\infty$)

$$a^{n!} \succ (kn!) \succ (n!)^{1+\sigma} \succ n^n \succ n! \succ a^n \succ n^p \succ \ln^q n.$$

此处顺便提出,在介绍知识点或解题法的记忆方法时可以适当编些口诀,甚至是顺口溜.但不仅要注意科学性和实用性,而且还有尽量简短易懂.例如目前流行的分部积分解题方法之总结:"反对幂指三",虽然可行,但不易对照理解.笔者认为应从另一角度 —— 凑微分 —— 来归纳,参看(ii)中列表,只需对比"幂指三"三类函数即可,这是因为自变量为 x 的反三角函数和对数函数是不能与 $\mathrm{d}x$ 直接凑微分的,具体参看第四章第一(三)1(3)节和第二4节.

5. 关于微分方程内容设置的意见

高校经管类、人文学科类和高职高等数学或微积分课程也不乏设置微分方程章节,常见是将理工科对应的内容列表介绍为主,以保持知识的系统性.笔者认为,在此类院系教授微分方程主要是向学生介绍此数学分支的思想方法和最基本的解题方法,所以知识点的设置要简单明了,例题、练习要易懂、容易计算.为此,本书将二阶常系数微分方程的解题方法进行简化,在第一篇第九章第二(三)节中给予陈述,其中引入简化类型 III 和 IV 比非简化类型 II 简单得多,此两类型的理论依据参看第九章杂难题与综合例题的[特例 1]和[特例 2].

(四) 注意教学方法

1. 面对"文科生"教学方法更重要

这是相对理工科学生而言的.文科、经管类数学课程的教学方法应以传授基本微积分基础知识和基本方法为纲,以激励学生学习积极主动性、积极思考、认真钻研精神的培养为主线,引导学生克服长期应试教育的错误理念,树立正确的学习目的观.

2. 提倡启发教学

这是老生常谈.教师在具体做法上不要只围绕求解习题教学.基础习题应让学生自己思考、动手做题,让学生自己感受自己的进步.特别不要以反复讲解例题类型、反复强化练习来提高学生考试成绩(这是应试教学所采用的有效方法).换言之,要给学生留下一定的空间,给学生一点主动性.当然,开课之初,不是所有的学生都能接受教师的这种做法.

3. 勤动笔与勤思考相结合

目前讲课普遍采用幻灯片,教师要结合板书演绎、推导、讨论,切忌只在屏幕上讲解.数学课程应该注意处理严格数学表达、几何意义和术语陈述三者的特色及之间的关系.严格数学表达要注重逻辑严密和符号应用;几何意义起着帮助理解相关概念和促进思维的功效;术语陈述在课堂讲学、相互交流数学问题方面起着关键作用.从表面上看,数学解题有一定的程序特征:我们常常先用几何意义进行思考、分析、判断推理,动笔辅助思考和演算,如若必要通过术语陈述口进行头讨论研究,最后用严格逻辑表达记录完成数学工作.数学基础薄弱的"文科生"的最大特点是不喜欢动笔,面对数学题他们指望读懂题意、想出题解再一气呵成完成练习.要告诫他们勤动笔才能启动上述"程序",是解好数学习题、学好数学的有效方法.

(五) 微积分教学中的几个理论问题

鉴于上面的论述,笔者认为,微积分的教科书应当注意知识的系统性和逻辑的完备性,使得学生由此感受到数学的严密性.为此建议教师在教学中要注意逻辑推导和方法的介绍,避免只给公式或结论让学生死记套用.下面我们将按知识结构顺序讨论问题.

1. 极限存在性知识点的设置

(1) 实数理论的出发点

在实数理论中,数列极限存在两个准则是必不可少的.其中作为准则 I——"单调有界数列必有极限"—— 通常作为教科书的理论出发点给出,也就是说,将其理解为公理.而准则 II 是夹逼定理,由于它将极限的 $\varepsilon\delta$ 语言之定义转化为估值和简单的极限相结合的直接运算,因而成为常用的极限运算法则.

准则 I 是求解数列极限的非常有效理论依据,例如自然对数的底数(称为纳皮尔常数)

$$\mathrm{e} = \lim_{n \to \infty} \left(1 + \frac{1}{n}\right)^n,$$

一般由准则 I 作为重要极限 I 而引入的.本书给出一个与常见教科书不同的证明(参看第一章第二(一)5(ii)* 节).

(2) 如果函数极限不存在的概念必须在教材里出现,那么最好在数列极限概念中就开始给出相应命题.本书在第一篇第一章第二(一)3节的定理2指出数列极限存在当且仅当任意子列有相同极限;在第一章第三(一)2(1) 节的定理 1 指出函数在某点极限存在当且仅当对任意趋于该点的数列所对应的函数值列有相同极限,它们与多元函数极限不存在的论证方法遥相呼应.笔者之所以提出此项建议是因为三者不仅组成一小逻辑体系,而且前两命题的设置自然而不复杂,更重要的是不少文献经常无意识地用到前两个命题.

2. 少用细致分析方法

(1) 微积分教科书常见到一些细致分析的习题,笔者认为此类题型不适合文科、经济管理类、工科类的学生,比较适合理科、数学专业类的学生.如下面两道例题,表面上不难论证,但要仔细论述清楚对学生有较大的难度.

【例 1】 设函数 $f(x) = ax^3 + bx^2 + cx + d(a \neq 0)$,问当系数 a,b,c 满足什么条件时,使得:

① $f(x)$ 严格单调增加; ② $f(x)$ 有极值.

【例 2】 设 $f(x) = (x-1)(x-2)(x-3)(x-4)(x-5)$,问 $f(x)$ 有多少个极值点,有多少个拐点?

(2) 常见如下求解分段函数之未知数的例题(见第二章第一(二)4* 节例 8;关注解 2):

【例 3】 设函数 $f(x) = \begin{cases} a\ln x + b, & x \geq 1 \\ e^x, & x < 1 \end{cases}$ 在 $x = 1$ 处可导,求 a、b 的值.

命题者的本意是希望本题通过讨论分段函数在分界点处的左、右极限和左、右导数而得解,从而使得学生得以训练了左、右极限和左、右导数的运算.但是,由于函数是分段初等的,不少学生不去计算界点的左、右导数,而是先分段求导函数,再用计算其左、右极限代替之.这样一来,与命题者的初衷相背.学生的论证是合理的,因为有第三章杂难题与综合例题的[特例 2]做理论支撑.另外,例 3 的解题方法引出了两个问题:一是表面上题解思路简单,但不易表达;二是如果分段函数含抽象函数,且在分段点处未给出单侧导数存在性,那么此解题法就含有一个理论问题,即必须应用菲赫金哥尔茨定理(参看第一篇微分中值定理推论 3 或文献[2]P77 例 3),而这一定理在一般教科书是很少见到的.虽然有了菲赫金哥尔茨定理完全可以不要第三章杂难题与综合例题的[特例 2],但是此[特例 2]的证明不必用到拉格朗日微分中值定理.

(3) 在教学过程中,如果有关问题可以通过教授逻辑分析、推导解决问题,最好不要只给出公式或结论了事.

例如,关于参数方程 $\begin{cases} x = \varphi(t) \\ y = \psi(t) \end{cases}$ 确定函数二阶导数求解问题建议采用递推方法,这样既减少公式记忆,又这带有普遍意义(参看第二章第四(一)2 节).

3. 关于积分理论的几点意见

(1)"凑微分"的实质内涵

"凑微分"实质上还可看成是原函数的一种表达方式:

$$f'(x) = g(x) \Rightarrow g(x)dx = f'(x)dx = df(x),$$

就是将要拼凑的式子 $f'(x)dx$ 中的 $f'(x)$ 解出原函数 $f(x)$ 放到微分号 d 后面而成 $df(x)$. 所以,理论上说来,凡解出的不定积分都可以当做"凑微分"的公式.

【例 4】 因 $\int \ln|x + \sqrt{x^2 \pm a^2}| dx = x\ln|x + \sqrt{x^2 \pm a^2}| - \sqrt{x^2 \pm a^2} + C$ 故由此得凑微分:

$$\ln|x + \sqrt{x^2 \pm a^2}| dx = d(x\ln + \sqrt{x^2 \pm a^2}| - \sqrt{x^2 \pm a^2}).$$

(2) 积分的绝对连续性(参看第五章第一(二)1(3) 节)

自从经济管理类专业开设微积分课程以来,常见如下用洛必达法则求解极限的题型:

【例 5】 $\lim\limits_{n \to 0} \dfrac{\int_0^x (\arcsin x)^2 dt}{x^3} = \lim\limits_{n \to 0} \dfrac{\left[\int_0^x (\arcsin x)^2 dt\right]'}{(x^3)'} = \lim\limits_{n \to 0} \dfrac{(\arcsin x)^2}{3x^2} = \lim\limits_{n \to 0} \dfrac{x^2}{3x^2} = \dfrac{1}{3}.$

通常教科书在引入此类题型时少有对求极限式验证应用洛必达法则的条件.就例 5 而言,必须验证所求极限式是 0/0 未定型.这里的关键是验证当积分区域长度趋于 0 时变上、下限积分也趋于 0,这实际上是积分论中的一个重要理论问题 —— 积分的绝对连续性.

笔者建议,微积分类教科书应将积分的绝对连续性作为积分的性质之一引入[1].

另外,在定积分的题型中,有一类求 R 积分的计算由于引入变量替换而借助了广义积分的概念,此种情形也可能涉及积分的绝对连续性.例如,在第五章第(四)3 节【特例 5】中,有:

$$\int_0^{\frac{\pi}{2}} \frac{1}{1+\cos^2 x}\mathrm{d}x \xrightarrow[\text{连续性}]{\text{积分绝对}} \lim_{\varepsilon \to 0^+} \int_0^{\frac{\pi}{2}-\varepsilon} \frac{1}{1+\cos^2 x}\mathrm{d}x \xrightarrow[b=\tan\left(\frac{\pi}{2}-\varepsilon\right)]{x=\arctan t} \lim_{b \to +\infty} \int_0^b \frac{\mathrm{d}t}{2+t^2} = \int_0^{+\infty} \frac{\mathrm{d}t}{2+t^2} = \frac{\pi}{2\sqrt{2}}.$$

4. 多值函数的极值

我们经常接触到求解隐函数极值的问题,此时可能涉及多值函数.

【例 6】 (第六章第五(二)节例 4)求由 $z^2 = 1+x^2+y^2$ 所确定的隐函数 $z = f(x,y)$ 的极值.

此例解得两个驻点,注意不能得出错误结论:数值大的就是极大值,数值小的就是极小值.切记还有一种可能:我们遇到了多值函数,面对的不止一个函数.

【附录】 数学历史上的三次危机

1. 第一次数学危机

从某种意义上来讲,现代意义下的数学来源于公元前 500 年左右的古希腊毕达哥拉斯学派.他们认为:"万物皆数"(指整数),数学的知识是可靠的、准确的,而且可以应用于现实的世界;数学的知识由于纯粹的思维而获得,不需要观察、直觉和日常经验.

整数是在对于对象的有限集合进行计算的过程中产生的抽象概念.为了满足日常生活中简单的计算、度量需要,要用到分数.于是,如果定义有理数为两个整数的商 $p/q,q \neq 0$,那么它因包括所有的整数和分数而对于进行实际量度是足够的.可以用标有原点 O 和单位长 $\overline{OA}$ 的直线 l 给出有理数的一种简单的几何解释,即每一个有理数都对应着直线上的一个点.

古代数学家认为,不言而喻,有理数与直线上点的对应能把直线上所有的点用完.但是,毕达哥拉斯学派大约在公元前 400 年发现:直线上存在不对应任何有理数的点.他们证明了距原点长度为 Op 的点 p 不对应于有理数,其中 Op 等于边长为单位长的正方形的对角线.为此,必须发明新的数对应这样的点;并且因为这些数不可能是有理数,只好称他们为**无理数**.无理数的发现,是毕达哥拉斯学派的最伟大成就之一,也是数学史上的重要里程碑.

为了证明以单位长为边的正方形之对角线的长不能用有理数来表示,只要证明 $\sqrt{2}$ 是无理数就够了.假定 $\sqrt{2}$ 是有理数,即 $\sqrt{2} = \frac{a}{b}$,其中 a、b 为互素.于是 $a = b\sqrt{2}$,或 $a^2 = 2b^2$.因此 a^2 是一个整数二倍,由此可知 a^2,从而 a 必定是偶数.令 $a = 2c$,于是由前面的结论得 $4c^2 = 2b^2$,或 $2c^2 = b^2$.这样一来,b^2 从而 b 必定是偶数.但这是不可能的,因为已假定 a 和 b 是互素的.于是由 $\sqrt{2}$ 是有理数的假定引出矛盾,因而这个假定必被否定.这是数学史上最早的一个技巧高超的证明,用的是**归谬法**.亚里士多德说上面的证明是毕达哥拉斯学派给出的.

无理数的发现,引起了第一次数学危机.首先对于全部依靠整数的毕达哥拉斯哲学,这像是一次致命的打击.其次,无理数的发现似乎与常识矛盾,因为直观感觉是:任何量都可以用有理数表示之.在几何上的对应情况同样也是令人惊讶的,因为,人们有着根深蒂固的概念:任何两条线段都是**可通约**的,即对任意两条线段,总能找到某第三条线段,以它为单位线段能将这给定的两条线段的每一条划分为整数段.但是,取一边长为 s 的正方形,记其对角线长为 d.假

设有第三条线段 t,能将线段 s 和 d 的每一条划分为整数段,则有正整数 a 和 b 使得 $s=bt$、$d=at$. 根据勾股定理,有 $at=bt\sqrt{2}$,从而 $a/b=\sqrt{2}$,这与 $\sqrt{2}$ 是无理数相矛盾. 这就是说,与直观相反,存在不可通约的线段,即没有公共的量度单位的线段. 由于毕达哥拉斯学派关于比例定义假定了任何两个同类量是可通约的,所以该比例理论中的所有命题都局限在可通约的量上. 这样,他们的关于相似形的一般理论也失效了."逻辑上的矛盾"是如此之大,以至于有一段时间,他们费了很大的精力将此事保密,不准外传. 据说,毕达哥拉斯学派内有人因泄密而被扔进海里,也有说是被开除出毕氏团体而把他当作死人并为其立一座坟.

人们很快发现,不可通约性并不是罕见的现象. 据柏拉图说,昔兰尼的狄奥多勒斯(大约公元前 425 年)指出面积等于 3、5、6、…、17 的正方形的边与单位正方形的边也是不可通约的,并对每一种情况都单独予以证明. 随着时间的推移无理数的存在逐渐成为人所共知的事实. 诱发这次危机的另一个间接因素是第二次数学危机中的芝诺悖论.

第一次数学危机表明,几何学的某些真理与算术无关,几何量不能完全由整数及其比来表示,反之数却可以由几何量表示出来. 整数的尊崇地位受到挑战,古希腊的数学观点受到极大的冲击. 于是几何学开始在希腊数学中占有特殊地位. 同时也反映出直觉和经验不一定靠得住,而推理证明才是可靠的. 从此希腊人开始从"自明的"公理出发,经过演绎推理并由此建立几何学体系. 这是数学思想上的一次革命,是第一次数学危机的自然产物.

在大约公元前 370 年,所谓第一次数学危机所述的矛盾被毕达哥拉斯学派的欧多克索斯通过给比例下新定义的方法解决了. 他的处理不可通约数的方法出现在欧几里得《原本》第五卷中,并且和 V. A. 迪特金于 1872 年给出的无理数的现代解释基本一致.

今天几何课本对相似三角形的处理仍反映出由不可通约量而带来的某些困难和微妙之处.

2.第二次数学危机

十七八世纪关于微积分发生的激烈的争论,被称为第二次数学危机. 从历史或逻辑的观点看,它的发生带有必然性.

这次危机的萌芽出现在大约公元前 450 年,芝诺注意到由于对无限性的理解问题而产生的矛盾,提出了关于时空的有限与无限的四个悖论:

(1) 两分说:如果承认一个量是无限可分的,那么物体从甲地到乙地就永远不能达到. 因为向着一个目的地运动的物体首先必须经过路程的中点,然而要经过这中点又必须先经过路程的 1/4 分点,再先经过 1/8 分点,如此类推,永无止境,根本不能前进.

(2) 阿基里斯追龟说:阿基里斯(希腊荷马史诗中的善跑英雄)追不上乌龟. 因为阿基里斯追赶乌龟时必先赶到达乌龟的出发点,而此时乌龟必定往前爬行一小段,他再追完这一段,乌龟又往前爬行一小段,如此不断重复下去,总追不上. 这个论点同两分说悖论一样,所不同的是不必把所需通过的路程一再平分.

(3) 飞矢静止说:如果承认一个量不是无限可分的,即它是由不可再分的微小量(原子)构成的那就得到飞矢不动的结论. 因为飞矢(飞箭)在运动过程中的任一瞬时间必在一确定位置上,因而是静止的,所以箭就不能处于运动状态.

(4) 操场或游行队伍问题:A、B 两件物体以等速向相反方向运动. 从静止的 C 看来,比如说,A、B 都在 1 小时内移动了 2 公里;可是从 A 看来,则 B 在 1 小时内就移动了 4 公里. 运动是矛盾的,所以运动是不可能的.

芝诺揭示的矛盾是深刻的,前两个悖论诘难了关于时间和空间无限可分,因而运动是连续的观点;后两个悖论诘难了时间的空间不能无限可分因而运动是间断的观点.芝诺悖论的提出可能有更深刻的背景,不一定是专门针对数学的.但是,它们在数学王国中却激起了一场轩然大波,因为上述悖论所牵涉的极限、收敛性等问题,它们直到 19 世纪才获得彻底解决.

悖论的提出说明了希腊人已经看到很小很小的量,已经接近无穷小量的初步概念,它促使了人们对数学分析理论的研究.经过许多人多年的努力,终于在 17 世纪晚期形成了无穷小演算 —— 微积分这门学科.牛顿 和莱布尼兹 被公认为微积分的奠基者.他们的功绩主要在于把各种有关问题的解法统一成微分法和积分法、有明确的计算步骤,并指出微分法和积分法互为逆运算.由于运算的完整性和应用的广泛性,微积分成为解决问题的重要工具.同时关于微积分基础的问题显得也越来越严重.从求速度为例,瞬时速度是 $\frac{\Delta s}{\Delta t}$ 当 Δt 变成零时的值,Δt 是零、是很小的量,还是什么东西?无穷小量究竟是不是零?无穷小及其分析是否合理?由此而引起了数学界甚至哲学界长达一个半世纪的争论.造成第二次数学危机.

无穷小量究竟是不是零?两种答案都会导致矛盾.牛顿 对它曾作过三种不同解释:1669 年说它是一种常量;1671 年又说它是一个趋于零的变量;1676 年它被"两个正在消逝的量的最终比"所代替.但是他始终无法解决上述矛盾.莱布尼兹 试图用和无穷小量成比例的有限量的差分来代替无穷小量.但是他也没有找到从有限量过渡到无穷小量的桥梁.

英国大主教贝克莱 于 1734 年写文章攻击说流数(导数)是"消失了的量的鬼魂".就连当时一些数学家和其他学者也批判过微积分的一些问题,指出其缺管必要的逻辑基础.这与当时数学的不严密性是直接相关的.例如罗尔 曾说微积分是"巧妙的谬论的汇集".在那个勇于创造时代的初期,科学中逻辑上存在这样那样的问题并不是个别现象.莱布尼兹 在研究级教时也认为格拉北 的结论 $1-1+1-1+\cdots\cdots=\frac{1}{2}$ 是正确的,并解释说就像一件东西,今天放在这个人处,明天放在那个人处,于是相当于一人一半.现在稍有些数学知识的人都知道,上述级数是不存在和值的.对于无穷级数来说,有些运算律并非都可以用,而要看条件.我们从级数收敛的定义已经知道例上面级数是发散的,从而,如果用收敛的级数观点来解释它,必然导出荒谬的结果.

18 世纪的数学的确是不严密的、直观的.强调形式的计算而不管基础的可靠.其中特别是:没有清楚的无穷小概念,从而导数、微分、积分等概念不清楚;无穷大概念不清楚;发散级数求和的任意性,如上述级数可等于 1/2 等等;符号的不严格使用,如高阶微分 $\int dx^2=dx$ 等;不考虑连续性就进行微分,不考虑导数及积分的存在性以及函数可否展成幂级数等等.

直到 19 世纪 20 年代,一些数学家才比较关注微积分的严格基础.从波尔查诺、阿贝尔、柯西、狄利克雷 等人的工作开始,到外尔斯特拉斯、戴德金 和康托尔 的工作结束,中间经历了半个多世纪.基本上解决了矛盾,为数学分析奠定了一个严格的基础.波尔查诺 给出了连续性的正确定义.阿贝尔 指出要严格限制滥用级数展开及求和.柯西 在 1821 年的《代数分析教程》中从定义变量出发,认识到函数不一定要有解析表达式;他抓住极限的概念,指出无穷小量和无穷大量都不是固定的量而是变量,无穷小量是以零为极限的变量;并且定义了导数和积分.狄利克雷 给出了函数的现代定义.在这些工作的基础上,外尔斯特拉斯 消除了其中不确切的地方,给出现在通用的极限的 ε-δ 定义、连续的定义,并把导数、积分严格地建立在极限的基础上.

3. 第三次数学危机

19 世纪年代初,外尔斯特拉斯、戴德金、康托尔 等人独立地建立了实数理论,而且在实数理论的基础上,建立级限论的基本定理,从而使数学分析建立在实数理论的严格基础之上.

数学基础的第三次危机是由 1897 年的突然冲击而出现的,这次危机就是由于在康托尔 的一般集合理论的边缘发现悖论造成的. 在集论发展的初期,流行的习惯是把一个集说成是"所有的满足某条件的东西的全体". 如果把"某个东西 x 满足某条件"这句话表示成一个逻辑公式 $P(x)$,那么按照所说的这种习惯表示法,一个集可以记作

$$\{x \mid P(x)\} \quad (\text{所有的使 } P(x) \text{ 成立的 } x \text{ 的全体}).$$

1897 年意大利数学家福尔蒂 揭示了集合论的第一个悖论. 两年后,康托尔 发现了很相似的悖论. 它们涉及集合论中的结果. 1902 年罗素 发现了下述的悖论:

【罗素 悖论】：　设 $z = \{x \mid x \overline{\in} x\}$,如果 z 是集,那么 z 也是东西,因此 $z \in z$ 和 $z \overline{\in} z$ 不能都不成立. 由此有如下矛盾产生:

(i) 假定 $z \in z$ 那么 z 应该满足所说的条件 $x \overline{\in} x$,因此 $z \overline{\in} z$. 自相矛盾.

(ii) 假定 $z \overline{\in} z$ 那么已经满足所说的条件 $x \overline{\in} x$,因此 $z \in z$. 又自相矛盾.

罗素 悖论曾被以多种形式通俗化. 其中,最著名的是罗素 于 1919 年给出的,它涉及某乡村理发师的困境. 理发师宣布了这样一条原则:他给所有不给自己刮脸的人刮脸,并且,只给村子里这样的人刮脸. 当人们试图答复下列疑问时,就认识到了这种情况的悖论性质:"理发师是否自己给自己刮脸?"如果他给自己刮脸,那么他就不符合他的原则;如果他不给自己刮脸,那么他按原则就该为自己刮脸.

由于集合概念已经渗透到众多的数学分支,并且实际上集合论成了数学的基础,因此集合论中悖论的发现自然地引起了对数学的整个基本结构的有效性的怀疑. 罗素 悖论使整个数学大厦动摇了. 无怪乎 G. 弗雷格 在收到罗素 的信之后,在他刚要出版的《算术的基本法则》第二卷末尾写道:"一门科学不会碰到比这更难堪的事情了,即在工作完成之时,它的基础垮掉了. 当本书等待付印的时候,罗素 先生的一封信把我置于这种境地". 于是终结了这不止十二年的辛勤劳动. R. 戴德金 原来打算把《连续性及无理数》第三版付印,这时也把稿件抽了回来. 发现拓扑学中不动点原理的布威 也认为自己过去作的工作都是废话,声称要放弃不动点原理.

H. 希尔伯特 根据他的成功经验建议采用公理来定义集合. 目前集论公理系统有两种形式一种是 E. 策梅洛 在 1908 年最初提出,后来经过 A. 弗伦克尔,P. J. 科恩 等人修订的,可以称作 ZFC. 另一种是 P. 贝尔奈斯,J. 冯・诺伊曼,K. 哥德尔 等人制订的,可以称作 BNG.

策梅洛 公理系统提出后二十多年,K. 哥德尔 证明:任何一个公理系统如果相容,那么从系统出发是不可能证明它是相容的. 这是对公理论的一个几乎致命的打击. 到了 60 年代,P. J. 科恩 证明经过改进的策梅洛 公理系统依然是不完备的,因为他证明康托尔 连续统假设是这个系统不可能置可否的. 实际上,这就是这个公理系统不能判断有的概念究竟是不是集. 因此,当一个定理说"任何一个集怎样怎样"就变得没有合法的根据了. 所以,现行的公理系统并没有为集论提供结实的基础. 不过到目前为止,人们还没有发现集论基础缺陷威胁到常规数学成立,所以仍然认为公理化集论是数学的最基础部分.

尽管悖论可以消除,矛盾可以解决,然而数学的确定性却在一步一步地丧失. 所以第三次数学危机表面上解决了,实质上更深刻地以其他形式延续着.

4. 集论公理系统浅述

目前集论公理系统有两种形式一种是 E. 策梅洛在 1908 年最初提出,后来经过 A. 弗伦克

尔,P. J. 科恩等人修订的,可以称作 ZFC. 另一种是 P. 贝尔奈斯,J. 冯·诺伊曼,K. 哥德尔等人制订的,可以称作 BNG. 这两种理论系统实质上是一样的,这里采用 ZFC.

ZFC 包括九个公理,它们是(假如已定义了集合、元素、属于等概念)[4]:

外延公理　设有两个集 A、B,如果 A 的任何元素属于 B,且 B 的任何元素也必属于 A,那么 $A = B$.

空集公理　存在一个不包含任何元素的集.

配对公理　对任何东西 x 和 y,存在一个集 $\{x,y\}$,$\{x,y\}$ 的仅有的元素是 x 和 y.

注意,这里用了"东西"这个词. ZFC 的本来形式是针对集论模型说的,而在集论模型里没有不是集的"东西". 因此,严格用 ZFC 的话,"东西"应该改做集. ZFC 的第四个公理是:

正则公理　任何一个不空的集 A 一定包含一个元素 a,A 的任何一个元素都不是的 a 元素.

由正则公理可以知道,对任何集 a,a 和 $\{a\}$ 是不同的. 因为如果 $a = \{a\}$,那么 $\{a\}$ 就不符合正则公理.

ZFC 的其余五个公理是**替换公理**、**幂集公理**、**并集公理**、**无穷性公理**、**选择公理**.

必须指出,公理集论的严格形式所采用是**形式语言**的形式系统. 形式语言不同于自然语言,是一种人工语言,具有精确不含混的特点.

参考文献

[1] 邱曙熙主编.高等数学(基础篇).厦门:厦门大学出版社,2008 年 7 月

[2] 肖筱南主编.微积分.北京:北京大学出版社,2009 年 9 月

[3] 同济大学应用数学系主编.高等数学(第六版).北京:高等教育出版社,2002 年 7 月

[4] 邱曙熙编著.现代分析引论.厦门:厦门大学出版社,2002 年 9 月

[5] 邓东皋,尹小玲编著.数学分析简明教程.北京:高等教育出版社,1999 年 6 月

[6] 格·马·菲赫金哥尔茨著.数学分析原理.丁寿田译.北京:人民教育出版社,1962 年 5 月

[7] 鲁金(Н. Н. ЛУЗИН)著.微分学.谭家岱,张理京译.北京:高等教育出版社,1954 年 6 月

[8] Б. П. 吉米多维奇著.数学分析习题集.李荣冻译.北京:人民教育出版社,1958 年 6 月新 1
版,1963 年 3 月上海第 9 次印刷

[9] 史树中著.数学与经济.大连:大连理工大学出版社,2008 年 7 月

[10] H. 伊夫斯著.数学史概论.欧阳绛译.太原:山西经济出版社,1986 年 3 月第 1 版,1993
年 3 月 1 月第 2 次印刷